수매씽

MATHING

유형북

중학 수학 3·1

내신과 등업을 위한 강력한 한 권! 수매씽

유형북의 구성과 특징

유형북 4단계 집중 학습 System

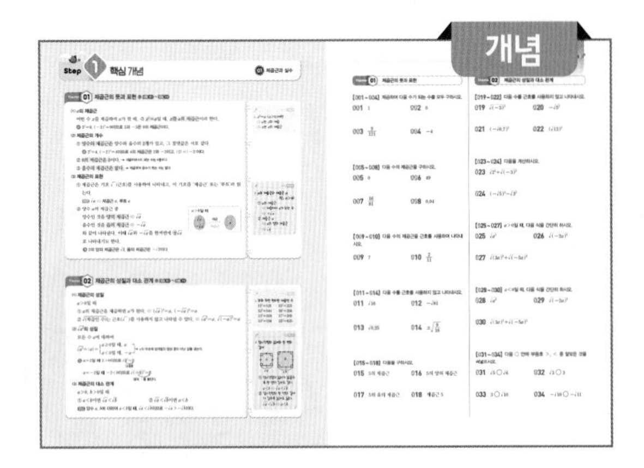

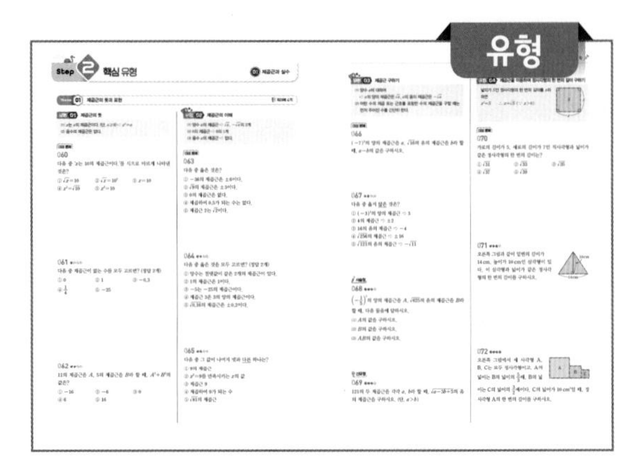

Step 1 핵심 개념

각 THEME별로 반드시 알아야 할 모든 핵심 개념과 원리를 자세한 예시와 함께 수록하였습니다. 핵심을 짚어주는

등 차별화된 설명을 통해 정확하고 빠르게 개념을 이해할 수 있습니다. 또, THEME별로 반드시 학습해야 하는 기본 문제를 수록하여 기본기를 다질 수 있습니다.

Step 2 핵심 유형

전국의 중학교 기출문제를 분석하여 THEME별 유형으로 세분화하고 각 유형의 전략과 대표 문제를 제시하였습니다. 또, 시험에 자주 등장하는 빈출 유형, 서술형, 신경향 실전 문제를 분석하여 실은

등 엄선된 문제를 통해 수학 실력이 집중적으로 향상됩니다.

워크북 3단계 반복 학습 System

한번 더 핵심 유형

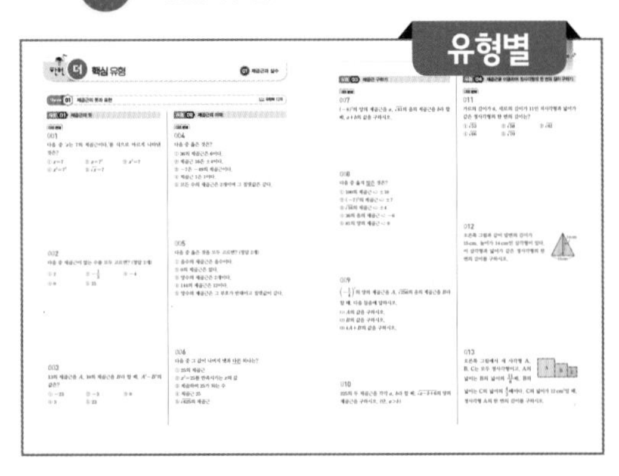

유형모아 Theme 연습하기

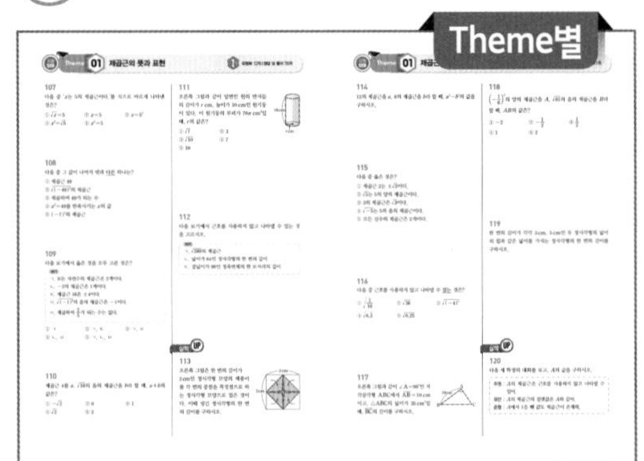

수매씽은 전국 1000개 중학교 기출문제를 체계적으로 분석하여 새로운 수학 학습의 방향을 제시합니다.
꼭 필요한 유형만 모은 유형북과 3단계 반복 학습으로 구성한 워크북의 2권으로 구성된 최고의 문제 기본서!
수매씽을 통해 꼭 필요한 유형과 반복 학습으로 수학의 자신감을 키우세요.

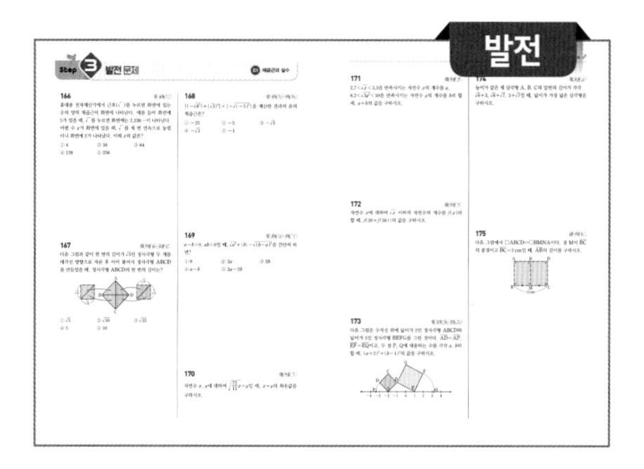

Step 3 발전 문제

학교 시험에 잘 나오는 선별된 발전 문제들을 통해 실력을 향상할 수 있습니다.

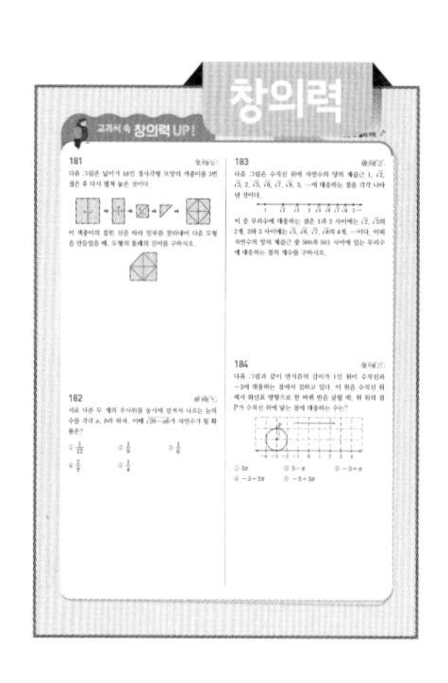

교과서 속 창의력 UP!

교과서 속 창의력 문제를 재구성한 문제로 마지막 한 문제까지 해결할 수 있는 힘을 키울 수 있습니다.

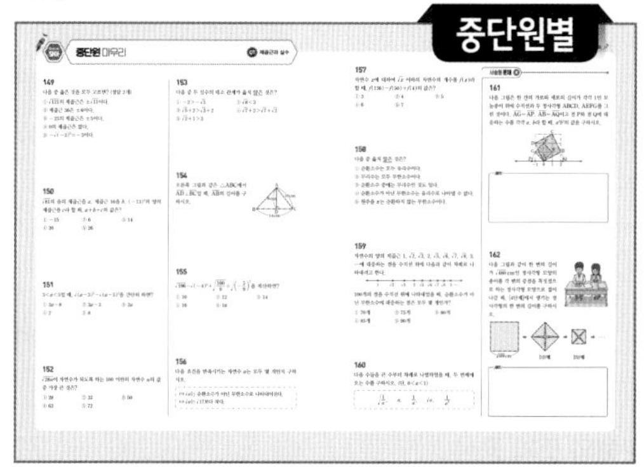

내신과 등업을 위한 강력한 한 권! 수매씽

유형북의 차례

05 이차방정식의 뜻과 풀이

06 이차방정식의 활용

07 이차함수와 그 그래프

08 이차함수의 활용

I 실수와 그 연산

01 제곱근과 실수

- Theme 01 제곱근의 뜻과 표현
- Theme 02 제곱근의 성질과 대소 관계
- Theme 03 무리수와 실수

02 근호를 포함한 식의 계산

- Theme 04 근호를 포함한 식의 곱셈과 나눗셈
- Theme 05 근호를 포함한 식의 덧셈과 뺄셈
- Theme 06 근호를 포함한 식의 계산

Step 1 핵심 개념

Theme 01 제곱근의 뜻과 표현 유형 01 ~ 유형 06

(1) a의 제곱근

어떤 수 x를 제곱하여 a가 될 때, 즉 $x^2=a$일 때, x를 a의 제곱근이라 한다.

예 $3^2=9$, $(-3)^2=9$이므로 3과 -3은 9의 제곱근이다.

(2) 제곱근의 개수

① 양수의 제곱근은 양수와 음수의 2개가 있고, 그 절댓값은 서로 같다.

예 $2^2=4$, $(-2)^2=4$이므로 4의 제곱근은 2와 -2이고, $|2|=|-2|$이다.

② 0의 제곱근은 0이다. → 제곱하여 0이 되는 수는 0뿐이다.

③ 음수의 제곱근은 없다. → 제곱하여 음수가 되는 수는 없다.

(3) 제곱근의 표현

① 제곱근은 기호 $\sqrt{\ }$ (근호)를 사용하여 나타내고, 이 기호를 '제곱근' 또는 '루트'라 읽는다.

기호 $\sqrt{a}$ ⇨ 제곱근 a, 루트 a

② 양수 a의 제곱근 중

양수인 것을 양의 제곱근 ⇨ $\sqrt{a}$

음수인 것을 음의 제곱근 ⇨ $-\sqrt{a}$

와 같이 나타낸다. 이때 $\sqrt{a}$와 $-\sqrt{a}$를 한꺼번에 $\pm\sqrt{a}$로 나타내기도 한다.

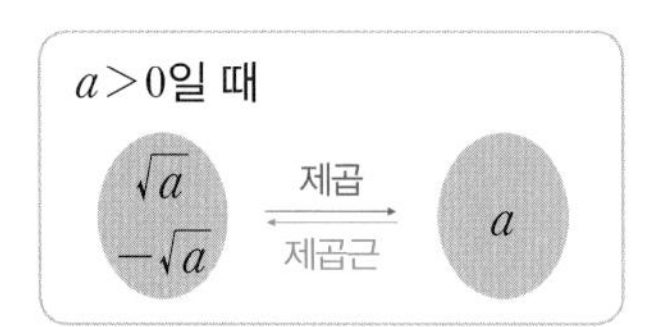

예 2의 양의 제곱근은 $\sqrt{2}$, 음의 제곱근은 $-\sqrt{2}$이다.

> 비법 Note
> $x^2=a$ $(a\geq 0)$이면
> ⇨ a는 x의 제곱
> ⇨ x는 a의 제곱근

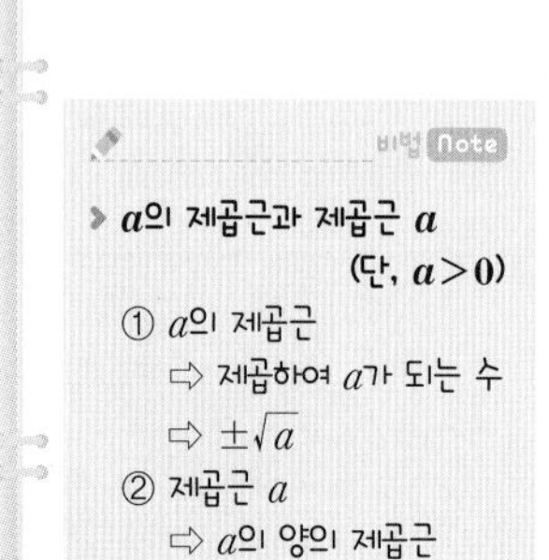

> 비법 Note
> **a의 제곱근과 제곱근 a** (단, $a>0$)
> ① a의 제곱근
> ⇨ 제곱하여 a가 되는 수
> ⇨ $\pm\sqrt{a}$
> ② 제곱근 a
> ⇨ a의 양의 제곱근
> ⇨ $\sqrt{a}$

Theme 02 제곱근의 성질과 대소 관계 유형 07 ~ 유형 19

(1) 제곱근의 성질

$a>0$일 때

① a의 제곱근을 제곱하면 a가 된다. ⇨ $(\sqrt{a})^2=a$, $(-\sqrt{a})^2=a$

② $\sqrt{(\text{제곱인 수})}$는 근호($\sqrt{\ }$)를 사용하지 않고 나타낼 수 있다. ⇨ $\sqrt{a^2}=a$, $\sqrt{(-a)^2}=a$

(2) $\sqrt{a^2}$의 성질

모든 수 a에 대하여

$$\sqrt{a^2}=|a|=\begin{cases} a\geq 0\text{일 때, } a \\ a<0\text{일 때, } -a \end{cases}$$

→ a의 부호에 관계없이 항상 음이 아닌 값을 갖는다.

예 $a=2$일 때 $2>0$이므로 $\sqrt{2^2}=2$ (그대로)

$a=-2$일 때 $-2<0$이므로 $\sqrt{(-2)^2}=2$ (앞에 $-$를 붙인다.)

(3) 제곱근의 대소 관계

$a>0$, $b>0$일 때

① $a<b$이면 $\sqrt{a}<\sqrt{b}$　　② $\sqrt{a}<\sqrt{b}$이면 $a<b$

참고 양수 a, b에 대하여 $a<b$일 때, $\sqrt{a}<\sqrt{b}$이므로 $-\sqrt{a}>-\sqrt{b}$이다.

> 비법 Note
> **외워 두면 편리한 제곱인 수**

$11^2=121$	$15^2=225$
$12^2=144$	$16^2=256$
$13^2=169$	$17^2=289$
$14^2=196$	$25^2=625$

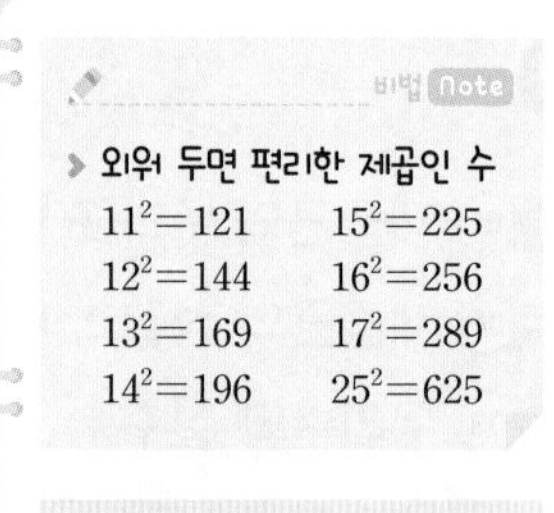

> 비법 Note
> **정사각형의 넓이와 한 변의 길이**

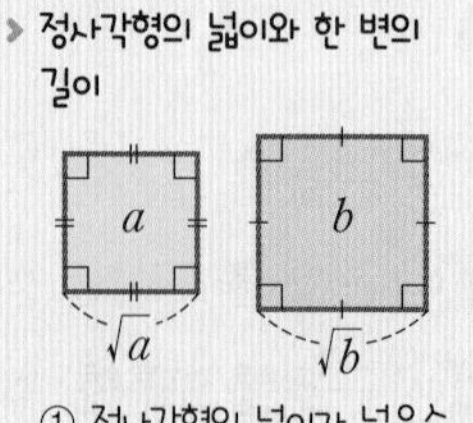

> ① 정사각형의 넓이가 넓을수록 한 변의 길이도 길다.
> $a<b$ ⇨ $\sqrt{a}<\sqrt{b}$
> ② 정사각형의 한 변의 길이가 길수록 넓이도 넓다.
> $\sqrt{a}<\sqrt{b}$ ⇨ $a<b$

Theme 01 제곱근의 뜻과 표현

[001~004] 제곱하여 다음 수가 되는 수를 모두 구하시오.

001 1

002 0

003 $\frac{9}{121}$

004 -4

[005~008] 다음 수의 제곱근을 구하시오.

005 0

006 49

007 $\frac{16}{81}$

008 0.04

[009~010] 다음 수의 제곱근을 근호를 사용하여 나타내시오.

009 7

010 $\frac{2}{11}$

[011~014] 다음 수를 근호를 사용하지 않고 나타내시오.

011 $\sqrt{16}$

012 $-\sqrt{81}$

013 $\sqrt{0.25}$

014 $\pm\sqrt{\frac{9}{16}}$

[015~018] 다음을 구하시오.

015 5의 제곱근

016 5의 양의 제곱근

017 5의 음의 제곱근

018 제곱근 5

Theme 02 제곱근의 성질과 대소 관계

[019~022] 다음 수를 근호를 사용하지 않고 나타내시오.

019 $\sqrt{(-3)^2}$

020 $-\sqrt{5^2}$

021 $(-\sqrt{0.7})^2$

022 $(\sqrt{13})^2$

[023~024] 다음을 계산하시오.

023 $\sqrt{2^2}+\sqrt{(-3)^2}$

024 $(-\sqrt{5})^2-\sqrt{3^2}$

[025~027] $a>0$일 때, 다음 식을 간단히 하시오.

025 $\sqrt{a^2}$

026 $\sqrt{(-2a)^2}$

027 $\sqrt{(3a)^2}+\sqrt{(-5a)^2}$

[028~030] $a<0$일 때, 다음 식을 간단히 하시오.

028 $\sqrt{a^2}$

029 $\sqrt{(-2a)^2}$

030 $\sqrt{(3a)^2}+\sqrt{(-5a)^2}$

[031~034] 다음 ○ 안에 부등호 >, < 중 알맞은 것을 써넣으시오.

031 $\sqrt{5}$ ○ $\sqrt{6}$

032 $\sqrt{3}$ ○ 3

033 3 ○ $\sqrt{10}$

034 $-\sqrt{10}$ ○ $-\sqrt{11}$

Theme 03 무리수와 실수 ⊙ 유형 20 ~ 유형 29

(1) 무리수

소수로 나타낼 때 순환소수가 아닌 무한소수가 되는 수, 즉 유리수가 아닌 수

예 $\sqrt{2}$, π, $-\sqrt{5}$

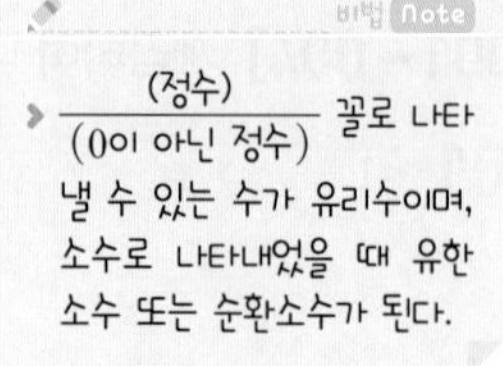

(2) 소수의 분류

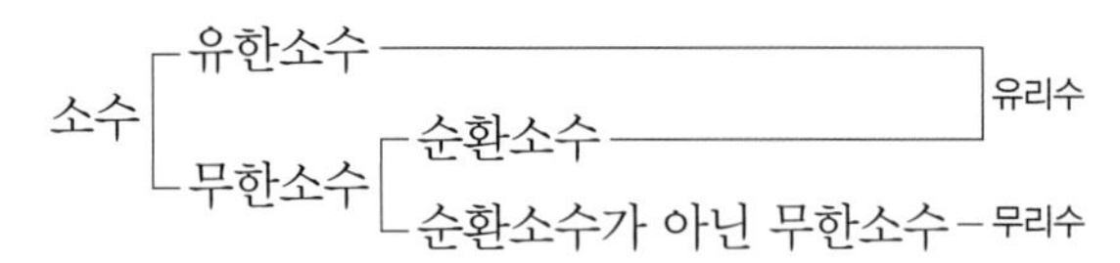

(3) 실수 : 유리수와 무리수를 통틀어 실수라 한다.

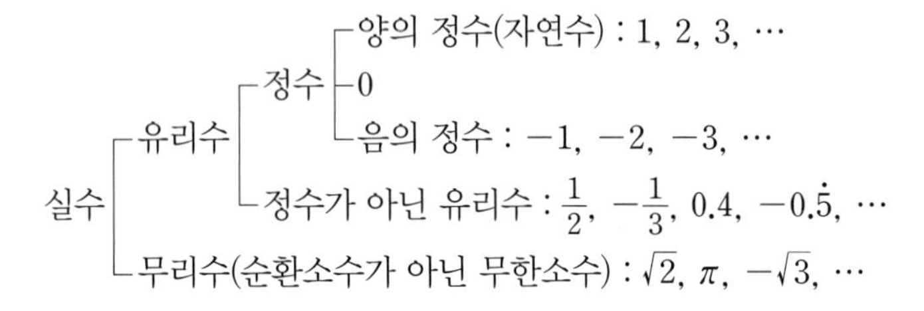

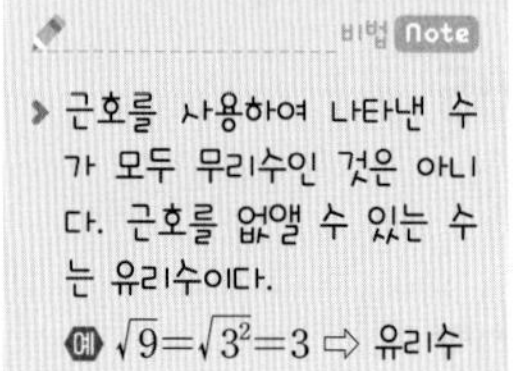

(4) 실수와 수직선

① 모든 실수는 각각 수직선 위의 한 점에 대응하고, 수직선 위의 한 점에는 한 실수가 반드시 대응한다.

② 서로 다른 두 실수 사이에는 무수히 많은 실수가 있다.

③ 수직선은 유리수와 무리수, 즉 실수에 대응하는 점들로 완전히 메울 수 있다.

참고 피타고라스 정리를 이용하여 무리수 $\sqrt{2}$, $\sqrt{5}$를 수직선 위에 나타내기

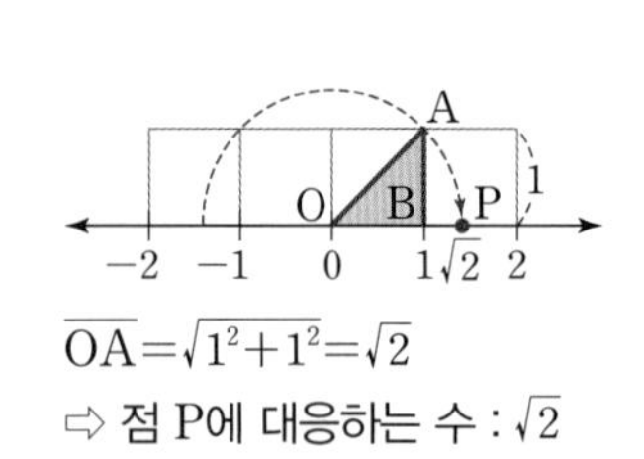

$\overline{OA}=\sqrt{1^2+1^2}=\sqrt{2}$

⇨ 점 P에 대응하는 수 : $\sqrt{2}$

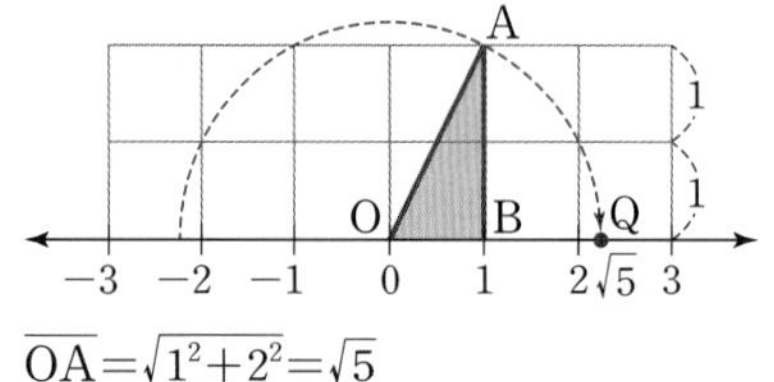

$\overline{OA}=\sqrt{1^2+2^2}=\sqrt{5}$

⇨ 점 Q에 대응하는 수 : $\sqrt{5}$

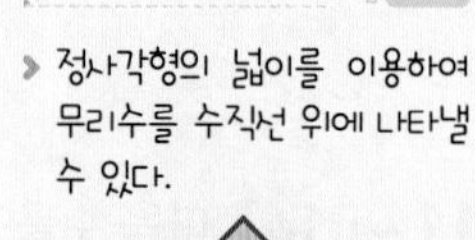

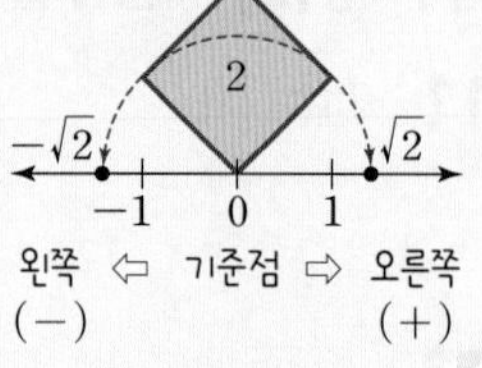

(5) 실수의 대소 관계

a, b가 실수일 때 a, b의 대소 관계는

① $a-b$의 부호를 알아본다.

(i) $a-b>0$이면 $a>b$ (ii) $a-b=0$이면 $a=b$ (iii) $a-b<0$이면 $a<b$

② 부등식의 성질을 이용한다.

예 $5-\sqrt{2}$와 $\sqrt{10}-\sqrt{2}$의 대소 비교

⇨ $(5-\sqrt{2})-(\sqrt{10}-\sqrt{2})=5-\sqrt{10}=\sqrt{25}-\sqrt{10}>0$이므로 $5-\sqrt{2}>\sqrt{10}-\sqrt{2}$

③ 제곱근의 대략적인 값을 이용한다.

예 $\sqrt{5}+1$과 $\sqrt{7}$의 대소 비교

⇨ $\sqrt{5}=2.\cdots$이므로 $\sqrt{5}+1=3.\cdots$, $\sqrt{7}=2.\cdots$

⇨ $\sqrt{5}+1>\sqrt{7}$

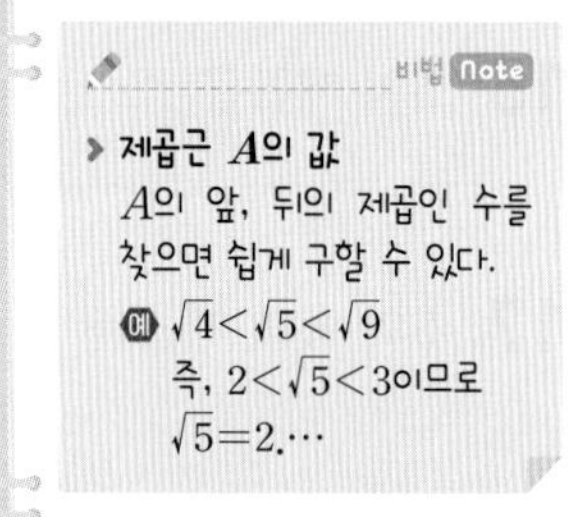

Theme 03 무리수와 실수

[035~042] 다음 수가 유리수이면 '유'를, 무리수이면 '무'를 ( ) 안에 써넣으시오.

035 $\sqrt{25}$ ( )　**036** -3 ( )

037 $\sqrt{17}$ ( )　**038** $\sqrt{(-4)^2}$ ( )

039 π ( )　**040** $\sqrt{\frac{9}{25}}$ ( )

041 $0.\dot{4}\dot{5}$ ( )　**042** $5+\sqrt{2}$ ( )

[043~048] 다음 중 옳은 것에 ○표, 옳지 않은 것에 ×표 하시오.

043 모든 무한소수는 무리수이다. ( )

044 무리수는 모두 무한소수이다. ( )

045 모든 무리수는 각각 수직선 위의 한 점에 대응한다. ( )

046 서로 다른 두 무리수 사이에는 무수히 많은 무리수가 있다. ( )

047 서로 다른 두 정수 사이에는 무수히 많은 정수가 있다. ( )

048 유리수인 동시에 무리수인 실수가 있다. ( )

[049~051] 오른쪽 그림은 한 칸의 가로와 세로의 길이가 각각 1인 모눈종이 위에 수직선과 직각삼각형 ABC를 그린 것이다. $\overline{BA}=\overline{BP}$일 때, 다음을 구하시오.

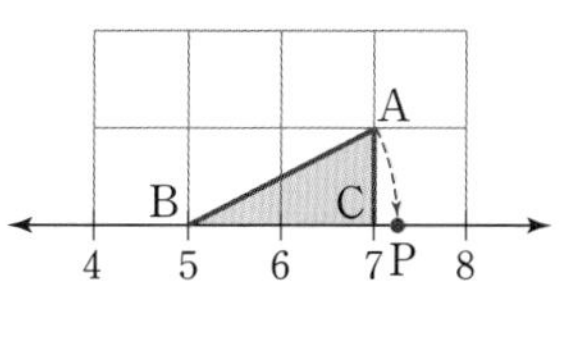

049 $\overline{AB}$의 길이

050 $\overline{BP}$의 길이

051 점 P에 대응하는 수

[052~055] 다음 ○ 안에 부등호 >, < 중 알맞은 것을 써넣으시오.

052 $\sqrt{5}+3$ ○ $\sqrt{5}+1$

053 $\sqrt{6}-4$ ○ $\sqrt{5}-4$

054 $\sqrt{7}+1$ ○ 3

055 $\sqrt{5}-4$ ○ $\sqrt{10}+\sqrt{5}$

[056~059] 아래 수직선 위의 네 점 A, B, C, D가 다음 수에 각각 대응할 때, 각 점에 대응하는 수를 구하시오.

$-\sqrt{10}$, $\sqrt{6}$, $-\sqrt{5}$, $\sqrt{2}$

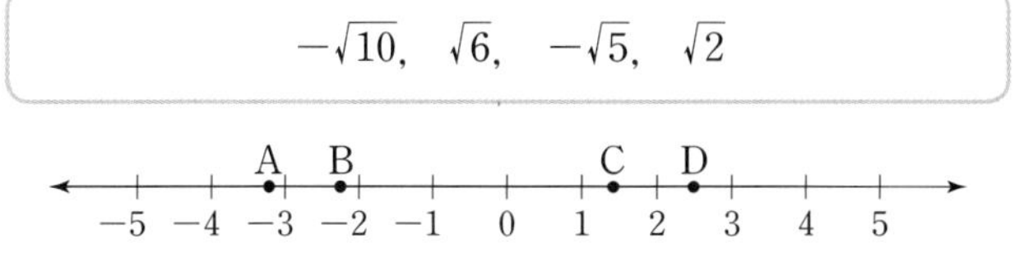

056 점 A　**057** 점 B

058 점 C　**059** 점 D

Theme 01 제곱근의 뜻과 표현

워크북 4쪽

유형 01 제곱근의 뜻

(1) x는 a의 제곱근이다. (단, $a \geq 0$) ⇨ $x^2=a$

(2) 음수의 제곱근은 없다.

대표 문제

060

다음 중 'x는 10의 제곱근이다.'를 식으로 바르게 나타낸 것은?

① $\sqrt{x}=10$　② $\sqrt{x}=10^2$　③ $x=10$
④ $x^2=\sqrt{10}$　⑤ $x^2=10$

061

다음 중 제곱근이 없는 수를 모두 고르면? (정답 2개)

① 0　② 1　③ -0.3
④ $\frac{1}{4}$　⑤ -25

062

11의 제곱근을 A, 5의 제곱근을 B라 할 때, A^2+B^2의 값은?

① -16　② -6　③ 0
④ 6　⑤ 16

빈출 유형 02 제곱근의 이해

(1) 양수 a의 제곱근 ⇨ $\sqrt{a}$, $-\sqrt{a}$의 2개

(2) 0의 제곱근 ⇨ 0의 1개

(3) 음수 a의 제곱근 ⇨ 없다.

대표 문제

063

다음 중 옳은 것은?

① -36의 제곱근은 ± 6이다.
② $\sqrt{9}$의 제곱근은 ± 3이다.
③ 0의 제곱근은 없다.
④ 제곱하여 0.5가 되는 수는 없다.
⑤ 제곱근 2는 $\sqrt{2}$이다.

064

다음 중 옳은 것을 모두 고르면? (정답 2개)

① 양수는 절댓값이 같은 2개의 제곱근이 있다.
② 1의 제곱근은 1이다.
③ -5는 -25의 제곱근이다.
④ 제곱근 3은 3의 양의 제곱근이다.
⑤ $\sqrt{0.16}$의 제곱근은 ± 0.2이다.

065

다음 중 그 값이 나머지 넷과 다른 하나는?

① 9의 제곱근
② $x^2=9$를 만족시키는 x의 값
③ 제곱근 9
④ 제곱하여 9가 되는 수
⑤ $\sqrt{81}$의 제곱근

빈출★★

유형 03 제곱근 구하기

(1) 양수 a에 대하여
⇨ a의 양의 제곱근은 $\sqrt{a}$, a의 음의 제곱근은 $-\sqrt{a}$
(2) 어떤 수의 제곱 또는 근호를 포함한 수의 제곱근을 구할 때는 먼저 주어진 수를 간단히 한다.

대표 문제

066

$(-7)^2$의 양의 제곱근을 a, $\sqrt{16}$의 음의 제곱근을 b라 할 때, $a-b$의 값을 구하시오.

067 ●●●●

다음 중 옳지 않은 것은?

① $(-3)^2$의 양의 제곱근 ⇨ 3
② 4의 제곱근 ⇨ ± 2
③ 16의 음의 제곱근 ⇨ -4
④ $\sqrt{256}$의 제곱근 ⇨ ± 16
⑤ $\sqrt{121}$의 음의 제곱근 ⇨ $-\sqrt{11}$

서술형

068 ●●●●

$\left(-\frac{1}{5}\right)^2$의 양의 제곱근을 A, $\sqrt{625}$의 음의 제곱근을 B라 할 때, 다음 물음에 답하시오.

(1) A의 값을 구하시오.
(2) B의 값을 구하시오.
(3) AB의 값을 구하시오.

신유형

069 ●●●●

121의 두 제곱근을 각각 a, b라 할 때, $\sqrt{a-3b+5}$의 음의 제곱근을 구하시오. (단, $a>b$)

유형 04 제곱근을 이용하여 정사각형의 한 변의 길이 구하기

넓이가 S인 정사각형의 한 변의 길이를 x라 하면
$x^2=S$ $\quad\therefore x=\sqrt{S}$ ($\because x>0$)

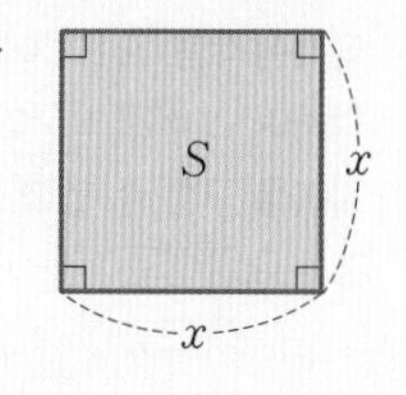

대표 문제

070

가로의 길이가 5, 세로의 길이가 7인 직사각형과 넓이가 같은 정사각형의 한 변의 길이는?

① $\sqrt{31}$　② $\sqrt{33}$　③ $\sqrt{35}$
④ $\sqrt{37}$　⑤ $\sqrt{39}$

071 ●●●●

오른쪽 그림과 같이 밑변의 길이가 14 cm, 높이가 10 cm인 삼각형이 있다. 이 삼각형과 넓이가 같은 정사각형의 한 변의 길이를 구하시오.

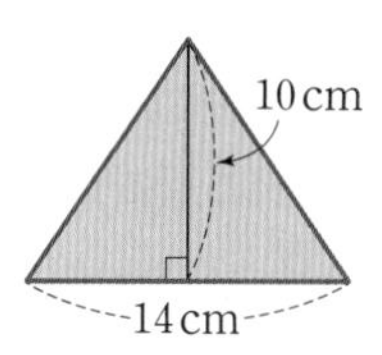

072 ●●●●

오른쪽 그림에서 세 사각형 A, B, C는 모두 정사각형이고, A의 넓이는 B의 넓이의 $\frac{5}{3}$배, B의 넓이는 C의 넓이의 $\frac{3}{2}$배이다. C의 넓이가 10 cm^{2}일 때, 정사각형 A의 한 변의 길이를 구하시오.

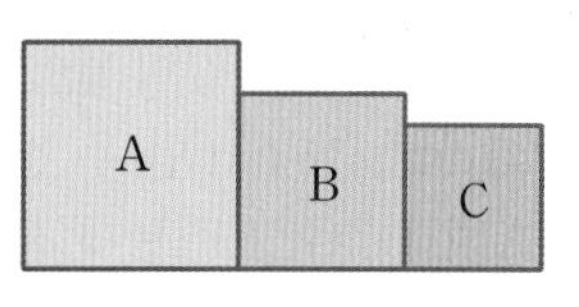

01 제곱근과 실수
Theme 01 02 03

유형 05 제곱근을 이용하여 직각삼각형의 한 변의 길이 구하기

직각삼각형 ABC에서 피타고라스 정리에 의하여 $c^2=a^2+b^2$이므로 다음을 이용하여 길이를 구할 수 있다.

⇨ $c=\sqrt{a^2+b^2}$ ($\because c>0$)

$a=\sqrt{c^2-b^2}$ ($\because a>0$)

$b=\sqrt{c^2-a^2}$ ($\because b>0$)

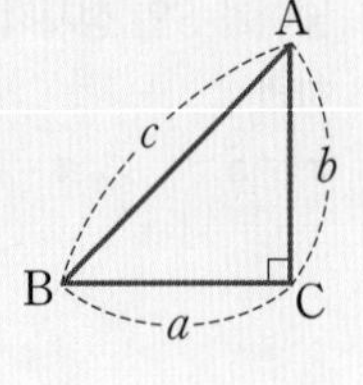

대표 문제

073

오른쪽 그림과 같은 △ABC에서 $\overline{AD}\perp\overline{BC}$이고 $\overline{AB}=5$ cm, $\overline{AC}=8$ cm, $\overline{BD}=4$ cm일 때, $\overline{DC}$의 길이를 구하시오.

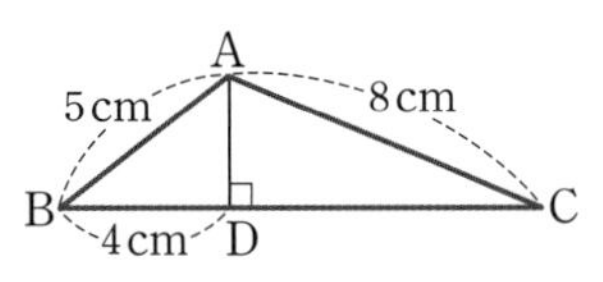

074 ●●○○

오른쪽 그림과 같이 ∠A=90°인 직각삼각형 ABC에서 $\overline{AB}=11$ cm이고, △ABC의 넓이가 22 cm²일 때, $\overline{BC}$의 길이를 구하시오.

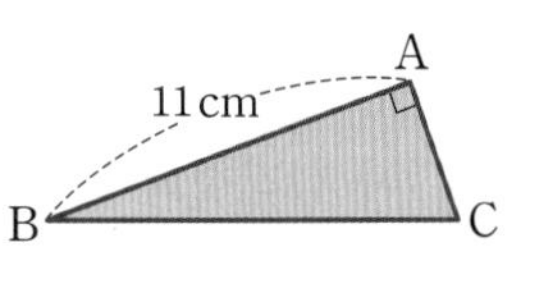

서술형

075 ●●●○

오른쪽 그림과 같이 넓이가 각각 25 cm², 16 cm²인 두 정사각형 ABCD, GCEF를 세 점 B, C, E가 한 직선 위에 있도록 이어 붙였을 때, $\overline{AE}$의 길이를 구하시오.

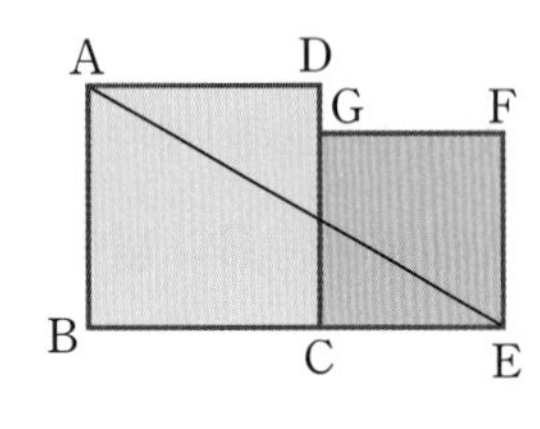

유형 06 근호를 사용하지 않고 나타내기

$\sqrt{(\text{제곱인 수})}$는 근호($\sqrt{\ }$)를 사용하지 않고 나타낼 수 있다.

⇨ $a>0$일 때 a^2의 제곱근은 $\pm\sqrt{a^2}=\pm a$

예 25의 제곱근은 $\pm\sqrt{25}=\pm\sqrt{5^2}=\pm5$

대표 문제

076

다음 중 근호를 사용하지 않고 제곱근을 나타낼 수 <u>없는</u> 것은?

① $\sqrt{81}$ ② $\frac{4}{25}$ ③ $0.\dot{1}$

④ 0.9 ⑤ $\sqrt{\frac{1}{16}}$

077 ●●○○

다음 중 근호를 사용하지 않고 제곱근을 나타낼 수 있는 것은?

① $\frac{1}{3}$ ② 2 ③ $\frac{49}{9}$

④ 6.4 ⑤ 72

078 ●●●○

다음 보기에서 근호를 사용하지 않고 나타낼 수 있는 것을 모두 고르시오.

보기

ㄱ. $\sqrt{0.4}$ ㄴ. $\sqrt{\frac{16}{25}}$

ㄷ. $-\sqrt{169}$ ㄹ. $\sqrt{\frac{1}{9}}$의 양의 제곱근

ㅁ. $\sqrt{225}$ ㅂ. $\sqrt{14.4}$

Theme 02 제곱근의 성질과 대소 관계

워크북 7쪽

빈출 유형 07 제곱근의 성질

$a>0$일 때

(1) $(\sqrt{a})^2=(-\sqrt{a})^2=a$

예 $(\sqrt{2})^2=(-\sqrt{2})^2=2$

(2) $\sqrt{a^2}=\sqrt{(-a)^2}=a$

예 $\sqrt{2^2}=\sqrt{(-2)^2}=2$

대표 문제

079

다음 중 옳은 것은?

① $-\sqrt{\left(\frac{1}{3}\right)^2}=\frac{1}{3}$ ② $\sqrt{(-4)^2}=-4$

③ $(-\sqrt{3})^2=9$ ④ $(\sqrt{2})^2=-2$

⑤ $\{\sqrt{(-3)^2}\}^2=9$

080

다음 중 그 값이 나머지 넷과 다른 하나는?

① $\sqrt{6^2}$ ② $\sqrt{(-6)^2}$ ③ $(-\sqrt{6})^2$

④ $-\sqrt{6^2}$ ⑤ $(\sqrt{6})^2$

081

다음 중 가장 작은 수는?

① $\sqrt{0.2^2}$ ② $(-\sqrt{0.04})^2$ ③ $\sqrt{0.3^2}$

④ $\sqrt{0.16}$ ⑤ $\sqrt{(-0.02)^2}$

신유형

082

$(\sqrt{25})^2$의 양의 제곱근을 A, $(-\sqrt{16})^2$의 음의 제곱근을 B라 할 때, $A-B$의 양의 제곱근을 구하시오.

유형 08 제곱근의 성질을 이용한 계산

제곱근의 성질을 이용하여 근호($\sqrt{\ }$)를 없앤 후에 계산한다.

예 $(\sqrt{3})^2-(-\sqrt{2})^2=3-2=1$

$\sqrt{(-5)^2}\times\{-\sqrt{(-2)^2}\}=5\times(-2)=-10$

대표 문제

083

다음 중 옳지 않은 것은?

① $(\sqrt{2})^2+(-\sqrt{10})^2=12$

② $(\sqrt{5})^2-(-\sqrt{2^2})=3$

③ $\sqrt{(-2)^2}-\sqrt{3^2}=-1$

④ $-\sqrt{(-3)^2}\times(-\sqrt{2^2})=6$

⑤ $\left(-\sqrt{\frac{3}{2}}\right)^2\div\sqrt{\left(-\frac{1}{2}\right)^2}=3$

084

$\sqrt{64}-\sqrt{(-2)^2}+\sqrt{(-4)^2}$을 계산하면?

① 2 ② 6 ③ 8

④ 10 ⑤ 14

085

$\sqrt{121}+\left(\sqrt{\frac{1}{3}}\right)^2\times(-\sqrt{6})^2-2\times\sqrt{(-5)^2}$을 계산하시오.

086

$a=\sqrt{5}$, $b=-\sqrt{2}$, $c=\sqrt{6}$일 때, $2a^2+b^2-3c^2$의 값을 구하시오.

유형 09 $\sqrt{a^2}$의 성질

$\sqrt{a^2}=\sqrt{(-a)^2}=|a|=\begin{cases} a\ (a\geq 0) \\ -a\ (a<0) \end{cases}$

참고 $\sqrt{(양수)^2}=(양수)$, $\sqrt{(음수)^2}=-(음수)$ ← 양수

대표 문제

087

$a<0$일 때, 다음 중 옳지 않은 것은?

① $\sqrt{a^2}=-a$
② $-\sqrt{a^2}=a$
③ $\sqrt{(-a)^2}=-a$
④ $(\sqrt{-a})^2=a$
⑤ $-\sqrt{(-2a)^2}=2a$

088 ●●○○

$a>0$일 때, 다음 중 옳지 않은 것은?

① $\sqrt{(3a)^2}=3a$
② $-\sqrt{\dfrac{a^2}{9}}=-\dfrac{a}{3}$
③ $\sqrt{(-a)^2}=-a$
④ $\sqrt{\dfrac{a^2}{4}}=\dfrac{a}{2}$
⑤ $-\sqrt{(-5a)^2}=-5a$

089 ●●●○

$a<0$일 때, 다음 중 그 값이 가장 큰 것을 구하시오.

$\sqrt{(-2a)^2}$, $-\sqrt{49a^2}$, $-\sqrt{(5a)^2}$, $(-\sqrt{-a})^2$, $-\sqrt{(-3a)^2}$

빈출

유형 10 $\sqrt{a^2}$ 꼴을 포함한 식을 간단히 하기

$\sqrt{a^2}$ 꼴을 포함한 식을 간단히 할 때는 먼저 a의 부호를 조사한 후 다음을 이용한다.

(1) $a>0$이면 $\sqrt{a^2}=a$
(2) $a<0$이면 $\sqrt{a^2}=-a$

대표 문제

090

$a<0$, $b>0$일 때, $\sqrt{\left(\dfrac{4}{9}a\right)^2}-\left(\sqrt{\dfrac{2}{9}b}\right)^2$을 간단히 하시오.

091 ●●○○

$a>0$일 때, $\sqrt{(-3a)^2}-\sqrt{a^2}$을 간단히 하면?

① $-4a$
② $-2a$
③ $2a$
④ $4a$
⑤ $8a$

092 ●●●○

$a<0$일 때, $\sqrt{a^2}\times\sqrt{\left(-\dfrac{2}{5}a\right)^2}-\sqrt{36a^2}\times\sqrt{0.25a^2}$을 간단히 하시오.

서술형

093 ●●●○

$a-b>0$, $ab<0$일 때, $\sqrt{a^2}-\sqrt{(-2a)^2}+\sqrt{b^2}$을 간단히 하시오.

빈출

유형 11 $\sqrt{(a-b)^2}$ 꼴을 포함한 식을 간단히 하기

$\sqrt{(a-b)^2}$ 꼴을 포함한 식을 간단히 할 때는 먼저 $a-b$의 부호를 조사한 후 다음을 이용한다.

(1) $a-b>0$이면 $\sqrt{(a-b)^2}=a-b$

(2) $a-b<0$이면 $\sqrt{(a-b)^2}=-(a-b)=-a+b$

대표 문제

094

$1<a<2$일 때, $\sqrt{(a-1)^2}+\sqrt{(a-2)^2}$을 간단히 하면?

① -3　② -1　③ 1　④ $2a+1$　⑤ $2a+3$

095

$a<1$일 때, $\sqrt{(a-1)^2}+\sqrt{(4-a)^2}$을 간단히 하시오.

096

$2<a<3$일 때, $\sqrt{(3-a)^2}+\sqrt{(2-a)^2}$을 간단히 하면?

① $-2a+1$　② 1　③ $2a-1$　④ $2a+1$　⑤ $2a+5$

097

$-2<a<5$일 때, $\sqrt{(5-a)^2}-\sqrt{(a+2)^2}=5$를 만족시키는 a의 값을 구하시오.

098

$a-b<0$, $ab<0$일 때, 다음 식을 간단히 하시오.

$$\sqrt{(6a)^2}-\sqrt{(b-a)^2}-\sqrt{(-b)^2}$$

099

$a>b>c>0$일 때, $\sqrt{(a-b)^2}-\sqrt{(b-c)^2}-\sqrt{(c-a)^2}$을 간단히 하면?

① $2b$　② $2a-b$　③ $2b-c$　④ $a-2b$　⑤ $-2b+2c$

100

$0<a<1$일 때, $\sqrt{\left(a+\frac{1}{a}\right)^2}+\sqrt{\left(a-\frac{1}{a}\right)^2}$을 간단히 하면?

① $-\frac{2}{a}$　② $2a-\frac{2}{a}$　③ $2a$　④ $\frac{2}{a}$　⑤ $2a+\frac{2}{a}$

빈출★★

유형 12 $\sqrt{Ax}$가 자연수가 되도록 하는 자연수 x의 값 구하기

A가 자연수일 때, $\sqrt{Ax}$가 자연수가 되려면

❶ A를 소인수분해한다.

❷ 소인수의 지수가 모두 짝수가 되도록 하는 x의 값을 구한다.

예 $\sqrt{18x}$가 자연수가 되도록 하는 가장 작은 자연수 x의 값

⇨ $18x=2\times3^2\times x$이므로 $x=2$

대표 문제

101

$\sqrt{24x}$가 자연수가 되도록 하는 가장 작은 자연수 x의 값은?

① 3 ② 4 ③ 6
④ 9 ⑤ 12

102 ●●○○

다음 중 $\sqrt{2^2\times5\times x}$가 자연수가 되도록 하는 자연수 x의 값이 될 수 없는 것은?

① 5 ② 20 ③ 35
④ 45 ⑤ 80

103 ●●○○

$\sqrt{\frac{45}{2}x}$가 자연수가 되도록 하는 가장 작은 자연수 x의 값을 구하시오.

서술형

104 ●●●○

$10<n<100$일 때, $\sqrt{12n}$이 자연수가 되도록 하는 모든 자연수 n의 값의 합을 구하시오.

유형 13 $\sqrt{\frac{A}{x}}$가 자연수가 되도록 하는 자연수 x의 값 구하기

A가 자연수일 때, $\sqrt{\frac{A}{x}}$가 자연수가 되려면

❶ A를 소인수분해한다.

❷ 소인수의 지수가 모두 짝수가 되도록 하는 x의 값을 구한다.

예 $\sqrt{\frac{12}{x}}$가 자연수가 되도록 하는 가장 작은 자연수 x의 값

⇨ $\frac{12}{x}=\frac{2^2\times3}{x}$이므로 $x=3$

대표 문제

105

$\sqrt{\frac{84}{x}}$가 자연수가 되도록 하는 가장 작은 자연수 x의 값을 구하시오.

106 ●●●○

$\sqrt{\frac{360}{n}}$이 가장 큰 자연수가 되도록 하는 자연수 n의 값을 구하시오.

서술형

107 ●●●●

x가 두 자리의 자연수일 때, $\sqrt{\frac{1400}{x}}$이 자연수가 되도록 하는 모든 x의 값의 합을 구하시오.

유형 14 $\sqrt{A+x}$가 자연수가 되도록 하는 자연수 x의 값 구하기

A가 자연수일 때, $\sqrt{A+x}$가 자연수가 되려면

⇨ A보다 큰 제곱인 수((자연수)^2 꼴)를 찾은 후 x의 값을 구한다.

예 $\sqrt{3+x}$가 자연수가 되도록 하는 가장 작은 자연수 x의 값

⇨ 3보다 큰 제곱인 수는 4, 9, 16, 25, ⋯

⇨ 가장 작은 자연수 x는 $3+x=4$에서 $x=1$

대표 문제

108

$\sqrt{31+x}$가 자연수가 되도록 하는 가장 작은 자연수 x의 값을 구하시오.

109 ●●○○

$\sqrt{22+x}$가 자연수가 되도록 하는 자연수 x의 값 중 세 번째로 작은 것은?

① 14 ② 27 ③ 42
④ 59 ⑤ 78

110 ●●●○

$\sqrt{60+x}$가 한 자리의 자연수가 되도록 하는 모든 자연수 x의 값의 합을 구하시오.

111 ●●●○

$\sqrt{39+m}=n$일 때, n이 자연수가 되도록 하는 가장 작은 자연수 m과 그때의 n에 대하여 $m+n$의 값은?

① 10 ② 12 ③ 15
④ 17 ⑤ 19

빈출★★

유형 15 $\sqrt{A-x}$가 자연수가 되도록 하는 자연수 x의 값 구하기

A가 자연수일 때, $\sqrt{A-x}$가 자연수가 되려면

⇨ A보다 작은 제곱인 수((자연수)^2 꼴)를 찾은 후 x의 값을 구한다.

주의 $\sqrt{A-x}$가 정수가 되도록 하는 x의 값을 구할 때는 근호 안의 $A-x$의 값이 0이 되는 경우도 생각한다.

대표 문제

112

$\sqrt{23-n}$이 가장 큰 자연수가 되도록 하는 자연수 n의 값은?

① 3 ② 7 ③ 11
④ 15 ⑤ 19

113 ●●●○

$\sqrt{52-x}$가 정수가 되도록 하는 자연수 x는 모두 몇 개인가?

① 5개 ② 6개 ③ 7개
④ 8개 ⑤ 9개

114 ●●●○

$\sqrt{49-x}$가 정수가 되도록 하는 자연수 x의 최댓값과 최솟값의 합은?

① 28 ② 39 ③ 42
④ 49 ⑤ 62

유형 16 제곱근의 대소 관계

$a>0$, $b>0$일 때

(1) $a<b$이면 $\sqrt{a}<\sqrt{b}$　(2) $\sqrt{a}<\sqrt{b}$이면 $a<b$

참고 a와 $\sqrt{b}$의 대소 비교 (단, $a>0$, $b>0$)

[방법 1] 근호가 없는 수를 근호가 있는 수로 바꾼다.
⇨ $\sqrt{a^2}$과 $\sqrt{b}$를 비교한다.

[방법 2] 각 수를 제곱한다. ⇨ a^2과 b를 비교한다.

대표 문제

115

다음 중 두 수의 대소 관계가 옳은 것은?

① $\sqrt{13}>4$　② $\sqrt{(-3)^2}<\sqrt{2^2}$
③ $-\sqrt{12}<-4$　④ $3<\sqrt{8}$
⑤ $\sqrt{\frac{1}{3}}>\frac{1}{2}$

116 ●●●●

다음 보기에서 가장 작은 수를 a, 가장 큰 수를 b라 할 때, a^2+b^2의 값을 구하시오.

보기
$\sqrt{6}$,　$-\sqrt{8}$,　-2,　0.3,　$\sqrt{0.9}$,　-0.2

117 ●●●●

$0<a<1$일 때, 다음 중 그 값이 가장 큰 것은?

① a^2　② a　③ $\sqrt{a}$
④ $\sqrt{\frac{1}{a}}$　⑤ $\frac{1}{a^2}$

유형 17 제곱근의 성질과 대소 관계

$\sqrt{(A-B)^2}$에서 $A-B$의 부호를 알아본다.

(1) $A-B>0$이면 $\sqrt{(A-B)^2}=A-B$

(2) $A-B<0$이면 $\sqrt{(A-B)^2}=-(A-B)$

대표 문제

118

$\sqrt{(\sqrt{5}+3)^2}+\sqrt{(\sqrt{5}-3)^2}$을 간단히 하면?

① $\sqrt{5}$　② 3　③ $\sqrt{20}$
④ 6　⑤ $\sqrt{45}$

119 ●●●●

$\sqrt{(3-\sqrt{7})^2}-\sqrt{(\sqrt{7}-3)^2}-\sqrt{(-3)^2}+(-\sqrt{7})^2$을 간단히 하면?

① -4　② $-3+\sqrt{7}$　③ 0
④ $3-\sqrt{7}$　⑤ 4

120 ●●●●

$x=-3$, $y=2+\sqrt{5}$일 때, $\sqrt{(x+y)^2}-\sqrt{(x-y)^2}$의 값을 구하시오.

빈출★★

유형 18 제곱근을 포함한 부등식

제곱근을 포함한 부등식은 각 변을 제곱하여 근호를 없앤다.

$a>0$, $b>0$, $c>0$일 때

$\sqrt{a}<\sqrt{b}<\sqrt{c} \Rightarrow (\sqrt{a})^2<(\sqrt{b})^2<(\sqrt{c})^2$

$\Rightarrow a<b<c$

예 $1<\sqrt{x}<2 \Rightarrow 1^2<(\sqrt{x})^2<2^2 \Rightarrow 1<x<4$

대표 문제

121

$2.5<\sqrt{x}<4$를 만족시키는 자연수 x는 모두 몇 개인가?

① 6개 ② 7개 ③ 8개
④ 9개 ⑤ 10개

122 ●●●○

$\sqrt{5}<n<\sqrt{29}$를 만족시키는 모든 자연수 n의 값의 합은?

① 12 ② 13 ③ 14
④ 15 ⑤ 16

123 ●●●○

$\frac{10}{3}<\sqrt{x}\le 5$를 만족시키는 자연수 x 중에서 5의 배수는 모두 몇 개인지 구하시오.

서술형

124 ●●●●

$-10<-\sqrt{2x+5}<-5$를 만족시키는 자연수 x 중에서 가장 큰 수를 M, 가장 작은 수를 m이라 할 때, $\sqrt{M-m}$의 값을 구하시오.

유형 19 $\sqrt{x}$ 이하의 자연수 구하기

x와 가장 가까운 제곱인 수를 찾아 $\sqrt{x}$의 값의 범위를 구한다.

예 $\sqrt{12}$ 이하의 자연수 $\Rightarrow$ 1, 2, 3
↳ $3<\sqrt{12}<4$

대표 문제

125

자연수 x에 대하여 $\sqrt{x}$ 이하의 자연수의 개수를 $f(x)$라 할 때, $\sqrt{\frac{f(98)}{f(10)}}$의 값은?

① $\sqrt{2}$ ② $\sqrt{3}$ ③ $\sqrt{7}$
④ $\sqrt{20}$ ⑤ $\sqrt{23}$

126 ●●●○

자연수 x에 대하여 $\sqrt{x}$ 이하의 자연수 중 가장 큰 수를 $A(x)$라 할 때, $A(125)-A(37)+A(54)$의 값은?

① 5 ② 7 ③ 8
④ 10 ⑤ 12

신유형

127 ●●●●

자연수 x에 대하여 $\sqrt{x}$ 이하의 자연수의 개수를 $n(x)$라 할 때, $n(1)+n(2)+n(3)+\cdots+n(x)=19$이다. x의 값을 구하시오.

Theme 03 무리수와 실수

워크북 14쪽

빈출 유형 20 유리수와 무리수 구별하기

(1) 유리수 : $\dfrac{(\text{정수})}{(0\text{이 아닌 정수})}$ 꼴로 나타낼 수 있는 수

(2) 무리수 : 소수로 나타낼 때 순환소수가 아닌 무한소수가 되는 수

대표 문제

128

다음 중 무리수가 아닌 것은?

① π　② $\sqrt{\dfrac{1}{5}}$　③ $\sqrt{0.\dot{1}}$

④ $\sqrt{40}$　⑤ $\sqrt{2}-1$

129

다음 중 순환소수가 아닌 무한소수로 나타내어지는 것을 모두 고르시오.

$\sqrt{16}$, $(-\sqrt{4})^2$, $\sqrt{3.6}$, $2.\dot{3}\dot{5}$, $-\sqrt{\dfrac{49}{64}}$, $\sqrt{3}-1$

130

다음 보기에서 a가 유리수일 때, 항상 무리수인 것을 모두 고르시오.

보기

ㄱ. $a+1$　ㄴ. $a-\sqrt{13}$　ㄷ. $3a$

ㄹ. $\sqrt{3}+a$　ㅁ. $\sqrt{2}a$

서술형

131

x가 20 이상 80 이하의 자연수일 때, $\sqrt{x}$가 무리수가 되도록 하는 x의 개수를 구하시오.

유형 21 실수의 이해

(1) 실수는 유리수와 무리수로 나눌 수 있다.

(2) 유리수이면서 무리수인 수는 없다.

대표 문제

132

다음 중 옳은 것은?

① 무한소수는 무리수이다.

② 유리수는 유한소수이다.

③ 순환소수는 유리수이다.

④ 유리수인 동시에 무리수인 수가 있다.

⑤ 실수 중 정수가 아닌 수는 모두 무리수이다.

133

다음 중 옳지 않은 것은?

① 양의 실수 중에서 정수인 것을 자연수라 한다.

② 모든 정수는 유리수이다.

③ 모든 유리수는 실수이다.

④ 모든 실수는 유리수와 무리수로 구분할 수 있다.

⑤ 모든 실수는 양의 실수와 음의 실수로 구분할 수 있다.

134

다음 중 □ 안에 들어갈 수가 아닌 것은?

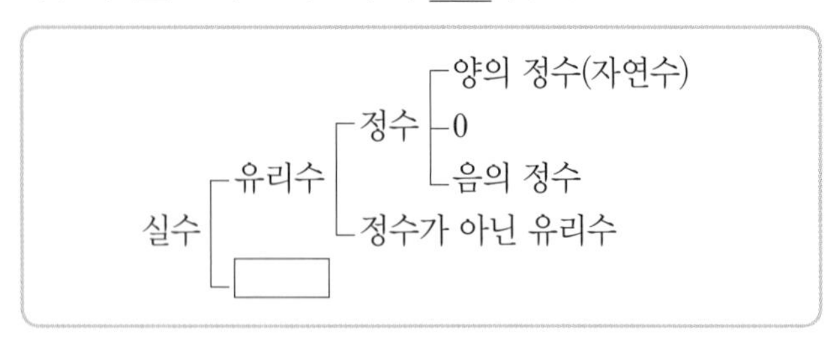

① $-\sqrt{5}$　② $-\sqrt{169}$　③ $\sqrt{7}$

④ π　⑤ $\sqrt{0.\dot{3}}$

135

다음 중 $\sqrt{5}$에 대한 설명으로 옳지 않은 것은?

① 실수이다.
② 무리수이다.
③ 순환소수가 아닌 무한소수로 나타낼 수 있다.
④ 2보다 크고 3보다 작은 수이다.
⑤ $\frac{(정수)}{(0이\ 아닌\ 정수)}$ 꼴로 나타낼 수 있다.

136

다음 보기에서 옳은 것을 모두 고르시오.

보기
ㄱ. 자연수의 제곱근은 모두 무리수이다.
ㄴ. 유한소수는 모두 유리수이다.
ㄷ. 유리수는 $\frac{(정수)}{(0이\ 아닌\ 정수)}$ 꼴로 나타낼 수 있다.
ㄹ. 순환소수가 아닌 무한소수는 실수가 아니다.

137

다음 보기에서 실수의 개수를 a, 유리수의 개수를 b라 할 때, $a-b$의 값은?

보기

$0.123,\quad \sqrt{0.\dot{1}},\quad -\sqrt{49},\quad -\sqrt{6.4},$

$\pi,\quad \sqrt{0.001},\quad \sqrt{\frac{25}{49}},\quad 4.2333\cdots$

① 2 ② 3 ③ 4
④ 5 ⑤ 6

빈출 유형 22 무리수를 수직선 위에 나타내기 (1)

직사각형(정사각형)의 대각선의 길이가 $\sqrt{m}$일 때, 대응하는 점이 기준점에서
① 왼쪽이면 ⇨ (기준점)$-\sqrt{m}$ ② 오른쪽이면 ⇨ (기준점)$+\sqrt{m}$

예 다음과 같이 한 변의 길이가 1인 정사각형이 4개 있을 때,

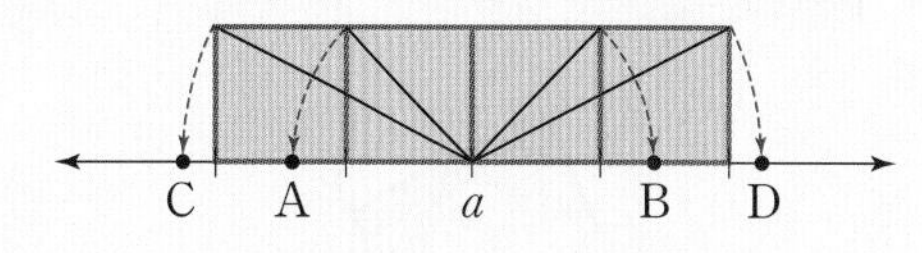

⇨ A : $a-\sqrt{2}$, B : $a+\sqrt{2}$, C : $a-\sqrt{5}$, D : $a+\sqrt{5}$

대표 문제

138

다음 그림은 수직선 위에 한 변의 길이가 1인 세 정사각형을 그린 것이다. $\overline{AB}=\overline{AP}$, $\overline{AC}=\overline{AQ}$일 때, 점 P와 점 Q에 대응하는 수를 각각 구하시오.

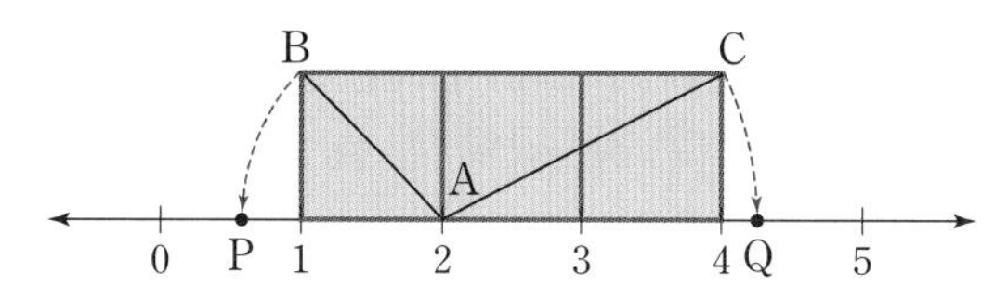

139

다음 그림은 수직선 위에 한 변의 길이가 1인 세 정사각형을 그린 것이다. 다음 중 각 점에 대응하는 수로 옳지 않은 것은?

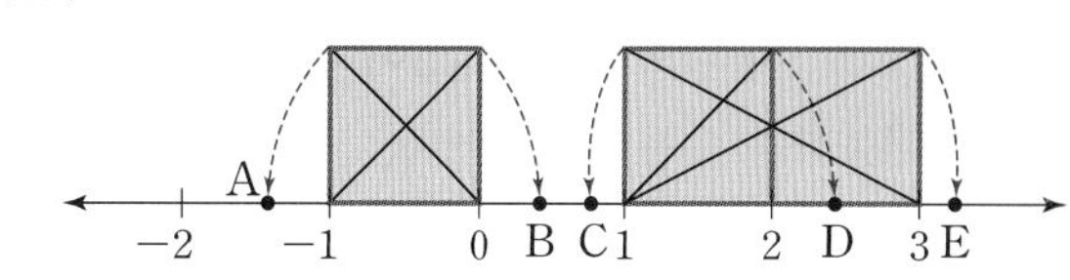

① A : $1-\sqrt{2}$ ② B : $-1+\sqrt{2}$
③ C : $3-\sqrt{5}$ ④ D : $1+\sqrt{2}$
⑤ E : $1+\sqrt{5}$

140

다음 그림은 한 칸의 가로와 세로의 길이가 각각 1인 모눈종이 위에 수직선과 두 직각삼각형 ABC, DEF를 그린 것이다. $\overline{CA}=\overline{CP}$, $\overline{DF}=\overline{DQ}$일 때, 두 점 P, Q의 좌표를 각각 구하시오.

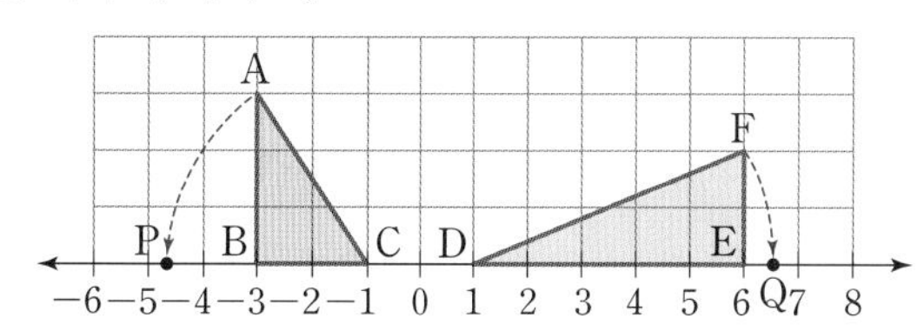

141

다음 그림은 한 칸의 가로와 세로의 길이가 각각 1인 모눈종이 위에 수직선과 정사각형 ABCD를 그린 것이다. $\overline{AB}=\overline{AP}$, $\overline{AD}=\overline{AQ}$일 때, 점 P와 점 Q에 대응하는 수를 각각 구하시오.

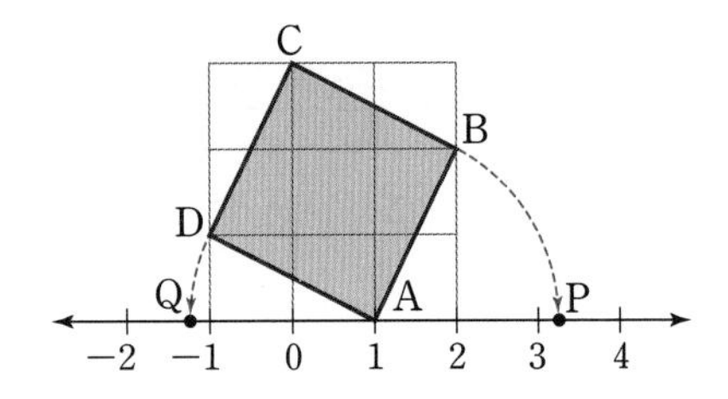

142

아래 그림은 한 칸의 가로와 세로의 길이가 각각 1인 모눈종이 위에 수직선과 정사각형 (가), (나)를 그린 것이다. 다음 중 옳지 않은 것은?

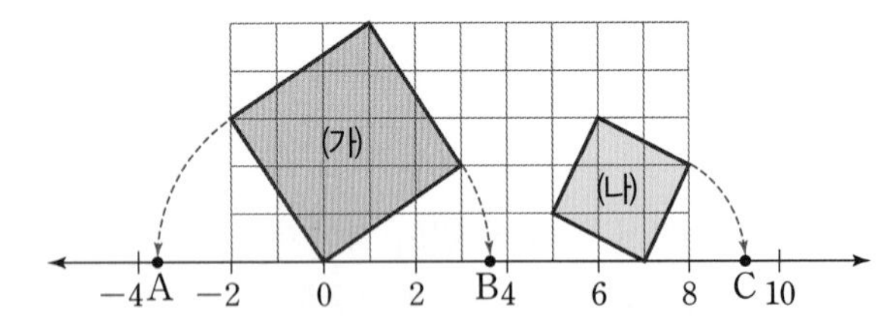

① 정사각형 (가)의 한 변의 길이는 $\sqrt{10}$이다.
② 정사각형 (나)의 한 변의 길이는 $\sqrt{5}$이다.
③ 점 A에 대응하는 수는 $-\sqrt{13}$이다.
④ 점 B에 대응하는 수는 $\sqrt{13}$이다.
⑤ 점 C에 대응하는 수는 $7+\sqrt{5}$이다.

143

다음 그림은 한 칸의 가로와 세로의 길이가 각각 1인 모눈종이 위에 수직선과 직사각형 ABCD를 그린 것이다. $\overline{AC}=\overline{AP}=\overline{AQ}$이고 점 Q에 대응하는 수가 $\sqrt{20}-4$일 때, 점 P에 대응하는 수를 구하시오.

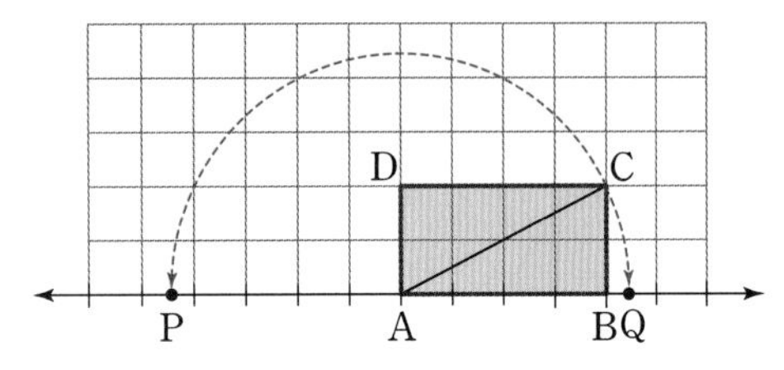

유형 23 무리수를 수직선 위에 나타내기 (2)

주어진 정사각형의 넓이를 이용하여 정사각형의 한 변의 길이를 구한다.
즉, (정사각형의 넓이)$=a$
⇨ (정사각형의 한 변의 길이)$=\sqrt{a}$

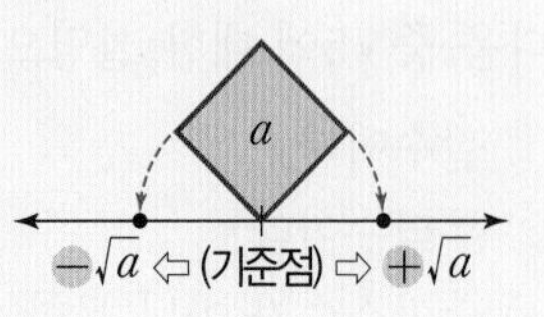

대표 문제

144

오른쪽 그림은 수직선 위에 넓이가 5인 정사각형 ABCD를 그린 것이다. $\overline{AB}=\overline{AP}$, $\overline{AD}=\overline{AQ}$일 때, 점 P와 점 Q에 대응하는 수를 각각 구하시오.

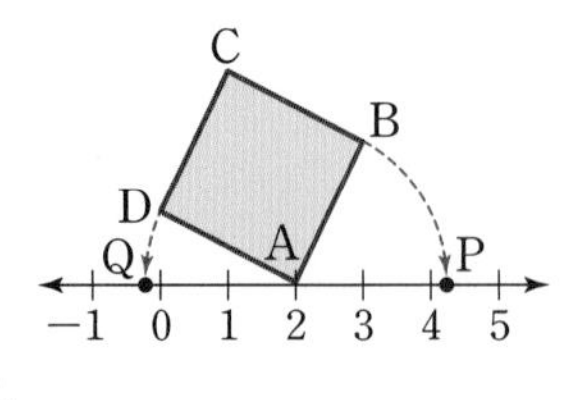

서술형

145

오른쪽 그림은 수직선 위에 넓이가 2인 정사각형 ABCD를 그린 것이다. $\overline{AB}=\overline{AP}$이고 점 P에 대응하는 수가 $a+\sqrt{b}$일 때, $a+b$의 값을 구하시오. (단, a, b는 유리수)

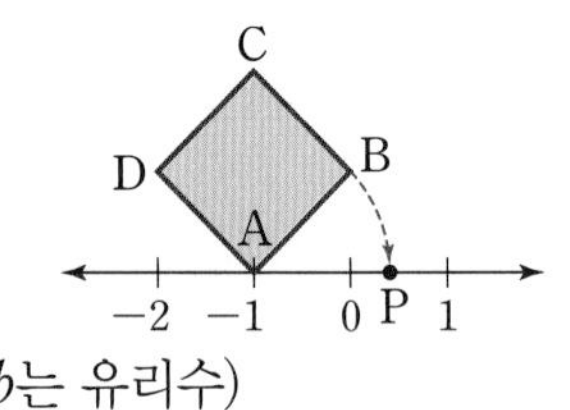

146

아래 그림은 수직선 위에 넓이가 13인 정사각형 ABCD와 넓이가 7인 정사각형 EFGH를 그린 것이다. $\overline{AD}=\overline{AP}$, $\overline{AB}=\overline{AQ}$, $\overline{EH}=\overline{ER}$, $\overline{EF}=\overline{ES}$일 때, 다음 중 옳지 않은 것은?

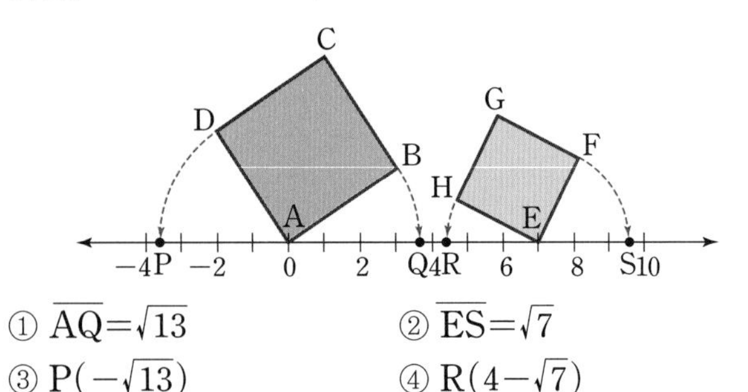

① $\overline{AQ}=\sqrt{13}$ ② $\overline{ES}=\sqrt{7}$
③ $P(-\sqrt{13})$ ④ $R(4-\sqrt{7})$
⑤ $S(7+\sqrt{7})$

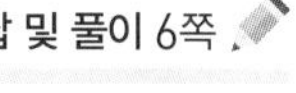

빈출 **유형 24** 실수와 수직선

(1) 서로 다른 두 실수 사이에는 무수히 많은 실수가 있다.
(2) 수직선은 실수에 대응하는 점들로 완전히 메울 수 있다.

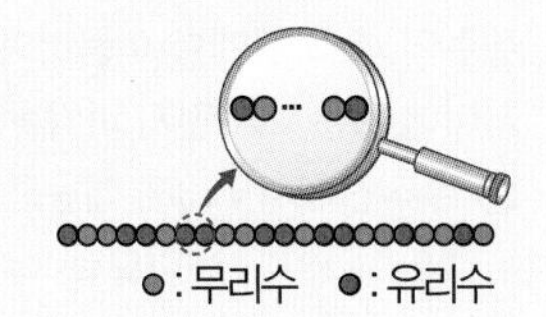

대표 문제
147
다음 설명 중 옳지 않은 것은?

① 4와 5 사이에는 무수히 많은 유리수가 있다.
② $\sqrt{6}$과 $\sqrt{7}$ 사이에는 무수히 많은 무리수가 있다.
③ 모든 실수는 수직선 위에 나타낼 수 있다.
④ 수직선은 유리수에 대응하는 점들로 완전히 메울 수 있다.
⑤ 서로 다른 두 유리수 사이에는 무수히 많은 무리수가 있다.

148 ●●●●
다음 보기에서 옳은 것은 모두 몇 개인지 구하시오.

보기
ㄱ. 유리수는 수직선 위에 나타낼 수 있다.
ㄴ. 무리수는 수직선 위의 한 점에 대응시킬 수 없다.
ㄷ. 서로 다른 두 유리수 사이에는 무수히 많은 유리수가 있다.
ㄹ. 서로 다른 두 무리수 사이에는 적어도 1개의 정수가 존재한다.
ㅁ. -1과 $\sqrt{5}$ 사이에는 무수히 많은 무리수가 있다.

149 ●●●●
다음 학생 중에서 바르게 말한 사람은?

① 승환 : $\sqrt{3}$과 $\sqrt{7}$ 사이에는 무수히 많은 정수가 있어.
② 주현 : $\sqrt{2}$에 가장 가까운 무리수는 $\sqrt{3}$이야.
③ 수정 : 수직선 위에 나타낼 수 없는 무리수도 있어.
④ 연호 : 어떠한 실수도 제곱하면 반드시 양수로 변해.
⑤ 승윤 : 서로 다른 두 무리수 사이에는 무수히 많은 유리수가 있어.

유형 25 두 실수의 대소 관계

a, b가 실수일 때, a, b의 대소 관계는 $a-b$의 부호로 판단한다.
(1) $a-b>0 \Rightarrow a>b$
(2) $a-b=0 \Rightarrow a=b$
(3) $a-b<0 \Rightarrow a<b$

대표 문제
150
다음 중 두 실수의 대소 관계가 옳은 것은?

① $1<2-\sqrt{3}$　② $\sqrt{3}-1>1$
③ $0.5>1-\sqrt{0.5}$　④ $2-\sqrt{5}<2-\sqrt{7}$
⑤ $2<3-\sqrt{2}$

151 ●●●●
다음 중 ○ 안에 들어갈 부등호의 방향이 나머지 넷과 다른 하나는?

① $5-\sqrt{8}$ ○ 3　② -2 ○ $1-\sqrt{3}$
③ 10 ○ $\sqrt{98}+1$　④ $\sqrt{10}-2$ ○ 4
⑤ $-\sqrt{15}-4$ ○ $-\sqrt{17}-4$

152 ●●●●
다음 보기에서 두 실수의 대소 관계가 옳은 것을 모두 고른 것은?

보기
ㄱ. $1+\sqrt{2}<3$　ㄴ. $\sqrt{10}-1>3$
ㄷ. $\sqrt{3}+\sqrt{7}>2+\sqrt{7}$　ㄹ. $1-\sqrt{13}<1-\sqrt{15}$
ㅁ. $7-(-\sqrt{5})^2<\sqrt{50}-2$

① ㄱ, ㄴ　② ㄱ, ㅁ　③ ㄴ, ㄷ
④ ㄷ, ㅁ　⑤ ㄹ, ㅁ

유형 26 세 실수의 대소 관계

세 실수 a, b, c에 대하여
$a<b$이고 $b<c$ ⇨ $a<b<c$

참고 공통인 부분이 있는 것끼리 두 개씩 짝을 지어 비교하는 것이 편리하다.

대표 문제

153

$a=\sqrt{6}+1$, $b=\sqrt{6}-1$, $c=\sqrt{2}-1$일 때, a, b, c의 대소 관계를 부등호를 사용하여 나타내면?

① $a<b<c$ ② $a<c<b$ ③ $b<a<c$
④ $b<c<a$ ⑤ $c<b<a$

154

다음 수를 작은 것부터 차례로 나열할 때, 세 번째에 오는 수를 구하시오.

2, $1+\sqrt{3}$, $-1-\sqrt{3}$, $\sqrt{2}+\sqrt{3}$

신유형

155

한 변의 길이가 $\sqrt{22}$, 5, $4+\sqrt{3}$인 세 정사각형을 각각 A, B, C라 할 때, 넓이가 가장 넓은 정사각형을 구하시오.

유형 27 수직선에서 무리수에 대응하는 점 찾기

실수의 대소 관계를 이용하여 주어진 무리수가 어떤 연속된 정수 사이에 있는지를 먼저 파악한다.

예 수직선에서 $\sqrt{13}$에 대응하는 점 찾기
$\sqrt{9}<\sqrt{13}<\sqrt{16}$이므로 $3<\sqrt{13}<4$
즉, $\sqrt{13}$은 3과 4 사이의 점에 대응한다.

대표 문제

156

다음 수직선 위의 점 중에서 $4-\sqrt{3}$에 대응하는 것은?

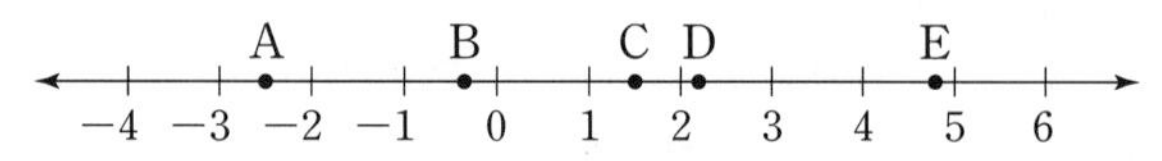

① 점 A ② 점 B ③ 점 C
④ 점 D ⑤ 점 E

157

다음 수직선 위의 점 중에서 $\sqrt{23}$에 대응하는 점을 찾으시오.

A B C D E
−3 −2 −1 0 1 2 3 4 5 6 7

158

다음 수직선에서 $1+\sqrt{6}$에 대응하는 점이 있는 구간을 찾으시오.

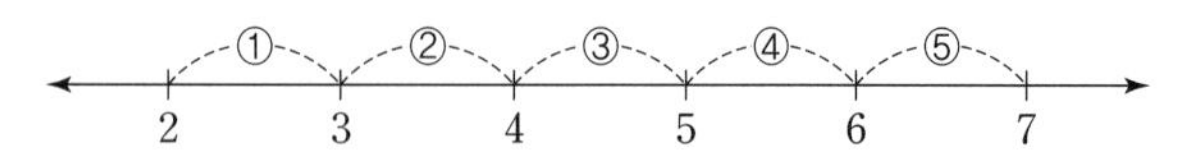

서술형

159

다음 수직선에서 $-\sqrt{3}$, $\sqrt{5}$, $2-\sqrt{3}$에 대응하는 점이 있는 구간을 각각 찾으시오.

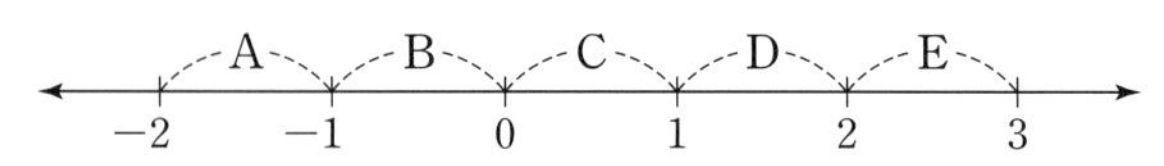

유형 28 두 실수 사이의 수

a, b가 실수이고 $a<b$일 때 a, b 사이에 있는 실수를 찾으려면

[방법 1] 평균을 이용한다.

⇨ a, b의 평균 : $\frac{a+b}{2}$

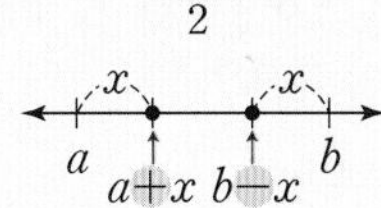

[방법 2] a, b의 차보다 작은 양수(x)를 a에 더하거나 b에서 뺀다.

대표 문제

160

다음 중 $\sqrt{2}$와 $\sqrt{3}$ 사이에 있는 수가 아닌 것은?

(단, $\sqrt{2}=1.414\cdots$, $\sqrt{3}=1.732\cdots$이다.)

① $\sqrt{2}+0.1$ ② $\sqrt{3}-0.1$ ③ $\sqrt{2}+0.2$

④ $\frac{\sqrt{2}+\sqrt{3}}{2}$ ⑤ $\frac{\sqrt{3}-\sqrt{2}}{2}$

161

다음 중 $\sqrt{5}$와 $\sqrt{6}$ 사이에 있는 수는?

(단, $\sqrt{5}=2.236\cdots$, $\sqrt{6}=2.449\cdots$이다.)

① $\frac{\sqrt{6}-\sqrt{5}}{2}$ ② $\sqrt{6}-\sqrt{5}$ ③ $\frac{\sqrt{5}+\sqrt{6}}{2}$

④ $\sqrt{5}+\sqrt{6}$ ⑤ $\sqrt{5}+0.4$

162

다음 중 옳지 않은 것은?

(단, $\sqrt{3}=1.732\cdots$, $\sqrt{5}=2.236\cdots$이다.)

① $\sqrt{3}$과 $\sqrt{5}$ 사이에는 무수히 많은 무리수가 있다.

② $\sqrt{3}$과 $\sqrt{5}$ 사이에는 1개의 정수가 있다.

③ $\frac{\sqrt{3}+\sqrt{5}}{2}$는 $\sqrt{3}$과 $\sqrt{5}$ 사이의 무리수이다.

④ $\sqrt{3}+1$은 $\sqrt{3}$과 $\sqrt{5}$ 사이의 무리수이다.

⑤ $\sqrt{5}-0.1$은 $\sqrt{3}$과 $\sqrt{5}$ 사이의 무리수이다.

유형 29 $\sqrt{A}$의 소수점 아래 n번째 자리의 숫자

$\sqrt{x^2}<\sqrt{A}<\sqrt{y^2}$ $(x>0, y>0)$이면 $x<\sqrt{A}<y$임을 이용하여 $\sqrt{A}$를 소수로 나타내었을 때, 소수점 아래 n번째 자리의 숫자를 찾는다.

예 $\sqrt{9}<\sqrt{13}<\sqrt{16}$에서 $3<\sqrt{13}<4$

즉, $\sqrt{13}$의 정수 부분은 3이다.

$(3.6)^2=12.96$, $(3.7)^2=13.69$이므로 $3.6<\sqrt{13}<3.7$

따라서 $\sqrt{13}$을 소수로 나타내었을 때, 소수점 아래 1번째 자리의 숫자는 6이다.

대표 문제

163

다음은 $\sqrt{2}$를 소수로 나타내었을 때, 소수점 아래 2번째 자리의 숫자를 구하는 과정이다. 상수 a, b, c에 대하여 $a+b+c$의 값을 구하시오.

> $\sqrt{1}<\sqrt{2}<\sqrt{4}$에서 $1<\sqrt{2}<2$
> 즉, $\sqrt{2}$의 정수 부분은 a이다.
> $(1.4)^2=1.96$, $(1.5)^2=2.25$이므로
> $\sqrt{1.96}<\sqrt{2}<\sqrt{2.25}$에서 $1.4<\sqrt{2}<1.5$
> 즉, $\sqrt{2}$를 소수로 나타내었을 때, 소수점 아래 1번째 자리의 숫자는 b이다.
> $(1.41)^2=1.9881$, $(1.42)^2=2.0164$이므로
> $\sqrt{1.9881}<\sqrt{2}<\sqrt{2.0164}$에서 $1.41<\sqrt{2}<1.42$
> 즉, $\sqrt{2}$를 소수로 나타내었을 때, 소수점 아래 2번째 자리의 숫자는 c이다.

164

다음 표를 이용하여 $\sqrt{10}$을 소수로 나타내었을 때, 소수점 아래 1번째 자리의 숫자를 구하시오.

A	3.0	3.1	3.2	3.3	3.4
A^2	9.0	9.61	10.24	10.89	11.56

165

다음 표를 이용하여 $\sqrt{17}$을 소수로 나타내었을 때, 소수점 아래 2번째 자리의 숫자를 구하시오.

A	4.11	4.12	4.13	4.14	4.15
A^2	16.8921	16.9744	17.0569	17.1396	17.2225

166
유형 01

휴대용 전자계산기에서 근호($\sqrt{\ }$)를 누르면 화면에 있는 수의 양의 제곱근이 화면에 나타난다. 예를 들어 화면에 5가 있을 때, $\sqrt{\ }$를 누르면 화면에는 2.236⋯이 나타난다. 어떤 수 x가 화면에 있을 때, $\sqrt{\ }$를 세 번 연속으로 눌렀더니 화면에 2가 나타났다. 이때 x의 값은?

① 4 ② 16 ③ 64
④ 128 ⑤ 256

167
유형 04+유형 07

다음 그림과 같이 한 변의 길이가 $\sqrt{5}$인 정사각형 두 개를 대각선 방향으로 자른 후 이어 붙여서 정사각형 ABCD를 만들었을 때, 정사각형 ABCD의 한 변의 길이는?

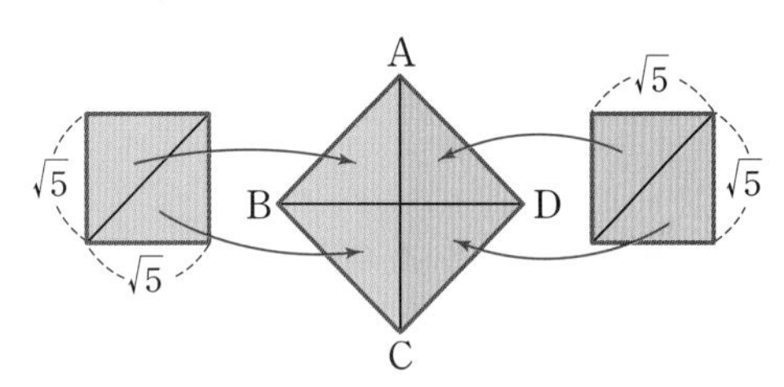

① $\sqrt{5}$ ② $\sqrt{10}$ ③ $\sqrt{15}$
④ 5 ⑤ 10

168
유형 03+유형 08

$\{(-\sqrt{8^2})+(\sqrt{3})^2\}\times\{-\sqrt{(-5)^2}\}$을 계산한 결과의 음의 제곱근은?

① -25 ② -5 ③ $-\sqrt{5}$
④ $-\sqrt{3}$ ⑤ -1

169
유형 10+유형 11

$a-b>0$, $ab<0$일 때, $\sqrt{a^2}+|b|-\sqrt{(b-a)^2}$을 간단히 하면?

① 0 ② $2a$ ③ $2b$
④ $a-b$ ⑤ $2a-2b$

170
유형 12

자연수 x, y에 대하여 $\sqrt{\frac{72}{11}x}=y$일 때, $x+y$의 최솟값을 구하시오.

171

유형 18

$2.7<\sqrt{x}<3.3$을 만족시키는 자연수 x의 개수를 a, $8.2<\sqrt{3y^2}<10$을 만족시키는 자연수 y의 개수를 b라 할 때, $a+b$의 값을 구하시오.

172

유형 19

자연수 x에 대하여 $\sqrt{x}$ 이하의 자연수의 개수를 $f(x)$라 할 때, $f(20+f(56))$의 값을 구하시오.

173

유형 08+유형 23

다음 그림은 수직선 위에 넓이가 2인 정사각형 ABCD와 넓이가 5인 정사각형 BEFG를 그린 것이다. $\overline{AD}=\overline{AP}$, $\overline{EF}=\overline{EQ}$이고, 두 점 P, Q에 대응하는 수를 각각 a, b라 할 때, $(a+2)^2+(b-1)^2$의 값을 구하시오.

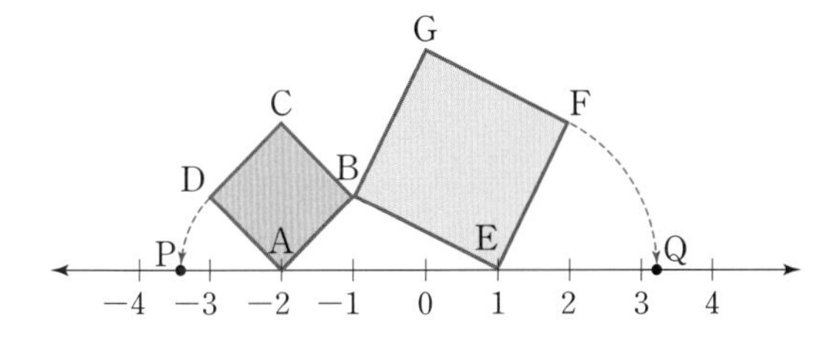

174

유형 26

높이가 같은 세 삼각형 A, B, C의 밑변의 길이가 각각 $\sqrt{6}+3$, $\sqrt{6}+\sqrt{7}$, $3+\sqrt{7}$일 때, 넓이가 가장 넓은 삼각형을 구하시오.

175

유형 01

다음 그림에서 □ABCD∽□BMNA이다. 점 M이 $\overline{BC}$의 중점이고 $\overline{BC}=2\text{ cm}$일 때, $\overline{AB}$의 길이를 구하시오.

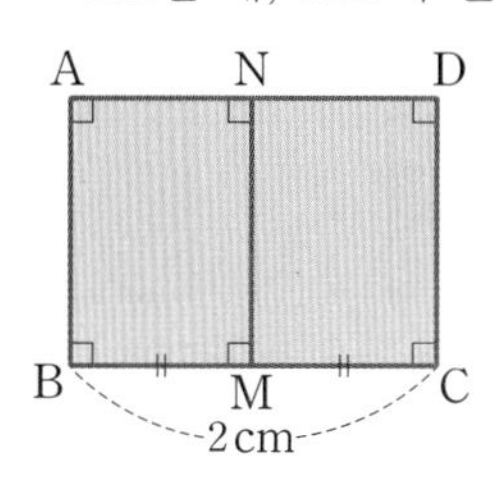

176

유형 10+유형 11

$-3<x<y<0$일 때, 다음 중 가장 큰 수는?

① $\sqrt{(3-x)^2}$
② $-\sqrt{(x-3)^2}$
③ $\sqrt{(3+y)^2}$
④ $-\sqrt{(-y)^2}$
⑤ $-\sqrt{(y-3)^2}$

177

유형 12+유형 15

다음 그림과 같이 정사각형 모양의 색종이 두 장이 있다. 두 색종이의 넓이가 각각 $34-x$, $2x$이고, 두 색종이의 각 변의 길이가 모두 자연수일 때, 자연수 x의 값을 구하시오.

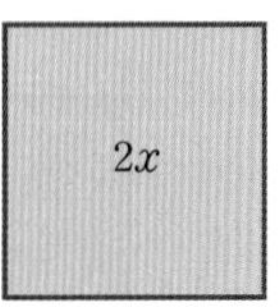

178

유형 14+유형 15

$\sqrt{72+x}-\sqrt{110-y}$의 값이 가장 작은 정수가 되도록 하는 자연수 x, y에 대하여 $x+y$의 값을 구하시오.

179

유형 12+유형 18

$1.5<\sqrt{x}<2.5$를 만족시키는 자연수 x의 값 중에서 가장 작은 자연수를 a, 가장 큰 자연수를 b라 할 때, $\sqrt{\frac{b}{a}\times n}$이 한 자리의 자연수가 되도록 하는 모든 자연수 n의 값을 구하시오.

180

유형 20

한 자리의 자연수 n에 대하여 $f(n)=\sqrt{0.\dot{n}}$이라 할 때, $f(1)$, $f(2)$, $f(3)$, $f(4)$, $f(5)$ 중에서 무리수는 모두 몇 개인지 구하시오.

정답 및 풀이 9쪽

181 유형 04

다음 그림은 넓이가 18인 정사각형 모양의 색종이를 3번 접은 후 다시 펼쳐 놓은 것이다.

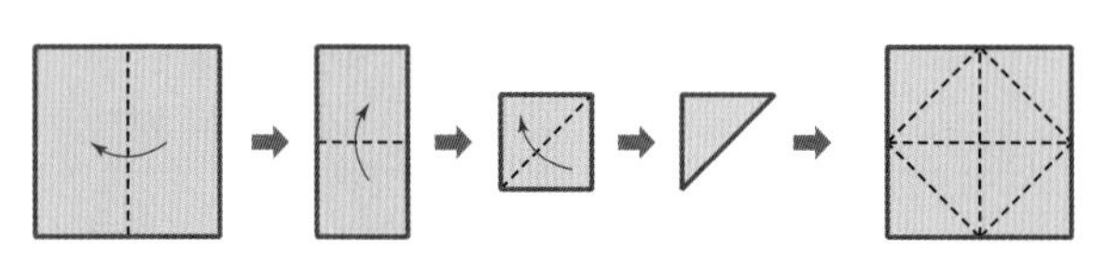

이 색종이의 접힌 선을 따라 일부를 잘라 내어 다음 도형을 만들었을 때, 도형의 둘레의 길이를 구하시오.

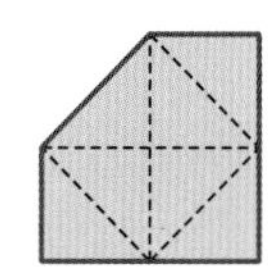

182 유형 15

서로 다른 두 개의 주사위를 동시에 던져서 나오는 눈의 수를 각각 a, b라 하자. 이때 $\sqrt{20-ab}$가 자연수가 될 확률은?

① $\frac{1}{12}$ ② $\frac{1}{9}$ ③ $\frac{1}{6}$
④ $\frac{2}{9}$ ⑤ $\frac{1}{4}$

183 유형 20

다음 그림은 수직선 위에 자연수의 양의 제곱근 1, $\sqrt{2}$, $\sqrt{3}$, 2, $\sqrt{5}$, $\sqrt{6}$, $\sqrt{7}$, $\sqrt{8}$, 3, …에 대응하는 점을 각각 나타낸 것이다.

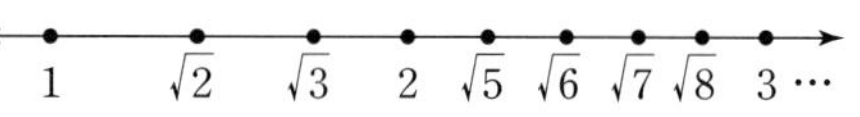

이 중 무리수에 대응하는 점은 1과 2 사이에는 $\sqrt{2}$, $\sqrt{3}$의 2개, 2와 3 사이에는 $\sqrt{5}$, $\sqrt{6}$, $\sqrt{7}$, $\sqrt{8}$의 4개, …이다. 이때 자연수의 양의 제곱근 중 500과 501 사이에 있는 무리수에 대응하는 점의 개수를 구하시오.

184 유형 22

다음 그림과 같이 반지름의 길이가 1인 원이 수직선과 -3에 대응하는 점에서 접하고 있다. 이 원을 수직선 위에서 화살표 방향으로 한 바퀴 반을 굴릴 때, 원 위의 점 P가 수직선 위에 닿는 점에 대응하는 수는?

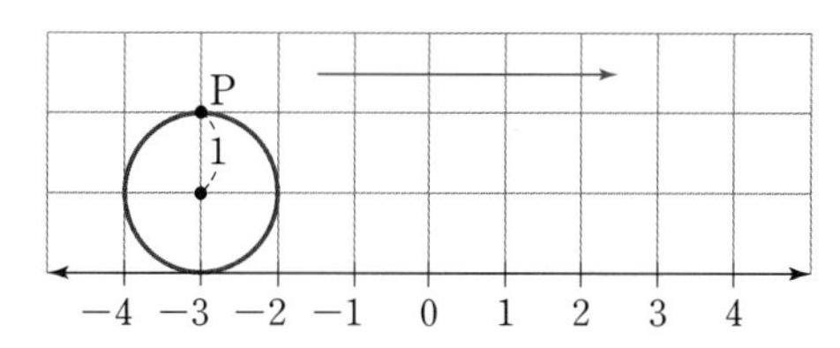

① $3-\pi$ ② $-3+\pi$ ③ $-3+2\pi$
④ $-3+3\pi$ ⑤ 3π

Theme 04 근호를 포함한 식의 곱셈과 나눗셈 유형 01 ~ 유형 08

(1) 제곱근의 곱셈

$a>0$, $b>0$이고, m, n이 유리수일 때

① $\sqrt{a}\times\sqrt{b}=\sqrt{a}\sqrt{b}=\sqrt{ab}$　② $m\times\sqrt{a}=m\sqrt{a}$

③ $m\times n\sqrt{a}=mn\sqrt{a}$　④ $m\sqrt{a}\times n\sqrt{b}=mn\sqrt{ab}$

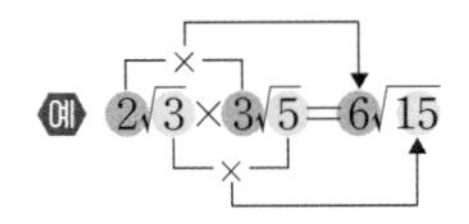

예 $2\sqrt{3}\times3\sqrt{5}=6\sqrt{15}$

비법 note

- 제곱근의 곱셈과 나눗셈에서 $\sqrt{\ }$ 안은 $\sqrt{\ }$ 안의 수끼리, $\sqrt{\ }$ 밖은 $\sqrt{\ }$ 밖의 수끼리 계산한다.
- $a>0$, $b>0$, $c>0$일 때, $\sqrt{a}\sqrt{b}\sqrt{c}=\sqrt{abc}$

(2) 제곱근의 나눗셈

$a>0$, $b>0$, $c>0$, $d>0$이고, m, n이 유리수일 때

① $\sqrt{a}\div\sqrt{b}=\dfrac{\sqrt{a}}{\sqrt{b}}=\sqrt{\dfrac{a}{b}}$

② $m\sqrt{a}\div n\sqrt{b}=m\sqrt{a}\times\dfrac{1}{n\sqrt{b}}=\dfrac{m}{n}\sqrt{\dfrac{a}{b}}$ (단, $n\neq0$)

③ $\dfrac{\sqrt{a}}{\sqrt{b}}\div\dfrac{\sqrt{c}}{\sqrt{d}}=\dfrac{\sqrt{a}}{\sqrt{b}}\times\dfrac{\sqrt{d}}{\sqrt{c}}=\sqrt{\dfrac{a}{b}}\times\sqrt{\dfrac{d}{c}}=\sqrt{\dfrac{ad}{bc}}$

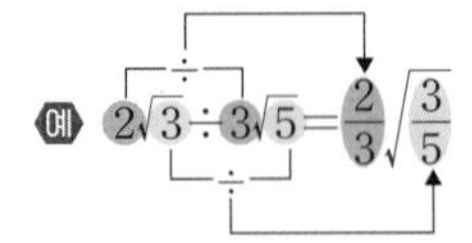

예 $2\sqrt{3}\div3\sqrt{5}=\dfrac{2}{3}\sqrt{\dfrac{3}{5}}$

비법 note

- 분수의 나눗셈은 역수의 곱셈으로 고쳐서 계산한다.

예 $\sqrt{3}\div\dfrac{1}{\sqrt{2}}=\sqrt{3}\times\sqrt{2}$
$=\sqrt{6}$

(3) 근호가 있는 식의 변형

$a>0$, $b>0$일 때

① $\sqrt{a^2b}=\sqrt{a^2}\times\sqrt{b}=a\times\sqrt{b}=a\sqrt{b}$

② $\sqrt{\dfrac{a}{b^2}}=\dfrac{\sqrt{a}}{\sqrt{b^2}}=\dfrac{\sqrt{a}}{b}$, $\sqrt{\dfrac{a^2}{b}}=\dfrac{\sqrt{a^2}}{\sqrt{b}}=\dfrac{a}{\sqrt{b}}$

참고 근호 안의 수를 소인수분해하여 제곱인 인수를 근호 밖으로 꺼낼 때, 근호 안의 수는 제곱인 인수가 없는 가장 작은 자연수가 되게 한다.

예 $\sqrt{18}=\sqrt{2\times3^2}=3\sqrt{2}$, $\sqrt{\dfrac{3}{4}}=\dfrac{\sqrt{3}}{\sqrt{4}}=\dfrac{\sqrt{3}}{\sqrt{2^2}}=\dfrac{\sqrt{3}}{2}$

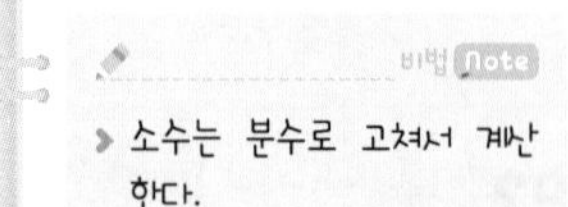

비법 note

- 소수는 분수로 고쳐서 계산한다.

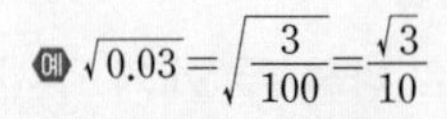

예 $\sqrt{0.03}=\sqrt{\dfrac{3}{100}}=\dfrac{\sqrt{3}}{10}$

- 근호 밖의 수를 근호 안으로 넣을 때, 양수만 가능하다.

예 $-2\sqrt{3}\neq\sqrt{(-2)^2\times3}$
$-2\sqrt{3}=-\sqrt{2^2\times3}$
$=-\sqrt{12}$

(4) 분모의 유리화

① 분모의 유리화 : 분모에 근호가 있을 때, 분자와 분모에 0이 아닌 같은 수를 곱하여 분모를 유리수로 고치는 것

② 분모의 유리화를 하는 방법 : $a>0$, $b>0$이고, m, n이 유리수일 때

(i) $\dfrac{b}{\sqrt{a}}=\dfrac{b\times\sqrt{a}}{\sqrt{a}\times\sqrt{a}}=\dfrac{b\sqrt{a}}{a}$

분자, 분모에 각각 $\sqrt{a}$를 곱한다.

(ii) $\dfrac{n\sqrt{b}}{m\sqrt{a}}=\dfrac{n\sqrt{b}\times\sqrt{a}}{m\sqrt{a}\times\sqrt{a}}=\dfrac{n\sqrt{ab}}{ma}$ (단, $m\neq0$)

분자, 분모에 각각 $\sqrt{a}$를 곱한다.

예 $\dfrac{1}{\sqrt{2}}=\dfrac{1\times\sqrt{2}}{\sqrt{2}\times\sqrt{2}}=\dfrac{\sqrt{2}}{2}$, $\dfrac{3\sqrt{5}}{\sqrt{2}}=\dfrac{3\sqrt{5}\times\sqrt{2}}{\sqrt{2}\times\sqrt{2}}=\dfrac{3\sqrt{10}}{2}$

비법 note

- 분모의 유리화를 할 때, $\sqrt{a^2b}=a\sqrt{b}$임을 이용하여 $\sqrt{\ }$ 안의 수를 가장 작은 자연수가 되게 한 후 계산하는 것이 편리하다.

예 $\dfrac{1}{\sqrt{18}}=\dfrac{1}{3\sqrt{2}}$
$=\dfrac{\sqrt{2}}{3\sqrt{2}\times\sqrt{2}}$
$=\dfrac{\sqrt{2}}{6}$

Theme 04 근호를 포함한 식의 곱셈과 나눗셈

[185~189] 다음을 계산하시오.

185 $\sqrt{7}\sqrt{3}$

186 $(-\sqrt{2})\times\sqrt{5}\times(-\sqrt{7})$

187 $\sqrt{15}\div\sqrt{5}$

188 $\dfrac{\sqrt{56}}{\sqrt{8}}$

189 $15\sqrt{75}\div5\sqrt{3}$

[190~191] 다음 □ 안에 공통으로 들어갈 자연수를 구하시오.

190 $\sqrt{12}=\sqrt{\square^2\times3}=\square\sqrt{3}$

191 $\sqrt{45}=\sqrt{3^2\times\square}=3\sqrt{\square}$

[192~194] 다음을 $a\sqrt{b}$ 꼴로 나타내시오.
(단, b는 가장 작은 자연수)

192 $\sqrt{3^2\times7}$

193 $\sqrt{20}$

194 $\sqrt{\dfrac{5}{16}}$

[195~196] 다음을 $\sqrt{a}$ 꼴로 나타내시오.

195 $3\sqrt{2}$

196 $5\sqrt{3}$

[197~204] 다음 수의 분모를 유리화하시오.

197 $\dfrac{1}{\sqrt{3}}$

198 $\dfrac{\sqrt{5}}{\sqrt{2}}$

199 $\dfrac{3}{2\sqrt{6}}$

200 $\dfrac{5}{3\sqrt{2}}$

201 $\dfrac{\sqrt{7}}{3\sqrt{5}}$

202 $\dfrac{2\sqrt{3}}{\sqrt{5}}$

203 $\dfrac{\sqrt{2}}{\sqrt{12}}$

204 $\dfrac{3}{\sqrt{18}}$

[205~210] 다음을 계산하시오.

205 $3\times\dfrac{1}{\sqrt{3}}$

206 $\sqrt{3}\times\sqrt{75}\div\sqrt{5}$

207 $\sqrt{6}\div(-\sqrt{2})\times\sqrt{3}$

208 $\sqrt{27}\times\sqrt{8}\div\sqrt{12}$

209 $\sqrt{\dfrac{3}{5}}\times\sqrt{\dfrac{10}{3}}\div\dfrac{2}{\sqrt{2}}$

210 $\dfrac{3\sqrt{2}}{\sqrt{6}}\div\dfrac{2}{\sqrt{3}}\times12$

Theme 05 근호를 포함한 식의 덧셈과 뺄셈 유형 09 ~ 유형 14

(1) 제곱근의 덧셈과 뺄셈

$a>0$이고, m, n이 유리수일 때

① $m\sqrt{a}+n\sqrt{a}=(m+n)\sqrt{a}$

② $m\sqrt{a}-n\sqrt{a}=(m-n)\sqrt{a}$

(2) 근호를 포함한 식의 분배법칙

$a>0$, $b>0$, $c>0$일 때

① $\sqrt{a}(\sqrt{b}\pm\sqrt{c})=\sqrt{a}\sqrt{b}\pm\sqrt{a}\sqrt{c}=\sqrt{ab}\pm\sqrt{ac}$ (복호동순)

② $(\sqrt{a}\pm\sqrt{b})\sqrt{c}=\sqrt{a}\sqrt{c}\pm\sqrt{b}\sqrt{c}=\sqrt{ac}\pm\sqrt{bc}$ (복호동순)

예 $\sqrt{2}(\sqrt{3}+\sqrt{5})=\sqrt{6}+\sqrt{10}$, $(\sqrt{2}-\sqrt{3})\sqrt{5}=\sqrt{10}-\sqrt{15}$

(3) 분배법칙을 이용한 분모의 유리화

$a>0$, $b>0$, $c>0$일 때,

$$\frac{\sqrt{a}+\sqrt{b}}{\sqrt{c}}=\frac{(\sqrt{a}+\sqrt{b})\times\sqrt{c}}{\sqrt{c}\times\sqrt{c}}=\frac{\sqrt{ac}+\sqrt{bc}}{c}$$

(4) 근호를 포함한 복잡한 식의 계산

❶ 괄호가 있으면 분배법칙을 이용하여 괄호를 푼다.

❷ 근호 안에 제곱인 인수가 있으면 근호 밖으로 꺼낸다.

❸ 분모에 무리수가 있으면 분모를 유리화한다.

❹ 곱셈과 나눗셈을 먼저 한 후 덧셈과 뺄셈을 한다.

비법 Note

› 제곱근의 덧셈과 뺄셈은 $\sqrt{\ }$ 안의 수가 같지 않으면 더 이상 간단히 할 수 없다. 즉,
$\sqrt{a}+\sqrt{b}\neq\sqrt{a+b}$
$\sqrt{a}-\sqrt{b}\neq\sqrt{a-b}$

비법 Note

› 나눗셈은 역수의 곱셈으로 바꾸어 계산한다. 이때 약분이 되는 것은 먼저 약분한다.

Theme 06 근호를 포함한 식의 계산 유형 15 ~ 유형 22

(1) 제곱근의 계산 결과가 유리수가 될 조건

a, b는 유리수이고, $\sqrt{m}$은 무리수일 때, $a+b\sqrt{m}$이 유리수가 될 조건 ⇨ $b=0$

(2) 제곱근의 값

① 제곱근표 : 1.00부터 99.9까지의 수에 대한 양의 제곱근을 반올림하여 소수점 아래 셋째 자리까지 구하여 나타낸 표

참고 제곱근표 읽는 방법 : 처음 두 자리 수의 가로줄과 끝자리 수의 세로줄이 만나는 곳에 적힌 수를 읽는다.

예 제곱근표에서 $\sqrt{2.01}$의 값은 1.418, $\sqrt{2.13}$의 값은 1.459이다.

수	0	1	2	3	…
⋮					
2.0	1.414	1.418	1.421	1.425	…
2.1	1.449	1.453	1.456	1.459	…
⋮					

② 제곱근표에 없는 수의 제곱근의 값

(i) 100보다 큰 수 : $\sqrt{100a}=10\sqrt{a}$, $\sqrt{10000a}=100\sqrt{a}$, …임을 이용한다.

(ii) 1보다 작은 수 : $\sqrt{\frac{a}{100}}=\frac{\sqrt{a}}{10}$, $\sqrt{\frac{a}{10000}}=\frac{\sqrt{a}}{100}$, …임을 이용한다.

→ 근호 안에서 소수점은 2칸씩 이동한다.

비법 Note

› 제곱근표에는 1.00부터 9.99까지의 수는 0.01 간격으로, 10.0부터 99.9까지의 수는 0.1 간격으로 양의 제곱근의 값이 나와 있다.

비법 Note

› 제곱근의 정수 부분, 소수 부분
$n\leq\sqrt{A}<n+1$일 때
(n : 정수, $\sqrt{A}$: 무리수)
① $\sqrt{A}$의 정수 부분 ⇨ n
② $\sqrt{A}$의 소수 부분 ⇨ $\sqrt{A}-n$

Theme 05 근호를 포함한 식의 덧셈과 뺄셈

[211~217] 다음을 계산하시오.

211 $5\sqrt{5}-2\sqrt{5}$

212 $\sqrt{12}+4\sqrt{3}-2\sqrt{75}$

213 $\sqrt{18}-\sqrt{32}-\sqrt{12}+2\sqrt{27}$

214 $\frac{5}{\sqrt{8}}+\frac{3}{\sqrt{2}}$

215 $\sqrt{2}(2-\sqrt{2})+\sqrt{2}$

216 $\sqrt{3}(\sqrt{2}-\sqrt{5})-(\sqrt{3}-\sqrt{5})\sqrt{2}$

217 $(\sqrt{18}+\sqrt{12})\div\sqrt{3}$

[218~219] 다음 수의 분모를 유리화하시오.

218 $\frac{\sqrt{5}+\sqrt{6}}{\sqrt{3}}$

219 $\frac{\sqrt{27}-\sqrt{2}}{\sqrt{2}}$

[220~221] 다음을 계산하시오.

220 $3(5+3\sqrt{3})-\frac{6-2\sqrt{3}}{\sqrt{3}}$

221 $(3-\sqrt{3})\div\sqrt{2}+\sqrt{2}(2-2\sqrt{3})$

Theme 06 근호를 포함한 식의 계산

[222~225] 다음 계산 결과가 유리수가 되도록 하는 유리수 a의 값을 구하시오.

222 $4a-9\sqrt{2}+2+3a\sqrt{2}$

223 $2a\sqrt{6}-5+2\sqrt{6}+3a$

224 $3a+8\sqrt{3}+2a\sqrt{3}-4$

225 $12a\sqrt{5}-6+3\sqrt{5}+9-3a\sqrt{5}$

[226~231] 아래 제곱근표를 이용하여 다음 제곱근의 값을 구하시오.

수	5	6	7
2.0	1.432	1.435	1.439
2.1	1.466	1.470	1.473

226 $\sqrt{2.15}$

227 $\sqrt{2.07}$

228 $\sqrt{205}$

229 $\sqrt{20600}$

230 $\sqrt{21700}$

231 $\sqrt{0.0216}$

[232~235] 다음 수의 정수 부분을 a, 소수 부분을 b라 할 때, a와 b의 값을 각각 구하시오.

232 $\sqrt{5}$

233 $\sqrt{10}$

234 $\sqrt{17}$

235 $\sqrt{30}$

Theme 04 근호를 포함한 식의 곱셈과 나눗셈

워크북 28쪽

유형 01 제곱근의 곱셈

$\sqrt{\ }$ 안의 수끼리, $\sqrt{\ }$ 밖의 수끼리 곱한다.

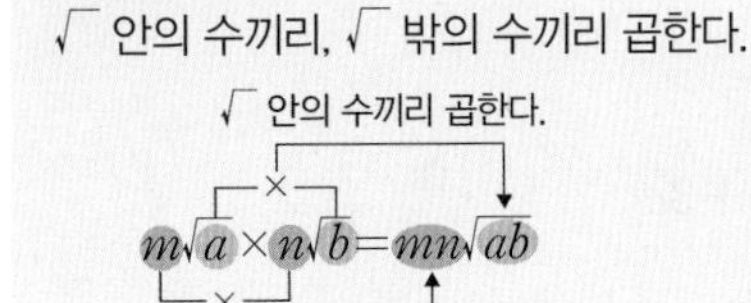

대표 문제

236

$(-2\sqrt{2})\times3\sqrt{\frac{7}{5}}\times\left(-\frac{3}{2}\right)\times\sqrt{5}$를 계산하시오.

237 ●●○○

다음 두 수 A, B에 대하여 AB의 값은?

$A=\sqrt{0.32}\times\sqrt{0.5}$, $B=2\sqrt{\frac{5}{44}}\times\sqrt{55}$

① 1 ② 2 ③ 3
④ 4 ⑤ 5

238 ●●●○

$3\sqrt{a}\times\sqrt{5}\times2\sqrt{5a}=60$일 때, 자연수 a의 값을 구하시오.

유형 02 제곱근의 나눗셈

$\sqrt{\ }$ 안의 수끼리, $\sqrt{\ }$ 밖의 수끼리 나눈다.

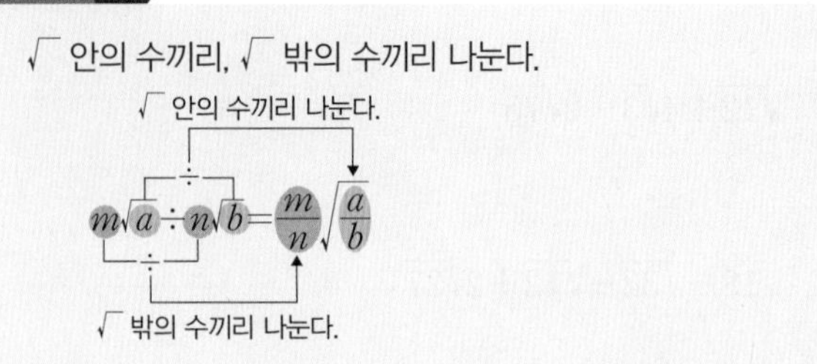

대표 문제

239

다음 중 옳지 않은 것은?

① $\frac{\sqrt{8}}{\sqrt{2}}=2$
② $6\sqrt{6}\div3\sqrt{3}=2\sqrt{2}$
③ $2\sqrt{3}\div\frac{1}{2\sqrt{3}}=1$
④ $\frac{\sqrt{8}}{\sqrt{3}}\div\frac{\sqrt{4}}{\sqrt{6}}=2$
⑤ $\frac{2\sqrt{10}}{3\sqrt{2}}\div\frac{4\sqrt{5}}{3\sqrt{6}}=\frac{\sqrt{6}}{2}$

240 ●●○○

다음 중 계산 결과가 가장 큰 것은?

① $\sqrt{33}\div\sqrt{3}$
② $\sqrt{10}\div\sqrt{5}$
③ $\sqrt{3}\div\sqrt{\frac{1}{12}}$
④ $\sqrt{75}\div(-\sqrt{3})$
⑤ $\sqrt{\frac{15}{2}}\div\sqrt{\frac{3}{8}}$

241 ●●○○

$5\sqrt{2}\div\frac{\sqrt{5}}{\sqrt{7}}\div\frac{1}{2\sqrt{15}}=10\sqrt{n}$일 때, 자연수 n의 값을 구하시오.

242 ●●●○

$\sqrt{45}$는 $\frac{\sqrt{5}}{3}$의 몇 배인지 구하시오.

유형 03 근호가 있는 식의 변형 (1)

$a>0$, $b>0$일 때,
$\sqrt{a^2b}=\sqrt{a^2}\times\sqrt{b}=a\times\sqrt{b}=a\sqrt{b}$
예 $\sqrt{20}=\sqrt{2^2\times5}=2\sqrt{5}$
$3\sqrt{2}=\sqrt{3^2\times2}=\sqrt{18}$

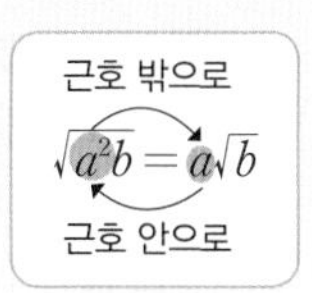

대표 문제

243

$\sqrt{48}=a\sqrt{3}$, $\sqrt{50}=5\sqrt{b}$일 때, $a+b$의 값을 구하시오. (단, a, b는 유리수)

244

다음 중 $a\sqrt{b}$ 꼴로 나타낸 것으로 옳지 않은 것은?

① $\sqrt{8}=2\sqrt{2}$
② $\sqrt{54}=3\sqrt{6}$
③ $\sqrt{63}=3\sqrt{7}$
④ $\sqrt{125}=5\sqrt{3}$
⑤ $\sqrt{250}=5\sqrt{10}$

245

다음 중 □ 안에 들어갈 수가 가장 큰 것은?

① $-\sqrt{28}=-2\sqrt{\square}$
② $\sqrt{40}=\square\sqrt{10}$
③ $-\sqrt{44}=-2\sqrt{\square}$
④ $\sqrt{96}=\square\sqrt{6}$
⑤ $\sqrt{180}=\square\sqrt{5}$

246

$\sqrt{3}\times\sqrt{10}\times\sqrt{15}=a\sqrt{2}$를 만족시키는 자연수 a의 값은?

① 10 ② 15 ③ 20
④ 25 ⑤ 30

247

맑은 날 지면으로부터 높이가 x m인 곳에서 사람의 눈으로 볼 수 있는 최대 거리를 y m라 하면 다음의 관계가 성립한다.

$$y=\sqrt{3600^2\times x}$$

지면으로부터 높이가 18 m인 곳에서 사람의 눈으로 볼 수 있는 최대 거리를 $a\sqrt{b}$ m라 할 때, 자연수 a, b에 대하여 $a+b$의 값을 구하시오. (단, b는 가장 작은 자연수)

서술형

248

$\sqrt{270a}=b\sqrt{2}$를 만족시키는 자연수 a, b에 대하여 $a+b$의 값을 구하시오. (단, a는 가장 작은 자연수)

유형 04 근호가 있는 식의 변형 (2)

$a>0$, $b>0$일 때

(1) $\sqrt{\frac{a}{b^2}}=\frac{\sqrt{a}}{\sqrt{b^2}}=\frac{\sqrt{a}}{b}$

(2) $\sqrt{\frac{a^2}{b}}=\frac{\sqrt{a^2}}{\sqrt{b}}=\frac{a}{\sqrt{b}}$

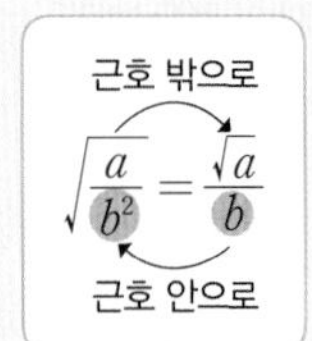

참고 소수는 분수로 고쳐서 계산한다.

$\sqrt{0.03}=\sqrt{\frac{3}{100}}=\sqrt{\frac{3}{10^2}}=\frac{\sqrt{3}}{10}$

대표 문제

249

다음 중 옳지 않은 것은?

① $\sqrt{\frac{16}{3}}=\frac{4}{\sqrt{3}}$ ② $\sqrt{\frac{2}{(-3)^2}}=-\frac{\sqrt{2}}{3}$

③ $\sqrt{0.27}=\frac{3\sqrt{3}}{10}$ ④ $\sqrt{0.\dot{5}}=\frac{\sqrt{5}}{3}$

⑤ $-\frac{\sqrt{6}}{2}=-\sqrt{\frac{3}{2}}$

250

$\sqrt{0.24}=a\sqrt{6}$일 때, 유리수 a의 값은?

① $\frac{1}{6}$ ② $\frac{1}{5}$ ③ $\frac{1}{4}$

④ $\frac{1}{3}$ ⑤ $\frac{1}{2}$

251

$\frac{3\sqrt{3}}{\sqrt{5}}=\sqrt{a}$, $\frac{5}{3\sqrt{6}}=\sqrt{b}$일 때, ab의 값을 구하시오.

(단, a, b는 유리수)

252

$\sqrt{\frac{175}{4}}$는 $\sqrt{7}$의 A배이고, $\sqrt{0.008}$은 $\sqrt{5}$의 B배일 때, AB의 값을 구하시오.

빈출 유형 05 문자를 이용한 제곱근의 표현

❶ 근호 안의 수를 소인수분해한다.

❷ $\sqrt{a^2b}=a\sqrt{b}$임을 이용하여 근호 안의 제곱인 인수를 근호 밖으로 꺼낸다.

❸ 주어진 문자로 나타낸다.

대표 문제

253

$\sqrt{2}=a$, $\sqrt{3}=b$일 때, $\sqrt{756}$을 a, b를 사용하여 나타내면?

① $7\sqrt{a}\sqrt{b}$ ② $5a^2b$ ③ $\sqrt{7a^2b^3}$

④ $\sqrt{7ab}$ ⑤ $\sqrt{5a^2b^3}$

254

$\sqrt{2}=x$, $\sqrt{5}=y$일 때, 다음 중 옳지 않은 것은?

① $\sqrt{50}=xy^2$ ② $\sqrt{0.4}=\frac{x}{y}$

③ $\sqrt{\frac{16}{5}}=\frac{x^4}{y}$ ④ $\sqrt{2.5}=\frac{y}{x}$

⑤ $\sqrt{180}=3xy^2$

255

$\sqrt{3}=a$, $\sqrt{30}=b$일 때, 다음 중 옳지 않은 것은?

① $\sqrt{0.0003}=\frac{a}{100}$ ② $\sqrt{0.003}=\frac{b}{100}$

③ $\sqrt{0.3}=\frac{b}{10}$ ④ $\sqrt{3000}=10a$

⑤ $\sqrt{30000}=100a$

256

$\sqrt{5}=a$, $\sqrt{7}=b$일 때, $\sqrt{12}$를 a, b를 사용하여 나타내면?

① $\sqrt{a^2+b^2}$ ② $a+b$ ③ a^2+b^2

④ $\sqrt{ab}$ ⑤ ab

빈출
유형 06 분모의 유리화

$a>0$, $b>0$이고, m, n이 유리수일 때

(1) $\frac{b}{\sqrt{a}}=\frac{b\times\sqrt{a}}{\sqrt{a}\times\sqrt{a}}=\frac{b\sqrt{a}}{a}$

(2) $\frac{n\sqrt{b}}{m\sqrt{a}}=\frac{n\sqrt{b}\times\sqrt{a}}{m\sqrt{a}\times\sqrt{a}}=\frac{n\sqrt{ab}}{ma}$ (단, $m\neq0$)

참고 근호 안의 수를 가장 작은 자연수가 되게 한 후 유리화하는 것이 편리하다.

대표 문제
257
다음 중 분모를 유리화한 것으로 옳은 것은?

① $\frac{1}{\sqrt{5}}=\sqrt{5}$ ② $-\frac{3}{\sqrt{3}}=\sqrt{3}$

③ $\frac{\sqrt{5}}{4\sqrt{2}}=\frac{\sqrt{10}}{8}$ ④ $\frac{\sqrt{2}}{\sqrt{3}}=\frac{\sqrt{3}}{6}$

⑤ $\frac{\sqrt{2}}{3\sqrt{6}}=\frac{\sqrt{30}}{9}$

258 ●●●●
$\frac{3\sqrt{a}}{2\sqrt{6}}=\frac{\sqrt{15}}{4}$를 만족시키는 양수 a의 값은?

① $\frac{1}{2}$ ② 1 ③ $\frac{3}{2}$

④ 2 ⑤ $\frac{5}{2}$

서술형
259 ●●●●
$\frac{5}{\sqrt{18}}=a\sqrt{2}$, $\frac{1}{2\sqrt{3}}=b\sqrt{3}$일 때, $a+b$의 값을 구하시오.

(단, a, b는 유리수)

260 ●●●●
다음 수를 작은 것부터 차례로 나열할 때, 두 번째에 오는 수를 구하시오.

$\frac{\sqrt{2}}{\sqrt{3}}$, $\frac{2}{3}$, $\frac{1}{\sqrt{3}}$, $\frac{\sqrt{2}}{3}$, $\sqrt{2}$

유형 07 제곱근의 곱셈과 나눗셈의 혼합 계산

❶ 나눗셈은 역수의 곱셈으로 고친다.

❷ 근호 안의 제곱인 수를 근호 밖으로 꺼낸다.

❸ 분모를 유리화한다. 이때 분모의 유리화는 약분을 모두 한 후, 마지막에 하는 것이 편리한 경우가 많다.

대표 문제
261
다음 식을 계산하시오.

$$\left(-\frac{2\sqrt{2}}{3}\right)\times\sqrt{\frac{15}{8}}\div\frac{\sqrt{3}}{2}$$

262 ●●●●
$\frac{6}{\sqrt{2}}\div\frac{\sqrt{3}}{4}\times\left(-\frac{1}{3\sqrt{2}}\right)=k\sqrt{3}$일 때, 유리수 k의 값을 구하시오.

263 ●●●●
$\frac{\sqrt{20}}{\sqrt{3}}\times A\div\frac{\sqrt{5}}{\sqrt{12}}=\sqrt{6}$일 때, A의 값은?

① $3\sqrt{5}$ ② $2\sqrt{6}$ ③ $\frac{3\sqrt{2}}{4}$

④ $\frac{\sqrt{6}}{4}$ ⑤ $\frac{\sqrt{5}}{4}$

유형 08 제곱근의 곱셈과 나눗셈의 도형에의 활용

조건에 맞게 식을 세운 후 제곱근의 성질을 이용하여 계산한다.

대표 문제

264

다음 그림에서 A, B, C, D는 모두 정사각형이고, 정사각형 B의 넓이는 정사각형 A의 넓이의 2배, 정사각형 C의 넓이는 정사각형 B의 넓이의 2배, 정사각형 D의 넓이는 정사각형 C의 넓이의 2배이다. 정사각형 D의 넓이가 1 cm^2일 때, 정사각형 A의 한 변의 길이를 구하시오.

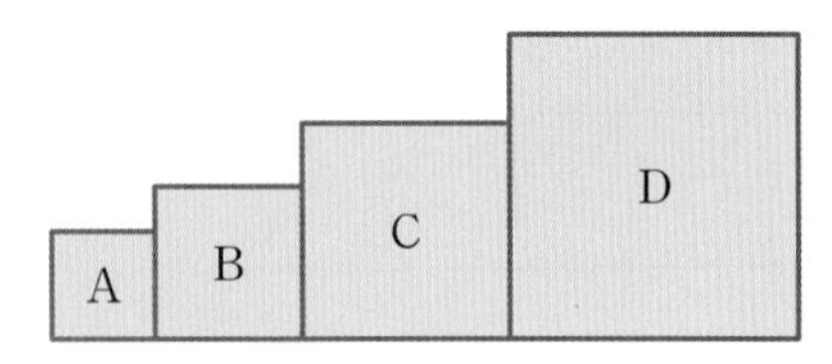

265 ●●●

오른쪽 그림과 같이 $\angle B=90°$인 직각삼각형 ABC에서 $\overline{AB}$, $\overline{BC}$를 각각 한 변으로 하는 두 정사각형을 그렸더니 그 넓이가 각각 27, 32가 되었다. 이때 직각삼각형 ABC의 넓이는?

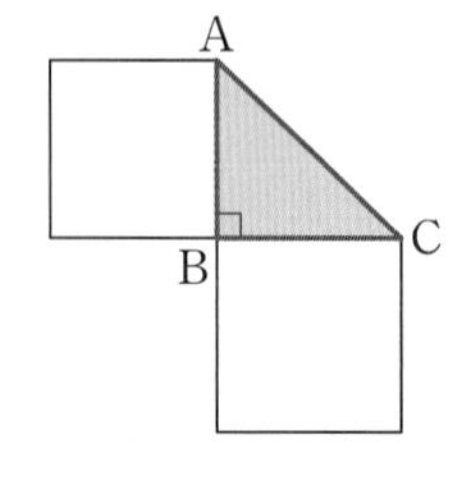

① $6\sqrt{2}$ ② $6\sqrt{3}$ ③ $6\sqrt{6}$
④ $12\sqrt{2}$ ⑤ $12\sqrt{3}$

266 ●●●

오른쪽 그림과 같이 밑면의 반지름의 길이가 $2\sqrt{3}$ cm인 원기둥의 부피가 $24\sqrt{2}\pi$ cm^3일 때, 이 원기둥의 옆넓이는?

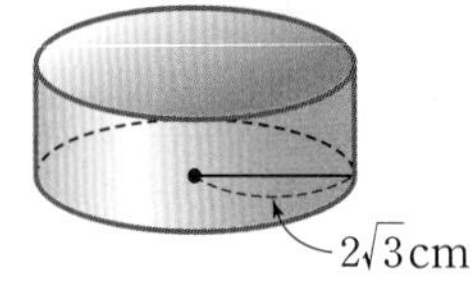
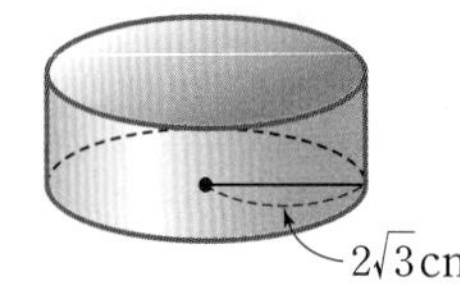

① $6\sqrt{3}\pi$ cm^2 ② $8\sqrt{3}\pi$ cm^2 ③ $6\sqrt{6}\pi$ cm^2
④ $8\sqrt{6}\pi$ cm^2 ⑤ $12\sqrt{6}\pi$ cm^2

267 ●●●

다음 그림의 삼각형과 직사각형의 넓이가 서로 같을 때, x의 값을 구하시오.

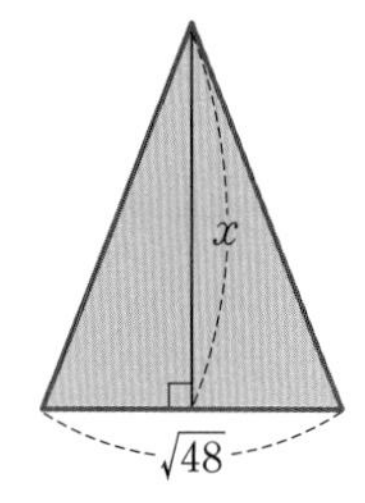

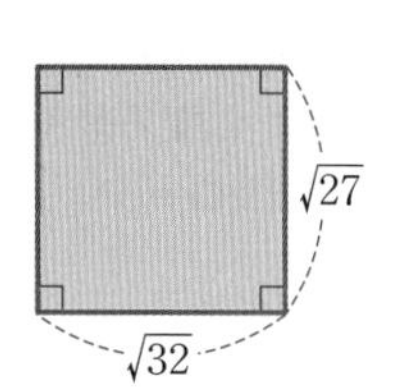

268 ●●●

오른쪽 그림과 같이 단면인 원의 지름의 길이가 20 cm인 원기둥 모양의 통나무가 있다. 이 통나무를 잘라 내어 밑면의 넓이가 가장 넓은 정사각형 모양의 기둥을 만들려고 한다. 이때 밑면인 정사각형의 둘레의 길이를 구하시오.

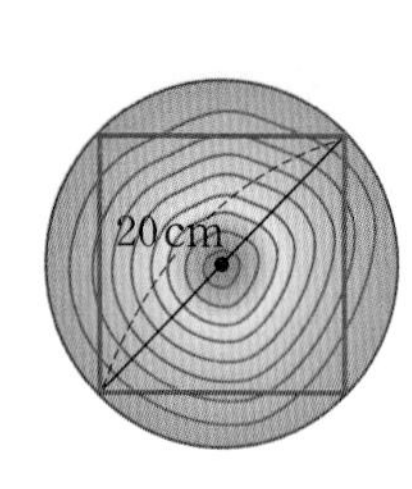

서술형

269 ●●●

오른쪽 그림과 같은 □ABCD에서 $\angle B=\angle D=90°$이고 $\overline{AD}=4$ cm, $\overline{BC}=2\sqrt{10}$ cm, $\overline{CD}=6$ cm일 때, □ABCD의 넓이를 구하시오.

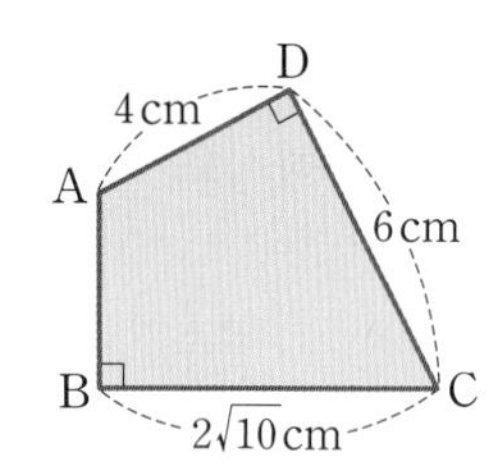

Theme 05 근호를 포함한 식의 덧셈과 뺄셈

워크북 33쪽

유형 09 제곱근의 덧셈과 뺄셈

근호 안의 수가 같은 것끼리 모아서 계산한다.
a, b, c, d는 유리수, $\sqrt{x}$, $\sqrt{y}$는 무리수일 때
⇨ $a\sqrt{x}+b\sqrt{y}+c\sqrt{x}+d\sqrt{y}=(a+c)\sqrt{x}+(b+d)\sqrt{y}$

대표 문제

270

$\frac{\sqrt{2}}{2}-\frac{\sqrt{3}}{3}-\sqrt{2}+\frac{5\sqrt{3}}{6}$을 계산하시오.

271 ●●

$a=\sqrt{3}+\sqrt{5}$, $b=\sqrt{3}-\sqrt{5}$일 때, $(a+b)(a-b)$의 값은?

① 1 ② $2\sqrt{10}$ ③ $3\sqrt{5}$
④ 15 ⑤ $4\sqrt{15}$

272 ●●●

수직선 위의 두 점 $\mathrm{P}(-1+\sqrt{2})$, $\mathrm{Q}(3+2\sqrt{2})$에 대하여 $\overline{\mathrm{PQ}}$의 길이는?

① $4-\sqrt{2}$ ② $2+\sqrt{2}$ ③ $\sqrt{5}+\sqrt{2}$
④ $4+\sqrt{2}$ ⑤ $5+3\sqrt{2}$

273 ●●●●

$\sqrt{(2-\sqrt{2})^2}-\sqrt{(1-\sqrt{2})^2}$을 계산하시오.

빈출 유형 10 $\sqrt{a^2b}=a\sqrt{b}$를 이용한 제곱근의 덧셈과 뺄셈

❶ $\sqrt{a^2b}=a\sqrt{b}$임을 이용하여 근호 안의 수를 가장 작은 자연수로 만든다.
❷ 근호 안의 수가 같은 것끼리 모아서 계산한다.

대표 문제

274

$\sqrt{108}-\sqrt{75}+\sqrt{45}-\sqrt{80}=a\sqrt{3}+b\sqrt{5}$일 때, $a+b$의 값을 구하시오. (단, a, b는 유리수)

275 ●●

$\sqrt{75}-\sqrt{48}+\sqrt{12}$를 계산하면?

① $-\sqrt{3}$ ② 0 ③ 3
④ $2\sqrt{3}$ ⑤ $3\sqrt{3}$

276 ●●●

$\sqrt{24}+4\sqrt{a}-\sqrt{150}=\sqrt{96}$일 때, 양수 a의 값을 구하시오.

277 ●●●●

다음 그림과 같이 자연수 A에 대하여 눈금 0으로부터 거리가 $\sqrt{A}$인 곳에 눈금 A를 표시하여 만든 두 자를 한 자의 눈금 0, 12의 위치와 다른 자의 눈금 3, x의 위치가 각각 일치하도록 붙여 놓았다. 이때 x의 값을 구하시오.

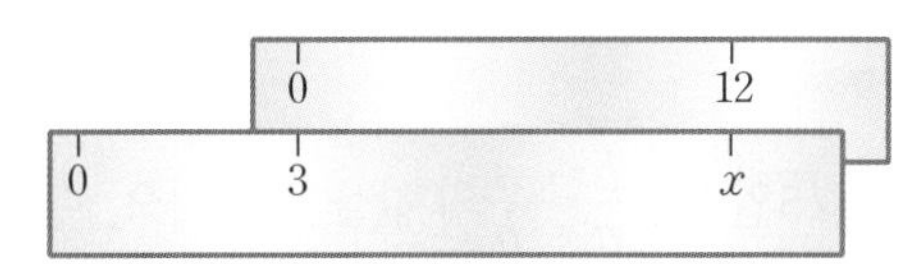

빈출★★

유형 11 분모에 근호를 포함한 제곱근의 덧셈과 뺄셈

❶ 분모에 무리수가 있으면 분모를 유리화한다.
❷ 근호 안의 수가 같은 것끼리 모아서 계산한다.

대표 문제

278

$\frac{2\sqrt{2}}{3}+\frac{3}{\sqrt{2}}-\frac{7\sqrt{3}}{6}+\frac{\sqrt{3}}{3}=a\sqrt{2}+b\sqrt{3}$일 때, $a+b$의 값을 구하시오. (단, a, b는 유리수)

279 ●●●●

$\sqrt{54}-3\sqrt{2}\div\sqrt{3}+\sqrt{6}$을 계산하면?

① $-5\sqrt{6}$ ② $-3\sqrt{6}$ ③ 1
④ $3\sqrt{6}$ ⑤ $5\sqrt{6}$

280 ●●●●

$a=\sqrt{6}$이고 $b=a+\frac{1}{a}$일 때, b는 a의 몇 배인가?

① $\frac{5}{6}$배 ② $\frac{7}{6}$배 ③ $\frac{3}{2}$배
④ $\frac{11}{6}$배 ⑤ 2배

281 ●●●●

$a=\sqrt{3}$, $b=\sqrt{5}$일 때, $\frac{b}{a}-\frac{a}{b}$의 값을 구하시오.

유형 12 분배법칙을 이용한 무리수의 계산

괄호가 있으면 분배법칙을 이용하여 괄호를 풀어 계산한다.
$a>0$, $b>0$, $c>0$일 때

(1) $\sqrt{a}(\sqrt{b}+\sqrt{c})=\sqrt{ab}+\sqrt{ac}$ (2) $(\sqrt{a}+\sqrt{b})\sqrt{c}=\sqrt{ac}+\sqrt{bc}$

(3) $\sqrt{a}(\sqrt{b}-\sqrt{c})=\sqrt{ab}-\sqrt{ac}$ (4) $(\sqrt{a}-\sqrt{b})\sqrt{c}=\sqrt{ac}-\sqrt{bc}$

대표 문제

282

$\sqrt{2}(\sqrt{8}-\sqrt{24})-\sqrt{3}(\sqrt{12}+1)$을 계산하면?

① $-5-5\sqrt{3}$ ② $-2-5\sqrt{3}$ ③ $-2-3\sqrt{3}$
④ $2+3\sqrt{3}$ ⑤ $1+5\sqrt{3}$

283 ●●●●

다음 식을 계산하시오.

$$\sqrt{2}\left(\frac{3}{\sqrt{6}}+\frac{4}{\sqrt{12}}\right)+\sqrt{3}\left(\frac{2}{\sqrt{18}}-\sqrt{3}\right)$$

284 ●●●●

$a=\sqrt{3}-\sqrt{2}$, $b=\sqrt{3}+\sqrt{2}$일 때, $\sqrt{2}a-\sqrt{3}b$의 값을 구하시오.

285 ●●●●

$\sqrt{2}=a$, $\sqrt{5}=b$라 할 때, $\sqrt{2}(\sqrt{5}+5\sqrt{2})+(2\sqrt{5}-\sqrt{2})\sqrt{5}$를 a, b를 사용하여 나타내면?

① ab ② a^2b ③ a^2+b
④ a^4b^2 ⑤ a^4+b^2

유형 13 분배법칙을 이용한 분모의 유리화

$a>0$, $b>0$, $c>0$일 때,

$$\frac{\sqrt{a}+\sqrt{b}}{\sqrt{c}}=\frac{(\sqrt{a}+\sqrt{b})\times\sqrt{c}}{\sqrt{c}\times\sqrt{c}}=\frac{\sqrt{ac}+\sqrt{bc}}{c}$$

대표 문제

286

$\frac{3\sqrt{3}-2\sqrt{2}}{\sqrt{2}}-\frac{\sqrt{2}-2\sqrt{3}}{\sqrt{3}}$을 계산하시오.

287 ●●●●

$\frac{8-\sqrt{3}}{3\sqrt{3}}$의 분모를 유리화하시오.

288 ●●●●

$A=\frac{5\sqrt{6}-\sqrt{5}}{\sqrt{5}}$, $B=\frac{6\sqrt{5}+\sqrt{6}}{\sqrt{6}}$일 때, $\frac{A-B}{A+B}$의 값을 구하시오.

서술형

289 ●●●●

$x=\frac{10+\sqrt{10}}{\sqrt{5}}$, $y=\frac{10-\sqrt{10}}{\sqrt{5}}$일 때, 다음 물음에 답하시오.

(1) x의 분모를 유리화하시오.

(2) y의 분모를 유리화하시오.

(3) $\sqrt{2}(x-y)$의 값을 구하시오.

빈출

유형 14 근호를 포함한 복잡한 식의 계산

❶ 괄호가 있으면 분배법칙을 이용하여 괄호를 푼다.

❷ 근호 안의 수를 소인수분해하여 제곱인 인수를 근호 밖으로 꺼낸다.

❸ 분모에 무리수가 있으면 분모를 유리화한다.

❹ 곱셈, 나눗셈을 먼저 한 후 덧셈, 뺄셈을 한다.

대표 문제

290

$\sqrt{(-4)^2}+(-2\sqrt{3})^2-\sqrt{3}\left(2\sqrt{48}-\sqrt{\frac{1}{3}}\right)$을 계산하시오.

291 ●●●●

$2\sqrt{8}-\frac{6}{\sqrt{3}}+\sqrt{2}(\sqrt{6}-3)$을 계산하시오.

292 ●●●●

$\sqrt{3}(\sqrt{6}-2\sqrt{3})+\frac{8-\sqrt{2}}{\sqrt{2}}$를 계산하면?

① $7\sqrt{2}-8$ ② $7\sqrt{2}-7$ ③ $8\sqrt{2}-7$
④ $8\sqrt{2}+7$ ⑤ $7\sqrt{3}+7$

293 ●●●●

$\sqrt{6}\left(\frac{1}{\sqrt{2}}+\frac{3\sqrt{6}}{2}\right)+\left(\frac{3}{\sqrt{2}}-\frac{5}{\sqrt{6}}\right)\sqrt{2}-3=A+B\sqrt{3}$일 때, AB의 값을 구하시오. (단, A, B는 유리수)

Theme 06 근호를 포함한 식의 계산

워크북 36쪽

유형 15 제곱근의 계산 결과가 유리수가 될 조건

a, b가 유리수이고, $\sqrt{m}$이 무리수일 때, $a+b\sqrt{m}$이 유리수가 되려면
⇨ 무리수 부분이 사라져야 한다.
⇨ $b=0$

대표 문제

294

$2(3\sqrt{2}-2a)+4-4a\sqrt{2}$가 유리수가 되도록 하는 유리수 a의 값은?

① -1 ② 1 ③ $\frac{3}{2}$
④ 2 ⑤ $\frac{5}{2}$

295 ●●●○

X가 유리수일 때, 다음을 구하시오.

$$X=3(a-\sqrt{2})-5\sqrt{2}+2a\sqrt{2}-9$$

(1) 유리수 a의 값
(2) X의 값

296 ●●●○

$\sqrt{24}\left(\frac{1}{\sqrt{6}}-\frac{1}{\sqrt{2}}\right)+\frac{a}{\sqrt{3}}(\sqrt{27}-3)$이 유리수가 되도록 하는 유리수 a의 값은?

① -2 ② -1 ③ 1
④ 2 ⑤ 3

유형 16 제곱근의 덧셈과 뺄셈의 도형에의 활용

조건에 맞게 식을 세운 후 제곱근의 성질을 이용하여 계산한다.

대표 문제

297

오른쪽 그림과 같은 사다리꼴 ABCD의 넓이는?

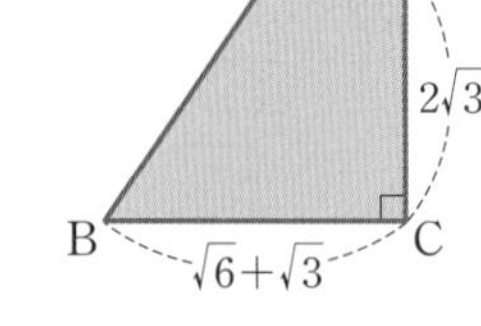

① $4+2\sqrt{2}$ ② $4+2\sqrt{3}$
③ $6+2\sqrt{3}$ ④ $6+3\sqrt{2}$

⑤ $8+3\sqrt{6}$

298 ●●○○

오른쪽 그림과 같이 넓이가 각각 $24\,\text{cm}^2$, $96\,\text{cm}^2$인 두 정사각형에서 $\overline{AB}$의 길이는?

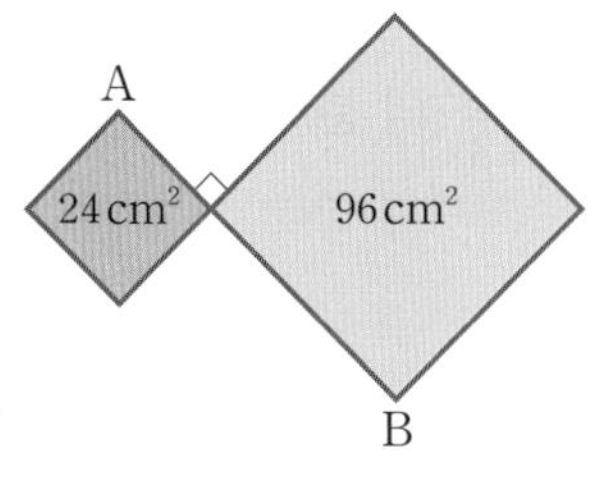

① $2\sqrt{6}$ cm ② $3\sqrt{6}$ cm
③ $4\sqrt{6}$ cm ④ $5\sqrt{6}$ cm
⑤ $6\sqrt{6}$ cm

서술형

299 ●●○○

오른쪽 그림과 같은 직육면체의 겉넓이와 부피를 각각 구하시오.

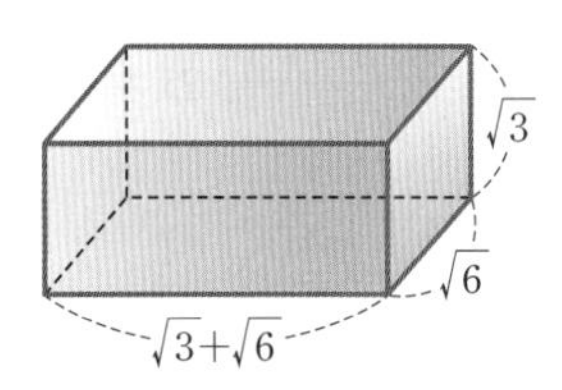

300 ●●●○

오른쪽 그림과 같이 가로의 길이가 $\sqrt{50}$ cm, 세로의 길이가 $\sqrt{128}$ cm인 직사각형 모양의 종이가 있다. 이 종이의 네 귀퉁이에서 각각 한 변의 길이가 $\sqrt{2}$ cm인 정사각형 4개를 잘라 내어 만든 뚜껑이 없는 직육면체 모양의 상자의 부피를 구하시오.

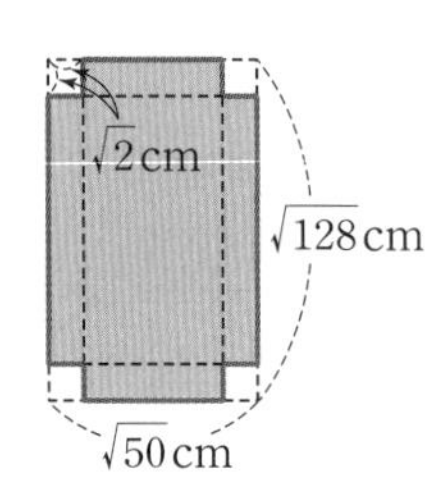

유형 17 제곱근의 덧셈과 뺄셈의 수직선에의 활용

수직선 위의 점에 대응하는 수를 구하여 식의 값을 구한다.

예 오른쪽 그림과 같이 넓이가 2인 정사각형에서 $x-y$의 값 구하기

⇨ 정사각형의 한 변의 길이가 $\sqrt{2}$이므로 $x=2-\sqrt{2}$, $y=2+\sqrt{2}$

$\therefore x-y=(2-\sqrt{2})-(2+\sqrt{2})$
$=-2\sqrt{2}$

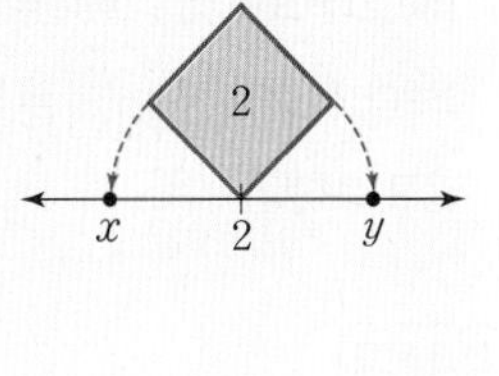

대표 문제

301

다음 그림은 수직선 위에 한 변의 길이가 1인 두 정사각형을 그린 것이다. $\overline{AB}=\overline{AP}$, $\overline{CD}=\overline{CQ}$이고 두 점 P, Q에 대응하는 수를 각각 p, q라 할 때, $(p+1)-(q-2)$의 값을 구하시오.

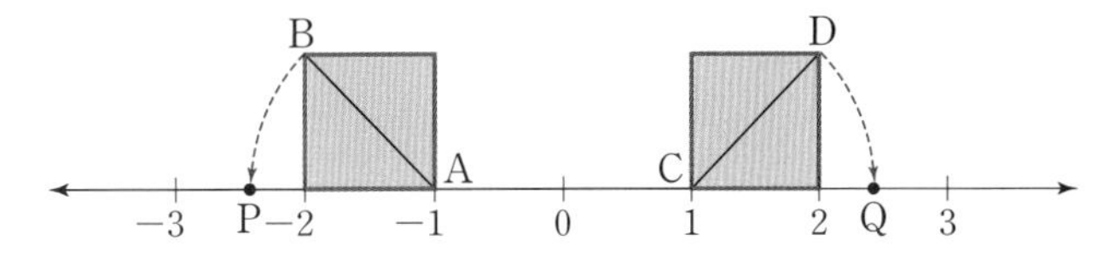

302 ●●○○

다음 그림은 한 칸의 가로와 세로의 길이가 각각 1인 모눈종이 위에 수직선과 두 직각삼각형 ABC, DEF를 그린 것이다. $\overline{BA}=\overline{BP}$, $\overline{FD}=\overline{FQ}$가 되도록 수직선 위에 두 점 P, Q를 정할 때, $\overline{PQ}$의 길이를 구하시오.

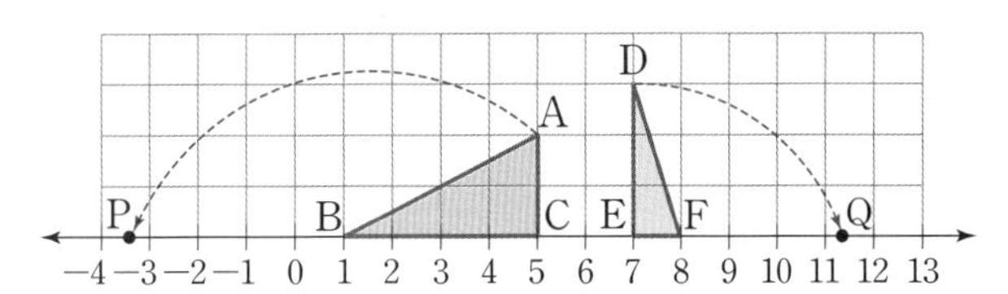

303 ●●●○

오른쪽 그림은 수직선 위에 넓이가 8인 정사각형 ABCD를 그린 것이다. $\overline{AB}=\overline{AP}$, $\overline{AD}=\overline{AQ}$이고 두 점 P, Q에 대응하는 수를 각각 p, q라 할 때, $\dfrac{2p+q}{p-2}$의 값을 구하시오.

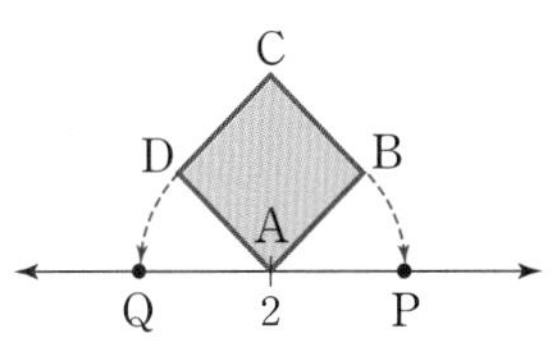

유형 18 두 점 사이의 거리

좌표평면 위의 두 점 $P(x_1, y_1)$, $Q(x_2, y_2)$ 사이의 거리는

⇨ $\overline{PQ}$
$=\sqrt{(x_2-x_1)^2+(y_2-y_1)^2}$

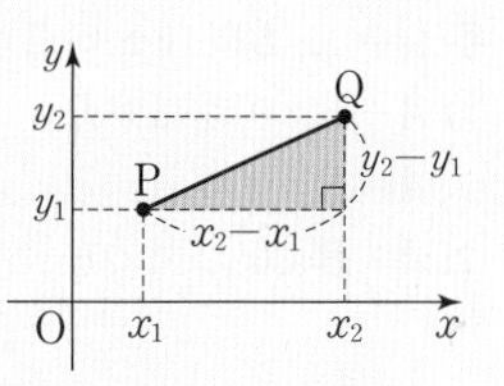

참고 두 점에서 x축, y축에 각각 평행한 직선을 그어 직각삼각형을 만든 후 피타고라스 정리를 이용한다.

대표 문제

304

좌표평면 위의 두 점 $A(-1, 2)$, $B(2, 5)$ 사이의 거리는?

① $2\sqrt{2}$ ② $2\sqrt{3}$ ③ $3\sqrt{2}$
④ $3\sqrt{3}$ ⑤ $4\sqrt{2}$

305 ●●○○

오른쪽 그림에서 좌표평면 위의 두 점 $P(2, -4)$, $Q(5, -3)$ 사이의 거리는?

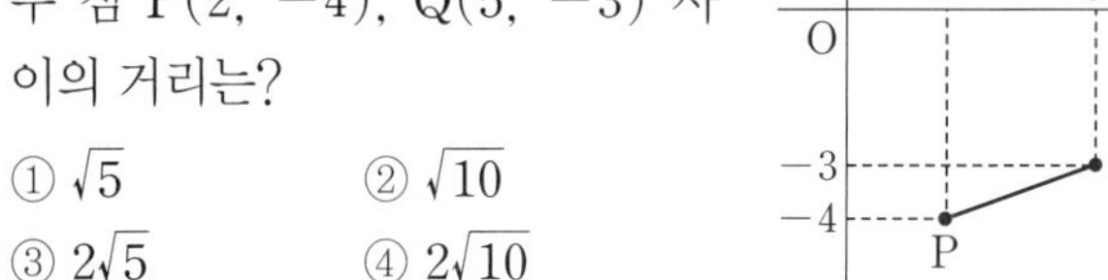

① $\sqrt{5}$ ② $\sqrt{10}$
③ $2\sqrt{5}$ ④ $2\sqrt{10}$
⑤ $3\sqrt{10}$

306 ●●●○

좌표평면 위의 세 점 $A(2, -3)$, $B(5, 3)$, $C(-6, 1)$을 꼭짓점으로 하는 삼각형 ABC는 어떤 삼각형인가?

① 예각삼각형
② $\angle A=90°$인 직각삼각형
③ $\angle A>90°$인 둔각삼각형
④ $\angle B=90°$인 직각이등변삼각형
⑤ $\angle B>90°$인 둔각삼각형

빈출 유형 19 실수의 대소 관계

두 실수 A, B의 대소 비교 ⇨ $A-B$의 부호를 조사한다.
(1) $A-B>0$ ⇨ $A>B$
(2) $A-B=0$ ⇨ $A=B$
(3) $A-B<0$ ⇨ $A<B$

대표 문제

307

$A=2\sqrt{5}+5$, $B=3\sqrt{5}$, $C=4\sqrt{3}+5$일 때, 다음 중 세 수의 대소 관계가 옳은 것은?

① $A<B<C$ ② $B<A<C$ ③ $B<C<A$
④ $C<A<B$ ⑤ $C<B<A$

308 ●●●●

다음 중 두 실수의 대소 관계가 옳은 것은?

① $3\sqrt{2}<\sqrt{5}+\sqrt{2}$ ② $7\sqrt{5}-1<6\sqrt{5}+1$
③ $12<\sqrt{3}+10$ ④ $2\sqrt{3}<-\sqrt{3}+4$
⑤ $3\sqrt{3}+3<2\sqrt{7}+3$

309 ●●●●

다음 □ 안에 부등호 >, < 중 알맞은 것을 써넣으시오.

(1) $1+3\sqrt{5}$ □ $4\sqrt{5}$
(2) $3-\sqrt{3}$ □ $4-2\sqrt{3}$
(3) $5\sqrt{3}+\sqrt{18}$ □ $6\sqrt{2}+\sqrt{12}$

310 ●●●●

두 실수 $\frac{\sqrt{5}}{3}$와 $\frac{\sqrt{7}}{2}$ 사이의 유리수 중에서 분모가 12인 기약분수의 합을 구하시오. (단, 분자는 자연수)

빈출 유형 20 제곱근표에 없는 수의 제곱근의 값

제곱근의 값을 구할 때 근호 안의 수가
100보다 크면 ⇨ $\sqrt{100a}=10\sqrt{a}$, $\sqrt{10000a}=100\sqrt{a}$, …
1보다 작으면 ⇨ $\sqrt{\frac{a}{100}}=\frac{\sqrt{a}}{10}$, $\sqrt{\frac{a}{10000}}=\frac{\sqrt{a}}{100}$, …
꼴로 고친다.

대표 문제

311

$\sqrt{5.8}=2.408$, $\sqrt{58}=7.616$일 때, 다음 중 옳은 것은?

① $\sqrt{58000}=240.8$ ② $\sqrt{5800}=761.6$
③ $\sqrt{580}=76.16$ ④ $\sqrt{0.58}=0.2408$
⑤ $\sqrt{0.058}=0.02408$

312 ●●●●

$\sqrt{6.58}=2.565$일 때, $\sqrt{a}=25.65$를 만족시키는 유리수 a의 값을 구하시오.

313 ●●●●

아래 표는 제곱근표의 일부분이다. 다음 중 이 표를 이용하여 그 값을 구할 수 없는 것은?

수	0	1	2	3	4
2.2	1.483	1.487	1.490	1.493	1.497
2.3	1.517	1.520	1.523	1.526	1.530
2.4	1.549	1.552	1.556	1.559	1.562
2.5	1.581	1.584	1.587	1.591	1.594

① $\sqrt{2.53}$ ② $\sqrt{243}$ ③ $\sqrt{2.2}$
④ $\sqrt{234}$ ⑤ $\sqrt{0.251}$

유형 21 제곱근의 값을 이용한 계산

(1) 제곱근 안의 수를 변형하여 주어진 제곱근의 값을 이용한다.
(2) 분모에 무리수가 있으면 분모를 유리화한다.

대표 문제

314

$\sqrt{5}=2.236$, $\sqrt{50}=7.071$일 때, $\frac{1}{\sqrt{200}}$의 값은?

① 0.07071 ② 0.09307 ③ 0.2236
④ 2.236 ⑤ 7.071

315 ●●

$\sqrt{3}=1.732$, $\sqrt{30}=5.477$일 때, $\sqrt{12000}$의 값은?

① 10.954 ② 34.64 ③ 54.77
④ 109.54 ⑤ 346.4

316 ●●●

$\sqrt{1.11}=1.054$, $\sqrt{11.1}=3.332$일 때, $\sqrt{999}$의 값은?

① 10.54 ② 31.62 ③ 33.32
④ 99.96 ⑤ 333.2

317 ●●●

다음 중 $\sqrt{2}=1.414$임을 이용하여 그 값을 구할 수 없는 것은?

① $\sqrt{0.02}$ ② $\sqrt{0.5}$ ③ $\sqrt{12}$
④ $\sqrt{18}$ ⑤ $\sqrt{32}$

빈출 유형 22 무리수의 정수 부분과 소수 부분

(1) (무리수)=(정수 부분)+(소수 부분)
(2) 무리수 A의 정수 부분이 x이면
⇨ (소수 부분)$=A-x$
참고 $0<$(소수 부분)<1

대표 문제

318

$4-\sqrt{2}$의 정수 부분을 a, 소수 부분을 b라 할 때, $a^2+(2-b)^2$의 값은?

① $6-\sqrt{2}$ ② 5 ③ 6
④ 7 ⑤ $5+2\sqrt{2}$

서술형

319 ●●

$2+\sqrt{3}$의 정수 부분을 a, 소수 부분을 b라 할 때, $a-\sqrt{3}b$의 값을 구하시오.

320 ●●●

$\sqrt{7}$의 소수 부분을 a라 할 때, $\frac{a-2}{a+2}$의 값을 구하시오.

321 ●●●

$\sqrt{5}$의 소수 부분을 a라 할 때, $\sqrt{125}$의 소수 부분을 a를 사용하여 나타내면?

① $5a-1$ ② $5a-2$ ③ $5a-3$
④ $5a-4$ ⑤ $5a-5$

322

유형 05

$\sqrt{2.3}=a$, $\sqrt{23}=b$라 할 때, $\sqrt{0.23}+\sqrt{230}$을 a, b를 사용하여 나타내면?

① $\frac{1}{10}a+\frac{1}{10}b$
② $\frac{1}{10}a+10b$
③ $10a+\frac{1}{10}b$
④ $10a+10b$
⑤ $100a+\frac{1}{100}b$

323

유형 03

다음 조건을 만족시키는 자연수 n의 개수를 구하시오.

(가) n은 7의 배수이다.
(나) $\sqrt{7}<\frac{\sqrt{n}}{2}<3\sqrt{7}$

324

유형 03+유형 04+유형 06

$\frac{8}{\sqrt{200}}=a\sqrt{2}$, $\sqrt{0.03}=b\sqrt{3}$, $\sqrt{7500}=c\sqrt{3}$일 때, abc의 값을 구하시오. (단, a, b, c는 유리수)

325

유형 03+유형 10

$a>0$, $b>0$이고 $ab=12$일 때, $a\sqrt{\frac{6b}{a}}-b\sqrt{\frac{2a}{3b}}$의 값은?

① $4\sqrt{2}$
② $4\sqrt{3}$
③ $8\sqrt{2}$
④ $8\sqrt{3}$
⑤ $10\sqrt{2}$

326

유형 14

두 실수 a, b에 대하여 $a◎b=ab-\sqrt{3}a+2$라 할 때, $(\sqrt{3}+1)◎\frac{1}{\sqrt{3}}$의 값은?

① $-\frac{2\sqrt{3}}{3}$
② $\frac{\sqrt{3}}{3}$
③ $\frac{2\sqrt{3}}{3}$
④ $1+\frac{\sqrt{3}}{3}$
⑤ $1+\frac{2\sqrt{3}}{3}$

327

ⓒ 유형 15

$\sqrt{2}(3\sqrt{2}-6)-\dfrac{a(1-\sqrt{2})}{2\sqrt{2}}$가 유리수가 되도록 하는 유리수 a의 값을 구하시오.

328

ⓒ 유형 16

다음 그림과 같이 넓이가 각각 96, 54, 24인 세 정사각형 A, B, C를 이어 붙여서 새로운 도형을 만들었다. 만들어진 도형의 둘레의 길이를 $p\sqrt{q}$라 할 때, 자연수 p, q에 대하여 $p+q$의 값은? (단, q는 가장 작은 자연수)

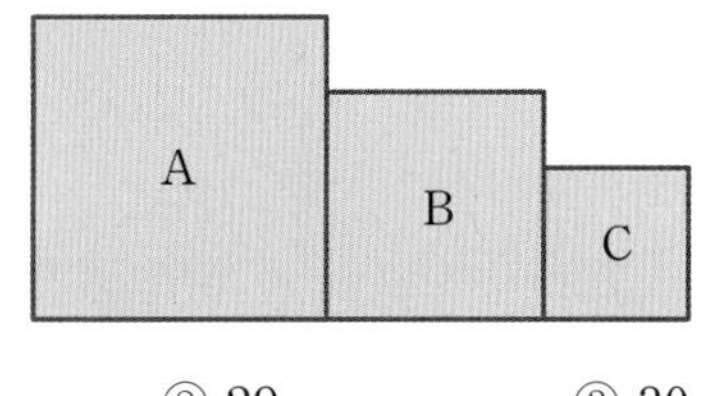

① 28 ② 29 ③ 30
④ 31 ⑤ 32

329

ⓒ 유형 17

오른쪽 그림에서 □ABCD는 한 변의 길이가 2인 정사각형이고 $\overline{BD}=\overline{BE}$, $\overline{BF}=\overline{BG}$, $\overline{BH}=\overline{BI}$이다. 이때 $\overline{GI}$의 길이를 구하시오.

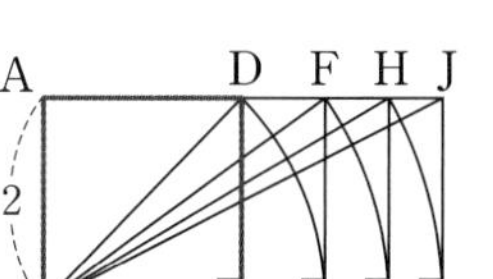

330

ⓒ 유형 19

네 명의 친구가 게임의 순서를 정하기 위해 각자 한 장의 카드를 뽑았다. 큰 수가 적힌 카드를 가진 사람부터 주사위를 던진다고 할 때, 가장 먼저 주사위를 던지는 사람의 이름을 말하시오.

종엽 : 내 카드에는 $2\sqrt{5}$가 적혀 있어.
정희 : 나는 종엽이가 가진 카드에 적힌 수보다 $3\sqrt{3}$만큼 더 큰 수가 적힌 카드를 가지고 있어.
연호 : 내가 가진 카드에 적힌 수는 종엽이가 가진 카드에 적힌 수보다 2만큼 더 큰 수야.
홍섭 : 나는 종엽이가 가진 카드에 적힌 수보다 8만큼 작은 수가 적힌 카드를 가지고 있어.

331

ⓒ 유형 08

다음 그림에서 □DBCE의 넓이는 △ABC의 넓이의 $\dfrac{2}{3}$이다. $\overline{DE}\,/\!/\,\overline{BC}$이고 $\overline{BC}=6$일 때, $\overline{DE}$의 길이를 구하시오.

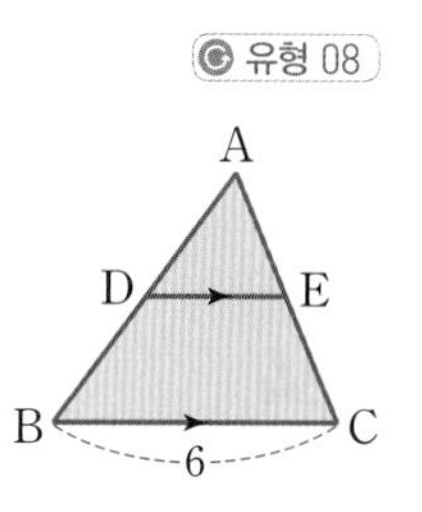

332

유형 10

한 자리의 자연수 a, b, c에 대하여 $\sqrt{63a}-\sqrt{80b}=c$일 때, $a+b-c$의 값을 구하시오.

333

유형 17+유형 22

다음 그림은 한 칸의 가로와 세로의 길이가 각각 1인 모눈종이 위에 수직선과 정사각형 ABCD를 그린 것이다. $\overline{BA}=\overline{BP}$, $\overline{BC}=\overline{BQ}$이고 두 점 P, Q에 대응하는 수를 각각 a, b라 하자. b의 정수 부분을 x, b의 소수 부분을 y라 할 때, $a+xy$의 값을 구하시오.

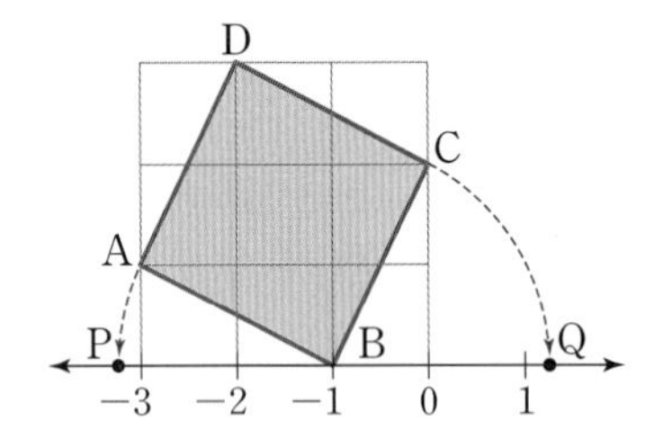

334

유형 16

다음 그림과 같이 좌표평면 위에 세 직각이등변삼각형을 한 변이 x축 위에 오도록 겹치지 않게 이어 그렸다. 세 직각이등변삼각형의 넓이를 각각 P, Q, R라 할 때, $P=8$, $Q=2P$, $R=2Q$이다. 세 점 A, B, C의 x좌표를 각각 a, b, c라 할 때, $a+b-c$의 값을 구하시오.

(단, O는 원점)

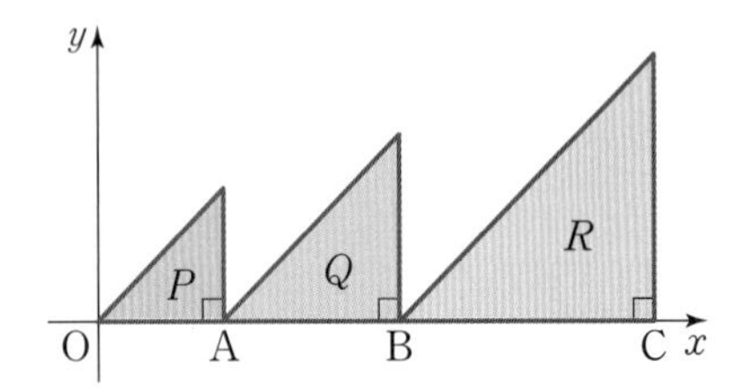

335

유형 19

$\sqrt{9+x}\div\sqrt{9}$가 순환소수 $1.\dot{y}$가 될 때, 9 이하의 자연수 x, y에 대하여 $x+y$의 값을 구하시오.

336

유형 22

x가 실수일 때, $f(x)$는 x의 정수 부분을 나타내고 $g(x)$는 x의 소수 부분을 나타낸다고 하자. $a=\sqrt{3}+1$, $b=2\sqrt{2}+1$일 때, $\dfrac{g(a)-f(b)+4}{f(a)+g(b)}$의 값을 구하시오.

교과서 속 창의력 UP!

정답 및 풀이 18쪽

337

유형 02

다음 문제에서 우민이는 a를 35로 잘못 보고 계산하였고, 세영이는 b를 5로 잘못 보고 계산하였다. 두 사람의 계산 결과가 각각 5와 $\sqrt{6}$으로 나왔을 때, 문제의 바른 정답을 구하시오. (단, a, b는 자연수)

> $\dfrac{\sqrt{10}}{\sqrt{7}} \div \dfrac{\sqrt{b}}{\sqrt{a}}$ 를 계산하시오.

338

유형 08

다음 그림과 같은 원뿔에서 모선 AB의 길이가 $\sqrt{8}\times\sqrt{9}\times\sqrt{10}$이고 밑면인 원의 반지름인 $\overline{OB}$의 길이가 $\sqrt{2}\times\sqrt{3}\times\sqrt{5}$일 때, 원뿔의 옆넓이를 구하시오.

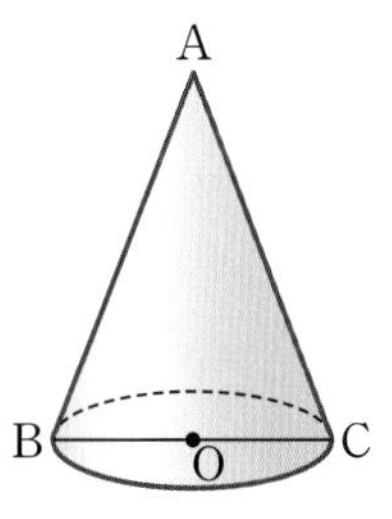

339

유형 08

다음 그림은 같은 모양의 직사각형 7개를 늘어 놓아 만든 직사각형 ABCD이다. 직사각형 ABCD의 둘레의 길이가 $19\sqrt{2}$일 때, 직사각형 ABCD의 넓이를 구하시오.

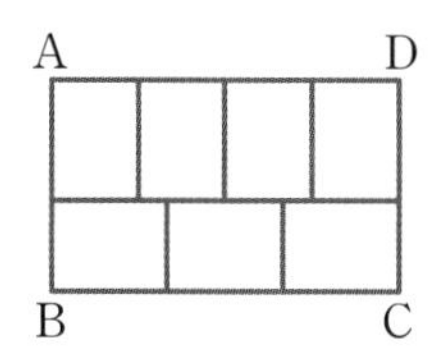

340

유형 08 + 유형 16 + 유형 19

아래는 직육면체 모양의 세 상자 A, B, C의 각 모서리의 길이를 나타낸 것이다. 다음 물음에 답하시오.

(단, 상자의 두께는 생각하지 않는다.)

상자	가로의 길이	세로의 길이	높이
A	$\sqrt{2}$	$\sqrt{8}$	$\sqrt{10}$
B	$\sqrt{3}$	$\sqrt{3}$	$\sqrt{12}$
C	2	$\sqrt{5}$	3

(1) 각 상자에 물을 가득 채울 때, 채워진 물의 양이 많은 순서대로 상자를 나열하시오.

(2) 각 상자의 겉표면을 색칠할 때, 색칠한 부분의 넓이가 넓은 순서대로 상자를 나열하시오.

창의·융합

비밀에 부쳐야 했던 무리수

유리수를 뜻하는 그리스어 '로고스(logos)'는 '말', '이성', '진리', '비례', '수' 등 다양한 뜻을 가지고 있다. 고대 그리스의 피타고라스학파는 모든 수는 유리수로 나타낼 수 있다고 믿었으나 유리수로 나타낼 수 없는 수가 존재함을 발견하고는 이 사실을 철저히 비밀에 부쳤다. 피타고라스학파는 유리수로 나타낼 수 없는 수를 '알로곤(alogon)'이라 불렀는데, 이 단어는 '말하지 말라.'는 뜻도 가지고 있다.

그러던 어느 날 피타고라스의 제자였던 히파수스는 피타고라스 정리를 이용하여 한 변의 길이가 1인 정사각형의 대각선의 길이를 구해 보다 제곱해서 2가 되는 수가 존재하며, 그 수는 유리수가 아님을 결국에는 알아내었다. 피타고라스와 그의 동료는 그 사실을 비밀에 부치라고 당부하였지만 히파수스는 $\sqrt{2}$가 유리수가 될 수 없음을 알기에 숨기지 않고 다른 이들에게 알렸다.

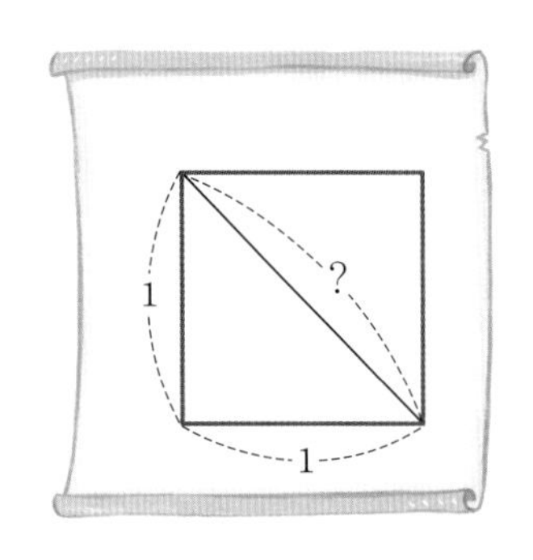

이로 인해 히파수스는 피타고라스학파에서 추방당하고 바다에 던져지게 되었다는 이야기도 있고, 배를 타고 도망치다 폭풍에 휩쓸렸다는 이야기도 있다.

Ⅱ 다항식의 곱셈과 인수분해

핵심 개념

Theme 07 다항식의 곱셈과 곱셈 공식 유형 01 ~ 유형 07

(1) 다항식과 다항식의 곱셈

분배법칙을 이용하여 전개한 후, 동류항끼리 모아서 계산한다.

$$(a+b)(c+d)=\underset{①}{ac}+\underset{②}{ad}+\underset{③}{bc}+\underset{④}{bd}$$

예 $(3x+1)(x-2)=3x^2-6x+x-2=3x^2-5x-2$

(2) 곱셈 공식

① $(a+b)^2=a^2+2ab+b^2$ ⇦ 합의 제곱　② $(a-b)^2=a^2-2ab+b^2$ ⇦ 차의 제곱

③ $(a+b)(a-b)=a^2-b^2$ ⇦ 합과 차의 곱　④ $(x+a)(x+b)=x^2+(a+b)x+ab$

⑤ $(ax+by)(cx+dy)=acx^2+(ad+bc)xy+bdy^2$

예 ① $(x+2)^2=x^2+2\times x\times 2+2^2=x^2+4x+4$

② $(2x-3)^2=(2x)^2-2\times 2x\times 3+3^2=4x^2-12x+9$

③ $(3x+4)(3x-4)=(3x)^2-4^2=9x^2-16$

④ $(x+3)(x-2)=x^2+(3-2)x+3\times(-2)=x^2+x-6$

⑤ $(2x+3)(3x+5)=(2\times 3)x^2+(2\times 5+3\times 3)x+3\times 5=6x^2+19x+15$

(3) 복잡한 식의 전개

① 공통인 부분이 있으면 치환을 이용하여 전개한다.

② (　)(　)(　)(　) 꼴의 전개는 치환이 가능하도록 둘씩 짝을 지어 전개한다.

비법 Note

> 전개식이 같은 다항식
$(-a-b)^2=\{-(a+b)\}^2=(a+b)^2$
$(-a+b)^2=\{-(a-b)\}^2=(a-b)^2$

비법 Note

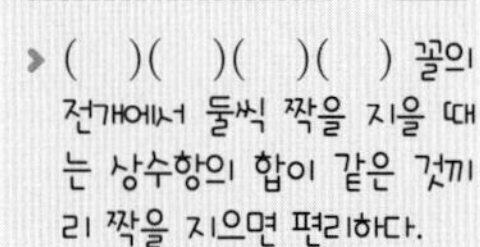

> (　)(　)(　)(　) 꼴의 전개에서 둘씩 짝을 지을 때는 상수항의 합이 같은 것끼리 짝을 지으면 편리하다.

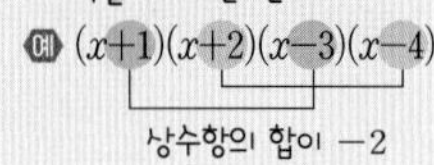

예 $(x+1)(x+2)(x-3)(x-4)$

상수항의 합이 -2

Theme 08 곱셈 공식의 활용 유형 08 ~ 유형 15

(1) 곱셈 공식을 이용한 수의 계산

① 수의 제곱의 계산

$(a+b)^2=a^2+2ab+b^2$ 또는 $(a-b)^2=a^2-2ab+b^2$을 이용한다.

② 두 수의 곱의 계산

$(a+b)(a-b)=a^2-b^2$ 또는 $(x+a)(x+b)=x^2+(a+b)x+ab$를 이용한다.

(2) 곱셈 공식의 변형

① $a^2+b^2=(a+b)^2-2ab$　② $a^2+b^2=(a-b)^2+2ab$

③ $(a+b)^2=(a-b)^2+4ab$　④ $(a-b)^2=(a+b)^2-4ab$

(3) 곱셈 공식을 이용한 무리수의 계산

제곱근을 문자로 생각하고 곱셈 공식을 이용하여 계산한다.

예 $(\sqrt{3}+\sqrt{2})^2=(\sqrt{3})^2+2\times\sqrt{3}\times\sqrt{2}+(\sqrt{2})^2=3+2\sqrt{6}+2=5+2\sqrt{6}$

(4) 분모에 무리수가 있는 경우의 분모의 유리화

분모가 두 수의 합 또는 차로 되어 있는 무리수일 때, 곱셈 공식 $(a+b)(a-b)=a^2-b^2$을 이용하여 분모를 유리화한다.

$$\frac{c}{\sqrt{a}+\sqrt{b}}=\frac{c(\sqrt{a}-\sqrt{b})}{(\sqrt{a}+\sqrt{b})(\sqrt{a}-\sqrt{b})}=\frac{c(\sqrt{a}-\sqrt{b})}{a-b}\ (단,\ a\neq b)$$

부호 반대

예 $\dfrac{\sqrt{5}}{2+\sqrt{3}}=\dfrac{\sqrt{5}(2-\sqrt{3})}{(2+\sqrt{3})(2-\sqrt{3})}=\dfrac{2\sqrt{5}-\sqrt{15}}{4-3}=2\sqrt{5}-\sqrt{15}$

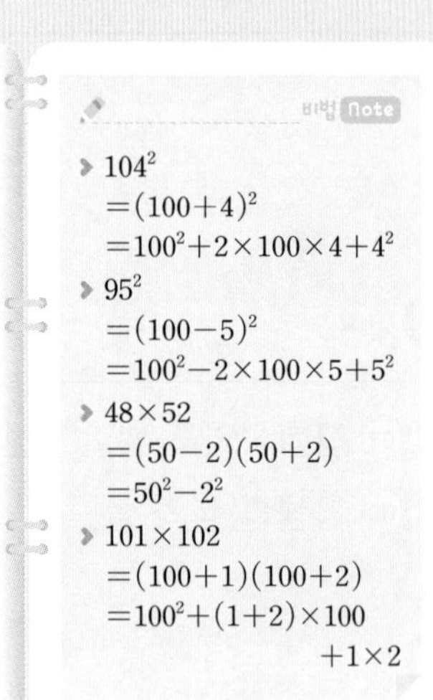

비법 Note

> $104^2=(100+4)^2=100^2+2\times 100\times 4+4^2$
> $95^2=(100-5)^2=100^2-2\times 100\times 5+5^2$
> $48\times 52=(50-2)(50+2)=50^2-2^2$
> $101\times 102=(100+1)(100+2)=100^2+(1+2)\times 100+1\times 2$

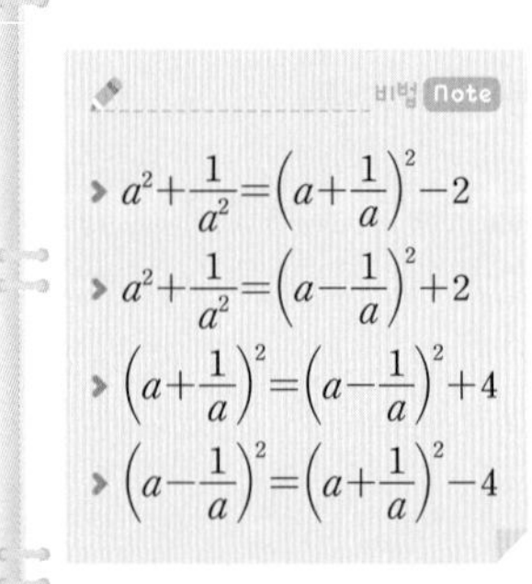

비법 Note

> $a^2+\dfrac{1}{a^2}=\left(a+\dfrac{1}{a}\right)^2-2$
> $a^2+\dfrac{1}{a^2}=\left(a-\dfrac{1}{a}\right)^2+2$
> $\left(a+\dfrac{1}{a}\right)^2=\left(a-\dfrac{1}{a}\right)^2+4$
> $\left(a-\dfrac{1}{a}\right)^2=\left(a+\dfrac{1}{a}\right)^2-4$

Theme 07 다항식의 곱셈과 곱셈 공식

[341~343] 다음 식을 전개하시오.

341 $(2x-3)(x-2)$

342 $(a+4b)(-2c+d)$

343 $(2a-3b)(5a+2b)$

[344~351] 다음 식을 전개하시오.

344 $(x+3)^2$

345 $(2x+1)^2$

346 $(x-4)^2$

347 $(x+5)(x-5)$

348 $(2x-3)(2x+3)$

349 $(a-3)(a+5)$

350 $(3x+2)(4x-5)$

351 $(3x-2y)(2x+y)$

352 다음 □ 안에 알맞은 것을 써넣으시오.

$(a+b-3)(a+b-2)$
$=(A-3)(\square-2)$ ← $a+b=A$로 치환
$=A^2-\square A+\square$ ← 전개
$=a^2+\square ab+b^2-\square a-\square b+6$ ← A에 $a+b$를 대입

Theme 08 곱셈 공식의 활용

[353~356] 곱셈 공식을 이용하여 다음을 계산하시오.

353 102^2

354 97^2

355 5.1×4.9

356 102×103

[357~358] $a+b=4$, $ab=3$일 때, 다음 식의 값을 구하시오.

357 a^2+b^2

358 $(a-b)^2$

[359~360] $a-b=2$, $ab=8$일 때, 다음 식의 값을 구하시오.

359 a^2+b^2

360 $(a+b)^2$

[361~362] 다음을 계산하시오.

361 $(\sqrt{6}-2\sqrt{3})^2$

362 $(3\sqrt{2}+2)(\sqrt{2}-2)$

[363~364] 다음 계산 결과가 유리수가 되도록 하는 유리수 a의 값을 구하시오.

363 $(a+2\sqrt{3})(4-\sqrt{3})$

364 $(\sqrt{5}+a)(2-3\sqrt{5})$

[365~366] 다음 수의 분모를 유리화하시오.

365 $\frac{1}{3+\sqrt{2}}$

366 $\frac{1+\sqrt{5}}{3-\sqrt{5}}$

Theme 07 다항식의 곱셈과 곱셈 공식

워크북 48쪽

유형 01 다항식과 다항식의 곱셈

분배법칙을 이용하여 전개한 후, 동류항끼리 모아서 계산한다.

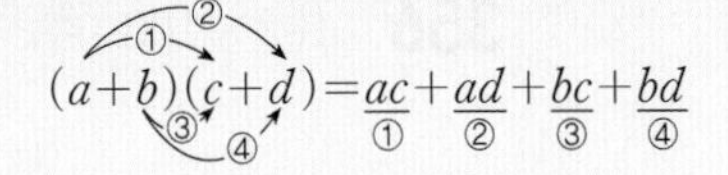

대표 문제

367

$(4x+3y)(2x-4y)=ax^2+bxy-12y^2$일 때, $a+b$의 값은? (단, a, b는 상수)

① -10　② -4　③ -2
④ 4　⑤ 10

368 ●●●●

$(2a+3b)(-6a-b)$를 전개하면?

① $-12a^2-24ab-3b^2$
② $-12a^2-20ab-3b^2$
③ $-4a^2-16ab-3b^2$
④ $-3a^2-10ab-12b^2$
⑤ $12a^2+20ab+3b^2$

369 ●●●●

$(-4x+5y)(2x+3y-1)$을 전개한 식에서 xy의 계수를 a, y^2의 계수를 b라 할 때, $b-a$의 값은?

① 13　② 14　③ 15
④ 16　⑤ 17

신유형

370 ●●●●

다음 보기에서 x의 계수가 같은 것끼리 짝 지어진 것은?

보기
ㄱ. $(x-y)(3x-2)$　ㄴ. $(3x+11)(x-4)$
ㄷ. $(x+7)(x-3y)$　ㄹ. $(x-1+y)(x-1)$

① ㄱ, ㄴ　② ㄱ, ㄷ　③ ㄱ, ㄹ
④ ㄴ, ㄷ　⑤ ㄷ, ㄹ

371 ●●●●

$(3x-1)(2x+a)$를 전개한 식에서 x의 계수가 7일 때, 상수 a의 값을 구하시오.

372 ●●●●

$(ax-2)(3x+b)$를 전개한 식에서 x의 계수가 8일 때, 한 자리의 자연수 a, b에 대하여 $a+b$의 값은?

① 8　② 9　③ 10
④ 11　⑤ 12

373 ●●●●

$(3x-2)(ax+b)$를 전개한 식에서 상수항은 8이고, x의 계수는 상수항보다 12만큼 작을 때, x^2의 계수를 구하시오. (단, a, b는 상수)

유형 02 곱셈 공식 (1) – 합의 제곱, 차의 제곱

(1) $(a+b)^2=a^2+2ab+b^2$ (곱의 2배)

(2) $(a-b)^2=a^2-2ab+b^2$ (곱의 2배)

대표 문제

374

다음 중 옳지 않은 것은?

① $(x+4)^2=x^2+8x+16$
② $(-x+3)^2=x^2-6x+9$
③ $(2x+5)^2=4x^2+10x+25$
④ $\left(\frac{1}{2}x-4\right)^2=\frac{1}{4}x^2-4x+16$
⑤ $(-2x-3)^2=4x^2+12x+9$

375 ●●

다음 중 $(a-b)^2$과 전개한 식이 같은 것은?

① $(a+b)^2$　② $-(-a+b)^2$
③ $(-a-b)^2$　④ $(-a+b)^2$
⑤ $-(a+b)^2$

376 ●●●

$(ax-b)^2$을 전개한 식에서 x^2의 계수가 4, x의 계수가 -6일 때, 상수항을 구하시오. (단, a, b는 양수)

유형 03 곱셈 공식 (2) – 합과 차의 곱

$(x+y)(x-y)=x^2-y^2$ (합, 차, 제곱의 차)

참고 (합과 차의 곱)=(부호가 같은 것)^2−(부호가 다른 것)^2

$(-x+y)(x+y)=-x^2+y^2$

$(-x-y)(-x+y)=x^2-y^2$

대표 문제

377

다음 중 옳은 것을 모두 고르면? (정답 2개)

① $(x+3)(x-3)=x^2-9$
② $(-x-2)(-x+2)=-x^2-4$
③ $(-x-y)(x-y)=x^2-y^2$
④ $(-3x+4)(3x+4)=-9x^2+16$
⑤ $\left(\frac{1}{2}x-\frac{1}{3}\right)\left(-\frac{1}{2}x-\frac{1}{3}\right)=-\frac{1}{4}x^2-\frac{1}{9}$

378 ●●

$(x+2)(x-2)-(-3x+5)(-3x-5)$를 간단히 하면?

① $-8x^2-21$　② $-8x^2+21$
③ $-8x^2+29$　④ $-10x^2+29$
⑤ $10x^2+21$

서술형

379 ●●●

$(x-1)(x+1)(x^2+1)(x^4+1)(x^8+1)=x^a-b$일 때, $a-b$의 값을 구하시오. (단, a, b는 자연수)

유형 04 곱셈 공식 (3) – $(x+a)(x+b)$

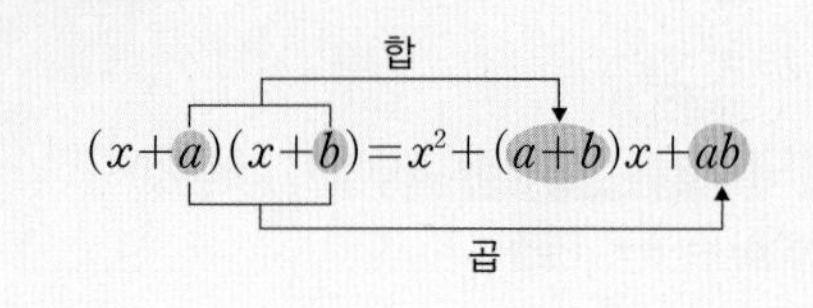

대표 문제

380

$(x-a)(x+7)=x^2+bx-14$일 때, ab의 값은? (단, a, b는 상수)

① 8 ② 10 ③ 12
④ 14 ⑤ 16

381

다음 중 □ 안에 알맞은 수가 나머지 넷과 다른 하나는?

① $(x+8)(x-4)=x^2+\square x-32$
② $(x+2)(x-6)=x^2-\square x-12$
③ $(x+y)(x+3y)=x^2+\square xy+3y^2$
④ $\left(x+\frac{1}{2}\right)(x-8)=x^2-\frac{15}{2}x-\square$
⑤ $(x-7y)(x+2y)=x^2-\square xy-14y^2$

382

$(x+a)\left(x-\frac{1}{3}\right)$을 전개한 식에서 x의 계수와 상수항이 같을 때, $4a$의 값을 구하시오. (단, a는 상수)

유형 05 곱셈 공식 (4) – $(ax+b)(cx+d)$

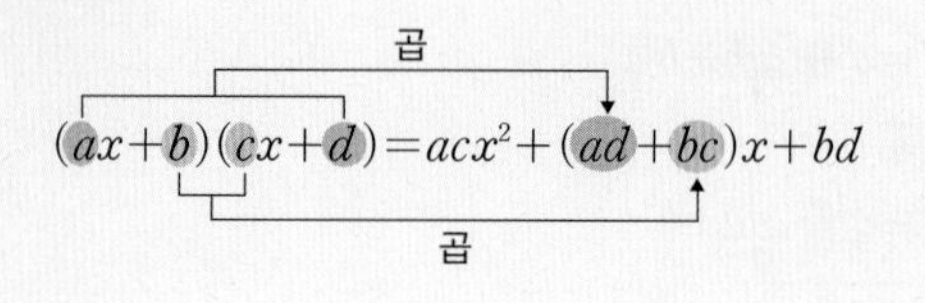

대표 문제

383

$(4x+1)(5x+2a)=20x^2+bx+4$일 때, $b-a$의 값은? (단, a, b는 상수)

① 13 ② 15 ③ 17
④ 19 ⑤ 21

384

$(-x+3)(4-3x)$를 전개한 식에서 x의 계수는?

① -17 ② -13 ③ 1
④ 10 ⑤ 21

385

$2(x-1)(5x+4)-3(3x-1)(x-4)$를 간단히 하면?

① $x^2-41x-20$ ② $x^2-37x+20$
③ $x^2+37x-20$ ④ $x^2+41x-20$
⑤ $x^2+41x+20$

서술형

386

$3x+a$에 $2x+3$을 곱해야 할 것을 잘못하여 $3x+2$를 곱했더니 $9x^2+3x-2$가 되었다. 바르게 전개한 식을 구하시오. (단, a는 상수)

빈출 ★★

유형 06 곱셈 공식 – 종합

(1) $(a+b)^2=a^2+2ab+b^2$, $(a-b)^2=a^2-2ab+b^2$
(2) $(a+b)(a-b)=a^2-b^2$
(3) $(x+a)(x+b)=x^2+(a+b)x+ab$
(4) $(ax+b)(cx+d)=acx^2+(ad+bc)x+bd$

대표 문제

387

다음 중 옳은 것은?

① $(-x+y)^2=x^2+2xy+y^2$
② $(2x-3y)^2=4x^2-9y^2$
③ $(-x+4)(-x-4)=-x^2+16$
④ $(x+1)(x-5)=x^2-5x-5$
⑤ $(2x+2)(2x+3)=4x^2+10x+6$

서술형

388

$(3x-1)^2-(4x+1)(2x-5)=ax^2+bx+c$일 때, $a+b-c$의 값을 구하시오. (단, a, b, c는 상수)

389

오른쪽 그림과 같이 가로의 길이가 $(3x+3)$ m, 세로의 길이가 $(2x+3)$ m인 직사각형 모양의 정원에 폭이 1 m인 일정한 길을 만들었다. 길을 제외한 정원의 넓이를 구하시오.

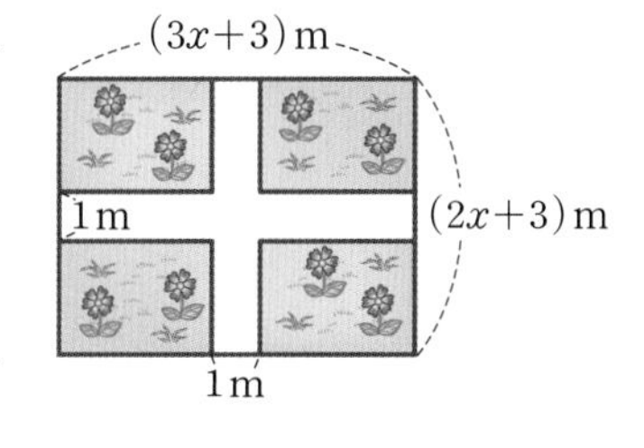

유형 07 복잡한 식의 전개

(1) 공통인 부분이 있으면 치환을 이용하여 전개한다.
(2) (　)(　)(　)(　) 꼴의 전개는 치환이 가능하도록 둘씩 짝을 지어서 전개한다.

예 $(x+2)(x+3)(x-1)(x-2)$
$=(x+2)(x-1)(x+3)(x-2)$ ← 상수항의 합이 같게 짝 짓기
$=(x^2+x-2)(x^2+x-6)$ → 공통인 부분을 A로 치환
$=(A-2)(A-6)$
$=A^2-8A+12$
$=(x^2+x)^2-8(x^2+x)+12$
$=x^4+2x^3-7x^2-8x+12$

대표 문제

390

$(x+2y-1)(x+2y+1)$을 전개하면?

① $-x^2-4xy+y^2-1$
② $-x^2+4xy+4y^2-1$
③ $x^2-4xy+4y^2+1$
④ $x^2+4xy-4y^2-1$
⑤ $x^2+4xy+4y^2-1$

391

$(x+1)(x+2)(x+3)(x+4)$를 전개한 식에서 x^3의 계수를 a, x^2의 계수를 b, x의 계수를 c라 할 때, $a+b-c$의 값을 구하시오.

392

$(a+b+c+d)(a-b+c-d)$를 전개하시오.

Theme 08 곱셈 공식의 활용

워크북 52쪽

빈출 유형 08 곱셈 공식을 이용한 수의 계산

(1) 수의 제곱의 계산
⇨ $(a+b)^2=a^2+2ab+b^2$, $(a-b)^2=a^2-2ab+b^2$을 이용

(2) 두 수의 곱의 계산
⇨ $(a+b)(a-b)=a^2-b^2$,
$(x+a)(x+b)=x^2+(a+b)x+ab$를 이용

대표 문제

393

다음 중 주어진 수를 계산할 때, 가장 편리한 곱셈 공식으로 옳지 않은 것은?

① 103^2 ⇨ $(a+b)^2=a^2+2ab+b^2$
② 99^2 ⇨ $(a-b)^2=a^2-2ab+b^2$
③ 102×105 ⇨ $(x+a)(x+b)=x^2+(a+b)x+ab$
④ 1003×1006 ⇨ $(a+b)(a-b)=a^2-b^2$
⑤ 201×199 ⇨ $(a+b)(a-b)=a^2-b^2$

394 ●●○○

곱셈 공식을 이용하여 $97^2-96\times98$을 계산하면?

① -1 ② 1 ③ 97
④ 98 ⑤ 99

395 ●●●○

$(2+1)(2^2+1)(2^4+1)(2^8+1)=2^a-1$일 때, 자연수 a의 값은?

① 6 ② 8 ③ 12
④ 16 ⑤ 20

빈출 유형 09 곱셈 공식의 변형 (1) - 두 수의 합(또는 차)과 곱이 주어진 경우

(1) $a+b$, ab의 값이 주어진 경우
⇨ $a^2+b^2=(a+b)^2-2ab$, $(a-b)^2=(a+b)^2-4ab$

(2) $a-b$, ab의 값이 주어진 경우
⇨ $a^2+b^2=(a-b)^2+2ab$, $(a+b)^2=(a-b)^2+4ab$

대표 문제

396

$x-y=10$, $xy=-10$일 때, x^2+y^2의 값은?

① 20 ② 40 ③ 80
④ 100 ⑤ 120

397 ●●○○

$a+b=7$, $a^2+b^2=39$일 때, ab의 값을 구하시오.

398 ●●○○

$a+b=2\sqrt{3}$, $ab=2$일 때, $(a-b)^2$의 값은?

① 2 ② 4 ③ 6
④ 8 ⑤ 10

서술형

399 ●●●○

$x+y=5$, $(x-y)^2=9$일 때, $\frac{y}{x}+\frac{x}{y}$의 값을 구하시오.

유형 10 곱셈 공식의 변형 (2) - 두 수의 곱이 1 또는 −1인 경우

(1) $x+\frac{1}{x}$의 값이 주어진 경우

⇨ $x^2+\frac{1}{x^2}=\left(x+\frac{1}{x}\right)^2-2$, $\left(x-\frac{1}{x}\right)^2=\left(x+\frac{1}{x}\right)^2-4$

(2) $x-\frac{1}{x}$의 값이 주어진 경우

⇨ $x^2+\frac{1}{x^2}=\left(x-\frac{1}{x}\right)^2+2$, $\left(x+\frac{1}{x}\right)^2=\left(x-\frac{1}{x}\right)^2+4$

(3) $x^2+ax+1=0$ $(a\neq0)$일 때, $x\neq0$이므로 양변을 x로 나누면

$x+a+\frac{1}{x}=0$ $\therefore x+\frac{1}{x}=-a$

→ $x=0$일 때, $1=0$이므로 등식이 성립하지 않는다.

대표 문제

400

$x+\frac{1}{x}=3$일 때, $x^2+\frac{1}{x^2}$의 값은?

① 7 ② 8 ③ 9
④ 10 ⑤ 11

401 ●●●

$x-\frac{1}{x}=2\sqrt{2}$일 때, $x+\frac{1}{x}$의 값은? (단, $x>0$)

① $\sqrt{2}$ ② $\sqrt{3}$ ③ $2\sqrt{2}$
④ $2\sqrt{3}$ ⑤ 4

402 ●●●

$x^2+5x-1=0$일 때, $x^2+2+\frac{1}{x^2}$의 값은?

① 21 ② 23 ③ 25
④ 27 ⑤ 29

403 ●●●

$x^2-7x+1=0$일 때, $x-\frac{1}{x}$의 값은? (단, $0<x<1$)

① $-3\sqrt{5}$ ② $-\sqrt{5}$ ③ $\sqrt{5}$
④ $3\sqrt{5}$ ⑤ $5\sqrt{5}$

유형 11 곱셈 공식을 이용한 무리수의 계산

제곱근을 문자로 생각하고 곱셈 공식을 이용하여 계산한다.

대표 문제

404

$(3-4\sqrt{2})(2+3\sqrt{2})=a+b\sqrt{2}$일 때, $a+b$의 값은? (단, a, b는 유리수)

① -19 ② -17 ③ 17
④ 18 ⑤ 19

405 ●●

$(3+2\sqrt{5})(3-2\sqrt{5})+(\sqrt{5}+\sqrt{3})^2$을 간단히 하면?

① $-3-2\sqrt{15}$ ② $-1-2\sqrt{15}$
③ $-3+2\sqrt{15}$ ④ $1+2\sqrt{15}$
⑤ $3+2\sqrt{15}$

신유형

406 ●●●

다음 그림에서 두 직사각형 A와 B의 넓이가 서로 같다. 직사각형 B의 가로의 길이가 $a+b\sqrt{2}$일 때, ab의 값을 구하시오. (단, a, b는 유리수)

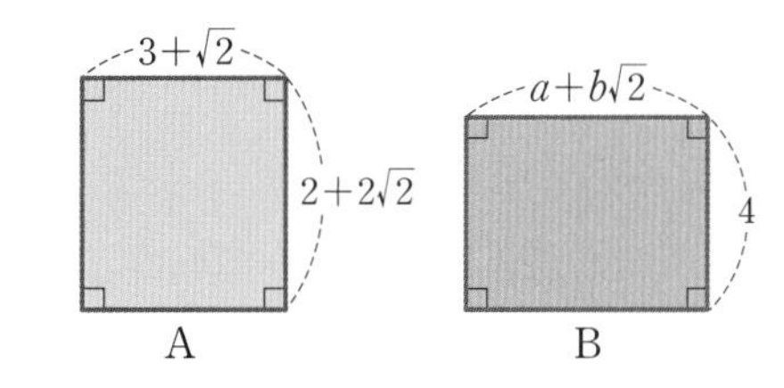

유형 12 제곱근의 계산 결과가 유리수가 될 조건

$a+b\sqrt{m}$ (a, b는 유리수, $\sqrt{m}$은 무리수)이 유리수가 되려면
⇨ $b=0$ → 무리수 부분이 없어져야 한다.

대표 문제

407

$(\sqrt{3}+a)(2\sqrt{3}-4)$를 계산한 결과가 유리수가 되도록 하는 유리수 a의 값은?

① 0 ② 1 ③ 2
④ 3 ⑤ 4

408 ●●●●

$(a-2\sqrt{2})(\sqrt{2}+3)-2a\sqrt{2}$를 계산한 결과가 유리수가 되도록 하는 유리수 a의 값은?

① -8 ② -7 ③ -6
④ -5 ⑤ -4

409 ●●●●

$\frac{4-3\sqrt{2}}{\sqrt{2}}+(a+2\sqrt{2})(4-\sqrt{2})=b$일 때, 유리수 a, b에 대하여 $b-a$의 값은?

① 16 ② 23 ③ 30
④ 37 ⑤ 44

빈출 유형 13 곱셈 공식을 이용한 분모의 유리화

분모가 두 수의 합 또는 차로 되어 있는 무리수일 때, 곱셈 공식 $(a+b)(a-b)=a^2-b^2$을 이용하여 분모를 유리화한다.

참고

분모	분모, 분자에 곱해야 할 수
$a+\sqrt{b}$	$a-\sqrt{b}$
$a-\sqrt{b}$	$a+\sqrt{b}$
$\sqrt{a}+\sqrt{b}$	$\sqrt{a}-\sqrt{b}$
$\sqrt{a}-\sqrt{b}$	$\sqrt{a}+\sqrt{b}$

부호 반대

대표 문제

410

$\frac{\sqrt{3}-\sqrt{2}}{\sqrt{3}+\sqrt{2}}+\frac{\sqrt{3}+\sqrt{2}}{\sqrt{3}-\sqrt{2}}=a+b\sqrt{6}$일 때, $a+b$의 값은? (단, a, b는 유리수)

① -10 ② -5 ③ 0
④ 5 ⑤ 10

411 ●●●●

$\frac{4}{2-\sqrt{2}}-\frac{2}{2+\sqrt{2}}=a+b\sqrt{2}$일 때, $a-b$의 값은? (단, a, b는 유리수)

① -2 ② -1 ③ 0
④ 1 ⑤ 2

신유형

412 ●●●●

$\frac{1}{1+\sqrt{2}}+\frac{1}{\sqrt{2}+\sqrt{3}}+\frac{1}{\sqrt{3}+\sqrt{4}}+\cdots+\frac{1}{\sqrt{8}+\sqrt{9}}$의 값은?

① 2 ② 3 ③ 4
④ 5 ⑤ 6

유형 14 식의 값 구하기 (1) – 두 수가 주어진 경우

❶ 분모가 무리수이면 분모를 유리화한다.
❷ $x+y$, xy의 값을 구한다.
❸ 곱셈 공식의 변형을 이용하여 식의 값을 구한다.
참고 $x^2+y^2=(x+y)^2-2xy=(x-y)^2+2xy$

대표 문제

413

$x=\frac{1}{\sqrt{3}-\sqrt{2}}$, $y=\frac{1}{\sqrt{3}+\sqrt{2}}$일 때, x^2+y^2-xy의 값은?

① $\sqrt{3}$ ② $4\sqrt{3}-1$ ③ $4\sqrt{3}$
④ 8 ⑤ 9

414 ●●○○

$a=\sqrt{7}+2$, $b=\sqrt{7}-2$일 때, $ab(a+b)$의 값은?

① $4\sqrt{7}$ ② $5\sqrt{7}$ ③ $6\sqrt{7}$
④ $7\sqrt{7}$ ⑤ $8\sqrt{7}$

415 ●●●○

$a=4+\sqrt{14}$, $b=4-\sqrt{14}$일 때, $\frac{b}{a}+\frac{a}{b}$의 값은?

① $\frac{57}{2}$ ② 29 ③ $\frac{59}{2}$
④ 30 ⑤ $\frac{61}{2}$

유형 15 식의 값 구하기 (2) – $x=a\pm\sqrt{b}$ 꼴인 경우

$x=a+\sqrt{b}$ (a는 유리수, $\sqrt{b}$는 무리수) 꼴일 때
❶ a를 좌변으로 이항한다. ⇨ $x-a=\sqrt{b}$
❷ 양변을 제곱하여 정리한다. ⇨ $(x-a)^2=b$
❸ 주어진 식에 정리한 식을 대입하여 식의 값을 구한다.

대표 문제

416

$x=\frac{1}{2-\sqrt{3}}$일 때, x^2-4x+5의 값을 구하시오.

417 ●●●○

$a=\sqrt{5}-2$일 때, a^2+4a+3의 값을 구하시오.

서술형

418 ●●●○

$x=\frac{2}{\sqrt{3}-1}$일 때, x^2-2x-5의 값을 구하시오.

419 ●●●○

$x=3\sqrt{3}-1$일 때, $\sqrt{x^2+2x-1}$의 값은?

① $2\sqrt{6}$ ② 5 ③ $4\sqrt{2}$
④ 6 ⑤ $2\sqrt{10}$

420 유형 01

$(ax^3+3x^2+2x+1)(x^3+3x^2+2x+b)$를 전개한 식에서 x^4의 계수가 21, x^3의 계수가 18일 때, $a+b$의 값은? (단, a, b는 상수)

① 6 ② 7 ③ 8
④ 9 ⑤ 10

421 유형 04

$(x+A)(x+B)$를 전개하였더니 $x^2+Cx+15$가 되었다. 다음 중 C의 값이 될 수 없는 수는? (단, A, B, C는 정수)

① -16 ② -8 ③ 6
④ 8 ⑤ 16

422 유형 05

$(mx-2)(3x+n)$을 전개한 식에서 x의 계수가 34일 때, 한 자리의 자연수 m, n에 대하여 $m+n$의 값은?

① 10 ② 11 ③ 12
④ 13 ⑤ 14

423 유형 06

다음 그림과 같이 가로의 길이가 $(5a+3)$ m, 세로의 길이가 $(3a+4)$ m인 직사각형 모양의 화단에 폭이 a m인 일정한 길을 만들었다. 길을 제외한 화단의 넓이를 구하시오.

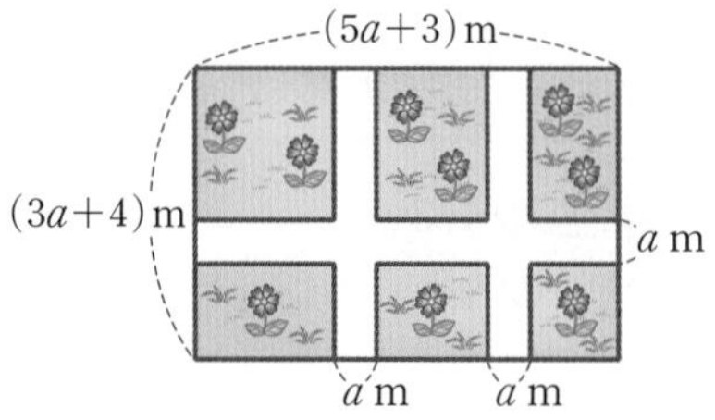

424 유형 08

곱셈 공식을 이용하여 다음을 계산하면?

$$\frac{2023}{2023^2-2022\times2024}$$

① 2021 ② 2022 ③ 2023
④ 2024 ⑤ 2025

425

유형 10

$x^2-4x+1=0$일 때, $x^2-3x-\frac{3}{x}+\frac{1}{x^2}$의 값을 구하시오.

426

유형 11

$(3\sqrt{7}-8)^{100}(3\sqrt{7}+8)^{100}$을 계산하면?

① -1　② 1　③ 4　④ 7　⑤ 8

427

유형 12

$(a\sqrt{6}+3)(b-\sqrt{6})$을 계산한 결과가 유리수가 되도록 하는 자연수 a, b에 대하여 $a+b$의 값은?

① 2　② 3　③ 4　④ 5　⑤ 6

428

유형 14

$x=3\sqrt{2}-\sqrt{5}$, $y=3\sqrt{2}+\sqrt{5}$일 때, x^2+y^2의 값은?

① 40　② 42　③ 44　④ 46　⑤ 48

429

유형 01

다음 조건을 만족시키는 두 자연수 x, y에 대하여 xy를 4로 나누었을 때의 나머지를 구하시오.

> (가) x를 4로 나누었을 때의 나머지는 3이다.
> (나) y를 8로 나누었을 때의 나머지는 6이다.

430

ⓒ 유형 02+유형 07

$(x+2)^2=5$일 때, $(x-3)(x-1)(x+5)(x+7)$의 값을 구하시오.

431

ⓒ 유형 09

$(x-3)(y+3)=8$, $xy=5$일 때, $\frac{1}{x}-\frac{1}{y}$의 값을 구하시오.

432

ⓒ 유형 13

$f(x)=\sqrt{x}+\sqrt{x+1}$일 때,

$\frac{1}{f(1)}+\frac{1}{f(2)}+\frac{1}{f(3)}+\cdots+\frac{1}{f(24)}$의 값은?

① 2　② $\frac{5}{2}$　③ 3

④ $\frac{7}{2}$　⑤ 4

433

ⓒ 유형 15

$x=\frac{1}{\sqrt{5}-2}$일 때, $\frac{x-1}{x+1}-\frac{x+1}{x-1}$의 값을 구하시오.

434

ⓒ 유형 15

$x=\sqrt{71}+1$일 때, $\sqrt{x^2-2x-k}$가 자연수가 되도록 하는 k의 개수를 구하시오. (단, k는 자연수)

정답 및 풀이 25쪽

435

유형 08

$(3+1)(3^2+1)(3^4+1)(3^8+1)(3^{16}+1)=\frac{1}{2}(3^n-1)$을 만족시키는 자연수 n의 값은?

① 8　② 16　③ 25
④ 32　⑤ 64

436

유형 08

$197^2+1191=a\times10^b$일 때, 한 자리의 자연수 a, b에 대하여 ab의 값을 구하시오.

437

유형 09

길이가 48인 줄을 적당히 두 개로 잘라서 한 변의 길이가 각각 x, y인 두 개의 정사각형을 만들었다. 두 정사각형의 넓이의 합이 128일 때, xy의 값을 구하시오.

(단, 줄은 남김없이 모두 사용하였다.)

438

유형 11

오른쪽 그림과 같이 정사각형 모양의 색종이의 네 귀퉁이에서 크기가 같은 직각이등변삼각형을 잘라 내어 한 변의 길이가 $\sqrt{2}$인 정팔각형을 만들려고 한다. 이 정팔각형의 넓이를 구하시오.

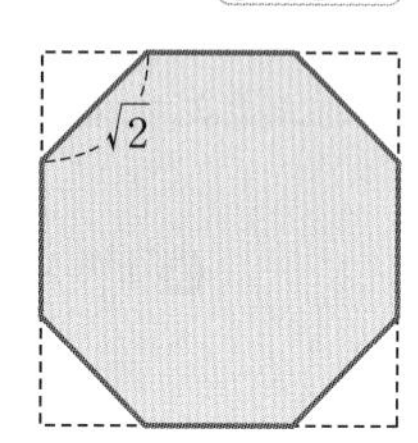

Theme 09 인수분해의 뜻과 공식 유형 01 ~ 유형 10

(1) 인수분해의 뜻

① 인수 : 하나의 다항식을 두 개 이상의 다항식의 곱으로 나타낼 때, 각각의 식을 처음 다항식의 인수라 한다.

② 인수분해 : 하나의 다항식을 두 개 이상의 인수의 곱으로 나타내는 것을 그 다항식을 인수분해한다고 한다.

예 $x^2+4x+3 \underset{\text{전개}}{\overset{\text{인수분해}}{\rightleftarrows}} (x+1)(x+3)$

이때 1, $x+1$, $x+3$, $(x+1)(x+3)$은 모두 x^2+4x+3의 인수이다.

> 비법 Note
> - 수에서 '인수'는 '약수'와 같은 의미로 사용되지만 식에서는 '인수'라는 표현을 사용한다.
> - 인수분해는 전개의 반대 과정으로 곱셈 공식의 좌변과 우변을 바꾸면 인수분해 공식을 얻을 수 있다.

(2) 공통인 인수로 묶는 인수분해

다항식의 각 항에 공통인 인수가 있을 때는 분배법칙을 이용하여 공통인 인수로 묶어 내어 인수분해한다.

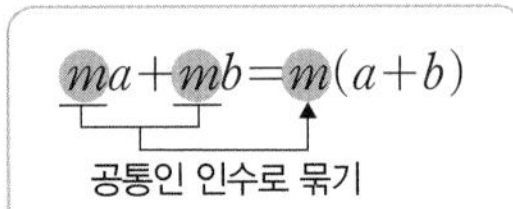

예 $2x^2-3x=x(2x-3)$, $6ab+12a^2b=6ab(1+2a)$

주의 인수분해할 때는 공통인 인수가 남지 않도록 모두 묶어 낸다.

> 비법 Note
> - 공통인 인수로 묶는 인수분해에서 수는 최대공약수로, 문자는 차수가 낮은 것으로 묶는다.

(3) 인수분해 공식 (1) – 완전제곱식

① $a^2+2ab+b^2=(a+b)^2$
② $a^2-2ab+b^2=(a-b)^2$
] 완전제곱식

예 $\underset{x^2+2\times x\times 4+4^2}{\underline{x^2+8x+16}}=(x+4)^2$, $\underset{x^2-2\times x\times 2+2^2}{\underline{x^2-4x+4}}=(x-2)^2$

③ x^2+ax+b가 완전제곱식이 될 조건 ⇨
- b의 조건 : $b=\left(\frac{a}{2}\right)^2$ ← (상수항)$=\left\{\frac{(x\text{의 계수})}{2}\right\}^2$
- a의 조건 : $a=\pm 2\sqrt{b}$ (단, $b>0$)

예 x^2+2x+b가 완전제곱식이 되려면 $b=\left(\frac{2}{2}\right)^2=1$

x^2+ax+9가 완전제곱식이 되려면 $a=\pm 2\sqrt{9}=\pm 6$

> 비법 Note
> - **완전제곱식**
> 다항식의 제곱으로 된 식 또는 이 식에 상수를 곱한 식
> 예 $(x+1)^2$, $2(a+3)^2$

(4) 인수분해 공식 (2) – 제곱의 차

$\underset{\text{제곱의 차}}{\underline{a^2-b^2}}=\underset{\text{합}}{\underline{(a+b)}}\underset{\text{차}}{\underline{(a-b)}}$

예 $x^2-4=x^2-2^2=(x+2)(x-2)$

> 비법 Note
> 인수분해 공식
> - $a^2-b^2=(a+b)(a-b)$
> 곱셈 공식

(5) 인수분해 공식 (3) – x^2의 계수가 1인 이차식

$x^2+\underset{\text{합}}{\underline{(a+b)}}x+\underset{\text{곱}}{\underline{ab}}=(x+a)(x+b)$

예 x^2+3x+2에서 곱이 2, 합이 3인 두 정수를 오른쪽 표에서 찾으면 1과 2이므로
$x^2+3x+2=(x+1)(x+2)$

곱이 2인 두 정수	두 정수의 합
$1,\ 2$	3
$-1,\ -2$	-3

> 비법 Note
> - $x^2+3x+2=(x+1)(x+2)$

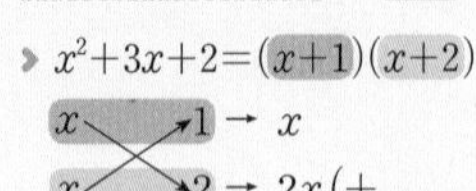
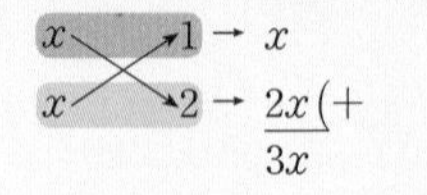

(6) 인수분해 공식 (4) – x^2의 계수가 1이 아닌 이차식

$acx^2+(ad+bc)x+bd=(ax+b)(cx+d)$

예 $2x^2-5x+3=(2x-3)(x-1)$

$2x$ -3 → $-3x$
x -1 → $-2x$ (+
$-5x$

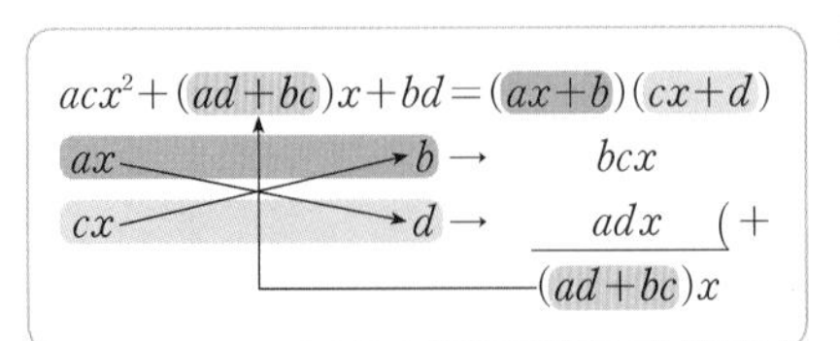

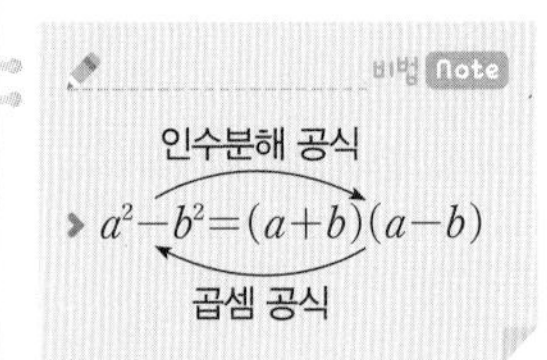

> 비법 Note
> - 특별한 조건이 없으면 인수분해는 유리수의 범위에서 더 이상 인수분해할 수 없을 때까지 계속한다.
> 예 $x^2-2=(x+\sqrt{2})(x-\sqrt{2})$로 인수분해하지 않는다.

Theme 09 인수분해의 뜻과 공식

[439~441] 다음 식을 인수분해하시오.

439 $xy-yz$

440 $-6a-8ab$

441 $4a^2b+12ab^2$

[442~444] 다음 식을 인수분해하시오.

442 x^2+6x+9

443 $16a^2-8a+1$

444 $9x^2+12xy+4y^2$

[445~447] 다음 식이 완전제곱식이 되도록 □ 안에 알맞은 양수 또는 식을 써넣으시오.

445 x^2+10x+□

446 a^2+6ab+□

447 x^2-□$x+16$

[448~450] 다음 식을 인수분해하시오.

448 x^2-49

449 $9x^2-4$

450 $25x^2-81y^2$

451 다음은 x^2-3x+2를 인수분해하는 과정이다. □ 안에 알맞은 수나 식을 써넣으시오.

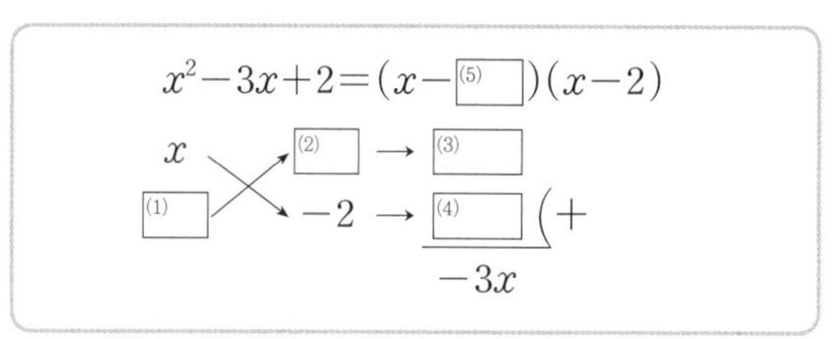

[452~455] 다음 식을 인수분해하시오.

452 $x^2+2x-24$

453 $x^2+7x-30$

454 $x^2-9xy+14y^2$

455 $x^2-xy-30y^2$

456 다음은 $3x^2-11x-4$를 인수분해하는 과정이다. □ 안에 알맞은 수나 식을 써넣으시오.

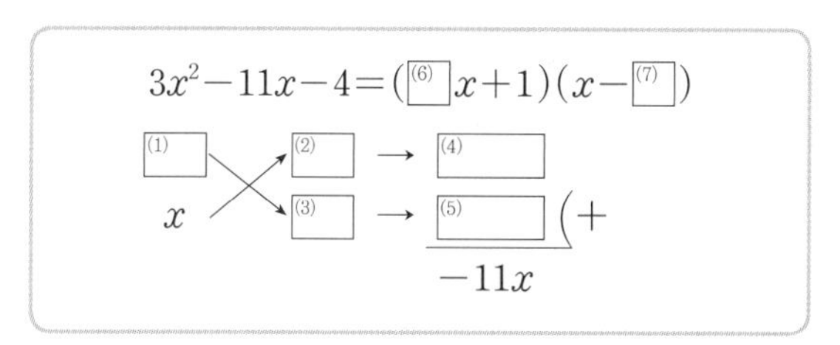

[457~460] 다음 식을 인수분해하시오.

457 $12x^2+5x-2$

458 $10x^2+11x-6$

459 $2x^2-5xy-3y^2$

460 $6x^2+7xy+2y^2$

Theme 10 복잡한 식의 인수분해 유형 11 ~ 유형 16

(1) 공통인 부분을 한 문자로 치환하여 인수분해하기

공통인 부분이 있으면 공통인 부분을 한 문자로 치환하여 인수분해한 후 다시 원래의 식을 대입하여 정리한다.

예 $(x-y)(x-y+2)-15$
$=A(A+2)-15$ ← $x-y=A$로 치환
$=A^2+2A-15$
$=(A+5)(A-3)$ ← 인수분해
$=(x-y+5)(x-y-3)$ ← A 대신 $x-y$를 대입

(2) 적당한 항끼리 묶어 인수분해하기

① 항이 4개인 경우

(i) (둘)+(둘)로 묶어 인수분해하기 ⇨ 공통인 인수로 묶는다.

(ii) (셋)+(하나)로 묶어 인수분해하기 ⇨ 제곱의 차를 이용한다.

예 (i) $\underbrace{ax-ay}_{둘}+\underbrace{bx-by}_{둘}=a(x-y)+b(x-y)=(x-y)(a+b)$

(ii) $\underbrace{x^2+2x+1}_{셋}-\underbrace{y^2}_{하나}=(x+1)^2-y^2=(x+y+1)(x-y+1)$

② $(\quad)(\quad)(\quad)(\quad)+k$ 꼴

상수항의 합 또는 곱이 같아지도록 두 개의 항씩 묶어 전개하고 공통인 부분을 치환하여 인수분해한 후 다시 원래의 식을 대입하여 정리한다.

(3) 내림차순으로 정리하여 인수분해하기

항이 5개 이상인 식은 차수가 낮은 문자에 대하여 내림차순으로 정리한 후 인수분해한다.

예 $x^2+xy-4x-5y-5$
$=(x-5)y+(x^2-4x-5)$ ← y에 대하여 내림차순으로 정리
$=(x-5)y+(x-5)(x+1)$
$=(x-5)(x+y+1)$ ← 공통인 인수 $x-5$로 묶어 인수분해

비법 Note
> 항이 4개인 식은 두 개 또는 세 개의 항을 묶어 먼저 인수분해한 후 인수분해 공식을 이용한다.

비법 Note
> 내림차순
다항식을 어떤 문자에 대하여 차수가 높은 항부터 낮은 항의 순서로 정리하여 나열하는 것

Theme 11 인수분해 공식의 활용 유형 17 ~ 유형 20

(1) 인수분해를 이용한 수의 계산

복잡한 수의 계산을 할 때, 인수분해 공식을 이용하면 편리하다.

① 공통인 인수로 묶은 후 계산하기 ⇨ $ma+mb=m(a+b)$

예 $5\times19+5\times21=5(19+21)=5\times40=200$

② 완전제곱식 이용하기 ⇨ $a^2+2ab+b^2=(a+b)^2$, $a^2-2ab+b^2=(a-b)^2$

예 $15^2+2\times15\times5+5^2=(15+5)^2=20^2=400$

③ 제곱의 차 이용하기 ⇨ $a^2-b^2=(a+b)(a-b)$

예 $97^2-3^2=(97+3)(97-3)=100\times94=9400$

(2) 인수분해를 이용한 식의 값

식의 값을 구할 때, 주어진 식을 인수분해한 후 대입하여 계산하면 편리하다.

예 $x=1+\sqrt{2}$, $y=1-\sqrt{2}$일 때
$x^2-y^2=(x+y)(x-y)$
$=2\times2\sqrt{2}$ ← 인수분해한 후 $x+y=2$, $x-y=2\sqrt{2}$를 대입
$=4\sqrt{2}$

비법 Note
> 식에 주어진 값을 직접 대입하여 구할 수도 있지만 식을 인수분해한 후 대입하여 계산하는 것이 더 편리하다.

Theme 10 복잡한 식의 인수분해

461 다음은 $(x+1)^2-(x+1)-2$를 인수분해하는 과정이다. □ 안에 알맞은 식을 써넣으시오.

$(x+1)^2-(x+1)-2$
$=A^2-A-2$) $x+1=A$로 치환
$=(\square)(A-2)$) 인수분해
$=(\square)(x-1)$) A 대신 $x+1$을 대입하여 정리

[462~463] 다음 식을 인수분해하시오.

462 $(3a-2b)^2-4(3a-2b)+3$

463 $2(x-1)^2+3(x-1)+1$

[464~466] 다음은 주어진 식을 인수분해하는 과정이다. □ 안에 알맞은 식을 써넣으시오.

464 $xy-x+y-1=\square(y-1)+(y-1)$
$=(y-1)(\square)$

465 $ab+a+b+1=\square(b+1)+(b+1)$
$=(b+1)(\square)$

466 $x^2-10x+25-y^2=(\square)^2-y^2$
$=(\square)(x-y-5)$

[467~469] 다음 식을 인수분해하시오.

467 $x^2+xy-5x-5y$

468 $a^2-2a+1-b^2$

469 x^2-y^2-6x+9

[470~471] 다음 식을 인수분해하시오.

470 $(x+1)(x+2)(x+3)(x+4)+1$

471 $(x-1)(x-2)(x+3)(x+4)-14$

472 다음은 $x^2+2+xy-3x-y$를 인수분해하는 과정이다. □ 안에 공통으로 들어갈 식을 구하시오.

$x^2+2+xy-3x-y$
$=y(\square)+x^2-3x+2$
$=y(\square)+(\square)(x-2)$
$=(\square)(x+y-2)$

[473~474] 다음 식을 인수분해하시오.

473 $x^2+2xy-2x-2y+1$

474 $x^2+3xy+6x+3y+5$

Theme 11 인수분해 공식의 활용

[475~477] 인수분해 공식을 이용하여 다음을 계산하시오.

475 $17\times63-17\times53$

476 $84^2+2\times84\times16+16^2$

477 35^2-25^2

[478~479] 다음을 구하시오.

478 $a=1.7$, $b=0.3$일 때, a^2-b^2의 값

479 $x=4.5$, $y=5.5$일 때, $3x^2+xy-2y^2$의 값

Theme 09 인수분해의 뜻과 공식

워크북 62쪽

유형 01 공통인 인수를 이용한 인수분해

다항식의 각 항에 공통인 인수가 있을 때는 공통인 인수로 묶어 내어 인수분해한다. 공통인 인수로 묶을 때 수는 최대공약수로, 문자는 차수가 낮은 것으로 묶는다.

차수가 낮은 것

예 $2x^2y-4xy^2=2xy(x-2y)$

최대공약수 2

대표 문제

480

다음 중 $3a^3x-6a^2y$의 인수가 아닌 것은?

① a ② a^2 ③ $3a^2$
④ $ax-2y$ ⑤ $ax+2y$

481 ●●○○

$a(3-x)+b(x-3)$을 인수분해하면?

① $(-a+b)(3-x)$ ② $(a+b)(3-x)$
③ $(a-b)(x-3)$ ④ $(-a+b)(x-3)$
⑤ $(a+b)(x+3)$

482 ●●○○

다음 중 바르게 인수분해한 것은?

① $2x^2+4x=4(x^2+x)$
② $2ab-4b=2b(a-2b)$
③ $-2x^2+4x=-2x(x-2)$
④ $3x^2y+6xy^2=3xy(x+2)$
⑤ $4xy+2y^2=2xy(2+y)$

483 ●●●○

$(x-3)(x-2)+4(x-3)$이 x의 계수가 1인 두 일차식의 곱으로 인수분해될 때, 두 일차식의 합을 구하시오.

유형 02 인수분해 공식 (1) – $a^2\pm2ab+b^2$

$a^2+2ab+b^2$, $a^2-2ab+b^2$ 꼴이면 완전제곱식으로 인수분해된다.

(1) $a^2+2ab+b^2=(a+b)^2$ (2) $a^2-2ab+b^2=(a-b)^2$
같은 부호 같은 부호

대표 문제

484

다음 중 인수분해한 것이 옳지 않은 것은?

① $a^2+10a+25=(a+5)^2$
② $\frac{1}{4}x^2-x+1=\left(\frac{1}{2}x-1\right)^2$
③ $\frac{4}{9}x^2+2x+\frac{9}{4}=\left(\frac{2}{3}x+\frac{3}{2}\right)^2$
④ $9x^2-12xy+4y^2=(3x-2y)^2$
⑤ $16x^2-16xy+4y^2=(4x-y)^2$

485 ●○○○

다음 중 $9x^2+6x+1$의 인수인 것은?

① $x+3$ ② $3x-1$ ③ $3x+1$
④ $3x+6$ ⑤ $6x+1$

신유형

486 ●●●○

$x(x-a)+16$이 $(x-b)^2$으로 인수분해될 때, 양수 a, b에 대하여 $a+b$의 값을 구하시오.

빈출 유형 03 완전제곱식 만들기

주어진 다항식이 완전제곱식이 되려면

(1) $x^2+ax+b=\left(x+\frac{a}{2}\right)^2$

$b=\left(\frac{a}{2}\right)^2$

(2) $a^2\pm2\times a\times b+b^2=(a\pm b)^2$ (복호동순)

곱의 2배

제곱근 : $\pm a$ 제곱근 : $\pm b$

대표 문제

487

다음 두 다항식이 완전제곱식이 되도록 하는 상수 A, B에 대하여 $A+B$의 값을 구하시오. (단, $B>0$)

$$Ax^2-12x+9,\qquad x^2+Bx+\frac{9}{4}$$

488 ●●●●

x^2+6x+A가 완전제곱식이 되도록 하는 상수 A의 값은?

① 4 ② 9 ③ 16
④ 25 ⑤ 36

489 ●●●●

$(x+1)(x+4)+k$가 완전제곱식이 되도록 하는 상수 k의 값을 구하시오.

490 ●●●●

두 다항식 x^2-8x+A, x^2+Ax+B가 완전제곱식이 되도록 하는 상수 A, B에 대하여 $2A-B$의 값은?

① -32 ② -16 ③ 16
④ 32 ⑤ 64

빈출 유형 04 근호 안이 완전제곱식으로 인수분해되는 식

근호 안의 식이 완전제곱식이면 근호를 사용하지 않고 나타낼 수 있다. 이때 부호에 주의한다.

$$\sqrt{a^2}=\begin{cases} a & (a\ge0) \\ -a & (a<0)\end{cases}$$

예 $0<x<2$이면 $x-2<0$이므로
$\sqrt{x^2-4x+4}=\sqrt{(x-2)^2}=-(x-2)=-x+2$

대표 문제

491

$2<x<3$일 때, $\sqrt{x^2-4x+4}+\sqrt{x^2-6x+9}$를 간단히 하면?

① $2x-5$ ② $2x-1$ ③ $2x+1$
④ -1 ⑤ 1

서술형

492 ●●●●

$\frac{1}{3}<x<4$일 때, $\sqrt{9x^2-6x+1}-\sqrt{x^2-8x+16}$을 간단히 하시오.

493 ●●●●

$a>0$, $b<0$일 때, $\sqrt{a^2}-\sqrt{b^2}+\sqrt{a^2-2ab+b^2}$을 간단히 하면?

① $2a$ ② $2b$ ③ $-2a+2b$
④ $2a-2b$ ⑤ $2a+2b$

유형 05 인수분해 공식 (2) – a^2-b^2

항이 2개이고 a^2-b^2 꼴이면 합과 차의 곱으로 인수분해된다.

$\underline{a^2-b^2}=\underline{(a+b)}\underline{(a-b)}$
제곱의 차 합 차

대표 문제
494

$4x^2-9=(Ax+B)(Ax-B)$일 때, $A+B$의 값은?
(단, $A>0$, $B>0$)

① 4 ② 5 ③ 6
④ 7 ⑤ 8

495 ●●○○

다음 중 인수분해한 것이 옳지 않은 것은?

① $9x^2-49=(3x+7)(3x-7)$
② $x^2-\frac{1}{4}=\left(x+\frac{1}{2}\right)\left(x-\frac{1}{2}\right)$
③ $3x^2-12y^2=(3x+4y)(3x-4y)$
④ $2x^2-18=2(x+3)(x-3)$
⑤ $16x^2-25y^2=(4x+5y)(4x-5y)$

서술형
496 ●●●○

$(2x+1)(x-3)+5(x-1)$이 $a(x+b)(x-b)$로 인수분해될 때, $a+b$의 값을 구하시오. (단, $a>0$, $b>0$)

497 ●●●●

다음 중 x^9-x의 인수가 아닌 것은?

① $x+1$ ② x^2-1 ③ x^4+1
④ x^6+1 ⑤ x^8-1

유형 06 인수분해 공식 (3) – $x^2+(a+b)x+ab$

항이 3개이고 x^2의 계수가 1인 이차식은 합과 곱을 이용하여 인수분해한다.

두 수의 곱
$x^2+(a+b)x+ab=(x+a)(x+b)$
두 수의 합

대표 문제
498

$x^2+ax-8=(x+2)(x-b)$일 때, $b-a$의 값은?
(단, a, b는 상수)

① 6 ② 7 ③ 8
④ 9 ⑤ 10

499 ●●○○

일차항의 계수가 1인 두 일차식의 곱이 $x^2+2x-15$일 때, 두 일차식의 합은?

① $2x-2$ ② $2x-1$ ③ $2x+1$
④ $2x+2$ ⑤ $2x+3$

500 ●●●○

$(x+2)(x+3)-12$가 $(x+a)(x-b)$로 인수분해될 때, $a+b$의 값은? (단, $a>0$, $b>0$)

① 3 ② 4 ③ 5
④ 6 ⑤ 7

유형 07 인수분해 공식 (4) – $acx^2+(ad+bc)x+bd$

항이 3개이고 x^2의 계수가 1이 아닌 이차식은 다음 공식을 이용하여 인수분해한다.

$acx^2+(ad+bc)x+bd=(ax+b)(cx+d)$

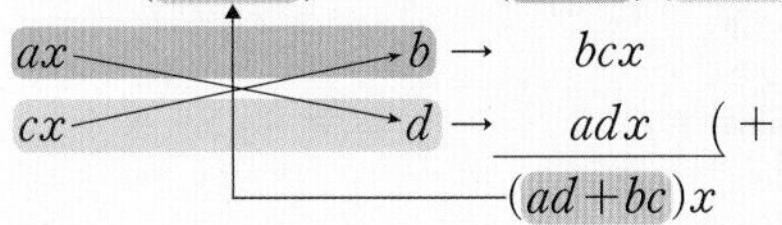

대표 문제

501

$6x^2-x-2=(2x+a)(bx+c)$일 때, $a+b+c$의 값은? (단, a, b, c는 정수)

① 0 ② 1 ③ 2
④ 3 ⑤ 4

502

다음 중 $3x-5$를 인수로 갖는 것을 모두 고르면? (정답 2개)

① $3x^2+2x-8$ ② $3x^2+4x-15$
③ $6x^2-11x+5$ ④ $6x^2-7x-5$
⑤ $9x^2+3x-2$

503

$4x^2-19xy-5y^2$이 x의 계수가 자연수인 두 일차식의 곱으로 인수분해될 때, 두 일차식의 합을 구하시오.

신유형

504

이차식 $2x^2-ax-45$에 일차식 $2ax+b$를 더한 다항식을 인수분해하면 $(2x+7)(x-5)$가 된다고 할 때, $a+b$의 값을 구하시오. (단, a, b는 상수)

빈출

유형 08 인수분해 공식 – 종합

공통인 인수가 있으면 먼저 공통인 인수로 묶어 낸 후 다음 공식을 이용하여 인수분해한다.

(1) $a^2+2ab+b^2=(a+b)^2$, $a^2-2ab+b^2=(a-b)^2$
(2) $a^2-b^2=(a+b)(a-b)$
(3) $x^2+(a+b)x+ab=(x+a)(x+b)$
(4) $acx^2+(ad+bc)x+bd=(ax+b)(cx+d)$

대표 문제

505

다음 중 인수분해한 것이 옳지 않은 것은?

① $x^2-10x+25=(x-5)^2$
② $5x^2-20y^2=5(x+2y)(x-2y)$
③ $x^2+2x-15=(x+5)(x-3)$
④ $2x^2+x-1=(x-1)(2x+1)$
⑤ $3x^2+xy-10y^2=(x+2y)(3x-5y)$

506

다음 중 $2x-1$을 인수로 갖지 않는 것은?

① $4x^2-1$ ② $4x^2-2x$
③ $2x^2+5x-3$ ④ $2x^2-13x-7$
⑤ $4x^2-4x+1$

507

다음 네 학생이 모두 바르게 인수분해했을 때, $a+b+c+d$의 값을 구하시오. (단, a, b, c, d는 상수)

지수 : $16x^2+8x+1=(4x+a)^2$
영진 : $x^2-144=(x+b)(x-12)$
민호 : $x^2-10x+9=(x-1)(x-c)$
서준 : $6x^2-5x-6=(3x+d)(2x-3)$

유형 09 인수가 주어진 이차식의 미지수의 값 구하기

일차식 $mx+n$이 이차식 ax^2+bx+c의 인수이다.
⇨ ax^2+bx+c가 $mx+n$으로 나누어떨어진다.
⇨ $ax^2+bx+c=(mx+n)(\square x+\triangle)$임을 이용한다.

예 $x-1$이 x^2+ax-3의 인수이다.
⇨ x^2+ax-3이 $x-1$로 나누어떨어진다.
⇨ $x^2+ax-3=(x-1)(x+\square)$
$=x^2+(-1+\square)x-\square$
$-3=-\square$에서 $\square=3$
$a=-1+\square$이므로 $a=2$

대표 문제

508

x^2-4x+k가 $x+2$를 인수로 가질 때, 상수 k의 값은?

① -16 ② -12 ③ -11
④ -9 ⑤ -7

509 ●●○○

$2x^2+ax-12$가 $x-2$로 나누어떨어질 때, 상수 a의 값은?

① 1 ② 2 ③ 3
④ 4 ⑤ 5

510 ●●●○

$7x^2-27xy+ky^2$이 $x-4y$를 인수로 가질 때, 다음 중 이 다항식의 인수인 것은? (단, k는 상수)

① $7x-2y$ ② $7x-y$ ③ $7x+y$
④ $7x+2y$ ⑤ $7x+3y$

신유형

511 ●●●●

두 다항식 $x^2+ax-15$, $2x^2+11x+b$의 공통인 인수가 $x+5$일 때, 상수 a, b에 대하여 ab의 값을 구하시오.

유형 10 계수 또는 상수항을 잘못 보고 푼 경우

잘못 본 수를 제외한 나머지 수는 제대로 본 것임을 이용한다.

x의 계수를 잘못 본 식	상수항을 잘못 본 식
x^2+ax+b (↑ a: 잘못 본 수, ↑ b: 제대로 본 수)	x^2+cx+d (↑ c: 제대로 본 수, ↑ d: 잘못 본 수)

⇨ 처음 이차식은 x^2+cx+b이다.

대표 문제

512

x^2의 계수가 1인 어떤 이차식을 인수분해하는데 민아는 x의 계수를 잘못 보고 $(x-5)(x+4)$로 인수분해하였고, 혜영이는 상수항을 잘못 보고 $(x-4)^2$으로 인수분해하였다. 처음 이차식을 바르게 인수분해하시오.

서술형

513 ●●●○

x^2의 계수가 1인 어떤 이차식을 인수분해하는데 승현이는 x의 계수를 잘못 보고 $(x+6)(x-1)$로 인수분해하였고, 영민이는 상수항을 잘못 보고 $(x+3)(x-4)$로 인수분해하였다. 다음 물음에 답하시오.

(1) 처음 이차식을 구하시오.

(2) 처음 이차식을 바르게 인수분해하시오.

514 ●●●○

다음 대화를 읽고, 선생님이 칠판에 적은 x^2의 계수가 2인 이차식을 바르게 인수분해하시오.

> 선생님 : 칠판에 적은 이 식을 인수분해하면 ….
> 지환 : $(x+5)(2x-1)$이에요.
> 승은 : $(2x+3)(x-6)$이에요.
> 선생님 : 지환이는 x의 계수를, 승은이는 상수항을 잘못 보고 인수분해했구나!

Theme 10 복잡한 식의 인수분해

워크북 67쪽

빈출 유형 11 공통인 인수로 묶어 인수분해하기

인수분해할 때는 먼저 공통인 인수가 있는지 확인한다.

예 $x^2(x-y)-x+y=x^2(x-y)-(x-y)$
$=(x-y)(x^2-1)$
$=(x-y)(x+1)(x-1)$

대표 문제

515

$x(y-1)-y+1$이 $(x+a)(y+b)$로 인수분해될 때, $a+b$의 값은? (단, a, b는 상수)

① -2　② -1　③ 0
④ 1　⑤ 2

516 ●●○○

$x^2(x+1)-x-1$을 인수분해하면?

① $x(x-1)(x+1)$　② $(x-1)(x+1)^2$
③ $(x+1)(x-1)^2$　④ $(x-1)(x+1)(x+2)$
⑤ $(x-2)(x-1)(x+1)$

517 ●●●○

다음 중 $x^2-y^2+(x-y)^2$의 인수를 모두 고르면? (정답 2개)

① x　② y　③ $x+1$
④ $x-y$　⑤ $x+y$

빈출 유형 12 치환을 이용하여 인수분해하기

공통인 부분이 있으면 공통인 부분을 한 문자로 치환하여 인수분해한 후 다시 원래의 식을 대입하여 정리한다.

예 $(x-4)^2-(x-4)-6$
$=A^2-A-6$ ← $x-4=A$로 치환
$=(A+2)(A-3)$ ← 인수분해
$=(x-4+2)(x-4-3)$ ← A 대신 $x-4$를 대입
$=(x-2)(x-7)$

대표 문제

518

$(x-3)^2+(x-3)-6$을 인수분해하면?

① $x(x-5)$　② $(x-1)(x-3)$
③ $x(x-6)$　④ $(x+1)(x-1)$
⑤ $x(x-7)$

519 ●●●○

$(2x+y)(2x+y-2)-8$이 x의 계수가 자연수인 두 일차식의 곱으로 인수분해될 때, 두 일차식의 합은?

① $4x-3y+2$　② $4x-2y+1$
③ $4x-y-2$　④ $4x+y+2$
⑤ $4x+2y-2$

520 ●●●○

$3(x^2-x)^2-5(x^2-x)-2$를 인수분해하시오.

유형 13 (둘)+(둘)로 묶어 인수분해하기

항이 4개일 때는 인수분해 공식을 바로 적용할 수 없으므로 공통인 부분이 생기도록 두 항씩 묶어 인수분해한다.

예 $\underbrace{ax-a}_{(둘)}\underbrace{-x+1}_{(둘)}=a(x-1)-(x-1)$
$=(x-1)(a-1)$

대표 문제

521

다음 중 a^2-ac-b^2-bc의 인수를 모두 고르면? (정답 2개)

① a ② $a+b$ ③ $a+b+c$
④ $a+b-c$ ⑤ $a-b-c$

522 ●●○○

x^2y+2x^2-y-2를 인수분해하면?

① $(x+1)^2(y-2)$
② $(x+1)^2(y+2)$
③ $(x-2)(x-1)(y+1)$
④ $(x+1)(x-1)(y+2)$
⑤ $(x+1)(x-2)(y+2)$

523 ●●●●

다음 두 다항식의 공통인 인수는?

x^3-x^2-x+1, x^3+3x^2-x-3

① $x(x-1)$ ② x^2+1
③ $(x+1)(x-1)$ ④ $(x-1)(x+3)$
⑤ $(x+1)(x+3)$

유형 14 (셋)+(하나)로 묶어 인수분해하기

항이 4개일 때, 두 항씩 묶어도 공통인 부분이 생기지 않으면 세 개의 항을 묶어서 완전제곱식으로 표현할 수 있는지 알아본다.

예 $\underbrace{x^2-2x+1}_{(셋)}\underbrace{-y^2}_{(하나)}=(x-1)^2-y^2$ → 완전제곱식으로 표현
$=(x+y-1)(x-y-1)$

대표 문제

524

$a^2+4a+4-9b^2$을 인수분해하면?

① $(a+2b+2)(a-2b+2)$
② $(a+2b+1)(a-2b+1)$
③ $(a+3b-2)(a+3b+2)$
④ $(a+3b+2)(a-3b+2)$
⑤ $(a+3b-1)(a+3b+1)$

525 ●●●○

$9x^2+6x+1-4y^2$이 x의 계수가 자연수인 두 일차식의 곱으로 인수분해될 때, 두 일차식의 합은?

① $5x+2$ ② $6x+1$ ③ $6x+2$
④ $5x+4y+3$ ⑤ $6x+4y+3$

서술형

526 ●●●○

$4x^2-4xy+y^2-25z^2=(2x+ay+bz)(2x+cy+dz)$일 때, $a+b+c+d$의 값을 구하시오. (단, a, b, c, d는 상수)

유형 15 ( )( )( )( )$+k$ 꼴의 인수분해

❶ 두 일차식의 상수항의 합 또는 곱이 같아지도록 두 개의 항씩 묶어 전개한다.
❷ 공통인 부분을 치환하여 인수분해한다.
❸ 원래의 식을 대입하여 정리한다.

대표 문제

527

다음 중 $(x+1)(x+2)(x+3)(x+4)-24$의 인수가 아닌 것은?

① x　② $x+5$　③ x^2+5x
④ x^2+5x+5　⑤ $x^2+5x+10$

528 ●●●

$x(x-3)(x-2)(x-1)+1=(x^2+ax+b)^2$일 때, $a+2b$의 값을 구하시오. (단, a, b는 상수)

529 ●●●

$(x-4)(x-3)(x+2)(x+3)-40$을 인수분해하면?

① $(x-2)(x+1)(x^2-x-16)$
② $(x-2)(x-1)(x^2+x-16)$
③ $(x-2)(x+1)(x^2+x-16)$
④ $(x+2)(x-1)(x^2+x-16)$
⑤ $(x+2)(x+1)(x^2-x-16)$

유형 16 내림차순으로 정리하여 인수분해하기

항이 5개 이상일 때는 내림차순으로 정리하여 인수분해한다.

차수가 다른 경우	차수가 같은 경우
차수가 가장 낮은 문자에 대하여 내림차순으로 정리	어느 한 문자에 대하여 내림차순으로 정리

예 $x^2+xy+2x+y+1$
$=y(x+1)+(x^2+2x+1)$ ← y에 대하여 내림차순으로 정리
$=y(x+1)+(x+1)^2$ ← 인수분해
$=(x+1)(x+y+1)$

대표 문제

530

$x^2+2xy+2x-2y-3$을 인수분해하면?

① $(x-1)(x+2y-3)$　② $(x-1)(x+2y+3)$
③ $(x+1)(x+2y-3)$　④ $(x-2)(x+2y+3)$
⑤ $(x+2)(x-2y+3)$

531 ●●●

다음 중 $a^2+ab-a+b-2$의 인수인 것은?

① $a-b+1$　② $a-b+2$　③ $a+b-2$
④ $a+b-1$　⑤ $a+b+2$

532 ●●●●

$x^2-y^2+x+7y-12=(x-y+a)(x+by+c)$일 때, $a+b+c$의 값을 구하시오. (단, a, b, c는 상수)

04 인수분해 Theme 09 10 11

Theme 11 인수분해 공식의 활용

워크북 70쪽

유형 17 인수분해 공식을 이용한 수의 계산

복잡한 수의 계산을 할 때는 인수분해 공식을 이용하여 식을 변형하여 계산하면 편리하다.

(1) $ma+mb=m(a+b)$

(2) $a^2+2ab+b^2=(a+b)^2$, $a^2-2ab+b^2=(a-b)^2$

(3) $a^2-b^2=(a+b)(a-b)$

대표 문제

533

인수분해 공식을 이용하여 $\sqrt{51^2-2\times51+1}$을 계산하면?

① 48 ② 49 ③ 50

④ 51 ⑤ 52

534 ●●○○

인수분해 공식을 이용하여 A, B의 값을 각각 구하시오.

$$A=8^2+2\times8\times92+92^2$$
$$B=7.5^2\times0.12-2.5^2\times0.12$$

535 ●●●○

인수분해 공식을 이용하여 $1^2-3^2+5^2-7^2+9^2-11^2$의 값을 구하시오.

빈출

유형 18 인수분해 공식을 이용한 식의 값

식을 인수분해하여 간단히 한 후, 주어진 문자의 값을 바로 대입하거나 변형하여 대입한다.

이때 분모에 무리수가 있으면 먼저 유리화하는 것이 편리하다.

대표 문제

536

$x=\dfrac{1}{\sqrt{2}+1}$, $y=\dfrac{1}{\sqrt{2}-1}$일 때, $2x^2+4xy+2y^2$의 값은?

① 14 ② 16 ③ 18

④ 20 ⑤ 22

537 ●●○○

$x+y=5$, $x-y=3$일 때, x^2+4x-y^2-4y의 값은?

① 8 ② 15 ③ 20

④ 27 ⑤ 35

서술형

538 ●●●○

$x=\sqrt{2}-1$일 때, $(x+3)^2-4(x+3)+4$의 값을 구하시오.

유형 19 인수분해 공식의 도형에의 활용 (1)

직사각형의 조각이 주어진 도형 문제는 각 직사각형의 넓이의 합을 식으로 나타낸 후 인수분해한다.

예

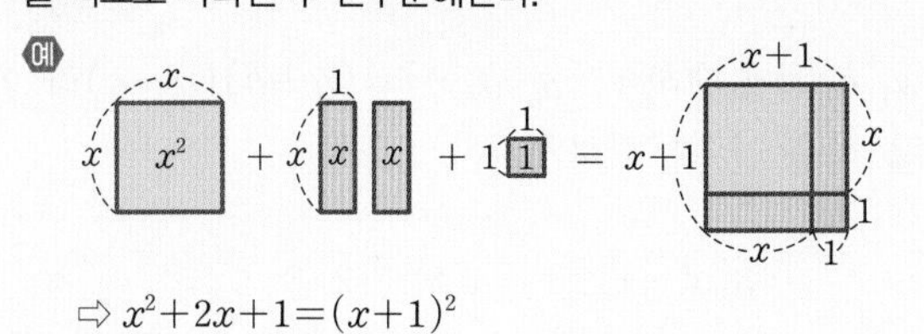

⇨ $x^2+2x+1=(x+1)^2$

대표 문제

539

다음 그림의 모든 직사각형을 빈틈없이 겹치지 않게 이어 붙여 하나의 큰 직사각형을 만들었다. 새로 만든 직사각형의 둘레의 길이를 구하시오.

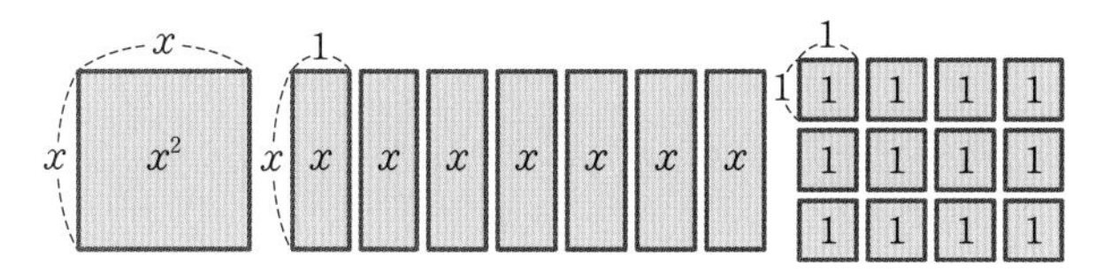

540 ●●●●

다음 그림의 모든 직사각형을 빈틈없이 겹치지 않게 이어 붙여 하나의 큰 직사각형을 만들었다. 새로 만든 직사각형의 가로와 세로의 길이의 합을 구하시오.

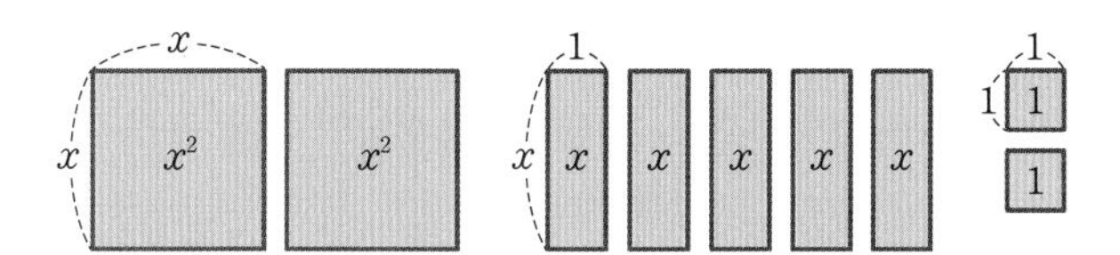

신유형

541 ●●●●

다음 그림과 같이 직사각형 모양의 색종이 A, B, C가 있다. 은주는 색종이 A 4장, B 5장, C 12장을 빈틈없이 겹치지 않게 이어 붙여 하나의 큰 직사각형 모양의 작품을 만들었다. 은주가 만든 직사각형 모양 작품의 넓이를 가로와 세로의 길이의 곱으로 나타내시오.

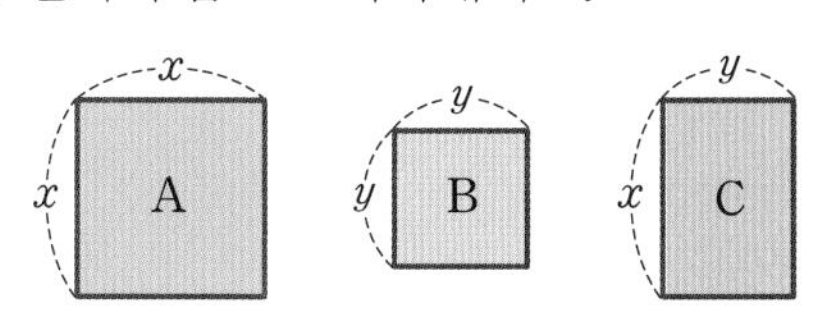

빈출

유형 20 인수분해 공식의 도형에의 활용 (2)

문제에서 주어진 조건을 이용하여 식을 세우고, 식을 인수분해하여 다항식의 곱으로 나타낸다.

대표 문제

542

다음 그림에서 두 도형 A, B의 넓이가 같을 때, 도형 B의 가로의 길이를 구하시오.

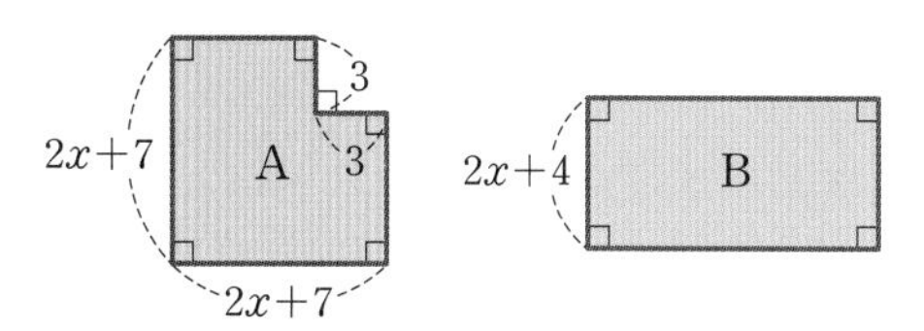

543 ●●●●

오른쪽 그림과 같이 넓이가 $3x^2+5x-2$인 직사각형 모양의 사진이 있다. 이 사진의 가로의 길이가 $x+2$일 때, 세로의 길이는?

① $2x-1$ ② $2x+1$
③ $3x-1$ ④ $3x+1$
⑤ $3x+2$

544 ●●●●

오른쪽 그림과 같은 사다리꼴의 넓이가 $6x^2+7x+2$일 때, 이 사다리꼴의 높이를 구하시오.

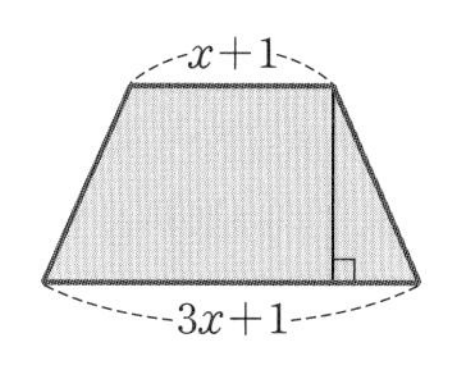

545

유형 04

$|x|<3$일 때, $\sqrt{x^2+6x+9}+\sqrt{4x^2-24x+36}$을 간단히 하면?

① $-x+9$ ② $x-9$ ③ $2x$
④ $3x-3$ ⑤ $3x+3$

546

유형 06

$x^2+ax+27=(x+b)(x+c)$일 때, 상수 a의 최댓값은? (단, b, c는 정수)

① -28 ② -12 ③ 7
④ 12 ⑤ 28

547

유형 07

x에 대한 이차식 ax^2+5x+1이 상수항이 1인 x에 대한 두 일차식의 곱으로 인수분해될 때, 자연수 a의 최댓값을 구하시오.

548

유형 08

세 수 a, b, c에 대하여 $[a, b, c]=(a+b)(a-c)$라 할 때, 다음 식을 인수분해하시오.

$$3[x, -1, 1]-[x, -2, 3]$$

549

유형 09

두 다항식 x^2+3x+2와 x^2+ax-2가 x의 계수가 1인 일차식을 공통인 인수로 가질 때, 양수 a의 값을 구하시오.

550
유형 12

$3(3x+1)^2+4(3x+1)(x-5)-4(x-5)^2$을 인수분해하시오.

551
유형 11+유형 12+유형 14

다음 중 바르게 인수분해한 것을 모두 고르면? (정답 2개)

① $xy-x-(1-y)=(x-1)(1-y)$
② $(x+y-1)(x+y)-2=(x+y+1)(x+y-2)$
③ $x^2-y^2-4x+4=(x+y-2)(x-y-2)$
④ $x^2y+2xy-3y=y(x+1)(x-3)$
⑤ $x^3y-x^2y-6xy=xy(x+3)(x-2)$

552
유형 15

$(x+1)(x+2)(x+3)(x+6)-8x^2$을 인수분해하시오.

553
유형 14+유형 16

다음 두 다항식의 1이 아닌 공통인 인수를 구하시오.

$$x^2-y^2-6x+9$$
$$x^2-2xy+y^2-6x+6y+9$$

554
유형 17

인수분해 공식을 이용하여 다음을 계산하면?

$$\frac{394^2+4\times394-12}{198^2-4}$$

① 1 ② 2 ③ 3 ④ 4 ⑤ 5

555
ⓒ 유형 17

$\left(1-\frac{1}{2^2}\right)\times\left(1-\frac{1}{3^2}\right)\times\cdots\times\left(1-\frac{1}{9^2}\right)\times\left(1-\frac{1}{10^2}\right)$의 값을 기약분수 $\frac{A}{B}$로 나타낼 때, $A+B$의 값을 구하시오.

556
ⓒ 유형 13+유형 18

$x=\frac{1}{2-\sqrt{3}}$, $y=\frac{1}{2+\sqrt{3}}$일 때, $x^2y+x+xy^2+y$의 값은?

① 4 ② 8 ③ $4\sqrt{3}$
④ $7-4\sqrt{3}$ ⑤ $7+4\sqrt{3}$

557
ⓒ 유형 13+유형 18

$x-y=2$이고 $x^2y-(y^2+4)x+4y=24$일 때, x^2+y^2의 값을 구하시오.

558
ⓒ 유형 17+유형 20

다음 그림과 같이 한 변의 길이가 각각 26 cm, 17 cm인 정사각형 모양의 퍼즐 A, B가 9등분씩 되어 있다. 퍼즐 A의 조각 하나의 넓이는 퍼즐 B의 조각 하나의 넓이보다 몇 cm^2만큼 더 넓은지 구하시오.

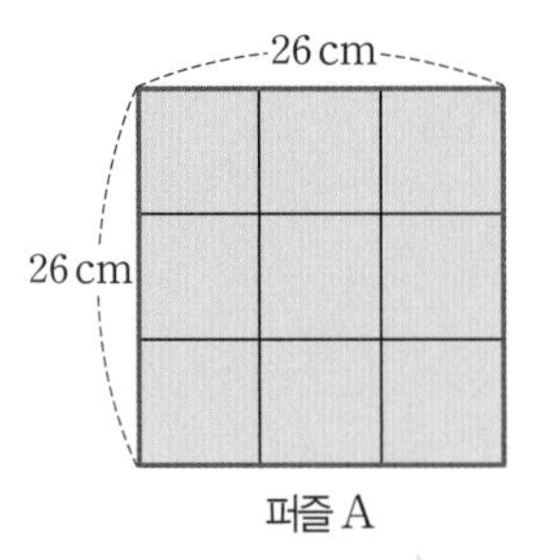

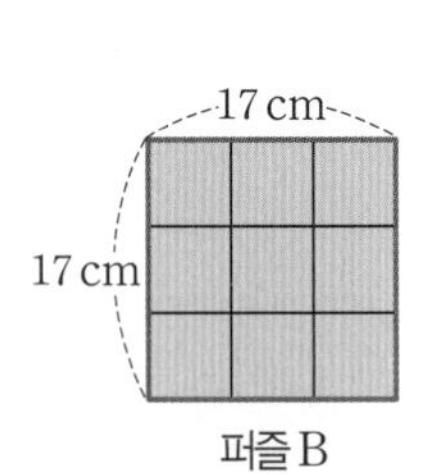

559
ⓒ 유형 20

오른쪽 그림과 같이 원 모양의 연못의 둘레에 폭이 $2a$ m로 일정한 산책로가 있다. 이 산책로의 한가운데를 지나는 원의 둘레의 길이가 20π m이다. 산책로의 넓이가 80π m^2일 때, 산책로의 폭을 구하시오. (단, a는 상수)

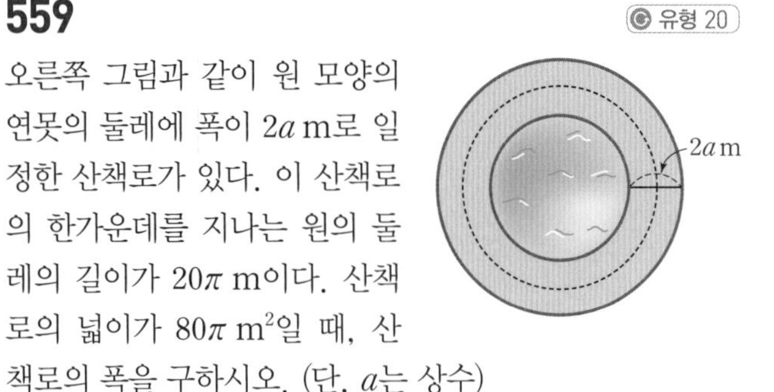

교과서 속 창의력 UP!

560

유형 19+유형 20

오른쪽 그림과 같이 넓이가 각각 $(6a^2+a-1)\text{ m}^2$, $(4a+2)\text{ m}^2$인 거실과 발코니를 합쳐 거실을 확장하려고 한다. 확장하는 거실은 가로의 길이가 $(2a+1)$ m인 직사각형 모양이라 할 때, 세로의 길이는? (단, 벽의 두께는 생각하지 않는다.)

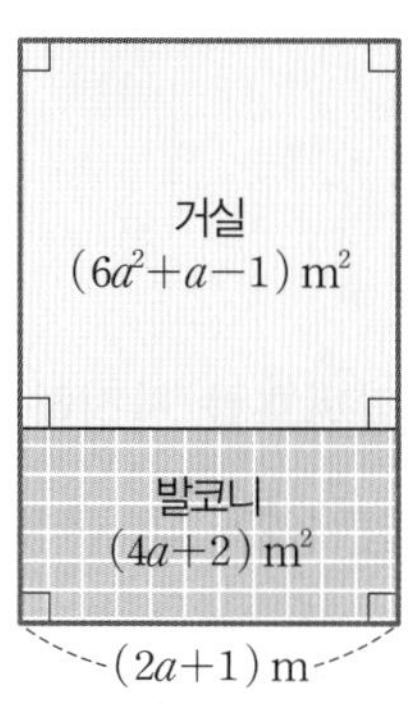

① $(2a+3)$ m ② $(2a+5)$ m
③ $(3a+1)$ m ④ $(3a+2)$ m
⑤ $(6a+1)$ m

561

유형 03+유형 15

$x(x+1)(x+2)(x+3)+k$가 완전제곱식이 되도록 하는 상수 k의 값을 구하시오.

562

유형 04+유형 18

$x=\sqrt{10}-4$일 때, $\sqrt{x^2-8x+16}-\sqrt{x^2+2x+1}$의 값은?

① $-2\sqrt{10}-11$ ② $-2\sqrt{10}+3$
③ $-2\sqrt{10}+5$ ④ $-2\sqrt{10}+11$
⑤ $-2\sqrt{10}+13$

563

유형 05+유형 17

$2^{40}-1$이 30과 40 사이에 있는 두 자연수로 나누어떨어질 때, 두 자연수를 구하시오.

창의·융합

개인 정보를 보호하는 수학

우리는 인터넷 포털 사이트나 은행의 계좌 등에서 비밀번호를 지정하여 개인 정보를 보호하고 있다. 또한, 통신망을 이용하여 정보를 주고받을 때에도 그 내용이 다른 사람에게 알려지지 않도록 암호를 지정한다. 하지만 이와 같은 비밀번호나 암호가 다른 사람에게 알려져 범죄에 이용되는 경우가 많이 발생하고 있다. 따라서 이러한 개인 정보를 더욱 안전하게 보호하기 위해 암호 체계에 대한 연구가 활발하게 이루어지고 있다.

암호 체계의 핵심에는 소수(prime number)와 인수분해가 있다. 소수는 무수히 많고, 매우 큰 소수는 찾기가 어려워서 암호로 쓰기에 적합하기 때문이다. 또한, 매우 큰 두 소수를 곱하여 얻은 값이 주어질 때, 그 값을 다시 소인수분해하는 것은 쉽지 않다.

예를 들어 두 소수 67과 73을 곱한 값인 4891은 쉽게 구할 수 있지만 4891을 다시 두 소수의 곱으로 나타내기는 쉽지 않다. 곱하여 4891이 되는 두 소수는 다음과 같이 인수분해 공식 $a^2-b^2=(a+b)(a-b)$를 이용하여 찾을 수 있다.

$$4891=4900-9=70^2-3^2=(70-3)(70+3)=67\times73$$

이와 같이 수학은 개인 정보 보호가 매우 중요한 현대 사회에서 아주 다양한 형태로 활용되고 있다.

III 이차방정식

Theme 12 이차방정식의 뜻과 해 유형 01 ~ 유형 04

(1) 이차방정식

등식의 우변의 모든 항을 좌변으로 이항하여 정리한 식이 (x에 대한 이차식)$=0$ 꼴로 나타나는 방정식을 x에 대한 이차방정식이라 한다.

예 $2x^2-4x+1=x^2-3x+1 \Rightarrow x^2-x=0$: 이차방정식이다.
$x^2-4x+2=x^2-x+1 \Rightarrow -3x+1=0$: 이차방정식이 아니다.

(2) 이차방정식의 일반형

일반적으로 x에 대한 이차방정식은 다음과 같이 나타낸다.

$\Rightarrow ax^2+bx+c=0$ (단, a, b, c는 상수, $a\neq0$) → (이차항의 계수)$\neq0$

(3) 이차방정식의 해(근)

① 이차방정식 $ax^2+bx+c=0$을 참이 되게 하는 미지수 x의 값을 이차방정식의 해 또는 근이라 한다.

$x=p$가 이차방정식 $ax^2+bx+c=0$의 해(근)이다. ⇄ $x=p$를 $ax^2+bx+c=0$에 대입하면 등식이 성립한다.

예 $x=1$을 $x^2-2x+1=0$에 대입하면 $1^2-2\times1+1=0$이므로 참이다.
따라서 $x=1$은 이차방정식 $x^2-2x+1=0$의 해(근)이다.

② 이차방정식의 해(근)를 모두 구하는 것을 '이차방정식을 푼다'라고 한다.

> 비법 Note
> x^2-4x+1, x^2+3은 이차식이지만 등식이 아니므로 이차방정식이 아니다.

> 비법 Note
> 일차방정식의 해는 1개이고, 이차방정식의 해는 많아야 2개이다.

Theme 13 인수분해를 이용한 이차방정식의 풀이 유형 05 ~ 유형 10

(1) $AB=0$의 성질 : 두 수 또는 두 식 A, B에 대하여 다음이 성립한다.

$AB=0$이면 $A=0$ 또는 $B=0$

참고 $A=0$ 또는 $B=0$은 다음 중 하나가 성립함을 의미한다.
① $A=0$이고 $B\neq0$ ② $A\neq0$이고 $B=0$ ③ $A=0$이고 $B=0$

(2) 인수분해를 이용한 이차방정식의 풀이

❶ 이차방정식을 $ax^2+bx+c=0$ 꼴로 정리한다.
❷ 좌변을 인수분해한다.
❸ $AB=0$의 성질을 이용한다.
❹ 해를 구한다.

예 $x^2+x-2=0$
$(x-1)(x+2)=0$
$x-1=0$ 또는 $x+2=0$
$x=1$ 또는 $x=-2$

(3) 이차방정식의 중근

① 이차방정식의 중근 : 이차방정식의 두 해(근)가 중복되어 서로 같을 때, 이 해(근)를 주어진 이차방정식의 중근이라 한다.

예 이차방정식 $x^2-6x+9=0$에서 $(x-3)^2=0$이므로 $x-3=0$ 또는 $x-3=0$
따라서 $x=3$은 이차방정식 $x^2-6x+9=0$의 중근이다.

② 이차방정식이 중근을 가질 조건 : 이차방정식이 (완전제곱식)$=0$ 꼴로 나타나면 이 이차방정식은 중근을 갖는다.

> 비법 Note
> 이차방정식을 정리할 때, 이차항의 계수가 양수가 되고, 우변이 0이 되도록 정리한다.

> 비법 Note
> 완전제곱식 : 다항식의 제곱으로 된 식 또는 이 식에 상수를 곱한 식
> 예 $(a-b)^2$, $2(x+3)^2$

> 비법 Note
> 이차방정식 $x^2+ax+b=0$에서 $b=\left(\frac{a}{2}\right)^2$이면 이 이차방정식은 중근을 갖는다.

Theme 12 이차방정식의 뜻과 해

[564~567] 다음 중 이차방정식인 것에 ○표, 이차방정식이 아닌 것에 ×표 하시오.

564 x^2+x-6 ( )

565 $3x^2=4x-1$ ( )

566 $x^3+x^2=2x^2+x^3$ ( )

567 $x(x-1)=x^2+2x+1$ ( )

568 등식 $ax^2+bx+c=0$이 x에 대한 이차방정식이 되기 위한 조건을 구하시오. (단, a, b, c는 상수)

[569~571] 다음 [ ] 안의 수가 주어진 이차방정식의 해인 것에 ○표, 해가 아닌 것에 ×표 하시오.

569 $x(x-1)=0$ [0] ( )

570 $x^2-4=0$ [2] ( )

571 $2x^2-7x-4=0$ [-1] ( )

[572~574] 다음 [ ] 안의 수가 주어진 이차방정식의 해일 때, 상수 a의 값을 구하시오.

572 $x^2-ax+1=0$ [1]

573 $x^2+4x+a=0$ [-2]

574 $ax^2-3x-5=0$ [-1]

Theme 13 인수분해를 이용한 이차방정식의 풀이

[575~576] 다음 이차방정식을 푸시오.

575 $2x(x-1)=0$

576 $\frac{1}{3}(x+4)(2x-5)=0$

577 다음은 이차방정식 $x^2-4x+3=0$의 해를 구하는 과정이다. □ 안에 알맞은 수 또는 식을 써넣으시오.

> $x^2-4x+3=0$의 좌변을 인수분해하면
> $(x-1)($ □ $)=0$이므로
> $x-1=0$ 또는 □ $=0$
> $\therefore$ $x=1$ 또는 $x=$ □

[578~580] 다음 이차방정식을 인수분해를 이용하여 푸시오.

578 $x^2+3x=0$

579 $x^2+5x-14=0$

580 $6x^2-5x-6=0$

[581~582] 다음 이차방정식을 푸시오.

581 $3(2x-1)^2=0$

582 $x^2+16=-8x$

[583~584] 다음 이차방정식이 중근을 가질 때, 상수 a의 값을 구하시오.

583 $x^2-6x+a=0$

584 $x^2+8x+a=0$

Theme 14 이차방정식의 근의 공식 유형 11 ~ 유형 18

(1) 제곱근을 이용한 이차방정식의 풀이

① 이차방정식 $x^2=k\ (k\geq 0)$의 해 ⇨ $x=\pm\sqrt{k}$

② 이차방정식 $(x+p)^2=k\ (k\geq 0)$의 해 ⇨ $x=-p\pm\sqrt{k}$

예 ① $x^2=5$에서 $x=\pm\sqrt{5}$

② $(x+1)^2=3$에서 $x+1=\pm\sqrt{3}$ $\quad\therefore x=-1\pm\sqrt{3}$

참고 (1) 이차방정식 $x^2=k$의 해

① $k>0$이면 $x=\pm\sqrt{k}$ ② $k=0$이면 $x=0$ ③ $k<0$이면 해는 없다.

(2) 이차방정식 $(x+p)^2=k$의 해

① $k>0$이면 $x=-p\pm\sqrt{k}$ ② $k=0$이면 $x=-p$ ③ $k<0$이면 해는 없다.

(2) 완전제곱식을 이용한 이차방정식의 풀이

이차방정식 $ax^2+bx+c=0$의 좌변이 인수분해되지 않을 때, 완전제곱식을 이용하여 이차방정식의 해를 구한다.

	$ax^2+bx+c=0$
❶ 이차항의 계수로 양변을 나누어 이차항의 계수를 1로 만든다.	$x^2+\frac{b}{a}x+\frac{c}{a}=0$
❷ 상수항을 우변으로 이항한다.	$x^2+\frac{b}{a}x=-\frac{c}{a}$
❸ 양변에 $\left\{\frac{(x\text{의 계수})}{2}\right\}^2$을 더한다.	$x^2+\frac{b}{a}x+\left(\frac{b}{2a}\right)^2=-\frac{c}{a}+\left(\frac{b}{2a}\right)^2$
❹ 좌변을 완전제곱식으로 고친다.	$\left(x+\frac{b}{2a}\right)^2=\frac{b^2-4ac}{4a^2}$
❺ 제곱근을 이용하여 해를 구한다.	$x=\frac{-b\pm\sqrt{b^2-4ac}}{2a}$ (단, $b^2-4ac\geq 0$)

(3) 이차방정식의 근의 공식

① 근의 공식 : x에 대한 이차방정식 $ax^2+bx+c=0\ (a\neq 0)$의 근은

$$x=\frac{-b\pm\sqrt{b^2-4ac}}{2a}\ (\text{단, } b^2-4ac\geq 0)$$

→ 근호 안에는 음수가 올 수 없으므로 $b^2-4ac<0$인 경우에 이차방정식의 해는 없다.

예 $2x^2-3x-1=0$에서 $a=2$, $b=-3$, $c=-1$이므로

$$x=\frac{-(-3)\pm\sqrt{(-3)^2-4\times 2\times(-1)}}{2\times 2}=\frac{3\pm\sqrt{17}}{4}$$

② 일차항의 계수가 짝수일 때의 근의 공식 : x에 대한 이차방정식 $ax^2+2b'x+c=0\ (a\neq 0)$의 근은

→ x의 계수가 짝수

$$x=\frac{-b'\pm\sqrt{b'^2-ac}}{a}\ (\text{단, } b'^2-ac\geq 0)$$ ← 근의 짝수 공식

(4) 여러 가지 이차방정식의 풀이

① 계수에 분수 또는 소수가 있는 경우 : 양변에 적당한 수를 곱하여 모든 계수를 정수로 고친다.

(i) 계수가 분수일 때 ⇨ 양변에 분모의 최소공배수를 곱한다.

(ii) 계수가 소수일 때 ⇨ 양변에 10의 거듭제곱을 곱한다.

② 괄호가 있는 경우 : 분배법칙이나 곱셈 공식을 이용하여 괄호를 풀고 $ax^2+bx+c=0$ 꼴로 정리한다.

③ 공통인 부분이 있는 경우 : 공통인 부분을 한 문자로 치환하여 정리한다.

비법 Note

> $x=-p\pm\sqrt{k}$는 $x=-p+\sqrt{k}$와 $x=-p-\sqrt{k}$를 한꺼번에 나타낸 것이다.

비법 Note

> 이차방정식 $(x+p)^2=k$에서
> ① 해를 가질 조건 ⇨ $k\geq 0$
> ② 해를 가지지 않을 조건 ⇨ $k<0$

비법 Note

> (완전제곱식)=(상수) 꼴로 정리한다.

비법 Note

> 이차방정식에서 인수분해가 되면 인수분해를 이용하여 해를 구하고, 인수분해되지 않으면 근의 공식을 이용하여 해를 구한다.

> 이차방정식에서 x의 계수가 짝수일 때, 근의 짝수 공식을 이용하면 계산이 편리하다.

Theme 14 이차방정식의 근의 공식

[585~587] 다음 이차방정식을 제곱근을 이용하여 푸시오.

585 $x^2-3=0$

586 $2x^2-5=0$

587 $4(x+2)^2=12$

588 다음은 이차방정식 $x^2-8x+5=0$을 $(x+p)^2=k$ 꼴로 나타내는 과정이다. □ 안에 알맞은 수를 써넣으시오. (단, p, k는 상수)

> $x^2-8x+5=0$에서 $x^2-8x=-5$
> $x^2-8x+\square=-5+\square$
> $\therefore (x-\square)^2=\square$

[589~591] 다음 이차방정식을 $(x+p)^2=k$ 꼴로 나타내시오. (단, p, k는 상수)

589 $x^2-x-4=0$

590 $2x^2-4x-6=0$

591 $3x^2+4x-1=0$

[592~593] 다음 이차방정식을 완전제곱식을 이용하여 푸시오.

592 $x^2+6x-2=0$

593 $4x^2-4x-5=0$

[594~597] 다음 이차방정식을 근의 공식을 이용하여 푸시오.

594 $2x^2+3x-3=0$

595 $x^2-8=3x$

596 $x^2+2x-11=0$

597 $3x^2-4x+1=x^2$

[598~605] 다음 이차방정식을 푸시오.

598 $\frac{1}{3}x^2+\frac{1}{2}=\frac{3}{2}x$

599 $x^2+0.1x=0.2$

600 $\frac{2}{5}x^2+1.6x-2.4=0$

601 $(x+1)(x-5)+3=0$

602 $x^2-2x=0.4(5x-1)$

603 $(x+2)^2=3(x+6)$

604 $(x+2)^2+5(x+2)-6=0$

605 $\left(x-\frac{1}{3}\right)^2-x+\frac{1}{3}=0$

Theme 12 이차방정식의 뜻과 해

워크북 80쪽

빈출 유형 01 이차방정식의 뜻

x에 대한 이차방정식

⇨ $ax^2+bx+c=0$ (a, b, c는 상수, $a\neq0$) 꼴로 나타나는 방정식

대표 문제

606

다음 중 x에 대한 이차방정식을 모두 고르면? (정답 2개)

① $x^2=4x+\frac{1}{2}$

② $x^3-x+1=x^3+3$

③ $(3x-1)(x+1)=3x^2-2x$

④ $\frac{2}{x^2}+\frac{1}{x}+2=0$

⑤ $\frac{x^2-x}{2}=-1$

607 ●●○○

다음 중 x에 대한 이차방정식이 아닌 것은?

① $x^2=9$　② $4x^2+3=0$

③ $(x+2)(3x-1)=0$　④ $2x^2(x-1)=x+2x^3$

⑤ $x^2-5x+1=x(x-3)$

608 ●●○○

다음 중 방정식 $x(ax-2)=3x^2-3$이 x에 대한 이차방정식이 되도록 하는 상수 a의 값이 아닌 것은?

① 1　② 2　③ 3

④ 4　⑤ 5

609 ●●●○

방정식 $(ax-1)(x+3)=2x(x-2)+7$이 x에 대한 이차방정식이 되도록 하는 상수 a의 조건을 구하시오.

유형 02 이차방정식의 해

$x=p$가 이차방정식 $ax^2+bx+c=0$의 해(근)이다.

⇨ $x=p$를 $ax^2+bx+c=0$에 대입하면 등식이 성립한다.

⇨ $ap^2+bp+c=0$

대표 문제

610

다음 이차방정식 중 $x=2$를 해로 갖는 것은?

① $x^2-3x+1=0$　② $2x^2-4x+1=0$

③ $x^2-4x+4=0$　④ $2x^2-6x+1=0$

⑤ $3x^2-4x-2=0$

611 ●●○○

다음 중 [　] 안의 수가 주어진 이차방정식의 해인 것을 모두 고르면? (정답 2개)

① $x^2+2x=0$ [2]

② $2x^2-3x+2=0$ [3]

③ $x^2+3x=2x(x-1)$ [5]

④ $5x^2-6x+1=0$ [1]

⑤ $(2x+1)(x-1)=3$ [2]

612 ●●●○

부등식 $3x-1\leq2x+3$을 만족시키는 자연수 x에 대하여 이차방정식 $x^2+2x-8=0$의 해를 구하시오.

빈출

유형 03 한 근이 주어졌을 때, 미지수의 값 구하기

미지수를 포함한 이차방정식의 한 근이 주어지면 주어진 근을 이차방정식에 대입하여 미지수의 값을 구한다.

예 이차방정식 $x^2-3x+a=0$의 한 근이 $x=1$일 때, 상수 a의 값 구하기

⇨ $x=1$을 방정식에 대입하면 $1-3+a=0$ $\therefore a=2$

대표 문제

613

이차방정식 $3x^2-ax-4a+3=0$의 한 근이 $x=-1$일 때, 상수 a의 값은?

① 1 ② 2 ③ 3 ④ 4 ⑤ 5

614

이차방정식 $x^2+x+a=0$의 한 근이 $x=-2$이고, 이차방정식 $x^2+bx+6=0$의 한 근이 $x=2$일 때, ab의 값은? (단, a, b는 상수)

① 7 ② 8 ③ 9 ④ 10 ⑤ 11

서술형

615

이차방정식 $2ax^2-3x+b=0$의 한 근이 $x=1$이고, 이차방정식 $x^2-bx+3a=0$의 한 근이 $x=-1$일 때, $a+b$의 값을 구하시오. (단, a, b는 상수)

유형 04 한 근이 문자로 주어졌을 때, 식의 값 구하기

이차방정식의 한 근이 문자로 주어지면 문자를 주어진 식에 대입하여 식을 변형한다.

이차방정식 $x^2+ax+b=0$의 한 근이 $x=p$일 때

$p^2+ap+b=0$ ⇨ $p^2+b=-ap$

⇨ $p+\frac{b}{p}=-a$ (단, $p\neq0$)

대표 문제

616

이차방정식 $x^2-2x-1=0$의 한 근을 $x=a$라 할 때, 다음 중 옳지 않은 것은?

① $a^2-2a=1$

② $3a^2-6a+4=7$

③ $a^2-2a-2=-5$

④ $a-\frac{1}{a}=2$

⑤ $4a^2-8a+6=10$

617

이차방정식 $2x^2-4x+1=0$의 한 근을 $x=p$라 할 때, $4p-2p^2$의 값을 구하시오.

618

이차방정식 $x^2-3x+1=0$의 한 근을 $x=a$, 이차방정식 $3x^2-2x-4=0$의 한 근을 $x=b$라 할 때, $a^2+3b^2-3a-2b$의 값은?

① 1 ② 2 ③ 3 ④ 4 ⑤ 5

619

이차방정식 $x^2-6x-1=0$의 한 근을 $x=m$이라 할 때, $m^2+\frac{1}{m^2}$의 값을 구하시오.

Theme 13 인수분해를 이용한 이차방정식의 풀이

워크북 82쪽

빈출 유형 05 인수분해를 이용한 이차방정식의 풀이

❶ 주어진 이차방정식을 $ax^2+bx+c=0$ 꼴로 나타낸다.
❷ 좌변을 인수분해하여 $AB=0$ 꼴로 만든다.
❸ $AB=0$이면 $A=0$ 또는 $B=0$임을 이용하여 해를 구한다.

대표 문제

620

이차방정식 $2x^2-3x-5=0$의 두 근을 $x=a$ 또는 $x=b$라 할 때, $2a-b$의 값은? (단, $a>b$)

① 2 ② 4 ③ 6
④ 8 ⑤ 10

621 ●●●●

다음 이차방정식 중 해가 $x=-3$ 또는 $x=2$인 것은?

① $(x+3)(x-2)=0$ ② $(x-3)(x-2)=0$
③ $(x+3)(x+2)=0$ ④ $(3x+1)(2x-1)=0$
⑤ $(2x+1)(3x-1)=0$

신유형

622 ●●●●

이차방정식 $x(x-2)+x-2=0$의 두 근 중 큰 근을 $x=a$라 할 때, $(2a+1)^2$의 값은?

① 4 ② 9 ③ 16
④ 25 ⑤ 36

623 ●●●●

이차방정식 $x^2-7x+12=x$의 두 근을 $x=a$ 또는 $x=b$라 할 때, 이차방정식 $x^2+bx+4a=0$의 두 근의 합을 구하시오. (단, $a<b$)

빈출 유형 06 한 근이 주어졌을 때, 다른 한 근 구하기

이차방정식의 한 근이 $x=a$일 때
❶ $x=a$를 이차방정식에 대입하여 미지수의 값을 구한다.
❷ ❶에서 구한 미지수의 값을 이차방정식에 대입하여 풀어 $x=a$를 제외한 다른 한 근을 구한다.

대표 문제

624

이차방정식 $x^2-kx+2k+1=0$의 한 근이 $x=1$일 때, 다른 한 근은? (단, k는 상수)

① $x=-3$ ② $x=-2$ ③ $x=-1$
④ $x=2$ ⑤ $x=3$

625 ●●●●

이차방정식 $x^2-ax-2a+1=0$의 한 근이 $x=-1$이고, 다른 한 근이 $x=b$일 때, ab의 값은? (단, a는 상수)

① -6 ② -4 ③ 0
④ 4 ⑤ 6

서술형

626 ●●●●

이차방정식 $x^2+ax-6=0$의 한 근이 $x=3$이고, 다른 한 근이 $x=b$일 때, 이차방정식 $x^2+4bx+15=0$의 해를 구하시오. (단, a는 상수)

유형 07 이차방정식의 근의 활용

이차방정식 $ax^2+bx+c=0$의 한 근이 이차방정식 $a'x^2+b'x+c'=0$의 한 근이면
❶ 이차방정식 $ax^2+bx+c=0$의 근을 구한다.
❷ ❶에서 구한 근 중 조건을 만족시키는 것을 $a'x^2+b'x+c'=0$에 대입하여 미지수의 값을 구한다.

대표 문제

627

이차방정식 $x(x-3)-4=0$의 두 근 중 작은 근이 이차방정식 $x^2-ax-3=0$의 근일 때, 상수 a의 값을 구하시오.

628 ●●○○

이차방정식 $3x^2-x-2=0$의 두 근 중 큰 근이 이차방정식 $mx^2-2mx+3m-8=0$의 근일 때, 상수 m의 값은?

① 2 ② 4 ③ 6
④ 8 ⑤ 10

629 ●●○○

이차방정식 $2x^2-3x-5=0$의 두 근 중 음수인 근이 이차방정식 $3x^2-ax+2a-6=0$의 근일 때, 상수 a의 값은?

① -1 ② 0 ③ 1
④ 2 ⑤ 3

유형 08 이차방정식의 공통인 근

각 이차방정식의 근을 구하여 공통인 근을 찾는다.
예 두 이차방정식 $\underbrace{(x-1)(x-2)=0}_{x=1 \text{ 또는 } x=2}$, $\underbrace{(x-2)(x-3)=0}_{x=2 \text{ 또는 } x=3}$의 공통인 근은 $x=2$이다.

대표 문제

630

다음 두 이차방정식의 공통인 근은?

$$x^2-2x-8=0, \quad 3x^2-11x-4=0$$

① $x=-2$ ② $x=-\frac{1}{3}$ ③ $x=\frac{2}{3}$
④ $x=2$ ⑤ $x=4$

631 ●●○○

두 이차방정식 $x^2+3x+a=0$, $x^2+bx-2=0$의 공통인 근이 $x=2$일 때, $a+b$의 값은? (단, a, b는 상수)

① -11 ② -10 ③ -9
④ -8 ⑤ -7

632 ●●○○

두 이차방정식 $x^2+x-2=0$, $x^2-x-6=0$의 공통이 아닌 근을 $x=p$, $x=q$라 할 때, $\frac{q}{p}$의 값을 구하시오.
(단, $p<q$)

633 ●●●○

이차방정식 $2x^2-3x+m=0$의 한 근이 $x=1$일 때, 다음 두 이차방정식의 공통인 근은? (단, m은 상수)

$$x^2-2(2m-1)x-3=0,$$
$$(2+m)x^2-2(m+3)x-3=0$$

① $x=-1$ ② $x=-\frac{1}{3}$ ③ $x=1$
④ $x=3$ ⑤ $x=5$

05 이차방정식의 뜻과 풀이
Theme 12 13 14

유형 09 이차방정식의 중근

이차방정식이 $a(x-p)^2=0$ 꼴로 인수분해되면 이차방정식은 중근 $x=p$를 갖는다.

예 $2(x-1)^2=0$ ⇨ 중근 $x=1$을 갖는다.

대표 문제

634

다음 보기의 이차방정식 중 중근을 갖는 것을 모두 고른 것은?

보기
ㄱ. $x^2-4=0$　ㄴ. $x^2=4x-4$
ㄷ. $3x^2-3x-18=0$　ㄹ. $x(x-8)+2=-14$

① ㄱ, ㄴ　② ㄱ, ㄷ　③ ㄴ, ㄷ
④ ㄴ, ㄹ　⑤ ㄱ, ㄴ, ㄷ

635

다음 이차방정식 중 중근을 갖지 않는 것은?

① $x^2-2x+1=0$　② $(x+1)^2=0$
③ $x^2-x+\frac{1}{4}=0$　④ $x^2+6x+9=0$
⑤ $x^2-3x+2=0$

636

이차방정식 $9x^2-12x+4=0$이 $x=a$를 중근으로 갖고, 이차방정식 $2x^2+4x+2=0$이 $x=b$를 중근으로 가질 때, $3a-b$의 값을 구하시오.

빈출

유형 10 이차방정식이 중근을 가질 조건

이차방정식 $x^2+ax+b=0$이 중근을 가질 조건
⇨ $x^2+ax+b=0$이 (완전제곱식)$=0$ 꼴로 인수분해된다.
⇨ $b=\left(\frac{a}{2}\right)^2$ → (상수항)$=\left\{\frac{(x\text{의 계수})}{2}\right\}^2$

대표 문제

637

이차방정식 $x^2-8x+3a+4=0$이 중근을 가질 때, 상수 a의 값은?

① -2　② 1　③ 2
④ 3　⑤ 4

638

다음 중 이차방정식 $2x^2+ax+8=0$이 중근을 갖도록 하는 상수 a의 값을 모두 고르면? (정답 2개)

① -8　② -6　③ 2
④ 6　⑤ 8

639

이차방정식 $x^2+6x+11-a=0$이 $x=b$를 중근으로 가질 때, ab의 값은? (단, a는 상수)

① -8　② -6　③ 2
④ 6　⑤ 8

서술형

640

이차방정식 $x^2-4x+k=0$이 중근을 가질 때, 이차방정식 $(k-6)x^2+9x-9=0$의 해를 구하시오. (단, k는 상수)

Theme 14 이차방정식의 근의 공식

워크북 85쪽

유형 11 제곱근을 이용한 이차방정식의 풀이

(1) $x^2=k\ (k\geq 0)$ ⇨ $x=\pm\sqrt{k}$

(2) $(x+p)^2=k\ (k\geq 0)$ ⇨ $x=-p\pm\sqrt{k}$

대표 문제

641

이차방정식 $3(x+1)^2=18$의 해가 $x=a\pm\sqrt{b}$일 때, $a-b$의 값을 구하시오. (단, a, b는 유리수)

642

이차방정식 $2(x-1)^2=8$을 풀면?

① $x=\frac{1\pm\sqrt{3}}{3}$ ② $x=\frac{1\pm\sqrt{3}}{2}$
③ $x=1$ ④ $x=-1$ 또는 $x=3$
⑤ $x=0$ 또는 $x=2$

643

다음 이차방정식 중 해가 $x=2\pm\sqrt{7}$인 것은?

① $(x-1)^2=7$ ② $(x-2)^2=7$
③ $(x-3)^2=7$ ④ $(x+1)^2=7$
⑤ $(x+2)^2=7$

644

이차방정식 $(x-3)^2-5=0$의 두 근의 합은?

① $\sqrt{5}$ ② $\sqrt{6}$ ③ 6
④ 8 ⑤ 10

645

이차방정식 $2(x-a)^2=60$의 해가 $x=2\pm\sqrt{b}$일 때, ab의 값은? (단, a, b는 유리수)

① -60 ② -30 ③ 30
④ 60 ⑤ 90

646

이차방정식 $4(x+5)^2=a$의 두 근의 차가 3일 때, 상수 a의 값은?

① 1 ② 4 ③ 9
④ 16 ⑤ 25

647

이차방정식 $(x-3)^2=21k$의 해가 모두 정수가 되도록 하는 자연수 k의 최솟값을 구하시오.

05 이차방정식의 뜻과 풀이
Theme 12 13 14

유형 12 이차방정식 $(x+p)^2=k$가 근을 가질 조건

이차방정식 $(x+p)^2=k$의 근의 개수는 k의 값의 부호에 따라 달라진다.

(1) 서로 다른 두 근을 가질 조건 ⇨ $k>0$
(2) 중근을 가질 조건 ⇨ $k=0$
(1), (2): 해를 가질 조건 ⇨ $k\ge0$
(3) 해를 갖지 않을 조건 ⇨ $k<0$

대표 문제

648

다음 보기에서 x에 대한 이차방정식 $(x-p)^2=k$에 대한 설명으로 옳은 것을 모두 고른 것은? (단, $p\neq0$)

보기
ㄱ. $k>0$이면 부호가 반대인 두 근을 갖는다.
ㄴ. $k=0$이면 중근을 갖는다.
ㄷ. $k<0$이면 해가 존재하지 않는다.

① ㄱ ② ㄱ, ㄴ ③ ㄱ, ㄷ
④ ㄴ, ㄷ ⑤ ㄱ, ㄴ, ㄷ

649 ●●●●

다음 중 이차방정식 $\left(x-\frac{1}{3}\right)^2=m$이 해를 가질 때, 상수 m의 값이 될 수 없는 것은?

① -1 ② 0 ③ 1
④ 2 ⑤ 3

650 ●●●●

이차방정식 $4\left(x+\frac{1}{2}\right)^2=m-2$가 서로 다른 두 근을 갖도록 하는 상수 m의 값의 범위를 구하시오.

유형 13 이차방정식을 완전제곱식 꼴로 나타내기

이차방정식 $2x^2-4x-6=0$을 $(x+p)^2=k$ (p, k는 상수) 꼴로 나타내는 순서는 다음과 같다.

❶ 이차항의 계수를 1로 만든다. ⇨ $x^2-2x-3=0$
❷ 상수항을 우변으로 이항한다. ⇨ $x^2-2x=3$
❸ 양변에 $\left\{\frac{(x\text{의 계수})}{2}\right\}^2$을 더한다. ⇨ $x^2-2x+1=3+1$
❹ $(x+p)^2=k$ 꼴로 나타낸다. ⇨ $(x-1)^2=4$

대표 문제

651

이차방정식 $2x^2-8x+3=0$을 $(x-a)^2=b$ 꼴로 나타낼 때, $a+2b$의 값을 구하시오. (단, a, b는 상수)

652 ●●●●

이차방정식 $x^2-5x+2=0$을 $\left(x-\frac{5}{2}\right)^2=k$ 꼴로 나타낼 때, 상수 k의 값은?

① $\frac{15}{4}$ ② 4 ③ $\frac{17}{4}$
④ $\frac{9}{2}$ ⑤ $\frac{19}{4}$

653 ●●●●

이차방정식 $\frac{1}{2}x^2-3x-2=0$을 $(x-p)^2=q$ 꼴로 나타낼 때, $3p-q$의 값은? (단, p, q는 상수)

① -12 ② -10 ③ -8
④ -6 ⑤ -4

서술형

654 ●●●●

이차방정식 $(x+3)(x-1)=4$를 $(x+a)^2=b$ 꼴로 나타낼 때, $a+b$의 값을 구하시오. (단, a, b는 상수)

빈출 유형 14 완전제곱식을 이용한 이차방정식의 풀이

이차방정식이 인수분해되지 않을 때는 이차방정식을 완전제곱식 꼴로 고쳐서 푼다.

$ax^2+bx+c=0 \Rightarrow (x+p)^2=k \Rightarrow x=-p\pm\sqrt{k}$

예 $x^2-2x-5=0$에서 $x^2-2x=5$, $(x-1)^2=6$

$x-1=\pm\sqrt{6}$ $\quad\therefore x=1\pm\sqrt{6}$

대표 문제

655

다음은 완전제곱식을 이용하여 이차방정식 $x^2+6x+3=0$의 해를 구하는 과정이다. 상수 a, b, c에 대하여 $\frac{ac}{b}$의 값은?

$x^2+6x+3=0$에서 $x^2+6x=-3$
$x^2+6x+a=-3+a$
$(x+b)^2=c$, $x+b=\pm\sqrt{c}$
$\therefore x=-b\pm\sqrt{c}$

① 12 ② 18 ③ 24
④ 30 ⑤ 36

656 ●●●●

이차방정식 $x^2-8x-5=0$을 완전제곱식을 이용하여 푸시오.

657 ●●●●

이차방정식 $3x^2-2x-3=0$을 완전제곱식을 이용하여 풀었더니 해가 $x=\frac{a\pm\sqrt{b}}{3}$일 때, ab의 값을 구하시오. (단, a, b는 유리수)

빈출 유형 15 이차방정식의 근의 공식

이차방정식	근의 공식
$ax^2+bx+c=0$	$x=\frac{-b\pm\sqrt{b^2-4ac}}{2a}$ (단, $b^2-4ac\geq0$)
$ax^2+2b'x+c=0$ x의 계수가 짝수일 때	$x=\frac{-b'\pm\sqrt{b'^2-ac}}{a}$ (단, $b'^2-ac\geq0$)

대표 문제

658

이차방정식 $3x^2-x+a=0$의 근이 $x=\frac{1\pm\sqrt{13}}{6}$일 때, 상수 a의 값을 구하시오.

659 ●●●●

이차방정식 $5x^2+4x-2=0$의 근을 $x=\frac{a\pm\sqrt{b}}{5}$라 할 때, $a+b$의 값을 구하시오. (단, a, b는 유리수)

660 ●●●●

이차방정식 $2x^2-6x+1=0$의 두 근 중 큰 근을 $x=\alpha$라 할 때, $2\alpha-\sqrt{7}$의 값은?

① 1 ② 2 ③ 3
④ 4 ⑤ 5

661 ●●●●

이차방정식 $x^2+2x-4k=0$의 한 근이 $x=k$일 때, 이차방정식 $2x^2+(k+3)x-1=0$의 해를 구하시오. (단, $k\neq0$인 유리수)

05 이차방정식의 뜻과 풀이
Theme 12 13 14

빈출 유형 16 복잡한 이차방정식의 풀이

이차방정식의 계수가 모두 정수가 되도록 $ax^2+bx+c=0$ 꼴로 정리한 후, 인수분해 또는 근의 공식을 이용한다.
(1) 이차방정식의 계수에 분수가 있는 경우
⇨ 양변에 분모의 최소공배수를 곱한다.
(2) 이차방정식의 계수에 소수가 있는 경우
⇨ 양변에 10, 100, 1000, …을 곱한다.
(3) 괄호가 있는 경우 ⇨ 괄호를 먼저 푼다.

대표 문제

662

이차방정식 $\frac{2x(x+1)-1}{6}=0.5x(x-2)$의 해를 $x=a\pm\sqrt{b}$라 할 때, $4a-b$의 값은? (단, a, b는 유리수)

① -4 ② -1 ③ 1
④ 4 ⑤ 8

663

이차방정식 $\frac{1}{2}x^2-\frac{4}{5}x=0.4$를 풀면?

① $x=-\frac{5}{2}$ 또는 $x=1$ ② $x=-\frac{5}{2}$ 또는 $x=2$
③ $x=-1$ 또는 $x=\frac{5}{2}$ ④ $x=-\frac{2}{5}$ 또는 $x=2$
⑤ $x=-\frac{2}{5}$ 또는 $x=3$

664

이차방정식 $(x+1)(2x-1)=4x+3$의 두 근의 곱은?

① -3 ② -2 ③ $-\frac{1}{2}$
④ $\frac{3}{2}$ ⑤ 2

665

이차방정식 $\frac{2}{3}x^2-\frac{1}{2}x(x-4)+2x=0$의 두 근을 α, β라 할 때, $\alpha+2\beta$의 값을 구하시오. (단, $\alpha>\beta$)

666

다음 두 이차방정식의 공통인 근은?

$$0.6x^2-1.3x+0.5=0,\quad \frac{2}{3}x^2-\frac{7}{3}x+1=0$$

① $x=-3$ ② $x=-\frac{1}{2}$ ③ $x=\frac{1}{2}$
④ $x=\frac{5}{3}$ ⑤ $x=3$

667

이차방정식 $0.2(x^2-x+2)=\frac{x(x-1)}{2}$의 해를 $x=\frac{a\pm\sqrt{b}}{6}$라 할 때, $a+b$의 값은? (단, a, b는 유리수)

① 40 ② 50 ③ 60
④ 70 ⑤ 80

서술형

668

이차방정식 $(x-1)(x+2)=-4x+4$의 두 근을 a, b라 할 때, 이차방정식 $\frac{1}{b}x^2-\frac{1}{3}x+a=0$의 해를 구하시오.

(단, $a>b$)

유형 17 공통인 부분이 있는 이차방정식의 풀이

주어진 식에 공통인 부분을 한 문자로 치환하여 푼다.

예 $(x+1)^2+2(x+1)+1=0$에서
$x+1=A$로 치환하면 $A^2+2A+1=0$
$(A+1)^2=0$에서 $A=-1$이므로
$x+1=-1$ $\quad\therefore x=-2$

대표 문제

669

이차방정식 $3(x-1)^2-4(x-1)+1=0$의 두 근을 α, β라 할 때, $\alpha-3\beta$의 값을 구하시오. (단, $\alpha>\beta$)

670 ●●●●

이차방정식 $3\left(x-\frac{1}{2}\right)^2-1=2\left(x-\frac{1}{2}\right)$을 풀면?

① $x=-\frac{1}{6}$ 또는 $x=\frac{2}{3}$ ② $x=-\frac{1}{6}$ 또는 $x=\frac{3}{2}$
③ $x=\frac{1}{6}$ 또는 $x=\frac{2}{3}$ ④ $x=\frac{1}{6}$ 또는 $x=\frac{3}{2}$
⑤ $x=\frac{1}{3}$ 또는 $x=\frac{3}{2}$

671 ●●●●

이차방정식 $0.1(x+2)^2-\frac{2}{5}(x+2)=6$의 음수인 해는?

① $x=-10$ ② $x=-8$ ③ $x=-6$
④ $x=-4$ ⑤ $x=-2$

672 ●●●●

$(x-y)(x-y-2)-8=0$일 때, $x-y$의 값을 구하시오. (단, $x>y$)

유형 18 이차방정식의 해와 제곱근

이차방정식의 해와 제곱근의 값을 이용하여 식의 값의 범위를 구한다.

예 이차방정식의 두 근 a, b가 $a=1-\sqrt{3}$, $b=1+\sqrt{3}$일 때, $a-1<n<b-1$을 만족시키는 정수 n의 값 구하기
⇨ $\underset{-1.73\cdots}{\underline{-\sqrt{3}}}<n<\underset{1.73\cdots}{\underline{\sqrt{3}}}$이므로 정수 n은 -1, 0, 1이다.

대표 문제

673

이차방정식 $x^2-4x+2=0$의 두 근을 a, b라 할 때, $b-2<n<a-2$를 만족시키는 정수 n의 개수는? (단, $a>b$)

① 1 ② 2 ③ 3
④ 4 ⑤ 5

674 ●●●●

이차방정식 $4x^2+4x-1=0$의 두 근을 a, b라 할 때, $n<b-a<n+1$을 만족시키는 정수 n의 값을 구하시오. (단, $a<b$)

신유형

675 ●●●●

이차방정식 $(x+3)^2=5$의 두 근 중 일차부등식 $x+5<3x+7$을 만족시키는 x의 값을 p라 할 때, $p+3$의 값을 구하시오.

676 유형 01+유형 05

방정식 $(a^2-3a)x^2+ax-1=-2x^2+x$가 x에 대한 이차방정식이 되도록 하는 상수 a의 조건은?

① $a\neq4$ ② $a=1$ 또는 $a=2$
③ $a\neq1$ 또는 $a\neq2$ ④ $a\neq1$이고 $a\neq2$
⑤ $a\neq0$이고 $a\neq3$

677 유형 03

이차방정식 $x^2+(3a-1)x+(a+2)=0$의 한 근이 $x=-4$이고 이차방정식 $kx^2-5x-2=0$의 한 근이 $x=a$일 때, 상수 k의 값을 구하시오. (단, a는 상수)

678 유형 04

이차방정식 $x^2-3x-5=0$의 한 근이 $x=a$일 때, $(a+1)(a+4)(a-4)(a-7)$의 값은?

① -25 ② -23 ③ -21
④ 23 ⑤ 25

679 유형 04

이차방정식 $x^2-5x+2=0$의 한 근을 $x=p$라 할 때, $p^2+p+\frac{2}{p}+\frac{4}{p^2}$의 값은?

① 24 ② 25 ③ 26
④ 27 ⑤ 28

680 유형 05

x에 대한 이차방정식 $x^2-8x+a^2=0$의 한 근이 $x=8-a$일 때, 이차방정식 $x^2-(a+2)x+(a^2-3a+1)=0$의 두 근의 곱은? (단, a는 자연수)

① -6 ② -5 ③ 1
④ 5 ⑤ 6

681
ⓒ 유형 11

이차방정식 $5(x-4)^2=a$의 두 근의 차가 1일 때, 상수 a의 값은?

① $\frac{5}{4}$ ② $\frac{3}{2}$ ③ 3
④ 9 ⑤ 12

682
ⓒ 유형 05+유형 13

이차방정식 $x^2-2kx+3k=0$을 (완전제곱식)=(상수) 꼴로 변형하면 $(x+p)^2=4$일 때, 상수 p의 값은?
(단, $k>0$)

① -5 ② -4 ③ -3
④ -2 ⑤ -1

683
ⓒ 유형 15+유형 16

이차방정식 $4x-\frac{x^2+1}{3}=2(x-1)$의 해를 $x=a\pm\sqrt{b}$라 할 때, 이차방정식 $x^2-ax-b=0$의 해를 구하시오.
(단, a, b는 유리수)

684
ⓒ 유형 03

한 자리의 자연수 a, b의 최대공약수를 p, 최소공배수를 q라 할 때, 이차방정식 $px^2-qx+10=0$의 두 근은 $x=1$ 또는 $x=5$이다. 이때 $a-b$의 값은? (단, $a>b$)

① 2 ② 3 ③ 4
④ 5 ⑤ 6

685
ⓒ 유형 06

x에 대한 이차방정식 $ax^2-(a+3)x-a^2=0$의 한 근이 $x=-1$일 때, 상수 a의 값과 다른 한 근을 각각 구하시오.

686

유형 06

x에 대한 이차방정식
$(m-1)x^2-(m^2+1)x+2(m+1)=0$의 한 근이 $x=2$일 때, 상수 m의 값과 다른 한 근의 합은?

① 1 ② 2 ③ 3
④ 4 ⑤ 5

687

유형 03+유형 08

두 이차방정식 $3x^2+2x-1=0$, $x^2-2x+k=0$이 공통인 근을 가질 때, 상수 k의 값을 구하시오. (단, $k>0$)

688

유형 10

이차방정식 $x^2-kx+k-1=0$이 $x=a$를 중근으로 가질 때, ka의 값은? (단, k는 상수)

① 1 ② 2 ③ 3
④ 4 ⑤ 5

689

유형 17

이차방정식 $(3x-2)^2-(3x-2)(x+2)-2(x+2)^2=0$의 해가 $x=a$ 또는 $x=b$일 때, a^2+b^2의 값은?

① 1 ② 4 ③ 8
④ 16 ⑤ 36

690

유형 16+유형 18

이차방정식 $2(x-1)^2+3-3x=(1-x)^2+1$의 두 근 중 큰 근을 $x=k$라 할 때, $n<k<n+1$을 만족시키는 정수 n의 값은?

① 2 ② 4 ③ 6
④ 8 ⑤ 10

교과서 속 창의력 UP!

정답 및 풀이 41쪽

691

유형 05

다음 표에서 가로, 세로, 대각선 방향에 있는 세 수의 합이 모두 같도록 만들려고 한다. 이 표가 1부터 9까지의 자연수로 이루어질 때, x의 값을 구하고, 수를 써넣어 표를 완성하시오.

$2x$		
	5	
$x-1$	x^2	$x+1$

692

유형 10

서준이와 윤서는 이차방정식 $x^2+ax+b=0$의 x의 계수 a와 상수항 b를 결정하기 위하여 한 개의 주사위를 각각 던졌다. 서준이가 던져서 나온 눈의 수를 a, 윤서가 던져서 나온 눈의 수를 b라 할 때, 이 이차방정식이 중근을 가질 확률을 구하시오.

693

유형 08+유형 10

두 이차방정식 $A : x^2+ax-10=0$, $B : x^2+bx+c=0$에 대하여 이차방정식 B의 해가 1개이고 두 이차방정식 A와 B의 공통인 해가 $x=-2$일 때, $a+b+c$의 값은?

(단, a, b, c는 상수)

① 5 ② 6 ③ 7
④ 8 ⑤ 9

694

유형 15

이차방정식 $x^2-6x-\square=0$의 $\square$ 안에 들어갈 수를 오른쪽 원판에 화살을 쏘아 정하려고 한다. 이때 나올 수 있는 이차방정식의 해 중 가장 큰 정수인 해를 구하시오.

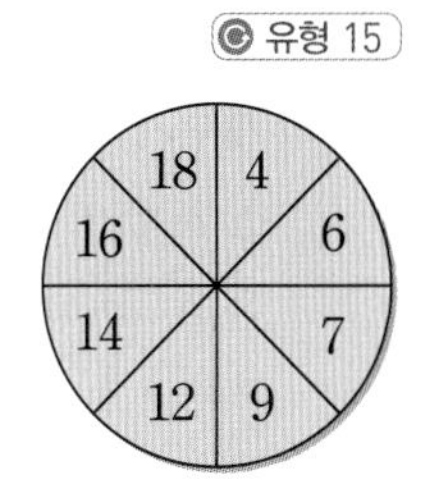

Theme 15 이차방정식의 성질 유형 01 ~ 유형 04

(1) 이차방정식의 근의 개수

이차방정식 $ax^2+bx+c=0\ (a\neq0)$의 근의 개수는

근의 공식 $x=\dfrac{-b\pm\sqrt{b^2-4ac}}{2a}$에서 b^2-4ac의 부호에 의하여 결정된다.

① $b^2-4ac>0$ ⇨ 서로 다른 두 근을 갖는다. ⇨ 근이 2개

② $b^2-4ac=0$ ⇨ 중근을 갖는다. ⇨ 근이 1개

③ $b^2-4ac<0$ ⇨ 근이 없다. ⇨ 근이 0개

예 ① $x^2+x-2=0$에서 $1^2-4\times1\times(-2)=9>0$ ⇨ 서로 다른 두 근을 갖는다.

② $9x^2-6x+1=0$에서 $(-6)^2-4\times9\times1=0$ ⇨ 중근을 갖는다.

③ $2x^2+3x+4=0$에서 $3^2-4\times2\times4=-23<0$ ⇨ 근이 없다.

참고 x의 계수 b가 짝수일 때, b'^2-ac의 부호를 이용하면 더 편리하다. (단, $b'=2b$)

(2) 이차방정식 구하기

① 두 근이 α, β이고 x^2의 계수가 a인 이차방정식

⇨ $a(x-\alpha)(x-\beta)=0$ ⇨ $a\{x^2-(\underbrace{\alpha+\beta}_{\text{두 근의 합}})x+\underbrace{\alpha\beta}_{\text{두 근의 곱}}\}=0$

예 두 근이 1, 3이고 x^2의 계수가 2인 이차방정식은

$2(x-1)(x-3)=0 \quad \therefore 2x^2-8x+6=0$

② 중근이 α이고 x^2의 계수가 a인 이차방정식

⇨ $a(x-\alpha)^2=0$

예 중근이 -1이고 x^2의 계수가 3인 이차방정식은

$3(x+1)^2=0 \quad \therefore 3x^2+6x+3=0$

(3) 계수가 유리수인 이차방정식의 근

a, b, c가 유리수일 때, 이차방정식 $ax^2+bx+c=0$의 한 근이 $p+q\sqrt{m}$이면 다른 한 근은 $p-q\sqrt{m}$이다. (단, p, q는 유리수, $\sqrt{m}$은 무리수)

주의 a, b, c가 유리수일 때만 성질이 성립한다.

비법 Note
> 이차방정식이 중근을 갖는다.
> ⇨ (완전제곱식)=0 꼴
> ⇨ $b^2-4ac=0$

비법 Note
> 이차방정식 $ax^2+bx+c=0\ (a\neq0)$이 근을 가질 조건
> ⇨ 근이 1개 또는 2개이다.
> ⇨ $b^2-4ac\geq0$

비법 Note
> 이차방정식 $ax^2+bx+c=0\ (a\neq0)$의 두 근을 α, β라 할 때
> ① 두 근의 합 : $\alpha+\beta=-\dfrac{b}{a}$
> ② 두 근의 곱 : $\alpha\beta=\dfrac{c}{a}$

Theme 16 이차방정식의 활용 유형 05 ~ 유형 12

(1) 이차방정식의 활용 문제 풀이 순서

❶ 미지수 정하기 : 문제의 뜻을 파악하고 구하려는 것을 미지수 x로 놓는다.

❷ 방정식 세우기 : 문제의 뜻에 맞게 x에 대한 이차방정식을 세운다.

❸ 방정식 풀기 : 이차방정식을 풀어 해를 구한다.

❹ 확인하기 : 구한 해가 문제의 뜻에 맞는지 확인한다.

(2) 연속하는 수에 대한 이차방정식의 활용 문제

① 연속하는 세 정수(자연수) ⇨ $x-1$, x, $x+1$

② 연속하는 두 짝수(홀수) ⇨ x, $x+2$

(3) 도형에 대한 이차방정식의 활용 문제

① (직사각형의 넓이)=(가로의 길이)×(세로의 길이)

② (원의 넓이)$=\pi r^2$ (단, r는 원의 반지름의 길이)

비법 Note
> 이차방정식의 활용 문제에서 이차방정식의 해를 구한 후에는 그것이 문제의 뜻에 맞는지 반드시 확인해야 한다.

Theme 15 이차방정식의 성질

[695~697] 다음 이차방정식의 근의 개수를 구하시오.

695 $x^2-x+5=0$

696 $3x^2+2x-1=0$

697 $4x^2-12x+9=0$

[698~700] 이차방정식 $x^2+4x+k=0$의 근이 다음과 같을 때, 상수 k의 값 또는 k의 값의 범위를 구하시오.

698 서로 다른 두 근

699 중근

700 근이 없다.

[701~703] 다음 수를 근으로 하고, x^2의 계수가 1인 이차방정식을 $x^2+ax+b=0$ 꼴로 나타내시오. (단, a, b는 상수)

701 -1, 5

702 $\frac{1}{2}$, $\frac{1}{3}$

703 5 (중근)

[704~705] 다음 수가 이차방정식 $ax^2+bx+c=0$의 한 근일 때, 다른 한 근을 구하시오. (단, a, b, c는 유리수)

704 $3-\sqrt{5}$

705 $2+\sqrt{7}$

Theme 16 이차방정식의 활용

706 연속하는 두 자연수의 제곱의 합이 61일 때, 연속하는 두 자연수를 구하려고 한다. 연속하는 두 자연수 중 작은 수를 x라 할 때, 다음 물음에 답하시오.

(1) 연속하는 두 자연수 중 다른 한 수를 x에 대한 식으로 나타내시오.

(2) 이차방정식을 세워 $x^2+ax+b=0$ 꼴로 나타내시오. (단, a, b는 상수)

(3) 이차방정식을 풀어 연속하는 두 자연수를 구하시오.

707 오른쪽 그림과 같이 직사각형 모양의 땅에 폭이 x m로 일정한 도로를 만들었더니 도로를 제외한 땅의 넓이가 204 m^2가 되었다. 다음 물음에 답하시오.

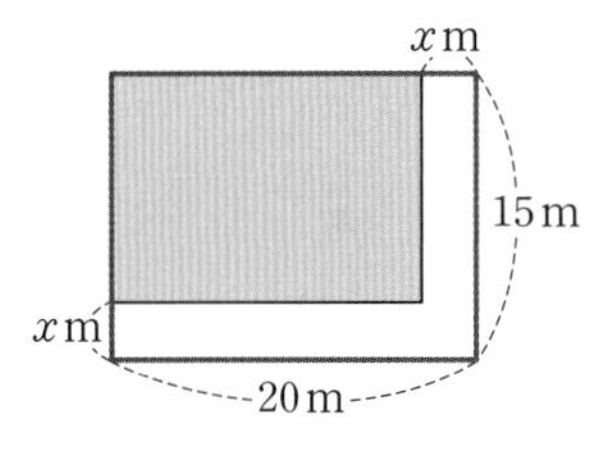

(1) 도로를 제외한 땅의 넓이를 x에 대한 이차식으로 나타내시오.

(2) 도로의 폭은 몇 m인지 구하시오.

[708~709] 지면에서 초속 60 m로 위로 쏘아 올린 공의 x초 후의 높이가 $(60x-5x^2)$ m이다. 다음 물음에 답하시오.

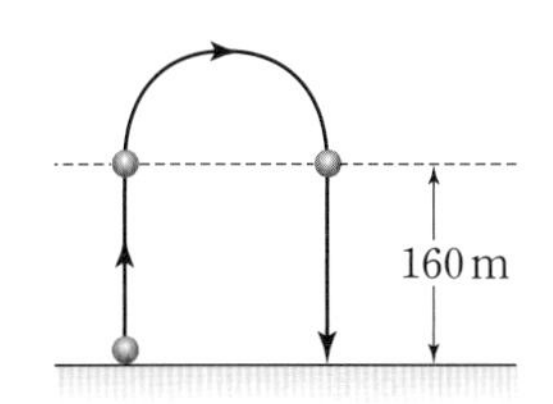

708 공의 높이가 160 m가 되는 것은 공을 쏘아 올린 지 몇 초 후인지 모두 구하시오.

709 공이 다시 지면에 떨어지는 것은 공을 쏘아 올린 지 몇 초 후인지 구하시오.

핵심 유형

Theme 15 이차방정식의 성질

워크북 98쪽

유형 01 이차방정식의 근의 개수

이차방정식 $ax^2+bx+c=0$의 근의 개수는 b^2-4ac의 부호에 따라 결정된다.

(1) $b^2-4ac>0$ ⇨ 근이 2개

(2) $b^2-4ac=0$ ⇨ 근이 1개

(3) $b^2-4ac<0$ ⇨ 근이 0개

대표 문제

710

다음 이차방정식 중 근의 개수가 나머지 넷과 다른 하나는?

① $2x^2-3x+1=0$ ② $4x^2-2x-1=0$

③ $x^2+2x-1=0$ ④ $3x^2-4x+3=0$

⑤ $3x^2-9x-2=0$

711 ●●●●

다음 이차방정식 중 근을 갖지 않는 것은?

① $x^2-3x-2=0$ ② $3x^2+4x-3=0$

③ $2x^2-2x+\frac{1}{2}=0$ ④ $3x^2+5x+4=0$

⑤ $2x^2-3x+\frac{8}{9}=0$

712 ●●●●

다음 보기에서 이차방정식 $x^2+mx+n=0$에 대한 설명으로 옳은 것을 모두 고르시오. (단, m, n은 상수)

보기

ㄱ. $m=-3$, $n=2$이면 서로 다른 두 근을 갖는다.

ㄴ. $m=0$, $n=9$이면 중근을 갖는다.

ㄷ. $m=2$, $n=1$이면 근이 없다.

ㄹ. $n<0$이면 서로 다른 두 근을 갖는다.

빈출

유형 02 이차방정식이 중근을 가질 조건

이차방정식 $ax^2+bx+c=0$이 중근을 가질 조건

⇨ $b^2-4ac=0$

대표 문제

713

이차방정식 $x^2+k(2x-3)+4=0$이 중근을 갖도록 하는 상수 k의 값을 구하시오. (단, $k>0$)

714 ●●●●

이차방정식 $x^2-2mx+2m+3=0$이 중근을 갖도록 하는 모든 상수 m의 값의 합은?

① 1 ② 2 ③ 3

④ 4 ⑤ 5

신유형

715 ●●●●

두 이차방정식 $x^2-4x+p=0$, $x^2-2(p+1)x+q=0$이 모두 중근을 가질 때, $\sqrt{\frac{q}{p}}$의 값은? (단, p, q는 상수)

① 2 ② $\frac{5}{2}$ ③ 3

④ $\frac{7}{2}$ ⑤ 4

716 ●●●●

이차방정식 $x^2+6x+k-3=0$이 중근을 가질 때, 이차방정식 $x^2+(k-5)x+2(k-7)=0$의 두 근의 곱을 구하시오. (단, k는 상수)

유형 03 근의 개수에 따른 미지수의 값의 범위

이차방정식 $ax^2+bx+c=0$에서
(1) 서로 다른 두 근을 가질 때 ⇨ $b^2-4ac>0$
(2) 중근을 가질 때 ⇨ $b^2-4ac=0$
(3) 근을 갖지 않을 때 ⇨ $b^2-4ac<0$
참고 이차방정식 $ax^2+bx+c=0$이 근을 가질 조건
⇨ $b^2-4ac\geq0$

대표 문제
717
이차방정식 $2x^2-8x+k-5=0$이 근을 갖도록 하는 상수 k의 값의 범위를 구하시오.

718 ●●○○
이차방정식 $x^2+4x+k-2=0$의 해가 없을 때, 다음 중 상수 k의 값이 될 수 있는 것은?
① -1 ② 1 ③ 3
④ 5 ⑤ 7

719 ●●○○
이차방정식 $2x^2-7x+k+3=0$이 근을 갖도록 하는 가장 큰 정수 k의 값을 구하시오.

720 ●●●○
이차방정식 $x^2+2x+a=0$은 서로 다른 두 근을 갖고 이차방정식 $x^2+(a+1)x+1=0$은 중근을 가질 때, 상수 a의 값은?
① -3 ② -2 ③ 1
④ 2 ⑤ 3

유형 04 이차방정식 구하기

(1) 두 근이 α, β이고 x^2의 계수가 a인 이차방정식
⇨ $a(x-\alpha)(x-\beta)=0$
(2) 중근이 α이고 x^2의 계수가 a인 이차방정식
⇨ $a(x-\alpha)^2=0$

대표 문제
721
두 근이 $-\frac{1}{3}$, 2이고 x^2의 계수가 6인 이차방정식을 $ax^2+bx+c=0$이라 할 때, $a+b-c$의 값은?
(단, a, b, c는 상수)
① -8 ② -6 ③ 0
④ 8 ⑤ 12

722 ●●○○
이차방정식 $3x^2-ax+b=0$이 중근 $x=3$을 가질 때, $a+b$의 값을 구하시오. (단, a, b는 상수)

서술형
723 ●●●○
이차방정식 $x^2+ax+b=0$의 두 근이 2, 4일 때, a, b를 두 근으로 하고 x^2의 계수가 2인 이차방정식을 구하시오.
(단, a, b는 상수)

Theme 16 이차방정식의 활용

워크북 100쪽

유형 05 공식이 주어진 경우의 활용

❶ 주어진 식을 이용하여 이차방정식을 세운다.
❷ 이차방정식을 풀어 해를 구한다.
❸ 주어진 조건을 만족시키는 답을 구한다.

대표 문제

724

n각형의 대각선의 개수는 $\frac{n(n-3)}{2}$일 때, 대각선의 개수가 54인 다각형은?

① 구각형 ② 십각형 ③ 십이각형
④ 십오각형 ⑤ 십육각형

725 ●●●●

자연수 1부터 n까지의 합은 $\frac{n(n+1)}{2}$이다. 합이 36이 되려면 1부터 얼마까지의 수를 더해야 하는가?

① 7 ② 8 ③ 9
④ 10 ⑤ 11

726 ●●●●

n명의 학생들이 서로 한 번씩 모두 악수를 하면 그 총횟수는 $\frac{n(n-1)}{2}$이다. 어떤 모임에 참가한 모든 학생들이 서로 한 번씩 악수를 한 총횟수가 45일 때, 이 모임에 참가한 학생은 모두 몇 명인지 구하시오.

유형 06 수에 대한 활용

(1) 연속하는 두 자연수 ⇨ x, $x+1$
(2) 연속하는 세 자연수 ⇨ $x-1$, x, $x+1$
(3) 연속하는 두 짝수
⇨ x, $x+2$ (x는 짝수) 또는 $2x$, $2x+2$ (x는 자연수)
(4) 연속하는 두 홀수
⇨ x, $x+2$ (x는 홀수) 또는 $2x-1$, $2x+1$ (x는 자연수)

대표 문제

727

연속하는 세 자연수가 있다. 가장 큰 수의 제곱이 나머지 두 수의 제곱의 합보다 12만큼 작을 때, 이 세 자연수의 합은?

① 15 ② 16 ③ 17
④ 18 ⑤ 19

728 ●●●●

차가 3인 두 자연수의 곱이 108일 때, 두 수 중 큰 수는?

① 9 ② 10 ③ 11
④ 12 ⑤ 13

729 ●●●●

연속하는 두 홀수의 제곱의 합이 202일 때, 이 두 홀수의 곱을 구하시오.

서술형

730 ●●●●

두 자리의 자연수가 있다. 십의 자리의 숫자와 일의 자리의 숫자의 합은 7이고, 십의 자리의 숫자와 일의 자리의 숫자의 곱은 원래의 자연수보다 15만큼 작을 때, 이 두 자리의 자연수를 구하시오.

유형 07 실생활에서의 활용

❶ 구하려는 것을 미지수 x로 놓는다.
❷ 문제의 뜻에 맞게 이차방정식을 세운다.
❸ 이차방정식을 풀어 해를 구한다.
❹ 구한 해 중에서 문제의 뜻에 맞는 것만을 답으로 택한다.

대표 문제

731

서현이와 동생의 나이의 차는 4살이고, 동생의 나이의 제곱은 서현이의 나이의 4배보다 5살이 많다. 이때 서현이의 나이는?

① 7살 ② 8살 ③ 9살
④ 10살 ⑤ 11살

732 ●●●

효진이가 참여하는 그림 모임에서 친구들에게 줄 그림 엽서를 만들었다. 회원 1인당 전체 회원 수보다 4만큼 적은 수의 엽서를 만들었더니 192장일 때, 이 그림 모임의 회원은 모두 몇 명인가?

① 16명 ② 17명 ③ 18명
④ 19명 ⑤ 20명

733 ●●●

어느 마트는 매달 첫째 주 일요일과 셋째 주 일요일에 휴무를 한다. 이번 달에 휴무를 하는 날짜의 곱이 147일 때, 이번 달 셋째 주 일요일은 며칠인가?

① 18일 ② 19일 ③ 20일
④ 21일 ⑤ 22일

빈출 유형 08 위로 쏘아 올린 물체에 대한 활용

(1) 위로 쏘아 올린 물체의 높이가 h m인 경우는 올라갈 때와 내려올 때의 2번이다.
(2) 물체가 지면에 떨어졌을 때의 높이는 0 m이다.

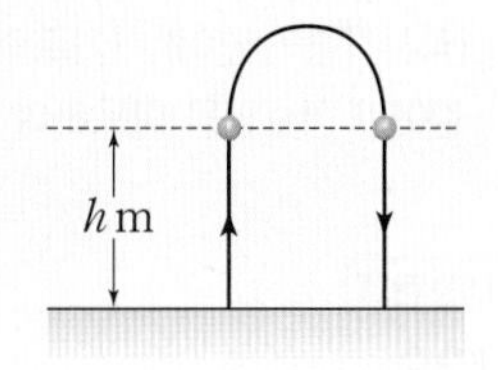

대표 문제

734

지면으로부터 55 m 높이인 옥상에서 초속 50 m로 위로 쏘아 올린 물체의 t초 후의 지면으로부터의 높이는 $(55+50t-5t^2)$ m이다. 이 물체가 지면에 떨어지는 것은 물체를 쏘아 올린 지 몇 초 후인지 구하시오.

735 ●●●

농구 경기에서 키가 2 m인 어떤 선수가 골대를 향해 공을 던질 때, 공을 던진 지 t초 후의 지면으로부터의 공의 높이는 $(4+8t-5t^2)$ m라 한다. 이 선수가 던진 공이 지면에 떨어지는 것은 몇 초 후인가?

① 2초 후 ② 2.5초 후 ③ 3초 후
④ 3.5초 후 ⑤ 4초 후

736 ●●●

지면으로부터 10 m 높이에서 초속 30 m로 위로 차 올린 공의 t초 후의 지면으로부터의 높이는 $(10+30t-5t^2)$ m이다. 지면으로부터 공까지의 높이가 55 m가 되는 것은 공을 차 올린 지 몇 초 후인지 구하시오.

신유형

737 ●●●●

지면에서 초속 25 m로 위로 던진 공의 t초 후의 지면으로부터의 높이를 h m라 하면 $h=25t-5t^2$인 관계가 성립한다. 던진 공이 지면으로부터 20 m 이상의 높이에서 머무는 것은 몇 초 동안인가?

① 1초 ② 2초 ③ 3초
④ 4초 ⑤ 5초

빈출 유형 09 도형의 넓이에 대한 활용

(직사각형의 넓이)=(가로의 길이)×(세로의 길이)이고 도형의 변의 길이가 양수임을 이용하여 이차방정식을 세운 후 해를 구한다.

대표 문제

738

둘레의 길이가 26 cm이고 넓이가 42 cm^2인 직사각형이 있다. 세로의 길이가 가로의 길이보다 더 길 때, 이 직사각형의 가로의 길이는?

① 4 cm ② 5 cm ③ 6 cm
④ 7 cm ⑤ 8 cm

739

오른쪽 그림과 같이 정사각형의 가로의 길이를 4 cm, 세로의 길이를 6 cm 늘인 직사각형의 넓이가 처음 정사각형의 넓이의 2배가 될 때, 처음 정사각형의 한 변의 길이를 구하시오.

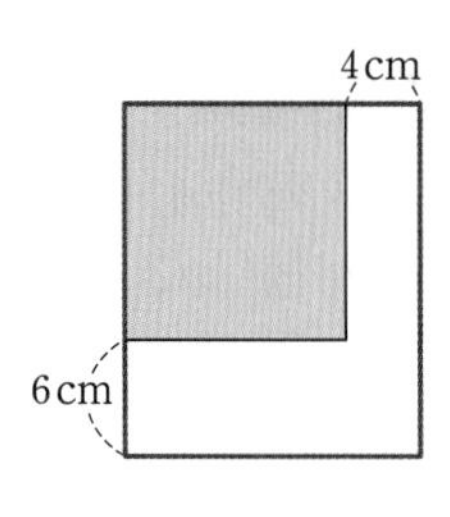

740

오른쪽 그림과 같이 길이가 12 cm인 선분을 두 부분으로 나누어 각각의 길이를 한 변으로 하는 두 정사각형을 만들었다. 두 정사각형의 넓이의 합이 74 cm^2일 때, 큰 정사각형의 한 변의 길이를 구하시오.

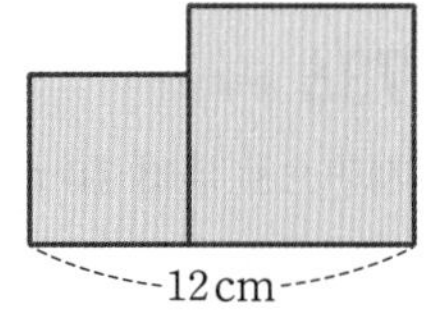

신유형

741

오른쪽 그림과 같이 가로, 세로의 길이가 각각 8 cm, 6 cm인 직사각형에서 가로의 길이는 매초 1 cm씩 줄어들고, 세로의 길이는 매초 2 cm씩 늘어나고 있다. 이때 처음 직사각형의 넓이와 같아지는 것은 몇 초 후인지 구하시오.

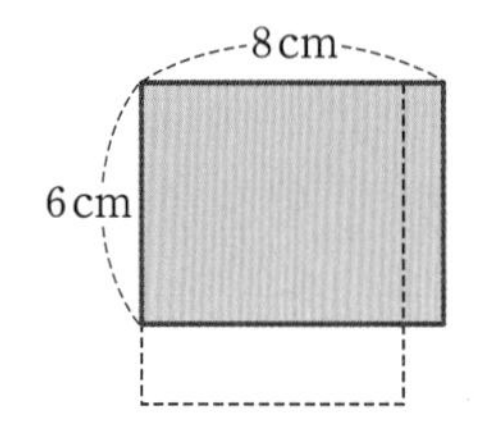

빈출 유형 10 길을 제외한 부분의 넓이에 대한 활용

다음 직사각형에서 색칠한 부분의 넓이는 모두 같음을 이용하여 이차방정식을 세운 후 해를 구한다.

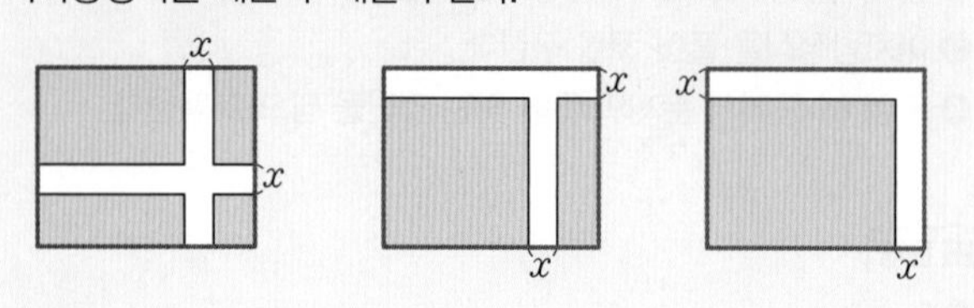

대표 문제

742

오른쪽 그림과 같이 가로, 세로의 길이가 각각 30 m, 24 m인 직사각형 모양의 땅에 폭이 일정한 십자형의 도로를 만들려고 한다. 도로를 제외한 땅의 넓이가 520 m^2일 때, 도로의 폭을 구하시오.

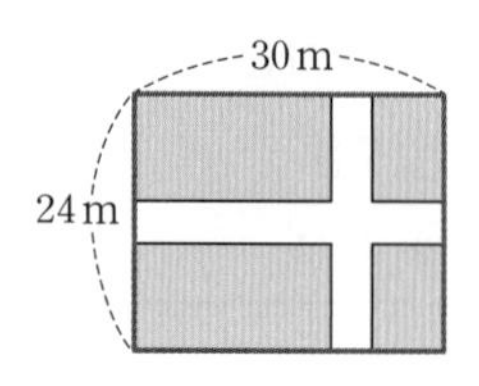

743

가로와 세로의 길이의 비가 2 : 1인 직사각형 모양의 꽃밭에 오른쪽 그림과 같이 평행사변형 모양의 길을 내었더니, 길을 제외한 꽃밭의 넓이가 40 m^2가 되었다. 이 꽃밭의 세로의 길이는?

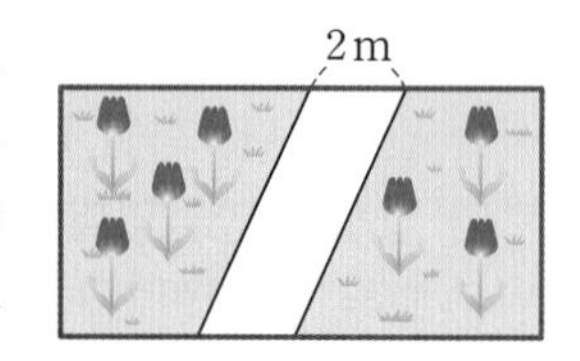

① 4 m ② 5 m ③ 6 m
④ 7 m ⑤ 8 m

744

오른쪽 그림과 같이 가로, 세로의 길이가 각각 27 m, 20 m인 직사각형 모양의 정원에 폭이 일정한 길이 있다. 이 길을 제외한 정원의 넓이가 400 m^2일 때, 길의 폭을 구하시오.

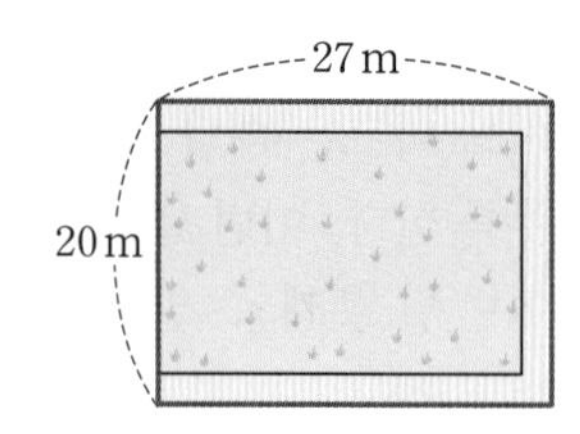

유형 11 상자 만들기에 대한 활용

구하는 길이를 x로 놓고,
(직육면체의 부피)=(가로의 길이)×(세로의 길이)×(높이)
밑넓이
임을 이용한다.

대표 문제

745

오른쪽 그림과 같은 정사각형 모양의 종이의 네 귀퉁이에서 한 변의 길이가 3 cm인 정사각형을 잘라 내어 뚜껑이 없는 직육면체 모양의 상자를 만들었더니 상자의 부피가 192 cm^3가 되었다. 처음 정사각형의 한 변의 길이는?

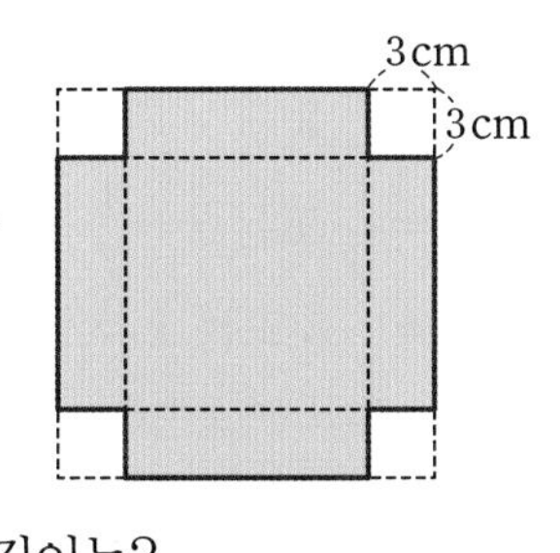

① 10 cm ② 12 cm ③ 14 cm
④ 16 cm ⑤ 18 cm

서술형

746

오른쪽 그림과 같이 너비가 60 cm인 철판의 양쪽을 같은 폭만큼 직각으로 접어 올려 물받이를 만들려고 한다. 다음 물음에 답하시오.

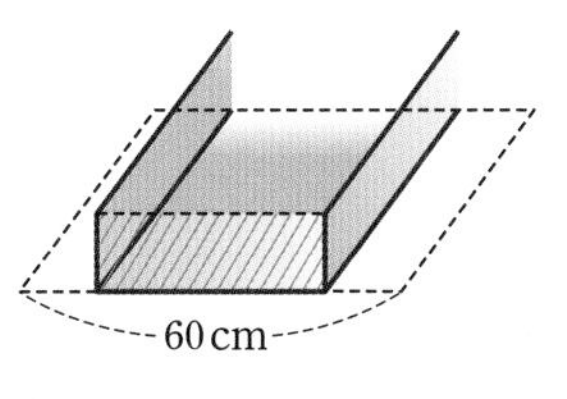

(1) 접은 부분의 한쪽 폭을 x cm라 할 때, 빗금 친 부분의 넓이를 x에 대한 이차식으로 나타내시오.
(2) 빗금 친 부분의 넓이가 450 cm^2일 때, 물받이의 높이를 구하시오.

747

가로의 길이가 세로의 길이보다 4 cm 더 긴 직사각형 모양의 종이가 있다. 네 귀퉁이에서 한 변의 길이가 2 cm인 정사각형을 잘라 내어 뚜껑이 없는 직육면체 모양의 상자를 만들었더니 그 부피가 42 cm^3가 되었다. 처음 직사각형의 세로의 길이는?

① 5 cm ② 6 cm ③ 7 cm
④ 8 cm ⑤ 9 cm

유형 12 원과 원기둥에 대한 활용

(원의 넓이)=π×(반지름의 길이)^{2}이고 원의 반지름의 길이는 항상 양수임을 이용하여 이차방정식을 세운 후 해를 구한다.

대표 문제

748

오른쪽 그림과 같이 점 O를 중심으로 하는 두 원이 있다. $\overline{OA}$의 길이는 $\overline{AB}$의 길이보다 1 cm만큼 길고 색칠한 부분의 넓이가 40π cm^2일 때, $\overline{AB}$의 길이는?

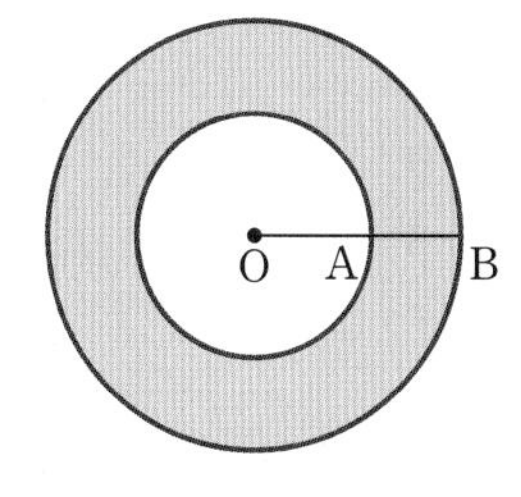

① $\frac{8}{3}$ cm ② 3 cm
③ $\frac{10}{3}$ cm ④ $\frac{11}{3}$ cm
⑤ 4 cm

749

높이와 밑면인 원의 반지름의 길이의 비가 3 : 2이고 옆면의 넓이가 48π cm^2인 원기둥이 있다. 이 원기둥의 부피는?

① 96π cm^3 ② 100π cm^3 ③ 104π cm^3
④ 108π cm^3 ⑤ 112π cm^3

750

오른쪽 그림과 같이 크기가 다른 세 개의 반원으로 이루어진 도형에서 가장 큰 반원의 지름의 길이는 36 cm이고 색칠한 부분의 넓이는 80π cm^2일 때, 가장 작은 반원의 반지름의 길이를 구하시오.

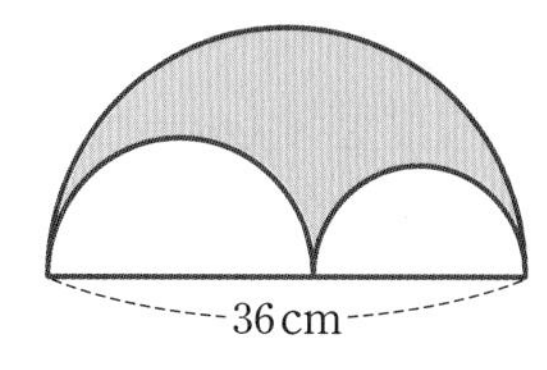

751 ⓒ 유형 01

이차방정식 $(x-4)^2=3$의 근의 개수를 a, 이차방정식 $x^2+6=-2x$의 근의 개수를 b, 이차방정식 $4x^2-12x=-9$의 근의 개수를 c라 할 때, $a-b+c$의 값은?

① 0 ② 1 ③ 2 ④ 3 ⑤ 4

752 ⓒ 유형 02

이차방정식 $x^2-(k+3)x+1=0$이 중근을 갖도록 하는 상수 k의 값 중에서 큰 값이 x에 대한 이차방정식 $2x^2-2ax+a^2-1=0$의 한 근일 때, 상수 a의 값은?

① -3 ② -1 ③ 0 ④ 1 ⑤ 3

753 ⓒ 유형 03

이차방정식 $(m+1)x^2-2x-1=0$이 서로 다른 두 근을 가질 때, 상수 m의 값의 범위는?

① $m<2$
② $-2\le m<-1$
③ $1\le m<2$
④ $m>-2$
⑤ $-2<m<-1$ 또는 $m>-1$

754 ⓒ 유형 04

이차방정식 $x^2+ax+b=0$의 해가 $x=-3$ 또는 $x=2$일 때, 이차방정식 $bx^2+ax+1=0$을 풀면? (단, a, b는 상수)

① $x=-\frac{1}{2}$ 또는 $x=-\frac{1}{3}$
② $x=-\frac{1}{3}$ 또는 $x=\frac{1}{2}$
③ $x=\frac{1}{3}$ 또는 $x=\frac{1}{2}$
④ $x=-3$ 또는 $x=2$
⑤ $x=2$ 또는 $x=3$

755 ⓒ 유형 04

일차함수 $y=ax+b$의 그래프가 오른쪽 그림과 같을 때, a, b를 두 근으로 하고, x^2의 계수가 3인 이차방정식을 구하시오.

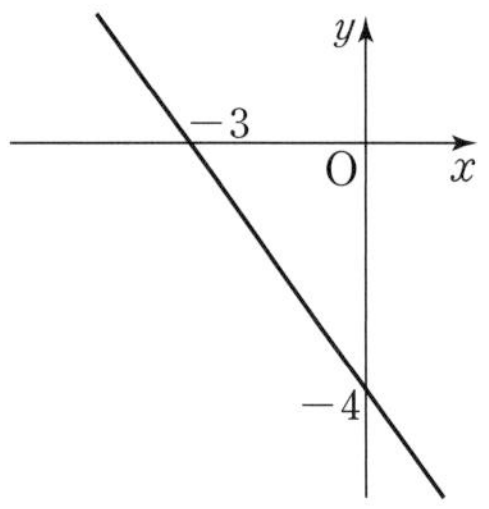

756

유형 07

같은 해 4월에 태어난 민서와 현우의 생일은 2주일 차이가 난다. 두 사람이 태어난 날의 수의 곱이 176이고 민서가 현우보다 늦게 태어났다고 할 때, 민서의 생일을 구하시오.

757

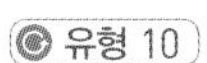

오른쪽 그림과 같이 가로, 세로의 길이가 각각 30 m, 40 m인 직사각형 모양의 땅에 폭이 일정한 길을 만들려고 한다. 길을 제외한 땅의 넓이가 750 m^2일 때, 길의 폭을 구하시오.

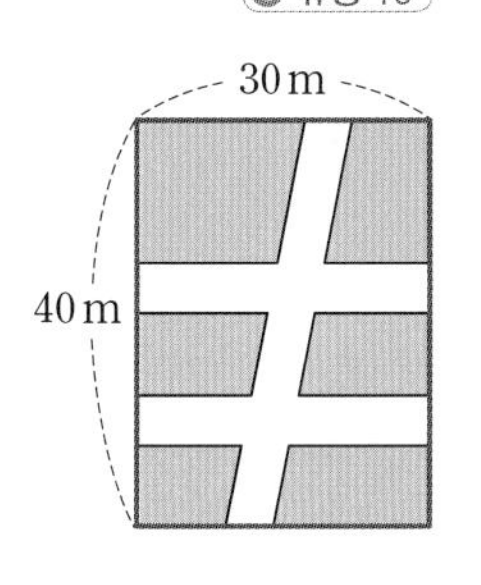

758

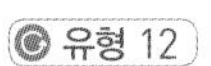

오른쪽 그림과 같이 원 모양의 연못에 폭이 4 m인 도로를 만들려고 한다. 연못의 넓이가 도로의 넓이의 3배일 때, 연못의 둘레의 길이를 구하시오.

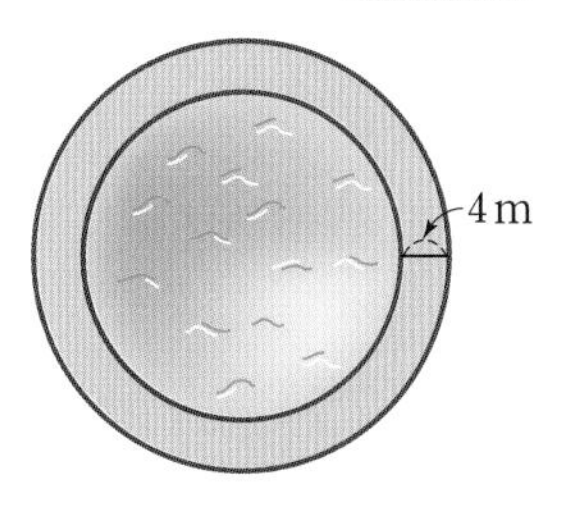

759

유형 01

서로 다른 세 실수 a, b, c 사이에 $a=b-c$인 관계가 성립할 때, 이차방정식 $ax^2+bx+c=0$의 근의 개수를 구하시오.

760

유형 02

이차방정식 $(a-1)x^2-(a-1)x+1=0$이 중근 $x=b$를 가질 때, $2ab$의 값을 구하시오. (단, a는 상수)

761 유형 04

이차방정식 $2x^2-7x+3=0$의 두 근을 A, B라 할 때, $A+2B$, $B-\frac{1}{A}$을 두 근으로 하고 x^2의 계수가 6인 이차방정식이 $6x^2+ax+b=0$이다. 이때 상수 a, b에 대하여 $a+b$의 값은? (단, $A>B$)

① -21 ② -12 ③ 6
④ 12 ⑤ 21

762 유형 04

이차방정식 $x^2-3(k+2)x+12k=0$의 두 근의 비가 1 : 4일 때, 모든 상수 k의 값의 곱을 구하시오.

763 유형 04

이차방정식 $x^2+ax+b=0$을 푸는데 우석이는 x의 계수를 잘못 보고 풀어 $x=3\pm\sqrt{3}$의 해를 얻었고, 유라는 상수항을 잘못 보고 풀어 $x=-1$ 또는 $x=5$의 해를 얻었다. 이때 유리수 a, b에 대하여 $a+b$의 값을 구하시오.

764 유형 09

오른쪽 그림은 일차함수 $y=-\frac{1}{2}x+6$의 그래프이다. 이 그래프 위의 한 점 A에서 x축, y축에 내린 수선의 발을 각각 P, Q라 할 때, 다음 중 □AQOP의 넓이가 16이 되는 점 A의 좌표를 모두 구하면? (단, O는 원점이고, 점 A는 제1사분면 위의 점이다.) (정답 2개)

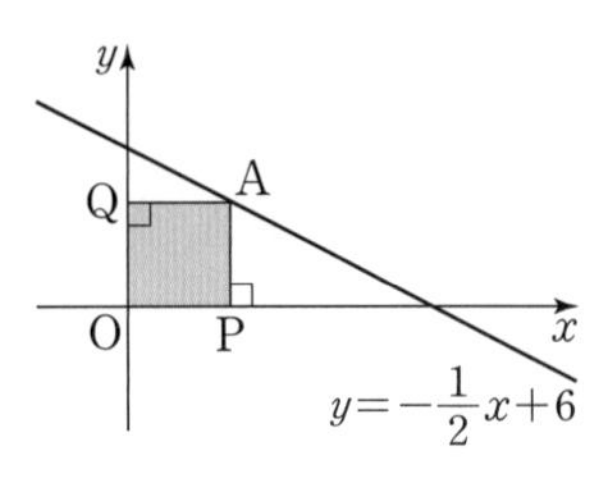

① $(2, 5)$ ② $\left(3, \frac{9}{2}\right)$ ③ $(4, 4)$
④ $\left(5, \frac{7}{2}\right)$ ⑤ $(8, 2)$

765 유형 09

다음 그림과 같이 모양과 크기가 같은 직사각형 모양의 타일 6개를 넓이가 96 cm²인 직사각형 모양의 공간에 빈틈없이 붙였더니 가로의 길이가 2 cm인 직사각형 모양의 공간이 남았다. 이때 타일 한 개의 넓이를 구하시오.

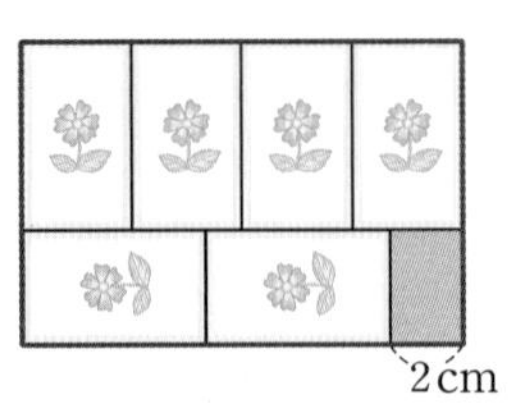

교과서 속 창의력 UP!

정답 및 풀이 47쪽

766
유형 08

어떤 돌고래가 수면 위로 올라오면서 뿜어 올린 물의 x초 후의 높이는 $(7.5x-5x^2)$ m라 한다. 뿜어 올린 물의 높이가 2.5 m가 되는 것은 몇 초 후인지 모두 구하시오.

767
유형 06

오른쪽 표는 일정한 규칙에 따라 얻은 수를 순서대로 나열한 것이다. 표에서 □ 안에 알맞은 식을 쓰고, 그때의 자연수 n의 값을 구하시오.

수	규칙	수
1	$1\times2-2\times1$	0
2	$2\times3-2\times2$	2
3	$3\times4-2\times3$	6
4	$4\times5-2\times4$	12
⋮	⋮	⋮
n	□	600

768
유형 05

'삼각수'란 정삼각형 모양을 만들기 위해 사용되는 수를 말한다. 즉, 1, 3, 6, 10, 15, …를 삼각수라 하고 n단계 삼각수는 $\frac{n(n+1)}{2}$이다. 점의 개수가 120인 삼각형 모양은 몇 단계 삼각수인지 구하시오.

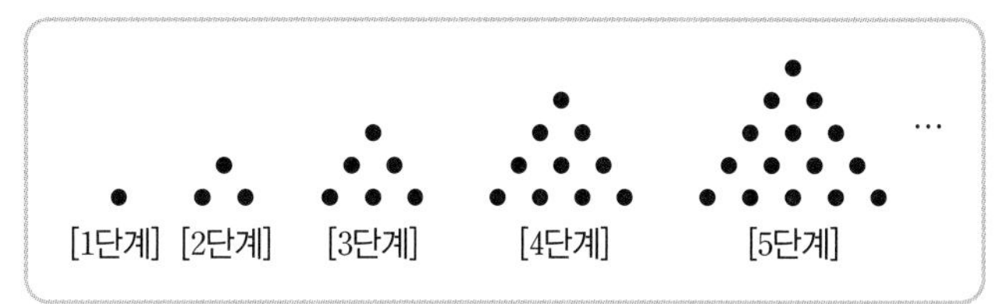

769
유형 07

조선 시대의 수학자 홍정하(洪正夏, 1684~?)가 지은 『구일집』의 9권 잡록에는 중국 사신과 수학 문제를 주제로 이야기를 나누는 내용이 실려 있다. 다음은 중국 사신이 홍정하에게 낸 문제이다. 이 문제의 답을 구하시오.

> 크고 작은 두 개의 정사각형이 있소. 두 정사각형의 넓이의 합은 468이고, 큰 정사각형의 한 변의 길이는 작은 정사각형의 한 변의 길이보다 6만큼 길지요. 두 정사각형 중 작은 정사각형의 한 변의 길이는 얼마가 되겠소?

창의·융합

가장 조화로운 비, 황금비

황금비는 고대 그리스부터 주어진 길이를 조화롭게 두 부분으로 나누는 비로, 1.618 : 1 정도이다. 황금비는 안정감 있고, 균형감 있는 비로 여겨지고 있어 밀로의 비너스, 레오나르도 다빈치의 모나리자, 그리스의 파르테논 신전, 이집트의 피라미드 등 여러 고대 예술 작품과 건축물에서 찾아볼 수 있다.

두 변의 길이의 비가 황금비를 이루는 직사각형을 '황금사각형'이라 한다.

오른쪽 그림과 같은 직사각형 ABCD가 황금사각형일 때, 직사각형 ABCD와 닮음인 직사각형 DEFC도 황금사각형인지 확인해 보자.

A, E, D, B, F, C, x, x, 1

□ABCD∽□DEFC

두 직사각형에서 $\overline{AB}:\overline{DE}=\overline{AD}:\overline{DC}$이므로 $\overline{AB}=x$라 하면

$$x:1=(x+1):x,\ x^2=x+1$$

$$x^2-x-1=0 \qquad \therefore x=\frac{1\pm\sqrt{5}}{2}$$

그런데 $x>0$이므로 $x=\frac{1+\sqrt{5}}{2}$

이때 $\sqrt{5}=2.236\cdots$이므로 x의 값은 약 1.618이다. 따라서 직사각형 DEFC도 황금사각형임을 알 수 있다.

이차함수

Theme 17 이차함수 $y=ax^2$의 그래프 유형 01 ~ 유형 08

(1) 이차함수의 뜻

함수 $y=f(x)$에서 y가 x에 대한 이차식

$y=ax^2+bx+c$ (a, b, c는 상수, $a\neq0$)

로 나타내어질 때, 이 함수 f를 x에 대한 이차함수라 한다.

예 $y=2x^2$, $y=x^2+3x+2$, $y=\frac{1}{2}x^2+3$ ⇨ 이차함수이다.

참고 함수 $y=f(x)$에서 x의 값에 따라 하나로 정해지는 y의 값을 함숫값이라 한다. ⇨ $f(a)$는 $x=a$일 때의 함숫값

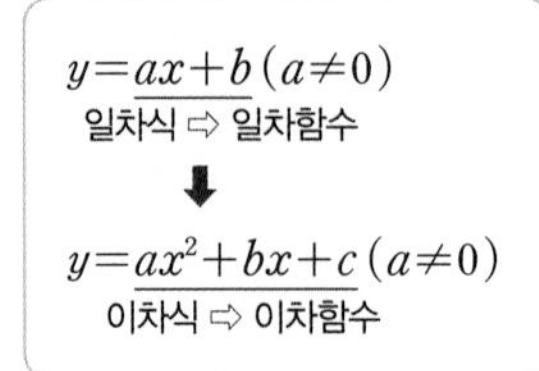

비법 Note
> 이차함수를 찾는 방법
❶ $y=$(x에 대한 식)으로 정리한다.
❷ 우변이 x에 대한 이차식인지 확인한다.

(2) 이차함수 $y=x^2$의 그래프

① 원점 O(0, 0)을 지나고, 아래로 볼록한 곡선이다.
② y축에 대하여 대칭이다.
③ $x<0$일 때, x의 값이 증가하면 y의 값은 감소한다.
$x>0$일 때, x의 값이 증가하면 y의 값도 증가한다.
④ 꼭짓점을 제외한 모든 부분은 x축보다 위쪽에 있다.
⑤ 이차함수 $y=-x^2$의 그래프와 x축에 대하여 대칭이다.

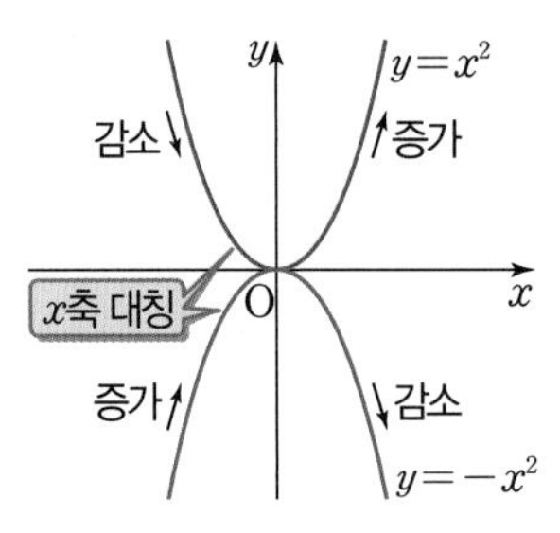

참고 (1) 포물선 : 두 이차함수 $y=x^2$, $y=-x^2$의 그래프와 같은 모양의 곡선
(2) 축 : 선대칭도형인 포물선의 대칭축
(3) 꼭짓점 : 포물선과 축의 교점

축
포물선
꼭짓점

주의 이차함수에서 x의 값의 범위에 대한 특별한 조건이 없으면 x의 값의 범위는 실수 전체로 생각한다.

비법 Note
> 이차함수 $y=-x^2$의 그래프
① 원점 O(0, 0)을 지나고, 위로 볼록한 곡선이다.
② y축에 대하여 대칭이다.
③ $x<0$일 때, x의 값이 증가하면 y의 값도 증가한다.
$x>0$일 때, x의 값이 증가하면 y의 값은 감소한다.
④ 꼭짓점을 제외한 모든 부분은 x축보다 아래쪽에 있다.

(3) 이차함수 $y=ax^2$의 그래프

① 원점 O(0, 0)을 꼭짓점으로 하는 포물선이다.
② y축에 대하여 대칭이다.
⇨ 축의 방정식 : $x=0$(y축)
③ a의 부호는 그래프의 모양을 결정한다.
⇨ $a>0$이면 아래로 볼록하고, $a<0$이면 위로 볼록하다.

참고 그래프의 모양

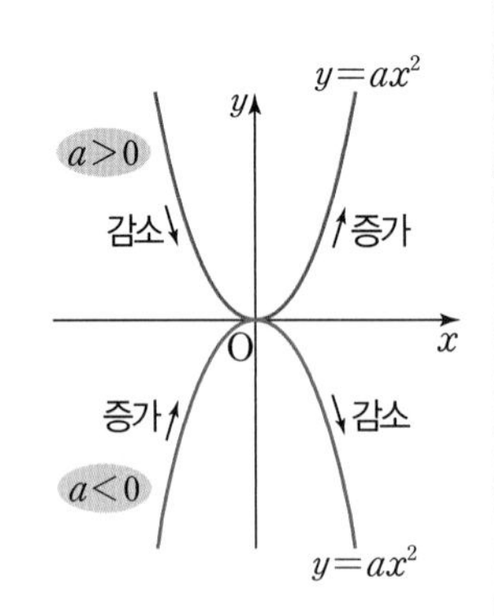

④ a의 절댓값은 그래프의 폭을 결정한다.
⇨ a의 절댓값이 클수록 그래프의 폭이 좁아진다.
폭이 좁아지면 그래프는 y축에 가까워진다.
⑤ 이차함수 $y=-ax^2$의 그래프와 x축에 대하여 대칭이다.

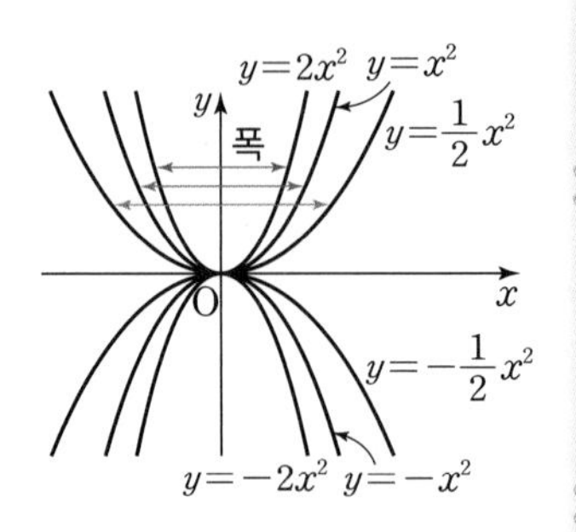

비법 Note
> 이차함수 $y=ax^2$의 그래프 그리는 방법
❶ a의 부호를 보고 그래프의 모양을 결정한다.
⇨ $a>0$이면 아래로 볼록, $a<0$이면 위로 볼록
❷ 꼭짓점 (0, 0)을 찍는다.
❸ 꼭짓점과 다른 한 점을 지나는 포물선을 y축에 대하여 대칭이 되도록 그린다.

Theme 17 이차함수 $y=ax^2$의 그래프

[770~772] 다음 중 y가 x에 대한 이차함수인 것에 ○표, 이차함수가 아닌 것에 ×표 하시오.

770 $y=2x^2+3x-1$ ( )

771 $y=-x(x+2)+x^2$ ( )

772 $y=3x^2$ ( )

[773~774] 다음 문장에서 y를 x에 대한 식으로 나타내고, 이차함수인 것에 ○표, 이차함수가 아닌 것에 ×표 하시오.

773 밑변의 길이가 $(x+2)$ cm이고, 높이가 3 cm인 삼각형의 넓이 y cm^2

⇨ 관계식 : ________ ( )

774 윗변과 아랫변의 길이가 각각 3 cm, x cm이고, 높이가 $(x-2)$ cm인 사다리꼴의 넓이 y cm^2

⇨ 관계식 : ________ ( )

[775~776] 이차함수 $f(x)=x^2-2x+6$에 대하여 다음 함숫값을 구하시오.

775 $f(2)$

776 $f(-1)$

[777~779] 다음은 이차함수 $y=x^2$의 그래프에 대한 설명이다. □ 안에 알맞은 것을 써넣으시오.

777 원점을 지나고, □로 볼록한 곡선이다.

778 □축에 대하여 대칭이다.

779 $x<0$일 때, x의 값이 증가하면 y의 값은 □하고, $x>0$일 때, x의 값이 증가하면 y의 값도 □한다.

[780~783] 다음은 이차함수 $y=ax^2$의 그래프에 대한 설명이다. □ 안에 알맞은 것을 써넣으시오.

780 꼭짓점의 좌표는 □이다.

781 축의 방정식은 □이다.

782 a□0이면 아래로 볼록한 포물선이고, a□0이면 위로 볼록한 포물선이다.

783 a의 □이 클수록 그래프의 폭이 좁아진다.

[784~785] 두 이차함수의 그래프가 오른쪽 그림과 같을 때, 다음 이차함수의 식에 알맞은 그래프를 찾아 기호를 쓰시오.

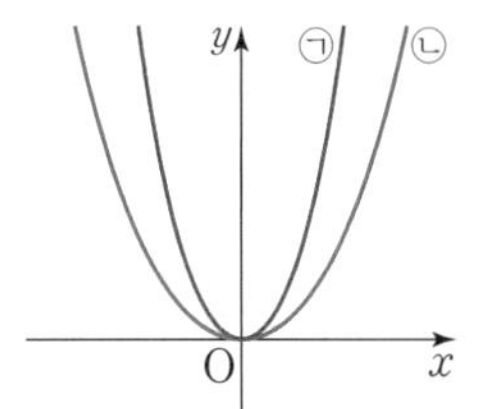

784 $y=x^2$

785 $y=3x^2$

[786~789] 보기의 이차함수에 대하여 다음 물음에 답하시오.

보기

ㄱ. $y=\frac{1}{3}x^2$　ㄴ. $y=-3x^2$　ㄷ. $y=2x^2$

ㄹ. $y=-\frac{1}{3}x^2$　ㅁ. $y=4x^2$　ㅂ. $y=-\frac{1}{2}x^2$

786 그래프가 위로 볼록한 것을 모두 고르시오.

787 그래프의 폭이 가장 좁은 것을 고르시오.

788 그래프가 x축에 대하여 서로 대칭인 것끼리 짝 지으시오.

789 $x>0$일 때, x의 값이 증가하면 y의 값도 증가하는 것을 모두 고르시오.

Theme 18 이차함수 $y=a(x-p)^2+q$의 그래프 유형 09 ~ 유형 15

(1) 이차함수 $y=ax^2+q$의 그래프

$$y=ax^2 \xrightarrow[q\text{만큼 평행이동}]{y\text{축의 방향으로}} y=ax^2+q$$

① 꼭짓점의 좌표 : $(0,\ q)$

② 축의 방정식 : $x=0$(y축)

참고 이차함수 $y=ax^2$의 그래프를 평행이동하여도 이차항의 계수 a는 변하지 않으므로 그래프의 모양과 폭은 변하지 않는다.

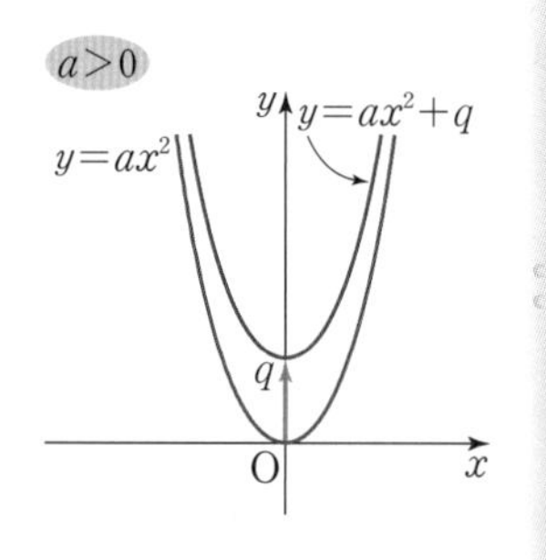

> 비법 Note
> - 평행이동 : 한 도형을 일정한 방향으로 일정한 거리만큼 이동하는 것
> - $q>0$이면 ⇨ 그래프가 y축의 양의 방향(위쪽)으로 이동
> $q<0$이면 ⇨ 그래프가 y축의 음의 방향(아래쪽)으로 이동

(2) 이차함수 $y=a(x-p)^2$의 그래프

$$y=ax^2 \xrightarrow[p\text{만큼 평행이동}]{x\text{축의 방향으로}} y=a(x-p)^2$$

① 꼭짓점의 좌표 : $(p,\ 0)$

② 축의 방정식 : $x=p$

참고 이차함수의 그래프를 x축의 방향으로 p만큼 평행이동하면 축의 방정식이 $x=p$가 되므로 x의 값이 증가할 때 y의 값이 증가, 감소하는 범위는 $x=p$를 기준으로 나뉜다.

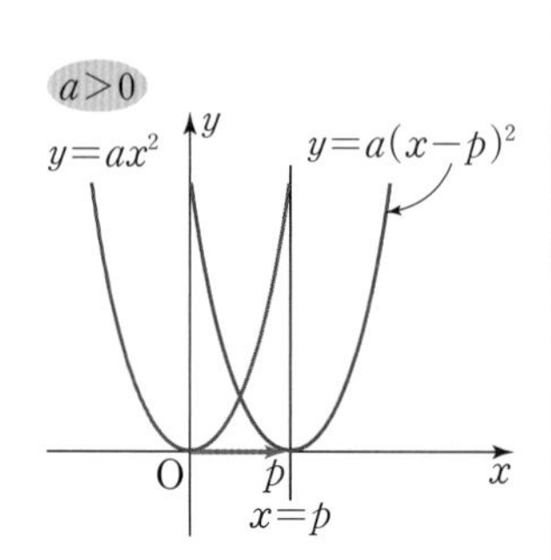

> 비법 Note
> - $p>0$이면 ⇨ 그래프가 x축의 양의 방향(오른쪽)으로 이동
> $p<0$이면 ⇨ 그래프가 x축의 음의 방향(왼쪽)으로 이동

(3) 이차함수 $y=a(x-p)^2+q$의 그래프

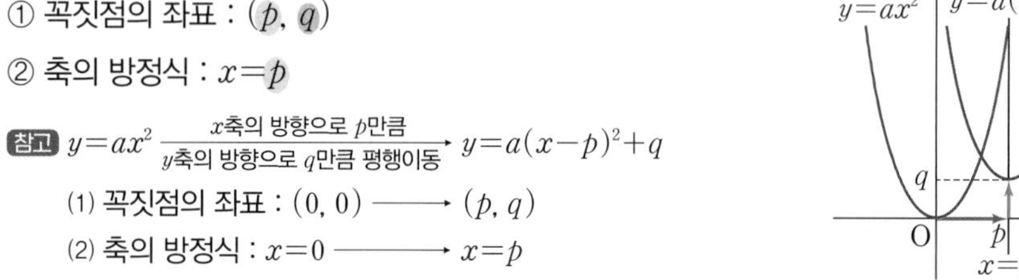

$$y=ax^2 \xrightarrow[y\text{축의 방향으로 }q\text{만큼 평행이동}]{x\text{축의 방향으로 }p\text{만큼}} y=a(x-p)^2+q$$

① 꼭짓점의 좌표 : $(p,\ q)$

② 축의 방정식 : $x=p$

참고 $y=ax^2 \xrightarrow[y\text{축의 방향으로 }q\text{만큼 평행이동}]{x\text{축의 방향으로 }p\text{만큼}} y=a(x-p)^2+q$

(1) 꼭짓점의 좌표 : $(0,\ 0) \longrightarrow (p,\ q)$

(2) 축의 방정식 : $x=0 \longrightarrow x=p$

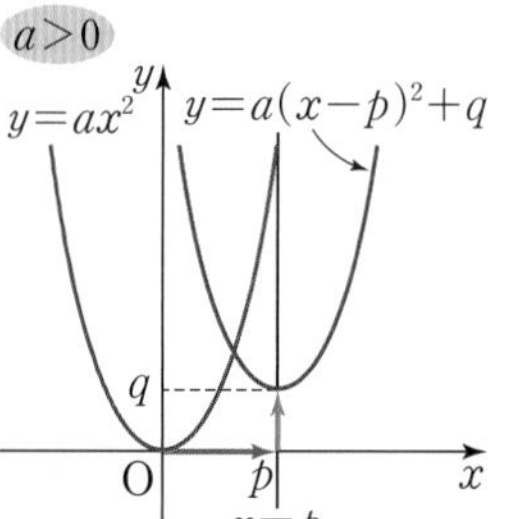

> 비법 Note
> - x축의 방향으로 p만큼 평행이동한 그래프의 식
> ⇨ x 대신 $x-p$를 대입
> - y축의 방향으로 q만큼 평행이동한 그래프의 식
> ⇨ y 대신 $y-q$를 대입
> - x축에 대하여 대칭인 그래프의 식
> ⇨ y 대신 $-y$를 대입
> - y축에 대하여 대칭인 그래프의 식
> ⇨ x 대신 $-x$를 대입

(4) 이차함수 $y=a(x-p)^2+q$의 그래프에서 a, p, q의 부호

① a의 부호 ⇨ 그래프의 모양에 따라 결정

(i) 아래로 볼록(∪)하면 $a>0$

(ii) 위로 볼록(∩)하면 $a<0$

② p와 q의 부호 ⇨ 꼭짓점의 위치에 따라 결정

(i) 제1사분면 : $p>0$, $q>0$　　(ii) 제2사분면 : $p<0$, $q>0$

(iii) 제3사분면 : $p<0$, $q<0$　　(iv) 제4사분면 : $p>0$, $q<0$

예 이차함수 $y=a(x-p)^2+q$의 그래프가 오른쪽 그림과 같을 때

(1) 그래프의 모양이 아래로 볼록하므로 ⇨ $a>0$

(2) 꼭짓점 $(p,\ q)$가 제3사분면 위에 있으므로 ⇨ $p<0$, $q<0$

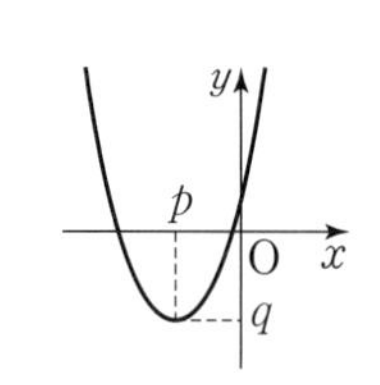

> 비법 Note
> - 사분면

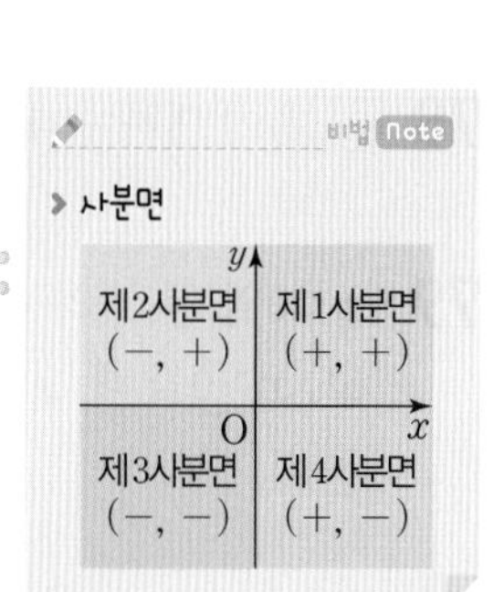

Theme 18 이차함수 $y=a(x-p)^2+q$의 그래프

[790~791] 다음 이차함수의 그래프를 y축의 방향으로 q만큼 평행이동한 그래프의 식을 구하시오.

790 $y=2x^2$ $[q=4]$

791 $y=\frac{1}{3}x^2$ $[q=-1]$

[792~793] 다음 이차함수의 그래프의 꼭짓점의 좌표와 축의 방정식을 차례로 구하시오.

792 $y=x^2+2$

793 $y=-\frac{2}{3}x^2-1$

[794~795] 이차함수 $y=ax^2+q$의 그래프가 다음 그림과 같을 때, 상수 a, q의 부호를 각각 구하시오.

794

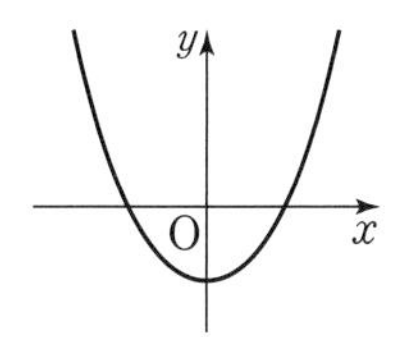

795

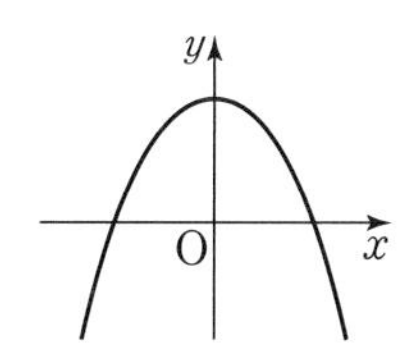

[796~797] 다음 이차함수의 그래프를 x축의 방향으로 p만큼 평행이동한 그래프의 식을 구하시오.

796 $y=5x^2$ $[p=-2]$

797 $y=\frac{1}{3}x^2$ $[p=5]$

[798~799] 다음 이차함수의 그래프의 꼭짓점의 좌표와 축의 방정식을 차례로 구하시오.

798 $y=2(x+2)^2$

799 $y=3(x-1)^2$

[800~801] 이차함수 $y=a(x-p)^2$의 그래프가 다음 그림과 같을 때, 상수 a, p의 부호를 각각 구하시오.

800

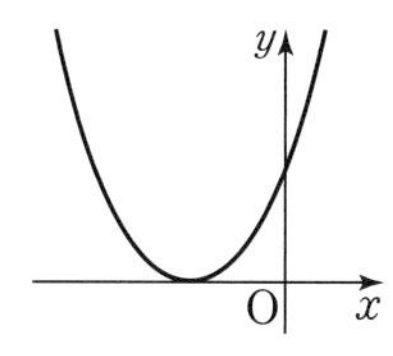

801

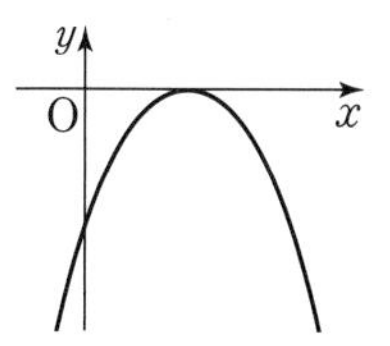

[802~804] 다음 이차함수의 그래프를 x축의 방향으로 p만큼, y축의 방향으로 q만큼 평행이동한 그래프의 식을 구하시오.

802 $y=2x^2$ $[p=1,\ q=4]$

803 $y=-\frac{1}{2}x^2$ $\left[p=-3,\ q=\frac{1}{4}\right]$

804 $y=-4x^2$ $[p=-2,\ q=-3]$

[805~807] 다음 이차함수의 그래프의 꼭짓점의 좌표와 축의 방정식을 차례로 구하시오.

805 $y=3(x+1)^2-5$

806 $y=-\frac{1}{2}(x-3)^2+1$

807 $y=\frac{3}{5}(x+2)^2-\frac{1}{2}$

[808~809] 이차함수 $y=a(x-p)^2+q$의 그래프가 다음 그림과 같을 때, 상수 a, p, q의 부호를 각각 구하시오.

808

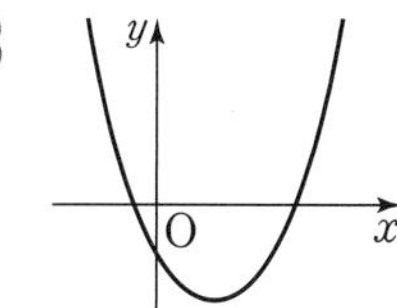

809

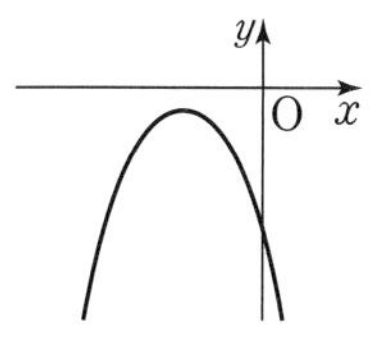

Theme 17 이차함수 $y=ax^2$의 그래프

워크북 110쪽

유형 01 이차함수의 뜻

y가 x에 대한 이차함수이다. ⇨ $y=$(x에 대한 이차식)
⇨ $y=ax^2+bx+c\,(a\neq0)$

대표 문제

810

다음 중 y가 x에 대한 이차함수인 것은?

① $y=x(8-x)$　② $y=\dfrac{1}{x^2}-1$
③ $y=x^2-(1-x)^2$　④ $2x^2+x+3$
⑤ $y=x^3+(2-x)^2$

811 ●●●●

다음 보기에서 y가 x에 대한 이차함수인 것을 모두 고르시오.

보기
ㄱ. $y=x-4$　ㄴ. $y=3x^3-x^2$
ㄷ. $y=x^2+2x-1$　ㄹ. $y=x(x+1)-1$
ㅁ. $y=2x^2+x+3-2x^2$　ㅂ. $y=\dfrac{x^2}{3}+2$

812 ●●●●

다음 중 y가 x에 대한 이차함수인 것은?

① 시속 x km로 5시간 동안 달린 거리 y km
② 한 모서리의 길이가 x cm인 정육면체의 부피 y cm^3
③ 반지름의 길이가 x cm인 원의 둘레의 길이 y cm
④ 밑변의 길이가 x cm, 높이가 $(x+5)$ cm인 삼각형의 넓이 y cm^2
⑤ 가로의 길이가 $(x+2)$ cm, 세로의 길이가 $(x+3)$ cm인 직사각형의 둘레의 길이 y cm

유형 02 이차함수가 되는 조건

주어진 함수를 $y=ax^2+bx+c$ 꼴로 정리한 후, $a\neq0$이 되게 하는 조건을 구한다.

대표 문제

813

함수 $y=2x^2-x(ax-3)+5$가 x에 대한 이차함수가 되기 위한 실수 a의 조건은?

① $a\neq-2$　② $a\neq-1$　③ $a\neq0$
④ $a\neq1$　⑤ $a\neq2$

814 ●●●●

함수 $y=6x^2+1+2x(ax+1)$이 x에 대한 이차함수일 때, 다음 중 실수 a의 값이 될 수 없는 것은?

① -3　② -2　③ 1
④ 2　⑤ 3

815 ●●●●

함수 $y=k(k-2)x^2+5x-3x^2$이 x에 대한 이차함수일 때, 다음 중 실수 k의 값이 될 수 없는 것을 모두 고르면? (정답 2개)

① -1　② 0　③ 1
④ 2　⑤ 3

유형 03 이차함수의 함숫값

이차함수 $f(x)=ax^2+bx+c$에 대하여 함숫값 $f(k)$
⇨ $f(x)$에 x 대신 k를 대입하여 얻은 값
예 이차함수 $f(x)=-x^2$에서 $x=4$일 때의 함숫값
⇨ $f(4)=-4^2=-16$

대표 문제
816
이차함수 $f(x)=x^2+2x-1$에서 $f(1)-f(-1)$의 값을 구하시오.

817
이차함수 $f(x)=ax^2+3x-7$에서 $f(3)=-7$일 때, 상수 a의 값은?
① -2 ② -1 ③ 1
④ 2 ⑤ 3

818
이차함수 $f(x)=2x^2-9x-4$에서 $f(a)=1$일 때, 정수 a의 값은?
① -2 ② -1 ③ 2
④ 4 ⑤ 5

서술형
819
이차함수 $f(x)=-2x^2-x+3$에서 $f(-2)=a$, $f(b)=2$일 때, $a+b$의 값을 구하시오. (단, $b<0$)

유형 04 이차함수 $y=ax^2$의 그래프의 폭

a의 절댓값이 그래프의 폭을 결정한다.
⇨ a의 절댓값이 클수록 그래프의 폭이 좁아진다.

대표 문제
820
다음 이차함수 중 그래프가 위로 볼록하면서 폭이 가장 좁은 것은?
① $y=-4x^2$ ② $y=-\frac{1}{2}x^2$ ③ $y=-x^2$
④ $y=\frac{7}{2}x^2$ ⑤ $y=5x^2$

821
두 이차함수 $y=ax^2$, $y=x^2$의 그래프가 오른쪽 그림과 같을 때, 상수 a의 값의 범위를 구하시오.

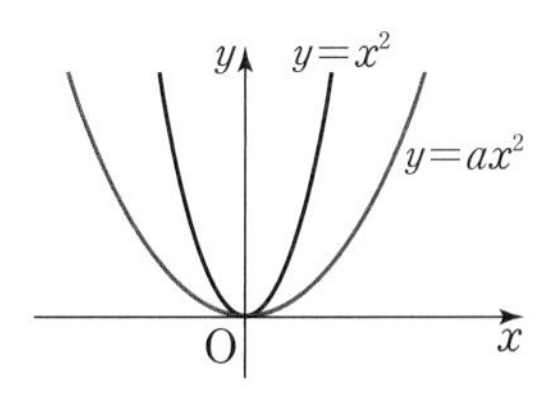

822
두 이차함수 $y=2x^2$, $y=-\frac{1}{3}x^2$의 그래프가 오른쪽 그림과 같을 때, 다음 이차함수 중 그래프가 색칠한 부분을 지나는 것을 모두 고르면? (정답 2개)

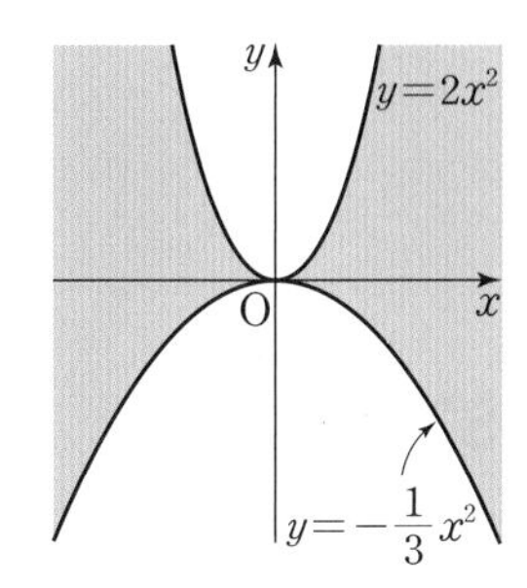

① $y=\frac{9}{2}x^2$ ② $y=\frac{7}{3}x^2$
③ $y=x^2$ ④ $y=-\frac{1}{4}x^2$
⑤ $y=-\frac{1}{2}x^2$

빈출
유형 05 이차함수 $y=ax^2$의 그래프가 지나는 점

이차함수 $y=f(x)$의 그래프가 점 (p, q)를 지난다.
⇨ 점 (p, q)가 이차함수 $y=f(x)$의 그래프 위에 있다.
⇨ $f(p)=q$가 성립한다.

대표 문제
823
이차함수 $y=-2x^2$의 그래프가 점 $(a, 3a)$를 지날 때, a의 값을 구하시오. (단, $a\neq0$)

824
다음 중 이차함수 $y=3x^2$의 그래프 위의 점이 아닌 것은?

① $(-1, 3)$ ② $\left(-\frac{1}{9}, 1\right)$ ③ $(0, 0)$
④ $\left(\frac{1}{3}, \frac{1}{3}\right)$ ⑤ $(2, 12)$

825
이차함수 $y=\frac{3}{2}x^2$의 그래프가 두 점 $(1, a)$, $(b, 6)$을 지날 때, ab의 값을 구하시오. (단, $b<0$)

826
이차함수 $y=ax^2$의 그래프가 오른쪽 그림과 같고 점 $(-1, b)$를 지날 때, b의 값을 구하시오. (단, a는 상수)

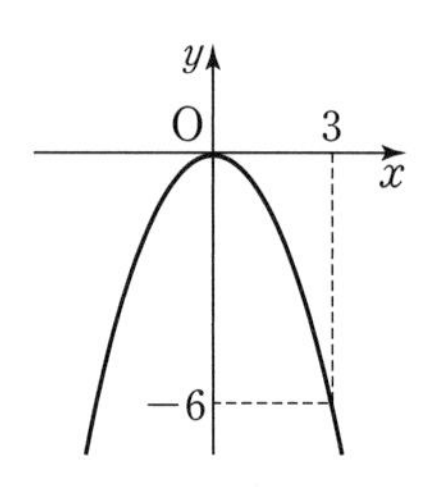

유형 06 두 이차함수 $y=ax^2$, $y=-ax^2$의 그래프

두 이차함수 $y=ax^2$, $y=-ax^2$의 그래프는 x축에 대하여 대칭이다.
참고 x축에 대하여 대칭인 그래프의 식 ⇨ y 대신 $-y$를 대입
y축에 대하여 대칭인 그래프의 식 ⇨ x 대신 $-x$를 대입

대표 문제
827
다음 이차함수 중 그래프가 이차함수 $y=7x^2$의 그래프와 x축에 대하여 서로 대칭인 것은?

① $y=-7x^2$ ② $y=-x^2$ ③ $y=-\frac{1}{7}x^2$
④ $y=\frac{1}{7}x^2$ ⑤ $y=x^2$

828
다음 보기의 이차함수 중 그래프가 x축에 대하여 서로 대칭인 것끼리 짝 지어진 것을 모두 고르면? (정답 2개)

보기
ㄱ. $y=4x^2$ ㄴ. $y=\frac{1}{2}x^2$ ㄷ. $y=-\frac{3}{4}x^2$
ㄹ. $y=\frac{3}{4}x^2$ ㅁ. $y=2x^2$ ㅂ. $y=-4x^2$

① ㄱ과 ㄴ ② ㄱ과 ㄷ ③ ㄱ과 ㅂ
④ ㄴ과 ㅁ ⑤ ㄷ과 ㄹ

서술형
829
이차함수 $y=-5x^2$의 그래프는 이차함수 $y=ax^2$의 그래프와 x축에 대하여 서로 대칭이고, 이차함수 $y=bx^2$의 그래프는 이차함수 $y=\frac{7}{2}x^2$의 그래프와 x축에 대하여 서로 대칭이다. 이때 $a+b$의 값을 구하시오.
(단, a, b는 상수)

빈출 유형 07 이차함수 $y=ax^2$의 그래프의 성질

(1) y축을 축으로 하고 원점을 꼭짓점으로 하는 포물선이다.
(2) $a>0$이면 아래로 볼록하고, $a<0$이면 위로 볼록하다.
(3) a의 절댓값이 클수록 그래프의 폭이 좁아진다.
(4) 이차함수 $y=-ax^2$의 그래프와 x축에 대하여 대칭이다.

대표 문제

830

다음 보기에서 이차함수 $y=ax^2$의 그래프에 대한 설명으로 옳은 것을 모두 고르시오. (단, a는 상수)

보기
ㄱ. $a>0$이면 위로 볼록한 포물선이다.
ㄴ. 점 $(1, 1)$을 지난다.
ㄷ. 꼭짓점의 좌표는 $(0, 0)$이다.
ㄹ. 이차함수 $y=-ax^2$의 그래프와 x축에 대하여 대칭이다.

831 ●●○○

다음 중 이차함수 $y=-\frac{1}{2}x^2$의 그래프에 대한 설명으로 옳지 않은 것은?

① 원점을 지난다.
② 점 $(2, -2)$를 지난다.
③ 위로 볼록한 포물선이다.
④ 이차함수 $y=2x^2$의 그래프와 x축에 대하여 대칭이다.
⑤ $x>0$일 때, x의 값이 증가하면 y의 값은 감소한다.

832 ●●●○

다음 이차함수의 그래프에 대한 설명 중 옳지 않은 것은?

(가) $y=-3x^2$ (나) $y=-\frac{3}{2}x^2$ (다) $y=3x^2$

① 그래프가 위로 볼록한 것은 (가), (나)이다.
② 각 그래프는 모두 y축에 대하여 대칭이다.
③ 그래프의 폭이 가장 넓은 것은 (나)이다.
④ 그래프가 x축에 대하여 서로 대칭인 것은 (가), (다)이다.
⑤ $x<0$일 때, x의 값이 증가하면 y의 값도 증가하는 것은 (다)이다.

빈출 유형 08 이차함수 $y=ax^2$의 그래프의 활용

❶ $y=ax^2$의 그래프 위의 한 점의 좌표를 (p, q)로 놓는다.
❷ 주어진 조건을 이용하여 나머지 점의 좌표를 p, q를 이용하여 나타낸다.
❸ p, q의 값을 구한다.

대표 문제

833

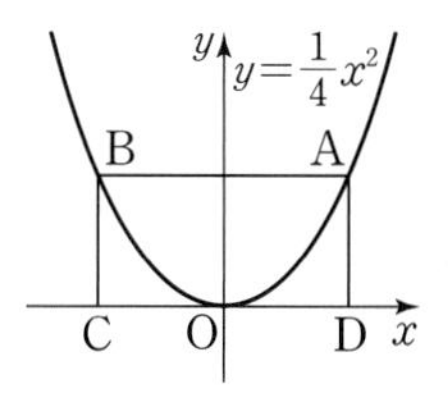

오른쪽 그림과 같이 두 점 A, B는 이차함수 $y=\frac{1}{4}x^2$의 그래프 위에 있고, 두 점 C, D는 x축 위에 있다. □ABCD가 직사각형이고, $\overline{AB}:\overline{BC}=2:1$일 때, 점 A의 y좌표를 구하시오.
(단, 점 A는 제1사분면 위의 점이다.)

신유형

834 ●●●○

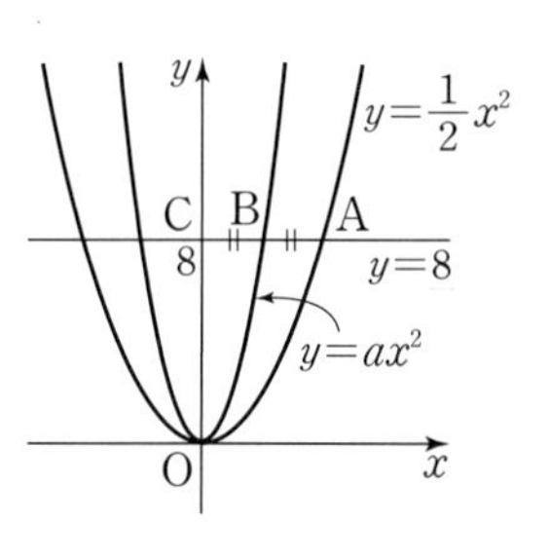

오른쪽 그림과 같이 직선 $y=8$이 두 이차함수 $y=\frac{1}{2}x^2$, $y=ax^2$의 그래프와 만나는 점을 각각 A, B, y축과 만나는 점을 C라 할 때, $\overline{AB}=\overline{BC}$이다. 상수 a의 값을 구하시오.
(단, 두 점 A, B는 제1사분면 위의 점이다.)

835 ●●●●

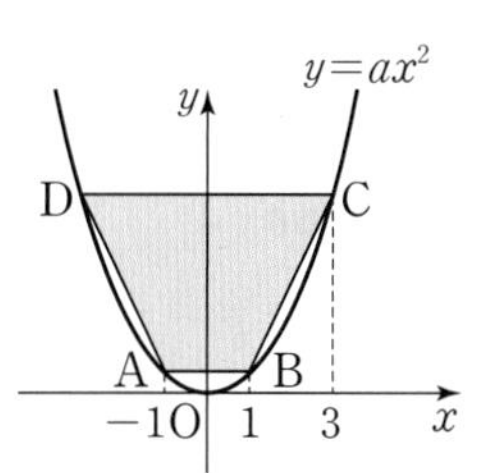

오른쪽 그림과 같이 이차함수 $y=ax^2$의 그래프 위에 네 점 A, B, C, D가 있다. 두 점 A, B의 x좌표가 각각 -1, 1이고, 점 C의 x좌표는 3이다. □ABCD는 선분 CD와 선분 AB가 평행한 사다리꼴이고 그 넓이가 16일 때, 상수 a의 값을 구하시오.

Theme 18 이차함수 $y=a(x-p)^2+q$의 그래프

워크북 114쪽

유형 09 이차함수 $y=ax^2+q$의 그래프

이차함수 $y=ax^2+q$의 그래프는 이차함수 $y=ax^2$의 그래프를 y축의 방향으로 q만큼 평행이동한 것이다.

(1) 꼭짓점의 좌표 ⇨ $(0, q)$

(2) 축의 방정식 ⇨ $x=0$

대표 문제

836

이차함수 $y=2x^2$의 그래프를 y축의 방향으로 -1만큼 평행이동한 그래프의 꼭짓점의 좌표를 (p, q), 축의 방정식을 $x=r$라 할 때, $p+q+r$의 값을 구하시오.

837

다음 보기에서 이차함수 $y=-x^2+3$의 그래프에 대한 설명으로 옳은 것을 모두 고르시오.

보기

ㄱ. 이차함수 $y=-x^2$의 그래프를 y축의 방향으로 3만큼 평행이동한 것이다.

ㄴ. 꼭짓점의 좌표는 $(0, 3)$이다.

ㄷ. 축의 방정식은 $x=3$이다.

ㄹ. $x>0$일 때, x의 값이 증가하면 y의 값도 증가한다.

838

이차함수 $y=-3x^2$의 그래프를 y축의 방향으로 m만큼 평행이동한 그래프가 점 $(1, 1)$을 지날 때, m의 값은?

① -4 ② -2 ③ 1 ④ 2 ⑤ 4

서술형

839

이차함수 $y=ax^2+q$의 그래프가 오른쪽 그림과 같을 때, $a+q$의 값을 구하시오. (단, a, q는 상수)

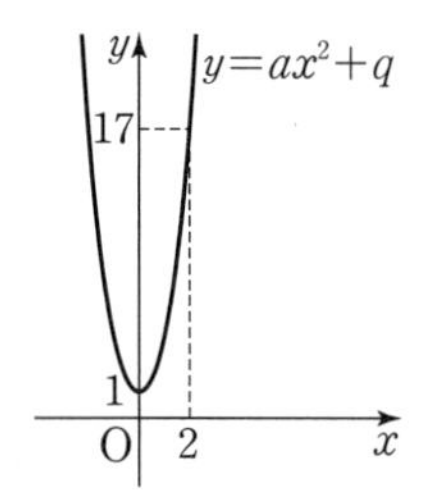

유형 10 이차함수 $y=a(x-p)^2$의 그래프

이차함수 $y=a(x-p)^2$의 그래프는 이차함수 $y=ax^2$의 그래프를 x축의 방향으로 p만큼 평행이동한 것이다.

(1) 꼭짓점의 좌표 ⇨ $(p, 0)$

(2) 축의 방정식 ⇨ $x=p$

대표 문제

840

이차함수 $y=ax^2$의 그래프를 x축의 방향으로 2만큼 평행이동한 그래프가 점 $(4, 2)$를 지날 때, 상수 a의 값을 구하시오.

841

다음 이차함수의 그래프 중 이차함수 $y=-\frac{1}{2}x^2$의 그래프를 평행이동하여 완전히 포갤 수 있는 것을 모두 고르면? (정답 2개)

① $y=\frac{1}{2}x^2$ ② $y=-\frac{1}{2}x^2-2$

③ $y=\frac{1}{2}x^2+3$ ④ $y=-\frac{1}{2}(x+1)^2$

⑤ $y=2(x-2)^2$

842

이차함수 $y=-4x^2$의 그래프를 x축의 방향으로 -3만큼 평행이동한 그래프에서 x의 값이 증가할 때, y의 값은 감소하는 x의 값의 범위를 구하시오.

843

다음 중 이차함수 $y=2x^2$의 그래프를 x축의 방향으로 -1만큼 평행이동한 그래프에 대한 설명으로 옳지 않은 것은?

① 꼭짓점의 좌표는 $(-1, 0)$이다.
② 점 $(1, 8)$을 지난다.
③ 제1사분면과 제2사분면을 지난다.
④ $x>-1$일 때, x의 값이 증가하면 y의 값은 감소한다.
⑤ 이차함수 $y=2x^2$의 그래프와 폭이 같다.

844

이차함수 $y=a(x+p)^2$의 그래프가 오른쪽 그림과 같을 때, ap의 값은? (단, a, p는 상수)

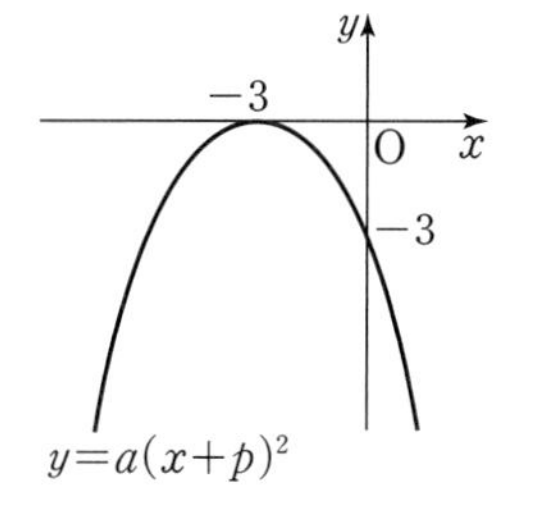

① -3 ② -1
③ 1 ④ 3
⑤ 9

유형 11 이차함수 $y=a(x-p)^2+q$의 그래프

이차함수 $y=a(x-p)^2+q$의 그래프는 이차함수 $y=ax^2$의 그래프를 x축의 방향으로 p만큼, y축의 방향으로 q만큼 평행이동한 것이다.

(1) 꼭짓점의 좌표 ⇨ (p, q)
(2) 축의 방정식 ⇨ $x=p$

대표문제

845

이차함수 $y=ax^2$의 그래프를 x축의 방향으로 3만큼, y축의 방향으로 -5만큼 평행이동한 그래프가 점 $(4, 3)$을 지날 때, 상수 a의 값은?

① -2 ② -1 ③ 0
④ 4 ⑤ 8

846

다음 이차함수 중 그래프의 축이 가장 오른쪽에 있는 것은?

① $y=-3x^2$ ② $y=-2x^2+1$
③ $y=-(x+3)^2$ ④ $y=(x-1)^2-2$
⑤ $y=2(x+1)^2-3$

847

다음 중 이차함수 $y=(x-3)^2-1$의 그래프가 지나지 않는 사분면을 구하시오.

신유형

848

직선 $x=-1$을 축으로 하고 두 점 $(1, -3)$, $(-2, 3)$을 지나는 포물선을 그래프로 하는 이차함수의 식을 $y=a(x-p)^2+q$라 할 때, apq의 값을 구하시오.

(단, a, p, q는 상수)

유형 12 이차함수 $y=a(x-p)^2+q$의 그래프의 평행이동

이차함수 $y=a(x-p)^2+q$의 그래프를 x축의 방향으로 m만큼, y축의 방향으로 n만큼 평행이동 ⇨ $y=a(x-m-p)^2+q+n$

(1) 꼭짓점의 좌표 ⇨ $(p+m, q+n)$

(2) 축의 방정식 ⇨ $x=p+m$

대표 문제

849

이차함수 $y=a(x-1)^2-6$의 그래프를 x축의 방향으로 -2만큼, y축의 방향으로 4만큼 평행이동한 그래프가 점 $(2, 16)$을 지날 때, 상수 a의 값은?

① -2 ② -1 ③ 1
④ 2 ⑤ 3

850 ●●○○

이차함수 $y=3(x+3)^2-2$의 그래프를 x축의 방향으로 5만큼, y축의 방향으로 -1만큼 평행이동한 그래프의 꼭짓점의 좌표를 구하시오.

851 ●●●○

이차함수 $y=-(x+2)^2+4$의 그래프는 이차함수 $y=-(x-1)^2-1$의 그래프를 x축의 방향으로 a만큼, y축의 방향으로 b만큼 평행이동한 것이다. $a+b$의 값은?

① -2 ② -1 ③ 0
④ 1 ⑤ 2

빈출 유형 13 이차함수 $y=a(x-p)^2+q$의 그래프의 성질

(1) 이차함수 $y=a(x-p)^2+q$의 그래프 그리기
❶ 꼭짓점의 좌표 (p, q)를 구한다.
❷ a의 값을 보고 그래프의 모양을 결정한다.

(2) 이차함수 $y=a(x-p)^2+q$의 그래프에서 y의 값이 증가, 감소하는 x의 값의 범위 ⇨ 축인 직선 $x=p$를 기준으로 나뉜다.

(3) 이차함수 $y=a(x-p)^2+q$의 그래프는 이차함수 $y=-a(x-p)^2-q$의 그래프와 x축에 대하여 대칭이다.

대표 문제

852

다음 중 이차함수 $y=\frac{1}{3}(x+2)^2-1$의 그래프에 대한 설명으로 옳은 것을 모두 고르면? (정답 2개)

① 꼭짓점의 좌표는 $(2, -1)$이다.
② 그래프는 아래로 볼록한 포물선이다.
③ y축과 만나는 점의 좌표는 $\left(0, -\frac{1}{3}\right)$이다.
④ 축의 방정식은 $x=2$이다.
⑤ $x<-2$일 때, x의 값이 증가하면 y의 값은 감소한다.

853 ●●●○

다음 중 이차함수 $y=-(x-3)^2+2$의 그래프에 대한 설명으로 옳지 않은 것은?

① 직선 $x=3$에 대하여 대칭이다.
② 제2사분면을 지나지 않는다.
③ 이차함수 $y=(x-3)^2+2$의 그래프와 x축에 대하여 대칭이다.
④ $x>3$일 때, x의 값이 증가하면 y의 값은 감소한다.
⑤ 이차함수 $y=-x^2$의 그래프를 x축의 방향으로 3만큼, y축의 방향으로 2만큼 평행이동한 것이다.

854 ●●●○

다음 보기에서 이차함수 $y=3x^2$의 그래프를 x축의 방향으로 4만큼, y축의 방향으로 2만큼 평행이동한 그래프에 대한 설명으로 옳은 것을 모두 고르시오.

보기
ㄱ. y축과 만나는 점의 좌표는 $(0, 50)$이다.
ㄴ. 이차함수 $y=-3x^2$의 그래프와 그래프의 폭이 다르다.
ㄷ. 꼭짓점의 좌표는 $(-4, 2)$이다.
ㄹ. $x>4$일 때, x의 값이 증가하면 y의 값도 증가한다.
ㅁ. 직선 $x=4$를 축으로 한다.

유형 14 이차함수 $y=a(x-p)^2+q$의 그래프에서 a, p, q의 부호

(1) a의 부호 ⇨ 그래프의 모양으로 결정
　① 아래로 볼록 ⇨ $a>0$　　② 위로 볼록 ⇨ $a<0$
(2) p, q의 부호 ⇨ 꼭짓점의 위치로 결정
　① 제1사분면 ⇨ $p>0$, $q>0$　② 제2사분면 ⇨ $p<0$, $q>0$
　③ 제3사분면 ⇨ $p<0$, $q<0$　④ 제4사분면 ⇨ $p>0$, $q<0$
　⑤ x축 위 ⇨ $q=0$　⑥ y축 위 ⇨ $p=0$

대표 문제

855

이차함수 $y=a(x-p)^2+q$의 그래프가 오른쪽 그림과 같을 때, a, p, q의 부호는? (단, a, p, q는 상수)

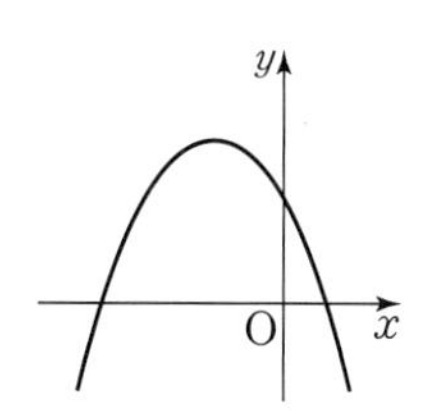

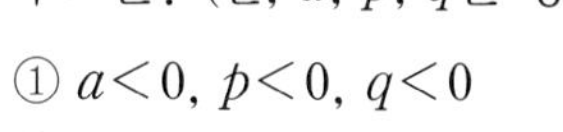

① $a<0$, $p<0$, $q<0$
② $a<0$, $p<0$, $q>0$
③ $a<0$, $p>0$, $q>0$
④ $a>0$, $p<0$, $q>0$
⑤ $a>0$, $p>0$, $q>0$

856 ●●●○

이차함수 $y=a(x-p)^2+q$의 그래프가 오른쪽 그림과 같을 때, 다음 중 옳지 않은 것은? (단, a, p, q는 상수)

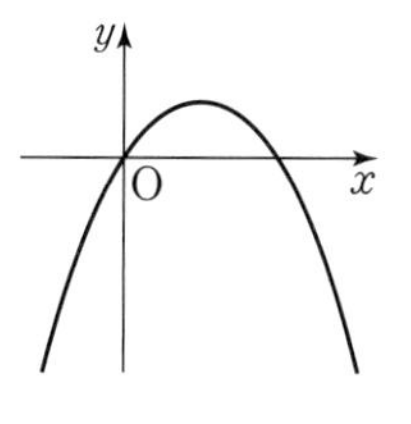

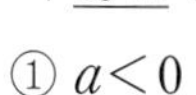

① $a<0$　② $pq>0$
③ $p+q>0$　④ $apq<0$
⑤ $ap^2+q>0$

857 ●●●○

이차함수 $y=a(x-p)^2$의 그래프가 오른쪽 그림과 같을 때, 이차함수 $y=px^2+a$의 그래프가 지나는 사분면을 모두 구하시오. (단, a, p는 상수)

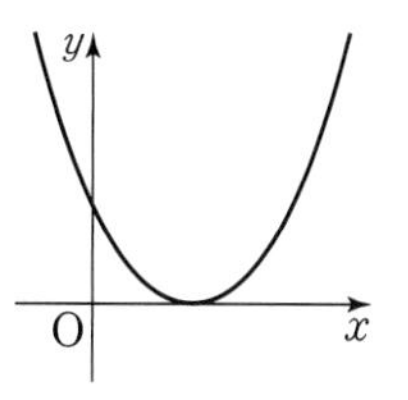

유형 15 이차함수 $y=a(x-p)^2+q$의 그래프의 활용

그래프와 좌표축이 만나는 점의 좌표 또는 주어진 조건을 만족시키는 그래프 위의 점의 좌표를 구한 후 이를 이용하여 넓이를 구한다.

대표 문제

858

오른쪽 그림과 같이 이차함수 $y=-2(x-1)^2+8$의 그래프가 y축과 만나는 점을 A, x축과 만나는 두 점을 각각 B, C라 할 때, $\triangle$ABC의 넓이는?

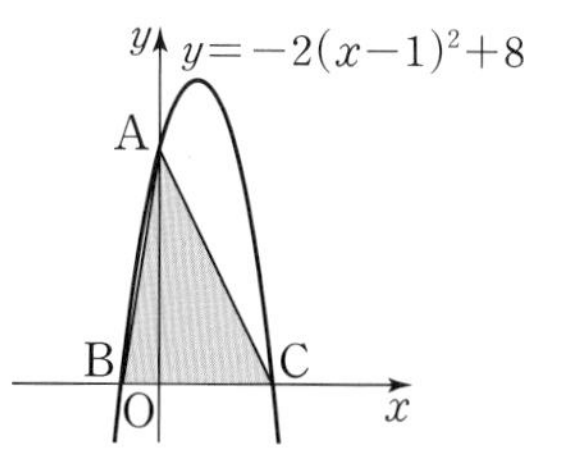

① 4　② 6
③ 8　④ 12
⑤ 14

859 ●●●○

이차함수 $y=\frac{1}{6}(x-2)^2-6$의 그래프의 꼭짓점을 A, x축과 만나는 두 점을 각각 B, C라 할 때, $\triangle$ABC의 넓이를 구하시오.

860 ●●●●

오른쪽 그림과 같이 이차함수 $y=-x^2+3$의 그래프 위의 두 점 P, Q에서 x축에 내린 수선의 발을 각각 R, S라 하자. □PQSR가 정사각형일 때, □PQSR의 넓이는?

(단, 점 P는 제1사분면 위의 점이다.)

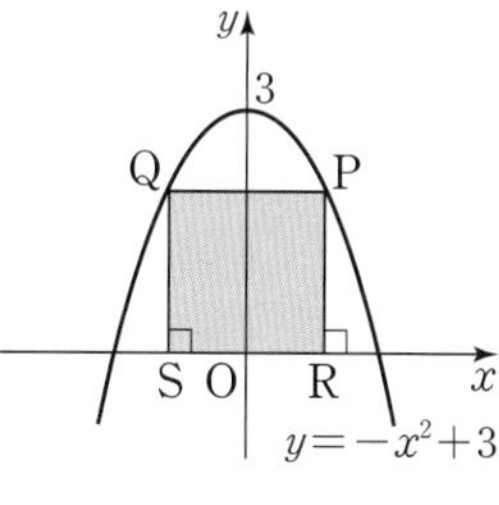

① 4　② 5　③ 6
④ 7　⑤ 8

861

유형 02

$(a^2-4)x^2+(a^2+3a+2)y^2-2x+y=0$에서 y가 x에 대한 이차함수가 되도록 하는 실수 a의 값은?

① -2　② -1　③ 0
④ 1　⑤ 2

862

유형 03

이차함수 $f(x)=-x^2+ax+b$에 대하여 $f(-2)=9$, $f(1)=3$일 때, $f(-1)+f(2)$의 값을 구하시오.
(단, a, b는 상수)

863

유형 05

다음 중 이차함수 $y=ax^2$의 그래프 위의 두 점 $(2, -3)$, $(6, b)$를 지나는 직선의 방정식은? (단, a는 상수)

① $y=-8x+13$　② $y=-6x-9$
③ $y=-6x+9$　④ $y=6x+9$
⑤ $y=8x-13$

864

유형 05+유형 06

이차함수 $y=ax^2$의 그래프와 x축에 대하여 서로 대칭인 그래프가 두 점 $(-2, 20)$, $(3, k)$를 지날 때, $4a+k$의 값을 구하시오. (단, a는 상수)

865

유형 06

오른쪽 그림에서 이차함수 $y=ax^2$과 $y=cx^2$, $y=bx^2$과 $y=dx^2$의 그래프는 각각 x축에 대하여 서로 대칭이다. 다음 중 옳은 것을 모두 고르면?
(단, a, b, c, d는 상수) (정답 2개)

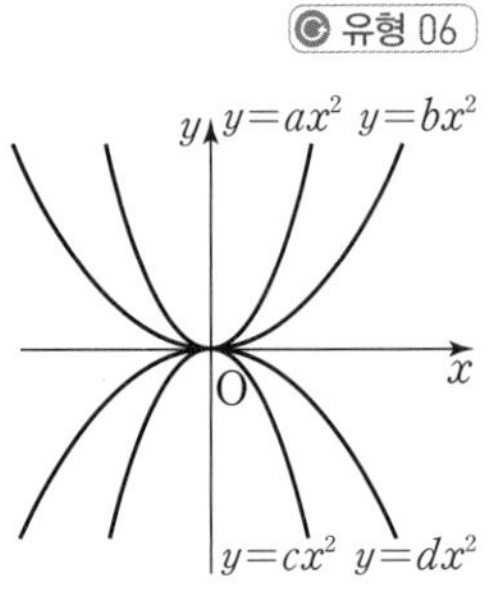

① $a<b$　② $c<d$　③ $a+c>0$
④ $b+d<0$　⑤ $a+b+c+d=0$

866

유형 08

오른쪽 그림과 같이 두 이차함수 $y=5x^2$, $y=\frac{1}{5}x^2$의 그래프가 직선 $y=k$와 제1사분면에서 만나는 두 점을 각각 A, B라 하자. $\overline{AB}=4$일 때, 양수 k의 값은?

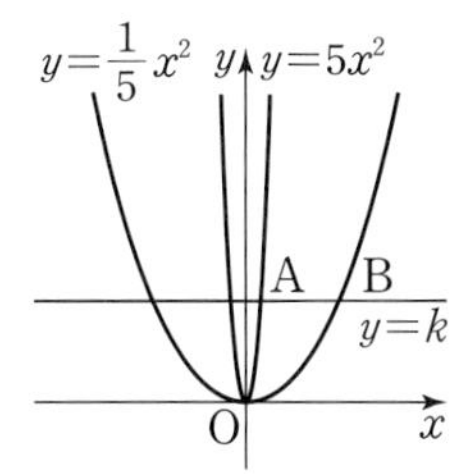

① 5 ② 6 ③ 7
④ 8 ⑤ 9

867

유형 03+유형 10

두 이차함수 $f(x)=2x^2$, $g(x)=2(x-1)^2$에 대하여

$\frac{f(2)\times f(3)\times f(4)\times\cdots\times f(10)}{g(2)\times g(3)\times g(4)\times\cdots\times g(10)}$의 값은?

① 10 ② 25 ③ 50
④ 51 ⑤ 100

868

유형 11

이차함수 $y=-2(x+p)^2+3p^2$의 그래프의 꼭짓점이 직선 $y=-4x-1$ 위에 있을 때, 모든 상수 p의 값의 합을 구하시오.

869

유형 14

이차함수 $y=a(x-p)^2+q$의 그래프가 오른쪽 그림과 같을 때, 다음 중 일차함수 $y=apx+pq$의 그래프로 알맞은 것은?

(단, a, p, q는 상수)

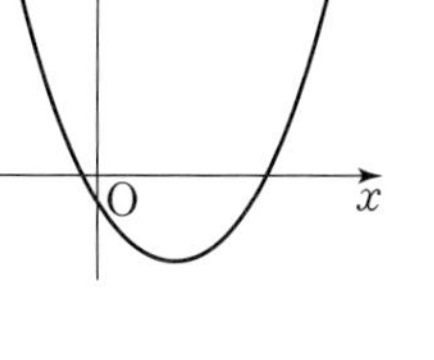

①
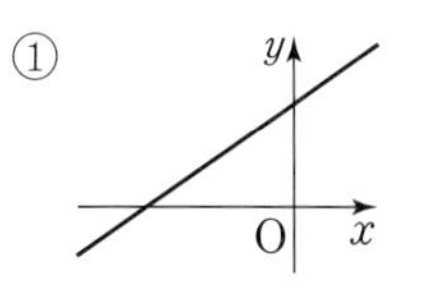

②
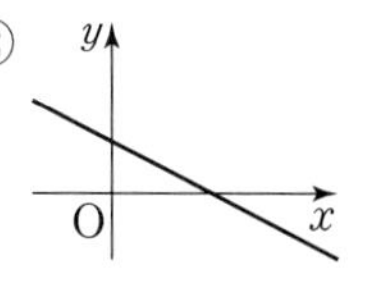

③
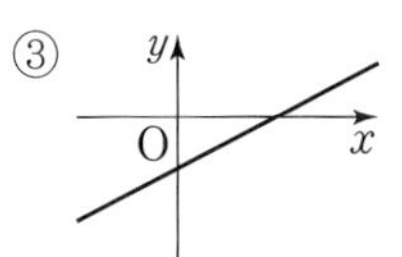

④
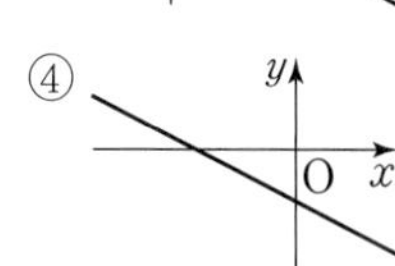

⑤ (그래프: y, O, x)

870

유형 08

이차함수 $y=ax^2$의 그래프 위의 두 점 P, Q가 다음 조건을 만족시킬 때, 상수 a의 값을 구하시오.

> (가) 두 점 P, Q의 y좌표는 3이다.
> (나) $\overline{PQ}$의 길이는 8이다.

871

유형 08

오른쪽 그림에서 두 점 A, D는 이차함수 $y=\frac{1}{2}x^2$의 그래프 위의 점이고, 두 점 B, C는 이차함수 $y=-2x^2$의 그래프 위의 점이다. □ABCD가 정사각형일 때, □ABCD의 둘레의 길이를 구하시오.

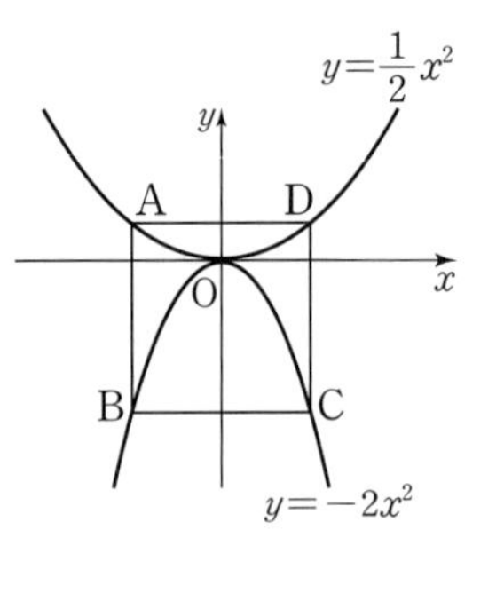

872

유형 11

이차함수 $y=a(x-2)^2-6$의 그래프가 모든 사분면을 지나도록 하는 정수 a의 값을 구하시오.

873

유형 11+유형 12

이차함수 $y=-2(x+a)^2+3$의 그래프는 직선 $x=-2$를 축으로 하고, 이차함수 $y=bx^2+1$의 그래프를 x축의 방향으로 c만큼, y축의 방향으로 d만큼 평행이동한 것이다. 이때 $a-b+c-d$의 값은? (단, a, b는 상수)

① -2 ② -1 ③ 0
④ 1 ⑤ 2

874

유형 15

오른쪽 그림과 같이 이차함수 $y=(x-2)^2$의 그래프와 y축과의 교점이 A이고, 그래프 위의 점 B에 대하여 $\overline{AB}$는 x축에 평행하다. 직선 $y=x+k$가 $\overline{AB}$와 만날 때, 상수 k의 값의 범위를 구하시오.

875

유형 15

두 이차함수
$y=(x-2)^2-4$,
$y=(x-5)^2-4$의 그래프가 오른쪽 그림과 같을 때, 색칠한 부분의 넓이는?

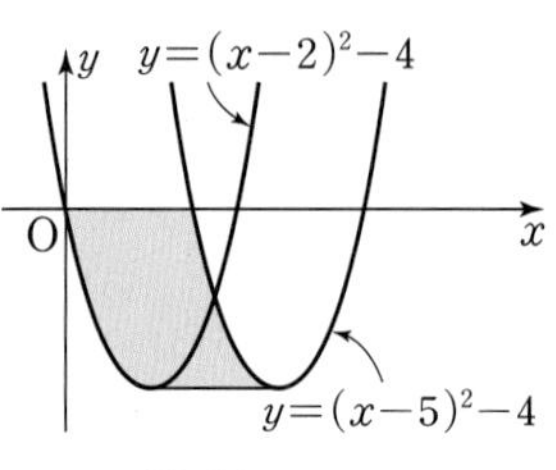

① 9 ② 10 ③ 11
④ 12 ⑤ 13

교과서 속 창의력 UP!

정답 및 풀이 54쪽

876

유형 02+유형 11

이차함수 $y=a(x-2)^2-4a^2+3a+1$의 그래프의 꼭짓점의 좌표가 $(2, 1)$일 때, 상수 a의 값을 구하시오.

877

유형 09

오른쪽 그림과 같이 두 이차함수 $y=-x^2+3$, $y=-x^2-1$의 그래프가 y축에 평행한 직선과 만나는 점을 각각 A, B라 하자. 이때 $\overline{AB}$의 길이를 구하시오.

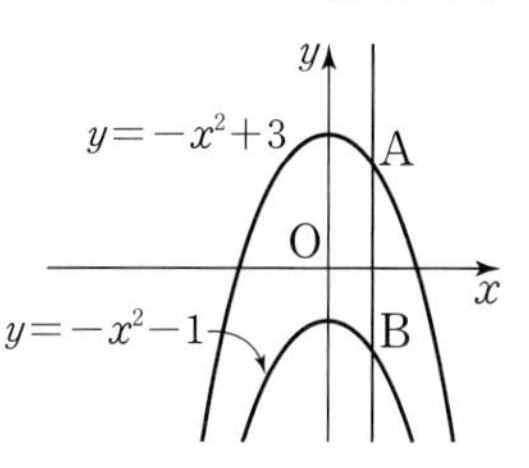

878

유형 08

오른쪽 그림과 같이 직선 $y=9$가 y축과 만나는 점을 A라 하고, 두 이차함수 $y=x^2$, $y=ax^2$의 그래프와 제1사분면에서 만나는 두 점을 각각 B, C라 하자. $\overline{AB}:\overline{BC}=1:3$일 때, 상수 a의 값은? (단, $0<a<1$)

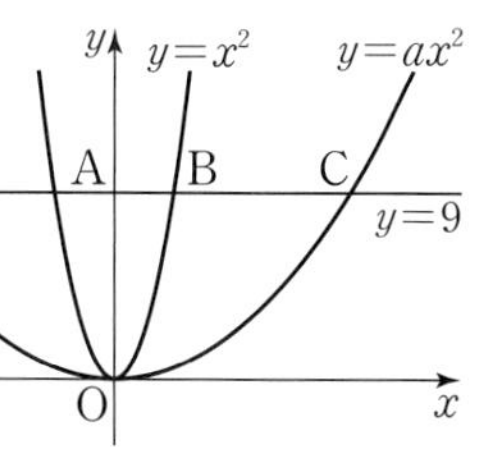

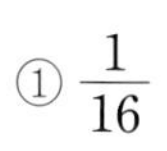

① $\frac{1}{16}$　② $\frac{1}{9}$　③ $\frac{1}{8}$　④ $\frac{1}{4}$　⑤ $\frac{1}{3}$

879

유형 08

오른쪽 그림에서 □ABCD는 정사각형이고, 각 꼭짓점의 좌표는 각각 A(1, 1), B(4, 1), C(4, 4), D(1, 4)이다. 이차함수 $y=ax^2$의 그래프가 정사각형 ABCD의 둘레 위의 서로 다른 두 개의 점에서 만날 때, 상수 a의 값의 범위를 구하시오. (단, $a>0$)

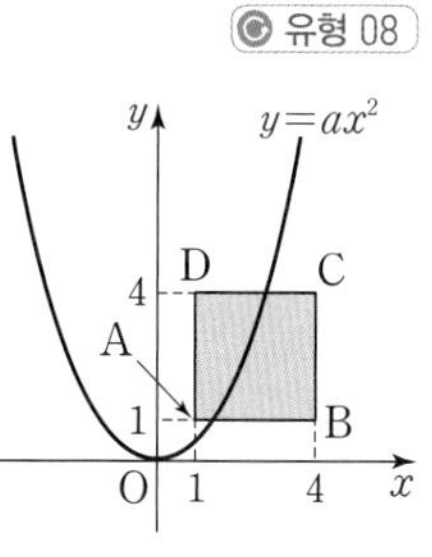

Theme 19 이차함수 $y=ax^2+bx+c$의 그래프 유형 01 ~ 유형 10

(1) 이차함수 $y=ax^2+bx+c$의 그래프

이차함수 $y=ax^2+bx+c$의 그래프는 $y=a(x-p)^2+q$ 꼴로 고쳐서 그릴 수 있다.

$$y=ax^2+bx+c \Rightarrow y=a\left(x+\frac{b}{2a}\right)^2-\frac{b^2-4ac}{4a}$$

① 꼭짓점의 좌표 : $\left(-\frac{b}{2a},\ -\frac{b^2-4ac}{4a}\right)$

② 축의 방정식 : $x=-\frac{b}{2a}$ ← 꼭짓점의 x좌표와 같다.

③ y축과의 교점의 좌표 : $(0,\ c)$

예 이차함수 $y=2x^2+4x+5$의 그래프에서

$y=2(x^2+2x)+5$
$=2(x^2+2x+1-1)+5$
$=2(x+1)^2+3$

⇨ 꼭짓점의 좌표 : $(-1,\ 3)$, 축의 방정식 : $x=-1$, y축과의 교점의 좌표 : $(0,\ 5)$

> 비법 note
> $y=ax^2+bx+c$ 꼴을 이차함수의 일반형이라 하고, $y=a(x-p)^2+q$ 꼴을 이차함수의 표준형이라 한다.
> $y=ax^2+bx+c$
> $=a\left(x^2+\frac{b}{a}x\right)+c$
> $=a\left\{x^2+\frac{b}{a}x+\left(\frac{b}{2a}\right)^2-\left(\frac{b}{2a}\right)^2\right\}+c$
> $=a\left(x+\frac{b}{2a}\right)^2-\frac{b^2-4ac}{4a}$

(2) 이차함수 $y=ax^2+bx+c$의 그래프와 x축, y축과의 교점

① x축과의 교점 : $y=0$일 때의 x의 값 ← 이차방정식 $ax^2+bx+c=0$의 해

② y축과의 교점 : $x=0$일 때의 y의 값 ← $y=c$

참고 이차함수의 그래프와 y축과의 교점은 항상 존재하지만 x축과의 교점은 존재하지 않을 수도 있다.

> 비법 note
> 이차함수 $y=ax^2+bx+c$의 그래프와 x축과의 교점의 개수
> ⇨ 이차방정식 $ax^2+bx+c=0$의 근의 개수

(3) 이차함수 $y=ax^2+bx+c$의 그래프에서 a, b, c의 부호

① a의 부호 ⇨ 그래프의 모양으로 결정
　(i) 아래로 볼록(∨) ⇨ $a>0$
　(ii) 위로 볼록(∧) ⇨ $a<0$

② b의 부호 ⇨ 축의 위치로 결정
　(i) 축이 y축의 왼쪽에 위치
　　⇨ a, b는 같은 부호 $(ab>0)$
　(ii) 축이 y축과 일치 ⇨ $b=0$
　(iii) 축이 y축의 오른쪽에 위치
　　⇨ a, b는 다른 부호 $(ab<0)$

$ab>0$　　$b=0$　　$ab<0$

③ c의 부호 ⇨ y축과의 교점의 위치로 결정
　(i) y축과의 교점이 x축보다 위쪽에 위치 ⇨ $c>0$
　(ii) y축과의 교점이 원점에 위치 ⇨ $c=0$
　(iii) y축과의 교점이 x축보다 아래쪽에 위치 ⇨ $c<0$

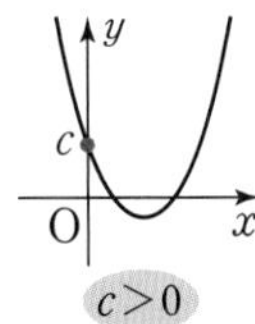

$c>0$

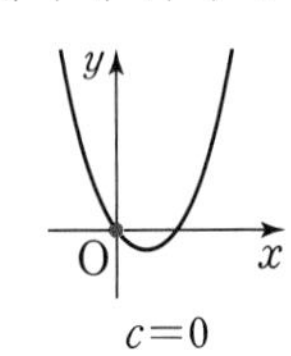

$c=0$

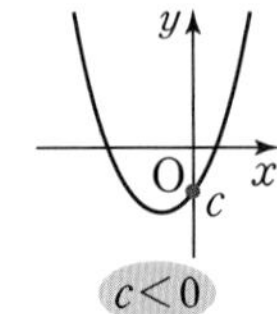
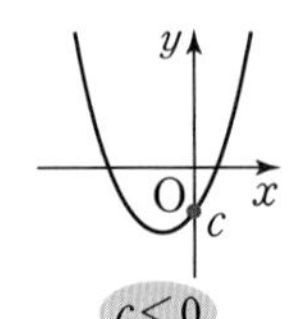

$c<0$

> 비법 note
> 이차함수 $y=ax^2+bx+c$의 그래프의 축의 방정식이 $x=-\frac{b}{2a}$이므로
> ① 축이 y축의 왼쪽에 있으면
> $-\frac{b}{2a}<0 \Rightarrow \frac{b}{2a}>0$
> ⇨ $ab>0$
> ② 축이 y축의 오른쪽에 있으면
> $-\frac{b}{2a}>0 \Rightarrow \frac{b}{2a}<0$
> ⇨ $ab<0$

Theme 19 이차함수 $y=ax^2+bx+c$의 그래프

[880~881] 다음은 주어진 이차함수를 $y=a(x-p)^2+q$ 꼴로 나타내는 과정이다. □ 안에 알맞은 자연수를 써넣으시오.

880

$y=x^2+2x-1$
$=(x^2+2x+\square-\square)-1$
$=(x+\square)^2-\square$

881

$y=-2x^2+8x+5$
$=-2(x^2-4x)+5$
$=-2(x^2-4x+\square-\square)+5$
$=-2(x-\square)^2+\square$

[882~883] 다음 이차함수를 $y=a(x-p)^2+q$ 꼴로 나타내시오.

882 $y=3x^2+6x-2$　**883** $y=-\frac{1}{2}x^2-2x+5$

[884~887] 다음 이차함수의 그래프의 꼭짓점의 좌표와 축의 방정식을 차례로 구하시오.

884 $y=2x^2+4x-1$

885 $y=-2x^2+12x+3$

886 $y=-4x^2+4x-2$

887 $y=2x^2+6x-1$

888 이차함수 $y=x^2+4x+1$의 그래프를 꼭짓점의 좌표와 y축과의 교점의 좌표를 이용하여 오른쪽 좌표평면 위에 그리시오.

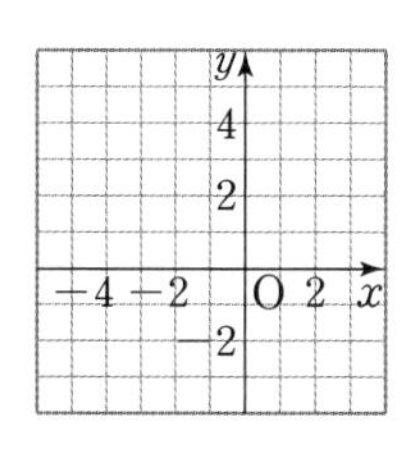

[889~891] 다음 이차함수의 그래프와 x축, y축과의 교점의 좌표를 각각 구하시오.

889 $y=x^2-5x-14$

890 $y=-2x^2+6x-4$

891 $y=\frac{1}{2}x^2+2x+\frac{3}{2}$

[892~894] 이차함수 $y=ax^2+bx+c$의 그래프가 오른쪽 그림과 같을 때, □ 안에 알맞은 부등호를 써넣으시오. (단, a, b, c는 상수)

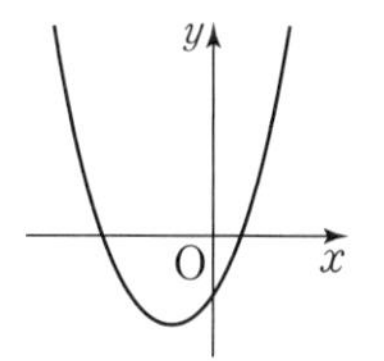

892 그래프가 아래로 볼록하므로
$a\square 0$

893 그래프의 축이 y축의 왼쪽에 있으므로
$ab\square 0$　$\therefore b\square 0$

894 그래프와 y축과의 교점이 x축보다 아래쪽에 있으므로 $c\square 0$

[895~897] 이차함수 $y=ax^2+bx+c$의 그래프가 오른쪽 그림과 같을 때, □ 안에 알맞은 부등호를 써넣으시오. (단, a, b, c는 상수)

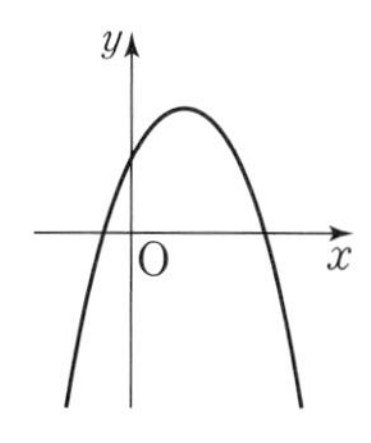

895 그래프가 위로 볼록하므로
$a\square 0$

896 그래프의 축이 y축의 오른쪽에 있으므로
$ab\square 0$　$\therefore b\square 0$

897 그래프와 y축과의 교점이 x축보다 위쪽에 있으므로
$c\square 0$

Theme 20 이차함수의 식 구하기 유형 11 ~ 유형 14

(1) 꼭짓점의 좌표 (p, q)와 그래프 위의 다른 한 점을 알 때

❶ 이차함수의 식을 $y=a(x-p)^2+q$로 놓는다.

❷ 다른 한 점의 좌표를 대입하여 a의 값을 구한다.

예 꼭짓점의 좌표가 $(1, 1)$이고, 점 $(2, 3)$을 지나는 포물선을 그래프로 하는 이차함수의 식은

❶ $y=a(x-1)^2+1$로 놓는다.

❷ $x=2$, $y=3$을 대입하면 $a=2$

$\therefore y=2(x-1)^2+1$

비법 Note

▸ 꼭짓점의 좌표에 따른 이차함수의 식

꼭짓점	이차함수의 식
$(0, 0)$	$y=ax^2$
$(0, q)$	$y=ax^2+q$
$(p, 0)$	$y=a(x-p)^2$
(p, q)	$y=a(x-p)^2+q$

(2) 축의 방정식 $x=p$와 그래프 위의 서로 다른 두 점을 알 때

❶ 이차함수의 식을 $y=a(x-p)^2+q$로 놓는다.

❷ 두 점의 좌표를 각각 대입하여 a, q의 값을 구한다.

예 축의 방정식이 $x=2$이고, 두 점 $(1, 4)$, $(0, 7)$을 지나는 포물선을 그래프로 하는 이차함수의 식은

❶ $y=a(x-2)^2+q$로 놓는다.

❷ $x=1$, $y=4$를 대입하면 $4=a+q$ …… ㉠

$x=0$, $y=7$을 대입하면 $7=4a+q$ …… ㉡

㉠, ㉡을 연립하여 풀면 $a=1$, $q=3$

$\therefore y=(x-2)^2+3$

비법 Note

▸ 축의 방정식이 $x=p$이면 꼭짓점의 x좌표는 p이다.

(3) 그래프 위의 서로 다른 세 점을 알 때

❶ 이차함수의 식을 $y=ax^2+bx+c$로 놓는다.

❷ 세 점의 좌표를 각각 대입하여 a, b, c의 값을 구한다.

예 세 점 $(-1, -6)$, $(0, -5)$, $(1, 0)$을 지나는 포물선을 그래프로 하는 이차함수의 식은

❶ $y=ax^2+bx+c$로 놓는다.

❷ $x=-1$, $y=-6$을 대입하면 $-6=a-b+c$ …… ㉠

$x=0$, $y=-5$를 대입하면 $-5=c$ …… ㉡

$x=1$, $y=0$을 대입하면 $0=a+b+c$ …… ㉢

㉠, ㉡, ㉢을 연립하여 풀면 $a=2$, $b=3$, $c=-5$

$\therefore y=2x^2+3x-5$

비법 Note

▸ 서로 다른 세 점을 알 때, 이차함수의 식을 $y=a(x-p)^2+q$로 놓고, 세 점의 좌표를 대입하면 계산이 복잡해진다.

(4) x축과의 교점의 좌표 $(\alpha, 0)$, $(\beta, 0)$과 그래프 위의 다른 한 점을 알 때

❶ 이차함수의 식을 $y=a(x-\alpha)(x-\beta)$로 놓는다.

❷ 다른 한 점의 좌표를 대입하여 a의 값을 구한다.

예 x축과의 교점의 좌표가 $(-4, 0)$, $(2, 0)$이고, 점 $(-1, 9)$를 지나는 포물선을 그래프로 하는 이차함수의 식은

❶ $y=a(x+4)(x-2)$로 놓는다.

❷ $x=-1$, $y=9$를 대입하면 $a=-1$

$\therefore y=-(x+4)(x-2)$

$=-x^2-2x+8$

참고 x축과의 교점의 좌표가 $(\alpha, 0)$, $(\beta, 0)$이면 이차함수의 그래프는 축에 대칭이므로 축의 방정식은 $x=\frac{\alpha+\beta}{2}$

비법 Note

▸ x축과의 두 교점이 주어질 때, 구하는 이차함수의 식을 $y=ax^2+bx+c$로 놓고 세 점의 좌표를 각각 대입하여 a, b, c의 값을 구해도 되지만 $y=a(x-\alpha)(x-\beta)$로 놓는 것이 계산하기 더 편리하다.

Theme 20 이차함수의 식 구하기

[898~899] 다음 이차함수의 식을 $y=a(x-p)^2+q$ 꼴로 나타내시오.

898 꼭짓점의 좌표가 $(2,\ 1)$이고, 점 $(3,\ 4)$를 지나는 포물선을 그래프로 하는 이차함수의 식

899 꼭짓점의 좌표가 $(-4,\ -2)$이고, 점 $(0,\ -10)$을 지나는 포물선을 그래프로 하는 이차함수의 식

900 오른쪽 그림과 같은 포물선을 그래프로 하는 이차함수의 식을 $y=a(x-p)^2+q$ 꼴로 나타내시오.

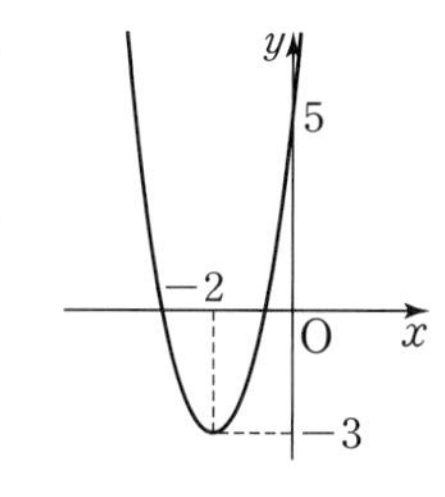

[901~902] 다음 이차함수의 식을 $y=a(x-p)^2+q$ 꼴로 나타내시오.

901 축의 방정식이 $x=1$이고, 두 점 $(2,\ -1)$, $(4,\ 15)$를 지나는 포물선을 그래프로 하는 이차함수의 식

902 축의 방정식이 $x=-3$이고, 두 점 $(-1,\ -2)$, $(1,\ -14)$를 지나는 포물선을 그래프로 하는 이차함수의 식

903 오른쪽 그림과 같이 축의 방정식이 $x=3$인 포물선을 그래프로 하는 이차함수의 식을 $y=a(x-p)^2+q$ 꼴로 나타내시오.

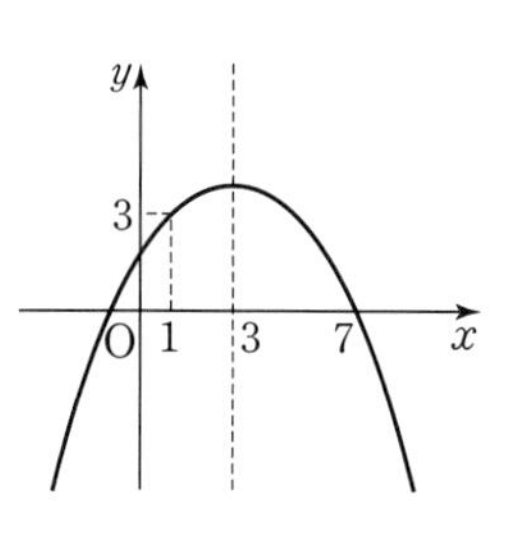

[904~905] 다음 이차함수의 식을 $y=ax^2+bx+c$ 꼴로 나타내시오.

904 세 점 $(0,\ 1)$, $(1,\ 4)$, $(4,\ 1)$을 지나는 포물선을 그래프로 하는 이차함수의 식

905 세 점 $(0,\ -4)$, $(1,\ 1)$, $(-1,\ -5)$를 지나는 포물선을 그래프로 하는 이차함수의 식

906 오른쪽 그림과 같은 포물선을 그래프로 하는 이차함수의 식을 $y=ax^2+bx+c$ 꼴로 나타내시오.

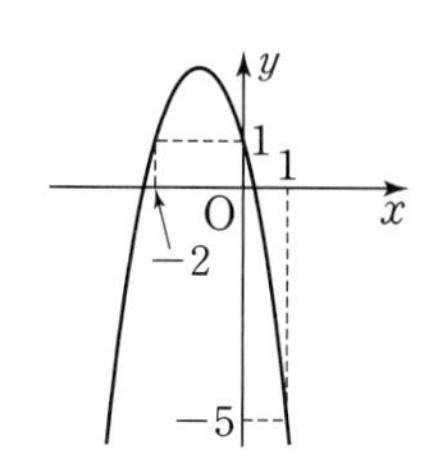

[907~908] 다음 이차함수의 식을 $y=a(x-b)(x-c)$ 꼴로 나타내시오.

907 x축과의 교점의 좌표가 $(2,\ 0)$, $(6,\ 0)$이고, 점 $(4,\ -8)$을 지나는 포물선을 그래프로 하는 이차함수의 식

908 x축과의 교점의 좌표가 $(-3,\ 0)$, $(1,\ 0)$이고, 점 $(2,\ -4)$를 지나는 포물선을 그래프로 하는 이차함수의 식

909 오른쪽 그림과 같은 포물선을 그래프로 하는 이차함수의 식을 $y=a(x-b)(x-c)$ 꼴로 나타내시오.

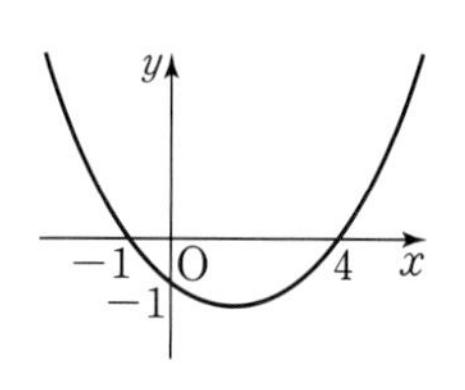

Theme 19 이차함수 $y=ax^2+bx+c$의 그래프

워크북 124쪽

유형 01 이차함수 $y=ax^2+bx+c$를 $y=a(x-p)^2+q$ 꼴로 변형하기

이차함수 $y=ax^2+bx+c$를 완전제곱식을 이용하여 변형한다.

$y=ax^2+bx+c \Rightarrow y=a\left(x+\frac{b}{2a}\right)^2-\frac{b^2-4ac}{4a}$

대표 문제

910

이차함수 $y=3x^2-12x+4$를 $y=a(x-p)^2+q$ 꼴로 나타낼 때, $a+p+q$의 값을 구하시오. (단, a, p, q는 상수)

911 ●●●●

이차함수의 식을 $y=a(x-p)^2+q$ 꼴로 나타낸 것이다. 다음 중 옳지 <u>않은</u> 것은?

① $y=4x^2+8x \Rightarrow y=4(x+1)^2-4$
② $y=x^2-6x+10 \Rightarrow y=(x-3)^2+1$
③ $y=-2x^2+16x-8 \Rightarrow y=-2(x-4)^2+24$
④ $y=\frac{1}{5}x^2+x+1 \Rightarrow y=\frac{1}{5}\left(x+\frac{5}{2}\right)^2-\frac{1}{4}$
⑤ $y=\frac{1}{3}x^2-2x+3 \Rightarrow y=\frac{1}{3}(x-3)^2+6$

912 ●●●●

두 이차함수 $y=4x^2-12x+5$, $y=4(x-p)^2+q$의 그래프가 일치할 때, pq의 값을 구하시오. (단, p, q는 상수)

유형 02 이차함수 $y=ax^2+bx+c$의 그래프의 꼭짓점의 좌표와 축의 방정식

$y=ax^2+bx+c \Rightarrow y=a(x-p)^2+q$
(1) 꼭짓점의 좌표 : (p, q)
(2) 축의 방정식 : $x=p$

대표 문제

913

이차함수 $y=-x^2-ax-5$의 그래프의 꼭짓점의 좌표가 $(-1, b)$일 때, $a-b$의 값은? (단, a는 상수)

① 0 ② 2 ③ 4
④ 6 ⑤ 8

914 ●●●●

이차함수 $y=-x^2-8x-15$의 그래프의 축의 방정식은?

① $x=-8$ ② $x=-4$ ③ $x=1$
④ $x=4$ ⑤ $x=8$

915 ●●●●

이차함수 $y=\frac{1}{4}x^2-2x+3$의 그래프의 꼭짓점의 좌표와 축의 방정식을 차례로 구한 것은?

① $(-4, -3)$, $x=-4$ ② $(-4, -1)$, $x=-4$
③ $(4, -3)$, $x=4$ ④ $(4, -1)$, $x=4$
⑤ $(4, 1)$, $x=4$

신유형

916

다음 보기의 이차함수 중 그래프의 축이 가장 오른쪽에 있는 것을 고르시오.

보기

ㄱ. $y=-x^2+8$　　ㄴ. $y=2x^2-8x$

ㄷ. $y=-4x^2+24x-7$　　ㄹ. $y=\frac{1}{2}x^2+5x+10$

917

다음 이차함수 중 그래프의 꼭짓점이 제4사분면 위에 있는 것은?

① $y=-2x^2-4x+1$　② $y=-3x^2-12x-15$

③ $y=-x^2+6x-4$　④ $y=x^2+4x+2$

⑤ $y=2x^2-4x-3$

918

이차함수 $y=x^2+2px-5$의 그래프의 축의 방정식이 $x=-2$일 때, 상수 p의 값을 구하시오.

서술형

919

이차함수 $y=-2x^2+16x+2k-11$의 그래프의 꼭짓점이 직선 $y=3x+5$ 위에 있을 때, 상수 k의 값을 구하시오.

유형 03 이차함수 $y=ax^2+bx+c$의 그래프 그리기

❶ $y=a(x-p)^2+q$ 꼴로 변형한다.
　⇨ 꼭짓점의 좌표 (p, q)를 찾는다.

❷ a의 부호 ⇨ 그래프의 모양을 결정한다.

❸ y축과의 교점 ⇨ 점 $(0, c)$를 지나는 포물선을 그린다.

대표 문제

920

다음 중 이차함수 $y=-x^2-4x-5$의 그래프는?

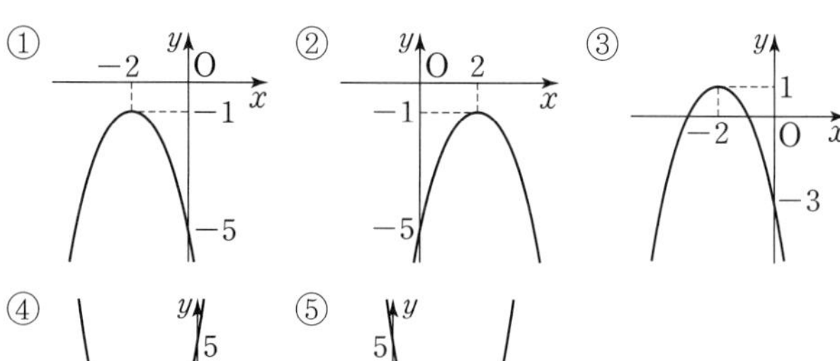

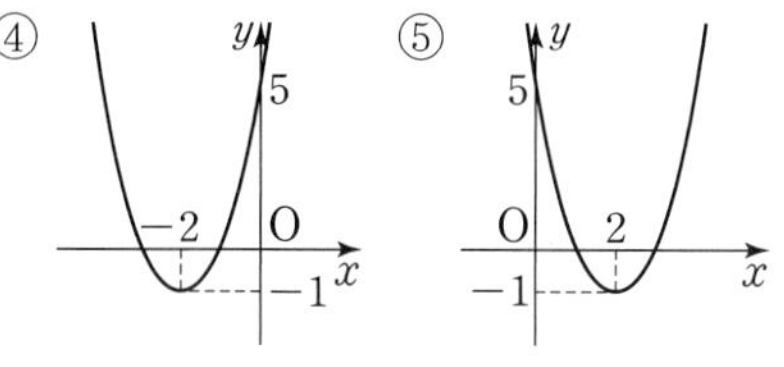

921

이차함수 $y=-3x^2+12x-10$의 그래프가 지나지 않는 사분면을 구하시오.

922

다음 중 이차함수의 그래프가 모든 사분면을 지나는 것은?

① $y=-x^2-4x-2$　② $y=-x^2+2x-2$

③ $y=x^2-6x$　④ $y=x^2-4x-5$

⑤ $y=3x^2+12x+15$

유형 04 이차함수 $y=ax^2+bx+c$의 그래프와 축의 교점

(1) x축과의 교점 ⇨ $y=0$을 대입
(2) y축과의 교점 ⇨ $x=0$을 대입

대표 문제

923

이차함수 $y=-x^2+5x-6$의 그래프가 x축과 만나는 두 점의 x좌표가 각각 p, q이고, y축과 만나는 점의 y좌표가 r일 때, $p+q+r$의 값은?

① -2 ② -1 ③ 0
④ 1 ⑤ 2

924 ●●●●

오른쪽 그림과 같이 이차함수 $y=2x^2+8x+6$의 그래프와 x축과의 교점을 각각 A, C라 하고, y축과의 교점을 D, 꼭짓점을 B라 하자. $\overline{\text{ED}}$가 x축에 평행할 때, 다음 중 옳지 않은 것은?

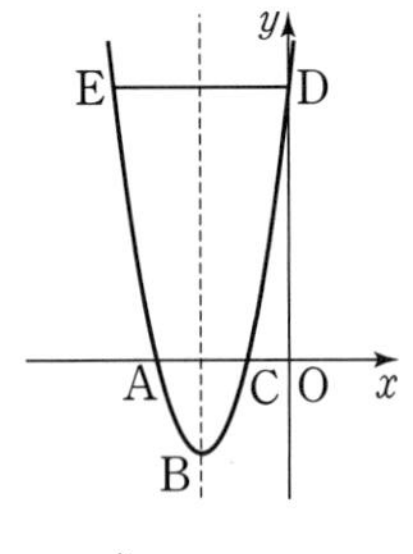

① $\text{A}(-3,\ 0)$ ② $\text{B}(-2,\ -2)$
③ $\text{C}\left(-\frac{1}{2},\ 0\right)$ ④ $\text{D}(0,\ 6)$
⑤ $\text{E}(-4,\ 6)$

서술형

925 ●●●●

점 $(2,\ -3)$을 지나는 이차함수 $y=x^2-6x+k$의 그래프가 x축과 만나는 두 점을 각각 A, B라 할 때, $\overline{\text{AB}}$의 길이를 구하시오. (단, k는 상수)

빈출

유형 05 이차함수 $y=ax^2+bx+c$의 그래프의 평행이동

이차함수 $y=ax^2+bx+c$의 그래프를 x축의 방향으로 m만큼, y축의 방향으로 n만큼 평행이동한 그래프의 식
⇨ $y=a(x-p)^2+q$ 꼴로 변형한 후 x 대신 $x-m$, y 대신 $y-n$을 대입
⇨ $y=a(x-m-p)^2+q+n$

대표 문제

926

이차함수 $y=-2x^2+4x-1$의 그래프를 x축의 방향으로 m만큼, y축의 방향으로 n만큼 평행이동하였더니 이차함수 $y=-2x^2-8x+5$의 그래프와 일치하였다. 이때 $m+n$의 값을 구하시오.

927 ●●●●

이차함수 $y=x^2-6x+5$의 그래프를 x축의 방향으로 3만큼, y축의 방향으로 k만큼 평행이동한 그래프가 점 $(5,\ 2)$를 지날 때, k의 값은?

① -4 ② -2 ③ 1
④ 3 ⑤ 5

928 ●●●●

이차함수 $y=-\frac{1}{2}x^2+2x+k$의 그래프를 y축의 방향으로 -7만큼 평행이동하였더니 x축과 만나지 않았다. 이때 상수 k의 값의 범위를 구하시오.

유형 06 이차함수 $y=ax^2+bx+c$의 그래프의 증가·감소

이차함수의 그래프의 증가·감소는 이차함수의 식을 $y=a(x-p)^2+q$ 꼴로 나타내었을 때, 축인 직선 $x=p$를 기준으로 나뉜다.

(1) $a>0$인 경우 (2) $a<0$인 경우

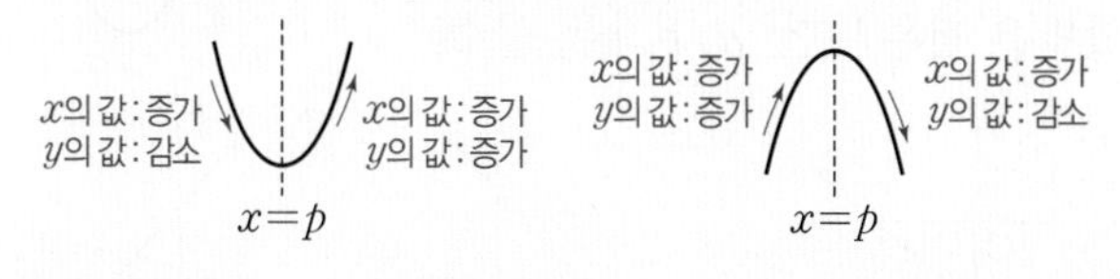

대표 문제

929

이차함수 $y=x^2+8x+20$의 그래프에서 x의 값이 증가할 때, y의 값도 증가하는 x의 값의 범위를 구하시오.

신유형

930 ●●●●

두 이차함수 $y=-2x^2-4x+1$, $y=3x^2-12x+9$의 그래프에서 x의 값이 증가할 때, y의 값은 감소하는 x의 값의 범위가 각각 $x>a$, $x<b$이다. 이때 ab의 값은?

① -2 ② 0 ③ 1
④ 2 ⑤ 3

931 ●●●●

이차함수 $y=-\frac{2}{3}x^2+kx-5$의 그래프가 점 $(3, 1)$을 지난다. 이 그래프에서 x의 값이 증가할 때, y의 값도 증가하는 x의 값의 범위를 구하시오. (단, k는 상수)

유형 07 이차함수 $y=ax^2+bx+c$의 그래프의 성질

(1) 꼭짓점의 좌표와 축의 방정식
⇨ $y=a(x-p)^2+q$ 꼴로 변형
⇨ 꼭짓점의 좌표는 (p, q), 축의 방정식은 $x=p$

(2) 축과의 교점
⇨ x축과의 교점은 $y=0$을 대입, y축과의 교점은 $x=0$을 대입

대표 문제

932

다음 중 이차함수 $y=-2x^2+12x-16$의 그래프에 대한 설명으로 옳지 않은 것은?

① 위로 볼록한 포물선이다.
② 축의 방정식은 $x=3$이다.
③ 꼭짓점의 좌표는 $(3, 2)$이다.
④ $x<3$일 때, x의 값이 증가하면 y의 값도 증가한다.
⑤ 이차함수 $y=2x^2$의 그래프를 x축의 방향으로 3만큼, y축의 방향으로 2만큼 평행이동한 것이다.

933 ●●●●

다음 중 이차함수 $y=ax^2+bx+c$의 그래프에 대한 설명으로 옳은 것을 모두 고르면? (단, a, b, c는 상수) (정답 2개)

① $a>0$이면 위로 볼록하다.
② 축의 방정식은 $x=-\frac{b}{2a}$이다.
③ 꼭짓점의 좌표는 $\left(-\frac{b}{2a}, \frac{b^2-4ac}{4a}\right)$이다.
④ x축과 두 점에서 만난다.
⑤ y축과의 교점의 좌표는 $(0, c)$이다.

934 ●●●●

다음 보기에서 이차함수 $y=2x^2-4x+5$의 그래프를 x축의 방향으로 2만큼, y축의 방향으로 -1만큼 평행이동한 그래프에 대한 설명으로 옳은 것을 모두 고르시오.

보기
ㄱ. 꼭짓점의 좌표는 $(3, 2)$이다.
ㄴ. y축과의 교점의 좌표는 $(0, 5)$이다.
ㄷ. 모든 사분면을 지난다.
ㄹ. $x>3$일 때, x의 값이 증가하면 y의 값도 증가한다.

유형 08 이차함수 $y=ax^2+bx+c$의 그래프에서 a, b, c의 부호

(1) a의 부호 ⇨ 그래프의 모양으로 결정
 ① 아래로 볼록 : $a>0$ ② 위로 볼록 : $a<0$
(2) b의 부호 ⇨ 축의 위치로 결정
 ① 축이 y축의 왼쪽 : $ab>0$이므로 a와 b는 같은 부호
 ② 축이 y축과 일치 : $b=0$
 ③ 축이 y축의 오른쪽 : $ab<0$이므로 a와 b는 다른 부호
(3) c의 부호 ⇨ y축과의 교점의 위치로 결정
 ① x축보다 위쪽 : $c>0$ ② 원점 : $c=0$
 ③ x축보다 아래쪽 : $c<0$

대표 문제

935

이차함수 $y=ax^2+bx+c$의 그래프가 오른쪽 그림과 같을 때, 다음 중 옳은 것은? (단, a, b, c는 상수)

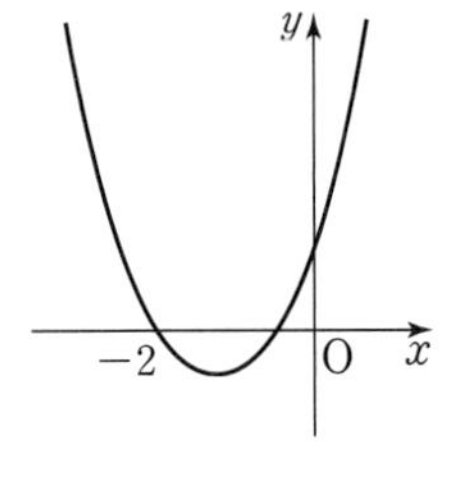

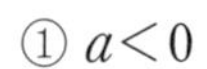

① $a<0$ ② $b<0$
③ $c<0$ ④ $a+b+c>0$
⑤ $4a-2b+c>0$

936

이차함수 $y=ax^2+bx+c$의 그래프가 오른쪽 그림과 같을 때, 상수 a, b, c의 부호는?

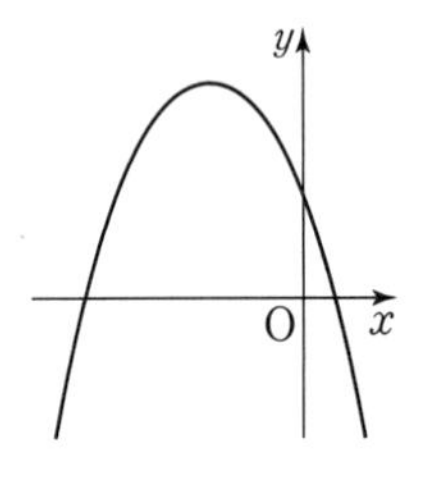

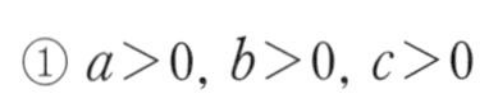

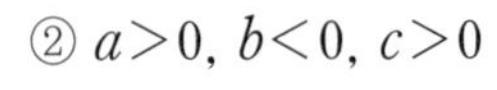

① $a>0$, $b>0$, $c>0$
② $a>0$, $b<0$, $c>0$
③ $a<0$, $b>0$, $c>0$
④ $a<0$, $b>0$, $c<0$
⑤ $a<0$, $b<0$, $c>0$

937

$a>0$, $b<0$, $c<0$일 때, 다음 중 이차함수 $y=ax^2+bx+c$의 그래프로 알맞은 것은?

① 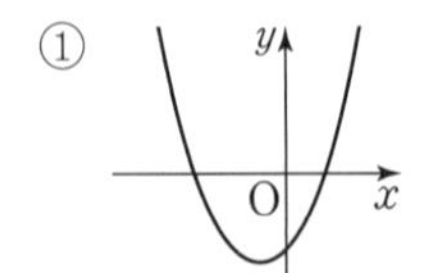
② 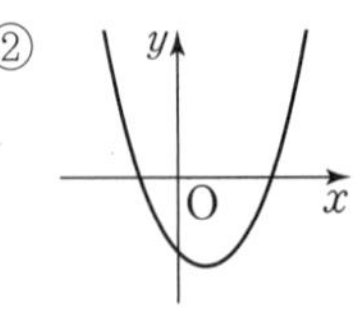
③ 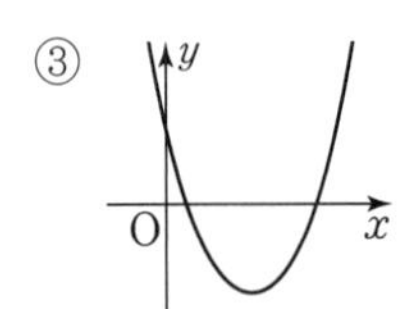
④ 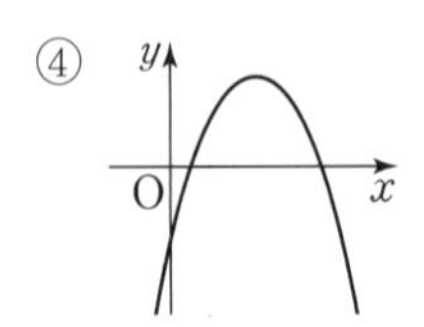
⑤ 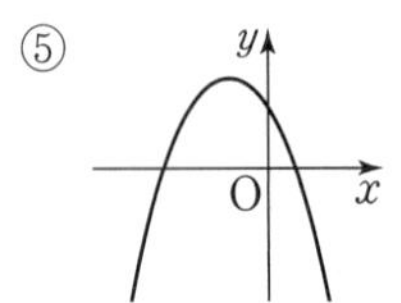

938

이차함수 $y=ax^2+bx+c$의 그래프가 오른쪽 그림과 같을 때, 다음 중 일차함수 $y=\frac{b}{a}x+\frac{c}{a}$의 그래프로 알맞은 것은? (단, a, b, c는 상수)

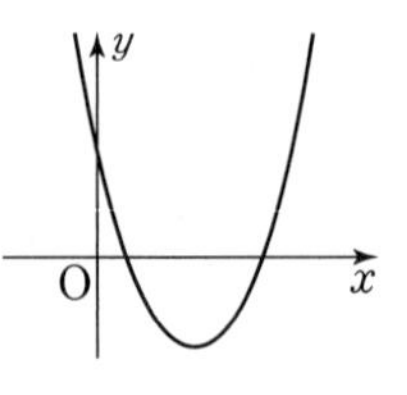

① 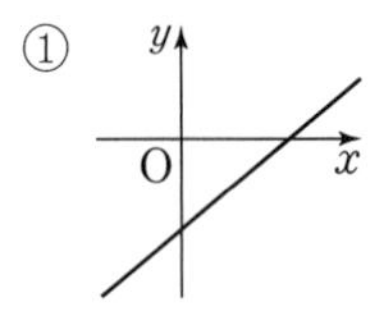
② 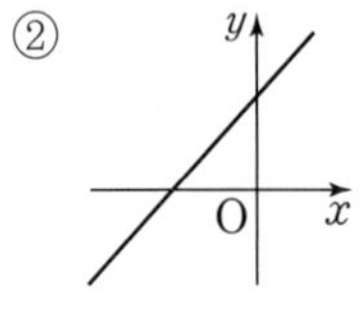
③ 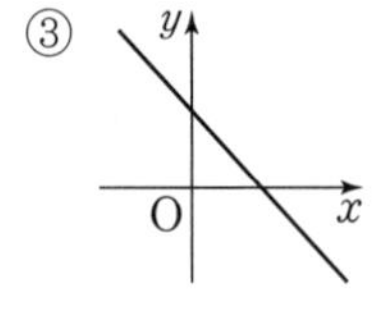
④ 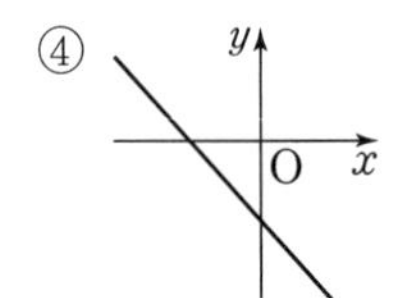
⑤ 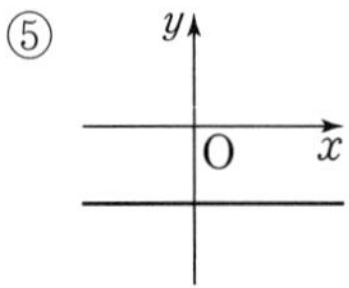

939

이차함수 $y=ax^2+bx+c$의 그래프가 오른쪽 그림과 같을 때, 이차함수 $y=cx^2-bx-a$의 그래프가 지나는 사분면을 모두 구하시오.
(단, a, b, c는 상수)

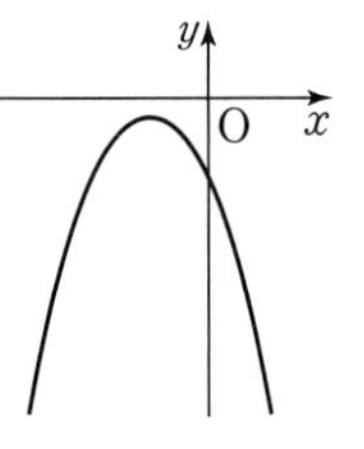

940

이차함수 $y=ax^2+bx+c$의 그래프가 오른쪽 그림과 같을 때, 다음 중 옳지 않은 것은? (단, a, b, c는 상수)

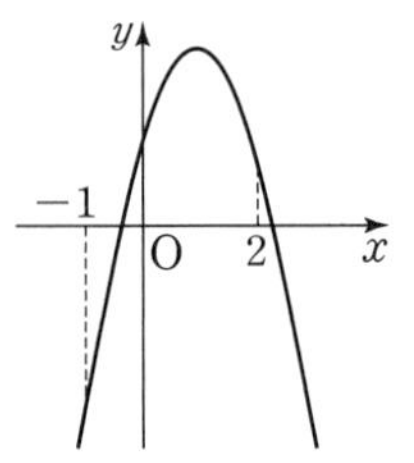

① $ab<0$
② $bc>0$
③ $abc<0$
④ $\frac{1}{9}a+\frac{1}{3}b+c>0$
⑤ $9a-3b+c>0$

유형 09 이차함수의 그래프의 활용 (1) – 넓이

이차함수 $y=ax^2+bx+c$의 그래프에서
$\triangle ABC$
$=\frac{1}{2}\times(\overline{BC}$의 길이$)\times|$(점 A의 y좌표)$|$
└ 이차방정식 $ax^2+bx+c=0$을 만족시키는 x의 값의 차

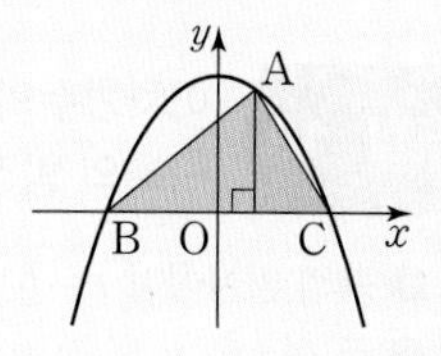

대표 문제

941

오른쪽 그림은 이차함수 $y=x^2+2x-8$의 그래프이다. 이 그래프와 x축과의 교점을 각각 A, B라 하고 y축과의 교점을 C라 할 때, $\triangle ABC$의 넓이를 구하시오.

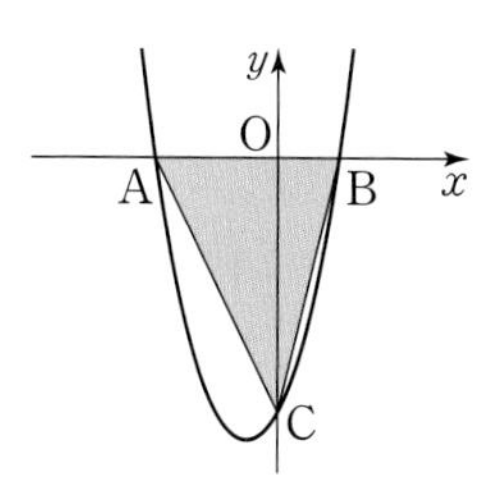

신유형

942

오른쪽 그림과 같이 이차함수 $y=-x^2+6x+4$의 그래프의 꼭짓점을 A, y축과의 교점을 B라 할 때, $\triangle OAB$의 넓이를 구하시오.
(단, O는 원점)

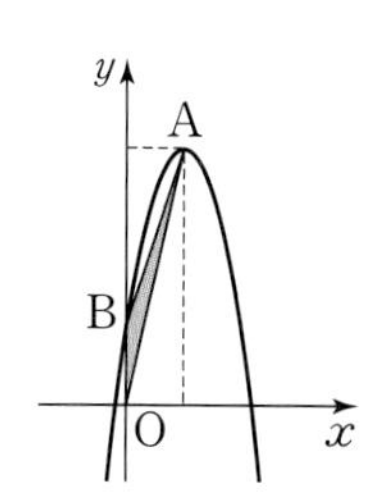

943

오른쪽 그림은 이차함수 $y=x^2-2x-3$의 그래프이다. 이 그래프와 x축과의 교점을 각각 A, B라 하고 y축과의 교점을 C, 꼭짓점을 D라 할 때, $\triangle ACB$와 $\triangle ADB$의 넓이의 비를 가장 간단한 자연수의 비로 나타내면?

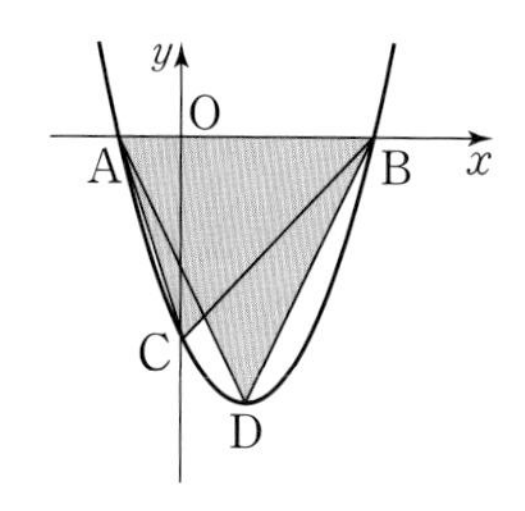

① 1 : 3 ② 1 : 2 ③ 2 : 3
④ 2 : 5 ⑤ 3 : 4

유형 10 이차함수의 그래프의 활용 (2) – 두 그래프의 교점

❶ 그래프의 식을 서로 같다고 놓고 방정식을 풀어 교점의 x좌표를 구한다.
❷ 어느 한 그래프의 식에 대입하여 y좌표를 구한다.

대표 문제

944

오른쪽 그림은 두 이차함수 $y=x^2-4$, $y=-\frac{1}{2}x^2+a$의 그래프이다. 이 두 그래프가 x축 위에서 두 개의 교점을 가질 때, □ABCD의 넓이를 구하시오.
(단, a는 상수)

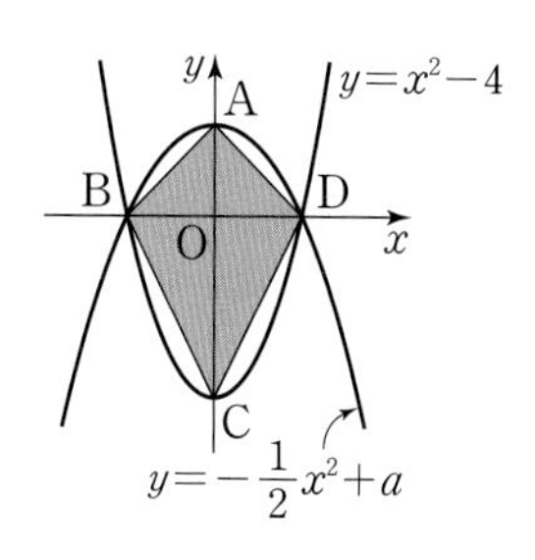

서술형

945

이차함수 $y=2x^2$의 그래프와 직선 $y=mx+n$이 오른쪽 그림과 같이 두 점 A, B에서 만난다. 두 점 A, B의 y좌표가 각각 8, 2일 때, 상수 m, n의 값을 각각 구하시오. (단, 점 A는 제2사분면, 점 B는 제1사분면 위에 있다.)

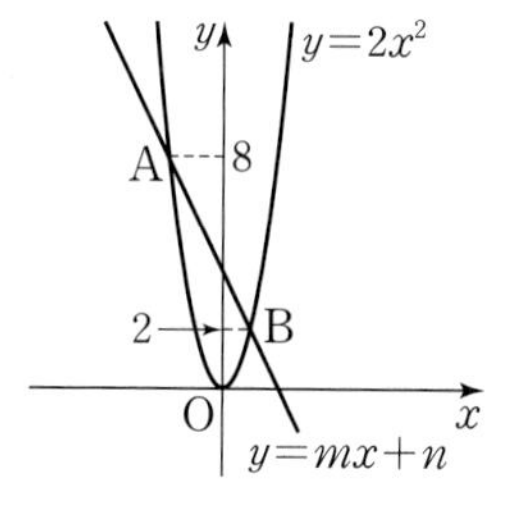

946

오른쪽 그림에서 이차함수 $y=\frac{1}{2}x^2$의 그래프와 직선 $y=\frac{1}{2}x+3$의 두 교점을 A, B라 할 때, 두 점 A, B의 좌표를 각각 구하시오. (단, 점 A는 제2사분면, 점 B는 제1사분면 위에 있다.)

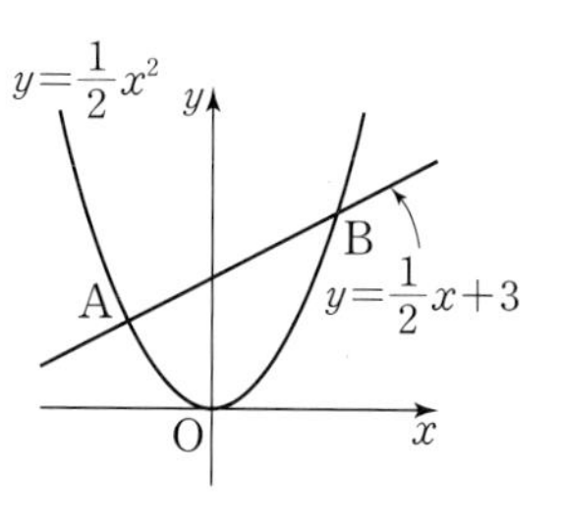

이차함수의 활용

Theme 19 20

Theme 20 이차함수의 식 구하기

워크북 130쪽

빈출 유형 11 이차함수의 식 구하기 (1) – 꼭짓점과 다른 한 점을 알 때

❶ 꼭짓점의 좌표가 (p, q) ⇨ $y=a(x-p)^2+q$로 놓는다.
❷ 점 (x_1, y_1)을 지난다.
⇨ $x=x_1$, $y=y_1$을 대입하여 상수 a의 값을 구한다.

대표 문제

947

꼭짓점의 좌표가 $(-3, -4)$이고, 점 $(0, 5)$를 지나는 포물선을 그래프로 하는 이차함수의 식은?

① $y=\frac{1}{2}x^2-4x+5$　② $y=\frac{1}{2}x^2+4x+5$
③ $y=x^2-6x+5$　④ $y=x^2+6x+5$
⑤ $y=\frac{4}{3}x^2+5$

948 ●●

이차함수 $y=-(x-1)^2+3$의 그래프와 꼭짓점의 좌표가 같고, 점 $(3, 7)$을 지나는 포물선이 y축과 만나는 점의 좌표를 구하시오.

서술형

949 ●●●

오른쪽 그림과 같은 이차함수의 그래프가 점 $(-6, k)$를 지날 때, k의 값을 구하시오.

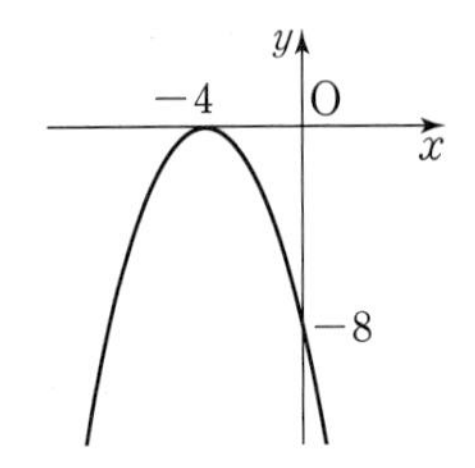

유형 12 이차함수의 식 구하기 (2) – 축의 방정식과 서로 다른 두 점을 알 때

❶ 축의 방정식이 $x=p$ ⇨ $y=a(x-p)^2+q$로 놓는다.
❷ 두 점 (x_1, y_1), (x_2, y_2)를 지난다.
⇨ 두 점의 좌표를 각각 대입하여 연립방정식을 세운다.
⇨ 연립방정식을 풀어 상수 a, q의 값을 구한다.

대표 문제

950

직선 $x=2$를 축으로 하고, 두 점 $(-1, 16)$, $(3, 0)$을 지나는 포물선을 그래프로 하는 이차함수의 식을 $y=ax^2+bx+c$라 할 때, $a+b+c$의 값은?
(단, a, b, c는 상수)

① -16　② -4　③ 0
④ 4　⑤ 12

951 ●●

이차함수 $y=x^2+ax+b$의 그래프는 축의 방정식이 $x=-1$이고, 점 $(2, 5)$를 지난다. 이 그래프의 꼭짓점의 좌표를 구하시오. (단, a, b는 상수)

952 ●●●

오른쪽 그림과 같이 축의 방정식이 $x=1$인 포물선을 그래프로 하는 이차함수의 식은?

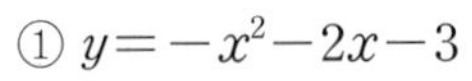

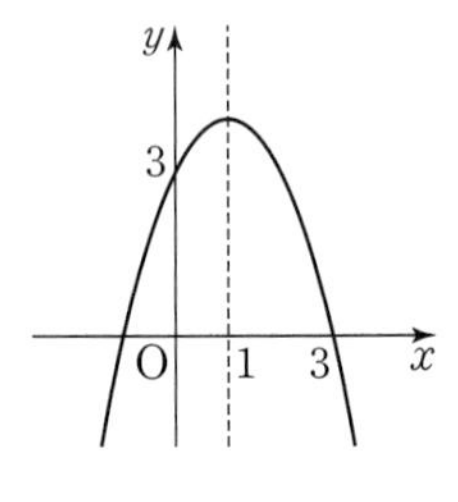

① $y=-x^2-2x-3$
② $y=-x^2-2x+3$
③ $y=-x^2+2x-3$
④ $y=-x^2+2x+3$
⑤ $y=-x^2+2x+5$

유형 13 이차함수의 식 구하기 (3) – 서로 다른 세 점을 알 때

❶ $y=ax^2+bx+c$로 놓는다.
❷ 세 점 (x_1, y_1), (x_2, y_2), (x_3, y_3)을 지난다.
⇨ 세 점의 좌표를 각각 대입하여 연립방정식을 세운다.
⇨ 연립방정식을 풀어 상수 a, b, c의 값을 구한다.

대표 문제

953

세 점 $(0,\ 6)$, $(1,\ 2)$, $(3,\ 0)$을 지나는 이차함수의 그래프의 꼭짓점의 좌표가 $(p,\ q)$일 때, $p+2q$의 값을 구하시오.

954 ●●●○

세 점 $(3,\ 1)$, $(-2,\ -14)$, $(0,\ -2)$를 지나는 포물선을 그래프로 하는 이차함수의 식은?

① $y=-x^2+2x-2$　② $y=-x^2+4x-2$
③ $y=-x^2+4x+2$　④ $y=x^2-4x+2$
⑤ $y=x^2+4x-2$

신유형

955 ●●●○

세 점 $(0,\ -3)$, $(1,\ -4)$, $(4,\ 5)$를 지나는 이차함수의 그래프가 x축과 만나는 두 점을 각각 A, B라 할 때, $\overline{AB}$의 길이는?

① 1　② 2　③ 3
④ 4　⑤ 5

유형 14 이차함수의 식 구하기 (4) – x축과의 두 교점과 다른 한 점을 알 때

❶ x축과 만나는 두 점의 좌표가 $(\alpha,\ 0)$, $(\beta,\ 0)$
⇨ $y=a(x-\alpha)(x-\beta)$로 놓는다.
❷ 점 (x_1, y_1)을 지난다.
⇨ $x=x_1$, $y=y_1$을 대입하여 상수 a의 값을 구한다.

대표 문제

956

x축과 두 점 $(-1,\ 0)$, $(3,\ 0)$에서 만나고, 점 $(1,\ 4)$를 지나는 포물선을 그래프로 하는 이차함수의 식을 $y=ax^2+bx+c$라 할 때, $a+bc$의 값은? (단, a, b, c는 상수)

① 1　② 2　③ 3
④ 4　⑤ 5

957 ●●○○

이차함수 $y=2x^2$의 그래프를 평행이동하면 완전히 포개어지고, x축과의 두 교점의 x좌표가 2, 5인 포물선을 그래프로 하는 이차함수의 식은?

① $y=2x^2-14x-20$　② $y=2x^2-14x+20$
③ $y=2x^2+14x-20$　④ $y=\frac{1}{2}x^2-14x-20$
⑤ $y=\frac{1}{2}x^2+14x+10$

958 ●●●○

오른쪽 그림과 같이 x축과 두 점 $(-2,\ 0)$, $(4,\ 0)$에서 만나고, 점 $(6,\ 8)$을 지나는 이차함수의 그래프가 y축과 만나는 점의 y좌표를 구하시오.

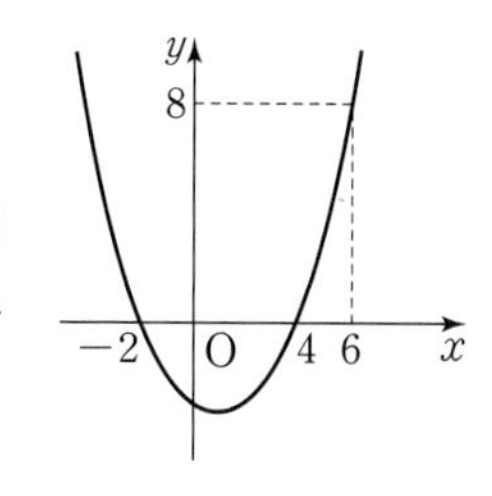

959

유형 02

오른쪽 그림과 같이 두 이차함수 $y=\frac{1}{2}x^2-2x+k$, $y=-3x^2+6x-2k+4$의 그래프의 꼭짓점을 지나는 직선이 x축에 평행할 때, 상수 k의 값을 구하시오.

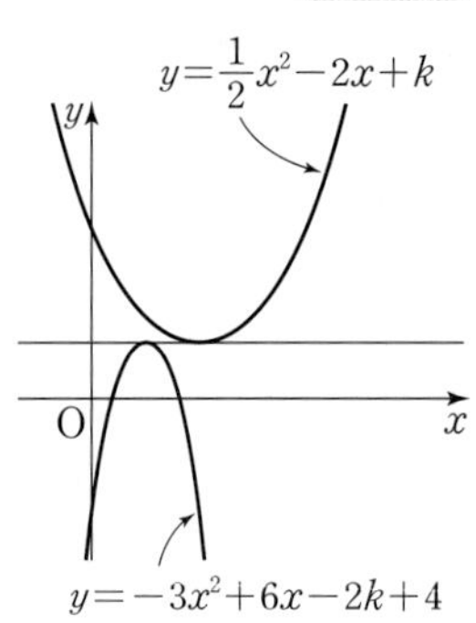

960

유형 04

이차함수 $y=-2x^2+6x+k$의 그래프가 x축과 만나지 않도록 하는 상수 k의 값의 범위를 구하시오.

961

유형 04

이차함수 $y=x^2+4x+k$의 그래프가 x축과 만나는 두 점 사이의 거리가 6일 때, 상수 k의 값은?

① -6 ② -5 ③ -4
④ -3 ⑤ -2

962

유형 12

축의 방정식이 $x=-2$인 이차함수의 그래프가 세 점 $(0,\ -4)$, $(-1,\ k)$, $(1,\ -19)$를 지날 때, k의 값은?

① -2 ② -1 ③ 3
④ 5 ⑤ 7

963

유형 14

축의 방정식이 $x=-1$이고, 점 $(-7,\ 11)$을 지나는 포물선이 x축과 만나는 두 점 사이의 거리가 10일 때, 이 포물선을 그래프로 하는 이차함수의 식은?

① $y=-x^2+2x-24$ ② $y=x^2+x-24$
③ $y=x^2+2x-24$ ④ $y=2x^2-2x-24$
⑤ $y=3x^2+2x-6$

964

유형 02

두 이차함수 $y=x^2-4ax+4a^2-b^2+4b$, $y=x^2+2x+5$의 그래프의 꼭짓점이 일치할 때, ab의 값은?

(단, a, b는 상수)

① -2 ② -1 ③ 0
④ 1 ⑤ 2

965

유형 02+유형 05

이차함수 $y=-x^2+ax+3$의 그래프는 직선 $x=-3$을 축으로 하고, 이차함수 $y=bx^2-1$의 그래프를 x축의 방향으로 c만큼, y축의 방향으로 d만큼 평행이동한 것이다. 이때 $a+b+c+d$의 값은? (단, a, b는 상수)

① 1 ② 2 ③ 3
④ 4 ⑤ 5

966

유형 02+유형 05

이차함수 $y=x^2-10x+k$의 그래프를 x축의 방향으로 k만큼, y축의 방향으로 11만큼 평행이동한 그래프의 꼭짓점이 제4사분면 위에 있을 때, 다음 중 상수 k의 값이 될 수 없는 것은?

① -4 ② 0 ③ 5
④ 9 ⑤ 14

967

유형 06

이차함수 $y=2x^2+4mx+2m+1$의 그래프에서 $x<-3$일 때, x의 값이 증가하면 y의 값은 감소하고 $x>-3$일 때, x의 값이 증가하면 y의 값도 증가한다. 이 이차함수의 그래프의 꼭짓점의 좌표는? (단, m은 상수)

① $(-3, -23)$ ② $(-3, -11)$ ③ $(-3, 0)$
④ $(3, 11)$ ⑤ $(3, 23)$

968

유형 03+유형 08

이차함수 $y=kx^2+4kx+4k+8$의 그래프가 모든 사분면을 지날 때, 정수 k의 값은?

① -3 ② -2 ③ -1
④ 1 ⑤ 2

969

유형 08

이차함수 $y=ax^2-bx+c$의 그래프가 x축과 만나는 두 점의 x좌표가 $-\frac{1}{2}$, $\frac{5}{2}$이고 꼭짓점이 제1사분면 위의 점일 때, 다음 보기 중 옳은 것을 모두 고른 것은? (단, a, b, c는 상수)

보기
ㄱ. $abc<0$
ㄴ. $a-b+c>0$
ㄷ. $b=2a$
ㄹ. $4a+2b+c>0$

① ㄱ, ㄴ ② ㄱ, ㄷ ③ ㄴ, ㄷ
④ ㄱ, ㄴ, ㄹ ⑤ ㄴ, ㄷ, ㄹ

970

유형 09

오른쪽 그림과 같이 이차함수 $y=-\frac{1}{2}x^2+2x+6$의 그래프가 x축과 만나는 두 점을 각각 A, B라 하고, y축과 만나는 점을 C, 꼭짓점을 D라 할 때, $\triangle$ABC와 $\triangle$ABD의 넓이의 차를 구하시오.

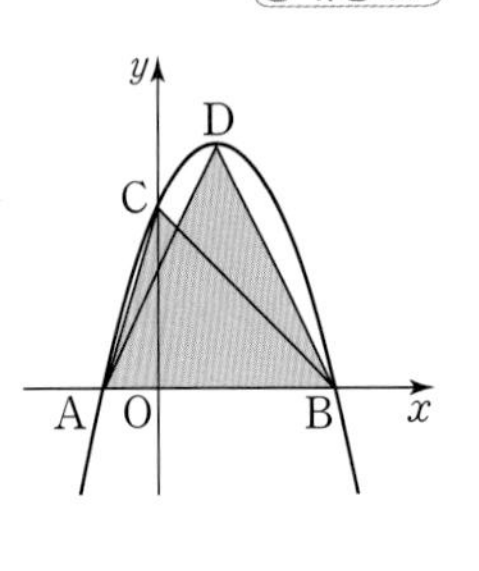

971

유형 09

오른쪽 그림과 같이 이차함수 $y=-x^2+x+2$의 그래프가 x축과 만나는 두 점을 B, C라 하고 y축과 만나는 점을 A라 하자. 점 A를 지나고 $\triangle$ABC의 넓이를 이등분하는 직선 l의 방정식을 구하시오.

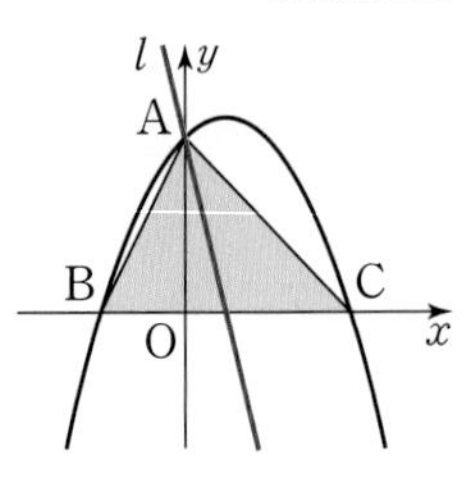

972

유형 14

이차함수 $y=x^2+ax+b$의 그래프는 y축을 축으로 하고, x축과 만나는 두 점 사이의 거리가 8이다. 이때 $a-b$의 값은? (단, a, b는 상수)

① 15 ② 16 ③ 17
④ 18 ⑤ 19

교과서 속 창의력 UP!

정답 및 풀이 64쪽

973 (유형 08)

한 개의 주사위를 두 번 던져 첫 번째 나온 눈의 수를 a, 두 번째 나온 눈의 수를 b라 하자. 이때 이차함수 $y=x^2+4x+a+2b$의 그래프의 꼭짓점이 제3사분면 위에 있도록 하는 순서쌍 (a, b)를 구하시오.

974 (유형 04+유형 05)

이차함수 $y=-x^2+4x-3$의 그래프를 y축의 방향으로 q만큼 평행이동하면 x축과 만나는 두 점 사이의 거리가 처음의 2배가 될 때, q의 값은?

① 1 ② 2 ③ 3
④ 4 ⑤ 6

975 (유형 07+유형 09)

오른쪽 그림과 같이 두 이차함수 $y=-x^2-4x$, $y=-x^2-4x+5$의 그래프와 y축 및 두 이차함수의 그래프의 축으로 둘러싸인 부분의 넓이를 구하시오.

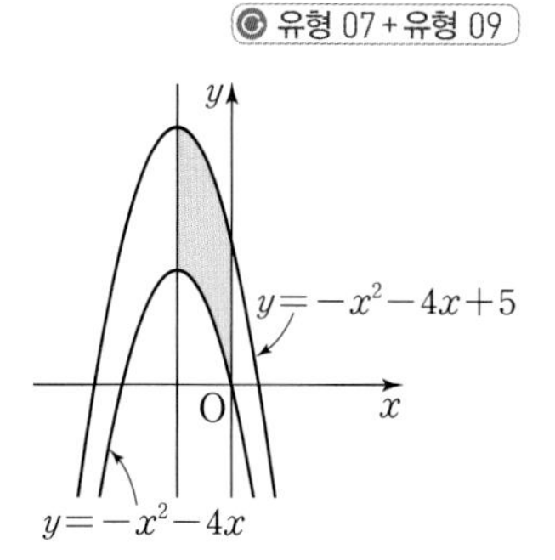

976 (유형 14)

다음 그림과 같이 단면이 포물선 모양인 호수가 있다. 이 호수의 중앙 M 지점에서의 수심은 10 m이고, 호수의 양 끝의 두 지점 A, B 사이의 거리는 40 m일 때, M 지점에서 B 지점의 방향으로 8 m 떨어진 곳에서의 수심은 몇 m인지 구하시오.

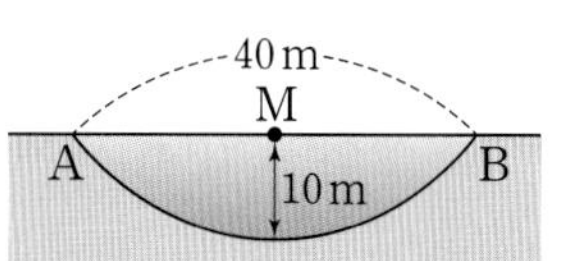

창의·융합

수학 + 과학

주변에서 쉽게 볼 수 있는 포물선

갈릴레이는 우리가 어떤 물건을 던졌을 때 움직이는 모양이 이차함수의 그래프와 같은 포물선이라는 것을 알아냈다. 투수가 던진 야구공, 분수대에서 뿜어져 나온 물줄기, 밤하늘을 수놓은 불꽃이 움직인 모양도 모두 포물선이다.

이러한 포물선은 접시 모양의 위성 안테나에서도 찾을 수 있다. 이 안테나는 단면이 포물선(parabola) 모양으로 되어 있어서 '파라볼라 안테나'라고도 한다.

그런데 위성 안테나를 왜 이런 모양으로 만들었을까? 포물선은 포물선의 축과 평행하게 들어오는 전파가 모두 한 점에 모이는 성질이 있다. 즉, 인공위성에서 날아오는 약한 전파를 한 곳에 모아 강한 신호를 낼 수 있도록 하기 위하여 위성 안테나를 포물선 모양으로 만든 것이다.

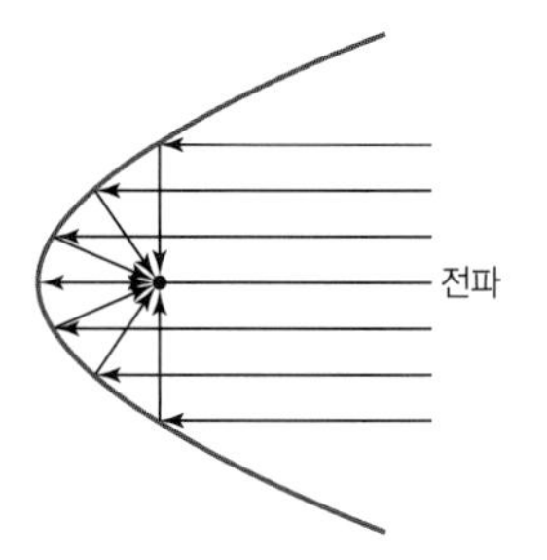

한편, 자동차 전조등에서도 포물선을 찾을 수 있다. 자동차 전조등의 전구 뒤에 있는 거울의 단면은 포물선 모양으로 되어 있다. 전구에서 빛이 나와 거울에 반사되면 축에 평행하게 나아가는 성질이 있다. 이와 같은 포물선의 성질 때문에 전조등의 불빛을 멀리 보낼 수 있는 것이다.

제곱근표❶

수	0	1	2	3	4	5	6	7	8	9
1.0	1.000	1.005	1.010	1.015	1.020	1.025	1.030	1.034	1.039	1.044
1.1	1.049	1.054	1.058	1.063	1.068	1.072	1.077	1.082	1.086	1.091
1.2	1.095	1.100	1.105	1.109	1.114	1.118	1.122	1.127	1.131	1.136
1.3	1.140	1.145	1.149	1.153	1.158	1.162	1.166	1.170	1.175	1.179
1.4	1.183	1.187	1.192	1.196	1.200	1.204	1.208	1.212	1.217	1.221
1.5	1.225	1.229	1.233	1.237	1.241	1.245	1.249	1.253	1.257	1.261
1.6	1.265	1.269	1.273	1.277	1.281	1.285	1.288	1.292	1.296	1.300
1.7	1.304	1.308	1.311	1.315	1.319	1.323	1.327	1.330	1.334	1.338
1.8	1.342	1.345	1.349	1.353	1.356	1.360	1.364	1.367	1.371	1.375
1.9	1.378	1.382	1.386	1.389	1.393	1.396	1.400	1.404	1.407	1.411
2.0	1.414	1.418	1.421	1.425	1.428	1.432	1.435	1.439	1.442	1.446
2.1	1.449	1.453	1.456	1.459	1.463	1.466	1.470	1.473	1.476	1.480
2.2	1.483	1.487	1.490	1.493	1.497	1.500	1.503	1.507	1.510	1.513
2.3	1.517	1.520	1.523	1.526	1.530	1.533	1.536	1.539	1.543	1.546
2.4	1.549	1.552	1.556	1.559	1.562	1.565	1.568	1.572	1.575	1.578
2.5	1.581	1.584	1.587	1.591	1.594	1.597	1.600	1.603	1.606	1.609
2.6	1.612	1.616	1.619	1.622	1.625	1.628	1.631	1.634	1.637	1.640
2.7	1.643	1.646	1.649	1.652	1.655	1.658	1.661	1.664	1.667	1.670
2.8	1.673	1.676	1.679	1.682	1.685	1.688	1.691	1.694	1.697	1.700
2.9	1.703	1.706	1.709	1.712	1.715	1.718	1.720	1.723	1.726	1.729
3.0	1.732	1.735	1.738	1.741	1.744	1.746	1.749	1.752	1.755	1.758
3.1	1.761	1.764	1.766	1.769	1.772	1.775	1.778	1.780	1.783	1.786
3.2	1.789	1.792	1.794	1.797	1.800	1.803	1.806	1.808	1.811	1.814
3.3	1.817	1.819	1.822	1.825	1.828	1.830	1.833	1.836	1.838	1.841
3.4	1.844	1.847	1.849	1.852	1.855	1.857	1.860	1.863	1.865	1.868
3.5	1.871	1.873	1.876	1.879	1.881	1.884	1.887	1.889	1.892	1.895
3.6	1.897	1.900	1.903	1.905	1.908	1.910	1.913	1.916	1.918	1.921
3.7	1.924	1.926	1.929	1.931	1.934	1.936	1.939	1.942	1.944	1.947
3.8	1.949	1.952	1.954	1.957	1.960	1.962	1.965	1.967	1.970	1.972
3.9	1.975	1.977	1.980	1.982	1.985	1.987	1.990	1.992	1.995	1.997
4.0	2.000	2.002	2.005	2.007	2.010	2.012	2.015	2.017	2.020	2.022
4.1	2.025	2.027	2.030	2.032	2.035	2.037	2.040	2.042	2.045	2.047
4.2	2.049	2.052	2.054	2.057	2.059	2.062	2.064	2.066	2.069	2.071
4.3	2.074	2.076	2.078	2.081	2.083	2.086	2.088	2.090	2.093	2.095
4.4	2.098	2.100	2.102	2.105	2.107	2.110	2.112	2.114	2.117	2.119
4.5	2.121	2.124	2.126	2.128	2.131	2.133	2.135	2.138	2.140	2.142
4.6	2.145	2.147	2.149	2.152	2.154	2.156	2.159	2.161	2.163	2.166
4.7	2.168	2.170	2.173	2.175	2.177	2.179	2.182	2.184	2.186	2.189
4.8	2.191	2.193	2.195	2.198	2.200	2.202	2.205	2.207	2.209	2.211
4.9	2.214	2.216	2.218	2.220	2.223	2.225	2.227	2.229	2.232	2.234
5.0	2.236	2.238	2.241	2.243	2.245	2.247	2.249	2.252	2.254	2.256
5.1	2.258	2.261	2.263	2.265	2.267	2.269	2.272	2.274	2.276	2.278
5.2	2.280	2.283	2.285	2.287	2.289	2.291	2.293	2.296	2.298	2.300
5.3	2.302	2.304	2.307	2.309	2.311	2.313	2.315	2.317	2.319	2.322
5.4	2.324	2.326	2.328	2.330	2.332	2.335	2.337	2.339	2.341	2.343

제곱근표❷

수	0	1	2	3	4	5	6	7	8	9
5.5	2.345	2.347	2.349	2.352	2.354	2.356	2.358	2.360	2.362	2.364
5.6	2.366	2.369	2.371	2.373	2.375	2.377	2.379	2.381	2.383	2.385
5.7	2.387	2.390	2.392	2.394	2.396	2.398	2.400	2.402	2.404	2.406
5.8	2.408	2.410	2.412	2.415	2.417	2.419	2.421	2.423	2.425	2.427
5.9	2.429	2.431	2.433	2.435	2.437	2.439	2.441	2.443	2.445	2.447
6.0	2.449	2.452	2.454	2.456	2.458	2.460	2.462	2.464	2.466	2.468
6.1	2.470	2.472	2.474	2.476	2.478	2.480	2.482	2.484	2.486	2.488
6.2	2.490	2.492	2.494	2.496	2.498	2.500	2.502	2.504	2.506	2.508
6.3	2.510	2.512	2.514	2.516	2.518	2.520	2.522	2.524	2.526	2.528
6.4	2.530	2.532	2.534	2.536	2.538	2.540	2.542	2.544	2.546	2.548
6.5	2.550	2.551	2.553	2.555	2.557	2.559	2.561	2.563	2.565	2.567
6.6	2.569	2.571	2.573	2.575	2.577	2.579	2.581	2.583	2.585	2.587
6.7	2.588	2.590	2.592	2.594	2.596	2.598	2.600	2.602	2.604	2.606
6.8	2.608	2.610	2.612	2.613	2.615	2.617	2.619	2.621	2.623	2.625
6.9	2.627	2.629	2.631	2.632	2.634	2.636	2.638	2.640	2.642	2.644
7.0	2.646	2.648	2.650	2.651	2.653	2.655	2.657	2.659	2.661	2.663
7.1	2.665	2.666	2.668	2.670	2.672	2.674	2.676	2.678	2.680	2.681
7.2	2.683	2.685	2.687	2.689	2.691	2.693	2.694	2.696	2.698	2.700
7.3	2.702	2.704	2.706	2.707	2.709	2.711	2.713	2.715	2.717	2.718
7.4	2.720	2.722	2.724	2.726	2.728	2.729	2.731	2.733	2.735	2.737
7.5	2.739	2.740	2.742	2.744	2.746	2.748	2.750	2.751	2.753	2.755
7.6	2.757	2.759	2.760	2.762	2.764	2.766	2.768	2.769	2.771	2.773
7.7	2.775	2.777	2.778	2.780	2.782	2.784	2.786	2.787	2.789	2.791
7.8	2.793	2.795	2.796	2.798	2.800	2.802	2.804	2.805	2.807	2.809
7.9	2.811	2.812	2.814	2.816	2.818	2.820	2.821	2.823	2.825	2.827
8.0	2.828	2.830	2.832	2.834	2.835	2.837	2.839	2.841	2.843	2.844
8.1	2.846	2.848	2.850	2.851	2.853	2.855	2.857	2.858	2.860	2.862
8.2	2.864	2.865	2.867	2.869	2.871	2.872	2.874	2.876	2.877	2.879
8.3	2.881	2.883	2.884	2.886	2.888	2.890	2.891	2.893	2.895	2.897
8.4	2.898	2.900	2.902	2.903	2.905	2.907	2.909	2.910	2.912	2.914
8.5	2.915	2.917	2.919	2.921	2.922	2.924	2.926	2.927	2.929	2.931
8.6	2.933	2.934	2.936	2.938	2.939	2.941	2.943	2.944	2.946	2.948
8.7	2.950	2.951	2.953	2.955	2.956	2.958	2.960	2.961	2.963	2.965
8.8	2.966	2.968	2.970	2.972	2.973	2.975	2.977	2.978	2.980	2.982
8.9	2.983	2.985	2.987	2.988	2.990	2.992	2.993	2.995	2.997	2.998
9.0	3.000	3.002	3.003	3.005	3.007	3.008	3.010	3.012	3.013	3.015
9.1	3.017	3.018	3.020	3.022	3.023	3.025	3.027	3.028	3.030	3.032
9.2	3.033	3.035	3.036	3.038	3.040	3.041	3.043	3.045	3.046	3.048
9.3	3.050	3.051	3.053	3.055	3.056	3.058	3.059	3.061	3.063	3.064
9.4	3.066	3.068	3.069	3.071	3.072	3.074	3.076	3.077	3.079	3.081
9.5	3.082	3.084	3.085	3.087	3.089	3.090	3.092	3.094	3.095	3.097
9.6	3.098	3.100	3.102	3.103	3.105	3.106	3.108	3.110	3.111	3.113
9.7	3.114	3.116	3.118	3.119	3.121	3.122	3.124	3.126	3.127	3.129
9.8	3.130	3.132	3.134	3.135	3.137	3.138	3.140	3.142	3.143	3.145
9.9	3.146	3.148	3.150	3.151	3.153	3.154	3.156	3.158	3.159	3.161

제곱근표❸

수	0	1	2	3	4	5	6	7	8	9
10	3.162	3.178	3.194	3.209	3.225	3.240	3.256	3.271	3.286	3.302
11	3.317	3.332	3.347	3.362	3.376	3.391	3.406	3.421	3.435	3.450
12	3.464	3.479	3.493	3.507	3.521	3.536	3.550	3.564	3.578	3.592
13	3.606	3.619	3.633	3.647	3.661	3.674	3.688	3.701	3.715	3.728
14	3.742	3.755	3.768	3.782	3.795	3.808	3.821	3.834	3.847	3.860
15	3.873	3.886	3.899	3.912	3.924	3.937	3.950	3.962	3.975	3.987
16	4.000	4.012	4.025	4.037	4.050	4.062	4.074	4.087	4.099	4.111
17	4.123	4.135	4.147	4.159	4.171	4.183	4.195	4.207	4.219	4.231
18	4.243	4.254	4.266	4.278	4.290	4.301	4.313	4.324	4.336	4.347
19	4.359	4.370	4.382	4.393	4.405	4.416	4.427	4.438	4.450	4.461
20	4.472	4.483	4.494	4.506	4.517	4.528	4.539	4.550	4.561	4.572
21	4.583	4.593	4.604	4.615	4.626	4.637	4.648	4.658	4.669	4.680
22	4.690	4.701	4.712	4.722	4.733	4.743	4.754	4.764	4.775	4.785
23	4.796	4.806	4.817	4.827	4.837	4.848	4.858	4.868	4.879	4.889
24	4.899	4.909	4.919	4.930	4.940	4.950	4.960	4.970	4.980	4.990
25	5.000	5.010	5.020	5.030	5.040	5.050	5.060	5.070	5.079	5.089
26	5.099	5.109	5.119	5.128	5.138	5.148	5.158	5.167	5.177	5.187
27	5.196	5.206	5.215	5.225	5.235	5.244	5.254	5.263	5.273	5.282
28	5.292	5.301	5.310	5.320	5.329	5.339	5.348	5.357	5.367	5.376
29	5.385	5.394	5.404	5.413	5.422	5.431	5.441	5.450	5.459	5.468
30	5.477	5.486	5.495	5.505	5.514	5.523	5.532	5.541	5.550	5.559
31	5.568	5.577	5.586	5.595	5.604	5.612	5.621	5.630	5.639	5.648
32	5.657	5.666	5.675	5.683	5.692	5.701	5.710	5.718	5.727	5.736
33	5.745	5.753	5.762	5.771	5.779	5.788	5.797	5.805	5.814	5.822
34	5.831	5.840	5.848	5.857	5.865	5.874	5.882	5.891	5.899	5.908
35	5.916	5.925	5.933	5.941	5.950	5.958	5.967	5.975	5.983	5.992
36	6.000	6.008	6.017	6.025	6.033	6.042	6.050	6.058	6.066	6.075
37	6.083	6.091	6.099	6.107	6.116	6.124	6.132	6.140	6.148	6.156
38	6.164	6.173	6.181	6.189	6.197	6.205	6.213	6.221	6.229	6.237
39	6.245	6.253	6.261	6.269	6.277	6.285	6.293	6.301	6.309	6.317
40	6.325	6.332	6.340	6.348	6.356	6.364	6.372	6.380	6.387	6.395
41	6.403	6.411	6.419	6.427	6.434	6.442	6.450	6.458	6.465	6.473
42	6.481	6.488	6.496	6.504	6.512	6.519	6.527	6.535	6.542	6.550
43	6.557	6.565	6.573	6.580	6.588	6.595	6.603	6.611	6.618	6.626
44	6.633	6.641	6.648	6.656	6.663	6.671	6.678	6.686	6.693	6.701
45	6.708	6.716	6.723	6.731	6.738	6.745	6.753	6.760	6.768	6.775
46	6.782	6.790	6.797	6.804	6.812	6.819	6.826	6.834	6.841	6.848
47	6.856	6.863	6.870	6.877	6.885	6.892	6.899	6.907	6.914	6.921
48	6.928	6.935	6.943	6.950	6.957	6.964	6.971	6.979	6.986	6.993
49	7.000	7.007	7.014	7.021	7.029	7.036	7.043	7.050	7.057	7.064
50	7.071	7.078	7.085	7.092	7.099	7.106	7.113	7.120	7.127	7.134
51	7.141	7.148	7.155	7.162	7.169	7.176	7.183	7.190	7.197	7.204
52	7.211	7.218	7.225	7.232	7.239	7.246	7.253	7.259	7.266	7.273
53	7.280	7.287	7.294	7.301	7.308	7.314	7.321	7.328	7.335	7.342
54	7.348	7.355	7.362	7.369	7.376	7.382	7.389	7.396	7.403	7.409

제곱근표❹

수	0	1	2	3	4	5	6	7	8	9
55	7.416	7.423	7.430	7.436	7.443	7.450	7.457	7.463	7.470	7.477
56	7.483	7.490	7.497	7.503	7.510	7.517	7.523	7.530	7.537	7.543
57	7.550	7.556	7.563	7.570	7.576	7.583	7.589	7.596	7.603	7.609
58	7.616	7.622	7.629	7.635	7.642	7.649	7.655	7.662	7.668	7.675
59	7.681	7.688	7.694	7.701	7.707	7.714	7.720	7.727	7.733	7.740
60	7.746	7.752	7.759	7.765	7.772	7.778	7.785	7.791	7.797	7.804
61	7.810	7.817	7.823	7.829	7.836	7.842	7.849	7.855	7.861	7.868
62	7.874	7.880	7.887	7.893	7.899	7.906	7.912	7.918	7.925	7.931
63	7.937	7.944	7.950	7.956	7.962	7.969	7.975	7.981	7.987	7.994
64	8.000	8.006	8.012	8.019	8.025	8.031	8.037	8.044	8.050	8.056
65	8.062	8.068	8.075	8.081	8.087	8.093	8.099	8.106	8.112	8.118
66	8.124	8.130	8.136	8.142	8.149	8.155	8.161	8.167	8.173	8.179
67	8.185	8.191	8.198	8.204	8.210	8.216	8.222	8.228	8.234	8.240
68	8.246	8.252	8.258	8.264	8.270	8.276	8.283	8.289	8.295	8.301
69	8.307	8.313	8.319	8.325	8.331	8.337	8.343	8.349	8.355	8.361
70	8.367	8.373	8.379	8.385	8.390	8.396	8.402	8.408	8.414	8.420
71	8.426	8.432	8.438	8.444	8.450	8.456	8.462	8.468	8.473	8.479
72	8.485	8.491	8.497	8.503	8.509	8.515	8.521	8.526	8.532	8.538
73	8.544	8.550	8.556	8.562	8.567	8.573	8.579	8.585	8.591	8.597
74	8.602	8.608	8.614	8.620	8.626	8.631	8.637	8.643	8.649	8.654
75	8.660	8.666	8.672	8.678	8.683	8.689	8.695	8.701	8.706	8.712
76	8.718	8.724	8.729	8.735	8.741	8.746	8.752	8.758	8.764	8.769
77	8.775	8.781	8.786	8.792	8.798	8.803	8.809	8.815	8.820	8.826
78	8.832	8.837	8.843	8.849	8.854	8.860	8.866	8.871	8.877	8.883
79	8.888	8.894	8.899	8.905	8.911	8.916	8.922	8.927	8.933	8.939
80	8.944	8.950	8.955	8.961	8.967	8.972	8.978	8.983	8.989	8.994
81	9.000	9.006	9.011	9.017	9.022	9.028	9.033	9.039	9.044	9.050
82	9.055	9.061	9.066	9.072	9.077	9.083	9.088	9.094	9.099	9.105
83	9.110	9.116	9.121	9.127	9.132	9.138	9.143	9.149	9.154	9.160
84	9.165	9.171	9.176	9.182	9.187	9.192	9.198	9.203	9.209	9.214
85	9.220	9.225	9.230	9.236	9.241	9.247	9.252	9.257	9.263	9.268
86	9.274	9.279	9.284	9.290	9.295	9.301	9.306	9.311	9.317	9.322
87	9.327	9.333	9.338	9.343	9.349	9.354	9.359	9.365	9.370	9.375
88	9.381	9.386	9.391	9.397	9.402	9.407	9.413	9.418	9.423	9.429
89	9.434	9.439	9.445	9.450	9.455	9.460	9.466	9.471	9.476	9.482
90	9.487	9.492	9.497	9.503	9.508	9.513	9.518	9.524	9.529	9.534
91	9.539	9.545	9.550	9.555	9.560	9.566	9.571	9.576	9.581	9.586
92	9.592	9.597	9.602	9.607	9.612	9.618	9.623	9.628	9.633	9.638
93	9.644	9.649	9.654	9.659	9.664	9.670	9.675	9.680	9.685	9.690
94	9.695	9.701	9.706	9.711	9.716	9.721	9.726	9.731	9.737	9.742
95	9.747	9.752	9.757	9.762	9.767	9.772	9.778	9.783	9.788	9.793
96	9.798	9.803	9.808	9.813	9.818	9.823	9.829	9.834	9.839	9.844
97	9.849	9.854	9.859	9.864	9.869	9.874	9.879	9.884	9.889	9.894
98	9.899	9.905	9.910	9.915	9.920	9.925	9.930	9.935	9.940	9.945
99	9.950	9.955	9.960	9.965	9.970	9.975	9.980	9.985	9.990	9.995

MEMO

MEMO

수매씽 MATHING 중학 수학 3·1

내신과 등업을 위한 강력한 한 권!

수매씽 개념연산
중등 : 1~3학년 1·2학기

수매씽 개념
중등 : 1~3학년 1·2학기
고등(22개정) : 공통수학1, 공통수학2

수매씽
중등 : 1~3학년 1·2학기
고등(15개정) : 수학(상), 수학(하), 수학Ⅰ, 수학Ⅱ, 확률과 통계, 미적분
고등(22개정) : 공통수학1, 공통수학2

Telephone 1644-0600
Homepage www.bookdonga.com
Address 서울시 영등포구 은행로 30 (우 07242)

- 정답 및 풀이는 동아출판 홈페이지 내 학습자료실에서 내려받을 수 있습니다.
- 교재에서 발견된 오류는 동아출판 홈페이지 내 정오표에서 확인 가능하며, 잘못 만들어진 책은 구입처에서 교환해 드립니다.
- 학습 상담, 제안 사항, 오류 신고 등 어떠한 이야기라도 들려주세요.

내신을 위한 강력한 한 권!

145유형 1888문항

3단계 반복 학습 System

한번 더 핵심 유형 〉 유형 모아 Theme 연습 〉 Theme 모아 중단원 마무리

워크북

중학 수학 3·1

동아출판

수매씽 중학 수학 3·1

발행일	2022년 10월 10일
인쇄일	2024년 8월 10일
펴낸곳	동아출판㈜
펴낸이	이욱상
등록번호	제300-1951-4호(1951. 9. 19.)
개발총괄	김영지
개발책임	이상민
개발	김인영, 권혜진, 윤찬미, 이현아, 김다은
디자인책임	목진성
표지 디자인	송현아, 이소연
표지 일러스트	여는
내지 디자인	에딩크
대표번호	1644-0600
주소	서울시 영등포구 은행로 30 (우 07242)

545 ④　546 ⑤　547 $\frac{5}{2}$　548 ③　549 ④
550 ④　551 2　552 ⑤　553 ①, ⑤　554 ①
555 $x=2$ 또는 $x=5$　556 ③　557 $x=-6$ 또는 $x=0$
558 ④　559 ④　560 ②　561 36　562 17
563 ②　564 ④, ⑤　565 $k>-\frac{3}{2}$　566 ①
567 $\frac{17}{4}$　568 -3　569 ②　570 297
571 $x=-2\pm\sqrt{17}$　572 ③　573 ③　574 ④
575 ⑤　576 $x=\frac{-7\pm\sqrt{37}}{6}$　577 ②　578 ②
579 ②　580 $2\sqrt{14}$　581 $x=4$　582 ①　583 ①
584 10　585 $x=1$ 또는 $x=\frac{4}{3}$　586 ③　587 3
588 ④　589 ③　590 $\sqrt{13}$
591 ③　592 ④　593 ①　594 ①　595 $a\neq5$
596 ②　597 ②　598 ⑤　599 4　600 12
601 ②　602 ③　603 ④　604 ③　605 ③
606 ③　607 ①　608 ③　609 $x=4$ 또는 $x=8$
610 ②　611 16　612 3　613 ②　614 ④
615 ⑤　616 6　617 $\frac{5}{3}$　618 ③　619 ③
620 ④　621 $a>3$　622 ①　623 ③　624 2
625 ④　626 ②　627 ①　628 ④　629 ②
630 ⑤　631 3　632 5
633 ③　**634** ④　**635** ⑤　**636** ②　**637** $\frac{2}{3}$
638 ①　**639** ③　**640** ②　**641** ④　**642** ②
643 $x=\frac{7}{3}$　**644** ③　**645** 19　**646** $x=-\frac{1}{2}$ 또는 $x=3$

06 이차방정식의 활용 98~109쪽

647 ②　648 ③　649 ③　650 6　651 ④
652 ③　653 ⑤　654 ①　655 ⑤　656 5
657 -2　658 ②　659 ⑤　660 $3x^2-27x-486=0$
661 ①　662 ⑤　663 ④　664 ③　665 8, 13
666 80　667 57　668 12살　669 ②　670 ④
671 ③　672 2초 후　673 4초 후　674 6초　675 ③
676 3 cm　677 5 cm　678 7초 후　679 4 m　680 ⑤
681 ③　682 ⑤　683 ③　684 9 cm　685 ③
686 ④　687 5 cm
688 ③　689 ①　690 $\frac{1}{2}$　691 ⑤　692 ②
693 ③　694 12　695 ③　696 ④　697 2
698 ③　699 $x^2-6x-7=0$　700 5　701 -6
702 ④　703 11살　704 ③　705 8 m　706 ②
707 7　708 ②　709 ③　710 9　711 ②
712 ①　713 $(12-6\sqrt{2})$ cm　714 ②　715 2 cm
716 ③　**717** $a<2$　**718** ①　**719** ②　**720** ④
721 24　**722** 11명　**723** ②　**724** ②　**725** ②
726 $x^2-4x+3=0$　**727** 39　**728** 4 cm　**729** 2 m

IV 이차함수

07 이차함수와 그 그래프 110~123쪽

730 ③　731 ⑤　732 ②　733 $a\neq3$　734 ①
735 ②, ⑤　736 17　737 ③　738 ③　739 18
740 ③　741 $-2<a<0$　742 ②, ③　743 ⑤
744 ⑤　745 $\frac{11}{3}$　746 16　747 ④　748 ④, ⑤
749 -9　750 ㄴ, ㄹ　751 ③, ④　752 ④　753 ③
754 $\frac{4}{3}$　755 $\frac{1}{4}$　756 ③　757 ④　758 -3
759 -4　760 ②　761 ③, ⑤　762 $x<2$　763 ②
764 ③　765 ③　766 ③　767 ④　768 -24
769 ⑤　770 $(2, -4)$　771 ④　772 ④　773 ②, ④
774 ㄴ, ㄹ, ㅁ　775 ④　776 ③
777 제1사분면, 제2사분면, 제3사분면, 제4사분면　778 ③
779 32　780 36
781 ③　782 $a\neq2$　783 ②　784 ㄷ　785 ③
786 ③　787 $(6, 12)$　788 11　789 ①　790 ②, ⑤
791 12　792 ④　793 16　794 $\frac{4}{3}$　795 ③
796 ④　797 ②　798 $y=-3(x+4)^2$　799 ③
800 ③　801 2　802 -5　803 ④　804 ③
805 ②　806 ④　807 ③　808 11
809 2　**810** ②　**811** $\frac{1}{2}<a<2$　**812** $\frac{8}{3}$　**813** ④
814 ④　**815** ④　**816** $\frac{8}{9}$　**817** -7　**818** ①
819 8　**820** 300　**821** -6

291 ③ **292** -24 **293** $2\sqrt{6}$ **294** ⑤ **295** ③
296 ④ **297** 1 **298** ③ **299** ④ **300** ②, ④
301 ② **302** $1-4\sqrt{3}+3\sqrt{7}$ **303** (1) 1 (2) $6-2\sqrt{7}$ (3) $\frac{\sqrt{7}}{14}$
304 $2\sqrt{3}$

II 다항식의 곱셈과 인수분해

03 다항식의 곱셈과 곱셈 공식 48~61쪽

305 ② 306 ② 307 ① 308 ⑤ 309 -4
310 ⑤ 311 2 312 ④ 313 ③ 314 $\frac{25}{4}$
315 ④, ⑤ 316 ③ 317 6 318 ① 319 ④
320 6 321 ⑤ 322 ④ 323 ③
324 $6x^2-7x-20$ 325 ④ 326 15
327 $(21x^2+x-2)\,\mathrm{m}^2$ 328 ③ 329 3
330 $a^2-b^2+c^2-d^2+2ac+2bd$ 331 ⑤ 332 ④
333 32 334 ① 335 4 336 ③ 337 -4
338 ④ 339 ③ 340 ① 341 ② 342 ⑤
343 ③ 344 7 345 ⑤ 346 ① 347 ④
348 ② 349 ② 350 ① 351 ③ 352 ⑤
353 ④ 354 2 355 10 356 2 357 ①
358 ② 359 -3 360 ⑤ 361 ④ 362 ㄴ, ㄹ
363 ③ 364 ① 365 ② 366 ③ 367 ②
368 ④ 369 -1 370 3 371 ① 372 ③
373 ③ 374 ③ 375 ⑤ 376 ③ 377 ②
378 ③ 379 ⑤ 380 ① 381 ③ 382 ②
383 ④ 384 ① 385 ④
386 ② **387** ② **388** ④ **389** ① **390** -2
391 ⑤ **392** ④ **393** ③ **394** ① **395** $-4\sqrt{2}$
396 21 **397** 6 **398** $A=-2$, $B=4$, $C=5$, $D=5$
399 $-2x^2+3xy-y^2$

04 인수분해 62~79쪽

400 ④ 401 ① 402 ② 403 $2x-5$ 404 ②
405 ③ 406 21 407 4 408 ⑤ 409 16
410 ② 411 ③ 412 $-3x-2$ 413 ① 414 ⑤
415 ④ 416 5 417 ④ 418 ② 419 ①
420 ① 421 ④ 422 ①, ④ 423 $3x-3$ 424 3
425 ③ 426 ③ 427 25 428 ④ 429 ②
430 ⑤ 431 -12 432 $(x-6)(x+4)$
433 (1) x^2+x-20 (2) $(x-4)(x+5)$ 434 $(2x+3)(x-5)$
435 ① 436 ③ 437 ②, ⑤ 438 ⑤ 439 ③
440 $(x+1)(x+2)(2x^2+6x-3)$ 441 ②, ④ 442 ③
443 ③ 444 ④ 445 ① 446 2 447 ③
448 -2 449 ③ 450 ① 451 ④ 452 -5
453 ① 454 $A=10000$, $B=170$ 455 -21 456 ③
457 ③ 458 3 459 $4x+10$ 460 $4x+2$
461 $(3x+y)(x+4y)$ 462 $x+9$ 463 ③ 464 $x+3$
465 ③ 466 ② 467 ④ 468 ② 469 ②
470 ② 471 ① 472 ⑤ 473 ④ 474 ⑤
475 ④ 476 ① 477 ⑤ 478 ⑤ 479 ⑤
480 ④ 481 ⑤ 482 ③ 483 ④ 484 ③
485 $(x+1)(y-1)(z-2)$ 486 ② 487 ① 488 ②
489 $6x+2y$ 490 ③ 491 ⑤ 492 ② 493 110
494 160 495 ③ 496 ① 497 $8x+6$ 498 ④
499 $80\,\mathrm{cm}$ 500 525 501 ③, ④ 502 ① 503 ④
504 $2x$ 505 $360\pi\,\mathrm{cm}^3$ 506 7
507 ② **508** ④ **509** ② **510** ③ **511** ⑤
512 ⑤ **513** ⑤ **514** ① **515** ③ **516** ②
517 ④ **518** ③ **519** 4 **520** (1) 3 (2) $a=5$, $b=2$

III 이차방정식

05 이차방정식의 뜻과 풀이 80~97쪽

521 ⑤ 522 ③, ⑤ 523 ② 524 $a\neq-3$ 525 ⑤
526 ④ 527 $x=3$ 528 ⑤ 529 ② 530 ①
531 ⑤ 532 ④ 533 ① 534 14 535 ③
536 ② 537 ⑤ 538 6 539 ③ 540 ④
541 $x=2$ 또는 $x=6$ 542 ① 543 ② 544 -7

빠른정답

Ⅰ 실수와 그 연산

01 제곱근과 실수 4~27쪽

001 ③ 002 ②, ③ 003 ④ 004 ④ 005 ③, ⑤
006 ④ 007 5 008 ③ 009 (1) $\frac{1}{4}$ (2) -4 (3) -3
010 $\sqrt{6}$ 011 ④ 012 $\sqrt{105}$ cm 013 $\sqrt{22}$ cm 014 $\sqrt{57}$ cm
015 $\sqrt{85}$ cm 016 $\sqrt{117}$ cm 017 ⑤ 018 ③, ⑤ 019 ㄴ, ㄷ, ㅂ
020 ⑤ 021 ② 022 ② 023 -4 024 ①
025 ⑤ 026 -1 027 2 028 ③ 029 ④
030 $-\sqrt{(6a)^2}$ 031 $\frac{5}{7}a+\frac{3}{7}b$ 032 ① 033 $-\frac{5}{2}a^2$
034 $-4a-b$ 035 ③ 036 $-2a+8$ 037 ⑤ 038 0
039 $6a-2b$ 040 ③ 041 ④ 042 ④ 043 ②
044 14 045 174 046 10 047 3 048 75
049 7 050 ① 051 83 052 ⑤ 053 ①
054 ⑤ 055 ② 056 ④ 057 -5 058 ①
059 ③ 060 ④ 061 10 062 ② 063 ③
064 3개 065 5 066 ① 067 ④ 068 11
069 ③ 070 $-\sqrt{1.6}$, $\sqrt{7}-1$ 071 ㄱ, ㅁ 072 77
073 ④ 074 ② 075 ②, ③ 076 ④ 077 ㄴ, ㄷ
078 ① 079 P : $3-\sqrt{5}$, Q : $3+\sqrt{2}$ 080 ③
081 P$(5-\sqrt{8})$, Q$(7+\sqrt{20})$ 082 P : $-1+\sqrt{5}$, Q : $-1-\sqrt{5}$
083 ② 084 $3-\sqrt{13}$ 085 P : $2+\sqrt{10}$, Q : $2-\sqrt{10}$ 086 9
087 ⑤ 088 ③ 089 4개 090 ③ 091 ③, ⑤
092 ③ 093 ④ 094 ④ 095 $2+\sqrt{5}$
096 정사각형 C 097 ① 098 점 E 099 ④
100 $1-\sqrt{3}$: B 구간, $1-\sqrt{5}$: A 구간, $3-\sqrt{3}$: D 구간 101 ⑤
102 ② 103 ③ 104 ④ 105 3 106 5
107 ⑤ 108 ① 109 ③ 110 ② 111 ①
112 ㄴ 113 $\sqrt{2}$ cm 114 4 115 ② 116 ④
117 $\sqrt{149}$ cm 118 ② 119 $\sqrt{34}$ cm 120 1 121 ③
122 ⑤ 123 18 124 ③ 125 ④ 126 ①
127 (1) 3 (2) -2 128 ② 129 ⑤ 130 ③
131 ① 132 ② 133 12 134 ⑤ 135 ⑤
136 ① 137 ④ 138 ⑤ 139 $1+\sqrt{5}$ 140 ③
141 ⑤ 142 4개
143 $-2-\sqrt{2}$: A 구간, $-\sqrt{3}$: C 구간, $4-\sqrt{5}$: F 구간 144 ②
145 ④ 146 E : $-1-\sqrt{5}$, F : $-1+\sqrt{5}$ 147 ⑤
148 31
149 ①, ⑤ 150 ③ 151 ① 152 ④ 153 ⑤
154 $\sqrt{128}$ cm 155 ④ 156 12개 157 ④ 158 ③
159 ⑤ 160 $\frac{1}{a}$ 161 10 162 $\sqrt{30}$ cm

02 근호를 포함한 식의 계산 28~47쪽

163 $8\sqrt{15}$ 164 ④ 165 4 166 ②, ⑤ 167 ②
168 7 169 10배 170 3 171 ④ 172 ⑤
173 ③ 174 14403 175 40 176 ③ 177 ②
178 8 179 $\frac{1}{24}$ 180 ③ 181 ④ 182 ②
183 ② 184 ⑤ 185 ④ 186 2 187 $\frac{1}{\sqrt{6}}$
188 $3\sqrt{2}$ 189 9 190 ⑤ 191 $\frac{1}{3}$ cm 192 ②
193 ④ 194 8 195 $30\sqrt{2}$ cm 196 39 cm^2
197 $\frac{\sqrt{3}}{4}-\frac{2\sqrt{5}}{3}$ 198 ④ 199 ③ 200 $5-2\sqrt{5}$
201 -3 202 ④ 203 $\frac{121}{3}$ 204 45 205 -6
206 ② 207 ③ 208 $\frac{4\sqrt{3}}{3}$ 209 ③ 210 $10+\sqrt{5}$
211 -12 212 ④ 213 $-2+\frac{\sqrt{6}}{6}$ 214 $2\sqrt{2}-3$ 215 $-\sqrt{10}$
216 (1) $2\sqrt{7}+\sqrt{2}$ (2) $2\sqrt{7}-\sqrt{2}$ (3) 28 217 $16\sqrt{2}-14$
218 $\sqrt{10}$ 219 ⑤ 220 -3 221 ②
222 (1) $\frac{7}{3}$ (2) $\frac{43}{3}$ 223 ③ 224 ④ 225 ③
226 겉넓이 : $14+6\sqrt{10}$, 부피 : $2\sqrt{5}+5\sqrt{2}$ 227 $30\sqrt{5}$ cm^3 228 $-3+2\sqrt{2}$
229 $7+2\sqrt{13}$ 230 $2\sqrt{6}+2$ 231 ③ 232 ④ 233 ③
234 ① 235 ③ 236 (1) $>$ (2) $<$ (3) $>$ 237 1
238 ② 239 312 240 ⑤ 241 ④ 242 ②
243 ④ 244 ④ 245 ① 246 $\sqrt{5}$ 247 $1-\frac{\sqrt{6}}{2}$
248 ②
249 ① 250 ⑤ 251 ③ 252 ② 253 $8\sqrt{2}$
254 ④ 255 65배 256 $36\sqrt{5}$ 257 $6\sqrt{3}$ 258 ⑤
259 ① 260 ① 261 $2ab$ 262 $3\sqrt{3}$ cm^2 263 ⑤
264 $\sqrt{5}-\sqrt{3}$ 265 ④ 266 4 267 ① 268 ⑤
269 ④ 270 ④ 271 12 272 ⑤ 273 ③
274 ④ 275 ③ 276 $-2+2\sqrt{2}$ 277 ⑤ 278 ④
279 6 280 ④ 281 ③ 282 ④ 283 ④
284 ② 285 ④ 286 ① 287 ③ 288 ⑤
289 $\frac{4\sqrt{5}-5}{5}$ 290 ⑤

08 이차함수의 활용 124~137쪽

822 3	823 ④	824 ⑤	825 ⑤	826 ④
827 ③	828 ㄹ	829 ②	830 ④	831 -4
832 ③	833 ③	834 ④	835 -4	836 ②
837 ①	838 12	839 ④	840 $k>1$	841 $x<1$
842 ⑤	843 $x>-3$	844 ③	845 ④, ⑤	846 ㄷ, ㄹ
847 ⑤	848 ③	849 ①	850 ②	851 ⑤
852 ③	853 15	854 ②	855 ⑤	856 ③
857 $m=1$, $n=2$		858 $\mathrm{A}(-4, 4)$, $\mathrm{B}\left(3, \frac{9}{4}\right)$		859 ⑤
860 $(0, 10)$	861 ③	862 ⑤	863 $(2, 0)$	864 ①
865 ②	866 ②	867 ②	868 ②	869 ④
870 12				
871 4	872 3	873 ①	874 $x<\frac{3}{2}$	875 -18
876 ③	877 $\frac{15}{2}$	878 ②	879 ⑤	880 $(-1, 0)$
881 -3	882 ③	883 4	884 ④	
885 $y=x^2-2x-3$		886 -2	887 ④	888 ②
889 3	890 ④	891 4	892 -23	893 ④
894 $y=-2(x-1)^2+8$		895 ⑤	896 ②	897 ②
898 ⑤				
899 6	**900** ③	**901** 2	**902** $k<16$	**903** 5
904 $(3, 12)$	**905** ㄴ, ㄷ, ㅁ	**906** 제4사분면	**907** 4	**908** 29
909 -13	**910** ②	**911** 16	**912** $x<-1$	

워크북

중학 수학 3·1

내신과 등업을 위한 강력한 한 권! 수매씽

워크북의 구성과 특징

수매씽은 전국 1000개 중학교 기출문제를 체계적으로 분석하여 새로운 수학 학습의 방향을 제시합니다.
꼭 필요한 유형만 모은 유형북과 3단계 반복 학습으로 구성한 워크북의 2권으로 구성된 최고의 문제 기본서!
수매씽을 통해 꼭 필요한 유형과 반복 학습으로 수학의 자신감을 키우세요.

워크북 3단계 반복 학습 System

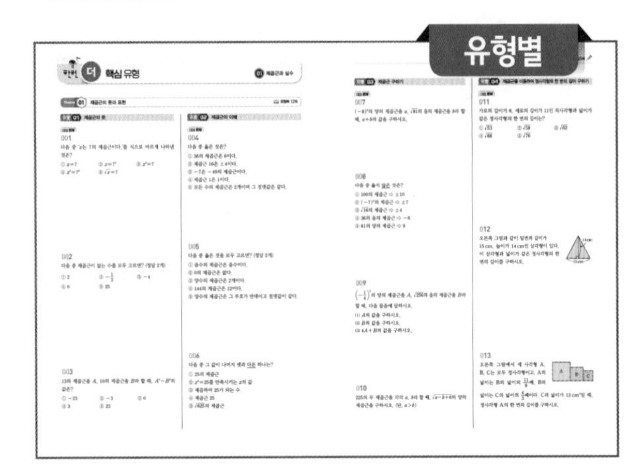

한번 더 핵심 유형

유형북 Step 2 핵심 유형 쌍둥이 문제로 구성하였습니다. 숫자 및 표현을 바꾼 쌍둥이 문제로 유형별 반복 학습을 통해 수학 실력을 향상할 수 있습니다.

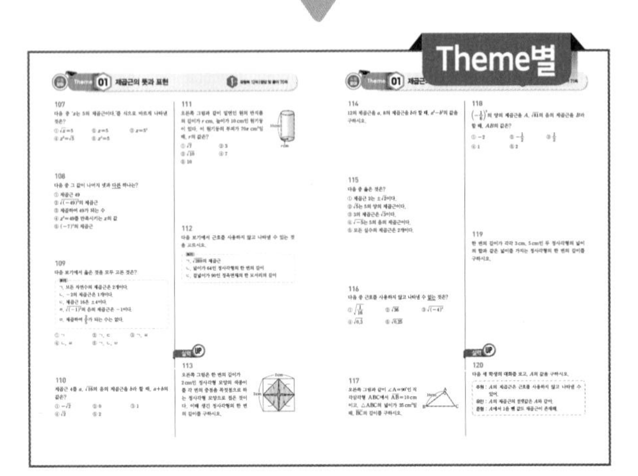

유형 모아 Theme 연습하기

Theme별 연습 문제를 2회씩 구성하였습니다. 유형을 모아 Theme별로 기본 문제부터 실력 UP 문제까지 풀면서 자신감을 향상하고, 실전 감각을 완성할 수 있습니다.

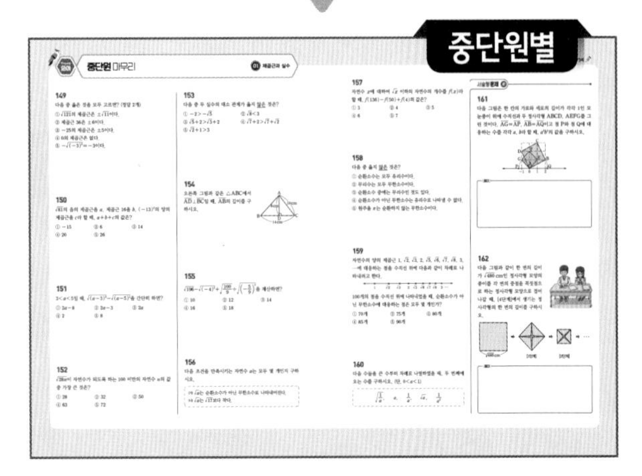

Theme 모아 중단원 마무리

실전에 나오는 문제만을 선별하여 구성하였습니다. Theme를 모아 중단원별로 실제 시험에 출제되는 다양한 문제를 연습하고, 서술형 코너를 통해 보다 집중적으로 학교 시험에 대비할 수 있습니다.

내신과 등업을 위한 강력한 한 권! **수매씽**

워크북의 차례

I 실수와 그 연산

01 제곱근과 실수

한번 더 핵심 유형

02 근호를 포함한 식의 계산

한번 더 핵심 유형

II 다항식의 곱셈과 인수분해

03 다항식의 곱셈과 곱셈 공식

한번 더 핵심 유형

04 인수분해

한번 더 핵심 유형

III 이차방정식

05 이차방정식의 뜻과 풀이

한번 더 핵심 유형

06 이차방정식의 활용

한번 더 핵심 유형

IV 이차함수

07 이차함수와 그 그래프

한번 더 핵심 유형

08 이차함수의 활용

한번 더 핵심 유형

Theme 01 제곱근의 뜻과 표현

유형북 12쪽

유형 01 제곱근의 뜻

대표 문제

001

다음 중 'x는 7의 제곱근이다.'를 식으로 바르게 나타낸 것은?

① $x=7$　② $x=7^2$　③ $x^2=7$
④ $x^2=7^2$　⑤ $\sqrt{x}=7$

002

다음 중 제곱근이 없는 수를 모두 고르면? (정답 2개)

① 2　② $-\frac{1}{3}$　③ -4
④ 0　⑤ 25

003

13의 제곱근을 A, 10의 제곱근을 B라 할 때, A^2-B^2의 값은?

① -23　② -3　③ 0
④ 3　⑤ 23

유형 02 제곱근의 이해

대표 문제

004

다음 중 옳은 것은?

① 36의 제곱근은 6이다.
② 제곱근 16은 ±4이다.
③ -7은 -49의 제곱근이다.
④ 제곱근 1은 1이다.
⑤ 모든 수의 제곱근은 2개이며 그 절댓값은 같다.

005

다음 중 옳은 것을 모두 고르면? (정답 2개)

① 음수의 제곱근은 음수이다.
② 0의 제곱근은 없다.
③ 양수의 제곱근은 2개이다.
④ 144의 제곱근은 12이다.
⑤ 양수의 제곱근은 그 부호가 반대이고 절댓값이 같다.

006

다음 중 그 값이 나머지 넷과 다른 하나는?

① 25의 제곱근
② $x^2=25$를 만족시키는 x의 값
③ 제곱하여 25가 되는 수
④ 제곱근 25
⑤ $\sqrt{625}$의 제곱근

유형 03 제곱근 구하기

대표 문제

007

$(-8)^2$의 양의 제곱근을 a, $\sqrt{81}$의 음의 제곱근을 b라 할 때, $a+b$의 값을 구하시오.

008

다음 중 옳지 않은 것은?

① 100의 제곱근 ⇨ ± 10
② $(-7)^2$의 제곱근 ⇨ ± 7
③ $\sqrt{16}$의 제곱근 ⇨ ± 4
④ 36의 음의 제곱근 ⇨ -6
⑤ 81의 양의 제곱근 ⇨ 9

009

$\left(-\frac{1}{4}\right)^2$의 양의 제곱근을 A, $\sqrt{256}$의 음의 제곱근을 B라 할 때, 다음 물음에 답하시오.

(1) A의 값을 구하시오.
(2) B의 값을 구하시오.
(3) $4A+B$의 값을 구하시오.

010

225의 두 제곱근을 각각 a, b라 할 때, $\sqrt{a-b+6}$의 양의 제곱근을 구하시오. (단, $a>b$)

유형 04 제곱근을 이용하여 정사각형의 한 변의 길이 구하기

대표 문제

011

가로의 길이가 6, 세로의 길이가 11인 직사각형과 넓이가 같은 정사각형의 한 변의 길이는?

① $\sqrt{53}$　② $\sqrt{58}$　③ $\sqrt{62}$
④ $\sqrt{66}$　⑤ $\sqrt{70}$

012

오른쪽 그림과 같이 밑변의 길이가 15 cm, 높이가 14 cm인 삼각형이 있다. 이 삼각형과 넓이가 같은 정사각형의 한 변의 길이를 구하시오.

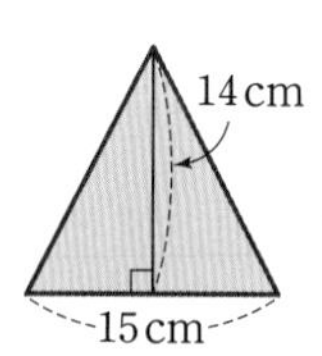

013

오른쪽 그림에서 세 사각형 A, B, C는 모두 정사각형이고, A의 넓이는 B의 넓이의 $\frac{11}{8}$배, B의 넓이는 C의 넓이의 $\frac{4}{3}$배이다. C의 넓이가 12 cm^2일 때, 정사각형 A의 한 변의 길이를 구하시오.

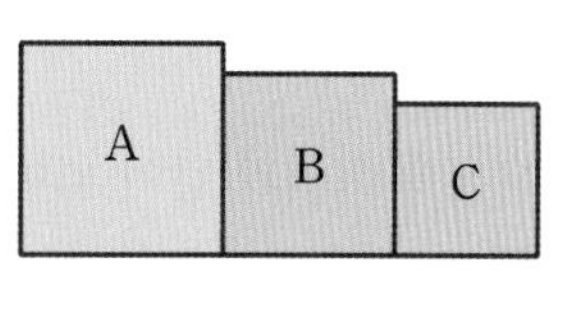

유형 05 제곱근을 이용하여 직각삼각형의 한 변의 길이 구하기

대표 문제

014

오른쪽 그림과 같은 $\triangle ABC$에서 $\overline{AD} \perp \overline{BC}$이고 $\overline{AB}=10\text{ cm}$, $\overline{AC}=11\text{ cm}$, $\overline{BD}=6\text{ cm}$일 때, $\overline{DC}$의 길이를 구하시오.

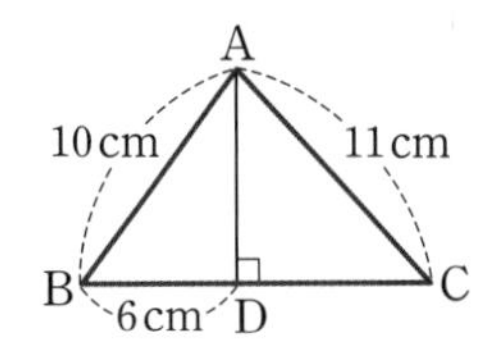

015

오른쪽 그림과 같이 $\angle A=90°$인 직각삼각형 ABC에서 $\overline{AB}=7\text{ cm}$이고, $\triangle ABC$의 넓이가 21 cm^2일 때, $\overline{BC}$의 길이를 구하시오.

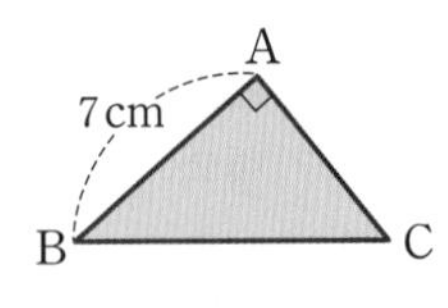

016

오른쪽 그림과 같이 넓이가 각각 36 cm^2, 9 cm^2인 두 정사각형 ABCD, GCEF를 세 점 B, C, E가 한 직선 위에 있도록 이어 붙였을 때, $\overline{AE}$의 길이를 구하시오.

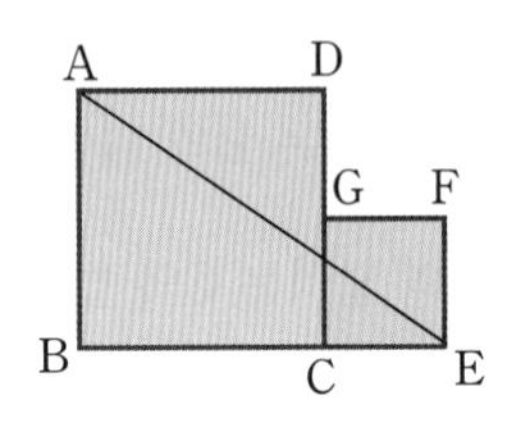

유형 06 근호를 사용하지 않고 나타내기

대표 문제

017

다음 중 근호를 사용하지 않고 제곱근을 나타낼 수 없는 것은?

① $\sqrt{\frac{1}{256}}$　② $0.\dot{4}$　③ $\frac{9}{16}$
④ $\sqrt{625}$　⑤ 0.4

018

다음 중 근호를 사용하지 않고 제곱근을 나타낼 수 있는 것을 모두 고르면? (정답 2개)

① $\sqrt{196}$　② $\sqrt{0.09}$　③ 0.49
④ $\sqrt{0.01}$　⑤ $\sqrt{\frac{16}{81}}$

019

다음 보기에서 근호를 사용하지 않고 나타낼 수 있는 것을 모두 고르시오.

보기

ㄱ. $\sqrt{0.9}$　ㄴ. $-\sqrt{289}$
ㄷ. $\sqrt{324}$　ㄹ. $\sqrt{\frac{1}{36}}$의 양의 제곱근
ㅁ. $\sqrt{16.9}$　ㅂ. 7^2의 음의 제곱근

Theme 02 제곱근의 성질과 대소 관계

유형북 15쪽

유형 07 제곱근의 성질

대표 문제

020

다음 중 옳지 않은 것은?

① $\sqrt{(-3)^2}=3$　② $\sqrt{0.16}=0.4$

③ $(-\sqrt{7})^2=7$　④ $-\sqrt{(-5)^2}=-5$

⑤ $-\sqrt{\frac{9}{25}}=\frac{3}{5}$

021

다음 중 그 값이 나머지 넷과 다른 하나는?

① $\sqrt{(-10)^2}$　② $-\sqrt{10^2}$　③ $\sqrt{10^2}$

④ $(\sqrt{10})^2$　⑤ $(-\sqrt{10})^2$

022

다음 중 가장 작은 수는?

① $\sqrt{0.6^2}$　② $(-\sqrt{0.09})^2$　③ $\sqrt{0.5^2}$

④ $\sqrt{0.49}$　⑤ $\sqrt{(-0.16)^2}$

023

$(\sqrt{4})^2$의 양의 제곱근을 A, $(-\sqrt{36})^2$의 음의 제곱근을 B라 할 때, $5A-B$의 음의 제곱근을 구하시오.

유형 08 제곱근의 성질을 이용한 계산

대표 문제

024

다음 중 옳지 않은 것은?

① $(\sqrt{3})^2+(-\sqrt{3})^2=0$

② $(-\sqrt{2})^2-(-\sqrt{3^2})=5$

③ $(\sqrt{0.2})^2+(-\sqrt{0.3})^2=0.5$

④ $\sqrt{49}-\sqrt{(-3)^2}=4$

⑤ $\sqrt{81}\div\sqrt{(-3)^2}=3$

025

$\sqrt{8^2}+(-\sqrt{2})^2-(-\sqrt{25})$를 계산하면?

① 1　② 6　③ 8

④ 10　⑤ 15

026

$\sqrt{16}-(-\sqrt{11})^2+\sqrt{\left(-\frac{3}{5}\right)^2}\times(\sqrt{10})^2$을 계산하시오.

027

$a=\sqrt{3}$, $b=\sqrt{2}$, $c=-\sqrt{5}$일 때, $a^2+2b^2-c^2$의 값을 구하시오.

유형 09 $\sqrt{a^2}$의 성질

대표 문제

028

$a>0$일 때, 다음 중 옳지 않은 것은?

① $\sqrt{a^2}=a$
② $\sqrt{(-a)^2}=a$
③ $(-\sqrt{a})^2=-a$
④ $(\sqrt{a})^2=a$
⑤ $-\sqrt{(-a)^2}=-a$

029

$a<0$일 때, 다음 중 옳지 않은 것은?

① $\sqrt{(-2a)^2}=-2a$
② $-\sqrt{\frac{a^2}{4}}=\frac{a}{2}$
③ $(\sqrt{-a})^2=-a$
④ $\sqrt{25a^2}=5a$
⑤ $-\sqrt{(-3a)^2}=3a$

030

$a>0$일 때, 다음 중 그 값이 가장 작은 것을 구하시오.

$\sqrt{(-3a)^2}$, $-\sqrt{16a^2}$, $-\sqrt{(6a)^2}$, $(-\sqrt{2a})^2$, $-\sqrt{(-2a)^2}$

유형 10 $\sqrt{a^2}$ 꼴을 포함한 식을 간단히 하기

대표 문제

031

$a>0$, $b<0$일 때, $\left(\sqrt{\frac{5}{7}a}\right)^2-\sqrt{\left(\frac{3}{7}b\right)^2}$을 간단히 하시오.

032

$a<0$일 때, $\sqrt{(2a)^2}+\sqrt{(-a)^2}$을 간단히 하면?

① $-3a$
② $-2a$
③ $-a$
④ $2a$
⑤ $3a$

033

$a>0$일 때, $\sqrt{(-a)^2}\times\sqrt{\left(-\frac{1}{5}a\right)^2}-\sqrt{81a^2}\times\sqrt{0.09a^2}$을 간단히 하시오.

034

$a-b<0$, $ab<0$일 때, $\sqrt{a^2}+\sqrt{(-3a)^2}-\sqrt{b^2}$을 간단히 하시오.

유형 11 $\sqrt{(a-b)^2}$ 꼴을 포함한 식을 간단히 하기

대표 문제

035

$3<a<4$일 때, $\sqrt{(4-a)^2}+\sqrt{(3-a)^2}$을 간단히 하면?

① $-2a+1$　② $-2a+7$　③ 1
④ $2a+1$　⑤ $2a+7$

036

$a<3$일 때, $\sqrt{(a-3)^2}+\sqrt{(5-a)^2}$을 간단히 하시오.

037

$-2<a<1$일 때, $\sqrt{(a-1)^2}+\sqrt{(a+2)^2}$을 간단히 하면?

① -3　② $2a+1$　③ $2a+3$
④ 1　⑤ 3

038

$-3<a<7$일 때, $\sqrt{(a-7)^2}-\sqrt{(a+3)^2}=4$를 만족시키는 a의 값을 구하시오.

039

$a-b>0$, $ab<0$일 때, 다음 식을 간단히 하시오.

$$\sqrt{(-5a)^2}+\sqrt{(b-a)^2}+\sqrt{b^2}$$

040

$a>b>c>0$일 때, $\sqrt{(b-a)^2}+\sqrt{(c-b)^2}+\sqrt{(a-c)^2}$을 간단히 하면?

① $2a$　② $2a-2b$　③ $2a-2c$
④ $-2b-2c$　⑤ $-2b+2c$

041

$0<a<1$일 때, $\sqrt{\left(a+\frac{1}{a}\right)^2}-\sqrt{\left(\frac{1}{a}-a\right)^2}$을 간단히 하면?

① $-\frac{2}{a}$　② $2a-\frac{2}{a}$　③ $-2a$
④ $2a$　⑤ $\frac{2}{a}$

유형 12 $\sqrt{Ax}$가 자연수가 되도록 하는 자연수 x의 값 구하기

대표 문제

042

$\sqrt{40x}$가 자연수가 되도록 하는 가장 작은 자연수 x의 값은?

① 4 ② 6 ③ 8
④ 10 ⑤ 12

043

다음 중 $\sqrt{3\times5^2\times x}$가 자연수가 되도록 하는 자연수 x의 값이 될 수 없는 것은?

① 3 ② 9 ③ 12
④ 27 ⑤ 48

044

$\sqrt{\frac{162}{7}x}$가 자연수가 되도록 하는 가장 작은 자연수 x의 값을 구하시오.

045

$10<n<100$일 때, $\sqrt{24n}$이 자연수가 되도록 하는 모든 자연수 n의 값의 합을 구하시오.

유형 13 $\sqrt{\frac{A}{x}}$가 자연수가 되도록 하는 자연수 x의 값 구하기

대표 문제

046

$\sqrt{\frac{90}{x}}$이 자연수가 되도록 하는 가장 작은 자연수 x의 값을 구하시오.

047

$\sqrt{\frac{108}{n}}$이 가장 큰 자연수가 되도록 하는 자연수 n의 값을 구하시오.

048

x가 두 자리의 자연수일 때, $\sqrt{\frac{540}{x}}$이 자연수가 되도록 하는 모든 x의 값의 합을 구하시오.

유형 14 $\sqrt{A+x}$가 자연수가 되도록 하는 자연수 x의 값 구하기

대표 문제

049

$\sqrt{42+x}$가 자연수가 되도록 하는 가장 작은 자연수 x의 값을 구하시오.

050

$\sqrt{23+x}$가 자연수가 되도록 자연수 x의 값 중 두 번째로 작은 것은?

① 13 ② 18 ③ 26
④ 28 ⑤ 34

051

$\sqrt{37+x}$가 한 자리의 자연수가 되도록 하는 모든 자연수 x의 값의 합을 구하시오.

052

$\sqrt{51+m}=n$일 때, n이 자연수가 되도록 하는 가장 작은 자연수 m과 그때의 n에 대하여 $m+n$의 값은?

① 10 ② 13 ③ 15
④ 18 ⑤ 21

유형 15 $\sqrt{A-x}$가 자연수가 되도록 하는 자연수 x의 값 구하기

대표 문제

053

$\sqrt{17-n}$이 가장 큰 자연수가 되도록 하는 자연수 n의 값은?

① 1 ② 3 ③ 7
④ 10 ⑤ 12

054

$\sqrt{27-x}$가 정수가 되도록 하는 자연수 x는 모두 몇 개인가?

① 2개 ② 3개 ③ 4개
④ 5개 ⑤ 6개

055

$\sqrt{24-x}$가 정수가 되도록 하는 자연수 x의 최댓값과 최솟값의 합은?

① 30 ② 32 ③ 34
④ 36 ⑤ 38

유형 16 제곱근의 대소 관계

대표 문제

056

다음 중 두 수의 대소 관계가 옳지 않은 것은?

① $\sqrt{12}<\sqrt{13}$　② $\sqrt{2}<2$
③ $\sqrt{13}<4$　④ $\sqrt{0.1}<0.1$
⑤ $\sqrt{\frac{1}{4}}>\frac{1}{3}$

057

다음 보기에서 가장 작은 수를 a, 가장 큰 수를 b라 할 때, b^2-a^2의 값을 구하시오.

보기

2,　$\sqrt{0.6}$,　-0.5,　$-\sqrt{\frac{13}{2}}$,　0.7,　-3

058

$a>1$일 때, 다음 중 그 값이 가장 큰 것은?

① a　② $\sqrt{a}$　③ $\frac{1}{a}$
④ $\sqrt{\frac{1}{a}}$　⑤ $\frac{1}{a^2}$

유형 17 제곱근의 성질과 대소 관계

059

$\sqrt{(-4+\sqrt{11})^2}-\sqrt{(4-\sqrt{11})^2}$을 간단히 하면?

① -8　② $-\sqrt{11}$　③ 0
④ $\sqrt{11}$　⑤ 8

060

$\sqrt{(2-\sqrt{5})^2}-\sqrt{(\sqrt{5}-2)^2}-\sqrt{(-3)^2}+(-\sqrt{6})^2$을 간단히 하면?

① $-2+\sqrt{5}$　② 1　③ $-3+\sqrt{20}$
④ 3　⑤ $3+\sqrt{20}$

061

$x=5$, $y=-3-\sqrt{3}$일 때, $\sqrt{(x+y)^2}+\sqrt{(x-y)^2}$의 값을 구하시오.

유형 18 제곱근을 포함한 부등식

대표 문제

062

$4<\sqrt{x}<5$를 만족시키는 자연수 x는 모두 몇 개인가?

① 6개 ② 8개 ③ 10개
④ 12개 ⑤ 14개

063

$\sqrt{11}<n<\sqrt{37}$을 만족시키는 모든 자연수 n의 값의 합은?

① 9 ② 12 ③ 15
④ 18 ⑤ 21

064

$\frac{15}{2}<\sqrt{x}\le 8$을 만족시키는 자연수 x 중에서 3의 배수는 모두 몇 개인지 구하시오.

065

$\sqrt{21}<\sqrt{2x+3}\le 6$을 만족시키는 자연수 x 중에서 가장 큰 수를 M, 가장 작은 수를 m이라 할 때, $\sqrt{M+m-1}$의 값을 구하시오.

유형 19 $\sqrt{x}$ 이하의 자연수 구하기

대표 문제

066

자연수 x에 대하여 $\sqrt{x}$ 이하의 자연수의 개수를 $f(x)$라 할 때, $\sqrt{\frac{f(86)}{f(14)}}$의 값은?

① $\sqrt{3}$ ② $\sqrt{5}$ ③ $\sqrt{7}$
④ $\sqrt{11}$ ⑤ $\sqrt{13}$

067

자연수 x에 대하여 $\sqrt{x}$ 이하의 자연수 중 가장 큰 수를 $A(x)$라 할 때, $A(132)-A(26)+A(63)$의 값은?

① 7 ② 9 ③ 11
④ 13 ⑤ 15

068

자연수 x에 대하여 $\sqrt{x}$ 이하의 자연수의 개수를 $n(x)$라 할 때, $n(1)+n(2)+n(3)+\cdots+n(x)=22$이다. x의 값을 구하시오.

Theme 03 무리수와 실수

유형북 22쪽

유형 20 유리수와 무리수 구별하기

대표 문제

069

다음 중 무리수인 것은?

① $-\sqrt{64}$ ② -3.14 ③ $-\sqrt{2}$
④ $\sqrt{0.49}$ ⑤ $\sqrt{16}$

070

다음 중 순환소수가 아닌 무한소수로 나타내어지는 것을 모두 고르시오.

$\sqrt{81}$, $(-\sqrt{7})^2$, $-\sqrt{1.6}$, $\sqrt{7}-1$, $\sqrt{\frac{25}{36}}$, $1.\dot{3}\dot{7}$

071

다음 보기에서 a가 유리수일 때, 항상 무리수인 것을 모두 고르시오.

보기
ㄱ. $a-\sqrt{5}$ ㄴ. $a+3$ ㄷ. $7a$
ㄹ. $\sqrt{5}a$ ㅁ. $\sqrt{7}+a$

072

x가 50 이상 130 이하의 자연수일 때, $\sqrt{x}$가 무리수가 되도록 하는 x의 개수를 구하시오.

유형 21 실수의 이해

대표 문제

073

다음 중 옳지 않은 것은?

① 유한소수는 유리수이다.
② 무한소수 중에서 유리수인 것도 있다.
③ 모든 무리수는 실수이다.
④ 근호를 사용하여 나타낸 수는 모두 무리수이다.
⑤ 무리수는 $\frac{(\text{정수})}{(0\text{이 아닌 정수})}$ 꼴로 나타낼 수 없다.

074

다음 중 옳지 않은 것은?

① 음의 실수 중에서 정수인 것을 음의 정수라 한다.
② 무한소수는 무리수이다.
③ 소수는 유한소수와 무한소수로 이루어져 있다.
④ 실수 중에서 유리수가 아닌 수는 모두 무리수이다.
⑤ 모든 실수는 양의 실수, 0, 음의 실수로 구분할 수 있다.

075

다음 중 □ 안에 들어갈 수인 것을 모두 고르면? (정답 2개)

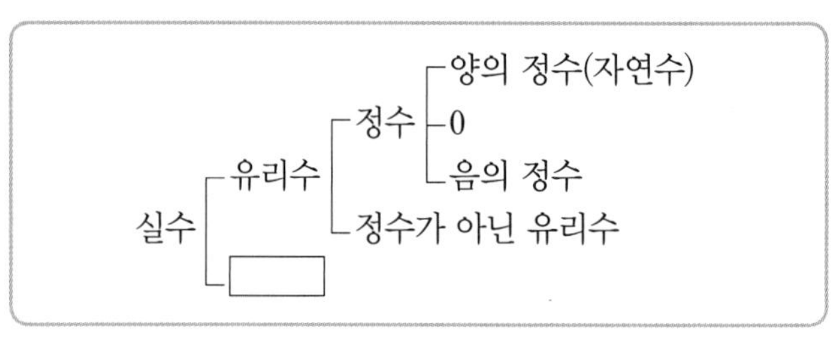

① $-\sqrt{0.16}$ ② $-\sqrt{0.3}$ ③ $\sqrt{2}-1$
④ $1.2\dot{7}$ ⑤ $-\sqrt{4}$

076

다음 중 $\sqrt{7}$에 대한 설명으로 옳지 않은 것은?

① 무리수이다.
② 7의 양의 제곱근이다.
③ 제곱하면 7이 되는 수이다.
④ 근호를 사용하지 않고 나타낼 수 있다.
⑤ 순환소수가 아닌 무한소수로 나타낼 수 있다.

077

다음 보기에서 옳은 것을 모두 고르시오.

보기
ㄱ. a가 유리수이면 $\sqrt{a}$는 항상 무리수이다.
ㄴ. 유한소수는 모두 분수로 나타낼 수 있다.
ㄷ. 무리수는 양의 무리수와 음의 무리수로 이루어져 있다.
ㄹ. 정수가 아니면서 유리수인 수는 없다.

078

다음 보기에서 실수의 개수를 a, 유리수의 개수를 b라 할 때, $a-b$의 값은?

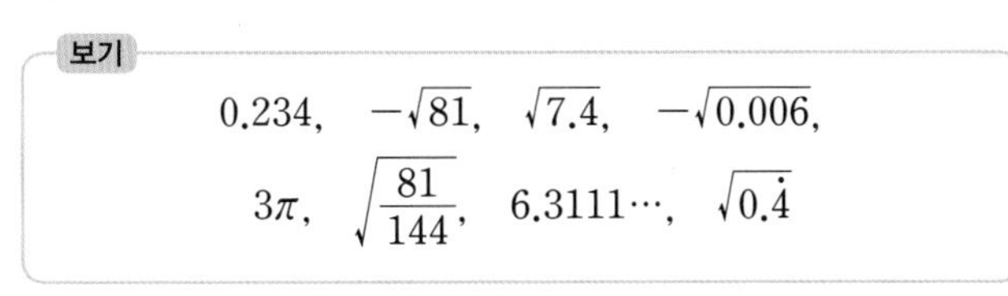
보기
0.234, $-\sqrt{81}$, $\sqrt{7.4}$, $-\sqrt{0.006}$,
3π, $\sqrt{\dfrac{81}{144}}$, $6.3111\cdots$, $\sqrt{0.\dot{4}}$

① 3 ② 4 ③ 5
④ 6 ⑤ 7

유형 22 무리수를 수직선 위에 나타내기 (1)

대표 문제

079

다음 그림은 수직선 위에 한 변의 길이가 1인 세 정사각형을 그린 것이다. $\overline{AB}=\overline{AP}$, $\overline{AC}=\overline{AQ}$일 때, 점 P와 점 Q에 대응하는 수를 각각 구하시오.

080

다음 그림은 수직선 위에 한 변의 길이가 1인 세 정사각형을 그린 것이다. 다음 중 각 점에 대응하는 수로 옳지 않은 것은?

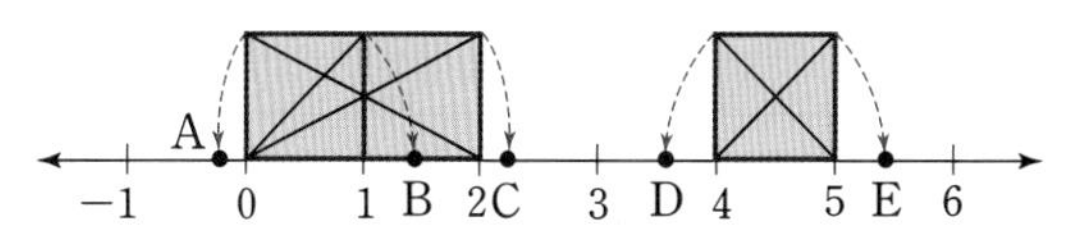

① A : $2-\sqrt{5}$ ② B : $\sqrt{2}$
③ C : $1+\sqrt{2}$ ④ D : $5-\sqrt{2}$
⑤ E : $4+\sqrt{2}$

081

다음 그림은 한 칸의 가로와 세로의 길이가 각각 1인 모눈종이 위에 수직선과 두 직각삼각형 ABC, DEF를 그린 것이다. $\overline{CA}=\overline{CP}$, $\overline{DF}=\overline{DQ}$일 때, 두 점 P, Q의 좌표를 각각 구하시오.

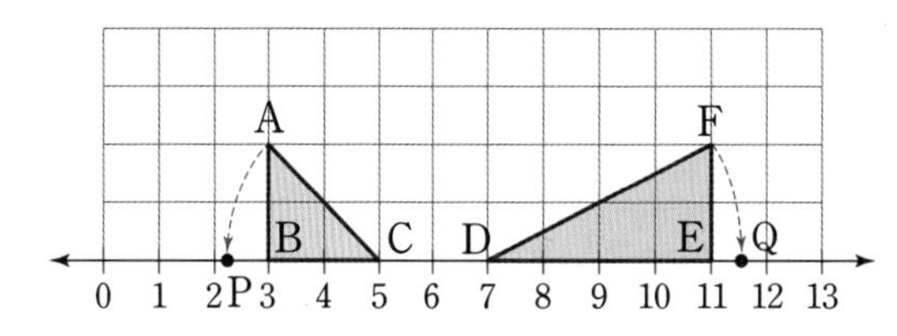

082

다음 그림은 한 칸의 가로와 세로의 길이가 각각 1인 모눈종이 위에 수직선과 정사각형 ABCD를 그린 것이다. $\overline{AB}=\overline{AP}$, $\overline{AD}=\overline{AQ}$일 때, 점 P와 점 Q에 대응하는 수를 각각 구하시오.

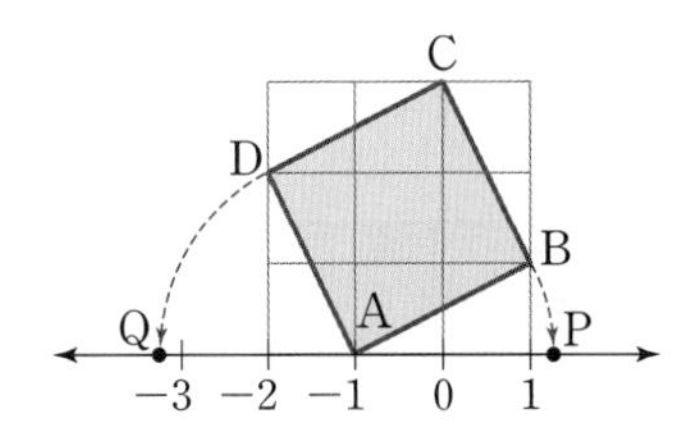

083

아래 그림은 한 칸의 가로와 세로의 길이가 각각 1인 모눈종이 위에 수직선과 정사각형 (가), (나)를 그린 것이다. 다음 중 옳지 않은 것은?

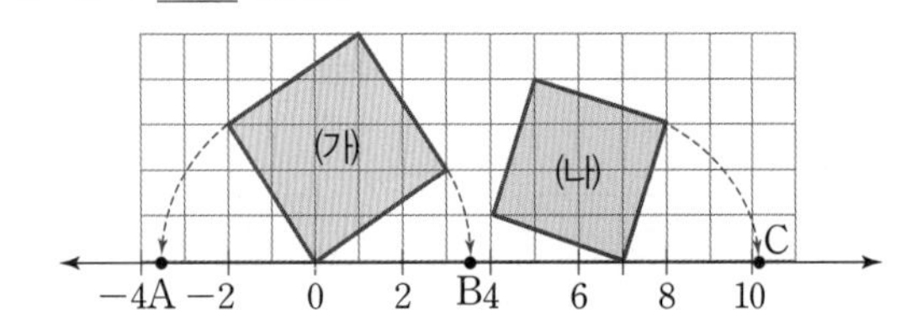

① 정사각형 (가)의 한 변의 길이는 $\sqrt{13}$이다.
② 정사각형 (나)의 한 변의 길이는 $\sqrt{5}$이다.
③ 점 A에 대응하는 수는 $-\sqrt{13}$이다.
④ 점 B에 대응하는 수는 $\sqrt{13}$이다.
⑤ 점 C에 대응하는 수는 $7+\sqrt{10}$이다.

084

다음 그림은 한 칸의 가로와 세로의 길이가 각각 1인 모눈종이 위에 수직선과 직사각형 ABCD를 그린 것이다. $\overline{AC}=\overline{AP}=\overline{AQ}$이고 점 Q에 대응하는 수가 $3+\sqrt{13}$일 때, 점 P에 대응하는 수를 구하시오.

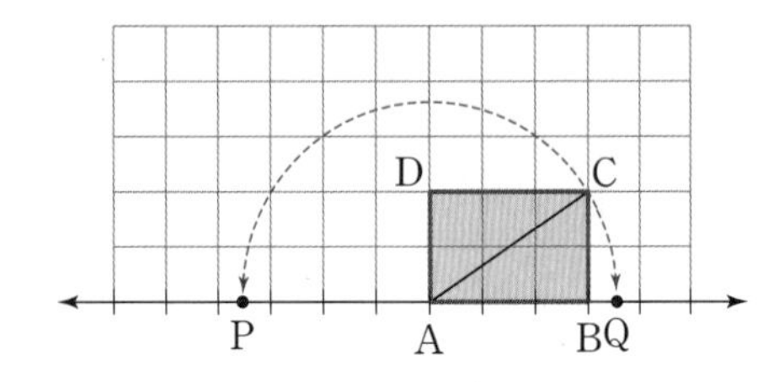

유형 23 무리수를 수직선 위에 나타내기 (2)

대표 문제

085

오른쪽 그림은 수직선 위에 넓이가 10인 정사각형 ABCD를 그린 것이다. $\overline{DA}=\overline{DP}$, $\overline{DC}=\overline{DQ}$일 때, 점 P와 점 Q에 대응하는 수를 각각 구하시오.

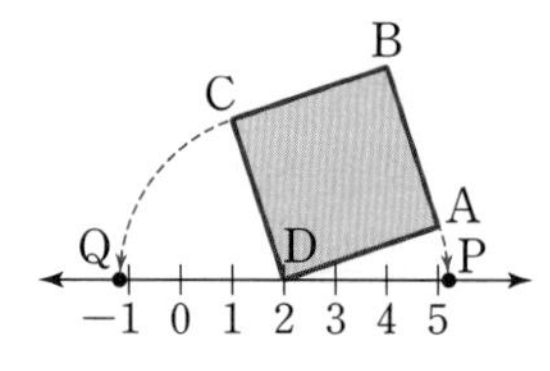

086

오른쪽 그림은 수직선 위에 넓이가 8인 정사각형 ABCD를 그린 것이다. $\overline{AB}=\overline{AP}$이고, 점 P에 대응하는 수가 $a+\sqrt{b}$일 때, $a+b$의 값을 구하시오.

(단, a, b는 유리수)

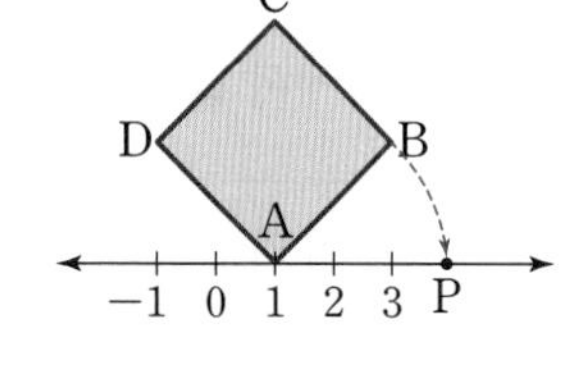

087

아래 그림은 수직선 위에 넓이가 11인 정사각형 ABCD와 넓이가 6인 정사각형 EFGH를 그린 것이다. $\overline{AD}=\overline{AP}$, $\overline{AB}=\overline{AQ}$, $\overline{EH}=\overline{ER}$, $\overline{EF}=\overline{ES}$일 때, 다음 중 옳지 않은 것은?

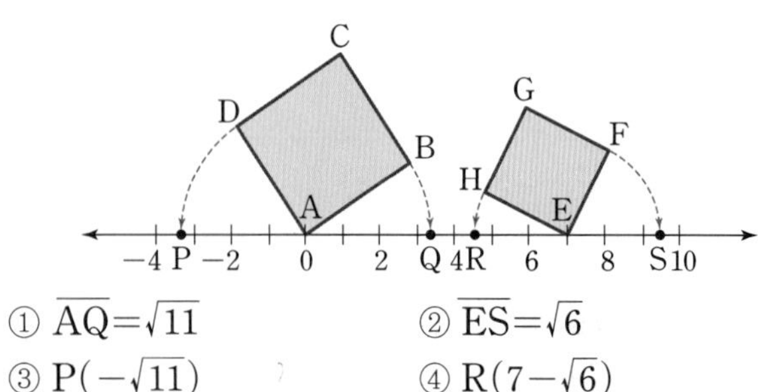

① $\overline{AQ}=\sqrt{11}$
② $\overline{ES}=\sqrt{6}$
③ $P(-\sqrt{11})$
④ $R(7-\sqrt{6})$
⑤ $S(7+\sqrt{11})$

유형 24 실수와 수직선

대표 문제

088

다음 설명 중 옳지 않은 것은?

① 모든 유리수는 각각 수직선 위의 한 점에 대응한다.
② $\sqrt{8}$과 $\sqrt{12}$ 사이에는 1개의 자연수가 있다.
③ 무리수에 대응하는 점만으로 수직선을 완전히 메울 수 있다.
④ -2와 $\sqrt{3}$ 사이에는 무수히 많은 무리수가 있다.
⑤ $\sqrt{17}$은 4와 5 사이에 있는 무리수이다.

089

다음 보기에서 옳은 것은 모두 몇 개인지 구하시오.

보기

ㄱ. 서로 다른 두 무리수 사이에는 무수히 많은 무리수가 있다.
ㄴ. 1과 2 사이에는 무수히 많은 유리수가 있다.
ㄷ. 서로 다른 두 유리수 사이에는 무수히 많은 무리수가 있다.
ㄹ. $\sqrt{5}$와 $\sqrt{6}$ 사이에는 무수히 많은 유리수가 있다.
ㅁ. 1과 1000 사이에는 무수히 많은 자연수가 있다.

090

다음 학생 중에서 잘못 말한 사람은?

① 건우 : -3과 3 사이에는 5개의 정수가 있어.
② 주현 : π는 수직선 위에 나타낼 수 있어.
③ 아현 : 수직선은 유리수에 대응하는 점들로 완전히 메울 수 있어.
④ 승우 : $\sqrt{3}$과 2 사이에는 무수히 많은 무리수가 있어.
⑤ 은숙 : 0에 가장 가까운 유리수는 구할 수 없어.

유형 25 두 실수의 대소 관계

대표 문제

091

다음 중 두 실수의 대소 관계가 옳지 않은 것을 모두 고르면? (정답 2개)

① $-\sqrt{8}>-3$
② $3>\sqrt{3}+1$
③ $\sqrt{2}-3>\sqrt{2}-1$
④ $\sqrt{2}+1<\sqrt{5}+1$
⑤ $5-\sqrt{6}>3$

092

다음 중 ○ 안에 들어갈 부등호의 방향이 나머지 넷과 다른 하나는?

① $\sqrt{12}-2$ ○ 3
② $2+\sqrt{7}$ ○ $\sqrt{10}+\sqrt{7}$
③ $\sqrt{6}-1$ ○ $\sqrt{6}-\sqrt{2}$
④ $4-\sqrt{5}$ ○ $\sqrt{20}-\sqrt{5}$
⑤ $\sqrt{15}+2$ ○ 6

093

다음 보기에서 두 실수의 대소 관계가 옳은 것을 모두 고른 것은?

보기

ㄱ. $2<6-\sqrt{10}$
ㄴ. $\sqrt{6}-1<1$
ㄷ. $3-\sqrt{2}>3-\sqrt{3}$
ㄹ. $2+\sqrt{10}<2+\sqrt{13}$
ㅁ. $5-(-\sqrt{3})^2>\sqrt{30}-2$

① ㄱ, ㄹ
② ㄴ, ㅁ
③ ㄷ, ㄹ
④ ㄱ, ㄷ, ㄹ
⑤ ㄱ, ㄷ, ㅁ

유형 26 세 실수의 대소 관계

대표 문제

094

$a=\sqrt{3}+2$, $b=4-\sqrt{3}$, $c=3$일 때, a, b, c의 대소 관계를 부등호를 사용하여 나타내면?

① $a<b<c$　② $a<c<b$　③ $b<a<c$
④ $b<c<a$　⑤ $c<a<b$

095

다음 수를 작은 것부터 차례로 나열할 때, 세 번째에 오는 수를 구하시오.

4, $2+\sqrt{5}$, $-2-\sqrt{5}$, $\sqrt{6}+\sqrt{5}$

096

한 변의 길이가 $\sqrt{19}$, 5, $3+\sqrt{5}$인 세 정사각형을 각각 A, B, C라 할 때, 넓이가 가장 넓은 정사각형을 구하시오.

유형 27 수직선에서 무리수에 대응하는 점 찾기

대표 문제

097

다음 수직선 위의 점 중에서 $-1-\sqrt{3}$에 대응하는 것은?

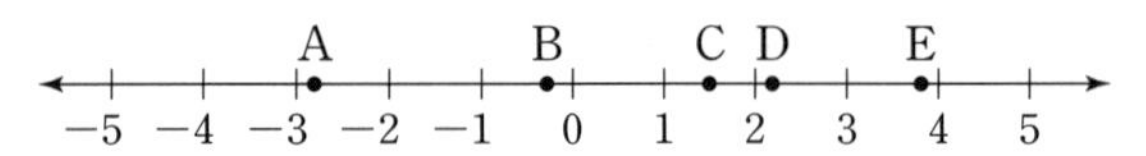

① 점 A　② 점 B　③ 점 C
④ 점 D　⑤ 점 E

098

다음 수직선 위의 점 중에서 $\sqrt{33}$에 대응하는 점을 찾으시오.

A　B　C　D　E
−3　−2　−1　0　1　2　3　4　5　6　7

099

다음 수직선에서 $3+\sqrt{5}$에 대응하는 점이 있는 구간을 찾으시오.

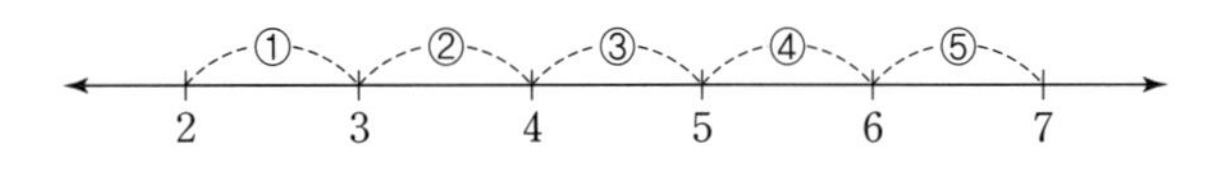

100

다음 수직선에서 $1-\sqrt{3}$, $1-\sqrt{5}$, $3-\sqrt{3}$에 대응하는 점이 있는 구간을 각각 찾으시오.

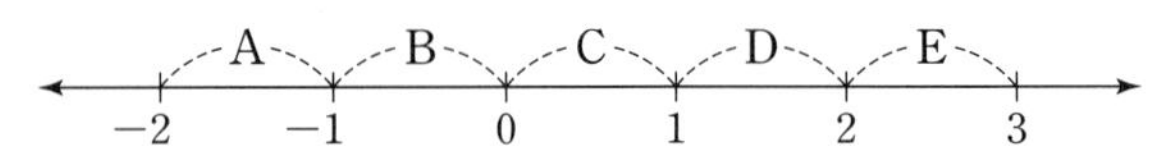

유형 28 두 실수 사이의 수

대표 문제

101

다음 중 $\sqrt{2}$와 $\sqrt{5}$ 사이에 있는 수가 아닌 것은?

(단, $\sqrt{2}=1.414\cdots$, $\sqrt{5}=2.236\cdots$이다.)

① $\sqrt{2}+0.01$　② $\sqrt{5}-0.2$　③ $\frac{\sqrt{2}+\sqrt{5}}{2}$

④ $\sqrt{5}-0.001$　⑤ $\sqrt{2}-0.1$

102

다음 중 $\sqrt{2}$와 $\sqrt{3}$ 사이에 있는 수는?

(단, $\sqrt{2}=1.414\cdots$, $\sqrt{3}=1.732\cdots$이다.)

① $\frac{\sqrt{3}-\sqrt{2}}{2}$　② $\frac{\sqrt{2}+\sqrt{3}}{2}$　③ $\sqrt{3}-\sqrt{2}$

④ $\sqrt{2}+\sqrt{3}$　⑤ $\sqrt{3}+0.1$

103

다음 중 옳지 않은 것은?

(단, $\sqrt{5}=2.236\cdots$, $\sqrt{7}=2.645\cdots$이다.)

① $\sqrt{5}$와 $\sqrt{7}$ 사이에는 무수히 많은 무리수가 있다.

② $\sqrt{5}$와 $\sqrt{7}$ 사이에는 정수가 존재하지 않는다.

③ $\sqrt{5}+1$은 $\sqrt{5}$와 $\sqrt{7}$ 사이의 무리수이다.

④ $\frac{\sqrt{5}+\sqrt{7}}{2}$은 $\sqrt{5}$와 $\sqrt{7}$ 사이의 무리수이다.

⑤ $\sqrt{7}-0.1$은 $\sqrt{5}$와 $\sqrt{7}$ 사이의 무리수이다.

유형 29 $\sqrt{A}$의 소수점 아래 n번째 자리의 숫자

대표 문제

104

다음은 $\sqrt{5}$를 소수로 나타내었을 때, 소수점 아래 2번째 자리의 숫자를 구하는 과정이다. 상수 a, b, c에 대하여 $a+b+c$의 값은?

> $\sqrt{4}<\sqrt{5}<\sqrt{9}$에서 $2<\sqrt{5}<3$
> 즉, $\sqrt{5}$의 정수 부분은 a이다.
> $(2.2)^2=4.84$, $(2.3)^2=5.29$이므로
> $\sqrt{4.84}<\sqrt{5}<\sqrt{5.29}$에서 $2.2<\sqrt{5}<2.3$
> 즉, $\sqrt{5}$를 소수로 나타내었을 때, 소수점 아래 1번째 자리의 숫자는 b이다.
> $(2.23)^2=4.9729$, $(2.24)^2=5.0176$이므로
> $\sqrt{4.9729}<\sqrt{5}<\sqrt{5.0176}$에서 $2.23<\sqrt{5}<2.24$
> 즉, $\sqrt{5}$를 소수로 나타내었을 때, 소수점 아래 2번째 자리의 숫자는 c이다.

① 2　② 4　③ 6

④ 7　⑤ 8

105

다음 표를 이용하여 $\sqrt{11}$을 소수로 나타내었을 때, 소수점 아래 1번째 자리의 숫자를 구하시오.

A	3.0	3.1	3.2	3.3	3.4
A^2	9.0	9.61	10.24	10.89	11.56

106

다음 표를 이용하여 $\sqrt{19}$를 소수로 나타내었을 때, 소수점 아래 2번째 자리의 숫자를 구하시오.

A	4.32	4.33	4.34	4.35	4.36
A^2	18.6624	18.7489	18.8356	18.9225	19.0096

107

다음 중 'x는 5의 제곱근이다.'를 식으로 바르게 나타낸 것은?

① $\sqrt{x}=5$ ② $x=5$ ③ $x=5^2$
④ $x^2=\sqrt{5}$ ⑤ $x^2=5$

108

다음 중 그 값이 나머지 넷과 다른 하나는?

① 제곱근 49
② $\sqrt{(-49)^2}$의 제곱근
③ 제곱하여 49가 되는 수
④ $x^2=49$를 만족시키는 x의 값
⑤ $(-7)^2$의 제곱근

109

다음 보기에서 옳은 것을 모두 고른 것은?

보기
ㄱ. 모든 자연수의 제곱근은 2개이다.
ㄴ. -2의 제곱근은 1개이다.
ㄷ. 제곱근 16은 ±4이다.
ㄹ. $\sqrt{(-1)^2}$의 음의 제곱근은 -1이다.
ㅁ. 제곱하여 $\frac{2}{5}$가 되는 수는 없다.

① ㄱ ② ㄱ, ㄷ ③ ㄱ, ㄹ
④ ㄴ, ㄹ ⑤ ㄱ, ㄴ, ㅁ

110

제곱근 4를 a, $\sqrt{16}$의 음의 제곱근을 b라 할 때, $a+b$의 값은?

① $-\sqrt{2}$ ② 0 ③ 1
④ $\sqrt{2}$ ⑤ 2

111

오른쪽 그림과 같이 밑면인 원의 반지름의 길이가 r cm, 높이가 10 cm인 원기둥이 있다. 이 원기둥의 부피가 70π cm^{3}일 때, r의 값은?

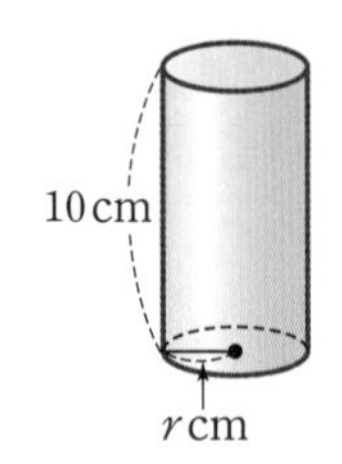

① $\sqrt{7}$ ② 3
③ $\sqrt{10}$ ④ 7
⑤ 10

112

다음 보기에서 근호를 사용하지 않고 나타낼 수 있는 것을 고르시오.

보기
ㄱ. $\sqrt{289}$의 제곱근
ㄴ. 넓이가 64인 정사각형의 한 변의 길이
ㄷ. 겉넓이가 90인 정육면체의 한 모서리의 길이

실력 UP

113

오른쪽 그림은 한 변의 길이가 2 cm인 정사각형 모양의 색종이를 각 변의 중점을 꼭짓점으로 하는 정사각형 모양으로 접은 것이다. 이때 생긴 정사각형의 한 변의 길이를 구하시오.

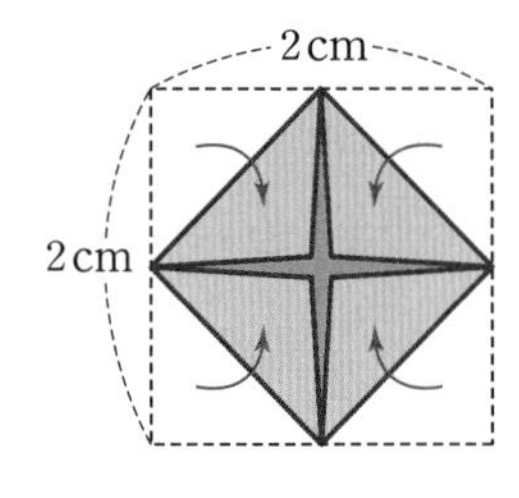

114

12의 제곱근을 a, 8의 제곱근을 b라 할 때, a^2-b^2의 값을 구하시오.

115

다음 중 옳은 것은?

① 제곱근 2는 $\pm\sqrt{2}$이다.
② $\sqrt{5}$는 5의 양의 제곱근이다.
③ 3의 제곱근은 $\sqrt{3}$이다.
④ $\sqrt{-5}$는 5의 음의 제곱근이다.
⑤ 모든 실수의 제곱근은 2개이다.

116

다음 중 근호를 사용하지 않고 나타낼 수 <u>없는</u> 것은?

① $\sqrt{\frac{1}{16}}$　② $\sqrt{36}$　③ $\sqrt{(-4)^4}$
④ $\sqrt{0.\dot{3}}$　⑤ $\sqrt{0.25}$

117

오른쪽 그림과 같이 $\angle A=90°$인 직각삼각형 ABC에서 $\overline{AB}=10\,\text{cm}$이고, $\triangle ABC$의 넓이가 $35\,\text{cm}^2$일 때, $\overline{BC}$의 길이를 구하시오.

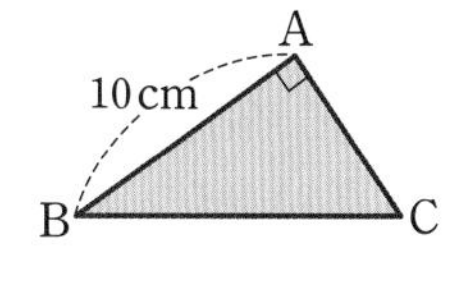

118

$\left(-\frac{1}{6}\right)^2$의 양의 제곱근을 A, $\sqrt{81}$의 음의 제곱근을 B라 할 때, AB의 값은?

① -2　② $-\frac{1}{2}$　③ $\frac{1}{2}$
④ 1　⑤ 2

119

한 변의 길이가 각각 3 cm, 5 cm인 두 정사각형의 넓이의 합과 같은 넓이를 가지는 정사각형의 한 변의 길이를 구하시오.

실력 UP

120

다음 세 학생의 대화를 보고, A의 값을 구하시오.

주원 : A의 제곱근은 근호를 사용하지 않고 나타낼 수 있어.
유안 : A의 제곱근의 절댓값은 A와 같아.
준형 : A에서 1을 뺀 값도 제곱근이 존재해.

121

다음 중 옳지 않은 것은?

① $(\sqrt{5})^2=5$ ② $-(\sqrt{3})^2=-3$
③ $-\sqrt{(-5)^2}=5$ ④ $-(-\sqrt{7})^2=-7$
⑤ $\sqrt{0.49}=0.7$

122

$x<0$일 때, 다음 중 옳은 것은?

① $-\sqrt{36x^2}=-6x$ ② $-\sqrt{(3x)^2}=-3x$
③ $\sqrt{(-9x)^2}=9x$ ④ $-\sqrt{\left(\frac{x}{16}\right)^2}=\frac{x}{4}$
⑤ $\sqrt{64x^2}=-8x$

123

$\sqrt{18x}$가 자연수가 되도록 하는 가장 작은 두 자리의 자연수 x의 값을 구하시오.

124

다음 중 두 수의 대소 관계가 옳지 않은 것은?

① $\sqrt{10}<\sqrt{19}$ ② $-\frac{1}{4}<\sqrt{\frac{1}{4}}$ ③ $\frac{1}{3}>\sqrt{\frac{1}{3}}$
④ $\sqrt{2}<2$ ⑤ $1<\sqrt{2}$

125

$0<a<b<2$일 때, $\sqrt{(a-2)^2}-\sqrt{(b-a)^2}-\sqrt{(-b)^2}$을 간단히 하면?

① $-2-2b$ ② -2 ③ $-2+2a$
④ $2-2b$ ⑤ 2

126

$\sqrt{49+x}$가 한 자리의 자연수가 되도록 하는 모든 자연수 x의 값의 합은?

① 47 ② 50 ③ 53
④ 56 ⑤ 59

실력 UP

127

자연수 n에 대하여 $\sqrt{n}$ 이하의 자연수의 합을 $f(n)$이라 할 때, 다음 물음에 답하시오.

(1) $f(5)$의 값을 구하시오.
(2) $f(1)-f(2)+f(3)-f(4)+f(5)-f(6)+f(7)-f(8)+f(9)-f(10)$의 값을 구하시오.

128

다음 중 그 값이 나머지 넷과 다른 하나는?

① $(\sqrt{2})^2$ ② $-(-\sqrt{2})^2$ ③ $(-\sqrt{2})^2$
④ $\sqrt{2^2}$ ⑤ $\sqrt{(-2)^2}$

129

$a>0$일 때, $\sqrt{(-2a)^2}+\sqrt{(3a)^2}$을 간단히 하면?

① $-5a$ ② $-a$ ③ a
④ $3a$ ⑤ $5a$

130

$\sqrt{(1-\sqrt{3})^2}+\sqrt{(5-\sqrt{3})^2}$을 간단히 하면?

① $-4-\sqrt{3}$ ② -4 ③ 4
④ $4+\sqrt{3}$ ⑤ $6+\sqrt{3}$

131

$\sqrt{\frac{4}{25}}\times\sqrt{625}+\sqrt{(-2)^2}+\sqrt{5^2}\div\left\{-\sqrt{\left(-\frac{5}{7}\right)^2}\right\}$을 계산하면?

① 5 ② 10 ③ 13
④ 19 ⑤ 22

132

자연수 a, b에 대하여 $\sqrt{\frac{60}{a}}=b$일 때, 가장 큰 b의 값은?

① 1 ② 2 ③ 9
④ 12 ⑤ 60

133

$8<\sqrt{6x}<12$를 만족시키는 자연수 x 중에서 가장 큰 수를 A, 가장 작은 수를 B라 할 때, $A-B$의 값을 구하시오.

실력 UP

134

$\sqrt{1000a}$를 가장 작은 자연수가 되도록 하는 자연수 a와 $\sqrt{54-b}$를 가장 큰 자연수가 되도록 하는 자연수 b에 대하여 $a+b$의 값은?

① 6 ② 9 ③ 11
④ 13 ⑤ 15

135

다음 보기에서 무리수를 모두 고른 것은?

보기
ㄱ. $\sqrt{0.16}$ ㄴ. $\sqrt{9}-3$ ㄷ. $\sqrt{\frac{3}{25}}$
ㄹ. $-\sqrt{81}$ ㅁ. $\sqrt{0.\dot{5}}$

① ㄱ, ㄴ ② ㄱ, ㄹ ③ ㄴ, ㄷ
④ ㄷ, ㄹ ⑤ ㄷ, ㅁ

136

다음 중 두 실수의 대소 관계가 옳은 것은?

① $\sqrt{5}-1<2$ ② $1+\sqrt{2}<2$
③ $3-\sqrt{2}<3-\sqrt{3}$ ④ $3>\sqrt{5}+2$
⑤ $3-\sqrt{7}<\sqrt{8}-\sqrt{7}$

137

다음 중 옳지 않은 것은?

① 무리수는 모두 무한소수이다.
② 유리수인 동시에 무한소수인 수가 있다.
③ 순환소수는 유리수이다.
④ 순환소수의 제곱근은 항상 무리수이다.
⑤ 순환소수가 아닌 무한소수는 모두 무리수이다.

138

다음 중 옳지 않은 것은?

① 모든 무리수는 수직선 위에 대응시킬 수 있다.
② 모든 실수는 수직선 위에 대응시킬 수 있다.
③ 서로 다른 두 유리수 사이에는 무수히 많은 유리수가 있다.
④ 1과 $\sqrt{2}$ 사이에는 무수히 많은 유리수가 있다.
⑤ 서로 다른 두 무리수의 합은 항상 무리수이다.

139

다음 수를 작은 것부터 차례로 나열할 때, 세 번째에 오는 수를 구하시오.

$3,\quad -1-\sqrt{5},\quad 1+\sqrt{5},\quad \sqrt{3}+\sqrt{5}$

140

오른쪽 그림은 수직선 위에 한 변의 길이가 1인 두 정사각형을 그린 것이다. $\overline{CA}=\overline{CP}$, $\overline{CE}=\overline{CQ}$일 때, 다음 중 옳지 않은 것은?

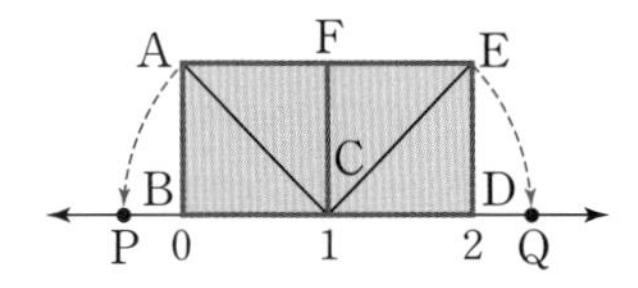

① 점 P에 대응하는 수는 $1-\sqrt{2}$이다.
② 점 Q에 대응하는 수는 $1+\sqrt{2}$이다.
③ $\overline{CQ}=1+\sqrt{2}$
④ $\overline{CP}=\sqrt{2}$
⑤ $\overline{PB}=\sqrt{2}-1$

실력 UP

141

$1-\sqrt{19}$와 $1+\sqrt{19}$ 사이에 있는 정수는 모두 몇 개인가?

① 5개 ② 6개 ③ 7개
④ 8개 ⑤ 9개

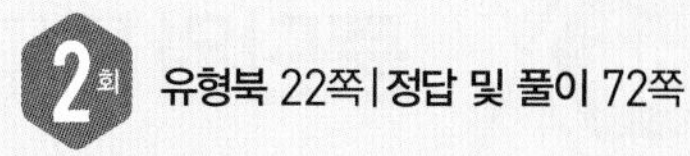

142

다음 중에서 무리수는 모두 몇 개인지 구하시오.

$\sqrt{3}$, $\sqrt{6}+2$, $\sqrt{18}$, π, $-\sqrt{0.04}$, $\sqrt{16}$

143

다음 수직선에서 $-2-\sqrt{2}$, $-\sqrt{3}$, $4-\sqrt{5}$에 대응하는 점이 있는 구간을 각각 찾으시오.

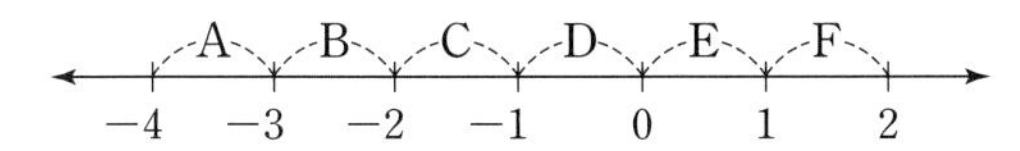

144

다음 중 두 실수의 대소 관계가 옳지 않은 것은?

① $4-\sqrt{(-2)^2}>\sqrt{15}-2$
② $-\sqrt{\frac{1}{2}}+1>-\sqrt{\frac{1}{3}}+1$
③ $2<\sqrt{10}-1$
④ $\sqrt{3}+\sqrt{5}>\sqrt{2}+\sqrt{5}$
⑤ $3>5-\sqrt{12}$

145

다음 중 옳지 않은 것은?

① 서로 다른 두 유리수 사이에는 무수히 많은 유리수가 있다.
② 서로 다른 두 무리수 사이에는 무수히 많은 무리수가 있다.
③ 서로 다른 두 실수 사이에는 무수히 많은 실수가 있다.
④ 수직선은 유리수에 대응하는 점들로 완전히 메울 수 있다.
⑤ 수직선은 실수에 대응하는 점들로 완전히 메울 수 있다.

146

다음 그림은 수직선 위에 넓이가 5인 정사각형 PQRS를 그린 것이다. $\overline{QP}=\overline{QE}$, $\overline{QR}=\overline{QF}$일 때, 점 E와 점 F에 대응하는 수를 각각 구하시오.

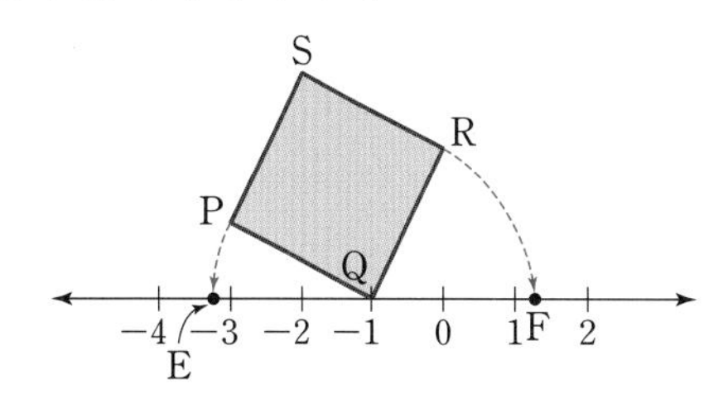

147

아래 그림은 한 칸의 가로와 세로의 길이가 각각 1인 모눈종이 위에 수직선과 정사각형 ABCD를 그린 것이다. $\overline{BA}=\overline{BP}$, $\overline{BC}=\overline{BQ}$일 때, 다음 중 옳지 않은 것은?

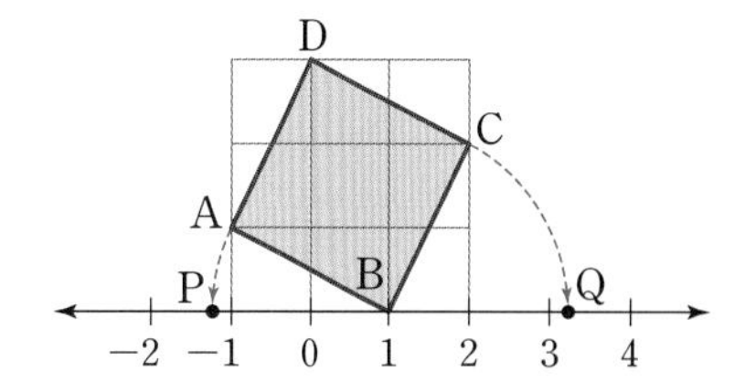

① $\overline{BC}$의 길이는 $\sqrt{5}$이다.
② 점 P에 대응하는 수는 $1-\sqrt{5}$이다.
③ 점 Q에 대응하는 수는 $1+\sqrt{5}$이다.
④ $\overline{AD}$와 $\overline{BQ}$의 길이는 서로 같다.
⑤ 정사각형 ABCD의 넓이는 25이다.

실력 UP

148

다음 표를 이용하여 $\sqrt{x}$를 소수로 나타내었을 때, 소수점 아래 1번째 자리의 숫자를 구하였더니 5가 나왔다. 이때 자연수 x의 값을 구하시오. (단, $\sqrt{x}$의 정수 부분은 5이다.)

A	5.4	5.5	5.6	5.7	5.8
A^2	29.16	30.25	31.36	32.49	33.64

149

다음 중 옳은 것을 모두 고르면? (정답 2개)

① $\sqrt{121}$의 제곱근은 $\pm\sqrt{11}$이다.
② 제곱근 36은 ±6이다.
③ -25의 제곱근은 ±5이다.
④ 0의 제곱근은 없다.
⑤ $-\sqrt{(-3)^2}=-3$이다.

150

$\sqrt{81}$의 음의 제곱근을 a, 제곱근 16을 b, $(-13)^2$의 양의 제곱근을 c라 할 때, $a+b+c$의 값은?

① -15　② 6　③ 14
④ 20　⑤ 26

151

$3<a<5$일 때, $\sqrt{(a-3)^2}-\sqrt{(a-5)^2}$을 간단히 하면?

① $2a-8$　② 2　③ $2a-3$
④ $2a$　⑤ 8

152

$\sqrt{28n}$이 자연수가 되도록 하는 100 미만의 자연수 n의 값 중 가장 큰 것은?

① 28　② 32　③ 50
④ 63　⑤ 72

153

다음 중 두 실수의 대소 관계가 옳지 않은 것은?

① $-2>-\sqrt{5}$　② $\sqrt{8}<3$
③ $\sqrt{5}+2>\sqrt{3}+2$　④ $\sqrt{7}+2>\sqrt{7}+\sqrt{2}$
⑤ $\sqrt{2}+1>3$

154

오른쪽 그림과 같은 △ABC에서 $\overline{AD}\perp\overline{BC}$이고 $\overline{AC}=10$ cm, $\overline{AD}=8$ cm, $\overline{BC}=14$ cm일 때, $\overline{AB}$의 길이를 구하시오.

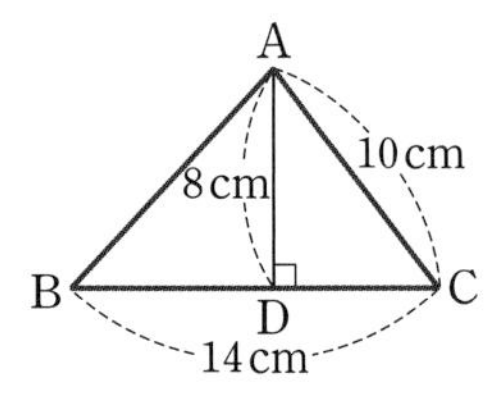

155

$\sqrt{196}-\sqrt{(-4)^2}+\sqrt{\frac{100}{9}}\div\sqrt{\left(-\frac{5}{9}\right)^2}$을 계산하면?

① 10　② 12　③ 14
④ 16　⑤ 18

156

다음 조건을 만족시키는 자연수 a는 모두 몇 개인지 구하시오.

(가) $\sqrt{a}$는 순환소수가 아닌 무한소수로 나타내어진다.
(나) $\sqrt{a}$는 $\sqrt{17}$보다 작다.

157

자연수 x에 대하여 $\sqrt{x}$ 이하의 자연수의 개수를 $f(x)$라 할 때, $f(136)-f(50)+f(4)$의 값은?

① 3　② 4　③ 5　④ 6　⑤ 7

158

다음 중 옳지 않은 것은?

① 순환소수는 모두 유리수이다.
② 무리수는 모두 무한소수이다.
③ 순환소수 중에는 무리수인 것도 있다.
④ 순환소수가 아닌 무한소수는 유리수가 아니다.
⑤ 원주율 π는 순환하지 않는 무한소수이다.

159

자연수의 양의 제곱근 1, $\sqrt{2}$, $\sqrt{3}$, 2, $\sqrt{5}$, $\sqrt{6}$, $\sqrt{7}$, $\sqrt{8}$, 3, …에 대응하는 점을 수직선 위에 다음과 같이 차례로 나타내려고 한다.

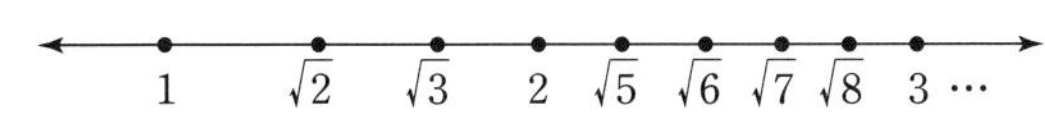

100개의 점을 수직선 위에 나타내었을 때, 순환소수가 아닌 무한소수에 대응하는 점은 모두 몇 개인가?

① 70개　② 75개　③ 80개　④ 85개　⑤ 90개

160

다음 수를 큰 것부터 차례로 나열할 때, 두 번째에 오는 수를 구하시오. (단, $0<a<1$)

$$\sqrt{\frac{1}{a}},\quad a,\quad \frac{1}{a},\quad \sqrt{a},\quad \frac{1}{a^2}$$

서술형 문제

161

다음 그림은 한 칸의 가로와 세로의 길이가 각각 1인 모눈종이 위에 수직선과 두 정사각형 ABCD, AEFG를 그린 것이다. $\overline{AG}=\overline{AP}$, $\overline{AB}=\overline{AQ}$이고 점 P와 점 Q에 대응하는 수를 각각 a, b라 할 때, a^2b^2의 값을 구하시오.

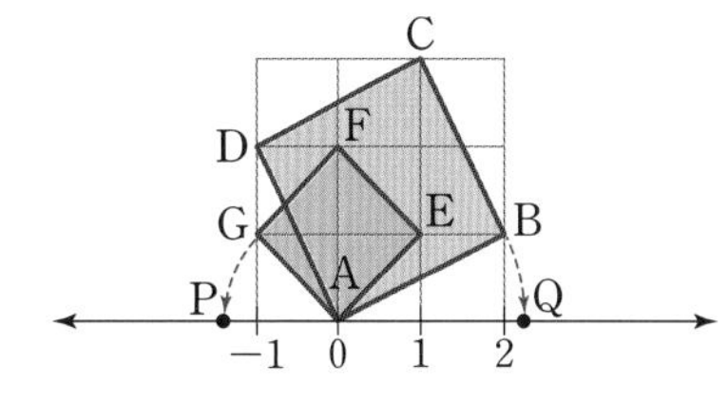

162

다음 그림과 같이 한 변의 길이가 $\sqrt{480}$ cm인 정사각형 모양의 종이를 각 변의 중점을 꼭짓점으로 하는 정사각형 모양으로 접어 나갈 때, [4단계]에서 생기는 정사각형의 한 변의 길이를 구하시오.

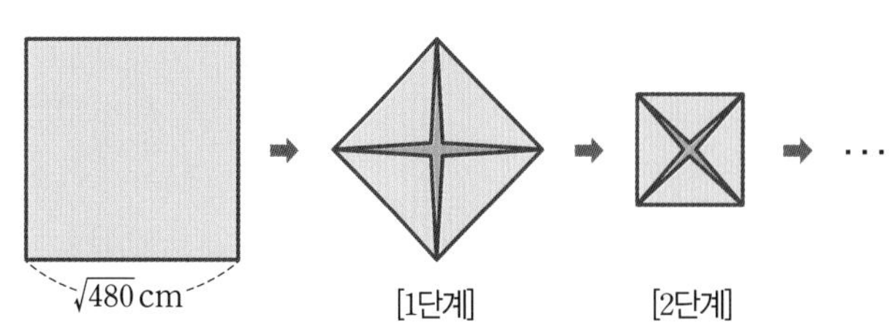

Theme 04 근호를 포함한 식의 곱셈과 나눗셈

유형북 36쪽

유형 01 제곱근의 곱셈

대표 문제

163

$\left(-\sqrt{\frac{5}{6}}\right)\times4\sqrt{6}\times(-2\sqrt{3})$을 계산하시오.

164

다음 두 수 A, B에 대하여 AB의 값은?

$A=\sqrt{1.2}\times\sqrt{0.3}$, $\quad B=3\sqrt{\frac{5}{7}}\times\sqrt{35}$

① 6 ② 7 ③ 8
④ 9 ⑤ 10

165

$5\sqrt{a}\times\sqrt{3}\times2\sqrt{3a}=120$일 때, 자연수 a의 값을 구하시오.

유형 02 제곱근의 나눗셈

대표 문제

166

다음 중 옳은 것을 모두 고르면? (정답 2개)

① $\frac{\sqrt{9}}{\sqrt{3}}=3$ ② $3\sqrt{10}\div\sqrt{5}=3\sqrt{2}$
③ $\sqrt{5}\div\sqrt{20}=\frac{1}{4}$ ④ $2\sqrt{18}\div4\sqrt{6}=2\sqrt{3}$
⑤ $\frac{3\sqrt{2}}{\sqrt{6}}\div\frac{6\sqrt{2}}{\sqrt{24}}=1$

167

다음 중 계산 결과가 가장 작은 것은?

① $\sqrt{16}\div\sqrt{2}$ ② $4\sqrt{2}\div3\sqrt{8}$ ③ $\sqrt{0.6}\div\sqrt{0.1}$
④ $\sqrt{\frac{15}{4}}\div\frac{\sqrt{3}}{2}$ ⑤ $2\sqrt{2}\div\frac{\sqrt{6}}{\sqrt{3}}$

168

$\frac{3\sqrt{3}}{\sqrt{2}}\div\frac{\sqrt{6}}{\sqrt{10}}\div\frac{\sqrt{5}}{\sqrt{14}}=3\sqrt{n}$일 때, 자연수 n의 값을 구하시오.

169

$\sqrt{175}$는 $\frac{\sqrt{7}}{2}$의 몇 배인지 구하시오.

유형 03 근호가 있는 식의 변형 (1)

대표 문제

170

$\sqrt{540}=a\sqrt{15}$, $\sqrt{147}=7\sqrt{b}$일 때, $a-b$의 값을 구하시오. (단, a, b는 유리수)

171

다음 중 $a\sqrt{b}$ 꼴로 나타낸 것으로 옳지 않은 것은?

① $\sqrt{12}=2\sqrt{3}$　② $\sqrt{45}=3\sqrt{5}$
③ $\sqrt{125}=5\sqrt{5}$　④ $\sqrt{150}=15\sqrt{10}$
⑤ $\sqrt{363}=11\sqrt{3}$

172

다음 중 □ 안에 들어갈 수가 가장 큰 것은?

① $\sqrt{24}=\square\sqrt{6}$　② $\sqrt{27}=\square\sqrt{3}$
③ $-\sqrt{32}=-\square\sqrt{2}$　④ $\sqrt{80}=4\sqrt{\square}$
⑤ $\sqrt{360}=6\sqrt{\square}$

173

$\sqrt{10}\times\sqrt{12}\times\sqrt{18}=a\sqrt{15}$를 만족시키는 자연수 a의 값은?

① 6　② 10　③ 12
④ 15　⑤ 18

174

맑은 날 지면으로부터 높이가 x m인 곳에서 사람의 눈으로 볼 수 있는 최대 거리를 y m라 하면 다음의 관계가 성립한다.

$$y=\sqrt{3600^2\times x}$$

지면으로부터 높이가 48 m인 곳에서 사람의 눈으로 볼 수 있는 최대 거리를 $a\sqrt{b}$ m라 할 때, 자연수 a, b에 대하여 $a+b$의 값을 구하시오. (단, b는 가장 작은 자연수)

175

$\sqrt{180a}=b\sqrt{2}$를 만족시키는 자연수 a, b에 대하여 $a+b$의 값을 구하시오. (단, a는 가장 작은 자연수)

유형 04 근호가 있는 식의 변형 (2)

대표 문제

176

다음 중 옳지 않은 것은?

① $\sqrt{\frac{25}{6}}=\frac{5}{\sqrt{6}}$ ② $\sqrt{0.98}=\frac{7\sqrt{2}}{10}$

③ $\sqrt{0.\dot{4}}=\frac{2}{\sqrt{10}}$ ④ $\sqrt{\frac{3}{(-5)^2}}=\frac{\sqrt{3}}{5}$

⑤ $-\frac{\sqrt{7}}{4}=-\sqrt{\frac{7}{16}}$

177

$\sqrt{0.96}=a\sqrt{6}$일 때, 유리수 a의 값은?

① $\frac{1}{5}$ ② $\frac{2}{5}$ ③ $\frac{3}{5}$

④ $\frac{4}{5}$ ⑤ $\frac{6}{5}$

178

$\frac{2\sqrt{5}}{\sqrt{7}}=\sqrt{a}$, $\frac{2}{\sqrt{10}}=\sqrt{b}$일 때, $7ab$의 값을 구하시오.

(단, a, b는 유리수)

179

$\sqrt{\frac{75}{36}}$는 $\sqrt{3}$의 A배이고, $\sqrt{0.005}$는 $\sqrt{2}$의 B배일 때, AB의 값을 구하시오.

유형 05 문자를 이용한 제곱근의 표현

대표 문제

180

$\sqrt{2}=a$, $\sqrt{3}=b$일 때, $\sqrt{432}$를 a, b를 사용하여 나타내면?

① a^2b^3 ② $\sqrt{5a^2b^3}$ ③ a^4b^3

④ $\sqrt{7a^4b^3}$ ⑤ $\sqrt{5a^5b^2}$

181

$\sqrt{3}=x$, $\sqrt{5}=y$일 때, 다음 중 옳지 않은 것은?

① $\sqrt{135}=x^3y$ ② $\sqrt{0.6}=\frac{x}{y}$

③ $\sqrt{\frac{5}{9}}=\frac{y}{x^2}$ ④ $\sqrt{1.8}=\frac{x^3}{y}$

⑤ $\sqrt{192}=8x$

182

$\sqrt{7}=a$, $\sqrt{70}=b$일 때, 다음 중 옳지 않은 것은?

① $\sqrt{0.007}=\frac{b}{100}$ ② $\sqrt{0.07}=\frac{b}{10}$

③ $\sqrt{700}=10a$ ④ $\sqrt{7000}=10b$

⑤ $\sqrt{70000}=100a$

183

$\sqrt{2}=a$, $\sqrt{5}=b$일 때, $\sqrt{7}$을 a, b를 사용하여 나타내면?

① $\sqrt{a+b}$ ② $\sqrt{a^2+b^2}$ ③ $a+b$

④ $\sqrt{ab}$ ⑤ ab

유형 06 분모의 유리화

대표 문제

184

다음 중 분모를 유리화한 것으로 옳은 것은?

① $\frac{6}{\sqrt{2}}=2\sqrt{3}$　② $\frac{\sqrt{3}}{\sqrt{2}}=\frac{\sqrt{6}}{3}$

③ $\frac{4}{3\sqrt{2}}=\frac{\sqrt{2}}{6}$　④ $\frac{\sqrt{10}}{2\sqrt{5}}=\frac{\sqrt{2}}{5}$

⑤ $\frac{5}{\sqrt{5}}=\sqrt{5}$

185

$\frac{6\sqrt{a}}{5\sqrt{3}}=\frac{2\sqrt{6}}{5}$을 만족시키는 양수 a의 값은?

① $\frac{1}{2}$　② 1　③ $\frac{3}{2}$

④ 2　⑤ $\frac{5}{2}$

186

$\frac{3\sqrt{3}}{\sqrt{2}}=a\sqrt{6}$, $\frac{20}{3\sqrt{5}}=b\sqrt{5}$일 때, ab의 값을 구하시오.

(단, a, b는 유리수)

187

다음 수를 작은 것부터 차례로 나열할 때, 두 번째에 오는 수를 구하시오.

$$\sqrt{\frac{5}{6}},\quad \frac{5}{6},\quad \frac{5}{\sqrt{6}},\quad \frac{\sqrt{5}}{6},\quad \frac{1}{\sqrt{6}}$$

유형 07 제곱근의 곱셈과 나눗셈의 혼합 계산

대표 문제

188

다음 식을 계산하시오.

$$\frac{3\sqrt{3}}{\sqrt{2}}\div\frac{\sqrt{6}}{\sqrt{5}}\times\frac{\sqrt{24}}{\sqrt{15}}$$

189

$\frac{3\sqrt{8}}{4}\times\frac{12}{\sqrt{2}}\div\frac{2}{\sqrt{6}}=k\sqrt{6}$일 때, 유리수 k의 값을 구하시오.

190

$\frac{\sqrt{24}}{\sqrt{5}}\times A\div\frac{\sqrt{6}}{\sqrt{15}}=\sqrt{5}$일 때, A의 값은?

① $2\sqrt{5}$　② $\frac{\sqrt{15}}{2}$　③ $\frac{3\sqrt{6}}{4}$

④ $\frac{3\sqrt{2}}{4}$　⑤ $\frac{\sqrt{15}}{6}$

유형 08 제곱근의 곱셈과 나눗셈의 도형에의 활용

대표 문제

191

다음 그림에서 A, B, C, D는 모두 정사각형이고, 정사각형 B의 넓이는 정사각형 A의 넓이의 3배, 정사각형 C의 넓이는 정사각형 B의 넓이의 3배, 정사각형 D의 넓이는 정사각형 C의 넓이의 3배이다. 정사각형 D의 넓이가 3 cm^2일 때, 정사각형 A의 한 변의 길이를 구하시오.

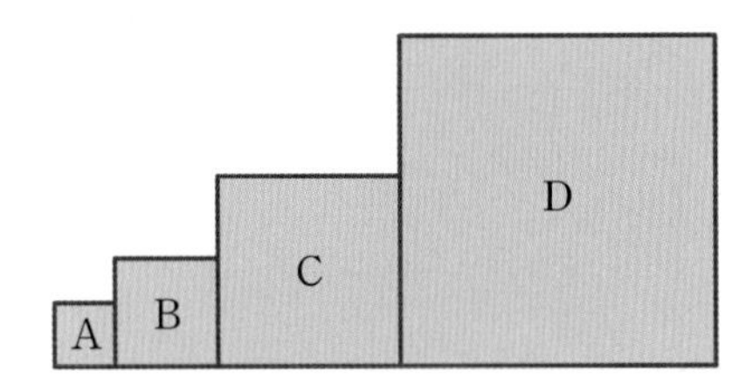

192

오른쪽 그림과 같이 $\angle B=90°$인 직각삼각형 ABC에서 $\overline{AB}$, $\overline{BC}$를 각각 한 변으로 하는 두 정사각형을 그렸더니 그 넓이가 각각 24, 36이 되었다. 이때 직각삼각형 ABC의 넓이는?

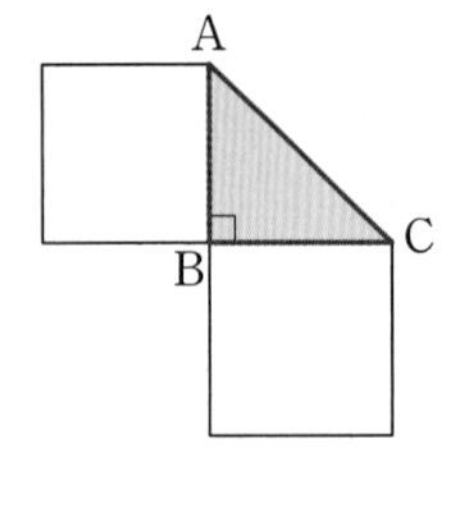

① $6\sqrt{3}$ ② $6\sqrt{6}$ ③ $8\sqrt{6}$
④ $12\sqrt{3}$ ⑤ $12\sqrt{6}$

193

오른쪽 그림과 같이 밑면의 반지름의 길이가 $3\sqrt{3}\text{ cm}$인 원기둥의 부피가 $36\sqrt{2}\pi\text{ cm}^3$일 때, 이 원기둥의 옆넓이는?

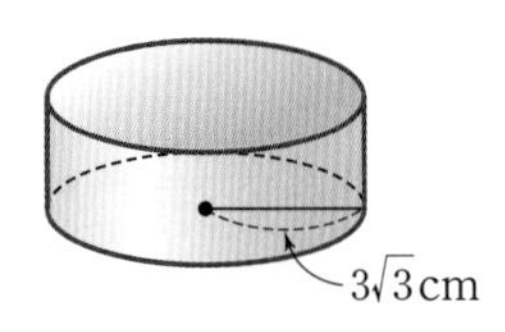

① $6\sqrt{3}\pi\text{ cm}^2$ ② $8\sqrt{3}\pi\text{ cm}^2$ ③ $10\sqrt{3}\pi\text{ cm}^2$
④ $8\sqrt{6}\pi\text{ cm}^2$ ⑤ $12\sqrt{6}\pi\text{ cm}^2$

194

다음 그림의 삼각형과 직사각형의 넓이가 서로 같을 때, x의 값을 구하시오.

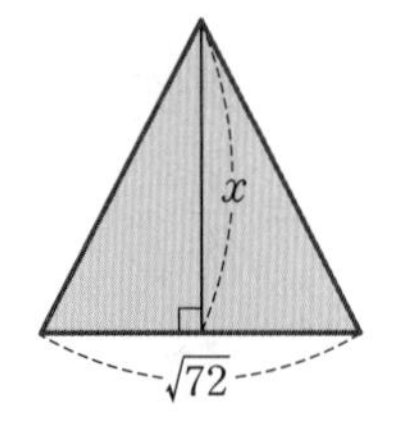

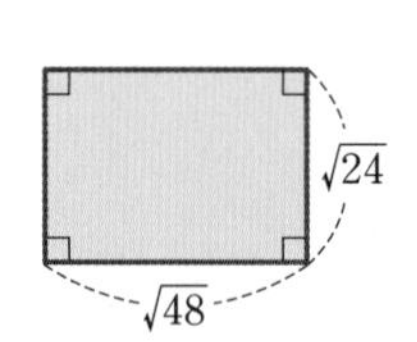

195

오른쪽 그림과 같이 단면인 원의 지름의 길이가 15 cm인 원기둥 모양의 통나무가 있다. 이 통나무를 잘라 내어 밑면의 넓이가 가장 넓은 정사각형 모양의 기둥을 만들려고 한다. 이때 밑면인 정사각형의 둘레의 길이를 구하시오.

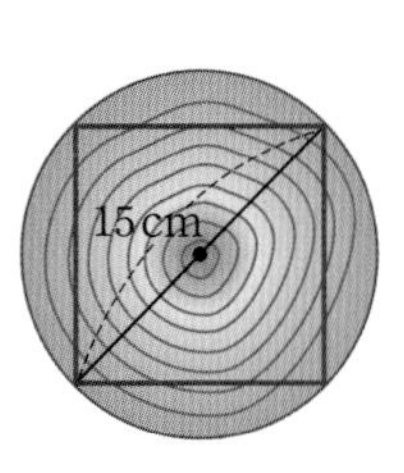

196

오른쪽 그림과 같은 □ABCD에서 $\angle B=\angle D=90°$이고 $\overline{AD}=6\text{ cm}$, $\overline{BC}=3\sqrt{10}\text{ cm}$, $\overline{CD}=8\text{ cm}$일 때, □ABCD의 넓이를 구하시오.

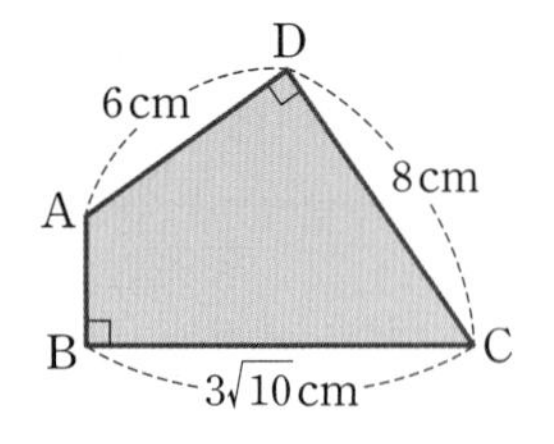

Theme 05 근호를 포함한 식의 덧셈과 뺄셈

유형북 41쪽

유형 09 제곱근의 덧셈과 뺄셈

대표 문제

197

$\frac{3\sqrt{3}}{4}+\frac{\sqrt{5}}{3}-\frac{\sqrt{3}}{2}-\sqrt{5}$를 계산하시오.

198

$a=\sqrt{2}+\sqrt{5}$, $b=\sqrt{2}-\sqrt{5}$일 때, $(a+b)(a-b)$의 값은?

① $\sqrt{5}$ ② $2\sqrt{5}$ ③ $2\sqrt{10}$
④ $4\sqrt{10}$ ⑤ $5\sqrt{10}$

199

수직선 위의 두 점 $\mathrm{P}(1-2\sqrt{2})$, $\mathrm{Q}(2+4\sqrt{2})$에 대하여 $\overline{\mathrm{PQ}}$의 길이는?

① $2+3\sqrt{2}$ ② $1+5\sqrt{2}$ ③ $1+6\sqrt{2}$
④ $6+2\sqrt{2}$ ⑤ $3+6\sqrt{2}$

200

$\sqrt{(3-\sqrt{5})^2}-\sqrt{(2-\sqrt{5})^2}$을 계산하시오.

유형 10 $\sqrt{a^2b}=a\sqrt{b}$를 이용한 제곱근의 덧셈과 뺄셈

대표 문제

201

$\sqrt{2}-\sqrt{75}-\sqrt{8}+\sqrt{27}=a\sqrt{2}+b\sqrt{3}$일 때, $a+b$의 값을 구하시오. (단, a, b는 유리수)

202

$\sqrt{50}+\sqrt{72}-\sqrt{128}$을 계산하면?

① $-3\sqrt{2}$ ② $-\sqrt{2}$ ③ $\sqrt{2}$
④ $3\sqrt{2}$ ⑤ $5\sqrt{2}$

203

$\sqrt{48}+3\sqrt{a}-\sqrt{243}=\sqrt{108}$일 때, 양수 a의 값을 구하시오.

204

다음 그림과 같이 자연수 A에 대하여 눈금 0으로부터 거리가 $\sqrt{A}$인 곳에 눈금 A를 표시하여 만든 두 자를 한 자의 눈금 0, 20의 위치와 다른 자의 눈금 5, x의 위치가 각각 일치하도록 붙여 놓았다. 이때 x의 값을 구하시오.

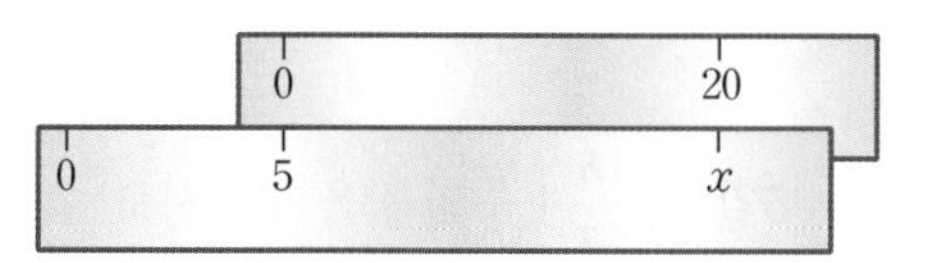

유형 11 분모에 근호를 포함한 제곱근의 덧셈과 뺄셈

대표 문제

205

$\sqrt{45}-\sqrt{27}+\frac{2\sqrt{10}}{\sqrt{2}}+\frac{6}{\sqrt{3}}=a\sqrt{3}+b\sqrt{5}$일 때, $a-b$의 값을 구하시오. (단, a, b는 유리수)

206

$\sqrt{30}\div\sqrt{5}-\sqrt{24}+\sqrt{3}\div\sqrt{2}$를 계산하면?

① $-\sqrt{6}$ ② $-\frac{\sqrt{6}}{2}$ ③ 0
④ $\frac{\sqrt{6}}{2}$ ⑤ $\sqrt{6}$

207

$a=\sqrt{11}$이고 $b=a+\frac{1}{a}$일 때, b는 a의 몇 배인가?

① $\frac{6}{11}$배 ② $\frac{9}{11}$배 ③ $\frac{12}{11}$배
④ $\frac{15}{11}$배 ⑤ $\frac{18}{11}$배

208

$a=\sqrt{2}$, $b=\sqrt{6}$일 때, $\frac{b}{a}+\frac{a}{b}$의 값을 구하시오.

유형 12 분배법칙을 이용한 무리수의 계산

대표 문제

209

$\sqrt{3}(\sqrt{12}-\sqrt{24})+\sqrt{2}(\sqrt{32}+4)$를 계산하면?

① $10-6\sqrt{2}$ ② $6-2\sqrt{2}$ ③ $14-2\sqrt{2}$
④ $8+6\sqrt{2}$ ⑤ $12+4\sqrt{2}$

210

다음 식을 계산하시오.

$$\sqrt{15}\left(\sqrt{3}-\frac{2}{\sqrt{3}}\right)-\frac{5}{\sqrt{3}}(\sqrt{12}-\sqrt{48})$$

211

$a=\sqrt{7}-\sqrt{5}$, $b=\sqrt{7}+\sqrt{5}$일 때, $\sqrt{5}a-\sqrt{7}b$의 값을 구하시오.

212

$\sqrt{3}=a$, $\sqrt{5}=b$라 할 때, $\sqrt{3}(\sqrt{5}+5\sqrt{3})-(3\sqrt{5}-\sqrt{3})\sqrt{5}$를 a, b를 사용하여 나타내면?

① $\sqrt{ab}$ ② $\sqrt{2ab}$ ③ $a+b$
④ $2ab$ ⑤ a^2b^2

유형 13 분배법칙을 이용한 분모의 유리화

대표 문제

213

$\dfrac{\sqrt{3}-\sqrt{2}}{\sqrt{3}}-\dfrac{3\sqrt{2}-\sqrt{3}}{\sqrt{2}}$을 계산하시오.

214

$\dfrac{4-3\sqrt{2}}{\sqrt{2}}$의 분모를 유리화하시오.

215

$A=\dfrac{5\sqrt{2}-\sqrt{5}}{\sqrt{5}}$, $B=\dfrac{2\sqrt{5}+\sqrt{2}}{\sqrt{2}}$일 때, $\dfrac{A+B}{A-B}$의 값을 구하시오.

216

$x=\dfrac{14+\sqrt{14}}{\sqrt{7}}$, $y=\dfrac{14-\sqrt{14}}{\sqrt{7}}$일 때, 다음 물음에 답하시오.

(1) x의 분모를 유리화하시오.
(2) y의 분모를 유리화하시오.
(3) $\sqrt{7}(x+y)$의 값을 구하시오.

유형 14 근호를 포함한 복잡한 식의 계산

대표 문제

217

$\dfrac{5-2\sqrt{2}}{\sqrt{2}}-(2\sqrt{3})^2+3\left(2\sqrt{6}\div\dfrac{4}{3\sqrt{3}}\right)$를 계산하시오.

218

$\dfrac{4\sqrt{5}}{\sqrt{2}}-\sqrt{5}(\sqrt{18}-\sqrt{8})$을 계산하시오.

219

$\dfrac{6+\sqrt{6}}{\sqrt{3}}+\sqrt{128}-\sqrt{2}(1+\sqrt{6})$을 계산하면?

① $-9\sqrt{2}$　② $-8\sqrt{2}$　③ $\sqrt{2}-8\sqrt{3}$
④ $9\sqrt{2}-\sqrt{3}$　⑤ $8\sqrt{2}$

220

$\dfrac{9}{\sqrt{54}}-\dfrac{12}{\sqrt{6}}+(\sqrt{56}-\sqrt{14})\sqrt{2}=A\sqrt{6}+B\sqrt{7}$일 때, AB의 값을 구하시오. (단, A, B는 유리수)

Theme 06 근호를 포함한 식의 계산

유형북 44쪽

유형 15 제곱근의 계산 결과가 유리수가 될 조건

대표 문제

221

$3(a-2\sqrt{3})+6-2a\sqrt{3}$이 유리수가 되도록 하는 유리수 a의 값은?

① -4　② -3　③ -2
④ 2　⑤ 4

222

X가 유리수일 때, 다음을 구하시오.

$$X=-5(\sqrt{3}-2a)-2\sqrt{3}+3a\sqrt{3}-9$$

(1) 유리수 a의 값

(2) X의 값

223

$\dfrac{3-4\sqrt{12}}{\sqrt{3}}-2\sqrt{3}(3k+\sqrt{3})$이 유리수가 되도록 하는 유리수 k의 값은?

① $\dfrac{1}{4}$　② $\dfrac{1}{5}$　③ $\dfrac{1}{6}$
④ $\dfrac{1}{7}$　⑤ $\dfrac{1}{8}$

유형 16 제곱근의 덧셈과 뺄셈의 도형에의 활용

대표 문제

224

오른쪽 그림과 같은 사다리꼴 ABCD의 넓이는?

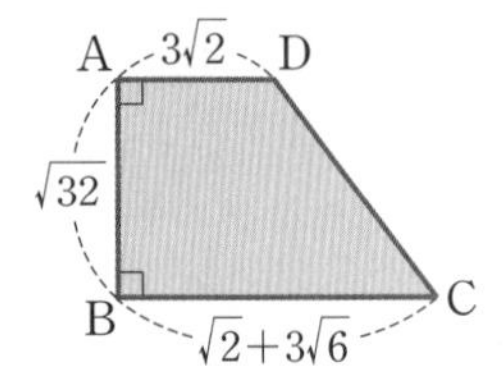

① $10+8\sqrt{3}$　② $8+10\sqrt{3}$
③ $12+12\sqrt{3}$　④ $16+12\sqrt{3}$
⑤ $10+16\sqrt{3}$

225

오른쪽 그림과 같이 넓이가 각각 18 cm^2, 50 cm^2인 두 정사각형에서 $\overline{AB}$의 길이는?

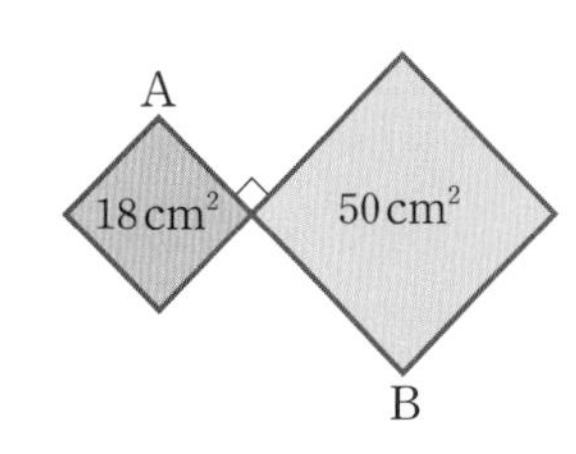

① $6\sqrt{2}$ cm　② $6\sqrt{3}$ cm
③ $8\sqrt{2}$ cm　④ $8\sqrt{3}$ cm
⑤ $8\sqrt{6}$ cm

226

오른쪽 그림과 같은 직육면체의 겉넓이와 부피를 각각 구하시오.

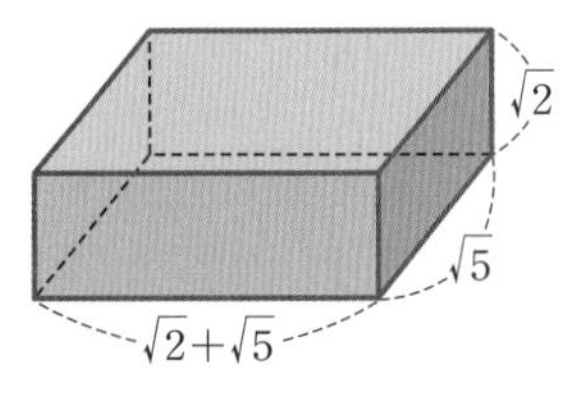

227

오른쪽 그림과 같이 가로의 길이가 $\sqrt{80}$ cm, 세로의 길이가 $\sqrt{125}$ cm인 직사각형 모양의 종이가 있다. 이 종이의 네 귀퉁이에서 각각 한 변의 길이가 $\sqrt{5}$ cm인 정사각형 4개를 잘라 내어 만든 뚜껑이 없는 직육면체 모양의 상자의 부피를 구하시오.

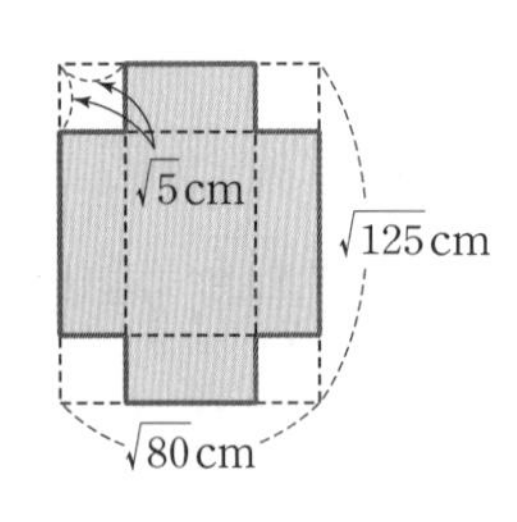

유형 17 제곱근의 덧셈과 뺄셈의 수직선에의 활용

대표 문제

228

다음 그림은 수직선 위에 한 변의 길이가 1인 두 정사각형을 그린 것이다. $\overline{PQ}=\overline{PA}$, $\overline{RS}=\overline{RB}$이고, 두 점 A, B에 대응하는 수를 각각 a, b라 할 때, $(a+3)-(b+1)$의 값을 구하시오.

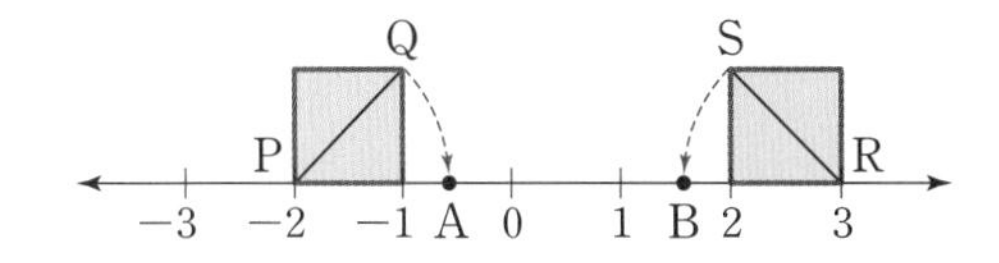

229

다음 그림은 한 칸의 가로와 세로의 길이가 각각 1인 모눈종이 위에 수직선과 두 직각삼각형 ABC, DEF를 그린 것이다. $\overline{BA}=\overline{BP}$, $\overline{FD}=\overline{FQ}$가 되도록 수직선 위에 두 점 P, Q를 정할 때, $\overline{PQ}$의 길이를 구하시오.

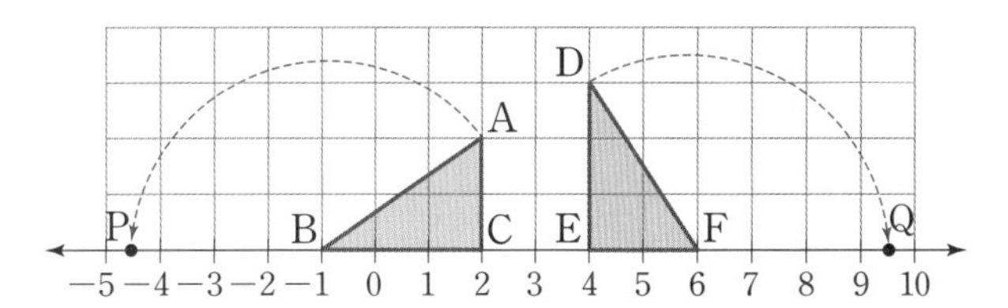

230

오른쪽 그림은 수직선 위에 넓이가 6인 정사각형 ABCD를 그린 것이다. $\overline{AB}=\overline{AP}$, $\overline{AD}=\overline{AQ}$이고 두 점 P, Q에 대응하는 수를 각각 p, q라 할 때, $\dfrac{3p+q}{p-3}$의 값을 구하시오.

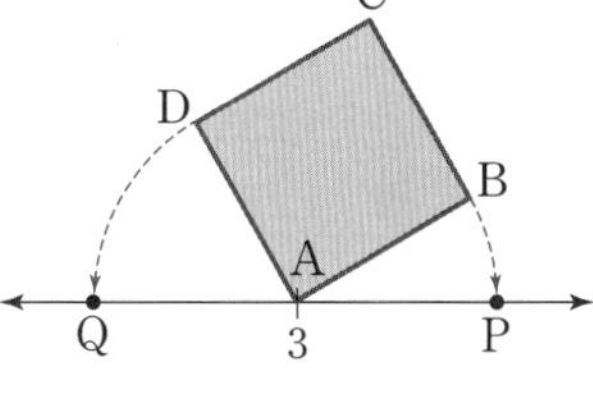

유형 18 두 점 사이의 거리

대표 문제

231

좌표평면 위의 두 점 A$(-2,\ 5)$, B$(1,\ -4)$ 사이의 거리는?

① $\sqrt{10}$　② $2\sqrt{10}$　③ $3\sqrt{10}$
④ $4\sqrt{10}$　⑤ $5\sqrt{10}$

232

오른쪽 그림에서 좌표평면 위의 두 점 P$(-1,\ 4)$, Q$(3,\ -2)$ 사이의 거리는?

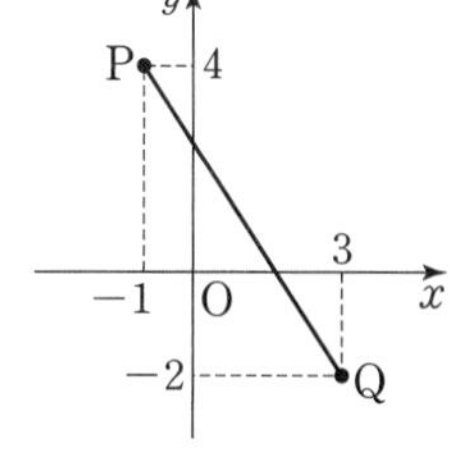

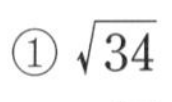
① $\sqrt{34}$　② 6
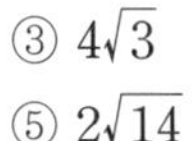
③ $4\sqrt{3}$　④ $2\sqrt{13}$
⑤ $2\sqrt{14}$

233

좌표평면 위의 세 점 A$(-1,\ 5)$, B$(2,\ 6)$, C$(-3,\ 2)$를 꼭짓점으로 하는 삼각형 ABC는 어떤 삼각형인가?

① 예각삼각형
② $\angle A=90^\circ$인 직각삼각형
③ $\angle A>90^\circ$인 둔각삼각형
④ $\angle B=90^\circ$인 직각이등변삼각형
⑤ $\angle B>90^\circ$인 둔각삼각형

유형 19 실수의 대소 관계

대표 문제

234

$a=3\sqrt{5}-1$, $b=6$, $c=2\sqrt{5}+2$일 때, 다음 중 세 수의 대소 관계가 옳은 것은?

① $a<b<c$ ② $a<c<b$ ③ $b<c<a$
④ $c<a<b$ ⑤ $c<b<a$

235

다음 중 두 실수의 대소 관계가 옳은 것은?

① $3\sqrt{2}<\sqrt{15}$ ② $3\sqrt{2}>\sqrt{2}+4$
③ $\sqrt{8}-2>\sqrt{3}-2$ ④ $3\sqrt{6}-2\sqrt{5}>-3\sqrt{5}+4\sqrt{6}$
⑤ $\sqrt{5}+1>2\sqrt{5}-1$

236

다음 □ 안에 부등호 >, < 중 알맞은 것을 써넣으시오.

(1) $\sqrt{3}+2\sqrt{2}$ □ $4\sqrt{2}-\sqrt{3}$
(2) $2\sqrt{3}-3$ □ $\sqrt{3}-1$
(3) $\sqrt{18}-2$ □ $\sqrt{8}-3$

237

두 실수 $\frac{\sqrt{6}}{6}$과 $\frac{\sqrt{2}}{2}$ 사이의 유리수 중에서 분모가 12인 기약분수의 합을 구하시오. (단, 분자는 자연수)

유형 20 제곱근표에 없는 수의 제곱근의 값

대표 문제

238

$\sqrt{3}=1.732$, $\sqrt{30}=5.477$일 때, 다음 중 옳은 것은?

① $\sqrt{300}=173.2$ ② $\sqrt{3000}=54.77$
③ $\sqrt{30000}=547.7$ ④ $\sqrt{0.03}=0.01732$
⑤ $\sqrt{\frac{3}{1000}}=0.5477$

239

$\sqrt{3.12}=1.766$일 때, $\sqrt{a}=17.66$을 만족시키는 유리수 a의 값을 구하시오.

240

아래 표는 제곱근표의 일부분이다. 다음 중 이 표를 이용하여 그 값을 구한 것으로 옳은 것은?

수	0	1	2	3	4
1.2	1.095	1.100	1.105	1.109	1.114
1.3	1.140	1.145	1.149	1.153	1.158
1.4	1.183	1.187	1.192	1.196	1.200
1.5	1.225	1.229	1.233	1.237	1.241
1.6	1.265	1.269	1.273	1.277	1.281

① $\sqrt{141}=118.7$ ② $\sqrt{1.2}=0.1095$
③ $\sqrt{0.0133}=0.01153$ ④ $\sqrt{16100}=12690$
⑤ $\sqrt{154}=12.41$

유형 21 제곱근의 값을 이용한 계산

대표 문제

241

$\sqrt{2}=1.414$일 때, $\sqrt{0.32}$의 값은?

① 0.01414 ② 0.04472 ③ 0.0707
④ 0.5656 ⑤ 1.7888

242

$\sqrt{3}=1.732$, $\sqrt{30}=5.477$일 때, $\sqrt{4800}$의 값은?

① 34.64 ② 69.28 ③ 103.92
④ 109.54 ⑤ 138.56

243

$\sqrt{1.5}=1.225$, $\sqrt{15}=3.873$일 때, $\sqrt{135}$의 값은?

① 0.1225 ② 0.3873 ③ 3.625
④ 11.619 ⑤ 12.25

244

다음 중 $\sqrt{5}=2.236$임을 이용하여 그 값을 구할 수 없는 것은?

① $\sqrt{0.002}$ ② $\sqrt{0.2}$ ③ $\sqrt{45}$
④ $\sqrt{5000}$ ⑤ $\sqrt{50000}$

유형 22 무리수의 정수 부분과 소수 부분

대표 문제

245

$5-\sqrt{3}$의 정수 부분을 a, 소수 부분을 b라 할 때, $a+2b$의 값은?

① $7-2\sqrt{3}$ ② $5-\sqrt{3}$ ③ $5+\sqrt{3}$
④ $7+\sqrt{3}$ ⑤ $7+2\sqrt{3}$

246

$6-\sqrt{5}$의 정수 부분을 a, 소수 부분을 b라 할 때, $a-b$의 값을 구하시오.

247

$\sqrt{6}$의 소수 부분을 a라 할 때, $\dfrac{a-1}{a+2}$의 값을 구하시오.

248

$\sqrt{3}$의 소수 부분을 a라 할 때, $\sqrt{75}$의 소수 부분을 a를 사용하여 나타내면?

① $5a-5$ ② $5a-3$ ③ $5a$
④ $3-5a$ ⑤ $5-5a$

249

$3\sqrt{5}\times2\sqrt{\frac{3}{5}}\times\left(-\frac{3}{2}\right)\times\sqrt{10}$을 계산하면?

① $-9\sqrt{30}$ ② $-\frac{9\sqrt{15}}{2}$ ③ $\frac{9\sqrt{30}}{2}$
④ $9\sqrt{15}$ ⑤ $9\sqrt{30}$

250

다음 중 옳지 않은 것은?

① $-4\sqrt{10}\div2\sqrt{2}=-2\sqrt{5}$
② $\sqrt{72}\times\sqrt{\frac{1}{2}}=6$
③ $\sqrt{54}\div\sqrt{12}\times\sqrt{6}=3\sqrt{3}$
④ $-\sqrt{36}\times\left(-\frac{1}{6\sqrt{2}}\right)=\frac{\sqrt{2}}{2}$
⑤ $\sqrt{4}\times\sqrt{36}=6\sqrt{2}$

251

$\sqrt{128}=a\sqrt{2}$, $\sqrt{180}=6\sqrt{b}$일 때, $\sqrt{ab}$의 값은? (단, a, b는 유리수)

① 4 ② 6 ③ $2\sqrt{10}$
④ $3\sqrt{5}$ ⑤ $5\sqrt{5}$

252

$\frac{8\sqrt{a}}{3\sqrt{2}}=\frac{4\sqrt{6}}{3}$을 만족시키는 양수 a의 값은?

① $\frac{5}{2}$ ② 3 ③ $\frac{7}{2}$
④ 4 ⑤ 5

253

오른쪽 그림의 직사각형은 크기가 같은 정사각형 3개를 이어 붙여 놓은 것이다. $\overline{AB}=2\sqrt{5}$일 때, 이 직사각형의 둘레의 길이를 구하시오.

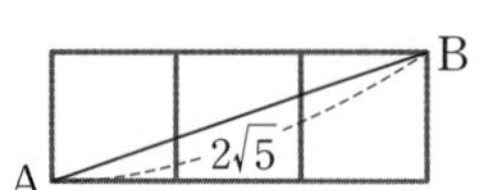

254

$\sqrt{3}=a$, $\sqrt{5}=b$일 때, $\sqrt{225}$를 a, b를 사용하여 나타내면?

① $\sqrt{ab}$ ② ab ③ $a^2\sqrt{b}$
④ a^2b^2 ⑤ a^4b^4

실력 UP

255

$x=\sqrt{13}$일 때, $5x$는 $\frac{1}{x}$의 몇 배인지 구하시오.

256

$\sqrt{4}\times\sqrt{6}\times\sqrt{10}\times\sqrt{27}$을 계산하시오.

257

다음 식을 계산하시오.

$$\frac{\sqrt{35}}{2\sqrt{6}}\div\left(-\frac{\sqrt{14}}{6\sqrt{3}}\right)\div\left(-\sqrt{\frac{5}{48}}\right)$$

258

$a=\sqrt{2.5}$, $b=\sqrt{14.4}$일 때, ab의 값은?

① 2 ② 3 ③ 4 ④ 5 ⑤ 6

259

$\frac{5}{\sqrt{12}}=a\sqrt{3}$, $\frac{1}{5\sqrt{2}}=b\sqrt{2}$일 때, ab의 값은?

(단, a, b는 유리수)

① $\frac{1}{12}$ ② $\frac{1}{6}$ ③ $\frac{1}{3}$ ④ $\frac{2}{3}$ ⑤ 1

260

$\frac{\sqrt{24}}{\sqrt{5}}\div A\times\frac{\sqrt{10}}{\sqrt{6}}=\sqrt{6}$일 때, A의 값은?

① $\frac{2\sqrt{3}}{3}$ ② $\frac{3\sqrt{3}}{4}$ ③ $\frac{2\sqrt{5}}{3}$ ④ $\frac{2\sqrt{6}}{3}$ ⑤ $\frac{3\sqrt{5}}{4}$

261

$\sqrt{3}=a$, $\sqrt{7}=b$일 때, $\sqrt{84}$를 a, b를 사용하여 나타내시오.

실력 UP

262

높이가 3 cm인 정삼각형의 넓이를 구하시오.

263

$\frac{3\sqrt{3}}{4}-\frac{\sqrt{2}}{6}+\sqrt{2}+\frac{\sqrt{3}}{2}$을 계산하면?

① $-\frac{5\sqrt{2}}{6}+\frac{5\sqrt{3}}{4}$ ② 0 ③ $\frac{\sqrt{2}}{6}+\frac{\sqrt{3}}{5}$ ④ $\frac{5\sqrt{3}}{4}$ ⑤ $\frac{5\sqrt{2}}{6}+\frac{5\sqrt{3}}{4}$

264

$\frac{\sqrt{10}+5}{\sqrt{5}}-\frac{\sqrt{12}+3\sqrt{2}}{\sqrt{6}}$를 계산하시오.

265

$8\sqrt{2}+3\sqrt{5}-\sqrt{18}+\sqrt{20}-\sqrt{5}=a\sqrt{2}+b\sqrt{5}$일 때, $a-b$의 값은? (단, a, b는 유리수)

① -2 ② -1 ③ 0 ④ 1 ⑤ 3

266

$a>0$, $b>0$이고 $ab=4$일 때, $\frac{a\sqrt{b}}{\sqrt{a}}+\frac{b\sqrt{a}}{\sqrt{b}}$의 값을 구하시오.

267

$a=\sqrt{24}-2\sqrt{5}$, $b=\frac{3}{\sqrt{6}}-\sqrt{5}$일 때, $\sqrt{5}a+\sqrt{6}b$의 값은?

① $\sqrt{30}-7$ ② $3\sqrt{10}-7$ ③ 3 ④ $\sqrt{30}+7$ ⑤ $3\sqrt{10}+7$

268

$\sqrt{20}\left(\sqrt{3}-\sqrt{\frac{2}{5}}\right)+\frac{3}{\sqrt{5}}(10\sqrt{3}+2\sqrt{10})=4\sqrt{a}+b\sqrt{15}$일 때, $a+b$의 값은? (단, a, b는 유리수)

① -1 ② 0 ③ 4 ④ 6 ⑤ 10

실력 UP

269

$\sqrt{3}-\frac{1}{\sqrt{3}+\frac{1}{\sqrt{3}}}$을 계산하면?

① $-\frac{3\sqrt{3}}{4}$ ② $-\frac{\sqrt{3}}{4}$ ③ $\frac{\sqrt{3}}{4}$ ④ $\frac{3\sqrt{3}}{4}$ ⑤ $\sqrt{3}$

270

다음 중 옳은 것은?

① $2\sqrt{27}+\sqrt{3}=19\sqrt{3}$
② $5\sqrt{3}-3\sqrt{3}=2$
③ $\sqrt{128}-\sqrt{50}=\sqrt{78}$
④ $\sqrt{12}-\sqrt{3}=\sqrt{3}$
⑤ $\sqrt{3}+2=2\sqrt{3}$

271

$\sqrt{32}\left(\sqrt{8}-\frac{6}{\sqrt{2}}\right)+2\sqrt{2}(\sqrt{2}+\sqrt{32})$를 계산하시오.

272

$\sqrt{18}+\sqrt{32}-\sqrt{a}=\sqrt{50}$일 때, 양수 a의 값은?

① 4　② 5　③ 6
④ 7　⑤ 8

273

$a=\sqrt{7}$이고 $b=a+\frac{1}{a}$일 때, b는 a의 몇 배인가?

① $\frac{1}{2}$배　② $\frac{7}{8}$배　③ $\frac{8}{7}$배
④ 2배　⑤ 3배

274

$a=\frac{\sqrt{6}+\sqrt{3}}{\sqrt{2}}$, $b=\frac{\sqrt{6}-\sqrt{3}}{\sqrt{2}}$일 때, $2a-6b$의 값은?

① $4\sqrt{3}-6\sqrt{6}$　② $2\sqrt{3}-3\sqrt{6}$
③ $4\sqrt{3}-4\sqrt{6}$　④ $-4\sqrt{3}+4\sqrt{6}$
⑤ $-2\sqrt{3}+4\sqrt{6}$

275

$(\sqrt{5}-\sqrt{12})\div\sqrt{4}-\sqrt{3}\left(\frac{2}{\sqrt{9}}+\frac{6\sqrt{5}}{\sqrt{27}}\right)=a\sqrt{3}+b\sqrt{5}$일 때, $a-b$의 값은? (단, a, b는 유리수)

① $-\frac{19}{6}$　② $-\frac{7}{6}$　③ $-\frac{1}{6}$
④ $\frac{1}{6}$　⑤ $\frac{7}{6}$

실력 UP

276

다음 그림에서 가로, 세로 위에 있는 세 수의 합이 서로 같을 때, x의 값을 구하시오.

	$-1-5\sqrt{2}$	
$3-\sqrt{18}$	5	x
	$2+\sqrt{32}$	

277

$A=5\sqrt{2}-2$, $B=5$, $C=4\sqrt{3}-2$일 때, 다음 중 세 수의 대소 관계가 옳은 것은?

① $A<B<C$ ② $A<C<B$ ③ $B<A<C$
④ $C<A<B$ ⑤ $C<B<A$

278

$\sqrt{3.2}=1.789$, $\sqrt{32}=5.657$일 때, 다음 중 옳은 것은?

① $\sqrt{0.0032}=0.5657$ ② $\sqrt{0.032}=0.01789$
③ $\sqrt{320}=178.9$ ④ $\sqrt{3200}=56.57$
⑤ $\sqrt{32000}=565.7$

279

$\sqrt{24}\left(\frac{1}{\sqrt{6}}-3\right)+\frac{a}{\sqrt{3}}(\sqrt{18}-\sqrt{27})$이 유리수가 되도록 하는 유리수 a의 값을 구하시오.

280

다음 그림은 한 칸의 가로와 세로의 길이가 각각 1인 모눈종이 위에 수직선과 정사각형 PQRS를 그린 것이다. $\overline{PS}=\overline{PA}$, $\overline{PQ}=\overline{PB}$이고 두 점 A, B에 대응하는 수를 각각 a, b라 할 때, $a+b$의 값은?

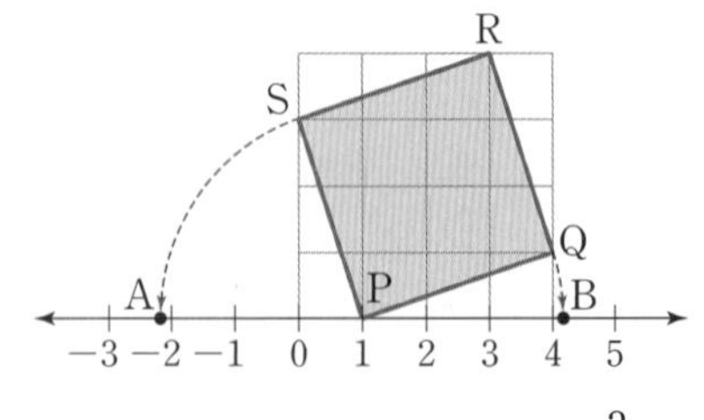

① -1 ② 1 ③ $\frac{3}{2}$
④ 2 ⑤ $\frac{5}{2}$

281

$\sqrt{3}$의 소수 부분을 a라 할 때, $\sqrt{108}$의 소수 부분을 a를 사용하여 나타내면?

① $6a-10$ ② $6a-5$ ③ $6a-4$
④ $6a-2$ ⑤ $6a$

282

오른쪽 그림과 같이 가로의 길이가 $\sqrt{108}$ cm, 세로의 길이가 $\sqrt{192}$ cm인 직사각형 모양의 종이가 있다. 이 종이의 네 귀퉁이에서 각각 한 변의 길이가 $\sqrt{3}$ cm인 정사각형 4개를 잘라 내어 만든 뚜껑이 없는 직육면체 모양의 상자의 부피는?

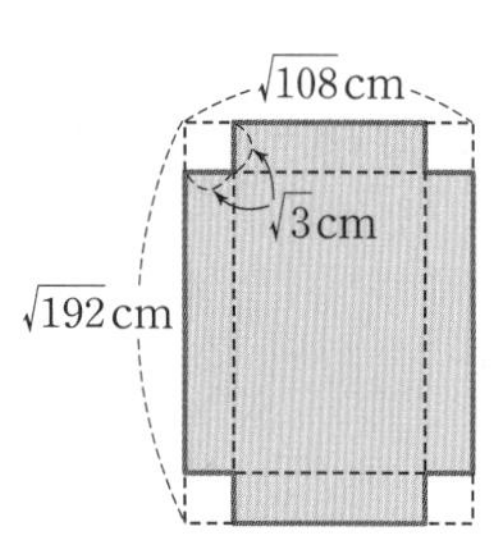

① $32\sqrt{6}$ cm³ ② $64\sqrt{2}$ cm³ ③ $62\sqrt{3}$ cm³
④ $72\sqrt{3}$ cm³ ⑤ $54\sqrt{6}$ cm³

실력 UP

283

자연수 n에 대하여 $\sqrt{n}$의 정수 부분을 $f(n)$이라 할 때, $f(n)=8$을 만족시키는 n은 모두 몇 개인가?

① 14개 ② 15개 ③ 16개
④ 17개 ⑤ 18개

284

$2(a-3\sqrt{2})+5-4a\sqrt{2}$가 유리수가 되도록 하는 유리수 a의 값은?

① -2　② $-\frac{3}{2}$　③ $-\frac{1}{2}$
④ $\frac{3}{2}$　⑤ 2

285

오른쪽 그림에서 좌표평면 위의 두 점 P$(-1,\ 3)$, Q$(3,\ -1)$ 사이의 거리는?

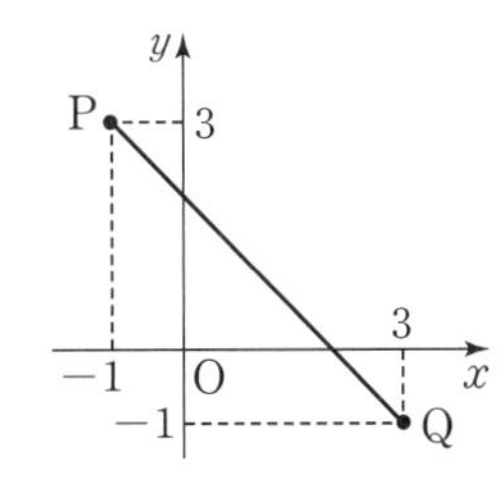

① 4　② $2\sqrt{5}$
③ $2\sqrt{6}$　④ $4\sqrt{2}$
⑤ 6

286

다음 중 두 실수의 대소 관계가 옳은 것은?

① $8-3\sqrt{3}>2\sqrt{3}-2$　② $1-\sqrt{14}<1-3\sqrt{2}$
③ $3\sqrt{3}>5\sqrt{3}-2$　④ $\sqrt{5}+2<\sqrt{3}+\sqrt{5}$
⑤ $2>\sqrt{2}+1$

287

다음 중 $\sqrt{50}=7.071$임을 이용하여 그 값을 구할 수 없는 것은?

① $\sqrt{0.005}$　② $\sqrt{0.5}$　③ $\sqrt{500}$
④ $\sqrt{5000}$　⑤ $\sqrt{500000}$

288

$\sqrt{8.5}=2.915$, $\sqrt{85}=9.220$일 때, $\sqrt{3400}$의 값은?

① 3.688　② 5.83　③ 12.135
④ 36.88　⑤ 58.3

289

$2+\sqrt{5}$의 소수 부분을 a라 할 때, $\frac{2-a}{2+a}$의 값을 구하시오.

실력 UP

290

오른쪽 그림은 한 칸의 가로와 세로의 길이가 각각 1인 모눈종이 위에 수직선과 두 정사각형을 그린 것이다. $\overline{AD}=\overline{AQ}$, $\overline{BC}=\overline{BP}$이고, 두 점 P, Q에 대응하는 수를 각각 a, b라 할 때, $\frac{a}{\sqrt{2}}+\frac{b+1}{\sqrt{2}}$의 값은?

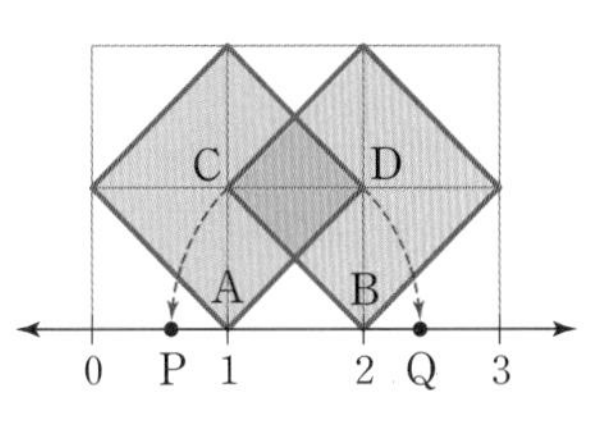

① $-3-\sqrt{2}$　② $-1-\sqrt{2}$　③ $1-\sqrt{2}$
④ $-1+3\sqrt{2}$　⑤ $2\sqrt{2}$

291

$\sqrt{12}\times\sqrt{15}\times\sqrt{35}=a\sqrt{7}$을 만족시키는 자연수 a의 값은?

① 10 ② 15 ③ 30
④ 90 ⑤ 900

292

$3\sqrt{2}\times(-2\sqrt{6})\div\frac{\sqrt{3}}{2}$을 계산하시오.

293

$\frac{\sqrt{28}}{-2\sqrt{3}}\div\left(-\frac{3\sqrt{7}}{\sqrt{12}}\right)\div\frac{\sqrt{2}}{6\sqrt{3}}$를 계산하시오.

294

$\sqrt{2}=x$, $\sqrt{5}=y$일 때, $\sqrt{180}$을 x, y를 사용하여 나타내면?

① xy ② xy^2 ③ $3xy^2$
④ x^2y ⑤ $3x^2y$

295

다음 중 옳은 것은?

① $2\sqrt{2}+\sqrt{18}-\sqrt{50}=\sqrt{2}$
② $2\sqrt{3}-\sqrt{48}-3\sqrt{75}=-7\sqrt{3}$
③ $\sqrt{32}-\sqrt{18}+7\sqrt{12}+\sqrt{27}=\sqrt{2}+17\sqrt{3}$
④ $\sqrt{5}(\sqrt{8}+3)-3\sqrt{5}=20$
⑤ $\sqrt{32}-(4-\sqrt{8})\sqrt{2}=-4$

296

다음 중 옳지 않은 것은?

① $\frac{3-\sqrt{6}}{\sqrt{3}}=\sqrt{3}-\sqrt{2}$
② $\sqrt{20}-2\sqrt{45}-8\sqrt{5}=-12\sqrt{5}$
③ $\frac{6-3\sqrt{3}}{\sqrt{3}}-\frac{3-\sqrt{3}}{\sqrt{3}}=\sqrt{3}-2$
④ $\sqrt{(1-\sqrt{2})^2}-\sqrt{(2-\sqrt{2})^2}=-1$
⑤ $\frac{3}{\sqrt{2}}-\frac{2}{\sqrt{8}}-\sqrt{2}=0$

297

$\sqrt{75}\left(\frac{2}{\sqrt{3}}-\frac{1}{\sqrt{5}}\right)+a(\sqrt{15}-2)$가 유리수가 되도록 하는 유리수 a의 값을 구하시오.

298

다음 중 두 수의 대소 관계가 옳은 것은?

① $-\sqrt{18}>-4$ ② $3\sqrt{5}<2\sqrt{11}$
③ $5\sqrt{6}+\sqrt{7}<\sqrt{7}+6\sqrt{5}$ ④ $2\sqrt{3}<-\sqrt{3}$
⑤ $3\sqrt{3}-4\sqrt{2}<-\sqrt{12}+\sqrt{8}$

299

$\sqrt{2.13}=1.459$, $\sqrt{21.3}=4.615$일 때, 다음 중 옳지 않은 것은?

① $\sqrt{213}=14.59$ ② $\sqrt{2130}=46.15$
③ $\sqrt{0.213}=0.4615$ ④ $\sqrt{0.0213}=0.01459$
⑤ $\sqrt{21300}=145.9$

300

$a>0$, $b>0$일 때, 다음 중 옳지 않은 것을 모두 고르면? (정답 2개)

① $a\sqrt{b}=\sqrt{a^2b}$
② $-\sqrt{(-a)^2b}=a\sqrt{b}$
③ $\dfrac{ab\sqrt{a}}{\sqrt{b}}=a\sqrt{ab}$
④ $a\sqrt{b}-b\sqrt{a^2b}=-b\sqrt{b}$
⑤ $\sqrt{ab^2}+\sqrt{a}=(b+1)\sqrt{a}$

301

다음 그림은 수직선 위에 한 변의 길이가 1인 두 정사각형을 그린 것이다. $\overline{CA}=\overline{CP}$, $\overline{BD}=\overline{BE}$, $\overline{EF}=\overline{EQ}$이고 두 점 P, Q에 대응하는 수를 각각 a, b라 할 때, $2a+b$의 값은?

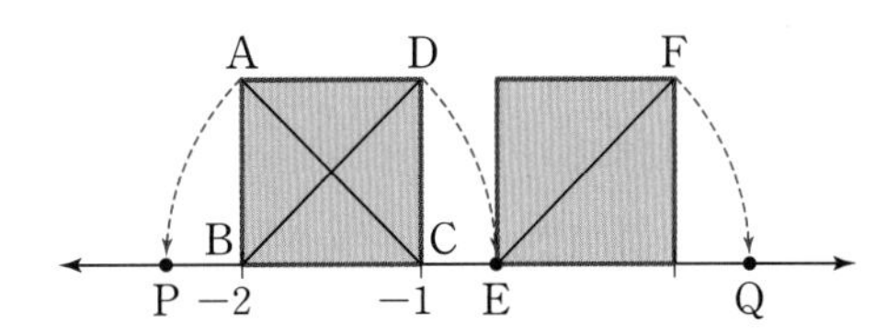

① $-3-\sqrt{2}$ ② -4 ③ $-1-\sqrt{2}$
④ $-3+\sqrt{2}$ ⑤ 0

302

$3-\sqrt{3}$의 소수 부분을 a, $5-\sqrt{7}$의 소수 부분을 b라 할 때, $4a+\sqrt{7}b$의 값을 구하시오.

서술형 문제

303

$7-2\sqrt{7}$의 정수 부분을 a, 소수 부분을 b라 할 때, 다음 물음에 답하시오.

(1) a의 값을 구하시오.
(2) b의 값을 구하시오.
(3) $\dfrac{a}{6-b}$의 값을 구하시오.

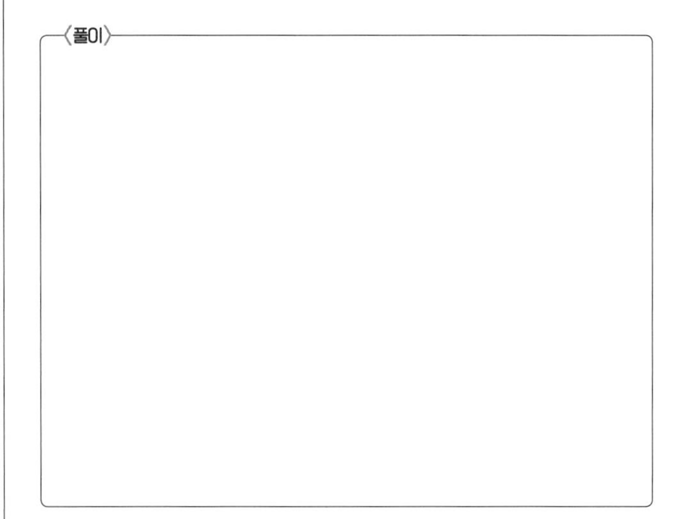

304

오른쪽 그림에서 큰 정사각형의 둘레의 길이는 $12+4\sqrt{3}$이고 내부의 작은 정사각형의 둘레의 길이는 $12-4\sqrt{3}$일 때, 큰 정사각형과 작은 정사각형의 한 변의 길이의 차를 구하시오.

풀이

Theme 07 다항식의 곱셈과 곱셈 공식

유형북 56쪽

유형 01 다항식과 다항식의 곱셈

대표 문제

305

$(3x+y)(2x-4y)=ax^2+bxy-4y^2$일 때, $a+b$의 값은? (단, a, b는 상수)

① -8 ② -4 ③ 0
④ 4 ⑤ 8

306

$(4a-5b)(-2a+3b)$를 전개하면?

① $-8a^2-10ab-15b^2$
② $-8a^2+22ab-15b^2$
③ $2a^2+2ab+15b^2$
④ $2a^2+22ab-15b^2$
⑤ $8a^2-22ab+15b^2$

307

$(-2x+3y)(4x+5y-1)$을 전개한 식에서 xy의 계수를 a, y^2의 계수를 b라 할 때, $b-a$의 값은?

① 13 ② 14 ③ 15
④ 16 ⑤ 17

308

다음 보기에서 x의 계수가 같은 것끼리 짝 지어진 것은?

보기
ㄱ. $(x+2y)(x-1)$ ㄴ. $(3x-5)(x+4)$
ㄷ. $(x+1)(x-3y)$ ㄹ. $(x-2+y)(x+3)$

① ㄱ, ㄴ ② ㄱ, ㄷ ③ ㄱ, ㄹ
④ ㄴ, ㄷ ⑤ ㄷ, ㄹ

309

$(x+1)(5x-a)$를 전개한 식에서 x의 계수가 9일 때, 상수 a의 값을 구하시오.

310

$(ax-4)(5x+b)$를 전개한 식에서 x의 계수가 15일 때, 한 자리의 자연수 a, b에 대하여 $a+b$의 값은?

① 8 ② 9 ③ 10
④ 11 ⑤ 12

311

$(2x+1)(ax-b)$를 전개한 식에서 상수항은 3이고, x의 계수는 상수항보다 4만큼 클 때, x^2의 계수를 구하시오. (단, a, b는 상수)

유형 02 곱셈 공식 (1) – 합의 제곱, 차의 제곱

대표 문제

312

다음 중 옳지 않은 것은?

① $(x+2)^2=x^2+4x+4$
② $(-x+4)^2=x^2-8x+16$
③ $(3x+4)^2=9x^2+24x+16$
④ $\left(\frac{1}{2}x-1\right)^2=\frac{1}{4}x^2-2x+1$
⑤ $(-x-3)^2=x^2+6x+9$

313

다음 중 $(-a-b)^2$과 전개한 식이 같은 것은?

① $(a-b)^2$ ② $-(-a+b)^2$
③ $(a+b)^2$ ④ $(-a+b)^2$
⑤ $-(a+b)^2$

314

$(ax-b)^2$을 전개한 식에서 x^2의 계수가 9, x의 계수가 -15일 때, 상수항을 구하시오. (단, a, b는 양수)

유형 03 곱셈 공식 (2) – 합과 차의 곱

대표 문제

315

다음 중 옳은 것을 모두 고르면? (정답 2개)

① $(x+4)(x-4)=x^2+16$
② $(-x-1)(-x+1)=-x^2-1$
③ $(-x+y)(-x-y)=-x^2+y^2$
④ $(-3x-2y)(3x-2y)=-9x^2+4y^2$
⑤ $\left(\frac{1}{3}x-\frac{1}{2}\right)\left(\frac{1}{3}x+\frac{1}{2}\right)=\frac{1}{9}x^2-\frac{1}{4}$

316

$(x+1)(x-1)-(-2x+4)(-2x-4)$를 간단히 하면?

① $-3x^2-16$ ② $-3x^2-15$
③ $-3x^2+15$ ④ $3x^2-15$
⑤ $3x^2+16$

317

$(x-2)(x+2)(x^2+4)(x^4+16)=x^a-16^b$일 때, $a-b$의 값을 구하시오. (단, a, b는 자연수)

유형 04 곱셈 공식 (3) - $(x+a)(x+b)$

대표 문제

318

$(x+a)(x-3)=x^2+bx-12$일 때, ab의 값은? (단, a, b는 상수)

① 4 ② 5 ③ 6
④ 7 ⑤ 8

319

다음 중 □ 안에 알맞은 수가 나머지 넷과 다른 하나는?

① $(x-1)(x+5)=x^2+4x-\square$
② $(x-2)(x+7)=x^2+\square x-14$
③ $(x+y)(x+4y)=x^2+\square xy+4y^2$
④ $\left(x+\frac{1}{3}y\right)(x-12y)=x^2-\frac{35}{3}xy-\square y^2$
⑤ $(x+2y)(x+3y)=x^2+\square xy+6y^2$

320

$(x-a)\left(x+\frac{2}{3}\right)$를 전개한 식에서 x의 계수와 상수항이 같을 때, $3a$의 값을 구하시오. (단, a는 상수)

유형 05 곱셈 공식 (4) - $(ax+b)(cx+d)$

대표 문제

321

$(5x+4)(3x-a)=15x^2+bx+24$일 때, $b-a$의 값은? (단, a, b는 상수)

① 36 ② 39 ③ 42
④ 45 ⑤ 48

322

$(6x-1)(3-2x)$를 전개한 식에서 x의 계수는?

① 12 ② 15 ③ 18
④ 20 ⑤ 24

323

$2(7x+2)(x-1)-3(4x-1)(x-2)$를 간단히 하면?

① $2x^2-37x-10$ ② $2x^2-17x+2$
③ $2x^2+17x-10$ ④ $2x^2+17x+2$
⑤ $2x^2+37x-10$

324

$2x+a$에 $3x+4$를 곱해야 할 것을 잘못하여 $4x+3$을 곱했더니 $8x^2-14x-15$가 되었다. 바르게 전개한 식을 구하시오. (단, a는 상수)

유형 06 곱셈 공식 – 종합

대표 문제

325

다음 중 옳은 것은?

① $(-x-y)^2=x^2-2xy+y^2$
② $(3x-2y)^2=9x^2-12xy-4y^2$
③ $(-x+1)(x-1)=-x^2+1$
④ $(x-1)(x+2)=x^2+x-2$
⑤ $(2x+3)(2x+4)=4x^2+16x+12$

326

$(4x-3)^2-(2x+1)(x-5)=ax^2+bx+c$일 때, $a-b-c$의 값을 구하시오. (단, a, b, c는 상수)

327

오른쪽 그림과 같이 가로의 길이가 $(7x-1)$ m, 세로의 길이가 $(3x+2)$ m인 직사각형 모양의 정원에 폭이 1 m인 일정한 길을 만들었다. 길을 제외한 정원의 넓이를 구하시오.

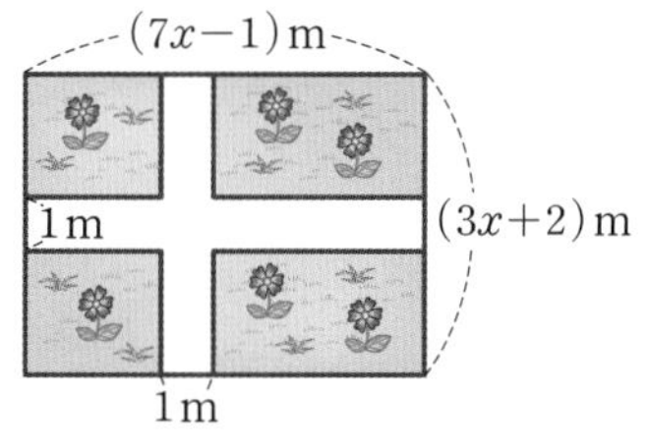

유형 07 복잡한 식의 전개

대표 문제

328

$(x-y+2)(x-y-2)$를 전개하면?

① $x^2-2xy-y^2-4$
② $x^2-2xy-y^2+4$
③ $x^2-2xy+y^2-4$
④ $x^2+2xy+y^2-4$
⑤ $x^2+2xy+y^2+4$

329

$(x-1)(x+2)(x-3)(x+4)$를 전개한 식에서 x^3의 계수를 a, x^2의 계수를 b, x의 계수를 c라 할 때, $a+b-c$의 값을 구하시오.

330

$(a+b+c-d)(a-b+c+d)$를 전개하시오.

Theme 08 곱셈 공식의 활용

유형북 60쪽

유형 08 곱셈 공식을 이용한 수의 계산

대표 문제

331

다음 중 주어진 수를 계산할 때, 가장 편리한 곱셈 공식으로 옳지 않은 것은?

① 105^2 ⇨ $(a+b)^2=a^2+2ab+b^2$
② 96^2 ⇨ $(a-b)^2=a^2-2ab+b^2$
③ 53×47 ⇨ $(a+b)(a-b)=a^2-b^2$
④ 1001×1004 ⇨ $(x+a)(x+b)=x^2+(a+b)x+ab$
⑤ 106×102 ⇨ $(a+b)(a-b)=a^2-b^2$

332

곱셈 공식을 이용하여 $102^2-101\times103$을 계산하면?

① -2 ② -1 ③ 0
④ 1 ⑤ 2

333

$(2+1)(2^2+1)(2^4+1)(2^8+1)(2^{16}+1)=2^a-1$일 때, 자연수 a의 값을 구하시오.

유형 09 곱셈 공식의 변형 (1) – 두 수의 합(또는 차)과 곱이 주어진 경우

대표 문제

334

$x-y=5$, $xy=-10$일 때, x^2+y^2의 값은?

① 5 ② 15 ③ 25
④ 35 ⑤ 45

335

$a+b=6$, $a^2+b^2=28$일 때, ab의 값을 구하시오.

336

$a+b=5$, $ab=3$일 때, $(a-b)^2$의 값은?

① 11 ② 12 ③ 13
④ 14 ⑤ 15

337

$x-y=6$, $(x+y)^2=12$일 때, $\frac{y}{x}+\frac{x}{y}$의 값을 구하시오.

유형 10 곱셈 공식의 변형 (2) - 두 수의 곱이 1 또는 −1인 경우

대표 문제

338

$x+\frac{1}{x}=4$일 때, $x^2+\frac{1}{x^2}$의 값은?

① 11 ② 12 ③ 13
④ 14 ⑤ 15

339

$x+\frac{1}{x}=3$일 때, $x-\frac{1}{x}$의 값은? (단, $x>1$)

① $\sqrt{2}$ ② $\sqrt{3}$ ③ $\sqrt{5}$
④ $2\sqrt{2}$ ⑤ $2\sqrt{3}$

340

$x^2-3x+1=0$일 때, $x^2-2+\frac{1}{x^2}$의 값은?

① 5 ② 6 ③ 7
④ 8 ⑤ 9

341

$x^2+4x-1=0$일 때, $x+\frac{1}{x}$의 값은? (단, $x>0$)

① $\sqrt{5}$ ② $2\sqrt{5}$ ③ $2\sqrt{6}$
④ $3\sqrt{5}$ ⑤ $3\sqrt{6}$

유형 11 곱셈 공식을 이용한 무리수의 계산

대표 문제

342

$(4-3\sqrt{5})(1+2\sqrt{5})=a+b\sqrt{5}$일 때, $b-a$의 값은? (단, a, b는 유리수)

① 27 ② 28 ③ 29
④ 30 ⑤ 31

343

$(2-\sqrt{3})(2+\sqrt{3})-(\sqrt{2}-1)^2$을 간단히 하면?

① $-2-2\sqrt{2}$ ② -2
③ $-2+2\sqrt{2}$ ④ $2+\sqrt{2}$
⑤ 4

344

다음 그림에서 두 직사각형 A와 B의 넓이가 서로 같다. 직사각형 B의 가로의 길이가 $a+b\sqrt{3}$일 때, ab의 값을 구하시오. (단, a, b는 유리수)

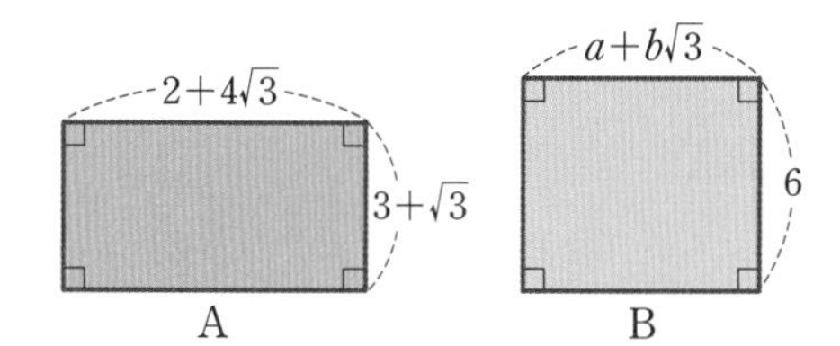

유형 12 제곱근의 계산 결과가 유리수가 될 조건

대표 문제

345

$(\sqrt{2}+a)(4\sqrt{2}-5)$를 계산한 결과가 유리수가 되도록 하는 유리수 a의 값은?

① $\frac{1}{4}$ ② $\frac{1}{2}$ ③ $\frac{3}{4}$
④ 1 ⑤ $\frac{5}{4}$

346

$(a-2\sqrt{5})(\sqrt{5}+1)+a\sqrt{5}$를 계산한 결과가 유리수가 되도록 하는 유리수 a의 값은?

① 1 ② 2 ③ 3
④ 4 ⑤ 5

347

$\frac{6-\sqrt{3}}{\sqrt{3}}+(a+\sqrt{3})(5-\sqrt{3})=b$일 때, 유리수 a, b에 대하여 $b-a$의 값은?

① 15 ② 18 ③ 21
④ 24 ⑤ 27

유형 13 곱셈 공식을 이용한 분모의 유리화

대표 문제

348

$\frac{\sqrt{5}-\sqrt{3}}{\sqrt{5}+\sqrt{3}}-\frac{\sqrt{5}+\sqrt{3}}{\sqrt{5}-\sqrt{3}}=a+b\sqrt{15}$일 때, $a-b$의 값은?

(단, a, b는 유리수)

① 1 ② 2 ③ 3
④ 4 ⑤ 5

349

$\frac{6}{\sqrt{7}-2}+\frac{3}{\sqrt{7}+2}=a+b\sqrt{7}$일 때, $a+b$의 값은?

(단 a, b는 유리수)

① 3 ② 5 ③ 7
④ 9 ⑤ 11

350

$\frac{1}{1+\sqrt{2}}+\frac{1}{\sqrt{2}+\sqrt{3}}+\frac{1}{\sqrt{3}+\sqrt{4}}+\cdots+\frac{1}{\sqrt{15}+\sqrt{16}}$의 값은?

① 3 ② 4 ③ 5
④ 6 ⑤ 7

유형 14 식의 값 구하기 (1) – 두 수가 주어진 경우

대표 문제

351

$x=\frac{1}{\sqrt{2}-1}$, $y=\frac{1}{\sqrt{2}+1}$일 때, x^2+y^2+xy의 값은?

① 5 ② 6 ③ 7
④ 8 ⑤ 9

352

$a=\sqrt{6}+\sqrt{3}$, $b=\sqrt{6}-\sqrt{3}$일 때, $ab(a-b)$의 값은?

① $2\sqrt{3}$ ② $3\sqrt{3}$ ③ $4\sqrt{3}$
④ $5\sqrt{3}$ ⑤ $6\sqrt{3}$

353

$a=3+\sqrt{7}$, $b=3-\sqrt{7}$일 때, $\frac{b}{a}+\frac{a}{b}$의 값은?

① 4 ② 8 ③ 12
④ 16 ⑤ 20

유형 15 식의 값 구하기 (2) – $x=a\pm\sqrt{b}$ 꼴인 경우

대표 문제

354

$x=\frac{1}{2+\sqrt{3}}$일 때, x^2-4x+3의 값을 구하시오.

355

$a=\sqrt{7}-1$일 때, a^2+2a+4의 값을 구하시오.

356

$x=\frac{3}{\sqrt{5}-2}$일 때, $x^2-12x-7$의 값을 구하시오.

357

$x=2\sqrt{3}-2$일 때, $\sqrt{x^2+4x+8}$의 값은?

① 4 ② $4\sqrt{2}$ ③ $4\sqrt{3}$
④ 8 ⑤ $4\sqrt{5}$

358

$(x-2)(x+2)+(x-3)^2$을 간단히 하면?

① $2x^2-10x+9$ ② $2x^2-6x+5$
③ $2x^2-5x+5$ ④ $2x^2+13$
⑤ $2x^2+6x-9$

359

$(x+4)(x-2)$를 전개한 식에서 상수항을 a, $(2x-1)(x+3)$을 전개한 식에서 x의 계수를 b라 할 때, $a+b$의 값을 구하시오.

360

$(2x-3y)(ax-y)=6x^2+bxy+3y^2$일 때, $a-b$의 값은? (단, a, b는 상수)

① -14 ② -8 ③ 6
④ 8 ⑤ 14

361

$(3x-2y)^2+(x+2y)(ax-y)$를 간단히 한 식에서 x^2의 계수와 xy의 계수가 같을 때, 상수 a의 값은?

① 16 ② 18 ③ 20
④ 22 ⑤ 24

362

다음 보기에서 옳은 것을 모두 고르시오.

보기
ㄱ. $(a+b)^2=a^2+b^2$
ㄴ. $(-a+b)^2=(a-b)^2$
ㄷ. $(-a-b)^2=-(a+b)^2$
ㄹ. $(-a+b)(-a-b)=(a-b)(a+b)$

363

다음 그림과 같이 가로의 길이가 $(5a-3)$ m, 세로의 길이가 $(2a+5)$ m인 직사각형 모양의 화단 안에 폭이 각각 4 m, 2 m인 일정한 길을 만들었다. 길을 제외한 화단의 넓이는?

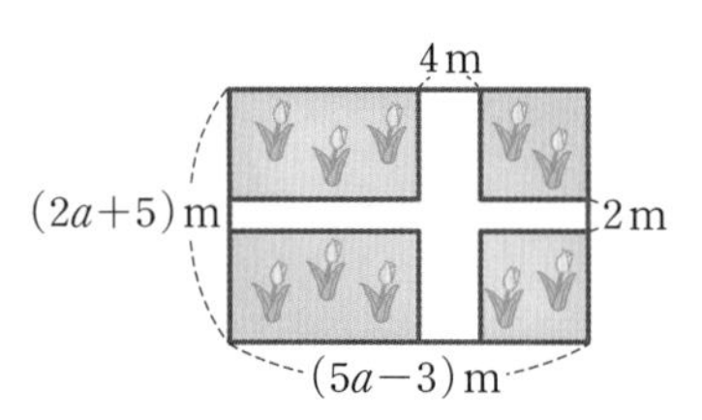

① $(10a^2-18a+10)\text{ m}^2$ ② $(10a^2-5a+8)\text{ m}^2$
③ $(10a^2+a-21)\text{ m}^2$ ④ $(10a^2+15a-15)\text{ m}^2$
⑤ $(10a^2+18a+15)\text{ m}^2$

실력 UP

364

$x^2+5x+3=0$일 때, 다음 식의 값은?

$$(x+1)(x+2)(x+3)(x+4)+4$$

① 7 ② 8 ③ 9
④ 10 ⑤ 11

365
$(2x-3y+4)(3x+4y-3)$을 전개한 식에서 xy의 계수는?
① -2　② -1　③ 0　④ 1　⑤ 2

366
$(2x-1)(2x-3)+(x-2)^2$을 간단히 하면?
① $2x^2-7x+7$　② $3x^2-2x+6$　③ $5x^2-12x+7$　④ $5x^2-2x+6$　⑤ $5x^2+2x+7$

367
$(a-2x)(2x+a)=9-4x^2$일 때, 자연수 a의 값은?
① 2　② 3　③ 4　④ 5　⑤ 6

368
다음 중 옳은 것은?
① $(x-6)^2=x^2-36$
② $(-x+7)(-x-7)=-x^2-49$
③ $(-x+4)(x-3)=-x^2-7x-12$
④ $(2x-8)(x-1)=2x^2-10x+8$
⑤ $(x+3y)(x-4y)=x^2-6xy-12y^2$

369
$(x-a)\left(x-\frac{1}{4}\right)$을 전개한 식에서 x의 계수와 상수항이 같을 때, $5a$의 값을 구하시오. (단, a는 상수)

370
$(x+2y-4)(x+2y+3)$을 전개한 식에서 xy의 계수와 x의 계수의 합을 구하시오.

실력 UP

371
오른쪽 그림의 직사각형 ABCD에서 $\overline{AB}=a$, $\overline{AD}=b$이고 □ABFE, □EGHD, □IJCH가 모두 정사각형일 때, □GFJI의 넓이는?

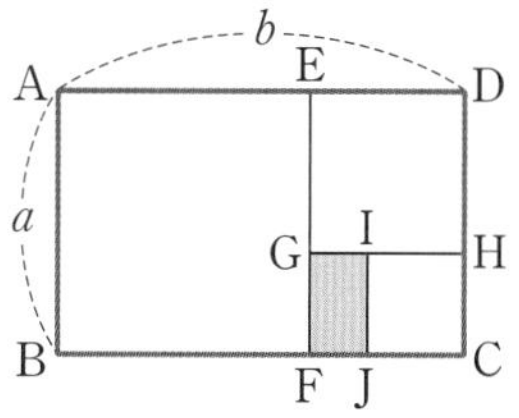

① $-6a^2+7ab-2b^2$　② $-6a^2+7ab+2b^2$　③ $-6a^2+8ab-2b^2$　④ $6a^2-7ab-2b^2$　⑤ $6a^2+8ab+2b^2$

372

다음 중 102×98을 계산할 때, 가장 편리한 곱셈 공식은?

① $(a+b)^2=a^2+2ab+b^2$
② $(a-b)^2=a^2-2ab+b^2$
③ $(a+b)(a-b)=a^2-b^2$
④ $(x+a)(x+b)=x^2+(a+b)x+ab$
⑤ $(ax+b)(cx+d)=acx^2+(ad+bc)x+bd$

373

$x-y=5$, $xy=5$일 때, $\frac{y}{x}+\frac{x}{y}$의 값은?

① 5 ② 6 ③ 7
④ 8 ⑤ 9

374

$(2+5\sqrt{2})(3\sqrt{2}-4)=a+b\sqrt{2}$일 때, $a+b$의 값은?
(단, a, b는 유리수)

① -36 ② -8 ③ 8
④ 18 ⑤ 36

375

$x=\sqrt{6}+\sqrt{2}$, $y=\sqrt{6}-\sqrt{2}$일 때, $x^2+4xy+y^2$의 값은?

① 16 ② 20 ③ 24
④ 28 ⑤ 32

376

$102\times108+96\times104=a\times10^4+b\times10^3$일 때, 한 자리의 자연수 a, b에 대하여 $a+b$의 값은?

① 1 ② 2 ③ 3
④ 4 ⑤ 5

377

$x+\frac{1}{x}=\sqrt{7}$일 때, $x-\frac{1}{x}$의 값은? (단, $0<x<1$)

① $-\sqrt{7}$ ② $-\sqrt{3}$ ③ 1
④ $\sqrt{3}$ ⑤ $\sqrt{7}$

실력 UP

378

다음 식의 값은?

$$\frac{1}{3-\sqrt{8}}-\frac{1}{\sqrt{8}-\sqrt{7}}+\frac{1}{\sqrt{7}-\sqrt{6}}-\frac{1}{\sqrt{6}-\sqrt{5}}+\frac{1}{\sqrt{5}-2}$$

① 1 ② 3 ③ 5
④ $3+2\sqrt{2}$ ⑤ $5+\sqrt{5}$

379

다음 중 곱셈 공식 $(x+a)(x+b)=x^2+(a+b)x+ab$를 이용하면 가장 편리한 계산은?

① 99^2 ② 101^2 ③ 72×68
④ 101×99 ⑤ 201×203

380

$\frac{\sqrt{6}-\sqrt{5}}{\sqrt{6}+\sqrt{5}}-\frac{\sqrt{6}+\sqrt{5}}{\sqrt{6}-\sqrt{5}}=a+b\sqrt{30}$일 때, $a+b$의 값은? (단, a, b는 유리수)

① -4 ② -2 ③ 0
④ 2 ⑤ 4

381

$x=\frac{1}{\sqrt{5}+2}$, $y=\frac{1}{\sqrt{5}-2}$일 때, x^2+y^2의 값은?

① 4 ② 16 ③ 18
④ 20 ⑤ 22

382

$a+b=6$, $(a-b)^2=24$일 때, $\frac{1}{a^2}+\frac{1}{b^2}$의 값은?

① 3 ② $\frac{10}{3}$ ③ $\frac{11}{3}$
④ 4 ⑤ $\frac{13}{3}$

383

$(3-3\sqrt{3})(a+5\sqrt{3})=b$일 때, 유리수 a, b에 대하여 $a-b$의 값은?

① -35 ② -25 ③ 25
④ 35 ⑤ 45

384

$x=\frac{2}{3-\sqrt{7}}$일 때, $\sqrt{x^2-6x+3}$의 값은?

① 1 ② 2 ③ 3
④ 4 ⑤ 5

실력 UP

385

$x^2+2x-1=0$일 때, $x^4+\frac{1}{x^4}$의 값은?

① 23 ② 27 ③ 31
④ 34 ⑤ 36

386

$(\sqrt{3}-\sqrt{2})^2$을 간단히 하면?

① $1-2\sqrt{6}$　② $5-2\sqrt{6}$　③ 1
④ 5　⑤ $5+2\sqrt{6}$

387

$\frac{1}{\sqrt{2}+1}-\frac{1}{\sqrt{2}-1}$을 간단히 하면?

① $-2\sqrt{2}$　② -2　③ $2\sqrt{2}-2$
④ 2　⑤ $2\sqrt{2}$

388

다음 중 $(a+b)(a-b)$와 전개한 식이 같은 것은?

① $(a-b)(-a+b)$　② $(a-b)(a-b)$
③ $(-a+b)(a+b)$　④ $(-a+b)(-a-b)$
⑤ $(a-b)(-a-b)$

389

$(x-3y)^2-(2x+3y)(3x-2y)$를 간단히 하였을 때, xy의 계수는?

① -11　② -5　③ -1
④ 6　⑤ 8

390

$(5x+3y)(2x-ay)=10x^2+bxy-6y^2$일 때, $a+b$의 값을 구하시오. (단, a, b는 상수)

391

다음 중 옳지 않은 것은?

① $(2x+1)^2=4x^2+4x+1$
② $(-2x-5)^2=4x^2+20x+25$
③ $(x+3)(x-5)=x^2-2x-15$
④ $(4x-3)(2x+3)=8x^2+6x-9$
⑤ $\left(\frac{1}{2}x+\frac{2}{3}\right)\left(\frac{1}{2}x-\frac{2}{3}\right)=\frac{1}{4}x^2-\frac{2}{3}$

392

다음 중 99×102를 계산할 때, 가장 편리한 곱셈 공식은?

① $(a+b)^2=a^2+2ab+b^2$
② $(a-b)^2=a^2-2ab+b^2$
③ $(a+b)(a-b)=a^2-b^2$
④ $(x+a)(x+b)=x^2+(a+b)x+ab$
⑤ $(ax+b)(cx+d)=acx^2+(ad+bc)x+bd$

393

$x+y=4$, $xy=3$일 때, $(x-y)^2$의 값은?

① 1　② 3　③ 4
④ 8　⑤ 10

394

한 변의 길이가 $7a$인 정사각형에서 가로의 길이는 $2b$만큼 늘이고, 세로의 길이는 $2b$만큼 줄여서 만든 직사각형의 넓이는? (단, $7a>2b$)

① $49a^2-4b^2$　② $49a^2+4b^2$
③ $49a^2-28ab+4b^2$　④ $49a^2+28ab-4b^2$
⑤ $49a^2+28ab+4b^2$

395

$x^2+6x+1=0$일 때, $x-\frac{1}{x}$의 값을 구하시오.

(단, $x<-1$)

396

$x=\frac{1}{\sqrt{5}+2}$, $y=\frac{1}{\sqrt{5}-2}$일 때, $x^2+3xy+y^2$의 값을 구하시오.

397

$x^2-2x-2=0$일 때, $(x+1)(x+2)(x-3)(x-4)$의 값을 구하시오.

서술형 문제

398

민수는 $(3x-1)(x-2)$를 전개하는 과정에서 $3x-1$을 $3x+A$로 잘못 보고 $3x^2-8x+B$로 전개하였다. 또, 우진이는 $(x-5)(3x+1)$을 전개하는 과정에서 $3x+1$을 $Cx+1$로 잘못 보고 $Dx^2-24x-5$로 전개하였다. 상수 A, B, C, D의 값을 각각 구하시오.

399

가로의 길이가 x, 세로의 길이가 y인 직사각형 모양의 종이를 오른쪽 그림과 같이 정사각형 2개와 하나의 직사각형으로 나누었다. 이때 직사각형 (가)의 넓이를 구하시오.

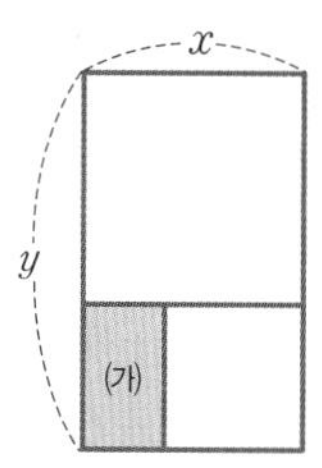

〈풀이〉

핵심 유형

Theme 09 인수분해의 뜻과 공식

유형북 72쪽

유형 01 공통인 인수를 이용한 인수분해

대표 문제

400

다음 중 $2x^4y^2-8x^2y$의 인수가 아닌 것은?

① $2x$　② x^2　③ xy
④ x^3y　⑤ x^2y-4

401

$a(2-x)-b(x-2)$를 인수분해하면?

① $(-a-b)(x-2)$　② $(-a+b)(x-2)$
③ $(-a-b)(x+2)$　④ $(a+b)(x-2)$
⑤ $(a+b)(x+2)$

402

다음 중 바르게 인수분해한 것은?

① $3x^2+6x=3(x^2+2)$
② $2ab+6b=2b(a+3)$
③ $-5x^2+10x=-5x(x+2)$
④ $4x^2y+8xy^2=4xy(x+2)$
⑤ $5xy+x^2y=xy(5+y)$

403

$(x+2)(x-4)-3(x+2)$가 x의 계수가 1인 두 일차식의 곱으로 인수분해될 때, 두 일차식의 합을 구하시오.

유형 02 인수분해 공식 (1) - $a^2\pm2ab+b^2$

대표 문제

404

다음 중 인수분해한 것이 옳지 않은 것은?

① $x^2-x+\frac{1}{4}=\left(x-\frac{1}{2}\right)^2$
② $2a^2+4a+2=(2a+1)^2$
③ $100a^2-20a+1=(10a-1)^2$
④ $4x^2+12xy+9y^2=(2x+3y)^2$
⑤ $36x^2-60xy+25y^2=(6x-5y)^2$

405

다음 중 $16x^2-8x+1$의 인수인 것은?

① $2x-1$　② $2x+1$　③ $4x-1$
④ $4x+1$　⑤ $4x+2$

406

$x(x+a)+49$가 $(x+b)^2$으로 인수분해될 때, 양수 a, b에 대하여 $a+b$의 값을 구하시오.

유형 03 완전제곱식 만들기

대표 문제

407

다음 두 다항식이 완전제곱식이 되도록 하는 상수 A, B에 대하여 $A-B$의 값을 구하시오. (단, $B>0$)

$$Ax^2-24x+16, \qquad x^2+Bx+\frac{25}{4}$$

408

$x^2+12x+A$가 완전제곱식이 되도록 하는 상수 A의 값은?

① 4　② 9　③ 16　④ 25　⑤ 36

409

$(x+2)(x-6)+k$가 완전제곱식이 되도록 하는 상수 k의 값을 구하시오.

410

두 다항식 x^2-6x+A, x^2+Ax+B가 완전제곱식이 되도록 하는 상수 A, B에 대하여 $A+4B$의 값은?

① 81　② 90　③ 99　④ 108　⑤ 117

유형 04 근호 안이 완전제곱식으로 인수분해되는 식

대표 문제

411

$-5<x<-4$일 때, $\sqrt{x^2+8x+16}+\sqrt{x^2+10x+25}$를 간단히 하면?

① $-2x+1$　② -1　③ 1　④ $2x-1$　⑤ $2x+1$

412

$-1<x<-\frac{1}{2}$일 때, $\sqrt{4x^2+4x+1}-\sqrt{x^2+2x+1}$을 간단히 하시오.

413

$a<0$, $b>0$일 때, $\sqrt{a^2}-\sqrt{b^2}+\sqrt{(a+b)^2-4ab}$를 간단히 하면?

① $-2a$　② $-2b$　③ $-2a-2b$　④ $-2a+2b$　⑤ $2a-2b$

유형 05 인수분해 공식 (2) − a^2-b^2

대표 문제

414

$9x^2-25=(Ax+B)(Ax-B)$일 때, $A+B$의 값은? (단, $A>0$, $B>0$)

① 4　② 5　③ 6　④ 7　⑤ 8

415

다음 중 인수분해한 것이 옳지 않은 것은?

① $16x^2-9=(4x+3)(4x-3)$

② $\frac{1}{9}-x^2=\left(\frac{1}{3}-x\right)\left(\frac{1}{3}+x\right)$

③ $4x^2-16y^2=4(x+2y)(x-2y)$

④ $2x^2-2=(2x+1)(2x-1)$

⑤ $49x^2-9y^2=(7x+3y)(7x-3y)$

416

$(3x-8)(x+4)-4(x-5)$가 $a(x+b)(x-b)$로 인수분해될 때, $a+b$의 값을 구하시오. (단, $a>0$, $b>0$)

417

다음 중 $x^{16}-1$의 인수가 아닌 것은?

① $x-1$　② $x+1$　③ x^4-1　④ x^6+1　⑤ x^8+1

유형 06 인수분해 공식 (3) − $x^2+(a+b)x+ab$

대표 문제

418

$x^2+ax-28=(x+4)(x-b)$일 때, $a-b$의 값은? (단, a, b는 상수)

① -12　② -10　③ -8　④ -6　⑤ -4

419

일차항의 계수가 1인 두 일차식의 곱이 $x^2-3x-10$일 때, 두 일차식의 합은?

① $2x-3$　② $2x-1$　③ $2x+1$　④ $2x+3$　⑤ $2x+8$

420

$(x+3)(x-4)-8$이 $(x+a)(x-b)$로 인수분해될 때, $a+b$의 값은? (단, $a>0$, $b>0$)

① 9　② 10　③ 11　④ 12　⑤ 13

유형 07 인수분해 공식 (4) – $acx^2+(ad+bc)x+bd$

대표 문제

421

$8x^2+14x-15=(2x+a)(bx+c)$일 때, $a+b+c$의 값은? (단, a, b, c는 정수)

① 3 ② 4 ③ 5
④ 6 ⑤ 7

422

다음 중 $2x+3$을 인수로 갖는 것을 모두 고르면? (정답 2개)

① $2x^2+x-3$ ② $6x^2-23x+15$
③ $6x^2-x-12$ ④ $8x^2+2x-15$
⑤ $10x^2+x-3$

423

$2x^2-5x+2$가 x의 계수가 자연수인 두 일차식의 곱으로 인수분해될 때, 두 일차식의 합을 구하시오.

424

이차식 $3x^2+ax-37$에 일차식 $-3ax+b$를 더한 다항식을 인수분해하면 $(x+4)(3x-8)$이 된다고 할 때, $a+b$의 값을 구하시오. (단, a, b는 상수)

유형 08 인수분해 공식 – 종합

대표 문제

425

다음 중 인수분해한 것이 옳지 않은 것은?

① $x^2+x+\frac{1}{4}=\left(x+\frac{1}{2}\right)^2$
② $9x^2-12x+4=(3x-2)^2$
③ $x^2-x-30=(x+6)(x-5)$
④ $1-16x^2=(1-4x)(1+4x)$
⑤ $5x^2-7x-6=(x-2)(5x+3)$

426

다음 중 $3x-1$을 인수로 갖지 않는 것은?

① $9x^2-1$ ② $6x^2-2x$
③ $3x^2-8x-3$ ④ $6x^2-23x+7$
⑤ $9x^2-6x+1$

427

다음 네 학생이 모두 바르게 인수분해했을 때, $a+b+c+d$의 값을 구하시오. (단, a, b, c, d는 상수)

민지 : $x^2+12x+36=(x+a)^2$
영수 : $x^2-121=(x+b)(x-11)$
세희 : $x^2-3x-10=(x-c)(x+2)$
준서 : $2x^2-x-15=(x-d)(2x+5)$

유형 09 인수가 주어진 이차식의 미지수의 값 구하기

대표 문제

428

x^2-8x+k가 $x-2$를 인수로 가질 때, 상수 k의 값은?

① -16　② -12　③ 10
④ 12　⑤ 16

429

$4x^2+ax-30$이 $x-6$으로 나누어떨어질 때, 상수 a의 값은?

① -24　② -19　③ 10
④ 19　⑤ 29

430

$5x^2-2xy+ky^2$이 $x-3y$를 인수로 가질 때, 다음 중 이 다항식의 인수인 것은? (단, k는 상수)

① $-5x-3y$　② $-5x+13y$　③ $5x-13y$
④ $5x-11y$　⑤ $5x+13y$

431

두 다항식 $x^2+ax-21$, $2x^2+7x+b$의 공통인 인수가 $x+3$일 때, 상수 a, b에 대하여 ab의 값을 구하시오.

유형 10 계수 또는 상수항을 잘못 보고 푼 경우

대표 문제

432

x^2의 계수가 1인 어떤 이차식을 인수분해하는데 수아는 x의 계수를 잘못 보고 $(x-8)(x+3)$으로 인수분해하였고, 민영이는 상수항을 잘못 보고 $(x-1)^2$으로 인수분해하였다. 처음 이차식을 바르게 인수분해하시오.

433

x^2의 계수가 1인 어떤 이차식을 인수분해하는데 유진이는 x의 계수를 잘못 보고 $(x-2)(x+10)$으로 인수분해하였고, 은비는 상수항을 잘못 보고 $(x-3)(x+4)$로 인수분해하였다. 다음 물음에 답하시오.

(1) 처음 이차식을 구하시오.

(2) 처음 이차식을 바르게 인수분해하시오.

434

다음 대화를 읽고, 선생님이 칠판에 적은 x^2의 계수가 2인 이차식을 바르게 인수분해하시오.

선생님 : 칠판에 적은 이 식을 인수분해하면 ….
승환 : $(x+3)(2x-5)$이에요.
지은 : $(2x+1)(x-4)$이에요.
선생님 : 승환이는 x의 계수를, 지은이는 상수항을 잘못 보고 인수분해했구나!

Theme 10 복잡한 식의 인수분해

유형북 77쪽

유형 11 공통인 인수로 묶어 인수분해하기

대표 문제

435

$x(y-2)-y+2$가 $(x-a)(y-b)$로 인수분해될 때, $a+b$의 값은? (단, a, b는 상수)

① 3 ② 4 ③ 5
④ 6 ⑤ 7

436

$x^2(x-2)-4x+8$을 인수분해하면?

① $x(x-2)(x+2)$ ② $(x-2)(x+2)^2$
③ $(x+2)(x-2)^2$ ④ $(x-1)(x+1)(x+2)$
⑤ $(x-2)(x+1)(x+2)$

437

다음 중 $x^2-y^2-(x+y)^2$의 인수를 모두 고르면? (정답 2개)

① x ② y ③ $y+1$
④ $x-y$ ⑤ $x+y$

유형 12 치환을 이용하여 인수분해하기

대표 문제

438

$(x-1)^2-5(x-1)-6$을 인수분해하면?

① $x(x-5)$ ② $(x-1)(x+6)$
③ $x(x-6)$ ④ $(x+3)(x-2)$
⑤ $x(x-7)$

439

$(x+y)(x+y-8)+15$가 x의 계수가 자연수인 두 일차식의 곱으로 인수분해될 때, 두 일차식의 합은?

① $2x-2y-8$ ② $2x-2y+4$
③ $2x+2y-8$ ④ $2x+2y-4$
⑤ $2x+2y+8$

440

$2(x^2+3x)^2+(x^2+3x)-6$을 인수분해하시오.

유형 13 (둘)+(둘)로 묶어 인수분해하기

대표 문제

441

다음 중 $a^2-2ac-b^2+2bc$의 인수를 모두 고르면? (정답 2개)

① a ② $a-b$ ③ $a+b$
④ $a+b-2c$ ⑤ $a+b+2c$

442

$x^2y-3x^2-4y+12$를 인수분해하면?

① $(x+2)^2(y-3)$ ② $(x+2)^2(y+3)$
③ $(x+2)(x-2)(y-3)$ ④ $(x+2)(x-2)(y+3)$
⑤ $(x+3)(x-2)(y+2)$

443

다음 두 다항식의 공통인 인수는?

$$x^3-2x^2-x+2, \qquad x^3+x^2-4x-4$$

① $x-1$ ② $x+2$
③ $(x-2)(x+1)$ ④ $(x-1)(x+2)$
⑤ $(x+1)(x+2)$

유형 14 (셋)+(하나)로 묶어 인수분해하기

대표 문제

444

$a^2+6a+9-16b^2$을 인수분해하면?

① $(a-4b-3)(a-4b+3)$
② $(a+4b-3)(a+4b+3)$
③ $(a+4b-3)(a-4b+3)$
④ $(a+4b+3)(a-4b+3)$
⑤ $(a+4b+3)(a-4b-3)$

445

$16x^2+8x+1-49y^2$이 x의 계수가 자연수인 두 일차식의 곱으로 인수분해될 때, 두 일차식의 합은?

① $8x+2$ ② $12x+1$ ③ $16x+2$
④ $8x+14y+1$ ⑤ $16x+14y+2$

446

$9x^2+6xy+y^2-4z^2=(3x+ay+bz)(3x+cy+dz)$일 때, $a+b+c+d$의 값을 구하시오. (단, a, b, c, d는 상수)

유형 15 ( )( )( )( )+k 꼴의 인수분해

대표 문제

447

다음 중 $(x-1)(x+1)(x+4)(x+6)-24$의 인수가 아닌 것은?

① $x+2$ ② $x+3$ ③ $x+5$
④ x^2+5x-8 ⑤ x^2+5x+6

448

$x(x-2)(x-1)(x+1)+1=(x^2+ax+b)^2$일 때, $a+b$의 값을 구하시오. (단, a, b는 상수)

449

$(x-3)(x-2)(x+1)(x+2)-60$을 인수분해하면?

① $(x-4)(x-3)(x^2-x+4)$
② $(x-4)(x-3)(x^2+x+4)$
③ $(x-4)(x+3)(x^2-x+4)$
④ $(x+4)(x-3)(x^2-x+4)$
⑤ $(x+4)(x-3)(x^2+x+4)$

유형 16 내림차순으로 정리하여 인수분해하기

대표 문제

450

$x^2-2xy+3x+2y-4$를 인수분해하면?

① $(x-1)(x-2y+4)$ ② $(x-1)(x+2y+4)$
③ $(x+1)(x-2y+4)$ ④ $(x+1)(x+2y-4)$
⑤ $(x+1)(x+2y+4)$

451

다음 중 $a^2+ab-3a+2b-10$의 인수인 것은?

① $a-2$ ② $a-b-5$ ③ $a-b+5$
④ $a+b-5$ ⑤ $a+b+5$

452

$x^2-y^2-6x+4y+5=(x-y+a)(x+by+c)$일 때, $a+b+c$의 값을 구하시오. (단, a, b, c는 상수)

04 인수분해

Theme 11 인수분해 공식의 활용

유형북 80쪽

유형 17 인수분해 공식을 이용한 수의 계산

대표 문제

453

인수분해 공식을 이용하여 $\sqrt{47^2-4\times47+4}$를 계산하면?

① 45　② 46　③ 47
④ 48　⑤ 49

454

인수분해 공식을 이용하여 A, B의 값을 각각 구하시오.

$$A=81^2+2\times81\times19+19^2$$
$$B=55^2\times0.17-45^2\times0.17$$

455

인수분해 공식을 이용하여 $1^2-2^2+3^2-4^2+5^2-6^2$의 값을 구하시오.

유형 18 인수분해 공식을 이용한 식의 값

대표 문제

456

$x=\dfrac{1}{\sqrt{5}-2}$, $y=\dfrac{1}{\sqrt{5}+2}$일 때, $2x^2-4xy+2y^2$의 값은?

① 24　② 28　③ 32
④ 36　⑤ 40

457

$x+y=7$, $x-y=4$일 때, x^2-2x-y^2+2y의 값은?

① 16　② 18　③ 20
④ 22　⑤ 24

458

$x=\sqrt{3}+5$일 때, $(x-2)^2-6(x-2)+9$의 값을 구하시오.

유형 19 인수분해 공식의 도형에의 활용 (1)

대표 문제

459

다음 그림의 모든 직사각형을 빈틈없이 겹치지 않게 이어 붙여 하나의 큰 직사각형을 만들었다. 새로 만든 직사각형의 둘레의 길이를 구하시오.

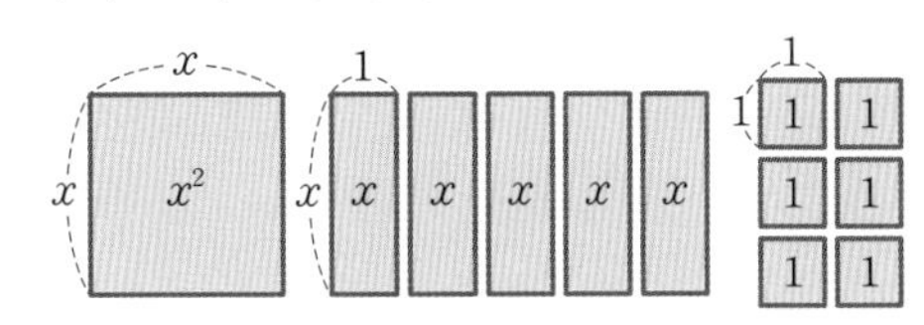

460

다음 그림의 모든 직사각형을 빈틈없이 겹치지 않게 이어 붙여 하나의 큰 직사각형을 만들었다. 새로 만든 직사각형의 가로와 세로의 길이의 합을 구하시오.

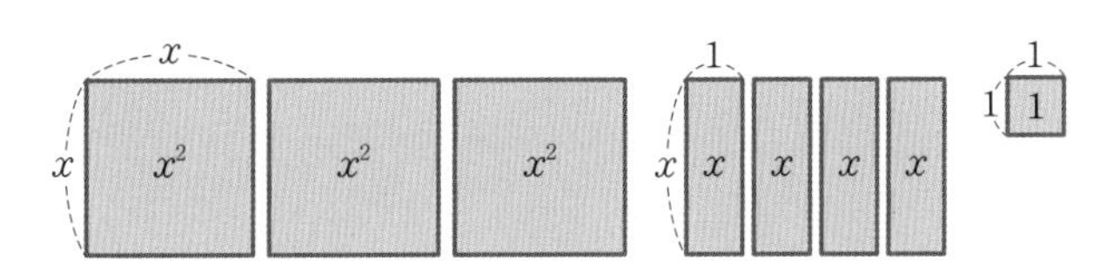

461

다음 그림과 같이 직사각형 모양의 타일 A, B, C가 있다. 타일 A 3개, B 4개, C 13개를 빈틈없이 겹치지 않게 이어 붙여 직사각형 모양의 벽을 채웠다고 할 때, 직사각형 모양 벽의 넓이를 가로와 세로의 길이의 곱으로 나타내시오.

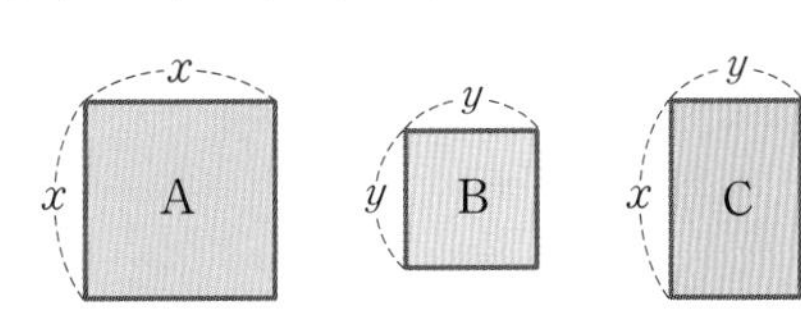

유형 20 인수분해 공식의 도형에의 활용 (2)

대표 문제

462

다음 그림에서 두 도형 A, B의 넓이가 같을 때, 도형 B의 가로의 길이를 구하시오.

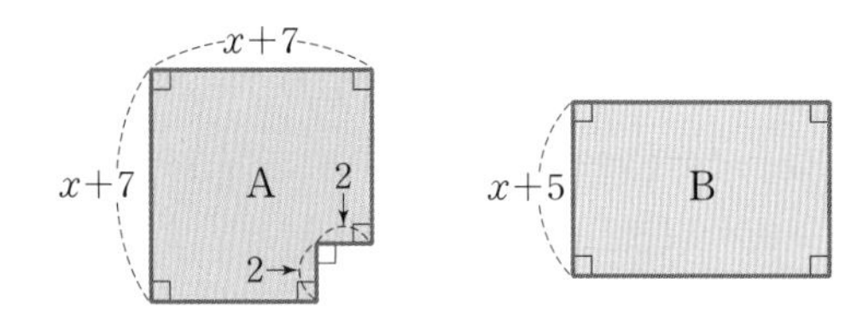

463

오른쪽 그림과 같은 직사각형 모양의 퍼즐의 넓이가 $10x^2-7x-12$이고 가로의 길이가 $2x-3$일 때, 세로의 길이는?

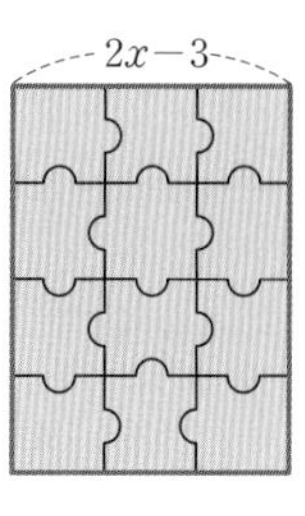

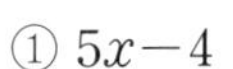
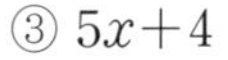

① $5x-4$　② $5x-2$　③ $5x+4$　④ $10x-2$　⑤ $10x+4$

464

오른쪽 그림과 같은 사다리꼴의 넓이가 $2x^2+9x+9$일 때, 이 사다리꼴의 높이를 구하시오.

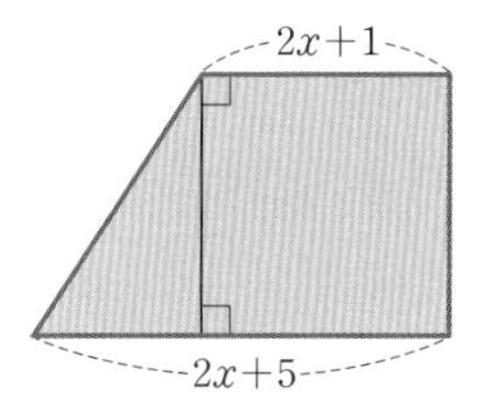

465

다음 중 인수분해한 것이 옳지 않은 것은?

① $x^2-4xy+4y^2=(x-2y)^2$
② $x^2-\frac{2}{3}x+\frac{1}{9}=\left(x-\frac{1}{3}\right)^2$
③ $2x^2+5x-3=(x-3)(2x+1)$
④ $x^2-3x-4=(x+1)(x-4)$
⑤ $25x^2-9y^2=(5x+3y)(5x-3y)$

466

다음 보기에서 a^3b-5ab^2의 인수인 것을 모두 고른 것은?

보기
ㄱ. ab　　ㄴ. ab^2
ㄷ. a^2-5b　　ㄹ. $ab-5b$

① ㄱ, ㄴ　② ㄱ, ㄷ　③ ㄴ, ㄷ
④ ㄱ, ㄷ, ㄹ　⑤ ㄴ, ㄷ, ㄹ

467

다음 식이 모두 완전제곱식으로 인수분해될 때, □ 안에 들어갈 양수 중 가장 큰 것은?

① $x^2-4x+\square$　② $x^2+4x+\square$
③ $9x^2+\square xy+\frac{1}{4}y^2$　④ $9x^2+\square x+1$
⑤ $4y^2+\square y+\frac{1}{4}$

468

다음 중 $24x^2-6$의 인수가 아닌 것은?

① 6　② $6x$　③ $2x+1$
④ $2x-1$　⑤ $4x^2-1$

469

$0<a<2$일 때, $\sqrt{a^2+4a+4}+\sqrt{a^2-4a+4}$를 간단히 하면?

① 0　② 4　③ $-2a$
④ $2a$　⑤ $2a+4$

470

$x^2+Ax-14=(x+a)(x+b)$일 때, 다음 중 상수 A의 값이 될 수 없는 것은? (단, a, b는 정수)

① -13　② -9　③ -5
④ 5　⑤ 13

실력 UP

471

다음 세 이차식이 1이 아닌 공통인 인수를 가질 때, 상수 a의 값은?

$6x^2-5x-6,\quad 3x^2-19x-14,\quad 3x^2-10x+a$

① -8　② -6　③ -4
④ -2　⑤ 0

472

다음 중 바르게 인수분해한 것은?

① $ma^2+mb=m(a+b)$
② $4x^2-4x+4=(2x-1)^2$
③ $8x^2-2=(4x+1)(2x-1)$
④ $x^2+2x-3=(x+1)(x-3)$
⑤ $6x^2+13x-5=(2x+5)(3x-1)$

473

다음 중 $2a^3-2a^2$의 인수가 아닌 것은?

① a ② $2a$ ③ a^2
④ a^2-1 ⑤ $2(a-1)$

474

다음 중 x^8-1의 인수가 아닌 것은?

① $x-1$ ② $x+1$ ③ x^2+1
④ x^4+1 ⑤ x^8+1

475

두 다항식 $6x^2+4x-2$, $3x^2-7x+2$의 공통인 인수는?

① $x-3$ ② $x-2$ ③ $2x+3$
④ $3x-1$ ⑤ $3x+2$

476

$9x^2+(k+3)xy+16y^2$이 완전제곱식이 되도록 하는 모든 상수 k의 값의 합은?

① -6 ② -3 ③ -1
④ 3 ⑤ 6

477

두 다항식 $4x^2+ax-12$, $2x^2-x+b$의 공통인 인수가 $2x-3$일 때, $a-b$의 값은? (단, a, b는 상수)

① -5 ② -3 ③ -1
④ 3 ⑤ 5

실력 UP

478

$3x^2+Ax-5=(3x+a)(x+b)$일 때, 상수 A의 최댓값과 최솟값의 차는? (단, a, b는 정수)

① 2 ② 4 ③ 14
④ 18 ⑤ 28

479

$2(2x+y)^2-30x-15y+7$을 인수분해하면?

① $(x+2y-1)(8x-y-7)$
② $(x-3y-1)(8x+5y-7)$
③ $(2x+y+1)(4x+y+7)$
④ $(2x+y-1)(4x+2y-7)$
⑤ $(2x+y-7)(4x+2y-1)$

480

다음 중 $y+x^2(x-y)-x$의 인수인 것은?

① x ② y ③ x^2
④ $x+1$ ⑤ $x+y$

481

$6(2x-y)^2-7(2x-y)x-3x^2$이 x의 계수가 자연수인 두 일차식의 곱으로 인수분해될 때, 두 일차식의 합은?

① $2x-5y$ ② $2x+5y$ ③ $6x-y$
④ $6x+y$ ⑤ $8x-5y$

482

$25x^2-10xy+y^2-z^2$을 인수분해하면?

① $(5x-y+z)^2$
② $(5x+y+z)^2$
③ $(5x-y+z)(5x-y-z)$
④ $(5x+y+z)(5x-y+z)$
⑤ $(5x+y+z)(5x+y-z)$

483

다음 보기에서 바르게 인수분해한 것을 모두 고른 것은?

보기
ㄱ. $a^3-a^2b-a+b=(a-b)(a^2+1)$
ㄴ. $(x+1)^2-(x-1)^2=4x$
ㄷ. $2xy-x^2-y^2+4=(-x-y+2)(x-y+2)$
ㄹ. $6(2x-1)^2-(2x-1)-2=(4x-1)(6x-5)$

① ㄱ, ㄴ ② ㄱ, ㄹ ③ ㄴ, ㄷ
④ ㄴ, ㄹ ⑤ ㄷ, ㄹ

484

$(x-2)(x-1)(x+2)(x+3)+4$를 인수분해하면?

① $(x^2-x-4)^2$ ② $(x^2-x+4)^2$
③ $(x^2+x-4)^2$ ④ $(x^2+x+4)^2$
⑤ $(x^2+2x-4)^2$

실력 UP

485

$xyz-2xy-xz+2x+yz-2y-z+2$를 인수분해하시오.

486

$x(y-3)-4(y-3)-2x+8$을 인수분해하면?

① $(x-5)(y+4)$ ② $(x-4)(y-5)$
③ $(x-4)(y+5)$ ④ $(x+4)(y+5)$
⑤ $(x+5)(y-4)$

487

$(x-y)(x-z)+(y-x)(y-z)$를 인수분해하면?

① $(x-y)^2$ ② $(y-z)^2$
③ $(x-y)(y-z)$ ④ $(x+y)(x-z)$
⑤ $(x-2y)(y-2z)$

488

다음 중 $3(x-1)^2-2(x-1)(x+3)-5(x+3)^2$의 인수인 것은?

① $x-1$ ② $x+1$ ③ $x+3$
④ $2x+1$ ⑤ $2x+3$

489

$9x^2+y^2-16z^2+6xy$의 x의 계수가 자연수인 두 일차식의 곱으로 인수분해될 때, 두 일차식의 합을 구하시오.

490

다음 보기에서 $x-y$를 인수로 갖는 것을 모두 고른 것은?

보기
ㄱ. $x^2-2xy+y^2-25$
ㄴ. $x^2+xy-2y^2-z(x-y)$
ㄷ. $x(y-1)-y(y-1)$
ㄹ. $(x-y)(x-y-4)+3$

① ㄱ, ㄴ ② ㄱ, ㄷ ③ ㄴ, ㄷ
④ ㄴ, ㄹ ⑤ ㄷ, ㄹ

491

$x(x+1)(x+2)(x+3)-15$가 x^2의 계수가 1인 두 이차식의 곱으로 인수분해될 때, 두 이차식의 합은?

① $2x^2-6x+1$ ② $2x^2-6x+2$
③ $2x^2+6x-2$ ④ $2x^2+6x+1$
⑤ $2x^2+6x+2$

실력 UP

492

$x^2+y^2+2xy+3x+3y+2=(ax+by+1)(cx+dy+2)$일 때, $a+b+c+d$의 값은? (단, a, b, c, d는 상수)

① 2 ② 4 ③ 6
④ 8 ⑤ 10

493

인수분해 공식을 이용하여 $11\times5.5^2-11\times4.5^2$을 계산하시오.

494

인수분해 공식을 이용하여 $A+B$의 값을 구하시오.

$$A=12\times70-12\times65$$
$$B=\sqrt{102^2-408+2^2}$$

495

$x+y=\sqrt{5}-4$, $x-y=2\sqrt{5}$일 때, $x^2-y^2+4x-4y$의 값은?

① 6 ② 8 ③ 10
④ 12 ⑤ 14

496

$x=3+\sqrt{2}$일 때, $(x-4)^2+2(x-4)+1$의 값은?

① 2 ② 3 ③ 4
④ 5 ⑤ 6

497

다음 그림의 모든 직사각형을 빈틈없이 겹치지 않게 이어 붙여 하나의 큰 직사각형을 만들었다. 새로 만든 직사각형의 둘레의 길이를 구하시오.

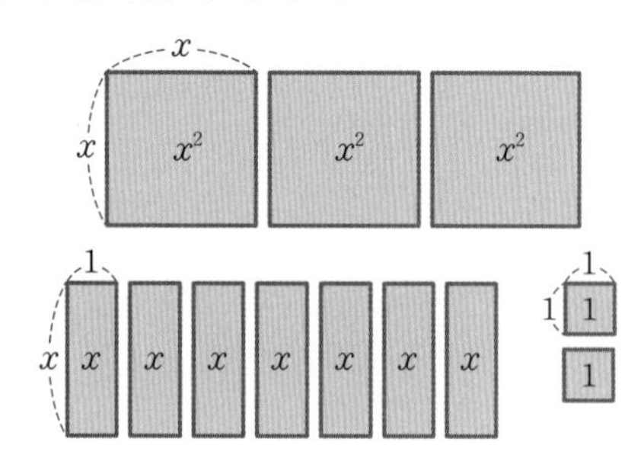

498

넓이가 $3a^2+5a-12$인 직사각형의 가로의 길이가 $a+3$일 때, 이 직사각형의 세로의 길이를 한 변으로 하는 정사각형의 넓이는?

① $a^2-12a+36$ ② $a^2+12a+36$
③ $4a^2+12a+9$ ④ $9a^2-24a+16$
⑤ $9a^2+24a+16$

실력 UP

499

다음 그림과 같이 한 변의 길이가 각각 a cm, b cm인 정사각형 모양의 두 널빤지가 있다. 이 두 널빤지의 둘레의 길이의 합이 120 cm이고, 넓이의 차가 600 cm^{2}일 때, 두 널빤지의 둘레의 길이의 차를 구하시오. (단, $a>b$)

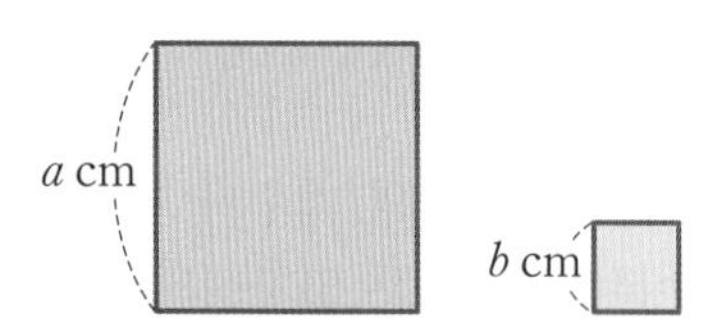

500

인수분해 공식을 이용하여 다음을 계산하시오.

$$7.5^2\times10.5-2.5^2\times10.5$$

501

다음 중 4^4-1의 약수가 아닌 것을 모두 고르면? (정답 2개)

① 3 ② 5 ③ 7
④ 11 ⑤ 17

502

$x=\frac{1}{\sqrt{3}+\sqrt{2}}$, $y=\frac{1}{\sqrt{3}-\sqrt{2}}$일 때, x^2-y^2의 값은?

① $-4\sqrt{6}$ ② $-2\sqrt{6}$ ③ $2\sqrt{3}-2\sqrt{2}$
④ $2\sqrt{3}+2\sqrt{2}$ ⑤ $4\sqrt{6}$

503

아래 그림의 모든 직사각형을 빈틈없이 겹치지 않게 이어 붙여 하나의 큰 직사각형을 만들었다. 다음 중 새로 만든 직사각형의 한 변의 길이가 될 수 있는 것은?

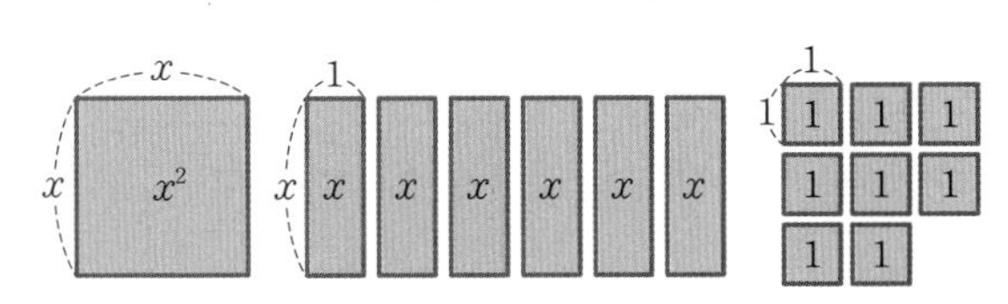

① $x-4$ ② $x-2$ ③ $x+1$
④ $x+2$ ⑤ $x+3$

504

넓이가 $3x-6y+xy-y^2-9$인 직사각형의 가로의 길이가 $y+3$일 때, 이 직사각형의 둘레의 길이를 구하시오.

505

오른쪽 그림과 같이 밑면의 반지름의 길이가 3.5 cm, 높이가 12 cm인 원기둥 모양의 심지에 화장지가 빈틈없이 감겨져 있다. 화장지가 감겨져 만들어진 큰 원기둥의 밑면의 반지름의 길이가 6.5 cm일 때, 감겨진 화장지의 부피를 구하시오. (단, 심지의 두께는 생각하지 않는다.)

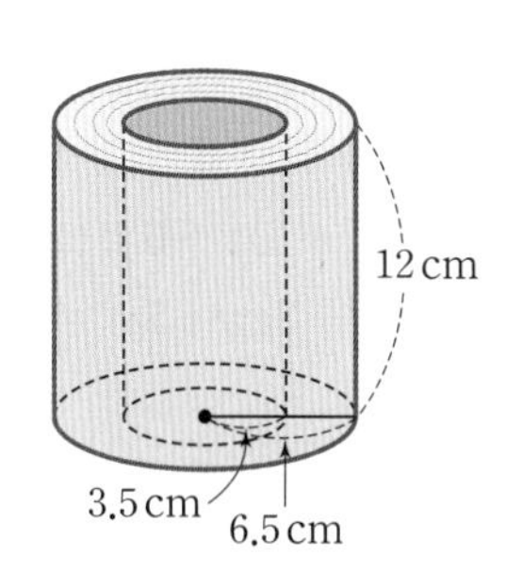

실력 UP

506

$x-y=\frac{1}{2+\sqrt{3}}$이고 $x^2y-(y^2-4)x-4y=2$일 때, x^2+y^2의 값을 구하시오.

507

$Ax^2+20x+4$가 완전제곱식이 되도록 하는 상수 A의 값은?

① 16 ② 25 ③ 36
④ 49 ⑤ 64

508

다음 중 바르게 인수분해한 것은?

① $\frac{1}{4}x^2-\frac{1}{3}x+\frac{1}{9}=\left(\frac{1}{2}x+\frac{1}{3}\right)^2$
② $4x^2-9y^2=(4x+3y)(4x-3y)$
③ $x^2+5x-6=(x+2)(x-3)$
④ $6x^2-13x+6=(2x-3)(3x-2)$
⑤ $2x^2+7xy+5y^2=(x+5y)(2x+y)$

509

$(x+1)^2+3(x+1)-4$를 인수분해하면?

① $(x+5)^2$ ② $x(x+5)$
③ $(x+1)(x-3)$ ④ $(x+2)(x-3)$
⑤ $(x+2)(x+5)$

510

인수분해 공식을 이용하여 $\sqrt{503^2-497^2}$을 계산하면?

① $20\sqrt{3}$ ② $20\sqrt{5}$ ③ $20\sqrt{15}$
④ $40\sqrt{3}$ ⑤ $40\sqrt{5}$

511

$x=\frac{1}{3-2\sqrt{2}}$, $y=\frac{1}{3+2\sqrt{2}}$일 때, x^2y+xy^2의 값은?

① 1 ② $\sqrt{2}$ ③ $\sqrt{2}+1$
④ 5 ⑤ 6

512

$-\frac{1}{3}<x<\frac{1}{2}$일 때, $\sqrt{x^2-x+\frac{1}{4}}+\sqrt{x^2+\frac{2}{3}x+\frac{1}{9}}$을 간단히 하면?

① $-\frac{5}{6}$ ② $-\frac{1}{2}$ ③ $\frac{1}{3}$
④ $\frac{1}{2}$ ⑤ $\frac{5}{6}$

513

두 다항식 $x^2-ax+12$, $2x^2-7x+b$의 공통인 인수가 $x-2$일 때, $a+b$의 값은? (단, a, b는 상수)

① -14 ② -10 ③ 1
④ 10 ⑤ 14

514

x^2의 계수가 1인 어떤 이차식을 인수분해하는데 이서는 x의 계수를 잘못 보고 $(x+4)(x+6)$으로 인수분해하였고, 이준이는 상수항을 잘못 보고 $(x-5)^2$으로 인수분해하였다. 처음 이차식을 바르게 인수분해하면?

① $(x-6)(x-4)$ ② $(x-6)(x+4)$
③ $(x+6)(x-4)$ ④ $(x-4)(x-2)$
⑤ $(x+2)(x+4)$

515

$x^2-y^2+z^2+2xz$가 x의 계수가 1인 두 일차식의 곱으로 인수분해될 때, 두 일차식의 합은?

① $2x$ ② $2x-2y$
③ $2x+2z$ ④ $2x+2y-2z$
⑤ $2x+2y+2z$

516

다음 중 $(x-3)(x-2)(x+2)(x+3)-84$의 인수가 아닌 것은?

① $x-4$ ② $x-3$ ③ $x+4$
④ x^2-16 ⑤ x^2+3

517

넓이가 x^2인 정사각형 모양의 막대 2개, 넓이가 x인 직사각형 모양의 막대 3개, 넓이가 1인 정사각형 모양의 막대 1개를 모두 사용하여 하나의 큰 직사각형을 만들었다. 새로 만든 직사각형의 둘레의 길이는?

(단, 빈틈없이 겹치지 않게 이어 붙인다.)

① $2x+4$ ② $4x+6$ ③ $4x+10$
④ $6x+4$ ⑤ $6x+8$

518

오른쪽 그림과 같은 반원에서 지름인 선분 AB의 길이는 36 cm이고 $\overline{CB}=16$ cm일 때, 색칠한 부분의 넓이는?

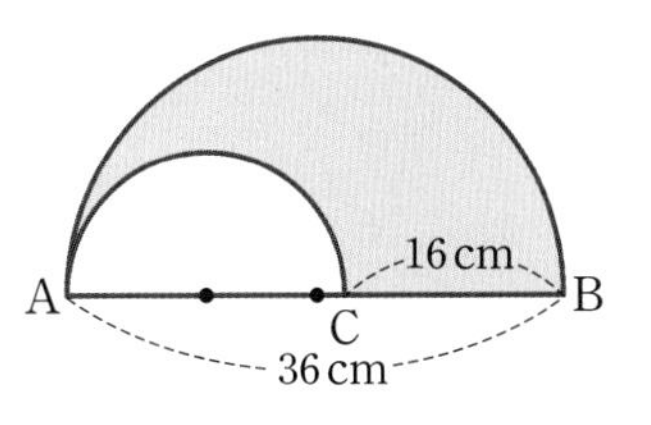

① 56π cm^2 ② 78π cm^2 ③ 112π cm^2
④ 224π cm^2 ⑤ 276π cm^2

서술형 문제

519

$a+b=\sqrt{5}$, $a^2(a+b)-b^2(a+b)=20$일 때, $a-b$의 값을 구하시오.

〈풀이〉

520

다음 그림과 같이 한 변의 길이가 각각 a, b인 정사각형 모양의 액자가 2개 있다. 두 액자의 둘레의 길이의 차가 12이고, 큰 액자의 넓이가 작은 액자의 넓이보다 21만큼 클 때, 물음에 답하시오. (단, $a>b$)

(1) $a-b$의 값을 구하시오.
(2) a, b의 값을 각각 구하시오.

〈풀이〉

Theme 12 이차방정식의 뜻과 해

유형북 92쪽

유형 01 이차방정식의 뜻

대표 문제

521

다음 중 x에 대한 이차방정식인 것은?

① $2x^3+1=5(x-1)$
② $x^2+5x-3=3+x^2$
③ $(x+4)^2=(x-2)^2$
④ $3x(x-1)+x(5-3x)=0$
⑤ $(x+2)(x-2)=0$

522

다음 중 x에 대한 이차방정식이 아닌 것을 모두 고르면? (정답 2개)

① $x^2=2x-5$　② $x(x-1)=0$
③ $3+\frac{1}{2x^2}=0$　④ $3x^2=6$
⑤ $2x(x-2)=x(2x+1)-3$

523

다음 중 방정식 $x(ax-1)=2x^2-4$가 x에 대한 이차방정식이 되도록 하는 상수 a의 값이 아닌 것은?

① 1　② 2　③ 3
④ 4　⑤ 5

524

방정식 $(ax+2)(x-2)=-3x(x+1)-5$가 x에 대한 이차방정식이 되도록 하는 상수 a의 조건을 구하시오.

유형 02 이차방정식의 해

대표 문제

525

다음 이차방정식 중 $x=-2$를 해로 갖는 것은?

① $x^2-4x+2=0$　② $2x^2-3x-1=0$
③ $2x^2-5x+3=0$　④ $3x^2-2x+1=0$
⑤ $3x^2+x-10=0$

526

다음 중 [ ] 안의 수가 주어진 이차방정식의 해인 것은?

① $x(x-2)=0$ $[-2]$
② $x^2-x=0$ $[-1]$
③ $x^2+4x=2x$ $[2]$
④ $x^2-4=0$ $[-2]$
⑤ $x^2+2x-2=0$ $[1]$

527

부등식 $4x+2\leq 3x+5$를 만족시키는 자연수 x에 대하여 이차방정식 $x^2-2x-3=0$의 해를 구하시오.

유형 03 한 근이 주어졌을 때, 미지수의 값 구하기

대표 문제

528

이차방정식 $4x^2-2ax+3a-6=0$의 한 근이 $x=3$일 때, 상수 a의 값은?

① -10 ② -5 ③ 0
④ 5 ⑤ 10

529

이차방정식 $2x^2-x+a=0$의 한 근이 $x=2$이고, 이차방정식 $x^2+bx+3=0$의 한 근이 $x=-3$일 때, $a+b$의 값은? (단, a, b는 상수)

① -3 ② -2 ③ -1
④ 0 ⑤ 1

530

이차방정식 $-2x^2+ax+b=0$의 한 근이 $x=1$이고, 이차방정식 $bx^2+ax-10=0$의 한 근이 $x=-1$일 때, $2ab$의 값은? (단, a, b는 상수)

① -48 ② -24 ③ 12
④ 24 ⑤ 48

유형 04 한 근이 문자로 주어졌을 때, 식의 값 구하기

대표 문제

531

이차방정식 $x^2-5x+1=0$의 한 근을 $x=a$라 할 때, 다음 중 옳지 않은 것은?

① $a^2-5a=-1$ ② $2a^2-10a+5=3$
③ $a^2-5a-3=-4$ ④ $a+\frac{1}{a}=5$
⑤ $3a^2-15a+9=12$

532

이차방정식 $2x^2+4x-1=0$의 한 근을 $x=m$이라 할 때, m^2+2m의 값은?

① -2 ② -1 ③ $-\frac{1}{2}$
④ $\frac{1}{2}$ ⑤ 1

533

이차방정식 $3x^2+x-5=0$의 한 근을 $x=a$, 이차방정식 $2x^2-5x-4=0$의 한 근을 $x=b$라 할 때, $6a^2-2b^2+2a+5b$의 값은?

① 6 ② 7 ③ 8
④ 9 ⑤ 10

534

이차방정식 $x^2-4x+1=0$의 한 근을 $x=a$라 할 때, $a^2+\frac{1}{a^2}$의 값을 구하시오.

Theme 13 인수분해를 이용한 이차방정식의 풀이

유형북 94쪽

유형 05 인수분해를 이용한 이차방정식의 풀이

대표 문제

535

이차방정식 $3x^2+7x-6=0$의 두 근을 $x=a$ 또는 $x=b$라 할 때, $3a-b$의 값은? (단, $a>b$)

① 1　② 3　③ 5　④ 7　⑤ 9

536

다음 이차방정식 중 해가 $x=-4$ 또는 $x=3$인 것은?

① $(x+4)(x+3)=0$　② $(x+4)(x-3)=0$　③ $(x-4)(x+3)=0$　④ $(x-4)(x-3)=0$　⑤ $(4x+1)(3x-1)=0$

537

이차방정식 $x(x-2)+3x-6=0$의 두 근 중 작은 근을 $x=a$라 할 때, $(3a+1)^2$의 값은?

① 16　② 25　③ 36　④ 49　⑤ 64

538

이차방정식 $x^2-2x+5=4x$의 두 근을 $x=a$ 또는 $x=b$라 할 때, 이차방정식 $x^2-bx+6a=0$의 두 근의 곱을 구하시오. (단, $a<b$)

유형 06 한 근이 주어졌을 때, 다른 한 근 구하기

대표 문제

539

이차방정식 $x^2-kx+k-1=0$의 한 근이 $x=3$일 때, 다른 한 근은? (단, k는 상수)

① $x=-2$　② $x=-1$　③ $x=1$　④ $x=2$　⑤ $x=4$

540

이차방정식 $x^2+ax+4a-8=0$의 한 근이 $x=-2$이고, 다른 한 근이 $x=m$일 때, $3a-m$의 값은? (단, a는 상수)

① 0　② 2　③ 4　④ 6　⑤ 8

541

이차방정식 $x^2-3ax+2=0$의 한 근이 $x=1$이고, 다른 한 근이 $x=b$일 때, 이차방정식 $x^2-4bx+12=0$의 해를 구하시오. (단, a는 상수)

유형 07 이차방정식의 근의 활용

대표 문제

542

이차방정식 $x(x-3)-10=0$의 두 근 중 작은 근이 이차방정식 $x^2-2x+k=0$의 근일 때, 상수 k의 값은?

① -8　② -6　③ -4
④ 6　⑤ 8

543

이차방정식 $x^2-9=0$의 두 근 중 큰 근이 이차방정식 $x^2-2kx+k+1=0$의 근일 때, 상수 k의 값은?

① 1　② 2　③ 3
④ 4　⑤ 5

544

이차방정식 $x^2+3x-40=0$의 두 근 중 양수인 근이 이차방정식 $2x^2+mx+2m-1=0$의 근일 때, 상수 m의 값을 구하시오.

유형 08 이차방정식의 공통인 근

대표 문제

545

다음 두 이차방정식의 공통인 근은?

$$x^2-25=0, \quad 2x^2-7x-15=0$$

① $x=-5$　② $x=-\frac{3}{2}$　③ $x=\frac{3}{2}$
④ $x=5$　⑤ $x=7$

546

두 이차방정식 $x^2-ax=0$, $x^2+bx+4=0$의 공통인 근이 $x=-2$일 때, $b-a$의 값은? (단, a, b는 상수)

① -6　② -2　③ 0
④ 2　⑤ 6

547

두 이차방정식 $x^2+3x-10=0$, $2x^2-3x-2=0$의 공통이 아닌 근을 $x=p$, $x=q$라 할 때, pq의 값을 구하시오. (단, $p<q$)

548

이차방정식 $x^2+6x-m=0$의 한 근이 $x=2$일 때, 다음 두 이차방정식의 공통인 근은? (단, m은 상수)

$$9x^2-(16-m)x-1=0,$$
$$3x^2+(m+4)x-7=0$$

① $x=-\frac{1}{3}$　② $x=0$　③ $x=\frac{1}{3}$
④ $x=1$　⑤ $x=\frac{4}{3}$

유형 09 이차방정식의 중근

대표 문제
549
다음 보기의 이차방정식 중 중근을 갖는 것을 모두 고른 것은?

보기
ㄱ. $x^2=1$　　ㄴ. $x^2=8x-16$
ㄷ. $(x-2)^2=9$　　ㄹ. $2x^2-4x+2=0$

① ㄱ, ㄴ　② ㄱ, ㄷ　③ ㄴ, ㄷ
④ ㄴ, ㄹ　⑤ ㄱ, ㄴ, ㄹ

550
다음 이차방정식 중 중근을 갖지 않는 것은?
① $x^2-4x+4=0$　② $(x+3)^2=0$
③ $x^2-\frac{1}{2}x+\frac{1}{16}=0$　④ $x^2-2x=15$
⑤ $x^2-6x+9=0$

551
이차방정식 $16x^2-8x+1=0$이 $x=a$를 중근으로 갖고, 이차방정식 $3x^2+6x+3=0$이 $x=b$를 중근으로 가질 때, $4a-b$의 값을 구하시오.

유형 10 이차방정식이 중근을 가질 조건

대표 문제
552
이차방정식 $x^2-12x+k+11=0$이 중근을 가질 때, 상수 k의 값은?
① 7　② 11　③ 15
④ 17　⑤ 25

553
다음 중 이차방정식 $2x^2+ax+2=0$이 중근을 갖도록 하는 상수 a의 값을 모두 고르면? (정답 2개)
① -4　② -3　③ -2
④ 3　⑤ 4

554
이차방정식 $x^2-6x+2a+3=0$이 $x=b$를 중근으로 가질 때, $\frac{b}{a}$의 값은? (단, a는 상수)
① 1　② 2　③ 3
④ 4　⑤ 5

555
이차방정식 $x^2+6x+2+k=0$이 중근을 가질 때, 이차방정식 $x^2-kx+10=0$의 해를 구하시오. (단, k는 상수)

Theme 14 이차방정식의 근의 공식

유형북 97쪽

유형 11 제곱근을 이용한 이차방정식의 풀이

대표 문제

556

이차방정식 $4(x+2)^2=12$의 해가 $x=a\pm\sqrt{b}$일 때, $a+b$의 값은? (단, a, b는 유리수)

① -2 ② -1 ③ 1
④ 2 ⑤ 3

557

이차방정식 $2(x+3)^2=18$을 푸시오.

558

다음 이차방정식 중 해가 $x=-4\pm\sqrt{5}$인 것은?

① $(x-3)^2=5$ ② $(x-4)^2=5$
③ $(x-5)^2=5$ ④ $(x+4)^2=5$
⑤ $(x+5)^2=5$

559

이차방정식 $(x-5)^2-7=0$의 두 근의 합은?

① 2 ② $\sqrt{7}$ ③ $\sqrt{10}$
④ 10 ⑤ 14

560

이차방정식 $4(x-a)^2=52$의 해가 $x=5\pm\sqrt{b}$일 때, ab의 값은? (단, a, b는 유리수)

① 50 ② 65 ③ 80
④ 95 ⑤ 110

561

이차방정식 $9(x-3)^2=a$의 두 근의 차가 4일 때, 상수 a의 값을 구하시오.

562

이차방정식 $(x-4)^2=17k$의 해가 모두 정수가 되도록 하는 자연수 k의 최솟값을 구하시오.

유형 12 이차방정식 $(x+p)^2=k$가 근을 가질 조건

대표 문제

563

다음 보기에서 이차방정식 $(x+5)^2=a$에 대한 설명으로 옳은 것을 모두 고른 것은?

보기

ㄱ. $a=0$이면 중근을 갖는다.
ㄴ. $a<0$이면 해가 존재하지 않는다.
ㄷ. $a>0$이면 부호가 반대인 두 근을 갖는다.

① ㄱ　② ㄱ, ㄴ　③ ㄱ, ㄷ
④ ㄴ, ㄷ　⑤ ㄱ, ㄴ, ㄷ

564

다음 중 이차방정식 $(x-5)^2=3-a$가 해를 가질 때, 상수 a의 값이 될 수 없는 것을 모두 고르면? (정답 2개)

① -1　② 1　③ 3
④ 5　⑤ 7

565

이차방정식 $5\left(x-\frac{1}{2}\right)^2=2k+3$이 서로 다른 두 근을 갖도록 하는 상수 k의 값의 범위를 구하시오.

유형 13 이차방정식을 완전제곱식 꼴로 나타내기

대표 문제

566

이차방정식 $3x^2-9x+1=0$을 $(x+a)^2=b$ 꼴로 나타낼 때, $a+b$의 값은? (단, a, b는 상수)

① $\frac{5}{12}$　② $\frac{5}{6}$　③ $\frac{7}{8}$
④ $\frac{13}{6}$　⑤ $\frac{41}{12}$

567

이차방정식 $x^2+3x-2=0$을 $\left(x+\frac{3}{2}\right)^2=k$ 꼴로 나타낼 때, 상수 k의 값을 구하시오.

568

이차방정식 $\frac{1}{3}x^2+2x+1=0$을 $(x+a)^2=b$ 꼴로 나타낼 때, $b-3a$의 값을 구하시오. (단, a, b는 상수)

569

이차방정식 $(x+1)(x-3)=2$를 $(x+a)^2=b$ 꼴로 나타낼 때, $\frac{b}{a}$의 값은? (단, a, b는 상수)

① -12　② -6　③ $-\frac{1}{6}$
④ $\frac{1}{6}$　⑤ 6

유형 14 완전제곱식을 이용한 이차방정식의 풀이

대표 문제

570

다음은 완전제곱식을 이용하여 이차방정식 $3x^2-18x-6=0$의 해를 구하는 과정이다. 상수 a, b, c에 대하여 abc의 값을 구하시오.

> $3x^2-18x-6=0$에서 $x^2-6x-2=0$
> $x^2-6x=2$, $x^2-6x+a=2+a$
> $(x-b)^2=c$, $x-b=\pm\sqrt{c}$
> $\therefore\ x=b\pm\sqrt{c}$

571

이차방정식 $x^2+4x-13=0$을 완전제곱식을 이용하여 푸시오.

572

이차방정식 $3x^2-8x+2=0$을 완전제곱식을 이용하여 풀었더니 해가 $x=\frac{a\pm\sqrt{b}}{3}$일 때, $a+b$의 값은?

(단, a, b는 유리수)

① 6 ② 12 ③ 14
④ 20 ⑤ 40

유형 15 이차방정식의 근의 공식

대표 문제

573

이차방정식 $3x^2+2x-a=0$의 근이 $x=\frac{-1\pm\sqrt{10}}{3}$일 때, 상수 a의 값은?

① 1 ② 2 ③ 3
④ 4 ⑤ 5

574

이차방정식 $2x^2+3x-1=0$의 근을 $x=\frac{a\pm\sqrt{b}}{4}$라 할 때, $b-a$의 값은? (단, a, b는 유리수)

① 14 ② 16 ③ 18
④ 20 ⑤ 22

575

이차방정식 $3x^2-5x+1=0$의 두 근 중 큰 근을 $x=\alpha$라 할 때, $6\alpha-\sqrt{13}$의 값은?

① 1 ② 2 ③ 3
④ 4 ⑤ 5

576

이차방정식 $x^2-3x+6k=0$의 한 근이 $x=k$일 때, 이차방정식 $3x^2-(k-4)x+1=0$의 해를 구하시오.

(단, $k\neq0$인 유리수)

유형 16 복잡한 이차방정식의 풀이

대표 문제

577

이차방정식 $\frac{x(x-4)}{4}=0.5(3x-1)$의 해를 $x=a\pm\sqrt{b}$라 할 때, $3a-b$의 값은? (단, a, b는 유리수)

① -9　② -8　③ -7　④ -6　⑤ -5

578

이차방정식 $0.2x^2+\frac{1}{2}x+\frac{1}{5}=0$을 풀면?

① $x=-2$ 또는 $x=-1$　② $x=-2$ 또는 $x=-\frac{1}{2}$
③ $x=-2$ 또는 $x=\frac{1}{2}$　④ $x=-\frac{1}{2}$ 또는 $x=2$
⑤ $x=\frac{1}{2}$ 또는 $x=2$

579

이차방정식 $(2x-3)(2x-5)=39$의 두 근의 곱은?

① -8　② -6　③ -4　④ -2　⑤ -1

580

이차방정식 $4x-\frac{x^2+1}{3}=2(x-1)$의 두 근을 α, β라 할 때, $\alpha-\beta$의 값을 구하시오. (단, $\alpha>\beta$)

581

다음 두 이차방정식의 공통인 근을 구하시오.

$$0.1x^2-0.2x-0.8=0,\quad \frac{1}{3}x^2-\frac{3}{2}x+\frac{2}{3}=0$$

582

이차방정식 $0.4x+2=x-\frac{(2x-4)(x+3)}{5}$의 해를 $x=\frac{a\pm\sqrt{b}}{4}$라 할 때, $b-a$의 값은? (단, a, b는 유리수)

① 16　② 17　③ 18　④ 19　⑤ 20

583

이차방정식 $(x+2)(x-12)=4x+8$의 두 근을 a, b라 할 때, 이차방정식 $\frac{1}{a}x^2+\frac{1}{b}x+1=0$의 해는? (단, $a>b$)

① $x=4$　② $x=5$　③ $x=6$　④ $x=7$　⑤ $x=8$

유형 17 공통인 부분이 있는 이차방정식의 풀이

대표 문제

584

이차방정식 $12(2x-1)^2-11(2x-1)+2=0$의 두 근을 a, b라 할 때, $6a+8b$의 값을 구하시오. (단, $a>b$)

585

이차방정식 $3\left(x-\frac{1}{3}\right)^2+2=5\left(x-\frac{1}{3}\right)$을 푸시오.

586

이차방정식 $0.1(x+2)^2-\frac{1}{5}(x+2)=0.8$의 음수인 해는?

① $x=-8$ ② $x=-6$ ③ $x=-4$
④ $x=-2$ ⑤ $x=-1$

587

$(a-b)(a-b-1)=6$일 때, $a-b$의 값을 구하시오. (단, $a>b$)

유형 18 이차방정식의 해와 제곱근

대표 문제

588

이차방정식 $x^2-2x-5=0$의 두 근을 a, b라 할 때, $b-1<n<a-1$을 만족시키는 정수 n의 개수는? (단, $a>b$)

① 2 ② 3 ③ 4
④ 5 ⑤ 6

589

이차방정식 $2x^2-6x-1=0$의 두 근을 a, b라 할 때, $n<b-a<n+1$을 만족시키는 정수 n의 값은? (단, $a<b$)

① 1 ② 2 ③ 3
④ 4 ⑤ 5

590

이차방정식 $x^2+8x=-3$의 두 근 중 일차부등식 $2x+5<4x+7$을 만족시키는 x의 값을 p라 할 때, $p+4$의 값을 구하시오.

591

다음 보기에서 x에 대한 이차방정식은 모두 몇 개인가?

보기

ㄱ. $2x^2+4x+1$　　ㄴ. $x(x+5)=1+x^2$

ㄷ. $x^2-1=0$　　ㄹ. $(x+1)(x-1)=-x^2$

ㅁ. $3x-x^2=x^2-1$　　ㅂ. $x(x^2+1)=6x+1$

① 1개　② 2개　③ 3개　④ 4개　⑤ 5개

592

다음 이차방정식 중 $x=3$을 해로 갖는 것은?

① $x^2-3x+5=0$　② $x^2-8x=-12$　③ $x^2+2x+1=0$　④ $2x^2-5x-3=0$　⑤ $2x^2+x-1=0$

593

이차방정식 $x^2+ax-3=0$의 한 근이 $x=-3$이고, 이차방정식 $3x^2-4x-b=0$의 한 근이 $x=1$일 때, ab의 값은? (단, a, b는 상수)

① -2　② -1　③ 0　④ 1　⑤ 2

594

이차방정식 $x^2+4x+3=0$의 한 근을 $x=a$라 할 때, $2a^2+8a-3$의 값은?

① -9　② -5　③ -3　④ 3　⑤ 9

595

방정식 $(x-1)(4x+1)=(a-1)x^2-x$가 x에 대한 이차방정식이 되도록 하는 상수 a의 조건을 구하시오.

596

이차방정식 $x^2+ax+b=0$의 한 근이 $x=3$이고, 이차방정식 $x^2+bx+2a=0$의 한 근이 $x=-1$일 때, $a+b$의 값은? (단, a, b는 상수)

① -10　② -5　③ -2　④ 2　⑤ 5

실력 UP

597

이차방정식 $x^2+x+1=0$의 한 근을 $x=a$라 할 때, $\frac{a^2}{1+a}+\frac{a}{1+a^2}$의 값은?

① -3　② -2　③ -1　④ 1　⑤ 2

598
다음 중 x에 대한 이차방정식이 아닌 것은?
① $5x^2=0$
② $3x^2-1=0$
③ $2x^2=9-5x$
④ $x^2=4x^2+4$
⑤ $x^2+4x=(x+2)(x-3)$

599
이차방정식 $x^2+ax-5=0$의 한 근이 $x=1$일 때, 상수 a의 값을 구하시오.

600
이차방정식 $(x-1)(2x+3)=(x-2)^2$을 $x^2+ax+b=0$ 꼴로 나타낼 때, $a-b$의 값을 구하시오. (단, a, b는 상수)

601
다음 이차방정식 중 $x=-3$, $x=2$를 모두 근으로 갖는 것은?
① $x^2-x+6=0$ ② $x^2+x=6$
③ $x(x+2)=x-4$ ④ $x^2+5x=x+2$
⑤ $(x+4)^2=9$

602
이차방정식 $ax^2-2=0$의 한 근이 $x=-\frac{1}{2}$이고, 이차방정식 $2x^2-bx-3=0$의 한 근이 $x=\frac{1}{2}$일 때, $a+b$의 값은? (단, a, b는 상수)
① 1 ② 2 ③ 3
④ 4 ⑤ 5

603
이차방정식 $x^2-3x-5=0$의 한 근을 $x=m$이라 할 때, $(m-4)(m+1)$의 값은?
① -3 ② -2 ③ -1
④ 1 ⑤ 2

실력 UP

604
이차방정식 $x^2-4x-1=0$의 한 근을 $x=a$, 이차방정식 $2x^2-3x-4=0$의 한 근을 $x=b$라 할 때, $a^2-4a+4b^2-6b$의 값은?
① 7 ② 8 ③ 9
④ 10 ⑤ 11

605

이차방정식 $x^2+2x-15=0$을 풀면?

① $x=-5$ 또는 $x=-2$
② $x=-5$ 또는 $x=2$
③ $x=-5$ 또는 $x=3$
④ $x=-3$ 또는 $x=5$
⑤ $x=3$ 또는 $x=5$

606

다음 이차방정식 중 중근을 갖는 것은?

① $x^2-1=0$　② $x(x+2)=0$
③ $x^2+6x+9=0$　④ $x^2-4x-5=0$
⑤ $(x+2)(x-2)=0$

607

다음 두 이차방정식의 공통인 근은?

$$x^2+x-2=0,\quad x^2-x-6=0$$

① $x=-2$　② $x=-1$　③ $x=1$
④ $x=2$　⑤ $x=3$

608

이차방정식 $2x^2-9x-5=0$의 두 근 중 작은 근이 이차방정식 $x^2+3x+k=0$의 근일 때, 상수 k의 값은?

① $-\frac{7}{4}$　② $-\frac{5}{4}$　③ $\frac{5}{4}$
④ $\frac{7}{4}$　⑤ 3

609

이차방정식 $x^2-2x+a=0$의 한 근이 $x=-4$이고, 다른 한 근이 $x=b$일 때, 이차방정식 $x^2-2bx+32=0$의 해를 구하시오. (단, a는 상수)

610

이차방정식 $x^2-(m-4)x-3m+7=0$이 중근을 갖도록 하는 모든 상수 m의 값의 합은?

① -6　② -4　③ -2
④ 2　⑤ 4

실력 UP

611

이차방정식 $(a-2)x^2+(a^2+3)x-6a+5=0$의 한 근이 $x=1$이고, 다른 한 근이 $x=b$일 때, $a-b$의 값을 구하시오. (단, a는 상수)

612

이차방정식 $3x^2+7x=6$의 두 근 사이에 있는 정수의 개수를 구하시오.

613

이차방정식 $-x^2+12x+a=0$이 중근을 가질 때, 상수 a의 값은?

① -72 ② -36 ③ 36
④ 72 ⑤ 108

614

이차방정식 $x^2+ax+20=0$의 한 근이 $x=-5$이고, 다른 한 근이 $x=b$일 때, $a+b$의 값은? (단, a는 상수)

① -9 ② -4 ③ 1
④ 5 ⑤ 9

615

두 이차방정식 $x^2-2x-3=0$, $2x^2-3x-5=0$에서 공통이 아닌 근을 $x=p$, $x=q$라 할 때, $p+2q$의 값은? (단, $p>q$)

① -5 ② 1 ③ 3
④ 5 ⑤ 8

616

두 이차방정식 $x^2-4x-12=0$, $x^2-2x-24=0$의 공통인 근이 이차방정식 $\frac{1}{2}x^2-ax+3a=0$의 근일 때, 상수 a의 값을 구하시오.

617

이차방정식 $9x^2-30x+a=0$이 $x=k$를 중근으로 가질 때, k의 값을 구하시오. (단, a는 상수)

실력 UP

618

이차방정식 $x^2+5x-14=0$의 두 근 중 양수인 근이 이차방정식 $x^2-(a-1)x+a=0$의 근일 때, 이차방정식 $x^2-(a-1)x+a=0$의 다른 한 근은? (단, a는 상수)

① $x=-4$ ② $x=-3$ ③ $x=3$
④ $x=4$ ⑤ $x=5$

619

이차방정식 $3(x-1)^2-9=0$의 해를 $x=a\pm\sqrt{b}$라 할 때, ab의 값은? (단, a, b는 유리수)

① 1　② 2　③ 3
④ 4　⑤ 5

620

이차방정식 $0.2x^2+\frac{1}{2}x-0.5=0$을 풀면?

① $x=\frac{-5\pm5\sqrt{3}}{6}$　② $x=\frac{-3\pm5\sqrt{3}}{5}$
③ $x=\frac{-4\pm5\sqrt{3}}{4}$　④ $x=\frac{-5\pm\sqrt{65}}{4}$
⑤ $x=\frac{-5\pm\sqrt{65}}{2}$

621

이차방정식 $\left(x+\frac{1}{3}\right)^2=\frac{a-3}{4}$이 서로 다른 두 근을 갖도록 하는 상수 a의 값의 범위를 구하시오.

622

이차방정식 $3x^2+x-3=0$을 $(x+p)^2=q$ 꼴로 나타낼 때, $p+q$의 값은? (단, p, q는 상수)

① $\frac{43}{36}$　② $\frac{3}{2}$　③ $\frac{25}{16}$
④ $\frac{9}{4}$　⑤ $\frac{11}{4}$

623

이차방정식 $4x^2-2x-4=0$을 완전제곱식을 이용하여 풀었더니 해가 $x=\frac{a\pm\sqrt{b}}{4}$일 때, $a+b$의 값은?

(단, a, b는 유리수)

① 16　② 17　③ 18
④ 19　⑤ 20

624

$(x-y)(x-y+1)-6=0$일 때, $x-y$의 값을 구하시오.

(단, $x>y$)

실력 UP

625

이차방정식 $(x-2)(x+3)=-4x$의 해가 $x=a$ 또는 $x=b$라 할 때, 이차방정식 $\frac{1}{b}x^2+\frac{1}{a}x+1=0$의 해는?

(단, $a>b$)

① $x=-3\pm\sqrt{5}$　② $x=-3\pm\sqrt{15}$
③ $x=-1\pm\sqrt{15}$　④ $x=3\pm\sqrt{15}$
⑤ $x=15\pm\sqrt{5}$

626

이차방정식 $\frac{1}{3}(x-1)^2=4$의 두 근의 합은?

① 0　　② 2　　③ $2\sqrt{3}$
④ 4　　⑤ $4\sqrt{3}$

627

이차방정식 $3x^2+4x+a=0$의 근이 $x=\frac{b\pm\sqrt{13}}{3}$일 때, $a+b$의 값은? (단, a, b는 유리수)

① -5　　② -2　　③ 0
④ 2　　⑤ 5

628

다음은 완전제곱식을 이용하여 이차방정식 $2x^2+4x-1=0$의 해를 구하는 과정이다. abc의 값은?
(단, a, b, c는 유리수)

> $2x^2+4x-1=0$에서 $x^2+2x-\frac{1}{2}=0$
> $x^2+2x=\frac{1}{2}$, $x^2+2x+a=\frac{1}{2}+a$
> $(x+a)^2=b$, $x+a=\pm\sqrt{b}$
> $\therefore x=-a\pm\frac{\sqrt{c}}{2}$

① -9　　② -3　　③ 3
④ 9　　⑤ 15

629

이차방정식 $\frac{x^2-4x}{6}=\frac{5x-4}{3}$의 해를 $x=p\pm\sqrt{q}$라 할 때, $q-p$의 값은? (단, p, q는 유리수)

① 27　　② 34　　③ 41
④ 48　　⑤ 55

630

이차방정식 $3x^2-6x-15=0$을 $(x+a)^2=b$ 꼴로 나타낼 때, $-2a+b$의 값은? (단, a, b는 상수)

① 4　　② 5　　③ 6
④ 7　　⑤ 8

631

이차방정식 $(2x-1)^2-2x-x^2-5=(x+1)(x-1)$의 해를 $x=a$ 또는 $x=b$라 할 때, $a+b$의 값을 구하시오.

실력 UP

632

이차방정식 $(x-2)^2=2(x+1)$의 두 근 중 큰 근을 $x=k$라 할 때, $n<k<n+1$을 만족시키는 정수 n의 값을 구하시오.

633

다음 보기에서 x에 대한 이차방정식을 모두 고른 것은?

보기
ㄱ. $3x^2-4x=x^2-3$
ㄴ. $2x(x-2)=4+2x^2$
ㄷ. x^2+2x+1
ㄹ. $2x-4x^2=x(2x-3)$
ㅁ. $\frac{5}{x^2}+2x+5=0$
ㅂ. $2x-3=x^2$

① ㄱ, ㄷ ② ㅁ, ㅂ ③ ㄱ, ㄹ, ㅂ
④ ㄴ, ㄹ, ㅁ ⑤ ㄴ, ㄷ, ㄹ, ㅂ

634

이차방정식 $3x^2+ax+2a-5=0$의 한 근이 $x=\frac{1}{3}$일 때, a의 값은? (단, a는 상수)

① -2 ② -1 ③ 0
④ 2 ⑤ 3

635

다음 중 [ ] 안의 수가 주어진 이차방정식의 해인 것은?

① $x^2-2x-15=0$ $[-5]$
② $3x^2+7x+2=0$ $[2]$
③ $4x^2-13x+3=0$ $\left[\frac{1}{3}\right]$
④ $3x^2-5x-2=0$ $[3]$
⑤ $2x^2+x-3=0$ $[1]$

636

이차방정식 $x^2+3x+1=0$의 한 근을 $x=a$라 할 때, $2a^2+6a+3$의 값은?

① 0 ② 1 ③ 2
④ 3 ⑤ 4

637

이차방정식 $x^2-3x+2=0$의 두 근 중 작은 근이 이차방정식 $2kx^2+(k+3)x-5=0$의 근일 때, 상수 k의 값을 구하시오.

638

다음 두 이차방정식의 공통인 근이 $x=-2$일 때, $a+b$의 값은? (단, a, b는 상수)

$$3x^2+3x+a=0,\quad x^2+bx-8=0$$

① -8 ② -6 ③ -2
④ 6 ⑤ 8

639

다음 보기의 이차방정식 중 중근을 갖는 것을 모두 고른 것은?

보기
ㄱ. $x^2=14x-49$
ㄴ. $x^2=1$
ㄷ. $(x-2)^2=2$
ㄹ. $4x^2+4x+1=0$

① ㄱ, ㄴ ② ㄱ, ㄷ ③ ㄱ, ㄹ
④ ㄴ, ㄷ ⑤ ㄴ, ㄹ

640

이차방정식 $(x-5)^2=k-4$가 $x=a$를 중근으로 가질 때, $a-k$의 값은? (단, k는 상수)

① -1 ② 1 ③ 3
④ 5 ⑤ 9

641

이차방정식 $2x^2-6x+m=0$의 근이 $x=\frac{n\pm\sqrt{3}}{2}$일 때, $2m+n$의 값은? (단, m, n은 유리수)

① 3 ② 5 ③ 7
④ 9 ⑤ 11

642

이차방정식 $2(x+3)(2x-1)=2x^2+9x$의 두 근의 곱은?

① -6 ② -3 ③ 1
④ 3 ⑤ 6

643

이차방정식 $(a-1)x^2+(a^2-3)x-6a+2=0$의 한 근이 $x=-2$일 때, 다른 한 근을 구하시오. (단, a는 상수)

644

이차방정식 $(12x+1)^2+(12x+1)-6=0$의 두 근의 차가 $\frac{q}{p}$일 때, $p+q$의 값은? (단, p, q는 서로소인 자연수)

① 15 ② 16 ③ 17
④ 18 ⑤ 19

서술형 문제

645

이차방정식 $x^2-5x-9=0$의 한 근이 $x=m$이고, 이차방정식 $x^2-7x-5=0$의 한 근이 $x=n$일 때, $m^2+2n^2-5m-14n$의 값을 구하시오.

〈풀이〉

646

이차방정식 $x^2-6x+k=0$이 중근을 가질 때, 이차방정식 $(k-7)x^2-5x-3=0$의 근을 구하시오. (단, k는 상수)

〈풀이〉

Theme 15 이차방정식의 성질

유형북 108쪽

유형 01 이차방정식의 근의 개수

대표 문제

647

다음 이차방정식 중 근의 개수가 나머지 넷과 다른 하나는?

① $x^2-3x=0$
② $x^2+3x+7=0$
③ $3x^2-x-1=0$
④ $x^2+\frac{1}{3}x=\frac{1}{6}$
⑤ $2x^2+1=8x$

648

다음 이차방정식 중 근을 갖지 않는 것은?

① $x^2+x-6=0$
② $x^2+4x+3=0$
③ $2x^2+3x+4=0$
④ $3x^2+5x-2=0$
⑤ $3x^2+2x+\frac{1}{3}=0$

649

다음 보기에서 이차방정식 $x^2+mx+n=0$에 대한 설명으로 옳은 것을 모두 고른 것은? (단, m, n은 상수)

보기

ㄱ. $n=0$이면 근이 없다.
ㄴ. $m=4$, $n=-4$이면 서로 다른 두 근을 갖는다.
ㄷ. $m=3$, $n=5$이면 근이 없다.
ㄹ. $m=0$, $n=16$이면 서로 다른 두 근을 갖는다.

① ㄴ
② ㄱ, ㄴ
③ ㄴ, ㄷ
④ ㄷ, ㄹ
⑤ ㄴ, ㄷ, ㄹ

유형 02 이차방정식이 중근을 가질 조건

대표 문제

650

이차방정식 $x^2-2(k-1)x+25=0$이 중근을 갖도록 하는 상수 k의 값을 구하시오. (단, $k>0$)

651

이차방정식 $x^2-4mx+2m+6=0$이 중근을 갖도록 하는 모든 상수 m의 값의 합은?

① -1
② $-\frac{1}{2}$
③ 0
④ $\frac{1}{2}$
⑤ 1

652

두 이차방정식 $x^2-8x+a=0$, $4x^2-(a-4)x+b=0$이 모두 중근을 가질 때, $\sqrt{ab}$의 값은? (단, a, b는 상수)

① 8
② 10
③ 12
④ 14
⑤ 16

653

이차방정식 $x^2-4x+k-8=0$이 중근을 가질 때, 이차방정식 $x^2+(k-4)x+2(k-6)=0$의 두 근의 곱은? (단, k는 상수)

① -12
② -6
③ -2
④ 6
⑤ 12

유형 03 근의 개수에 따른 미지수의 값의 범위

대표 문제

654

이차방정식 $x^2-6x+k+6=0$이 근을 갖도록 하는 상수 k의 값의 범위는?

① $k\le3$ ② $k>3$ ③ $k\ge3$
④ $k<9$ ⑤ $k\ge9$

655

이차방정식 $3x^2+x+k-1=0$의 해가 없을 때, 다음 중 상수 k의 값이 될 수 있는 것은?

① -2 ② -1 ③ 0
④ 1 ⑤ 2

656

이차방정식 $2x^2+9x+k+5=0$이 근을 갖도록 하는 가장 큰 정수 k의 값을 구하시오.

657

이차방정식 $x^2-4x-a=0$은 서로 다른 두 근을 갖고 이차방정식 $x^2+(a+4)x+1=0$은 중근을 가질 때, 상수 a의 값을 구하시오.

유형 04 이차방정식 구하기

대표 문제

658

두 근이 1, 2이고 x^2의 계수가 2인 이차방정식을 $ax^2+bx+c=0$이라 할 때, $a-b+c$의 값은?

(단, a, b, c는 상수)

① 10 ② 12 ③ 14
④ 16 ⑤ 18

659

이차방정식 $9x^2+ax+b=0$이 중근 $x=-\frac{2}{3}$를 가질 때, $a-b$의 값은? (단, a, b는 상수)

① 4 ② 5 ③ 6
④ 7 ⑤ 8

660

이차방정식 $x^2+ax+b=0$의 두 근이 3, 6일 때, a, b를 두 근으로 하고 x^2의 계수가 3인 이차방정식을 구하시오.

(단, a, b는 상수)

Theme 16 이차방정식의 활용

유형북 110쪽

유형 05 공식이 주어진 경우의 활용

대표 문제

661

n각형의 대각선의 개수는 $\frac{n(n-3)}{2}$일 때, 대각선의 개수가 35인 다각형은?

① 십각형 ② 십이각형 ③ 십오각형
④ 십육각형 ⑤ 이십각형

662

자연수 1부터 n까지의 합은 $\frac{n(n+1)}{2}$이다. 합이 66이 되려면 1부터 얼마까지의 수를 더해야 하는가?

① 7 ② 8 ③ 9
④ 10 ⑤ 11

663

n개의 팀이 한 팀도 빠짐없이 서로 한 번씩 경기를 치르면 그 총횟수는 $\frac{n(n-1)}{2}$이다. 어떤 농구 대회에 참가한 팀들이 치른 경기의 총횟수가 78일 때, 이 대회에 참가한 팀은 모두 몇 팀인가?

① 10팀 ② 11팀 ③ 12팀
④ 13팀 ⑤ 14팀

유형 06 수에 대한 활용

대표 문제

664

연속하는 세 자연수가 있다. 가장 큰 수의 제곱이 나머지 두 수의 곱의 2배보다 20만큼 작을 때, 이 세 자연수의 합은?

① 18 ② 19 ③ 21
④ 23 ⑤ 24

665

차가 5인 두 자연수의 곱이 104일 때, 두 자연수를 구하시오.

666

연속하는 두 짝수의 제곱의 합이 164일 때, 이 두 짝수의 곱을 구하시오.

667

두 자리의 자연수가 있다. 십의 자리의 숫자와 일의 자리의 숫자의 합은 12이고, 십의 자리의 숫자와 일의 자리의 숫자의 곱은 원래의 자연수보다 22만큼 작을 때, 이 두 자리의 자연수를 구하시오.

유형 07 실생활에서의 활용

대표 문제

668

재민이와 형의 나이의 차는 5살이고, 재민이의 나이의 제곱은 형의 나이의 8배보다 8살이 많다. 이때 재민이의 나이를 구하시오.

669

민지가 참여하는 학교 봉사 활동 모임에서 아프리카의 아이들에게 보낼 그림책을 모았다. 회원 1인당 전체 회원 수보다 3만큼 적은 수의 그림책을 모았더니 그림책이 모두 130권 모였을 때, 이 봉사 활동 모임의 회원은 모두 몇 명인가?

① 11명　② 13명　③ 15명　④ 16명　⑤ 17명

670

어느 박물관은 매달 둘째 주 화요일과 넷째 주 화요일에 휴관을 한다. 이번 달에 휴관을 하는 날짜의 곱이 240일 때, 이번 달 넷째 주 화요일은 며칠인가?

① 21일　② 22일　③ 23일　④ 24일　⑤ 25일

유형 08 위로 쏘아 올린 물체에 대한 활용

대표 문제

671

지면으로부터 50 m 높이인 옥상에서 초속 45 m로 위로 쏘아 올린 물체의 t초 후의 지면으로부터의 높이는 $(50+45t-5t^2)$ m이다. 이 물체가 지면에 떨어지는 것은 물체를 쏘아 올린 지 몇 초 후인가?

① 8초 후　② 9초 후　③ 10초 후　④ 11초 후　⑤ 12초 후

672

배구 경기에서 키가 2 m인 어떤 선수가 매트를 넘기기 위해 공을 위로 던질 때, 공을 던진 지 t초 후의 지면으로부터의 공의 높이는 $(2+9t-5t^2)$ m라 한다. 이 선수가 던진 공이 지면에 떨어지는 것은 몇 초 후인지 구하시오.

673

지면에서 초속 40 m로 위로 던진 물체의 t초 후의 지면으로부터의 높이는 $(40t-5t^2)$ m이다. 지면으로부터 물체까지의 높이가 80 m가 되는 것은 물체를 던진 지 몇 초 후인지 구하시오.

674

지면에서 초속 60 m로 위로 쏘아 올린 물 로켓의 t초 후의 지면으로부터의 높이가 $(60t-5t^2)$ m이다. 쏘아 올린 물 로켓이 지면으로부터 135 m 이상의 높이에서 머무는 것은 몇 초 동안인지 구하시오.

유형 09 도형의 넓이에 대한 활용

대표 문제

675

둘레의 길이가 30 cm이고 넓이가 50 cm^2인 직사각형이 있다. 가로의 길이가 세로의 길이보다 더 길 때, 이 직사각형의 세로의 길이는?

① 2 cm ② 3 cm ③ 5 cm
④ 7 cm ⑤ 10 cm

676

오른쪽 그림과 같이 정사각형의 가로의 길이를 1 cm, 세로의 길이를 6 cm 늘여서 새로운 직사각형을 만들었더니 그 넓이가 처음 정사각형의 넓이의 4배가 되었다. 처음 정사각형의 한 변의 길이를 구하시오.

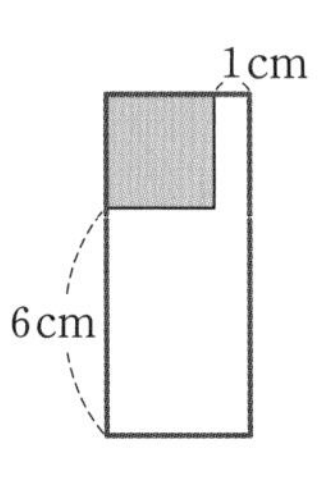

677

오른쪽 그림과 같이 길이가 8 cm인 선분을 두 부분으로 나누어 각각의 길이를 한 변으로 하는 두 정사각형을 만들었다. 두 정사각형의 넓이의 합이 34 cm^2일 때, 큰 정사각형의 한 변의 길이를 구하시오.

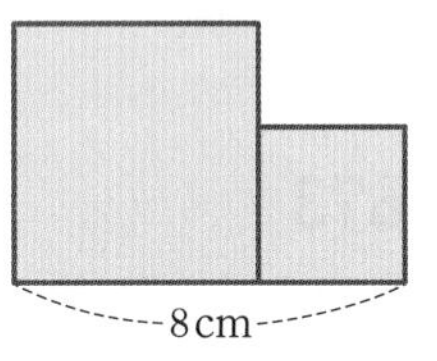

678

오른쪽 그림과 같이 가로, 세로의 길이가 각각 4 cm, 9 cm인 직사각형에서 가로의 길이는 매초 2 cm씩 늘어나고, 세로의 길이는 매초 1 cm씩 줄어들고 있다. 이때 처음 직사각형의 넓이와 같아지는 것은 몇 초인지 구하시오.

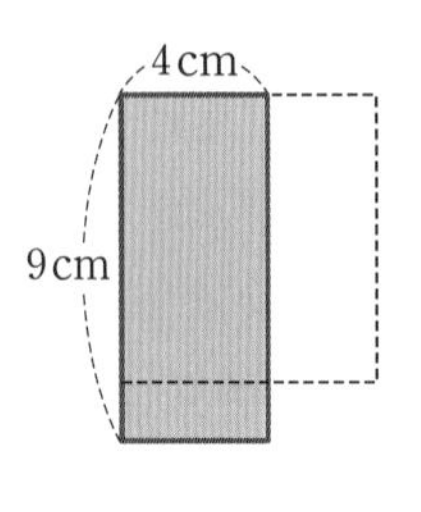

유형 10 길을 제외한 부분의 넓이에 대한 활용

대표 문제

679

오른쪽 그림과 같이 가로, 세로의 길이가 각각 20 m, 30 m인 직사각형 모양의 땅에 폭이 일정한 십자형의 도로를 만들려고 한다. 도로를 제외한 땅의 넓이가 416 m^2일 때, 도로의 폭을 구하시오.

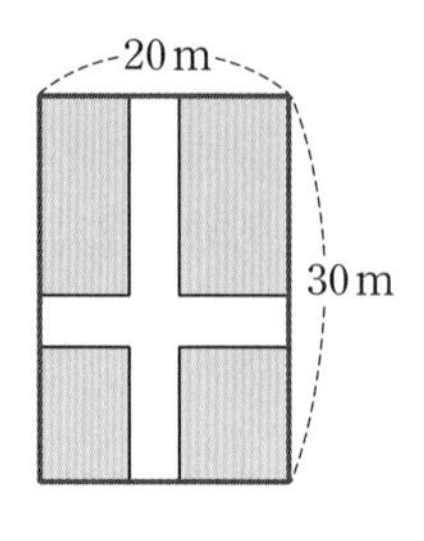

680

가로와 세로의 길이의 비가 2 : 1인 직사각형 모양의 꽃밭에 오른쪽 그림과 같이 평행사변형 모양의 길을 내었더니, 길을 제외한 꽃밭의 넓이가 60 m^2가 되었다. 이 꽃밭의 가로의 길이는?

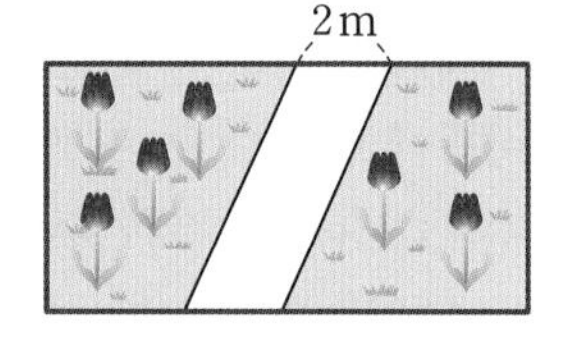

① 5 m ② 6 m ③ 8 m
④ 10 m ⑤ 12 m

681

오른쪽 그림과 같이 가로, 세로의 길이가 각각 20 m, 14 m인 직사각형 모양의 잔디밭에 폭이 일정한 길이 있다. 이 길을 제외한 잔디밭의 넓이가 96 m^2일 때, 이 길의 폭은?

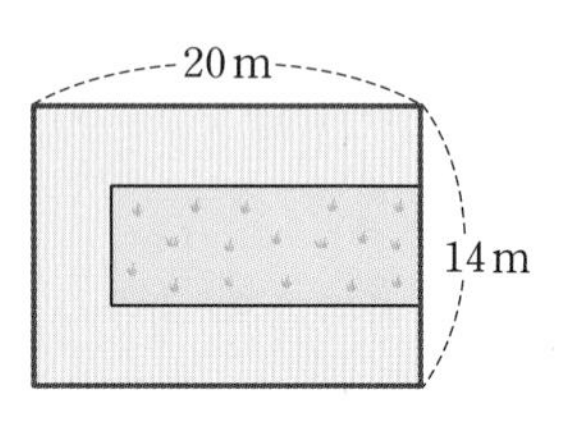

① 2 m ② 3 m ③ 4 m
④ 5 m ⑤ 6 m

유형 11 상자 만들기에 대한 활용

대표 문제

682

오른쪽 그림과 같은 정사각형 모양의 종이의 네 귀퉁이에서 한 변의 길이가 2 cm인 정사각형을 잘라 내어 뚜껑이 없는 직육면체 모양의 상자를 만들었더니 상자의 부피가 72 cm^3가 되었다. 처음 정사각형의 한 변의 길이는?

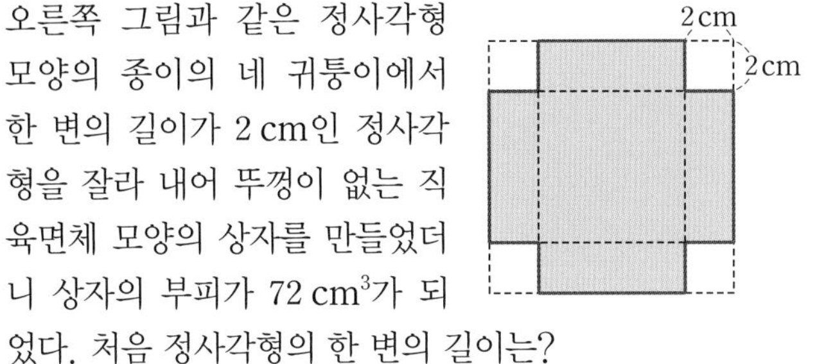

① 6 cm ② 7 cm ③ 8 cm
④ 9 cm ⑤ 10 cm

683

오른쪽 그림과 같이 너비가 80 cm인 종이의 양쪽을 같은 폭만큼 직각으로 접어 올려 빗금 친 부분의 넓이가 800 cm^2가 되도록 하려고 한다. 접어 올린 종이의 높이는?

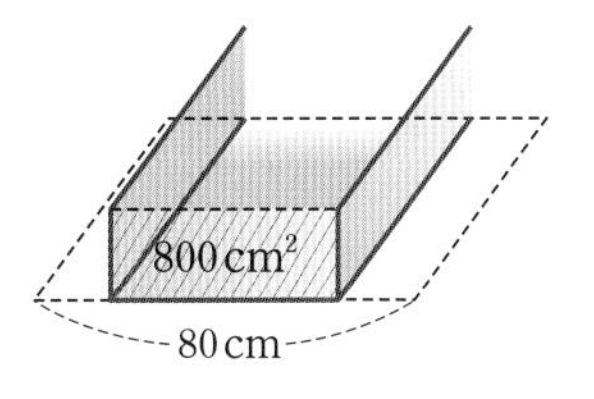

① 15 cm ② 18 cm ③ 20 cm
④ 22 cm ⑤ 25 cm

684

가로의 길이가 세로의 길이보다 2 cm 더 긴 직사각형 모양의 종이가 있다. 네 귀퉁이에서 한 변의 길이가 2 cm인 정사각형을 잘라 내어 뚜껑이 없는 직육면체 모양의 상자를 만들었더니 그 부피가 70 cm^3가 되었다. 처음 직사각형의 세로의 길이를 구하시오.

유형 12 원과 원기둥에 대한 활용

대표 문제

685

오른쪽 그림과 같이 점 O를 중심으로 하는 두 원이 있다. $\overline{OA}$의 길이는 $\overline{AB}$의 길이보다 2 cm 만큼 길고 색칠한 부분의 넓이가 64π cm^2일 때, $\overline{AB}$의 길이는?

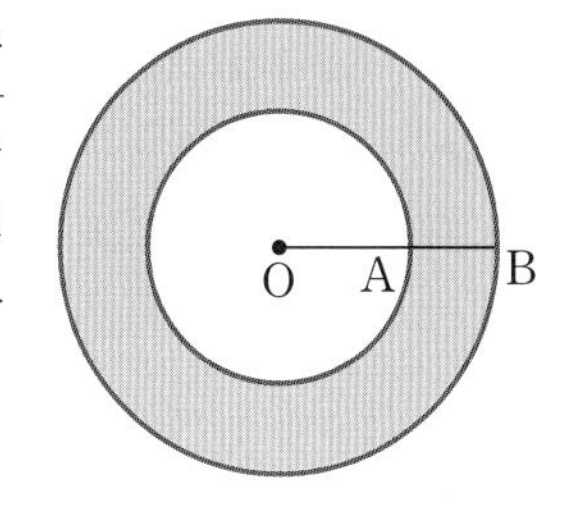

① 2 cm ② 3 cm
③ 4 cm ④ 5 cm
⑤ 6 cm

686

높이와 밑면인 원의 반지름의 길이의 비가 2 : 3이고 옆면의 넓이가 108π cm^2인 원기둥이 있다. 이 원기둥의 부피는?

① 412π cm^3 ② 424π cm^3 ③ 452π cm^3
④ 486π cm^3 ⑤ 512π cm^3

687

오른쪽 그림과 같이 세 개의 반원으로 이루어진 도형에서 가장 큰 반원의 지름의 길이는 30 cm이고 색칠한 부분의 넓이는 50π cm^2일 때, 가장 작은 반원의 반지름의 길이를 구하시오.

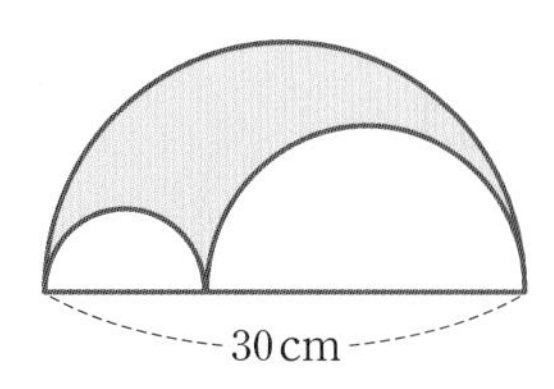

688

다음 이차방정식 중 근을 갖지 않는 것은?

① $x^2-6x+9=0$ ② $-2x^2-3x+5=0$
③ $x^2-x+4=0$ ④ $4x^2-4x-1=0$
⑤ $-5x^2+11x-5=0$

689

이차방정식 $x^2-2x-k+3=0$의 해가 없을 때, 다음 중 상수 k의 값이 될 수 있는 것은?

① 1 ② 2 ③ 3
④ 4 ⑤ 5

690

이차방정식 $4x^2+4x-k=0$이 중근을 가질 때, 이차방정식 $(k-1)x^2+3x-1=0$의 두 근을 α, β라 하자. 이때 $|\alpha-\beta|$의 값을 구하시오. (단, k는 상수)

691

이차방정식 $2x^2+ax+5b=0$이 중근 $x=-5$를 가질 때, $a+b$의 값은? (단, a, b는 상수)

① 10 ② 15 ③ 20
④ 25 ⑤ 30

692

이차방정식 $x^2-7x+k=0$의 두 근의 차가 3일 때, 상수 k의 값은?

① 8 ② 10 ③ 12
④ 14 ⑤ 16

693

이차방정식 $x^2+a(2x+5)+6=0$이 중근 $x=b$를 가질 때, $\frac{b}{a}$의 값은? (단, $a>0$)

① -12 ② -6 ③ -1
④ 6 ⑤ 12

실력 UP

694

이차방정식 $x^2+ax+b=0$의 두 근이 $\frac{1}{3}$, $\frac{1}{4}$일 때, 이차방정식 $bx^2+ax+1=0$의 두 근의 곱을 구하시오.

(단, a, b는 상수)

695

다음 보기에서 이차방정식 $x^2-x+A=0$에 대한 설명으로 옳은 것을 모두 고른 것은?

보기
ㄱ. $A=3$이면 두 근은 모두 음수이다.
ㄴ. $A=-1$이면 서로 다른 두 근을 갖는다.
ㄷ. $A<0$이면 서로 다른 두 근을 갖는다.
ㄹ. $A=0$이면 중근을 갖는다.

① ㄱ, ㄴ ② ㄱ, ㄷ ③ ㄴ, ㄷ
④ ㄴ, ㄹ ⑤ ㄴ, ㄷ, ㄹ

696

이차방정식 $ax^2+3ax+2a+1=0$이 중근을 갖도록 하는 상수 a의 값은?

① 1 ② 2 ③ 3
④ 4 ⑤ 5

697

이차방정식 $2x^2-4x+a-1=0$이 서로 다른 두 근을 갖도록 하는 가장 큰 정수 a의 값을 구하시오.

698

이차방정식 $3x^2+6x+a-1=0$이 근을 갖도록 하는 자연수 a는 모두 몇 개인가?

① 2개 ② 3개 ③ 4개
④ 5개 ⑤ 6개

699

이차방정식 $x^2-2x-6=0$을 $(x+a)^2=b$ 꼴로 나타내었을 때, a, b를 두 근으로 하고 x^2의 계수가 1인 이차방정식을 구하시오. (단, a, b는 상수)

700

이차방정식 $x^2+(k+1)x+k+4=0$은 중근을 갖고, 이차방정식 $2x^2-3x+4-2k=0$은 서로 다른 두 근을 갖도록 하는 상수 k의 값을 구하시오.

실력 UP

701

이차방정식 $x^2+ax+b=0$을 푸는데 민호는 x의 계수를 잘못 보고 풀어 $x=-8$ 또는 $x=1$의 해를 얻었고, 지수는 상수항을 잘못 보고 풀어 $x=-5$ 또는 $x=3$의 해를 얻었다. 이때 $a+b$의 값을 구하시오. (단, a, b는 상수)

702

n각형의 대각선의 개수가 $\frac{n(n-3)}{2}$일 때, 대각선의 개수가 44인 다각형은?

① 팔각형　② 구각형　③ 십각형
④ 십일각형　⑤ 십이각형

703

유진이는 동생보다 3살이 많고, 유진이의 나이의 제곱은 동생의 나이의 제곱의 2배보다 7살이 적다. 이때 유진이의 나이를 구하시오.

704

지면으로부터 100 m 높이에서 초속 40 m로 위로 던져 올린 물체의 t초 후의 지면으로부터의 높이는 $(100+40t-5t^2)$ m이다. 이 물체가 지면에 떨어지는 것은 물체를 던진 지 몇 초 후인가?

① 8초 후　② 9초 후　③ 10초 후
④ 12초 후　⑤ 15초 후

705

정사각형 모양의 꽃밭에서 가로의 길이를 3 m 늘이고, 세로의 길이를 2 m 줄였더니 넓이가 66 m²가 되었다. 처음 꽃밭의 한 변의 길이를 구하시오.

706

오른쪽 그림과 같이 가로, 세로의 길이가 각각 24 cm, 10 cm인 직사각형 모양의 종이를 일정한 폭으로 오려 내었더니 나머지 네 조각의 넓이의 합이 147 cm²가 되었다. 오려 낸 부분의 폭은 몇 cm인가?

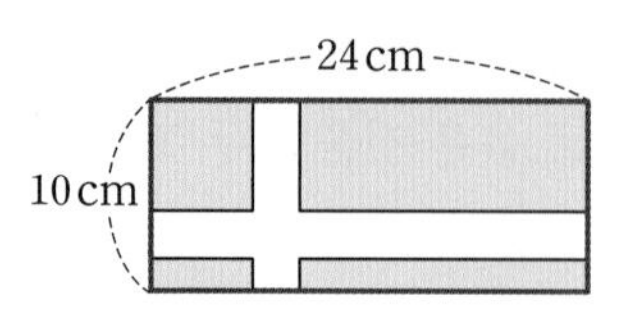

① 2 cm　② 3 cm　③ 4 cm
④ 5 cm　⑤ 6 cm

707

연속하는 세 홀수가 있다. 작은 두 홀수의 제곱의 합이 가장 큰 홀수의 제곱보다 9만큼 클 때, 가장 작은 홀수를 구하시오.

실력 UP

708

밑변의 길이가 18 cm이고 높이가 20 cm인 삼각형에서 밑변의 길이는 매초 2 cm씩 늘어나고 높이는 매초 1 cm씩 줄어들고 있다. 이 삼각형의 넓이가 처음 삼각형의 넓이와 같아지는 것은 몇 초 후인가?

① 9초 후　② 11초 후　③ 13초 후
④ 15초 후　⑤ 17초 후

709

자연수 1부터 n까지의 합은 $\frac{n(n+1)}{2}$이다. 합이 120이 되려면 1부터 얼마까지의 수를 더해야 하는가?

① 13 ② 14 ③ 15
④ 16 ⑤ 17

710

어떤 자연수를 제곱해야 할 것을 잘못하여 3배를 하였더니 제곱한 것보다 54만큼 작았다. 이 자연수를 구하시오.

711

서빈이는 8월에 가족들과 함께 2박 3일 동안 여행을 가기로 하였다. 3일간의 날짜를 각각 제곱하여 더하면 245일 때, 여행의 출발 날짜는?

① 8월 5일 ② 8월 8일 ③ 8월 12일
④ 8월 18일 ⑤ 8월 24일

712

길이가 42 cm인 철사로 넓이가 98 cm^2인 직사각형을 만들려고 한다. 가로의 길이가 세로의 길이보다 길 때, 세로의 길이는? (단, 철사가 겹치는 부분은 없다.)

① 7 cm ② 9 cm ③ 10 cm
④ 12 cm ⑤ 14 cm

713

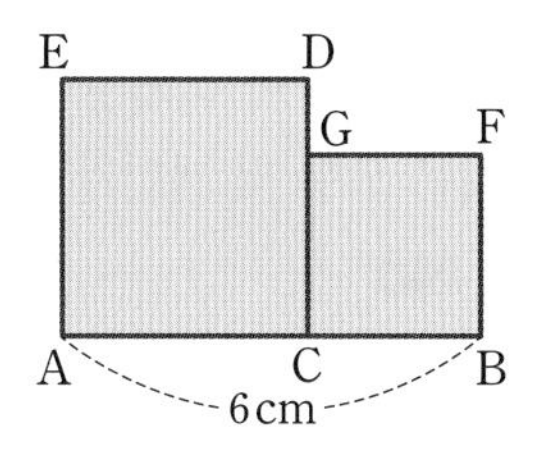

오른쪽 그림과 같이 길이가 6 cm인 선분 AB 위에 점 C를 잡아 $\overline{AC}$, $\overline{BC}$를 각각 한 변으로 하는 정사각형을 만들었다. □ACDE의 넓이가 □CBFG의 넓이의 2배일 때, $\overline{AC}$의 길이를 구하시오.

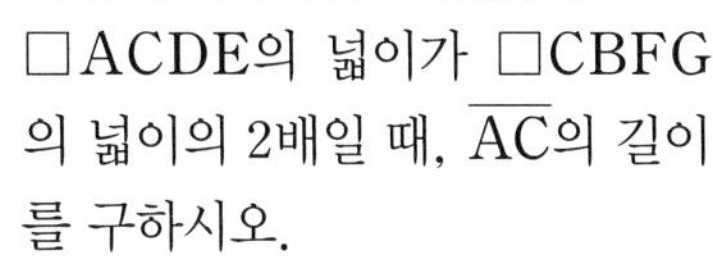

714

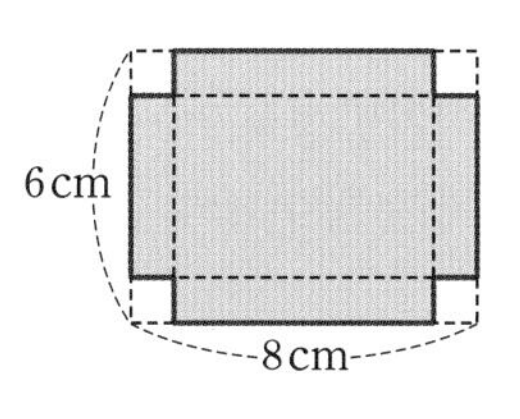

오른쪽 그림과 같이 가로, 세로의 길이가 각각 8 cm, 6 cm인 직사각형 모양의 종이가 있다. 이 직사각형 모양의 종이의 네 귀퉁이에서 같은 크기의 정사각형을 잘라 내어 뚜껑이 없는 직육면체 모양의 상자를 만들었더니 상자의 밑넓이가 24 cm^2가 되었다. 잘라 낸 정사각형의 한 변의 길이는?

① $\frac{1}{2}$ cm ② 1 cm ③ $\frac{3}{2}$ cm
④ 2 cm ⑤ $\frac{5}{2}$ cm

실력 UP

715

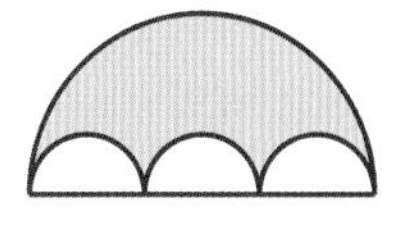

오른쪽 그림은 큰 반원 안에 크기가 같은 작은 반원 3개를 각각 접하도록 그린 것이다. 색칠한 부분의 넓이가 12π cm^2일 때, 작은 반원의 반지름의 길이를 구하시오.

716
다음 보기의 이차방정식 중에서 서로 다른 두 근을 갖는 것은 모두 몇 개인가?

보기
ㄱ. $2x^2-5x+1=0$　　ㄴ. $3x^2-x+2=0$
ㄷ. $0.2x^2+0.8x+1=0$　　ㄹ. $2(x-1)^2+x=5$

① 없다.　② 1개　③ 2개
④ 3개　⑤ 4개

717
이차방정식 $x^2-4x+2a=0$이 서로 다른 두 근을 갖도록 하는 상수 a의 값의 범위를 구하시오.

718
이차방정식 $x^2-(k+2)x+k+2=0$이 중근을 갖도록 하는 모든 상수 k의 값의 곱은?

① -4　② -2　③ 1
④ 2　⑤ 4

719
이차방정식 $(m^2+2)x^2+2(m-2)x+2=0$은 중근을 갖고 이차방정식 $x^2-4x-m+1=0$은 근을 갖지 않을 때, 상수 m의 값은?

① -6　② -4　③ -2
④ 0　⑤ 2

720
$x=-3$이 이차방정식 $2x^2+ax+b=0$의 중근일 때, $b-a$의 값은? (단, a, b는 상수)

① 3　② 4　③ 5
④ 6　⑤ 7

721
이차방정식 $3x^2-18x+k=0$의 한 근이 다른 근의 2배일 때, 상수 k의 값을 구하시오.

722
n명의 사람들이 서로 한 번씩 악수를 하면 그 총횟수는 $\frac{n(n-1)}{2}$이다. 어떤 모임에 참가한 모든 사람들이 서로 한 번씩 악수를 한 총횟수가 55일 때, 이 모임에 참가한 사람은 모두 몇 명인지 구하시오.

723
어떤 책을 펼쳤을 때, 펼쳐진 두 면의 쪽수의 곱이 210이었다. 이 두 면의 쪽수의 합은?

① 27　② 29　③ 31
④ 33　⑤ 35

724

지면으로부터 40 m 높이인 건물 옥상에서 초속 30 m로 위로 던진 공의 t초 후의 지면으로부터의 높이는 $(40+30t-5t^2)$ m이다. 던진 공이 처음으로 지면으로부터 높이가 80 m인 지점을 지나는 것은 공을 던진 지 몇 초 후인가?

① 1초 후 ② 2초 후 ③ 3초 후
④ 4초 후 ⑤ 5초 후

725

어떤 원의 반지름의 길이를 2 cm만큼 늘였더니 넓이가 처음 원의 넓이의 4배가 되었다. 처음 원의 반지름의 길이는?

① 1.5 cm ② 2 cm ③ 2.5 cm
④ 3 cm ⑤ 3.5 cm

726

이차방정식 $x^2-4ax+3a=0$을 x의 계수와 상수항을 잘못 보고 서로 바꾸어 풀었더니 한 근이 $x=-4$이었다. 이때 처음 이차방정식을 구하시오. (단, a는 상수)

727

두 자리의 자연수가 있다. 이 자연수의 일의 자리의 숫자는 십의 자리의 숫자의 3배이고, 각 자리의 숫자의 곱은 원래의 자연수보다 12만큼 작을 때, 이 두 자리의 자연수를 구하시오.

서술형 문제

728

오른쪽 그림과 같이 $\overline{AB}=16$ cm, $\overline{BC}=20$ cm이고 $\angle B=90°$인 직각삼각형 ABC가 있다. $\overline{CQ}=2\overline{AP}$이고 $\triangle PBQ=72$ cm^{2}일 때, $\overline{AP}$의 길이를 구하시오.

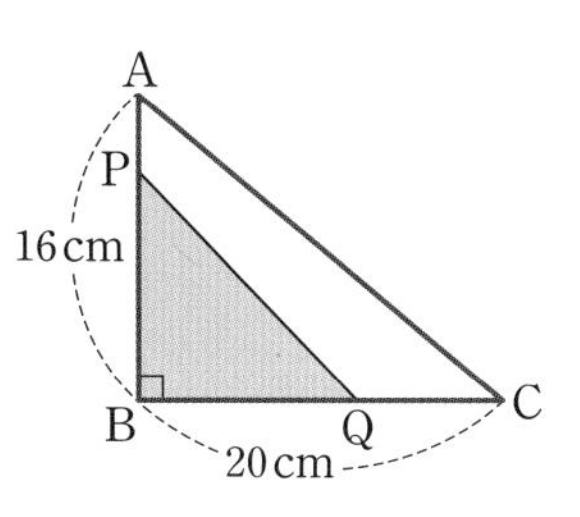

풀이

729

오른쪽 그림과 같이 가로, 세로의 길이가 각각 15 m, 12 m인 직사각형 모양의 땅에 폭이 일정한 길을 만들고 남은 부분을 꽃밭으로 만들려고 한다. 꽃밭의 넓이가 130 m^{2}일 때, 길의 폭을 구하시오.

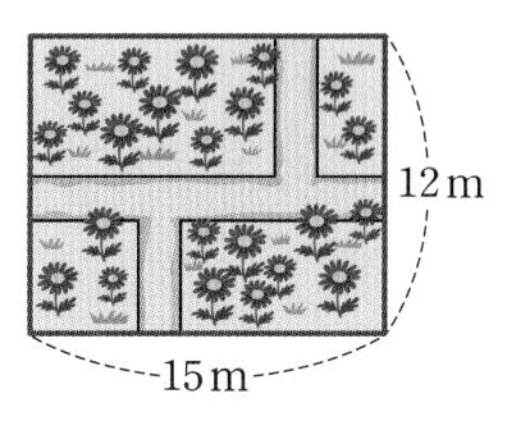

풀이

Theme 17 이차함수 $y=ax^2$의 그래프

유형북 124쪽

유형 01 이차함수의 뜻

대표 문제

730

다음 중 y가 x에 대한 이차함수인 것은?

① $y=x(1-x^2)$ ② $y=5-\frac{1}{x}$
③ $y=2x^2-(x+1)^2$ ④ $-3x^2+2x-4$
⑤ $y=x^2-(x-1)^2$

731

다음 보기에서 y가 x에 대한 이차함수인 것을 모두 고른 것은?

보기

ㄱ. $y=x^2-1$ ㄴ. $y=x^3+x^2$
ㄷ. $y=x^3+4x+2$ ㄹ. $y=x(x-1)-x^2$
ㅁ. $y=2x^3+x^2+5-2x^3$ ㅂ. $x^2+2y=0$

① ㄱ, ㅁ ② ㄱ, ㅂ ③ ㄹ, ㅂ
④ ㄱ, ㄹ, ㅂ ⑤ ㄱ, ㅁ, ㅂ

732

다음 중 y가 x에 대한 이차함수인 것은?

① 한 변의 길이가 x cm인 정사각형의 둘레의 길이 y cm
② 한 모서리의 길이가 $2x$ cm인 정육면체의 겉넓이 y cm^2
③ 시속 8 km로 x시간 동안 달린 거리 y km
④ 밑변의 길이가 $(x-2)$ cm, 높이가 6 cm인 삼각형의 넓이 y cm^2
⑤ 밑면의 반지름의 길이가 x cm, 높이가 $(x+1)$ cm인 원기둥의 부피 y cm^3

유형 02 이차함수가 되는 조건

대표 문제

733

함수 $y=x(ax+2)-3x^2+4$가 x에 대한 이차함수가 되기 위한 실수 a의 조건을 구하시오.

734

함수 $y=8x^2-9-4x(1-ax)$가 x에 대한 이차함수일 때, 다음 중 실수 a의 값이 될 수 없는 것은?

① -2 ② -1 ③ 0
④ 1 ⑤ 2

735

함수 $y=k(k-1)x^2-x-2x^2$이 x에 대한 이차함수일 때, 다음 중 실수 k의 값이 될 수 없는 것을 모두 고르면? (정답 2개)

① -2 ② -1 ③ 0
④ 1 ⑤ 2

유형 03 이차함수의 함숫값

대표 문제

736

이차함수 $f(x)=2x^2-3x+5$에서 $f(2)+f(-1)$의 값을 구하시오.

737

이차함수 $f(x)=ax^2+2x+4$에서 $f(-3)=16$일 때, 상수 a의 값은?

① -4 ② -2 ③ 2
④ 4 ⑤ 6

738

이차함수 $f(x)=3x^2-4x$에서 $f(a)=-1$일 때, 정수 a의 값은?

① -3 ② -1 ③ 1
④ 2 ⑤ 3

739

이차함수 $f(x)=3x^2-x+5$에서 $f(-1)=a$, $f(b)=15$일 때, ab의 값을 구하시오. (단, $b>0$)

유형 04 이차함수 $y=ax^2$의 그래프의 폭

대표 문제

740

다음 이차함수 중 그래프가 아래로 볼록하면서 폭이 가장 넓은 것은?

① $y=-2x^2$ ② $y=-\frac{2}{3}x^2$ ③ $y=\frac{1}{4}x^2$
④ $y=\frac{1}{2}x^2$ ⑤ $y=5x^2$

741

두 이차함수 $y=-2x^2$, $y=ax^2$의 그래프가 오른쪽 그림과 같을 때, 상수 a의 값의 범위를 구하시오.

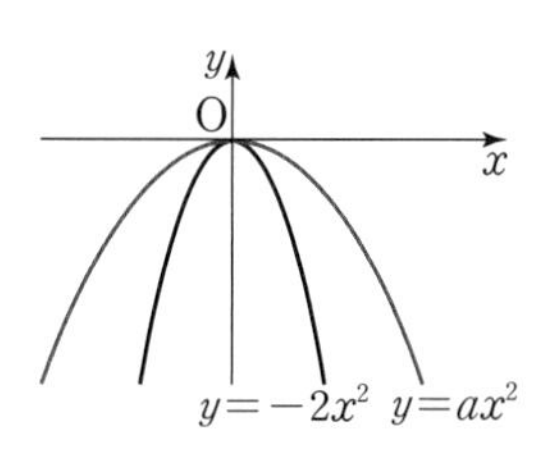

742

두 이차함수 $y=3x^2$, $y=-\frac{2}{3}x^2$의 그래프가 오른쪽 그림과 같을 때, 다음 이차함수 중 그래프가 색칠한 부분을 지나는 것을 모두 고르면? (정답 2개)

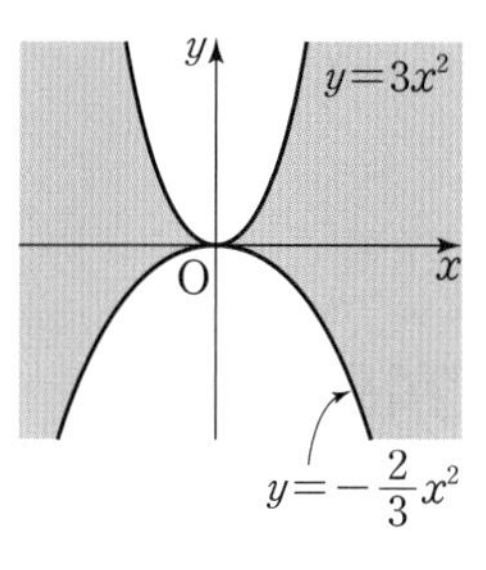

① $y=-x^2$ ② $y=-\frac{1}{3}x^2$
③ $y=2x^2$ ④ $y=\frac{7}{2}x^2$
⑤ $y=5x^2$

유형 05 이차함수 $y=ax^2$의 그래프가 지나는 점

대표 문제

743

이차함수 $y=\frac{1}{2}x^2$의 그래프가 점 $(a,\ 2a)$를 지날 때, a의 값은? (단, $a\neq0$)

① -4　② -2　③ 1
④ 2　⑤ 4

744

다음 중 이차함수 $y=-x^2$의 그래프 위의 점이 아닌 것은?

① $(-1,\ -1)$　② $\left(-\frac{1}{3},\ -\frac{1}{9}\right)$　③ $(0,\ 0)$
④ $(2,\ -4)$　⑤ $(3,\ 9)$

745

이차함수 $y=\frac{5}{3}x^2$의 그래프가 두 점 $(2,\ a)$, $(b,\ 15)$를 지날 때, $a+b$의 값을 구하시오. (단, $b<0$)

746

이차함수 $y=ax^2$의 그래프가 오른쪽 그림과 같고 점 $(-6,\ b)$를 지날 때, b의 값을 구하시오. (단, a는 상수)

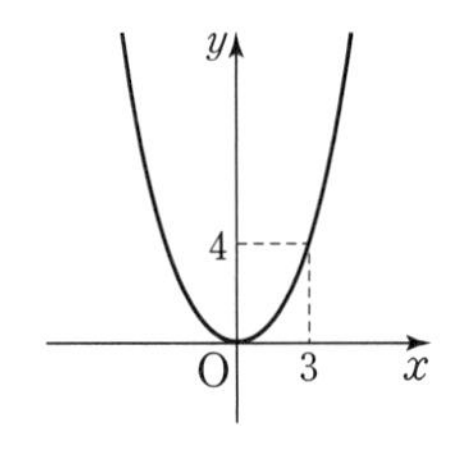

유형 06 두 이차함수 $y=ax^2$, $y=-ax^2$의 그래프

대표 문제

747

다음 이차함수 중 그래프가 이차함수 $y=-3x^2$의 그래프와 x축에 대하여 서로 대칭인 것은?

① $y=-6x^2$　② $y=-\frac{1}{3}x^2$　③ $y=\frac{1}{3}x^2$
④ $y=3x^2$　⑤ $y=6x^2$

748

다음 보기의 이차함수의 그래프 중 x축에 대하여 서로 대칭인 것끼리 짝 지어진 것을 모두 고르면? (정답 2개)

보기

ㄱ. $y=8x^2$　ㄴ. $y=\frac{6}{5}x^2$　ㄷ. $y=-\frac{1}{8}x^2$
ㄹ. $y=-\frac{5}{6}x^2$　ㅁ. $y=\frac{5}{6}x^2$　ㅂ. $y=\frac{1}{8}x^2$

① ㄱ과 ㄷ　② ㄴ과 ㄹ　③ ㄴ과 ㅁ
④ ㄷ과 ㅂ　⑤ ㄹ과 ㅁ

749

이차함수 $y=6x^2$의 그래프는 이차함수 $y=ax^2$의 그래프와 x축에 대하여 서로 대칭이고, 이차함수 $y=bx^2$의 그래프는 이차함수 $y=-\frac{3}{2}x^2$의 그래프와 x축에 대하여 서로 대칭이다. 이때 ab의 값을 구하시오. (단, a, b는 상수)

유형 07 이차함수 $y=ax^2$의 그래프의 성질

대표 문제

750

다음 보기에서 이차함수 $y=ax^2$의 그래프에 대한 설명으로 옳지 않은 것을 모두 고르시오. (단, a는 상수)

보기

ㄱ. 원점을 꼭짓점으로 하는 포물선이다.
ㄴ. 점 $(-1, -a)$를 지난다.
ㄷ. a의 절댓값이 클수록 그래프의 폭이 좁아진다.
ㄹ. 이차함수 $y=-ax^2$의 그래프와 y축에 대하여 대칭이다.

751

다음 중 이차함수 $y=-5x^2$의 그래프에 대한 설명으로 옳은 것을 모두 고르면? (정답 2개)

① 아래로 볼록한 포물선이다.
② 꼭짓점의 좌표는 $(5, 0)$이다.
③ 제3사분면과 제4사분면을 지난다.
④ 이차함수 $y=5x^2$의 그래프와 x축에 대하여 대칭이다.
⑤ $x>0$일 때, x의 값이 증가하면 y의 값도 증가한다.

752

다음 이차함수의 그래프에 대한 설명 중 옳지 않은 것은?

(가) $y=2x^2$ (나) $y=-2x^2$ (다) $y=\frac{1}{2}x^2$

① 그래프가 아래로 볼록한 것은 (가), (다)이다.
② 각 그래프의 축의 방정식은 $x=0$이다.
③ 그래프의 폭이 가장 넓은 것은 (다)이다.
④ 그래프가 x축에 대하여 서로 대칭인 것은 (나), (다)이다.
⑤ $x<0$일 때, x의 값이 증가하면 y의 값은 감소하는 것은 (가), (다)이다.

유형 08 이차함수 $y=ax^2$의 그래프의 활용

대표 문제

753

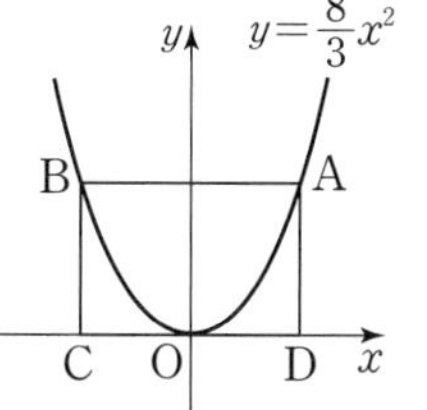

오른쪽 그림과 같이 두 점 A, B는 이차함수 $y=\frac{8}{3}x^2$의 그래프 위에 있고, 두 점 C, D는 x축 위에 있다. □ABCD가 직사각형이고, $\overline{AB}:\overline{BC}=3:2$일 때, 점 A의 y좌표는? (단, 점 A는 제1사분면 위의 점이다.)

① $\frac{1}{3}$ ② $\frac{9}{16}$ ③ $\frac{2}{3}$
④ $\frac{3}{4}$ ⑤ $\frac{3}{2}$

754

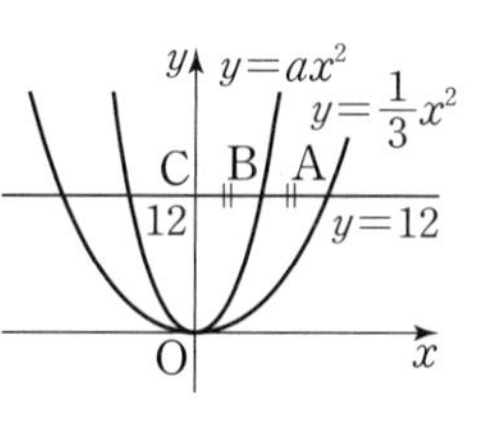

오른쪽 그림과 같이 직선 $y=12$가 두 이차함수 $y=\frac{1}{3}x^2$, $y=ax^2$의 그래프와 만나는 점을 각각 A, B, y축과 만나는 점을 C라 할 때, $\overline{AB}=\overline{BC}$이다. 상수 a의 값을 구하시오. (단, 두 점 A, B는 제1사분면 위의 점이다.)

755

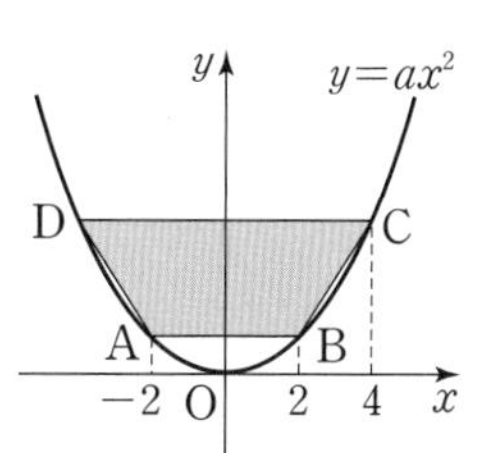

오른쪽 그림과 같이 이차함수 $y=ax^2$의 그래프 위에 네 점 A, B, C, D가 있다. 두 점 A, B의 x좌표가 각각 -2, 2이고, 점 C의 x좌표는 4이다. □ABCD는 선분 CD와 선분 AB가 평행한 사다리꼴이고 그 넓이가 18일 때, 상수 a의 값을 구하시오.

Theme 18 이차함수 $y=a(x-p)^2+q$의 그래프

유형북 128쪽

유형 09 이차함수 $y=ax^2+q$의 그래프

대표 문제

756

이차함수 $y=3x^2$의 그래프를 y축의 방향으로 -2만큼 평행이동한 그래프의 꼭짓점의 좌표를 (p, q), 축의 방정식을 $x=r$라 할 때, $pq+r$의 값은?

① -2　② -1　③ 0
④ 1　⑤ 2

757

다음 보기에서 이차함수 $y=x^2-5$의 그래프에 대한 설명으로 옳은 것을 모두 고른 것은?

보기
ㄱ. 이차함수 $y=x^2$의 그래프를 y축의 방향으로 -5만큼 평행이동한 것이다.
ㄴ. 꼭짓점의 좌표는 $(0, -5)$이다.
ㄷ. 축의 방정식은 $x=0$이다.
ㄹ. $x<0$일 때, x의 값이 증가하면 y의 값도 증가한다.

① ㄱ, ㄴ　② ㄴ, ㄹ　③ ㄷ, ㄹ
④ ㄱ, ㄴ, ㄷ　⑤ ㄴ, ㄷ, ㄹ

758

이차함수 $y=2x^2$의 그래프를 y축의 방향으로 m만큼 평행이동한 그래프가 점 $(-1, -1)$을 지날 때, m의 값을 구하시오.

759

이차함수 $y=ax^2+q$의 그래프가 오른쪽 그림과 같을 때, $a-q$의 값을 구하시오. (단, a, q는 상수)

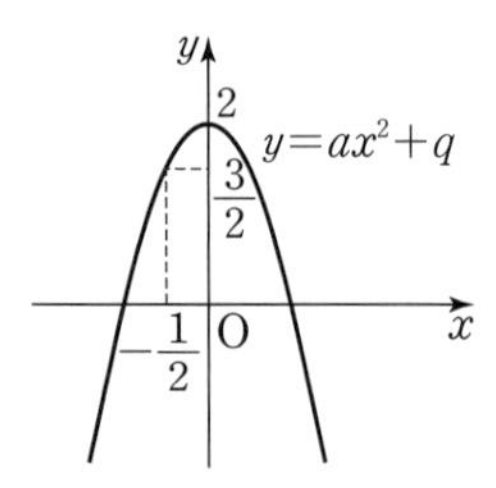

유형 10 이차함수 $y=a(x-p)^2$의 그래프

대표 문제

760

이차함수 $y=ax^2$의 그래프를 x축의 방향으로 -5만큼 평행이동한 그래프가 점 $(-2, -9)$를 지날 때, 상수 a의 값은?

① -2　② -1　③ 1
④ 2　⑤ 3

761

다음 이차함수의 그래프 중 이차함수 $y=\frac{3}{2}x^2$의 그래프를 평행이동하여 완전히 포갤 수 있는 것을 모두 고르면? (정답 2개)

① $y=-\frac{3}{2}x^2$　② $y=\frac{2}{3}x^2+1$
③ $y=\frac{3}{2}x^2-3$　④ $y=\frac{2}{3}(x-2)^2$
⑤ $y=\frac{3}{2}(x+1)^2$

762

이차함수 $y=5x^2$의 그래프를 x축의 방향으로 2만큼 평행이동한 그래프에서 x의 값이 증가할 때, y의 값은 감소하는 x의 값의 범위를 구하시오.

763

다음 중 이차함수 $y=-\frac{1}{3}x^2$의 그래프를 x축의 방향으로 3만큼 평행이동한 그래프에 대한 설명으로 옳지 않은 것은?

① 꼭짓점의 좌표는 $(3, 0)$이다.
② 점 $\left(1, \frac{4}{3}\right)$를 지난다.
③ 제3사분면과 제4사분면을 지난다.
④ $x<3$일 때, x의 값이 증가하면 y의 값도 증가한다.
⑤ 이차함수 $y=-\frac{1}{3}x^2$의 그래프와 폭이 같다.

764

이차함수 $y=a(x-p)^2$의 그래프가 오른쪽 그림과 같을 때, $a+p$의 값은? (단, a, p는 상수)

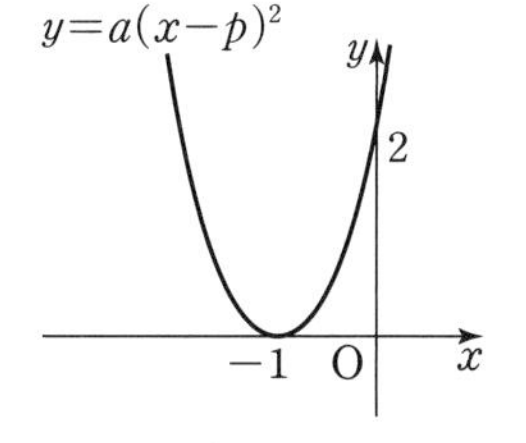

① -3 ② -2 ③ 1 ④ 2 ⑤ 3

유형 11 이차함수 $y=a(x-p)^2+q$의 그래프

대표 문제

765

이차함수 $y=ax^2$의 그래프를 x축의 방향으로 -1만큼, y축의 방향으로 4만큼 평행이동한 그래프가 점 $(-3, 2)$를 지날 때, 상수 a의 값은?

① -2 ② -1 ③ $-\frac{1}{2}$ ④ $\frac{1}{2}$ ⑤ 2

766

다음 이차함수 중 그래프의 축이 가장 왼쪽에 있는 것은?

① $y=2x^2$
② $y=-x^2+3$
③ $y=\frac{1}{2}(x+2)^2$
④ $y=(x-1)^2+\frac{2}{3}$
⑤ $y=\frac{3}{2}(x+1)^2+\frac{1}{2}$

767

다음 중 이차함수 $y=2(x+2)^2-5$의 그래프가 지나지 않는 사분면은?

① 제1사분면 ② 제2사분면 ③ 제3사분면 ④ 제4사분면
⑤ 모든 사분면을 지난다.

768

직선 $x=2$를 축으로 하고 두 점 $(0, 8)$, $(3, -1)$을 지나는 포물선을 그래프로 하는 이차함수의 식을 $y=a(x-p)^2+q$라 할 때, apq의 값을 구하시오.

(단, a, p, q는 상수)

유형 12 이차함수 $y=a(x-p)^2+q$의 그래프의 평행이동

대표 문제

769

이차함수 $y=a(x+2)^2+3$의 그래프를 x축의 방향으로 5만큼, y축의 방향으로 -4만큼 평행이동한 그래프가 점 $(2,\ 3)$을 지날 때, 상수 a의 값은?

① -1 ② 1 ③ 2
④ 3 ⑤ 4

770

이차함수 $y=-2(x-4)^2+1$의 그래프를 x축의 방향으로 -2만큼, y축의 방향으로 -5만큼 평행이동한 그래프의 꼭짓점의 좌표를 구하시오.

771

이차함수 $y=3(x+5)^2-2$의 그래프는 이차함수 $y=3(x+1)^2+5$의 그래프를 x축의 방향으로 a만큼, y축의 방향으로 b만큼 평행이동한 것이다. $a-b$의 값은?

① -3 ② -1 ③ 1
④ 3 ⑤ 5

유형 13 이차함수 $y=a(x-p)^2+q$의 그래프의 성질

대표 문제

772

다음 중 이차함수 $y=-4\left(x-\frac{1}{2}\right)^2+2$의 그래프에 대한 설명으로 옳은 것은?

① 꼭짓점의 좌표는 $\left(-\frac{1}{2},\ 2\right)$이다.
② 그래프는 아래로 볼록한 포물선이다.
③ y축과 만나는 점의 좌표는 $(0,\ -1)$이다.
④ 축의 방정식은 $x=\frac{1}{2}$이다.
⑤ $x>\frac{1}{2}$일 때, x의 값이 증가하면 y의 값도 증가한다.

773

다음 중 이차함수 $y=(x+2)^2-3$의 그래프에 대한 설명으로 옳지 않은 것을 모두 고르면? (정답 2개)

① 직선 $x=-2$에 대하여 대칭이다.
② 모든 사분면을 지난다.
③ 이차함수 $y=-(x+2)^2+3$의 그래프와 x축에 대하여 대칭이다.
④ $x>-2$일 때, x의 값이 증가하면 y의 값은 감소한다.
⑤ 이차함수 $y=x^2$의 그래프를 x축의 방향으로 -2만큼, y축의 방향으로 -3만큼 평행이동한 것이다.

774

다음 보기에서 이차함수 $y=2x^2$의 그래프를 x축의 방향으로 -3만큼, y축의 방향으로 -1만큼 평행이동한 그래프에 대한 설명으로 옳은 것을 모두 고르시오.

보기

ㄱ. y축과 만나는 점의 좌표는 $(0,\ 19)$이다.
ㄴ. 이차함수 $y=-2x^2$의 그래프와 그래프의 폭이 같다.
ㄷ. 직선 $x=-1$을 축으로 한다.
ㄹ. $x<-3$일 때, x의 값이 증가하면 y의 값은 감소한다.
ㅁ. 꼭짓점의 좌표는 $(-3,\ -1)$이다.

유형 14 이차함수 $y=a(x-p)^2+q$의 그래프에서 a, p, q의 부호

대표 문제

775

이차함수 $y=a(x-p)^2+q$의 그래프가 오른쪽 그림과 같을 때, a, p, q의 부호는? (단, a, p, q는 상수)

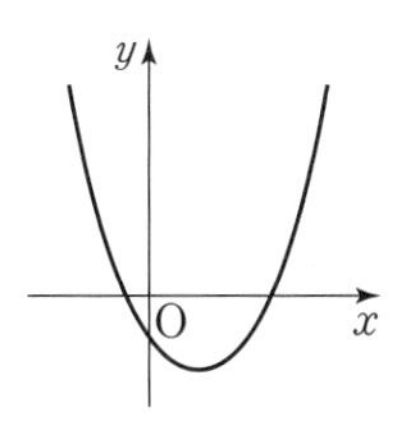

① $a<0$, $p<0$, $q<0$
② $a<0$, $p<0$, $q>0$
③ $a>0$, $p<0$, $q>0$
④ $a>0$, $p>0$, $q<0$
⑤ $a>0$, $p>0$, $q>0$

776

이차함수 $y=a(x-p)^2+q$의 그래프가 오른쪽 그림과 같을 때, 다음 중 옳지 않은 것은? (단, a, p, q는 상수)

① $a<0$
② $pq<0$
③ $a+p>0$
④ $apq>0$
⑤ $ap^2+q<0$

777

이차함수 $y=a(x+p)^2$의 그래프가 오른쪽 그림과 같을 때, 이차함수 $y=px^2+a$의 그래프가 지나는 사분면을 모두 구하시오. (단, a, p는 상수)

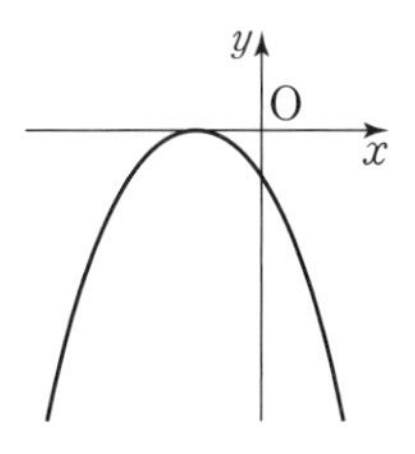

유형 15 이차함수 $y=a(x-p)^2+q$의 그래프의 활용

대표 문제

778

오른쪽 그림과 같이 이차함수 $y=-(x+1)^2+16$의 그래프가 y축과 만나는 점을 A, x축과 만나는 두 점을 각각 B, C라 할 때, △ABC의 넓이는?

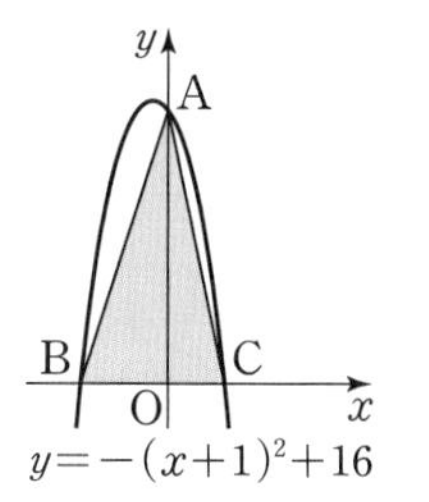

① 45
② 56
③ 60
④ 64
⑤ 75

779

이차함수 $y=\frac{1}{2}(x+2)^2-8$의 그래프의 꼭짓점을 A, x축과 만나는 두 점을 각각 B, C라 할 때, △ABC의 넓이를 구하시오.

780

오른쪽 그림과 같이 이차함수 $y=x^2-15$의 그래프 위의 두 점 P, Q에서 x축에 내린 수선의 발을 각각 R, S라 하자. □PQSR가 정사각형일 때, □PQSR의 넓이를 구하시오. (단, 점 P는 제4사분면 위의 점이다.)

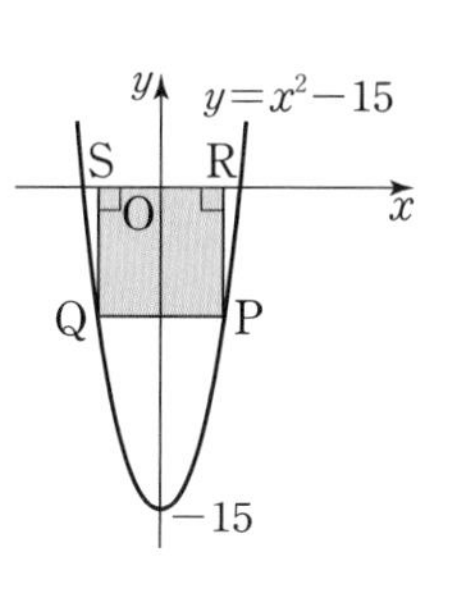

781

다음 중 y가 x에 대한 이차함수인 것은?

① $y=2x-5$　② $y=x^2-(x+1)^2$

③ $y=\frac{1}{2}x^2+(x-1)^2$　④ $y=x^3-(x-3)^2$

⑤ $y=\frac{1}{x^2}+3$

782

함수 $y=-ax^2+(2x-3)(x+2)$가 x에 대한 이차함수가 되기 위한 실수 a의 조건을 구하시오.

783

이차함수 $f(x)=2x^2-5x+4$에서 $f(a)=22$일 때, 정수 a의 값은?

① -3　② -2　③ -1

④ 2　⑤ 3

784

두 이차함수 $y=x^2$, $y=-x^2$의 그래프가 오른쪽 그림과 같을 때, ㉠~㉣ 중 이차함수 $y=-\frac{1}{3}x^2$의 그래프로 알맞은 것을 고르시오.

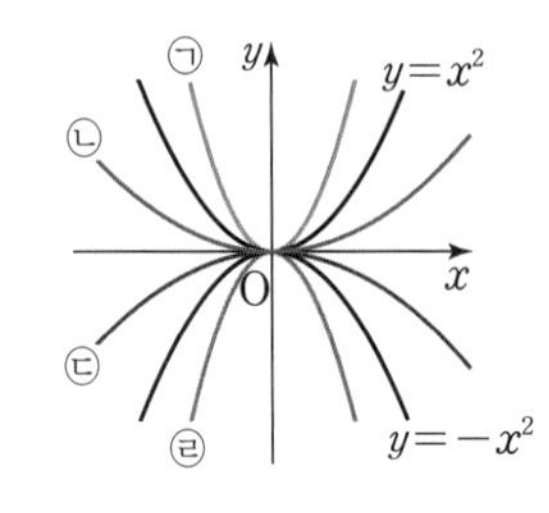

785

이차함수 $y=5x^2$의 그래프는 점 $(3, a)$를 지나고, 이차함수 $y=bx^2$의 그래프와 x축에 대하여 대칭이다. 이때 $a+2b$의 값은? (단, b는 상수)

① 15　② 25　③ 35

④ 45　⑤ 55

786

다음 중 조건을 만족시키는 이차함수의 그래프의 식은?

> (가) 원점을 꼭짓점으로 하고, y축을 축으로 하는 포물선이다.
> (나) $x<0$일 때, x의 값이 증가하면 y의 값도 증가한다.
> (다) 이차함수 $y=\frac{1}{2}x^2$의 그래프보다 폭이 넓다.

① $y=-4x^2$　② $y=-\frac{1}{2}x^2$　③ $y=-\frac{1}{4}x^2$

④ $y=\frac{1}{4}x^2$　⑤ $y=4x^2$

실력 UP

787

오른쪽 그림과 같이 이차함수 $y=\frac{1}{3}x^2$의 그래프 위의 점 A와 원점 O, 점 B(8, 0)을 꼭짓점으로 하는 삼각형 AOB의 넓이가 48일 때, 점 A의 좌표를 구하시오.
(단, 점 A는 제1사분면 위의 점이다.)

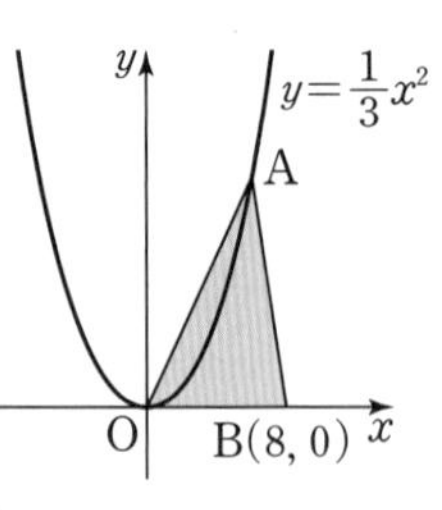

788

이차함수 $f(x)=x^2-4x+1$에 대하여 $f(-2)+f(3)$의 값을 구하시오.

789

다음 이차함수 중 그래프가 아래로 볼록하면서 그래프의 폭이 가장 좁은 것은?

① $y=2x^2$ ② $y=-\frac{2}{3}x^2$ ③ $y=-4x^2$
④ $y=\frac{1}{2}x^2$ ⑤ $y=\frac{1}{4}x^2$

790

함수 $y=(5-4a^2)x^2+4x(x-1)+3$이 x에 대한 이차함수일 때, 다음 중 실수 a의 값이 될 수 없는 것을 모두 고르면? (정답 2개)

① $-\frac{5}{2}$ ② $-\frac{3}{2}$ ③ $-\frac{1}{2}$
④ $\frac{1}{2}$ ⑤ $\frac{3}{2}$

791

이차함수 $y=ax^2$의 그래프가 오른쪽 그림과 같을 때, $f(x)=ax^2$에 대하여 $f(4)$의 값을 구하시오. (단, a는 상수)

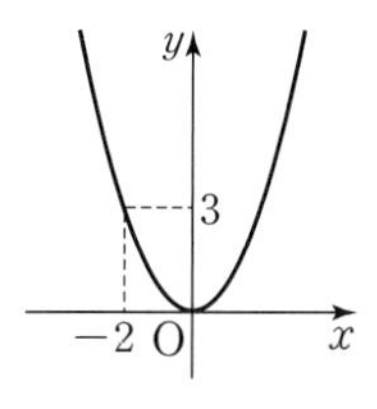

792

다음 중 이차함수 $y=-3x^2$의 그래프에 대한 설명으로 옳지 않은 것은?

① 모든 실수 x에 대하여 $y\leq0$이다.
② 위로 볼록한 포물선이다.
③ 꼭짓점의 좌표는 $(0, 0)$이다.
④ 이차함수 $y=-2x^2$의 그래프보다 폭이 넓다.
⑤ $x>0$일 때, x의 값이 증가하면 y의 값은 감소한다.

793

오른쪽 그림에서 이차함수 $y=-\frac{1}{4}x^2$의 그래프 위의 점 A와 x축 위의 점 B, 원점 O, y축 위의 점 C를 꼭짓점으로 하는 □ABOC는 정사각형이다. □ABOC의 넓이를 구하시오. (단, 점 A는 제4사분면 위의 점이다.)

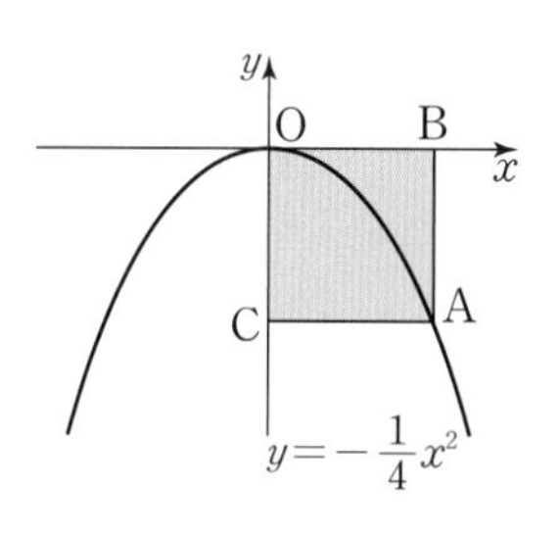

실력 UP

794

오른쪽 그림과 같이 두 이차함수 $y=\frac{1}{3}x^2$, $y=ax^2$의 그래프와 직선 $y=3$의 교점을 각각 A, E, B, D라 하고, y축과 직선 $y=3$의 교점을 C라 하자. $\overline{AB}=\overline{BC}=\overline{CD}=\overline{DE}$일 때, 상수 a의 값을 구하시오.

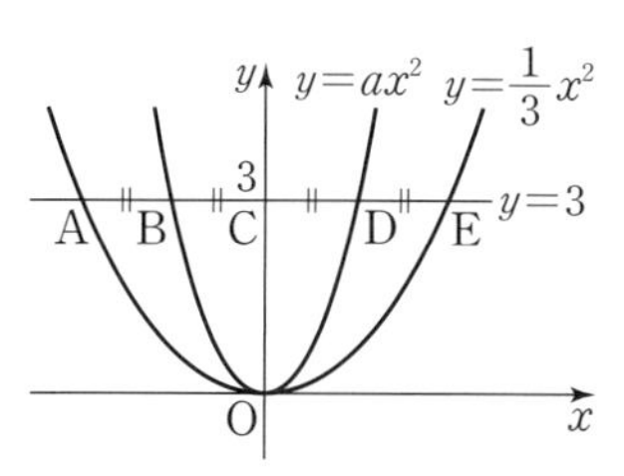

795

이차함수 $y=\frac{3}{4}x^2$의 그래프를 y축의 방향으로 k만큼 평행이동한 그래프가 점 $(2,\ 6)$을 지날 때, k의 값은?

① 1 ② 2 ③ 3
④ 4 ⑤ 5

796

이차함수 $y=x^2$의 그래프를 x축의 방향으로 3만큼, y축의 방향으로 -2만큼 평행이동한 그래프가 점 $(1,\ a)$를 지날 때, a의 값은?

① -2 ② -1 ③ 1
④ 2 ⑤ 3

797

이차함수 $y=2(x-k)^2-2k$의 그래프의 꼭짓점이 직선 $y=-x+3$ 위에 있을 때, 상수 k의 값은?

① -6 ② -3 ③ -2
④ 2 ⑤ 3

798

다음은 학생들이 어떤 이차함수의 그래프에 대한 내용을 한 가지씩 말한 것이다. 이 이차함수의 식을 구하시오.

소민 : 꼭짓점이 x축 위에 있어.
지후 : 축의 방정식이 $x=-4$야.
주혜 : 점 $(-2,\ -12)$를 지나는 포물선이야.

799

다음 중 이차함수 $y=-\frac{1}{2}(x+2)^2+1$의 그래프에 대한 설명으로 옳은 것은?

① 이차함수 $y=-\frac{1}{2}x^2+1$의 그래프를 x축의 방향으로 2만큼 평행이동한 것이다.
② 꼭짓점의 좌표는 $(2,\ 1)$이다.
③ 제2사분면, 제3사분면, 제4사분면을 지난다.
④ $x>-2$일 때, x의 값이 증가하면 y의 값도 증가한다.
⑤ 이차함수 $y=\frac{1}{3}(x+4)^2$의 그래프보다 폭이 넓다.

800

일차함수 $y=ax+b$의 그래프가 오른쪽 그림과 같을 때, 다음 중 이차함수 $y=-(x+a)^2+b$의 그래프의 꼭짓점이 위치하는 사분면은?

(단, a, b는 상수)

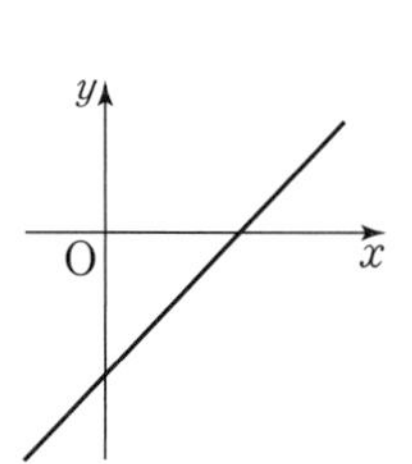

① 제1사분면 ② 제2사분면
③ 제3사분면 ④ 제4사분면
⑤ 어느 사분면에도 속하지 않는다.

실력 UP

801

두 이차함수 $y=-x^2+3$, $y=a(x-b)^2-1$의 그래프가 서로의 꼭짓점을 지날 때, 상수 a, b에 대하여 ab의 값을 구하시오. (단, $b>0$)

이차함수 $y=a(x-p)^2+q$의 그래프

유형북 128쪽 | 정답 및 풀이 119쪽

802

이차함수 $y=ax^2$의 그래프를 y축의 방향으로 2만큼 평행이동한 그래프가 점 $(-1,\ -3)$을 지날 때, 상수 a의 값을 구하시오.

803

이차함수 $y=a(x+p)^2$의 그래프가 오른쪽 그림과 같을 때, $a-p$의 값은? (단, a, p는 상수)

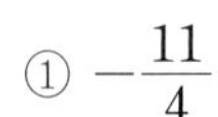

① $-\frac{11}{4}$ ② $-\frac{5}{4}$
③ -1 ④ $\frac{5}{4}$
⑤ $\frac{11}{4}$

804

이차함수 $y=-3(x+1)^2-2$의 그래프에서 x의 값이 증가할 때, y의 값은 감소하는 x의 값의 범위는?

① $x>-2$ ② $x<-2$ ③ $x>-1$
④ $x<-1$ ⑤ $x<1$

805

다음 중 이차함수 $y=-2(x-2)^2+5$의 그래프가 지나지 <u>않는</u> 사분면은?

① 제1사분면 ② 제2사분면
③ 제3사분면 ④ 제4사분면
⑤ 모든 사분면을 지난다.

806

이차함수 $y=-\frac{1}{3}x^2-4$의 그래프를 x축의 방향으로 p만큼, y축의 방향으로 q만큼 평행이동한 그래프의 식이 $y=-\frac{1}{3}(x-3)^2+2$일 때, $p+q$의 값은?

① 3 ② 5 ③ 7
④ 9 ⑤ 11

807

이차함수 $y=ax^2+q$의 그래프가 모든 사분면을 지날 때, 다음 중 항상 옳은 것은? (단, a, q는 상수)

① $a+q>0$ ② $a+q<0$ ③ $aq<0$
④ $a-q>0$ ⑤ $a-q<0$

실력 UP

808

세 이차함수 $y=2x^2-4$, $y=-\frac{3}{2}(x+2)^2$, $y=(x-2)^2+3$의 그래프의 꼭짓점을 연결하여 만든 삼각형의 넓이를 구하시오.

809

다음 보기에서 y가 x에 대한 이차함수인 것의 개수를 구하시오.

보기

ㄱ. 반지름의 길이가 x cm인 구의 부피 y cm^3
ㄴ. 농도가 x %인 소금물 $3x$ g에 들어 있는 소금의 양 y g
ㄷ. 밑면의 반지름의 길이가 x cm이고, 높이가 x cm인 원기둥의 겉넓이 y cm^2
ㄹ. 한 개에 700원인 아이스크림 x개를 사고 3000원을 냈을 때 거스름돈 y원

810

이차함수 $f(x)=3x^2-5x+2$에서 $f(3)+f(-1)$의 값은?

① 18 ② 24 ③ 30 ④ 36 ⑤ 42

811

이차함수 $y=ax^2$의 그래프가 이차함수 $y=\frac{1}{2}x^2$의 그래프보다 폭이 좁고, 이차함수 $y=2x^2$의 그래프보다 폭이 넓을 때, 양수 a의 값의 범위를 구하시오.

812

오른쪽 그림은 이차함수 $y=-x^2$, $y=-\frac{2}{3}x^2$, $y=\frac{2}{3}x^2$, $y=2x^2$의 그래프를 한 좌표평면 위에 나타낸 것이다. 포물선 ㉠이 점 $(2,\ a)$를 지날 때, a의 값을 구하시오.

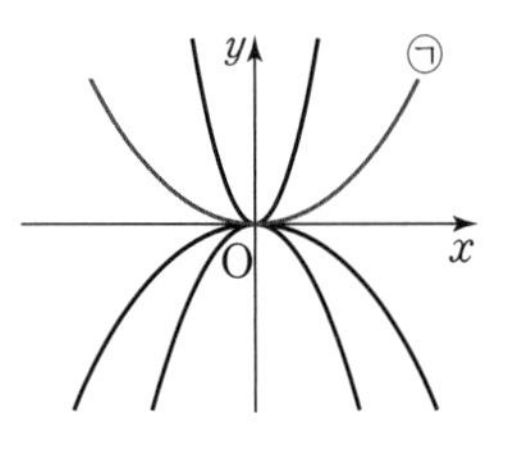

813

다음 중 이차함수 $y=-3x^2$의 그래프를 평행이동하여 완전히 포갤 수 있는 그래프의 식은?

① $y=\frac{1}{3}x^2+\frac{3}{5}$ ② $y=-\frac{1}{3}x^2+1$
③ $y=3(x-1)^2$ ④ $y=-3(x-1)^2+5$
⑤ $y=3(x+1)^2-6$

814

이차함수 $y=\frac{1}{3}x^2$의 그래프를 y축의 방향으로 -4만큼 평행이동한 그래프가 점 $(k,\ -1)$을 지날 때, 양수 k의 값은?

① $\frac{1}{3}$ ② 1 ③ $\sqrt{3}$ ④ 3 ⑤ $2\sqrt{3}$

815

다음 중 이차함수 $y=3(x+1)^2+5$의 그래프에 대한 설명으로 옳은 것은?

① 점 $(-2,\ 2)$를 지난다.
② 축의 방정식은 $x=1$이다.
③ 꼭짓점의 좌표는 $(1,\ 5)$이다.
④ 제1사분면, 제2사분면을 지난다.
⑤ 이차함수 $y=3x^2$의 그래프를 x축의 방향으로 -1만큼, y축의 방향으로 -5만큼 평행이동한 것이다.

816

오른쪽 그림과 같이 이차함수 $y=2x^2$의 그래프 위의 점 P에서 y축에 평행한 직선을 그었을 때, 이 직선이 이차함수 $y=ax^2$의 그래프와 만나는 점을 Q, x축과 만나는 점을 R라 하자. $\overline{PQ}=\frac{5}{4}\overline{QR}$일 때, 양수 a의 값을 구하시오.

(단, 점 P는 제1사분면 위의 점이다.)

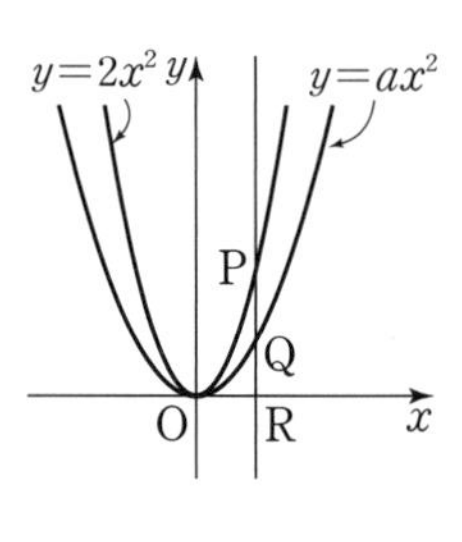

817

이차함수 $y=-2(x-p)^2+4p^2$의 그래프가 점 $(3,\ -4)$를 지나고 꼭짓점이 제2사분면 위에 있다고 할 때, 상수 p의 값을 구하시오.

818

일차함수 $y=ax+b$의 그래프가 오른쪽 그림과 같을 때, 다음 중 이차함수 $y=a(x-b)^2$의 그래프로 알맞은 것은? (단, a, b는 상수)

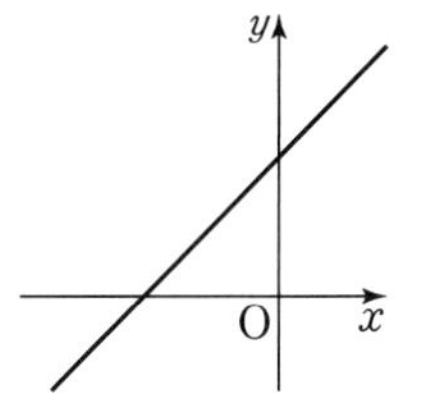

① 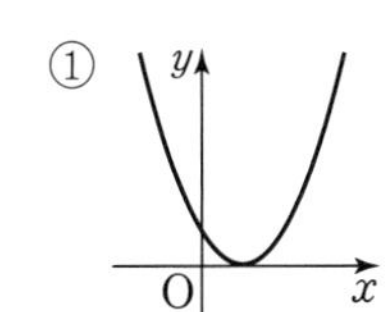

② 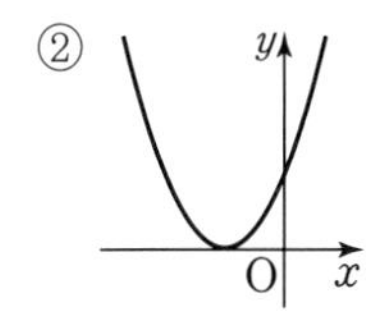

③ 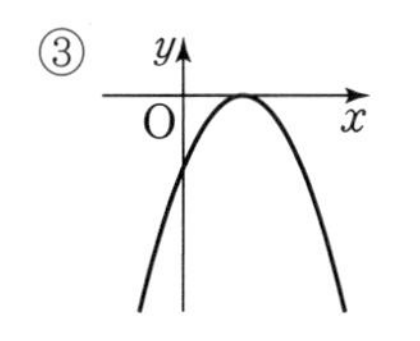

④ 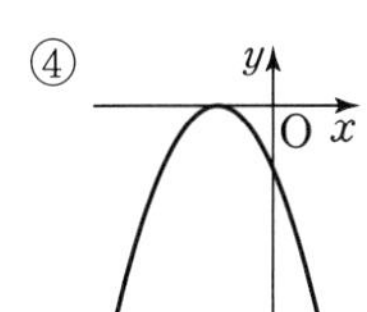

⑤ 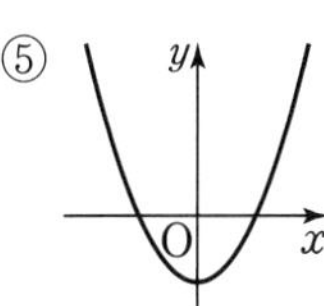

819

두 이차함수 $y=(x-2)^2$, $y=(x-2)^2-4$의 그래프가 오른쪽 그림과 같을 때, 색칠한 부분의 넓이를 구하시오.

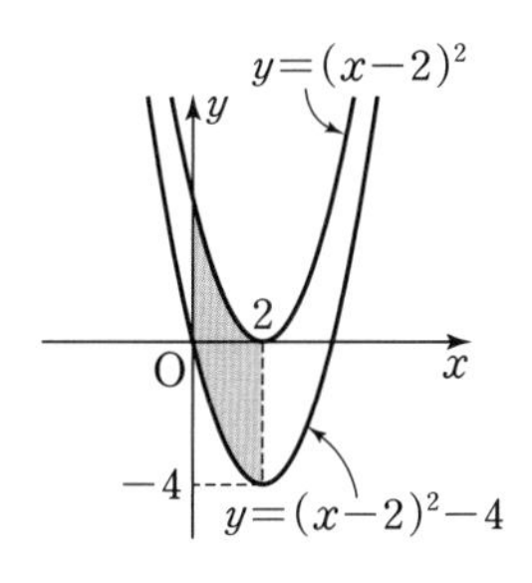

서술형 문제

820

오른쪽 그림과 같이 이차함수 $y=-x^2$의 그래프 위의 두 점 A, B와 이차함수 $y=\frac{1}{5}x^2$의 그래프 위의 두 점 C, D에 대하여 □ABCD는 직사각형이다. □ABCD의 세로의 길이가 가로의 길이의 3배일 때, 이 직사각형의 넓이를 구하시오. (단, $\overline{AB}$, $\overline{CD}$는 x축에 평행하고, 점 B는 제4사분면 위의 점이다.)

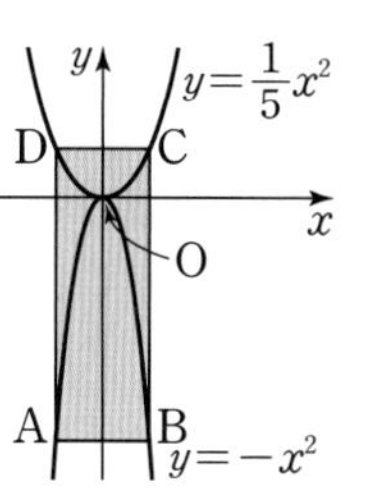

풀이

821

이차함수 $y=a(x+2)^2$의 그래프는 이차함수 $y=-3(x+b)^2+c$의 그래프를 x축의 방향으로 -3만큼, y축의 방향으로 2만큼 평행이동한 것이다. 이때 $a+b+c$의 값을 구하시오. (단, a, b, c는 상수)

핵심 유형

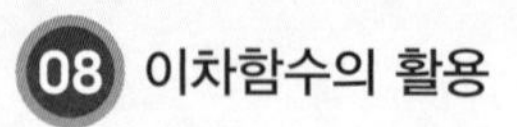

Theme 19 이차함수 $y=ax^2+bx+c$의 그래프

유형북 140쪽

유형 01 이차함수 $y=ax^2+bx+c$를 $y=a(x-p)^2+q$ 꼴로 변형하기

대표 문제

822

이차함수 $y=2x^2-8x+9$를 $y=a(x-p)^2+q$ 꼴로 나타낼 때, $a+p-q$의 값을 구하시오. (단, a, p, q는 상수)

823

이차함수의 식을 $y=a(x-p)^2+q$ 꼴로 나타낸 것이다. 다음 중 옳지 않은 것은?

① $y=3x^2-6x$ ⇨ $y=3(x-1)^2-3$
② $y=-x^2+4x-5$ ⇨ $y=-(x-2)^2-1$
③ $y=2x^2-12x+14$ ⇨ $y=2(x-3)^2-4$
④ $y=\frac{1}{4}x^2-x+2$ ⇨ $y=\frac{1}{4}(x-2)^2+2$
⑤ $y=-\frac{1}{2}x^2-4x-8$ ⇨ $y=-\frac{1}{2}(x+4)^2$

824

두 이차함수 $y=2x^2-10x+9$, $y=2(x-p)^2+q$의 그래프가 일치할 때, $p-q$의 값은? (단, p, q는 상수)

① -1 ② 1 ③ 3
④ 5 ⑤ 6

유형 02 이차함수 $y=ax^2+bx+c$의 그래프의 꼭짓점의 좌표와 축의 방정식

대표 문제

825

이차함수 $y=2x^2+8x+a$의 그래프의 꼭짓점의 좌표가 $(b, 3)$일 때, $a+b$의 값은? (단, a는 상수)

① 5 ② 6 ③ 7
④ 8 ⑤ 9

826

이차함수 $y=-x^2+6x-16$의 그래프의 축의 방정식은?

① $x=-7$ ② $x=-3$ ③ $x=2$
④ $x=3$ ⑤ $x=6$

827

이차함수 $y=3x^2-12x+4$의 그래프의 꼭짓점의 좌표와 축의 방정식을 차례로 구한 것은?

① $(-2, -8)$, $x=-2$ ② $(-2, 8)$, $x=-2$
③ $(2, -8)$, $x=2$ ④ $(2, 8)$, $x=2$
⑤ $(2, 16)$, $x=2$

828

다음 보기의 이차함수 중 그래프의 축이 가장 왼쪽에 있는 것을 고르시오.

> 보기
>
> ㄱ. $y=x^2-6$　　ㄴ. $y=-x^2+6x$
>
> ㄷ. $y=2x^2-4x+1$　　ㄹ. $y=-\frac{1}{2}x^2-x+8$

829

다음 이차함수 중 그래프의 꼭짓점이 제2사분면 위에 있는 것은?

① $y=-3x^2-6x-10$　② $y=-2x^2-8x+5$
③ $y=-x^2+2x-4$　④ $y=x^2+2x-1$
⑤ $y=2x^2-12x+7$

830

이차함수 $y=-x^2+4px+4$의 그래프의 축의 방정식이 $x=2$일 때, 상수 p의 값은?

① -3　② -2　③ -1
④ 1　⑤ 2

831

이차함수 $y=\frac{1}{2}x^2-6x+k+9$의 그래프의 꼭짓점이 직선 $y=-2x-1$ 위에 있을 때, 상수 k의 값을 구하시오.

유형 03 이차함수 $y=ax^2+bx+c$의 그래프 그리기

대표 문제

832

다음 중 이차함수 $y=-x^2+6x-7$의 그래프는?

①
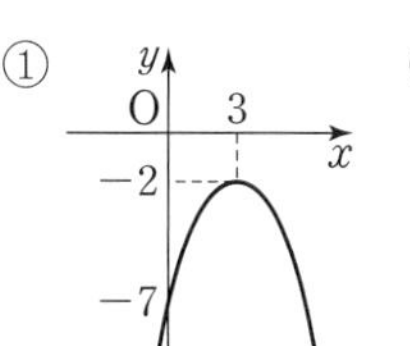

②
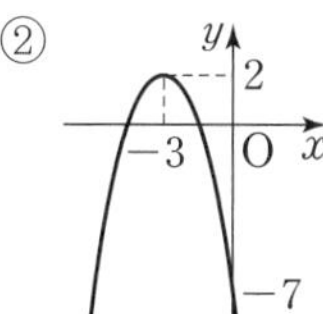

③
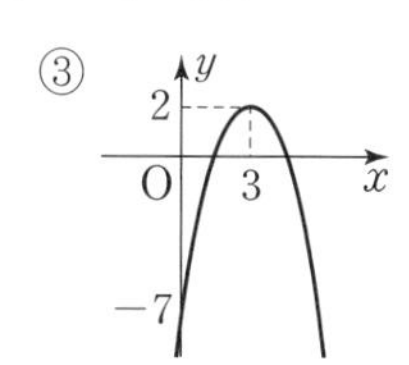

④
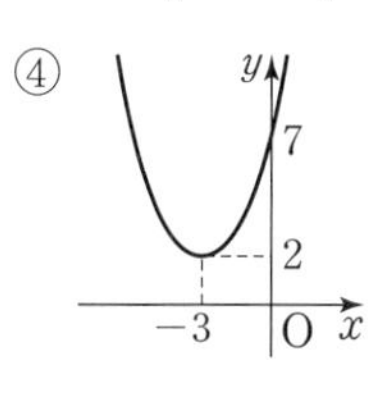

⑤
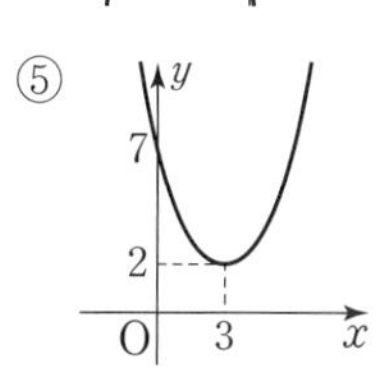

833

다음 중 이차함수 $y=3x^2-12x+2$의 그래프가 지나지 않는 사분면은?

① 제1사분면　② 제2사분면
③ 제3사분면　④ 제4사분면
⑤ 모든 사분면을 지난다.

834

다음 중 이차함수의 그래프가 모든 사분면을 지나는 것은?

① $y=-2x^2-1$　② $y=-x^2+4x-2$
③ $y=x^2-4x+5$　④ $y=x^2+2x-6$
⑤ $y=2x^2+12x+19$

유형 04 이차함수 $y=ax^2+bx+c$의 그래프와 축의 교점

대표 문제

835

이차함수 $y=2x^2-4x-6$의 그래프가 x축과 만나는 두 점의 x좌표가 각각 p, q이고, y축과 만나는 점의 y좌표가 r일 때, $p+q+r$의 값을 구하시오.

836

오른쪽 그림과 같이 이차함수 $y=-x^2+8x-7$의 그래프와 x축과의 교점을 각각 A, C라 하고, y축과의 교점을 D, 꼭짓점을 B라 하자. $\overline{DE}$가 x축에 평행할 때, 다음 중 옳지 <u>않은</u> 것은?

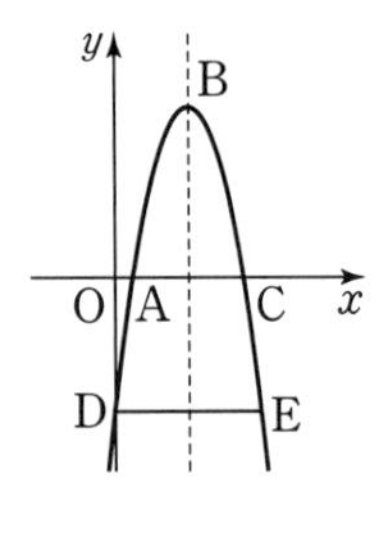

① A(1, 0) ② B(4, 8) ③ C(7, 0)
④ D(0, −7) ⑤ E(8, −7)

837

점 $(-1, 2)$를 지나는 이차함수 $y=x^2+5x+k$의 그래프가 x축과 만나는 두 점을 각각 A, B라 할 때, $\overline{AB}$의 길이는? (단, k는 상수)

① 1 ② 2 ③ 3
④ 4 ⑤ 5

유형 05 이차함수 $y=ax^2+bx+c$의 그래프의 평행이동

대표 문제

838

이차함수 $y=3x^2+12x+2$의 그래프를 x축의 방향으로 m만큼, y축의 방향으로 n만큼 평행이동하였더니 이차함수 $y=3x^2-18x+10$의 그래프와 일치하였다. 이때 $m-n$의 값을 구하시오.

839

이차함수 $y=2x^2-4x+1$의 그래프를 x축의 방향으로 -2만큼, y축의 방향으로 k만큼 평행이동한 그래프가 점 $(-2, 4)$를 지날 때, k의 값은?

① −3 ② −1 ③ 1
④ 3 ⑤ 5

840

이차함수 $y=5x^2-10x+k$의 그래프를 y축의 방향으로 4만큼 평행이동하였더니 x축과 만나지 않았다. 이때 상수 k의 값의 범위를 구하시오.

유형 06 이차함수 $y=ax^2+bx+c$의 그래프의 증가·감소

대표 문제

841

이차함수 $y=x^2-2x+4$의 그래프에서 x의 값이 증가할 때, y의 값은 감소하는 x의 값의 범위를 구하시오.

842

두 이차함수 $y=2x^2-8x+5$, $y=-3x^2-6x+1$의 그래프에서 x의 값이 증가할 때, y의 값도 증가하는 x의 값의 범위가 각각 $x>a$, $x<b$이다. 이때 $a-b$의 값은?

① -3 ② -1 ③ 0
④ 1 ⑤ 3

843

이차함수 $y=-\frac{1}{3}x^2+kx-1$의 그래프가 점 $\left(-1, \frac{2}{3}\right)$를 지난다. 이 그래프에서 x의 값이 증가할 때, y의 값은 감소하는 x의 값의 범위를 구하시오. (단, k는 상수)

유형 07 이차함수 $y=ax^2+bx+c$의 그래프의 성질

대표 문제

844

다음 중 이차함수 $y=-x^2+2x+3$의 그래프에 대한 설명으로 옳지 않은 것은?

① 위로 볼록한 포물선이다.
② 축의 방정식은 $x=1$이다.
③ 꼭짓점의 좌표는 $(1, 3)$이다.
④ $x>1$일 때, x의 값이 증가하면 y의 값은 감소한다.
⑤ 이차함수 $y=-x^2$의 그래프를 x축의 방향으로 1만큼, y축의 방향으로 4만큼 평행이동한 것이다.

845

다음 중 이차함수 $y=ax^2+bx+c$의 그래프에 대한 설명으로 옳은 것을 모두 고르면? (단, a, b, c는 상수)

(정답 2개)

① $a<0$이면 아래로 볼록하다.
② y축과 만나는 점의 y좌표는 b이다.
③ x축과 만나지 않는다.
④ 평행이동하여 $y=ax^2$의 그래프와 포개어진다.
⑤ $a>0$이고 $x>-\frac{b}{2a}$일 때, x의 값이 증가하면 y의 값도 증가한다.

846

다음 보기에서 이차함수 $y=\frac{1}{2}x^2-4x+9$의 그래프를 x축의 방향으로 -2만큼, y축의 방향으로 3만큼 평행이동한 그래프에 대한 설명으로 옳은 것을 모두 고르시오.

보기
ㄱ. 꼭짓점의 좌표는 $(6, 4)$이다.
ㄴ. y축과의 교점의 좌표는 $(0, 12)$이다.
ㄷ. 제1사분면, 제2사분면을 지난다.
ㄹ. $x<2$일 때, x의 값이 증가하면 y의 값은 감소한다.

유형 08 이차함수 $y=ax^2+bx+c$의 그래프에서 a, b, c의 부호

대표 문제

847

이차함수 $y=ax^2+bx+c$의 그래프가 오른쪽 그림과 같을 때, 다음 중 옳은 것은? (단, a, b, c는 상수)

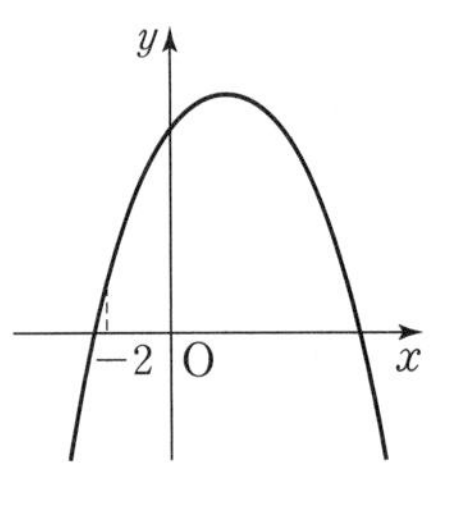

① $a>0$ ② $b=0$
③ $c<0$ ④ $a+b+c<0$
⑤ $4a-2b+c>0$

848

이차함수 $y=ax^2+bx+c$의 그래프가 오른쪽 그림과 같을 때, 상수 a, b, c의 부호는?

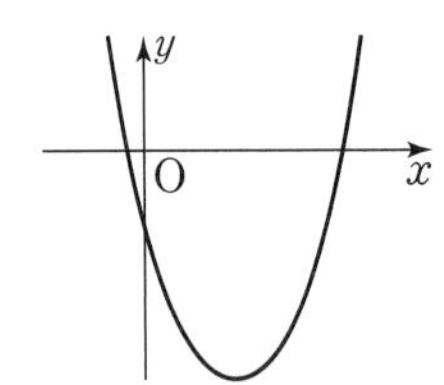

① $a>0,\ b>0,\ c>0$
② $a>0,\ b<0,\ c>0$
③ $a>0,\ b<0,\ c<0$
④ $a<0,\ b>0,\ c<0$
⑤ $a<0,\ b<0,\ c<0$

849

$a>0,\ b>0,\ c<0$일 때, 다음 중 이차함수 $y=ax^2+bx+c$의 그래프로 알맞은 것은?

①
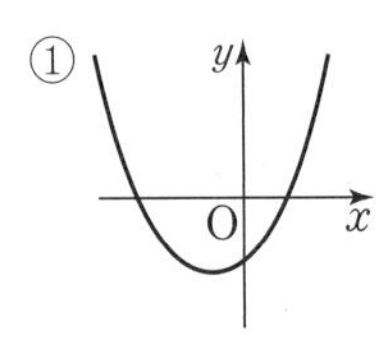
②
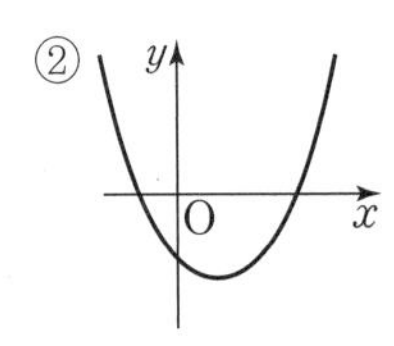
③
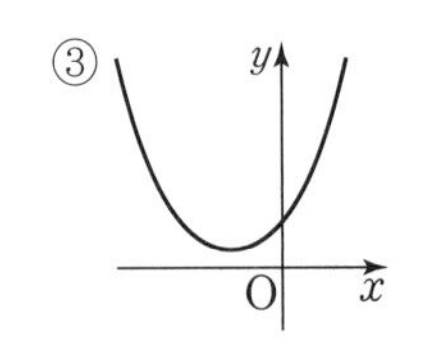
④
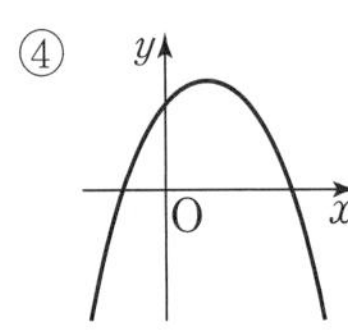
⑤
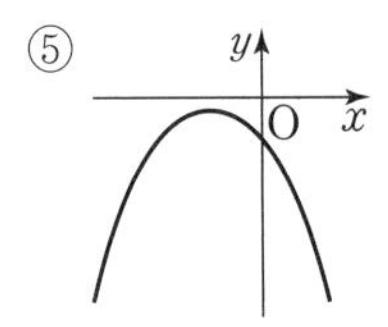

850

이차함수 $y=ax^2+bx+c$의 그래프가 오른쪽 그림과 같을 때, 다음 중 일차함수 $y=\frac{b}{a}x+\frac{c}{a}$의 그래프로 알맞은 것은? (단, a, b, c는 상수)

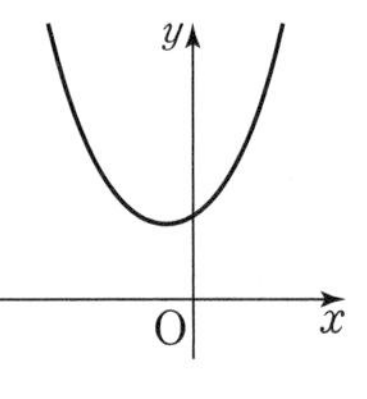

①
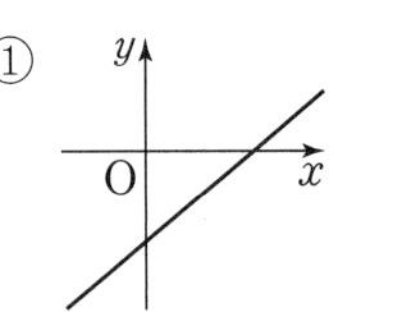
②
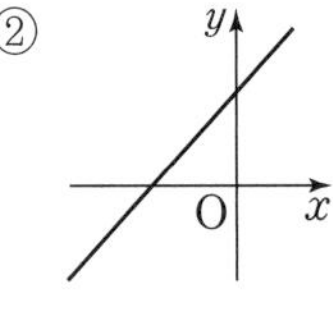
③
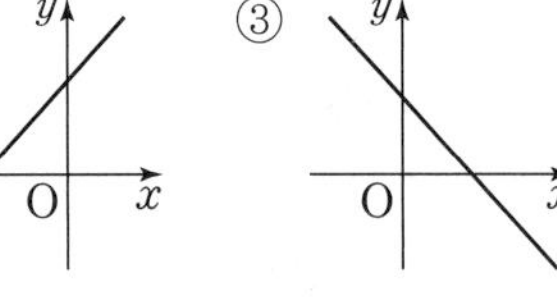
④
⑤

851

이차함수 $y=ax^2+bx+c$의 그래프가 오른쪽 그림과 같을 때, 이차함수 $y=cx^2-bx+a$의 그래프가 지나는 사분면은? (단, a, b, c는 상수)

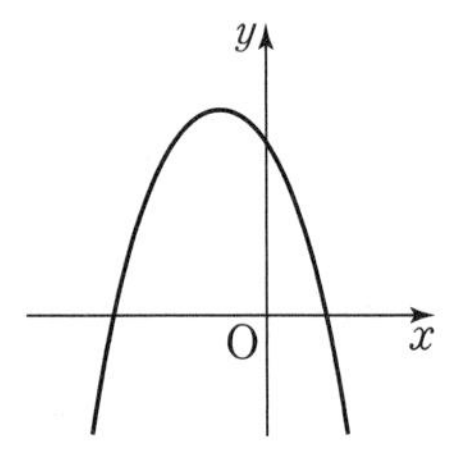

① 제1사분면, 제2사분면
② 제3사분면, 제4사분면
③ 제1사분면, 제2사분면, 제3사분면
④ 제1사분면, 제3사분면, 제4사분면
⑤ 모든 사분면을 지난다.

852

이차함수 $y=ax^2+bx+c$의 그래프가 오른쪽 그림과 같을 때, 다음 중 옳지 않은 것은? (단, a, b, c는 상수)

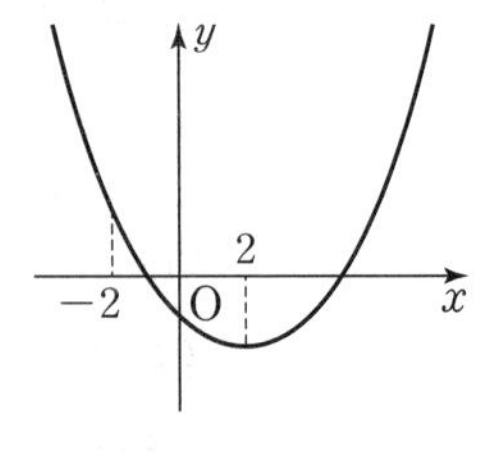

① $ab<0$
② $bc>0$
③ $abc<0$
④ $\frac{1}{9}a+\frac{1}{3}b+c<0$
⑤ $9a-3b+c>0$

유형 09 이차함수의 그래프의 활용 (1) – 넓이

대표 문제

853

오른쪽 그림은 이차함수 $y=-x^2+x+6$의 그래프이다. 이 그래프와 x축과의 교점을 각각 A, B라 하고 y축과의 교점을 C라 할 때, △ABC의 넓이를 구하시오.

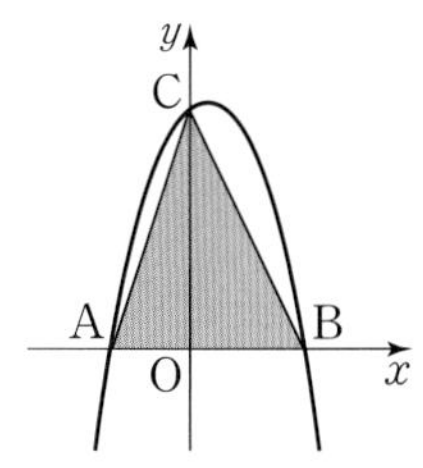

854

오른쪽 그림과 같이 이차함수 $y=x^2-4x-2$의 그래프의 꼭짓점을 A, y축과의 교점을 B라 할 때, △OAB의 넓이는? (단, O는 원점)

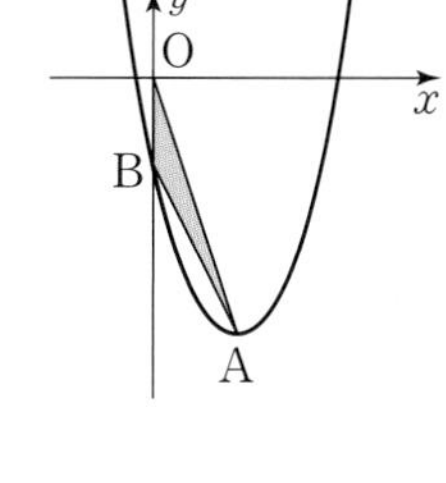

① 1　　② 2

③ 4　　④ 6

⑤ 8

855

오른쪽 그림은 이차함수 $y=x^2+2x-8$의 그래프이다. 이 그래프와 x축과의 교점을 각각 A, B라 하고 y축과의 교점을 C, 꼭짓점을 D라 할 때, △ACB와 △ADB의 넓이의 비를 가장 간단한 자연수의 비로 나타내면?

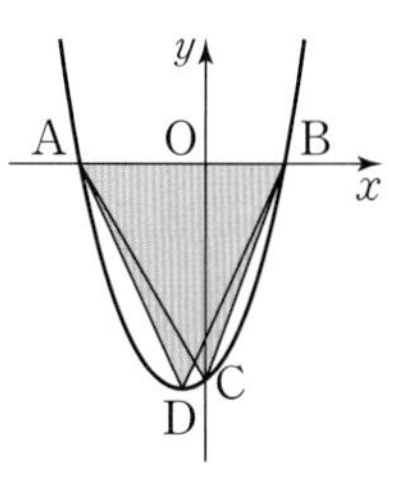

① 1 : 2　　② 2 : 3　　③ 3 : 5

④ 5 : 8　　⑤ 8 : 9

유형 10 이차함수의 그래프의 활용 (2) – 두 그래프의 교점

대표 문제

856

오른쪽 그림은 두 이차함수 $y=-x^2+9$, $y=\frac{1}{2}x^2+a$의 그래프이다. 두 그래프가 x축 위에서 두 개의 교점을 가질 때, □ABCD의 넓이는?

(단, a는 상수)

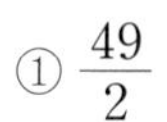
① $\frac{49}{2}$　　② 40　　③ $\frac{81}{2}$

④ 45　　⑤ 50

857

이차함수 $y=x^2$의 그래프와 직선 $y=mx+n$이 오른쪽 그림과 같이 두 점 A, B에서 만난다. 두 점 A, B의 y좌표가 각각 1, 4일 때, 상수 m, n의 값을 각각 구하시오.

(단, 점 A는 제2사분면, 점 B는 제1사분면 위에 있다.)

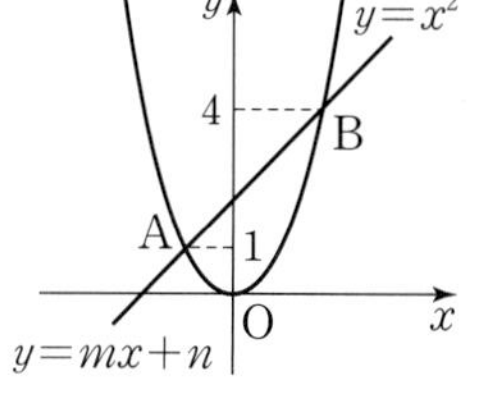

858

오른쪽 그림에서 이차함수 $y=\frac{1}{4}x^2$의 그래프와 직선 $y=-\frac{1}{4}x+3$의 두 교점을 A, B라 할 때, 두 점 A, B의 좌표를 각각 구하시오.

(단, 점 A는 제2사분면, 점 B는 제1사분면 위에 있다.)

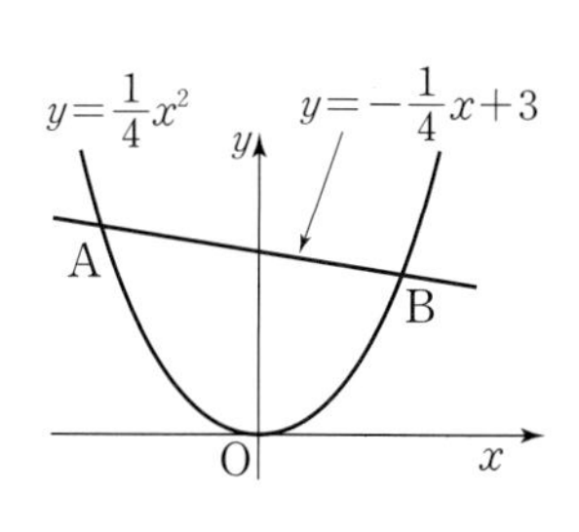

08 이차함수의 활용

Theme 20 이차함수의 식 구하기

유형북 146쪽

유형 11 이차함수의 식 구하기 (1) – 꼭짓점과 다른 한 점을 알 때

대표문제

859

꼭짓점의 좌표가 (2, 1)이고, 점 (0, 13)을 지나는 포물선을 그래프로 하는 이차함수의 식은?

① $y=-3x^2+12x+13$ ② $y=-2x^2+8x+13$
③ $y=2x^2-12x+13$ ④ $y=2x^2-8x+13$
⑤ $y=3x^2-12x+13$

860

이차함수 $y=\frac{1}{2}(x+3)^2-8$의 그래프와 꼭짓점의 좌표가 같고, 점 (−2, −6)을 지나는 포물선이 y축과 만나는 점의 좌표를 구하시오.

861

오른쪽 그림과 같은 이차함수의 그래프가 점 (1, k)를 지날 때, k의 값은?

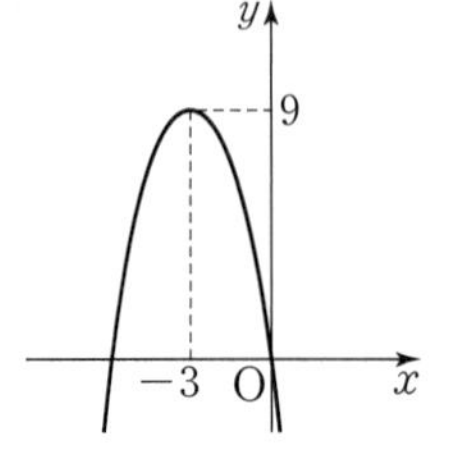

① −16 ② −11
③ −7 ④ −4
⑤ −1

유형 12 이차함수의 식 구하기 (2) – 축의 방정식과 서로 다른 두 점을 알 때

대표문제

862

직선 $x=-1$을 축으로 하고, 두 점 (1, −3), (−2, 3)을 지나는 포물선을 그래프로 하는 이차함수의 식을 $y=ax^2+bx+c$라 할 때, abc의 값은? (단, a, b, c는 상수)

① −24 ② −12 ③ 8
④ 12 ⑤ 24

863

이차함수 $y=-x^2+ax+b$의 그래프의 축의 방정식이 $x=2$이고, 점 (1, −1)을 지난다. 이 그래프의 꼭짓점의 좌표를 구하시오. (단, a, b는 상수)

864

오른쪽 그림과 같이 축의 방정식이 $x=1$인 포물선을 그래프로 하는 이차함수의 식은?

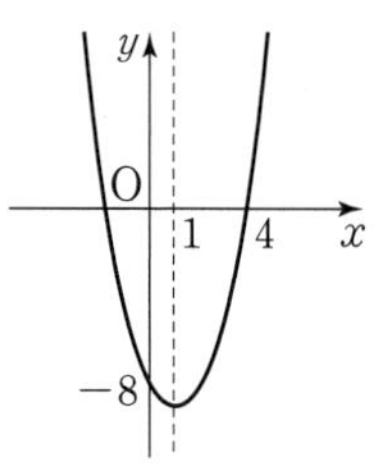

① $y=x^2-2x-8$
② $y=x^2-2x-4$
③ $y=x^2-2x+8$
④ $y=x^2+2x-8$
⑤ $y=x^2+2x-4$

유형 13 이차함수의 식 구하기 (3) – 서로 다른 세 점을 알 때

대표 문제

865

세 점 $(0,\ 5)$, $(2,\ 3)$, $(4,\ 5)$를 지나는 이차함수의 그래프의 꼭짓점의 좌표가 $(p,\ q)$일 때, $2p-q$의 값은?

① -1 ② 1 ③ 3
④ 5 ⑤ 7

866

세 점 $(0,\ -1)$, $(-2,\ 3)$, $(1,\ -6)$을 지나는 포물선을 그래프로 하는 이차함수의 식은?

① $y=-2x^2-4x-1$ ② $y=-x^2-4x-1$
③ $y=-x^2+4x-1$ ④ $y=x^2-4x-1$
⑤ $y=2x^2+4x-1$

867

세 점 $(-2,\ 4)$, $(-1,\ 1)$, $(0,\ -4)$를 지나는 이차함수의 그래프와 x축과의 두 교점을 A, B라 할 때, $\overline{AB}$의 길이는?

① $2\sqrt{3}$ ② $2\sqrt{5}$ ③ $2\sqrt{6}$
④ $2\sqrt{7}$ ⑤ 6

유형 14 이차함수의 식 구하기 (4) – x축과의 두 교점과 다른 한 점을 알 때

대표 문제

868

x축과 두 점 $(-2,\ 0)$, $(-5,\ 0)$에서 만나고, 점 $(-3,\ 2)$를 지나는 포물선을 그래프로 하는 이차함수의 식을 $y=ax^2+bx+c$라 할 때, $ab+c$의 값은?

(단, a, b, c는 상수)

① -7 ② -3 ③ -1
④ 3 ⑤ 7

869

이차함수 $y=x^2$의 그래프를 평행이동하면 완전히 포개어지고, x축과의 두 교점의 x좌표가 -3, 1인 포물선을 그래프로 하는 이차함수의 식은?

① $y=-x^2-2x+3$ ② $y=-x^2+2x-3$
③ $y=x^2-2x-3$ ④ $y=x^2+2x-3$
⑤ $y=x^2+2x+3$

870

오른쪽 그림과 같이 x축과 두 점 $(-3,\ 0)$, $(2,\ 0)$에서 만나고, 점 $(1,\ 8)$을 지나는 이차함수의 그래프가 y축과 만나는 점의 y좌표를 구하시오.

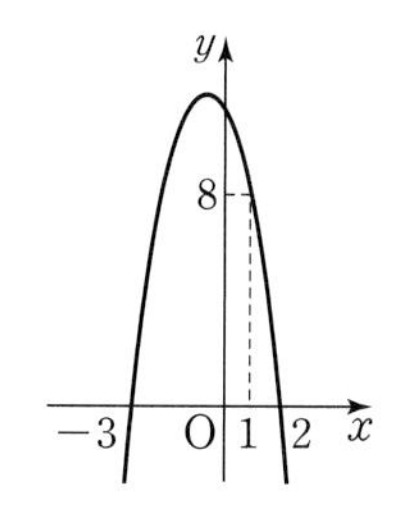

871

두 이차함수 $y=x^2+4x$, $y=(x-a)^2+2b$의 그래프가 서로 일치할 때, ab의 값을 구하시오. (단, a, b는 상수)

872

이차함수 $y=-x^2+4x+2k-3$의 그래프의 꼭짓점이 직선 $y=x+5$ 위에 있을 때, 상수 k의 값을 구하시오.

873

이차함수 $y=-3x^2+6x-4$의 그래프가 지나지 않는 사분면은?

① 제1사분면, 제2사분면 ② 제3사분면, 제4사분면
③ 제2사분면 ④ 제3사분면
⑤ 제4사분면

874

이차함수 $y=-2x^2+6x-3$의 그래프에서 x의 값이 증가할 때, y의 값도 증가하는 x의 값의 범위를 구하시오.

875

이차함수 $y=2x^2+12x$의 그래프를 x축의 방향으로 3만큼, y축의 방향으로 -2만큼 평행이동하였더니 이차함수 $y=ax^2+bx+c$의 그래프와 일치하였다. 이때 $a+b+c$의 값을 구하시오. (단, a, b, c는 상수)

876

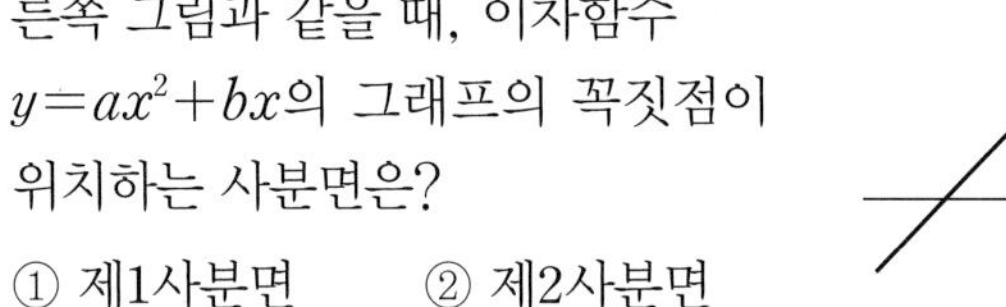

일차함수 $y=ax+b$의 그래프가 오른쪽 그림과 같을 때, 이차함수 $y=ax^2+bx$의 그래프의 꼭짓점이 위치하는 사분면은?

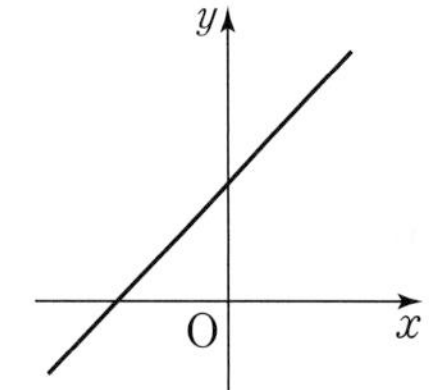

① 제1사분면 ② 제2사분면
③ 제3사분면 ④ 제4사분면
⑤ 어느 사분면 위에도 있지 않다.

실력 UP

877

오른쪽 그림과 같이 이차함수 $y=x^2+2x-3$의 그래프가 x축과 $x<0$인 부분에서 만나는 점을 A, 꼭짓점을 B, y축과의 교점을 C라 할 때, □OABC의 넓이를 구하시오.

(단, O는 원점)

878

이차함수 $y=-x^2-4x+a$의 그래프의 꼭짓점의 좌표가 $(b,\ 3)$일 때, $a+b$의 값은? (단, a는 상수)

① -5　② -3　③ -1　④ 4　⑤ 7

879

다음 중 이차함수 $y=-\frac{1}{2}x^2+2x-3$의 그래프는?

① 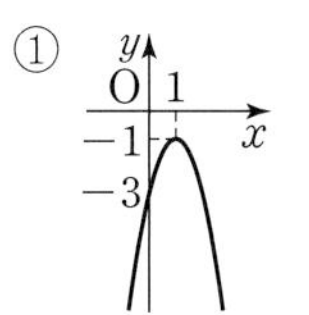
② 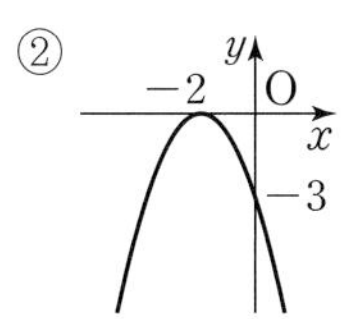
③ 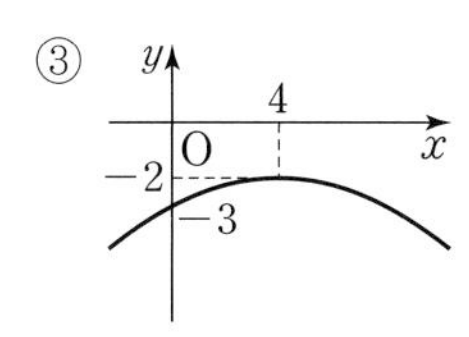
④ 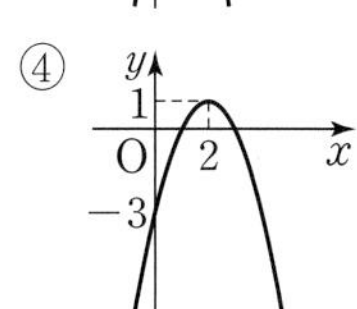
⑤ 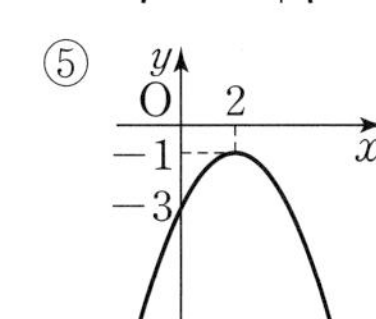

880

이차함수 $y=-2x^2+ax+b$의 그래프가 오른쪽 그림과 같을 때, 점 A의 좌표를 구하시오. (단, a, b는 상수)

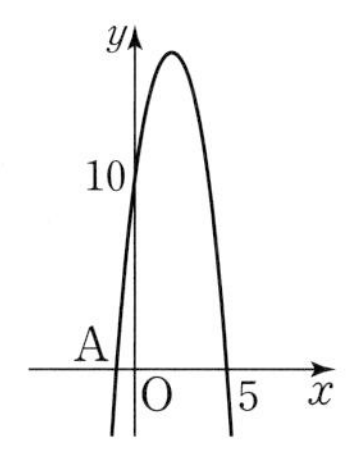

881

이차함수 $y=x^2-6x$의 그래프를 x축의 방향으로 p만큼, y축의 방향으로 q만큼 평행이동하였더니 이차함수 $y=x^2-8x+11$의 그래프와 일치하였다. 이때 $p-q$의 값을 구하시오.

882

다음 중 이차함수 $y=2x^2+4x-5$의 그래프에 대한 설명으로 옳지 않은 것은?

① 아래로 볼록한 포물선이다.
② 이차함수 $y=2x^2$의 그래프를 평행이동하면 일치한다.
③ 꼭짓점의 좌표는 $(1,\ -7)$이다.
④ $x<-1$일 때, x의 값이 증가하면 y의 값은 감소한다.
⑤ 모든 사분면을 지난다.

883

이차함수 $y=-2x^2-4x+3$의 그래프를 x축의 방향으로 k만큼 평행이동한 그래프에서 x의 값이 증가할 때, y의 값은 감소하는 x의 값의 범위가 $x>3$이다. 이때 k의 값을 구하시오.

실력 UP

884

오른쪽 그림은 이차함수 $y=ax^2+bx+c$의 그래프이다. 이 그래프의 꼭짓점의 좌표를 $(p,\ q)$라 할 때, 보기에서 옳은 것을 모두 고른 것은? (단, a, b, c는 상수)

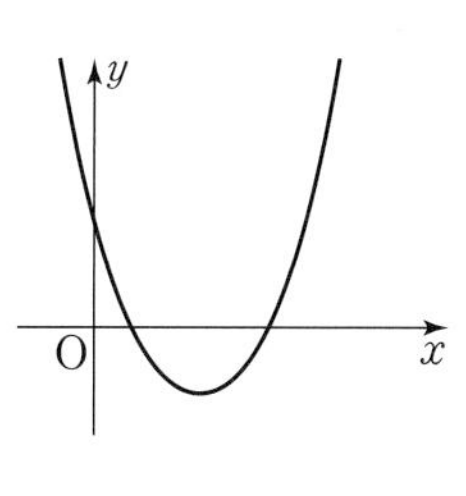

보기

ㄱ. $a-b>0$　ㄴ. $abc>0$
ㄷ. $pq<0$　ㄹ. $ap-q>0$

① ㄱ, ㄴ　② ㄱ, ㄹ　③ ㄴ, ㄹ　④ ㄱ, ㄷ, ㄹ　⑤ ㄴ, ㄷ, ㄹ

885

오른쪽 그림과 같은 포물선을 그래프로 하는 이차함수의 식을 $y=ax^2+bx+c$ 꼴로 나타내시오.

(단, a, b, c는 상수)

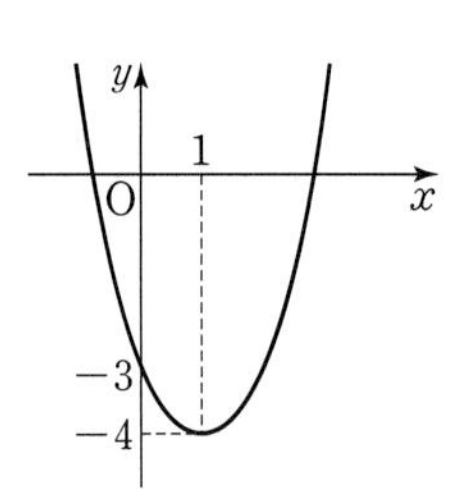

886

직선 $x=2$를 축으로 하고, 두 점 $(1, -4)$, $(-1, 4)$를 지나는 포물선을 그래프로 하는 이차함수의 식을 $y=a(x-p)^2+q$라 할 때, $a+p+q$의 값을 구하시오.

(단, a, p, q는 상수)

887

직선 $x=-2$를 축으로 하고 두 점 $(1, -1)$, $(-1, 7)$을 지나는 포물선이 y축과 만나는 점의 y좌표는?

① 1 ② 2 ③ 3
④ 4 ⑤ 5

888

세 점 $(0, 3)$, $(-3, 0)$, $(1, -8)$을 지나는 포물선을 그래프로 하는 이차함수의 식을 $y=ax^2+bx+c$라 할 때, $a-b-c$의 값은? (단, a, b, c는 상수)

① -3 ② 2 ③ 5
④ 8 ⑤ 11

889

오른쪽 그림과 같은 이차함수의 그래프가 점 $(1, k)$를 지날 때, k의 값을 구하시오.

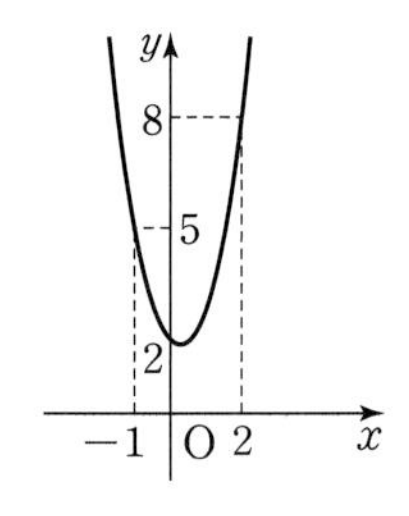

890

x축과 두 점 $(2, 0)$, $(-4, 0)$에서 만나고, 점 $(0, -16)$을 지나는 포물선을 그래프로 하는 이차함수의 식은?

① $y=x^2-2x-8$ ② $y=x^2+2x-8$
③ $y=2x^2-4x-16$ ④ $y=2x^2+4x-16$
⑤ $y=2x^2+4x+16$

891

이차함수 $y=ax^2+bx+c$의 그래프가 오른쪽 그림과 같이 x축과 두 점에서 만나고, 직선 $y=-4$는 그래프의 꼭짓점을 지난다. 이때 $ab-c$의 값을 구하시오. (단, a, b, c는 상수)

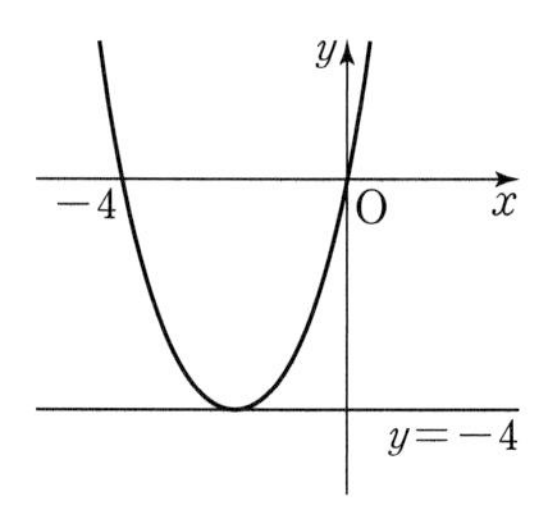

892

꼭짓점의 좌표가 $(-2, 4)$이고, 점 $(-1, 1)$을 지나는 포물선을 그래프로 하는 이차함수의 식을 $y=ax^2+bx+c$라 할 때, $a+b+c$의 값을 구하시오. (단, a, b, c는 상수)

893

이차함수 $y=-2(x-3)^2$의 그래프와 축의 방정식이 같고, 두 점 $(5, 5)$, $(2, -4)$를 지나는 포물선을 그래프로 하는 이차함수의 식은?

① $y=-4x^2+16x+5$　② $y=-3x^2+12x+20$
③ $y=3x^2-12x+15$　④ $y=3x^2-18x+20$
⑤ $y=5x^2+20x+15$

894

세 점 $(3, 0)$, $(0, 6)$, $(-3, -24)$를 지나는 포물선을 그래프로 하는 이차함수의 식을 $y=a(x-p)^2+q$ 꼴로 나타내시오. (단, a, p, q는 상수)

895

이차함수 $y=3x^2$의 그래프를 평행이동하면 완전히 포개어지고, x축과 두 점 $(-3, 0)$, $(1, 0)$에서 만나는 포물선을 그래프로 하는 이차함수의 식은?

① $y=-3x^2-6x-9$　② $y=-2x^2+4x-6$
③ $y=2x^2+4x-6$　④ $y=3x^2-6x-9$
⑤ $y=3x^2+6x-9$

896

오른쪽 그림과 같이 꼭짓점이 x축 위에 있는 이차함수의 그래프가 있다. 다음 중 이 그래프 위의 점인 것은?

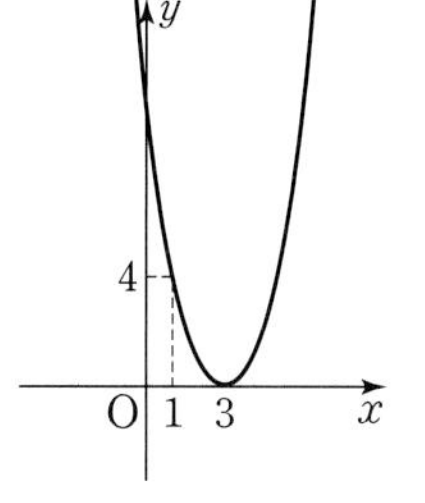

① $(-2, 20)$　② $(-1, 16)$
③ $(4, 2)$　④ $(6, 10)$
⑤ $(8, 26)$

897

x축과 두 점 $(-5, 0)$, $(3, 0)$에서 만나고, 점 $(1, 6)$을 지나는 포물선의 꼭짓점의 좌표는?

① $(-1, 7)$　② $(-1, 8)$　③ $(-1, 10)$
④ $(1, 8)$　⑤ $(1, 10)$

실력 UP

898

이차함수 $y=-x^2+2x+a$의 그래프가 x축과 서로 다른 두 점 A, B에서 만난다. $\overline{AB}=6$일 때, 상수 a의 값은?

① -6　② -3　③ 1
④ 4　⑤ 8

899

이차함수 $y=\frac{1}{2}x^2+3x+\frac{1}{2}$을 $y=a(x-p)^2+q$ 꼴로 나타낼 때, apq의 값을 구하시오. (단, a, p, q는 상수)

900

이차함수 $y=x^2+ax+1$의 그래프가 점 $(1, -2)$를 지날 때, 이 그래프의 꼭짓점의 좌표는? (단, a는 상수)

① $(-2, -3)$ ② $(-2, 3)$ ③ $(2, -3)$
④ $(2, 3)$ ⑤ $(2, 5)$

901

이차함수 $y=f(x)$에 대하여 $f(x)=-x^2+ax+b$이다. 함수 $y=f(x)$의 그래프의 축의 방정식은 $x=1$이고, 꼭짓점의 y좌표가 3일 때, $f(2)$의 값을 구하시오.

(단, a, b는 상수)

902

이차함수 $y=x^2-8x+k$의 그래프가 x축과 서로 다른 두 점에서 만나기 위한 상수 k의 값의 범위를 구하시오.

903

이차함수 $y=x^2-6x+m$의 그래프가 x축과 만나는 두 점 사이의 거리가 4일 때, 상수 m의 값을 구하시오.

904

이차함수 $y=-\frac{1}{3}x^2-(k+1)x-3k$의 그래프에서 x의 값이 증가함에 따라 y의 값이 증가하는 x의 값의 범위가 $x<3$일 때, 이 이차함수의 그래프의 꼭짓점의 좌표를 구하시오. (단, k는 상수)

905

다음 보기에서 이차함수 $y=x^2-2x+5$의 그래프에 대한 설명으로 옳은 것을 모두 고르시오.

보기
ㄱ. 위로 볼록한 포물선이다.
ㄴ. 직선 $x=1$을 축으로 한다.
ㄷ. 꼭짓점의 좌표는 $(1, 4)$이다.
ㄹ. 제3사분면을 지난다.
ㅁ. $x>1$일 때, x의 값이 증가하면 y의 값도 증가한다.

906

이차함수 $y=ax^2-bx-c$의 그래프가 오른쪽 그림과 같을 때, 직선 $ax+by+c=0$이 지나지 않는 사분면을 구하시오.

(단, a, b, c는 상수)

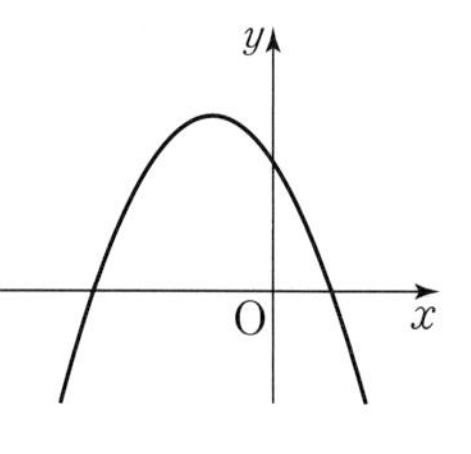

907

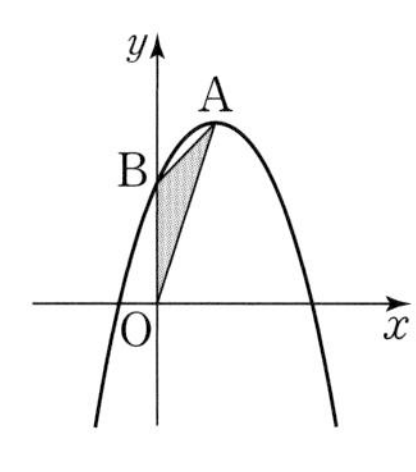

오른쪽 그림과 같이 이차함수 $y=-\frac{1}{2}x^2+2x+k$의 그래프의 꼭짓점을 A, y축과의 교점을 B라 하면 △OAB의 넓이는 4이다. 이때 양수 k의 값을 구하시오.

(단, O는 원점)

908

이차함수 $y=ax^2+bx+c$의 그래프를 x축의 방향으로 5만큼, y축의 방향으로 7만큼 평행이동한 그래프가 이차함수 $y=x^2$의 그래프와 일치할 때, $a+b+c$의 값을 구하시오. (단, a, b, c는 상수)

909

직선 $x=-1$을 축으로 하고, y축과 만나는 점의 y좌표가 3인 이차함수의 그래프가 두 점 $(-3, -3)$, $(2, k)$를 지날 때, k의 값을 구하시오.

910

이차함수의 그래프가 세 점 $(-3, 0)$, $(-2, 3)$, $(1, 0)$을 지날 때, 이 이차함수의 그래프의 꼭짓점의 좌표는?

① $(-2, 3)$ ② $(-1, 4)$ ③ $(1, -3)$
④ $(2, -4)$ ⑤ $(4, 1)$

서술형 문제

911

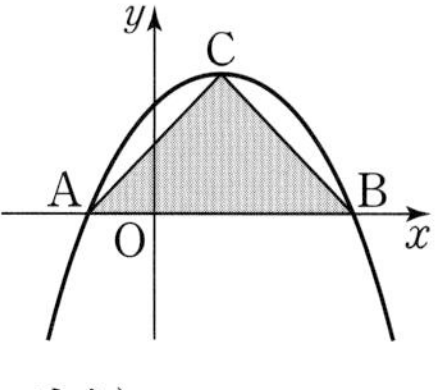

오른쪽 그림과 같이 이차함수 $y=-\frac{1}{4}x^2+x+k$의 그래프가 x축과 만나는 두 점을 A, B라 하고 꼭짓점을 C라 하자. $\overline{AB}=8$일 때, △ABC의 넓이를 구하시오. (단, k는 상수)

〈풀이〉

912

이차함수 $y=ax^2+bx+c$의 그래프가 세 점 $(0, -3)$, $(1, 0)$, $(2, 5)$를 지난다. 이 이차함수의 그래프에서 x의 값이 증가할 때, y의 값은 감소하는 x의 값의 범위를 구하시오. (단, a, b, c는 상수)

〈풀이〉

MEMO

MEMO

MEMO

수매씽 MATHING 중학 수학 3·1

내신과 등업을 위한 강력한 한 권!

개념 연산서

수매씽 개념연산
중등 : 1~3학년 1·2학기

개념 기본서

수매씽 개념
중등 : 1~3학년 1·2학기
고등(22개정) : 공통수학1, 공통수학2

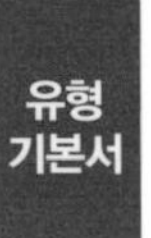

유형 기본서

수매씽
중등 : 1~3학년 1·2학기
고등(15개정) : 수학(상), 수학(하), 수학Ⅰ, 수학Ⅱ, 확률과 통계, 미적분
고등(22개정) : 공통수학1, 공통수학2

동아출판

Telephone 1644-0600
Homepage www.bookdonga.com
Address 서울시 영등포구 은행로 30 (우 07242)

- 정답 및 풀이는 동아출판 홈페이지 내 학습자료실에서 내려받을 수 있습니다.
- 교재에서 발견된 오류는 동아출판 홈페이지 내 정오표에서 확인 가능하며, 잘못 만들어진 책은 구입처에서 교환해 드립니다.
- 학습 상담, 제안 사항, 오류 신고 등 어떠한 이야기라도 들려주세요.

내신을 위한 강력한 한 권!

145유형 1888문항

모바일 빠른 정답

수매씽

MATHING

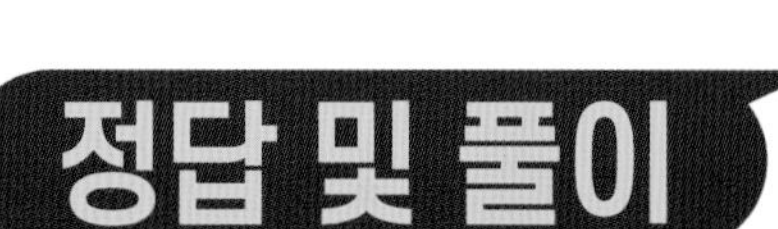

정답 및 풀이

중학 수학 3·1

동아출판

수매씽 빠른 정답 안내

QR 코드를 찍으면 정답을 쉽고 빠르게 확인할 수 있습니다.

01. 제곱근과 실수

Step 1 핵심 개념 9, 11쪽

001 답 ±1

002 답 0

003 답 $\pm\frac{3}{11}$

004 답 없다.

005 답 0

006 답 ±7

007 답 $\pm\frac{4}{9}$

008 답 ±0.2

009 답 $\pm\sqrt{7}$

010 답 $\pm\sqrt{\frac{2}{11}}$

011 답 4

012 답 -9

013 답 0.5

014 답 $\pm\frac{3}{4}$

015 답 $\pm\sqrt{5}$

016 답 $\sqrt{5}$

017 답 $-\sqrt{5}$

018 답 $\sqrt{5}$

019 답 3

020 답 -5

021 답 0.7

022 답 13

023 $\sqrt{2^2}+\sqrt{(-3)^2}=2+3=5$ 답 5

024 $(-\sqrt{5})^2-\sqrt{3^2}=5-3=2$ 답 2

025 답 a

026 답 $2a$

027 $\sqrt{(3a)^2}+\sqrt{(-5a)^2}=3a+\{-(-5a)\}=8a$ 답 $8a$

028 답 $-a$

029 답 $-2a$

030 $\sqrt{(3a)^2}+\sqrt{(-5a)^2}=-3a+(-5a)=-8a$ 답 $-8a$

031 답 $<$

032 $3=\sqrt{9}$이므로 $\sqrt{3}<3$ 답 $<$

033 $3=\sqrt{9}$이므로 $3<\sqrt{10}$ 답 $<$

034 $\sqrt{10}<\sqrt{11}$이므로 $-\sqrt{10}>-\sqrt{11}$ 답 $>$

035 답 유

036 답 유

037 답 무

038 답 유

039 답 무

040 답 유

041 답 유

042 답 무

043 순환하는 무한소수는 유리수이다. 답 ×

044 답 ○

045 답 ○

046 답 ○

047 2와 3 사이에는 정수가 없다. 답 ×

048 유리수인 동시에 무리수인 실수는 없다. 답 ×

049 피타고라스 정리에 의하여 $\overline{AB}=\sqrt{2^2+1^2}=\sqrt{5}$ 답 $\sqrt{5}$

050 $\overline{BP}=\overline{BA}=\sqrt{5}$ 답 $\sqrt{5}$

051 $\overline{BP}=\sqrt{5}$이므로 점 P에 대응하는 수는 $5+\sqrt{5}$이다. 답 $5+\sqrt{5}$

052 $(\sqrt{5}+3)-(\sqrt{5}+1)=2>0$이므로 $\sqrt{5}+3>\sqrt{5}+1$ 답 $>$

053 $(\sqrt{6}-4)-(\sqrt{5}-4)=\sqrt{6}-\sqrt{5}>0$이므로 $\sqrt{6}-4>\sqrt{5}-4$ 답 $>$

054 $(\sqrt{7}+1)-3=\sqrt{7}-2=\sqrt{7}-\sqrt{4}>0$이므로 $\sqrt{7}+1>3$ 답 $>$

055 $(\sqrt{5}-4)-(\sqrt{10}+\sqrt{5})=-4-\sqrt{10}<0$이므로 $\sqrt{5}-4<\sqrt{10}+\sqrt{5}$ 답 $<$

056 $-\sqrt{10}=-3.\cdots$이므로 점 A에 대응하는 수는 $-\sqrt{10}$이다. 답 $-\sqrt{10}$

057 $-\sqrt{5}=-2.\cdots$이므로 점 B에 대응하는 수는 $-\sqrt{5}$이다. 답 $-\sqrt{5}$

058 $\sqrt{2}=1.\cdots$이므로 점 C에 대응하는 수는 $\sqrt{2}$이다. 답 $\sqrt{2}$

059 $\sqrt{6}=2.\cdots$이므로 점 D에 대응하는 수는 $\sqrt{6}$이다. 답 $\sqrt{6}$

Step 2 핵심 유형 12~27쪽

Theme 01 제곱근의 뜻과 표현 12~14쪽

060 x가 10의 제곱근이므로 $x^2=10$ 또는 $x=\pm\sqrt{10}$ 답 ⑤

061 ③, ⑤ 음수의 제곱근은 없다. 답 ③, ⑤

062 $A^2=11$, $B^2=5$이므로 $A^2+B^2=11+5=16$ 답 ⑤

063 ① -36의 제곱근은 없다.
② $\sqrt{9}=3$의 제곱근은 $\pm\sqrt{3}$이다.
③ 0의 제곱근은 0이다.
④ 제곱하여 0.5가 되는 수는 $\pm\sqrt{0.5}$이다.
따라서 옳은 것은 ⑤이다. 답 ⑤

064 ② 1의 제곱근은 ±1이다.
③ -25의 제곱근은 없다.
⑤ $\sqrt{0.16}=0.4$의 제곱근은 $\pm\sqrt{0.4}$이다.
따라서 옳은 것은 ①, ④이다. 답 ①, ④

065 ①, ②, ④, ⑤ ±3
③ 3
따라서 그 값이 나머지 넷과 다른 하나는 ③이다. 답 ③

066 $(-7)^2=49$의 양의 제곱근은 7이므로 $a=7$
$\sqrt{16}=4$의 음의 제곱근은 -2이므로 $b=-2$
$\therefore a-b=7-(-2)=9$ 답 9

067 ④ $\sqrt{256}=16$의 제곱근은 ±4이다. 답 ④

068 (1) $\left(-\frac{1}{5}\right)^2=\frac{1}{25}$의 양의 제곱근은 $\frac{1}{5}$이므로
$A=\frac{1}{5}$ …❶
(2) $\sqrt{625}=25$의 음의 제곱근은 -5이므로
$B=-5$ …❷
(3) $AB=\frac{1}{5}\times(-5)=-1$ …❸
답 (1) $\frac{1}{5}$ (2) -5 (3) -1

채점 기준	배점
❶ A의 값 구하기	40 %
❷ B의 값 구하기	40 %
❸ AB의 값 구하기	20 %

069 121의 제곱근은 ±11이고
$a>b$이므로 $a=11$, $b=-11$
$\therefore \sqrt{a-3b+5}=\sqrt{11-3\times(-11)+5}=\sqrt{49}=7$
따라서 7의 음의 제곱근은 $-\sqrt{7}$이다. 답 $-\sqrt{7}$

070 (직사각형의 넓이)$=5\times7=35$
넓이가 35인 정사각형의 한 변의 길이를 x라 하면
$x^2=35$ $\therefore x=\sqrt{35}$ ($\because x>0$)
따라서 구하는 정사각형의 한 변의 길이는 $\sqrt{35}$이다. 답 ③

071 (삼각형의 넓이)$=\frac{1}{2}\times14\times10=70(\text{cm}^2)$
넓이가 70 cm²인 정사각형의 한 변의 길이를 x cm라 하면
$x^2=70$ $\therefore x=\sqrt{70}$ ($\because x>0$)
따라서 구하는 정사각형의 한 변의 길이는 $\sqrt{70}$ cm이다.
답 $\sqrt{70}$ cm

072 B의 넓이는 C의 넓이의 $\frac{3}{2}$배이므로
(B의 넓이)$=10\times\frac{3}{2}=15(\text{cm}^2)$
A의 넓이는 B의 넓이의 $\frac{5}{3}$배이므로
(A의 넓이)$=15\times\frac{5}{3}=25(\text{cm}^2)$
정사각형 A의 한 변의 길이를 x cm라 하면
$x^2=25$ $\therefore x=\sqrt{25}=5$ ($\because x>0$)
따라서 정사각형 A의 한 변의 길이는 5 cm이다.
답 5 cm

073 △ABD에서 $\overline{AD}=\sqrt{5^2-4^2}=3(\text{cm})$
△ADC에서 $\overline{DC}=\sqrt{8^2-3^2}=\sqrt{55}(\text{cm})$ 답 $\sqrt{55}$ cm

074 직각삼각형 ABC의 넓이가 22 cm²이므로
$\triangle ABC=\frac{1}{2}\times11\times\overline{AC}=22$ $\therefore \overline{AC}=4(\text{cm})$
$\therefore \overline{BC}=\sqrt{11^2+4^2}=\sqrt{137}(\text{cm})$ 답 $\sqrt{137}$ cm

075 정사각형 ABCD의 넓이가 25 cm²이므로
$\overline{BC}=\sqrt{25}=5(\text{cm})$ …❶
정사각형 GCEF의 넓이가 16 cm²이므로
$\overline{CE}=\sqrt{16}=4(\text{cm})$ …❷
$\overline{AB}=\overline{BC}=5$ cm이고 $\overline{BE}=\overline{BC}+\overline{CE}=5+4=9(\text{cm})$
이므로 △ABE에서
$\overline{AE}=\sqrt{5^2+9^2}=\sqrt{106}(\text{cm})$ …❸
답 $\sqrt{106}$ cm

채점 기준	배점
❶ $\overline{BC}$의 길이 구하기	30 %
❷ $\overline{CE}$의 길이 구하기	30 %
❸ $\overline{AE}$의 길이 구하기	40 %

076 ① $\sqrt{81}=9$의 제곱근은 ±3이다.
② $\frac{4}{25}$의 제곱근은 $\pm\sqrt{\frac{4}{25}}=\pm\frac{2}{5}$
③ $0.\dot{1}=\frac{1}{9}$의 제곱근은 $\pm\frac{1}{3}$이다.
④ 0.9의 제곱근은 $\pm\sqrt{0.9}$이다.
⑤ $\sqrt{\frac{1}{16}}=\frac{1}{4}$의 제곱근은 $\pm\frac{1}{2}$이다.
따라서 근호를 사용하지 않고 제곱근을 나타낼 수 없는 것은 ④이다. 답 ④

참고 순환소수를 분수로 나타내는 방법은 다음과 같다.
(1) $0.\dot{a}=\frac{a}{9}$ (2) $0.\dot{a}\dot{b}=\frac{ab}{99}$
(3) $0.a\dot{b}=\frac{ab-a}{90}$ (4) $0.a\dot{b}\dot{c}=\frac{abc-ab}{900}$

077 ① $\frac{1}{3}$의 제곱근은 $\pm\sqrt{\frac{1}{3}}$이다.
② 2의 제곱근은 $\pm\sqrt{2}$이다.
③ $\frac{49}{9}$의 제곱근은 $\pm\sqrt{\frac{49}{9}}=\pm\frac{7}{3}$
④ 6.4의 제곱근은 $\pm\sqrt{6.4}$이다.
⑤ 72의 제곱근은 $\pm\sqrt{72}$이다.
따라서 근호를 사용하지 않고 제곱근을 나타낼 수 있는 것은 ③이다. 답 ③

078 ㄴ. $\sqrt{\frac{16}{25}}=\frac{4}{5}$
ㄷ. $-\sqrt{169}=-13$

ㄹ. $\sqrt{\frac{1}{9}}=\frac{1}{3}$의 양의 제곱근은 $\sqrt{\frac{1}{3}}$이다.

ㅁ. $\sqrt{225}=15$

따라서 근호를 사용하지 않고 나타낼 수 있는 것은 ㄴ, ㄷ, ㅁ이다. 답 ㄴ, ㄷ, ㅁ

Theme 02 제곱근의 성질과 대소 관계 15~21쪽

079 ① $-\sqrt{\left(\frac{1}{3}\right)^2}=-\frac{1}{3}$ ② $\sqrt{(-4)^2}=4$
③ $(-\sqrt{3})^2=3$ ④ $(\sqrt{2})^2=2$
⑤ $\{\sqrt{(-3)^2}\}^2=3^2=9$
따라서 옳은 것은 ⑤이다. 답 ⑤

080 ①, ②, ③, ⑤ 6 ④ -6
따라서 그 값이 나머지 넷과 다른 하나는 ④이다. 답 ④

081 ① $\sqrt{0.2^2}=0.2$ ② $(-\sqrt{0.04})^2=0.04$
③ $\sqrt{0.3^2}=0.3$ ④ $\sqrt{0.16}=\sqrt{0.4^2}=0.4$
⑤ $\sqrt{(-0.02)^2}=0.02$
따라서 가장 작은 수는 ⑤ 0.02이다. 답 ⑤

082 $(\sqrt{25})^2=25$의 양의 제곱근은 5이므로 $A=5$
$(-\sqrt{16})^2=16$의 음의 제곱근은 -4이므로 $B=-4$
따라서 $A-B=5-(-4)=9$의 양의 제곱근은 3이다.
답 3

083 ① $(\sqrt{2})^2+(-\sqrt{10})^2=2+10=12$
② $(\sqrt{5})^2-(-\sqrt{2^2})=5-(-2)=7$
③ $\sqrt{(-2)^2}-\sqrt{3^2}=2-3=-1$
④ $-\sqrt{(-3)^2}\times(-\sqrt{2^2})=(-3)\times(-2)=6$
⑤ $\left(-\sqrt{\frac{3}{2}}\right)^2\div\sqrt{\left(-\frac{1}{2}\right)^2}=\frac{3}{2}\div\frac{1}{2}=\frac{3}{2}\times2=3$
따라서 옳지 않은 것은 ②이다. 답 ②

084 $\sqrt{64}-\sqrt{(-2)^2}+\sqrt{(-4)^2}=8-2+4=10$ 답 ④

085 $\sqrt{121}+\left(\sqrt{\frac{1}{3}}\right)^2\times(-\sqrt{6})^2-2\times\sqrt{(-5)^2}$
$=11+\frac{1}{3}\times6-2\times5$
$=11+2-10=3$ 답 3

086 $2a^2+b^2-3c^2=2\times(\sqrt{5})^2+(-\sqrt{2})^2-3\times(\sqrt{6})^2$
$=2\times5+2-3\times6$
$=10+2-18=-6$ 답 -6

087 $a<0$이므로 $-a>0$
① $\sqrt{a^2}=-a$
② $-\sqrt{a^2}=-(-a)=a$
③ $\sqrt{(-a)^2}=-a$
④ $(\sqrt{-a})^2=-a$
⑤ $-\sqrt{(-2a)^2}=-(-2a)=2a$
따라서 옳지 않은 것은 ④이다. 답 ④

088 ③ $\sqrt{(-a)^2}=a$ 답 ③

089 $-2a>0$이므로 $\sqrt{(-2a)^2}=-2a$
$-\sqrt{49a^2}=-\sqrt{(7a)^2}$이고, $7a<0$이므로
$-\sqrt{49a^2}=-(-7a)=7a$
$5a<0$이므로 $-\sqrt{(5a)^2}=-(-5a)=5a$
$-a>0$이므로 $(-\sqrt{-a})^2=(\sqrt{-a})^2=-a$
$-3a>0$이므로 $-\sqrt{(-3a)^2}=-(-3a)=3a$
따라서 그 값이 가장 큰 것은 $\sqrt{(-2a)^2}$이다. 답 $\sqrt{(-2a)^2}$
참고 $a<0$이므로 $7a<5a<3a<-a<-2a$

090 $a<0$에서 $\frac{4}{9}a<0$, $b>0$에서 $\frac{2}{9}b>0$이므로
$\sqrt{\left(\frac{4}{9}a\right)^2}-\left(\sqrt{\frac{2}{9}b}\right)^2=-\frac{4}{9}a-\frac{2}{9}b$ 답 $-\frac{4}{9}a-\frac{2}{9}b$

091 $a>0$에서 $-3a<0$이므로
$\sqrt{(-3a)^2}-\sqrt{a^2}=-(-3a)-a=2a$ 답 ③

092 $a<0$에서 $-\frac{2}{5}a>0$, $6a<0$, $0.5a<0$이므로
$\sqrt{a^2}\times\sqrt{\left(-\frac{2}{5}a\right)^2}-\sqrt{36a^2}\times\sqrt{0.25a^2}$
$=\sqrt{a^2}\times\sqrt{\left(-\frac{2}{5}a\right)^2}-\sqrt{(6a)^2}\times\sqrt{(0.5a)^2}$
$=(-a)\times\left(-\frac{2}{5}a\right)-(-6a)\times(-0.5a)$
$=\frac{2}{5}a^2-3a^2=-\frac{13}{5}a^2$ 답 $-\frac{13}{5}a^2$

093 $a-b>0$에서 $a>b$이고, $ab<0$이므로
$a>0$, $b<0$, $-2a<0$ …❶
$\therefore \sqrt{a^2}-\sqrt{(-2a)^2}+\sqrt{b^2}=a-\{-(-2a)\}+(-b)$
$=a-2a-b=-a-b$ …❷
답 $-a-b$

채점 기준	배점
❶ a, b, $-2a$의 부호 각각 구하기	40 %
❷ 주어진 식을 간단히 하기	60 %

참고 두 수 a, b에 대하여
① $ab>0$ ⇨ a, b는 서로 같은 부호
② $ab<0$ ⇨ a, b는 서로 다른 부호

094 $1<a<2$에서 $a-1>0$, $a-2<0$이므로
$\sqrt{(a-1)^2}+\sqrt{(a-2)^2}=(a-1)-(a-2)$
$=a-1-a+2=1$ 답 ③

095 $a<1$에서 $a-1<0$, $4-a>0$이므로
$\sqrt{(a-1)^2}+\sqrt{(4-a)^2}=-(a-1)+(4-a)$
$=-a+1+4-a$
$=-2a+5$ 답 $-2a+5$

096 $2<a<3$에서 $3-a>0$, $2-a<0$이므로
$\sqrt{(3-a)^2}+\sqrt{(2-a)^2}=(3-a)-(2-a)$
$=3-a-2+a=1$ 답 ②

097 $-2<a<5$에서 $5-a>0$, $a+2>0$이므로
$\sqrt{(5-a)^2}-\sqrt{(a+2)^2}=(5-a)-(a+2)$
$=5-a-a-2=3-2a$

즉, $3-2a=5$이므로 $-2a=2$

$\therefore a=-1$ 답 -1

098 $a-b<0$에서 $a<b$이고, $ab<0$이므로 $a<0$, $b>0$

따라서 $6a<0$, $b-a>0$, $-b<0$이므로

$\sqrt{(6a)^2}-\sqrt{(b-a)^2}-\sqrt{(-b)^2}$

$=-6a-(b-a)-\{-(-b)\}$

$=-6a-b+a-b$

$=-5a-2b$ 답 $-5a-2b$

099 $a>b>c>0$에서 $a-b>0$, $b-c>0$, $c-a<0$이므로

$\sqrt{(a-b)^2}-\sqrt{(b-c)^2}-\sqrt{(c-a)^2}$

$=(a-b)-(b-c)-\{-(c-a)\}$

$=a-b-b+c+c-a$

$=-2b+2c$ 답 ⑤

100 $0<a<1$에서 $\frac{1}{a}>1$이므로 $a<\frac{1}{a}$

즉, $a+\frac{1}{a}>0$, $a-\frac{1}{a}<0$이므로

$\sqrt{\left(a+\frac{1}{a}\right)^2}+\sqrt{\left(a-\frac{1}{a}\right)^2}=\left(a+\frac{1}{a}\right)-\left(a-\frac{1}{a}\right)$

$=a+\frac{1}{a}-a+\frac{1}{a}$

$=\frac{2}{a}$ 답 ④

101 $24x=2^3\times3\times x$이므로 $x=2\times3\times$(자연수)^2 꼴이어야 한다.

따라서 가장 작은 자연수 x는

$2\times3=6$ 답 ③

102 $x=5\times$(자연수)^2 꼴이어야 한다.

① $5=5\times1^2$ ② $20=5\times2^2$

③ $35=5\times7$ ④ $45=5\times3^2$

⑤ $80=5\times4^2$

따라서 자연수 x의 값이 될 수 없는 것은 ③이다. 답 ③

103 $\sqrt{\frac{45}{2}x}=\sqrt{\frac{3^2\times5}{2}\times x}$이므로 $x=2\times5\times$(자연수)^2 꼴이어야 한다.

따라서 가장 작은 자연수 x는

$2\times5=10$ 답 10

104 $12n=2^2\times3\times n$이므로 $n=3\times$(자연수)^2 꼴이어야 한다. …❶

이때 $10<n<100$이므로 자연수 n은

$3\times2^2=12$, $3\times3^2=27$, $3\times4^2=48$, $3\times5^2=75$ …❷

따라서 구하는 합은

$12+27+48+75=162$ …❸

답 162

채점 기준	배점
❶ n의 조건 구하기	30 %
❷ 조건을 만족시키는 자연수 n의 값 구하기	50 %
❸ 모든 자연수 n의 값의 합 구하기	20 %

105 $\sqrt{\frac{84}{x}}=\sqrt{\frac{2^2\times3\times7}{x}}$이므로 x는 84의 약수이면서

$3\times7\times$(자연수)^2 꼴이어야 한다.

따라서 가장 작은 자연수 x는

$3\times7=21$ 답 21

106 $\sqrt{\frac{360}{n}}$이 가장 큰 자연수가 되려면 n은 가장 작은 자연수가 되어야 한다.

$\sqrt{\frac{360}{n}}=\sqrt{\frac{2^3\times3^2\times5}{n}}$이므로 n은 360의 약수이면서

$2\times5\times$(자연수)^2 꼴이어야 한다.

따라서 가장 작은 자연수 n의 값은

$2\times5=10$ 답 10

107 $\sqrt{\frac{1400}{x}}=\sqrt{\frac{2^3\times5^2\times7}{x}}$이므로 x는 1400의 약수이면서

$2\times7\times$(자연수)^2 꼴이어야 한다. …❶

이때 x가 두 자리의 자연수이므로 자연수 x는

$2\times7=14$, $2^3\times7=56$ …❷

따라서 구하는 합은

$14+56=70$ …❸

답 70

채점 기준	배점
❶ x의 조건 구하기	30 %
❷ 조건을 만족시키는 두 자리의 자연수 x의 값 구하기	50 %
❸ 모든 x의 값의 합 구하기	20 %

108 31보다 큰 제곱인 수는 36, 49, 64, …이다.

따라서 가장 작은 자연수 x는

$31+x=36$에서 $x=5$ 답 5

109 22보다 큰 제곱인 수는 25, 36, 49, …이다.

따라서 세 번째로 작은 자연수 x는

$22+x=49$에서 $x=27$ 답 ②

110 60보다 큰 제곱인 수는 64, 81, 100, …이다.

이때 $\sqrt{60+x}$가 한 자리의 자연수이어야 하므로

$0<60+x<100$

$60+x=64$이면 $x=4$

$60+x=81$이면 $x=21$

따라서 구하는 합은 $4+21=25$ 답 25

111 39보다 큰 제곱인 수는 49, 64, 81, …이다.

이때 가장 작은 자연수 m은 $39+m=49$에서 $m=10$

$m=10$일 때, $n=\sqrt{39+10}=\sqrt{49}=7$

$\therefore m+n=10+7=17$ 답 ④

112 23보다 작은 제곱인 수 중 가장 큰 값은 16이므로

$23-n=16$ $\therefore n=7$

따라서 자연수 n의 값은 7이다. 답 ②

113 $52-x$가 52보다 작은 제곱인 수 또는 0이어야 하므로

$52-x$의 값은 0, 1, 4, 9, 16, 25, 36, 49이어야 한다.

따라서 자연수 x는 52, 51, 48, 43, 36, 27, 16, 3의 8개이다. 답 ④

114 $49-x$가 49보다 작은 제곱인 수 또는 0이어야 하므로

$49-x$의 값은 0, 1, 4, 9, 16, 25, 36이어야 한다.
x의 최댓값은 $49-x=0$에서 $x=49$
x의 최솟값은 $49-x=36$에서 $x=13$
따라서 자연수 x의 최댓값과 최솟값의 합은
$49+13=62$ 답 ⑤

115 ① $4=\sqrt{16}$이고 $\sqrt{13}<\sqrt{16}$이므로 $\sqrt{13}<4$
② $\sqrt{(-3)^2}=3$, $\sqrt{2^2}=2$이므로 $\sqrt{(-3)^2}>\sqrt{2^2}$
③ $4=\sqrt{16}$이고 $\sqrt{12}<\sqrt{16}$이므로 $-\sqrt{12}>-4$
④ $3=\sqrt{9}$이고 $\sqrt{9}>\sqrt{8}$이므로 $3>\sqrt{8}$
⑤ $\frac{1}{2}=\sqrt{\frac{1}{4}}$이고 $\sqrt{\frac{1}{3}}>\sqrt{\frac{1}{4}}$이므로 $\sqrt{\frac{1}{3}}>\frac{1}{2}$
따라서 두 수의 대소 관계가 옳은 것은 ⑤이다. 답 ⑤

116 $-2=-\sqrt{4}$, $-0.2=-\sqrt{0.04}$이므로 음수끼리 대소를 비교하면
$-\sqrt{8}<-\sqrt{4}<-\sqrt{0.04}$ $\quad\therefore -\sqrt{8}<-2<-0.2$
$0.3=\sqrt{0.09}$이므로 양수끼리 대소를 비교하면
$\sqrt{0.09}<\sqrt{0.9}<\sqrt{6}$ $\quad\therefore 0.3<\sqrt{0.9}<\sqrt{6}$
따라서 $a=-\sqrt{8}$, $b=\sqrt{6}$이므로
$a^2+b^2=(-\sqrt{8})^2+(\sqrt{6})^2=8+6=14$ 답 14

117 ① $0<a^2<1$ ② $0<a<1$ ③ $0<\sqrt{a}<1$
④ $\sqrt{\frac{1}{a}}>1$ ⑤ $\frac{1}{a^2}>1$
이때 $\frac{1}{a^2}>\sqrt{\frac{1}{a}}$이므로 $\frac{1}{a^2}$의 값이 가장 크다. 답 ⑤

참고 $a=\frac{1}{4}$이라 하면
$a^2=\left(\frac{1}{4}\right)^2=\frac{1}{16}$, $\sqrt{a}=\sqrt{\frac{1}{4}}=\frac{1}{2}$
$\sqrt{\frac{1}{a}}=\sqrt{4}=2$, $\frac{1}{a^2}=16$이므로
$a^2<a<\sqrt{a}<\sqrt{\frac{1}{a}}<\frac{1}{a^2}$임을 알 수 있다.

118 $2<\sqrt{5}<3$에서 $\sqrt{5}+3>0$, $\sqrt{5}-3<0$이므로
$\sqrt{(\sqrt{5}+3)^2}+\sqrt{(\sqrt{5}-3)^2}=\sqrt{5}+3-(\sqrt{5}-3)$
$=\sqrt{5}+3-\sqrt{5}+3$
$=6$ 답 ④

119 $2<\sqrt{7}<3$에서 $3-\sqrt{7}>0$, $\sqrt{7}-3<0$이므로
$\sqrt{(3-\sqrt{7})^2}-\sqrt{(\sqrt{7}-3)^2}-\sqrt{(-3)^2}+(-\sqrt{7})^2$
$=3-\sqrt{7}-\{-(\sqrt{7}-3)\}-3+7$
$=3-\sqrt{7}+\sqrt{7}-3-3+7$
$=4$ 답 ⑤

120 $x+y=-3+(2+\sqrt{5})=-1+\sqrt{5}$
$x-y=-3-(2+\sqrt{5})=-5-\sqrt{5}$
$2<\sqrt{5}<3$에서 $-1+\sqrt{5}>0$, $-5-\sqrt{5}<0$이므로
$\sqrt{(x+y)^2}-\sqrt{(x-y)^2}=(-1+\sqrt{5})-\{-(-5-\sqrt{5})\}$
$=-1+\sqrt{5}-5-\sqrt{5}=-6$
답 -6

121 $2.5<\sqrt{x}<4$에서 $6.25<x<16$
따라서 자연수 x는 7, 8, 9, 10, 11, 12, 13, 14, 15의 9개이다. 답 ④

122 $\sqrt{5}<n<\sqrt{29}$에서 $5<n^2<29$이므로 n^2의 값은
$3^2=9$, $4^2=16$, $5^2=25$
따라서 $n=3, 4, 5$이므로 모든 자연수 n의 값의 합은
$3+4+5=12$ 답 ①

123 $\frac{10}{3}<\sqrt{x}\le 5$에서 $\frac{100}{9}<x\le 25$
따라서 자연수 x 중에서 5의 배수는 15, 20, 25의 3개이다.
답 3개

124 $-10<-\sqrt{2x+5}<-5$에서 $5<\sqrt{2x+5}<10$
$25<2x+5<100$, $20<2x<95$
$\therefore 10<x<\frac{95}{2}$ …❶
따라서 $M=47$, $m=11$이므로 …❷
$\sqrt{M-m}=\sqrt{47-11}=\sqrt{36}=6$ …❸
답 6

채점 기준	배점
❶ 주어진 부등식을 $a<x<b$ 꼴로 나타내기	40 %
❷ M, m의 값 각각 구하기	30 %
❸ $\sqrt{M-m}$의 값 구하기	30 %

125 $9<\sqrt{98}<10$이므로
$f(98)=(\sqrt{98}$ 이하의 자연수의 개수$)=9$
$3<\sqrt{10}<4$이므로
$f(10)=(\sqrt{10}$ 이하의 자연수의 개수$)=3$
$\therefore \sqrt{\frac{f(98)}{f(10)}}=\sqrt{\frac{9}{3}}=\sqrt{3}$ 답 ②

126 $11<\sqrt{125}<12$이므로 $A(125)=11$
$6<\sqrt{37}<7$이므로 $A(37)=6$
$7<\sqrt{54}<8$이므로 $A(54)=7$
$\therefore A(125)-A(37)+A(54)=11-6+7=12$ 답 ⑤

127 $\sqrt{1}=1$, $\sqrt{4}=2$, $\sqrt{9}=3$, $\sqrt{16}=4$이므로
$n(1)=n(2)=n(3)=1$
$n(4)=n(5)=n(6)=n(7)=n(8)=2$
$n(9)=n(10)=n(11)=\cdots=n(15)=3$
이때 $1\times3+2\times5+3\times2=19$이므로 구하는 x의 값은 $n(x)=3$을 만족시키는 x의 값 중에서 두 번째로 작은 값이다.
$\therefore x=10$ 답 10

Theme 03 무리수와 실수 22~27쪽

128 ③ $\sqrt{0.\dot{1}}=\sqrt{\frac{1}{9}}=\frac{1}{3}$이므로 유리수이다. 답 ③

129 $\sqrt{16}=4$ ⇨ 유리수
$(-\sqrt{4})^2=4$ ⇨ 유리수
$2.\dot{3}\dot{5}=\frac{235-2}{99}=\frac{233}{99}$ ⇨ 유리수
$-\sqrt{\frac{49}{64}}=-\frac{7}{8}$ ⇨ 유리수

따라서 순환소수가 아닌 무한소수로 나타내어지는 것은 $\sqrt{3.6}$, $\sqrt{3}-1$이다. 답 $\sqrt{3.6}$, $\sqrt{3}-1$

참고 순환소수가 아닌 무한소수 ⇨ 무리수

130 ㄱ. (유리수)+(유리수)=(유리수)이므로 $a+1$은 유리수이다.
ㄴ. (유리수)−(무리수)=(무리수)이므로 $a-\sqrt{13}$은 무리수이다.
ㄷ. (유리수)×(유리수)=(유리수)이므로 $3a$는 유리수이다.
ㄹ. (무리수)+(유리수)=(무리수)이므로 $\sqrt{3}+a$는 무리수이다.
ㅁ. $a=0$일 때, $\sqrt{2}a=0$이므로 유리수이다.
따라서 항상 무리수인 것은 ㄴ, ㄹ이다. 답 ㄴ, ㄹ

131 20 이상 80 이하의 자연수는 20, 21, 22, ⋯, 80의 61개이다. ⋯❶
$\sqrt{x}$가 유리수가 되려면 x가 어떤 유리수의 제곱이어야 하고, 20 이상 80 이하의 자연수 중 제곱인 수는 25, 36, 49, 64의 4개이다. ⋯❷
따라서 $\sqrt{x}$가 무리수가 되도록 하는 자연수 x의 개수는
$61-4=57$ ⋯❸
답 57

채점 기준	배점
❶ 20 이상 80 이하의 자연수의 개수 구하기	30 %
❷ $\sqrt{x}$가 유리수가 되도록 하는 x의 개수 구하기	50 %
❸ $\sqrt{x}$가 무리수가 되도록 하는 x의 개수 구하기	20 %

132 ① 무한소수 중 순환소수는 유리수이다.
② 순환소수는 유리수이지만 무한소수이다.
④ 유리수이면서 무리수인 수는 없다.
⑤ 실수 중 정수가 아닌 수는 정수가 아닌 유리수 또는 무리수이다.
따라서 옳은 것은 ③이다. 답 ③

133 ⑤ 모든 실수는 양의 실수, 0, 음의 실수로 구분할 수 있다.
답 ⑤

134 □ 안에 들어갈 수는 무리수이다.
①, ③, ④, ⑤ 무리수
② $-\sqrt{169}=-\sqrt{13^2}=-13$ ⇨ 유리수
따라서 □ 안에 들어갈 수가 아닌 것은 ②이다. 답 ②

135 ⑤ $\sqrt{5}$는 무리수이므로 $\frac{(\text{정수})}{(0\text{이 아닌 정수})}$ 꼴로 나타낼 수 없다.
답 ⑤

136 ㄱ. 4의 제곱근은 ±2이므로 유리수이다.
ㄹ. 순환소수가 아닌 무한소수는 무리수이고 실수이다.
따라서 옳은 것은 ㄴ, ㄷ이다. 답 ㄴ, ㄷ

137 $\sqrt{0.\dot{1}}=\sqrt{\frac{1}{9}}=\frac{1}{3}$ ⇨ 유리수
$-\sqrt{49}=-7$ ⇨ 유리수
$\sqrt{\frac{25}{49}}=\frac{5}{7}$ ⇨ 유리수
$4.2333\cdots=4.2\dot{3}=\frac{423-42}{90}=\frac{381}{90}=\frac{127}{30}$ ⇨ 유리수
따라서 실수의 개수는 8, 유리수의 개수는 5이므로
$a=8$, $b=5$ $\therefore a-b=8-5=3$ 답 ②

다른 풀이 실수는 유리수와 무리수로 나눌 수 있으므로 $a-b$의 값은 무리수의 개수와 같다.
따라서 무리수는 $-\sqrt{6.4}$, π, $\sqrt{0.001}$의 3개이므로
$a-b=3$

138 $\overline{AP}=\overline{AB}=\sqrt{1^2+1^2}=\sqrt{2}$
$\overline{AQ}=\overline{AC}=\sqrt{2^2+1^2}=\sqrt{5}$
따라서 점 P에 대응하는 수는 $2-\sqrt{2}$, 점 Q에 대응하는 수는 $2+\sqrt{5}$이다. 답 P : $2-\sqrt{2}$, Q : $2+\sqrt{5}$

139 한 변의 길이가 1인 정사각형의 대각선의 길이는
$\sqrt{1^2+1^2}=\sqrt{2}$이므로
A : $0-\sqrt{2}=-\sqrt{2}$, B : $-1+\sqrt{2}$, D : $1+\sqrt{2}$
가로의 길이가 2이고, 세로의 길이가 1인 직사각형의 대각선의 길이는 $\sqrt{2^2+1^2}=\sqrt{5}$이므로
C : $3-\sqrt{5}$, E : $1+\sqrt{5}$
따라서 각 점에 대응하는 수로 옳지 않은 것은 ①이다.
답 ①

140 $\overline{CP}=\overline{CA}=\sqrt{2^2+3^2}=\sqrt{13}$
$\overline{DQ}=\overline{DF}=\sqrt{5^2+2^2}=\sqrt{29}$
$\therefore$ P$(-1-\sqrt{13})$, Q$(1+\sqrt{29})$
답 P$(-1-\sqrt{13})$, Q$(1+\sqrt{29})$

141 $\overline{AP}=\overline{AB}=\sqrt{1^2+2^2}=\sqrt{5}$
$\overline{AQ}=\overline{AD}=\sqrt{2^2+1^2}=\sqrt{5}$
따라서 점 P에 대응하는 수는 $1+\sqrt{5}$, 점 Q에 대응하는 수는 $1-\sqrt{5}$이다. 답 P : $1+\sqrt{5}$, Q : $1-\sqrt{5}$

142 ① 정사각형 ㈎의 한 변의 길이는 $\sqrt{3^2+2^2}=\sqrt{13}$ 답 ①

143 $\overline{AQ}=\overline{AC}=\sqrt{4^2+2^2}=\sqrt{20}$이고 점 Q에 대응하는 수가 $\sqrt{20}-4$이므로 점 A에 대응하는 수는 -4이다.
이때 $\overline{AP}=\overline{AC}=\sqrt{20}$이므로 점 P에 대응하는 수는 $-4-\sqrt{20}$이다. 답 $-4-\sqrt{20}$

144 정사각형 ABCD의 넓이가 5이므로
$\overline{AB}=\overline{AD}=\sqrt{5}$
따라서 점 P에 대응하는 수는 $2+\sqrt{5}$, 점 Q에 대응하는 수는 $2-\sqrt{5}$이다. 답 P : $2+\sqrt{5}$, Q : $2-\sqrt{5}$

145 정사각형 ABCD의 넓이가 2이므로
$\overline{AB}=\sqrt{2}$ ⋯❶
따라서 점 P에 대응하는 수는 $-1+\sqrt{2}$이므로
$a=-1$, $b=2$ ⋯❷
$\therefore a+b=-1+2=1$ ⋯❸
답 1

채점 기준	배점
❶ $\overline{AB}$의 길이 구하기	40 %
❷ a, b의 값 각각 구하기	40 %
❸ $a+b$의 값 구하기	20 %

146 ① 정사각형 ABCD의 넓이가 13이므로
$\overline{AB}=\sqrt{13}$ $\therefore \overline{AQ}=\overline{AB}=\sqrt{13}$

② 정사각형 EFGH의 넓이가 7이므로
$\overline{EF}=\sqrt{7}$ ∴ $\overline{ES}=\overline{EF}=\sqrt{7}$
③ $\overline{AP}=\overline{AD}=\overline{AB}=\sqrt{13}$이므로 $P(-\sqrt{13})$
④ $\overline{ER}=\overline{EH}=\overline{EF}=\sqrt{7}$이므로 $R(7-\sqrt{7})$
⑤ $\overline{ES}=\overline{EF}=\sqrt{7}$이므로 $S(7+\sqrt{7})$
따라서 옳지 않은 것은 ④이다. 답 ④

147 ④ 수직선은 실수에 대응하는 점들로 완전히 메울 수 있다.
답 ④

148 ㄴ. 모든 무리수는 각각 수직선 위의 한 점에 대응된다.
ㄹ. $\sqrt{2}$와 $\sqrt{3}$ 사이에는 정수가 존재하지 않는다.
따라서 옳은 것은 ㄱ, ㄷ, ㅁ의 3개이다. 답 3개

149 ① **승환** : $\sqrt{3}$과 $\sqrt{7}$ 사이에 있는 정수는 2 하나뿐이다.
② **주현** : $\sqrt{2}$에 가장 가까운 무리수는 구할 수 없다.
③ **수정** : 모든 무리수는 각각 수직선 위의 한 점에 대응된다.
④ **연호** : 0을 제곱한 값은 0으로 양수도 음수도 아니다.
따라서 바르게 말한 사람은 승윤이다. 답 ⑤

150 ① $1-(2-\sqrt{3})=-1+\sqrt{3}>0$이므로 $1>2-\sqrt{3}$
② $\sqrt{3}-1-1=\sqrt{3}-2=\sqrt{3}-\sqrt{4}<0$이므로 $\sqrt{3}-1<1$
③ $0.5-(1-\sqrt{0.5})=-0.5+\sqrt{0.5}=-\sqrt{0.25}+\sqrt{0.5}>0$
이므로 $0.5>1-\sqrt{0.5}$
④ $(2-\sqrt{5})-(2-\sqrt{7})=\sqrt{7}-\sqrt{5}>0$이므로
$2-\sqrt{5}>2-\sqrt{7}$
⑤ $2-(3-\sqrt{2})=-1+\sqrt{2}>0$이므로 $2>3-\sqrt{2}$
따라서 두 실수의 대소 관계가 옳은 것은 ③이다. 답 ③

151 ① $5-\sqrt{8}-3=2-\sqrt{8}=\sqrt{4}-\sqrt{8}<0$이므로 $5-\sqrt{8}<3$
② $-2-(1-\sqrt{3})=-3+\sqrt{3}=-\sqrt{9}+\sqrt{3}<0$이므로
$-2<1-\sqrt{3}$
③ $10-(\sqrt{98}+1)=9-\sqrt{98}=\sqrt{81}-\sqrt{98}<0$이므로
$10<\sqrt{98}+1$
④ $\sqrt{10}-2-4=\sqrt{10}-6=\sqrt{10}-\sqrt{36}<0$이므로
$\sqrt{10}-2<4$
⑤ $(-\sqrt{15}-4)-(-\sqrt{17}-4)=\sqrt{17}-\sqrt{15}>0$이므로
$-\sqrt{15}-4>-\sqrt{17}-4$
따라서 부등호의 방향이 나머지 넷과 다른 하나는 ⑤이다.
답 ⑤

152 ㄱ. $1+\sqrt{2}-3=-2+\sqrt{2}=-\sqrt{4}+\sqrt{2}<0$이므로
$1+\sqrt{2}<3$
ㄴ. $\sqrt{10}-1-3=\sqrt{10}-4=\sqrt{10}-\sqrt{16}<0$이므로
$\sqrt{10}-1<3$
ㄷ. $(\sqrt{3}+\sqrt{7})-(2+\sqrt{7})=\sqrt{3}-2=\sqrt{3}-\sqrt{4}<0$이므로
$\sqrt{3}+\sqrt{7}<2+\sqrt{7}$
ㄹ. $(1-\sqrt{13})-(1-\sqrt{15})=\sqrt{15}-\sqrt{13}>0$이므로
$1-\sqrt{13}>1-\sqrt{15}$
ㅁ. $(-\sqrt{5})^2=5$이므로 $7-(-\sqrt{5})^2=2$
$2-(\sqrt{50}-2)=4-\sqrt{50}=\sqrt{16}-\sqrt{50}<0$이므로
$7-(-\sqrt{5})^2<\sqrt{50}-2$
따라서 옳은 것은 ㄱ, ㅁ이다. 답 ②

153 $a-b=\sqrt{6}+1-(\sqrt{6}-1)=2>0$
∴ $a>b$ ⋯⋯ ㉠
$b-c=\sqrt{6}-1-(\sqrt{2}-1)=\sqrt{6}-\sqrt{2}>0$
∴ $b>c$ ⋯⋯ ㉡
㉠, ㉡에서 $c<b<a$ 답 ⑤

154 $-1-\sqrt{3}$은 음수이고 2, $1+\sqrt{3}$, $\sqrt{2}+\sqrt{3}$은 양수이다.
$2-(1+\sqrt{3})=1-\sqrt{3}<0$이므로 $2<1+\sqrt{3}$
$1+\sqrt{3}-(\sqrt{2}+\sqrt{3})=1-\sqrt{2}<0$이므로 $1+\sqrt{3}<\sqrt{2}+\sqrt{3}$
∴ $-1-\sqrt{3}<2<1+\sqrt{3}<\sqrt{2}+\sqrt{3}$
따라서 세 번째에 오는 수는 $1+\sqrt{3}$이다. 답 $1+\sqrt{3}$

155 $\sqrt{22}-5=\sqrt{22}-\sqrt{25}<0$이므로 $\sqrt{22}<5$
$5-(4+\sqrt{3})=1-\sqrt{3}<0$이므로 $5<4+\sqrt{3}$
∴ $\sqrt{22}<5<4+\sqrt{3}$
따라서 넓이가 가장 넓은 정사각형은 정사각형 C이다.
답 정사각형 C

156 $\sqrt{1}<\sqrt{3}<\sqrt{4}$에서 $1<\sqrt{3}<2$이므로
$-2<-\sqrt{3}<-1$ ∴ $2<4-\sqrt{3}<3$
따라서 $4-\sqrt{3}$은 2와 3 사이의 점 D에 대응한다. 답 ④

157 $\sqrt{16}<\sqrt{23}<\sqrt{25}$에서 $4<\sqrt{23}<5$이므로
$\sqrt{23}$은 4와 5 사이의 점 D에 대응한다. 답 점 D

158 $\sqrt{4}<\sqrt{6}<\sqrt{9}$에서 $2<\sqrt{6}<3$이므로
$3<1+\sqrt{6}<4$
따라서 $1+\sqrt{6}$은 3과 4 사이의 점에 대응한다. 답 ②

159 $\sqrt{1}<\sqrt{3}<\sqrt{4}$에서 $1<\sqrt{3}<2$이므로 $-2<-\sqrt{3}<-1$
따라서 $-\sqrt{3}$은 A 구간에 있다. ⋯❶
$\sqrt{4}<\sqrt{5}<\sqrt{9}$에서 $2<\sqrt{5}<3$이므로
$\sqrt{5}$는 E 구간에 있다. ⋯❷
$-2<-\sqrt{3}<-1$에서 $0<2-\sqrt{3}<1$이므로
$2-\sqrt{3}$은 C 구간에 있다. ⋯❸
답 $-\sqrt{3}$: A 구간, $\sqrt{5}$: E 구간, $2-\sqrt{3}$: C 구간

채점 기준	배점
❶ $-\sqrt{3}$에 대응하는 점이 있는 구간 찾기	30 %
❷ $\sqrt{5}$에 대응하는 점이 있는 구간 찾기	30 %
❸ $2-\sqrt{3}$에 대응하는 점이 있는 구간 찾기	40 %

160 ⑤ $\dfrac{\sqrt{3}-\sqrt{2}}{2}$는 $\sqrt{2}$보다 작다. 답 ⑤

161 ③ $\dfrac{\sqrt{5}+\sqrt{6}}{2}$은 $\sqrt{5}$와 $\sqrt{6}$의 평균이므로 $\sqrt{5}$와 $\sqrt{6}$ 사이에 존재한다. 답 ③

162 ② $\sqrt{3}$과 $\sqrt{5}$ 사이의 정수는 2의 1개이다.
③ $\dfrac{\sqrt{3}+\sqrt{5}}{2}$는 $\sqrt{3}$과 $\sqrt{5}$의 평균이므로 $\sqrt{3}$과 $\sqrt{5}$ 사이에 존재한다.
④ $\sqrt{5}<\sqrt{3}+1$이므로 $\sqrt{3}+1$은 $\sqrt{3}$과 $\sqrt{5}$ 사이에 존재하지 않는다.
⑤ $0.1<\sqrt{5}-\sqrt{3}$이므로 $\sqrt{5}-0.1$은 $\sqrt{3}$과 $\sqrt{5}$ 사이의 무리수이다.

따라서 옳지 않은 것은 ④이다. 답 ④

163 $1<\sqrt{2}<2$이므로 $\sqrt{2}=1.\cdots$ $\therefore a=1$

$1.4<\sqrt{2}<1.5$이므로 $\sqrt{2}=1.4\cdots$ $\therefore b=4$

$1.41<\sqrt{2}<1.42$이므로 $\sqrt{2}=1.41\cdots$ $\therefore c=1$

$\therefore a+b+c=1+4+1=6$ 답 6

164 $(3.1)^2=9.61$, $(3.2)^2=10.24$이므로

$\sqrt{9.61}<\sqrt{10}<\sqrt{10.24}$에서 $3.1<\sqrt{10}<3.2$

즉, $\sqrt{10}=3.1\cdots$이다.

따라서 $\sqrt{10}$을 소수로 나타내었을 때, 소수점 아래 1번째 자리의 숫자는 1이다. 답 1

165 $(4.12)^2=16.9744$, $(4.13)^2=17.0569$이므로

$\sqrt{16.9744}<\sqrt{17}<\sqrt{17.0569}$에서 $4.12<\sqrt{17}<4.13$

즉, $\sqrt{17}=4.12\cdots$이다.

따라서 $\sqrt{17}$을 소수로 나타내었을 때, 소수점 아래 2번째 자리의 숫자는 2이다. 답 2

Step 3 발전 문제 28~30쪽

166 $\sqrt{\ }$를 한 번 눌렀을 때 2가 나오는 수 ⇨ $2^2=4$

$\sqrt{\ }$를 두 번 눌렀을 때 2가 나오는 수 ⇨ $4^2=16$

$\sqrt{\ }$를 세 번 눌렀을 때 2가 나오는 수 ⇨ $16^2=256$

$\therefore x=256$ 답 ⑤

167 처음 정사각형의 넓이가 $(\sqrt{5})^2=5$이므로 정사각형 ABCD의 넓이는 $5\times2=10$

따라서 정사각형 ABCD의 한 변의 길이는 $\sqrt{10}$이다. 답 ②

다른 풀이 $\overline{AB}=\sqrt{(\sqrt{5})^2+(\sqrt{5})^2}=\sqrt{5+5}=\sqrt{10}$

따라서 정사각형 ABCD의 한 변의 길이는 $\sqrt{10}$이다.

168 $\{(-\sqrt{8^2})+(\sqrt{3})^2\}\times\{-\sqrt{(-5)^2}\}$

$=(-8+3)\times(-5)$

$=(-5)\times(-5)$

$=25$

따라서 25의 음의 제곱근은 -5이다. 답 ②

169 $a-b>0$에서 $a>b$이고, $ab<0$이므로

$a>0$, $b<0$, $b-a<0$

$\therefore \sqrt{a^2}+|b|-\sqrt{(b-a)^2}=a-b-\{-(b-a)\}$

$=0$ 답 ①

170 $x+y$는 x, y가 모두 최소일 때, 최솟값을 갖는다.

$\sqrt{\frac{72}{11}x}=\sqrt{\frac{2^3\times3^2}{11}\times x}$이므로 $x=2\times11\times(\text{자연수})^2$ 꼴이어야 한다.

따라서 가장 작은 자연수 x는 $2\times11=22$이고,

이때의 가장 작은 자연수 y는 $\sqrt{\frac{72}{11}\times22}=\sqrt{144}=12$이므로

$x+y$의 최솟값은 $22+12=34$ 답 34

171 $2.7<\sqrt{x}<3.3$에서 $7.29<x<10.89$이므로

자연수 x는 8, 9, 10의 3개이다. $\therefore a=3$

또, $8.2<\sqrt{3y^2}<10$에서

$67.24<3y^2<100$, $22.4\cdots<y^2<33.3\cdots$

$\therefore 4.\cdots<y<5.\cdots$

즉, 자연수 y는 5의 1개이므로 $b=1$

$\therefore a+b=3+1=4$ 답 4

172 $7<\sqrt{56}<8$이므로

$f(56)=(\sqrt{56}$ 이하의 자연수의 개수$)=7$

따라서 $f(20+f(56))=f(20+7)=f(27)$에서

$5<\sqrt{27}<6$이므로

$f(27)=(\sqrt{27}$ 이하의 자연수의 개수$)=5$

$\therefore f(20+f(56))=5$ 답 5

173 정사각형 ABCD의 넓이가 2이므로 $\overline{AD}=\sqrt{2}$

$\overline{AP}=\overline{AD}=\sqrt{2}$이므로 점 P에 대응하는 수는 $-2-\sqrt{2}$이다.

$\therefore a=-2-\sqrt{2}$

정사각형 BEFG의 넓이가 5이므로 $\overline{EF}=\sqrt{5}$

$\overline{EQ}=\overline{EF}=\sqrt{5}$이므로 점 Q에 대응하는 수는 $1+\sqrt{5}$이다.

$\therefore b=1+\sqrt{5}$

$\therefore (a+2)^2+(b-1)^2=(-2-\sqrt{2}+2)^2+(1+\sqrt{5}-1)^2$

$=(-\sqrt{2})^2+(\sqrt{5})^2$

$=2+5=7$ 답 7

174 높이가 같은 삼각형의 넓이는 밑변의 길이에 정비례하므로 밑변의 길이가 가장 긴 삼각형을 찾는다.

$(\sqrt{6}+3)-(\sqrt{6}+\sqrt{7})=3-\sqrt{7}=\sqrt{9}-\sqrt{7}>0$이므로

$\sqrt{6}+3>\sqrt{6}+\sqrt{7}$

$(3+\sqrt{7})-(\sqrt{6}+3)=\sqrt{7}-\sqrt{6}>0$이므로

$3+\sqrt{7}>\sqrt{6}+3$

$\therefore \sqrt{6}+\sqrt{7}<\sqrt{6}+3<3+\sqrt{7}$

따라서 넓이가 가장 넓은 삼각형은 삼각형 C이다.

답 삼각형 C

175 $\overline{BC}=2\text{ cm}$이므로 $\overline{BM}=2\times\frac{1}{2}=1(\text{cm})$

$\overline{AB}=\overline{MN}=x\text{ cm}$라 하면 □ABCD∽□BMNA이므로

$\overline{AB}:\overline{BC}=\overline{BM}:\overline{MN}$

즉, $x:2=1:x$이므로

$x^2=2$ $\therefore x=\sqrt{2}$ $(\because x>0)$

따라서 $\overline{AB}$의 길이는 $\sqrt{2}\text{ cm}$이다. 답 $\sqrt{2}\text{ cm}$

176 ① $3-x>0$이므로

$\sqrt{(3-x)^2}=3-x$

② $x-3<0$이므로

$-\sqrt{(x-3)^2}=-\{-(x-3)\}=x-3$

③ $3+y>0$이므로

$\sqrt{(3+y)^2}=3+y$

④ $-y>0$이므로

$-\sqrt{(-y)^2}=-(-y)=y$

⑤ $y-3<0$이므로

$-\sqrt{(y-3)^2}=-\{-(y-3)\}=y-3$

이때 $-3<x<y<0$이므로

$x-3<y-3<y<3+y<3-x$

따라서 가장 큰 수는 ① $\sqrt{(3-x)^2}$이다. 답 ①

177 $\sqrt{34-x}$가 자연수가 되려면

$34-x=1,\ 4,\ 9,\ 16,\ 25$이어야 하므로

$x=33,\ 30,\ 25,\ 18,\ 9$ …… ㉠

$\sqrt{2x}=\sqrt{2\times x}$가 자연수가 되려면

$x=2\times(\text{자연수})^2$ 꼴이어야 하므로

$x=2,\ 8,\ 18,\ 32,\ \cdots$ …… ㉡

따라서 ㉠, ㉡을 동시에 만족시키는 자연수 x는 18이다.

답 18

178 $\sqrt{72+x}-\sqrt{110-y}$의 값이 가장 작은 정수가 되려면 $\sqrt{72+x}$의 값이 가장 작은 자연수, $\sqrt{110-y}$의 값이 가장 큰 자연수가 되어야 한다.

$\sqrt{72+x}$의 값이 자연수가 되려면 $72+x$는 72보다 큰 제곱인 수이어야 하므로 $72+x$의 값이 81, 100, 121, …이어야 한다.

즉, $\sqrt{72+x}$의 값이 가장 작은 자연수가 되도록 하는 자연수 x는

$72+x=81$에서 $x=9$

또, $\sqrt{110-y}$의 값이 자연수가 되려면 $110-y$는 110보다 작은 제곱인 수이어야 하므로 $110-y$의 값은 1, 4, 9, …, 100이어야 한다.

즉, $\sqrt{110-y}$의 값이 가장 큰 자연수가 되도록 하는 자연수 y는

$110-y=100$에서 $y=10$

$\therefore\ x+y=9+10=19$ 답 19

179 $1.5<\sqrt{x}<2.5$에서 $2.25<x<6.25$

가장 작은 자연수 x는 3이므로 $a=3$

가장 큰 자연수 x는 6이므로 $b=6$

$\sqrt{\frac{b}{a}\times n}=\sqrt{\frac{6}{3}\times n}=\sqrt{2n}$에서 자연수 n은 $2\times(\text{자연수})^2$ 꼴이어야 한다.

이때 $\sqrt{2n}$이 한 자리의 자연수이므로 모든 자연수 n의 값은

$2\times1^2=2,\ 2\times2^2=8,\ 2\times3^2=18,\ 2\times4^2=32$

답 2, 8, 18, 32

180 $f(1)=\sqrt{0.\dot{1}}=\sqrt{\frac{1}{9}}=\frac{1}{3}$ ⇨ 유리수

$f(2)=\sqrt{0.\dot{2}}=\sqrt{\frac{2}{9}}$

$f(3)=\sqrt{0.\dot{3}}=\sqrt{\frac{3}{9}}=\sqrt{\frac{1}{3}}$

$f(4)=\sqrt{0.\dot{4}}=\sqrt{\frac{4}{9}}=\frac{2}{3}$ ⇨ 유리수

$f(5)=\sqrt{0.\dot{5}}=\sqrt{\frac{5}{9}}$

따라서 무리수는 $f(2),\ f(3),\ f(5)$의 3개이다. 답 3개

교과서 속 창의력 UP! 31쪽

181 정사각형 모양의 색종이의 넓이가 18이므로 한 변의 길이는 $\sqrt{18}$이다.

$\therefore\ \overline{AE}=\overline{AH}=\frac{\sqrt{18}}{2}$

□EFGH는 정사각형이고 그 넓이는 □ABCD의 넓이의 $\frac{1}{2}$이므로

(□EFGH의 넓이)$=\frac{1}{2}\times18=9$

$\therefore\ \overline{EF}=\overline{FG}=\overline{GH}=\overline{HE}=\sqrt{9}=3$

따라서 도형의 둘레의 길이는

$\frac{\sqrt{18}}{2}\times6+3=3\sqrt{18}+3$ 답 $3\sqrt{18}+3$

참고 근호를 포함한 식의 계산 단원에서 $\sqrt{a^2b}=a\sqrt{b}$를 배우면 $3\sqrt{18}=9\sqrt{2}$로 나타낼 수 있다.

182 $\sqrt{20-ab}$가 자연수가 되려면 $20-ab=1,\ 4,\ 9,\ 16$이어야 하므로

$ab=19,\ 16,\ 11,\ 4$

두 개의 주사위를 동시에 던져서 나오는 눈의 수를 순서쌍 $(a,\ b)$로 나타내면

(i) $ab=19$인 경우 : 없다.

(ii) $ab=16$인 경우 : $(4,\ 4)$

(iii) $ab=11$인 경우 : 없다.

(iv) $ab=4$인 경우 : $(1,\ 4),\ (2,\ 2),\ (4,\ 1)$

따라서 모든 경우의 수는 $6\times6=36$이므로 구하는 확률은

$\frac{4}{36}=\frac{1}{9}$ 답 ②

183 $500=\sqrt{(500)^2}=\sqrt{250000}$

$501=\sqrt{(501)^2}=\sqrt{251001}$

따라서 자연수의 양의 제곱근 중 500과 501 사이에 있는 무리수에 대응하는 점의 개수는

$251001-250000-1=1000$ 답 1000

다른 풀이 자연수의 양의 제곱근 중 무리수에 대응하는 점은

1과 2 사이에는 2개,

2와 3 사이에는 4개,

3과 4 사이에는 6개, …

이므로 n과 $n+1$ 사이에는 $2n$개이다. (단, n은 자연수)

따라서 자연수의 양의 제곱근 중 500과 501 사이에 있는 무리수에 대응하는 점의 개수는

$2\times500=1000$

184 반지름의 길이가 1인 원의 둘레의 길이는 2π이므로 원을 한 바퀴 반을 굴릴 때, 원이 굴러가는 거리는

$2\pi\times\frac{3}{2}=3\pi$

따라서 점 P가 수직선 위에 닿는 점에 대응하는 수는

$-3+3\pi$이다. 답 ④

02. 근호를 포함한 식의 계산

Step 1 핵심 개념 33, 35쪽

185 답 $\sqrt{21}$

186 답 $\sqrt{70}$

187 답 $\sqrt{3}$

188 답 $\sqrt{7}$

189 $15\sqrt{75}\div5\sqrt{3}=\dfrac{15\sqrt{75}}{5\sqrt{3}}=3\sqrt{25}=3\times5=15$ 답 15

190 답 2

191 답 5

192 답 $3\sqrt{7}$

193 답 $2\sqrt{5}$

194 답 $\dfrac{\sqrt{5}}{4}$

195 $3\sqrt{2}=\sqrt{3^2\times2}=\sqrt{18}$ 답 $\sqrt{18}$

196 $5\sqrt{3}=\sqrt{5^2\times3}=\sqrt{75}$ 답 $\sqrt{75}$

197 $\dfrac{1}{\sqrt{3}}=\dfrac{\sqrt{3}}{\sqrt{3}\times\sqrt{3}}=\dfrac{\sqrt{3}}{3}$ 답 $\dfrac{\sqrt{3}}{3}$

198 $\dfrac{\sqrt{5}}{\sqrt{2}}=\dfrac{\sqrt{5}\times\sqrt{2}}{\sqrt{2}\times\sqrt{2}}=\dfrac{\sqrt{10}}{2}$ 답 $\dfrac{\sqrt{10}}{2}$

199 $\dfrac{3}{2\sqrt{6}}=\dfrac{3\times\sqrt{6}}{2\sqrt{6}\times\sqrt{6}}=\dfrac{3\sqrt{6}}{12}=\dfrac{\sqrt{6}}{4}$ 답 $\dfrac{\sqrt{6}}{4}$

200 $\dfrac{5}{3\sqrt{2}}=\dfrac{5\times\sqrt{2}}{3\sqrt{2}\times\sqrt{2}}=\dfrac{5\sqrt{2}}{6}$ 답 $\dfrac{5\sqrt{2}}{6}$

201 $\dfrac{\sqrt{7}}{3\sqrt{5}}=\dfrac{\sqrt{7}\times\sqrt{5}}{3\sqrt{5}\times\sqrt{5}}=\dfrac{\sqrt{35}}{15}$ 답 $\dfrac{\sqrt{35}}{15}$

202 $\dfrac{2\sqrt{3}}{\sqrt{5}}=\dfrac{2\sqrt{3}\times\sqrt{5}}{\sqrt{5}\times\sqrt{5}}=\dfrac{2\sqrt{15}}{5}$ 답 $\dfrac{2\sqrt{15}}{5}$

203 $\dfrac{\sqrt{2}}{\sqrt{12}}=\dfrac{\sqrt{2}}{2\sqrt{3}}=\dfrac{\sqrt{2}\times\sqrt{3}}{2\sqrt{3}\times\sqrt{3}}=\dfrac{\sqrt{6}}{6}$ 답 $\dfrac{\sqrt{6}}{6}$

204 $\dfrac{3}{\sqrt{18}}=\dfrac{3}{3\sqrt{2}}=\dfrac{1}{\sqrt{2}}=\dfrac{\sqrt{2}}{\sqrt{2}\times\sqrt{2}}=\dfrac{\sqrt{2}}{2}$ 답 $\dfrac{\sqrt{2}}{2}$

205 $3\times\dfrac{1}{\sqrt{3}}=3\times\dfrac{\sqrt{3}}{3}=\sqrt{3}$ 답 $\sqrt{3}$

206 $\sqrt{3}\times\sqrt{75}\div\sqrt{5}=\sqrt{3}\times5\sqrt{3}\times\dfrac{1}{\sqrt{5}}$

$=15\times\dfrac{\sqrt{5}}{5}=3\sqrt{5}$ 답 $3\sqrt{5}$

207 $\sqrt{6}\div(-\sqrt{2})\times\sqrt{3}=\sqrt{6}\times\left(-\dfrac{1}{\sqrt{2}}\right)\times\sqrt{3}$

$=(-\sqrt{3})\times\sqrt{3}=-3$ 답 -3

208 $\sqrt{27}\times\sqrt{8}\div\sqrt{12}=3\sqrt{3}\times2\sqrt{2}\times\dfrac{1}{2\sqrt{3}}=3\sqrt{2}$ 답 $3\sqrt{2}$

209 $\sqrt{\dfrac{3}{5}}\times\sqrt{\dfrac{10}{3}}\div\dfrac{2}{\sqrt{2}}=\dfrac{\sqrt{3}}{\sqrt{5}}\times\dfrac{\sqrt{10}}{\sqrt{3}}\times\dfrac{\sqrt{2}}{2}=1$ 답 1

210 $\dfrac{3\sqrt{2}}{\sqrt{6}}\div\dfrac{2}{\sqrt{3}}\times12=\dfrac{3\sqrt{2}}{\sqrt{6}}\times\dfrac{\sqrt{3}}{2}\times12=18$ 답 18

211 답 $3\sqrt{5}$

212 $\sqrt{12}+4\sqrt{3}-2\sqrt{75}=2\sqrt{3}+4\sqrt{3}-10\sqrt{3}$

$=-4\sqrt{3}$ 답 $-4\sqrt{3}$

213 $\sqrt{18}-\sqrt{32}-\sqrt{12}+2\sqrt{27}=3\sqrt{2}-4\sqrt{2}-2\sqrt{3}+6\sqrt{3}$

$=-\sqrt{2}+4\sqrt{3}$ 답 $-\sqrt{2}+4\sqrt{3}$

214 $\dfrac{5}{\sqrt{8}}+\dfrac{3}{\sqrt{2}}=\dfrac{5}{2\sqrt{2}}+\dfrac{3}{\sqrt{2}}=\dfrac{5\sqrt{2}}{4}+\dfrac{3\sqrt{2}}{2}=\dfrac{11\sqrt{2}}{4}$ 답 $\dfrac{11\sqrt{2}}{4}$

215 $\sqrt{2}(2-\sqrt{2})+\sqrt{2}=2\sqrt{2}-2+\sqrt{2}=3\sqrt{2}-2$ 답 $3\sqrt{2}-2$

216 $\sqrt{3}(\sqrt{2}-\sqrt{5})-(\sqrt{3}-\sqrt{5})\sqrt{2}=\sqrt{6}-\sqrt{15}-\sqrt{6}+\sqrt{10}$

$=\sqrt{10}-\sqrt{15}$ 답 $\sqrt{10}-\sqrt{15}$

217 $(\sqrt{18}+\sqrt{12})\div\sqrt{3}=(\sqrt{18}+\sqrt{12})\times\dfrac{1}{\sqrt{3}}$

$=\sqrt{6}+\sqrt{4}=\sqrt{6}+2$ 답 $\sqrt{6}+2$

218 $\dfrac{\sqrt{5}+\sqrt{6}}{\sqrt{3}}=\dfrac{(\sqrt{5}+\sqrt{6})\sqrt{3}}{\sqrt{3}\times\sqrt{3}}=\dfrac{\sqrt{15}+3\sqrt{2}}{3}$ 답 $\dfrac{\sqrt{15}+3\sqrt{2}}{3}$

219 $\dfrac{\sqrt{27}-\sqrt{2}}{\sqrt{2}}=\dfrac{(\sqrt{27}-\sqrt{2})\sqrt{2}}{\sqrt{2}\times\sqrt{2}}=\dfrac{3\sqrt{6}-2}{2}$ 답 $\dfrac{3\sqrt{6}-2}{2}$

220 $3(5+3\sqrt{3})-\dfrac{6-2\sqrt{3}}{\sqrt{3}}=15+9\sqrt{3}-\dfrac{6\sqrt{3}-6}{3}$

$=15+9\sqrt{3}-2\sqrt{3}+2$

$=17+7\sqrt{3}$ 답 $17+7\sqrt{3}$

221 $(3-\sqrt{3})\div\sqrt{2}+\sqrt{2}(2-2\sqrt{3})$

$=\dfrac{3-\sqrt{3}}{\sqrt{2}}+2\sqrt{2}-2\sqrt{6}$

$=\dfrac{3\sqrt{2}-\sqrt{6}}{2}+2\sqrt{2}-2\sqrt{6}$

$=\dfrac{3\sqrt{2}-\sqrt{6}+4\sqrt{2}-4\sqrt{6}}{2}$

$=\dfrac{7\sqrt{2}-5\sqrt{6}}{2}$ 답 $\dfrac{7\sqrt{2}-5\sqrt{6}}{2}$

222 $4a-9\sqrt{2}+2+3a\sqrt{2}=(4a+2)+(3a-9)\sqrt{2}$에서

$3a-9=0$ $\therefore a=3$ 답 3

223 $2a\sqrt{6}-5+2\sqrt{6}+3a=(-5+3a)+(2a+2)\sqrt{6}$에서

$2a+2=0$

$\therefore a=-1$ 답 -1

224 $3a+8\sqrt{3}+2a\sqrt{3}-4$

$=(3a-4)+(8+2a)\sqrt{3}$에서

$8+2a=0$ $\therefore a=-4$ 답 -4

225 $12a\sqrt{5}-6+3\sqrt{5}+9-3a\sqrt{5}=3+(9a+3)\sqrt{5}$에서

$9a+3=0$ $\therefore a=-\dfrac{1}{3}$ 답 $-\dfrac{1}{3}$

226 답 1.466

227 답 1.439

228 $\sqrt{205}=\sqrt{100\times2.05}=10\sqrt{2.05}=10\times1.432=14.32$

답 14.32

229 $\sqrt{20600}=\sqrt{10000\times2.06}=100\sqrt{2.06}$
$=100\times1.435=143.5$ 　답 143.5

230 $\sqrt{21700}=\sqrt{10000\times2.17}=100\sqrt{2.17}$
$=100\times1.473=147.3$ 　답 147.3

231 $\sqrt{0.0216}=\sqrt{\frac{2.16}{100}}=\frac{\sqrt{2.16}}{10}$
$=\frac{1.470}{10}=0.1470$ 　답 0.1470

232 $\sqrt{4}<\sqrt{5}<\sqrt{9}$에서 $2<\sqrt{5}<3$이므로
$a=2$, $b=\sqrt{5}-2$ 　답 $a=2$, $b=\sqrt{5}-2$

233 $\sqrt{9}<\sqrt{10}<\sqrt{16}$에서 $3<\sqrt{10}<4$이므로
$a=3$, $b=\sqrt{10}-3$ 　답 $a=3$, $b=\sqrt{10}-3$

234 $\sqrt{16}<\sqrt{17}<\sqrt{25}$에서 $4<\sqrt{17}<5$이므로
$a=4$, $b=\sqrt{17}-4$ 　답 $a=4$, $b=\sqrt{17}-4$

235 $\sqrt{25}<\sqrt{30}<\sqrt{36}$에서 $5<\sqrt{30}<6$이므로
$a=5$, $b=\sqrt{30}-5$ 　답 $a=5$, $b=\sqrt{30}-5$

Step 2 핵심 유형 　36~47쪽

Theme 04 근호를 포함한 식의 곱셈과 나눗셈 　36~40쪽

236 $(-2\sqrt{2})\times3\sqrt{\frac{7}{5}}\times\left(-\frac{3}{2}\right)\times\sqrt{5}$
$=\left\{(-2)\times3\times\left(-\frac{3}{2}\right)\right\}\times\sqrt{2\times\frac{7}{5}\times5}$
$=9\sqrt{14}$ 　답 $9\sqrt{14}$

237 $A=\sqrt{0.32}\times\sqrt{0.5}=\sqrt{0.32\times0.5}$
$=\sqrt{0.16}=0.4$
$B=2\sqrt{\frac{5}{44}}\times\sqrt{55}=2\sqrt{\frac{5}{44}\times55}=2\sqrt{\frac{25}{4}}=5$
$\therefore AB=0.4\times5=2$ 　답 ②

238 $3\sqrt{a}\times\sqrt{5}\times2\sqrt{5a}=6\sqrt{(5a)^2}=30a$
즉, $30a=60$이므로 $a=2$ 　답 2

239 ① $\frac{\sqrt{8}}{\sqrt{2}}=\sqrt{\frac{8}{2}}=\sqrt{4}=2$
② $6\sqrt{6}\div3\sqrt{3}=\frac{6\sqrt{6}}{3\sqrt{3}}=\frac{6}{3}\sqrt{\frac{6}{3}}=2\sqrt{2}$
③ $2\sqrt{3}\div\frac{1}{2\sqrt{3}}=2\sqrt{3}\times2\sqrt{3}=4\times3=12$
④ $\frac{\sqrt{8}}{\sqrt{3}}\div\frac{\sqrt{4}}{\sqrt{6}}=\frac{\sqrt{8}}{\sqrt{3}}\times\frac{\sqrt{6}}{\sqrt{4}}=\sqrt{\frac{8}{3}\times\frac{6}{4}}=\sqrt{4}=2$
⑤ $\frac{2\sqrt{10}}{3\sqrt{2}}\div\frac{4\sqrt{5}}{3\sqrt{6}}=\frac{2\sqrt{10}}{3\sqrt{2}}\times\frac{3\sqrt{6}}{4\sqrt{5}}$
$=\left(\frac{2}{3}\times\frac{3}{4}\right)\times\sqrt{\frac{10}{2}\times\frac{6}{5}}=\frac{\sqrt{6}}{2}$
따라서 옳지 않은 것은 ③이다. 　답 ③

240 ① $\sqrt{33}\div\sqrt{3}=\sqrt{\frac{33}{3}}=\sqrt{11}$
② $\sqrt{10}\div\sqrt{5}=\sqrt{\frac{10}{5}}=\sqrt{2}$
③ $\sqrt{3}\div\sqrt{\frac{1}{12}}=\sqrt{3}\times\sqrt{12}=\sqrt{3\times12}=\sqrt{36}=6$
④ $\sqrt{75}\div(-\sqrt{3})=-\sqrt{\frac{75}{3}}=-\sqrt{25}=-5$
⑤ $\sqrt{\frac{15}{2}}\div\sqrt{\frac{3}{8}}=\sqrt{\frac{15}{2}}\times\sqrt{\frac{8}{3}}=\sqrt{\frac{15}{2}\times\frac{8}{3}}=\sqrt{20}$
따라서 계산 결과가 가장 큰 것은 ③이다. 　답 ③

241 $5\sqrt{2}\div\frac{\sqrt{5}}{\sqrt{7}}\div\frac{1}{2\sqrt{15}}=5\sqrt{2}\times\frac{\sqrt{7}}{\sqrt{5}}\times2\sqrt{15}$
$=5\times2\times\sqrt{2\times\frac{7}{5}\times15}=10\sqrt{42}$
$\therefore n=42$ 　답 42

242 $\sqrt{45}\div\frac{\sqrt{5}}{3}=\sqrt{45}\times\frac{3}{\sqrt{5}}$
$=3\sqrt{45\times\frac{1}{5}}$
$=3\sqrt{9}=3\times3=9$
따라서 $\sqrt{45}$는 $\frac{\sqrt{5}}{3}$의 9배이다. 　답 9배

243 $\sqrt{48}=\sqrt{4^2\times3}=4\sqrt{3}$ 　$\therefore a=4$
$\sqrt{50}=\sqrt{5^2\times2}=5\sqrt{2}$ 　$\therefore b=2$
$\therefore a+b=4+2=6$ 　답 6

244 ④ $\sqrt{125}=\sqrt{5^3}=5\sqrt{5}$ 　답 ④

245 ① $-\sqrt{28}=-\sqrt{2^2\times7}=-2\sqrt{7}$ 　$\therefore \square=7$
② $\sqrt{40}=\sqrt{2^2\times10}=2\sqrt{10}$ 　$\therefore \square=2$
③ $-\sqrt{44}=-\sqrt{2^2\times11}=-2\sqrt{11}$ 　$\therefore \square=11$
④ $\sqrt{96}=\sqrt{4^2\times6}=4\sqrt{6}$ 　$\therefore \square=4$
⑤ $\sqrt{180}=\sqrt{6^2\times5}=6\sqrt{5}$ 　$\therefore \square=6$
따라서 $\square$ 안에 들어갈 수가 가장 큰 것은 ③이다. 　답 ③

246 $\sqrt{3}\times\sqrt{10}\times\sqrt{15}=\sqrt{3\times2\times5\times3\times5}$
$=\sqrt{2\times3^2\times5^2}$
$=15\sqrt{2}$
$\therefore a=15$ 　답 ②

247 주어진 식에 $x=18$을 대입하면
$y=\sqrt{3600^2\times18}=\sqrt{3600^2\times3^2\times2}=10800\sqrt{2}$
따라서 최대 거리가 $10800\sqrt{2}$ m이므로
$a=10800$, $b=2$
$\therefore a+b=10800+2=10802$ 　답 10802

248 $\sqrt{270a}=\sqrt{2\times3^3\times5\times a}=b\sqrt{2}$
이때 a가 가장 작은 자연수이므로
$a=3\times5=15$ 　…❶
즉, $\sqrt{270a}=\sqrt{2\times3^3\times5\times3\times5}=45\sqrt{2}$이므로
$b=45$ 　…❷
$\therefore a+b=15+45=60$ 　…❸
답 60

채점 기준	배점
❶ a의 값 구하기	40 %
❷ b의 값 구하기	40 %
❸ $a+b$의 값 구하기	20 %

249 ① $\sqrt{\frac{16}{3}}=\frac{\sqrt{16}}{\sqrt{3}}=\frac{4}{\sqrt{3}}$

② $\sqrt{\frac{2}{(-3)^2}}=\sqrt{\frac{2}{3^2}}=\frac{\sqrt{2}}{3}$

③ $\sqrt{0.27}=\sqrt{\frac{27}{100}}=\sqrt{\frac{3^3}{10^2}}=\frac{3\sqrt{3}}{10}$

④ $\sqrt{0.\dot{5}}=\sqrt{\frac{5}{9}}=\frac{\sqrt{5}}{3}$

⑤ $-\frac{\sqrt{6}}{2}=-\sqrt{\frac{6}{2^2}}=-\sqrt{\frac{3}{2}}$

따라서 옳지 않은 것은 ②이다. 답 ②

250 $\sqrt{0.24}=\sqrt{\frac{24}{100}}=\sqrt{\frac{2^2\times6}{10^2}}=\frac{2\sqrt{6}}{10}=\frac{\sqrt{6}}{5}$ $\quad\therefore a=\frac{1}{5}$

답 ②

251 $\frac{3\sqrt{3}}{\sqrt{5}}=\frac{\sqrt{3^2\times3}}{\sqrt{5}}=\frac{\sqrt{27}}{\sqrt{5}}=\sqrt{\frac{27}{5}}$ $\quad\therefore a=\frac{27}{5}$

$\frac{5}{3\sqrt{6}}=\frac{\sqrt{5^2}}{\sqrt{3^2\times6}}=\frac{\sqrt{25}}{\sqrt{54}}=\sqrt{\frac{25}{54}}$ $\quad\therefore b=\frac{25}{54}$

$\therefore ab=\frac{27}{5}\times\frac{25}{54}=\frac{5}{2}$ 답 $\frac{5}{2}$

252 $\sqrt{\frac{175}{4}}=\sqrt{\frac{5^2\times7}{2^2}}=\frac{5\sqrt{7}}{2}$ $\quad\therefore A=\frac{5}{2}$

$\sqrt{0.008}=\sqrt{\frac{80}{10000}}=\sqrt{\frac{4^2\times5}{100^2}}=\frac{4\sqrt{5}}{100}=\frac{\sqrt{5}}{25}$

$\therefore B=\frac{1}{25}$

$\therefore AB=\frac{5}{2}\times\frac{1}{25}=\frac{1}{10}$ 답 $\frac{1}{10}$

253 $\sqrt{756}=\sqrt{2^2\times3^3\times7}=(\sqrt{2})^2\times(\sqrt{3})^3\times\sqrt{7}=\sqrt{7}a^2b^3$ 답 ③

254 ① $\sqrt{50}=\sqrt{2\times5^2}=\sqrt{2}\times(\sqrt{5})^2=xy^2$

② $\sqrt{0.4}=\sqrt{\frac{4}{10}}=\sqrt{\frac{2}{5}}=\frac{\sqrt{2}}{\sqrt{5}}=\frac{x}{y}$

③ $\sqrt{\frac{16}{5}}=\sqrt{\frac{2^4}{5}}=\frac{(\sqrt{2})^4}{\sqrt{5}}=\frac{x^4}{y}$

④ $\sqrt{2.5}=\sqrt{\frac{25}{10}}=\sqrt{\frac{5}{2}}=\frac{\sqrt{5}}{\sqrt{2}}=\frac{y}{x}$

⑤ $\sqrt{180}=\sqrt{2^2\times3^2\times5}=(\sqrt{2})^2\times3\times\sqrt{5}=x^2\times3\times y=3x^2y$

따라서 옳지 않은 것은 ⑤이다. 답 ⑤

255 ① $\sqrt{0.0003}=\sqrt{\frac{3}{100^2}}=\frac{\sqrt{3}}{100}=\frac{a}{100}$

② $\sqrt{0.003}=\sqrt{\frac{30}{100^2}}=\frac{\sqrt{30}}{100}=\frac{b}{100}$

③ $\sqrt{0.3}=\sqrt{\frac{30}{10^2}}=\frac{\sqrt{30}}{10}=\frac{b}{10}$

④ $\sqrt{3000}=\sqrt{30\times10^2}=10\sqrt{30}=10b$

⑤ $\sqrt{30000}=\sqrt{3\times100^2}=100\sqrt{3}=100a$

따라서 옳지 않은 것은 ④이다. 답 ④

256 $\sqrt{12}=\sqrt{5+7}=\sqrt{(\sqrt{5})^2+(\sqrt{7})^2}=\sqrt{a^2+b^2}$ 답 ①

257 ① $\frac{1}{\sqrt{5}}=\frac{1\times\sqrt{5}}{\sqrt{5}\times\sqrt{5}}=\frac{\sqrt{5}}{5}$

② $-\frac{3}{\sqrt{3}}=-\frac{3\times\sqrt{3}}{\sqrt{3}\times\sqrt{3}}=-\frac{3\sqrt{3}}{3}=-\sqrt{3}$

③ $\frac{\sqrt{5}}{4\sqrt{2}}=\frac{\sqrt{5}\times\sqrt{2}}{4\sqrt{2}\times\sqrt{2}}=\frac{\sqrt{10}}{8}$

④ $\frac{\sqrt{2}}{\sqrt{3}}=\frac{\sqrt{2}\times\sqrt{3}}{\sqrt{3}\times\sqrt{3}}=\frac{\sqrt{6}}{3}$

⑤ $\frac{\sqrt{2}}{3\sqrt{6}}=\frac{\sqrt{2}\times\sqrt{6}}{3\sqrt{6}\times\sqrt{6}}=\frac{2\sqrt{3}}{18}=\frac{\sqrt{3}}{9}$

따라서 분모를 유리화한 것으로 옳은 것은 ③이다.

답 ③

258 $\frac{3\sqrt{a}}{2\sqrt{6}}=\frac{3\sqrt{a}\times\sqrt{6}}{2\sqrt{6}\times\sqrt{6}}=\frac{3\sqrt{6a}}{12}=\frac{\sqrt{6a}}{4}$

즉, $\frac{\sqrt{6a}}{4}=\frac{\sqrt{15}}{4}$이므로 $6a=15$ $\quad\therefore a=\frac{5}{2}$ 답 ⑤

259 $\frac{5}{\sqrt{18}}=\frac{5}{3\sqrt{2}}=\frac{5\times\sqrt{2}}{3\sqrt{2}\times\sqrt{2}}=\frac{5\sqrt{2}}{6}$ $\quad\therefore a=\frac{5}{6}$ …❶

$\frac{1}{2\sqrt{3}}=\frac{\sqrt{3}}{2\sqrt{3}\times\sqrt{3}}=\frac{\sqrt{3}}{6}$ $\quad\therefore b=\frac{1}{6}$ …❷

$\therefore a+b=\frac{5}{6}+\frac{1}{6}=1$ …❸

답 1

채점 기준	배점
❶ a의 값 구하기	40 %
❷ b의 값 구하기	40 %
❸ $a+b$의 값 구하기	20 %

260 $\frac{\sqrt{2}}{\sqrt{3}}=\frac{\sqrt{2}\times\sqrt{3}}{\sqrt{3}\times\sqrt{3}}=\frac{\sqrt{6}}{3}$, $\frac{2}{3}=\frac{\sqrt{4}}{3}$, $\frac{1}{\sqrt{3}}=\frac{\sqrt{3}}{\sqrt{3}\times\sqrt{3}}=\frac{\sqrt{3}}{3}$,

$\sqrt{2}=\frac{3\sqrt{2}}{3}=\frac{\sqrt{18}}{3}$이므로

$\frac{\sqrt{2}}{3}<\frac{\sqrt{3}}{3}<\frac{\sqrt{4}}{3}<\frac{\sqrt{6}}{3}<\frac{\sqrt{18}}{3}$

$\therefore \frac{\sqrt{2}}{3}<\frac{1}{\sqrt{3}}<\frac{2}{3}<\frac{\sqrt{2}}{\sqrt{3}}<\sqrt{2}$

따라서 두 번째에 오는 수는 $\frac{1}{\sqrt{3}}$이다. 답 $\frac{1}{\sqrt{3}}$

261 $\left(-\frac{2\sqrt{2}}{3}\right)\times\sqrt{\frac{15}{8}}\div\frac{\sqrt{3}}{2}=\left(-\frac{2\sqrt{2}}{3}\right)\times\frac{\sqrt{15}}{2\sqrt{2}}\times\frac{2}{\sqrt{3}}$

$=-\frac{2\sqrt{5}}{3}$ 답 $-\frac{2\sqrt{5}}{3}$

262 $\frac{6}{\sqrt{2}}\div\frac{\sqrt{3}}{4}\times\left(-\frac{1}{3\sqrt{2}}\right)=\frac{6}{\sqrt{2}}\times\frac{4}{\sqrt{3}}\times\left(-\frac{1}{3\sqrt{2}}\right)$

$=-\frac{4}{\sqrt{3}}=-\frac{4\times\sqrt{3}}{\sqrt{3}\times\sqrt{3}}$

$=-\frac{4\sqrt{3}}{3}$

$\therefore k=-\frac{4}{3}$ 답 $-\frac{4}{3}$

263 $\frac{\sqrt{20}}{\sqrt{3}}\times A\div\frac{\sqrt{5}}{\sqrt{12}}=\frac{\sqrt{20}}{\sqrt{3}}\times A\times\frac{\sqrt{12}}{\sqrt{5}}=4A$

즉, $4A=\sqrt{6}$이므로 $A=\frac{\sqrt{6}}{4}$ 답 ④

264 정사각형 D의 넓이가 1 cm^2이므로

정사각형 C의 넓이는 $1\times\frac{1}{2}=\frac{1}{2}(cm^2)$

정사각형 B의 넓이는 $\frac{1}{2}\times\frac{1}{2}=\frac{1}{4}(cm^2)$

정사각형 A의 넓이는 $\frac{1}{4}\times\frac{1}{2}=\frac{1}{8}(cm^2)$

따라서 정사각형 A의 한 변의 길이는

$\sqrt{\frac{1}{8}}=\frac{1}{2\sqrt{2}}=\frac{\sqrt{2}}{4}(cm)$ 답 $\frac{\sqrt{2}}{4}$ cm

265 $\overline{AB}$를 한 변으로 하는 정사각형의 넓이가 27이므로

$\overline{AB}=\sqrt{27}=3\sqrt{3}$

$\overline{BC}$를 한 변으로 하는 정사각형의 넓이가 32이므로

$\overline{BC}=\sqrt{32}=4\sqrt{2}$

$\therefore \triangle ABC=\frac{1}{2}\times4\sqrt{2}\times3\sqrt{3}=6\sqrt{6}$ 답 ③

266 (밑넓이)$=\pi\times(2\sqrt{3})^2=12\pi(cm^2)$

이때 원기둥의 부피가 $24\sqrt{2}\pi$ cm^3이므로 원기둥의 높이를 h cm라 하면

$12\pi h=24\sqrt{2}\pi$ $\therefore h=2\sqrt{2}$

따라서 이 원기둥의 옆넓이는

$(2\pi\times2\sqrt{3})\times2\sqrt{2}=8\sqrt{6}\pi(cm^2)$ 답 ④

267 (삼각형의 넓이)$=\frac{1}{2}\times\sqrt{48}\times x=\frac{1}{2}\times4\sqrt{3}\times x=2\sqrt{3}x$

(직사각형의 넓이)$=\sqrt{32}\times\sqrt{27}=4\sqrt{2}\times3\sqrt{3}=12\sqrt{6}$

이때 $2\sqrt{3}x=12\sqrt{6}$이므로

$x=\frac{12\sqrt{6}}{2\sqrt{3}}=6\sqrt{2}$ 답 $6\sqrt{2}$

268 정사각형의 한 변의 길이를 x cm라 하면

$x^2+x^2=20^2$, $2x^2=400$, $x^2=200$

$\therefore x=\sqrt{200}=10\sqrt{2}$ ($\because x>0$)

따라서 정사각형의 둘레의 길이는

$4\times10\sqrt{2}=40\sqrt{2}(cm)$ 답 $40\sqrt{2}$ cm

269 오른쪽 그림과 같이 $\overline{AC}$를 그으면

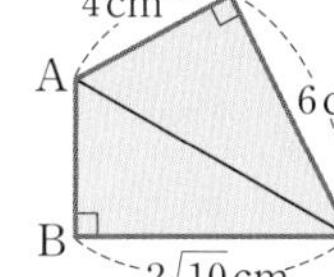

$\triangle ACD$에서

$\overline{AC}=\sqrt{4^2+6^2}$

$=\sqrt{52}=2\sqrt{13}(cm)$ …❶

$\triangle ABC$에서

$\overline{AB}=\sqrt{(2\sqrt{13})^2-(2\sqrt{10})^2}$

$=\sqrt{12}=2\sqrt{3}(cm)$ …❷

따라서 □ABCD의 넓이는

$\frac{1}{2}\times4\times6+\frac{1}{2}\times2\sqrt{10}\times2\sqrt{3}=12+2\sqrt{30}(cm^2)$ …❸

답 $(12+2\sqrt{30})$ cm^2

채점 기준	배점
❶ $\overline{AC}$의 길이 구하기	30 %
❷ $\overline{AB}$의 길이 구하기	30 %
❸ □ABCD의 넓이 구하기	40 %

Theme 05 근호를 포함한 식의 덧셈과 뺄셈 41~43쪽

270 $\frac{\sqrt{2}}{2}-\frac{\sqrt{3}}{3}-\sqrt{2}+\frac{5\sqrt{3}}{6}$

$=\left(\frac{1}{2}-1\right)\sqrt{2}+\left(-\frac{1}{3}+\frac{5}{6}\right)\sqrt{3}$

$=-\frac{\sqrt{2}}{2}+\frac{\sqrt{3}}{2}$ 답 $-\frac{\sqrt{2}}{2}+\frac{\sqrt{3}}{2}$

271 $a+b=(\sqrt{3}+\sqrt{5})+(\sqrt{3}-\sqrt{5})=2\sqrt{3}$

$a-b=(\sqrt{3}+\sqrt{5})-(\sqrt{3}-\sqrt{5})$

$=\sqrt{3}+\sqrt{5}-\sqrt{3}+\sqrt{5}$

$=2\sqrt{5}$

$\therefore (a+b)(a-b)=2\sqrt{3}\times2\sqrt{5}=4\sqrt{15}$ 답 ⑤

272 $\overline{PQ}=(3+2\sqrt{2})-(-1+\sqrt{2})$

$=3+2\sqrt{2}+1-\sqrt{2}$

$=4+\sqrt{2}$ 답 ④

273 $1<\sqrt{2}<\sqrt{4}$에서 $1<\sqrt{2}<2$이므로

$2-\sqrt{2}>0$, $1-\sqrt{2}<0$

$\therefore$ (주어진 식)$=(2-\sqrt{2})-\{-(1-\sqrt{2})\}$

$=2-\sqrt{2}+1-\sqrt{2}=3-2\sqrt{2}$ 답 $3-2\sqrt{2}$

274 $\sqrt{108}-\sqrt{75}+\sqrt{45}-\sqrt{80}=6\sqrt{3}-5\sqrt{3}+3\sqrt{5}-4\sqrt{5}$

$=\sqrt{3}-\sqrt{5}$

따라서 $a=1$, $b=-1$이므로

$a+b=1+(-1)=0$ 답 0

275 $\sqrt{75}-\sqrt{48}+\sqrt{12}=5\sqrt{3}-4\sqrt{3}+2\sqrt{3}$

$=3\sqrt{3}$ 답 ⑤

276 $\sqrt{24}+4\sqrt{a}-\sqrt{150}=\sqrt{96}$에서

$2\sqrt{6}+4\sqrt{a}-5\sqrt{6}=4\sqrt{6}$이므로

$4\sqrt{a}=7\sqrt{6}$

$\sqrt{a}=\frac{7\sqrt{6}}{4}=\sqrt{\frac{147}{8}}$

$\therefore a=\frac{147}{8}$ 답 $\frac{147}{8}$

277 두 눈금 0과 12 사이의 거리는 $\sqrt{12}=2\sqrt{3}$

두 눈금 3과 x 사이의 거리는 $\sqrt{x}-\sqrt{3}$

두 눈금 0, 12 사이의 거리와 두 눈금 3, x 사이의 거리가 서로 같으므로

$2\sqrt{3}=\sqrt{x}-\sqrt{3}$, $\sqrt{x}=3\sqrt{3}$

$\therefore x=27$ 답 27

278 $\frac{2\sqrt{2}}{3}+\frac{3}{\sqrt{2}}-\frac{7\sqrt{3}}{6}+\frac{\sqrt{3}}{3}=\frac{2\sqrt{2}}{3}+\frac{3\sqrt{2}}{2}-\frac{7\sqrt{3}}{6}+\frac{\sqrt{3}}{3}$

$=\left(\frac{2}{3}+\frac{3}{2}\right)\sqrt{2}+\left(-\frac{7}{6}+\frac{1}{3}\right)\sqrt{3}$

$=\frac{13}{6}\sqrt{2}-\frac{5}{6}\sqrt{3}$

따라서 $a=\frac{13}{6}$, $b=-\frac{5}{6}$이므로

$a+b=\frac{13}{6}+\left(-\frac{5}{6}\right)=\frac{8}{6}=\frac{4}{3}$ 답 $\frac{4}{3}$

279 $\sqrt{54}-3\sqrt{2}\div\sqrt{3}+\sqrt{6}=3\sqrt{6}-\dfrac{3\sqrt{2}}{\sqrt{3}}+\sqrt{6}$

$=3\sqrt{6}-\dfrac{3\sqrt{6}}{3}+\sqrt{6}$

$=3\sqrt{6}-\sqrt{6}+\sqrt{6}$

$=3\sqrt{6}$ 답 ④

280 $b=a+\dfrac{1}{a}=\sqrt{6}+\dfrac{1}{\sqrt{6}}=\sqrt{6}+\dfrac{\sqrt{6}}{6}=\dfrac{7\sqrt{6}}{6}=\dfrac{7}{6}a$

따라서 b는 a의 $\dfrac{7}{6}$배이다. 답 ②

281 $\dfrac{b}{a}-\dfrac{a}{b}=\dfrac{\sqrt{5}}{\sqrt{3}}-\dfrac{\sqrt{3}}{\sqrt{5}}$

$=\dfrac{\sqrt{15}}{3}-\dfrac{\sqrt{15}}{5}$

$=\dfrac{2\sqrt{15}}{15}$ 답 $\dfrac{2\sqrt{15}}{15}$

282 $\sqrt{2}(\sqrt{8}-\sqrt{24})-\sqrt{3}(\sqrt{12}+1)$

$=\sqrt{16}-\sqrt{48}-\sqrt{36}-\sqrt{3}$

$=4-4\sqrt{3}-6-\sqrt{3}$

$=-2-5\sqrt{3}$ 답 ②

283 $\sqrt{2}\left(\dfrac{3}{\sqrt{6}}+\dfrac{4}{\sqrt{12}}\right)+\sqrt{3}\left(\dfrac{2}{\sqrt{18}}-\sqrt{3}\right)$

$=\dfrac{3\sqrt{2}}{\sqrt{6}}+\dfrac{4\sqrt{2}}{\sqrt{12}}+\dfrac{2\sqrt{3}}{\sqrt{18}}-(\sqrt{3})^2$

$=\dfrac{3}{\sqrt{3}}+\dfrac{4}{\sqrt{6}}+\dfrac{2}{\sqrt{6}}-3$

$=\dfrac{3\sqrt{3}}{3}+\dfrac{4\sqrt{6}}{6}+\dfrac{2\sqrt{6}}{6}-3$

$=\sqrt{3}+\sqrt{6}-3$ 답 $\sqrt{3}+\sqrt{6}-3$

284 $\sqrt{2}a-\sqrt{3}b=\sqrt{2}(\sqrt{3}-\sqrt{2})-\sqrt{3}(\sqrt{3}+\sqrt{2})$

$=\sqrt{6}-2-3-\sqrt{6}$

$=-5$ 답 -5

285 $\sqrt{2}(\sqrt{5}+5\sqrt{2})+(2\sqrt{5}-\sqrt{2})\sqrt{5}=\sqrt{10}+10+10-\sqrt{10}$

$=20=\sqrt{400}=\sqrt{2^4\times5^2}$

$=(\sqrt{2})^4\times(\sqrt{5})^2$

$=a^4b^2$

답 ④

286 $\dfrac{3\sqrt{3}-2\sqrt{2}}{\sqrt{2}}-\dfrac{\sqrt{2}-2\sqrt{3}}{\sqrt{3}}$

$=\dfrac{(3\sqrt{3}-2\sqrt{2})\times\sqrt{2}}{\sqrt{2}\times\sqrt{2}}-\dfrac{(\sqrt{2}-2\sqrt{3})\times\sqrt{3}}{\sqrt{3}\times\sqrt{3}}$

$=\dfrac{3\sqrt{6}-4}{2}-\dfrac{\sqrt{6}-6}{3}$

$=\left(\dfrac{3}{2}-\dfrac{1}{3}\right)\sqrt{6}-2+2$

$=\dfrac{7\sqrt{6}}{6}$ 답 $\dfrac{7\sqrt{6}}{6}$

287 $\dfrac{8-\sqrt{3}}{3\sqrt{3}}=\dfrac{(8-\sqrt{3})\times\sqrt{3}}{3\sqrt{3}\times\sqrt{3}}=\dfrac{8\sqrt{3}-3}{9}$ 답 $\dfrac{8\sqrt{3}-3}{9}$

288 $A=\dfrac{5\sqrt{6}-\sqrt{5}}{\sqrt{5}}=\dfrac{(5\sqrt{6}-\sqrt{5})\times\sqrt{5}}{\sqrt{5}\times\sqrt{5}}=\dfrac{5\sqrt{30}-5}{5}=\sqrt{30}-1$

$B=\dfrac{6\sqrt{5}+\sqrt{6}}{\sqrt{6}}=\dfrac{(6\sqrt{5}+\sqrt{6})\times\sqrt{6}}{\sqrt{6}\times\sqrt{6}}=\dfrac{6\sqrt{30}+6}{6}=\sqrt{30}+1$

따라서

$A+B=(\sqrt{30}-1)+(\sqrt{30}+1)=2\sqrt{30}$,

$A-B=(\sqrt{30}-1)-(\sqrt{30}+1)=-2$이므로

$\dfrac{A-B}{A+B}=\dfrac{-2}{2\sqrt{30}}=\dfrac{-1}{\sqrt{30}}=-\dfrac{\sqrt{30}}{30}$ 답 $-\dfrac{\sqrt{30}}{30}$

289 (1) $x=\dfrac{10+\sqrt{10}}{\sqrt{5}}=\dfrac{(10+\sqrt{10})\times\sqrt{5}}{\sqrt{5}\times\sqrt{5}}$

$=\dfrac{10\sqrt{5}+5\sqrt{2}}{5}=2\sqrt{5}+\sqrt{2}$ …❶

(2) $y=\dfrac{10-\sqrt{10}}{\sqrt{5}}=\dfrac{(10-\sqrt{10})\times\sqrt{5}}{\sqrt{5}\times\sqrt{5}}$

$=\dfrac{10\sqrt{5}-5\sqrt{2}}{5}=2\sqrt{5}-\sqrt{2}$ …❷

(3) $x-y=(2\sqrt{5}+\sqrt{2})-(2\sqrt{5}-\sqrt{2})$

$=2\sqrt{5}+\sqrt{2}-2\sqrt{5}+\sqrt{2}=2\sqrt{2}$

$\therefore \sqrt{2}(x-y)=\sqrt{2}\times2\sqrt{2}=4$ …❸

답 (1) $2\sqrt{5}+\sqrt{2}$ (2) $2\sqrt{5}-\sqrt{2}$ (3) 4

채점 기준	배점
❶ x의 값 구하기	30 %
❷ y의 값 구하기	30 %
❸ $\sqrt{2}(x-y)$의 값 구하기	40 %

290 $\sqrt{(-4)^2}+(-2\sqrt{3})^2-\sqrt{3}\left(2\sqrt{48}-\sqrt{\dfrac{1}{3}}\right)$

$=4+12-2\sqrt{144}+\sqrt{3}\times\sqrt{\dfrac{1}{3}}$

$=4+12-24+1=-7$ 답 -7

291 $2\sqrt{8}-\dfrac{6}{\sqrt{3}}+\sqrt{2}(\sqrt{6}-3)=4\sqrt{2}-\dfrac{6\sqrt{3}}{3}+\sqrt{12}-3\sqrt{2}$

$=4\sqrt{2}-2\sqrt{3}+2\sqrt{3}-3\sqrt{2}$

$=\sqrt{2}$ 답 $\sqrt{2}$

292 $\sqrt{3}(\sqrt{6}-2\sqrt{3})+\dfrac{8-\sqrt{2}}{\sqrt{2}}=\sqrt{18}-6+\dfrac{(8-\sqrt{2})\times\sqrt{2}}{\sqrt{2}\times\sqrt{2}}$

$=3\sqrt{2}-6+\dfrac{8\sqrt{2}-2}{2}$

$=3\sqrt{2}-6+4\sqrt{2}-1$

$=7\sqrt{2}-7$ 답 ②

293 $\sqrt{6}\left(\dfrac{1}{\sqrt{2}}+\dfrac{3\sqrt{6}}{2}\right)+\left(\dfrac{3}{\sqrt{2}}-\dfrac{5}{\sqrt{6}}\right)\sqrt{2}-3$

$=\sqrt{3}+9+3-\dfrac{5}{\sqrt{3}}-3$

$=\sqrt{3}+9-\dfrac{5\sqrt{3}}{3}=9-\dfrac{2\sqrt{3}}{3}$

따라서 $A=9$, $B=-\dfrac{2}{3}$이므로

$AB=9\times\left(-\dfrac{2}{3}\right)=-6$ 답 -6

Theme 06 근호를 포함한 식의 계산 44~47쪽

294 $2(3\sqrt{2}-2a)+4-4a\sqrt{2}=6\sqrt{2}-4a+4-4a\sqrt{2}$
$=(6-4a)\sqrt{2}+(-4a+4)$
이때 $6-4a=0$이면 유리수가 되므로
$4a=6 \quad \therefore a=\frac{3}{2}$ 답 ③

295 (1) $X=3(a-\sqrt{2})-5\sqrt{2}+2a\sqrt{2}-9$
$=3a-3\sqrt{2}-5\sqrt{2}+2a\sqrt{2}-9$
$=(3a-9)+(-8+2a)\sqrt{2}$
이때 $-8+2a=0$이면 유리수가 되므로
$2a=8 \quad \therefore a=4$
(2) $a=4$이므로 $X=12-9=3$ 답 (1) 4 (2) 3

296 $\sqrt{24}\left(\frac{1}{\sqrt{6}}-\frac{1}{\sqrt{2}}\right)+\frac{a}{\sqrt{3}}(\sqrt{27}-3)$
$=\sqrt{4}-\sqrt{12}+a\sqrt{9}-\frac{3a}{\sqrt{3}}$
$=2-2\sqrt{3}+3a-a\sqrt{3}$
$=(2+3a)+(-2-a)\sqrt{3}$
이때 $-2-a=0$이면 유리수가 되므로 $a=-2$ 답 ①

297 (□ABCD의 넓이)$=\frac{1}{2}\times\{\sqrt{3}+(\sqrt{6}+\sqrt{3})\}\times 2\sqrt{3}$
$=(2\sqrt{3}+\sqrt{6})\times\sqrt{3}$
$=6+\sqrt{18}=6+3\sqrt{2}$ 답 ④

298 넓이가 24 cm^2인 정사각형의 한 변의 길이는
$\sqrt{24}=2\sqrt{6}$(cm)
넓이가 96 cm^2인 정사각형의 한 변의 길이는
$\sqrt{96}=4\sqrt{6}$(cm)
$\therefore \overline{AB}=2\sqrt{6}+4\sqrt{6}=6\sqrt{6}$(cm) 답 ⑤

299 (겉넓이)$=2\{(\sqrt{3}+\sqrt{6})\sqrt{6}+(\sqrt{3}+\sqrt{6})\sqrt{3}+\sqrt{6}\times\sqrt{3}\}$
$=2(3\sqrt{2}+6+3+3\sqrt{2}+3\sqrt{2})$
$=2(9+9\sqrt{2})=18+18\sqrt{2}$ …❶
(부피)$=(\sqrt{3}+\sqrt{6})\times\sqrt{6}\times\sqrt{3}$
$=(\sqrt{3}+\sqrt{6})\times 3\sqrt{2}$
$=3\sqrt{6}+3\sqrt{12}=3\sqrt{6}+6\sqrt{3}$ …❷
답 겉넓이 : $18+18\sqrt{2}$, 부피 : $3\sqrt{6}+6\sqrt{3}$

채점 기준	배점
❶ 겉넓이 구하기	50 %
❷ 부피 구하기	50 %

300 직육면체의 밑면의 가로의 길이는
$\sqrt{50}-\sqrt{2}-\sqrt{2}=5\sqrt{2}-2\sqrt{2}=3\sqrt{2}$(cm)
직육면체의 밑면의 세로의 길이는
$\sqrt{128}-\sqrt{2}-\sqrt{2}=8\sqrt{2}-2\sqrt{2}=6\sqrt{2}$(cm)
이때 직육면체의 높이는 $\sqrt{2}$ cm이므로
직육면체 모양의 상자의 부피는
$3\sqrt{2}\times 6\sqrt{2}\times\sqrt{2}=36\sqrt{2}(cm^3)$ 답 $36\sqrt{2}\ cm^3$

301 $\overline{AP}=\overline{AB}=\sqrt{1^2+1^2}=\sqrt{2}$이므로 점 P에 대응하는 수는 $-1-\sqrt{2}$이다.
$\therefore p=-1-\sqrt{2}$
$\overline{CQ}=\overline{CD}=\sqrt{1^2+1^2}=\sqrt{2}$이므로 점 Q에 대응하는 수는 $1+\sqrt{2}$이다.
$\therefore q=1+\sqrt{2}$
$\therefore (p+1)-(q-2)=(-1-\sqrt{2}+1)-(1+\sqrt{2}-2)$
$=1-2\sqrt{2}$ 답 $1-2\sqrt{2}$

302 $\overline{BP}=\overline{BA}=\sqrt{4^2+2^2}=\sqrt{20}=2\sqrt{5}$이므로 점 P에 대응하는 수는 $1-2\sqrt{5}$이다.
$\overline{FQ}=\overline{FD}=\sqrt{1^2+3^2}=\sqrt{10}$이므로 점 Q에 대응하는 수는 $8+\sqrt{10}$이다.
$\therefore \overline{PQ}=(8+\sqrt{10})-(1-2\sqrt{5})$
$=8+\sqrt{10}-1+2\sqrt{5}$
$=7+\sqrt{10}+2\sqrt{5}$ 답 $7+\sqrt{10}+2\sqrt{5}$

303 넓이가 8인 정사각형의 한 변의 길이는 $\sqrt{8}=2\sqrt{2}$이므로
$\overline{AB}=\overline{AD}=2\sqrt{2}$
$\overline{AP}=\overline{AB}=2\sqrt{2}$에서 점 P에 대응하는 수는 $2+2\sqrt{2}$이므로
$p=2+2\sqrt{2}$
$\overline{AQ}=\overline{AD}=2\sqrt{2}$에서 점 Q에 대응하는 수는 $2-2\sqrt{2}$이므로
$q=2-2\sqrt{2}$
$\therefore \frac{2p+q}{p-2}=\frac{2(2+2\sqrt{2})+(2-2\sqrt{2})}{(2+2\sqrt{2})-2}$
$=\frac{6+2\sqrt{2}}{2\sqrt{2}}=\frac{3\sqrt{2}+2}{2}$ 답 $\frac{3\sqrt{2}+2}{2}$

304 $\overline{AB}=\sqrt{\{2-(-1)\}^2+(5-2)^2}$
$=\sqrt{18}=3\sqrt{2}$ 답 ③

305 $\overline{PQ}=\sqrt{(5-2)^2+\{-3-(-4)\}^2}=\sqrt{10}$ 답 ②

306 $\overline{AB}=\sqrt{(5-2)^2+\{3-(-3)\}^2}=\sqrt{45}=3\sqrt{5}$
$\overline{BC}=\sqrt{(-6-5)^2+(1-3)^2}=\sqrt{125}=5\sqrt{5}$
$\overline{CA}=\sqrt{(-6-2)^2+\{1-(-3)\}^2}=\sqrt{80}=4\sqrt{5}$
따라서 $\overline{BC}^2=\overline{AB}^2+\overline{CA}^2$이므로 △ABC는 ∠A=90°인 직각삼각형이다. 답 ②

307 $A-B=(2\sqrt{5}+5)-3\sqrt{5}$
$=-\sqrt{5}+5=-\sqrt{5}+\sqrt{25}>0$
$\therefore A>B$ …… ㉠
$A-C=(2\sqrt{5}+5)-(4\sqrt{3}+5)$
$=2\sqrt{5}-4\sqrt{3}=\sqrt{20}-\sqrt{48}<0$
$\therefore A<C$ …… ㉡
㉠, ㉡에서 $B<A<C$ 답 ②

308 ① $3\sqrt{2}-(\sqrt{5}+\sqrt{2})=2\sqrt{2}-\sqrt{5}=\sqrt{8}-\sqrt{5}>0$
$\therefore 3\sqrt{2}>\sqrt{5}+\sqrt{2}$
② $(7\sqrt{5}-1)-(6\sqrt{5}+1)=\sqrt{5}-2=\sqrt{5}-\sqrt{4}>0$
$\therefore 7\sqrt{5}-1>6\sqrt{5}+1$
③ $12-(\sqrt{3}+10)=2-\sqrt{3}=\sqrt{4}-\sqrt{3}>0$
$\therefore 12>\sqrt{3}+10$
④ $2\sqrt{3}-(-\sqrt{3}+4)=3\sqrt{3}-4=\sqrt{27}-\sqrt{16}>0$
$\therefore 2\sqrt{3}>-\sqrt{3}+4$

⑤ $(3\sqrt{3}+3)-(2\sqrt{7}+3)=3\sqrt{3}-2\sqrt{7}=\sqrt{27}-\sqrt{28}<0$

$\therefore 3\sqrt{3}+3<2\sqrt{7}+3$

따라서 대소 관계가 옳은 것은 ⑤이다. 답 ⑤

309 (1) $(1+3\sqrt{5})-4\sqrt{5}=1-\sqrt{5}<0$

$\therefore 1+3\sqrt{5}<4\sqrt{5}$

(2) $(3-\sqrt{3})-(4-2\sqrt{3})=-1+\sqrt{3}>0$

$\therefore 3-\sqrt{3}>4-2\sqrt{3}$

(3) $(5\sqrt{3}+\sqrt{18})-(6\sqrt{2}+\sqrt{12})$

$=(5\sqrt{3}+3\sqrt{2})-(6\sqrt{2}+2\sqrt{3})$

$=3\sqrt{3}-3\sqrt{2}=\sqrt{27}-\sqrt{18}>0$

$\therefore 5\sqrt{3}+\sqrt{18}>6\sqrt{2}+\sqrt{12}$ 답 (1) < (2) > (3) >

310 분모가 12인 기약분수의 분자를 x라 하면

$\frac{\sqrt{5}}{3}<\frac{x}{12}<\frac{\sqrt{7}}{2}$

$\frac{4\sqrt{5}}{12}<\frac{x}{12}<\frac{6\sqrt{7}}{12}$

$4\sqrt{5}<x<6\sqrt{7}$

$\therefore \sqrt{80}<x<\sqrt{252}$

즉, 자연수 x는 $x=9, 10, 11, 12, 13, 14, 15$

이때 $\frac{x}{12}$가 기약분수가 되려면 $x=11, 13$

따라서 구하는 기약분수의 합은

$\frac{11}{12}+\frac{13}{12}=2$ 답 2

311 ① $\sqrt{58000}=\sqrt{5.8\times100^2}=100\sqrt{5.8}=240.8$

② $\sqrt{5800}=\sqrt{58\times10^2}=10\sqrt{58}=76.16$

③ $\sqrt{580}=\sqrt{5.8\times10^2}=10\sqrt{5.8}=24.08$

④ $\sqrt{0.58}=\sqrt{\frac{58}{10^2}}=\frac{\sqrt{58}}{10}=0.7616$

⑤ $\sqrt{0.058}=\sqrt{\frac{5.8}{10^2}}=\frac{\sqrt{5.8}}{10}=0.2408$

따라서 옳은 것은 ①이다. 답 ①

312 $25.65=10\times2.565=10\sqrt{6.58}=\sqrt{6.58\times10^2}=\sqrt{658}$

$\therefore a=658$ 답 658

313 ① $\sqrt{2.53}=1.591$

② $\sqrt{243}=\sqrt{2.43\times100}=10\sqrt{2.43}=10\times1.559=15.59$

③ $\sqrt{2.2}=1.483$

④ $\sqrt{234}=\sqrt{2.34\times100}=10\sqrt{2.34}=10\times1.530=15.30$

⑤ $\sqrt{0.251}=\sqrt{\frac{25.1}{100}}=\frac{\sqrt{25.1}}{10}$이므로 $\sqrt{25.1}$의 값이 주어져야 한다.

따라서 주어진 제곱근표를 이용하여 그 값을 구할 수 없는 것은 ⑤이다. 답 ⑤

314 $\frac{1}{\sqrt{200}}=\sqrt{\frac{50}{10000}}=\frac{\sqrt{50}}{100}$

$=\frac{7.071}{100}=0.07071$ 답 ①

315 $\sqrt{12000}=\sqrt{30\times400}=20\sqrt{30}$

$=20\times5.477=109.54$ 답 ④

316 $\sqrt{999}=\sqrt{1.11\times900}=30\sqrt{1.11}$

$=30\times1.054=31.62$ 답 ②

317 ① $\sqrt{0.02}=\sqrt{\frac{2}{100}}=\frac{\sqrt{2}}{10}=\frac{1.414}{10}=0.1414$

② $\sqrt{0.5}=\sqrt{\frac{1}{2}}=\frac{\sqrt{2}}{2}=\frac{1.414}{2}=0.707$

③ $\sqrt{12}=2\sqrt{3}$이므로 $\sqrt{3}$의 값이 주어져야 한다.

④ $\sqrt{18}=3\sqrt{2}=3\times1.414=4.242$

⑤ $\sqrt{32}=4\sqrt{2}=4\times1.414=5.656$

따라서 구할 수 없는 것은 ③이다. 답 ③

318 $1<\sqrt{2}<2$에서 $-2<-\sqrt{2}<-1$이므로

$2<4-\sqrt{2}<3$

$\therefore a=2,\ b=(4-\sqrt{2})-2=2-\sqrt{2}$

$\therefore a^2+(2-b)^2=2^2+(\sqrt{2})^2=4+2=6$ 답 ③

319 $1<\sqrt{3}<2$이므로 $3<2+\sqrt{3}<4$ …❶

$\therefore a=3,\ b=(2+\sqrt{3})-3=\sqrt{3}-1$ …❷

$\therefore a-\sqrt{3}b=3-\sqrt{3}(\sqrt{3}-1)$

$=3-3+\sqrt{3}=\sqrt{3}$ …❸

답 $\sqrt{3}$

채점 기준	배점
❶ $2+\sqrt{3}$의 값의 범위 구하기	30 %
❷ a, b의 값 각각 구하기	40 %
❸ $a-\sqrt{3}b$의 값 구하기	30 %

320 $2<\sqrt{7}<3$이므로 $\sqrt{7}$의 소수 부분은 $\sqrt{7}-2$이다.

$\therefore a=\sqrt{7}-2$

$\therefore \frac{a-2}{a+2}=\frac{(\sqrt{7}-2)-2}{(\sqrt{7}-2)+2}=\frac{\sqrt{7}-4}{\sqrt{7}}$

$=\frac{(\sqrt{7}-4)\times\sqrt{7}}{\sqrt{7}\times\sqrt{7}}$

$=\frac{7-4\sqrt{7}}{7}$ 답 $\frac{7-4\sqrt{7}}{7}$

321 $2<\sqrt{5}<3$이므로 $\sqrt{5}$의 소수 부분은 $\sqrt{5}-2$이다.

$\therefore a=\sqrt{5}-2$

$11<\sqrt{125}<12$이므로 $\sqrt{125}$의 소수 부분은 $\sqrt{125}-11$이다.

이때 $\sqrt{125}-11=5\sqrt{5}-11$이고

$a=\sqrt{5}-2$에서 $\sqrt{5}=a+2$이므로

$\sqrt{125}-11=5\sqrt{5}-11=5(a+2)-11=5a-1$ 답 ①

발전 문제

48~50쪽

322 $\sqrt{0.23}+\sqrt{230}=\sqrt{\frac{23}{100}}+\sqrt{2.3\times100}$

$=\frac{\sqrt{23}}{10}+10\sqrt{2.3}$

$=10a+\frac{1}{10}b$ 답 ③

323 $\sqrt{7}<\frac{\sqrt{n}}{2}<3\sqrt{7}$에서

$2\sqrt{7}<\sqrt{n}<6\sqrt{7}$

$\sqrt{2^2\times7}<\sqrt{n}<\sqrt{6^2\times7}$

$\sqrt{4\times7}<\sqrt{n}<\sqrt{36\times7}$

이때 n은 7의 배수이므로 주어진 식을 만족시키는 자연수 n은 5×7, 6×7, 7×7, 8×7, $\cdots$, 35×7의 31개이다.

답 31

324 $\frac{8}{\sqrt{200}}=\frac{8}{10\sqrt{2}}=\frac{8\sqrt{2}}{20}=\frac{2\sqrt{2}}{5}$에서 $a=\frac{2}{5}$

$\sqrt{0.03}=\sqrt{\frac{3}{100}}=\frac{\sqrt{3}}{10}$에서 $b=\frac{1}{10}$

$\sqrt{7500}=\sqrt{3\times50^2}=50\sqrt{3}$에서 $c=50$

$\therefore abc=\frac{2}{5}\times\frac{1}{10}\times50=2$

답 2

325 $a\sqrt{\frac{6b}{a}}-b\sqrt{\frac{2a}{3b}}=\sqrt{a^2\times\frac{6b}{a}}-\sqrt{b^2\times\frac{2a}{3b}}$

$=\sqrt{6ab}-\frac{\sqrt{2ab}}{\sqrt{3}}=\sqrt{6ab}-\frac{\sqrt{6ab}}{3}$

$=\frac{2}{3}\sqrt{6ab}=\frac{2}{3}\sqrt{72}$

$=\frac{2}{3}\times6\sqrt{2}=4\sqrt{2}$

답 ①

326 $(\sqrt{3}+1)◎\frac{1}{\sqrt{3}}=(\sqrt{3}+1)\times\frac{1}{\sqrt{3}}-\sqrt{3}(\sqrt{3}+1)+2$

$=1+\frac{1}{\sqrt{3}}-3-\sqrt{3}+2$

$=\frac{1}{\sqrt{3}}-\sqrt{3}=\frac{\sqrt{3}}{3}-\sqrt{3}$

$=-\frac{2\sqrt{3}}{3}$

답 ①

327 $\sqrt{2}(3\sqrt{2}-6)-\frac{a(1-\sqrt{2})}{2\sqrt{2}}=6-6\sqrt{2}-\frac{a(1-\sqrt{2})\times\sqrt{2}}{2\sqrt{2}\times\sqrt{2}}$

$=6-6\sqrt{2}-\frac{a\sqrt{2}-2a}{4}$

$=\left(6+\frac{1}{2}a\right)+\left(-6-\frac{a}{4}\right)\sqrt{2}$

이때 $-6-\frac{a}{4}=0$이면 유리수가 되므로

$-6=\frac{a}{4}$ $\quad\therefore a=-24$

답 -24

328 정사각형 A, B, C의 한 변의 길이는 각각 $\sqrt{96}=4\sqrt{6}$, $\sqrt{54}=3\sqrt{6}$, $\sqrt{24}=2\sqrt{6}$이므로

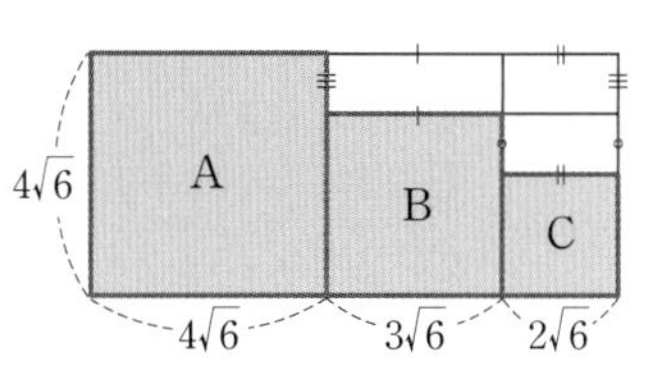

(도형의 둘레의 길이)

$=2(4\sqrt{6}+3\sqrt{6}+2\sqrt{6})+2\times4\sqrt{6}$

$=26\sqrt{6}$

따라서 $p=26$, $q=6$이므로

$p+q=26+6=32$

답 ⑤

329 $\triangle BCD$에서 $\overline{BD}=\sqrt{2^2+2^2}=\sqrt{8}=2\sqrt{2}$이므로

$\overline{BE}=\overline{BD}=2\sqrt{2}$

$\triangle BEF$에서 $\overline{BF}=\sqrt{(2\sqrt{2})^2+2^2}=\sqrt{12}=2\sqrt{3}$이므로

$\overline{BG}=\overline{BF}=2\sqrt{3}$

$\triangle BGH$에서 $\overline{BH}=\sqrt{(2\sqrt{3})^2+2^2}=\sqrt{16}=4$이므로

$\overline{BI}=\overline{BH}=4$

$\therefore \overline{GI}=\overline{BI}-\overline{BG}=4-2\sqrt{3}$

답 $4-2\sqrt{3}$

330 (종엽이가 가진 카드에 적힌 수)$=2\sqrt{5}$

(정희가 가진 카드에 적힌 수)$=2\sqrt{5}+3\sqrt{3}$

(연호가 가진 카드에 적힌 수)$=2\sqrt{5}+2$

(홍섭이가 가진 카드에 적힌 수)$=2\sqrt{5}-8$

(i) $(2\sqrt{5}+3\sqrt{3})-(2\sqrt{5}+2)=3\sqrt{3}-2=\sqrt{27}-\sqrt{4}>0$

$\therefore$ (정희)$>$(연호)

(ii) $(2\sqrt{5}+2)-(2\sqrt{5}-8)=10>0$

$\therefore$ (연호)$>$(홍섭)

(iii) $(2\sqrt{5}-8)-2\sqrt{5}=-8<0$

$\therefore$ (홍섭)$<$(종엽)

종엽이는 정희나 연호보다 작은 수가 적힌 카드를 가지고 있으므로 (홍섭)$<$(종엽)$<$(연호)$<$(정희)이다.

따라서 가장 먼저 주사위를 던지는 사람은 정희이다.

답 정희

331 $\triangle ABC\backsim\triangle ADE$ (AA 닮음)이고

$\triangle ADE=\triangle ABC-\square DBCE$

$=\triangle ABC-\frac{2}{3}\triangle ABC$

$=\frac{1}{3}\triangle ABC$

이므로 $\triangle ABC:\triangle ADE=3:1$

즉, $\triangle ABC$와 $\triangle ADE$의 닮음비가 $\sqrt{3}:1$이므로

$6:\overline{DE}=\sqrt{3}:1$, $\sqrt{3}\,\overline{DE}=6$

$\therefore \overline{DE}=\frac{6}{\sqrt{3}}=\frac{6\times\sqrt{3}}{\sqrt{3}\times\sqrt{3}}=2\sqrt{3}$

답 $2\sqrt{3}$

참고 닮음인 두 도형의 넓이의 비가 $m:n$ $(m>0,\ n>0)$이면 닮음비는 $\sqrt{m}:\sqrt{n}$이다.

332 $\sqrt{63a}-\sqrt{80b}=c$에서

$\sqrt{3^2\times7\times a}-\sqrt{4^2\times5\times b}=c$

$3\sqrt{7a}-4\sqrt{5b}=c$

c가 한 자리의 자연수이므로 $7a$, $5b$는 각각 (자연수)^2 꼴이어야 하며 $3\sqrt{7a}>4\sqrt{5b}$이어야 한다.

이때 a, b는 한 자리의 자연수이므로 $a=7$, $b=5$

따라서 $c=3\sqrt{7^2}-4\sqrt{5^2}=21-20=1$이므로

$a+b-c=7+5-1=11$

답 11

333 $\overline{BP}=\overline{BA}=\sqrt{2^2+1^2}=\sqrt{5}$이므로 점 P에 대응하는 수는 $-1-\sqrt{5}$이다.

$\therefore a=-1-\sqrt{5}$

$\overline{BQ}=\overline{BC}=\sqrt{1^2+2^2}=\sqrt{5}$이므로 점 Q에 대응하는 수는 $-1+\sqrt{5}$이다.

$\therefore b=-1+\sqrt{5}$

$2<\sqrt{5}<3$에서 $1<-1+\sqrt{5}<2$이므로

b의 정수 부분은 1이다. $\therefore x=1$
따라서 b의 소수 부분은 $(-1+\sqrt{5})-1=\sqrt{5}-2$이므로
$y=\sqrt{5}-2$
$\therefore a+xy=(-1-\sqrt{5})+(\sqrt{5}-2)$
$=-3$
답 -3

334 $P=\frac{1}{2}\overline{OA}^2=8$에서 $\overline{OA}^2=16$
$\therefore \overline{OA}=4$ ($\because \overline{OA}>0$)
$Q=2P=16$이므로
$\frac{1}{2}\overline{AB}^2=16$에서 $\overline{AB}^2=32$
$\therefore \overline{AB}=4\sqrt{2}$ ($\because \overline{AB}>0$)
$R=2Q=32$이므로
$\frac{1}{2}\overline{BC}^2=32$에서 $\overline{BC}^2=64$
$\therefore \overline{BC}=8$ ($\because \overline{BC}>0$)
따라서 $a=4$, $b=4+4\sqrt{2}$, $c=12+4\sqrt{2}$이므로
$a+b-c=4+(4+4\sqrt{2})-(12+4\sqrt{2})$
$=-4$
답 -4

335 $\sqrt{9+x}\div\sqrt{9}=\frac{\sqrt{9+x}}{3}$가 순환소수가 되려면
$\sqrt{9+x}$가 유리수가 되어야 한다.
$1\le x\le 9$이므로 $\sqrt{10}\le\sqrt{9+x}\le\sqrt{18}$
따라서 $\sqrt{9+x}=\sqrt{16}$에서
$9+x=16$ $\therefore x=7$
이때 $\frac{\sqrt{9+x}}{3}=\frac{\sqrt{16}}{3}=\frac{4}{3}=1.\dot{3}$이므로
$y=3$
$\therefore x+y=7+3=10$
답 10

336 $1<\sqrt{3}<2$에서 $2<\sqrt{3}+1<3$이므로
$f(a)=2$, $g(a)=\sqrt{3}+1-2=\sqrt{3}-1$
$2\sqrt{2}=\sqrt{2^2\times2}=\sqrt{8}$이고
$\sqrt{4}<\sqrt{8}<\sqrt{9}$에서 $2<2\sqrt{2}<3$이므로
$3<2\sqrt{2}+1<4$
$\therefore f(b)=3$, $g(b)=2\sqrt{2}+1-3=2\sqrt{2}-2$
$\therefore \frac{g(a)-f(b)+4}{f(a)+g(b)}=\frac{\sqrt{3}-1-3+4}{2+2\sqrt{2}-2}$
$=\frac{\sqrt{3}}{2\sqrt{2}}=\frac{\sqrt{3}\times\sqrt{2}}{2\sqrt{2}\times\sqrt{2}}=\frac{\sqrt{6}}{4}$
답 $\frac{\sqrt{6}}{4}$

교과서 속 창의력 UP! 51쪽

337 $\frac{\sqrt{10}}{\sqrt{7}}\div\frac{\sqrt{b}}{\sqrt{a}}=\frac{\sqrt{10}}{\sqrt{7}}\times\frac{\sqrt{a}}{\sqrt{b}}=\sqrt{\frac{10}{7}\times\frac{a}{b}}$에서
우민이는 a를 35로 잘못 보고 b는 바로 보았으므로
$\sqrt{\frac{10}{7}\times\frac{35}{b}}=\sqrt{\frac{50}{b}}=5$ $\therefore b=2$
세영이는 b를 5로 잘못 보고 a는 바로 보았으므로
$\sqrt{\frac{10}{7}\times\frac{a}{5}}=\sqrt{\frac{2a}{7}}=\sqrt{6}$ $\therefore a=21$
따라서 문제의 바른 정답은
$\frac{\sqrt{10}}{\sqrt{7}}\div\frac{\sqrt{2}}{\sqrt{21}}=\frac{\sqrt{10}}{\sqrt{7}}\times\frac{\sqrt{21}}{\sqrt{2}}=\sqrt{\frac{10}{7}\times\frac{21}{2}}$
$=\sqrt{15}$
답 $\sqrt{15}$

338 원뿔의 옆넓이는 원뿔의 전개도에서 부채꼴의 넓이와 같으므로
(원뿔의 옆넓이)
$=\frac{1}{2}\times\overline{AB}\times$(원 O의 둘레의 길이)
$=\frac{1}{2}\times(\sqrt{8}\times\sqrt{9}\times\sqrt{10})\times\{2\pi\times(\sqrt{2}\times\sqrt{3}\times\sqrt{5})\}$
$=\frac{1}{2}\times(2\sqrt{2}\times3\times\sqrt{2}\times\sqrt{5})\times(2\pi\times\sqrt{2}\times\sqrt{3}\times\sqrt{5})$
$=60\sqrt{6}\pi$
답 $60\sqrt{6}\pi$

참고 (부채꼴의 넓이)$=\frac{1}{2}\times$(반지름의 길이)$\times$(호의 길이)

339 작은 직사각형의 가로의 길이를 x, 세로의 길이를 y $(x>y)$라 하면
$4y=3x$ ······ ㉠
$5x+6y=19\sqrt{2}$ ······ ㉡
㉠에서 $y=\frac{3}{4}x$
$y=\frac{3}{4}x$를 ㉡에 대입하면
$5x+6\times\frac{3}{4}x=19\sqrt{2}$, $5x+\frac{9}{2}x=19\sqrt{2}$
$\therefore x=2\sqrt{2}$, $y=\frac{3\sqrt{2}}{2}$
$\therefore$ (직사각형 ABCD의 넓이)$=7\times2\sqrt{2}\times\frac{3\sqrt{2}}{2}$
$=42$
답 42

340 (1) 각 상자의 부피를 구하면
A : $\sqrt{2}\times\sqrt{8}\times\sqrt{10}=\sqrt{160}$
B : $\sqrt{3}\times\sqrt{3}\times\sqrt{12}=\sqrt{108}$
C : $2\times\sqrt{5}\times3=6\sqrt{5}=\sqrt{180}$
이때 $\sqrt{180}>\sqrt{160}>\sqrt{108}$이므로 채워진 물의 양이 많은 순서대로 나열하면 C, A, B이다.
(2) 각 상자의 겉넓이를 구하면
A : $2(\sqrt{2}\times\sqrt{8}+\sqrt{2}\times\sqrt{10}+\sqrt{8}\times\sqrt{10})=8+12\sqrt{5}$
B : $2(\sqrt{3}\times\sqrt{3}+\sqrt{3}\times\sqrt{12}+\sqrt{3}\times\sqrt{12})=30$
C : $2(2\times\sqrt{5}+2\times3+\sqrt{5}\times3)=12+10\sqrt{5}$
이때
$(8+12\sqrt{5})-(12+10\sqrt{5})=2\sqrt{5}-4=\sqrt{20}-\sqrt{16}>0$
이므로 $8+12\sqrt{5}>12+10\sqrt{5}$
$(12+10\sqrt{5})-30=-18+10\sqrt{5}=-\sqrt{324}+\sqrt{500}>0$
이므로 $12+10\sqrt{5}>30$
따라서 $8+12\sqrt{5}>12+10\sqrt{5}>30$이므로 색칠한 부분의 넓이가 넓은 순서대로 나열하면 A, C, B이다.
답 (1) C, A, B (2) A, C, B

03. 다항식의 곱셈과 곱셈 공식

핵심 개념 55쪽

341 답 $2x^2-7x+6$

342 답 $-2ac+ad-8bc+4bd$

343 답 $10a^2-11ab-6b^2$

344 답 x^2+6x+9

345 답 $4x^2+4x+1$

346 답 $x^2-8x+16$

347 답 x^2-25

348 답 $4x^2-9$

349 답 $a^2+2a-15$

350 답 $12x^2-7x-10$

351 답 $6x^2-xy-2y^2$

352 답 A, 5, 6, 2, 5, 5

353 $102^2=(100+2)^2$
$=100^2+2\times100\times2+2^2$
$=10000+400+4=10404$ 답 10404

354 $97^2=(100-3)^2$
$=100^2-2\times100\times3+3^2$
$=10000-600+9=9409$ 답 9409

355 $5.1\times4.9=(5+0.1)(5-0.1)$
$=5^2-0.1^2$
$=25-0.01$
$=24.99$ 답 24.99

356 $102\times103=(100+2)(100+3)$
$=100^2+(2+3)\times100+2\times3$
$=10000+500+6$
$=10506$ 답 10506

357 $a^2+b^2=(a+b)^2-2ab$
$=4^2-2\times3$
$=16-6=10$ 답 10

358 $(a-b)^2=(a+b)^2-4ab$
$=4^2-4\times3$
$=16-12=4$ 답 4

359 $a^2+b^2=(a-b)^2+2ab$
$=2^2+2\times8$
$=4+16=20$ 답 20

360 $(a+b)^2=(a-b)^2+4ab$
$=2^2+4\times8$
$=4+32=36$ 답 36

361 $(\sqrt{6}-2\sqrt{3})^2=(\sqrt{6})^2-2\times\sqrt{6}\times2\sqrt{3}+(2\sqrt{3})^2$
$=6-12\sqrt{2}+12$
$=18-12\sqrt{2}$ 답 $18-12\sqrt{2}$

362 $(3\sqrt{2}+2)(\sqrt{2}-2)=6-6\sqrt{2}+2\sqrt{2}-4$
$=2-4\sqrt{2}$ 답 $2-4\sqrt{2}$

363 $(a+2\sqrt{3})(4-\sqrt{3})=4a-a\sqrt{3}+8\sqrt{3}-6$
$=(4a-6)+(-a+8)\sqrt{3}$
이때 $-a+8=0$이면 유리수가 되므로
$a=8$ 답 8

364 $(\sqrt{5}+a)(2-3\sqrt{5})=2\sqrt{5}-15+2a-3a\sqrt{5}$
$=(-15+2a)+(2-3a)\sqrt{5}$
이때 $2-3a=0$이면 유리수가 되므로
$a=\frac{2}{3}$ 답 $\frac{2}{3}$

365 $\frac{1}{3+\sqrt{2}}=\frac{3-\sqrt{2}}{(3+\sqrt{2})(3-\sqrt{2})}$
$=\frac{3-\sqrt{2}}{9-2}=\frac{3-\sqrt{2}}{7}$ 답 $\frac{3-\sqrt{2}}{7}$

366 $\frac{1+\sqrt{5}}{3-\sqrt{5}}=\frac{(1+\sqrt{5})(3+\sqrt{5})}{(3-\sqrt{5})(3+\sqrt{5})}$
$=\frac{3+\sqrt{5}+3\sqrt{5}+5}{9-5}$
$=\frac{8+4\sqrt{5}}{4}=2+\sqrt{5}$ 답 $2+\sqrt{5}$

핵심 유형 56~63쪽

Theme 07 다항식의 곱셈과 곱셈 공식 56~59쪽

367 $(4x+3y)(2x-4y)=8x^2-16xy+6xy-12y^2$
$=8x^2-10xy-12y^2$
이므로 $a=8$, $b=-10$
$\therefore a+b=8+(-10)=-2$ 답 ③

368 $(2a+3b)(-6a-b)=-12a^2-2ab-18ab-3b^2$
$=-12a^2-20ab-3b^2$ 답 ②

369 $(-4x+5y)(2x+3y-1)$
$=-8x^2-12xy+4x+10xy+15y^2-5y$
$=-8x^2-2xy+15y^2+4x-5y$
이므로 $a=-2$, $b=15$
$\therefore b-a=15-(-2)=17$ 답 ⑤

370 ㄱ. $(x-y)(3x-2)=3x^2-2x-3xy+2y$
ㄴ. $(3x+11)(x-4)=3x^2-12x+11x-44$
$=3x^2-x-44$
ㄷ. $(x+7)(x-3y)=x^2-3xy+7x-21y$
ㄹ. $(x-1+y)(x-1)=x^2-x-x+1+xy-y$
$=x^2-2x+xy-y+1$
따라서 ㄱ, ㄹ은 x의 계수가 -2로 같다. 답 ③

371 $(3x-1)(2x+a)=6x^2+3ax-2x-a$
$=6x^2+(3a-2)x-a$
x의 계수가 7이므로
$3a-2=7$, $3a=9$
$\therefore a=3$ 답 3

372 $(ax-2)(3x+b)=3ax^2+abx-6x-2b$
$=3ax^2+(ab-6)x-2b$
x의 계수가 8이므로
$ab-6=8$ $\therefore ab=14$
a, b는 한 자리의 자연수이므로
$a=2$, $b=7$ 또는 $a=7$, $b=2$
$\therefore a+b=9$ 답 ②

373 $(3x-2)(ax+b)=3ax^2+3bx-2ax-2b$
$=3ax^2+(3b-2a)x-2b$
상수항은 8이므로 $-2b=8$ $\therefore b=-4$
x의 계수는 $8-12=-4$이므로
$3b-2a=-4$, $-12-2a=-4$, $2a=-8$
$\therefore a=-4$
따라서 x^2의 계수는 $3a=3\times(-4)=-12$ 답 -12

374 ③ $(2x+5)^2=(2x)^2+2\times2x\times5+5^2$
$=4x^2+20x+25$ 답 ③

375 $(a-b)^2=a^2-2ab+b^2$
① $(a+b)^2=a^2+2ab+b^2$
② $-(-a+b)^2=-(a^2-2ab+b^2)=-a^2+2ab-b^2$
③ $(-a-b)^2=a^2+2ab+b^2$
④ $(-a+b)^2=a^2-2ab+b^2$
⑤ $-(a+b)^2=-(a^2+2ab+b^2)=-a^2-2ab-b^2$
따라서 $(a-b)^2$과 전개한 식이 같은 것은 ④이다. 답 ④
다른 풀이 ④ $(-a+b)^2=\{-(a-b)\}^2=(a-b)^2$

376 $(ax-b)^2=a^2x^2-2abx+b^2$이므로
$a^2=4$에서 $a=2$ ($\because a>0$)
$-2ab=-6$에서 $-4b=-6$ $\therefore b=\frac{3}{2}$
따라서 상수항은 $b^2=\left(\frac{3}{2}\right)^2=\frac{9}{4}$ 답 $\frac{9}{4}$

377 ② $(-x-2)(-x+2)=(-x)^2-2^2=x^2-4$
③ $(-x-y)(x-y)=-x^2+(-y)^2=-x^2+y^2$
⑤ $\left(\frac{1}{2}x-\frac{1}{3}\right)\left(-\frac{1}{2}x-\frac{1}{3}\right)=-\left(\frac{1}{2}x\right)^2+\left(-\frac{1}{3}\right)^2$
$=-\frac{1}{4}x^2+\frac{1}{9}$
따라서 옳은 것은 ①, ④이다. 답 ①, ④
다른 풀이 ② $(-x-2)(-x+2)=(x+2)(x-2)$
$=x^2-4$
③ $(-x-y)(x-y)=-(x+y)(x-y)$
$=-(x^2-y^2)$
$=-x^2+y^2$
⑤ $\left(\frac{1}{2}x-\frac{1}{3}\right)\left(-\frac{1}{2}x-\frac{1}{3}\right)$
$=-\left(\frac{1}{2}x-\frac{1}{3}\right)\left(\frac{1}{2}x+\frac{1}{3}\right)$
$=-\left(\frac{1}{4}x^2-\frac{1}{9}\right)$
$=-\frac{1}{4}x^2+\frac{1}{9}$

378 $(x+2)(x-2)-(-3x+5)(-3x-5)$
$=x^2-4-(9x^2-25)$
$=x^2-4-9x^2+25$
$=-8x^2+21$ 답 ②

379 $(x-1)(x+1)(x^2+1)(x^4+1)(x^8+1)$
$=(x^2-1)(x^2+1)(x^4+1)(x^8+1)$
$=(x^4-1)(x^4+1)(x^8+1)$
$=(x^8-1)(x^8+1)$
$=x^{16}-1$ …❶
이므로 $a=16$, $b=1$
$\therefore a-b=16-1=15$ …❷
답 15

채점 기준	배점
❶ 좌변 간단히 하기	70 %
❷ $a-b$의 값 구하기	30 %

380 $(x-a)(x+7)=x^2+(7-a)x-7a=x^2+bx-14$
이므로 $7-a=b$, $-7a=-14$에서 $a=2$, $b=5$
$\therefore ab=2\times5=10$ 답 ②

381 ① $(x+8)(x-4)=x^2+\boxed{4}x-32$
② $(x+2)(x-6)=x^2-\boxed{4}x-12$
③ $(x+y)(x+3y)=x^2+\boxed{4}xy+3y^2$
④ $\left(x+\frac{1}{2}\right)(x-8)=x^2-\frac{15}{2}x-\boxed{4}$
⑤ $(x-7y)(x+2y)=x^2-\boxed{5}xy-14y^2$
따라서 나머지 넷과 다른 하나는 ⑤이다. 답 ⑤

382 $(x+a)\left(x-\frac{1}{3}\right)=x^2+\left(a-\frac{1}{3}\right)x-\frac{1}{3}a$에서
x의 계수는 $a-\frac{1}{3}$, 상수항은 $-\frac{1}{3}a$이므로
$a-\frac{1}{3}=-\frac{1}{3}a$, $\frac{4}{3}a=\frac{1}{3}$ $\therefore a=\frac{1}{4}$
$\therefore 4a=4\times\frac{1}{4}=1$ 답 1

383 $(4x+1)(5x+2a)=20x^2+(8a+5)x+2a$
$=20x^2+bx+4$
이므로 $8a+5=b$, $2a=4$에서 $a=2$, $b=21$
$\therefore b-a=21-2=19$ 답 ④

384 $(-x+3)(4-3x)=(-x+3)(-3x+4)$
$=3x^2+(-4-9)x+12$
$=3x^2-13x+12$
따라서 x의 계수는 -13이다. 답 ②

385 $2(x-1)(5x+4)-3(3x-1)(x-4)$
$=2(5x^2-x-4)-3(3x^2-13x+4)$
$=10x^2-2x-8-9x^2+39x-12$
$=x^2+37x-20$ 답 ③

386 $(3x+a)(3x+2)=9x^2+(6+3a)x+2a$
$=9x^2+3x-2$
이므로 $6+3a=3$, $2a=-2$
$\therefore a=-1$ …❶
따라서 바르게 전개한 식은
$(3x-1)(2x+3)=6x^2+7x-3$ …❷
답 $6x^2+7x-3$

채점 기준	배점
❶ a의 값 구하기	60 %
❷ 바르게 전개한 식 구하기	40 %

387 ① $(-x+y)^2=x^2-2xy+y^2$
② $(2x-3y)^2=4x^2-12xy+9y^2$
③ $(-x+4)(-x-4)=x^2-16$
④ $(x+1)(x-5)=x^2-4x-5$
따라서 옳은 것은 ⑤이다. 답 ⑤

388 $(3x-1)^2-(4x+1)(2x-5)$
$=9x^2-6x+1-(8x^2-18x-5)$
$=9x^2-6x+1-8x^2+18x+5$
$=x^2+12x+6$ …❶
이므로 $a=1$, $b=12$, $c=6$
$\therefore a+b-c=1+12-6=7$ …❷
답 7

채점 기준	배점
❶ 좌변 간단히 하기	70 %
❷ $a+b-c$의 값 구하기	30 %

389
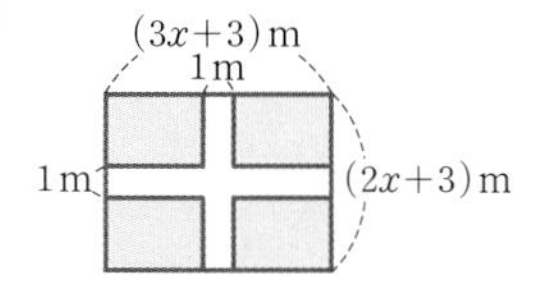

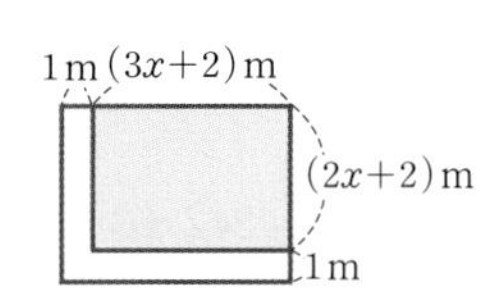

위의 두 직사각형에서 색칠한 부분의 넓이는 서로 같다.
따라서 길을 제외한 정원의 넓이는
$(3x+2)(2x+2)=6x^2+10x+4(\text{m}^2)$
답 $(6x^2+10x+4)\ \text{m}^2$

390 $x+2y=A$라 하면
$(x+2y-1)(x+2y+1)=(A-1)(A+1)$
$=A^2-1$
$=(x+2y)^2-1$
$=x^2+4xy+4y^2-1$ 답 ⑤

391 $(x+1)(x+2)(x+3)(x+4)$
$=(x+1)(x+4)(x+2)(x+3)$
$=(x^2+5x+4)(x^2+5x+6)$
$x^2+5x=A$라 하면
$(x^2+5x+4)(x^2+5x+6)$
$=(A+4)(A+6)$
$=A^2+10A+24$
$=(x^2+5x)^2+10(x^2+5x)+24$
$=x^4+10x^3+25x^2+10x^2+50x+24$
$=x^4+10x^3+35x^2+50x+24$
이므로 $a=10$, $b=35$, $c=50$
$\therefore a+b-c=10+35-50=-5$ 답 -5

392 $a+c=X$, $b+d=Y$라 하면
$(a+b+c+d)(a-b+c-d)$
$=(a+c+b+d)\{a+c-(b+d)\}$
$=(X+Y)(X-Y)$
$=X^2-Y^2$
$=(a+c)^2-(b+d)^2$
$=a^2+2ac+c^2-(b^2+2bd+d^2)$
$=a^2-b^2+c^2-d^2+2ac-2bd$
답 $a^2-b^2+c^2-d^2+2ac-2bd$

Theme 08 곱셈 공식의 활용 60~63쪽

393 ① $103^2=(100+3)^2$
② $99^2=(100-1)^2$
③ $102\times105=(100+2)(100+5)$
④ $1003\times1006=(1000+3)(1000+6)$
⇨ $(x+a)(x+b)=x^2+(a+b)x+ab$
⑤ $201\times199=(200+1)(200-1)$
따라서 옳지 않은 것은 ④이다. 답 ④

394 $97^2-96\times98=(100-3)^2-(100-4)(100-2)$
$=100^2-600+9-(100^2-600+8)$
$=100^2-600+9-100^2+600-8$
$=1$ 답 ②
다른 풀이 $97^2-96\times98=97^2-(97-1)(97+1)$
$=97^2-(97^2-1)$
$=97^2-97^2+1$
$=1$

395 $(2+1)(2^2+1)(2^4+1)(2^8+1)$
$=(2-1)(2+1)(2^2+1)(2^4+1)(2^8+1)$
$=(2^2-1)(2^2+1)(2^4+1)(2^8+1)$
$=(2^4-1)(2^4+1)(2^8+1)$
$=(2^8-1)(2^8+1)$
$=2^{16}-1$
$\therefore a=16$ 답 ④

396 $x^2+y^2=(x-y)^2+2xy$
$=10^2+2\times(-10)$
$=100-20=80$ 답 ③

397 $(a+b)^2=a^2+2ab+b^2$이므로
$49=39+2ab$, $2ab=10$ $\quad\therefore ab=5$ 답 5

398 $(a-b)^2=(a+b)^2-4ab$
$=(2\sqrt{3})^2-4\times2$
$=12-8=4$ 답 ②

399 $(x+y)^2=(x-y)^2+4xy$이므로
$25=9+4xy$, $4xy=16$
$\therefore xy=4$ …❶
$x^2+y^2=(x-y)^2+2xy$
$=9+2\times4=9+8=17$ …❷
$\therefore \dfrac{y}{x}+\dfrac{x}{y}=\dfrac{x^2+y^2}{xy}=\dfrac{17}{4}$ …❸

답 $\dfrac{17}{4}$

채점 기준	배점
❶ xy의 값 구하기	40 %
❷ x^2+y^2의 값 구하기	40 %
❸ $\dfrac{y}{x}+\dfrac{x}{y}$의 값 구하기	20 %

400 $x^2+\dfrac{1}{x^2}=\left(x+\dfrac{1}{x}\right)^2-2$
$=3^2-2$
$=9-2=7$ 답 ①

401 $\left(x+\dfrac{1}{x}\right)^2=\left(x-\dfrac{1}{x}\right)^2+4$
$=(2\sqrt{2})^2+4$
$=8+4=12$
이때 $x>0$에서 $x+\dfrac{1}{x}>0$이므로
$x+\dfrac{1}{x}=2\sqrt{3}$ 답 ④

402 $x\neq0$이므로 $x^2+5x-1=0$의 양변을 x로 나누면
$x+5-\dfrac{1}{x}=0$ $\quad\therefore x-\dfrac{1}{x}=-5$
$\therefore x^2+2+\dfrac{1}{x^2}=\left(x^2+\dfrac{1}{x^2}\right)+2$
$=\left(x-\dfrac{1}{x}\right)^2+2+2$
$=(-5)^2+2+2$
$=25+4=29$ 답 ⑤

403 $x\neq0$이므로 $x^2-7x+1=0$의 양변을 x로 나누면
$x-7+\dfrac{1}{x}=0$ $\quad\therefore x+\dfrac{1}{x}=7$
$\therefore \left(x-\dfrac{1}{x}\right)^2=\left(x+\dfrac{1}{x}\right)^2-4$
$=7^2-4$
$=49-4=45$
이때 $0<x<1$에서 $x-\dfrac{1}{x}<0$이므로
$x-\dfrac{1}{x}=-\sqrt{45}=-3\sqrt{5}$ 답 ①

참고 $0<x<1$에서 $x<\dfrac{1}{x}$이므로 $x-\dfrac{1}{x}<0$

404 $(3-4\sqrt{2})(2+3\sqrt{2})=6+9\sqrt{2}-8\sqrt{2}-24$
$=-18+\sqrt{2}$
이므로 $a=-18$, $b=1$
$\therefore a+b=-18+1=-17$ 답 ②

405 $(3+2\sqrt{5})(3-2\sqrt{5})+(\sqrt{5}+\sqrt{3})^2$
$=9-20+(5+2\sqrt{15}+3)$
$=-11+8+2\sqrt{15}$
$=-3+2\sqrt{15}$ 답 ③

406 (직사각형 A의 넓이)$=(3+\sqrt{2})(2+2\sqrt{2})$
$=6+6\sqrt{2}+2\sqrt{2}+4$
$=10+8\sqrt{2}$
(직사각형 B의 넓이)$=4(a+b\sqrt{2})$
$=4a+4b\sqrt{2}$
이때 두 직사각형 A와 B의 넓이가 서로 같으므로
$10+8\sqrt{2}=4a+4b\sqrt{2}$
따라서 $4a=10$, $4b=8$이므로 $a=\dfrac{5}{2}$, $b=2$
$\therefore ab=\dfrac{5}{2}\times2=5$ 답 5

407 $(\sqrt{3}+a)(2\sqrt{3}-4)=6-4\sqrt{3}+2a\sqrt{3}-4a$
$=(6-4a)+(2a-4)\sqrt{3}$
이때 유리수가 되려면 $2a-4=0$이어야 하므로
$2a=4$ $\quad\therefore a=2$ 답 ③

408 $(a-2\sqrt{2})(\sqrt{2}+3)-2a\sqrt{2}$
$=a\sqrt{2}+3a-4-6\sqrt{2}-2a\sqrt{2}$
$=(3a-4)+(-a-6)\sqrt{2}$
이때 유리수가 되려면 $-a-6=0$이어야 하므로
$-a=6$ $\quad\therefore a=-6$ 답 ③

409 $\dfrac{4-3\sqrt{2}}{\sqrt{2}}=\dfrac{(4-3\sqrt{2})\times\sqrt{2}}{\sqrt{2}\times\sqrt{2}}$
$=\dfrac{4\sqrt{2}-6}{2}=2\sqrt{2}-3$
$\therefore \dfrac{4-3\sqrt{2}}{\sqrt{2}}+(a+2\sqrt{2})(4-\sqrt{2})$
$=2\sqrt{2}-3+4a-a\sqrt{2}+8\sqrt{2}-4$
$=(-7+4a)+(10-a)\sqrt{2}$
이때 유리수가 되려면 $10-a=0$이어야 하므로
$-a=-10$ $\quad\therefore a=10$
$b=-7+4a=-7+40=33$
$\therefore b-a=33-10=23$ 답 ②

410 $\dfrac{\sqrt{3}-\sqrt{2}}{\sqrt{3}+\sqrt{2}}+\dfrac{\sqrt{3}+\sqrt{2}}{\sqrt{3}-\sqrt{2}}$
$=\dfrac{(\sqrt{3}-\sqrt{2})^2}{(\sqrt{3}+\sqrt{2})(\sqrt{3}-\sqrt{2})}+\dfrac{(\sqrt{3}+\sqrt{2})^2}{(\sqrt{3}-\sqrt{2})(\sqrt{3}+\sqrt{2})}$
$=\dfrac{3-2\sqrt{6}+2}{3-2}+\dfrac{3+2\sqrt{6}+2}{3-2}$
$=5-2\sqrt{6}+5+2\sqrt{6}=10$
따라서 $a=10$, $b=0$이므로
$a+b=10+0=10$ 답 ⑤

411 $\frac{4}{2-\sqrt{2}}-\frac{2}{2+\sqrt{2}}$

$=\frac{4(2+\sqrt{2})}{(2-\sqrt{2})(2+\sqrt{2})}-\frac{2(2-\sqrt{2})}{(2+\sqrt{2})(2-\sqrt{2})}$

$=\frac{4(2+\sqrt{2})}{4-2}-\frac{2(2-\sqrt{2})}{4-2}$

$=4+2\sqrt{2}-2+\sqrt{2}$

$=2+3\sqrt{2}$

따라서 $a=2$, $b=3$이므로

$a-b=2-3=-1$ 답 ②

412 $\frac{1}{1+\sqrt{2}}=\frac{1-\sqrt{2}}{(1+\sqrt{2})(1-\sqrt{2})}=\frac{1-\sqrt{2}}{1-2}=\sqrt{2}-1$

$\frac{1}{\sqrt{2}+\sqrt{3}}=\frac{\sqrt{2}-\sqrt{3}}{(\sqrt{2}+\sqrt{3})(\sqrt{2}-\sqrt{3})}=\frac{\sqrt{2}-\sqrt{3}}{2-3}=\sqrt{3}-\sqrt{2}$

$\frac{1}{\sqrt{3}+\sqrt{4}}=\frac{\sqrt{3}-\sqrt{4}}{(\sqrt{3}+\sqrt{4})(\sqrt{3}-\sqrt{4})}=\frac{\sqrt{3}-\sqrt{4}}{3-4}=\sqrt{4}-\sqrt{3}$

$\vdots$

$\frac{1}{\sqrt{8}+\sqrt{9}}=\frac{\sqrt{8}-\sqrt{9}}{(\sqrt{8}+\sqrt{9})(\sqrt{8}-\sqrt{9})}=\frac{\sqrt{8}-\sqrt{9}}{8-9}=\sqrt{9}-\sqrt{8}$

$\therefore$ (주어진 식)$=\sqrt{2}-1+\sqrt{3}-\sqrt{2}+\sqrt{4}-\sqrt{3}+\cdots+\sqrt{9}-\sqrt{8}$

$=\sqrt{9}-1$

$=3-1=2$ 답 ①

413 $x=\frac{1}{\sqrt{3}-\sqrt{2}}=\frac{\sqrt{3}+\sqrt{2}}{(\sqrt{3}-\sqrt{2})(\sqrt{3}+\sqrt{2})}=\sqrt{3}+\sqrt{2}$,

$y=\frac{1}{\sqrt{3}+\sqrt{2}}=\frac{\sqrt{3}-\sqrt{2}}{(\sqrt{3}+\sqrt{2})(\sqrt{3}-\sqrt{2})}=\sqrt{3}-\sqrt{2}$이므로

$x+y=(\sqrt{3}+\sqrt{2})+(\sqrt{3}-\sqrt{2})=2\sqrt{3}$

$xy=(\sqrt{3}+\sqrt{2})(\sqrt{3}-\sqrt{2})=3-2=1$

$\therefore x^2+y^2-xy=(x+y)^2-3xy$

$=(2\sqrt{3})^2-3$

$=12-3=9$ 답 ⑤

다른 풀이 $x=\frac{1}{\sqrt{3}-\sqrt{2}}=\frac{\sqrt{3}+\sqrt{2}}{(\sqrt{3}-\sqrt{2})(\sqrt{3}+\sqrt{2})}=\sqrt{3}+\sqrt{2}$,

$y=\frac{1}{\sqrt{3}+\sqrt{2}}=\frac{\sqrt{3}-\sqrt{2}}{(\sqrt{3}+\sqrt{2})(\sqrt{3}-\sqrt{2})}=\sqrt{3}-\sqrt{2}$이므로

$x-y=(\sqrt{3}+\sqrt{2})-(\sqrt{3}-\sqrt{2})=2\sqrt{2}$

$xy=(\sqrt{3}+\sqrt{2})(\sqrt{3}-\sqrt{2})=3-2=1$

$\therefore x^2+y^2-xy=(x-y)^2+xy$

$=(2\sqrt{2})^2+1$

$=8+1=9$

414 $ab=(\sqrt{7}+2)(\sqrt{7}-2)=7-4=3$

$a+b=(\sqrt{7}+2)+(\sqrt{7}-2)=2\sqrt{7}$

$\therefore ab(a+b)=3\times2\sqrt{7}=6\sqrt{7}$ 답 ③

415 $ab=(4+\sqrt{14})(4-\sqrt{14})=16-14=2$,

$a+b=(4+\sqrt{14})+(4-\sqrt{14})=8$이므로

$a^2+b^2=(a+b)^2-2ab=8^2-4=64-4=60$

$\therefore \frac{b}{a}+\frac{a}{b}=\frac{a^2+b^2}{ab}=\frac{60}{2}=30$ 답 ④

416 $x=\frac{1}{2-\sqrt{3}}=\frac{2+\sqrt{3}}{(2-\sqrt{3})(2+\sqrt{3})}=2+\sqrt{3}$

이므로 $x-2=\sqrt{3}$

양변을 제곱하면 $(x-2)^2=(\sqrt{3})^2$

$x^2-4x+4=3$　　$\therefore x^2-4x=-1$

$\therefore x^2-4x+5=-1+5=4$ 답 4

417 $a=\sqrt{5}-2$에서 $a+2=\sqrt{5}$이므로

양변을 제곱하면 $(a+2)^2=(\sqrt{5})^2$

$a^2+4a+4=5$　　$\therefore a^2+4a=1$

$\therefore a^2+4a+3=1+3=4$ 답 4

418 $x=\frac{2}{\sqrt{3}-1}=\frac{2(\sqrt{3}+1)}{(\sqrt{3}-1)(\sqrt{3}+1)}=\frac{2(\sqrt{3}+1)}{2}=\sqrt{3}+1$

이므로 $x-1=\sqrt{3}$ …❶

양변을 제곱하면 $(x-1)^2=(\sqrt{3})^2$

$x^2-2x+1=3$　　$\therefore x^2-2x=2$ …❷

$\therefore x^2-2x-5=2-5=-3$ …❸

답 -3

채점 기준	배점
❶ $x-a=\sqrt{b}$ 꼴로 나타내기	40 %
❷ x^2-2x의 값 구하기	40 %
❸ x^2-2x-5의 값 구하기	20 %

419 $x=3\sqrt{3}-1$에서 $x+1=3\sqrt{3}$이므로

양변을 제곱하면 $(x+1)^2=(3\sqrt{3})^2$

$x^2+2x+1=27$　　$\therefore x^2+2x=26$

$\therefore \sqrt{x^2+2x-1}=\sqrt{26-1}=\sqrt{25}=5$ 답 ②

420 $(ax^3+3x^2+2x+1)(x^3+3x^2+2x+b)$에서

x^4의 항은 $2ax^4+9x^4+2x^4=(2a+11)x^4$이므로

$2a+11=21$, $2a=10$

$\therefore a=5$

또, x^3의 항은 $abx^3+6x^3+6x^3+x^3=(ab+13)x^3$이므로

$ab+13=18$에서 $5b+13=18$, $5b=5$

$\therefore b=1$

$\therefore a+b=5+1=6$ 답 ①

참고 전체를 전개하기보다는 필요한 항만 전개하는 것이 편하다.

421 $(x+A)(x+B)=x^2+(A+B)x+AB$이므로

$A+B=C$, $AB=15$

$AB=15$를 만족시키는 정수 A, B의 순서쌍 (A, B)는

$(1, 15)$, $(-1, -15)$, $(3, 5)$, $(-3, -5)$,

$(5, 3)$, $(-5, -3)$, $(15, 1)$, $(-15, -1)$

이때 $C=A+B$이므로 C의 값이 될 수 있는 수는 -16, -8, 8, 16이다.

따라서 C의 값이 될 수 없는 수는 ③이다. 답 ③

422 $(mx-2)(3x+n)=3mx^2+(mn-6)x-2n$

x의 계수가 34이므로

$mn-6=34$, $mn=40$

m, n이 한 자리의 자연수이므로

$m=8$, $n=5$ 또는 $m=5$, $n=8$

$\therefore m+n=13$

답 ④

423

(5a+3) m, (3a+4) m, a m, a m, a m ➡ a m, (2a+4) m, (3a+3) m, 2a m

위의 두 직사각형에서 색칠한 부분의 넓이는 서로 같다.

따라서 길을 제외한 화단의 넓이는

$(3a+3)(2a+4)=6a^2+18a+12(\text{m}^2)$

답 $(6a^2+18a+12)\ \text{m}^2$

424 $2023=A$라 하면

$$\frac{2023}{2023^2-2022\times2024}=\frac{A}{A^2-(A-1)(A+1)}=\frac{A}{A^2-(A^2-1)}=A=2023$$

답 ③

425 $x\neq0$이므로 $x^2-4x+1=0$의 양변을 x로 나누면

$x-4+\frac{1}{x}=0 \qquad \therefore x+\frac{1}{x}=4$

$$\therefore x^2-3x-\frac{3}{x}+\frac{1}{x^2}=\left(x^2+\frac{1}{x^2}\right)-3\left(x+\frac{1}{x}\right)=\left(x+\frac{1}{x}\right)^2-2-3\left(x+\frac{1}{x}\right)=4^2-2-3\times4=16-2-12=2$$

답 2

426 $(3\sqrt{7}-8)^{100}(3\sqrt{7}+8)^{100}$

$=\{(3\sqrt{7}-8)(3\sqrt{7}+8)\}^{100}$

$=\{(3\sqrt{7})^2-8^2\}^{100}$

$=(63-64)^{100}$

$=(-1)^{100}=1$

답 ②

427 $(a\sqrt{6}+3)(b-\sqrt{6})=ab\sqrt{6}-6a+3b-3\sqrt{6}$

$=(-6a+3b)+(ab-3)\sqrt{6}$

이때 유리수가 되려면 $ab-3=0$이어야 하므로 $ab=3$

자연수 a, b에 대하여 $ab=3$이기 위해서는

$a=1$, $b=3$ 또는 $a=3$, $b=1$

$\therefore a+b=4$

답 ③

428 $x+y=(3\sqrt{2}-\sqrt{5})+(3\sqrt{2}+\sqrt{5})=6\sqrt{2}$

$xy=(3\sqrt{2}-\sqrt{5})(3\sqrt{2}+\sqrt{5})$

$=(3\sqrt{2})^2-(\sqrt{5})^2$

$=18-5=13$

$\therefore x^2+y^2=(x+y)^2-2xy$

$=(6\sqrt{2})^2-2\times13$

$=72-26=46$

답 ④

429 $x=4a+3$, $y=8b+6$ (a, b는 음이 아닌 정수)이라 하면

$xy=(4a+3)(8b+6)$

$=32ab+24a+24b+18$

$=4(8ab+6a+6b+4)+2$

따라서 xy를 4로 나누었을 때의 나머지는 2이다.

답 2

430 $(x-3)(x-1)(x+5)(x+7)$

$=(x-3)(x+7)(x-1)(x+5)$

$=(x^2+4x-21)(x^2+4x-5)$

이때 $(x+2)^2=5$에서

$x^2+4x+4=5$이므로 $x^2+4x=1$

$\therefore$ (주어진 식)$=(1-21)\times(1-5)$

$=(-20)\times(-4)$

$=80$

답 80

431 $(x-3)(y+3)=xy+3x-3y-9$

$=xy+3(x-y)-9$

$=3(x-y)-4\ (\because xy=5)$

따라서 $3(x-y)-4=8$이므로

$3(x-y)=12 \qquad \therefore x-y=4$

$$\therefore \frac{1}{x}-\frac{1}{y}=\frac{y-x}{xy}=-\frac{x-y}{xy}=-\frac{4}{5}$$

답 $-\frac{4}{5}$

432 $f(x)=\sqrt{x}+\sqrt{x+1}$이므로

$$\frac{1}{f(1)}+\frac{1}{f(2)}+\frac{1}{f(3)}+\cdots+\frac{1}{f(24)}$$

$$=\frac{1}{\sqrt{1}+\sqrt{2}}+\frac{1}{\sqrt{2}+\sqrt{3}}+\frac{1}{\sqrt{3}+\sqrt{4}}+\cdots+\frac{1}{\sqrt{24}+\sqrt{25}}$$

$=(\sqrt{2}-\sqrt{1})+(\sqrt{3}-\sqrt{2})+(\sqrt{4}-\sqrt{3})+\cdots+(\sqrt{25}-\sqrt{24})$

$=-\sqrt{1}+\sqrt{25}$

$=-1+5=4$

답 ⑤

433 $x=\frac{1}{\sqrt{5}-2}=\frac{\sqrt{5}+2}{(\sqrt{5}-2)(\sqrt{5}+2)}=\sqrt{5}+2$이므로

$x-2=\sqrt{5}$

양변을 제곱하면 $(x-2)^2=(\sqrt{5})^2$

$x^2-4x+4=5 \qquad \therefore x^2-1=4x$

$$\therefore \frac{x-1}{x+1}-\frac{x+1}{x-1}=\frac{(x-1)^2-(x+1)^2}{(x+1)(x-1)}=\frac{-4x}{x^2-1}=\frac{-4x}{4x}=-1$$

답 -1

434 $x=\sqrt{71}+1$에서 $x-1=\sqrt{71}$이므로

양변을 제곱하면 $(x-1)^2=(\sqrt{71})^2$

$x^2-2x+1=71 \qquad \therefore x^2-2x=70$

$\sqrt{x^2-2x-k}=\sqrt{70-k}$가 자연수가 되려면 $70-k$는 제곱인 수이어야 한다.

즉, $70-k=1^2$, $70-k=2^2$, $\cdots$, $70-k=8^2$에서

자연수 k는 69, 66, $\cdots$, 6

따라서 자연수 k의 개수는 8이다.

답 8

교과서 속 창의력 UP!

67쪽

435 $\frac{1}{2}(3-1)=1$이므로

좌변에 $\frac{1}{2}(3-1)$을 곱하면

$(3+1)(3^2+1)(3^4+1)(3^8+1)(3^{16}+1)$

$=\frac{1}{2}(3-1)(3+1)(3^2+1)(3^4+1)(3^8+1)(3^{16}+1)$

$=\frac{1}{2}(3^2-1)(3^2+1)(3^4+1)(3^8+1)(3^{16}+1)$

$=\frac{1}{2}(3^4-1)(3^4+1)(3^8+1)(3^{16}+1)$

$=\frac{1}{2}(3^8-1)(3^8+1)(3^{16}+1)$

$=\frac{1}{2}(3^{16}-1)(3^{16}+1)$

$=\frac{1}{2}(3^{32}-1)$

$\therefore n=32$ 답 ④

436 $197^2+1191=(200-3)^2+(1200-9)$

$=200^2-1200+9+1200-9$

$=200^2$

$=(2\times100)^2$

$=4\times10000$

$=4\times10^4$

따라서 $a=4$, $b=4$이므로

$ab=4\times4=16$ 답 16

437 두 정사각형의 둘레의 길이의 합이 48이므로

$4x+4y=48$에서

$x+y=12$

두 정사각형의 넓이의 합이 128이므로

$x^2+y^2=128$

이때 $x^2+y^2=(x+y)^2-2xy$이므로

$128=12^2-2xy$

$2xy=16$

$\therefore xy=8$ 답 8

438 오른쪽 그림의 직각삼각형 ABC에서 피타고라스 정리에 의하여

C A B $\sqrt{2}$

$\overline{AC}^2+\overline{BC}^2=(\sqrt{2})^2$이고

$\overline{AC}=\overline{BC}$이므로

$2\overline{AC}^2=2$

$\overline{AC}^2=1$

$\therefore \overline{AC}=1$ ($\because \overline{AC}>0$)

따라서 처음 정사각형의 한 변의 길이는

$1+\sqrt{2}+1=2+\sqrt{2}$이므로

구하는 정팔각형의 넓이는

$(2+\sqrt{2})^2-4\times\left(\frac{1}{2}\times1\times1\right)$

$=4+4\sqrt{2}+2-2$

$=4+4\sqrt{2}$ 답 $4+4\sqrt{2}$

04. 인수분해

Step 1 핵심 개념

69, 71쪽

439 답 $y(x-z)$

440 답 $-2a(3+4b)$

441 답 $4ab(a+3b)$

442 $x^2+6x+9=x^2+2\times x\times3+3^2=(x+3)^2$

답 $(x+3)^2$

443 $16a^2-8a+1=(4a)^2-2\times4a\times1+1^2=(4a-1)^2$

답 $(4a-1)^2$

444 $9x^2+12xy+4y^2=(3x)^2+2\times3x\times2y+(2y)^2$

$=(3x+2y)^2$ 답 $(3x+2y)^2$

445 $x^2+10x+\square$가 완전제곱식이 되려면

$\square=\left(\frac{10}{2}\right)^2=5^2=25$ 답 25

446 $a^2+6ab+\square$가 완전제곱식이 되려면

$\square=\left(\frac{6b}{2}\right)^2=(3b)^2=9b^2$ 답 $9b^2$

447 $x^2-\square x+16=x^2-\square x+4^2$에서 $\square$ 안의 수는 양수이므로

$\square=2\times1\times4=8$ 답 8

448 $x^2-49=x^2-7^2=(x+7)(x-7)$ 답 $(x+7)(x-7)$

449 $9x^2-4=(3x)^2-2^2=(3x+2)(3x-2)$

답 $(3x+2)(3x-2)$

450 $25x^2-81y^2=(5x)^2-(9y)^2=(5x+9y)(5x-9y)$

답 $(5x+9y)(5x-9y)$

451 답 (1) x (2) -1 (3) $-x$ (4) $-2x$ (5) 1

452 답 $(x+6)(x-4)$

453 답 $(x+10)(x-3)$

454 답 $(x-2y)(x-7y)$

455 답 $(x+5y)(x-6y)$

456 답 (1) $3x$ (2) 1 (3) -4 (4) x (5) $-12x$ (6) 3 (7) 4

457 답 $(3x+2)(4x-1)$

458 답 $(2x+3)(5x-2)$

459 답 $(2x+y)(x-3y)$

460 답 $(2x+y)(3x+2y)$

461 $(x+1)^2-(x+1)-2=A^2-A-2$

$=(\boxed{A+1})(A-2)$

$=(\boxed{x+2})(x-1)$

답 $A+1$, $x+2$

462 $3a-2b=A$로 치환하면
$(3a-2b)^2-4(3a-2b)+3$
$=A^2-4A+3$
$=(A-1)(A-3)$
$=(3a-2b-1)(3a-2b-3)$
답 $(3a-2b-1)(3a-2b-3)$

463 $x-1=A$로 치환하면
$2(x-1)^2+3(x-1)+1$
$=2A^2+3A+1$
$=(A+1)(2A+1)$
$=(x-1+1)\{2(x-1)+1\}$
$=x(2x-1)$
답 $x(2x-1)$

464 $xy-x+y-1=\boxed{x}(y-1)+(y-1)$
$=(y-1)(\boxed{x+1})$
답 x, $x+1$

465 $ab+a+b+1=\boxed{a}(b+1)+(b+1)$
$=(b+1)(\boxed{a+1})$
답 a, $a+1$

466 $x^2-10x+25-y^2=(\boxed{x-5})^2-y^2$
$=(\boxed{x+y-5})(x-y-5)$
답 $x-5$, $x+y-5$

467 $x^2+xy-5x-5y=x(x+y)-5(x+y)$
$=(x+y)(x-5)$
답 $(x+y)(x-5)$

468 $a^2-2a+1-b^2=(a-1)^2-b^2$
$=(a-1+b)(a-1-b)$
$=(a+b-1)(a-b-1)$
답 $(a+b-1)(a-b-1)$

469 $x^2-y^2-6x+9=x^2-6x+9-y^2$
$=(x-3)^2-y^2$
$=(x-3+y)(x-3-y)$
$=(x+y-3)(x-y-3)$
답 $(x+y-3)(x-y-3)$

470 상수항의 합이 같아지도록 두 개의 항씩 묶어 전개하면
$(x+1)(x+2)(x+3)(x+4)+1$
$=(x+1)(x+4)(x+2)(x+3)+1$
$=(x^2+5x+4)(x^2+5x+6)+1$
$x^2+5x=A$로 치환하면
(주어진 식)$=(A+4)(A+6)+1$
$=A^2+10A+25$
$=(A+5)^2$
$=(x^2+5x+5)^2$
답 $(x^2+5x+5)^2$

471 상수항의 합이 같아지도록 두 개의 항씩 묶어 전개하면
$(x-1)(x-2)(x+3)(x+4)-14$
$=(x-1)(x+3)(x-2)(x+4)-14$
$=(x^2+2x-3)(x^2+2x-8)-14$
$x^2+2x=A$로 치환하면
(주어진 식)$=(A-3)(A-8)-14$
$=A^2-11A+10$
$=(A-1)(A-10)$
$=(x^2+2x-1)(x^2+2x-10)$
답 $(x^2+2x-1)(x^2+2x-10)$

472 y에 대하여 내림차순으로 정리하면
$x^2+2+xy-3x-y=y(\boxed{x-1})+x^2-3x+2$
$=y(\boxed{x-1})+(\boxed{x-1})(x-2)$
$=(\boxed{x-1})(x+y-2)$
답 $x-1$

473 y에 대하여 내림차순으로 정리하면
$x^2+2xy-2x-2y+1$
$=2y(x-1)+x^2-2x+1$
$=2y(x-1)+(x-1)^2$
$=(x-1)(x+2y-1)$
답 $(x-1)(x+2y-1)$

474 y에 대하여 내림차순으로 정리하면
$x^2+3xy+6x+3y+5$
$=3y(x+1)+x^2+6x+5$
$=3y(x+1)+(x+1)(x+5)$
$=(x+1)(x+3y+5)$
답 $(x+1)(x+3y+5)$

475 $17\times63-17\times53=17\times(63-53)$
$=17\times10=170$
답 170

476 $84^2+2\times84\times16+16^2=(84+16)^2$
$=100^2=10000$
답 10000

477 $35^2-25^2=(35+25)(35-25)$
$=60\times10=600$
답 600

478 $a^2-b^2=(a+b)(a-b)$
$=(1.7+0.3)(1.7-0.3)$
$=2\times1.4=2.8$
답 2.8

479 $3x^2+xy-2y^2=(x+y)(3x-2y)$
$=(4.5+5.5)(3\times4.5-2\times5.5)$
$=10\times(13.5-11)$
$=10\times2.5=25$
답 25

Step 2 핵심 유형 72~81쪽

Theme 09 인수분해의 뜻과 공식 72~76쪽

480 $3a^3x-6a^2y=3a^2(ax-2y)$
따라서 인수가 아닌 것은 ⑤이다.
답 ⑤
주의 공통인 인수가 $3a^2$일 때 a 또한 인수임에 주의한다.

481 $a(3-x)+b(x-3)=-a(x-3)+b(x-3)$
$=(-a+b)(x-3)$
답 ④

482 ① $2x^2+4x=2x(x+2)$
② $2ab-4b=2b(a-2)$
④ $3x^2y+6xy^2=3xy(x+2y)$
⑤ $4xy+2y^2=2y(2x+y)$
따라서 바르게 인수분해한 것은 ③이다. 답 ③

483 $(x-3)(x-2)+4(x-3)=(x-3)(x+2)$
따라서 구하는 두 일차식의 합은
$(x-3)+(x+2)=2x-1$ 답 $2x-1$

484 ⑤ $16x^2-16xy+4y^2=4(4x^2-4xy+y^2)$
$=4(2x-y)^2$ 답 ⑤

485 $9x^2+6x+1=(3x+1)^2$
따라서 $9x^2+6x+1$의 인수인 것은 ③이다. 답 ③

486 $x(x-a)+16=x^2-ax+16$,
$(x-b)^2=x^2-2bx+b^2$이므로
$-a=-2b$, $16=b^2$에서
$a=8$, $b=4$ ($\because b>0$)
$\therefore a+b=8+4=12$ 답 12

487 $Ax^2-12x+9=Ax^2-2\times2x\times3+3^2$이므로
$A=2^2=4$
$x^2+Bx+\frac{9}{4}=x^2+Bx+\left(\frac{3}{2}\right)^2$이고 $B>0$이므로
$B=2\times1\times\frac{3}{2}=3$
$\therefore A+B=4+3=7$ 답 7

488 $A=\left(\frac{6}{2}\right)^2=3^2=9$ 답 ②

489 $(x+1)(x+4)+k=x^2+5x+4+k$
이 식이 완전제곱식이 되려면 $4+k=\left(\frac{5}{2}\right)^2$
$\therefore k=\frac{25}{4}-4=\frac{25}{4}-\frac{16}{4}=\frac{9}{4}$ 답 $\frac{9}{4}$

490 $A=\left(\frac{-8}{2}\right)^2=(-4)^2=16$
$x^2+Ax+B=x^2+16x+B$이므로
$B=\left(\frac{16}{2}\right)^2=8^2=64$
$\therefore 2A-B=2\times16-64=32-64=-32$ 답 ①

491 $\sqrt{x^2-4x+4}+\sqrt{x^2-6x+9}=\sqrt{(x-2)^2}+\sqrt{(x-3)^2}$
$2<x<3$에서 $x-2>0$, $x-3<0$
$\therefore$ (주어진 식)$=(x-2)-(x-3)$
$=x-2-x+3$
$=1$ 답 ⑤

492 $\sqrt{9x^2-6x+1}-\sqrt{x^2-8x+16}=\sqrt{(3x-1)^2}-\sqrt{(x-4)^2}$ …❶
$\frac{1}{3}<x<4$에서 $3x-1>0$, $x-4<0$ …❷
$\therefore$ (주어진 식)$=(3x-1)-\{-(x-4)\}$
$=3x-1+x-4$
$=4x-5$ …❸
답 $4x-5$

채점 기준	배점
❶ 근호 안의 식 인수분해하기	30 %
❷ $3x-1$, $x-4$의 부호 각각 정하기	30 %
❸ 주어진 식 간단히 하기	40 %

493 $\sqrt{a^2}-\sqrt{b^2}+\sqrt{a^2-2ab+b^2}=\sqrt{a^2}-\sqrt{b^2}+\sqrt{(a-b)^2}$
$a>0$, $b<0$에서 $a-b>0$
$\therefore$ (주어진 식)$=a-(-b)+(a-b)$
$=a+b+a-b$
$=2a$ 답 ①

494 $4x^2-9=(2x)^2-3^2=(2x+3)(2x-3)$
따라서 $A=2$, $B=3$이므로
$A+B=2+3=5$ 답 ②

495 ③ $3x^2-12y^2=3(x^2-4y^2)=3(x+2y)(x-2y)$ 답 ③

496 $(2x+1)(x-3)+5(x-1)$
$=(2x^2-5x-3)+5x-5$
$=2x^2-8$ …❶
$=2(x^2-4)$
$=2(x+2)(x-2)$ …❷
따라서 $a=2$, $b=2$이므로
$a+b=2+2=4$ …❸
답 4

채점 기준	배점
❶ 주어진 식 전개하여 정리하기	30 %
❷ 주어진 식 인수분해하기	50 %
❸ $a+b$의 값 구하기	20 %

497 $x^9-x=x(x^8-1)$
$=x(x^4+1)(x^4-1)$
$=x(x^4+1)(x^2+1)(x^2-1)$
$=x(x^4+1)(x^2+1)(x+1)(x-1)$ 답 ④

498 $x^2+ax-8=(x+2)(x-b)$
$=x^2+(2-b)x-2b$
이므로 $a=2-b$, $-8=-2b$
따라서 $a=-2$, $b=4$이므로
$b-a=4-(-2)=6$ 답 ①

499 곱이 -15인 두 수 중 합이 2인 두 수는 5, -3이므로
$x^2+2x-15=(x+5)(x-3)$
따라서 구하는 두 일차식의 합은
$(x+5)+(x-3)=2x+2$ 답 ④

500 $(x+2)(x+3)-12=x^2+5x+6-12$
$=x^2+5x-6$
$=(x+6)(x-1)$
따라서 $a=6$, $b=1$이므로
$a+b=6+1=7$ 답 ⑤

501 $6x^2-x-2=(2x+1)(3x-2)$
따라서 $a=1$, $b=3$, $c=-2$이므로
$a+b+c=1+3+(-2)=2$ 답 ③

502 ① $3x^2+2x-8=(x+2)(3x-4)$
② $3x^2+4x-15=(x+3)(3x-5)$
③ $6x^2-11x+5=(6x-5)(x-1)$
④ $6x^2-7x-5=(2x+1)(3x-5)$
⑤ $9x^2+3x-2=(3x+2)(3x-1)$
따라서 $3x-5$를 인수로 갖는 것은 ②, ④이다. 답 ②, ④

503 $4x^2-19xy-5y^2=(4x+y)(x-5y)$
따라서 구하는 두 일차식의 합은
$(4x+y)+(x-5y)=5x-4y$ 답 $5x-4y$

504 $2x^2-ax-45+(2ax+b)=2x^2+ax-45+b$
$(2x+7)(x-5)=2x^2-3x-35$
따라서 $2x^2+ax-45+b=2x^2-3x-35$이므로
$a=-3$, $-45+b=-35$ $\therefore b=10$
$\therefore a+b=-3+10=7$ 답 7

505 ④ $2x^2+x-1=(x+1)(2x-1)$ 답 ④

506 ① $4x^2-1=(2x+1)(2x-1)$
② $4x^2-2x=2x(2x-1)$
③ $2x^2+5x-3=(2x-1)(x+3)$
④ $2x^2-13x-7=(2x+1)(x-7)$
⑤ $4x^2-4x+1=(2x-1)^2$
따라서 $2x-1$을 인수로 갖지 않는 것은 ④이다. 답 ④

507 $16x^2+8x+1=(4x+1)^2$ $\therefore a=1$
$x^2-144=(x+12)(x-12)$ $\therefore b=12$
$x^2-10x+9=(x-1)(x-9)$ $\therefore c=9$
$6x^2-5x-6=(3x+2)(2x-3)$ $\therefore d=2$
$\therefore a+b+c+d=1+12+9+2=24$ 답 24

508 $x+2$가 x^2-4x+k의 인수이므로
$x^2-4x+k=(x+2)(x+m)$ (m은 상수)으로 놓으면
$x^2-4x+k=x^2+(2+m)x+2m$
$-4=2+m$에서 $m=-6$
$k=2m$에서 $k=2\times(-6)=-12$ 답 ②
다른 풀이 $x^2-4x+k=(x+2)(x+m)$
양변에 $x=-2$를 대입하면 $4+8+k=0$
$\therefore k=-12$

509 $x-2$가 $2x^2+ax-12$의 인수이므로
$2x^2+ax-12=(x-2)(2x+m)$ (m은 상수)으로 놓으면
$2x^2+ax-12=2x^2+(m-4)x-2m$
$-12=-2m$에서 $m=6$
$a=m-4$에서 $a=6-4=2$ 답 ②

510 $x-4y$가 $7x^2-27xy+ky^2$의 인수이므로
$7x^2-27xy+ky^2=(x-4y)(7x+my)$ (m은 상수)로 놓으면
$7x^2-27xy+ky^2=7x^2+(m-28)xy-4my^2$
$-27=m-28$에서 $m=1$
$k=-4m$에서 $k=-4\times1=-4$
$\therefore 7x^2-27xy-4y^2=(x-4y)(7x+y)$
따라서 다항식의 인수인 것은 ③이다. 답 ③

511 $x+5$가 $x^2+ax-15$의 인수이므로
$x^2+ax-15=(x+5)(x+m)$ (m은 상수)으로 놓으면
$x^2+ax-15=x^2+(m+5)x+5m$
$-15=5m$에서 $m=-3$
$a=m+5$에서 $a=-3+5=2$
또, $x+5$가 $2x^2+11x+b$의 인수이므로
$2x^2+11x+b=(x+5)(2x+n)$ (n은 상수)으로 놓으면
$2x^2+11x+b=2x^2+(n+10)x+5n$
$11=n+10$에서 $n=1$
$b=5n$에서 $b=5$
$\therefore ab=2\times5=10$ 답 10

512 민아 : $(x-5)(x+4)=x^2-x-20$
⇨ 상수항은 -20이다.
혜영 : $(x-4)^2=x^2-8x+16$
⇨ x의 계수는 -8이다.
따라서 처음 이차식은 $x^2-8x-20$이므로 바르게 인수분해하면 $x^2-8x-20=(x-10)(x+2)$
답 $(x-10)(x+2)$

513 (1) 승현 : $(x+6)(x-1)=x^2+5x-6$
⇨ 상수항은 -6이다.
영민 : $(x+3)(x-4)=x^2-x-12$
⇨ x의 계수는 -1이다.
따라서 처음 이차식은 x^2-x-6이다. …❶
(2) $x^2-x-6=(x+2)(x-3)$ …❷
답 (1) x^2-x-6 (2) $(x+2)(x-3)$

채점 기준	배점
❶ 처음 이차식 구하기	60 %
❷ 처음 이차식을 바르게 인수분해하기	40 %

514 지환 : $(x+5)(2x-1)=2x^2+9x-5$
⇨ 상수항은 -5이다.
승은 : $(2x+3)(x-6)=2x^2-9x-18$
⇨ x의 계수는 -9이다.
따라서 처음 이차식은 $2x^2-9x-5$이므로 바르게 인수분해하면 $2x^2-9x-5=(2x+1)(x-5)$
답 $(2x+1)(x-5)$

Theme 10 복잡한 식의 인수분해

77~79쪽

515 $x(y-1)-y+1=x(y-1)-(y-1)$
$=(y-1)(x-1)$
따라서 $a=-1$, $b=-1$이므로
$a+b=-1+(-1)=-2$ 답 ①

516 $x^2(x+1)-x-1=x^2(x+1)-(x+1)$
$=(x+1)(x^2-1)$
$=(x+1)(x+1)(x-1)$
$=(x-1)(x+1)^2$ 답 ②

517 $x^2-y^2+(x-y)^2=(x+y)(x-y)+(x-y)^2$
$=(x-y)\{(x+y)+(x-y)\}$
$=2x(x-y)$
따라서 $x^2-y^2+(x-y)^2$의 인수인 것은 ①, ④이다.
답 ①, ④

518 $x-3=A$로 치환하면
$(x-3)^2+(x-3)-6=A^2+A-6$
$=(A+3)(A-2)$
$=(x-3+3)(x-3-2)$
$=x(x-5)$ 답 ①

519 $2x+y=A$로 치환하면
$(2x+y)(2x+y-2)-8=A(A-2)-8$
$=A^2-2A-8$
$=(A+2)(A-4)$
$=(2x+y+2)(2x+y-4)$
따라서 구하는 두 일차식의 합은
$(2x+y+2)+(2x+y-4)=4x+2y-2$ 답 ⑤

520 $x^2-x=A$로 치환하면
$3(x^2-x)^2-5(x^2-x)-2$
$=3A^2-5A-2$
$=(A-2)(3A+1)$
$=(x^2-x-2)\{3(x^2-x)+1\}$
$=(x-2)(x+1)(3x^2-3x+1)$
답 $(x-2)(x+1)(3x^2-3x+1)$

521 $a^2-ac-b^2-bc=(a^2-b^2)-(ac+bc)$
$=(a+b)(a-b)-(a+b)c$
$=(a+b)(a-b-c)$
따라서 주어진 다항식의 인수인 것은 ②, ⑤이다. 답 ②, ⑤

522 $x^2y+2x^2-y-2=x^2(y+2)-(y+2)$
$=(y+2)(x^2-1)$
$=(y+2)(x+1)(x-1)$ 답 ④

523 $x^3-x^2-x+1=x^2(x-1)-(x-1)$
$=(x-1)(x^2-1)$
$=(x-1)(x+1)(x-1)$
$=(x+1)(x-1)^2$
$x^3+3x^2-x-3=x^2(x+3)-(x+3)$
$=(x+3)(x^2-1)$
$=(x+3)(x+1)(x-1)$
따라서 두 다항식의 공통인 인수는 $(x+1)(x-1)$이다.
답 ③

524 $a^2+4a+4-9b^2=(a+2)^2-(3b)^2$
$=(a+3b+2)(a-3b+2)$ 답 ④

525 $9x^2+6x+1-4y^2=(3x+1)^2-(2y)^2$
$=(3x+2y+1)(3x-2y+1)$
따라서 구하는 두 일차식의 합은
$(3x+2y+1)+(3x-2y+1)=6x+2$ 답 ③

526 $4x^2-4xy+y^2-25z^2=(2x-y)^2-(5z)^2$
$=(2x-y+5z)(2x-y-5z)$ …❶
따라서 $a=-1$, $b=5$, $c=-1$, $d=-5$ 또는
$a=-1$, $b=-5$, $c=-1$, $d=5$이므로
$a+b+c+d=-2$ …❷
답 -2

채점 기준	배점
❶ 주어진 식 인수분해하기	70 %
❷ $a+b+c+d$의 값 구하기	30 %

527 $(x+1)(x+2)(x+3)(x+4)-24$
$=(x+1)(x+4)(x+2)(x+3)-24$
$=(x^2+5x+4)(x^2+5x+6)-24$
$x^2+5x=A$로 치환하면
(주어진 식)$=(A+4)(A+6)-24$
$=A^2+10A$
$=A(A+10)$
$=(x^2+5x)(x^2+5x+10)$
$=x(x+5)(x^2+5x+10)$
따라서 주어진 다항식의 인수가 아닌 것은 ④이다. 답 ④

528 $x(x-3)(x-2)(x-1)+1$
$=(x^2-3x)(x^2-3x+2)+1$
$x^2-3x=A$로 치환하면
(주어진 식)$=A(A+2)+1$
$=A^2+2A+1$
$=(A+1)^2$
$=(x^2-3x+1)^2$
따라서 $a=-3$, $b=1$이므로
$a+2b=-3+2\times1=-1$ 답 -1

529 $(x-4)(x-3)(x+2)(x+3)-40$
$=(x-4)(x+3)(x-3)(x+2)-40$
$=(x^2-x-12)(x^2-x-6)-40$
$x^2-x=A$로 치환하면
(주어진 식)$=(A-12)(A-6)-40$
$=A^2-18A+32$
$=(A-2)(A-16)$
$=(x^2-x-2)(x^2-x-16)$
$=(x-2)(x+1)(x^2-x-16)$ 답 ①

530 y에 대하여 내림차순으로 정리하면
$x^2+2xy+2x-2y-3=2y(x-1)+(x^2+2x-3)$
$=2y(x-1)+(x+3)(x-1)$
$=(x-1)(x+2y+3)$ 답 ②

531 b에 대하여 내림차순으로 정리하면

$$a^2+ab-a+b-2=b(a+1)+(a^2-a-2)$$
$$=b(a+1)+(a+1)(a-2)$$
$$=(a+1)(a+b-2)$$

따라서 주어진 다항식의 인수인 것은 ③이다. 답 ③

532 x에 대하여 내림차순으로 정리하면

$$x^2-y^2+x+7y-12=x^2+x-y^2+7y-12$$
$$=x^2+x-(y^2-7y+12)$$
$$=x^2+x-(y-3)(y-4)$$
$$=\{x-(y-4)\}\{x+(y-3)\}$$
$$=(x-y+4)(x+y-3)$$

따라서 $a=4$, $b=1$, $c=-3$이므로

$a+b+c=4+1+(-3)=2$ 답 2

다른 풀이 y에 대하여 내림차순으로 정리하면

$$(\text{주어진 식})=-\{y^2-7y-(x^2+x-12)\}$$
$$=-\{y^2-7y-(x+4)(x-3)\}$$
$$=-\{y-(x+4)\}\{y+(x-3)\}$$
$$=-(y-x-4)(y+x-3)$$
$$=(x-y+4)(x+y-3)$$

따라서 $a=4$, $b=1$, $c=-3$이므로

$a+b+c=4+1+(-3)=2$

Theme 11 인수분해 공식의 활용 80~81쪽

533 $\sqrt{51^2-2\times51+1}=\sqrt{51^2-2\times51\times1+1^2}$

$$=\sqrt{(51-1)^2}$$
$$=\sqrt{50^2}$$
$$=50$$

답 ③

534 $A=8^2+2\times8\times92+92^2$

$$=(8+92)^2$$
$$=100^2$$
$$=10000$$

$B=7.5^2\times0.12-2.5^2\times0.12$

$$=0.12\times(7.5^2-2.5^2)$$
$$=0.12\times(7.5+2.5)(7.5-2.5)$$
$$=0.12\times10\times5$$
$$=6$$

답 $A=10000$, $B=6$

535 $1^2-3^2+5^2-7^2+9^2-11^2$

$$=(1^2-3^2)+(5^2-7^2)+(9^2-11^2)$$
$$=(1+3)(1-3)+(5+7)(5-7)+(9+11)(9-11)$$
$$=-2\times(4+12+20)$$
$$=-72$$

답 -72

536 $x=\dfrac{1}{\sqrt{2}+1}=\dfrac{\sqrt{2}-1}{(\sqrt{2}+1)(\sqrt{2}-1)}=\sqrt{2}-1$

$y=\dfrac{1}{\sqrt{2}-1}=\dfrac{\sqrt{2}+1}{(\sqrt{2}-1)(\sqrt{2}+1)}=\sqrt{2}+1$

$\therefore\ 2x^2+4xy+2y^2=2(x^2+2xy+y^2)$

$$=2(x+y)^2$$
$$=2\{(\sqrt{2}-1)+(\sqrt{2}+1)\}^2$$
$$=2\times(2\sqrt{2})^2$$
$$=16$$

답 ②

537 $x^2+4x-y^2-4y=(x^2-y^2)+4(x-y)$

$$=(x+y)(x-y)+4(x-y)$$
$$=(x-y)(x+y+4)$$
$$=3\times(5+4)$$
$$=27$$

답 ④

538 $x+3=A$로 치환하면

$$(x+3)^2-4(x+3)+4=A^2-4A+4$$
$$=(A-2)^2$$
$$=(x+3-2)^2$$
$$=(x+1)^2 \quad \cdots❶$$

이때 $x=\sqrt{2}-1$에서 $x+1=\sqrt{2}$이므로

$(\text{주어진 식})=(x+1)^2=(\sqrt{2})^2=2$ ⋯❷

답 2

채점 기준	배점
❶ 주어진 식 인수분해하기	60 %
❷ 식의 값 구하기	40 %

539 새로 만든 직사각형의 넓이는 $x^2+7x+12$

$\therefore\ x^2+7x+12=(x+3)(x+4)$

따라서 새로 만든 직사각형의 가로와 세로의 길이는 $x+3$, $x+4$이므로 둘레의 길이는

$2\{(x+3)+(x+4)\}=2(2x+7)=4x+14$ 답 $4x+14$

540 새로 만든 직사각형의 넓이는 $2x^2+5x+2$

$\therefore\ 2x^2+5x+2=(2x+1)(x+2)$

따라서 새로 만든 직사각형의 가로와 세로의 길이는 $2x+1$, $x+2$이므로 가로와 세로의 길이의 합은

$(2x+1)+(x+2)=3x+3$ 답 $3x+3$

541 은주가 색종이 A 4장, B 5장, C 12장으로 만든 직사각형 모양 작품의 넓이는 $4x^2+12xy+5y^2$

$\therefore\ 4x^2+12xy+5y^2=(2x+y)(2x+5y)$

답 $(2x+y)(2x+5y)$

542 $(\text{도형 A의 넓이})=(2x+7)^2-3^2$

$$=(2x+7+3)(2x+7-3)$$
$$=(2x+10)(2x+4)$$

이때 도형 B의 세로의 길이가 $2x+4$이므로 가로의 길이는 $2x+10$이다. 답 $2x+10$

543 $3x^2+5x-2=(x+2)(3x-1)$

이때 사진의 가로의 길이가 $x+2$이므로 세로의 길이는 $3x-1$이다. 답 ③

544 $6x^2+7x+2=(2x+1)(3x+2)$

이때 사다리꼴의 넓이는

$\dfrac{1}{2}\times\{(x+1)+(3x+1)\}\times(\text{높이})=(2x+1)\times(\text{높이})$

따라서 사다리꼴의 높이는 $3x+2$이다. 답 $3x+2$

Step 3 발전 문제 82~84쪽

545 $\sqrt{x^2+6x+9}+\sqrt{4x^2-24x+36}$
$=\sqrt{(x+3)^2}+\sqrt{4(x^2-6x+9)}$
$=\sqrt{(x+3)^2}+2\sqrt{(x-3)^2}$
$|x|<3$에서 $-3<x<3$이므로
$x+3>0$, $x-3<0$
$\therefore$ (주어진 식)$=(x+3)-2(x-3)$
$=x+3-2x+6$
$=-x+9$ 답 ①

546 $x^2+ax+27=(x+b)(x+c)=x^2+(b+c)x+bc$
이므로 $bc=27$, $a=b+c$
즉, 이를 만족시키는 b, c, a의 값은 다음과 같다.

b(또는 c)	-1	-3	3	1
c(또는 b)	-27	-9	9	27
a	-28	-12	12	28

따라서 상수 a의 최댓값은 28이다. 답 ⑤

547 $ax^2+5x+1=(px+1)(qx+1)$ (p, q는 상수)로 놓으면
$ax^2+5x+1=pqx^2+(p+q)x+1$이므로
$a=pq$, $p+q=5$
a는 자연수이므로 $pq>0$이고 $p+q=5$이므로 $p>0$, $q>0$
즉, 이를 만족시키는 p, q, a의 값은 다음과 같다.

p	1	2	3	4
q	4	3	2	1
a	4	6	6	4

따라서 자연수 a의 최댓값은 6이다. 답 6

548 $3[x, -1, 1]-[x, -2, 3]$
$=3(x-1)(x-1)-(x-2)(x-3)$
$=3(x^2-2x+1)-(x^2-5x+6)$
$=3x^2-6x+3-x^2+5x-6$
$=2x^2-x-3$
$=(x+1)(2x-3)$ 답 $(x+1)(2x-3)$

549 $x^2+3x+2=(x+1)(x+2)$이므로
x^2+ax-2는 $x+1$ 또는 $x+2$를 인수로 갖는다.
(i) 공통인 인수가 $x+1$일 때
$x^2+ax-2=(x+1)(x+m)$ (m은 상수)으로 놓으면
$x^2+ax-2=x^2+(m+1)x+m$이므로
$a=m+1$, $-2=m$
$\therefore m=-2$, $a=-1$
(ii) 공통인 인수가 $x+2$일 때
$x^2+ax-2=(x+2)(x+n)$ (n은 상수)으로 놓으면
$x^2+ax-2=x^2+(n+2)x+2n$이므로
$a=n+2$, $-2=2n$
$\therefore n=-1$, $a=1$
이때 $a>0$이므로 $a=1$ 답 1

550 $3(3x+1)^2+4(3x+1)(x-5)-4(x-5)^2$에서
$3x+1=A$, $x-5=B$로 치환하면
(주어진 식)
$=3A^2+4AB-4B^2$
$=(3A-2B)(A+2B)$
$=\{3(3x+1)-2(x-5)\}\{(3x+1)+2(x-5)\}$
$=(9x+3-2x+10)(3x+1+2x-10)$
$=(7x+13)(5x-9)$ 답 $(7x+13)(5x-9)$

551 ① $xy-x-(1-y)=x(y-1)+(y-1)$
$=(y-1)(x+1)$
② $x+y=A$로 치환하면
$(x+y-1)(x+y)-2=(A-1)A-2$
$=A^2-A-2$
$=(A+1)(A-2)$
$=(x+y+1)(x+y-2)$
③ $x^2-y^2-4x+4=(x^2-4x+4)-y^2$
$=(x-2)^2-y^2$
$=(x+y-2)(x-y-2)$
④ $x^2y+2xy-3y=y(x^2+2x-3)$
$=y(x+3)(x-1)$
⑤ $x^3y-x^2y-6xy=xy(x^2-x-6)$
$=xy(x+2)(x-3)$
따라서 바르게 인수분해한 것은 ②, ③이다. 답 ②, ③

552 $(x+1)(x+2)(x+3)(x+6)-8x^2$
$=(x+1)(x+6)(x+2)(x+3)-8x^2$
$=(x^2+7x+6)(x^2+5x+6)-8x^2$
$x^2+6=A$로 치환하면
(주어진 식)$=(A+7x)(A+5x)-8x^2$
$=A^2+12Ax+27x^2$
$=(A+9x)(A+3x)$
$=(x^2+9x+6)(x^2+3x+6)$
답 $(x^2+9x+6)(x^2+3x+6)$

553 $x^2-y^2-6x+9=(x^2-6x+9)-y^2$
$=(x-3)^2-y^2$
$=(x+y-3)(x-y-3)$
$x^2-2xy+y^2-6x+6y+9$
$=x^2+(-2y-6)x+y^2+6y+9$
$=x^2-2(y+3)x+(y+3)^2$
$=\{x-(y+3)\}^2=(x-y-3)^2$
따라서 두 다항식의 1이 아닌 공통인 인수는 $x-y-3$이다.
답 $x-y-3$

554 $394=A$, $198=B$로 치환하면

$$\frac{394^2+4\times394-12}{198^2-4}=\frac{A^2+4A-12}{B^2-2^2}$$
$$=\frac{(A+6)(A-2)}{(B+2)(B-2)}$$
$$=\frac{(394+6)(394-2)}{(198+2)(198-2)}$$
$$=\frac{400\times392}{200\times196}=\frac{400}{200}\times\frac{392}{196}$$
$$=2\times2=4$$

답 ④

555 $\left(1-\frac{1}{2^2}\right)\times\left(1-\frac{1}{3^2}\right)\times\cdots\times\left(1-\frac{1}{9^2}\right)\times\left(1-\frac{1}{10^2}\right)$

$=\left(1-\frac{1}{2}\right)\left(1+\frac{1}{2}\right)\left(1-\frac{1}{3}\right)\left(1+\frac{1}{3}\right)\times\cdots$

$\times\left(1-\frac{1}{9}\right)\left(1+\frac{1}{9}\right)\left(1-\frac{1}{10}\right)\left(1+\frac{1}{10}\right)$

$=\frac{1}{2}\times\frac{3}{2}\times\frac{2}{3}\times\frac{4}{3}\times\cdots\times\frac{8}{9}\times\frac{10}{9}\times\frac{9}{10}\times\frac{11}{10}$

$=\frac{1}{2}\times\frac{11}{10}$

$=\frac{11}{20}$

따라서 $A=11$, $B=20$이므로

$A+B=11+20=31$

답 31

556 $x=\frac{1}{2-\sqrt{3}}=\frac{2+\sqrt{3}}{(2-\sqrt{3})(2+\sqrt{3})}=2+\sqrt{3}$

$y=\frac{1}{2+\sqrt{3}}=\frac{2-\sqrt{3}}{(2+\sqrt{3})(2-\sqrt{3})}=2-\sqrt{3}$

$\therefore x^2y+x+xy^2+y$

$=(x^2y+xy^2)+(x+y)$

$=xy(x+y)+(x+y)$

$=(x+y)(xy+1)$

$=\{(2+\sqrt{3})+(2-\sqrt{3})\}\{(2+\sqrt{3})(2-\sqrt{3})+1\}$

$=4\times(1+1)=8$

답 ②

557 $x^2y-(y^2+4)x+4y=x^2y-xy^2-4x+4y$

$=xy(x-y)-4(x-y)$

$=(x-y)(xy-4)=24$

이때 $x-y=2$이므로

$2(xy-4)=24$, $xy-4=12$ $\therefore xy=16$

$\therefore x^2+y^2=(x-y)^2+2xy$

$=2^2+2\times16=36$

답 36

558 퍼즐 A의 조각 하나의 넓이는 $\frac{26^2}{9}$ cm^2이고

퍼즐 B의 조각 하나의 넓이는 $\frac{17^2}{9}$ cm^2이므로

$\frac{26^2}{9}-\frac{17^2}{9}=\left(\frac{26}{3}\right)^2-\left(\frac{17}{3}\right)^2$

$=\left(\frac{26}{3}+\frac{17}{3}\right)\left(\frac{26}{3}-\frac{17}{3}\right)$

$=\frac{43}{3}\times\frac{9}{3}$

$=43(cm^2)$

따라서 퍼즐 A의 조각 하나의 넓이는 퍼즐 B의 조각 하나의 넓이보다 43 cm^2만큼 더 넓다.

답 43 cm^2

559 산책로의 한가운데를 지나는 원의 반지름의 길이를 r m라 하면

$2\pi r=20\pi$ $\therefore r=10$

산책로의 폭이 $2a$ m이므로

연못의 반지름의 길이는 $(10-a)$ m,

산책로의 바깥쪽 원의 반지름의 길이는 $(10+a)$ m이다.

(산책로의 넓이)

$=\pi(10+a)^2-\pi(10-a)^2$

$=\pi(10+a+10-a)(10+a-10+a)$

$=\pi\times20\times2a$

$=40\pi a(m^2)$

이때 산책로의 넓이가 80π m^2이므로

$40\pi a=80\pi$ $\therefore a=2$

따라서 산책로의 폭은 $2a=2\times2=4(m)$

답 4 m

교과서 속 창의력 UP!

85쪽

560 거실과 발코니의 넓이의 합은

$(6a^2+a-1)+(4a+2)=6a^2+5a+1$

$=(3a+1)(2a+1)$

따라서 구하는 세로의 길이는 $(3a+1)$ m이다.

답 ③

561 $x(x+1)(x+2)(x+3)+k$

$=x(x+3)(x+1)(x+2)+k$

$=(x^2+3x)(x^2+3x+2)+k$

$x^2+3x=A$로 치환하면

(주어진 식)$=A(A+2)+k$

$=A^2+2A+k$

이때 이 식이 완전제곱식이 되려면

$k=\left(\frac{2}{2}\right)^2=1$

답 1

562 $\sqrt{x^2-8x+16}-\sqrt{x^2+2x+1}=\sqrt{(x-4)^2}-\sqrt{(x+1)^2}$

$3<\sqrt{10}<4$에서 $-1<\sqrt{10}-4<0$이므로 $-1<x<0$

즉, $x-4<0$, $x+1>0$

$\therefore$ (주어진 식)$=-(x-4)-(x+1)$

$=-2x+3$

$=-2(\sqrt{10}-4)+3$

$=-2\sqrt{10}+11$

답 ④

563 $2^{40}-1=(2^{20}+1)(2^{20}-1)$

$=(2^{20}+1)(2^{10}+1)(2^{10}-1)$

$=(2^{20}+1)(2^{10}+1)(2^5+1)(2^5-1)$

$2^5-1=31$, $2^5+1=33$이므로 $2^{40}-1$은 31과 33으로 나누어떨어진다.

답 31, 33

05. 이차방정식의 뜻과 풀이

핵심 개념 89, 91쪽

564 등식이 아니므로 이차방정식이 아니다. 답 ×

565 $3x^2=4x-1$에서 $3x^2-4x+1=0$ ⇨ 이차방정식 답 ○

566 $x^3+x^2=2x^2+x^3$에서 $-x^2=0$ ⇨ 이차방정식 답 ○

567 $x(x-1)=x^2+2x+1$에서 $x^2-x=x^2+2x+1$
$-3x-1=0$ ⇨ 이차방정식이 아니다. 답 ×

568 이차항의 계수가 0이 아니어야 하므로 $a\neq0$ 답 $a\neq0$

569 $0\times(-1)=0$ 답 ○
참고 방정식에 주어진 수를 대입하여 등식이 성립하는지 확인한다.

570 $2^2-4=0$ 답 ○

571 $2\times(-1)^2-7\times(-1)-4\neq0$ 답 ×

572 $1-a+1=0$ $\therefore a=2$ 답 2

573 $4-8+a=0$ $\therefore a=4$ 답 4

574 $a+3-5=0$ $\therefore a=2$ 답 2

575 $2x(x-1)=0$에서 $x=0$ 또는 $x-1=0$
$\therefore x=0$ 또는 $x=1$ 답 $x=0$ 또는 $x=1$

576 $\frac{1}{3}(x+4)(2x-5)=0$에서 $x+4=0$ 또는 $2x-5=0$
$\therefore x=-4$ 또는 $x=\frac{5}{2}$ 답 $x=-4$ 또는 $x=\frac{5}{2}$

577 $x^2-4x+3=0$의 좌변을 인수분해하면
$(x-1)(\boxed{x-3})=0$이므로 $x-1=0$ 또는 $\boxed{x-3}=0$
$\therefore x=1$ 또는 $x=\boxed{3}$ 답 $x-3$, $x-3$, 3

578 $x^2+3x=0$에서 $x(x+3)=0$
$\therefore x=0$ 또는 $x=-3$ 답 $x=0$ 또는 $x=-3$

579 $x^2+5x-14=0$에서 $(x+7)(x-2)=0$
$\therefore x=-7$ 또는 $x=2$ 답 $x=-7$ 또는 $x=2$

580 $6x^2-5x-6=0$에서 $(3x+2)(2x-3)=0$
$\therefore x=-\frac{2}{3}$ 또는 $x=\frac{3}{2}$ 답 $x=-\frac{2}{3}$ 또는 $x=\frac{3}{2}$

581 $3(2x-1)^2=0$에서 $x=\frac{1}{2}$ 답 $x=\frac{1}{2}$

582 $x^2+16=-8x$에서 $x^2+8x+16=0$
$(x+4)^2=0$ $\therefore x=-4$ 답 $x=-4$

583 $x^2-6x+a=0$에서 $a=\left(\frac{-6}{2}\right)^2=9$ 답 9

584 $x^2+8x+a=0$에서 $a=\left(\frac{8}{2}\right)^2=16$ 답 16

585 $x^2-3=0$에서 $x^2=3$
$\therefore x=\pm\sqrt{3}$ 답 $x=\pm\sqrt{3}$

586 $2x^2-5=0$에서 $x^2=\frac{5}{2}$
$\therefore x=\pm\sqrt{\frac{5}{2}}=\pm\frac{\sqrt{10}}{2}$ 답 $x=\pm\frac{\sqrt{10}}{2}$

587 $4(x+2)^2=12$에서 $(x+2)^2=3$
$x+2=\pm\sqrt{3}$
$\therefore x=-2\pm\sqrt{3}$ 답 $x=-2\pm\sqrt{3}$

588 $x^2-8x+5=0$에서 $x^2-8x=-5$
$x^2-8x+\boxed{16}=-5+\boxed{16}$
$\therefore (x-\boxed{4})^2=\boxed{11}$ 답 16, 16, 4, 11

589 $x^2-x-4=0$에서 $x^2-x=4$
$x^2-x+\frac{1}{4}=4+\frac{1}{4}$
$\therefore \left(x-\frac{1}{2}\right)^2=\frac{17}{4}$ 답 $\left(x-\frac{1}{2}\right)^2=\frac{17}{4}$

590 $2x^2-4x-6=0$에서 양변을 2로 나누면
$x^2-2x-3=0$, $x^2-2x=3$
$x^2-2x+1=3+1$
$\therefore (x-1)^2=4$ 답 $(x-1)^2=4$

591 $3x^2+4x-1=0$에서 양변을 3으로 나누면
$x^2+\frac{4}{3}x-\frac{1}{3}=0$, $x^2+\frac{4}{3}x=\frac{1}{3}$
$x^2+\frac{4}{3}x+\frac{4}{9}=\frac{1}{3}+\frac{4}{9}$
$\therefore \left(x+\frac{2}{3}\right)^2=\frac{7}{9}$ 답 $\left(x+\frac{2}{3}\right)^2=\frac{7}{9}$

592 $x^2+6x-2=0$에서 $x^2+6x=2$
$x^2+6x+9=2+9$, $(x+3)^2=11$
$x+3=\pm\sqrt{11}$
$\therefore x=-3\pm\sqrt{11}$ 답 $x=-3\pm\sqrt{11}$

593 $4x^2-4x-5=0$에서 양변을 4로 나누면
$x^2-x-\frac{5}{4}=0$, $x^2-x=\frac{5}{4}$
$x^2-x+\frac{1}{4}=\frac{5}{4}+\frac{1}{4}$, $\left(x-\frac{1}{2}\right)^2=\frac{3}{2}$
$x-\frac{1}{2}=\pm\sqrt{\frac{3}{2}}=\pm\frac{\sqrt{6}}{2}$
$\therefore x=\frac{1}{2}\pm\frac{\sqrt{6}}{2}$ 답 $x=\frac{1}{2}\pm\frac{\sqrt{6}}{2}$

594 $2x^2+3x-3=0$에서

$a=2$, $b=3$, $c=-3$이므로

$$x=\frac{-3\pm\sqrt{3^2-4\times2\times(-3)}}{2\times2}=\frac{-3\pm\sqrt{33}}{4}$$

답 $x=\frac{-3\pm\sqrt{33}}{4}$

595 $x^2-8=3x$에서 $x^2-3x-8=0$

$a=1$, $b=-3$, $c=-8$이므로

$$x=\frac{3\pm\sqrt{(-3)^2-4\times1\times(-8)}}{2\times1}=\frac{3\pm\sqrt{41}}{2}$$

답 $x=\frac{3\pm\sqrt{41}}{2}$

596 $x^2+2x-11=0$에서

$a=1$, $b'=1$, $c=-11$이므로

$$x=\frac{-1\pm\sqrt{1^2-1\times(-11)}}{1}=-1\pm\sqrt{12}=-1\pm2\sqrt{3}$$

답 $x=-1\pm2\sqrt{3}$

참고 이차방정식의 x의 계수가 짝수이면 근의 짝수 공식을 이용하면 계산이 더 편리하다.

597 $3x^2-4x+1=x^2$에서 $2x^2-4x+1=0$

$a=2$, $b'=-2$, $c=1$이므로

$$x=\frac{2\pm\sqrt{(-2)^2-2\times1}}{2}=\frac{2\pm\sqrt{2}}{2}$$

답 $x=\frac{2\pm\sqrt{2}}{2}$

598 $\frac{1}{3}x^2+\frac{1}{2}=\frac{3}{2}x$의 양변에 6을 곱하면

$2x^2+3=9x$

$2x^2-9x+3=0$에서

$a=2$, $b=-9$, $c=3$이므로

$$x=\frac{9\pm\sqrt{(-9)^2-4\times2\times3}}{2\times2}=\frac{9\pm\sqrt{57}}{4}$$

답 $x=\frac{9\pm\sqrt{57}}{4}$

599 $x^2+0.1x=0.2$의 양변에 10을 곱하면

$10x^2+x=2$, $10x^2+x-2=0$

$(2x+1)(5x-2)=0$

$\therefore x=-\frac{1}{2}$ 또는 $x=\frac{2}{5}$

답 $x=-\frac{1}{2}$ 또는 $x=\frac{2}{5}$

600 $\frac{2}{5}x^2+1.6x-2.4=0$의 양변에 10을 곱하면

$4x^2+16x-24=0$, $x^2+4x-6=0$

$a=1$, $b'=2$, $c=-6$이므로

$$x=\frac{-2\pm\sqrt{2^2-1\times(-6)}}{1}=-2\pm\sqrt{10}$$

답 $x=-2\pm\sqrt{10}$

601 $(x+1)(x-5)+3=0$에서

$x^2-4x-5+3=0$, $x^2-4x-2=0$

$a=1$, $b'=-2$, $c=-2$이므로

$$x=\frac{2\pm\sqrt{(-2)^2-1\times(-2)}}{1}=2\pm\sqrt{6}$$

답 $x=2\pm\sqrt{6}$

602 $x^2-2x=0.4(5x-1)$의 양변에 5를 곱하면

$5x^2-10x=2(5x-1)$, $5x^2-10x=10x-2$

$5x^2-20x+2=0$

$a=5$, $b'=-10$, $c=2$이므로

$$x=\frac{10\pm\sqrt{(-10)^2-5\times2}}{5}=\frac{10\pm\sqrt{90}}{5}=\frac{10\pm3\sqrt{10}}{5}$$

답 $x=\frac{10\pm3\sqrt{10}}{5}$

603 $(x+2)^2=3(x+6)$에서

$x^2+4x+4=3x+18$, $x^2+x-14=0$

$a=1$, $b=1$, $c=-14$이므로

$$x=\frac{-1\pm\sqrt{1^2-4\times1\times(-14)}}{2\times1}=\frac{-1\pm\sqrt{57}}{2}$$

답 $x=\frac{-1\pm\sqrt{57}}{2}$

604 $x+2=A$로 치환하면 $A^2+5A-6=0$

$(A+6)(A-1)=0$ $\therefore A=-6$ 또는 $A=1$

$x+2=-6$ 또는 $x+2=1$이므로 $x=-8$ 또는 $x=-1$

답 $x=-8$ 또는 $x=-1$

605 $\left(x-\frac{1}{3}\right)^2-x+\frac{1}{3}=0$에서

$\left(x-\frac{1}{3}\right)^2-\left(x-\frac{1}{3}\right)=0$

$x-\frac{1}{3}=A$로 치환하면 $A^2-A=0$

$A(A-1)=0$ $\therefore A=0$ 또는 $A=1$

$x-\frac{1}{3}=0$ 또는 $x-\frac{1}{3}=1$이므로

$x=\frac{1}{3}$ 또는 $x=\frac{4}{3}$

답 $x=\frac{1}{3}$ 또는 $x=\frac{4}{3}$

Step 2 핵심 유형 92~101쪽

Theme 12 이차방정식의 뜻과 해 92~93쪽

606 ① $x^2=4x+\frac{1}{2}$에서 $x^2-4x-\frac{1}{2}=0$ ⇨ 이차방정식

② $x^3-x+1=x^3+3$에서 $-x-2=0$ ⇨ 일차방정식

③ $(3x-1)(x+1)=3x^2-2x$에서

$3x^2+2x-1=3x^2-2x$, $4x-1=0$ ⇨ 일차방정식

④ $\frac{2}{x^2}+\frac{1}{x}+2=0$ ⇨ 분모에 미지수가 있으므로 이차방정식이 아니다.

⑤ $\frac{x^2-x}{2}=-1$에서 $\frac{1}{2}x^2-\frac{1}{2}x+1=0$ ⇨ 이차방정식

따라서 x에 대한 이차방정식은 ①, ⑤이다.

답 ①, ⑤

607 ① $x^2=9$에서 $x^2-9=0$ ⇨ 이차방정식

③ $(x+2)(3x-1)=0$에서 $3x^2+5x-2=0$

⇨ 이차방정식

④ $2x^2(x-1)=x+2x^3$에서 $2x^3-2x^2=x+2x^3$
$-2x^2-x=0$ ⇨ 이차방정식

⑤ $x^2-5x+1=x(x-3)$에서 $x^2-5x+1=x^2-3x$
$-2x+1=0$ ⇨ 일차방정식

따라서 x에 대한 이차방정식이 아닌 것은 ⑤이다. 답 ⑤

608 $x(ax-2)=3x^2-3$에서 $ax^2-2x=3x^2-3$
$(a-3)x^2-2x+3=0$
따라서 x에 대한 이차방정식이 되려면
$a-3\neq0$ $\therefore a\neq3$ 답 ③

609 $(ax-1)(x+3)=2x(x-2)+7$에서
$ax^2+(3a-1)x-3=2x^2-4x+7$
$\therefore (a-2)x^2+(3a+3)x-10=0$
따라서 x에 대한 이차방정식이 되려면
$a-2\neq0$ $\therefore a\neq2$ 답 $a\neq2$

610 ① $2^2-3\times2+1\neq0$
② $2\times2^2-4\times2+1\neq0$
③ $2^2-4\times2+4=0$
④ $2\times2^2-6\times2+1\neq0$
⑤ $3\times2^2-4\times2-2\neq0$
따라서 $x=2$를 해로 갖는 것은 ③이다. 답 ③

611 ① $2^2+2\times2\neq0$
② $2\times3^2-3\times3+2\neq0$
③ $5^2+3\times5=2\times5\times(5-1)$
④ $5\times1^2-6\times1+1=0$
⑤ $(2\times2+1)(2-1)\neq3$
따라서 [ ] 안의 수가 주어진 이차방정식의 해인 것은 ③, ④이다. 답 ③, ④

612 $3x-1\leq2x+3$에서 $x\leq4$
이때 x는 자연수이므로 $x=1, 2, 3, 4$
$x=1$일 때, $1^2+2\times1-8\neq0$
$x=2$일 때, $2^2+2\times2-8=0$
$x=3$일 때, $3^2+2\times3-8\neq0$
$x=4$일 때, $4^2+2\times4-8\neq0$
따라서 주어진 이차방정식의 해는 $x=2$이다. 답 $x=2$

613 $x=-1$을 $3x^2-ax-4a+3=0$에 대입하면
$3+a-4a+3=0$, $-3a=-6$
$\therefore a=2$ 답 ②

614 $x=-2$를 $x^2+x+a=0$에 대입하면
$4-2+a=0$ $\therefore a=-2$
$x=2$를 $x^2+bx+6=0$에 대입하면
$4+2b+6=0$ $\therefore b=-5$
$\therefore ab=(-2)\times(-5)=10$ 답 ④

615 $x=1$을 $2ax^2-3x+b=0$에 대입하면
$2a-3+b=0$ $\therefore 2a+b=3$ …… ㉠ …❶
$x=-1$을 $x^2-bx+3a=0$에 대입하면
$1+b+3a=0$ $\therefore 3a+b=-1$ …… ㉡ …❷
㉠, ㉡을 연립하여 풀면 $a=-4$, $b=11$ …❸
$\therefore a+b=-4+11=7$ …❹
답 7

채점 기준	배점
❶ $x=1$을 $2ax^2-3x+b=0$에 대입하기	30 %
❷ $x=-1$을 $x^2-bx+3a=0$에 대입하기	30 %
❸ a, b의 값 각각 구하기	30 %
❹ $a+b$의 값 구하기	10 %

616 $x=\alpha$를 $x^2-2x-1=0$에 대입하면 $\alpha^2-2\alpha-1=0$
① $\alpha^2-2\alpha=1$
② $3\alpha^2-6\alpha+4=3(\alpha^2-2\alpha)+4=3\times1+4=7$
③ $\alpha^2-2\alpha-2=1-2=-1$
④ $\alpha\neq0$이므로 $\alpha^2-2\alpha-1=0$의 양변을 α로 나누면
$\alpha-2-\frac{1}{\alpha}=0$ $\therefore \alpha-\frac{1}{\alpha}=2$
⑤ $4\alpha^2-8\alpha+6=4(\alpha^2-2\alpha)+6=4\times1+6=10$
따라서 옳지 않은 것은 ③이다. 답 ③

참고 ④ $\alpha=0$이면 $0^2-2\times0-1\neq0$으로 등식이 성립하지 않는다. 즉, $\alpha\neq0$이다.

617 $x=p$를 $2x^2-4x+1=0$에 대입하면
$2p^2-4p+1=0$, $2p^2-4p=-1$
$\therefore 4p-2p^2=-(2p^2-4p)=1$ 답 1

618 $x=a$를 $x^2-3x+1=0$에 대입하면
$a^2-3a+1=0$ $\therefore a^2-3a=-1$
$x=b$를 $3x^2-2x-4=0$에 대입하면
$3b^2-2b-4=0$ $\therefore 3b^2-2b=4$
$\therefore a^2+3b^2-3a-2b=(a^2-3a)+(3b^2-2b)$
$=-1+4=3$ 답 ③

619 $x=m$을 $x^2-6x-1=0$에 대입하면
$m^2-6m-1=0$
$m\neq0$이므로 양변을 m으로 나누면
$m-6-\frac{1}{m}=0$ $\therefore m-\frac{1}{m}=6$
$\therefore m^2+\frac{1}{m^2}=\left(m-\frac{1}{m}\right)^2+2$
$=6^2+2=38$ 답 38

Theme 13 인수분해를 이용한 이차방정식의 풀이 94~96쪽

620 $2x^2-3x-5=0$에서 $(x+1)(2x-5)=0$
$\therefore x=-1$ 또는 $x=\frac{5}{2}$
이때 $a>b$이므로 $a=\frac{5}{2}$, $b=-1$
$\therefore 2a-b=2\times\frac{5}{2}-(-1)=6$ 답 ③

621 각각의 이차방정식의 해를 구하면 다음과 같다.

① $x=-3$ 또는 $x=2$

② $x=3$ 또는 $x=2$

③ $x=-3$ 또는 $x=-2$

④ $x=-\frac{1}{3}$ 또는 $x=\frac{1}{2}$

⑤ $x=-\frac{1}{2}$ 또는 $x=\frac{1}{3}$

따라서 해가 $x=-3$ 또는 $x=2$인 것은 ①이다. 답 ①

622 $x(x-2)+x-2=0$에서 $(x-2)(x+1)=0$

$\therefore x=2$ 또는 $x=-1$

따라서 $a=2$이므로

$(2a+1)^2=5^2=25$ 답 ④

623 $x^2-7x+12=x$에서 $x^2-8x+12=0$

$(x-2)(x-6)=0 \quad \therefore x=2$ 또는 $x=6$

이때 $a<b$이므로 $a=2$, $b=6$

$x^2+6x+8=0$에서 $(x+4)(x+2)=0$

$\therefore x=-4$ 또는 $x=-2$

따라서 두 근의 합은

$-4+(-2)=-6$ 답 -6

624 $x=1$을 $x^2-kx+2k+1=0$에 대입하면

$1-k+2k+1=0 \quad \therefore k=-2$

$k=-2$를 $x^2-kx+2k+1=0$에 대입하면

$x^2+2x-3=0$, $(x+3)(x-1)=0$

$\therefore x=-3$ 또는 $x=1$

따라서 다른 한 근은 $x=-3$이다. 답 ①

625 $x=-1$을 $x^2-ax-2a+1=0$에 대입하면

$1+a-2a+1=0$, $-a+2=0 \quad \therefore a=2$

$a=2$를 $x^2-ax-2a+1=0$에 대입하면

$x^2-2x-4+1=0$, $x^2-2x-3=0$

$(x+1)(x-3)=0 \quad \therefore x=-1$ 또는 $x=3$

따라서 다른 한 근은 $x=3$이므로 $b=3$

$\therefore ab=2\times3=6$ 답 ⑤

626 $x=3$을 $x^2+ax-6=0$에 대입하면

$9+3a-6=0$, $3a+3=0 \quad \therefore a=-1$ …❶

$x^2-x-6=0$에서 $(x+2)(x-3)=0$

$\therefore x=-2$ 또는 $x=3$

즉, 다른 한 근은 $x=-2$이므로 $b=-2$ …❷

$b=-2$를 $x^2+4bx+15=0$에 대입하면

$x^2-8x+15=0$, $(x-3)(x-5)=0$

$\therefore x=3$ 또는 $x=5$ …❸

답 $x=3$ 또는 $x=5$

채점 기준	배점
❶ $x=3$을 $x^2+ax-6=0$에 대입하여 a의 값 구하기	30 %
❷ b의 값 구하기	30 %
❸ 이차방정식 $x^2+4bx+15=0$의 해 구하기	40 %

627 $x(x-3)-4=0$에서 $x^2-3x-4=0$

$(x+1)(x-4)=0 \quad \therefore x=-1$ 또는 $x=4$

이때 두 근 중 작은 근이 $x=-1$이므로

$x=-1$을 $x^2-ax-3=0$에 대입하면

$1+a-3=0 \quad \therefore a=2$ 답 2

628 $3x^2-x-2=0$에서 $(3x+2)(x-1)=0$

$\therefore x=-\frac{2}{3}$ 또는 $x=1$

이때 두 근 중 큰 근이 $x=1$이므로

$x=1$을 $mx^2-2mx+3m-8=0$에 대입하면

$m-2m+3m-8=0$, $2m=8 \quad \therefore m=4$ 답 ②

629 $2x^2-3x-5=0$에서 $(x+1)(2x-5)=0$

$\therefore x=-1$ 또는 $x=\frac{5}{2}$

이때 두 근 중 음수인 근이 $x=-1$이므로

$x=-1$을 $3x^2-ax+2a-6=0$에 대입하면

$3+a+2a-6=0$, $3a=3 \quad \therefore a=1$ 답 ③

630 $x^2-2x-8=0$에서 $(x+2)(x-4)=0$

$\therefore x=-2$ 또는 $x=4$

$3x^2-11x-4=0$에서 $(3x+1)(x-4)=0$

$\therefore x=-\frac{1}{3}$ 또는 $x=4$

따라서 두 이차방정식의 공통인 근은 $x=4$이다. 답 ⑤

631 두 이차방정식의 공통인 근이 $x=2$이므로

$x=2$를 $x^2+3x+a=0$에 대입하면

$4+6+a=0 \quad \therefore a=-10$

$x=2$를 $x^2+bx-2=0$에 대입하면

$4+2b-2=0 \quad \therefore b=-1$

$\therefore a+b=-10+(-1)=-11$ 답 ①

632 $x^2+x-2=0$에서 $(x+2)(x-1)=0$

$\therefore x=-2$ 또는 $x=1$

$x^2-x-6=0$에서 $(x+2)(x-3)=0$

$\therefore x=-2$ 또는 $x=3$

공통이 아닌 근은 각각 $x=1$, $x=3$이고 $1<3$이므로

$p=1$, $q=3$

$\therefore \frac{q}{p}=\frac{3}{1}=3$ 답 3

633 $x=1$을 $2x^2-3x+m=0$에 대입하면

$2-3+m=0 \quad \therefore m=1$

$m=1$을 $x^2-2(2m-1)x-3=0$에 대입하면

$x^2-2x-3=0$, $(x+1)(x-3)=0$

$\therefore x=-1$ 또는 $x=3$

$m=1$을 $(2+m)x^2-2(m+3)x-3=0$에 대입하면

$3x^2-8x-3=0$, $(3x+1)(x-3)=0$

$\therefore x=-\frac{1}{3}$ 또는 $x=3$

따라서 두 이차방정식의 공통인 근은 $x=3$이다. 답 ④

634 ㄱ. $x^2-4=0$에서 $(x+2)(x-2)=0$

$\therefore x=-2$ 또는 $x=2$

ㄴ. $x^2=4x-4$에서 $x^2-4x+4=0$

$(x-2)^2=0 \quad \therefore x=2$

ㄷ. $3x^2-3x-18=0$에서 $x^2-x-6=0$

$(x+2)(x-3)=0 \quad \therefore x=-2$ 또는 $x=3$

ㄹ. $x(x-8)+2=-14$에서 $x^2-8x+16=0$

$(x-4)^2=0 \quad \therefore x=4$

따라서 중근을 갖는 것은 ㄴ, ㄹ이다. 답 ④

635 ① $x^2-2x+1=0$에서 $(x-1)^2=0 \quad \therefore x=1$

② $(x+1)^2=0 \quad \therefore x=-1$

③ $x^2-x+\frac{1}{4}=0$에서 $\left(x-\frac{1}{2}\right)^2=0 \quad \therefore x=\frac{1}{2}$

④ $x^2+6x+9=0$에서 $(x+3)^2=0 \quad \therefore x=-3$

⑤ $x^2-3x+2=0$에서 $(x-1)(x-2)=0$

$\therefore x=1$ 또는 $x=2$

따라서 중근을 갖지 않는 것은 ⑤이다. 답 ⑤

636 $9x^2-12x+4=0$에서 $(3x-2)^2=0$

$x=\frac{2}{3}$를 중근으로 가지므로 $a=\frac{2}{3}$

$2x^2+4x+2=0$에서 $2(x+1)^2=0$

$x=-1$을 중근으로 가지므로 $b=-1$

$\therefore 3a-b=3\times\frac{2}{3}-(-1)=3$ 답 3

637 $x^2-8x+3a+4=0$이 중근을 가지므로

$3a+4=\left(\frac{-8}{2}\right)^2$, $3a+4=16$

$3a=12 \quad \therefore a=4$ 답 ⑤

638 주어진 이차방정식의 양변을 2로 나누면 $x^2+\frac{a}{2}x+4=0$

이 이차방정식이 중근을 가지려면

$4=\left(\frac{a}{4}\right)^2$, $a^2=64$

$\therefore a=-8$ 또는 $a=8$ 답 ①, ⑤

639 $x^2+6x+11-a=0$이 중근을 가지므로

$11-a=\left(\frac{6}{2}\right)^2$, $11-a=9 \quad \therefore a=2$

즉, $x^2+6x+9=0$에서 $(x+3)^2=0$이므로 $x=-3$

$\therefore b=-3$

$\therefore ab=2\times(-3)=-6$ 답 ②

다른 풀이 x^2의 계수가 1이고 $x=b$를 중근으로 갖는 이차방정식은

$(x-b)^2=0 \quad \therefore x^2-2bx+b^2=0$

이 식이 $x^2+6x+11-a=0$과 일치하므로

$-2b=6$, $b^2=11-a$

따라서 $b=-3$이므로 $b^2=11-a$에 대입하면

$9=11-a \quad \therefore a=2$

$\therefore ab=2\times(-3)=-6$

640 $x^2-4x+k=0$이 중근을 가지므로

$k=\left(\frac{-4}{2}\right)^2=4$ …❶

$k=4$를 $(k-6)x^2+9x-9=0$에 대입하면

$-2x^2+9x-9=0$, $2x^2-9x+9=0$

$(2x-3)(x-3)=0 \quad \therefore x=\frac{3}{2}$ 또는 $x=3$ …❷

답 $x=\frac{3}{2}$ 또는 $x=3$

채점 기준	배점
❶ k의 값 구하기	50 %
❷ 이차방정식 $(k-6)x^2+9x-9=0$의 해 구하기	50 %

Theme 14 이차방정식의 근의 공식 97~101쪽

641 $3(x+1)^2=18$에서 $(x+1)^2=6$

$x+1=\pm\sqrt{6} \quad \therefore x=-1\pm\sqrt{6}$

따라서 $a=-1$, $b=6$이므로

$a-b=-1-6=-7$ 답 -7

642 $2(x-1)^2=8$에서 $(x-1)^2=4$

$x-1=\pm2 \quad \therefore x=-1$ 또는 $x=3$ 답 ④

643 ① $(x-1)^2=7$에서 $x-1=\pm\sqrt{7} \quad \therefore x=1\pm\sqrt{7}$

② $(x-2)^2=7$에서 $x-2=\pm\sqrt{7} \quad \therefore x=2\pm\sqrt{7}$

③ $(x-3)^2=7$에서 $x-3=\pm\sqrt{7} \quad \therefore x=3\pm\sqrt{7}$

④ $(x+1)^2=7$에서 $x+1=\pm\sqrt{7} \quad \therefore x=-1\pm\sqrt{7}$

⑤ $(x+2)^2=7$에서 $x+2=\pm\sqrt{7} \quad \therefore x=-2\pm\sqrt{7}$

따라서 해가 $x=2\pm\sqrt{7}$인 이차방정식은 ②이다. 답 ②

644 $(x-3)^2-5=0$에서 $(x-3)^2=5$

$x-3=\pm\sqrt{5} \quad \therefore x=3\pm\sqrt{5}$

$\therefore$ (두 근의 합)$=(3+\sqrt{5})+(3-\sqrt{5})=6$ 답 ③

645 $2(x-a)^2=60$에서 $(x-a)^2=30$

$x-a=\pm\sqrt{30} \quad \therefore x=a\pm\sqrt{30}$

따라서 $a=2$, $b=30$이므로

$ab=2\times30=60$ 답 ④

646 $4(x+5)^2=a$의 양변을 4로 나누면

$(x+5)^2=\frac{a}{4}$, $x+5=\pm\frac{\sqrt{a}}{2} \quad \therefore x=-5\pm\frac{\sqrt{a}}{2}$

이때 두 근의 차가 3이므로

$\left(-5+\frac{\sqrt{a}}{2}\right)-\left(-5-\frac{\sqrt{a}}{2}\right)=3$

$\sqrt{a}=3 \quad \therefore a=9$ 답 ③

647 $(x-3)^2=21k$에서

$x-3=\pm\sqrt{21k} \quad \therefore x=3\pm\sqrt{21k}$

$x=3\pm\sqrt{21k}$가 모두 정수가 되려면 $\sqrt{21k}$가 정수이어야 한다. 즉, $k=21\times$(자연수)^2 꼴이어야 하므로

$k=21\times1^2, 21\times2^2, 21\times3^2, \cdots$

따라서 자연수 k의 최솟값은 21이다. 답 21

648 ㄱ. $k>0$일 때, $(x-p)^2=k$에서 $x=p\pm\sqrt{k}$이므로 서로 다른 두 근을 갖지만 두 근의 부호가 항상 반대인 것은 아니다.

따라서 옳은 것은 ㄴ, ㄷ이다. 답 ④

649 이차방정식 $\left(x-\frac{1}{3}\right)^2=m$이 해를 가질 조건은 $m\geq0$

따라서 상수 m의 값이 될 수 없는 것은 ① -1이다. 답 ①

650 $4\left(x+\frac{1}{2}\right)^2=m-2$에서 $\left(x+\frac{1}{2}\right)^2=\frac{m-2}{4}$

서로 다른 두 근을 가지려면 $\frac{m-2}{4}>0$이어야 하므로

$m-2>0$ $\quad\therefore m>2$ 답 $m>2$

651 $2x^2-8x+3=0$의 양변을 2로 나누면

$x^2-4x+\frac{3}{2}=0$, $x^2-4x=-\frac{3}{2}$

$x^2-4x+4=-\frac{3}{2}+4$, $(x-2)^2=\frac{5}{2}$

따라서 $a=2$, $b=\frac{5}{2}$이므로

$a+2b=2+2\times\frac{5}{2}=7$ 답 7

652 $x^2-5x+2=0$에서 $x^2-5x=-2$

$x^2-5x+\left(\frac{-5}{2}\right)^2=-2+\left(\frac{-5}{2}\right)^2$

$\left(x-\frac{5}{2}\right)^2=\frac{17}{4}$ $\quad\therefore k=\frac{17}{4}$ 답 ③

653 $\frac{1}{2}x^2-3x-2=0$의 양변에 2를 곱하면

$x^2-6x-4=0$, $x^2-6x=4$

$x^2-6x+9=4+9$, $(x-3)^2=13$

따라서 $p=3$, $q=13$이므로

$3p-q=3\times3-13=-4$ 답 ⑤

654 $(x+3)(x-1)=4$에서 $x^2+2x-3=4$ …❶

$x^2+2x=7$, $x^2+2x+1=7+1$

$(x+1)^2=8$ …❷

따라서 $a=1$, $b=8$이므로

$a+b=1+8=9$ …❸

답 9

채점 기준	배점
❶ 이차방정식의 좌변 정리하기	20 %
❷ $(x+a)^2=b$ 꼴로 나타내기	50 %
❸ $a+b$의 값 구하기	30 %

655 $x^2+6x+3=0$에서 $x^2+6x=-3$

$x^2+6x+9=-3+9$, $(x+3)^2=6$

$x+3=\pm\sqrt{6}$ $\quad\therefore x=-3\pm\sqrt{6}$

따라서 $a=9$, $b=3$, $c=6$이므로

$\frac{ac}{b}=\frac{9\times6}{3}=18$ 답 ②

656 $x^2-8x-5=0$에서 $x^2-8x=5$

$x^2-8x+16=5+16$

$(x-4)^2=21$, $x-4=\pm\sqrt{21}$

$\therefore x=4\pm\sqrt{21}$ 답 $x=4\pm\sqrt{21}$

657 $3x^2-2x-3=0$의 양변을 3으로 나누면

$x^2-\frac{2}{3}x-1=0$, $x^2-\frac{2}{3}x=1$

$x^2-\frac{2}{3}x+\left(-\frac{1}{3}\right)^2=1+\left(-\frac{1}{3}\right)^2$

$\left(x-\frac{1}{3}\right)^2=\frac{10}{9}$, $x-\frac{1}{3}=\pm\frac{\sqrt{10}}{3}$

$\therefore x=\frac{1}{3}\pm\frac{\sqrt{10}}{3}=\frac{1\pm\sqrt{10}}{3}$

따라서 $a=1$, $b=10$이므로

$ab=1\times10=10$ 답 10

658 $3x^2-x+a=0$에서 $x=\frac{1\pm\sqrt{1-12a}}{6}$

따라서 $1-12a=13$이므로 $-12a=12$

$\therefore a=-1$ 답 -1

659 $5x^2+4x-2=0$에서

$x=\frac{-2\pm\sqrt{4+10}}{5}=\frac{-2\pm\sqrt{14}}{5}$

따라서 $a=-2$, $b=14$이므로

$a+b=-2+14=12$ 답 12

660 $2x^2-6x+1=0$에서

$x=\frac{3\pm\sqrt{9-2}}{2}=\frac{3\pm\sqrt{7}}{2}$

두 근 중 큰 근은 $x=\frac{3+\sqrt{7}}{2}$이므로 $a=\frac{3+\sqrt{7}}{2}$

$\therefore 2a-\sqrt{7}=2\times\frac{3+\sqrt{7}}{2}-\sqrt{7}=3+\sqrt{7}-\sqrt{7}=3$ 답 ③

661 $x=k$를 $x^2+2x-4k=0$에 대입하면

$k^2+2k-4k=0$, $k^2-2k=0$

$k(k-2)=0$ $\quad\therefore k=2$ ($\because k\neq0$)

$k=2$를 $2x^2+(k+3)x-1=0$에 대입하면

$2x^2+5x-1=0$에서

$x=\frac{-5\pm\sqrt{25+8}}{4}=\frac{-5\pm\sqrt{33}}{4}$ 답 $x=\frac{-5\pm\sqrt{33}}{4}$

662 주어진 이차방정식의 양변에 6을 곱하면

$2x(x+1)-1=3x(x-2)$

$2x^2+2x-1=3x^2-6x$, $x^2-8x+1=0$

$\therefore x=4\pm\sqrt{16-1}=4\pm\sqrt{15}$

따라서 $a=4$, $b=15$이므로

$4a-b=4\times4-15=1$ 답 ③

663 주어진 이차방정식의 양변에 10을 곱하면

$5x^2-8x-4=0$, $(5x+2)(x-2)=0$

$\therefore x=-\frac{2}{5}$ 또는 $x=2$ 답 ④

664 $(x+1)(2x-1)=4x+3$에서 $2x^2+x-1=4x+3$

$2x^2-3x-4=0$ $\therefore x=\frac{3\pm\sqrt{9+32}}{4}=\frac{3\pm\sqrt{41}}{4}$

따라서 두 근의 곱은

$\frac{3-\sqrt{41}}{4}\times\frac{3+\sqrt{41}}{4}=\frac{-32}{16}=-2$ 답 ②

665 주어진 이차방정식의 양변에 6을 곱하면

$4x^2-3x(x-4)+12x=0$, $4x^2-3x^2+12x+12x=0$

$x^2+24x=0$, $x(x+24)=0$ $\therefore x=0$ 또는 $x=-24$

이때 $\alpha>\beta$이므로 $\alpha=0$, $\beta=-24$

$\therefore \alpha+2\beta=0+2\times(-24)=-48$ 답 -48

666 $0.6x^2-1.3x+0.5=0$의 양변에 10을 곱하면

$6x^2-13x+5=0$, $(2x-1)(3x-5)=0$

$\therefore x=\frac{1}{2}$ 또는 $x=\frac{5}{3}$

$\frac{2}{3}x^2-\frac{7}{3}x+1=0$의 양변에 3을 곱하면

$2x^2-7x+3=0$, $(2x-1)(x-3)=0$

$\therefore x=\frac{1}{2}$ 또는 $x=3$

따라서 두 이차방정식의 공통인 근은 $x=\frac{1}{2}$이다. 답 ③

667 주어진 이차방정식의 양변에 10을 곱하면

$2(x^2-x+2)=5x(x-1)$

$2x^2-2x+4=5x^2-5x$, $3x^2-3x-4=0$

$\therefore x=\frac{3\pm\sqrt{9+48}}{6}=\frac{3\pm\sqrt{57}}{6}$

따라서 $a=3$, $b=57$이므로

$a+b=3+57=60$ 답 ③

668 $(x-1)(x+2)=-4x+4$에서

$x^2+x-2=-4x+4$, $x^2+5x-6=0$

$(x+6)(x-1)=0$ $\therefore x=-6$ 또는 $x=1$ …❶

이때 $a>b$이므로 $a=1$, $b=-6$ …❷

즉, $\frac{1}{b}x^2-\frac{1}{3}x+a=0$에서

$-\frac{1}{6}x^2-\frac{1}{3}x+1=0$의 양변에 -6을 곱하면

$x^2+2x-6=0$

$\therefore x=-1\pm\sqrt{1+6}=-1\pm\sqrt{7}$ …❸

답 $x=-1\pm\sqrt{7}$

채점 기준	배점
❶ 이차방정식 $(x-1)(x+2)=-4x+4$의 두 근 구하기	40 %
❷ a, b의 값 각각 구하기	10 %
❸ 이차방정식 $\frac{1}{b}x^2-\frac{1}{3}x+a=0$의 해 구하기	50 %

669 $x-1=A$로 치환하면

$3A^2-4A+1=0$, $(3A-1)(A-1)=0$

$\therefore A=\frac{1}{3}$ 또는 $A=1$

$x-1=\frac{1}{3}$ 또는 $x-1=1$이므로 $x=\frac{4}{3}$ 또는 $x=2$

이때 $\alpha>\beta$이므로 $\alpha=2$, $\beta=\frac{4}{3}$

$\therefore \alpha-3\beta=2-3\times\frac{4}{3}=-2$ 답 -2

참고 공통인 부분을 한 문자로 치환하지 않고 풀면 다음과 같다.

$3(x-1)^2-4(x-1)+1=0$에서

$3(x^2-2x+1)-4(x-1)+1=0$

$3x^2-6x+3-4x+4+1=0$

$3x^2-10x+8=0$, $(3x-4)(x-2)=0$

$\therefore x=\frac{4}{3}$ 또는 $x=2$

670 $x-\frac{1}{2}=A$로 치환하면

$3A^2-1=2A$, $3A^2-2A-1=0$

$(3A+1)(A-1)=0$

$\therefore A=-\frac{1}{3}$ 또는 $A=1$

따라서 $x-\frac{1}{2}=-\frac{1}{3}$ 또는 $x-\frac{1}{2}=1$이므로

$x=\frac{1}{6}$ 또는 $x=\frac{3}{2}$ 답 ④

671 $x+2=A$로 치환하면 $0.1A^2-\frac{2}{5}A=6$

양변에 10을 곱하면

$A^2-4A-60=0$, $(A+6)(A-10)=0$

$\therefore A=-6$ 또는 $A=10$

$x+2=-6$ 또는 $x+2=10$이므로

$x=-8$ 또는 $x=8$

따라서 음수인 해는 $x=-8$이다. 답 ②

672 $x-y=A$로 치환하면

$A(A-2)-8=0$, $A^2-2A-8=0$

$(A+2)(A-4)=0$ $\therefore A=-2$ 또는 $A=4$

이때 $x>y$에서 $A>0$이므로 $A=4$

$\therefore x-y=4$ 답 4

673 $x^2-4x+2=0$에서

$x=2\pm\sqrt{4-2}=2\pm\sqrt{2}$

$a>b$이므로 $a=2+\sqrt{2}$, $b=2-\sqrt{2}$

$b-2<n<a-2$에서 $-\sqrt{2}<n<\sqrt{2}$

이때 $1<\sqrt{2}<2$, $-2<-\sqrt{2}<-1$이므로 주어진 부등식을 만족시키는 정수 n은 -1, 0, 1의 3개이다. 답 ③

674 $4x^2+4x-1=0$에서

$x=\frac{-2\pm\sqrt{4+4}}{4}=\frac{-2\pm2\sqrt{2}}{4}=\frac{-1\pm\sqrt{2}}{2}$

$a<b$이므로 $a=\frac{-1-\sqrt{2}}{2}$, $b=\frac{-1+\sqrt{2}}{2}$

$\therefore b-a=\frac{-1+\sqrt{2}-(-1-\sqrt{2})}{2}=\sqrt{2}$

이때 $1<\sqrt{2}<2$이므로 $n<\sqrt{2}<n+1$을 만족시키는 정수 n의 값은 1이다. 답 1

675 $(x+3)^2=5$에서 $x+3=\pm\sqrt{5}$
$\therefore x=-3\pm\sqrt{5}$
$x+5<3x+7$에서 $-2x<2$ $\quad\therefore x>-1$
이때 $2<\sqrt{5}<3$, $-3<-\sqrt{5}<-2$이므로
$-1<-3+\sqrt{5}<0$, $-6<-3-\sqrt{5}<-5$
따라서 $p=-3+\sqrt{5}$이므로 $p+3=\sqrt{5}$이다. 답 $\sqrt{5}$

발전 문제 102~104쪽

676 주어진 방정식을 정리하면
$(a^2-3a+2)x^2+(a-1)x-1=0$
x에 대한 이차방정식이 되려면
$a^2-3a+2\neq0$, $(a-1)(a-2)\neq0$
$\therefore a\neq1$이고 $a\neq2$ 답 ④

677 $x=-4$를 $x^2+(3a-1)x+(a+2)=0$에 대입하면
$16-4(3a-1)+(a+2)=0$
$-11a=-22$ $\quad\therefore a=2$
$x=2$를 $kx^2-5x-2=0$에 대입하면
$4k-10-2=0$, $4k=12$ $\quad\therefore k=3$ 답 3

678 $x=a$를 $x^2-3x-5=0$에 대입하면
$a^2-3a-5=0$에서 $a^2-3a=5$
$\therefore (a+1)(a+4)(a-4)(a-7)$
$=(a+1)(a-4)(a+4)(a-7)$
$=(a^2-3a-4)(a^2-3a-28)$
$=(5-4)(5-28)$
$=1\times(-23)$
$=-23$ 답 ②

679 $x=p$를 $x^2-5x+2=0$에 대입하면 $p^2-5p+2=0$
양변을 p로 나누면 $p-5+\dfrac{2}{p}=0$ $\quad\therefore p+\dfrac{2}{p}=5$
$p^2+\dfrac{4}{p^2}=\left(p+\dfrac{2}{p}\right)^2-4=5^2-4=21$
$\therefore p^2+p+\dfrac{2}{p}+\dfrac{4}{p^2}=\left(p^2+\dfrac{4}{p^2}\right)+\left(p+\dfrac{2}{p}\right)$
$=21+5=26$ 답 ③

참고 $x=p$를 주어진 방정식에 대입하여 $p+\dfrac{2}{p}$의 값을 구한 후 곱셈 공식의 변형을 이용하여 주어진 식의 값을 구한다.

680 $x=8-a$를 $x^2-8x+a^2=0$에 대입하면
$(8-a)^2-8(8-a)+a^2=0$, $2a^2-8a=0$
$2a(a-4)=0$ $\quad\therefore a=4$ ($\because a$는 자연수)
$a=4$를 $x^2-(a+2)x+(a^2-3a+1)=0$에 대입하면
$x^2-6x+5=0$, $(x-1)(x-5)=0$
$\therefore x=1$ 또는 $x=5$
따라서 두 근의 곱은
$1\times5=5$ 답 ④

681 $5(x-4)^2=a$에서 $(x-4)^2=\dfrac{a}{5}$
$x-4=\pm\sqrt{\dfrac{a}{5}}$ $\quad\therefore x=4\pm\sqrt{\dfrac{a}{5}}$
이때 두 근의 차가 1이므로
$\left(4+\sqrt{\dfrac{a}{5}}\right)-\left(4-\sqrt{\dfrac{a}{5}}\right)=1$
$2\sqrt{\dfrac{a}{5}}=1$, $\sqrt{\dfrac{a}{5}}=\dfrac{1}{2}$
$\dfrac{a}{5}=\dfrac{1}{4}$ $\quad\therefore a=\dfrac{5}{4}$ 답 ①

682 $x^2-2kx+3k=0$에서 $x^2-2kx=-3k$
$x^2-2kx+k^2=k^2-3k$, $(x-k)^2=k^2-3k$
$(x+p)^2=4$에서 $k^2-3k=4$이므로 $k^2-3k-4=0$
$(k+1)(k-4)=0$ $\quad\therefore k=-1$ 또는 $k=4$
이때 $k>0$이므로 $k=4$
$\therefore p=-k=-4$ 답 ②

683 $4x-\dfrac{x^2+1}{3}=2(x-1)$의 양변에 3을 곱하면
$12x-(x^2+1)=6(x-1)$
$12x-x^2-1=6x-6$, $x^2-6x-5=0$
$\therefore x=3\pm\sqrt{9+5}=3\pm\sqrt{14}$
따라서 $a=3$, $b=14$이므로 $x^2-3x-14=0$에서
$x=\dfrac{3\pm\sqrt{9+56}}{2}=\dfrac{3\pm\sqrt{65}}{2}$ 답 $x=\dfrac{3\pm\sqrt{65}}{2}$

684 $px^2-qx+10=0$의 두 근이 $x=1$ 또는 $x=5$이므로
$x=1$을 $px^2-qx+10=0$에 대입하면
$p-q+10=0$ $\quad\cdots\cdots$ ㉠
$x=5$를 $px^2-qx+10=0$에 대입하면
$25p-5q+10=0$, $5p-q+2=0$ $\quad\cdots\cdots$ ㉡
㉠, ㉡을 연립하여 풀면 $p=2$, $q=12$
따라서 최대공약수가 2, 최소공배수가 12인 한 자리의 자연수 a, b는 $a>b$이므로 $a=6$, $b=4$
$\therefore a-b=6-4=2$ 답 ①

685 $x=-1$을 $ax^2-(a+3)x-a^2=0$에 대입하면
$a+a+3-a^2=0$, $a^2-2a-3=0$
$(a+1)(a-3)=0$
$\therefore a=-1$ 또는 $a=3$
(i) $a=-1$인 경우
$-x^2-2x-1=0$에서 $x^2+2x+1=0$
$(x+1)^2=0$ $\quad\therefore x=-1$
(ii) $a=3$인 경우
$3x^2-6x-9=0$에서 $x^2-2x-3=0$
$(x+1)(x-3)=0$ $\quad\therefore x=-1$ 또는 $x=3$
그런데 $x=-1$과 다른 한 근을 가지므로 (i), (ii)에서 $a=3$이고, 다른 한 근은 $x=3$이다. 답 $a=3$, $x=3$

686 $x=2$를 주어진 이차방정식에 대입하면
$4(m-1)-2(m^2+1)+2(m+1)=0$

$-2m^2+6m-4=0$, $m^2-3m+2=0$

$(m-1)(m-2)=0$ $\quad\therefore m=1$ 또는 $m=2$

이때 $m=1$이면 이차방정식이 아니므로 $m=2$

즉, $x^2-5x+6=0$이므로 $(x-2)(x-3)=0$

$\therefore x=2$ 또는 $x=3$

따라서 다른 한 근은 $x=3$이므로 상수 m의 값과 다른 한 근의 합은

$2+3=5$ 답 ⑤

687 $3x^2+2x-1=0$에서 $(x+1)(3x-1)=0$

$\therefore x=-1$ 또는 $x=\frac{1}{3}$

(i) 공통인 근이 $x=-1$일 때

$x=-1$을 $x^2-2x+k=0$에 대입하면

$(-1)^2-2\times(-1)+k=0$ $\quad\therefore k=-3$

(ii) 공통인 근이 $x=\frac{1}{3}$일 때

$x=\frac{1}{3}$을 $x^2-2x+k=0$에 대입하면

$\left(\frac{1}{3}\right)^2-2\times\frac{1}{3}+k=0$ $\quad\therefore k=\frac{5}{9}$

이때 $k>0$이므로 (i), (ii)에서 $k=\frac{5}{9}$ 답 $\frac{5}{9}$

688 $x^2-kx+k-1=0$이 중근을 가지므로

$k-1=\left(\frac{-k}{2}\right)^2$, $k-1=\frac{k^2}{4}$

$\frac{k^2}{4}-k+1=0$, $k^2-4k+4=0$

$(k-2)^2=0$ $\quad\therefore k=2$

즉, $x^2-2x+1=0$에서

$(x-1)^2=0$이므로 $x=1$ $\quad\therefore a=1$

$\therefore ka=2\times1=2$ 답 ②

689 $(3x-2)^2-(3x-2)(x+2)-2(x+2)^2=0$에서

$3x-2=A$, $x+2=B$로 치환하면

$A^2-AB-2B^2=0$, $(A+B)(A-2B)=0$

$(3x-2+x+2)(3x-2-2x-4)=0$

$4x(x-6)=0$ $\quad\therefore x=0$ 또는 $x=6$

따라서 $a=0$, $b=6$ 또는 $a=6$, $b=0$이므로

$a^2+b^2=36$ 답 ⑤

690 $2(x-1)^2+3-3x=(1-x)^2+1$에서

$2(x^2-2x+1)+3-3x=1-2x+x^2+1$

$x^2-5x+3=0$ $\quad\therefore x=\frac{5\pm\sqrt{25-12}}{2}=\frac{5\pm\sqrt{13}}{2}$

$\therefore k=\frac{5+\sqrt{13}}{2}$

이때 $3<\sqrt{13}<4$에서 $8<5+\sqrt{13}<9$이므로

$4<\frac{5+\sqrt{13}}{2}<\frac{9}{2}$

따라서 $n<\frac{5+\sqrt{13}}{2}<n+1$을 만족시키는 정수 n의 값은 4이다. 답 ②

교과서 속 참의력 UP!

105쪽

691 $(x-1)+x^2+(x+1)=2x+5+(x+1)$이므로

$x^2+2x=3x+6$, $x^2-x-6=0$

$(x+2)(x-3)=0$

$\therefore x=-2$ 또는 $x=3$

이때 표가 1부터 9까지의 자연수로 이루어져야 하므로

$x=3$

표의 가로, 세로, 대각선 방향에 있는 세 수의 합이 15가 되도록 수를 써넣으면 다음과 같다.

6	1	8
7	5	3
2	9	4

답 3, 풀이 참조

692 이차방정식 $x^2+ax+b=0$이 중근을 가지려면

$b=\left(\frac{a}{2}\right)^2$, $b=\frac{a^2}{4}$

즉, $a^2=4b$이어야 하므로

$a=2$일 때 $b=1$, $a=4$일 때 $b=4$

모든 경우의 수는 $6\times6=36$이고, $a^2=4b$를 만족시키는 순서쌍 (a, b)는 $(2, 1)$, $(4, 4)$의 2가지이다.

따라서 중근을 가질 확률은

$\frac{2}{36}=\frac{1}{18}$ 답 $\frac{1}{18}$

참고 (사건 A가 일어날 확률)$=\frac{(\text{사건 } A\text{가 일어나는 경우의 수})}{(\text{일어나는 모든 경우의 수})}$

693 두 이차방정식 A, B의 공통인 해가 $x=-2$이므로

$A:(-2)^2+a\times(-2)-10=0$

$-2a=6$ $\quad\therefore a=-3$

$B:(-2)^2+b\times(-2)+c=0$

$\therefore -2b+c=-4$ $\quad\cdots\cdots$ ㉠

이때 이차방정식 B는 중근을 가지므로

$c=\left(\frac{b}{2}\right)^2$, 즉 $c=\frac{b^2}{4}$ $\quad\cdots\cdots$ ㉡

㉡을 ㉠에 대입하여 정리하면

$b^2-8b+16=0$

$(b-4)^2=0$ $\quad\therefore b=4$

$b=4$를 ㉡에 대입하면 $c=4$

$\therefore a+b+c=-3+4+4=5$ 답 ①

694 $x^2-6x-\square=0$에서 $x^2-6x=\square$

$x^2-6x+9=\square+9$, $(x-3)^2=\square+9$

$x-3=\pm\sqrt{\square+9}$ $\quad\therefore x=3\pm\sqrt{\square+9}$

이때 나올 수 있는 이차방정식의 해 중 가장 큰 정수인 해 $x=3+\sqrt{\square+9}$는 근호 안의 수 $\square+9$가 가장 큰 제곱인 수가 되는 경우이다.

따라서 원판에 적힌 수 중 $\square+9$가 가장 큰 제곱인 수가 되는 $\square$의 값은 16이므로 가장 큰 정수인 해는

$x=3+\sqrt{16+9}=3+5=8$ 답 $x=8$

06. 이차방정식의 활용

Step 1 핵심 개념 107쪽

695 $x^2-x+5=0$에서
$b^2-4ac=(-1)^2-4\times1\times5=-19<0$
⇨ 근이 없다. ⇨ 근이 0개 답 0

696 $3x^2+2x-1=0$에서
$b^2-4ac=2^2-4\times3\times(-1)=16>0$
⇨ 서로 다른 두 근을 갖는다. ⇨ 근이 2개 답 2

697 $4x^2-12x+9=0$에서
$b^2-4ac=(-12)^2-4\times4\times9=0$
⇨ 중근을 갖는다. ⇨ 근이 1개 답 1

698 $b^2-4ac=4^2-4\times1\times k>0$이므로
$16-4k>0$ $\quad\therefore k<4$ 답 $k<4$

699 $b^2-4ac=4^2-4\times1\times k=0$이므로
$16-4k=0$ $\quad\therefore k=4$ 답 $k=4$

700 $b^2-4ac=4^2-4\times1\times k<0$이므로
$16-4k<0$ $\quad\therefore k>4$ 답 $k>4$

701 $(x+1)(x-5)=0$, $x^2-4x-5=0$ 답 $x^2-4x-5=0$

702 $\left(x-\frac{1}{2}\right)\left(x-\frac{1}{3}\right)=0$, $x^2-\frac{5}{6}x+\frac{1}{6}=0$
답 $x^2-\frac{5}{6}x+\frac{1}{6}=0$

703 $(x-5)^2=0$, $x^2-10x+25=0$ 답 $x^2-10x+25=0$

704 답 $3+\sqrt{5}$

705 답 $2-\sqrt{7}$

706 (1) $x+1$
(2) $x^2+(x+1)^2=61$에서 $2x^2+2x-60=0$
$\therefore x^2+x-30=0$
(3) $x^2+x-30=0$, $(x+6)(x-5)=0$
$\therefore x=5$ ($\because x$는 자연수)
따라서 연속하는 두 자연수는 5, 6이다.
답 (1) $x+1$ (2) $x^2+x-30=0$ (3) 5, 6

707 (1) $(20-x)(15-x)=x^2-35x+300(\text{m}^2)$
(2) $x^2-35x+300=204$이므로
$x^2-35x+96=0$
$(x-3)(x-32)=0$
$\therefore x=3$ ($\because 0<x<15$)
따라서 도로의 폭은 3 m이다.
답 (1) $(x^2-35x+300)\text{ m}^2$ (2) 3 m

708 $60x-5x^2=160$이므로
$5x^2-60x+160=0$, $x^2-12x+32=0$
$(x-4)(x-8)=0$
$\therefore x=4$ 또는 $x=8$
따라서 공의 높이가 160 m가 되는 것은 공을 쏘아 올린 지 4초 후일 때와 8초 후일 때이다. 답 4초 후, 8초 후

709 $60x-5x^2=0$이므로
$x^2-12x=0$, $x(x-12)=0$
$\therefore x=12$ ($\because x>0$)
따라서 공이 다시 지면에 떨어지는 것은 공을 쏘아 올린 지 12초 후이다. 답 12초 후

Step 2 핵심 유형 108~113쪽

Theme 15 이차방정식의 성질 108~109쪽

710 ① $(-3)^2-4\times2\times1>0$ ⇨ 서로 다른 두 근을 갖는다.
⇨ 근이 2개
② $(-2)^2-4\times4\times(-1)>0$ ⇨ 서로 다른 두 근을 갖는다. ⇨ 근이 2개
③ $2^2-4\times1\times(-1)>0$ ⇨ 서로 다른 두 근을 갖는다.
⇨ 근이 2개
④ $(-4)^2-4\times3\times3<0$ ⇨ 근이 없다. ⇨ 근이 0개
⑤ $(-9)^2-4\times3\times(-2)>0$ ⇨ 서로 다른 두 근을 갖는다. ⇨ 근이 2개
따라서 근의 개수가 나머지 넷과 다른 하나는 ④이다.
답 ④

711 ① $(-3)^2-4\times1\times(-2)>0$ ⇨ 서로 다른 두 근을 갖는다.
② $4^2-4\times3\times(-3)>0$ ⇨ 서로 다른 두 근을 갖는다.
③ $(-2)^2-4\times2\times\frac{1}{2}=0$ ⇨ 중근을 갖는다.
④ $5^2-4\times3\times4<0$ ⇨ 근이 없다.
⑤ $(-3)^2-4\times2\times\frac{8}{9}>0$ ⇨ 서로 다른 두 근을 갖는다.
따라서 근을 갖지 않는 것은 ④이다. 답 ④

712 ㄱ. $m=-3$, $n=2$이면 $x^2-3x+2=0$에서
$(-3)^2-4\times1\times2>0$이므로 서로 다른 두 근을 갖는다.
ㄴ. $m=0$, $n=9$이면 $x^2+9=0$에서
$0^2-4\times1\times9<0$이므로 근이 없다.
ㄷ. $m=2$, $n=1$이면 $x^2+2x+1=0$에서
$2^2-4\times1\times1=0$이므로 중근을 갖는다.

ㄹ. $n<0$이면 $m^2-4n>0$이므로 서로 다른 두 근을 갖는다.
따라서 옳은 것은 ㄱ, ㄹ이다. 답 ㄱ, ㄹ

713 $x^2+k(2x-3)+4=0$에서 $x^2+2kx-3k+4=0$이므로
$(2k)^2-4\times1\times(-3k+4)=0$, $4k^2+12k-16=0$
$k^2+3k-4=0$, $(k+4)(k-1)=0$
$\therefore k=-4$ 또는 $k=1$
이때 $k>0$이므로 $k=1$ 답 1

다른 풀이 $x^2+k(2x-3)+4=0$에서
$x^2+2kx-3k+4=0$이므로
$-3k+4=\left(\frac{2k}{2}\right)^2$
$k^2+3k-4=0$, $(k+4)(k-1)=0$
$\therefore k=-4$ 또는 $k=1$
이때 $k>0$이므로 $k=1$

714 $(-2m)^2-4\times1\times(2m+3)=0$이므로
$4m^2-8m-12=0$, $m^2-2m-3=0$
$(m+1)(m-3)=0$ $\therefore m=-1$ 또는 $m=3$
따라서 모든 상수 m의 값의 합은
$-1+3=2$ 답 ②

715 $x^2-4x+p=0$이 중근을 가지므로
$(-4)^2-4\times1\times p=0$, $16-4p=0$ $\therefore p=4$
$p=4$를 $x^2-2(p+1)x+q=0$에 대입하면
$x^2-10x+q=0$
이 이차방정식이 중근을 가지므로
$(-10)^2-4\times1\times q=0$, $100-4q=0$ $\therefore q=25$
$\therefore \sqrt{\frac{q}{p}}=\sqrt{\frac{25}{4}}=\frac{5}{2}$ 답 ②

716 $x^2+6x+k-3=0$이 중근을 가지므로
$6^2-4\times1\times(k-3)=0$, $-4k+48=0$
$\therefore k=12$
$k=12$를 $x^2+(k-5)x+2(k-7)=0$에 대입하면
$x^2+7x+10=0$, $(x+5)(x+2)=0$
$\therefore x=-5$ 또는 $x=-2$
따라서 두 근의 곱은
$(-5)\times(-2)=10$ 답 10

717 이차방정식 $2x^2-8x+k-5=0$이 근을 가지려면
$(-8)^2-4\times2\times(k-5)\geq0$에서
$64-8k+40\geq0$, $-8k\geq-104$
$\therefore k\leq13$ 답 $k\leq13$

718 이차방정식 $x^2+4x+k-2=0$의 해가 없으므로
$4^2-4\times1\times(k-2)<0$에서
$16-4k+8<0$, $-4k<-24$
$\therefore k>6$
따라서 k의 값이 될 수 있는 것은 ⑤ 7이다. 답 ⑤

719 이차방정식 $2x^2-7x+k+3=0$이 근을 가지려면
$(-7)^2-4\times2\times(k+3)\geq0$, $25-8k\geq0$ $\therefore k\leq\frac{25}{8}$
따라서 가장 큰 정수 k의 값은 3이다. 답 3

720 이차방정식 $x^2+2x+a=0$이 서로 다른 두 근을 가지므로
$2^2-4\times1\times a>0$에서 $4-4a>0$
$\therefore a<1$ …… ㉠
이차방정식 $x^2+(a+1)x+1=0$이 중근을 가지므로
$(a+1)^2-4\times1\times1=0$에서
$a^2+2a+1-4=0$, $a^2+2a-3=0$
$(a+3)(a-1)=0$
$\therefore a=-3$ 또는 $a=1$ …… ㉡
㉠, ㉡에서 $a=-3$ 답 ①

721 두 근이 $-\frac{1}{3}$, 2이고 x^2의 계수가 6인 이차방정식은
$6\left(x+\frac{1}{3}\right)(x-2)=0$, $6\left(x^2-\frac{5}{3}x-\frac{2}{3}\right)=0$
$\therefore 6x^2-10x-4=0$
따라서 $a=6$, $b=-10$, $c=-4$이므로
$a+b-c=6+(-10)-(-4)=0$ 답 ③

722 중근이 $x=3$이고 x^2의 계수가 3인 이차방정식은
$3(x-3)^2=0$, $3(x^2-6x+9)=0$
$3x^2-18x+27=0$ $\therefore a=18$, $b=27$
$\therefore a+b=18+27=45$ 답 45

723 이차방정식 $x^2+ax+b=0$의 두 근이 2, 4이므로
$(x-2)(x-4)=0$에서 $x^2-6x+8=0$
$\therefore a=-6$, $b=8$ …❶
따라서 -6, 8을 두 근으로 하고 x^2의 계수가 2인 이차방정식은
$2(x+6)(x-8)=0$
$\therefore 2x^2-4x-96=0$ …❷
답 $2x^2-4x-96=0$

채점 기준	배점
❶ a, b의 값 각각 구하기	60 %
❷ 주어진 조건에 맞는 이차방정식 구하기	40 %

Theme 16 이차방정식의 활용 110~113쪽

724 $\frac{n(n-3)}{2}=54$이므로 $n^2-3n-108=0$
$(n+9)(n-12)=0$ $\therefore n=12$ ($\because n>3$)
따라서 구하는 다각형은 십이각형이다. 답 ③

725 $\frac{n(n+1)}{2}=36$이므로 $n^2+n-72=0$
$(n+9)(n-8)=0$ $\therefore n=8$ ($\because n$은 자연수)
따라서 1부터 8까지의 수를 더해야 한다. 답 ②

726 $\frac{n(n-1)}{2}=45$이므로 $n^2-n-90=0$

$(n+9)(n-10)=0$ $\therefore n=10$ ($\because n>1$)

따라서 이 모임에 참가한 학생은 모두 10명이다. 답 10명

727 연속하는 세 자연수를 $x-1$, x, $x+1$이라 하면

$(x+1)^2=x^2+(x-1)^2-12$

$x^2+2x+1=x^2+x^2-2x+1-12$

$x^2-4x-12=0$, $(x+2)(x-6)=0$

$\therefore x=6$ ($\because x$는 자연수)

따라서 세 자연수는 5, 6, 7이므로 구하는 합은

$5+6+7=18$ 답 ④

728 두 자연수 중 큰 수를 x라 하면 작은 수는 $x-3$이므로

$(x-3)x=108$, $x^2-3x-108=0$

$(x-12)(x+9)=0$ $\therefore x=12$ ($\because x$는 자연수)

따라서 두 수 중 큰 수는 12이다. 답 ④

참고 두 수 중 작은 수는 9이다.

729 연속하는 두 홀수를 x, $x+2$라 하면

$x^2+(x+2)^2=202$, $x^2+x^2+4x+4=202$

$x^2+2x-99=0$, $(x+11)(x-9)=0$

$\therefore x=9$ ($\because x$는 자연수)

따라서 두 홀수는 9, 11이므로 구하는 곱은

$9\times11=99$ 답 99

730 십의 자리의 숫자를 x라 하면 일의 자리의 숫자는 $7-x$이므로 이 두 자리의 자연수는 $10x+(7-x)$

십의 자리의 숫자와 일의 자리의 숫자의 곱은 원래의 자연수보다 15만큼 작으므로

$x(7-x)=10x+(7-x)-15$ …❶

$7x-x^2=10x+7-x-15$

$x^2+2x-8=0$, $(x+4)(x-2)=0$

$\therefore x=2$ ($\because x$는 자연수)

따라서 십의 자리의 숫자는 2, 일의 자리의 숫자는

$7-2=5$이므로 두 자리의 자연수는 25이다. …❷

답 25

채점 기준	배점
❶ 주어진 조건에 맞는 식 세우기	50 %
❷ 두 자리의 자연수 구하기	50 %

참고 십의 자리의 숫자가 a, 일의 자리의 숫자가 b인 두 자리의 자연수
⇨ $10a+b$

731 서현이의 나이를 x살이라 하면 동생의 나이는 $(x-4)$살이므로

$(x-4)^2=4x+5$, $x^2-8x+16=4x+5$

$x^2-12x+11=0$, $(x-1)(x-11)=0$

$\therefore x=11$ ($\because x>4$)

따라서 서현이의 나이는 11살이다. 답 ⑤

732 그림 모임의 전체 회원을 x명이라 하면 회원 1인당 만든 엽서는 $(x-4)$장이므로

$x(x-4)=192$, $x^2-4x-192=0$

$(x+12)(x-16)=0$ $\therefore x=16$ ($\because x$는 자연수)

따라서 그림 모임의 회원은 모두 16명이다. 답 ①

733 셋째 주 일요일을 x일이라 하면 첫째 주 일요일은 $(x-14)$일이므로

$x(x-14)=147$, $x^2-14x-147=0$

$(x-21)(x+7)=0$ $\therefore x=21$ ($\because x>14$)

따라서 이번 달 셋째 주 일요일은 21일이다. 답 ④

734 물체가 지면에 떨어졌을 때의 높이는 0 m이므로

$55+50t-5t^2=0$, $t^2-10t-11=0$

$(t+1)(t-11)=0$ $\therefore t=11$ ($\because t>0$)

따라서 물체가 지면에 떨어지는 것은 물체를 쏘아 올린 지 11초 후이다. 답 11초 후

735 공이 지면에 떨어졌을 때의 높이는 0 m이므로

$4+8t-5t^2=0$, $5t^2-8t-4=0$

$(5t+2)(t-2)=0$ $\therefore t=2$ ($\because t>0$)

따라서 이 선수가 던진 공이 지면에 떨어지는 것은 2초 후이다. 답 ①

736 $10+30t-5t^2=55$, $t^2-6t+9=0$

$(t-3)^2=0$ $\therefore t=3$

따라서 지면으로부터 공까지의 높이가 55 m가 되는 것은 공을 차 올린 지 3초 후이다. 답 3초 후

737 $25t-5t^2=20$, $t^2-5t+4=0$

$(t-1)(t-4)=0$ $\therefore t=1$ 또는 $t=4$

따라서 던진 공이 지면으로부터 20 m 이상의 높이에서 머무르는 시간은 1초 후부터 4초 후까지이므로 3초 동안이다. 답 ③

738 가로의 길이를 x cm라 하면 세로의 길이는 $(13-x)$ cm이므로

$x(13-x)=42$, $x^2-13x+42=0$

$(x-6)(x-7)=0$ $\therefore x=6$ $\left(\because 0<x<\frac{13}{2}\right)$

따라서 직사각형의 가로의 길이는 6 cm이다. 답 ③

참고 세로의 길이가 가로의 길이보다 더 길어야 하므로

$13-x>x$ $\therefore x<\frac{13}{2}$

739 처음 정사각형의 한 변의 길이를 x cm라 하면 늘인 직사각형의 가로의 길이는 $(x+4)$ cm, 세로의 길이는 $(x+6)$ cm이고 늘인 직사각형의 넓이가 처음 정사각형의 넓이의 2배이므로

$(x+4)(x+6)=2x^2$, $x^2-10x-24=0$

$(x+2)(x-12)=0 \quad \therefore x=12\ (\because x>0)$

따라서 처음 정사각형의 한 변의 길이는 12 cm이다.

답 12 cm

740 큰 정사각형의 한 변의 길이를 x cm라 하면 작은 정사각형의 한 변의 길이는 $(12-x)$ cm이므로

$x^2+(12-x)^2=74$

$x^2-12x+35=0,\ (x-5)(x-7)=0$

$\therefore x=7\ (\because 6<x<12)$

따라서 큰 정사각형의 한 변의 길이는 7 cm이다. 답 7 cm

741 x초 후에 처음 직사각형의 넓이와 같아진다고 하면

$(8-x)(6+2x)=8\times6,\ 48+10x-2x^2=48$

$x^2-5x=0,\ x(x-5)=0$

$\therefore x=5\ (\because 0<x<8)$

따라서 5초 후에 처음 직사각형의 넓이와 같아진다.

답 5초 후

742 도로의 폭을 x m라 하면 도로를 제외한 땅의 넓이는 오른쪽 그림의 색칠한 부분의 넓이와 같으므로

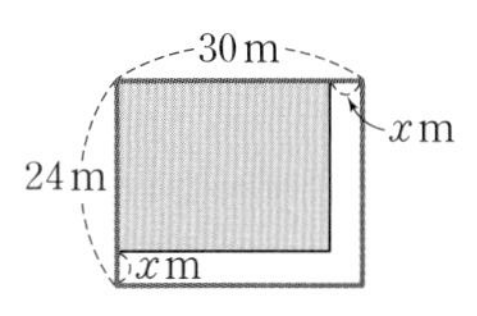

$(30-x)(24-x)=520,\ x^2-54x+200=0$

$(x-4)(x-50)=0 \quad \therefore x=4\ (\because 0<x<24)$

따라서 도로의 폭은 4 m이다. 답 4 m

743 꽃밭의 세로의 길이를 x m라 하면 가로의 길이는 $2x$ m이므로

$x(2x-2)=40,\ 2x^2-2x-40=0$

$x^2-x-20=0,\ (x+4)(x-5)=0$

$\therefore x=5\ (\because x>0)$

따라서 꽃밭의 세로의 길이는 5 m이다. 답 ②

744 길의 폭을 x m라 하면 길을 제외한 정원은 가로의 길이가 $(27-x)$ m, 세로의 길이가 $(20-2x)$ m인 직사각형 모양이므로

$(27-x)(20-2x)=400,\ x^2-37x+70=0$

$(x-2)(x-35)=0 \quad \therefore x=2\ (\because 0<x<10)$

따라서 길의 폭은 2 m이다. 답 2 m

745 처음 정사각형 모양의 종이의 한 변의 길이를 x cm라 하면 상자의 밑면은 한 변의 길이가 $(x-6)$ cm인 정사각형이므로

$(x-6)\times(x-6)\times3=192,\ (x-6)^2=64$

$x-6=\pm8 \quad \therefore x=14\ (\because x>6)$

따라서 처음 정사각형의 한 변의 길이는 14 cm이다. 답 ③

746 (1) 빗금 친 부분의 가로의 길이는 $(60-2x)$ cm, 세로의 길이는 x cm이므로

빗금 친 부분의 넓이는

$(60-2x)x=-2x^2+60x(\text{cm}^2)$ …❶

(2) $-2x^2+60x=450$에서

$-2x^2+60x-450=0,\ x^2-30x+225=0$

$(x-15)^2=0 \quad \therefore x=15$

따라서 물받이의 높이는 15 cm이다. …❷

답 (1) $(-2x^2+60x)$ cm^2 (2) 15 cm

채점 기준	배점
❶ 빗금 친 부분의 넓이를 x에 대한 이차식으로 나타내기	50 %
❷ 물받이의 높이 구하기	50 %

747 처음 직사각형 모양의 종이의 세로의 길이를 x cm라 하면 가로의 길이는 $(x+4)$ cm이므로 직육면체 모양의 상자는 다음 그림과 같다.

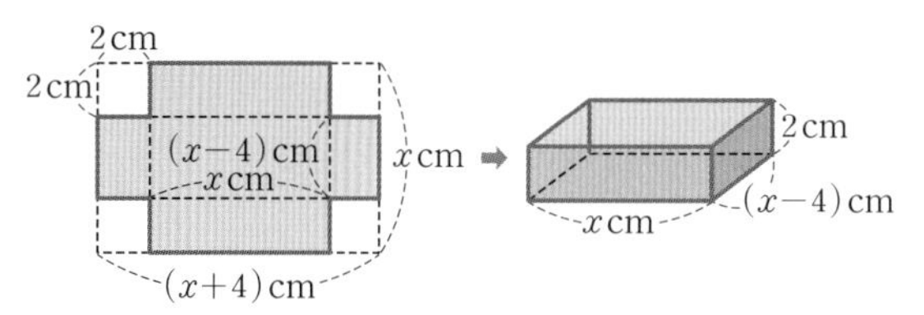

상자의 부피가 42 cm^{3}이므로

$x\times(x-4)\times2=42,\ x^2-4x-21=0$

$(x+3)(x-7)=0 \quad \therefore x=7\ (\because x>4)$

따라서 처음 직사각형의 세로의 길이는 7 cm이다. 답 ③

748 $\overline{AB}=x$ cm라 하면 $\overline{OA}=(x+1)$ cm이므로

$\pi(2x+1)^2-\pi(x+1)^2=40\pi$

$4x^2+4x+1-(x^2+2x+1)=40$

$3x^2+2x-40=0,\ (x+4)(3x-10)=0$

$\therefore x=\frac{10}{3}\ (\because x>0)$

따라서 $\overline{AB}$의 길이는 $\frac{10}{3}$ cm이다. 답 ③

749 원기둥의 높이를 $3x$ cm, 밑면인 원의 반지름의 길이를 $2x$ cm라 하면 옆면의 넓이가 48π cm^{2}이므로

$(2\pi\times2x)\times3x=48\pi,\ 12x^2=48$

$x^2=4 \quad \therefore x=2\ (\because x>0)$

따라서 원기둥의 높이는 $3\times2=6(\text{cm})$, 밑면인 원의 반지름의 길이는 $2\times2=4(\text{cm})$이므로 이 원기둥의 부피는

$(\pi\times4^2)\times6=96\pi(\text{cm}^3)$ 답 ①

750 가장 작은 반원의 반지름의 길이를 x cm라 하면 중간 크기의 반원의 반지름의 길이는 $(18-x)$ cm이므로

$\frac{1}{2}\pi\{18^2-x^2-(18-x)^2\}=80\pi$

$\frac{1}{2}\pi(-2x^2+36x)=80\pi$

$x^2-18x+80=0,\ (x-8)(x-10)=0$

$\therefore x=8\ (\because 0<x<9)$

따라서 가장 작은 반원의 반지름의 길이는 8 cm이다.

답 8 cm

Step 3 발전 문제 114~116쪽

751 $(x-4)^2=3$에서 $x^2-8x+13=0$이므로
$(-8)^2-4\times1\times13>0 \quad \therefore a=2$
$x^2+6=-2x$에서 $x^2+2x+6=0$이므로
$2^2-4\times1\times6<0 \quad \therefore b=0$
$4x^2-12x=-9$에서 $4x^2-12x+9=0$이므로
$(-12)^2-4\times4\times9=0 \quad \therefore c=1$
$\therefore a-b+c=2-0+1=3$ 답 ④

752 $x^2-(k+3)x+1=0$이 중근을 가지려면
$\{-(k+3)\}^2-4=0,\ k^2+6k+5=0$
$(k+5)(k+1)=0 \quad \therefore k=-5$ 또는 $k=-1$
상수 k의 값 중에서 큰 값은 -1이므로
$x=-1$을 $2x^2-2ax+a^2-1=0$에 대입하면
$2+2a+a^2-1=0,\ a^2+2a+1=0$
$(a+1)^2=0 \quad \therefore a=-1$ 답 ②

753 $(m+1)x^2-2x-1=0$이 서로 다른 두 근을 가지므로
$(-2)^2-4\times(m+1)\times(-1)>0$에서
$4+4m+4>0,\ m+2>0 \quad \therefore m>-2$
이때 $m+1=0$, 즉 $m=-1$이면 주어진 방정식이 이차방정식이 아니므로 $m\neq-1$이다.
따라서 구하는 m의 값의 범위는
$-2<m<-1$ 또는 $m>-1$이다. 답 ⑤

754 두 근이 -3, 2이고 x^2의 계수가 1인 이차방정식은
$(x+3)(x-2)=0$
$x^2+x-6=0 \quad \therefore a=1,\ b=-6$
$a=1,\ b=-6$을 $bx^2+ax+1=0$에 대입하면
$-6x^2+x+1=0$에서
$6x^2-x-1=0,\ (3x+1)(2x-1)=0$
$\therefore x=-\frac{1}{3}$ 또는 $x=\frac{1}{2}$ 답 ②

755 $y=ax+b$의 그래프에서 y절편이 -4이므로 $y=ax-4$이고, 점 $(-3, 0)$을 지나므로
$0=-3a-4 \quad \therefore a=-\frac{4}{3}$
따라서 $a=-\frac{4}{3}$, $b=-4$이므로 $-\frac{4}{3}$, -4를 두 근으로 하고 x^2의 계수가 3인 이차방정식은
$3\left(x+\frac{4}{3}\right)(x+4)=0,\ 3\left(x^2+\frac{16}{3}x+\frac{16}{3}\right)=0$
$\therefore 3x^2+16x+16=0$
답 $3x^2+16x+16=0$

756 민서의 생일을 4월 x일이라 하면 현우의 생일은 4월 $(x-14)$일이므로
$x(x-14)=176,\ x^2-14x-176=0$
$(x+8)(x-22)=0 \quad \therefore x=22\ (\because x>14)$
따라서 민서의 생일은 4월 22일이다. 답 4월 22일

참고 민서를 기준으로 현우가 먼저 태어났으므로 현우의 생일은 4월 $(x-14)$일이라 놓는다.

757 길의 폭을 x m라 하면 길을 제외한 땅의 넓이는 가로의 길이가 $(30-x)$ m, 세로의 길이가 $(40-2x)$ m인 직사각형의 넓이와 같으므로
$(30-x)(40-2x)=750,\ x^2-50x+225=0$
$(x-5)(x-45)=0 \quad \therefore x=5\ (\because 0<x<20)$
따라서 길의 폭은 5 m이다. 답 5 m

758 연못의 반지름의 길이를 x m라 하면
$\pi x^2=3\{\pi(x+4)^2-\pi x^2\},\ x^2=3(x^2+8x+16-x^2)$
$x^2-24x-48=0 \quad \therefore x=12+8\sqrt{3}\ (\because x>0)$
따라서 연못의 둘레의 길이는
$2\pi\times(12+8\sqrt{3})=(24+16\sqrt{3})\pi$(m)
답 $(24+16\sqrt{3})\pi$ m

759 $a=b-c$에서 $b=a+c$
이차방정식 $ax^2+bx+c=0$에서
$b^2-4ac=(a+c)^2-4ac$
$=a^2+2ac+c^2-4ac$
$=a^2-2ac+c^2$
$=(a-c)^2>0\ (\because a\neq c)$
따라서 이차방정식 $ax^2+bx+c=0$은 서로 다른 두 근을 갖는다. 답 2

760 주어진 식이 중근을 가지므로
$\{-(a-1)\}^2-4(a-1)=0,\ a^2-2a+1-4a+4=0$
$a^2-6a+5=0,\ (a-1)(a-5)=0$
$\therefore a=1$ 또는 $a=5$
이때 $a=1$이면 주어진 방정식이 이차방정식이 아니므로 $a=5$이다.
$a=5$를 주어진 이차방정식에 대입하면
$4x^2-4x+1=0,\ (2x-1)^2=0 \quad \therefore x=\frac{1}{2}$
따라서 $b=\frac{1}{2}$이므로 $2ab=2\times5\times\frac{1}{2}=5$ 답 5

761 $2x^2-7x+3=0$에서 $(2x-1)(x-3)=0$
$\therefore x=\frac{1}{2}$ 또는 $x=3$
이때 $A>B$이므로 $A=3,\ B=\frac{1}{2}$에서
$A+2B=3+2\times\frac{1}{2}=4$
$B-\frac{1}{A}=\frac{1}{2}-\frac{1}{3}=\frac{1}{6}$
즉, 4, $\frac{1}{6}$을 두 근으로 하고 x^2의 계수가 6인 이차방정식은

$6(x-4)\left(x-\frac{1}{6}\right)=0$에서 $6\left(x^2-\frac{25}{6}x+\frac{2}{3}\right)=0$
$\therefore 6x^2-25x+4=0$
따라서 $a=-25$, $b=4$이므로
$a+b=-25+4=-21$ 답 ①

762 주어진 이차방정식의 두 근을 α, 4α ($\alpha\neq0$)라 하면
두 근이 α, 4α이고 x^2의 계수가 1인 이차방정식은
$(x-\alpha)(x-4\alpha)=0$ $\therefore x^2-5\alpha x+4\alpha^2=0$
이 방정식이 $x^2-3(k+2)x+12k=0$과 일치하므로
$-5\alpha=-3(k+2)$, $4\alpha^2=12k$
이때 $\alpha=\frac{3(k+2)}{5}$이므로 이것을 $\alpha^2=3k$에 대입하면
$\left\{\frac{3(k+2)}{5}\right\}^2=3k$, $3(k+2)^2=25k$
$3k^2-13k+12=0$, $(3k-4)(k-3)=0$
$\therefore k=\frac{4}{3}$ 또는 $k=3$
따라서 구하는 곱은
$\frac{4}{3}\times3=4$ 답 4

763 두 근이 $3\pm\sqrt{3}$이고 x^2의 계수가 1인 이차방정식은
$(x-3-\sqrt{3})(x-3+\sqrt{3})=0$
$\therefore x^2-6x+6=0$
우석이는 상수항을 바르게 보았으므로 처음에 주어진 이차방정식의 상수항은 6이다.
두 근이 -1, 5이고 x^2의 계수가 1인 이차방정식은
$(x+1)(x-5)=0$
$\therefore x^2-4x-5=0$
유라는 x의 계수를 바르게 보았으므로 처음에 주어진 이차방정식의 x의 계수는 -4이다.
따라서 처음 이차방정식은 $x^2-4x+6=0$이므로
$a=-4$, $b=6$
$\therefore a+b=-4+6=2$ 답 2

764 점 A의 좌표를 $\mathrm{A}\left(a, -\frac{1}{2}a+6\right)$이라 하면
점 P의 좌표는 $\mathrm{P}(a, 0)$,
점 Q의 좌표는 $\mathrm{Q}\left(0, -\frac{1}{2}a+6\right)$
□AQOP의 넓이가 16이므로
$a\times\left(-\frac{1}{2}a+6\right)=16$, $-\frac{1}{2}a^2+6a=16$
$a^2-12a+32=0$, $(a-4)(a-8)=0$
$\therefore a=4$ 또는 $a=8$
$a=4$일 때, $-\frac{1}{2}a+6=-\frac{1}{2}\times4+6=4$
$a=8$일 때, $-\frac{1}{2}a+6=-\frac{1}{2}\times8+6=2$
따라서 점 A의 좌표는 (4, 4) 또는 (8, 2)이다.
답 ③, ⑤

765 타일 한 개의 짧은 변의 길이를 x cm라 하면
$4x=2\times$(긴 변의 길이)$+2$이므로
(긴 변의 길이)$=2x-1$(cm)
이때 전체 직사각형 모양의 공간의 넓이가 96 cm²이므로
$4x(2x-1+x)=96$, $4x(3x-1)=96$
$12x^2-4x-96=0$, $3x^2-x-24=0$
$(3x+8)(x-3)=0$ $\therefore x=3\left(\because x>\frac{1}{2}\right)$
따라서 타일 한 개의 짧은 변의 길이는 3 cm, 긴 변의 길이는 $2\times3-1=5$(cm)이므로 타일 한 개의 넓이는
$3\times5=15$(cm²) 답 15 cm²

교과서 속 창의력 UP! 117쪽

766 $7.5x-5x^2=2.5$이므로
$2x^2-3x+1=0$, $(2x-1)(x-1)=0$
$\therefore x=\frac{1}{2}$ 또는 $x=1$
따라서 물의 높이가 2.5 m가 되는 것은 $\frac{1}{2}$초 후일 때와 1초 후이다. 답 $\frac{1}{2}$초 후, 1초 후

767 규칙에 따라 □ 안에 알맞은 식은
$n\times(n+1)-2\times n$, 즉 $n(n+1)-2n$이다.
$n(n+1)-2n=600$이 되는 n의 값을 구하면
$n^2+n-2n=600$, $n^2-n-600=0$
$(n+24)(n-25)=0$
$\therefore n=25$ ($\because n$은 자연수) 답 $n(n+1)-2n$, 25

768 $\frac{n(n+1)}{2}=120$이므로 $n(n+1)=240$
$n^2+n-240=0$, $(n-15)(n+16)=0$
$\therefore n=15$ ($\because n$은 자연수)
따라서 구하는 삼각형 모양은 15단계 삼각수이다.
답 15단계

769 두 정사각형 중 작은 정사각형의 한 변의 길이를 x라 하면
큰 정사각형의 한 변의 길이는 $x+6$이므로
$x^2+(x+6)^2=468$, $x^2+(x^2+12x+36)=468$
$2x^2+12x-432=0$, $x^2+6x-216=0$
$(x+18)(x-12)=0$
$\therefore x=12$ ($\because x>0$)
따라서 두 정사각형 중 작은 정사각형의 한 변의 길이는 12이다. 답 12
참고 구하려는 정사각형의 한 변의 길이를 x라 놓고 다른 정사각형의 한 변의 길이를 x에 대한 식으로 나타낸 후 이차방정식을 세운다.

07. 이차함수와 그 그래프

Step 1 핵심 개념 121, 123쪽

770 답 ○

771 $y=-x(x+2)+x^2=-2x$이므로 이차함수가 아니다. 답 ×

772 답 ○

773 답 $y=\frac{3}{2}(x+2)$ 또는 $y=\frac{3}{2}x+3$, ×

774 답 $y=\frac{1}{2}(x+3)(x-2)$ 또는 $y=\frac{1}{2}x^2+\frac{1}{2}x-3$, ○

775 $f(2)=2^2-2\times2+6=6$ 답 6

776 $f(-1)=(-1)^2-2\times(-1)+6=9$ 답 9

777 답 아래

778 답 y

779 답 감소, 증가

780 답 $(0, 0)$

781 답 $x=0$

782 답 $>$, $<$

783 답 절댓값

784 답 ㉡

785 답 ㉠

786 답 ㄴ, ㄹ, ㅂ

787 답 ㅁ

788 답 ㄱ과 ㄹ

789 답 ㄱ, ㄷ, ㅁ

790 답 $y=2x^2+4$

791 답 $y=\frac{1}{3}x^2-1$

792 답 $(0, 2)$, $x=0$

793 답 $(0, -1)$, $x=0$

794 답 $a>0$, $q<0$

795 답 $a<0$, $q>0$

796 답 $y=5(x+2)^2$

797 답 $y=\frac{1}{3}(x-5)^2$

798 답 $(-2, 0)$, $x=-2$

799 답 $(1, 0)$, $x=1$

800 답 $a>0$, $p<0$

801 답 $a<0$, $p>0$

802 답 $y=2(x-1)^2+4$

803 답 $y=-\frac{1}{2}(x+3)^2+\frac{1}{4}$

804 답 $y=-4(x+2)^2-3$

805 답 $(-1, -5)$, $x=-1$

806 답 $(3, 1)$, $x=3$

807 답 $\left(-2, -\frac{1}{2}\right)$, $x=-2$

808 답 $a>0$, $p>0$, $q<0$

809 답 $a<0$, $p<0$, $q<0$

Step 2 핵심 유형 124~131쪽

Theme 17 이차함수 $y=ax^2$의 그래프 124~127쪽

810 ① $y=x(8-x)=-x^2+8x$ ⇨ 이차함수

② $y=\frac{1}{x^2}-1$ ⇨ 이차함수가 아니다.

③ $y=x^2-(1-x)^2=x^2-(1-2x+x^2)=2x-1$ ⇨ 일차함수

④ $2x^2+x+3$ ⇨ 이차식

⑤ $y=x^3+(2-x)^2=x^3+x^2-4x+4$ ⇨ 이차함수가 아니다.

따라서 y가 x에 대한 이차함수인 것은 ①이다. 답 ①

811 ㄱ. $y=x-4$ ⇨ 일차함수

ㄴ. $y=3x^3-x^2$ ⇨ 이차함수가 아니다.

ㄷ. $y=x^2+2x-1$ ⇨ 이차함수

ㄹ. $y=x(x+1)-1=x^2+x-1$ ⇨ 이차함수

ㅁ. $y=2x^2+x+3-2x^2=x+3$ ⇨ 일차함수

ㅂ. $y=\frac{x^2}{3}+2$ ⇨ 이차함수

따라서 y가 x에 대한 이차함수인 것은 ㄷ, ㄹ, ㅂ이다. 답 ㄷ, ㄹ, ㅂ

812 ① $y=x\times5=5x$ ⇨ 일차함수

② $y=x^3$ ⇨ 이차함수가 아니다.

③ $y=2\pi\times x=2\pi x$ ⇨ 일차함수

④ $y=\frac{1}{2}\times x\times(x+5)=\frac{1}{2}x^2+\frac{5}{2}x$ ⇨ 이차함수

⑤ $y=2\{(x+2)+(x+3)\}=4x+10$ ⇨ 일차함수

따라서 y가 x에 대한 이차함수인 것은 ④이다. 답 ④

참고 ① (거리)=(속력)×(시간)

813 $y=2x^2-x(ax-3)+5$
$=(2-a)x^2+3x+5$
이 함수가 이차함수이려면 $2-a\neq0$이어야 하므로 $a\neq2$ 답 ⑤

814 $y=6x^2+1+2x(ax+1)$
$=(6+2a)x^2+2x+1$
이 함수가 이차함수이려면 $6+2a\neq0$이어야 하므로 $a\neq-3$
따라서 a의 값이 될 수 없는 것은 ①이다. 답 ①

815 $y=k(k-2)x^2+5x-3x^2$
$=(k^2-2k-3)x^2+5x$
이 함수가 이차함수이려면 $k^2-2k-3\neq0$이어야 하므로
$(k+1)(k-3)\neq0$
$\therefore k\neq-1$이고 $k\neq3$
따라서 k의 값이 될 수 없는 것은 ①, ⑤이다. 답 ①, ⑤
참고 $(x-\alpha)(x-\beta)\neq0 \Rightarrow x\neq\alpha$이고 $x\neq\beta$

816 $f(1)=1^2+2\times1-1=2$
$f(-1)=(-1)^2+2\times(-1)-1=-2$
$\therefore f(1)-f(-1)=2-(-2)=4$ 답 4

817 $f(x)=ax^2+3x-7$에서
$f(3)=a\times3^2+3\times3-7$
$=9a+2$
즉, $9a+2=-7$이므로 $9a=-9$ $\therefore a=-1$ 답 ②

818 $f(a)=2a^2-9a-4=1$이므로
$2a^2-9a-5=0$, $(2a+1)(a-5)=0$
$\therefore a=5$ ($\because$ a는 정수)
따라서 정수 a의 값은 5이다. 답 ⑤

819 $f(-2)=-2\times(-2)^2-(-2)+3$
$=-8+2+3=-3$
이므로 $a=-3$ …❶
$f(b)=-2b^2-b+3=2$이므로
$2b^2+b-1=0$, $(b+1)(2b-1)=0$
이때 $b<0$이므로 $b=-1$ …❷
$\therefore a+b=-3+(-1)=-4$ …❸
답 -4

채점 기준	배점
❶ a의 값 구하기	40 %
❷ b의 값 구하기	40 %
❸ $a+b$의 값 구하기	20 %

820 이차함수 $y=ax^2$에서 그래프가 위로 볼록하려면 $a<0$
그래프의 폭이 가장 좁으려면 a의 절댓값이 가장 커야 한다.
따라서 위로 볼록하면서 폭이 가장 좁은 것은 ①이다.
답 ①

821 $y=ax^2$의 그래프는 아래로 볼록하므로 $a>0$
그래프의 폭이 $y=x^2$의 그래프의 폭보다 넓으므로 $a<1$
$\therefore 0<a<1$ 답 $0<a<1$

822 그래프가 색칠한 부분을 지나는 이차함수의 식을 $y=ax^2$이라 하면
$-\frac{1}{3}<a<0$ 또는 $0<a<2$
따라서 색칠한 부분을 지나는 것은 ③, ④이다. 답 ③, ④
참고 $y=ax^2$에서 $a>0$인 경우와 $a<0$인 경우로 나누어 a의 값의 범위를 구한다.

823 $y=-2x^2$에 $x=a$, $y=3a$를 대입하면
$3a=-2a^2$, $2a^2+3a=0$, $a(2a+3)=0$
$\therefore a=-\frac{3}{2}$ ($\because$ $a\neq0$) 답 $-\frac{3}{2}$

824 $y=3x^2$에 주어진 점의 좌표를 각각 대입하여 등호가 성립하지 않는 것을 찾는다.
① $3=3\times(-1)^2$ ② $1\neq3\times\left(-\frac{1}{9}\right)^2$ ③ $0=3\times0^2$
④ $\frac{1}{3}=3\times\left(\frac{1}{3}\right)^2$ ⑤ $12=3\times2^2$
따라서 $y=3x^2$의 그래프 위의 점이 아닌 것은 ②이다.
답 ②

825 $y=\frac{3}{2}x^2$에 $x=1$, $y=a$를 대입하면 $a=\frac{3}{2}$
$y=\frac{3}{2}x^2$에 $x=b$, $y=6$을 대입하면 $6=\frac{3}{2}b^2$
$b^2=4$, $(b+2)(b-2)=0$ $\therefore b=-2$ ($\because$ $b<0$)
$\therefore ab=\frac{3}{2}\times(-2)=-3$ 답 -3

826 $y=ax^2$의 그래프가 점 $(3, -6)$을 지나므로
$-6=a\times3^2$, $-6=9a$ $\therefore a=-\frac{2}{3}$
$\therefore y=-\frac{2}{3}x^2$
따라서 $y=-\frac{2}{3}x^2$의 그래프가 점 $(-1, b)$를 지나므로
$b=-\frac{2}{3}\times(-1)^2=-\frac{2}{3}$ 답 $-\frac{2}{3}$

827 $y=7x^2$의 그래프와 x축에 대하여 서로 대칭인 그래프의 식은 $y=-7x^2$이다. 답 ①

828 두 이차함수의 그래프가 x축에 대하여 서로 대칭이면 x^2의 계수의 절댓값이 같고 부호가 서로 반대이므로 ③ ㄱ과 ㅂ, ⑤ ㄷ과 ㄹ이다. 답 ③, ⑤

829 $y=-5x^2$의 그래프와 x축에 대하여 서로 대칭인 그래프의 식은 $y=5x^2$이다. $\therefore a=5$ …❶
$y=\frac{7}{2}x^2$의 그래프와 x축에 대하여 서로 대칭인 그래프의 식은 $y=-\frac{7}{2}x^2$이다. $\therefore b=-\frac{7}{2}$ …❷
$\therefore a+b=5+\left(-\frac{7}{2}\right)=\frac{3}{2}$ …❸
답 $\frac{3}{2}$

채점 기준	배점
❶ a의 값 구하기	40 %
❷ b의 값 구하기	40 %
❸ $a+b$의 값 구하기	20 %

830 ㄱ. $a>0$이면 아래로 볼록한 포물선이다.
ㄴ. 점 $(1,\ a)$를 지난다.
따라서 옳은 것은 ㄷ, ㄹ이다. 답 ㄷ, ㄹ

831 ② $y=-\frac{1}{2}x^2$에 $x=2$, $y=-2$를 대입하면
$-2=-\frac{1}{2}\times 2^2$
⇨ 점 $(2,\ -2)$를 지난다.
④ 이차함수 $y=-\frac{1}{2}x^2$의 그래프는 $y=\frac{1}{2}x^2$의 그래프와 x축에 대하여 대칭이다.
따라서 옳지 않은 것은 ④이다. 답 ④

832 ⑤ $x<0$일 때, x의 값이 증가하면 y의 값도 증가하는 것은 (가), (나)이다. 답 ⑤

833 양수 a, b에 대하여 점 A의 좌표를 $(a,\ b)$라 하면

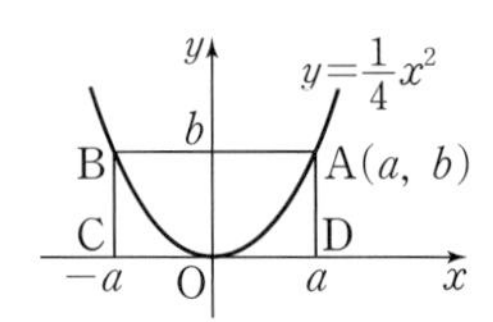

$\mathrm{B}(-a,\ b)$, $\mathrm{C}(-a,\ 0)$, $\mathrm{D}(a,\ 0)$
$\overline{\mathrm{AB}}:\overline{\mathrm{BC}}=2:1$이므로
$2a:b=2:1$ $\therefore a=b$
이때 점 $\mathrm{A}(a,\ b)$, 즉 점 $\mathrm{A}(b,\ b)$는 $y=\frac{1}{4}x^2$의 그래프 위의 점이므로
$b=\frac{1}{4}b^2$, $b^2-4b=0$, $b(b-4)=0$
$\therefore b=4$ ($\because b>0$)
따라서 점 A의 y좌표는 4이다. 답 4

834 $y=\frac{1}{2}x^2$에 $y=8$을 대입하면
$8=\frac{1}{2}x^2$, $x^2=16$ $\therefore x=\pm 4$
이때 점 A는 제1사분면 위의 점이므로 $\mathrm{A}(4,\ 8)$
또, $\mathrm{C}(0,\ 8)$이고 양수 b에 대하여 점 B의 좌표를 $(b,\ 8)$이라 하면
$\overline{\mathrm{AB}}=\overline{\mathrm{BC}}$이므로
$4-b=b$, $2b=4$ $\therefore b=2$
따라서 점 $\mathrm{B}(2,\ 8)$은 $y=ax^2$의 그래프 위의 점이므로
$8=4a$ $\therefore a=2$ 답 2

835 두 점 C, D는 y축에 대하여 대칭이고 점 C의 x좌표가 3이므로 점 D의 x좌표는 -3이다.
$\therefore \overline{\mathrm{AB}}=1-(-1)=2$, $\overline{\mathrm{CD}}=3-(-3)=6$
두 점 B, C는 $y=ax^2$의 그래프 위의 점이므로
$\mathrm{B}(1,\ a)$, $\mathrm{C}(3,\ 9a)$
$\square\mathrm{ABCD}=\frac{1}{2}\times(2+6)\times(9a-a)=16$에서
$\frac{1}{2}\times 8\times 8a=16$, $32a=16$ $\therefore a=\frac{1}{2}$ 답 $\frac{1}{2}$

참고 두 점 A, B는 y축에 대하여 대칭이므로 선분 AB는 x축에 평행하다. 따라서 선분 CD도 x축에 평행하므로 두 점 C, D는 y축에 대하여 대칭이다.

Theme 18 이차함수 $y=a(x-p)^2+q$의 그래프 128~131쪽

836 이차함수 $y=2x^2$의 그래프를 y축의 방향으로 -1만큼 평행이동한 그래프의 식은 $y=2x^2-1$
이 그래프의 꼭짓점의 좌표는 $(0,\ -1)$이고, 축의 방정식은 $x=0$이므로 $p=0$, $q=-1$, $r=0$
$\therefore p+q+r=0+(-1)+0=-1$ 답 -1

837 ㄷ. 축의 방정식은 $x=0$이다.
ㄹ. $x>0$일 때, x의 값이 증가하면 y의 값은 감소한다.
따라서 옳은 것은 ㄱ, ㄴ이다. 답 ㄱ, ㄴ

838 이차함수 $y=-3x^2$의 그래프를 y축의 방향으로 m만큼 평행이동한 그래프의 식은 $y=-3x^2+m$
이 그래프가 점 $(1,\ 1)$을 지나므로 $1=-3+m$
$\therefore m=4$ 답 ⑤

839 꼭짓점의 좌표가 $(0,\ 1)$이므로 이차함수의 식은
$y=ax^2+1$ $\therefore q=1$ …❶
이 그래프가 점 $(2,\ 17)$을 지나므로
$17=4a+1$, $4a=16$ $\therefore a=4$ …❷
$\therefore a+q=4+1=5$ …❸
답 5

채점 기준	배점
❶ q의 값 구하기	40 %
❷ a의 값 구하기	40 %
❸ $a+q$의 값 구하기	20 %

840 이차함수 $y=ax^2$의 그래프를 x축의 방향으로 2만큼 평행이동한 그래프의 식은 $y=a(x-2)^2$
이 그래프가 점 $(4,\ 2)$를 지나므로
$2=a\times(4-2)^2$, $4a=2$ $\therefore a=\frac{1}{2}$ 답 $\frac{1}{2}$

841 ② 이차함수 $y=-\frac{1}{2}x^2$의 그래프를 y축의 방향으로 -2만큼 평행이동하면 이차함수 $y=-\frac{1}{2}x^2-2$의 그래프와 완전히 포개어진다.
④ 이차함수 $y=-\frac{1}{2}x^2$의 그래프를 x축의 방향으로 -1만큼 평행이동하면 이차함수 $y=-\frac{1}{2}(x+1)^2$의 그래프와 완전히 포개어진다.
따라서 완전히 포갤 수 있는 것은 ②, ④이다. 답 ②, ④

참고 이차함수의 그래프를 평행이동하면 그래프의 모양과 폭은 변하지 않고 위치만 바뀌므로 x^2의 계수는 변하지 않는다.

842 이차함수 $y=-4x^2$의 그래프를 x축의 방향으로 -3만큼 평행이동한 그래프의 식은 $y=-4(x+3)^2$
따라서 이 그래프는 오른쪽 그림과 같이 위로 볼록하고 축의 방정식이

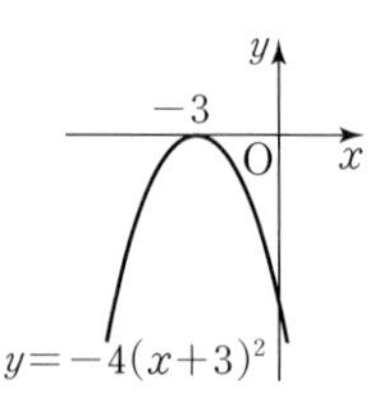

$x=-3$이므로 x의 값이 증가할 때, y의 값은 감소하는 x의 값의 범위는 $x>-3$이다. 답 $x>-3$

843 평행이동한 그래프의 식은 $y=2(x+1)^2$

② $x=1$을 대입하면 $y=2\times2^2=8$이므로 점 $(1, 8)$을 지난다.

③ 그래프는 오른쪽 그림과 같으므로 제1사분면과 제2사분면을 지난다.

④ 그래프가 아래로 볼록하고 축의 방정식이 $x=-1$이므로 $x>-1$일 때, x의 값이 증가하면 y의 값도 증가한다.

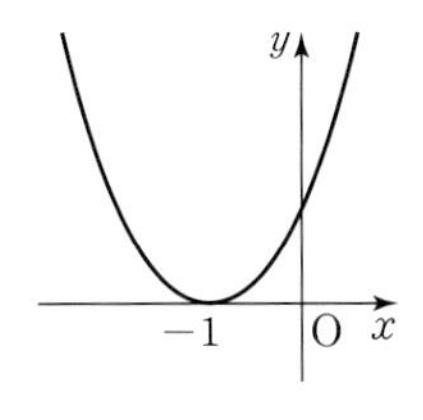

따라서 옳지 않은 것은 ④이다. 답 ④

844 그래프의 꼭짓점의 좌표가 $(-3, 0)$이므로 이차함수의 식은

$y=a(x+3)^2$ $\quad\therefore p=3$

이 그래프가 점 $(0, -3)$을 지나므로

$-3=a\times(0+3)^2$, $9a=-3$ $\quad\therefore a=-\frac{1}{3}$

$\therefore ap=\left(-\frac{1}{3}\right)\times3=-1$ 답 ②

845 이차함수 $y=ax^2$의 그래프를 x축의 방향으로 3만큼, y축의 방향으로 -5만큼 평행이동한 그래프의 식은

$y=a(x-3)^2-5$

이 그래프가 점 $(4, 3)$을 지나므로 $3=a\times(4-3)^2-5$

$a-5=3$ $\quad\therefore a=8$ 답 ⑤

846 축의 방정식을 구하면 다음과 같다.

① $x=0$ ② $x=0$ ③ $x=-3$ ④ $x=1$ ⑤ $x=-1$

따라서 축이 가장 오른쪽에 있는 것은 ④이다. 답 ④

847 이차함수 $y=(x-3)^2-1$의 그래프의 꼭짓점의 좌표는 $(3, -1)$이고 $x=0$일 때, $y=(0-3)^2-1=8$이므로 점 $(0, 8)$을 지난다.

따라서 그래프는 오른쪽 그림과 같으므로 제3사분면을 지나지 않는다. 답 제3사분면

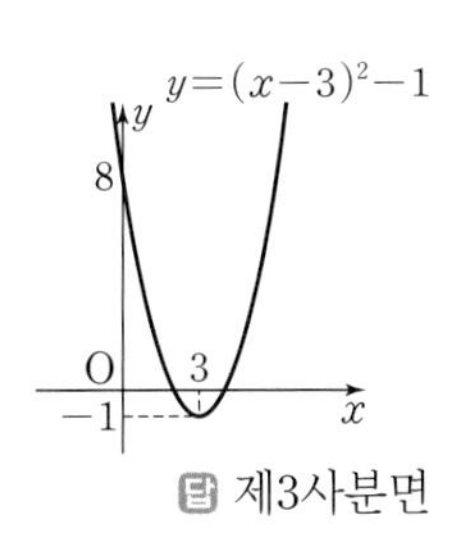

848 축의 방정식이 $x=-1$이므로

$y=a(x+1)^2+q$ $\quad\therefore p=-1$

$y=a(x+1)^2+q$의 그래프가 점 $(1, -3)$을 지나므로

$-3=a\times(1+1)^2+q$ $\quad\therefore 4a+q=-3$ ······ ㉠

또, 점 $(-2, 3)$을 지나므로

$3=a\times(-2+1)^2+q$ $\quad\therefore a+q=3$ ······ ㉡

㉠, ㉡을 연립하여 풀면 $a=-2$, $q=5$

$\therefore apq=(-2)\times(-1)\times5=10$ 답 10

849 $y=a(x-1)^2-6$의 그래프를 x축의 방향으로 -2만큼, y축의 방향으로 4만큼 평행이동한 그래프의 식은

$y=a(x+2-1)^2-6+4$ $\quad\therefore y=a(x+1)^2-2$

이 그래프가 점 $(2, 16)$을 지나므로

$16=a\times(2+1)^2-2$, $9a-2=16$

$9a=18$ $\quad\therefore a=2$ 답 ④

850 $y=3(x+3)^2-2$의 그래프를 x축의 방향으로 5만큼, y축의 방향으로 -1만큼 평행이동한 그래프의 식은

$y=3(x-5+3)^2-2-1$ $\quad\therefore y=3(x-2)^2-3$

따라서 꼭짓점의 좌표는 $(2, -3)$이다. 답 $(2, -3)$

다른 풀이 $y=3(x+3)^2-2$의 그래프의 꼭짓점의 좌표는 $(-3, -2)$

따라서 x축의 방향으로 5만큼, y축의 방향으로 -1만큼 평행이동한 그래프의 꼭짓점의 좌표는

$(-3+5, -2-1)$ $\quad\therefore (2, -3)$

851 $y=-(x-1)^2-1$의 그래프를 x축의 방향으로 a만큼, y축의 방향으로 b만큼 평행이동한 그래프의 식은

$y=-(x-a-1)^2-1+b$

이 그래프가 $y=-(x+2)^2+4$의 그래프와 일치하므로

$-a-1=2$, $-1+b=4$에서 $a=-3$, $b=5$

$\therefore a+b=-3+5=2$ 답 ⑤

852 ① 꼭짓점의 좌표는 $(-2, -1)$이다.

③ $x=0$을 대입하면 $y=\frac{1}{3}\times(0+2)^2-1=\frac{1}{3}$이므로 y축과 만나는 점의 좌표는 $\left(0, \frac{1}{3}\right)$이다.

④ 축의 방정식은 $x=-2$이다.

따라서 옳은 것은 ②, ⑤이다. 답 ②, ⑤

853 ③ 이차함수 $y=(x-3)^2-2$의 그래프와 x축에 대하여 대칭이다. 답 ③

854 $y=3x^2$의 그래프를 x축의 방향으로 4만큼, y축의 방향으로 2만큼 평행이동한 그래프의 식은

$y=3(x-4)^2+2$

ㄱ. $x=0$을 대입하면 $y=3\times(0-4)^2+2=50$이므로 y축과 만나는 점의 좌표는 $(0, 50)$이다.

ㄴ. $y=-3x^2$의 그래프와 그래프의 폭이 같다.

ㄷ. 꼭짓점의 좌표는 $(4, 2)$이다.

따라서 옳은 것은 ㄱ, ㄹ, ㅁ이다. 답 ㄱ, ㄹ, ㅁ

855 그래프의 모양이 위로 볼록하므로 $a<0$

꼭짓점 (p, q)가 제2사분면 위에 있으므로

$p<0$, $q>0$ 답 ②

856 그래프의 모양이 위로 볼록하므로 $a<0$

꼭짓점 (p, q)가 제1사분면 위에 있으므로 $p>0$, $q>0$

⑤ 주어진 그래프가 원점을 지나므로 $x=0$, $y=0$을 대입하면 $ap^2+q=0$

따라서 옳지 않은 것은 ⑤이다. 답 ⑤

857 이차함수 $y=a(x-p)^2$의 그래프의 모양이 아래로 볼록하므로 $a>0$

꼭짓점 $(p,\ 0)$이 y축의 오른쪽에 있으므로 $p>0$

$y=px^2+a$의 그래프는 $p>0$이므로 아래로 볼록하고 꼭짓점 $(0,\ a)$에서 $a>0$이므로 꼭짓점은 x축의 위쪽에 있다.

따라서 $y=px^2+a$의 그래프는 오른쪽 그림과 같으므로 지나는 사분면은 제1사분면, 제2사분면이다.

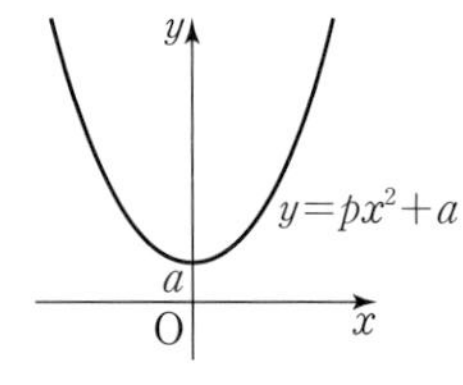

답 제1사분면, 제2사분면

858 $y=-2(x-1)^2+8$에

$x=0$을 대입하면 $y=-2\times(-1)^2+8=6$

즉, 점 A의 좌표는 $(0,\ 6)$이다.

$y=0$을 대입하면 $-2(x-1)^2+8=0,\ 2(x-1)^2=8$

$(x-1)^2=4,\ x-1=\pm2\qquad\therefore x=-1$ 또는 $x=3$

즉, 점 B의 좌표는 $(-1,\ 0)$, 점 C의 좌표는 $(3,\ 0)$이다.

$\therefore \triangle\mathrm{ABC}=\frac{1}{2}\times4\times6=12$

답 ④

859 이차함수 $y=\frac{1}{6}(x-2)^2-6$의 그래프의 꼭짓점 A의 좌표는 $(2,\ -6)$

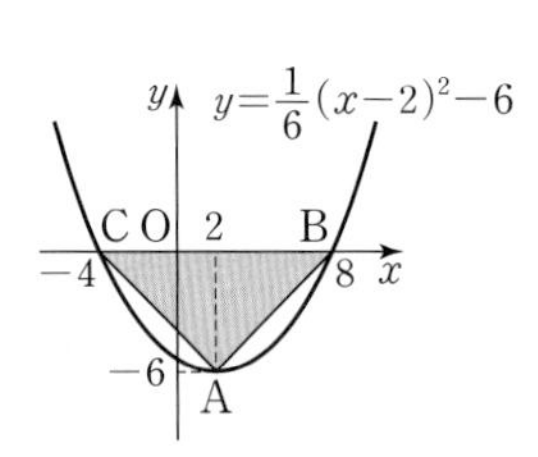

$y=\frac{1}{6}(x-2)^2-6$에 $y=0$을 대입하면

$\frac{1}{6}(x-2)^2-6=0,\ \frac{1}{6}(x-2)^2=6,\ (x-2)^2=36$

$x-2=\pm6\qquad\therefore x=-4$ 또는 $x=8$

점 B가 점 C보다 오른쪽에 있다고 하면

점 B의 좌표는 $(8,\ 0)$, 점 C의 좌표는 $(-4,\ 0)$이다.

$\therefore \triangle\mathrm{ABC}=\frac{1}{2}\times12\times6=36$

답 36

860 점 P의 좌표를 $(a,\ -a^2+3)\ (a>0)$이라 하면

$\mathrm{Q}(-a,\ -a^2+3),\ \mathrm{R}(a,\ 0),\ \mathrm{S}(-a,\ 0)$

□PQSR가 정사각형이므로 $\overline{\mathrm{PQ}}=\overline{\mathrm{PR}}$에서

$2a=-a^2+3,\ a^2+2a-3=0$

$(a+3)(a-1)=0\qquad\therefore a=1\ (\because a>0)$

따라서 $\overline{\mathrm{PQ}}=2a=2\times1=2$이므로

$\square\mathrm{PQSR}=2\times2=4$

답 ①

861 $(a^2-4)x^2+(a^2+3a+2)y^2-2x+y=0$에서

$(a^2+3a+2)y^2+y=-(a^2-4)x^2+2x$

y가 x에 대한 이차함수가 되려면 $a^2+3a+2=0$이고 $a^2-4\neq0$이어야 한다.

(i) $a^2+3a+2=0$에서 $(a+2)(a+1)=0$

$\therefore a=-2$ 또는 $a=-1$

(ii) $a^2-4\neq0$에서 $(a+2)(a-2)\neq0$

$\therefore a\neq-2$이고 $a\neq2$

(i), (ii)에서 $a=-1$

답 ②

862 $f(-2)=-4-2a+b=9$에서

$-2a+b=13\quad\cdots\cdots$ ㉠

$f(1)=-1+a+b=3$에서

$a+b=4\quad\cdots\cdots$ ㉡

㉠, ㉡을 연립하여 풀면 $a=-3,\ b=7$

$\therefore f(x)=-x^2-3x+7$

따라서 $f(-1)=-1+3+7=9$,

$f(2)=-4-6+7=-3$이므로

$f(-1)+f(2)=9+(-3)=6$

답 6

863 $y=ax^2$에 $x=2,\ y=-3$을 대입하면

$-3=a\times2^2\qquad\therefore a=-\frac{3}{4}$

$y=-\frac{3}{4}x^2$에 $x=6,\ y=b$를 대입하면

$b=-\frac{3}{4}\times6^2=-27$

두 점 $(2,\ -3),\ (6,\ -27)$을 지나는 직선의 기울기는

$\frac{-27-(-3)}{6-2}=-6$

이므로 직선의 방정식을 $y=-6x+k$라 하고

$x=2,\ y=-3$을 대입하면

$-3=-6\times2+k\qquad\therefore k=9$

따라서 구하는 직선의 방정식은 $y=-6x+9$

답 ③

864 $y=ax^2$의 그래프와 x축에 대하여 서로 대칭인 그래프의 식은 $y=-ax^2$

$y=-ax^2$의 그래프가 점 $(-2,\ 20)$을 지나므로

$20=-4a\qquad\therefore a=-5$

즉, $y=5x^2$의 그래프가 점 $(3,\ k)$를 지나므로

$k=5\times3^2=45$

$\therefore 4a+k=4\times(-5)+45=25$

답 25

865 ① $a>0,\ b>0$이고 $|a|>|b|$이므로 $a>b$

② $c<0,\ d<0$이고 $|c|>|d|$이므로 $c<d$

③ $y=ax^2$과 $y=cx^2$의 그래프가 x축에 대하여 서로 대칭이므로 $c=-a\qquad\therefore a+c=0$

④ $y=bx^2$과 $y=dx^2$의 그래프가 x축에 대하여 서로 대칭이므로 $d=-b\qquad\therefore b+d=0$

⑤ $a+b+c+d=a+b+(-a)+(-b)=0$

따라서 옳은 것은 ②, ⑤이다.

답 ②, ⑤

866 점 A의 좌표를 $(a,\ 5a^2)\ (a>0)$이라 하면

$\overline{\mathrm{AB}}=4$이므로 $\mathrm{B}(a+4,\ 5a^2)$

점 B는 $y=\frac{1}{5}x^2$의 그래프 위의 점이므로

$5a^2=\frac{1}{5}(a+4)^2$, $25a^2=a^2+8a+16$

$24a^2-8a-16=0$, $3a^2-a-2=0$

$(3a+2)(a-1)=0$ $\therefore a=1$ ($\because a>0$)

$\therefore k=5a^2=5\times1^2=5$ 답 ①

다른 풀이 이차함수 $y=5x^2$의 그래프 위의 점 A의 y좌표가 k이므로

$k=5x^2$, $x^2=\frac{k}{5}$ $\therefore x=\frac{\sqrt{5k}}{5}$ ($\because x>0$)

즉, 점 A의 x좌표는 $\frac{\sqrt{5k}}{5}$이다.

이차함수 $y=\frac{1}{5}x^2$의 그래프 위의 점 B의 y좌표가 k이므로

$k=\frac{1}{5}x^2$, $x^2=5k$ $\therefore x=\sqrt{5k}$ ($\because x>0$)

즉, 점 B의 x좌표는 $\sqrt{5k}$이다.

이때 $\overline{AB}=4$이므로 $\sqrt{5k}-\frac{\sqrt{5k}}{5}=4$

$\frac{4\sqrt{5k}}{5}=4$, $\sqrt{5k}=5$, $5k=25$ $\therefore k=5$

867 이차함수 $y=f(x)$의 그래프를 x축의 방향으로 1만큼 평행이동한 그래프의 식이 $y=g(x)$이므로

$f(2)=g(3)$, $f(3)=g(4)$, $\cdots$, $f(10)=g(11)$

$\therefore \frac{f(2)\times f(3)\times f(4)\times\cdots\times f(10)}{g(2)\times g(3)\times g(4)\times\cdots\times g(10)}$

$=\frac{g(3)\times g(4)\times g(5)\times\cdots\times g(11)}{g(2)\times g(3)\times g(4)\times\cdots\times g(10)}$

$=\frac{g(11)}{g(2)}=\frac{200}{2}=100$ 답 ⑤

868 그래프의 꼭짓점의 좌표가 $(-p, 3p^2)$이고 이 점이 직선 $y=-4x-1$ 위에 있으므로

$3p^2=4p-1$, $3p^2-4p+1=0$, $(3p-1)(p-1)=0$

$\therefore p=\frac{1}{3}$ 또는 $p=1$

따라서 구하는 합은 $\frac{1}{3}+1=\frac{4}{3}$ 답 $\frac{4}{3}$

869 $y=a(x-p)^2+q$의 그래프의 모양이 아래로 볼록하므로 $a>0$

꼭짓점 (p, q)가 제4사분면 위에 있으므로 $p>0$, $q<0$

따라서 $ap>0$이고 $pq<0$이므로 (기울기)>0이고 (y절편)<0인 일차함수 $y=apx+pq$의 그래프로 알맞은 것은 ③이다. 답 ③

참고 일차함수 $y=ax+b$의 그래프에서 a는 기울기, b는 y절편이다.

870 $y=ax^2$의 그래프는 y축에 대하여 대칭이므로 두 점 P, Q는 y축에 대하여 대칭이다.

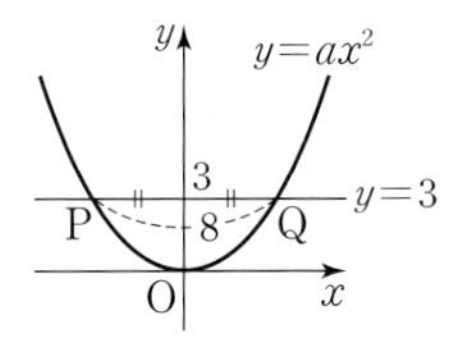

점 Q의 좌표를 $(k, 3)$ $(k>0)$이라 하면 $P(-k, 3)$

(나)에서 $\overline{PQ}=8$이므로 $2k=8$ $\therefore k=4$

$\therefore P(-4, 3)$, $Q(4, 3)$

따라서 $y=ax^2$의 그래프가 점 $(4, 3)$을 지나므로

$3=a\times4^2$, $16a=3$ $\therefore a=\frac{3}{16}$ 답 $\frac{3}{16}$

871 점 D의 좌표를 $\left(a, \frac{1}{2}a^2\right)$ $(a>0)$이라 하면

$\overline{AD}=2a$이고 $C(a, -2a^2)$이므로

$\overline{CD}=\frac{1}{2}a^2-(-2a^2)=\frac{5}{2}a^2$

□ABCD가 정사각형이므로 $\overline{AD}=\overline{CD}$에서

$2a=\frac{5}{2}a^2$, $5a^2-4a=0$, $a(5a-4)=0$

$\therefore a=\frac{4}{5}$ ($\because a>0$)

따라서 $\overline{AD}=2a=2\times\frac{4}{5}=\frac{8}{5}$이므로

(□ABCD의 둘레의 길이)$=4\times\frac{8}{5}=\frac{32}{5}$ 답 $\frac{32}{5}$

872 이차함수 $y=a(x-2)^2-6$의 그래프의 꼭짓점의 좌표는 $(2, -6)$이므로 이 그래프가 모든 사분면을 지나려면 오른쪽 그림과 같이

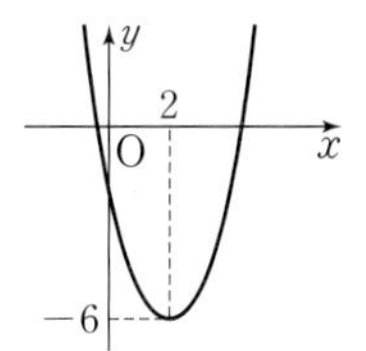

$a>0$, (y축과의 교점의 y좌표)<0

이어야 한다.

$y=a(x-2)^2-6$에 $x=0$을 대입하면 $y=4a-6$이므로

$4a-6<0$, $4a<6$ $\therefore a<\frac{3}{2}$

따라서 $0<a<\frac{3}{2}$이므로 정수 a의 값은 1이다. 답 1

참고 그래프가 사분면을 지나는 조건에 대한 문제는 x^2의 계수와 y축과의 교점의 y좌표의 부호를 먼저 생각한다.

873 이차함수 $y=-2(x+a)^2+3$의 그래프의 축의 방정식이 $x=-a$이므로 $-a=-2$ $\therefore a=2$

이차함수 $y=bx^2+1$의 그래프를 x축의 방향으로 c만큼, y축의 방향으로 d만큼 평행이동한 그래프의 식은

$y=b(x-c)^2+1+d$

이 그래프가 $y=-2(x+2)^2+3$의 그래프와 일치하므로

$b=-2$, $-c=2$, $1+d=3$에서

$b=-2$, $c=-2$, $d=2$

$\therefore a-b+c-d=2-(-2)+(-2)-2=0$ 답 ③

874 $y=(x-2)^2$에서 $x=0$일 때 $y=4$

즉, 점 A의 좌표는 $(0, 4)$이다.

$y=4$일 때 $(x-2)^2=4$에서

$x-2=\pm2$ $\therefore x=0$ 또는 $x=4$

즉, 점 B의 좌표는 $(4, 4)$이다.

(i) 직선 $y=x+k$가 점 $A(0, 4)$를 지날 때

$4=0+k$ $\therefore k=4$

(ii) 직선 $y=x+k$가 점 $B(4, 4)$를 지날 때

$4=4+k$ $\therefore k=0$

(i), (ii)에서 상수 k의 값의 범위는 $0\le k\le4$

답 $0\le k\le4$

875 $y=(x-5)^2-4$의 그래프는 $y=(x-2)^2-4$의 그래프를 x축의 방향으로 3만큼 평행이동한 것이므로 오른쪽 그림에서 빗금 친 두 부분의 넓이는 서로 같다.

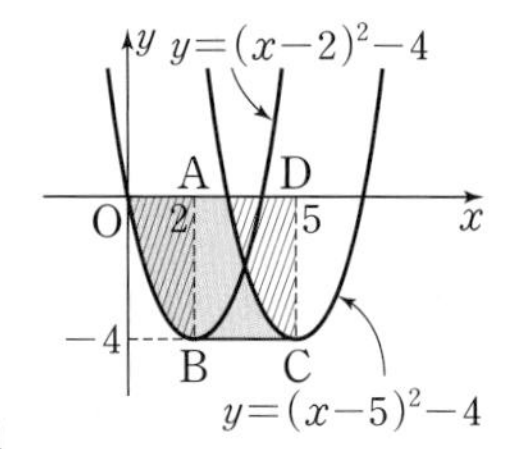

따라서 이차함수 $y=(x-2)^2-4$의 그래프의 꼭짓점의 좌표는 $(2, -4)$, 이차함수 $y=(x-5)^2-4$의 그래프의 꼭짓점의 좌표는 $(5, -4)$이므로

(색칠한 부분의 넓이)$=\square$ABCD

$=3\times4=12$ 답 ④

교과서 속 창의력 UP! 135쪽

876 $y=a(x-2)^2-4a^2+3a+1$은 x에 대한 이차함수이므로 $a\neq0$

$y=a(x-2)^2-4a^2+3a+1$의 그래프의 꼭짓점의 좌표는 $(2, -4a^2+3a+1)$, 즉 $(2, 1)$이므로

$-4a^2+3a+1=1$, $4a^2-3a=0$, $a(4a-3)=0$

$\therefore a=\frac{3}{4}$ ($\because a\neq0$) 답 $\frac{3}{4}$

877 $y=-x^2-1$의 그래프는 $y=-x^2+3$의 그래프를 y축의 방향으로 -4만큼 평행이동한 것이다.

점 B는 점 A를 y축의 방향으로 -4만큼 평행이동한 것과 같으므로 $\overline{AB}=|-4|=4$ 답 4

878 점 B의 좌표를 $(k, 9)$ $(k>0)$라 하면

$y=x^2$의 그래프가 점 $B(k, 9)$를 지나므로

$9=k^2$ $\therefore k=3$ ($\because k>0$)

$\therefore B(3, 9)$

$\overline{AB}=3$이므로 $\overline{AB}:\overline{BC}=1:3$에서

$3:\overline{BC}=1:3$ $\therefore \overline{BC}=9$

즉, 점 C의 x좌표는 $3+9=12$이므로

점 C의 좌표는 $(12, 9)$이다.

따라서 $y=ax^2$의 그래프가 점 $C(12, 9)$를 지나므로

$9=a\times12^2$ $\therefore a=\frac{1}{16}$ 답 ①

879 이차함수 $y=ax^2$ $(a>0)$의 그래프가 정사각형 ABCD의 둘레 위의 서로 다른 두 개의 점에서 만나려면 $y=ax^2$의 그래프가 점 B와 점 D 사이를 지나야 한다.

(i) 점 $B(4, 1)$을 지날 때

$1=16a$ $\therefore a=\frac{1}{16}$

(ii) 점 $D(1, 4)$를 지날 때

$4=a$ $\therefore a=4$

(i), (ii)에서 a의 값의 범위는 $\frac{1}{16}<a<4$

답 $\frac{1}{16}<a<4$

08. 이차함수의 활용

Step 1 핵심 개념 137, 139쪽

880 답 1, 1, 1, 2

881 답 4, 4, 2, 13

882 $y=3x^2+6x-2$

$=3(x^2+2x)-2$

$=3(x^2+2x+1-1)-2$

$=3(x+1)^2-5$ 답 $y=3(x+1)^2-5$

883 $y=-\frac{1}{2}x^2-2x+5$

$=-\frac{1}{2}(x^2+4x)+5$

$=-\frac{1}{2}(x^2+4x+4-4)+5$

$=-\frac{1}{2}(x+2)^2+7$ 답 $y=-\frac{1}{2}(x+2)^2+7$

884 $y=2x^2+4x-1$

$=2(x^2+2x)-1$

$=2(x^2+2x+1-1)-1$

$=2(x+1)^2-3$

따라서 꼭짓점의 좌표는 $(-1, -3)$, 축의 방정식은 $x=-1$이다. 답 $(-1, -3)$, $x=-1$

885 $y=-2x^2+12x+3$

$=-2(x^2-6x)+3$

$=-2(x^2-6x+9-9)+3$

$=-2(x-3)^2+21$

따라서 꼭짓점의 좌표는 $(3, 21)$, 축의 방정식은 $x=3$이다.

답 $(3, 21)$, $x=3$

886 $y=-4x^2+4x-2$

$=-4(x^2-x)-2$

$=-4\left(x^2-x+\frac{1}{4}-\frac{1}{4}\right)-2$

$=-4\left(x-\frac{1}{2}\right)^2-1$

따라서 꼭짓점의 좌표는 $\left(\frac{1}{2}, -1\right)$, 축의 방정식은 $x=\frac{1}{2}$이다.

답 $\left(\frac{1}{2}, -1\right)$, $x=\frac{1}{2}$

887 $y=2x^2+6x-1$

$=2(x^2+3x)-1$

$=2\left(x^2+3x+\frac{9}{4}-\frac{9}{4}\right)-1$

$=2\left(x+\frac{3}{2}\right)^2-\frac{11}{2}$

따라서 꼭짓점의 좌표는 $\left(-\frac{3}{2}, -\frac{11}{2}\right)$, 축의 방정식은 $x=-\frac{3}{2}$이다. 답 $\left(-\frac{3}{2}, -\frac{11}{2}\right)$, $x=-\frac{3}{2}$

888 $y=x^2+4x+1$
$=(x^2+4x+4-4)+1$
$=(x+2)^2-3$
따라서 꼭짓점의 좌표는 $(-2,\ -3)$, y축과의 교점의 좌표는 $(0,\ 1)$이므로 그래프는 오른쪽 그림과 같다.

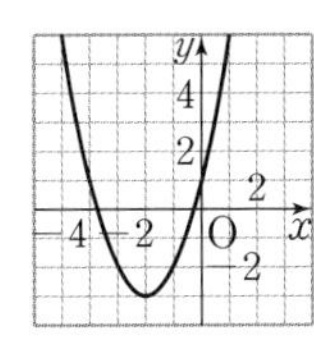

답 풀이 참조

889 $y=x^2-5x-14$에서
$y=0$이면 $x^2-5x-14=0$이므로
$(x+2)(x-7)=0$
$\therefore x=-2$ 또는 $x=7$
따라서 x축과의 교점의 좌표는 $(-2,\ 0)$, $(7,\ 0)$이다.
또, $x=0$이면 $y=-14$이므로
y축과의 교점의 좌표는 $(0,\ -14)$이다.
답 x축 : $(-2,\ 0)$, $(7,\ 0)$, y축 : $(0,\ -14)$

890 $y=-2x^2+6x-4$에서
$y=0$이면 $-2x^2+6x-4=0$이므로
$x^2-3x+2=0$, $(x-1)(x-2)=0$
$\therefore x=1$ 또는 $x=2$
따라서 x축과의 교점의 좌표는 $(1,\ 0)$, $(2,\ 0)$이다.
또, $x=0$이면 $y=-4$이므로
y축과의 교점의 좌표는 $(0,\ -4)$이다.
답 x축 : $(1,\ 0)$, $(2,\ 0)$, y축 : $(0,\ -4)$

891 $y=\frac{1}{2}x^2+2x+\frac{3}{2}$에서
$y=0$이면 $\frac{1}{2}x^2+2x+\frac{3}{2}=0$이므로
$x^2+4x+3=0$, $(x+3)(x+1)=0$
$\therefore x=-3$ 또는 $x=-1$
따라서 x축과의 교점의 좌표는 $(-3,\ 0)$, $(-1,\ 0)$이다.
또, $x=0$이면 $y=\frac{3}{2}$이므로
y축과의 교점의 좌표는 $\left(0,\ \frac{3}{2}\right)$이다.
답 x축 : $(-3,\ 0)$, $(-1,\ 0)$, y축 : $\left(0,\ \frac{3}{2}\right)$

892 답 $>$

893 답 $>$, $>$

894 답 $<$

895 답 $<$

896 답 $<$, $>$

897 답 $>$

898 이차함수의 식을 $y=a(x-2)^2+1$로 놓고
$x=3$, $y=4$를 대입하면 $4=a+1$ $\quad\therefore a=3$
따라서 구하는 이차함수의 식은 $y=3(x-2)^2+1$
답 $y=3(x-2)^2+1$

899 이차함수의 식을 $y=a(x+4)^2-2$로 놓고
$x=0$, $y=-10$을 대입하면
$-10=16a-2$ $\quad\therefore a=-\frac{1}{2}$
따라서 구하는 이차함수의 식은 $y=-\frac{1}{2}(x+4)^2-2$
답 $y=-\frac{1}{2}(x+4)^2-2$

900 이차함수의 그래프의 꼭짓점의 좌표가 $(-2,\ -3)$이고, 점 $(0,\ 5)$를 지나므로
$y=a(x+2)^2-3$으로 놓고
$x=0$, $y=5$를 대입하면
$5=4a-3$ $\quad\therefore a=2$
따라서 구하는 이차함수의 식은 $y=2(x+2)^2-3$
답 $y=2(x+2)^2-3$

901 이차함수의 식을 $y=a(x-1)^2+q$로 놓고
$x=2$, $y=-1$을 대입하면 $-1=a+q$ …… ㉠
$x=4$, $y=15$를 대입하면 $15=9a+q$ …… ㉡
㉠, ㉡을 연립하여 풀면
$a=2$, $q=-3$
따라서 구하는 이차함수의 식은 $y=2(x-1)^2-3$
답 $y=2(x-1)^2-3$

902 이차함수의 식을 $y=a(x+3)^2+q$로 놓고
$x=-1$, $y=-2$를 대입하면 $-2=4a+q$ …… ㉠
$x=1$, $y=-14$를 대입하면 $-14=16a+q$ …… ㉡
㉠, ㉡을 연립하여 풀면
$a=-1$, $q=2$
따라서 구하는 이차함수의 식은 $y=-(x+3)^2+2$
답 $y=-(x+3)^2+2$

903 이차함수의 그래프의 축의 방정식이 $x=3$이고, 두 점 $(1,\ 3)$, $(7,\ 0)$을 지나므로
$y=a(x-3)^2+q$로 놓고
$x=1$, $y=3$을 대입하면 $3=4a+q$ …… ㉠
$x=7$, $y=0$을 대입하면 $0=16a+q$ …… ㉡
㉠, ㉡을 연립하여 풀면
$a=-\frac{1}{4}$, $q=4$
따라서 구하는 이차함수의 식은 $y=-\frac{1}{4}(x-3)^2+4$
답 $y=-\frac{1}{4}(x-3)^2+4$

904 이차함수의 식을 $y=ax^2+bx+c$로 놓고
$x=0$, $y=1$을 대입하면 $1=c$ …… ㉠
$x=1$, $y=4$를 대입하면 $4=a+b+c$ …… ㉡
$x=4$, $y=1$을 대입하면 $1=16a+4b+c$ …… ㉢

㉠, ㉡, ㉢을 연립하여 풀면
$a=-1$, $b=4$, $c=1$
따라서 구하는 이차함수의 식은 $y=-x^2+4x+1$
답 $y=-x^2+4x+1$

905 이차함수의 식을 $y=ax^2+bx+c$로 놓고
$x=0$, $y=-4$를 대입하면 $-4=c$ …… ㉠
$x=1$, $y=1$을 대입하면 $1=a+b+c$ …… ㉡
$x=-1$, $y=-5$를 대입하면 $-5=a-b+c$ …… ㉢
㉠, ㉡, ㉢을 연립하여 풀면
$a=2$, $b=3$, $c=-4$
따라서 구하는 이차함수의 식은 $y=2x^2+3x-4$
답 $y=2x^2+3x-4$

906 주어진 그래프가 세 점 $(-2,\ 1)$, $(0,\ 1)$, $(1,\ -5)$를 지나므로
$y=ax^2+bx+c$로 놓고
$x=-2$, $y=1$을 대입하면 $1=4a-2b+c$ …… ㉠
$x=0$, $y=1$을 대입하면 $1=c$ …… ㉡
$x=1$, $y=-5$를 대입하면 $-5=a+b+c$ …… ㉢
㉠, ㉡, ㉢을 연립하여 풀면
$a=-2$, $b=-4$, $c=1$
따라서 구하는 이차함수의 식은 $y=-2x^2-4x+1$
답 $y=-2x^2-4x+1$

907 이차함수의 식을 $y=a(x-2)(x-6)$으로 놓고
$x=4$, $y=-8$을 대입하면
$-8=-4a$ $\quad\therefore a=2$
따라서 구하는 이차함수의 식은 $y=2(x-2)(x-6)$
답 $y=2(x-2)(x-6)$

908 이차함수의 식을 $y=a(x+3)(x-1)$로 놓고
$x=2$, $y=-4$를 대입하면
$-4=5a$ $\quad\therefore a=-\frac{4}{5}$
따라서 구하는 이차함수의 식은 $y=-\frac{4}{5}(x+3)(x-1)$
답 $y=-\frac{4}{5}(x+3)(x-1)$

909 이차함수의 그래프와 x축과의 교점의 좌표가 $(-1,\ 0)$, $(4,\ 0)$이고, 점 $(0,\ -1)$을 지나므로
$y=a(x+1)(x-4)$로 놓고
$x=0$, $y=-1$을 대입하면
$-1=-4a$ $\quad\therefore a=\frac{1}{4}$
따라서 구하는 이차함수의 식은 $y=\frac{1}{4}(x+1)(x-4)$
답 $y=\frac{1}{4}(x+1)(x-4)$

핵심 유형 140~147쪽

Theme 19 이차함수 $y=ax^2+bx+c$의 그래프 140~145쪽

910 $y=3x^2-12x+4$
$=3(x^2-4x+4-4)+4$
$=3(x-2)^2-8$
따라서 $a=3$, $p=2$, $q=-8$이므로
$a+p+q=3+2+(-8)=-3$
답 -3

911 ① $y=4x^2+8x$
$=4(x^2+2x+1-1)$
$=4(x+1)^2-4$
② $y=x^2-6x+10$
$=x^2-6x+9+1$
$=(x-3)^2+1$
③ $y=-2x^2+16x-8$
$=-2(x^2-8x+16-16)-8$
$=-2(x-4)^2+24$
④ $y=\frac{1}{5}x^2+x+1$
$=\frac{1}{5}\left(x^2+5x+\frac{25}{4}-\frac{25}{4}\right)+1$
$=\frac{1}{5}\left(x+\frac{5}{2}\right)^2-\frac{1}{4}$
⑤ $y=\frac{1}{3}x^2-2x+3$
$=\frac{1}{3}(x^2-6x+9-9)+3$
$=\frac{1}{3}(x-3)^2$
따라서 옳지 않은 것은 ⑤이다.
답 ⑤

912 $y=4x^2-12x+5=4\left(x-\frac{3}{2}\right)^2-4$
따라서 $p=\frac{3}{2}$, $q=-4$이므로
$pq=\frac{3}{2}\times(-4)=-6$
답 -6

다른 풀이 $y=4(x-p)^2+q$
$=4(x^2-2px+p^2)+q$
$=4x^2-8px+4p^2+q$
이 식이 $y=4x^2-12x+5$와 일치하므로
$-8p=-12$, $4p^2+q=5$
$\therefore p=\frac{3}{2}$, $q=-4$
$\therefore pq=\frac{3}{2}\times(-4)=-6$

913 $y=-x^2-ax-5$
$=-\left(x^2+ax+\frac{1}{4}a^2-\frac{1}{4}a^2\right)-5$
$=-\left(x+\frac{1}{2}a\right)^2+\frac{1}{4}a^2-5$

그래프의 꼭짓점의 좌표가 $(-1, b)$이므로

$-\frac{1}{2}a=-1$, $\frac{1}{4}a^2-5=b$

따라서 $a=2$, $b=-4$이므로

$a-b=2-(-4)=6$ 답 ④

914 $y=-x^2-8x-15$

$=-(x^2+8x+16-16)-15$

$=-(x+4)^2+1$

따라서 축의 방정식은 $x=-4$이다. 답 ②

915 $y=\frac{1}{4}x^2-2x+3$

$=\frac{1}{4}(x^2-8x+16-16)+3$

$=\frac{1}{4}(x-4)^2-1$

따라서 그래프의 꼭짓점의 좌표는 $(4, -1)$, 축의 방정식은 $x=4$이다. 답 ④

916 ㄱ. $y=-x^2+8$의 축의 방정식은 $x=0$이다.

ㄴ. $y=2x^2-8x$

$=2(x^2-4x+4-4)$

$=2(x-2)^2-8$

이므로 축의 방정식은 $x=2$이다.

ㄷ. $y=-4x^2+24x-7$

$=-4(x^2-6x+9-9)-7$

$=-4(x-3)^2+29$

이므로 축의 방정식은 $x=3$이다.

ㄹ. $y=\frac{1}{2}x^2+5x+10$

$=\frac{1}{2}(x^2+10x+25-25)+10$

$=\frac{1}{2}(x+5)^2-\frac{5}{2}$

이므로 축의 방정식은 $x=-5$이다.

따라서 축이 가장 오른쪽에 있는 것은 ㄷ이다. 답 ㄷ

917 ① $y=-2x^2-4x+1$

$=-2(x^2+2x+1-1)+1$

$=-2(x+1)^2+3$

이므로 꼭짓점의 좌표는 $(-1, 3)$이다.

② $y=-3x^2-12x-15$

$=-3(x^2+4x+4-4)-15$

$=-3(x+2)^2-3$

이므로 꼭짓점의 좌표는 $(-2, -3)$이다.

③ $y=-x^2+6x-4$

$=-(x^2-6x+9-9)-4$

$=-(x-3)^2+5$

이므로 꼭짓점의 좌표는 $(3, 5)$이다.

④ $y=x^2+4x+2$

$=(x^2+4x+4-4)+2$

$=(x+2)^2-2$

이므로 꼭짓점의 좌표는 $(-2, -2)$이다.

⑤ $y=2x^2-4x-3$

$=2(x^2-2x+1-1)-3$

$=2(x-1)^2-5$

이므로 꼭짓점의 좌표는 $(1, -5)$이다.

따라서 꼭짓점이 제4사분면 위에 있는 것은 ⑤이다. 답 ⑤

참고 각 꼭짓점이 있는 사분면은 다음과 같다.

① $(-1, 3)$ ⇨ 제2사분면
② $(-2, -3)$ ⇨ 제3사분면
③ $(3, 5)$ ⇨ 제1사분면
④ $(-2, -2)$ ⇨ 제3사분면
⑤ $(1, -5)$ ⇨ 제4사분면

918 $y=x^2+2px-5$

$=(x^2+2px+p^2-p^2)-5$

$=(x+p)^2-p^2-5$

축의 방정식이 $x=-p$이므로

$-p=-2$ $\therefore p=2$ 답 2

919 $y=-2x^2+16x+2k-11$

$=-2(x^2-8x+16-16)+2k-11$

$=-2(x-4)^2+2k+21$

이므로 꼭짓점의 좌표는 $(4, 2k+21)$이다. …❶

$y=3x+5$에 $x=4$, $y=2k+21$을 대입하면

$2k+21=12+5$, $2k=-4$ $\therefore k=-2$ …❷

답 -2

채점 기준	배점
❶ 꼭짓점의 좌표 구하기	60 %
❷ k의 값 구하기	40 %

920 $y=-x^2-4x-5$

$=-(x^2+4x+4-4)-5$

$=-(x+2)^2-1$

꼭짓점의 좌표는 $(-2, -1)$이고, 이차항의 계수가 음수이므로 위로 볼록한 그래프이다.

또, $x=0$을 대입하면 $y=-5$이므로 점 $(0, -5)$를 지난다.

따라서 이차함수 $y=-x^2-4x-5$의 그래프는 ①이다.

답 ①

921 $y=-3x^2+12x-10$

$=-3(x^2-4x+4-4)-10$

$=-3(x-2)^2+2$

꼭짓점의 좌표는 $(2, 2)$이고, 이차항의 계수가 음수이므로 위로 볼록한 그래프이다.

또, $x=0$을 대입하면 $y=-10$이므로 점 $(0, -10)$을 지난다.

따라서 이차함수 $y=-3x^2+12x-10$의 그래프는 오른쪽 그림과 같으므로 지나지 않는 사분면은 제2사분면이다.

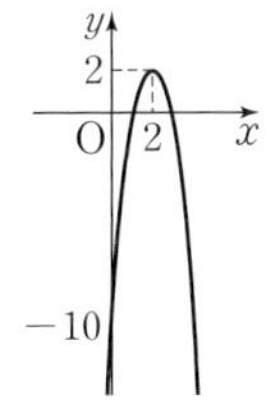

답 제2사분면

922 ① $y=-x^2-4x-2$
$=-(x^2+4x+4-4)-2$
$=-(x+2)^2+2$
이므로 꼭짓점의 좌표는 $(-2,\ 2)$이고, y축과의 교점의 좌표는 $(0,\ -2)$이다.
② $y=-x^2+2x-2$
$=-(x^2-2x+1-1)-2$
$=-(x-1)^2-1$
이므로 꼭짓점의 좌표는 $(1,\ -1)$이고, y축과의 교점의 좌표는 $(0,\ -2)$이다.
③ $y=x^2-6x$
$=x^2-6x+9-9$
$=(x-3)^2-9$
이므로 꼭짓점의 좌표는 $(3,\ -9)$이고, y축과의 교점의 좌표는 $(0,\ 0)$이다.
④ $y=x^2-4x-5$
$=(x^2-4x+4-4)-5$
$=(x-2)^2-9$
이므로 꼭짓점의 좌표는 $(2,\ -9)$이고, y축과의 교점의 좌표는 $(0,\ -5)$이다.
⑤ $y=3x^2+12x+15$
$=3(x^2+4x+4-4)+15$
$=3(x+2)^2+3$
이므로 꼭짓점의 좌표는 $(-2,\ 3)$이고, y축과의 교점의 좌표는 $(0,\ 15)$이다.
x^2의 계수의 부호와 꼭짓점의 좌표, y축과의 교점의 좌표를 이용하여 각각의 그래프를 그리면 다음과 같다.

①
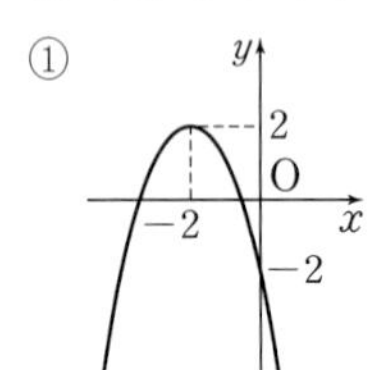

②
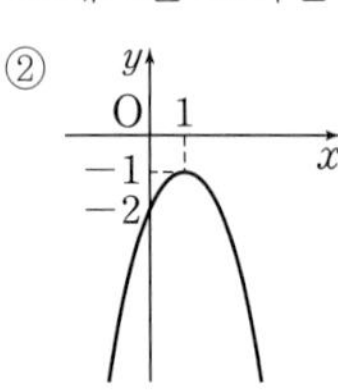

③
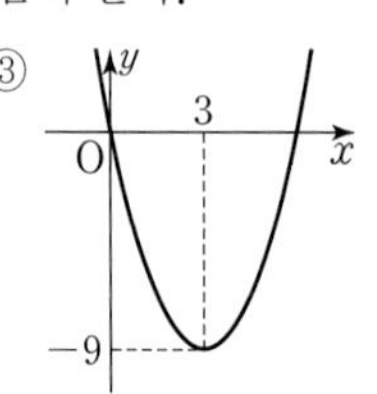

④
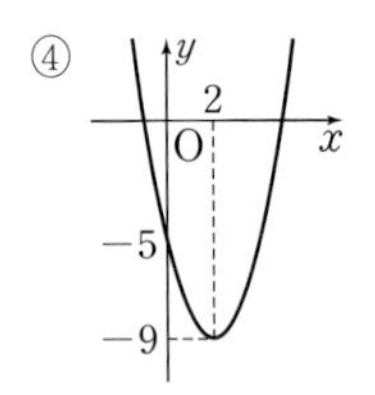

⑤
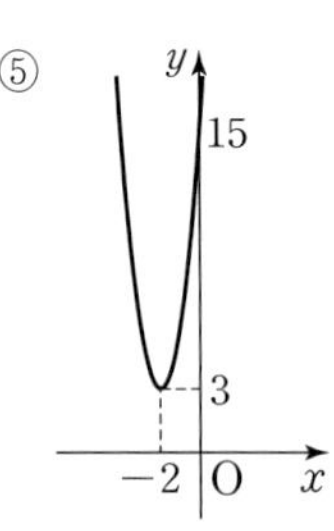

따라서 그래프가 모든 사분면을 지나는 것은 ④이다.

답 ④

923 $y=-x^2+5x-6$에 $y=0$을 대입하면
$0=-x^2+5x-6$, $x^2-5x+6=0$
$(x-2)(x-3)=0$ $\quad\therefore x=2$ 또는 $x=3$
$y=-x^2+5x-6$에 $x=0$을 대입하면 $y=-6$
따라서 $p=2$, $q=3$, $r=-6$
또는 $p=3$, $q=2$, $r=-6$이므로
$p+q+r=-1$

답 ②

924 $y=2x^2+8x+6$
$=2(x^2+4x+4-4)+6$
$=2(x+2)^2-2$
이므로 꼭짓점 B의 좌표는 $(-2,\ -2)$이다.
$y=2x^2+8x+6$에 $y=0$을 대입하면
$0=2x^2+8x+6$, $x^2+4x+3=0$
$(x+3)(x+1)=0$ $\quad\therefore x=-3$ 또는 $x=-1$
즉, $A(-3,\ 0)$, $C(-1,\ 0)$
$y=2x^2+8x+6$에 $x=0$을 대입하면
$y=6$이므로 $D(0,\ 6)$
$\overline{ED}$는 x축에 평행하므로 점 E의 y좌표는 6이다.
$y=2x^2+8x+6$에 $y=6$을 대입하면
$6=2x^2+8x+6$, $2x^2+8x=0$
$2x(x+4)=0$ $\quad\therefore x=0$ 또는 $x=-4$
$\therefore E(-4,\ 6)$
따라서 옳지 않은 것은 ③이다.

답 ③

925 $y=x^2-6x+k$의 그래프가 점 $(2,\ -3)$을 지나므로
$x=2$, $y=-3$을 대입하면
$-3=4-12+k$ $\quad\therefore k=5$ …❶
$y=x^2-6x+5$에 $y=0$을 대입하면
$0=x^2-6x+5$, $(x-1)(x-5)=0$
$\therefore x=1$ 또는 $x=5$ …❷
따라서 $A(1,\ 0)$, $B(5,\ 0)$ 또는 $A(5,\ 0)$, $B(1,\ 0)$이므로
$\overline{AB}=4$이다. …❸

답 4

채점 기준	배점
❶ k의 값 구하기	40 %
❷ x축과 만나는 두 점의 x좌표 구하기	40 %
❸ $\overline{AB}$의 길이 구하기	20 %

926 $y=-2x^2+4x-1$
$=-2(x^2-2x+1-1)-1$
$=-2(x-1)^2+1$
이 이차함수의 그래프를 x축의 방향으로 m만큼, y축의 방향으로 n만큼 평행이동한 그래프의 식은
$y=-2(x-m-1)^2+1+n$
한편, $y=-2x^2-8x+5$
$=-2(x^2+4x+4-4)+5$
$=-2(x+2)^2+13$
이므로 $-m-1=2$, $1+n=13$에서 $m=-3$, $n=12$
$\therefore m+n=-3+12=9$

답 9

927 $y=x^2-6x+5$
$=(x^2-6x+9-9)+5$
$=(x-3)^2-4$
이 이차함수의 그래프를 x축의 방향으로 3만큼, y축의 방향으로 k만큼 평행이동한 그래프의 식은

$y=(x-3-3)^2-4+k$
$=(x-6)^2+k-4$
이 그래프가 점 (5, 2)를 지나므로
$2=(5-6)^2+k-4$, $2=k-3$ $\therefore k=5$ 답 ⑤

928 $y=-\frac{1}{2}x^2+2x+k$
$=-\frac{1}{2}(x^2-4x+4-4)+k$
$=-\frac{1}{2}(x-2)^2+k+2$
이 이차함수의 그래프를 y축의 방향으로 -7만큼 평행이동한 그래프의 식은
$y=-\frac{1}{2}(x-2)^2+k+2-7=-\frac{1}{2}(x-2)^2+k-5$
이 그래프는 위로 볼록하고 꼭짓점의 좌표가 $(2, k-5)$이므로 x축과 만나지 않으려면
$k-5<0$ $\therefore k<5$ 답 $k<5$

929 $y=x^2+8x+20$
$=(x^2+8x+16-16)+20$
$=(x+4)^2+4$
축의 방정식이 $x=-4$이고 이차항의 계수가 양수이므로 x의 값이 증가할 때, y의 값도 증가하는 x의 값의 범위는
$x>-4$ 답 $x>-4$

930 $y=-2x^2-4x+1$
$=-2(x^2+2x+1-1)+1$
$=-2(x+1)^2+3$
축의 방정식이 $x=-1$이고 이차항의 계수가 음수이므로 x의 값이 증가할 때, y의 값이 감소하는 x의 값의 범위는
$x>-1$ $\therefore a=-1$
$y=3x^2-12x+9$
$=3(x^2-4x+4-4)+9$
$=3(x-2)^2-3$
축의 방정식이 $x=2$이고 이차항의 계수가 양수이므로 x의 값이 증가할 때, y의 값이 감소하는 x의 값의 범위는
$x<2$ $\therefore b=2$
$\therefore ab=-1\times2=-2$ 답 ①

931 이차함수 $y=-\frac{2}{3}x^2+kx-5$의 그래프가 점 (3, 1)을 지나므로 $x=3$, $y=1$을 대입하면
$1=-6+3k-5$에서 $k=4$ $\therefore y=-\frac{2}{3}x^2+4x-5$
$y=-\frac{2}{3}x^2+4x-5$
$=-\frac{2}{3}(x^2-6x+9-9)-5$
$=-\frac{2}{3}(x-3)^2+1$
축의 방정식이 $x=3$이고 이차항의 계수가 음수이므로 x의 값이 증가할 때, y의 값도 증가하는 x의 값의 범위는 $x<3$
답 $x<3$

932 $y=-2x^2+12x-16$
$=-2(x^2-6x+9-9)-16$
$=-2(x-3)^2+2$
⑤ 이차함수 $y=2x^2$의 그래프를 x축의 방향으로 3만큼, y축의 방향으로 2만큼 평행이동한 그래프의 식은
$y=2(x-3)^2+2$
따라서 옳지 않은 것은 ⑤이다. 답 ⑤

933 ① $a>0$이면 아래로 볼록하다.
③ $y=ax^2+bx+c=a\left(x+\frac{b}{2a}\right)^2-\frac{b^2-4ac}{4a}$이므로 꼭짓점의 좌표는 $\left(-\frac{b}{2a}, -\frac{b^2-4ac}{4a}\right)$이다.
④ x축과의 교점의 개수는 알 수 없다.
따라서 옳은 것은 ②, ⑤이다. 답 ②, ⑤

934 $y=2x^2-4x+5$
$=2(x^2-2x+1-1)+5$
$=2(x-1)^2+3$
이 그래프를 x축의 방향으로 2만큼, y축의 방향으로 -1만큼 평행이동한 그래프의 식은
$y=2(x-2-1)^2+3-1=2(x-3)^2+2$
ㄴ. $y=2(x-3)^2+2$에 $x=0$을 대입하면
$y=2\times(-3)^2+2=20$이므로
y축과의 교점의 좌표는 (0, 20)이다.
ㄷ. 그래프는 오른쪽 그림과 같으므로 제1사분면, 제2사분면을 지난다.

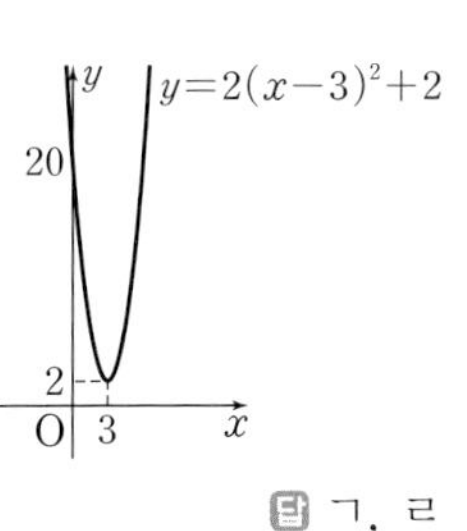

따라서 옳은 것은 ㄱ, ㄹ이다. 답 ㄱ, ㄹ

935 주어진 그래프가 아래로 볼록하므로 $a>0$
축이 y축을 기준으로 왼쪽에 있으므로 a와 b의 부호는 같다. 즉, $b>0$
y축과의 교점이 x축보다 위쪽에 있으므로 $c>0$
④ $x=1$을 대입하면 $a+b+c>0$
⑤ $x=-2$를 대입하면 $4a-2b+c=0$
따라서 옳은 것은 ④이다. 답 ④

936 주어진 그래프가 위로 볼록하므로 $a<0$
축이 y축을 기준으로 왼쪽에 있으므로 a와 b의 부호는 같다. 즉, $b<0$
y축과의 교점이 x축보다 위쪽에 있으므로 $c>0$ 답 ⑤

937 이차함수 $y=ax^2+bx+c$에서 $a>0$, $b<0$, $c<0$이므로 그래프는 아래로 볼록하고 a와 b가 다른 부호이므로 축은 y축을 기준으로 오른쪽에 있다.
또, y축과의 교점이 x축보다 아래쪽에 있으므로 그래프로 알맞은 것은 ②이다. 답 ②

938 주어진 그래프가 아래로 볼록하므로 $a>0$
축이 y축을 기준으로 오른쪽에 있으므로 a와 b의 부호는 다르다. 즉, $b<0$
y축과의 교점이 x축보다 위쪽에 있으므로 $c>0$
따라서 $\frac{b}{a}<0$, $\frac{c}{a}>0$이므로 일차함수 $y=\frac{b}{a}x+\frac{c}{a}$의 그래프로 알맞은 것은 ③이다. 답 ③

939 주어진 그래프가 위로 볼록하므로 $a<0$
축이 y축을 기준으로 왼쪽에 있으므로 a와 b의 부호는 같다. 즉, $b<0$
y축과의 교점이 x축보다 아래쪽에 있으므로 $c<0$
이차함수 $y=cx^2-bx-a$의 그래프에서
$c<0$이므로 위로 볼록하고
$c<0$, $-b>0$에서 c와 $-b$의 부호가 다르므로 축은 y축을 기준으로 오른쪽에 있다.
또, $-a>0$이므로 그래프와 y축과의 교점은 x축보다 위쪽에 있다.
따라서 이차함수 $y=cx^2-bx-a$의 그래프는 오른쪽 그림과 같으므로 모든 사분면을 지난다.

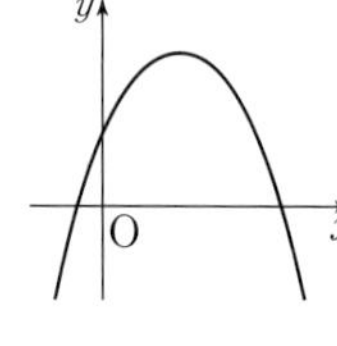

답 제1사분면, 제2사분면, 제3사분면, 제4사분면

940 주어진 그래프가 위로 볼록하므로 $a<0$
축이 y축을 기준으로 오른쪽에 있으므로 a와 b의 부호는 다르다. 즉, $b>0$
y축과의 교점이 x축보다 위쪽에 있으므로 $c>0$
① $a<0$, $b>0$이므로 $ab<0$
② $b>0$, $c>0$이므로 $bc>0$
③ $a<0$, $b>0$, $c>0$이므로 $abc<0$
④ $x=\frac{1}{3}$을 대입하면 $\frac{1}{9}a+\frac{1}{3}b+c>0$
⑤ $x=-3$을 대입하면 $9a-3b+c<0$
따라서 옳지 않은 것은 ⑤이다. 답 ⑤

941 $y=x^2+2x-8$에
$x=0$을 대입하면 $y=-8$이므로 $C(0, -8)$
$y=0$을 대입하면 $x^2+2x-8=0$
$(x+4)(x-2)=0$ $\quad\therefore x=-4$ 또는 $x=2$
즉, $A(-4, 0)$, $B(2, 0)$이므로 $\overline{AB}=2-(-4)=6$
$\therefore \triangle ABC=\frac{1}{2}\times 6\times 8=24$ 답 24

942 $y=-x^2+6x+4$
$=-(x^2-6x+9-9)+4$
$=-(x-3)^2+13$
$\therefore A(3, 13)$
$y=-x^2+6x+4$에 $x=0$을 대입하면 $y=4$
$\therefore B(0, 4)$
$\therefore \triangle OAB=\frac{1}{2}\times 3\times 4=6$ 답 6

943 $y=x^2-2x-3$에 $x=0$을 대입하면 $y=-3$
$\therefore C(0, -3)$
$y=x^2-2x-3$
$=(x^2-2x+1-1)-3$
$=(x-1)^2-4$
$\therefore D(1, -4)$
$\triangle ACB$와 $\triangle ADB$는 밑변이 모두 $\overline{AB}$이므로 두 삼각형의 넓이의 비는 높이의 비와 같다.
$\therefore \triangle ACB : \triangle ADB=3:4$ 답 ⑤

944 두 그래프가 x축 위에서 만나므로
$y=x^2-4$에 $y=0$을 대입하면
$x^2-4=0$, $x^2=4$ $\quad\therefore x=\pm 2$
$\therefore B(-2, 0)$, $D(2, 0)$
$y=x^2-4$의 그래프의 꼭짓점은 $C(0, -4)$
$y=-\frac{1}{2}x^2+a$의 그래프가 점 $D(2, 0)$을 지나므로
$0=-\frac{1}{2}\times 4+a$에서 $a=2$ $\quad\therefore A(0, 2)$
$\therefore \square ABCD=\triangle ABD+\triangle BCD$
$=\frac{1}{2}\times 4\times 2+\frac{1}{2}\times 4\times 4$
$=4+8=12$ 답 12

945 두 점 A, B의 좌표를 각각
$A(a, 8)(a<0)$, $B(b, 2)(b>0)$
라 하고 이 두 점의 좌표를 $y=2x^2$에 각각 대입하면
$8=2a^2$, $2=2b^2$
$\therefore a=-2\ (\because a<0)$, $b=1\ (\because b>0)$
$\therefore A(-2, 8)$, $B(1, 2)$ …❶
직선 $y=mx+n$이 점 $A(-2, 8)$을 지나므로
$8=-2m+n$ …… ㉠
직선 $y=mx+n$이 점 $B(1, 2)$를 지나므로
$2=m+n$ …… ㉡ …❷
㉠, ㉡을 연립하여 풀면
$m=-2$, $n=4$ …❸
답 $m=-2$, $n=4$

채점 기준	배점
❶ 두 점 A, B의 좌표 각각 구하기	40 %
❷ 직선의 방정식에 점의 좌표 대입하기	40 %
❸ m, n의 값 각각 구하기	20 %

946 $y=\frac{1}{2}x^2$의 그래프와 직선 $y=\frac{1}{2}x+3$의 교점의 x좌표는
$\frac{1}{2}x^2=\frac{1}{2}x+3$에서 $x^2-x-6=0$
$(x+2)(x-3)=0$ $\quad\therefore x=-2$ 또는 $x=3$
$x=-2$일 때 $y=2$이고, $x=3$일 때 $y=\frac{9}{2}$
따라서 두 점 A, B의 좌표는 각각
$A(-2, 2)$, $B\left(3, \frac{9}{2}\right)$ 답 $A(-2, 2)$, $B\left(3, \frac{9}{2}\right)$

Theme 20 이차함수의 식 구하기 146~147쪽

947 꼭짓점의 좌표가 $(-3, -4)$이므로
$y=a(x+3)^2-4$
이 그래프가 점 $(0, 5)$를 지나므로 $x=0$, $y=5$를 대입하면
$5=9a-4$, $9a=9$ $\quad\therefore a=1$
따라서 구하는 이차함수의 식은
$y=(x+3)^2-4=x^2+6x+5$ 답 ④

948 이차함수 $y=-(x-1)^2+3$의 그래프의 꼭짓점의 좌표가 $(1, 3)$이므로 $y=a(x-1)^2+3$
이 그래프가 점 $(3, 7)$을 지나므로 $x=3$, $y=7$을 대입하면
$7=4a+3$, $4a=4$ $\quad\therefore a=1$
따라서 $y=(x-1)^2+3$에 $x=0$을 대입하면 $y=4$이므로
y축과 만나는 점의 좌표는 $(0, 4)$이다. 답 $(0, 4)$

949 주어진 그래프의 꼭짓점의 좌표가 $(-4, 0)$이므로
$y=a(x+4)^2$ …❶
이 그래프가 점 $(0, -8)$을 지나므로 $x=0$, $y=-8$을 대입하면 $-8=16a$에서 $a=-\frac{1}{2}$
$\therefore y=-\frac{1}{2}(x+4)^2$ …❷
따라서 $y=-\frac{1}{2}(x+4)^2$의 그래프가 점 $(-6, k)$를 지나므로 $x=-6$, $y=k$를 대입하면
$k=-\frac{1}{2}\times(-2)^2=-2$ …❸
답 -2

채점 기준	배점
❶ 꼭짓점의 좌표를 이용하여 $y=a(x-p)^2+q$ 꼴로 나타내기	20 %
❷ 이차함수의 식 구하기	40 %
❸ k의 값 구하기	40 %

950 축의 방정식이 $x=2$이므로 $y=a(x-2)^2+q$
이 그래프가 두 점 $(-1, 16)$, $(3, 0)$을 지나므로
$16=9a+q$, $0=a+q$
두 식을 연립하여 풀면
$a=2$, $q=-2$
즉, 구하는 이차함수의 식은
$y=2(x-2)^2-2=2x^2-8x+6$
따라서 $a=2$, $b=-8$, $c=6$이므로
$a+b+c=2+(-8)+6=0$ 답 ③

951 이차함수 $y=x^2+ax+b$의 그래프의 축의 방정식이 $x=-1$이므로 $y=(x+1)^2+q$
이 그래프가 점 $(2, 5)$를 지나므로
$5=9+q$ $\quad\therefore q=-4$
따라서 구하는 이차함수의 식은 $y=(x+1)^2-4$이므로
꼭짓점의 좌표는 $(-1, -4)$이다. 답 $(-1, -4)$

952 축의 방정식이 $x=1$이므로 $y=a(x-1)^2+q$
이 그래프가 두 점 $(0, 3)$, $(3, 0)$을 지나므로
$3=a+q$, $0=4a+q$
두 식을 연립하여 풀면
$a=-1$, $q=4$
따라서 구하는 이차함수의 식은
$y=-(x-1)^2+4=-x^2+2x+3$ 답 ④

953 구하는 이차함수의 식을 $y=ax^2+bx+c$로 놓고
$x=0$, $y=6$을 대입하면 $6=c$ …… ㉠
$x=1$, $y=2$를 대입하면 $2=a+b+c$ …… ㉡
$x=3$, $y=0$을 대입하면 $0=9a+3b+c$ …… ㉢
㉠, ㉡, ㉢을 연립하여 풀면
$a=1$, $b=-5$, $c=6$
즉, 구하는 이차함수의 식은
$y=x^2-5x+6$
$=\left(x^2-5x+\frac{25}{4}-\frac{25}{4}\right)+6$
$=\left(x-\frac{5}{2}\right)^2-\frac{1}{4}$
이므로 꼭짓점의 좌표는 $\left(\frac{5}{2}, -\frac{1}{4}\right)$이다.
따라서 $p=\frac{5}{2}$, $q=-\frac{1}{4}$이므로
$p+2q=\frac{5}{2}+2\times\left(-\frac{1}{4}\right)=2$ 답 2

954 구하는 이차함수의 식을 $y=ax^2+bx+c$로 놓고
$x=3$, $y=1$을 대입하면 $1=9a+3b+c$ …… ㉠
$x=-2$, $y=-14$를 대입하면 $-14=4a-2b+c$ …… ㉡
$x=0$, $y=-2$를 대입하면 $-2=c$ …… ㉢
㉠, ㉡, ㉢을 연립하여 풀면
$a=-1$, $b=4$, $c=-2$
따라서 구하는 이차함수의 식은
$y=-x^2+4x-2$ 답 ②

955 구하는 이차함수의 식을 $y=ax^2+bx+c$로 놓고
$x=0$, $y=-3$을 대입하면 $c=-3$ …… ㉠
$x=1$, $y=-4$를 대입하면 $-4=a+b+c$ …… ㉡
$x=4$, $y=5$를 대입하면 $5=16a+4b+c$ …… ㉢
㉠, ㉡, ㉢을 연립하여 풀면
$a=1$, $b=-2$, $c=-3$
즉, 구하는 이차함수의 식은 $y=x^2-2x-3$
이때 $y=x^2-2x-3$에 $y=0$을 대입하면
$x^2-2x-3=0$, $(x+1)(x-3)=0$
$\therefore x=-1$ 또는 $x=3$
따라서 그래프가 x축과 만나는 두 점의 좌표는
$(-1, 0)$, $(3, 0)$이므로 $\overline{AB}=3-(-1)=4$ 답 ④

956 그래프가 x축과 두 점 $(-1, 0)$, $(3, 0)$에서 만나므로
$y=a(x+1)(x-3)$
이 그래프가 점 $(1, 4)$를 지나므로

$4=-4a \qquad \therefore a=-1$

즉, 구하는 이차함수의 식은

$y=-(x+1)(x-3)=-x^2+2x+3$

따라서 $a=-1$, $b=2$, $c=3$이므로

$a+bc=-1+2\times3=5$ 답 ⑤

957 그래프가 x축과 두 점 $(2, 0)$, $(5, 0)$에서 만나므로

$y=a(x-2)(x-5)$

이때 $y=2x^2$의 그래프를 평행이동하면 완전히 포개어지므로 $a=2$

따라서 구하는 이차함수의 식은

$y=2(x-2)(x-5)=2x^2-14x+20$ 답 ②

958 주어진 그래프가 x축과 두 점 $(-2, 0)$, $(4, 0)$에서 만나므로 $y=a(x+2)(x-4)$

이 그래프가 점 $(6, 8)$을 지나므로

$8=16a \qquad \therefore a=\frac{1}{2}$

즉, 구하는 이차함수의 식은

$y=\frac{1}{2}(x+2)(x-4)=\frac{1}{2}x^2-x-4$

따라서 $y=\frac{1}{2}x^2-x-4$에 $x=0$을 대입하면 $y=-4$이므로 y축과 만나는 점의 y좌표는 -4이다. 답 -4

Step 3 발전 문제 148~150쪽

959 $y=\frac{1}{2}x^2-2x+k$

$=\frac{1}{2}(x^2-4x+4-4)+k$

$=\frac{1}{2}(x-2)^2+k-2$

이므로 꼭짓점의 좌표는 $(2, k-2)$이다.

$y=-3x^2+6x-2k+4$

$=-3(x^2-2x+1-1)-2k+4$

$=-3(x-1)^2-2k+7$

이므로 꼭짓점의 좌표는 $(1, -2k+7)$이다.

두 이차함수의 그래프의 꼭짓점을 지나는 직선이 x축에 평행하므로 두 꼭짓점의 y좌표가 같다.

즉, $k-2=-2k+7$, $3k=9 \qquad \therefore k=3$ 답 3

960 $y=-2x^2+6x+k$

$=-2\left(x^2-3x+\frac{9}{4}-\frac{9}{4}\right)+k$

$=-2\left(x-\frac{3}{2}\right)^2+k+\frac{9}{2}$

이 이차함수의 그래프는 위로 볼록하므로 x축과 만나지 않으려면 꼭짓점의 y좌표가 음수이어야 한다.

즉, $k+\frac{9}{2}<0 \qquad \therefore k<-\frac{9}{2}$ 답 $k<-\frac{9}{2}$

961 $y=x^2+4x+k$

$=(x^2+4x+4-4)+k$

$=(x+2)^2+k-4$

이므로 축의 방정식은 $x=-2$이다.

그래프가 x축과 만나는 두 점 사이의 거리가 6이므로 그래프의 축에서 x축과 만나는 두 점까지의 거리는 각각 3이다.

즉, x축과 만나는 두 점의 좌표는 $(-5, 0)$, $(1, 0)$이다.

따라서 $y=x^2+4x+k$에 $x=1$, $y=0$을 대입하면

$0=1+4+k \qquad \therefore k=-5$ 답 ②

962 축의 방정식이 $x=-2$이므로 $y=a(x+2)^2+q$

이 그래프가 두 점 $(0, -4)$, $(1, -19)$를 지나므로

$-4=4a+q$, $-19=9a+q$

두 식을 연립하여 풀면 $a=-3$, $q=8$

따라서 $y=-3(x+2)^2+8$의 그래프가 점 $(-1, k)$를 지나므로 $k=-3+8=5$ 답 ④

963 축의 방정식이 $x=-1$이고 그래프가 x축과 만나는 두 점 사이의 거리가 10이므로 그래프와 x축과의 교점의 좌표는 $(-6, 0)$, $(4, 0)$이다.

즉, $y=a(x+6)(x-4)$이고 이 그래프가 점 $(-7, 11)$을 지나므로

$11=11a \qquad \therefore a=1$

따라서 구하는 이차함수의 식은

$y=(x+6)(x-4)=x^2+2x-24$ 답 ③

964 $y=x^2-4ax+4a^2-b^2+4b$

$=(x^2-4ax+4a^2)-b^2+4b$

$=(x-2a)^2-b^2+4b$

이므로 꼭짓점의 좌표는 $(2a, -b^2+4b)$이다.

$y=x^2+2x+5=(x^2+2x+1-1)+5$

$=(x+1)^2+4$

이므로 꼭짓점의 좌표는 $(-1, 4)$이다.

두 그래프의 꼭짓점이 일치하므로

$2a=-1 \qquad \therefore a=-\frac{1}{2}$

$-b^2+4b=4$에서 $b^2-4b+4=0$

$(b-2)^2=0 \qquad \therefore b=2$

$\therefore ab=-\frac{1}{2}\times2=-1$ 답 ②

965 $y=-x^2+ax+3$

$=-\left(x^2-ax+\frac{1}{4}a^2-\frac{1}{4}a^2\right)+3$

$=-\left(x-\frac{1}{2}a\right)^2+\frac{1}{4}a^2+3$

이므로 축의 방정식은 $x=\frac{1}{2}a$이다.

즉, $\frac{1}{2}a=-3$이므로 $a=-6$

$y=bx^2-1$의 그래프를 x축의 방향으로 c만큼, y축의 방향으로 d만큼 평행이동한 그래프의 식은

$y=b(x-c)^2-1+d$

이 그래프가 $y=-(x+3)^2+12$의 그래프와 일치하므로
$b=-1$, $-c=3$, $-1+d=12$에서
$b=-1$, $c=-3$, $d=13$
$\therefore a+b+c+d=-6+(-1)+(-3)+13=3$ 답 ③

966 $y=x^2-10x+k$
$=(x^2-10x+25-25)+k$
$=(x-5)^2+k-25$
이 이차함수의 그래프를 x축의 방향으로 k만큼, y축의 방향으로 11만큼 평행이동한 그래프의 식은
$y=(x-k-5)^2+k-25+11=(x-k-5)^2+k-14$
이 그래프의 꼭짓점의 좌표 $(k+5,\ k-14)$가 제4사분면 위에 있으므로
$k+5>0$, $k-14<0$에서 $k>-5$, $k<14$
따라서 $-5<k<14$이므로 상수 k의 값이 될 수 없는 것은 ⑤이다. 답 ⑤

967 $y=2x^2+4mx+2m+1$
$=2(x^2+2mx+m^2-m^2)+2m+1$
$=2(x+m)^2-2m^2+2m+1$
축의 방정식은 $x=-m$이고, $x=-m$을 기준으로 x의 값의 증가에 따른 y의 값의 증가와 감소가 바뀌므로
$-m=-3$ $\quad\therefore m=3$
한편, 이 이차함수의 그래프의 꼭짓점의 좌표는
$(-m,\ -2m^2+2m+1)$이므로
$m=3$을 대입하면 $(-3,\ -11)$이다. 답 ②

968 $y=kx^2+4kx+4k+8$
$=k(x^2+4x+4)+8$
$=k(x+2)^2+8$
이므로 꼭짓점의 좌표는 $(-2,\ 8)$이다.
또, $y=kx^2+4kx+4k+8$에 $x=0$을 대입하면 $y=4k+8$이므로
y축과의 교점의 좌표는 $(0,\ 4k+8)$이다. 이 그래프가 모든 사분면을 지나려면 오른쪽 그림과 같이 위로 볼록하면서 y축과의 교점이 x축보다 위쪽에 있어야 한다.

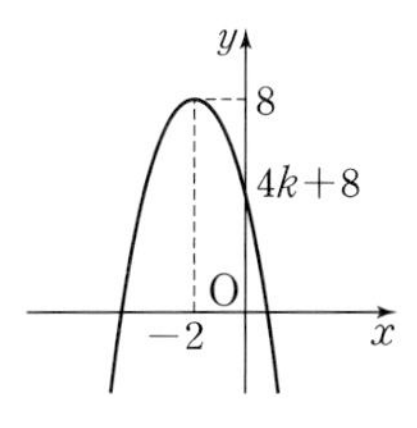

즉, $k<0$ $\quad\cdots\cdots$ ㉠
$4k+8>0$에서 $k>-2$ $\quad\cdots\cdots$ ㉡
따라서 ㉠, ㉡에서 $-2<k<0$이므로 정수 k의 값은 -1이다. 답 ③

969 $y=ax^2-bx+c$의 그래프는 오른쪽 그림과 같다.

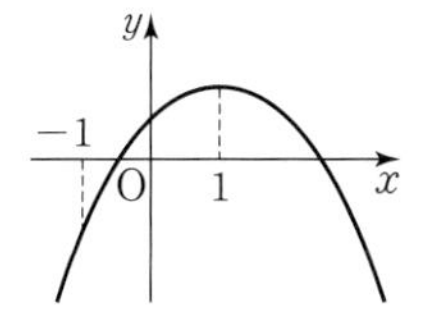

주어진 그래프가 위로 볼록하므로
$a<0$
축이 y축을 기준으로 오른쪽에 있으므로 a와 $-b$의 부호는 다르다.
즉, $-b>0$에서 $b<0$
y축과의 교점이 x축보다 위쪽에 있으므로 $c>0$
ㄱ. $a<0$, $b<0$, $c>0$이므로 $abc>0$
ㄴ. $x=1$을 대입하면 $a-b+c>0$
ㄷ. $y=ax^2-bx+c$
$=a\left\{x^2-\frac{b}{a}x+\left(\frac{b}{2a}\right)^2\right\}-\frac{b^2-4ac}{4a}$
$=a\left(x-\frac{b}{2a}\right)^2-\frac{b^2-4ac}{4a}$
의 그래프의 축의 방정식은 $x=1$이므로
$\frac{b}{2a}=1$ $\quad\therefore b=2a$
ㄹ. $x=-2$를 대입하면 $4a+2b+c<0$
따라서 옳은 것은 ㄴ, ㄷ이다. 답 ③

970 $y=-\frac{1}{2}x^2+2x+6$에 $y=0$을 대입하면
$-\frac{1}{2}x^2+2x+6=0$, $x^2-4x-12=0$
$(x+2)(x-6)=0$ $\quad\therefore x=-2$ 또는 $x=6$
즉, $\mathrm{A}(-2,\ 0)$, $\mathrm{B}(6,\ 0)$이므로 $\overline{\mathrm{AB}}=6-(-2)=8$
$y=-\frac{1}{2}x^2+2x+6$에 $x=0$을 대입하면
$y=6$이므로 $\mathrm{C}(0,\ 6)$
$y=-\frac{1}{2}x^2+2x+6$
$=-\frac{1}{2}(x^2-4x+4-4)+6$
$=-\frac{1}{2}(x-2)^2+8$
이므로 $\mathrm{D}(2,\ 8)$
따라서 $\triangle\mathrm{ABC}=\frac{1}{2}\times8\times6=24$,
$\triangle\mathrm{ABD}=\frac{1}{2}\times8\times8=32$
이므로 구하는 넓이의 차는 $32-24=8$ 답 8

971 $y=-x^2+x+2$에 $x=0$을 대입하면 $y=2$이므로 $\mathrm{A}(0,\ 2)$
$y=-x^2+x+2$
$=-\left(x^2-x+\frac{1}{4}-\frac{1}{4}\right)+2$
$=-\left(x-\frac{1}{2}\right)^2+\frac{9}{4}$
이므로 축의 방정식은 $x=\frac{1}{2}$이다.
축의 방정식이 $x=\frac{1}{2}$이므로 $\overline{\mathrm{BC}}$의 중점의 좌표는 $\left(\frac{1}{2},\ 0\right)$이다.
따라서 직선 l은 두 점 $\mathrm{A}(0,\ 2)$, $\left(\frac{1}{2},\ 0\right)$을 지나므로
직선 l의 기울기는 $\frac{0-2}{\frac{1}{2}-0}=-\frac{2}{\frac{1}{2}}=-4$
$\therefore y=-4x+2$ 답 $y=-4x+2$

972 $y=x^2+ax+b$의 그래프가 y축을 축으로 하고, x축과 만나는 두 점 사이의 거리가 8이므로
x축과 두 점 $(-4,\ 0)$, $(4,\ 0)$에서 만난다.

따라서 $y=(x+4)(x-4)=x^2-16$이므로
$a=0$, $b=-16$
$\therefore a-b=0-(-16)=16$

답 ②

교과서 속 창의력 UP!

151쪽

973 $y=x^2+4x+a+2b$
$=(x^2+4x+4-4)+a+2b$
$=(x+2)^2+a+2b-4$
이므로 꼭짓점의 좌표는 $(-2,\ a+2b-4)$이다.
꼭짓점이 제3사분면 위에 있으려면
$a+2b-4<0$이어야 하므로 $a+2b<4$
따라서 이를 만족시키는 순서쌍 $(a,\ b)$는 $(1,\ 1)$이다.

답 $(1,\ 1)$

974 $y=-x^2+4x-3$에 $y=0$을 대입하면
$-x^2+4x-3=0$에서 $x^2-4x+3=0$
$(x-1)(x-3)=0$ $\quad\therefore x=1$ 또는 $x=3$
즉, $y=-x^2+4x-3$의 그래프가 x축과 만나는 두 점의 좌표는 $(1,\ 0)$, $(3,\ 0)$이므로 두 점 사이의 거리는 2이다.
$y=-x^2+4x-3$
$=-(x^2-4x+4-4)-3$
$=-(x-2)^2+1$
의 그래프를 y축의 방향으로 q만큼 평행이동한 그래프의 식은
$y=-(x-2)^2+1+q$
이 그래프의 축의 방정식은 $x=2$이고, x축과 만나는 두 점 사이의 거리는 $2\times2=4$
즉, 축으로부터 그래프가 x축과 만나는 두 점까지의 거리는 각각 2이므로 x축과 만나는 두 점의 좌표는 $(0,\ 0)$, $(4,\ 0)$이다.
따라서 $y=-(x-2)^2+1+q$에 $x=0$, $y=0$을 대입하면
$0=-4+1+q$ $\quad\therefore q=3$

답 ③

975 $y=-x^2-4x$
$=-(x^2+4x+4-4)$
$=-(x+2)^2+4$
이므로 축의 방정식은 $x=-2$, 꼭짓점의 좌표는 $(-2,\ 4)$이다.
$y=-x^2-4x+5$
$=-(x^2+4x+4-4)+5$
$=-(x+2)^2+9$
이므로 축의 방정식은 $x=-2$, 꼭짓점의 좌표는 $(-2,\ 9)$이다.
두 이차함수의 x^2의 계수는 모두 -1이고, 축의 방정식이 같으므로 $y=-x^2-4x+5$의 그래프는 $y=-x^2-4x$의 그래프를 y축의 방향으로 5만큼 평행이동한 것이다.
즉, 오른쪽 그림에서 빗금 친 두 부분 ㉠, ㉡의 넓이가 서로 같으므로 구하는 넓이는 평행사변형 ABOC의 넓이와 같다.

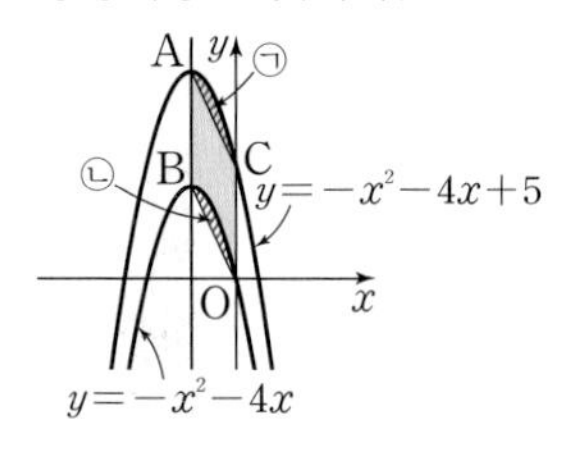

이때 $\overline{AB}=5$이므로
$\square ABOC=5\times2=10$
따라서 구하는 넓이는 10이다.

답 10

976 오른쪽 그림과 같이 호수의 중앙 M 지점을 원점으로 하는 좌표평면을 생각하면 점 A의 좌표는 $(-20,\ 0)$, 점 B의 좌표는 $(20,\ 0)$, 꼭짓점의 좌표는 $(0,\ -10)$이다.

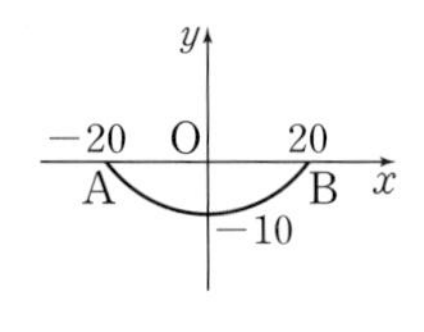

단면인 포물선의 식을 $y=a(x+20)(x-20)$이라 하면 이 그래프가 점 $(0,\ -10)$을 지나므로
$-10=-400a$ $\quad\therefore a=\frac{1}{40}$
즉, 구하는 이차함수의 식은
$y=\frac{1}{40}(x+20)(x-20)=\frac{1}{40}x^2-10$
M 지점에서 B 지점의 방향으로 8 m 떨어진 곳에서의 수심을 구하기 위해 $x=8$을 대입하면
$y=\frac{64}{40}-10=-\frac{42}{5}=-8.4$
따라서 구하는 곳에서의 수심은 8.4 m이다.

답 8.4 m

01. 제곱근과 실수

4~19쪽

Theme 01 제곱근의 뜻과 표현 4~6쪽

001 x가 7의 제곱근이므로
$x^2=7$ 또는 $x=\pm\sqrt{7}$ 답 ③

002 ②, ③ 음수의 제곱근은 없다. 답 ②, ③

003 $A^2=13$, $B^2=10$이므로 $A^2-B^2=13-10=3$ 답 ④

004 ① 36의 제곱근은 ±6이다.
② 제곱근 16은 4이다.
③ -49의 제곱근은 없다.
⑤ 0의 제곱근은 0의 1개이고, 음수의 제곱근은 없다.
따라서 옳은 것은 ④이다. 답 ④

005 ① 음수의 제곱근은 없다.
② 0의 제곱근은 0이다.
④ 144의 제곱근은 ±12이다. 답 ③, ⑤

006 ①, ②, ③, ⑤ ±5
④ 5
따라서 그 값이 나머지 넷과 다른 하나는 ④이다. 답 ④

007 $(-8)^2=64$의 양의 제곱근은 8이므로 $a=8$
$\sqrt{81}=9$의 음의 제곱근은 -3이므로 $b=-3$
$\therefore a+b=8+(-3)=5$ 답 5

008 ③ $\sqrt{16}=4$의 제곱근은 ±2이다. 답 ③

009 (1) $\left(-\frac{1}{4}\right)^2=\frac{1}{16}$의 양의 제곱근은 $\frac{1}{4}$이므로
$A=\frac{1}{4}$
(2) $\sqrt{256}=16$의 음의 제곱근은 -4이므로
$B=-4$
(3) $4A+B=4\times\frac{1}{4}+(-4)=-3$
답 (1) $\frac{1}{4}$ (2) -4 (3) -3

010 225의 제곱근은 ±15이고
$a>b$이므로 $a=15$, $b=-15$
$\therefore \sqrt{a-b+6}=\sqrt{15-(-15)+6}=\sqrt{36}=6$
따라서 6의 양의 제곱근은 $\sqrt{6}$이다. 답 $\sqrt{6}$

011 (직사각형의 넓이)$=6\times11=66$
넓이가 66인 정사각형의 한 변의 길이를 x라 하면
$x^2=66$ $\therefore x=\sqrt{66}$ ($\because x>0$)
따라서 구하는 정사각형의 한 변의 길이는 $\sqrt{66}$이다. 답 ④

012 (삼각형의 넓이)$=\frac{1}{2}\times15\times14=105(\text{cm}^2)$
넓이가 105 cm^2인 정사각형의 한 변의 길이를 x cm라 하면
$x^2=105$ $\therefore x=\sqrt{105}$ ($\because x>0$)
따라서 구하는 정사각형의 한 변의 길이는 $\sqrt{105}$ cm이다.
답 $\sqrt{105}$ cm

013 B의 넓이는 C의 넓이의 $\frac{4}{3}$배이므로
(B의 넓이)$=12\times\frac{4}{3}=16(\text{cm}^2)$
A의 넓이는 B의 넓이의 $\frac{11}{8}$배이므로
(A의 넓이)$=16\times\frac{11}{8}=22(\text{cm}^2)$
정사각형 A의 한 변의 길이를 x cm라 하면
$x^2=22$ $\therefore x=\sqrt{22}$ ($\because x>0$)
따라서 정사각형 A의 한 변의 길이는 $\sqrt{22}$ cm이다.
답 $\sqrt{22}$ cm

014 $\triangle$ABD에서 $\overline{AD}=\sqrt{10^2-6^2}=8(\text{cm})$
$\triangle$ADC에서 $\overline{DC}=\sqrt{11^2-8^2}=\sqrt{57}(\text{cm})$ 답 $\sqrt{57}$ cm

015 직각삼각형 ABC의 넓이가 21 cm^2이므로
$\triangle ABC=\frac{1}{2}\times7\times\overline{AC}=21$ $\therefore \overline{AC}=6(\text{cm})$
$\therefore \overline{BC}=\sqrt{7^2+6^2}=\sqrt{85}(\text{cm})$ 답 $\sqrt{85}$ cm

016 정사각형 ABCD의 넓이가 36 cm^2이므로
$\overline{BC}=\sqrt{36}=6(\text{cm})$
정사각형 GCEF의 넓이가 9 cm^2이므로
$\overline{CE}=\sqrt{9}=3(\text{cm})$
$\overline{AB}=\overline{BC}=6$ cm이고 $\overline{BE}=\overline{BC}+\overline{CE}=6+3=9(\text{cm})$
이므로 $\triangle$ABE에서
$\overline{AE}=\sqrt{6^2+9^2}=\sqrt{117}(\text{cm})$ 답 $\sqrt{117}$ cm

017 ① $\sqrt{\frac{1}{256}}=\frac{1}{16}$의 제곱근은 $\pm\frac{1}{4}$이다.
② $0.\dot{4}=\frac{4}{9}$의 제곱근은 $\pm\frac{2}{3}$이다.
③ $\frac{9}{16}$의 제곱근은 $\pm\frac{3}{4}$이다.
④ $\sqrt{625}=25$의 제곱근은 ±5이다.
⑤ 0.4의 제곱근은 $\pm\sqrt{0.4}$이다.
따라서 근호를 사용하지 않고 제곱근을 나타낼 수 없는 것은 ⑤이다. 답 ⑤

018 ① $\sqrt{196}=14$의 제곱근은 $\pm\sqrt{14}$이다.
② $\sqrt{0.09}=0.3$의 제곱근은 $\pm\sqrt{0.3}$이다.
③ 0.49의 제곱근은 ±0.7이다.
④ $\sqrt{0.01}=0.1$의 제곱근은 $\pm\sqrt{0.1}$이다.
⑤ $\sqrt{\frac{16}{81}}=\frac{4}{9}$의 제곱근은 $\pm\frac{2}{3}$이다.
따라서 근호를 사용하지 않고 제곱근을 나타낼 수 있는 것은 ③, ⑤이다. 답 ③, ⑤

019 ㄴ. $-\sqrt{289}=-17$
ㄷ. $\sqrt{324}=18$
ㄹ. $\sqrt{\frac{1}{36}}=\frac{1}{6}$의 양의 제곱근은 $\sqrt{\frac{1}{6}}$이다.
ㅂ. $7^2=49$의 음의 제곱근은 -7이다.
따라서 근호를 사용하지 않고 나타낼 수 있는 것은 ㄴ, ㄷ, ㅂ이다. 답 ㄴ, ㄷ, ㅂ

Theme 02 제곱근의 성질과 대소 관계 7~13쪽

020 ⑤ $-\sqrt{\frac{9}{25}}=-\sqrt{\left(\frac{3}{5}\right)^2}=-\frac{3}{5}$ 답 ⑤

021 ①, ③, ④, ⑤ 10 ② -10
따라서 그 값이 나머지 넷과 다른 하나는 ②이다. 답 ②

022 ① $\sqrt{0.6^2}=0.6$ ② $(-\sqrt{0.09})^2=0.09$
③ $\sqrt{0.5^2}=0.5$ ④ $\sqrt{0.49}=\sqrt{0.7^2}=0.7$
⑤ $\sqrt{(-0.16)^2}=0.16$
따라서 가장 작은 수는 ② 0.09이다. 답 ②

023 $(\sqrt{4})^2=4$의 양의 제곱근은 2이므로 $A=2$
$(-\sqrt{36})^2=36$의 음의 제곱근은 -6이므로 $B=-6$
따라서 $5A-B=5\times2-(-6)=16$의 음의 제곱근은 -4이다. 답 -4

024 ① $(\sqrt{3})^2+(-\sqrt{3})^2=3+3=6$
② $(-\sqrt{2})^2-(-\sqrt{3^2})=2-(-3)=5$
③ $(\sqrt{0.2})^2+(-\sqrt{0.3})^2=0.2+0.3=0.5$
④ $\sqrt{49}-\sqrt{(-3)^2}=\sqrt{7^2}-\sqrt{(-3)^2}=7-3=4$
⑤ $\sqrt{81}\div\sqrt{(-3)^2}=\sqrt{9^2}\div\sqrt{(-3)^2}=9\div3=3$
따라서 옳지 않은 것은 ①이다. 답 ①

025 $\sqrt{8^2}+(-\sqrt{2})^2-(-\sqrt{25})=8+2+5=15$ 답 ⑤

026 $\sqrt{16}-(-\sqrt{11})^2+\sqrt{\left(-\frac{3}{5}\right)^2}\times(\sqrt{10})^2$
$=4-11+\frac{3}{5}\times10=4-11+6=-1$ 답 -1

027 $a^2+2b^2-c^2=(\sqrt{3})^2+2\times(\sqrt{2})^2-(-\sqrt{5})^2$
$=3+2\times2-5=3+4-5=2$ 답 2

028 ③ $(-\sqrt{a})^2=(\sqrt{a})^2=a$ 답 ③

029 ④ $\sqrt{25a^2}=\sqrt{(5a)^2}=-5a$ 답 ④

030 $-3a<0$이므로 $\sqrt{(-3a)^2}=-(-3a)=3a$
$-\sqrt{16a^2}=-\sqrt{(4a)^2}$이고, $4a>0$이므로
$-\sqrt{16a^2}=-4a$
$6a>0$이므로 $-\sqrt{(6a)^2}=-6a$
$2a>0$이므로 $(-\sqrt{2a})^2=(\sqrt{2a})^2=2a$
$-2a<0$이므로 $-\sqrt{(-2a)^2}=-\{-(-2a)\}=-2a$
따라서 그 값이 가장 작은 것은 $-\sqrt{(6a)^2}$이다.
답 $-\sqrt{(6a)^2}$

031 $a>0$에서 $\frac{5}{7}a>0$, $b<0$에서 $\frac{3}{7}b<0$이므로
$\left(\sqrt{\frac{5}{7}a}\right)^2-\sqrt{\left(\frac{3}{7}b\right)^2}=\frac{5}{7}a-\left(-\frac{3}{7}b\right)=\frac{5}{7}a+\frac{3}{7}b$
답 $\frac{5}{7}a+\frac{3}{7}b$

032 $a<0$에서 $2a<0$, $-a>0$이므로
$\sqrt{(2a)^2}+\sqrt{(-a)^2}=-2a+(-a)=-3a$ 답 ①

033 $a>0$에서 $-a<0$, $-\frac{1}{5}a<0$, $9a>0$, $0.3a>0$이므로
$\sqrt{(-a)^2}\times\sqrt{\left(-\frac{1}{5}a\right)^2}-\sqrt{81a^2}\times\sqrt{0.09a^2}$
$=\sqrt{(-a)^2}\times\sqrt{\left(-\frac{1}{5}a\right)^2}-\sqrt{(9a)^2}\times\sqrt{(0.3a)^2}$
$=-(-a)\times\left\{-\left(-\frac{1}{5}a\right)\right\}-9a\times0.3a$
$=a\times\frac{1}{5}a-2.7a^2=\frac{1}{5}a^2-\frac{27}{10}a^2$
$=-\frac{25}{10}a^2=-\frac{5}{2}a^2$ 답 $-\frac{5}{2}a^2$

034 $a-b<0$에서 $a<b$이고, $ab<0$이므로
$a<0$, $b>0$, $-3a>0$
$\therefore \sqrt{a^2}+\sqrt{(-3a)^2}-\sqrt{b^2}=(-a)+(-3a)-b$
$=-a-3a-b$
$=-4a-b$ 답 $-4a-b$

035 $3<a<4$에서 $4-a>0$, $3-a<0$이므로
$\sqrt{(4-a)^2}+\sqrt{(3-a)^2}=(4-a)-(3-a)$
$=4-a-3+a=1$ 답 ③

036 $a<3$에서 $a-3<0$, $5-a>0$이므로
$\sqrt{(a-3)^2}+\sqrt{(5-a)^2}=-(a-3)+(5-a)$
$=-a+3+5-a$
$=-2a+8$ 답 $-2a+8$

037 $-2<a<1$에서 $a-1<0$, $a+2>0$이므로
$\sqrt{(a-1)^2}+\sqrt{(a+2)^2}=-(a-1)+(a+2)$
$=-a+1+a+2$
$=3$ 답 ⑤

038 $-3<a<7$에서 $a-7<0$, $a+3>0$이므로
$\sqrt{(a-7)^2}-\sqrt{(a+3)^2}=-(a-7)-(a+3)$
$=-a+7-a-3$
$=-2a+4$
즉, $-2a+4=4$이므로 $2a=0$ $\therefore a=0$ 답 0

039 $a-b>0$에서 $a>b$이고, $ab<0$이므로 $a>0$, $b<0$
따라서 $-5a<0$, $b-a<0$이므로
$\sqrt{(-5a)^2}+\sqrt{(b-a)^2}+\sqrt{b^2}$
$=-(-5a)+\{-(b-a)\}+(-b)$
$=5a-b+a-b=6a-2b$ 답 $6a-2b$

040 $a>b>c>0$에서 $b-a<0$, $c-b<0$, $a-c>0$이므로

$\sqrt{(b-a)^2}+\sqrt{(c-b)^2}+\sqrt{(a-c)^2}$
$=\{-(b-a)\}+\{-(c-b)\}+(a-c)$
$=-b+a-c+b+a-c$
$=2a-2c$ 답 ③

041 $0<a<1$에서 $\frac{1}{a}>1$이므로 $a<\frac{1}{a}$

즉, $a+\frac{1}{a}>0$, $\frac{1}{a}-a>0$이므로

$\sqrt{\left(a+\frac{1}{a}\right)^2}-\sqrt{\left(\frac{1}{a}-a\right)^2}=\left(a+\frac{1}{a}\right)-\left(\frac{1}{a}-a\right)$
$=a+\frac{1}{a}-\frac{1}{a}+a$
$=2a$ 답 ④

042 $40x=2^3\times5\times x$이므로 $x=2\times5\times$(자연수)^2 꼴이어야 한다.
따라서 가장 작은 자연수 x는
$2\times5=10$ 답 ④

043 $x=3\times$(자연수)^2 꼴이어야 한다.
① $3=3\times1^2$ ② $9=3\times3$
③ $12=3\times2^2$ ④ $27=3\times3^2$
⑤ $48=3\times4^2$
따라서 자연수 x의 값이 될 수 없는 것은 ②이다. 답 ②

044 $\sqrt{\frac{162}{7}x}=\sqrt{\frac{2\times3^4}{7}\times x}$이므로 $x=2\times7\times$(자연수)^2 꼴이어야 한다.
따라서 가장 작은 자연수 x는
$2\times7=14$ 답 14

045 $24n=2^3\times3\times n$이므로 $n=2\times3\times$(자연수)^2 꼴이어야 한다.
이때 $10<n<100$이므로 자연수 n은
$6\times2^2=24$, $6\times3^2=54$, $6\times4^2=96$
따라서 구하는 합은
$24+54+96=174$ 답 174

046 $\sqrt{\frac{90}{x}}=\sqrt{\frac{2\times3^2\times5}{x}}$이므로 x는 90의 약수이면서
$2\times5\times$(자연수)^2 꼴이어야 한다.
따라서 가장 작은 자연수 x는
$2\times5=10$ 답 10

047 $\sqrt{\frac{108}{n}}$이 가장 큰 자연수가 되려면 n은 가장 작은 자연수가 되어야 한다.
$\sqrt{\frac{108}{n}}=\sqrt{\frac{2^2\times3^3}{n}}$이므로 n은 108의 약수이면서
$3\times$(자연수)^2 꼴이어야 한다.
따라서 가장 작은 자연수 n의 값은 3이다. 답 3

048 $\sqrt{\frac{540}{x}}=\sqrt{\frac{2^2\times3^3\times5}{x}}$이므로 x는 540의 약수이면서
$3\times5\times$(자연수)^2 꼴이어야 한다.
이때 x가 두 자리의 자연수이므로 자연수 x는
$3\times5=15$, $3\times5\times2^2=60$
따라서 구하는 합은
$15+60=75$ 답 75

049 42보다 큰 제곱인 수는 49, 64, 81, …이다.
따라서 가장 작은 자연수 x는
$42+x=49$에서 $x=7$ 답 7

050 23보다 큰 제곱인 수는 25, 36, 49, …이다.
따라서 두 번째로 작은 자연수 x는
$23+x=36$에서 $x=13$ 답 ①

051 37보다 큰 제곱인 수는 49, 64, 81, …이다.
이때 $\sqrt{37+x}$가 한 자리의 자연수이어야 하므로
$0<37+x<100$
$37+x=49$이면 $x=12$
$37+x=64$이면 $x=27$
$37+x=81$이면 $x=44$
따라서 구하는 합은 $12+27+44=83$ 답 83

052 51보다 큰 제곱인 수는 64, 81, 100, …이다.
이때 가장 작은 자연수 m은 $51+m=64$에서 $m=13$
$m=13$일 때, $n=\sqrt{51+13}=\sqrt{64}=8$
$\therefore m+n=13+8=21$ 답 ⑤

053 17보다 작은 제곱인 수 중 가장 큰 값은 16이므로
$17-n=16$ $\therefore n=1$
따라서 자연수 n의 값은 1이다. 답 ①

054 $27-x$가 27보다 작은 제곱인 수 또는 0이어야 하므로
$27-x$의 값은 0, 1, 4, 9, 16, 25이어야 한다.
따라서 자연수 x는 27, 26, 23, 18, 11, 2의 6개이다.
답 ⑤

055 $24-x$가 24보다 작은 제곱인 수 또는 0이어야 하므로
$24-x$의 값은 0, 1, 4, 9, 16이어야 한다.
x의 최댓값은 $24-x=0$에서 $x=24$
x의 최솟값은 $24-x=16$에서 $x=8$
따라서 자연수 x의 최댓값과 최솟값의 합은
$24+8=32$ 답 ②

056 ② $2=\sqrt{4}$이고 $\sqrt{2}<\sqrt{4}$이므로 $\sqrt{2}<2$
③ $4=\sqrt{16}$이고 $\sqrt{13}<\sqrt{16}$이므로 $\sqrt{13}<4$
④ $0.1=\sqrt{0.01}$이고 $\sqrt{0.1}>\sqrt{0.01}$이므로 $\sqrt{0.1}>0.1$
⑤ $\frac{1}{3}=\sqrt{\frac{1}{9}}$이고 $\sqrt{\frac{1}{4}}>\sqrt{\frac{1}{9}}$이므로 $\sqrt{\frac{1}{4}}>\frac{1}{3}$
따라서 두 수의 대소 관계가 옳지 않은 것은 ④이다.
답 ④

057 $-0.5=-\sqrt{0.25}$, $-3=-\sqrt{9}$이므로 음수끼리 대소를 비교하면
$-\sqrt{9}<-\sqrt{\frac{13}{2}}<-\sqrt{0.25}$
$\therefore -3<-\sqrt{\frac{13}{2}}<-0.5$
$2=\sqrt{4}$, $0.7=\sqrt{0.49}$이므로 양수끼리 대소를 비교하면
$\sqrt{0.49}<\sqrt{0.6}<\sqrt{4}$
$\therefore 0.7<\sqrt{0.6}<2$
따라서 $a=-3$, $b=2$이므로

$b^2-a^2=2^2-(-3)^2=-5$ 답 -5

058 ① $a>1$ ② $\sqrt{a}>1$ ③ $\frac{1}{a}<1$

④ $\sqrt{\frac{1}{a}}<1$ ⑤ $\frac{1}{a^2}<1$

이때 $a>\sqrt{a}$이므로 a의 값이 가장 크다. 답 ①

059 $3<\sqrt{11}<4$에서 $-4+\sqrt{11}<0$, $4-\sqrt{11}>0$이므로

$\sqrt{(-4+\sqrt{11})^2}-\sqrt{(4-\sqrt{11})^2}$

$=-(-4+\sqrt{11})-(4-\sqrt{11})$

$=4-\sqrt{11}-4+\sqrt{11}=0$ 답 ③

060 $2<\sqrt{5}<3$에서 $2-\sqrt{5}<0$, $\sqrt{5}-2>0$이므로

$\sqrt{(2-\sqrt{5})^2}-\sqrt{(\sqrt{5}-2)^2}-\sqrt{(-3)^2}+(-\sqrt{6})^2$

$=-(2-\sqrt{5})-(\sqrt{5}-2)-3+6$

$=-2+\sqrt{5}-\sqrt{5}+2-3+6=3$ 답 ④

061 $x+y=5+(-3-\sqrt{3})=2-\sqrt{3}$

$x-y=5-(-3-\sqrt{3})=8+\sqrt{3}$

$1<\sqrt{3}<2$에서 $2-\sqrt{3}>0$, $8+\sqrt{3}>0$이므로

$\sqrt{(x+y)^2}+\sqrt{(x-y)^2}=(2-\sqrt{3})+(8+\sqrt{3})$

$=10$ 답 10

062 $4<\sqrt{x}<5$에서 $16<x<25$

따라서 자연수 x는 17, 18, 19, 20, 21, 22, 23, 24의 8개이다. 답 ②

063 $\sqrt{11}<n<\sqrt{37}$에서 $11<n^2<37$이므로 n^2의 값은

$4^2=16$, $5^2=25$, $6^2=36$

따라서 $n=4$, 5, 6이므로 모든 자연수 n의 값의 합은

$4+5+6=15$ 답 ③

064 $\frac{15}{2}<\sqrt{x}\le 8$에서 $\frac{225}{4}<x\le 64$

따라서 자연수 x 중에서 3의 배수는 57, 60, 63의 3개이다.

답 3개

065 $\sqrt{21}<\sqrt{2x+3}\le 6$에서

$21<2x+3\le 36$, $18<2x\le 33$

$\therefore 9<x\le \frac{33}{2}$

따라서 $M=16$, $m=10$이므로

$\sqrt{M+m-1}=\sqrt{16+10-1}=\sqrt{25}=5$ 답 5

066 $9<\sqrt{86}<10$이므로

$f(86)=(\sqrt{86}$ 이하의 자연수의 개수$)=9$

$3<\sqrt{14}<4$이므로

$f(14)=(\sqrt{14}$ 이하의 자연수의 개수$)=3$

$\therefore \sqrt{\frac{f(86)}{f(14)}}=\sqrt{\frac{9}{3}}=\sqrt{3}$ 답 ①

067 $11<\sqrt{132}<12$이므로 $A(132)=11$

$5<\sqrt{26}<36$이므로 $A(26)=5$

$7<\sqrt{63}<8$이므로 $A(63)=7$

$\therefore A(132)-A(26)+A(63)=11-5+7=13$ 답 ④

068 $\sqrt{1}=1$, $\sqrt{4}=2$, $\sqrt{9}=3$, $\sqrt{16}=4$이므로

$n(1)=n(2)=n(3)=1$

$n(4)=n(5)=n(6)=n(7)=n(8)=2$

$n(9)=n(10)=n(11)=\cdots=n(15)=3$

이때 $1\times3+2\times5+3\times3=22$이므로 구하는 x의 값은 $n(x)=3$을 만족시키는 x의 값 중에서 세 번째로 작은 값이다.

$\therefore x=11$ 답 11

Theme 03 무리수와 실수 14~19쪽

069 ① $-\sqrt{64}=-8$ ⇨ 유리수

③ $-\sqrt{2}$ ⇨ 무리수

④ $\sqrt{0.49}=0.7$ ⇨ 유리수

⑤ $\sqrt{16}=4$ ⇨ 유리수

따라서 무리수인 것은 ③이다. 답 ③

070 $\sqrt{81}=9$ ⇨ 유리수

$(-\sqrt{7})^2=7$ ⇨ 유리수

$\sqrt{\frac{25}{36}}=\frac{5}{6}$ ⇨ 유리수

$1.\dot{3}\dot{7}=\frac{137-1}{99}=\frac{136}{99}$ ⇨ 유리수

따라서 순환소수가 아닌 무한소수로 나타내어지는 것은 $-\sqrt{1.6}$, $\sqrt{7}-1$이다. 답 $-\sqrt{1.6}$, $\sqrt{7}-1$

071 ㄱ. (유리수)−(무리수)=(무리수)이므로 $a-\sqrt{5}$는 무리수이다.

ㄴ. (유리수)+(유리수)=(유리수)이므로 $a+3$은 유리수이다.

ㄷ. (유리수)×(유리수)=(유리수)이므로 $7a$는 유리수이다.

ㄹ. $a=0$일 때, $\sqrt{5}a=0$이므로 유리수이다.

ㅁ. (무리수)+(유리수)=(무리수)이므로 $\sqrt{7}+a$는 무리수이다.

따라서 항상 무리수인 것은 ㄱ, ㅁ이다. 답 ㄱ, ㅁ

072 50 이상 130 이하의 자연수는 50, 51, 52, ⋯, 130의 81개이다.

$\sqrt{x}$가 유리수가 되려면 x가 어떤 유리수의 제곱이어야 하고, 50 이상 130 이하의 자연수 중 제곱인 수는 64, 81, 100, 121의 4개이다.

따라서 $\sqrt{x}$가 무리수가 되도록 하는 자연수 x의 개수는

$81-4=77$ 답 77

073 ④ $\sqrt{4}$와 같이 근호 안의 수가 제곱인 수는 유리수이다.

답 ④

074 ② 무한소수 중 순환소수는 유리수이다. 답 ②

075 □ 안에 들어갈 수는 무리수이다.

① $-\sqrt{0.16}=-\sqrt{(0.4)^2}=-0.4$ ⇨ 유리수

④ $1.2\dot{7}=\frac{127-12}{90}=\frac{115}{90}=\frac{23}{18}$ ⇨ 유리수

⑤ $-\sqrt{4}=-2$ ⇨ 유리수

따라서 □ 안에 들어갈 수인 것은 ②, ③이다.

답 ②, ③

076 ④ $\sqrt{7}$은 근호를 사용하지 않고 나타낼 수 없다. 답 ④

077 ㄱ. a가 어떤 유리수의 제곱인 수이면 $\sqrt{a}$는 유리수이다.
ㄹ. 7.1은 정수가 아니지만 유리수이다.
따라서 옳은 것은 ㄴ, ㄷ이다. 답 ㄴ, ㄷ

078 $-\sqrt{81}=-9$ ⇨ 유리수
$\sqrt{\frac{81}{144}}=\frac{9}{12}$ ⇨ 유리수
$6.3111\cdots=6.3\dot{1}=\frac{631-63}{90}=\frac{568}{90}=\frac{284}{45}$ ⇨ 유리수
$\sqrt{0.\dot{4}}=\sqrt{\frac{4}{9}}=\frac{2}{3}$ ⇨ 유리수
따라서 실수의 개수는 8, 유리수의 개수는 5이므로
$a=8$, $b=5$ $\therefore a-b=8-5=3$ 답 ①
다른 풀이 실수는 유리수와 무리수로 나눌 수 있으므로
$a-b$의 값은 무리수의 개수와 같다.
따라서 무리수는 $\sqrt{7.4}$, $-\sqrt{0.006}$, 3π의 3개이므로
$a-b=3$

079 $\overline{AP}=\overline{AB}=\sqrt{2^2+1^2}=\sqrt{5}$
$\overline{AQ}=\overline{AC}=\sqrt{1^2+1^2}=\sqrt{2}$
따라서 점 P에 대응하는 수는 $3-\sqrt{5}$, 점 Q에 대응하는 수는 $3+\sqrt{2}$이다. 답 P : $3-\sqrt{5}$, Q : $3+\sqrt{2}$

080 가로의 길이가 2, 세로의 길이가 1인 직사각형의 대각선의 길이는 $\sqrt{2^2+1^2}=\sqrt{5}$이므로
A : $2-\sqrt{5}$, C : $\sqrt{5}$
한 변의 길이가 1인 정사각형의 대각선의 길이는
$\sqrt{1^2+1^2}=\sqrt{2}$이므로
B : $\sqrt{2}$, D : $5-\sqrt{2}$, E : $4+\sqrt{2}$
따라서 각 점에 대응하는 수로 옳지 않은 것은 ③이다.
답 ③

081 $\overline{CP}=\overline{CA}=\sqrt{2^2+2^2}=\sqrt{8}$
$\overline{DQ}=\overline{DF}=\sqrt{4^2+2^2}=\sqrt{20}$
$\therefore$ P$(5-\sqrt{8})$, Q$(7+\sqrt{20})$ 답 P$(5-\sqrt{8})$, Q$(7+\sqrt{20})$

082 $\overline{AP}=\overline{AB}=\sqrt{2^2+1^2}=\sqrt{5}$
$\overline{AQ}=\overline{AD}=\sqrt{1^2+2^2}=\sqrt{5}$
따라서 점 P에 대응하는 수는 $-1+\sqrt{5}$, 점 Q에 대응하는 수는 $-1-\sqrt{5}$이다. 답 P : $-1+\sqrt{5}$, Q : $-1-\sqrt{5}$

083 ① 정사각형 (가)의 한 변의 길이는 $\sqrt{3^2+2^2}=\sqrt{13}$
② 정사각형 (나)의 한 변의 길이는 $\sqrt{1^2+3^2}=\sqrt{10}$
③ 점 A에 대응하는 수는 $-\sqrt{13}$이다.
④ 점 B에 대응하는 수는 $\sqrt{13}$이다.
⑤ 점 C에 대응하는 수는 $7+\sqrt{10}$이다.
따라서 옳지 않은 것은 ②이다. 답 ②

084 $\overline{AQ}=\overline{AC}=\sqrt{3^2+2^2}=\sqrt{13}$이고 점 Q에 대응하는 수가 $3+\sqrt{13}$이므로 점 A에 대응하는 수는 3이다.
이때 $\overline{AP}=\overline{AC}=\sqrt{13}$이므로
점 P에 대응하는 수는 $3-\sqrt{13}$이다. 답 $3-\sqrt{13}$

085 정사각형 ABCD의 넓이가 10이므로
$\overline{DA}=\overline{DC}=\sqrt{10}$
따라서 점 P에 대응하는 수는 $2+\sqrt{10}$, 점 Q에 대응하는 수는 $2-\sqrt{10}$이다. 답 P : $2+\sqrt{10}$, Q : $2-\sqrt{10}$

086 정사각형 ABCD의 넓이가 8이므로
$\overline{AB}=\sqrt{8}$
따라서 점 P에 대응하는 수는 $1+\sqrt{8}$이므로
$a=1$, $b=8$
$\therefore a+b=1+8=9$ 답 9

087 ① 정사각형 ABCD의 넓이가 11이므로
$\overline{AB}=\sqrt{11}$ $\therefore \overline{AQ}=\overline{AB}=\sqrt{11}$
② 정사각형 EFGH의 넓이가 6이므로
$\overline{EF}=\sqrt{6}$ $\therefore \overline{ES}=\overline{EF}=\sqrt{6}$
③ $\overline{AP}=\overline{AD}=\overline{AB}=\sqrt{11}$이므로 P$(-\sqrt{11})$
④ $\overline{ER}=\overline{EH}=\overline{EF}=\sqrt{6}$이므로 R$(7-\sqrt{6})$
⑤ $\overline{ES}=\overline{EF}=\sqrt{6}$이므로 S$(7+\sqrt{6})$
따라서 옳지 않은 것은 ⑤이다. 답 ⑤

088 ③ 수직선은 실수에 대응하는 점들로 완전히 메울 수 있다.
답 ③

089 ㅁ. 1과 1000 사이에 있는 자연수는 2, 3, 4, ⋯, 999의 998개이다.
따라서 옳은 것은 ㄱ, ㄴ, ㄷ, ㄹ의 4개이다. 답 4개

090 ③ 아현 : 수직선은 실수에 대응하는 점들로 완전히 메울 수 있다.
따라서 잘못 말한 사람은 아현이다. 답 ③

091 ① $-\sqrt{8}-(-3)=-\sqrt{8}+3=-\sqrt{8}+\sqrt{9}>0$이므로
$-\sqrt{8}>-3$
② $3-(\sqrt{3}+1)=3-\sqrt{3}-1=2-\sqrt{3}=\sqrt{4}-\sqrt{3}>0$이므로
$3>\sqrt{3}+1$
③ $(\sqrt{2}-3)-(\sqrt{2}-1)=\sqrt{2}-3-\sqrt{2}+1=-2<0$이므로
$\sqrt{2}-3<\sqrt{2}-1$
④ $\sqrt{2}+1-(\sqrt{5}+1)=\sqrt{2}-\sqrt{5}<0$이므로
$\sqrt{2}+1<\sqrt{5}+1$
⑤ $(5-\sqrt{6})-3=2-\sqrt{6}=\sqrt{4}-\sqrt{6}<0$이므로
$5-\sqrt{6}<3$
따라서 두 실수의 대소 관계가 옳지 않은 것은 ③, ⑤이다.
답 ③, ⑤

092 ① $\sqrt{12}-2-3=\sqrt{12}-5=\sqrt{12}-\sqrt{25}<0$이므로
$\sqrt{12}-2<3$
② $2+\sqrt{7}-(\sqrt{10}+\sqrt{7})=2+\sqrt{7}-\sqrt{10}-\sqrt{7}$
$=2-\sqrt{10}=\sqrt{4}-\sqrt{10}<0$
이므로 $2+\sqrt{7}<\sqrt{10}+\sqrt{7}$
③ $\sqrt{6}-1-(\sqrt{6}-\sqrt{2})=\sqrt{6}-1-\sqrt{6}+\sqrt{2}$
$=-1+\sqrt{2}>0$
이므로 $\sqrt{6}-1>\sqrt{6}-\sqrt{2}$
④ $4-\sqrt{5}-(\sqrt{20}-\sqrt{5})=4-\sqrt{5}-\sqrt{20}+\sqrt{5}$
$=4-\sqrt{20}=\sqrt{16}-\sqrt{20}<0$
이므로 $4-\sqrt{5}<\sqrt{20}-\sqrt{5}$

워크북

⑤ $(\sqrt{15}+2)-6=\sqrt{15}-4=\sqrt{15}-\sqrt{16}<0$
이므로 $\sqrt{15}+2<6$
따라서 부등호의 방향이 나머지 넷과 다른 하나는 ③이다.
답 ③

093 ㄱ. $2-(6-\sqrt{10})=-4+\sqrt{10}<0$이므로 $2<6-\sqrt{10}$
ㄴ. $\sqrt{6}-1-1=\sqrt{6}-2>0$이므로 $\sqrt{6}-1>1$
ㄷ. $(3-\sqrt{2})-(3-\sqrt{3})=-\sqrt{2}+\sqrt{3}>0$이므로
$3-\sqrt{2}>3-\sqrt{3}$
ㄹ. $(2+\sqrt{10})-(2+\sqrt{13})=\sqrt{10}-\sqrt{13}<0$이므로
$2+\sqrt{10}<2+\sqrt{13}$
ㅁ. $(-\sqrt{3})^2=3$이므로 $5-(-\sqrt{3})^2=2$
$2-(\sqrt{30}-2)=4-\sqrt{30}=\sqrt{16}-\sqrt{30}<0$이므로
$5-(-\sqrt{3})^2<\sqrt{30}-2$
따라서 옳은 것은 ㄱ, ㄷ, ㄹ이다. 답 ④

094 $a-c=(\sqrt{3}+2)-3=\sqrt{3}-1>0$
$\therefore a>c$ …… ㉠
$b-c=(4-\sqrt{3})-3=1-\sqrt{3}<0$
$\therefore b<c$ …… ㉡
㉠, ㉡에서 $b<c<a$ 답 ④

095 $-2-\sqrt{5}$는 음수이고 4, $2+\sqrt{5}$, $\sqrt{6}+\sqrt{5}$는 양수이다.
$4-(2+\sqrt{5})=2-\sqrt{5}=\sqrt{4}-\sqrt{5}<0$이므로
$4<2+\sqrt{5}$
$2+\sqrt{5}-(\sqrt{6}+\sqrt{5})=2-\sqrt{6}=\sqrt{4}-\sqrt{6}<0$이므로
$2+\sqrt{5}<\sqrt{6}+\sqrt{5}$
$\therefore -2-\sqrt{5}<4<2+\sqrt{5}<\sqrt{6}+\sqrt{5}$
따라서 세 번째에 오는 수는 $2+\sqrt{5}$이다. 답 $2+\sqrt{5}$

096 $\sqrt{19}-5=\sqrt{19}-\sqrt{25}<0$이므로 $\sqrt{19}<5$
$5-(3+\sqrt{5})=2-\sqrt{5}=\sqrt{4}-\sqrt{5}<0$이므로 $5<3+\sqrt{5}$
$\therefore \sqrt{19}<5<3+\sqrt{5}$
따라서 넓이가 가장 넓은 정사각형은 정사각형 C이다.
답 정사각형 C

097 $\sqrt{1}<\sqrt{3}<\sqrt{4}$에서 $1<\sqrt{3}<2$이므로 $-2<-\sqrt{3}<-1$
$\therefore -3<-1-\sqrt{3}<-2$
따라서 $-1-\sqrt{3}$은 -3과 -2 사이의 점 A에 대응한다.
답 ①

098 $\sqrt{25}<\sqrt{33}<\sqrt{36}$에서 $5<\sqrt{33}<6$이므로 $\sqrt{33}$은 5와 6 사이의 점 E에 대응한다. 답 점 E

099 $\sqrt{4}<\sqrt{5}<\sqrt{9}$에서 $2<\sqrt{5}<3$이므로 $5<3+\sqrt{5}<6$
따라서 $3+\sqrt{5}$는 5와 6 사이의 점에 대응한다. 답 ④

100 $\sqrt{1}<\sqrt{3}<\sqrt{4}$에서 $1<\sqrt{3}<2$이므로 $-2<-\sqrt{3}<-1$
$-1<1-\sqrt{3}<0$, $1<3-\sqrt{3}<2$
따라서 $1-\sqrt{3}$은 B 구간, $3-\sqrt{3}$은 D 구간에 있다.
$\sqrt{4}<\sqrt{5}<\sqrt{9}$에서 $2<\sqrt{5}<3$이므로 $-3<-\sqrt{5}<-2$
$-2<1-\sqrt{5}<-1$이므로 $1-\sqrt{5}$는 A 구간에 있다.
답 $1-\sqrt{3}$: B 구간, $1-\sqrt{5}$: A 구간, $3-\sqrt{3}$: D 구간

101 ⑤ $\sqrt{2}-0.1$은 $\sqrt{2}$보다 작다. 답 ⑤

102 ② $\frac{\sqrt{2}+\sqrt{3}}{2}$은 $\sqrt{2}$와 $\sqrt{3}$의 평균이므로 $\sqrt{2}$와 $\sqrt{3}$ 사이에 존재한다. 답 ②

103 ③ $\sqrt{7}<\sqrt{5}+1$이므로 $\sqrt{5}+1$은 $\sqrt{5}$와 $\sqrt{7}$ 사이의 무리수가 아니다. 답 ③

104 $2<\sqrt{5}<3$이므로 $\sqrt{5}=2.\cdots$ $\therefore a=2$
$2.2<\sqrt{5}<2.3$이므로 $\sqrt{5}=2.2\cdots$ $\therefore b=2$
$2.23<\sqrt{5}<2.24$이므로 $\sqrt{5}=2.23\cdots$ $\therefore c=3$
$\therefore a+b+c=2+2+3=7$ 답 ④

105 $(3.3)^2=10.89$, $(3.4)^2=11.56$이므로
$\sqrt{10.89}<\sqrt{11}<\sqrt{11.56}$에서 $3.3<\sqrt{11}<3.4$
즉, $\sqrt{11}=3.3\cdots$이다.
따라서 $\sqrt{11}$을 소수로 나타내었을 때, 소수점 아래 1번째 자리의 숫자는 3이다. 답 3

106 $(4.35)^2=18.9225$, $(4.36)^2=19.0096$이므로
$\sqrt{18.9255}<\sqrt{19}<\sqrt{19.0096}$에서 $4.35<\sqrt{19}<4.36$
즉, $\sqrt{19}=4.35\cdots$이다.
따라서 $\sqrt{19}$를 소수로 나타내었을 때, 소수점 아래 2번째 자리의 숫자는 5이다. 답 5

유형모아 Theme 01 제곱근의 뜻과 표현 1회 20쪽

107 x가 5의 제곱근이므로 $x^2=5$ 또는 $x=\pm\sqrt{5}$ 답 ⑤

108 ① $\sqrt{49}=7$
② $\sqrt{(-49)^2}=49$의 제곱근은 ±7이다.
③ ±7
④ ±7
⑤ $(-7)^2=49$의 제곱근은 ±7이다.
따라서 그 값이 나머지 넷과 다른 하나는 ①이다. 답 ①

109 ㄱ. 모든 자연수는 양수이므로 제곱근은 2개이다.
ㄴ. 음수의 제곱근은 없다.
ㄷ. 제곱근 16은 $\sqrt{16}=4$
ㄹ. $\sqrt{(-1)^2}=1$의 음의 제곱근은 -1이다.
ㅁ. 제곱하여 $\frac{2}{5}$가 되는 수는 $\pm\sqrt{\frac{2}{5}}$이다.
따라서 옳은 것은 ㄱ, ㄹ이다. 답 ③

110 제곱근 4는 $\sqrt{4}=2$이므로 $a=2$
$\sqrt{16}=4$의 음의 제곱근은 -2이므로 $b=-2$
$\therefore a+b=2+(-2)=0$ 답 ②

111 (원기둥의 부피)$=\pi\times r^2\times10=10\pi r^2(\text{cm}^3)$
즉, $10\pi r^2=70\pi$이므로 $r^2=7$
$\therefore r=\sqrt{7}\ (\because r>0)$ 답 ①

112 ㄱ. $\sqrt{289}=17$의 제곱근은 $\pm\sqrt{17}$이다.
ㄴ. 정사각형의 한 변의 길이를 x라 하면
$x^2=64$ $\therefore x=8\ (\because x>0)$

ㄷ. 정육면체의 한 모서리의 길이를 x라 하면
$6x^2=90$, $x^2=15$
$\therefore x=\sqrt{15}$ ($\because x>0$)
따라서 근호를 사용하지 않고 나타낼 수 있는 것은 ㄴ이다.
답 ㄴ

113 처음 정사각형의 넓이는 $2\times2=4(\text{cm}^2)$이므로 접어서 생긴 정사각형의 넓이는 $4\times\frac{1}{2}=2(\text{cm}^2)$
접어서 생긴 정사각형의 한 변의 길이를 x cm라 하면
$x^2=2$ $\therefore x=\sqrt{2}$ ($\because x>0$)
따라서 구하는 정사각형의 한 변의 길이는 $\sqrt{2}$ cm이다.
답 $\sqrt{2}$ cm

유형모아 Theme 01 제곱근의 뜻과 표현 2회 21쪽

114 $a^2=12$, $b^2=8$이므로
$a^2-b^2=12-8=4$
답 4

115 ① 제곱근 2는 $\sqrt{2}$이다.
③ 3의 제곱근은 $\pm\sqrt{3}$이다.
④ 5의 음의 제곱근은 $-\sqrt{5}$이다.
⑤ 양수의 제곱근은 2개, 0의 제곱근은 1개, 음수의 제곱근은 없다.
따라서 옳은 것은 ②이다.
답 ②

116 ① $\sqrt{\frac{1}{16}}=\frac{1}{4}$
② $\sqrt{36}=6$
③ $\sqrt{(-4)^4}=\sqrt{16^2}=16$
④ $\sqrt{0.\dot{3}}=\sqrt{\frac{3}{9}}=\sqrt{\frac{1}{3}}$
⑤ $\sqrt{0.25}=0.5$
따라서 근호를 사용하지 않고 나타낼 수 없는 것은 ④이다.
답 ④

117 직각삼각형 ABC의 넓이가 35 cm^2이므로
$\triangle ABC=\frac{1}{2}\times10\times\overline{AC}=35$ $\therefore \overline{AC}=7(\text{cm})$
$\therefore \overline{BC}=\sqrt{10^2+7^2}=\sqrt{149}(\text{cm})$
답 $\sqrt{149}$ cm

118 $\left(-\frac{1}{6}\right)^2=\frac{1}{36}$의 양의 제곱근은 $\frac{1}{6}$이므로 $A=\frac{1}{6}$
$\sqrt{81}=9$의 음의 제곱근은 -3이므로 $B=-3$
$\therefore AB=\frac{1}{6}\times(-3)=-\frac{1}{2}$
답 ②

119 한 변의 길이가 각각 3 cm, 5 cm인 두 정사각형의 넓이의 합은
$3^2+5^2=9+25=34(\text{cm}^2)$
넓이가 34 cm^2인 정사각형의 한 변의 길이를 x cm라 하면
$x^2=34$ $\therefore x=\sqrt{34}$ ($\because x>0$)
따라서 구하는 정사각형의 한 변의 길이는 $\sqrt{34}$ cm이다.
답 $\sqrt{34}$ cm

120 주원 : A는 제곱인 수이거나 0이다.
유안 : $A=0$ 또는 $A=1$이다.
준형 : $A\geq1$이다.
따라서 세 학생의 말을 모두 만족시키는 A의 값은 1이다.
답 1

유형모아 Theme 02 제곱근의 성질과 대소 관계 1회 22쪽

121 ③ $-\sqrt{(-5)^2}=-5$
답 ③

122 $x<0$이므로 $-x>0$
① $-\sqrt{36x^2}=-\sqrt{(6x)^2}=-(-6x)=6x$
② $-\sqrt{(3x)^2}=-(-3x)=3x$
③ $\sqrt{(-9x)^2}=-9x$
④ $-\sqrt{\left(\frac{x}{16}\right)^2}=-\left(-\frac{x}{16}\right)=\frac{x}{16}$
⑤ $\sqrt{64x^2}=\sqrt{(8x)^2}=-8x$
따라서 옳은 것은 ⑤이다.
답 ⑤

123 $18x=2\times3^2\times x$이므로 $x=2\times(\text{자연수})^2$ 꼴이어야 한다.
따라서 가장 작은 두 자리의 자연수 x는
$2\times3^2=18$
답 18

124 ③ $\frac{1}{3}=\sqrt{\frac{1}{9}}$이고 $\sqrt{\frac{1}{9}}<\sqrt{\frac{1}{3}}$이므로 $\frac{1}{3}<\sqrt{\frac{1}{3}}$
답 ③

125 $0<a<b<2$에서 $a-2<0$, $b-a>0$, $-b<0$이므로
$\sqrt{(a-2)^2}-\sqrt{(b-a)^2}-\sqrt{(-b)^2}$
$=-(a-2)-(b-a)-\{-(-b)\}$
$=-a+2-b+a-b$
$=2-2b$
답 ④

126 49보다 큰 제곱인 수는 64, 81, ⋯이다.
$\sqrt{49+x}$가 한 자리의 자연수이어야 하므로
$0<49+x<100$
$49+x=64$이면 $x=15$
$49+x=81$이면 $x=32$
따라서 구하는 합은 $15+32=47$
답 ①

127 (1) $2<\sqrt{5}<3$이므로 $\sqrt{5}$ 이하의 자연수는 1, 2이다.
$\therefore f(5)=1+2=3$
(2) $\sqrt{1}=1$, $\sqrt{4}=2$, $\sqrt{9}=3$이므로
$f(1)=f(2)=f(3)=1$
$f(4)=f(5)=f(6)=f(7)=f(8)=1+2=3$
$f(9)=f(10)=1+2+3=6$
$\therefore f(1)-f(2)+f(3)-f(4)+f(5)-f(6)+f(7)-f(8)+f(9)-f(10)$
$=1-1+1-3+3-3+3-3+6-6$
$=-2$
답 (1) 3 (2) -2

유형모아 Theme 02 제곱근의 성질과 대소 관계 2회 23쪽

128 ①, ③, ④, ⑤ 2

② -2

따라서 그 값이 나머지 넷과 다른 하나는 ②이다. 답 ②

129 $a>0$에서 $-2a<0$, $3a>0$이므로

$\sqrt{(-2a)^2}+\sqrt{(3a)^2}=-(-2a)+3a=5a$ 답 ⑤

130 $1<\sqrt{3}<2$에서 $1-\sqrt{3}<0$, $5-\sqrt{3}>0$이므로

$\sqrt{(1-\sqrt{3})^2}+\sqrt{(5-\sqrt{3})^2}=-(1-\sqrt{3})+(5-\sqrt{3})$

$=-1+\sqrt{3}+5-\sqrt{3}=4$ 답 ③

131 $\sqrt{\frac{4}{25}}\times\sqrt{625}+\sqrt{(-2)^2}+\sqrt{5^2}\div\left\{-\sqrt{\left(-\frac{5}{7}\right)^2}\right\}$

$=\frac{2}{5}\times25+2+5\div\left(-\frac{5}{7}\right)$

$=10+2-7=5$ 답 ①

132 $\sqrt{\frac{60}{a}}$이 가장 큰 자연수가 되려면 a는 가장 작은 자연수가 되어야 한다.

$\sqrt{\frac{60}{a}}=\sqrt{\frac{2^2\times3\times5}{a}}$이므로 a는 60의 약수이면서 $3\times5\times$(자연수)^2 꼴이어야 한다.

따라서 가장 작은 자연수 a의 값은 $3\times5=15$

$\therefore b=\sqrt{\frac{60}{a}}=\sqrt{\frac{60}{15}}=\sqrt{4}=2$ 답 ②

133 $8<\sqrt{6x}<12$에서 $64<6x<144$

$\therefore \frac{32}{3}<x<24$

따라서 $A=23$, $B=11$이므로

$A-B=23-11=12$ 답 12

134 $1000a=2^3\times5^3\times a$이므로 $a=2\times5\times$(자연수)^2 꼴이어야 한다.

따라서 가장 작은 자연수 a는

$2\times5=10$

또, 54보다 작은 제곱인 수 중 가장 큰 것은 49이므로

$54-b=49$ $\therefore b=5$

$\therefore a+b=10+5=15$ 답 ⑤

유형모아 Theme 03 무리수와 실수 1회 24쪽

135 ㄱ. $\sqrt{0.16}=0.4$ ⇨ 유리수

ㄴ. $\sqrt{9}-3=3-3=0$ ⇨ 유리수

ㄷ. $\sqrt{\frac{3}{25}}$ ⇨ 무리수

ㄹ. $-\sqrt{81}=-9$ ⇨ 유리수

ㅁ. $\sqrt{0.\dot{5}}=\sqrt{\frac{5}{9}}$ ⇨ 무리수

따라서 무리수인 것은 ㄷ, ㅁ이다. 답 ⑤

136 ① $\sqrt{5}-1-2=\sqrt{5}-3=\sqrt{5}-\sqrt{9}<0$이므로

$\sqrt{5}-1<2$

② $1+\sqrt{2}-2=\sqrt{2}-1=\sqrt{2}-\sqrt{1}>0$이므로

$1+\sqrt{2}>2$

③ $(3-\sqrt{2})-(3-\sqrt{3})=-\sqrt{2}+\sqrt{3}>0$이므로

$3-\sqrt{2}>3-\sqrt{3}$

④ $3-(\sqrt{5}+2)=1-\sqrt{5}<0$이므로

$3<\sqrt{5}+2$

⑤ $(3-\sqrt{7})-(\sqrt{8}-\sqrt{7})=3-\sqrt{8}>0$이므로

$3-\sqrt{7}>\sqrt{8}-\sqrt{7}$

따라서 두 실수의 대소 관계가 옳은 것은 ①이다. 답 ①

137 ④ $0.\dot{1}$의 제곱근은 $\pm\sqrt{0.\dot{1}}=\pm\sqrt{\frac{1}{9}}=\pm\frac{1}{3}$이므로 순환소수의 제곱근 중 유리수인 것이 존재한다. 답 ④

138 ⑤ $\sqrt{2}$와 $-\sqrt{2}$의 합은 0이므로 무리수가 아니다. 답 ⑤

139 $-1-\sqrt{5}$는 음수이고, 3, $1+\sqrt{5}$, $\sqrt{3}+\sqrt{5}$는 양수이다.

$3-(1+\sqrt{5})=2-\sqrt{5}=\sqrt{4}-\sqrt{5}<0$이므로 $3<1+\sqrt{5}$

$1+\sqrt{5}-(\sqrt{3}+\sqrt{5})=1-\sqrt{3}<0$이므로 $1+\sqrt{5}<\sqrt{3}+\sqrt{5}$

$\therefore -1-\sqrt{5}<3<1+\sqrt{5}<\sqrt{3}+\sqrt{5}$

따라서 세 번째에 오는 수는 $1+\sqrt{5}$이다. 답 $1+\sqrt{5}$

140 ①, ④ $\overline{CP}=\overline{CA}=\sqrt{1^2+1^2}=\sqrt{2}$이므로 점 P에 대응하는 수는 $1-\sqrt{2}$이다.

②, ③ $\overline{CQ}=\overline{CE}=\sqrt{1^2+1^2}=\sqrt{2}$이므로 점 Q에 대응하는 수는 $1+\sqrt{2}$이다.

⑤ $\overline{PB}=\overline{PC}-\overline{BC}=\sqrt{2}-1$

따라서 옳지 않은 것은 ③이다. 답 ③

141 $4<\sqrt{19}<5$이므로 $-5<-\sqrt{19}<-4$

$\therefore -4<1-\sqrt{19}<-3$

또, $4<\sqrt{19}<5$에서 $5<1+\sqrt{19}<6$

따라서 $1-\sqrt{19}$와 $1+\sqrt{19}$ 사이에 있는 정수는

-3, -2, -1, 0, 1, 2, 3, 4, 5의 9개이다. 답 ⑤

유형모아 Theme 03 무리수와 실수 2회 25쪽

142 $-\sqrt{0.04}=-0.2$ ⇨ 유리수

$\sqrt{16}=4$ ⇨ 유리수

따라서 무리수는 $\sqrt{3}$, $\sqrt{6}+2$, $\sqrt{18}$, π의 4개이다. 답 4개

143 $1<\sqrt{2}<2$에서 $-2<-\sqrt{2}<-1$이므로

$-4<-2-\sqrt{2}<-3$

즉, $-2-\sqrt{2}$는 A 구간에 있다.

$1<\sqrt{3}<2$에서 $-2<-\sqrt{3}<-1$이므로 $-\sqrt{3}$은 C 구간에 있다.

$2<\sqrt{5}<3$에서 $-3<-\sqrt{5}<-2$이므로

$1<4-\sqrt{5}<2$

즉, $4-\sqrt{5}$는 F 구간에 있다.

답 $-2-\sqrt{2}$: A 구간, $-\sqrt{3}$: C 구간, $4-\sqrt{5}$: F 구간

144 ① $\sqrt{(-2)^2}=2$이므로 $4-\sqrt{(-2)^2}=2$

$2-(\sqrt{15}-2)=4-\sqrt{15}=\sqrt{16}-\sqrt{15}>0$이므로

$4-\sqrt{(-2)^2}>\sqrt{15}-2$

② $\left(-\sqrt{\frac{1}{2}}+1\right)-\left(-\sqrt{\frac{1}{3}}+1\right)=-\sqrt{\frac{1}{2}}+\sqrt{\frac{1}{3}}<0$이므로

$-\sqrt{\frac{1}{2}}+1<-\sqrt{\frac{1}{3}}+1$

③ $2-(\sqrt{10}-1)=3-\sqrt{10}=\sqrt{9}-\sqrt{10}<0$이므로

$2<\sqrt{10}-1$

④ $(\sqrt{3}+\sqrt{5})-(\sqrt{2}+\sqrt{5})=\sqrt{3}-\sqrt{2}>0$이므로

$\sqrt{3}+\sqrt{5}>\sqrt{2}+\sqrt{5}$

⑤ $3-(5-\sqrt{12})=-2+\sqrt{12}=-\sqrt{4}+\sqrt{12}>0$이므로

$3>5-\sqrt{12}$

따라서 대소 관계가 옳지 않은 것은 ②이다. 답 ②

145 ④ 수직선은 유리수에 대응하는 점만으로는 완전히 메울 수 없다. 답 ④

146 정사각형 PQRS의 넓이가 5이므로

$\overline{PQ}=\overline{RQ}=\sqrt{5}$

따라서 점 E에 대응하는 수는 $-1-\sqrt{5}$, 점 F에 대응하는 수는 $-1+\sqrt{5}$이다. 답 E : $-1-\sqrt{5}$, F : $-1+\sqrt{5}$

147 ① $\overline{BC}=\sqrt{1^2+2^2}=\sqrt{5}$

② $\overline{BP}=\overline{BA}=\overline{BC}=\sqrt{5}$이므로 점 P에 대응하는 수는 $1-\sqrt{5}$이다.

③ $\overline{BQ}=\overline{BC}=\sqrt{5}$이므로 점 Q에 대응하는 수는 $1+\sqrt{5}$이다.

④ $\overline{AD}=\overline{BC}=\overline{BQ}$

⑤ $\overline{BC}^2=(\sqrt{5})^2=5$이므로 정사각형 ABCD의 넓이는 5이다.

따라서 옳지 않은 것은 ⑤이다. 답 ⑤

148 소수점 아래 1번째 자리의 숫자가 5이므로

$5.5\leq\sqrt{x}<5.6$이다.

즉, $\sqrt{30.25}\leq\sqrt{x}<\sqrt{31.36}$이므로

$30.25\leq x<31.36$

따라서 자연수 x는 31이다. 답 31

중단원 마무리 26~27쪽

149 ① $\sqrt{121}=11$의 제곱근은 $\pm\sqrt{11}$이다.

② 제곱근 36은 $\sqrt{36}=6$

③ 음수의 제곱근은 없다.

④ 0의 제곱근은 0이다.

⑤ $\sqrt{(-3)^2}=3$이므로 $-\sqrt{(-3)^2}=-3$

따라서 옳은 것은 ①, ⑤이다. 답 ①, ⑤

150 $\sqrt{81}=9$의 음의 제곱근은 -3이므로

$a=-3$

제곱근 16은 $\sqrt{16}$이므로 $b=\sqrt{16}=4$

$(-13)^2=169$의 양의 제곱근은 13이므로

$c=13$

$\therefore a+b+c=-3+4+13=14$ 답 ③

151 $3<a<5$에서 $a-3>0$, $a-5<0$

$\therefore \sqrt{(a-3)^2}-\sqrt{(a-5)^2}=a-3-\{-(a-5)\}$

$=2a-8$ 답 ①

152 $28n=2^2\times7\times n$이므로 $n=7\times(\text{자연수})^2$ 꼴이어야 한다.

n은 100 미만의 자연수이므로 자연수 n의 값은

$7\times1^2=7$, $7\times2^2=28$, $7\times3^2=63$

따라서 가장 큰 자연수 n의 값은 63이다. 답 ④

153 ① $-2-(-\sqrt{5})=-2+\sqrt{5}>0$이므로

$-2>-\sqrt{5}$

② $\sqrt{8}-3=\sqrt{8}-\sqrt{9}<0$이므로

$\sqrt{8}<3$

③ $\sqrt{5}+2-(\sqrt{3}+2)=\sqrt{5}-\sqrt{3}>0$이므로

$\sqrt{5}+2>\sqrt{3}+2$

④ $\sqrt{7}+2-(\sqrt{7}+\sqrt{2})=2-\sqrt{2}=\sqrt{4}-\sqrt{2}>0$이므로

$\sqrt{7}+2>\sqrt{7}+\sqrt{2}$

⑤ $\sqrt{2}+1-3=\sqrt{2}-2=\sqrt{2}-\sqrt{4}<0$이므로

$\sqrt{2}+1<3$

따라서 옳지 않은 것은 ⑤이다. 답 ⑤

154 △ADC에서

$\overline{CD}=\sqrt{10^2-8^2}=\sqrt{36}=6(\text{cm})$이므로

$\overline{BD}=14-6=8(\text{cm})$

따라서 △ABD에서

$\overline{AB}=\sqrt{8^2+8^2}=\sqrt{128}(\text{cm})$ 답 $\sqrt{128}$ cm

155 $\sqrt{196}-\sqrt{(-4)^2}+\sqrt{\frac{100}{9}}\div\sqrt{\left(-\frac{5}{9}\right)^2}$

$=14-4+\frac{10}{3}\div\frac{5}{9}$

$=14-4+\frac{10}{3}\times\frac{9}{5}$

$=14-4+6$

$=16$ 답 ④

156 조건 (가)에서 $\sqrt{a}$는 무리수이다.

조건 (나)에서 $\sqrt{a}<\sqrt{17}$이므로 a는 17보다 작은 자연수 중에서 제곱인 수가 아닌 수이다.

17보다 작은 자연수 중 제곱인 수는 1, 4, 9, 16의 4개이므로 조건을 만족시키는 자연수 a는 모두

$16-4=12$(개) 답 12개

157 $\sqrt{121}<\sqrt{136}<\sqrt{144}$에서 $11<\sqrt{136}<12$이므로

$f(136)=(\sqrt{136}\text{ 이하의 자연수의 개수})=11$

$\sqrt{49}<\sqrt{50}<\sqrt{64}$에서 $7<\sqrt{50}<8$이므로

$f(50)=(\sqrt{50}\text{ 이하의 자연수의 개수})=7$

$\sqrt{4}=2$이므로 $f(4)=(\sqrt{4}\text{ 이하의 자연수의 개수})=2$

$\therefore f(136)-f(50)+f(4)=11-7+2$

$=6$ 답 ④

158 ③ 순환소수는 모두 유리수이다. 답 ③

159 $\sqrt{(\text{제곱인 수})}$는 유리수로 나타낼 수 있고, 그 외의 경우는 순환소수가 아닌 무한소수, 즉 무리수이다.
100 이하의 자연수 중 제곱인 수는
1, 4, 9, 16, 25, 36, 49, 64, 81, 100의 10개이므로 무리수에 대응하는 점은 모두
$100-10=90$(개)

답 ⑤

160 $0<a<1$이므로 $a=\frac{1}{2}$이라 하면
$\sqrt{\frac{1}{a}}=\sqrt{2}$, $a=\frac{1}{2}$, $\frac{1}{a}=2$, $\sqrt{a}=\sqrt{\frac{1}{2}}$, $\frac{1}{a^2}=4$
이때 큰 수부터 차례로 나열하면
$\frac{1}{a^2}$, $\frac{1}{a}$, $\sqrt{\frac{1}{a}}$, $\sqrt{a}$, a
따라서 두 번째에 오는 수는 $\frac{1}{a}$이다.

답 $\frac{1}{a}$

161 $\overline{AG}=\sqrt{1^2+1^2}=\sqrt{2}$이므로
$\overline{AP}=\overline{AG}=\sqrt{2}$
즉, 점 P에 대응하는 수는 $-\sqrt{2}$이므로 $a=-\sqrt{2}$ …❶
$\overline{AB}=\sqrt{2^2+1^2}=\sqrt{5}$이므로
$\overline{AQ}=\overline{AB}=\sqrt{5}$
즉, 점 Q에 대응하는 수는 $\sqrt{5}$이므로 $b=\sqrt{5}$ …❷
$\therefore a^2b^2=(-\sqrt{2})^2\times(\sqrt{5})^2$
$=2\times5=10$ …❸

답 10

채점 기준	배점
❶ a의 값 구하기	40 %
❷ b의 값 구하기	40 %
❸ a^2b^2의 값 구하기	20 %

162 처음 정사각형의 넓이는
$(\sqrt{480})^2=480(\text{cm}^2)$ …❶
[1단계]에서 생기는 정사각형의 넓이는
$480\times\frac{1}{2}=240(\text{cm}^2)$
[2단계]에서 생기는 정사각형의 넓이는
$240\times\frac{1}{2}=120(\text{cm}^2)$
[3단계]에서 생기는 정사각형의 넓이는
$120\times\frac{1}{2}=60(\text{cm}^2)$
[4단계]에서 생기는 정사각형의 넓이는
$60\times\frac{1}{2}=30(\text{cm}^2)$ …❷
따라서 [4단계]에서 생기는 정사각형의 한 변의 길이는 $\sqrt{30}$ cm이다. …❸

답 $\sqrt{30}$ cm

채점 기준	배점
❶ 처음 정사각형의 넓이 구하기	20 %
❷ [4단계]에서 생기는 정사각형의 넓이 구하기	60 %
❸ [4단계]에서 생기는 정사각형의 한 변의 길이 구하기	20 %

02. 근호를 포함한 식의 계산

한번 더 핵심 유형 28~39쪽

Theme 04 근호를 포함한 식의 곱셈과 나눗셈 28~32쪽

163 $\left(-\sqrt{\frac{5}{6}}\right)\times4\sqrt{6}\times(-2\sqrt{3})$
$=\{(-1)\times4\times(-2)\}\times\sqrt{\frac{5}{6}\times6\times3}$
$=8\sqrt{15}$

답 $8\sqrt{15}$

164 $A=\sqrt{1.2}\times\sqrt{0.3}=\sqrt{1.2\times0.3}=\sqrt{0.36}=0.6$
$B=3\sqrt{\frac{5}{7}}\times\sqrt{35}=3\sqrt{\frac{5}{7}\times35}=3\sqrt{25}=15$
$\therefore AB=0.6\times15=9$

답 ④

165 $5\sqrt{a}\times\sqrt{3}\times2\sqrt{3a}=10\sqrt{(3a)^2}=30a$
즉, $30a=120$이므로 $a=4$

답 4

166 ① $\frac{\sqrt{9}}{\sqrt{3}}=\sqrt{\frac{9}{3}}=\sqrt{3}$
② $3\sqrt{10}\div\sqrt{5}=\frac{3\sqrt{10}}{\sqrt{5}}=3\sqrt{\frac{10}{5}}=3\sqrt{2}$
③ $\sqrt{5}\div\sqrt{20}=\frac{\sqrt{5}}{\sqrt{20}}=\sqrt{\frac{5}{20}}=\sqrt{\frac{1}{4}}=\frac{1}{2}$
④ $2\sqrt{18}\div4\sqrt{6}=\frac{2\sqrt{18}}{4\sqrt{6}}=\frac{1}{2}\sqrt{\frac{18}{6}}=\frac{\sqrt{3}}{2}$
⑤ $\frac{3\sqrt{2}}{\sqrt{6}}\div\frac{6\sqrt{2}}{\sqrt{24}}=\frac{3\sqrt{2}}{\sqrt{6}}\times\frac{\sqrt{24}}{6\sqrt{2}}$
$=\left(3\times\frac{1}{6}\right)\times\sqrt{\frac{2}{6}\times\frac{24}{2}}$
$=1$
따라서 옳은 것은 ②, ⑤이다.

답 ②, ⑤

167 ① $\sqrt{16}\div\sqrt{2}=\sqrt{\frac{16}{2}}=\sqrt{8}$
② $4\sqrt{2}\div3\sqrt{8}=\frac{4\sqrt{2}}{3\sqrt{8}}=\frac{2}{3}\left(=\sqrt{\frac{4}{9}}\right)$
③ $\sqrt{0.6}\div\sqrt{0.1}=\sqrt{\frac{6}{10}}\times\sqrt{10}=\sqrt{\frac{6}{10}\times10}=\sqrt{6}$
④ $\sqrt{\frac{15}{4}}\div\frac{\sqrt{3}}{2}=\sqrt{\frac{15}{4}}\div\frac{\sqrt{3}}{\sqrt{4}}=\sqrt{\frac{15}{4}}\times\sqrt{\frac{4}{3}}$
$=\sqrt{\frac{15}{4}\times\frac{4}{3}}=\sqrt{5}$
⑤ $2\sqrt{2}\div\frac{\sqrt{6}}{\sqrt{3}}=2\sqrt{2}\times\sqrt{\frac{3}{6}}=2\sqrt{2\times\frac{3}{6}}=2(=\sqrt{4})$
따라서 계산 결과가 가장 작은 것은 ②이다.

답 ②

168 $\frac{3\sqrt{3}}{\sqrt{2}}\div\frac{\sqrt{6}}{\sqrt{10}}\div\frac{\sqrt{5}}{\sqrt{14}}=\frac{3\sqrt{3}}{\sqrt{2}}\times\frac{\sqrt{10}}{\sqrt{6}}\times\frac{\sqrt{14}}{\sqrt{5}}$
$=3\sqrt{\frac{3}{2}\times\frac{10}{6}\times\frac{14}{5}}=3\sqrt{7}$
$\therefore n=7$

답 7

169 $\sqrt{175}\div\frac{\sqrt{7}}{2}=\sqrt{175}\times\frac{2}{\sqrt{7}}=2\sqrt{175\times\frac{1}{7}}$
$=2\sqrt{25}=2\times5=10$
따라서 $\sqrt{175}$는 $\frac{\sqrt{7}}{2}$의 10배이다. 답 10배

170 $\sqrt{540}=\sqrt{6^2\times15}=6\sqrt{15}$ $\therefore a=6$
$\sqrt{147}=\sqrt{7^2\times3}=7\sqrt{3}$ $\therefore b=3$
$\therefore a-b=6-3=3$ 답 3

171 ④ $\sqrt{150}=\sqrt{5^2\times6}=5\sqrt{6}$ 답 ④

172 ① $\sqrt{24}=\sqrt{2^2\times6}=2\sqrt{6}$ $\therefore \square=2$
② $\sqrt{27}=\sqrt{3^2\times3}=3\sqrt{3}$ $\therefore \square=3$
③ $-\sqrt{32}=-\sqrt{4^2\times2}=-4\sqrt{2}$ $\therefore \square=4$
④ $\sqrt{80}=\sqrt{4^2\times5}=4\sqrt{5}$ $\therefore \square=5$
⑤ $\sqrt{360}=\sqrt{6^2\times10}=6\sqrt{10}$ $\therefore \square=10$
따라서 □ 안에 들어갈 수가 가장 큰 것은 ⑤이다. 답 ⑤

173 $\sqrt{10}\times\sqrt{12}\times\sqrt{18}=\sqrt{2\times5\times2^2\times3\times2\times3^2}$
$=\sqrt{2^4\times3^3\times5}=12\sqrt{15}$
$\therefore a=12$ 답 ③

174 주어진 식에 $x=48$을 대입하면
$y=\sqrt{3600^2\times48}=\sqrt{3600^2\times4^2\times3}=14400\sqrt{3}$
따라서 최대 거리가 $14400\sqrt{3}$ m이므로
$a=14400,\ b=3$
$\therefore a+b=14400+3=14403$ 답 14403

175 $\sqrt{180a}=\sqrt{2^2\times3^2\times5\times a}=b\sqrt{2}$
이때 a가 가장 작은 자연수이므로
$a=5\times2=10$
즉, $\sqrt{180a}=\sqrt{2^2\times3^2\times5\times5\times2}=30\sqrt{2}$이므로
$b=30$
$\therefore a+b=10+30=40$ 답 40

176 ① $\sqrt{\frac{25}{6}}=\frac{\sqrt{25}}{\sqrt{6}}=\frac{5}{\sqrt{6}}$
② $\sqrt{0.98}=\sqrt{\frac{98}{100}}=\sqrt{\frac{7^2\times2}{10^2}}=\frac{7\sqrt{2}}{10}$
③ $\sqrt{0.\dot{4}}=\sqrt{\frac{4}{9}}=\frac{2}{3}$
④ $\sqrt{\frac{3}{(-5)^2}}=\sqrt{\frac{3}{5^2}}=\frac{\sqrt{3}}{5}$
⑤ $-\frac{\sqrt{7}}{4}=-\sqrt{\frac{7}{4^2}}=-\sqrt{\frac{7}{16}}$
따라서 옳지 않은 것은 ③이다. 답 ③

177 $\sqrt{0.96}=\sqrt{\frac{96}{100}}=\sqrt{\frac{4^2\times6}{100}}=\frac{4\sqrt{6}}{10}=\frac{2\sqrt{6}}{5}$ $\therefore a=\frac{2}{5}$
답 ②

178 $\frac{2\sqrt{5}}{\sqrt{7}}=\frac{\sqrt{2^2\times5}}{\sqrt{7}}=\frac{\sqrt{20}}{\sqrt{7}}=\sqrt{\frac{20}{7}}$ $\therefore a=\frac{20}{7}$
$\frac{2}{\sqrt{10}}=\frac{\sqrt{2^2}}{\sqrt{10}}=\frac{\sqrt{4}}{\sqrt{10}}=\sqrt{\frac{4}{10}}=\sqrt{\frac{2}{5}}$ $\therefore b=\frac{2}{5}$
$\therefore 7ab=7\times\frac{20}{7}\times\frac{2}{5}=8$ 답 8

179 $\sqrt{\frac{75}{36}}=\sqrt{\frac{5^2\times3}{6^2}}=\frac{5}{6}\sqrt{3}$ $\therefore A=\frac{5}{6}$
$\sqrt{0.005}=\sqrt{\frac{5}{1000}}=\sqrt{\frac{50}{10000}}=\sqrt{\frac{5^2\times2}{100^2}}=\frac{5\sqrt{2}}{100}=\frac{\sqrt{2}}{20}$
$\therefore B=\frac{1}{20}$
$\therefore AB=\frac{5}{6}\times\frac{1}{20}=\frac{1}{24}$ 답 $\frac{1}{24}$

180 $\sqrt{432}=\sqrt{2^4\times3^3}=(\sqrt{2})^4\times(\sqrt{3})^3=a^4b^3$ 답 ③

181 ① $\sqrt{135}=\sqrt{3^3\times5}=(\sqrt{3})^3\times\sqrt{5}=x^3y$
② $\sqrt{0.6}=\sqrt{\frac{6}{10}}=\sqrt{\frac{3}{5}}=\frac{\sqrt{3}}{\sqrt{5}}=\frac{x}{y}$
③ $\sqrt{\frac{5}{9}}=\sqrt{\frac{5}{3^2}}=\frac{\sqrt{5}}{(\sqrt{3})^2}=\frac{y}{x^2}$
④ $\sqrt{1.8}=\sqrt{\frac{18}{10}}=\sqrt{\frac{9}{5}}=\sqrt{\frac{3^2}{5}}=\frac{(\sqrt{3})^2}{\sqrt{5}}=\frac{x^2}{y}$
⑤ $\sqrt{192}=\sqrt{2^6\times3}=8\sqrt{3}=8x$
따라서 옳지 않은 것은 ④이다. 답 ④

182 ① $\sqrt{0.007}=\sqrt{\frac{70}{100^2}}=\frac{\sqrt{70}}{100}=\frac{b}{100}$
② $\sqrt{0.07}=\sqrt{\frac{7}{10^2}}=\frac{\sqrt{7}}{10}=\frac{a}{10}$
③ $\sqrt{700}=\sqrt{7\times10^2}=10\sqrt{7}=10a$
④ $\sqrt{7000}=\sqrt{70\times10^2}=10\sqrt{70}=10b$
⑤ $\sqrt{70000}=\sqrt{7\times100^2}=100\sqrt{7}=100a$
따라서 옳지 않은 것은 ②이다. 답 ②

183 $\sqrt{7}=\sqrt{2+5}=\sqrt{(\sqrt{2})^2+(\sqrt{5})^2}=\sqrt{a^2+b^2}$ 답 ②

184 ① $\frac{6}{\sqrt{2}}=\frac{6\times\sqrt{2}}{\sqrt{2}\times\sqrt{2}}=3\sqrt{2}$
② $\frac{\sqrt{3}}{\sqrt{2}}=\frac{\sqrt{3}\times\sqrt{2}}{\sqrt{2}\times\sqrt{2}}=\frac{\sqrt{6}}{2}$
③ $\frac{4}{3\sqrt{2}}=\frac{4\times\sqrt{2}}{3\sqrt{2}\times\sqrt{2}}=\frac{4\sqrt{2}}{6}=\frac{2\sqrt{2}}{3}$
④ $\frac{\sqrt{10}}{2\sqrt{5}}=\frac{\sqrt{10}\times\sqrt{5}}{2\sqrt{5}\times\sqrt{5}}=\frac{5\sqrt{2}}{10}=\frac{\sqrt{2}}{2}$
⑤ $\frac{5}{\sqrt{5}}=\frac{5\times\sqrt{5}}{\sqrt{5}\times\sqrt{5}}=\sqrt{5}$
따라서 분모를 유리화한 것으로 옳은 것은 ⑤이다. 답 ⑤

185 $\frac{6\sqrt{a}}{5\sqrt{3}}=\frac{6\sqrt{a}\times\sqrt{3}}{5\sqrt{3}\times\sqrt{3}}=\frac{6\sqrt{3a}}{15}=\frac{2\sqrt{3a}}{5}$
즉, $\frac{2\sqrt{3a}}{5}=\frac{2\sqrt{6}}{5}$이므로 $3a=6$ $\therefore a=2$ 답 ④

186 $\frac{3\sqrt{3}}{\sqrt{2}}=\frac{3\sqrt{3}\times\sqrt{2}}{\sqrt{2}\times\sqrt{2}}=\frac{3\sqrt{6}}{2}$ $\therefore a=\frac{3}{2}$
$\frac{20}{3\sqrt{5}}=\frac{20\times\sqrt{5}}{3\sqrt{5}\times\sqrt{5}}=\frac{20\sqrt{5}}{15}=\frac{4\sqrt{5}}{3}$ $\therefore b=\frac{4}{3}$
$\therefore ab=\frac{3}{2}\times\frac{4}{3}=2$ 답 2

187 $\sqrt{\frac{5}{6}}=\frac{\sqrt{5}}{\sqrt{6}}=\frac{\sqrt{5}\times\sqrt{6}}{\sqrt{6}\times\sqrt{6}}=\frac{\sqrt{30}}{6}$, $\frac{5}{6}=\frac{\sqrt{25}}{6}$,

$\frac{5}{\sqrt{6}}=\frac{\sqrt{25}}{\sqrt{6}}=\frac{\sqrt{25}\times\sqrt{6}}{\sqrt{6}\times\sqrt{6}}=\frac{\sqrt{150}}{6}$,

$\frac{1}{\sqrt{6}}=\frac{\sqrt{6}}{\sqrt{6}\times\sqrt{6}}=\frac{\sqrt{6}}{6}$이므로

$\frac{\sqrt{5}}{6}<\frac{\sqrt{6}}{6}<\frac{\sqrt{25}}{6}<\frac{\sqrt{30}}{6}<\frac{\sqrt{150}}{6}$

$\therefore \frac{\sqrt{5}}{6}<\frac{1}{\sqrt{6}}<\frac{5}{6}<\sqrt{\frac{5}{6}}<\frac{5}{\sqrt{6}}$

따라서 두 번째에 오는 수는 $\frac{1}{\sqrt{6}}$이다. 답 $\frac{1}{\sqrt{6}}$

188 $\frac{3\sqrt{3}}{\sqrt{2}}\div\frac{\sqrt{6}}{\sqrt{5}}\times\frac{\sqrt{24}}{\sqrt{15}}=\frac{3\sqrt{3}}{\sqrt{2}}\times\frac{\sqrt{5}}{\sqrt{6}}\times\frac{2\sqrt{6}}{\sqrt{15}}=\frac{6}{\sqrt{2}}$

$=\frac{6\times\sqrt{2}}{\sqrt{2}\times\sqrt{2}}=3\sqrt{2}$ 답 $3\sqrt{2}$

189 $\frac{3\sqrt{8}}{4}\times\frac{12}{\sqrt{2}}\div\frac{2}{\sqrt{6}}=\frac{6\sqrt{2}}{4}\times\frac{12}{\sqrt{2}}\times\frac{\sqrt{6}}{2}=9\sqrt{6}$

$\therefore k=9$ 답 9

190 $\frac{\sqrt{24}}{\sqrt{5}}\times A\div\frac{\sqrt{6}}{\sqrt{15}}=\frac{\sqrt{24}}{\sqrt{5}}\times A\times\frac{\sqrt{15}}{\sqrt{6}}=2\sqrt{3}A$

즉, $2\sqrt{3}A=\sqrt{5}$이므로 $A=\frac{\sqrt{5}}{2\sqrt{3}}=\frac{\sqrt{5}\times\sqrt{3}}{2\sqrt{3}\times\sqrt{3}}=\frac{\sqrt{15}}{6}$ 답 ⑤

191 정사각형 D의 넓이가 3 cm^2이므로

정사각형 C의 넓이는 $3\times\frac{1}{3}=1(\text{cm}^2)$

정사각형 B의 넓이는 $1\times\frac{1}{3}=\frac{1}{3}(\text{cm}^2)$

정사각형 A의 넓이는 $\frac{1}{3}\times\frac{1}{3}=\frac{1}{9}(\text{cm}^2)$

따라서 정사각형 A의 한 변의 길이는

$\sqrt{\frac{1}{9}}=\frac{1}{3}(\text{cm})$ 답 $\frac{1}{3}\text{ cm}$

192 $\overline{AB}$를 한 변으로 하는 정사각형의 넓이가 24이므로

$\overline{AB}=\sqrt{24}=2\sqrt{6}$

$\overline{BC}$를 한 변으로 하는 정사각형의 넓이가 36이므로

$\overline{BC}=\sqrt{36}=6$

$\therefore \triangle ABC=\frac{1}{2}\times6\times2\sqrt{6}=6\sqrt{6}$ 답 ②

193 (밑넓이)$=\pi\times(3\sqrt{3})^2=27\pi(\text{cm}^2)$

이때 원기둥의 부피가 $36\sqrt{2}\pi\text{ cm}^3$이므로 원기둥의 높이를 $h\text{ cm}$라 하면

$27\pi h=36\sqrt{2}\pi \qquad \therefore h=\frac{4\sqrt{2}}{3}$

따라서 이 원기둥의 옆넓이는

$(2\pi\times3\sqrt{3})\times\frac{4\sqrt{2}}{3}=8\sqrt{6}\pi(\text{cm}^2)$ 답 ④

194 (삼각형의 넓이)$=\frac{1}{2}\times\sqrt{72}\times x$

$=\frac{1}{2}\times6\sqrt{2}\times x=3\sqrt{2}x$

(직사각형의 넓이)$=\sqrt{48}\times\sqrt{24}=4\sqrt{3}\times2\sqrt{6}$

$=8\sqrt{18}=24\sqrt{2}$

이때 $3\sqrt{2}x=24\sqrt{2}$이므로

$x=\frac{24\sqrt{2}}{3\sqrt{2}}=8$ 답 8

195 정사각형의 한 변의 길이를 $x\text{ cm}$라 하면

$x^2+x^2=15^2$, $2x^2=225$, $x^2=\frac{225}{2}$

$\therefore x=\sqrt{\frac{225}{2}}=\frac{15}{\sqrt{2}}=\frac{15\sqrt{2}}{2}$ ($\because x>0$)

따라서 정사각형의 둘레의 길이는

$4\times\frac{15\sqrt{2}}{2}=30\sqrt{2}(\text{cm})$ 답 $30\sqrt{2}\text{ cm}$

196 오른쪽 그림과 같이 $\overline{AC}$를 그으면

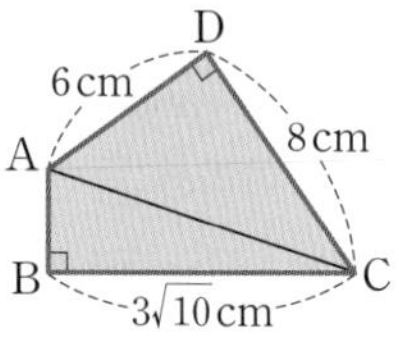

$\triangle ACD$에서

$\overline{AC}=\sqrt{6^2+8^2}=10(\text{cm})$

$\triangle ABC$에서

$\overline{AB}=\sqrt{10^2-(3\sqrt{10})^2}=\sqrt{10}(\text{cm})$

따라서 □ABCD의 넓이는

$\frac{1}{2}\times6\times8+\frac{1}{2}\times3\sqrt{10}\times\sqrt{10}=39(\text{cm}^2)$

답 39 cm^2

Theme 05 근호를 포함한 식의 덧셈과 뺄셈 33~35쪽

197 $\frac{3\sqrt{3}}{4}+\frac{\sqrt{5}}{3}-\frac{\sqrt{3}}{2}-\sqrt{5}$

$=\left(\frac{3}{4}-\frac{1}{2}\right)\sqrt{3}+\left(\frac{1}{3}-1\right)\sqrt{5}$

$=\frac{\sqrt{3}}{4}-\frac{2\sqrt{5}}{3}$ 답 $\frac{\sqrt{3}}{4}-\frac{2\sqrt{5}}{3}$

198 $a+b=(\sqrt{2}+\sqrt{5})+(\sqrt{2}-\sqrt{5})=2\sqrt{2}$

$a-b=(\sqrt{2}+\sqrt{5})-(\sqrt{2}-\sqrt{5})$

$=\sqrt{2}+\sqrt{5}-\sqrt{2}+\sqrt{5}=2\sqrt{5}$

$\therefore (a+b)(a-b)=2\sqrt{2}\times2\sqrt{5}=4\sqrt{10}$ 답 ④

199 $\overline{PQ}=(2+4\sqrt{2})-(1-2\sqrt{2})$

$=2+4\sqrt{2}-1+2\sqrt{2}$

$=1+6\sqrt{2}$ 답 ③

200 $\sqrt{4}<\sqrt{5}<\sqrt{9}$에서 $2<\sqrt{5}<3$이므로

$3-\sqrt{5}>0$, $2-\sqrt{5}<0$

∴ (주어진 식)$=(3-\sqrt{5})-\{-(2-\sqrt{5})\}$

$=3-\sqrt{5}+2-\sqrt{5}=5-2\sqrt{5}$ 답 $5-2\sqrt{5}$

201 $\sqrt{2}-\sqrt{75}-\sqrt{8}+\sqrt{27}=\sqrt{2}-5\sqrt{3}-2\sqrt{2}+3\sqrt{3}$

$=-\sqrt{2}-2\sqrt{3}$

따라서 $a=-1$, $b=-2$이므로

$a+b=-1+(-2)=-3$ 답 -3

202 $\sqrt{50}+\sqrt{72}-\sqrt{128}=5\sqrt{2}+6\sqrt{2}-8\sqrt{2}$

$=3\sqrt{2}$ 답 ④

203 $\sqrt{48}+3\sqrt{a}-\sqrt{243}=\sqrt{108}$에서
$4\sqrt{3}+3\sqrt{a}-9\sqrt{3}=6\sqrt{3}$이므로
$3\sqrt{a}=11\sqrt{3}$
$\sqrt{a}=\frac{11\sqrt{3}}{3}=\sqrt{\frac{121}{3}}$ $\therefore a=\frac{121}{3}$ 답 $\frac{121}{3}$

204 두 눈금 0과 20 사이의 거리는 $\sqrt{20}=2\sqrt{5}$
두 눈금 5와 x 사이의 거리는 $\sqrt{x}-\sqrt{5}$
두 눈금 0, 20 사이의 거리와 두 눈금 5, x 사이의 거리가 서로 같으므로
$2\sqrt{5}=\sqrt{x}-\sqrt{5}$, $\sqrt{x}=3\sqrt{5}$
$\therefore x=45$ 답 45

205 $\sqrt{45}-\sqrt{27}+\frac{2\sqrt{10}}{\sqrt{2}}+\frac{6}{\sqrt{3}}=3\sqrt{5}-3\sqrt{3}+2\sqrt{5}+2\sqrt{3}$
$=-\sqrt{3}+5\sqrt{5}$
따라서 $a=-1$, $b=5$이므로
$a-b=-1-5=-6$ 답 -6

206 $\sqrt{30}\div\sqrt{5}-\sqrt{24}+\sqrt{3}\div\sqrt{2}=\sqrt{6}-2\sqrt{6}+\frac{\sqrt{3}}{\sqrt{2}}$
$=-\sqrt{6}+\frac{\sqrt{6}}{2}$
$=-\frac{\sqrt{6}}{2}$ 답 ②

207 $b=a+\frac{1}{a}=\sqrt{11}+\frac{1}{\sqrt{11}}=\sqrt{11}+\frac{\sqrt{11}}{11}=\frac{12\sqrt{11}}{11}=\frac{12}{11}a$
따라서 b는 a의 $\frac{12}{11}$배이다. 답 ③

208 $\frac{b}{a}+\frac{a}{b}=\frac{\sqrt{6}}{\sqrt{2}}+\frac{\sqrt{2}}{\sqrt{6}}=\sqrt{3}+\frac{1}{\sqrt{3}}$
$=\sqrt{3}+\frac{\sqrt{3}}{3}=\frac{4\sqrt{3}}{3}$ 답 $\frac{4\sqrt{3}}{3}$

209 $\sqrt{3}(\sqrt{12}-\sqrt{24})+\sqrt{2}(\sqrt{32}+4)$
$=\sqrt{36}-\sqrt{72}+\sqrt{64}+4\sqrt{2}$
$=6-6\sqrt{2}+8+4\sqrt{2}=14-2\sqrt{2}$ 답 ③

210 $\sqrt{15}\left(\sqrt{3}-\frac{2}{\sqrt{3}}\right)-\frac{5}{\sqrt{3}}(\sqrt{12}-\sqrt{48})$
$=\sqrt{45}-\frac{2\sqrt{15}}{\sqrt{3}}-\frac{5\sqrt{12}}{\sqrt{3}}+\frac{5\sqrt{48}}{\sqrt{3}}$
$=3\sqrt{5}-2\sqrt{5}-10+20=10+\sqrt{5}$ 답 $10+\sqrt{5}$

211 $\sqrt{5}a-\sqrt{7}b=\sqrt{5}(\sqrt{7}-\sqrt{5})-\sqrt{7}(\sqrt{7}+\sqrt{5})$
$=\sqrt{35}-5-7-\sqrt{35}=-12$ 답 -12

212 $\sqrt{3}(\sqrt{5}+5\sqrt{3})-(3\sqrt{5}-\sqrt{3})\sqrt{5}=\sqrt{15}+15-15+\sqrt{15}$
$=2\sqrt{15}=2\sqrt{3\times5}$
$=2\times\sqrt{3}\times\sqrt{5}$
$=2ab$ 답 ④

213 $\frac{\sqrt{3}-\sqrt{2}}{\sqrt{3}}-\frac{3\sqrt{2}-\sqrt{3}}{\sqrt{2}}=\frac{(\sqrt{3}-\sqrt{2})\times\sqrt{3}}{\sqrt{3}\times\sqrt{3}}-\frac{(3\sqrt{2}-\sqrt{3})\times\sqrt{2}}{\sqrt{2}\times\sqrt{2}}$
$=\frac{3-\sqrt{6}}{3}-\frac{6-\sqrt{6}}{2}$
$=1-3-\left(\frac{1}{3}-\frac{1}{2}\right)\sqrt{6}$
$=-2+\frac{\sqrt{6}}{6}$ 답 $-2+\frac{\sqrt{6}}{6}$

214 $\frac{4-3\sqrt{2}}{\sqrt{2}}=\frac{(4-3\sqrt{2})\times\sqrt{2}}{\sqrt{2}\times\sqrt{2}}=\frac{4\sqrt{2}-6}{2}=2\sqrt{2}-3$
답 $2\sqrt{2}-3$

215 $A=\frac{5\sqrt{2}-\sqrt{5}}{\sqrt{5}}=\frac{(5\sqrt{2}-\sqrt{5})\times\sqrt{5}}{\sqrt{5}\times\sqrt{5}}=\frac{5\sqrt{10}-5}{5}=\sqrt{10}-1$
$B=\frac{2\sqrt{5}+\sqrt{2}}{\sqrt{2}}=\frac{(2\sqrt{5}+\sqrt{2})\times\sqrt{2}}{\sqrt{2}\times\sqrt{2}}=\frac{2\sqrt{10}+2}{2}=\sqrt{10}+1$
따라서
$A+B=(\sqrt{10}-1)+(\sqrt{10}+1)=2\sqrt{10}$,
$A-B=(\sqrt{10}-1)-(\sqrt{10}+1)=-2$이므로
$\frac{A+B}{A-B}=\frac{2\sqrt{10}}{-2}=-\sqrt{10}$ 답 $-\sqrt{10}$

216 (1) $x=\frac{14+\sqrt{14}}{\sqrt{7}}=\frac{(14+\sqrt{14})\times\sqrt{7}}{\sqrt{7}\times\sqrt{7}}$
$=\frac{14\sqrt{7}+7\sqrt{2}}{7}=2\sqrt{7}+\sqrt{2}$
(2) $y=\frac{14-\sqrt{14}}{\sqrt{7}}=\frac{(14-\sqrt{14})\times\sqrt{7}}{\sqrt{7}\times\sqrt{7}}$
$=\frac{14\sqrt{7}-7\sqrt{2}}{7}=2\sqrt{7}-\sqrt{2}$
(3) $x+y=(2\sqrt{7}+\sqrt{2})+(2\sqrt{7}-\sqrt{2})=4\sqrt{7}$
$\therefore \sqrt{7}(x+y)=\sqrt{7}\times4\sqrt{7}=28$
답 (1) $2\sqrt{7}+\sqrt{2}$ (2) $2\sqrt{7}-\sqrt{2}$ (3) 28

217 $\frac{5-2\sqrt{2}}{\sqrt{2}}-(2\sqrt{3})^2+3\left(2\sqrt{6}\div\frac{4}{3\sqrt{3}}\right)$
$=\frac{(5-2\sqrt{2})\times\sqrt{2}}{\sqrt{2}\times\sqrt{2}}-12+3\left(2\sqrt{6}\times\frac{3\sqrt{3}}{4}\right)$
$=\frac{5\sqrt{2}-4}{2}-12+3\times\frac{9\sqrt{2}}{2}$
$=\frac{5\sqrt{2}}{2}-2-12+\frac{27\sqrt{2}}{2}$
$=16\sqrt{2}-14$ 답 $16\sqrt{2}-14$

218 $\frac{4\sqrt{5}}{\sqrt{2}}-\sqrt{5}(\sqrt{18}-\sqrt{8})=\frac{4\sqrt{5}\times\sqrt{2}}{\sqrt{2}\times\sqrt{2}}-\sqrt{90}+\sqrt{40}$
$=2\sqrt{10}-3\sqrt{10}+2\sqrt{10}$
$=\sqrt{10}$ 답 $\sqrt{10}$

219 $\frac{6+\sqrt{6}}{\sqrt{3}}+\sqrt{128}-\sqrt{2}(1+\sqrt{6})$
$=\frac{(6+\sqrt{6})\times\sqrt{3}}{\sqrt{3}\times\sqrt{3}}+8\sqrt{2}-\sqrt{2}-\sqrt{12}$
$=\frac{6\sqrt{3}+\sqrt{18}}{3}+8\sqrt{2}-\sqrt{2}-2\sqrt{3}$
$=2\sqrt{3}+\sqrt{2}+8\sqrt{2}-\sqrt{2}-2\sqrt{3}=8\sqrt{2}$ 답 ⑤

220 $\frac{9}{\sqrt{54}}-\frac{12}{\sqrt{6}}+(\sqrt{56}-\sqrt{14})\sqrt{2}$
$=\frac{9}{\sqrt{54}}-\frac{12}{\sqrt{6}}+\sqrt{112}-\sqrt{28}$
$=\frac{9}{3\sqrt{6}}-\frac{12}{\sqrt{6}}+4\sqrt{7}-2\sqrt{7}$

$=\frac{9\times\sqrt{6}}{3\sqrt{6}\times\sqrt{6}}-\frac{12\sqrt{6}}{\sqrt{6}\times\sqrt{6}}+4\sqrt{7}-2\sqrt{7}$

$=\frac{\sqrt{6}}{2}-2\sqrt{6}+2\sqrt{7}$

$=-\frac{3\sqrt{6}}{2}+2\sqrt{7}$

따라서 $A=-\frac{3}{2}$, $B=2$이므로

$AB=-\frac{3}{2}\times2=-3$ 답 -3

Theme 06 근호를 포함한 식의 계산 36~39쪽

221 $3(a-2\sqrt{3})+6-2a\sqrt{3}=3a-6\sqrt{3}+6-2a\sqrt{3}$
$=(3a+6)-(2a+6)\sqrt{3}$
이때 $2a+6=0$이면 유리수가 되므로 $a=-3$ 답 ②

222 (1) $X=-5(\sqrt{3}-2a)-2\sqrt{3}+3a\sqrt{3}-9$
$=-5\sqrt{3}+10a-2\sqrt{3}+3a\sqrt{3}-9$
$=(10a-9)+(-7+3a)\sqrt{3}$
이때 $-7+3a=0$이면 유리수가 되므로
$3a=7$ $\therefore a=\frac{7}{3}$
(2) $a=\frac{7}{3}$이므로 $X=\frac{70}{3}-9=\frac{43}{3}$
답 (1) $\frac{7}{3}$ (2) $\frac{43}{3}$

223 (주어진 식)$=\frac{(3-4\sqrt{12})\times\sqrt{3}}{\sqrt{3}\times\sqrt{3}}-6k\sqrt{3}-6$
$=\sqrt{3}-8-6k\sqrt{3}-6$
$=-14+(1-6k)\sqrt{3}$
이때 $1-6k=0$이면 유리수가 되므로
$6k=1$ $\therefore k=\frac{1}{6}$ 답 ③

224 (□ABCD의 넓이)$=\frac{1}{2}\times\{3\sqrt{2}+(\sqrt{2}+3\sqrt{6})\}\times\sqrt{32}$
$=\frac{1}{2}\times(4\sqrt{2}+3\sqrt{6})\times4\sqrt{2}$
$=16+12\sqrt{3}$ 답 ④

225 넓이가 18 cm^2인 정사각형의 한 변의 길이는
$\sqrt{18}=3\sqrt{2}$ (cm)
넓이가 50 cm^2인 정사각형의 한 변의 길이는
$\sqrt{50}=5\sqrt{2}$ (cm)
$\therefore \overline{AB}=3\sqrt{2}+5\sqrt{2}=8\sqrt{2}$ (cm) 답 ③

226 (겉넓이)$=2\{(\sqrt{2}+\sqrt{5})\sqrt{5}+(\sqrt{2}+\sqrt{5})\sqrt{2}+\sqrt{5}\times\sqrt{2}\}$
$=2(\sqrt{10}+5+2+\sqrt{10}+\sqrt{10})$
$=2(7+3\sqrt{10})=14+6\sqrt{10}$
(부피)$=(\sqrt{2}+\sqrt{5})\times\sqrt{5}\times\sqrt{2}$
$=2\sqrt{5}+5\sqrt{2}$
답 겉넓이 : $14+6\sqrt{10}$, 부피 : $2\sqrt{5}+5\sqrt{2}$

227 직육면체의 밑면의 가로의 길이는
$\sqrt{80}-\sqrt{5}-\sqrt{5}=4\sqrt{5}-2\sqrt{5}=2\sqrt{5}$(cm)
직육면체의 밑면의 세로의 길이는
$\sqrt{125}-\sqrt{5}-\sqrt{5}=5\sqrt{5}-2\sqrt{5}=3\sqrt{5}$(cm)
이때 직육면체의 높이는 $\sqrt{5}$ cm이므로
직육면체 모양의 상자의 부피는
$2\sqrt{5}\times3\sqrt{5}\times\sqrt{5}=30\sqrt{5}$($cm^3$) 답 $30\sqrt{5}$ cm^3

228 $\overline{PA}=\overline{PQ}=\sqrt{1^2+1^2}=\sqrt{2}$이므로 점 A에 대응하는 수는
$-2+\sqrt{2}$이다.
$\therefore a=-2+\sqrt{2}$
$\overline{RB}=\overline{RS}=\sqrt{1^2+1^2}=\sqrt{2}$이므로 점 B에 대응하는 수는
$3-\sqrt{2}$이다.
$\therefore b=3-\sqrt{2}$
$\therefore (a+3)-(b+1)=(-2+\sqrt{2}+3)-(3-\sqrt{2}+1)$
$=1+\sqrt{2}-4+\sqrt{2}$
$=-3+2\sqrt{2}$ 답 $-3+2\sqrt{2}$

229 $\overline{BP}=\overline{BA}=\sqrt{3^2+2^2}=\sqrt{13}$이므로 점 P에 대응하는 수는
$-1-\sqrt{13}$이다.
$\overline{FQ}=\overline{FD}=\sqrt{2^2+3^2}=\sqrt{13}$이므로 점 Q에 대응하는 수는
$6+\sqrt{13}$이다.
$\therefore \overline{PQ}=(6+\sqrt{13})-(-1-\sqrt{13})$
$=6+\sqrt{13}+1+\sqrt{13}=7+2\sqrt{13}$ 답 $7+2\sqrt{13}$

230 넓이가 6인 정사각형의 한 변의 길이는 $\sqrt{6}$이므로
$\overline{AB}=\overline{AD}=\sqrt{6}$
$\overline{AP}=\overline{AB}=\sqrt{6}$에서 점 P에 대응하는 수는 $3+\sqrt{6}$이므로
$p=3+\sqrt{6}$
$\overline{AQ}=\overline{AD}=\sqrt{6}$에서 점 Q에 대응하는 수는 $3-\sqrt{6}$이므로
$q=3-\sqrt{6}$
$\therefore \frac{3p+q}{p-3}=\frac{3(3+\sqrt{6})+3-\sqrt{6}}{(3+\sqrt{6})-3}$
$=\frac{9+3\sqrt{6}+3-\sqrt{6}}{\sqrt{6}}=\frac{12+2\sqrt{6}}{\sqrt{6}}$
$=2\sqrt{6}+2$ 답 $2\sqrt{6}+2$

231 $\overline{AB}=\sqrt{\{1-(-2)\}^2+(-4-5)^2}$
$=\sqrt{90}=3\sqrt{10}$ 답 ③

232 $\overline{PQ}=\sqrt{\{3-(-1)\}^2+(-2-4)^2}$
$=\sqrt{52}=2\sqrt{13}$ 답 ④

233 $\overline{AB}=\sqrt{\{2-(-1)\}^2+(6-5)^2}=\sqrt{10}$
$\overline{BC}=\sqrt{(-3-2)^2+(2-6)^2}=\sqrt{41}$
$\overline{CA}=\sqrt{\{-3-(-1)\}^2+(2-5)^2}=\sqrt{13}$
따라서 $\overline{BC}^2>\overline{AB}^2+\overline{CA}^2$이므로 △ABC는
$\angle A>90°$인 둔각삼각형이다. 답 ③

234 $a-b=(3\sqrt{5}-1)-6=3\sqrt{5}-7$
$=\sqrt{45}-\sqrt{49}<0$
$\therefore a<b$ …… ㉠
$b-c=6-(2\sqrt{5}+2)=4-2\sqrt{5}$
$=\sqrt{16}-\sqrt{20}<0$

$\therefore b<c$ ...... ㉡

㉠, ㉡에서 $a<b<c$ 답 ①

235 ① $3\sqrt{2}-\sqrt{15}=\sqrt{18}-\sqrt{15}>0$

$\therefore 3\sqrt{2}>\sqrt{15}$

② $3\sqrt{2}-(\sqrt{2}+4)=2\sqrt{2}-4=\sqrt{8}-\sqrt{16}<0$

$\therefore 3\sqrt{2}<\sqrt{2}+4$

③ $(\sqrt{8}-2)-(\sqrt{3}-2)=\sqrt{8}-\sqrt{3}>0$

$\therefore \sqrt{8}-2>\sqrt{3}-2$

④ $(3\sqrt{6}-2\sqrt{5})-(-3\sqrt{5}+4\sqrt{6})=-\sqrt{6}+\sqrt{5}<0$

$\therefore 3\sqrt{6}-2\sqrt{5}<-3\sqrt{5}+4\sqrt{6}$

⑤ $(\sqrt{5}+1)-(2\sqrt{5}-1)=-\sqrt{5}+2=-\sqrt{5}+\sqrt{4}<0$

$\therefore \sqrt{5}+1<2\sqrt{5}-1$

따라서 옳은 것은 ③이다. 답 ③

236 (1) $(\sqrt{3}+2\sqrt{2})-(4\sqrt{2}-\sqrt{3})=2\sqrt{3}-2\sqrt{2}$

$=\sqrt{12}-\sqrt{8}>0$

$\therefore \sqrt{3}+2\sqrt{2}>4\sqrt{2}-\sqrt{3}$

(2) $(2\sqrt{3}-3)-(\sqrt{3}-1)=\sqrt{3}-2=\sqrt{3}-\sqrt{4}<0$

$\therefore 2\sqrt{3}-3<\sqrt{3}-1$

(3) $(\sqrt{18}-2)-(\sqrt{8}-3)=3\sqrt{2}-2-2\sqrt{2}+3$

$=\sqrt{2}+1>0$

$\therefore \sqrt{18}-2>\sqrt{8}-3$

답 (1) $>$ (2) $<$ (3) $>$

237 분모가 12인 기약분수의 분자를 x라 하면

$\frac{\sqrt{6}}{6}<\frac{x}{12}<\frac{\sqrt{2}}{2}$

$\frac{2\sqrt{6}}{12}<\frac{x}{12}<\frac{6\sqrt{2}}{12}$

$2\sqrt{6}<x<6\sqrt{2}$

$\therefore \sqrt{24}<x<\sqrt{72}$

즉, 자연수 x는 $x=5, 6, 7, 8$

이때 $\frac{x}{12}$가 기약분수가 되려면

$x=5, 7$

따라서 구하는 기약분수의 합은

$\frac{5}{12}+\frac{7}{12}=1$ 답 1

238 ① $\sqrt{300}=\sqrt{3\times10^2}=10\sqrt{3}=10\times1.732=17.32$

② $\sqrt{3000}=\sqrt{30\times10^2}=10\sqrt{30}=10\times5.477=54.77$

③ $\sqrt{30000}=\sqrt{3\times100^2}=100\sqrt{3}=100\times1.732=173.2$

④ $\sqrt{0.03}=\sqrt{\frac{3}{10^2}}=\frac{\sqrt{3}}{10}=\frac{1}{10}\times1.732=0.1732$

⑤ $\sqrt{\frac{3}{1000}}=\sqrt{\frac{30}{100^2}}=\frac{\sqrt{30}}{100}=\frac{1}{100}\times5.477=0.05477$

따라서 옳은 것은 ②이다. 답 ②

239 $17.66=10\times1.766=10\sqrt{3.12}=\sqrt{3.12\times10^2}=\sqrt{312}$

$\therefore a=312$ 답 312

240 ① $\sqrt{141}=\sqrt{1.41\times100}=10\sqrt{1.41}=10\times1.187=11.87$

② $\sqrt{1.2}=1.095$

③ $\sqrt{0.0133}=\sqrt{\frac{1.33}{100}}=\frac{\sqrt{1.33}}{10}=\frac{1.153}{10}=0.1153$

④ $\sqrt{16100}=\sqrt{1.61\times10000}=100\sqrt{1.61}$

$=100\times1.269=126.9$

⑤ $\sqrt{154}=\sqrt{1.54\times100}=10\sqrt{1.54}=10\times1.241=12.41$

따라서 주어진 제곱근표를 이용하여 그 값을 구한 것으로 옳은 것은 ⑤이다. 답 ⑤

241 $\sqrt{0.32}=\sqrt{\frac{32}{100}}=\frac{4\sqrt{2}}{10}=\frac{4\times1.414}{10}=0.5656$ 답 ④

242 $\sqrt{4800}=\sqrt{3\times1600}=40\sqrt{3}$

$=40\times1.732=69.28$ 답 ②

243 $\sqrt{135}=\sqrt{3^2\times15}=3\sqrt{15}=3\times3.873=11.619$ 답 ④

244 ① $\sqrt{0.002}=\sqrt{\frac{2}{1000}}=\sqrt{\frac{1}{500}}=\frac{1}{10\sqrt{5}}=\frac{\sqrt{5}}{50}$

$=\frac{2.236}{50}=0.04472$

② $\sqrt{0.2}=\sqrt{\frac{2}{10}}=\sqrt{\frac{1}{5}}=\frac{\sqrt{5}}{5}=\frac{2.236}{5}=0.4472$

③ $\sqrt{45}=\sqrt{5\times3^2}=3\sqrt{5}=3\times2.236=6.708$

④ $\sqrt{5000}=\sqrt{50\times100}=10\sqrt{50}=50\sqrt{2}$이므로 $\sqrt{50}$의 값 또는 $\sqrt{2}$의 값이 주어져야 한다.

⑤ $\sqrt{50000}=\sqrt{5\times10000}=100\sqrt{5}$

$=100\times2.236=223.6$

따라서 값을 구할 수 없는 것은 ④이다. 답 ④

245 $1<\sqrt{3}<2$에서 $-2<-\sqrt{3}<-1$이므로

$3<5-\sqrt{3}<4$

$\therefore a=3,\ b=(5-\sqrt{3})-3=2-\sqrt{3}$

$\therefore a+2b=3+2(2-\sqrt{3})$

$=3+4-2\sqrt{3}=7-2\sqrt{3}$ 답 ①

246 $2<\sqrt{5}<3$에서 $-3<-\sqrt{5}<-2$이므로

$3<6-\sqrt{5}<4$

$\therefore a=3,\ b=(6-\sqrt{5})-3=3-\sqrt{5}$

$\therefore a-b=3-(3-\sqrt{5})=3-3+\sqrt{5}=\sqrt{5}$ 답 $\sqrt{5}$

247 $2<\sqrt{6}<3$이므로 $\sqrt{6}$의 소수 부분은 $\sqrt{6}-2$이다.

$\therefore a=\sqrt{6}-2$

$\therefore \frac{a-1}{a+2}=\frac{(\sqrt{6}-2)-1}{(\sqrt{6}-2)+2}=\frac{\sqrt{6}-3}{\sqrt{6}}$

$=\frac{(\sqrt{6}-3)\times\sqrt{6}}{\sqrt{6}\times\sqrt{6}}=\frac{6-3\sqrt{6}}{6}$

$=1-\frac{\sqrt{6}}{2}$ 답 $1-\frac{\sqrt{6}}{2}$

248 $1<\sqrt{3}<2$이므로 $\sqrt{3}$의 소수 부분은 $\sqrt{3}-1$이다.

$\therefore a=\sqrt{3}-1$

$8<\sqrt{75}<9$이므로 $\sqrt{75}$의 소수 부분은 $\sqrt{75}-8$이다.

이때 $\sqrt{75}-8=5\sqrt{3}-8$이고

$a=\sqrt{3}-1$에서 $\sqrt{3}=a+1$이므로

$\sqrt{75}-8=5\sqrt{3}-8$

$=5(a+1)-8$

$=5a-3$ 답 ②

워크북

유형모아 Theme 04 근호를 포함한 식의 곱셈과 나눗셈 1회 40쪽

249 $3\sqrt{5}\times2\sqrt{\frac{3}{5}}\times\left(-\frac{3}{2}\right)\times\sqrt{10}$

$=\left\{3\times2\times\left(-\frac{3}{2}\right)\right\}\times\sqrt{5\times\frac{3}{5}\times10}$

$=-9\sqrt{30}$ 답 ①

250 ① $-4\sqrt{10}\div2\sqrt{2}=-\frac{4\sqrt{10}}{2\sqrt{2}}=-2\sqrt{5}$

② $\sqrt{72}\times\sqrt{\frac{1}{2}}=\sqrt{72\times\frac{1}{2}}=\sqrt{36}=6$

③ $\sqrt{54}\div\sqrt{12}\times\sqrt{6}=\sqrt{\frac{54\times6}{12}}=\sqrt{27}=3\sqrt{3}$

④ $-\sqrt{36}\times\left(-\frac{1}{6\sqrt{2}}\right)=\frac{6}{6\sqrt{2}}=\frac{1}{\sqrt{2}}=\frac{1\times\sqrt{2}}{\sqrt{2}\times\sqrt{2}}=\frac{\sqrt{2}}{2}$

⑤ $\sqrt{4}\times\sqrt{36}=2\times6=12$

따라서 옳지 않은 것은 ⑤이다. 답 ⑤

251 $\sqrt{128}=\sqrt{8^2\times2}=8\sqrt{2}$ $\quad\therefore a=8$

$\sqrt{180}=\sqrt{6^2\times5}=6\sqrt{5}$ $\quad\therefore b=5$

$\therefore \sqrt{ab}=\sqrt{8\times5}=\sqrt{2^2\times10}=2\sqrt{10}$ 답 ③

252 $\frac{8\sqrt{a}}{3\sqrt{2}}=\frac{8\sqrt{a}\times\sqrt{2}}{3\sqrt{2}\times\sqrt{2}}=\frac{8\sqrt{2a}}{6}=\frac{4\sqrt{2a}}{3}$

즉, $\frac{4\sqrt{2a}}{3}=\frac{4\sqrt{6}}{3}$이므로 $2a=6$ $\quad\therefore a=3$ 답 ②

253 정사각형의 한 변의 길이를 x라 하면

$\overline{AB}^2=(3x)^2+x^2=10x^2$

$\therefore \overline{AB}=\sqrt{10x^2}=\sqrt{10}x$ ($\because \overline{AB}>0$)

즉, $\sqrt{10}x=2\sqrt{5}$이므로

$x=\frac{2\sqrt{5}}{\sqrt{10}}=\frac{2\sqrt{5}\times\sqrt{10}}{\sqrt{10}\times\sqrt{10}}=\frac{2\sqrt{50}}{10}=\frac{10\sqrt{2}}{10}=\sqrt{2}$

따라서 직사각형의 둘레의 길이는

$8x=8\times\sqrt{2}=8\sqrt{2}$ 답 $8\sqrt{2}$

254 $\sqrt{225}=\sqrt{3^2\times5^2}=\sqrt{3^2}\times\sqrt{5^2}=(\sqrt{3})^2\times(\sqrt{5})^2=a^2b^2$ 답 ④

255 $5x=5\sqrt{13}$, $\frac{1}{x}=\frac{1}{\sqrt{13}}$이므로

$5\sqrt{13}\div\frac{1}{\sqrt{13}}=5\sqrt{13}\times\sqrt{13}=5\times13=65$

따라서 $5x$는 $\frac{1}{x}$의 65배이다. 답 65배

유형모아 Theme 04 근호를 포함한 식의 곱셈과 나눗셈 2회 41쪽

256 $\sqrt{4}\times\sqrt{6}\times\sqrt{10}\times\sqrt{27}=2\times\sqrt{6}\times\sqrt{10}\times3\sqrt{3}$

$=(2\times3)\times\sqrt{6\times10\times3}$

$=6\sqrt{180}=6\sqrt{6^2\times5}$

$=36\sqrt{5}$ 답 $36\sqrt{5}$

257 $\frac{\sqrt{35}}{2\sqrt{6}}\div\left(-\frac{\sqrt{14}}{6\sqrt{3}}\right)\div\left(-\sqrt{\frac{5}{48}}\right)$

$=\frac{1}{2}\sqrt{\frac{35}{6}}\times\left(-6\sqrt{\frac{3}{14}}\right)\times\left(-\sqrt{\frac{48}{5}}\right)$

$=\left\{\frac{1}{2}\times(-6)\times(-1)\right\}\times\sqrt{\frac{35}{6}\times\frac{3}{14}\times\frac{48}{5}}$

$=3\sqrt{12}$

$=3\times2\sqrt{3}$

$=6\sqrt{3}$ 답 $6\sqrt{3}$

258 $a=\sqrt{2.5}=\sqrt{\frac{25}{10}}=\frac{5}{\sqrt{10}}$

$b=\sqrt{14.4}=\sqrt{\frac{144}{10}}=\frac{12}{\sqrt{10}}$

$\therefore ab=\frac{5}{\sqrt{10}}\times\frac{12}{\sqrt{10}}=\frac{60}{10}=6$ 답 ⑤

259 $\frac{5}{\sqrt{12}}=\frac{5}{2\sqrt{3}}=\frac{5\sqrt{3}}{6}$이므로 $a=\frac{5}{6}$

$\frac{1}{5\sqrt{2}}=\frac{\sqrt{2}}{10}$이므로 $b=\frac{1}{10}$

$\therefore ab=\frac{5}{6}\times\frac{1}{10}=\frac{1}{12}$ 답 ①

260 $\frac{\sqrt{24}}{\sqrt{5}}\div A\times\frac{\sqrt{10}}{\sqrt{6}}=\frac{\sqrt{24}}{\sqrt{5}}\times\frac{1}{A}\times\frac{\sqrt{10}}{\sqrt{6}}$

$=\frac{1}{A}\times\sqrt{\frac{24}{5}\times\frac{10}{6}}$

$=\frac{\sqrt{8}}{A}$

즉, $\frac{\sqrt{8}}{A}=\sqrt{6}$이므로

$A=\frac{\sqrt{8}}{\sqrt{6}}=\frac{\sqrt{48}}{6}=\frac{4\sqrt{3}}{6}=\frac{2\sqrt{3}}{3}$ 답 ①

261 $\sqrt{84}=\sqrt{2^2\times3\times7}$

$=2\sqrt{3}\sqrt{7}=2ab$ 답 $2ab$

262 오른쪽 그림과 같은 정삼각형 ABC의 점 A에서 $\overline{BC}$에 내린 수선의 발을 H라 하면 $\overline{AH}=3$ cm

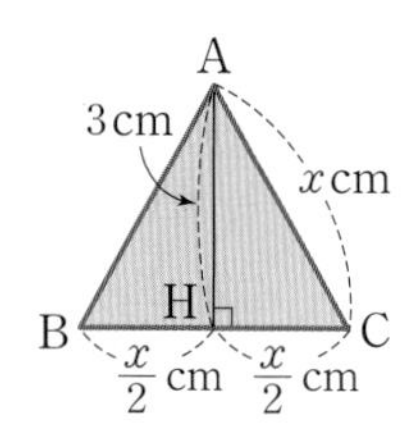

$\overline{AC}=x$ cm라 하면

$\overline{HC}=\frac{1}{2}\overline{BC}=\frac{x}{2}$ cm이므로

$\triangle$AHC에서 $3^2+\left(\frac{x}{2}\right)^2=x^2$,

$9+\frac{x^2}{4}=x^2$, $x^2=12$

$\therefore x=\sqrt{12}=2\sqrt{3}$ ($\because x>0$)

따라서 정삼각형의 넓이는

$\frac{1}{2}\times2\sqrt{3}\times3=3\sqrt{3}$(cm^2) 답 $3\sqrt{3}$ cm^2

유형모아 Theme 05 근호를 포함한 식의 덧셈과 뺄셈 1회 42쪽

263 $\frac{3\sqrt{3}}{4}-\frac{\sqrt{2}}{6}+\sqrt{2}+\frac{\sqrt{3}}{2}=\left(-\frac{1}{6}+1\right)\sqrt{2}+\left(\frac{3}{4}+\frac{1}{2}\right)\sqrt{3}$

$=\frac{5\sqrt{2}}{6}+\frac{5\sqrt{3}}{4}$ 답 ⑤

264 $\dfrac{\sqrt{10}+5}{\sqrt{5}}-\dfrac{\sqrt{12}+3\sqrt{2}}{\sqrt{6}}$

$=\dfrac{(\sqrt{10}+5)\times\sqrt{5}}{\sqrt{5}\times\sqrt{5}}-\dfrac{(\sqrt{12}+3\sqrt{2})\times\sqrt{6}}{\sqrt{6}\times\sqrt{6}}$

$=\dfrac{5\sqrt{2}+5\sqrt{5}}{5}-\dfrac{6\sqrt{2}+6\sqrt{3}}{6}$

$=\sqrt{2}+\sqrt{5}-\sqrt{2}-\sqrt{3}$

$=\sqrt{5}-\sqrt{3}$ 답 $\sqrt{5}-\sqrt{3}$

265 $8\sqrt{2}+3\sqrt{5}-\sqrt{18}+\sqrt{20}-\sqrt{5}$

$=8\sqrt{2}+3\sqrt{5}-3\sqrt{2}+2\sqrt{5}-\sqrt{5}$

$=5\sqrt{2}+4\sqrt{5}$

따라서 $a=5$, $b=4$이므로

$a-b=5-4=1$ 답 ④

266 $\dfrac{a\sqrt{b}}{\sqrt{a}}+\dfrac{b\sqrt{a}}{\sqrt{b}}=\dfrac{a\sqrt{ab}}{a}+\dfrac{b\sqrt{ab}}{b}=2\sqrt{ab}=2\sqrt{4}=4$ 답 4

267 $a=\sqrt{24}-2\sqrt{5}=2\sqrt{6}-2\sqrt{5}$

$b=\dfrac{3}{\sqrt{6}}-\sqrt{5}=\dfrac{\sqrt{6}}{2}-\sqrt{5}$

$\therefore\ \sqrt{5}a+\sqrt{6}b=\sqrt{5}(2\sqrt{6}-2\sqrt{5})+\sqrt{6}\left(\dfrac{\sqrt{6}}{2}-\sqrt{5}\right)$

$=2\sqrt{30}-10+3-\sqrt{30}$

$=\sqrt{30}-7$ 답 ①

268 $\sqrt{20}\left(\sqrt{3}-\sqrt{\dfrac{2}{5}}\right)+\dfrac{3}{\sqrt{5}}(10\sqrt{3}+2\sqrt{10})$

$=2\sqrt{5}\left(\sqrt{3}-\dfrac{\sqrt{2}}{\sqrt{5}}\right)+\dfrac{3\sqrt{5}}{5}(10\sqrt{3}+2\sqrt{10})$

$=2\sqrt{15}-2\sqrt{2}+6\sqrt{15}+6\sqrt{2}$

$=4\sqrt{2}+8\sqrt{15}$

따라서 $a=2$, $b=8$이므로

$a+b=2+8=10$ 답 ⑤

269 $\sqrt{3}-\dfrac{1}{\sqrt{3}+\dfrac{1}{\sqrt{3}}}=\sqrt{3}-\dfrac{1}{\sqrt{3}+\dfrac{\sqrt{3}}{3}}=\sqrt{3}-\dfrac{1}{\dfrac{4\sqrt{3}}{3}}$

$=\sqrt{3}-\dfrac{3}{4\sqrt{3}}=\sqrt{3}-\dfrac{3\sqrt{3}}{12}$

$=\sqrt{3}-\dfrac{\sqrt{3}}{4}=\dfrac{3\sqrt{3}}{4}$ 답 ④

유형모아 Theme 05 근호를 포함한 식의 덧셈과 뺄셈 2회 43쪽

270 ① $2\sqrt{27}+\sqrt{3}=6\sqrt{3}+\sqrt{3}=7\sqrt{3}$

② $5\sqrt{3}-3\sqrt{3}=2\sqrt{3}$

③ $\sqrt{128}-\sqrt{50}=8\sqrt{2}-5\sqrt{2}=3\sqrt{2}$

④ $\sqrt{12}-\sqrt{3}=2\sqrt{3}-\sqrt{3}=\sqrt{3}$

⑤ $\sqrt{3}+2$는 더 이상 간단히 할 수 없다.

따라서 옳은 것은 ④이다. 답 ④

271 $\sqrt{32}\left(\sqrt{8}-\dfrac{6}{\sqrt{2}}\right)+2\sqrt{2}(\sqrt{2}+\sqrt{32})$

$=4\sqrt{2}(2\sqrt{2}-3\sqrt{2})+2\sqrt{2}(\sqrt{2}+4\sqrt{2})$

$=4\sqrt{2}\times(-\sqrt{2})+2\sqrt{2}\times5\sqrt{2}$

$=-8+20=12$ 답 12

272 $\sqrt{18}+\sqrt{32}-\sqrt{a}=\sqrt{50}$에서

$3\sqrt{2}+4\sqrt{2}-\sqrt{a}=5\sqrt{2}$이므로

$\sqrt{a}=7\sqrt{2}-5\sqrt{2}=2\sqrt{2}=\sqrt{8}$

$\therefore\ a=8$ 답 ⑤

273 $b=a+\dfrac{1}{a}=\sqrt{7}+\dfrac{1}{\sqrt{7}}=\sqrt{7}+\dfrac{\sqrt{7}}{7}=\dfrac{8\sqrt{7}}{7}=\dfrac{8}{7}a$

따라서 b는 a의 $\dfrac{8}{7}$배이다. 답 ③

274 $a=\dfrac{\sqrt{6}+\sqrt{3}}{\sqrt{2}}=\dfrac{(\sqrt{6}+\sqrt{3})\times\sqrt{2}}{\sqrt{2}\times\sqrt{2}}=\dfrac{2\sqrt{3}+\sqrt{6}}{2}$

$b=\dfrac{\sqrt{6}-\sqrt{3}}{\sqrt{2}}=\dfrac{(\sqrt{6}-\sqrt{3})\times\sqrt{2}}{\sqrt{2}\times\sqrt{2}}=\dfrac{2\sqrt{3}-\sqrt{6}}{2}$

$\therefore\ 2a-6b=2\times\left(\dfrac{2\sqrt{3}+\sqrt{6}}{2}\right)-6\times\left(\dfrac{2\sqrt{3}-\sqrt{6}}{2}\right)$

$=2\sqrt{3}+\sqrt{6}-3(2\sqrt{3}-\sqrt{6})$

$=2\sqrt{3}+\sqrt{6}-6\sqrt{3}+3\sqrt{6}$

$=-4\sqrt{3}+4\sqrt{6}$ 답 ④

275 $(\sqrt{5}-\sqrt{12})\div\sqrt{4}-\sqrt{3}\left(\dfrac{2}{\sqrt{9}}+\dfrac{6\sqrt{5}}{\sqrt{27}}\right)$

$=\dfrac{\sqrt{5}}{\sqrt{4}}-\dfrac{\sqrt{12}}{\sqrt{4}}-\dfrac{2}{\sqrt{3}}-\dfrac{6\sqrt{5}}{\sqrt{9}}$

$=\dfrac{\sqrt{5}}{2}-\sqrt{3}-\dfrac{2\sqrt{3}}{3}-2\sqrt{5}$

$=-\dfrac{5\sqrt{3}}{3}-\dfrac{3\sqrt{5}}{2}$

따라서 $a=-\dfrac{5}{3}$, $b=-\dfrac{3}{2}$이므로

$a-b=-\dfrac{5}{3}-\left(-\dfrac{3}{2}\right)=-\dfrac{5}{3}+\dfrac{3}{2}=-\dfrac{1}{6}$ 답 ③

276 $(3-\sqrt{18})+5+x=(-1-5\sqrt{2})+5+(2+\sqrt{32})$이므로

$x+8-3\sqrt{2}=6-\sqrt{2}$

$\therefore\ x=(6-\sqrt{2})-(8-3\sqrt{2})=-2+2\sqrt{2}$ 답 $-2+2\sqrt{2}$

유형모아 Theme 06 근호를 포함한 식의 계산  44쪽

277 $A-B=5\sqrt{2}-2-5=5\sqrt{2}-7$

$=\sqrt{50}-\sqrt{49}>0$

$\therefore\ A>B$ ······ ㉠

$B-C=5-(4\sqrt{3}-2)=7-4\sqrt{3}$

$=\sqrt{49}-\sqrt{48}>0$

$\therefore\ B>C$ ······ ㉡

㉠, ㉡에서 $C<B<A$ 답 ⑤

278 ① $\sqrt{0.0032}=\sqrt{\frac{32}{100^2}}=\frac{\sqrt{32}}{100}=0.05657$

② $\sqrt{0.032}=\sqrt{\frac{3.2}{10^2}}=\frac{\sqrt{3.2}}{10}=0.1789$

③ $\sqrt{320}=\sqrt{3.2\times10^2}=10\sqrt{3.2}=17.89$

④ $\sqrt{3200}=\sqrt{32\times10^2}=10\sqrt{32}=56.57$

⑤ $\sqrt{32000}=\sqrt{3.2\times100^2}=100\sqrt{3.2}=178.9$

따라서 옳은 것은 ④이다. 답 ④

279 $\sqrt{24}\left(\frac{1}{\sqrt{6}}-3\right)+\frac{a}{\sqrt{3}}(\sqrt{18}-\sqrt{27})$

$=2-6\sqrt{6}+a\sqrt{6}-3a$

$=(2-3a)+(a-6)\sqrt{6}$

이때 $a-6=0$이면 유리수가 되므로 $a=6$ 답 6

280 $\overline{PA}=\overline{PS}=\sqrt{1^2+3^2}=\sqrt{10}$이므로 점 A에 대응하는 수는 $1-\sqrt{10}$이다. $\therefore a=1-\sqrt{10}$

$\overline{PB}=\overline{PQ}=\overline{PS}=\sqrt{10}$이므로 점 B에 대응하는 수는 $1+\sqrt{10}$이다. $\therefore b=1+\sqrt{10}$

$\therefore a+b=(1-\sqrt{10})+(1+\sqrt{10})=2$ 답 ④

281 $1<\sqrt{3}<2$이므로 $\sqrt{3}$의 소수 부분은 $\sqrt{3}-1$이다.

$\therefore a=\sqrt{3}-1$

$10<\sqrt{108}<11$이므로 $\sqrt{108}$의 소수 부분은 $\sqrt{108}-10$이다.

$\sqrt{108}-10=6\sqrt{3}-10$이고

$a=\sqrt{3}-1$에서 $\sqrt{3}=a+1$이므로

$\sqrt{108}-10=6\sqrt{3}-10=6(a+1)-10=6a-4$ 답 ③

282 직육면체의 밑면의 가로의 길이는

$\sqrt{108}-2\sqrt{3}=6\sqrt{3}-2\sqrt{3}=4\sqrt{3}(\text{cm})$

직육면체의 밑면의 세로의 길이는

$\sqrt{192}-2\sqrt{3}=8\sqrt{3}-2\sqrt{3}=6\sqrt{3}(\text{cm})$

이때 직육면체의 높이는 $\sqrt{3}$ cm이므로

직육면체 모양의 상자의 부피는

$4\sqrt{3}\times6\sqrt{3}\times\sqrt{3}=72\sqrt{3}(\text{cm}^3)$ 답 ④

283 $f(n)=8$에서 $\sqrt{n}$의 정수 부분이 8이므로

$8\le\sqrt{n}<9 \quad \therefore 64\le n<81$

이때 n은 자연수이므로 64부터 80까지의 자연수는 17개이다. 답 ④

유형모아 Theme 06 근호를 포함한 식의 계산

2권 45쪽

284 $2(a-3\sqrt{2})+5-4a\sqrt{2}=2a-6\sqrt{2}+5-4a\sqrt{2}$

$=(2a+5)+(-6-4a)\sqrt{2}$

이때 $-6-4a=0$이면 유리수가 되므로

$4a=-6 \quad \therefore a=-\frac{3}{2}$ 답 ②

285 $\overline{PQ}=\sqrt{\{3-(-1)\}^2+(-1-3)^2}$

$=\sqrt{32}=4\sqrt{2}$ 답 ④

286 ① $8-3\sqrt{3}-(2\sqrt{3}-2)=10-5\sqrt{3}$

$=\sqrt{100}-\sqrt{75}>0$

$\therefore 8-3\sqrt{3}>2\sqrt{3}-2$

② $1-\sqrt{14}-(1-3\sqrt{2})=-\sqrt{14}+3\sqrt{2}$

$=-\sqrt{14}+\sqrt{18}>0$

$\therefore 1-\sqrt{14}>1-3\sqrt{2}$

③ $3\sqrt{3}-(5\sqrt{3}-2)=-2\sqrt{3}+2$

$=-\sqrt{12}+\sqrt{4}<0$

$\therefore 3\sqrt{3}<5\sqrt{3}-2$

④ $\sqrt{5}+2-(\sqrt{3}+\sqrt{5})=2-\sqrt{3}=\sqrt{4}-\sqrt{3}>0$

$\therefore \sqrt{5}+2>\sqrt{3}+\sqrt{5}$

⑤ $2-(\sqrt{2}+1)=1-\sqrt{2}<0$

$\therefore 2<\sqrt{2}+1$

따라서 두 실수의 대소 관계가 옳은 것은 ①이다. 답 ①

287 ① $\sqrt{0.005}=\sqrt{\frac{50}{10000}}=\frac{\sqrt{50}}{100}=\frac{7.071}{100}=0.07071$

② $\sqrt{0.5}=\sqrt{\frac{50}{100}}=\frac{\sqrt{50}}{10}=\frac{7.071}{10}=0.7071$

③ $\sqrt{500}=\sqrt{5\times100}=10\sqrt{5}$이므로 $\sqrt{5}$의 값이 주어져야 한다.

④ $\sqrt{5000}=\sqrt{50\times100}=10\sqrt{50}$

$=10\times7.071=70.71$

⑤ $\sqrt{500000}=\sqrt{50\times10000}=100\sqrt{50}$

$=100\times7.071=707.1$ 답 ③

288 $\sqrt{3400}=\sqrt{8.5\times400}=20\sqrt{8.5}$

$=20\times2.915=58.3$ 답 ⑤

289 $2<\sqrt{5}<3$이므로 $4<2+\sqrt{5}<5$에서

$2+\sqrt{5}$의 소수 부분은 $(2+\sqrt{5})-4=\sqrt{5}-2$

$\therefore a=\sqrt{5}-2$

$\therefore \frac{2-a}{2+a}=\frac{2-(\sqrt{5}-2)}{2+(\sqrt{5}-2)}=\frac{4-\sqrt{5}}{\sqrt{5}}$

$=\frac{(4-\sqrt{5})\times\sqrt{5}}{\sqrt{5}\times\sqrt{5}}$

$=\frac{4\sqrt{5}-5}{5}$ 답 $\frac{4\sqrt{5}-5}{5}$

290 $\overline{AD}=\overline{BC}=\sqrt{1^2+1^2}=\sqrt{2}$

$\overline{BP}=\overline{BC}=\sqrt{2}$이므로 점 P에 대응하는 수는 $2-\sqrt{2}$이다.

$\therefore a=2-\sqrt{2}$

$\overline{AQ}=\overline{AD}=\sqrt{2}$이므로 점 Q에 대응하는 수는 $1+\sqrt{2}$이다.

$\therefore b=1+\sqrt{2}$

$\therefore \frac{a}{\sqrt{2}}+\frac{b+1}{\sqrt{2}}=\frac{2-\sqrt{2}}{\sqrt{2}}+\frac{1+\sqrt{2}+1}{\sqrt{2}}$

$=\frac{(2-\sqrt{2})\times\sqrt{2}}{\sqrt{2}\times\sqrt{2}}+\frac{(2+\sqrt{2})\times\sqrt{2}}{\sqrt{2}\times\sqrt{2}}$

$=\frac{2\sqrt{2}-2}{2}+\frac{2\sqrt{2}+2}{2}$

$=\sqrt{2}-1+\sqrt{2}+1$

$=2\sqrt{2}$ 답 ⑤

중단원 마무리

46~47쪽

291 $\sqrt{12}\times\sqrt{15}\times\sqrt{35}=2\sqrt{3}\times\sqrt{3}\times\sqrt{5}\times\sqrt{5}\times\sqrt{7}$
$=30\sqrt{7}$
$\therefore a=30$ 답 ③

292 $3\sqrt{2}\times(-2\sqrt{6})\div\frac{\sqrt{3}}{2}=3\sqrt{2}\times(-2\sqrt{6})\times\frac{2}{\sqrt{3}}$
$=-24$ 답 -24

293 $\frac{\sqrt{28}}{-2\sqrt{3}}\div\left(-\frac{3\sqrt{7}}{\sqrt{12}}\right)\div\frac{\sqrt{2}}{6\sqrt{3}}$
$=\frac{\sqrt{28}}{-2\sqrt{3}}\times\left(-\frac{\sqrt{12}}{3\sqrt{7}}\right)\times\frac{6\sqrt{3}}{\sqrt{2}}$
$=\left\{\left(-\frac{1}{2}\right)\times\left(-\frac{1}{3}\right)\times6\right\}\times\sqrt{\frac{28}{3}\times\frac{12}{7}\times\frac{3}{2}}$
$=\sqrt{24}$
$=2\sqrt{6}$ 답 $2\sqrt{6}$

294 $\sqrt{180}=\sqrt{2^2\times3^2\times5}$
$=(\sqrt{2})^2\times3\times\sqrt{5}$
$=x^2\times3\times y$
$=3x^2y$ 답 ⑤

295 ① $2\sqrt{2}+\sqrt{18}-\sqrt{50}=2\sqrt{2}+3\sqrt{2}-5\sqrt{2}=0$
② $2\sqrt{3}-\sqrt{48}-3\sqrt{75}=2\sqrt{3}-4\sqrt{3}-15\sqrt{3}$
$=-17\sqrt{3}$
③ $\sqrt{32}-\sqrt{18}+7\sqrt{12}+\sqrt{27}=4\sqrt{2}-3\sqrt{2}+14\sqrt{3}+3\sqrt{3}$
$=\sqrt{2}+17\sqrt{3}$
④ $\sqrt{5}(\sqrt{8}+3)-3\sqrt{5}=2\sqrt{10}+3\sqrt{5}-3\sqrt{5}$
$=2\sqrt{10}$
⑤ $\sqrt{32}-(4-\sqrt{8})\sqrt{2}=4\sqrt{2}-(4-2\sqrt{2})\sqrt{2}$
$=4\sqrt{2}-4\sqrt{2}+4$
$=4$
따라서 옳은 것은 ③이다. 답 ③

296 ① $\frac{3-\sqrt{6}}{\sqrt{3}}=\frac{3\sqrt{3}-3\sqrt{2}}{3}=\sqrt{3}-\sqrt{2}$
② $\sqrt{20}-2\sqrt{45}-8\sqrt{5}=2\sqrt{5}-6\sqrt{5}-8\sqrt{5}=-12\sqrt{5}$
③ $\frac{6-3\sqrt{3}}{\sqrt{3}}-\frac{3-\sqrt{3}}{\sqrt{3}}=\frac{6\sqrt{3}-9}{3}-\frac{3\sqrt{3}-3}{3}$
$=2\sqrt{3}-3-\sqrt{3}+1$
$=\sqrt{3}-2$
④ $1-\sqrt{2}<0$, $2-\sqrt{2}>0$이므로
$\sqrt{(1-\sqrt{2})^2}-\sqrt{(2-\sqrt{2})^2}=-(1-\sqrt{2})-(2-\sqrt{2})$
$=-1+\sqrt{2}-2+\sqrt{2}$
$=2\sqrt{2}-3$
⑤ $\frac{3}{\sqrt{2}}-\frac{2}{\sqrt{8}}-\sqrt{2}=\frac{3}{\sqrt{2}}-\frac{2}{2\sqrt{2}}-\sqrt{2}$
$=\frac{3\sqrt{2}}{2}-\frac{\sqrt{2}}{2}-\sqrt{2}$
$=0$
따라서 옳지 않은 것은 ④이다. 답 ④

297 $\sqrt{75}\left(\frac{2}{\sqrt{3}}-\frac{1}{\sqrt{5}}\right)+a(\sqrt{15}-2)$
$=10-\sqrt{15}+a\sqrt{15}-2a$
$=(10-2a)+(-1+a)\sqrt{15}$
이때 $-1+a=0$이면 유리수가 되므로 $a=1$ 답 1

298 ① $-\sqrt{18}-(-4)=-\sqrt{18}+4=-\sqrt{18}+\sqrt{16}<0$
$\therefore -\sqrt{18}<-4$
② $3\sqrt{5}-2\sqrt{11}=\sqrt{45}-\sqrt{44}>0$
$\therefore 3\sqrt{5}>2\sqrt{11}$
③ $5\sqrt{6}+\sqrt{7}-(\sqrt{7}+6\sqrt{5})=5\sqrt{6}-6\sqrt{5}=\sqrt{150}-\sqrt{180}<0$
$\therefore 5\sqrt{6}+\sqrt{7}<\sqrt{7}+6\sqrt{5}$
④ (양수)$>$(음수)이므로 $2\sqrt{3}>-\sqrt{3}$
⑤ $3\sqrt{3}-4\sqrt{2}-(-\sqrt{12}+\sqrt{8})=3\sqrt{3}-4\sqrt{2}+2\sqrt{3}-2\sqrt{2}$
$=5\sqrt{3}-6\sqrt{2}$
$=\sqrt{75}-\sqrt{72}>0$
$\therefore 3\sqrt{3}-4\sqrt{2}>-\sqrt{12}+\sqrt{8}$
따라서 두 수의 대소 관계가 옳은 것은 ③이다. 답 ③

299 ① $\sqrt{213}=\sqrt{2.13\times100}=10\sqrt{2.13}$
$=10\times1.459$
$=14.59$
② $\sqrt{2130}=\sqrt{21.3\times100}=10\sqrt{21.3}$
$=10\times4.615$
$=46.15$
③ $\sqrt{0.213}=\sqrt{\frac{21.3}{100}}=\frac{\sqrt{21.3}}{10}$
$=\frac{4.615}{10}=0.4615$
④ $\sqrt{0.0213}=\sqrt{\frac{2.13}{100}}=\frac{\sqrt{2.13}}{10}$
$=\frac{1.459}{10}$
$=0.1459$
⑤ $\sqrt{21300}=\sqrt{2.13\times10000}=100\sqrt{2.13}$
$=100\times1.459$
$=145.9$
따라서 옳지 않은 것은 ④이다. 답 ④

300 ① $a\sqrt{b}=\sqrt{a^2\times b}=\sqrt{a^2b}$
② $-\sqrt{(-a)^2b}=-\sqrt{a^2b}=-a\sqrt{b}$
③ $\frac{ab\sqrt{a}}{\sqrt{b}}=\frac{ab\sqrt{a}\times\sqrt{b}}{\sqrt{b}\times\sqrt{b}}=\frac{ab\sqrt{ab}}{b}=a\sqrt{ab}$
④ $a\sqrt{b}-b\sqrt{a^2b}=a\sqrt{b}-ab\sqrt{b}=(a-ab)\sqrt{b}$
⑤ $\sqrt{ab^2}+\sqrt{a}=b\sqrt{a}+\sqrt{a}=(b+1)\sqrt{a}$
따라서 옳지 않은 것은 ②, ④이다. 답 ②, ④

301 $\overline{BD}=\overline{CA}=\overline{EF}=\sqrt{1^2+1^2}=\sqrt{2}$이므로
$\overline{CP}=\overline{CA}=\sqrt{2}$, $\overline{BE}=\overline{BD}=\sqrt{2}$, $\overline{EQ}=\overline{EF}=\sqrt{2}$
즉, 점 P에 대응하는 수는 $-1-\sqrt{2}$, 점 E에 대응하는 수는 $-2+\sqrt{2}$이다.

워크북

점 Q는 점 E에서 오른쪽으로 $\sqrt{2}$만큼 이동한 점이므로 점 Q에 대응하는 수는 $(-2+\sqrt{2})+\sqrt{2}=-2+2\sqrt{2}$

따라서 $a=-1-\sqrt{2}$, $b=-2+2\sqrt{2}$이므로

$2a+b=2(-1-\sqrt{2})+(-2+2\sqrt{2})$
$=-2-2\sqrt{2}-2+2\sqrt{2}=-4$ 답 ②

302 $1<\sqrt{3}<2$에서 $-2<-\sqrt{3}<-1$이므로
$1<3-\sqrt{3}<2$
$\therefore a=(3-\sqrt{3})-1=2-\sqrt{3}$
$2<\sqrt{7}<3$에서 $-3<-\sqrt{7}<-2$이므로
$2<5-\sqrt{7}<3$
$\therefore b=(5-\sqrt{7})-2=3-\sqrt{7}$
$\therefore 4a+\sqrt{7}b=4(2-\sqrt{3})+\sqrt{7}(3-\sqrt{7})$
$=8-4\sqrt{3}+3\sqrt{7}-7$
$=1-4\sqrt{3}+3\sqrt{7}$ 답 $1-4\sqrt{3}+3\sqrt{7}$

303 (1) $2\sqrt{7}=\sqrt{28}$이므로 $5<\sqrt{28}<6$에서
$-6<-\sqrt{28}<-5$
$\therefore 1<7-\sqrt{28}<2$
즉, $7-2\sqrt{7}$의 정수 부분은 1이다.
$\therefore a=1$ …❶
(2) $b=(7-2\sqrt{7})-1=6-2\sqrt{7}$ …❷
(3) $\dfrac{a}{6-b}=\dfrac{1}{6-(6-2\sqrt{7})}$
$=\dfrac{1}{2\sqrt{7}}$
$=\dfrac{\sqrt{7}}{14}$ …❸

답 (1) 1 (2) $6-2\sqrt{7}$ (3) $\dfrac{\sqrt{7}}{14}$

채점 기준	배점
❶ a의 값 구하기	30 %
❷ b의 값 구하기	30 %
❸ $\dfrac{a}{6-b}$의 값 구하기	40 %

304 큰 정사각형의 둘레의 길이가 $12+4\sqrt{3}$이므로 큰 정사각형의 한 변의 길이는
$(12+4\sqrt{3})\times\dfrac{1}{4}=3+\sqrt{3}$ …❶
작은 정사각형의 둘레의 길이가 $12-4\sqrt{3}$이므로 작은 정사각형의 한 변의 길이는
$(12-4\sqrt{3})\times\dfrac{1}{4}=3-\sqrt{3}$ …❷
따라서 큰 정사각형과 작은 정사각형의 한 변의 길이의 차는
$(3+\sqrt{3})-(3-\sqrt{3})=3+\sqrt{3}-3+\sqrt{3}$
$=2\sqrt{3}$ …❸

답 $2\sqrt{3}$

채점 기준	배점
❶ 큰 정사각형의 한 변의 길이 구하기	30 %
❷ 작은 정사각형의 한 변의 길이 구하기	30 %
❸ 한 변의 길이의 차 구하기	40 %

03. 다항식의 곱셈과 곱셈 공식

한번 더 핵심 유형 48~55쪽

Theme 07 다항식의 곱셈과 곱셈 공식 48~51쪽

305 $(3x+y)(2x-4y)=6x^2-12xy+2xy-4y^2$
$=6x^2-10xy-4y^2$
이므로 $a=6$, $b=-10$
$\therefore a+b=6+(-10)=-4$ 답 ②

306 $(4a-5b)(-2a+3b)=-8a^2+12ab+10ab-15b^2$
$=-8a^2+22ab-15b^2$ 답 ②

307 $(-2x+3y)(4x+5y-1)$
$=-8x^2-10xy+2x+12xy+15y^2-3y$
$=-8x^2+2xy+2x+15y^2-3y$
이므로 $a=2$, $b=15$
$\therefore b-a=15-2=13$ 답 ①

308 ㄱ. $(x+2y)(x-1)=x^2-x+2xy-2y$
ㄴ. $(3x-5)(x+4)=3x^2+12x-5x-20$
$=3x^2+7x-20$
ㄷ. $(x+1)(x-3y)=x^2-3xy+x-3y$
ㄹ. $(x-2+y)(x+3)=x^2+3x-2x-6+xy+3y$
$=x^2+x+xy+3y-6$
따라서 ㄷ, ㄹ은 x의 계수가 1로 같다. 답 ⑤

309 $(x+1)(5x-a)=5x^2-ax+5x-a$
$=5x^2+(-a+5)x-a$
x의 계수가 9이므로
$-a+5=9$, $-a=4$ $\therefore a=-4$ 답 -4

310 $(ax-4)(5x+b)=5ax^2+abx-20x-4b$
$=5ax^2+(ab-20)x-4b$
x의 계수가 15이므로 $ab-20=15$ $\therefore ab=35$
a, b는 한 자리의 자연수이므로
$a=5$, $b=7$ 또는 $a=7$, $b=5$
$\therefore a+b=12$ 답 ⑤

311 $(2x+1)(ax-b)=2ax^2-2bx+ax-b$
$=2ax^2+(-2b+a)x-b$
상수항은 3이므로 $-b=3$ $\therefore b=-3$
x의 계수는 $3+4=7$이므로
$-2b+a=7$, $6+a=7$ $\therefore a=1$
따라서 x^2의 계수는 $2a=2\times1=2$ 답 2

312 ④ $\left(\dfrac{1}{2}x-1\right)^2=\left(\dfrac{1}{2}x\right)^2-2\times\dfrac{1}{2}x\times1+1^2$
$=\dfrac{1}{4}x^2-x+1$ 답 ④

313 $(-a-b)^2=a^2+2ab+b^2$
① $(a-b)^2=a^2-2ab+b^2$

② $-(-a+b)^2=-(a^2-2ab+b^2)=-a^2+2ab-b^2$
③ $(a+b)^2=a^2+2ab+b^2$
④ $(-a+b)^2=a^2-2ab+b^2$
⑤ $-(a+b)^2=-(a^2+2ab+b^2)=-a^2-2ab-b^2$
따라서 $(-a-b)^2$과 전개한 식이 같은 것은 ③이다. 답 ③
다른 풀이 $(-a-b)^2=\{-(a+b)\}^2=(a+b)^2$

314 $(ax-b)^2=a^2x^2-2abx+b^2$이므로
$a^2=9$에서 $a=3$ ($\because a>0$)
$-2ab=-15$에서 $-6b=-15$ $\quad \therefore b=\frac{5}{2}$
따라서 상수항은 $b^2=\left(\frac{5}{2}\right)^2=\frac{25}{4}$ 답 $\frac{25}{4}$

315 ① $(x+4)(x-4)=x^2-16$
② $(-x-1)(-x+1)=(-x)^2-1^2=x^2-1$
③ $(-x+y)(-x-y)=(-x)^2-y^2=x^2-y^2$
따라서 옳은 것은 ④, ⑤이다. 답 ④, ⑤

316 $(x+1)(x-1)-(-2x+4)(-2x-4)$
$=x^2-1-(4x^2-16)$
$=x^2-1-4x^2+16=-3x^2+15$ 답 ③

317 $(x-2)(x+2)(x^2+4)(x^4+16)$
$=(x^2-4)(x^2+4)(x^4+16)$
$=(x^4-16)(x^4+16)$
$=x^8-16^2=x^a-16^b$
이므로 $a=8$, $b=2$ $\quad \therefore a-b=8-2=6$ 답 6

318 $(x+a)(x-3)=x^2+(a-3)x-3a=x^2+bx-12$
이므로 $a-3=b$, $-3a=-12$에서 $a=4$, $b=1$
$\therefore ab=4\times1=4$ 답 ①

319 ① $(x-1)(x+5)=x^2+4x-\boxed{5}$
② $(x-2)(x+7)=x^2+\boxed{5}x-14$
③ $(x+y)(x+4y)=x^2+\boxed{5}xy+4y^2$
④ $\left(x+\frac{1}{3}y\right)(x-12y)=x^2-\frac{35}{3}xy-\boxed{4}y^2$
⑤ $(x+2y)(x+3y)=x^2+\boxed{5}xy+6y^2$
따라서 나머지 넷과 다른 하나는 ④이다. 답 ④

320 $(x-a)\left(x+\frac{2}{3}\right)=x^2+\left(-a+\frac{2}{3}\right)x-\frac{2}{3}a$에서
x의 계수는 $-a+\frac{2}{3}$, 상수항은 $-\frac{2}{3}a$이므로
$-a+\frac{2}{3}=-\frac{2}{3}a$, $\frac{1}{3}a=\frac{2}{3}$ $\quad \therefore a=2$
$\therefore 3a=3\times2=6$ 답 6

321 $(5x+4)(3x-a)=15x^2+(-5a+12)x-4a$
$=15x^2+bx+24$
이므로 $-5a+12=b$, $-4a=24$에서 $a=-6$, $b=42$
$\therefore b-a=42-(-6)=48$ 답 ⑤

322 $(6x-1)(3-2x)=(6x-1)(-2x+3)$
$=-12x^2+(18+2)x-3$
$=-12x^2+20x-3$
따라서 x의 계수는 20이다. 답 ④

323 $2(7x+2)(x-1)-3(4x-1)(x-2)$
$=2(7x^2-5x-2)-3(4x^2-9x+2)$
$=14x^2-10x-4-12x^2+27x-6$
$=2x^2+17x-10$ 답 ③

324 $(2x+a)(4x+3)=8x^2+(6+4a)x+3a$
$=8x^2-14x-15$
이므로 $6+4a=-14$, $3a=-15$
$\therefore a=-5$
따라서 바르게 전개한 식은
$(2x-5)(3x+4)=6x^2-7x-20$ 답 $6x^2-7x-20$

325 ① $(-x-y)^2=x^2+2xy+y^2$
② $(3x-2y)^2=9x^2-12xy+4y^2$
③ $(-x+1)(x-1)=-(x-1)^2=-x^2+2x-1$
⑤ $(2x+3)(2x+4)=4x^2+14x+12$
따라서 옳은 것은 ④이다. 답 ④

326 $(4x-3)^2-(2x+1)(x-5)$
$=16x^2-24x+9-(2x^2-9x-5)$
$=16x^2-24x+9-2x^2+9x+5$
$=14x^2-15x+14$
이므로 $a=14$, $b=-15$, $c=14$
$\therefore a-b-c=14-(-15)-14=15$ 답 15

327
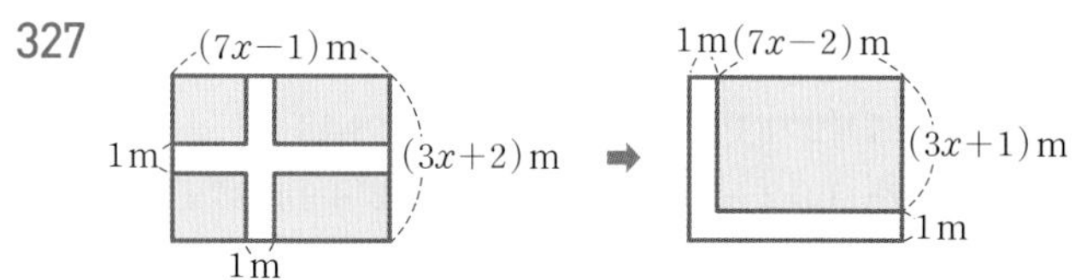

위의 두 직사각형에서 색칠한 부분의 넓이는 서로 같다.
따라서 길을 제외한 정원의 넓이는
$(7x-2)(3x+1)=21x^2+x-2(\text{m}^2)$
답 $(21x^2+x-2)\ \text{m}^2$

328 $x-y=A$라 하면
$(x-y+2)(x-y-2)=(A+2)(A-2)$
$=A^2-4$
$=(x-y)^2-4$
$=x^2-2xy+y^2-4$ 답 ③

329 $(x-1)(x+2)(x-3)(x+4)$
$=(x^2+x-2)(x^2+x-12)$
$x^2+x=A$라 하면
$(x^2+x-2)(x^2+x-12)$
$=(A-2)(A-12)$
$=A^2-14A+24$
$=(x^2+x)^2-14(x^2+x)+24$
$=x^4+2x^3+x^2-14x^2-14x+24$
$=x^4+2x^3-13x^2-14x+24$
이므로 $a=2$, $b=-13$, $c=-14$
$\therefore a+b-c=2+(-13)-(-14)=3$ 답 3

워크북

330 $a+c=X$, $b-d=Y$라 하면

$(a+b+c-d)(a-b+c+d)$
$=(a+c+b-d)\{a+c-(b-d)\}$
$=(X+Y)(X-Y)$
$=X^2-Y^2$
$=(a+c)^2-(b-d)^2$
$=a^2+2ac+c^2-(b^2-2bd+d^2)$
$=a^2-b^2+c^2-d^2+2ac+2bd$

답 $a^2-b^2+c^2-d^2+2ac+2bd$

Theme 08 곱셈 공식의 활용 52~55쪽

331 ① $105^2=(100+5)^2$
② $96^2=(100-4)^2$
③ $53\times47=(50+3)(50-3)$
④ $1001\times1004=(1000+1)(1000+4)$
⑤ $106\times102=(100+6)(100+2)$
⇨ $(x+a)(x+b)=x^2+(a+b)x+ab$

따라서 옳지 않은 것은 ⑤이다. 답 ⑤

332 $102^2-101\times103=(100+2)^2-(100+1)(100+3)$
$=100^2+400+4-(100^2+400+3)$
$=100^2+400+4-100^2-400-3$
$=1$

답 ④

333 $(2+1)(2^2+1)(2^4+1)(2^8+1)(2^{16}+1)$
$=(2-1)(2+1)(2^2+1)(2^4+1)(2^8+1)(2^{16}+1)$
$=(2^2-1)(2^2+1)(2^4+1)(2^8+1)(2^{16}+1)$
$=(2^4-1)(2^4+1)(2^8+1)(2^{16}+1)$
$=(2^8-1)(2^8+1)(2^{16}+1)$
$=(2^{16}-1)(2^{16}+1)=2^{32}-1$
$\therefore a=32$ 답 32

334 $x^2+y^2=(x-y)^2+2xy$
$=5^2+2\times(-10)$
$=25-20=5$ 답 ①

335 $(a+b)^2=a^2+2ab+b^2$이므로
$36=28+2ab$, $2ab=8$ $\therefore ab=4$ 답 4

336 $(a-b)^2=(a+b)^2-4ab$
$=5^2-4\times3$
$=25-12=13$ 답 ③

337 $(x+y)^2=(x-y)^2+4xy$이므로
$12=36+4xy$, $4xy=-24$ $\therefore xy=-6$
$x^2+y^2=(x+y)^2-2xy=12-2\times(-6)=12+12=24$
$\therefore \dfrac{y}{x}+\dfrac{x}{y}=\dfrac{x^2+y^2}{xy}=\dfrac{24}{-6}=-4$ 답 -4

338 $x^2+\dfrac{1}{x^2}=\left(x+\dfrac{1}{x}\right)^2-2=4^2-2$
$=16-2=14$ 답 ④

339 $\left(x-\dfrac{1}{x}\right)^2=\left(x+\dfrac{1}{x}\right)^2-4=3^2-4=9-4=5$

이때 $x>1$에서 $x-\dfrac{1}{x}>0$이므로

$x-\dfrac{1}{x}=\sqrt{5}$ 답 ③

340 $x\neq0$이므로 $x^2-3x+1=0$의 양변을 x로 나누면

$x-3+\dfrac{1}{x}=0$ $\therefore x+\dfrac{1}{x}=3$

$\therefore x^2-2+\dfrac{1}{x^2}=\left(x^2+\dfrac{1}{x^2}\right)-2=\left(x+\dfrac{1}{x}\right)^2-2-2$
$=3^2-2-2=9-4=5$ 답 ①

341 $x\neq0$이므로 $x^2+4x-1=0$의 양변을 x로 나누면

$x+4-\dfrac{1}{x}=0$ $\therefore x-\dfrac{1}{x}=-4$

$\therefore \left(x+\dfrac{1}{x}\right)^2=\left(x-\dfrac{1}{x}\right)^2+4=(-4)^2+4=16+4=20$

이때 $x>0$에서 $x+\dfrac{1}{x}>0$이므로

$x+\dfrac{1}{x}=\sqrt{20}=2\sqrt{5}$ 답 ②

342 $(4-3\sqrt{5})(1+2\sqrt{5})=4+8\sqrt{5}-3\sqrt{5}-30=-26+5\sqrt{5}$
이므로 $a=-26$, $b=5$
$\therefore b-a=5-(-26)=31$ 답 ⑤

343 $(2-\sqrt{3})(2+\sqrt{3})-(\sqrt{2}-1)^2$
$=4-3-(2-2\sqrt{2}+1)$
$=1-3+2\sqrt{2}=-2+2\sqrt{2}$ 답 ③

344 (직사각형 A의 넓이)$=(2+4\sqrt{3})(3+\sqrt{3})$
$=6+2\sqrt{3}+12\sqrt{3}+12=18+14\sqrt{3}$
(직사각형 B의 넓이)$=6(a+b\sqrt{3})=6a+6b\sqrt{3}$
이때 두 직사각형 A와 B의 넓이가 서로 같으므로
$18+14\sqrt{3}=6a+6b\sqrt{3}$
따라서 $6a=18$, $6b=14$이므로 $a=3$, $b=\dfrac{7}{3}$
$\therefore ab=3\times\dfrac{7}{3}=7$ 답 7

345 $(\sqrt{2}+a)(4\sqrt{2}-5)=8-5\sqrt{2}+4a\sqrt{2}-5a$
$=(8-5a)+(4a-5)\sqrt{2}$
이때 유리수가 되려면 $4a-5=0$이어야 하므로
$4a=5$ $\therefore a=\dfrac{5}{4}$ 답 ⑤

346 $(a-2\sqrt{5})(\sqrt{5}+1)+a\sqrt{5}$
$=a\sqrt{5}+a-10-2\sqrt{5}+a\sqrt{5}$
$=(a-10)+(2a-2)\sqrt{5}$
이때 유리수가 되려면 $2a-2=0$이어야 하므로
$2a=2$ $\therefore a=1$ 답 ①

347 $\dfrac{6-\sqrt{3}}{\sqrt{3}}=\dfrac{(6-\sqrt{3})\times\sqrt{3}}{\sqrt{3}\times\sqrt{3}}=\dfrac{6\sqrt{3}-3}{3}=2\sqrt{3}-1$

$\therefore \dfrac{6-\sqrt{3}}{\sqrt{3}}+(a+\sqrt{3})(5-\sqrt{3})$
$=2\sqrt{3}-1+5a-a\sqrt{3}+5\sqrt{3}-3$
$=(5a-4)+(7-a)\sqrt{3}$

이때 유리수가 되려면 $7-a=0$이어야 하므로

$-a=-7 \quad \therefore a=7$

$b=5a-4=5\times7-4=31$

$\therefore b-a=31-7=24$ 답 ④

348 $\frac{\sqrt{5}-\sqrt{3}}{\sqrt{5}+\sqrt{3}}-\frac{\sqrt{5}+\sqrt{3}}{\sqrt{5}-\sqrt{3}}$

$=\frac{(\sqrt{5}-\sqrt{3})^2}{(\sqrt{5}+\sqrt{3})(\sqrt{5}-\sqrt{3})}-\frac{(\sqrt{5}+\sqrt{3})^2}{(\sqrt{5}-\sqrt{3})(\sqrt{5}+\sqrt{3})}$

$=\frac{5-2\sqrt{15}+3}{5-3}-\frac{5+2\sqrt{15}+3}{5-3}$

$=4-\sqrt{15}-(4+\sqrt{15})=-2\sqrt{15}$

따라서 $a=0$, $b=-2$이므로 $a-b=0-(-2)=2$ 답 ②

349 $\frac{6}{\sqrt{7}-2}+\frac{3}{\sqrt{7}+2}$

$=\frac{6(\sqrt{7}+2)}{(\sqrt{7}-2)(\sqrt{7}+2)}+\frac{3(\sqrt{7}-2)}{(\sqrt{7}+2)(\sqrt{7}-2)}$

$=\frac{6(\sqrt{7}+2)}{7-4}+\frac{3(\sqrt{7}-2)}{7-4}$

$=2\sqrt{7}+4+\sqrt{7}-2=2+3\sqrt{7}$

따라서 $a=2$, $b=3$이므로 $a+b=2+3=5$ 답 ②

350 $\frac{1}{1+\sqrt{2}}=\frac{1-\sqrt{2}}{(1+\sqrt{2})(1-\sqrt{2})}=\frac{1-\sqrt{2}}{1-2}=\sqrt{2}-1$

$\frac{1}{\sqrt{2}+\sqrt{3}}=\frac{\sqrt{2}-\sqrt{3}}{(\sqrt{2}+\sqrt{3})(\sqrt{2}-\sqrt{3})}=\frac{\sqrt{2}-\sqrt{3}}{2-3}=\sqrt{3}-\sqrt{2}$

$\frac{1}{\sqrt{3}+\sqrt{4}}=\frac{\sqrt{3}-\sqrt{4}}{(\sqrt{3}+\sqrt{4})(\sqrt{3}-\sqrt{4})}=\frac{\sqrt{3}-\sqrt{4}}{3-4}=\sqrt{4}-\sqrt{3}$

$\vdots$

$\frac{1}{\sqrt{15}+\sqrt{16}}=\frac{\sqrt{15}-\sqrt{16}}{(\sqrt{15}+\sqrt{16})(\sqrt{15}-\sqrt{16})}=\frac{\sqrt{15}-\sqrt{16}}{15-16}$

$=\sqrt{16}-\sqrt{15}$

$\therefore$ (주어진 식)

$=\sqrt{2}-1+\sqrt{3}-\sqrt{2}+\sqrt{4}-\sqrt{3}+\cdots+\sqrt{16}-\sqrt{15}$

$=\sqrt{16}-1=4-1=3$ 답 ①

351 $x=\frac{1}{\sqrt{2}-1}=\frac{\sqrt{2}+1}{(\sqrt{2}-1)(\sqrt{2}+1)}=\sqrt{2}+1$,

$y=\frac{1}{\sqrt{2}+1}=\frac{\sqrt{2}-1}{(\sqrt{2}+1)(\sqrt{2}-1)}=\sqrt{2}-1$이므로

$x+y=(\sqrt{2}+1)+(\sqrt{2}-1)=2\sqrt{2}$

$xy=(\sqrt{2}+1)(\sqrt{2}-1)=2-1=1$

$\therefore x^2+y^2+xy=(x+y)^2-xy=8-1=7$ 답 ③

352 $ab=(\sqrt{6}+\sqrt{3})(\sqrt{6}-\sqrt{3})=6-3=3$

$a-b=(\sqrt{6}+\sqrt{3})-(\sqrt{6}-\sqrt{3})=\sqrt{6}+\sqrt{3}-\sqrt{6}+\sqrt{3}=2\sqrt{3}$

$\therefore ab(a-b)=3\times2\sqrt{3}=6\sqrt{3}$ 답 ⑤

353 $ab=(3+\sqrt{7})(3-\sqrt{7})=9-7=2$

$a+b=(3+\sqrt{7})+(3-\sqrt{7})=6$

$a^2+b^2=(a+b)^2-2ab=6^2-2\times2=36-4=32$

$\therefore \frac{b}{a}+\frac{a}{b}=\frac{a^2+b^2}{ab}=\frac{32}{2}=16$ 답 ④

354 $x=\frac{1}{2+\sqrt{3}}=\frac{2-\sqrt{3}}{(2+\sqrt{3})(2-\sqrt{3})}=2-\sqrt{3}$

이므로 $x-2=-\sqrt{3}$

양변을 제곱하면 $(x-2)^2=(-\sqrt{3})^2$

$x^2-4x+4=3 \quad \therefore x^2-4x=-1$

$\therefore x^2-4x+3=-1+3=2$ 답 2

355 $a=\sqrt{7}-1$에서 $a+1=\sqrt{7}$이므로

양변을 제곱하면 $(a+1)^2=(\sqrt{7})^2$

$a^2+2a+1=7 \quad \therefore a^2+2a=6$

$\therefore a^2+2a+4=6+4=10$ 답 10

356 $x=\frac{3}{\sqrt{5}-2}=\frac{3(\sqrt{5}+2)}{(\sqrt{5}-2)(\sqrt{5}+2)}=3\sqrt{5}+6$

이므로 $x-6=3\sqrt{5}$

양변을 제곱하면 $(x-6)^2=(3\sqrt{5})^2$

$x^2-12x+36=45 \quad \therefore x^2-12x=9$

$\therefore x^2-12x-7=9-7=2$ 답 2

357 $x=2\sqrt{3}-2$에서 $x+2=2\sqrt{3}$이므로

양변을 제곱하면 $(x+2)^2=(2\sqrt{3})^2$

$x^2+4x+4=12 \quad \therefore x^2+4x=8$

$\therefore \sqrt{x^2+4x+8}=\sqrt{8+8}=\sqrt{16}=4$ 답 ①

유형모아 Theme 07 다항식의 곱셈과 곱셈 공식 1회 56쪽

358 $(x-2)(x+2)+(x-3)^2$

$=x^2-4+x^2-6x+9$

$=2x^2-6x+5$ 답 ②

359 $(x+4)(x-2)=x^2+2x-8$이므로 $a=-8$

$(2x-1)(x+3)=2x^2+5x-3$이므로 $b=5$

$\therefore a+b=-8+5=-3$ 답 -3

360 $(2x-3y)(ax-y)=2ax^2+(-2-3a)xy+3y^2$

$=6x^2+bxy+3y^2$

이므로 $2a=6$, $-2-3a=b$에서

$a=3$, $b=-11$

$\therefore a-b=3-(-11)=14$ 답 ⑤

361 $(3x-2y)^2+(x+2y)(ax-y)$

$=9x^2-12xy+4y^2+\{ax^2+(2a-1)xy-2y^2\}$

$=(a+9)x^2+(2a-13)xy+2y^2$

이므로 $a+9=2a-13 \quad \therefore a=22$ 답 ④

362 ㄱ. $(a+b)^2=a^2+2ab+b^2$

ㄴ. $(-a+b)^2=\{-(a-b)\}^2=(a-b)^2$

ㄷ. $(-a-b)^2=\{-(a+b)\}^2=(a+b)^2$

ㄹ. $(-a+b)(-a-b)=\{-(a-b)\}\{-(a+b)\}$

$=(a-b)(a+b)$

따라서 옳은 것은 ㄴ, ㄹ이다. 답 ㄴ, ㄹ

363

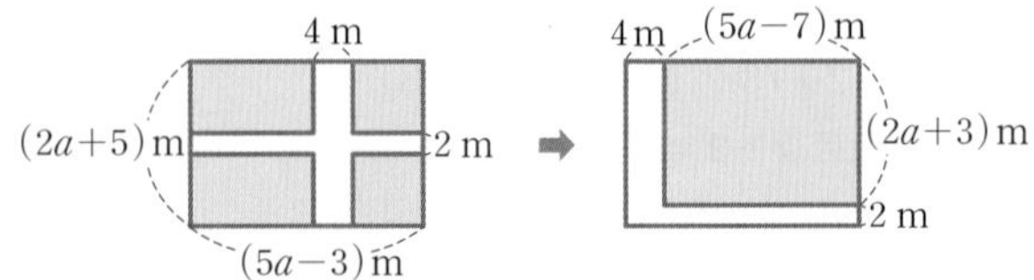

위의 두 직사각형에서 색칠한 부분의 넓이는 서로 같다.
따라서 길을 제외한 화단의 넓이는
$(5a-7)(2a+3)=10a^2+a-21(\text{m}^2)$ 답 ③

364 $x^2+5x+3=0$이므로 $x^2+5x=-3$
$(x+1)(x+2)(x+3)(x+4)+4$
$=(x+1)(x+4)(x+2)(x+3)+4$
$=(x^2+5x+4)(x^2+5x+6)+4$
$=(-3+4)(-3+6)+4$
$=3+4=7$ 답 ①

유형모아 Theme 07 다항식의 곱셈과 곱셈 공식

2회 57쪽

365 $(2x-3y+4)(3x+4y-3)$
$=6x^2+8xy-6x-9xy-12y^2+9y+12x+16y-12$
$=6x^2-xy-12y^2+6x+25y-12$
따라서 xy의 계수는 -1이다. 답 ②

366 $(2x-1)(2x-3)+(x-2)^2$
$=4x^2-8x+3+x^2-4x+4$
$=5x^2-12x+7$ 답 ③

367 $(a-2x)(2x+a)=(a-2x)(a+2x)=a^2-4x^2$
이므로 $a^2=9$ $\quad\therefore a=3$ ($\because a$는 자연수) 답 ②

368 ① $(x-6)^2=x^2-12x+36$
② $(-x+7)(-x-7)=(-x)^2-7^2=x^2-49$
③ $(-x+4)(x-3)=-x^2+7x-12$
⑤ $(x+3y)(x-4y)=x^2-xy-12y^2$
따라서 옳은 것은 ④이다. 답 ④

369 $(x-a)\left(x-\frac{1}{4}\right)=x^2-\left(a+\frac{1}{4}\right)x+\frac{1}{4}a$에서
x의 계수는 $-a-\frac{1}{4}$, 상수항은 $\frac{1}{4}a$이므로
$-a-\frac{1}{4}=\frac{1}{4}a$, $\frac{5}{4}a=-\frac{1}{4}$ $\quad\therefore a=-\frac{1}{5}$
$\therefore 5a=5\times\left(-\frac{1}{5}\right)=-1$ 답 -1

370 $x+2y=A$라 하면
$(x+2y-4)(x+2y+3)=(A-4)(A+3)$
$=A^2-A-12$
$=(x+2y)^2-(x+2y)-12$
$=x^2+4xy+4y^2-x-2y-12$
따라서 xy의 계수는 4, x의 계수는 -1이므로 구하는 합은
$4+(-1)=3$ 답 3

371 □ABFE, □EGHD, □IJCH가 모두 정사각형이므로
$\overline{DH}=\overline{ED}=b-a$
$\overline{IH}=\overline{HC}=a-(b-a)=2a-b$
$\overline{GI}=(b-a)-(2a-b)=2b-3a$
따라서 □GFJI의 넓이는
$(2a-b)(2b-3a)=(2a-b)(-3a+2b)$
$=-6a^2+7ab-2b^2$ 답 ①

유형모아 Theme 08 곱셈 공식의 활용

1회 58쪽

372 $102\times98=(100+2)(100-2)$이므로
가장 편리한 곱셈 공식은 ③이다. 답 ③

373 $\frac{y}{x}+\frac{x}{y}=\frac{x^2+y^2}{xy}$
$=\frac{(x-y)^2+2xy}{xy}$
$=\frac{25+10}{5}=7$ 답 ③

374 $(2+5\sqrt{2})(3\sqrt{2}-4)=6\sqrt{2}-8+30-20\sqrt{2}=22-14\sqrt{2}$
이므로 $a=22$, $b=-14$
$\therefore a+b=22+(-14)=8$ 답 ③

375 $x+y=(\sqrt{6}+\sqrt{2})+(\sqrt{6}-\sqrt{2})=2\sqrt{6}$
$xy=(\sqrt{6}+\sqrt{2})(\sqrt{6}-\sqrt{2})=6-2=4$
$\therefore x^2+4xy+y^2=(x+y)^2+2xy$
$=(2\sqrt{6})^2+2\times4$
$=24+8=32$ 답 ⑤

376 $102\times108+96\times104$
$=(100+2)(100+8)+(100-4)(100+4)$
$=100^2+10\times100+16+100^2-16$
$=2\times100^2+10\times100$
$=2\times10^4+1\times10^3$
이므로 $a=2$, $b=1$
$\therefore a+b=2+1=3$ 답 ③

377 $\left(x-\frac{1}{x}\right)^2=\left(x+\frac{1}{x}\right)^2-4=(\sqrt{7})^2-4=7-4=3$
이때 $0<x<1$에서 $x-\frac{1}{x}<0$이므로
$x-\frac{1}{x}=-\sqrt{3}$ 답 ②

378 $\frac{1}{3-\sqrt{8}}-\frac{1}{\sqrt{8}-\sqrt{7}}+\frac{1}{\sqrt{7}-\sqrt{6}}-\frac{1}{\sqrt{6}-\sqrt{5}}+\frac{1}{\sqrt{5}-2}$
$=\frac{3+\sqrt{8}}{(3-\sqrt{8})(3+\sqrt{8})}-\frac{\sqrt{8}+\sqrt{7}}{(\sqrt{8}-\sqrt{7})(\sqrt{8}+\sqrt{7})}$
$+\frac{\sqrt{7}+\sqrt{6}}{(\sqrt{7}-\sqrt{6})(\sqrt{7}+\sqrt{6})}-\frac{\sqrt{6}+\sqrt{5}}{(\sqrt{6}-\sqrt{5})(\sqrt{6}+\sqrt{5})}$
$+\frac{\sqrt{5}+2}{(\sqrt{5}-2)(\sqrt{5}+2)}$
$=3+\sqrt{8}-\sqrt{8}-\sqrt{7}+\sqrt{7}+\sqrt{6}-\sqrt{6}-\sqrt{5}+\sqrt{5}+2$
$=3+2=5$ 답 ③

유형 모아 Theme 08 곱셈 공식의 활용  59쪽

379 ① $99^2=(100-1)^2$

⇨ $(a-b)^2=a^2-2ab+b^2$

② $101^2=(100+1)^2$

⇨ $(a+b)^2=a^2+2ab+b^2$

③ $72\times68=(70+2)(70-2)$

⇨ $(a+b)(a-b)=a^2-b^2$

④ $101\times99=(100+1)(100-1)$

⇨ $(a+b)(a-b)=a^2-b^2$

⑤ $201\times203=(200+1)(200+3)$

⇨ $(x+a)(x+b)=x^2+(a+b)x+ab$

따라서 곱셈 공식 $(x+a)(x+b)=x^2+(a+b)x+ab$를 이용하면 가장 편리한 계산은 ⑤이다. 답 ⑤

380 $\dfrac{\sqrt{6}-\sqrt{5}}{\sqrt{6}+\sqrt{5}}-\dfrac{\sqrt{6}+\sqrt{5}}{\sqrt{6}-\sqrt{5}}$

$=\dfrac{(\sqrt{6}-\sqrt{5})^2}{(\sqrt{6}+\sqrt{5})(\sqrt{6}-\sqrt{5})}-\dfrac{(\sqrt{6}+\sqrt{5})^2}{(\sqrt{6}-\sqrt{5})(\sqrt{6}+\sqrt{5})}$

$=(6-2\sqrt{30}+5)-(6+2\sqrt{30}+5)=-4\sqrt{30}$

따라서 $a=0$, $b=-4$이므로 $a+b=0+(-4)=-4$

답 ①

381 $x=\dfrac{1}{\sqrt{5}+2}=\dfrac{\sqrt{5}-2}{(\sqrt{5}+2)(\sqrt{5}-2)}=\sqrt{5}-2$,

$y=\dfrac{1}{\sqrt{5}-2}=\dfrac{\sqrt{5}+2}{(\sqrt{5}-2)(\sqrt{5}+2)}=\sqrt{5}+2$이므로

$x+y=(\sqrt{5}-2)+(\sqrt{5}+2)=2\sqrt{5}$

$xy=(\sqrt{5}-2)(\sqrt{5}+2)=5-4=1$

$\therefore x^2+y^2=(x+y)^2-2xy=(2\sqrt{5})^2-2$

$=20-2=18$ 답 ③

382 $(a+b)^2=(a-b)^2+4ab$이므로

$36=24+4ab$, $4ab=12$ $\quad\therefore ab=3$

$\therefore \dfrac{1}{a^2}+\dfrac{1}{b^2}=\dfrac{a^2+b^2}{a^2b^2}=\dfrac{(a+b)^2-2ab}{(ab)^2}$

$=\dfrac{6^2-2\times3}{3^2}=\dfrac{30}{9}=\dfrac{10}{3}$ 답 ②

참고 $a^2+b^2=(a-b)^2+2ab$를 이용하여 계산할 수도 있다.

383 $(3-3\sqrt{3})(a+5\sqrt{3})=3a+15\sqrt{3}-3a\sqrt{3}-45$

$=(3a-45)+(15-3a)\sqrt{3}$

이때 유리수가 되려면 $15-3a=0$이어야 하므로

$-3a=-15$ $\quad\therefore a=5$

$b=3a-45=15-45=-30$

$\therefore a-b=5-(-30)=35$ 답 ④

384 $x=\dfrac{2}{3-\sqrt{7}}=\dfrac{2(3+\sqrt{7})}{(3-\sqrt{7})(3+\sqrt{7})}=3+\sqrt{7}$

이므로 $x-3=\sqrt{7}$

양변을 제곱하면 $(x-3)^2=(\sqrt{7})^2$

$x^2-6x+9=7$ $\quad\therefore x^2-6x=-2$

$\therefore \sqrt{x^2-6x+3}=\sqrt{(-2)+3}=1$ 답 ①

385 $x\neq0$이므로 $x^2+2x-1=0$의 양변을 x로 나누면

$x+2-\dfrac{1}{x}=0$ $\quad\therefore x-\dfrac{1}{x}=-2$

$x^2+\dfrac{1}{x^2}=\left(x-\dfrac{1}{x}\right)^2+2=(-2)^2+2=6$

$\therefore x^4+\dfrac{1}{x^4}=\left(x^2+\dfrac{1}{x^2}\right)^2-2=6^2-2=34$ 답 ④

Theme 모아 중단원 마무리 60~61쪽

386 $(\sqrt{3}-\sqrt{2})^2=3-2\sqrt{6}+2$

$=5-2\sqrt{6}$ 답 ②

387 $\dfrac{1}{\sqrt{2}+1}-\dfrac{1}{\sqrt{2}-1}$

$=\dfrac{\sqrt{2}-1}{(\sqrt{2}+1)(\sqrt{2}-1)}-\dfrac{\sqrt{2}+1}{(\sqrt{2}-1)(\sqrt{2}+1)}$

$=\sqrt{2}-1-(\sqrt{2}+1)=-2$ 답 ②

388 $(a+b)(a-b)=a^2-b^2$

① $(a-b)(-a+b)=-(a-b)^2=-a^2+2ab-b^2$

② $(a-b)(a-b)=(a-b)^2=a^2-2ab+b^2$

③ $(-a+b)(a+b)=-(a-b)(a+b)=-a^2+b^2$

④ $(-a+b)(-a-b)=(a-b)(a+b)=a^2-b^2$

⑤ $(a-b)(-a-b)=-(a-b)(a+b)=-a^2+b^2$

따라서 전개한 식이 같은 것은 ④이다. 답 ④

389 $(x-3y)^2-(2x+3y)(3x-2y)$

$=x^2-6xy+9y^2-(6x^2+5xy-6y^2)$

$=x^2-6xy+9y^2-6x^2-5xy+6y^2$

$=-5x^2-11xy+15y^2$

따라서 xy의 계수는 -11이다. 답 ①

390 $(5x+3y)(2x-ay)=10x^2+(-5a+6)xy-3ay^2$

$=10x^2+bxy-6y^2$

이므로 $-5a+6=b$, $-3a=-6$에서 $a=2$, $b=-4$

$\therefore a+b=2+(-4)=-2$ 답 -2

391 ⑤ $\left(\dfrac{1}{2}x+\dfrac{2}{3}\right)\left(\dfrac{1}{2}x-\dfrac{2}{3}\right)=\left(\dfrac{1}{2}x\right)^2-\left(\dfrac{2}{3}\right)^2$

$=\dfrac{1}{4}x^2-\dfrac{4}{9}$ 답 ⑤

392 $99\times102=(100-1)(100+2)$이므로

가장 편리한 곱셈 공식은 ④이다. 답 ④

393 $(x-y)^2=(x+y)^2-4xy$

$=4^2-4\times3$

$=16-12=4$ 답 ③

394 구하는 직사각형의 넓이는 오른쪽 그림의 색칠한 부분의 넓이이므로

$(7a+2b)(7a-2b)$

$=(7a)^2-(2b)^2$

$=49a^2-4b^2$ 답 ①

395 $x\neq0$이므로 $x^2+6x+1=0$의 양변을 x로 나누면

$x+6+\frac{1}{x}=0$ $\quad\therefore x+\frac{1}{x}=-6$

$\left(x-\frac{1}{x}\right)^2=\left(x+\frac{1}{x}\right)^2-4$

$=(-6)^2-4=32$

이때 $x<-1$에서 $x-\frac{1}{x}<0$이므로

$x-\frac{1}{x}=-\sqrt{32}=-4\sqrt{2}$ 답 $-4\sqrt{2}$

396 $x=\frac{1}{\sqrt{5}+2}=\frac{\sqrt{5}-2}{(\sqrt{5}+2)(\sqrt{5}-2)}=\sqrt{5}-2$,

$y=\frac{1}{\sqrt{5}-2}=\frac{\sqrt{5}+2}{(\sqrt{5}-2)(\sqrt{5}+2)}=\sqrt{5}+2$

이므로

$x+y=(\sqrt{5}-2)+(\sqrt{5}+2)=2\sqrt{5}$

$xy=(\sqrt{5}-2)(\sqrt{5}+2)=5-4=1$

$\therefore x^2+3xy+y^2=(x+y)^2+xy$

$=(2\sqrt{5})^2+1$

$=20+1=21$ 답 21

397 $x^2-2x-2=0$에서 $x^2-2x=2$이므로

$(x+1)(x+2)(x-3)(x-4)$

$=(x+1)(x-3)(x+2)(x-4)$

$=(x^2-2x-3)(x^2-2x-8)$

$=(2-3)\times(2-8)$

$=6$ 답 6

398 $(3x+A)(x-2)=3x^2-8x+B$이므로

$3x^2+(A-6)x-2A=3x^2-8x+B$

즉, $A-6=-8$, $-2A=B$에서

$A=-2$, $B=4$ …❶

또, $(x-5)(Cx+1)=Dx^2-24x-5$이므로

$Cx^2+(1-5C)x-5=Dx^2-24x-5$

즉, $C=D$, $1-5C=-24$에서

$C=5$, $D=5$ …❷

답 $A=-2$, $B=4$, $C=5$, $D=5$

채점 기준	배점
❶ A, B의 값 각각 구하기	50 %
❷ C, D의 값 각각 구하기	50 %

399 오른쪽 그림에서

$\overline{DF}=\overline{AD}=x$이므로

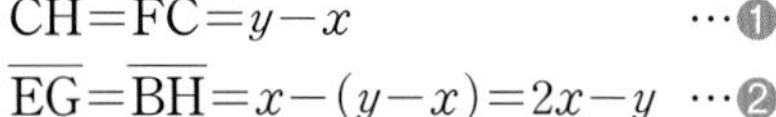

$\overline{CH}=\overline{FC}=y-x$ …❶

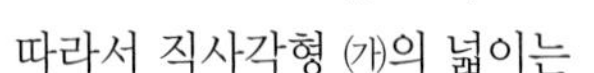

$\overline{EG}=\overline{BH}=x-(y-x)=2x-y$ …❷

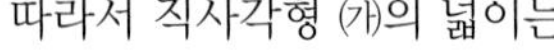

따라서 직사각형 (가)의 넓이는

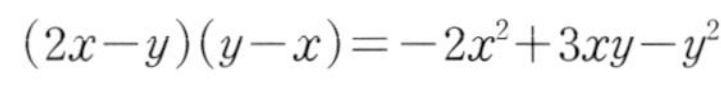

$(2x-y)(y-x)=-2x^2+3xy-y^2$ …❸

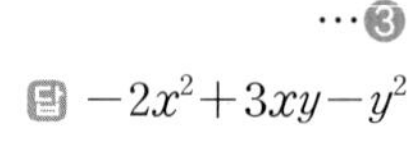

답 $-2x^2+3xy-y^2$

채점 기준	배점
❶ $\overline{CH}$의 길이 구하기	30 %
❷ $\overline{EG}$의 길이 구하기	30 %
❸ 직사각형 (가)의 넓이 구하기	40 %

04. 인수분해

한번 더 핵심 유형 62~71쪽

Theme 09 인수분해의 뜻과 공식 62~66쪽

400 $2x^4y^2-8x^2y=2x^2y(x^2y-4)$

따라서 인수가 아닌 것은 ④이다. 답 ④

401 $a(2-x)-b(x-2)=-a(x-2)-b(x-2)$

$=(-a-b)(x-2)$ 답 ①

402 ① $3x^2+6x=3x(x+2)$

③ $-5x^2+10x=-5x(x-2)$

④ $4x^2y+8xy^2=4xy(x+2y)$

⑤ $5xy+x^2y=xy(5+x)$

따라서 바르게 인수분해한 것은 ②이다. 답 ②

403 $(x+2)(x-4)-3(x+2)=(x+2)(x-7)$

따라서 구하는 두 일차식의 합은

$(x+2)+(x-7)=2x-5$ 답 $2x-5$

404 ② $2a^2+4a+2=2(a^2+2a+1)$

$=2(a+1)^2$ 답 ②

405 $16x^2-8x+1=(4x-1)^2$

따라서 $16x^2-8x+1$의 인수인 것은 ③이다. 답 ③

406 $x(x+a)+49=x^2+ax+49$,

$(x+b)^2=x^2+2bx+b^2$이므로

$a=2b$, $49=b^2$에서

$a=14$, $b=7$ ($\because b>0$)

$\therefore a+b=14+7=21$ 답 21

407 $Ax^2-24x+16=Ax^2-2\times3x\times4+4^2$이므로

$A=3^2=9$

$x^2+Bx+\frac{25}{4}=x^2+Bx+\left(\frac{5}{2}\right)^2$이고 $B>0$이므로

$B=2\times1\times\frac{5}{2}=5$

$\therefore A-B=9-5=4$ 답 4

408 $A=\left(\frac{12}{2}\right)^2=6^2=36$ 답 ⑤

409 $(x+2)(x-6)+k=x^2-4x-12+k$

이 식이 완전제곱식이 되려면

$-12+k=\left(\frac{-4}{2}\right)^2$

$\therefore k=4+12=16$ 답 16

410 $A=\left(\frac{-6}{2}\right)^2=(-3)^2=9$

$x^2+Ax+B=x^2+9x+B$이므로

$B=\left(\frac{9}{2}\right)^2=\frac{81}{4}$

$\therefore A+4B=9+4\times\frac{81}{4}=9+81=90$ 답 ②

411 $\sqrt{x^2+8x+16}+\sqrt{x^2+10x+25}=\sqrt{(x+4)^2}+\sqrt{(x+5)^2}$
$-5<x<-4$에서 $x+5>0$, $x+4<0$
$\therefore$ (주어진 식)$=-(x+4)+(x+5)$
$=-x-4+x+5$
$=1$ 답 ③

412 $\sqrt{4x^2+4x+1}-\sqrt{x^2+2x+1}=\sqrt{(2x+1)^2}-\sqrt{(x+1)^2}$
$-1<x<-\frac{1}{2}$에서 $2x+1<0$, $x+1>0$
$\therefore$ (주어진 식)$=-(2x+1)-(x+1)$
$=-2x-1-x-1$
$=-3x-2$ 답 $-3x-2$

413 $\sqrt{a^2}-\sqrt{b^2}+\sqrt{(a+b)^2-4ab}$
$=\sqrt{a^2}-\sqrt{b^2}+\sqrt{a^2-2ab+b^2}$
$=\sqrt{a^2}-\sqrt{b^2}+\sqrt{(a-b)^2}$
$a<0$, $b>0$에서 $a-b<0$
$\therefore$ (주어진 식)$=-a-b-(a-b)$
$=-a-b-a+b$
$=-2a$ 답 ①

414 $9x^2-25=(3x)^2-5^2=(3x+5)(3x-5)$
따라서 $A=3$, $B=5$이므로
$A+B=3+5=8$ 답 ⑤

415 ④ $2x^2-2=2(x^2-1)=2(x+1)(x-1)$ 답 ④

416 $(3x-8)(x+4)-4(x-5)$
$=3x^2+4x-32-4x+20$
$=3x^2-12$
$=3(x^2-4)$
$=3(x+2)(x-2)$
따라서 $a=3$, $b=2$이므로
$a+b=3+2=5$ 답 5

417 $x^{16}-1=(x^8+1)(x^8-1)$
$=(x^8+1)(x^4+1)(x^4-1)$
$=(x^8+1)(x^4+1)(x^2+1)(x^2-1)$
$=(x^8+1)(x^4+1)(x^2+1)(x+1)(x-1)$ 답 ④

418 $x^2+ax-28=(x+4)(x-b)$
$=x^2+(4-b)x-4b$
이므로 $a=4-b$, $-28=-4b$
따라서 $a=-3$, $b=7$이므로
$a-b=-3-7=-10$ 답 ②

419 $x^2-3x-10=(x-5)(x+2)$
따라서 구하는 두 일차식의 합은
$(x-5)+(x+2)=2x-3$ 답 ①

420 $(x+3)(x-4)-8=x^2-x-12-8$
$=x^2-x-20$
$=(x+4)(x-5)$
따라서 $a=4$, $b=5$이므로
$a+b=4+5=9$ 답 ①

421 $8x^2+14x-15=(2x+5)(4x-3)$
따라서 $a=5$, $b=4$, $c=-3$이므로
$a+b+c=5+4+(-3)=6$ 답 ④

422 ① $2x^2+x-3=(2x+3)(x-1)$
② $6x^2-23x+15=(6x-5)(x-3)$
③ $6x^2-x-12=(2x-3)(3x+4)$
④ $8x^2+2x-15=(2x+3)(4x-5)$
⑤ $10x^2+x-3=(2x-1)(5x+3)$
따라서 $2x+3$을 인수로 갖는 것은 ①, ④이다. 답 ①, ④

423 $2x^2-5x+2=(2x-1)(x-2)$
따라서 구하는 두 일차식의 합은
$(2x-1)+(x-2)=3x-3$ 답 $3x-3$

424 $3x^2+ax-37+(-3ax+b)=3x^2-2ax-37+b$
$(x+4)(3x-8)=3x^2+4x-32$
따라서 $3x^2-2ax-37+b=3x^2+4x-32$이므로
$-2a=4$, $-37+b=-32$ $\therefore a=-2$, $b=5$
$\therefore a+b=-2+5=3$ 답 3

425 ③ $x^2-x-30=(x-6)(x+5)$ 답 ③

426 ① $9x^2-1=(3x+1)(3x-1)$
② $6x^2-2x=2x(3x-1)$
③ $3x^2-8x-3=(3x+1)(x-3)$
④ $6x^2-23x+7=(3x-1)(2x-7)$
⑤ $9x^2-6x+1=(3x-1)^2$
따라서 $3x-1$을 인수로 갖지 않는 것은 ③이다. 답 ③

427 $x^2+12x+36=(x+6)^2$ $\therefore a=6$
$x^2-121=(x+11)(x-11)$ $\therefore b=11$
$x^2-3x-10=(x-5)(x+2)$ $\therefore c=5$
$2x^2-x-15=(x-3)(2x+5)$ $\therefore d=3$
$\therefore a+b+c+d=6+11+5+3=25$ 답 25

428 $x-2$가 x^2-8x+k의 인수이므로
$x^2-8x+k=(x-2)(x+m)$ (m은 상수)으로 놓으면
$x^2-8x+k=x^2+(-2+m)x-2m$
$-8=-2+m$에서 $m=-6$
$k=-2m$에서 $k=-2\times(-6)=12$ 답 ④

429 $x-6$이 $4x^2+ax-30$의 인수이므로
$4x^2+ax-30=(x-6)(4x+m)$ (m은 상수)으로 놓으면
$4x^2+ax-30=4x^2+(m-24)x-6m$
$-30=-6m$에서 $m=5$
$a=m-24$에서 $a=5-24=-19$ 답 ②

430 $x-3y$가 $5x^2-2xy+ky^2$의 인수이므로
$5x^2-2xy+ky^2=(x-3y)(5x+my)$ (m은 상수)로 놓으면 $5x^2-2xy+ky^2=5x^2+(m-15)xy-3my^2$
$-2=m-15$에서 $m=13$
$k=-3m$에서 $k=-3\times13=-39$
$\therefore 5x^2-2xy-39y^2=(x-3y)(5x+13y)$
따라서 다항식의 인수인 것은 ⑤이다. 답 ⑤

431 $x+3$이 $x^2+ax-21$의 인수이므로
$x^2+ax-21=(x+3)(x+m)$ (m은 상수)으로 놓으면
$x^2+ax-21=x^2+(m+3)x+3m$
$-21=3m$에서 $m=-7$
$a=m+3$에서 $a=-7+3=-4$
또, $x+3$이 $2x^2+7x+b$의 인수이므로
$2x^2+7x+b=(x+3)(2x+n)$ (n은 상수)으로 놓으면
$2x^2+7x+b=2x^2+(n+6)x+3n$
$7=n+6$에서 $n=1$
$b=3n$에서 $b=3$
$\therefore ab=-4\times3=-12$ 답 -12

432 수아 : $(x-8)(x+3)=x^2-5x-24$
⇨ 상수항은 -24이다.
민영 : $(x-1)^2=x^2-2x+1$
⇨ x의 계수는 -2이다.
따라서 처음 이차식은 $x^2-2x-24$이므로 바르게 인수분해하면 $x^2-2x-24=(x-6)(x+4)$ 답 $(x-6)(x+4)$

433 (1) 유진 : $(x-2)(x+10)=x^2+8x-20$
⇨ 상수항은 -20이다.
은비 : $(x-3)(x+4)=x^2+x-12$
⇨ x의 계수는 1이다.
따라서 처음 이차식은 x^2+x-20이다.
(2) $x^2+x-20=(x-4)(x+5)$
답 (1) x^2+x-20 (2) $(x-4)(x+5)$

434 승환 : $(x+3)(2x-5)=2x^2+x-15$
⇨ 상수항은 -15이다.
지은 : $(2x+1)(x-4)=2x^2-7x-4$
⇨ x의 계수는 -7이다.
따라서 처음 이차식은 $2x^2-7x-15$이므로 바르게 인수분해하면 $2x^2-7x-15=(2x+3)(x-5)$
답 $(2x+3)(x-5)$

Theme 10 복잡한 식의 인수분해 67~69쪽

435 $x(y-2)-y+2=x(y-2)-(y-2)$
$=(y-2)(x-1)$
따라서 $a=1$, $b=2$이므로
$a+b=1+2=3$ 답 ①

436 $x^2(x-2)-4x+8=x^2(x-2)-4(x-2)$
$=(x-2)(x^2-4)$
$=(x-2)(x+2)(x-2)$
$=(x+2)(x-2)^2$ 답 ③

437 $x^2-y^2-(x+y)^2=(x+y)(x-y)-(x+y)^2$
$=(x+y)\{(x-y)-(x+y)\}$
$=-2y(x+y)$
따라서 $x^2-y^2-(x+y)^2$의 인수인 것은 ②, ⑤이다.
답 ②, ⑤

438 $x-1=A$로 치환하면
$(x-1)^2-5(x-1)-6=A^2-5A-6$
$=(A-6)(A+1)$
$=(x-1-6)(x-1+1)$
$=x(x-7)$ 답 ⑤

439 $x+y=A$로 치환하면
$(x+y)(x+y-8)+15=A(A-8)+15$
$=A^2-8A+15$
$=(A-5)(A-3)$
$=(x+y-5)(x+y-3)$
따라서 구하는 두 일차식의 합은
$(x+y-5)+(x+y-3)=2x+2y-8$ 답 ③

440 $x^2+3x=A$로 치환하면
$2(x^2+3x)^2+(x^2+3x)-6$
$=2A^2+A-6$
$=(A+2)(2A-3)$
$=(x^2+3x+2)(2x^2+6x-3)$
$=(x+1)(x+2)(2x^2+6x-3)$
답 $(x+1)(x+2)(2x^2+6x-3)$

441 $a^2-2ac-b^2+2bc=(a^2-b^2)-(2ac-2bc)$
$=(a+b)(a-b)-2c(a-b)$
$=(a-b)(a+b-2c)$
따라서 주어진 다항식의 인수인 것은 ②, ④이다. 답 ②, ④

442 $x^2y-3x^2-4y+12=x^2(y-3)-4(y-3)$
$=(y-3)(x^2-4)$
$=(y-3)(x+2)(x-2)$ 답 ③

443 $x^3-2x^2-x+2=x^2(x-2)-(x-2)$
$=(x-2)(x^2-1)$
$=(x-2)(x+1)(x-1)$
$x^3+x^2-4x-4=x^2(x+1)-4(x+1)$
$=(x+1)(x^2-4)$
$=(x+1)(x+2)(x-2)$
따라서 두 다항식의 공통인 인수는 $(x-2)(x+1)$이다.
답 ③

444 $a^2+6a+9-16b^2=(a+3)^2-(4b)^2$
$=(a+4b+3)(a-4b+3)$ 답 ④

445 $16x^2+8x+1-49y^2=(4x+1)^2-(7y)^2$
$=(4x+7y+1)(4x-7y+1)$
따라서 구하는 두 일차식의 합은
$(4x+7y+1)+(4x-7y+1)=8x+2$ 답 ①

446 $9x^2+6xy+y^2-4z^2=(3x+y)^2-(2z)^2$
$=(3x+y+2z)(3x+y-2z)$
따라서 $a=1$, $b=2$, $c=1$, $d=-2$ 또는
$a=1$, $b=-2$, $c=1$, $d=2$이므로
$a+b+c+d=2$ 답 2

447 $(x-1)(x+1)(x+4)(x+6)-24$
$=(x-1)(x+6)(x+1)(x+4)-24$
$=(x^2+5x-6)(x^2+5x+4)-24$
$x^2+5x=A$로 치환하면
(주어진 식)$=(A-6)(A+4)-24$
$=A^2-2A-48$
$=(A+6)(A-8)$
$=(x^2+5x+6)(x^2+5x-8)$
$=(x+2)(x+3)(x^2+5x-8)$
따라서 주어진 다항식의 인수가 아닌 것은 ③이다. 답 ③

448 $x(x-2)(x-1)(x+1)+1=x(x-1)(x-2)(x+1)+1$
$=(x^2-x)(x^2-x-2)+1$
$x^2-x=A$로 치환하면
(주어진 식)$=A(A-2)+1$
$=A^2-2A+1$
$=(A-1)^2$
$=(x^2-x-1)^2$
따라서 $a=-1$, $b=-1$이므로
$a+b=(-1)+(-1)=-2$ 답 -2

449 $(x-3)(x-2)(x+1)(x+2)-60$
$=(x-3)(x+2)(x-2)(x+1)-60$
$=(x^2-x-6)(x^2-x-2)-60$
$x^2-x=A$로 치환하면
(주어진 식)$=(A-6)(A-2)-60$
$=A^2-8A-48$
$=(A-12)(A+4)$
$=(x^2-x-12)(x^2-x+4)$
$=(x-4)(x+3)(x^2-x+4)$ 답 ③

450 y에 대하여 내림차순으로 정리하면
$x^2-2xy+3x+2y-4$
$=-2y(x-1)+(x^2+3x-4)$
$=-2y(x-1)+(x-1)(x+4)$
$=(x-1)(x-2y+4)$ 답 ①

451 b에 대하여 내림차순으로 정리하면
$a^2+ab-3a+2b-10$
$=b(a+2)+(a^2-3a-10)$
$=b(a+2)+(a+2)(a-5)$
$=(a+2)(a+b-5)$
따라서 주어진 다항식의 인수인 것은 ④이다. 답 ④

452 x에 대하여 내림차순으로 정리하면
$x^2-y^2-6x+4y+5=x^2-6x-y^2+4y+5$
$=x^2-6x-(y^2-4y-5)$
$=x^2-6x-(y+1)(y-5)$
$=\{x-(y+1)\}\{x+(y-5)\}$
$=(x-y-1)(x+y-5)$
따라서 $a=-1$, $b=1$, $c=-5$이므로
$a+b+c=-1+1+(-5)=-5$ 답 -5

Theme 11 인수분해 공식의 활용 70~71쪽

453 $\sqrt{47^2-4\times47+4}=\sqrt{47^2-2\times47\times2+2^2}$
$=\sqrt{(47-2)^2}$
$=\sqrt{45^2}=45$ 답 ①

454 $A=81^2+2\times81\times19+19^2$
$=(81+19)^2$
$=100^2=10000$
$B=55^2\times0.17-45^2\times0.17$
$=0.17\times(55^2-45^2)$
$=0.17\times(55+45)(55-45)$
$=0.17\times100\times10=170$ 답 $A=10000$, $B=170$

455 $1^2-2^2+3^2-4^2+5^2-6^2$
$=(1^2-2^2)+(3^2-4^2)+(5^2-6^2)$
$=(1+2)(1-2)+(3+4)(3-4)+(5+6)(5-6)$
$=(-1)\times3+(-1)\times7+(-1)\times11$
$=(-1)\times(3+7+11)=-21$ 답 -21

456 $x=\dfrac{1}{\sqrt{5}-2}=\dfrac{\sqrt{5}+2}{(\sqrt{5}-2)(\sqrt{5}+2)}=\sqrt{5}+2$
$y=\dfrac{1}{\sqrt{5}+2}=\dfrac{\sqrt{5}-2}{(\sqrt{5}+2)(\sqrt{5}-2)}=\sqrt{5}-2$
$\therefore 2x^2-4xy+2y^2=2(x^2-2xy+y^2)$
$=2(x-y)^2$
$=2\{(\sqrt{5}+2)-(\sqrt{5}-2)\}^2$
$=2\times4^2=32$ 답 ③

457 $x^2-2x-y^2+2y=(x^2-y^2)-2(x-y)$
$=(x+y)(x-y)-2(x-y)$
$=(x-y)(x+y-2)$
$=4\times(7-2)$
$=4\times5=20$ 답 ③

458 $x-2=A$로 치환하면
$(x-2)^2-6(x-2)+9=A^2-6A+9$
$=(A-3)^2$
$=(x-2-3)^2$
$=(x-5)^2$
이때 $x=\sqrt{3}+5$에서 $x-5=\sqrt{3}$이므로
(주어진 식)$=(x-5)^2=(\sqrt{3})^2=3$ 답 3

459 새로 만든 직사각형의 넓이는 x^2+5x+6
$\therefore x^2+5x+6=(x+2)(x+3)$
따라서 새로 만든 직사각형의 가로와 세로의 길이는 $x+2$, $x+3$이므로 둘레의 길이는
$2\{(x+2)+(x+3)\}=2(2x+5)=4x+10$ 답 $4x+10$

460 새로 만든 직사각형의 넓이는 $3x^2+4x+1$
$\therefore 3x^2+4x+1=(3x+1)(x+1)$
따라서 새로 만든 직사각형의 가로와 세로의 길이는 $3x+1$, $x+1$이므로 가로와 세로의 길이의 합은
$(3x+1)+(x+1)=4x+2$ 답 $4x+2$

461 타일 A 3개, B 4개, C 13개로 채운 벽의 넓이는
$3x^2+13xy+4y^2$
$\therefore 3x^2+13xy+4y^2=(3x+y)(x+4y)$
답 $(3x+y)(x+4y)$

462 (도형 A의 넓이)$=(x+7)^2-2^2$
$=(x+7+2)(x+7-2)$
$=(x+9)(x+5)$
이때 도형 B의 세로의 길이가 $x+5$이므로 가로의 길이는 $x+9$이다.
답 $x+9$

463 $10x^2-7x-12=(2x-3)(5x+4)$
이때 퍼즐의 가로의 길이가 $2x-3$이므로 세로의 길이는 $5x+4$이다.
답 ③

464 $2x^2+9x+9=(2x+3)(x+3)$
이때 사다리꼴의 넓이는
$\frac{1}{2}\times\{(2x+1)+(2x+5)\}\times(\text{높이})=(2x+3)\times(\text{높이})$
따라서 사다리꼴의 높이는 $x+3$이다.
답 $x+3$

유형 모아 Theme 09 인수분해의 뜻과 공식 1회 72쪽

465 ⑤ $2x^2+5x-3=(x+3)(2x-1)$
답 ③

466 $a^3b-5ab^2=ab(a^2-5b)$
따라서 a^3b-5ab^2의 인수인 것은 ㄱ, ㄷ이다.
답 ②

467 □ 안에 들어갈 양수를 구하면
① $\square=\left(\frac{-4}{2}\right)^2=(-2)^2=4$
② $\square=\left(\frac{4}{2}\right)^2=2^2=4$
③ $9x^2+\square xy+\frac{1}{4}y^2=(3x)^2+\square xy+\left(\frac{1}{2}y\right)^2$에서
$\square=2\times3\times\frac{1}{2}=3$
④ $9x^2+\square x+1=(3x)^2+\square x+1^2$에서
$\square=2\times3\times1=6$
⑤ $4y^2+\square y+\frac{1}{4}=(2y)^2+\square y+\left(\frac{1}{2}\right)^2$에서
$\square=2\times2\times\frac{1}{2}=2$
따라서 □ 안에 들어갈 양수 중 가장 큰 것은 ④이다. 답 ④

468 $24x^2-6=6(4x^2-1)$
$=6(2x+1)(2x-1)$
따라서 $24x^2-6$의 인수가 아닌 것은 ②이다.
답 ②

469 $\sqrt{a^2+4a+4}+\sqrt{a^2-4a+4}=\sqrt{(a+2)^2}+\sqrt{(a-2)^2}$
$0<a<2$에서 $a+2>0$, $a-2<0$
$\therefore$ (주어진 식)$=(a+2)-(a-2)$
$=a+2-a+2=4$
답 ②

470 $x^2+Ax-14=(x+a)(x+b)=x^2+(a+b)x+ab$
이므로 $A=a+b$, $ab=-14$
즉, 이를 만족시키는 a, b, A의 값은 다음과 같다.

a(또는 b)	-1	1	-2	2
b(또는 a)	14	-14	7	-7
A	13	-13	5	-5

따라서 A의 값이 될 수 없는 것은 ②이다. 답 ②

471 $6x^2-5x-6=(3x+2)(2x-3)$
$3x^2-19x-14=(3x+2)(x-7)$
즉, 세 이차식의 공통인 인수는 $3x+2$이므로
$3x^2-10x+a=(3x+2)(x+m)$ (m은 상수)으로 놓으면
$3x^2-10x+a=3x^2+(3m+2)x+2m$
$-10=3m+2$에서 $m=-4$
$a=2m$에서 $a=2\times(-4)=-8$
답 ①

유형 모아 Theme 09 인수분해의 뜻과 공식 2회 73쪽

472 ① $ma^2+mb=m(a^2+b)$
② $4x^2-4x+4=4(x^2-x+1)$
③ $8x^2-2=2(4x^2-1)=2(2x+1)(2x-1)$
④ $x^2+2x-3=(x+3)(x-1)$
따라서 바르게 인수분해한 것은 ⑤이다.
답 ⑤

473 $2a^3-2a^2=2a^2(a-1)$
따라서 $2a^3-2a^2$의 인수가 아닌 것은 ④이다.
답 ④

474 $x^8-1=(x^4+1)(x^4-1)$
$=(x^4+1)(x^2+1)(x^2-1)$
$=(x^4+1)(x^2+1)(x+1)(x-1)$
따라서 x^8-1의 인수가 아닌 것은 ⑤이다.
답 ⑤

475 $6x^2+4x-2=2(x+1)(3x-1)$
$3x^2-7x+2=(3x-1)(x-2)$
따라서 두 다항식의 공통인 인수는 $3x-1$이다.
답 ④

476 $9x^2+(k+3)xy+16y^2=(3x)^2+(k+3)xy+(4y)^2$
에서 $k+3=\pm2\times3\times4$, $k+3=\pm24$
$\therefore k=-27$ 또는 $k=21$
따라서 모든 상수 k의 값의 합은 $-27+21=-6$
답 ①
다른 풀이 $k+3=\pm2\sqrt{9\times16}=\pm24$
$\therefore k=-27$ 또는 $k=21$
따라서 모든 상수 k의 값의 합은 $-27+21=-6$

477 $4x^2+ax-12=(2x-3)(2x+m)$ (m은 상수)으로 놓으면
$4x^2+ax-12=4x^2+(2m-6)x-3m$
이므로 $-12=-3m$에서 $m=4$
$\therefore a=2m-6=8-6=2$
$2x^2-x+b=(2x-3)(x+n)$ (n은 상수)으로 놓으면
$2x^2-x+b=2x^2+(2n-3)x-3n$
이므로 $-1=2n-3$에서 $n=1$
$\therefore b=-3n=-3\times1=-3$
$\therefore a-b=2-(-3)=5$
답 ⑤

478 $3x^2+Ax-5=(3x+a)(x+b)$
$=3x^2+(a+3b)x+ab$
이므로 $A=a+3b$, $ab=-5$
즉, 이를 만족시키는 a, b, A의 값은 다음과 같다.

a	1	-1	5	-5
b	-5	5	-1	1
A	-14	14	2	-2

따라서 A의 최댓값은 14, 최솟값은 -14이므로 구하는 차는
$14-(-14)=28$ 답 ⑤

유형모아 Theme 10 복잡한 식의 인수분해 1회 74쪽

479 $2(2x+y)^2-30x-15y+7$
$=2(2x+y)^2-15(2x+y)+7$
$2x+y=A$로 치환하면
(주어진 식)$=2A^2-15A+7$
$=(A-7)(2A-1)$
$=(2x+y-7)(4x+2y-1)$ 답 ⑤

480 $y+x^2(x-y)-x=x^2(x-y)-(x-y)$
$=(x-y)(x^2-1)$
$=(x-y)(x+1)(x-1)$
따라서 주어진 다항식의 인수인 것은 ④이다. 답 ④

481 $2x-y=A$로 치환하면
$6(2x-y)^2-7(2x-y)x-3x^2$
$=6A^2-7Ax-3x^2$
$=(2A-3x)(3A+x)$
$=(4x-2y-3x)(6x-3y+x)$
$=(x-2y)(7x-3y)$
따라서 구하는 두 일차식의 합은
$(x-2y)+(7x-3y)=8x-5y$ 답 ⑤

482 $25x^2-10xy+y^2-z^2=(25x^2-10xy+y^2)-z^2$
$=(5x-y)^2-z^2$
$=(5x-y+z)(5x-y-z)$ 답 ③

483 ㄱ. $a^3-a^2b-a+b=a^2(a-b)-(a-b)$
$=(a-b)(a^2-1)$
$=(a-b)(a+1)(a-1)$
ㄴ. $(x+1)^2-(x-1)^2$
$=\{(x+1)+(x-1)\}\{(x+1)-(x-1)\}$
$=2x\times2=4x$
ㄷ. $2xy-x^2-y^2+4=4-(x^2-2xy+y^2)$
$=2^2-(x-y)^2$
$=(2+x-y)(2-x+y)$
$=(x-y+2)(-x+y+2)$
ㄹ. $2x-1=A$로 치환하면
$6(2x-1)^2-(2x-1)-2=6A^2-A-2$
$=(2A+1)(3A-2)$
$=(4x-2+1)(6x-3-2)$
$=(4x-1)(6x-5)$
따라서 바르게 인수분해한 것은 ㄴ, ㄹ이다. 답 ④

484 $(x-2)(x-1)(x+2)(x+3)+4$
$=(x-2)(x+3)(x-1)(x+2)+4$
$=(x^2+x-6)(x^2+x-2)+4$
$x^2+x=A$로 치환하면
(주어진 식)$=(A-6)(A-2)+4$
$=A^2-8A+16$
$=(A-4)^2$
$=(x^2+x-4)^2$ 답 ③

485 x에 대하여 내림차순으로 정리하면
$xyz-2xy-xz+2x+yz-2y-z+2$
$=x(yz-2y-z+2)+(yz-2y-z+2)$
$=(x+1)(yz-2y-z+2)$
$=(x+1)\{y(z-2)-(z-2)\}$
$=(x+1)(y-1)(z-2)$ 답 $(x+1)(y-1)(z-2)$

유형모아 Theme 10 복잡한 식의 인수분해 2회 75쪽

486 $x(y-3)-4(y-3)-2x+8$
$=(y-3)(x-4)-2(x-4)$
$=(x-4)(y-3-2)$
$=(x-4)(y-5)$ 답 ②

487 $(x-y)(x-z)+(y-x)(y-z)$
$=(x-y)(x-z)-(x-y)(y-z)$
$=(x-y)\{(x-z)-(y-z)\}$
$=(x-y)(x-y)$
$=(x-y)^2$ 답 ①

488 $x-1=A$, $x+3=B$로 치환하면
$3(x-1)^2-2(x-1)(x+3)-5(x+3)^2$
$=3A^2-2AB-5B^2$
$=(A+B)(3A-5B)$
$=(x-1+x+3)(3x-3-5x-15)$
$=(2x+2)(-2x-18)$
$=-4(x+1)(x+9)$
따라서 주어진 다항식의 인수인 것은 ②이다. 답 ②

489 $9x^2+y^2-16z^2+6xy$
$=(9x^2+6xy+y^2)-16z^2$
$=(3x+y)^2-(4z)^2$
$=(3x+y+4z)(3x+y-4z)$
따라서 구하는 두 일차식의 합은
$(3x+y+4z)+(3x+y-4z)=6x+2y$ 답 $6x+2y$

490 ㄱ. $x^2-2xy+y^2-25=(x-y)^2-5^2$
$=(x-y+5)(x-y-5)$
ㄴ. $x^2+xy-2y^2-z(x-y)$
$=(x-y)(x+2y)-z(x-y)$
$=(x-y)(x+2y-z)$
ㄷ. $x(y-1)-y(y-1)=(y-1)(x-y)$
ㄹ. $x-y=A$로 치환하면
$(x-y)(x-y-4)+3=A(A-4)+3$
$=A^2-4A+3$
$=(A-1)(A-3)$
$=(x-y-1)(x-y-3)$
따라서 $x-y$를 인수로 갖는 것은 ㄴ, ㄷ이다. 답 ③

491 $x(x+1)(x+2)(x+3)-15$
$=x(x+3)(x+1)(x+2)-15$
$=(x^2+3x)(x^2+3x+2)-15$
$x^2+3x=A$로 치환하면
(주어진 식)$=A(A+2)-15$
$=A^2+2A-15$
$=(A+5)(A-3)$
$=(x^2+3x+5)(x^2+3x-3)$
따라서 구하는 두 이차식의 합은
$(x^2+3x+5)+(x^2+3x-3)=2x^2+6x+2$ 답 ⑤

492 x에 대하여 내림차순으로 정리하면
$x^2+y^2+2xy+3x+3y+2$
$=x^2+(2y+3)x+y^2+3y+2$
$=x^2+(2y+3)x+(y+1)(y+2)$
$=(x+y+1)(x+y+2)$
따라서 $a=1$, $b=1$, $c=1$, $d=1$이므로
$a+b+c+d=1+1+1+1=4$ 답 ②

유형모아 Theme 11 인수분해 공식의 활용 1회 76쪽

493 $11\times5.5^2-11\times4.5^2=11\times(5.5^2-4.5^2)$
$=11\times(5.5+4.5)(5.5-4.5)$
$=11\times10\times1$
$=110$ 답 110

494 $A=12\times70-12\times65$
$=12\times(70-65)$
$=12\times5=60$
$B=\sqrt{102^2-408+2^2}$
$=\sqrt{102^2-2\times102\times2+2^2}$
$=\sqrt{(102-2)^2}$
$=\sqrt{100^2}=100$
$\therefore A+B=60+100=160$ 답 160

495 $x^2-y^2+4x-4y$
$=(x+y)(x-y)+4(x-y)$
$=(x-y)(x+y+4)$
$=2\sqrt{5}\times(\sqrt{5}-4+4)$
$=2\sqrt{5}\times\sqrt{5}=10$ 답 ③

496 $x-4=A$로 치환하면
$(x-4)^2+2(x-4)+1=A^2+2A+1$
$=(A+1)^2$
$=(x-4+1)^2$
$=(x-3)^2$
이때 $x=3+\sqrt{2}$에서 $x-3=\sqrt{2}$이므로
(주어진 식)$=(x-3)^2=(\sqrt{2})^2=2$ 답 ①

497 새로 만든 직사각형의 넓이는 $3x^2+7x+2$
$\therefore 3x^2+7x+2=(x+2)(3x+1)$
따라서 새로 만든 직사각형의 가로와 세로의 길이는
$x+2$, $3x+1$이므로 둘레의 길이는
$2\{(x+2)+(3x+1)\}=8x+6$ 답 $8x+6$

498 $3a^2+5a-12=(a+3)(3a-4)$
이때 직사각형의 가로의 길이가 $a+3$이므로 세로의 길이는 $3a-4$이다.
따라서 구하는 정사각형의 넓이는
$(3a-4)^2=9a^2-24a+16$ 답 ④

499 둘레의 길이의 합이 120 cm이므로
$4(a+b)=120$에서 $a+b=30$
넓이의 차가 600 cm^2이므로
$a^2-b^2=(a+b)(a-b)=600$
이때 $a+b=30$이므로
$30(a-b)=600$ $\therefore a-b=20$
$\therefore$ (둘레의 길이의 차)$=4a-4b$
$=4(a-b)$
$=4\times20$
$=80$(cm) 답 80 cm

유형모아 Theme 11 인수분해 공식의 활용 2회 77쪽

500 $7.5^2\times10.5-2.5^2\times10.5$
$=(7.5^2-2.5^2)\times10.5$
$=(7.5+2.5)(7.5-2.5)\times10.5$
$=10\times5\times10.5=525$ 답 525

501 $4^4-1=(4^2)^2-1^2$
$=(4^2+1)(4^2-1)$
$=(4^2+1)(4+1)(4-1)$
$=(4^2+1)(4+1)(2^2-1)$
$=(4^2+1)(4+1)(2+1)(2-1)$
$=17\times5\times3\times1$
따라서 4^4-1의 약수가 아닌 것은 ③, ④이다. 답 ③, ④

502 $x=\frac{1}{\sqrt{3}+\sqrt{2}}=\frac{\sqrt{3}-\sqrt{2}}{(\sqrt{3}+\sqrt{2})(\sqrt{3}-\sqrt{2})}=\sqrt{3}-\sqrt{2}$

$y=\frac{1}{\sqrt{3}-\sqrt{2}}=\frac{\sqrt{3}+\sqrt{2}}{(\sqrt{3}-\sqrt{2})(\sqrt{3}+\sqrt{2})}=\sqrt{3}+\sqrt{2}$

$\therefore x^2-y^2$

$=(x+y)(x-y)$

$=\{(\sqrt{3}-\sqrt{2})+(\sqrt{3}+\sqrt{2})\}\{(\sqrt{3}-\sqrt{2})-(\sqrt{3}+\sqrt{2})\}$

$=2\sqrt{3}\times(-2\sqrt{2})=-4\sqrt{6}$ 답 ①

503 새로 만든 직사각형의 넓이는 x^2+6x+8

$\therefore x^2+6x+8=(x+2)(x+4)$

따라서 새로 만든 직사각형의 한 변의 길이가 될 수 있는 것은 ④이다. 답 ④

504 $3x-6y+xy-y^2-9=x(y+3)-(y^2+6y+9)$

$=x(y+3)-(y+3)^2$

$=(y+3)(x-y-3)$

따라서 직사각형의 세로의 길이는 $x-y-3$이므로

둘레의 길이는 $2\{(y+3)+(x-y-3)\}=2x$ 답 $2x$

505 (부피)$=\pi\times6.5^2\times12-\pi\times3.5^2\times12$

$=12\pi(6.5^2-3.5^2)$

$=12\pi(6.5+3.5)(6.5-3.5)$

$=12\pi\times10\times3$

$=360\pi(\text{cm}^3)$ 답 $360\pi\ \text{cm}^3$

506 $x^2y-(y^2-4)x-4y=x^2y-xy^2+4x-4y$

$=xy(x-y)+4(x-y)$

$=(x-y)(xy+4)=2$

이때 $x-y=\frac{1}{2+\sqrt{3}}=\frac{2-\sqrt{3}}{(2+\sqrt{3})(2-\sqrt{3})}=2-\sqrt{3}$

이므로 $(2-\sqrt{3})\times(xy+4)=2$

$xy+4=\frac{2}{2-\sqrt{3}}$ $\therefore xy=2(2+\sqrt{3})-4=2\sqrt{3}$

$\therefore x^2+y^2=(x-y)^2+2xy$

$=(2-\sqrt{3})^2+2\times2\sqrt{3}$

$=4-4\sqrt{3}+3+4\sqrt{3}$

$=7$ 답 7

Theme 모아 중단원 마무리 78~79쪽

507 $Ax^2+20x+4=Ax^2+2\times5x\times2+2^2$이므로

$Ax^2=(5x)^2=25x^2$

$\therefore A=25$ 답 ②

508 ① $\frac{1}{4}x^2-\frac{1}{3}x+\frac{1}{9}=\left(\frac{1}{2}x-\frac{1}{3}\right)^2$

② $4x^2-9y^2=(2x+3y)(2x-3y)$

③ $x^2+5x-6=(x+6)(x-1)$

⑤ $2x^2+7xy+5y^2=(x+y)(2x+5y)$

따라서 바르게 인수분해한 것은 ④이다. 답 ④

509 $x+1=A$로 치환하면

$(x+1)^2+3(x+1)-4=A^2+3A-4$

$=(A+4)(A-1)$

$=(x+1+4)(x+1-1)$

$=x(x+5)$ 답 ②

510 $\sqrt{503^2-497^2}$

$=\sqrt{(503+497)(503-497)}$

$=\sqrt{1000\times6}$

$=\sqrt{20^2\times15}$

$=20\sqrt{15}$ 답 ③

511 $x=\frac{1}{3-2\sqrt{2}}=\frac{3+2\sqrt{2}}{(3-2\sqrt{2})(3+2\sqrt{2})}=3+2\sqrt{2}$,

$y=\frac{1}{3+2\sqrt{2}}=\frac{3-2\sqrt{2}}{(3+2\sqrt{2})(3-2\sqrt{2})}=3-2\sqrt{2}$

$\therefore x^2y+xy^2$

$=xy(x+y)$

$=(3+2\sqrt{2})(3-2\sqrt{2})\times\{(3+2\sqrt{2})+(3-2\sqrt{2})\}$

$=1\times6=6$ 답 ⑤

512 $\sqrt{x^2-x+\frac{1}{4}}+\sqrt{x^2+\frac{2}{3}x+\frac{1}{9}}=\sqrt{\left(x-\frac{1}{2}\right)^2}+\sqrt{\left(x+\frac{1}{3}\right)^2}$

$-\frac{1}{3}<x<\frac{1}{2}$에서 $x-\frac{1}{2}<0$, $x+\frac{1}{3}>0$

$\therefore$ (주어진 식)$=-\left(x-\frac{1}{2}\right)+\left(x+\frac{1}{3}\right)$

$=-x+\frac{1}{2}+x+\frac{1}{3}=\frac{5}{6}$ 답 ⑤

513 $x^2-ax+12=(x-2)(x+m)$ (m은 상수)으로 놓으면

$x^2-ax+12=x^2+(-2+m)x-2m$

이므로 $-a=-2+m$, $12=-2m$에서

$m=-6$, $a=8$

$2x^2-7x+b=(x-2)(2x+n)$ (n은 상수)으로 놓으면

$2x^2-7x+b=2x^2+(n-4)x-2n$

이므로 $-7=n-4$, $b=-2n$에서

$n=-3$, $b=6$

$\therefore a+b=8+6=14$ 답 ⑤

514 이서 : $(x+4)(x+6)=x^2+10x+24$

⇨ 상수항은 24이다.

이준 : $(x-5)=x^2-10x+25$

⇨ x의 계수는 -10이다.

따라서 처음 이차식은 $x^2-10x+24$이므로

$x^2-10x+24=(x-6)(x-4)$ 답 ①

515 $x^2-y^2+z^2+2xz=x^2+2xz+z^2-y^2$

$=(x+z)^2-y^2$

$=(x+y+z)(x-y+z)$

따라서 구하는 두 일차식의 합은

$(x+y+z)+(x-y+z)=2x+2z$ 답 ③

516 $(x-3)(x-2)(x+2)(x+3)-84$
$=(x-3)(x+3)(x-2)(x+2)-84$
$=(x^2-9)(x^2-4)-84$
$=x^4-13x^2-48$
$=(x^2+3)(x^2-16)$
$=(x^2+3)(x+4)(x-4)$
따라서 주어진 다항식의 인수가 아닌 것은 ②이다. 답 ②

517 새로 만든 직사각형의 넓이는 $2x^2+3x+1$
$\therefore 2x^2+3x+1=(x+1)(2x+1)$
따라서 새로 만든 직사각형의 둘레의 길이는
$2\{(x+1)+(2x+1)\}=6x+4$ 답 ④

518 $\overline{AB}$를 지름으로 하는 반원의 넓이는 $\frac{1}{2}\times\pi\times18^2(\text{cm}^2)$
$\overline{AC}=\overline{AB}-\overline{CB}=36-16=20(\text{cm})$이므로
$\overline{AC}$를 지름으로 하는 반원의 넓이는 $\frac{1}{2}\times\pi\times10^2(\text{cm}^2)$
따라서 색칠한 부분의 넓이는
$\frac{1}{2}\times\pi\times18^2-\frac{1}{2}\times\pi\times10^2=\frac{\pi}{2}(18^2-10^2)$
$=\frac{\pi}{2}(18+10)(18-10)$
$=\frac{\pi}{2}\times28\times8$
$=112\pi(\text{cm}^2)$ 답 ③

519 $a^2(a+b)-b^2(a+b)=(a+b)(a^2-b^2)$
$=(a+b)(a+b)(a-b)$
$=(a+b)^2(a-b)=20$ …❶
이때 $a+b=\sqrt{5}$이므로
$(\sqrt{5})^2(a-b)=20,\ 5(a-b)=20$
$\therefore a-b=4$ …❷
답 4

채점 기준	배점
❶ $a^2(a+b)-b^2(a+b)$를 인수분해하기	60 %
❷ $a-b$의 값 구하기	40 %

520 (1) 두 액자의 둘레의 길이의 차가 12이므로
$4a-4b=12$
$\therefore a-b=3$ ……㉠ …❶
(2) 큰 액자의 넓이가 작은 액자의 넓이보다 21만큼 크므로
$a^2-b^2=21,\ (a+b)(a-b)=21$
㉠에서 $3(a+b)=21$
$\therefore a+b=7$ ……㉡ …❷
㉠, ㉡을 연립하여 풀면
$a=5,\ b=2$ …❸
답 (1) 3 (2) $a=5,\ b=2$

채점 기준	배점
❶ $a-b$의 값 구하기	30 %
❷ $a+b$의 값 구하기	50 %
❸ $a,\ b$의 값 각각 구하기	20 %

05. 이차방정식의 뜻과 풀이

한번 더 핵심 유형 80~89쪽

Theme 12 이차방정식의 뜻과 해 80~81쪽

521 ① $2x^3+1=5(x-1)$에서 $2x^3+1=5x-5$
$2x^3-5x+6=0$ ⇨ 이차방정식이 아니다.
② $x^2+5x-3=3+x^2$에서 $5x-6=0$ ⇨ 일차방정식
③ $(x+4)^2=(x-2)^2$에서 $x^2+8x+16=x^2-4x+4$
$12x+12=0$ ⇨ 일차방정식
④ $3x(x-1)+x(5-3x)=0$에서
$3x^2-3x+5x-3x^2=0,\ 2x=0$ ⇨ 일차방정식
⑤ $(x+2)(x-2)=0$에서 $x^2-4=0$ ⇨ 이차방정식
따라서 x에 대한 이차방정식은 ⑤이다. 답 ⑤

522 ① $x^2=2x-5$에서 $x^2-2x+5=0$ ⇨ 이차방정식
② $x(x-1)=0$에서 $x^2-x=0$ ⇨ 이차방정식
③ $3+\frac{1}{2x^2}=0$ ⇨ 분모에 미지수가 있으므로 이차방정식이 아니다.
④ $3x^2=6$에서 $3x^2-6=0$ ⇨ 이차방정식
⑤ $2x(x-2)=x(2x+1)-3$에서
$2x^2-4x=2x^2+x-3,\ -5x+3=0$ ⇨ 일차방정식
따라서 x에 대한 이차방정식이 아닌 것은 ③, ⑤이다.
답 ③, ⑤

523 $x(ax-1)=2x^2-4$에서 $ax^2-x=2x^2-4$
$(a-2)x^2-x+4=0$
따라서 x에 대한 이차방정식이 되려면
$a-2\neq0 \quad \therefore a\neq2$ 답 ②

524 $(ax+2)(x-2)=-3x(x+1)-5$에서
$ax^2+(-2a+2)x-4=-3x^2-3x-5$
$\therefore (a+3)x^2+(-2a+5)x+1=0$
따라서 x에 대한 이차방정식이 되려면
$a+3\neq0 \quad \therefore a\neq-3$ 답 $a\neq-3$

525 ① $(-2)^2-4\times(-2)+2\neq0$
② $2\times(-2)^2-3\times(-2)-1\neq0$
③ $2\times(-2)^2-5\times(-2)+3\neq0$
④ $3\times(-2)^2-2\times(-2)+1\neq0$
⑤ $3\times(-2)^2-2-10=0$
따라서 $x=-2$를 해로 갖는 것은 ⑤이다. 답 ⑤

526 ① $-2\times(-2-2)\neq0$
② $(-1)^2-(-1)\neq0$
③ $2^2+4\times2\neq2\times2$
④ $(-2)^2-4=0$
⑤ $1^2+2\times1-2\neq0$

따라서 [ ] 안의 수가 주어진 이차방정식의 해인 것은 ④이다. 답 ④

527 $4x+2\le 3x+5$에서 $x\le 3$
이때 x는 자연수이므로 $x=1, 2, 3$
$x=1$일 때, $1^2-2\times1-3\ne0$
$x=2$일 때, $2^2-2\times2-3\ne0$
$x=3$일 때, $3^2-2\times3-3=0$
따라서 주어진 이차방정식의 해는 $x=3$이다. 답 $x=3$

528 $x=3$을 $4x^2-2ax+3a-6=0$에 대입하면
$36-6a+3a-6=0$ $\therefore a=10$ 답 ⑤

529 $x=2$를 $2x^2-x+a=0$에 대입하면
$8-2+a=0$ $\therefore a=-6$
$x=-3$을 $x^2+bx+3=0$에 대입하면
$9-3b+3=0$ $\therefore b=4$
$\therefore a+b=-6+4=-2$ 답 ②

530 $x=1$을 $-2x^2+ax+b=0$에 대입하면
$-2+a+b=0$ $\therefore a+b=2$ …… ㉠
$x=-1$을 $bx^2+ax-10=0$에 대입하면
$b-a-10=0$ $\therefore a-b=-10$ …… ㉡
㉠, ㉡을 연립하여 풀면 $a=-4, b=6$
$\therefore 2ab=2\times(-4)\times6=-48$ 답 ①

531 $x=a$를 $x^2-5x+1=0$에 대입하면 $a^2-5a+1=0$
① $a^2-5a=-1$
② $2a^2-10a+5=2(a^2-5a)+5=2\times(-1)+5=3$
③ $a^2-5a-3=-1-3=-4$
④ $a^2-5a+1=0$의 양변을 a로 나누면
$a-5+\frac{1}{a}=0$ $\therefore a+\frac{1}{a}=5$
⑤ $3a^2-15a+9=3(a^2-5a)+9=3\times(-1)+9=6$
따라서 옳지 않은 것은 ⑤이다. 답 ⑤

참고 ④ $a=0$이면 $0^2-5\times0+1\ne0$으로 등식이 성립하지 않는다. 즉, $a\ne0$이다.

532 $x=m$을 $2x^2+4x-1=0$에 대입하면
$2m^2+4m-1=0$, $m^2+2m-\frac{1}{2}=0$
$\therefore m^2+2m=\frac{1}{2}$ 답 ④

533 $x=a$를 $3x^2+x-5=0$에 대입하면
$3a^2+a-5=0$ $\therefore 3a^2+a=5$
$x=b$를 $2x^2-5x-4=0$에 대입하면
$2b^2-5b-4=0$ $\therefore 2b^2-5b=4$
$\therefore 6a^2-2b^2+2a+5b=2(3a^2+a)-(2b^2-5b)$
$=2\times5-4=6$ 답 ①

534 $x=a$를 $x^2-4x+1=0$에 대입하면
$a^2-4a+1=0$
$a\ne0$이므로 양변을 a로 나누면
$a-4+\frac{1}{a}=0$ $\therefore a+\frac{1}{a}=4$
$\therefore a^2+\frac{1}{a^2}=\left(a+\frac{1}{a}\right)^2-2$
$=4^2-2=14$ 답 14

Theme 13 인수분해를 이용한 이차방정식의 풀이 82~84쪽

535 $3x^2+7x-6=0$에서 $(x+3)(3x-2)=0$
$\therefore x=-3$ 또는 $x=\frac{2}{3}$
이때 $a>b$이므로 $a=\frac{2}{3}, b=-3$
$\therefore 3a-b=3\times\frac{2}{3}-(-3)=5$ 답 ③

536 각각의 이차방정식의 해를 구하면 다음과 같다.
① $x=-4$ 또는 $x=-3$
② $x=-4$ 또는 $x=3$
③ $x=4$ 또는 $x=-3$
④ $x=4$ 또는 $x=3$
⑤ $x=-\frac{1}{4}$ 또는 $x=\frac{1}{3}$
따라서 해가 $x=-4$ 또는 $x=3$인 것은 ②이다. 답 ②

537 $x(x-2)+3x-6=0$에서 $x(x-2)+3(x-2)=0$
$(x-2)(x+3)=0$ $\therefore x=2$ 또는 $x=-3$
따라서 $a=-3$이므로 $(3a+1)^2=(-8)^2=64$ 답 ⑤

538 $x^2-2x+5=4x$에서 $x^2-6x+5=0$
$(x-1)(x-5)=0$ $\therefore x=1$ 또는 $x=5$
이때 $a<b$이므로 $a=1, b=5$
$x^2-5x+6=0$에서 $(x-2)(x-3)=0$
$\therefore x=2$ 또는 $x=3$
따라서 두 근의 곱은
$2\times3=6$ 답 6

539 $x=3$을 $x^2-kx+k-1=0$에 대입하면
$9-3k+k-1=0$ $\therefore k=4$
$k=4$를 $x^2-kx+k-1=0$에 대입하면
$x^2-4x+3=0$, $(x-1)(x-3)=0$
$\therefore x=1$ 또는 $x=3$
따라서 다른 한 근은 $x=1$이다. 답 ③

540 $x=-2$를 $x^2+ax+4a-8=0$에 대입하면
$4-2a+4a-8=0$, $2a-4=0$ $\therefore a=2$
$a=2$를 $x^2+ax+4a-8=0$에 대입하면
$x^2+2x=0$, $x(x+2)=0$ $\therefore x=0$ 또는 $x=-2$
따라서 다른 한 근은 $x=0$이므로 $m=0$
$\therefore 3a-m=3\times2-0=6$ 답 ④

541 $x=1$을 $x^2-3ax+2=0$에 대입하면

$1-3a+2=0$, $3a=3$ $\therefore a=1$
$x^2-3x+2=0$에서 $(x-1)(x-2)=0$
$\therefore x=1$ 또는 $x=2$
즉, 다른 한 근은 $x=2$이므로 $b=2$
$b=2$를 $x^2-4bx+12=0$에 대입하면
$x^2-8x+12=0$, $(x-2)(x-6)=0$
$\therefore x=2$ 또는 $x=6$ 답 $x=2$ 또는 $x=6$

542 $x(x-3)-10=0$에서 $x^2-3x-10=0$
$(x+2)(x-5)=0$ $\therefore x=-2$ 또는 $x=5$
이때 두 근 중 작은 근이 $x=-2$이므로
$x=-2$를 $x^2-2x+k=0$에 대입하면
$4+4+k=0$ $\therefore k=-8$ 답 ①

543 $x^2-9=0$에서 $(x+3)(x-3)=0$
$\therefore x=-3$ 또는 $x=3$
이때 두 근 중 큰 근이 $x=3$이므로
$x=3$을 $x^2-2kx+k+1=0$에 대입하면
$9-6k+k+1=0$, $-5k=-10$ $\therefore k=2$ 답 ②

544 $x^2+3x-40=0$에서 $(x+8)(x-5)=0$
$\therefore x=-8$ 또는 $x=5$
이때 두 근 중 양수인 근이 $x=5$이므로
$x=5$를 $2x^2+mx+2m-1=0$에 대입하면
$50+5m+2m-1=0$, $7m=-49$
$\therefore m=-7$ 답 -7

545 $x^2-25=0$에서 $(x+5)(x-5)=0$
$\therefore x=-5$ 또는 $x=5$
$2x^2-7x-15=0$에서 $(2x+3)(x-5)=0$
$\therefore x=-\frac{3}{2}$ 또는 $x=5$
따라서 두 이차방정식의 공통인 근은 $x=5$이다. 답 ④

546 두 이차방정식의 공통인 근이 $x=-2$이므로
$x=-2$를 $x^2-ax=0$에 대입하면
$4+2a=0$ $\therefore a=-2$
$x=-2$를 $x^2+bx+4=0$에 대입하면
$4-2b+4=0$ $\therefore b=4$
$\therefore b-a=4-(-2)=6$ 답 ⑤

547 $x^2+3x-10=0$에서 $(x+5)(x-2)=0$
$\therefore x=-5$ 또는 $x=2$
$2x^2-3x-2=0$에서 $(2x+1)(x-2)=0$
$\therefore x=-\frac{1}{2}$ 또는 $x=2$
공통이 아닌 근은 각각 $x=-5$, $x=-\frac{1}{2}$이고
$-5<-\frac{1}{2}$이므로 $p=-5$, $q=-\frac{1}{2}$
$\therefore pq=(-5)\times\left(-\frac{1}{2}\right)=\frac{5}{2}$ 답 $\frac{5}{2}$

548 $x=2$를 $x^2+6x-m=0$에 대입하면
$4+12-m=0$ $\therefore m=16$
$m=16$을 $9x^2-(16-m)x-1=0$에 대입하면
$9x^2-1=0$, $(3x+1)(3x-1)=0$
$\therefore x=-\frac{1}{3}$ 또는 $x=\frac{1}{3}$
$m=16$을 $3x^2+(m+4)x-7=0$에 대입하면
$3x^2+20x-7=0$, $(x+7)(3x-1)=0$
$\therefore x=-7$ 또는 $x=\frac{1}{3}$
따라서 두 이차방정식의 공통인 근은 $x=\frac{1}{3}$이다. 답 ③

549 ㄱ. $x^2=1$에서 $x^2-1=0$
$(x+1)(x-1)=0$ $\therefore x=-1$ 또는 $x=1$
ㄴ. $x^2=8x-16$에서 $x^2-8x+16=0$
$(x-4)^2=0$ $\therefore x=4$
ㄷ. $(x-2)^2=9$에서 $x^2-4x+4=9$
$x^2-4x-5=0$, $(x+1)(x-5)=0$
$\therefore x=-1$ 또는 $x=5$
ㄹ. $2x^2-4x+2=0$에서 $2(x^2-2x+1)=0$
$2(x-1)^2=0$ $\therefore x=1$
따라서 중근을 갖는 것은 ㄴ, ㄹ이다. 답 ④

550 ① $x^2-4x+4=0$에서 $(x-2)^2=0$ $\therefore x=2$
② $(x+3)^2=0$ $\therefore x=-3$
③ $x^2-\frac{1}{2}x+\frac{1}{16}=0$에서 $\left(x-\frac{1}{4}\right)^2=0$ $\therefore x=\frac{1}{4}$
④ $x^2-2x=15$에서 $x^2-2x-15=0$
$(x+3)(x-5)=0$ $\therefore x=-3$ 또는 $x=5$
⑤ $x^2-6x+9=0$에서 $(x-3)^2=0$ $\therefore x=3$
따라서 중근을 갖지 않는 것은 ④이다. 답 ④

551 $16x^2-8x+1=0$에서 $(4x-1)^2=0$
$x=\frac{1}{4}$을 중근으로 가지므로 $a=\frac{1}{4}$
$3x^2+6x+3=0$에서 $3(x+1)^2=0$
$x=-1$을 중근으로 가지므로 $b=-1$
$\therefore 4a-b=4\times\frac{1}{4}-(-1)=2$ 답 2

552 $x^2-12x+k+11=0$이 중근을 가지므로
$k+11=\left(\frac{-12}{2}\right)^2$, $k+11=36$
$\therefore k=25$ 답 ⑤

553 주어진 이차방정식의 양변을 2로 나누면 $x^2+\frac{a}{2}x+1=0$
이 이차방정식이 중근을 가지려면
$1=\left(\frac{a}{4}\right)^2$, $a^2=16$
$\therefore a=-4$ 또는 $a=4$ 답 ①, ⑤

554 $x^2-6x+2a+3=0$이 중근을 가지므로

$2a+3=\left(\frac{-6}{2}\right)^2$, $2a+3=9$, $2a=6$ $\therefore a=3$

즉, $x^2-6x+9=0$에서 $(x-3)^2=0$이므로 $x=3$

$\therefore b=3$

$\therefore \frac{b}{a}=\frac{3}{3}=1$ 답 ①

다른 풀이 x^2의 계수가 1이고 $x=b$를 중근으로 갖는 이차방정식은 $(x-b)^2=0$ $\therefore x^2-2bx+b^2=0$

이 식이 $x^2-6x+2a+3=0$과 일치하므로

$-2b=-6$, $b^2=2a+3$

따라서 $b=3$이므로 $b^2=2a+3$에 대입하면

$9=2a+3$ $\therefore a=3$

$\therefore \frac{b}{a}=\frac{3}{3}=1$

555 $x^2+6x+2+k=0$이 중근을 가지므로

$2+k=\left(\frac{6}{2}\right)^2$, $2+k=9$ $\therefore k=7$

$k=7$을 $x^2-kx+10=0$에 대입하면

$x^2-7x+10=0$, $(x-2)(x-5)=0$

$\therefore x=2$ 또는 $x=5$ 답 $x=2$ 또는 $x=5$

Theme 14 이차방정식의 근의 공식 85~89쪽

556 $4(x+2)^2=12$에서 $(x+2)^2=3$

$x+2=\pm\sqrt{3}$ $\therefore x=-2\pm\sqrt{3}$

따라서 $a=-2$, $b=3$이므로

$a+b=-2+3=1$ 답 ③

557 $2(x+3)^2=18$에서 $(x+3)^2=9$

$x+3=\pm3$ $\therefore x=-6$ 또는 $x=0$

답 $x=-6$ 또는 $x=0$

558 ① $(x-3)^2=5$에서 $x-3=\pm\sqrt{5}$ $\therefore x=3\pm\sqrt{5}$

② $(x-4)^2=5$에서 $x-4=\pm\sqrt{5}$ $\therefore x=4\pm\sqrt{5}$

③ $(x-5)^2=5$에서 $x-5=\pm\sqrt{5}$ $\therefore x=5\pm\sqrt{5}$

④ $(x+4)^2=5$에서 $x+4=\pm\sqrt{5}$ $\therefore x=-4\pm\sqrt{5}$

⑤ $(x+5)^2=5$에서 $x+5=\pm\sqrt{5}$ $\therefore x=-5\pm\sqrt{5}$

따라서 해가 $x=-4\pm\sqrt{5}$인 이차방정식은 ④이다. 답 ④

559 $(x-5)^2-7=0$에서 $(x-5)^2=7$

$x-5=\pm\sqrt{7}$ $\therefore x=5\pm\sqrt{7}$

$\therefore$ (두 근의 합)$=(5+\sqrt{7})+(5-\sqrt{7})=10$ 답 ④

560 $4(x-a)^2=52$에서 $(x-a)^2=13$

$x-a=\pm\sqrt{13}$ $\therefore x=a\pm\sqrt{13}$

따라서 $a=5$, $b=13$이므로

$ab=5\times13=65$ 답 ②

561 $9(x-3)^2=a$의 양변을 9로 나누면

$(x-3)^2=\frac{a}{9}$, $x-3=\pm\frac{\sqrt{a}}{3}$

$\therefore x=3\pm\frac{\sqrt{a}}{3}$

이때 두 근의 차가 4이므로 $\left(3+\frac{\sqrt{a}}{3}\right)-\left(3-\frac{\sqrt{a}}{3}\right)=4$

$\frac{2\sqrt{a}}{3}=4$, $\sqrt{a}=6$ $\therefore a=36$ 답 36

562 $(x-4)^2=17k$에서

$x-4=\pm\sqrt{17k}$ $\therefore x=4\pm\sqrt{17k}$

$x=4\pm\sqrt{17k}$가 모두 정수가 되려면 $\sqrt{17k}$가 정수이어야 한다. 즉, $k=17\times$(자연수)^2 꼴이어야 하므로

$k=17\times1^2$, 17×2^2, 17×3^2, $\cdots$

따라서 자연수 k의 최솟값은 17이다. 답 17

563 ㄷ. $a>0$일 때, $(x+5)^2=a$에서 $x=-5\pm\sqrt{a}$이므로 서로 다른 두 근을 갖지만 두 근의 부호가 항상 반대인 것은 아니다.

따라서 옳은 것은 ㄱ, ㄴ이다. 답 ②

564 이차방정식 $(x-5)^2=3-a$가 해를 가질 조건은

$3-a\geq0$ $\therefore a\leq3$

따라서 상수 a의 값이 될 수 없는 것은 ④ 5, ⑤ 7이다.

답 ④, ⑤

565 $5\left(x-\frac{1}{2}\right)^2=2k+3$에서 $\left(x-\frac{1}{2}\right)^2=\frac{2k+3}{5}$

서로 다른 두 근을 가지려면 $\frac{2k+3}{5}>0$이어야 하므로

$2k+3>0$, $2k>-3$ $\therefore k>-\frac{3}{2}$ 답 $k>-\frac{3}{2}$

566 $3x^2-9x+1=0$의 양변을 3으로 나누면

$x^2-3x+\frac{1}{3}=0$, $x^2-3x=-\frac{1}{3}$

$x^2-3x+\frac{9}{4}=-\frac{1}{3}+\frac{9}{4}$, $\left(x-\frac{3}{2}\right)^2=\frac{23}{12}$

따라서 $a=-\frac{3}{2}$, $b=\frac{23}{12}$이므로

$a+b=\left(-\frac{3}{2}\right)+\frac{23}{12}=\frac{5}{12}$ 답 ①

567 $x^2+3x-2=0$에서 $x^2+3x=2$

$x^2+3x+\left(\frac{3}{2}\right)^2=2+\left(\frac{3}{2}\right)^2$

$\left(x+\frac{3}{2}\right)^2=\frac{17}{4}$ $\therefore k=\frac{17}{4}$ 답 $\frac{17}{4}$

568 $\frac{1}{3}x^2+2x+1=0$의 양변에 3을 곱하면

$x^2+6x+3=0$, $x^2+6x=-3$

$x^2+6x+9=-3+9$, $(x+3)^2=6$

따라서 $a=3$, $b=6$이므로

$b-3a=6-3\times3=-3$ 답 -3

569 $(x+1)(x-3)=2$에서 $x^2-2x-3=2$
$x^2-2x=5$, $x^2-2x+1=5+1$
$(x-1)^2=6$
따라서 $a=-1$, $b=6$이므로
$\frac{b}{a}=\frac{6}{-1}=-6$ 답 ②

570 $3x^2-18x-6=0$에서 $x^2-6x-2=0$
$x^2-6x=2$, $x^2-6x+9=2+9$
$(x-3)^2=11$, $x-3=\pm\sqrt{11}$
$\therefore x=3\pm\sqrt{11}$
따라서 $a=9$, $b=3$, $c=11$이므로
$abc=9\times3\times11=297$ 답 297

571 $x^2+4x-13=0$에서 $x^2+4x=13$
$x^2+4x+4=13+4$
$(x+2)^2=17$, $x+2=\pm\sqrt{17}$
$\therefore x=-2\pm\sqrt{17}$ 답 $x=-2\pm\sqrt{17}$

572 $3x^2-8x+2=0$의 양변을 3으로 나누면
$x^2-\frac{8}{3}x+\frac{2}{3}=0$, $x^2-\frac{8}{3}x=-\frac{2}{3}$
$x^2-\frac{8}{3}x+\left(-\frac{4}{3}\right)^2=-\frac{2}{3}+\left(-\frac{4}{3}\right)^2$
$\left(x-\frac{4}{3}\right)^2=\frac{10}{9}$, $x-\frac{4}{3}=\pm\frac{\sqrt{10}}{3}$
$\therefore x=\frac{4}{3}\pm\frac{\sqrt{10}}{3}=\frac{4\pm\sqrt{10}}{3}$
따라서 $a=4$, $b=10$이므로
$a+b=4+10=14$ 답 ③

573 $3x^2+2x-a=0$에서 $x=\frac{-1\pm\sqrt{1+3a}}{3}$
따라서 $1+3a=10$이므로 $3a=9$
$\therefore a=3$ 답 ③

574 $2x^2+3x-1=0$에서
$x=\frac{-3\pm\sqrt{9+8}}{4}=\frac{-3\pm\sqrt{17}}{4}$
따라서 $a=-3$, $b=17$이므로
$b-a=17-(-3)=20$ 답 ④

575 $3x^2-5x+1=0$에서
$x=\frac{5\pm\sqrt{25-12}}{6}=\frac{5\pm\sqrt{13}}{6}$
두 근 중 큰 근은 $x=\frac{5+\sqrt{13}}{6}$이므로 $a=\frac{5+\sqrt{13}}{6}$
$\therefore 6a-\sqrt{13}=6\times\frac{5+\sqrt{13}}{6}-\sqrt{13}$
$=5+\sqrt{13}-\sqrt{13}=5$ 답 ⑤

576 $x=k$를 $x^2-3x+6k=0$에 대입하면
$k^2-3k+6k=0$, $k^2+3k=0$
$k(k+3)=0$ $\therefore k=-3$ ($\because k\neq0$)
$k=-3$을 $3x^2-(k-4)x+1=0$에 대입하면
$3x^2+7x+1=0$에서
$x=\frac{-7\pm\sqrt{49-12}}{6}=\frac{-7\pm\sqrt{37}}{6}$ 답 $x=\frac{-7\pm\sqrt{37}}{6}$

577 주어진 이차방정식의 양변에 4를 곱하면
$x(x-4)=2(3x-1)$
$x^2-4x=6x-2$, $x^2-10x+2=0$
$\therefore x=5\pm\sqrt{25-2}=5\pm\sqrt{23}$
따라서 $a=5$, $b=23$이므로
$3a-b=3\times5-23=-8$ 답 ②

578 주어진 이차방정식의 양변에 10을 곱하면
$2x^2+5x+2=0$, $(x+2)(2x+1)=0$
$\therefore x=-2$ 또는 $x=-\frac{1}{2}$ 답 ②

579 $(2x-3)(2x-5)=39$에서 $4x^2-16x-24=0$
$x^2-4x-6=0$ $\therefore x=2\pm\sqrt{4+6}=2\pm\sqrt{10}$
따라서 두 근의 곱은
$(2-\sqrt{10})\times(2+\sqrt{10})=4-10=-6$ 답 ②

580 주어진 이차방정식의 양변에 3을 곱하면
$12x-(x^2+1)=6(x-1)$
$12x-x^2-1=6x-6$, $x^2-6x-5=0$
$\therefore x=3\pm\sqrt{9+5}=3\pm\sqrt{14}$
이때 $\alpha>\beta$이므로 $\alpha=3+\sqrt{14}$, $\beta=3-\sqrt{14}$
$\therefore \alpha-\beta=(3+\sqrt{14})-(3-\sqrt{14})$
$=2\sqrt{14}$ 답 $2\sqrt{14}$

581 $0.1x^2-0.2x-0.8=0$의 양변에 10을 곱하면
$x^2-2x-8=0$, $(x+2)(x-4)=0$
$\therefore x=-2$ 또는 $x=4$
$\frac{1}{3}x^2-\frac{3}{2}x+\frac{2}{3}=0$의 양변에 6을 곱하면
$2x^2-9x+4=0$, $(2x-1)(x-4)=0$
$\therefore x=\frac{1}{2}$ 또는 $x=4$
따라서 두 이차방정식의 공통인 근은 $x=4$이다. 답 $x=4$

582 주어진 이차방정식의 양변에 10을 곱하면
$4x+20=10x-2(2x-4)(x+3)$
$4x+20=10x-4x^2-4x+24$
$4x^2-2x-4=0$, $2x^2-x-2=0$
$\therefore x=\frac{1\pm\sqrt{1+16}}{4}=\frac{1\pm\sqrt{17}}{4}$
따라서 $a=1$, $b=17$이므로
$b-a=17-1=16$ 답 ①

583 $(x+2)(x-12)=4x+8$에서
$x^2-10x-24=4x+8$, $x^2-14x-32=0$
$(x+2)(x-16)=0$ $\therefore x=-2$ 또는 $x=16$

이때 $a>b$이므로 $a=16$, $b=-2$

즉, $\frac{1}{16}x^2-\frac{1}{2}x+1=0$의 양변에 16을 곱하면

$x^2-8x+16=0$, $(x-4)^2=0$

$\therefore x=4$ 답 ①

584 $2x-1=A$로 치환하면

$12A^2-11A+2=0$, $(4A-1)(3A-2)=0$

$\therefore A=\frac{1}{4}$ 또는 $A=\frac{2}{3}$

$2x-1=\frac{1}{4}$ 또는 $2x-1=\frac{2}{3}$이므로 $x=\frac{5}{8}$ 또는 $x=\frac{5}{6}$

이때 $a>b$이므로 $a=\frac{5}{6}$, $b=\frac{5}{8}$

$\therefore 6a+8b=6\times\frac{5}{6}+8\times\frac{5}{8}=10$ 답 10

585 $x-\frac{1}{3}=A$로 치환하면

$3A^2+2=5A$, $3A^2-5A+2=0$

$(3A-2)(A-1)=0$

$\therefore A=\frac{2}{3}$ 또는 $A=1$

따라서 $x-\frac{1}{3}=\frac{2}{3}$ 또는 $x-\frac{1}{3}=1$이므로

$x=1$ 또는 $x=\frac{4}{3}$ 답 $x=1$ 또는 $x=\frac{4}{3}$

586 $x+2=A$로 치환하면

$0.1A^2-\frac{1}{5}A=0.8$

양변에 10을 곱하면

$A^2-2A-8=0$, $(A+2)(A-4)=0$

$\therefore A=-2$ 또는 $A=4$

$x+2=-2$ 또는 $x+2=4$이므로 $x=-4$ 또는 $x=2$

따라서 음수인 해는 $x=-4$이다. 답 ③

587 $a-b=A$로 치환하면

$A(A-1)=6$, $A^2-A-6=0$

$(A+2)(A-3)=0$ $\therefore A=-2$ 또는 $A=3$

이때 $a>b$에서 $A>0$이므로 $A=3$

$\therefore a-b=3$ 답 3

588 $x^2-2x-5=0$에서

$x=1\pm\sqrt{1+5}=1\pm\sqrt{6}$

$a>b$이므로 $a=1+\sqrt{6}$, $b=1-\sqrt{6}$

$b-1<n<a-1$에서 $-\sqrt{6}<n<\sqrt{6}$

이때 $2<\sqrt{6}<3$, $-3<-\sqrt{6}<-2$이므로 주어진 부등식을 만족시키는 정수 n은 -2, -1, 0, 1, 2의 5개이다.

답 ④

589 $2x^2-6x-1=0$에서

$x=\frac{3\pm\sqrt{9+2}}{2}=\frac{3\pm\sqrt{11}}{2}$

$a<b$이므로 $a=\frac{3-\sqrt{11}}{2}$, $b=\frac{3+\sqrt{11}}{2}$

$\therefore b-a=\frac{3+\sqrt{11}-(3-\sqrt{11})}{2}=\sqrt{11}$

이때 $3<\sqrt{11}<4$이므로 $n<\sqrt{11}<n+1$을 만족시키는 정수 n의 값은 3이다. 답 ③

590 $x^2+8x=-3$에서 $x^2+8x+3=0$

$\therefore x=-4\pm\sqrt{16-3}=-4\pm\sqrt{13}$

$2x+5<4x+7$에서

$-2x<2$ $\therefore x>-1$

이때 $3<\sqrt{13}<4$, $-4<-\sqrt{13}<-3$이므로

$-1<-4+\sqrt{13}<0$, $-8<-4-\sqrt{13}<-7$

따라서 $p=-4+\sqrt{13}$이므로 $p+4=\sqrt{13}$이다. 답 $\sqrt{13}$

유형모아 Theme 12 이차방정식의 뜻과 해

1책 90쪽

591 ㄱ. 이차식

ㄴ. $x(x+5)=1+x^2$에서

$x^2+5x=1+x^2$, $5x-1=0$ ⇨ 일차방정식

ㄷ. $x^2-1=0$ ⇨ 이차방정식

ㄹ. $(x+1)(x-1)=-x^2$에서 $x^2-1=-x^2$

$2x^2-1=0$ ⇨ 이차방정식

ㅁ. $3x-x^2=x^2-1$에서

$-2x^2+3x+1=0$ ⇨ 이차방정식

ㅂ. $x(x^2+1)=6x+1$에서 $x^3+x=6x+1$

$x^3-5x-1=0$ ⇨ 이차방정식이 아니다.

따라서 x에 대한 이차방정식은 ㄷ, ㄹ, ㅁ의 3개이다.

답 ③

592 ① $3^2-3\times3+5\neq0$

② $3^2-8\times3\neq-12$

③ $3^2+2\times3+1\neq0$

④ $2\times3^2-5\times3-3=0$

⑤ $2\times3^2+3-1\neq0$

따라서 $x=3$을 해로 갖는 것은 ④이다. 답 ④

593 $x=-3$을 $x^2+ax-3=0$에 대입하면

$9-3a-3=0$ $\therefore a=2$

$x=1$을 $3x^2-4x-b=0$에 대입하면

$3-4-b=0$ $\therefore b=-1$

$\therefore ab=2\times(-1)=-2$ 답 ①

594 $x=a$를 $x^2+4x+3=0$에 대입하면

$a^2+4a+3=0$에서 $a^2+4a=-3$

$\therefore 2a^2+8a-3=2(a^2+4a)-3$

$=2\times(-3)-3=-9$ 답 ①

595 $(x-1)(4x+1)=(a-1)x^2-x$에서
$4x^2-3x-1=(a-1)x^2-x$
$\therefore (a-5)x^2+2x+1=0$
따라서 x에 대한 이차방정식이 되려면
$a-5\neq0$ $\therefore a\neq5$ 답 $a\neq5$

596 $x=3$을 $x^2+ax+b=0$에 대입하면
$9+3a+b=0$ $\therefore 3a+b=-9$ …… ㉠
$x=-1$을 $x^2+bx+2a=0$에 대입하면
$1-b+2a=0$ $\therefore 2a-b=-1$ …… ㉡
㉠, ㉡을 연립하여 풀면 $a=-2$, $b=-3$
$\therefore a+b=(-2)+(-3)=-5$ 답 ②

597 $x=a$를 $x^2+x+1=0$에 대입하면 $a^2+a+1=0$
$a+1=-a^2$, $a^2+1=-a$
$\therefore \frac{a^2}{1+a}+\frac{a}{1+a^2}=\frac{a^2}{-a^2}+\frac{a}{-a}$
$=-1+(-1)$
$=-2$ 답 ②

Theme 12 이차방정식의 뜻과 해 2회 91쪽

598 ⑤ $x^2+4x=(x+2)(x-3)$에서
$x^2+4x=x^2-x-6$
$5x+6=0$ ⇨ 일차방정식
따라서 x에 대한 이차방정식이 아닌 것은 ⑤이다. 답 ⑤

599 $x=1$을 $x^2+ax-5=0$에 대입하면
$1+a-5=0$ $\therefore a=4$ 답 4

600 $(x-1)(2x+3)=(x-2)^2$에서
$2x^2+x-3=x^2-4x+4$ $\therefore x^2+5x-7=0$
따라서 $a=5$, $b=-7$이므로
$a-b=5-(-7)=12$ 답 12

601 ① $x=-3$일 때, $(-3)^2-(-3)+6\neq0$
$x=2$일 때, $2^2-2+6\neq0$
② $x=-3$일 때, $(-3)^2+(-3)=6$
$x=2$일 때, $2^2+2=6$
③ $x=-3$일 때, $(-3)\times(-3+2)\neq-3-4$
$x=2$일 때, $2\times(2+2)\neq2-4$
④ $x=-3$일 때, $(-3)^2+5\times(-3)\neq-3+2$
$x=2$일 때, $2^2+5\times2\neq2+2$
⑤ $x=-3$일 때, $(-3+4)^2\neq9$
$x=2$일 때, $(2+4)^2\neq9$ 답 ②

602 $x=-\frac{1}{2}$을 $ax^2-2=0$에 대입하면
$\frac{1}{4}a-2=0$, $\frac{1}{4}a=2$ $\therefore a=8$
$x=\frac{1}{2}$을 $2x^2-bx-3=0$에 대입하면
$\frac{1}{2}-\frac{1}{2}b-3=0$, $\frac{1}{2}b=-\frac{5}{2}$ $\therefore b=-5$
$\therefore a+b=8+(-5)=3$ 답 ③

603 $x=m$을 $x^2-3x-5=0$에 대입하면
$m^2-3m-5=0$에서 $m^2-3m=5$
$\therefore (m-4)(m+1)=m^2-3m-4$
$=5-4=1$ 답 ④

604 $x=a$를 $x^2-4x-1=0$에 대입하면
$a^2-4a-1=0$ $\therefore a^2-4a=1$
$x=b$를 $2x^2-3x-4=0$에 대입하면
$2b^2-3b-4=0$ $\therefore 2b^2-3b=4$
$\therefore a^2-4a+4b^2-6b=(a^2-4a)+2(2b^2-3b)$
$=1+2\times4=9$ 답 ③

Theme 13 인수분해를 이용한 이차방정식의 풀이 1회 92쪽

605 $x^2+2x-15=0$에서 $(x+5)(x-3)=0$
$\therefore x=-5$ 또는 $x=3$ 답 ③

606 ① $x^2-1=0$에서 $(x+1)(x-1)=0$
$\therefore x=-1$ 또는 $x=1$
② $x(x+2)=0$ $\therefore x=0$ 또는 $x=-2$
③ $x^2+6x+9=0$에서 $(x+3)^2=0$ $\therefore x=-3$
④ $x^2-4x-5=0$에서 $(x+1)(x-5)=0$
$\therefore x=-1$ 또는 $x=5$
⑤ $(x+2)(x-2)=0$ $\therefore x=-2$ 또는 $x=2$
따라서 중근을 갖는 것은 ③이다. 답 ③

607 $x^2+x-2=0$에서 $(x+2)(x-1)=0$
$\therefore x=-2$ 또는 $x=1$
$x^2-x-6=0$에서 $(x+2)(x-3)=0$
$\therefore x=-2$ 또는 $x=3$
따라서 두 이차방정식의 공통인 근은 $x=-2$이다. 답 ①

608 $2x^2-9x-5=0$에서 $(2x+1)(x-5)=0$
$\therefore x=-\frac{1}{2}$ 또는 $x=5$
이때 두 근 중 작은 근이 $x=-\frac{1}{2}$이므로
$x=-\frac{1}{2}$을 $x^2+3x+k=0$에 대입하면
$\left(-\frac{1}{2}\right)^2+3\times\left(-\frac{1}{2}\right)+k=0$
$\frac{1}{4}-\frac{3}{2}+k=0$ $\therefore k=\frac{5}{4}$ 답 ③

609 $x=-4$를 $x^2-2x+a=0$에 대입하면
$16+8+a=0 \quad \therefore a=-24$
즉, $x^2-2x-24=0$에서 $(x+4)(x-6)=0$
$\therefore x=-4$ 또는 $x=6$
따라서 다른 한 근은 $x=6$이므로 $b=6$
$b=6$을 $x^2-2bx+32=0$에 대입하면
$x^2-12x+32=0$, $(x-4)(x-8)=0$
$\therefore x=4$ 또는 $x=8$ 답 $x=4$ 또는 $x=8$

610 $-3m+7=\left\{\dfrac{-(m-4)}{2}\right\}^2$이므로
$4(-3m+7)=(m-4)^2$, $-12m+28=m^2-8m+16$
$m^2+4m-12=0$, $(m+6)(m-2)=0$
$\therefore m=-6$ 또는 $m=2$
따라서 모든 상수 m의 값의 합은
$-6+2=-4$ 답 ②

611 $x=1$을 $(a-2)x^2+(a^2+3)x-6a+5=0$에 대입하면
$(a-2)+(a^2+3)-6a+5=0$
$a^2-5a+6=0$, $(a-2)(a-3)=0$
$\therefore a=2$ 또는 $a=3$
이때 $a=2$이면 이차방정식이 아니므로 $a=3$
즉, $x^2+12x-13=0$에서 $(x+13)(x-1)=0$
$\therefore x=-13$ 또는 $x=1$
따라서 다른 한 근은 $x=-13$이므로 $b=-13$
$\therefore a-b=3-(-13)=16$ 답 16

유형모아 Theme 13 인수분해를 이용한 이차방정식의 풀이 2 93쪽

612 $3x^2+7x=6$에서 $3x^2+7x-6=0$
$(x+3)(3x-2)=0$
$\therefore x=-3$ 또는 $x=\dfrac{2}{3}$
따라서 -3과 $\dfrac{2}{3}$ 사이에 있는 정수는 -2, -1, 0의 3개이다. 답 3

613 $-x^2+12x+a=0$, 즉 $x^2-12x-a=0$이 중근을 가지므로
$-a=\left(\dfrac{-12}{2}\right)^2$, $-a=36$
$\therefore a=-36$ 답 ②

614 $x=-5$를 $x^2+ax+20=0$에 대입하면
$25-5a+20=0$, $5a=45 \quad \therefore a=9$
즉, $x^2+9x+20=0$에서 $(x+5)(x+4)=0$
$\therefore x=-5$ 또는 $x=-4$
따라서 다른 한 근은 $x=-4$이므로 $b=-4$
$\therefore a+b=9+(-4)=5$ 답 ④

615 $x^2-2x-3=0$에서 $(x+1)(x-3)=0$
$\therefore x=-1$ 또는 $x=3$
$2x^2-3x-5=0$에서 $(x+1)(2x-5)=0$
$\therefore x=-1$ 또는 $x=\dfrac{5}{2}$
두 이차방정식의 공통인 근이 $x=-1$이므로 공통이 아닌 근은 각각 $x=3$, $x=\dfrac{5}{2}$이고 $3>\dfrac{5}{2}$이므로 $p=3$, $q=\dfrac{5}{2}$
$\therefore p+2q=3+2\times\dfrac{5}{2}=8$ 답 ⑤

616 $x^2-4x-12=0$에서 $(x+2)(x-6)=0$
$\therefore x=-2$ 또는 $x=6$
$x^2-2x-24=0$에서 $(x+4)(x-6)=0$
$\therefore x=-4$ 또는 $x=6$
따라서 두 이차방정식의 공통인 근은 $x=6$이다.
$x=6$을 $\dfrac{1}{2}x^2-ax+3a=0$에 대입하면
$18-6a+3a=0$, $3a=18$
$\therefore a=6$ 답 6

617 $9x^2-30x+a=0$에서 $x^2-\dfrac{10}{3}x+\dfrac{a}{9}=0$
이 식이 중근을 가지므로
$\dfrac{a}{9}=\left(-\dfrac{5}{3}\right)^2$, $\dfrac{a}{9}=\dfrac{25}{9}$
$\therefore a=25$
즉, $9x^2-30x+25=0$에서 $(3x-5)^2=0$이므로
$x=\dfrac{5}{3} \quad \therefore k=\dfrac{5}{3}$ 답 $\dfrac{5}{3}$

618 $x^2+5x-14=0$에서 $(x+7)(x-2)=0$
$\therefore x=-7$ 또는 $x=2$
이때 두 근 중 양수인 근이 $x=2$이므로
$x=2$를 $x^2-(a-1)x+a=0$에 대입하면
$4-2(a-1)+a=0 \quad \therefore a=6$
즉, $x^2-5x+6=0$에서 $(x-2)(x-3)=0$
$\therefore x=2$ 또는 $x=3$
따라서 다른 한 근은 $x=3$이다. 답 ③

유형모아 Theme 14 이차방정식의 근의 공식 1 94쪽

619 $3(x-1)^2-9=0$에서 $(x-1)^2=3$
$x-1=\pm\sqrt{3} \quad \therefore x=1\pm\sqrt{3}$
따라서 $a=1$, $b=3$이므로
$ab=1\times3=3$ 답 ③

620 주어진 이차방정식의 양변에 10을 곱하면
$2x^2+5x-5=0$
$\therefore x=\dfrac{-5\pm\sqrt{25+40}}{4}=\dfrac{-5\pm\sqrt{65}}{4}$ 답 ④

621 서로 다른 두 근을 가지려면 $\dfrac{a-3}{4}>0$이어야 하므로
$a-3>0 \quad \therefore a>3$ 답 $a>3$

622 $3x^2+x-3=0$에서 $x^2+\frac{1}{3}x=1$

$x^2+\frac{1}{3}x+\frac{1}{36}=1+\frac{1}{36}$, $\left(x+\frac{1}{6}\right)^2=\frac{37}{36}$

따라서 $p=\frac{1}{6}$, $q=\frac{37}{36}$이므로

$p+q=\frac{1}{6}+\frac{37}{36}=\frac{43}{36}$ 답 ①

623 $4x^2-2x-4=0$에서 $x^2-\frac{1}{2}x=1$

$x^2-\frac{1}{2}x+\frac{1}{16}=1+\frac{1}{16}$, $\left(x-\frac{1}{4}\right)^2=\frac{17}{16}$

$\therefore x=\frac{1\pm\sqrt{17}}{4}$

따라서 $a=1$, $b=17$이므로

$a+b=1+17=18$ 답 ③

624 $(x-y)(x-y+1)-6=0$에서

$x-y=A$로 치환하면

$A(A+1)-6=0$, $A^2+A-6=0$

$(A+3)(A-2)=0$ $\quad\therefore A=-3$ 또는 $A=2$

이때 $x>y$에서 $x-y>0$이므로 $A>0$

$\therefore x-y=2$ 답 2

625 $(x-2)(x+3)=-4x$에서 $x^2+x-6=-4x$

$x^2+5x-6=0$, $(x+6)(x-1)=0$

$\therefore x=-6$ 또는 $x=1$

이때 $a>b$이므로 $a=1$, $b=-6$

이차방정식 $\frac{1}{b}x^2+\frac{1}{a}x+1=0$에 $a=1$, $b=-6$을 대입하면

$-\frac{1}{6}x^2+x+1=0$, $x^2-6x-6=0$

$\therefore x=3\pm\sqrt{9+6}=3\pm\sqrt{15}$ 답 ④

유형 모아 Theme 14 이차방정식의 근의 공식 2회 95쪽

626 $\frac{1}{3}(x-1)^2=4$에서 $(x-1)^2=12$

$x-1=\pm2\sqrt{3}$ $\quad\therefore x=1\pm2\sqrt{3}$

$\therefore$ (두 근의 합)$=(1-2\sqrt{3})+(1+2\sqrt{3})=2$ 답 ②

627 $3x^2+4x+a=0$에서 $x=\frac{-2\pm\sqrt{4-3a}}{3}$

따라서 $b=-2$이고 $4-3a=13$이므로 $a=-3$

$\therefore a+b=(-3)+(-2)=-5$ 답 ①

628 $2x^2+4x-1=0$에서 $x^2+2x-\frac{1}{2}=0$

$x^2+2x=\frac{1}{2}$, $x^2+2x+1=\frac{1}{2}+1$, $(x+1)^2=\frac{3}{2}$

$x+1=\pm\sqrt{\frac{3}{2}}$, $x+1=\pm\frac{\sqrt{6}}{2}$ $\quad\therefore x=-1\pm\frac{\sqrt{6}}{2}$

따라서 $a=1$, $b=\frac{3}{2}$, $c=6$이므로

$abc=1\times\frac{3}{2}\times6=9$ 답 ④

629 주어진 이차방정식의 양변에 6을 곱하면

$x^2-4x=2(5x-4)$, $x^2-14x+8=0$

$\therefore x=7\pm\sqrt{41}$

따라서 $p=7$, $q=41$이므로

$q-p=41-7=34$ 답 ②

630 $3x^2-6x-15=0$에서 $x^2-2x=5$

$x^2-2x+1=5+1$, $(x-1)^2=6$

따라서 $a=-1$, $b=6$이므로

$-2a+b=-2\times(-1)+6=8$ 답 ⑤

631 $(2x-1)^2-2x-x^2-5=(x+1)(x-1)$에서

$4x^2-4x+1-2x-x^2-5=x^2-1$

$2x^2-6x-3=0$ $\quad\therefore x=\frac{3\pm\sqrt{15}}{2}$

따라서 $a=\frac{3-\sqrt{15}}{2}$, $b=\frac{3+\sqrt{15}}{2}$ 또는 $a=\frac{3+\sqrt{15}}{2}$,

$b=\frac{3-\sqrt{15}}{2}$이므로

$a+b=3$ 답 3

632 주어진 이차방정식을 정리하면

$x^2-4x+4=2x+2$, $x^2-6x+2=0$

$\therefore x=3\pm\sqrt{7}$

이때 $k=3+\sqrt{7}$이고 $2<\sqrt{7}<3$이므로 $5<3+\sqrt{7}<6$

따라서 구하는 정수 n의 값은 5이다. 답 5

Theme 모아 중단원 마무리 96~97쪽

633 ㄱ. $3x^2-4x=x^2-3$에서

$2x^2-4x+3=0$ ⇨ 이차방정식

ㄴ. $2x(x-2)=4+2x^2$에서 $2x^2-4x=4+2x^2$

$-4x-4=0$ ⇨ 일차방정식

ㄷ. x^2+2x+1 ⇨ 이차식

ㄹ. $2x-4x^2=x(2x-3)$에서 $2x-4x^2=2x^2-3x$

$-6x^2+5x=0$ ⇨ 이차방정식

ㅁ. $\frac{5}{x^2}+2x+5=0$ ⇨ 이차방정식이 아니다.

ㅂ. $2x-3=x^2$에서

$-x^2+2x-3=0$ ⇨ 이차방정식

따라서 x에 대한 이차방정식은 ㄱ, ㄹ, ㅂ이다. 답 ③

634 $x=\frac{1}{3}$을 $3x^2+ax+2a-5=0$에 대입하면

$\frac{1}{3}+\frac{1}{3}a+2a-5=0$, $\frac{7}{3}a=\frac{14}{3}$

$\therefore a=2$ 답 ④

635 ① $(-5)^2-2\times(-5)-15\neq0$

② $3\times2^2+7\times2+2\neq0$

③ $4\times\left(\frac{1}{3}\right)^2-13\times\frac{1}{3}+3\neq0$

④ $3\times3^2-5\times3-2\neq0$

⑤ $2\times1^2+1-3=0$

따라서 [ ] 안의 수가 주어진 이차방정식의 해인 것은 ⑤이다. 답 ⑤

636 $x=a$를 $x^2+3x+1=0$에 대입하면

$a^2+3a+1=0$이므로 $a^2+3a=-1$

$\therefore 2a^2+6a+3=2(a^2+3a)+3$

$=2\times(-1)+3=1$ 답 ②

637 $x^2-3x+2=0$, $(x-1)(x-2)=0$

$\therefore x=1$ 또는 $x=2$

이때 두 근 중 작은 근이 $x=1$이므로

$x=1$을 $2kx^2+(k+3)x-5=0$에 대입하면

$2k+(k+3)-5=0$, $3k-2=0$

$\therefore k=\frac{2}{3}$ 답 $\frac{2}{3}$

638 $x=-2$를 $3x^2+3x+a=0$에 대입하면

$3\times(-2)^2+3\times(-2)+a=0$

$6+a=0$ $\therefore a=-6$

$x=-2$를 $x^2+bx-8=0$에 대입하면

$(-2)^2-2b-8=0$

$-2b-4=0$ $\therefore b=-2$

$\therefore a+b=(-6)+(-2)=-8$ 답 ①

639 ㄱ. $x^2=14x-49$에서 $x^2-14x+49=0$

$(x-7)^2=0$ $\therefore x=7$

ㄴ. $x^2=1$에서 $x=\pm1$

ㄷ. $(x-2)^2=2$에서 $x-2=\pm\sqrt{2}$ $\therefore x=2\pm\sqrt{2}$

ㄹ. $4x^2+4x+1=0$에서 $(2x+1)^2=0$ $\therefore x=-\frac{1}{2}$

따라서 중근을 갖는 것은 ㄱ, ㄹ이다. 답 ③

640 $(x-5)^2=k-4$가 중근을 가지므로

$k-4=0$에서 $k=4$

따라서 $(x-5)^2=0$에서 $x=5$이므로 $a=5$

$\therefore a-k=5-4=1$ 답 ②

참고 중근을 가질 조건을 이용하여 k, a의 값을 각각 구한다.

641 $2x^2-6x+m=0$에서 $x=\frac{3\pm\sqrt{9-2m}}{2}$

따라서 $n=3$이고, $9-2m=3$에서 $m=3$

$\therefore 2m+n=2\times3+3=9$ 답 ④

642 $2(x+3)(2x-1)=2x^2+9x$에서

$2(2x^2+5x-3)=2x^2+9x$, $4x^2+10x-6=2x^2+9x$

$2x^2+x-6=0$, $(x+2)(2x-3)=0$

$\therefore x=-2$ 또는 $x=\frac{3}{2}$

따라서 두 근의 곱은

$(-2)\times\frac{3}{2}=-3$ 답 ②

643 $x=-2$를 $(a-1)x^2+(a^2-3)x-6a+2=0$에 대입하면

$4(a-1)-2(a^2-3)-6a+2=0$

$4a-4-2a^2+6-6a+2=0$

$-2a^2-2a+4=0$, $a^2+a-2=0$

$(a+2)(a-1)=0$ $\therefore a=-2$ 또는 $a=1$

이때 $a=1$이면 이차방정식이 아니므로 $a=-2$

$a=-2$를 주어진 식에 대입하면

$(-2-1)x^2+(4-3)x-6\times(-2)+2=0$

$-3x^2+x+14=0$, $3x^2-x-14=0$

$(x+2)(3x-7)=0$ $\therefore x=-2$ 또는 $x=\frac{7}{3}$

따라서 다른 한 근은 $x=\frac{7}{3}$이다. 답 $x=\frac{7}{3}$

644 $(12x+1)^2+(12x+1)-6=0$에서

$12x+1=X$로 치환하면

$X^2+X-6=0$, $(X+3)(X-2)=0$

$\therefore X=-3$ 또는 $X=2$

즉, $12x+1=-3$ 또는 $12x+1=2$이므로

$x=-\frac{1}{3}$ 또는 $x=\frac{1}{12}$

따라서 두 근의 차는 $\frac{1}{12}-\left(-\frac{1}{3}\right)=\frac{5}{12}$이므로

$p=12$, $q=5$

$\therefore p+q=12+5=17$ 답 ③

645 $x=m$을 $x^2-5x-9=0$에 대입하면

$m^2-5m-9=0$ $\therefore m^2-5m=9$ …❶

$x=n$을 $x^2-7x-5=0$에 대입하면

$n^2-7n-5=0$ $\therefore n^2-7n=5$ …❷

$\therefore m^2+2n^2-5m-14n=(m^2-5m)+2(n^2-7n)$

$=9+2\times5=19$ …❸

답 19

채점 기준	배점
❶ m^2-5m의 값 구하기	30 %
❷ n^2-7n의 값 구하기	30 %
❸ $m^2+2n^2-5m-14n$의 값 구하기	40 %

646 $x^2-6x+k=0$이 중근을 가지므로

$k=\left(\frac{-6}{2}\right)^2=9$ …❶

$k=9$를 $(k-7)x^2-5x-3=0$에 대입하면

$2x^2-5x-3=0$, $(2x+1)(x-3)=0$

$\therefore x=-\frac{1}{2}$ 또는 $x=3$ …❷

답 $x=-\frac{1}{2}$ 또는 $x=3$

채점 기준	배점
❶ k의 값 구하기	50 %
❷ 이차방정식 $(k-7)x^2-5x-3=0$의 근 구하기	50 %

06. 이차방정식의 활용

한번 더 핵심 유형 98~103쪽

Theme 15 이차방정식의 성질 98~99쪽

647 ① $(-3)^2-4\times1\times0>0$ ⇨ 서로 다른 두 근을 갖는다.
⇨ 근이 2개
② $3^2-4\times1\times7<0$ ⇨ 근이 없다. ⇨ 근이 0개
③ $(-1)^2-4\times3\times(-1)>0$ ⇨ 서로 다른 두 근을 갖는다. ⇨ 근이 2개
④ $x^2+\frac{1}{3}x=\frac{1}{6}$에서 $6x^2+2x-1=0$
$2^2-4\times6\times(-1)>0$ ⇨ 서로 다른 두 근을 갖는다.
⇨ 근이 2개
⑤ $2x^2+1=8x$에서 $2x^2-8x+1=0$
$(-8)^2-4\times2\times1>0$ ⇨ 서로 다른 두 근을 갖는다.
⇨ 근이 2개
따라서 근의 개수가 나머지 넷과 다른 하나는 ②이다.
답 ②

648 ① $1^2-4\times1\times(-6)>0$ ⇨ 서로 다른 두 근을 갖는다.
② $4^2-4\times1\times3>0$ ⇨ 서로 다른 두 근을 갖는다.
③ $3^2-4\times2\times4<0$ ⇨ 근이 없다.
④ $5^2-4\times3\times(-2)>0$ ⇨ 서로 다른 두 근을 갖는다.
⑤ $2^2-4\times3\times\frac{1}{3}=0$ ⇨ 중근을 갖는다.
따라서 근을 갖지 않는 것은 ③이다. 답 ③

649 ㄱ. $n=0$이면 $x^2+mx=0$에서
$m^2-4\times1\times0\ge0$이므로 근을 갖는다.
ㄴ. $m=4$, $n=-4$이면 $x^2+4x-4=0$에서
$4^2-4\times1\times(-4)>0$이므로 서로 다른 두 근을 갖는다.
ㄷ. $m=3$, $n=5$이면 $x^2+3x+5=0$에서
$3^2-4\times1\times5<0$이므로 근이 없다.
ㄹ. $m=0$, $n=16$이면 $x^2+16=0$에서
$0^2-4\times1\times16<0$이므로 근이 없다.
따라서 옳은 것은 ㄴ, ㄷ이다. 답 ③

650 $\{-2(k-1)\}^2-4\times1\times25=0$, $4k^2-8k-96=0$
$k^2-2k-24=0$, $(k+4)(k-6)=0$
$\therefore k=-4$ 또는 $k=6$
이때 $k>0$이므로 $k=6$ 답 6

다른 풀이 $25=\left\{\frac{-2(k-1)}{2}\right\}^2$
$(k-1)^2=25$, $k-1=\pm5$
$\therefore k=-4$ 또는 $k=6$
이때 $k>0$이므로 $k=6$

651 $(-4m)^2-4\times1\times(2m+6)=0$이므로
$16m^2-8m-24=0$, $2m^2-m-3=0$
$(2m-3)(m+1)=0$ $\therefore m=\frac{3}{2}$ 또는 $m=-1$
따라서 모든 상수 m의 값의 합은
$\frac{3}{2}+(-1)=\frac{1}{2}$ 답 ④

652 $x^2-8x+a=0$이 중근을 가지므로
$(-8)^2-4\times1\times a=0$, $64-4a=0$
$\therefore a=16$
$a=16$을 $4x^2-(a-4)x+b=0$에 대입하면
$4x^2-12x+b=0$
이 이차방정식이 중근을 가지므로
$(-12)^2-4\times4\times b=0$, $144-16b=0$
$\therefore b=9$
$\therefore \sqrt{ab}=\sqrt{16\times9}=\sqrt{144}=12$ 답 ③

653 $x^2-4x+k-8=0$이 중근을 가지므로
$(-4)^2-4\times1\times(k-8)=0$, $-4k+48=0$
$\therefore k=12$
$k=12$를 $x^2+(k-4)x+2(k-6)=0$에 대입하면
$x^2+8x+12=0$, $(x+6)(x+2)=0$
$\therefore x=-6$ 또는 $x=-2$
따라서 두 근의 곱은
$-6\times(-2)=12$ 답 ⑤

654 이차방정식 $x^2-6x+k+6=0$이 근을 가지므로
$(-6)^2-4\times1\times(k+6)\ge0$에서
$36-4k-24\ge0$, $-4k\ge-12$
$\therefore k\le3$ 답 ①

655 이차방정식 $3x^2+x+k-1=0$의 해가 없으므로
$1^2-4\times3\times(k-1)<0$
$1-12k+12<0$ $\therefore k>\frac{13}{12}$
따라서 k의 값이 될 수 있는 것은 ⑤ 2이다. 답 ⑤

656 이차방정식 $2x^2+9x+k+5=0$이 근을 가지려면
$9^2-4\times2\times(k+5)\ge0$, $41-8k\ge0$
$\therefore k\le\frac{41}{8}$
따라서 가장 큰 정수 k의 값은 5이다. 답 5

657 이차방정식 $x^2-4x-a=0$이 서로 다른 두 근을 가지므로
$(-4)^2-4\times1\times(-a)>0$에서 $16+4a>0$
$\therefore a>-4$ …… ㉠
이차방정식 $x^2+(a+4)x+1=0$이 중근을 가지므로
$(a+4)^2-4\times1\times1=0$에서
$a^2+8a+16-4=0$, $a^2+8a+12=0$
$(a+6)(a+2)=0$
$\therefore a=-6$ 또는 $a=-2$ …… ㉡
㉠, ㉡에서 $a=-2$ 답 -2

658 두 근이 1, 2이고 x^2의 계수가 2인 이차방정식은
$2(x-1)(x-2)=0$
$2(x^2-3x+2)=0$ $\therefore 2x^2-6x+4=0$
따라서 $a=2$, $b=-6$, $c=4$이므로
$a-b+c=2-(-6)+4=12$ 답 ②

659 중근이 $x=-\frac{2}{3}$이고 x^2의 계수가 9인 이차방정식은
$9\left(x+\frac{2}{3}\right)^2=0$, $9\left(x^2+\frac{4}{3}x+\frac{4}{9}\right)=0$
$9x^2+12x+4=0$ $\therefore a=12,\ b=4$
$\therefore a-b=12-4=8$ 답 ⑤

660 이차방정식 $x^2+ax+b=0$의 두 근이 3, 6이므로
$(x-3)(x-6)=0$에서 $x^2-9x+18=0$
$\therefore a=-9,\ b=18$
따라서 -9, 18을 두 근으로 하고 x^2의 계수가 3인 이차방정식은
$3(x+9)(x-18)=0$
$\therefore 3x^2-27x-486=0$ 답 $3x^2-27x-486=0$

Theme 16 이차방정식의 활용 100~103쪽

661 $\frac{n(n-3)}{2}=35$이므로 $n^2-3n-70=0$
$(n-10)(n+7)=0$ $\therefore n=10\ (\because n>3)$
따라서 구하는 다각형은 십각형이다. 답 ①

662 $\frac{n(n+1)}{2}=66$이므로 $n^2+n-132=0$
$(n+12)(n-11)=0$ $\therefore n=11\ (\because n$은 자연수$)$
따라서 1부터 11까지의 수를 더해야 한다. 답 ⑤

663 $\frac{n(n-1)}{2}=78$이므로 $n^2-n-156=0$
$(n+12)(n-13)=0$ $\therefore n=13\ (\because n>1)$
따라서 이 대회에 참가한 팀은 모두 13팀이다. 답 ④

664 연속하는 세 자연수를 $x-1$, x, $x+1$이라 하면
$(x+1)^2=2x(x-1)-20$, $x^2+2x+1=2x^2-2x-20$
$x^2-4x-21=0$, $(x+3)(x-7)=0$
$\therefore x=7\ (\because x$는 자연수$)$
따라서 세 자연수는 6, 7, 8이므로 구하는 합은
$6+7+8=21$ 답 ③

665 두 자연수 중 작은 수를 x라 하면 큰 수는 $x+5$이므로
$x(x+5)=104$, $x^2+5x-104=0$
$(x+13)(x-8)=0$ $\therefore x=8\ (\because x$는 자연수$)$
따라서 두 자연수는 8, 13이다. 답 8, 13

666 연속하는 두 짝수를 x, $x+2$라 하면
$x^2+(x+2)^2=164$, $2x^2+4x+4=164$
$x^2+2x-80=0$, $(x+10)(x-8)=0$
$\therefore x=8\ (\because x$는 자연수$)$
따라서 두 짝수는 8, 10이므로 구하는 곱은
$8\times10=80$ 답 80

667 십의 자리의 숫자를 x라 하면 일의 자리의 숫자는 $12-x$이므로 이 두 자리의 자연수는 $10x+(12-x)$
십의 자리의 숫자와 일의 자리의 숫자의 곱은 원래의 자연수보다 22만큼 작으므로
$x(12-x)=10x+(12-x)-22$
$12x-x^2=10x+12-x-22$
$x^2-3x-10=0$, $(x-5)(x+2)=0$
$\therefore x=5\ (\because x$는 자연수$)$
따라서 십의 자리의 숫자는 5, 일의 자리의 숫자는
$12-5=7$이므로 두 자리의 자연수는 57이다. 답 57

668 재민이의 나이를 x살이라 하면 형의 나이는 $(x+5)$살이므로
$x^2=8(x+5)+8$, $x^2=8x+40+8$
$x^2-8x-48=0$, $(x-12)(x+4)=0$
$\therefore x=12\ (\because x>0)$
따라서 재민이의 나이는 12살이다. 답 12살

669 봉사 활동 모임의 전체 회원을 x명이라 하면 회원 1인당 모은 그림책은 $(x-3)$권이므로
$x(x-3)=130$, $x^2-3x-130=0$
$(x+10)(x-13)=0$ $\therefore x=13\ (\because x$는 자연수$)$
따라서 봉사 활동 모임의 회원은 모두 13명이다. 답 ②

670 넷째 주 화요일을 x일이라 하면 둘째 주 화요일은 $(x-14)$일이므로
$x(x-14)=240$, $x^2-14x-240=0$
$(x-24)(x+10)=0$ $\therefore x=24\ (\because x>14)$
따라서 이번 달 넷째 주 화요일은 24일이다. 답 ④

671 물체가 지면에 떨어졌을 때의 높이는 0 m이므로
$50+45t-5t^2=0$, $t^2-9t-10=0$
$(t+1)(t-10)=0$ $\therefore t=10\ (\because t>0)$
따라서 물체가 지면에 떨어지는 것은 물체를 쏘아 올린 지 10초 후이다. 답 ③

672 공이 지면에 떨어졌을 때의 높이는 0 m이므로
$2+9t-5t^2=0$, $5t^2-9t-2=0$
$(5t+1)(t-2)=0$ $\therefore t=2\ (\because t>0)$
따라서 이 선수가 던진 공이 지면에 떨어지는 것은 2초 후이다. 답 2초 후

673 $40t-5t^2=80$, $t^2-8t+16=0$
$(t-4)^2=0$ $\therefore t=4$
따라서 지면으로부터 물체까지의 높이가 80 m가 되는 것은 물체를 던진 지 4초 후이다. 답 4초 후

674 $60t-5t^2=135$, $t^2-12t+27=0$
$(t-3)(t-9)=0$ $\therefore t=3$ 또는 $t=9$

따라서 쏘아 올린 물 로켓이 지면으로부터 135 m 이상의 높이에서 머무르는 시간은 3초 후부터 9초 후까지이므로 6초 동안이다. 답 6초

675 세로의 길이를 x cm라 하면 가로의 길이는 $(15-x)$ cm이므로

$(15-x)x=50$, $x^2-15x+50=0$

$(x-5)(x-10)=0$ $\therefore x=5 \left(\because 0<x<\frac{15}{2}\right)$

따라서 직사각형의 세로의 길이는 5 cm이다. 답 ③

참고 가로의 길이가 세로의 길이보다 길어야 하므로

$15-x>x$ $\therefore x<\frac{15}{2}$

676 처음 정사각형의 한 변의 길이를 x cm라 하면 새로운 직사각형의 가로의 길이는 $(x+1)$ cm, 세로의 길이는 $(x+6)$ cm이므로

$(x+1)(x+6)=4x^2$, $3x^2-7x-6=0$

$(3x+2)(x-3)=0$ $\therefore x=3\ (\because x>0)$

따라서 처음 정사각형의 한 변의 길이는 3 cm이다.

답 3 cm

677 큰 정사각형의 한 변의 길이를 x cm라 하면 작은 정사각형의 한 변의 길이는 $(8-x)$ cm이므로

$x^2+(8-x)^2=34$, $2x^2-16x+30=0$

$x^2-8x+15=0$, $(x-3)(x-5)=0$

$\therefore x=5\ (\because 4<x<8)$

따라서 큰 정사각형의 한 변의 길이는 5 cm이다. 답 5 cm

678 x초 후에 처음 직사각형의 넓이와 같아진다고 하면

$(4+2x)(9-x)=4\times9$, $36+14x-2x^2=36$

$x^2-7x=0$, $x(x-7)=0$

$\therefore x=7\ (\because 0<x<9)$

따라서 7초 후에 처음 직사각형의 넓이와 같아진다.

답 7초 후

679 도로의 폭을 x m라 하면 도로를 제외한 땅의 넓이는 오른쪽 그림의 색칠한 넓이와 같으므로

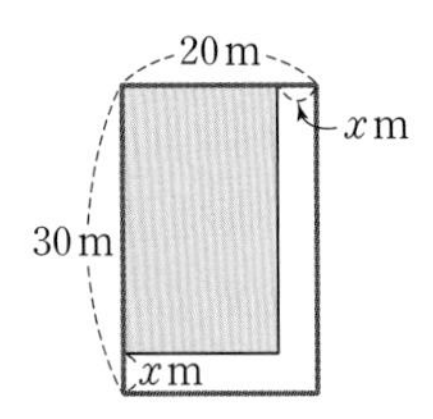

$(20-x)(30-x)=416$

$x^2-50x+184=0$

$(x-4)(x-46)=0$

$\therefore x=4\ (\because 0<x<20)$

따라서 도로의 폭은 4 m이다. 답 4 m

680 꽃밭의 세로의 길이를 x m라 하면 가로의 길이는 $2x$ m이므로

$x(2x-2)=60$, $2x^2-2x-60=0$

$x^2-x-30=0$, $(x-6)(x+5)=0$

$\therefore x=6\ (\because x>0)$

따라서 꽃밭의 가로의 길이는 $2\times6=12$(m) 답 ⑤

참고 꽃밭의 가로의 길이를 x m, 세로의 길이를 $\frac{1}{2}x$ m라 놓고 식을 세울 수도 있다.

681 길의 폭을 x m라 하면 길을 제외한 잔디밭은 가로의 길이가 $(20-x)$ m, 세로의 길이가 $(14-2x)$ m인 직사각형 모양이므로

$(20-x)(14-2x)=96$, $280-54x+2x^2=96$

$2x^2-54x+184=0$, $x^2-27x+92=0$

$(x-4)(x-23)=0$ $\therefore x=4\ (\because 0<x<7)$

따라서 길의 폭은 4 m이다. 답 ③

682 처음 정사각형 모양의 종이의 한 변의 길이를 x cm라 하면 상자의 밑면은 한 변의 길이가 $(x-4)$ cm인 정사각형이므로

$(x-4)\times(x-4)\times2=72$, $(x-4)^2=36$

$x-4=\pm6$ $\therefore x=10\ (\because x>4)$

따라서 처음 정사각형의 한 변의 길이는 10 cm이다.

답 ⑤

683 접어 올린 종이의 높이를 x cm라 하면 빗금 친 부분의 가로의 길이는 $(80-2x)$ cm, 세로의 길이는 x cm이므로

$x(80-2x)=800$, $-2x^2+80x=800$

$x^2-40x+400=0$, $(x-20)^2=0$

$\therefore x=20$

따라서 접어 올린 종이의 높이는 20 cm이다. 답 ③

684 처음 직사각형 모양의 종이의 세로의 길이를 x cm라 하면 가로의 길이는 $(x+2)$ cm이므로 상자의 밑면의 가로의 길이는 $(x-2)$ cm, 세로의 길이는 $(x-4)$ cm이다.

$(x-2)\times(x-4)\times2=70$, $2x^2-12x-54=0$

$x^2-6x-27=0$, $(x+3)(x-9)=0$

$\therefore x=9\ (\because x>4)$

따라서 처음 직사각형의 세로의 길이는 9 cm이다.

답 9 cm

685 $\overline{AB}=x$ cm라 하면 $\overline{OA}=(x+2)$ cm이므로

$\pi(2x+2)^2-\pi(x+2)^2=64\pi$

$4x^2+8x+4-(x^2+4x+4)=64$

$3x^2+4x-64=0$, $(3x+16)(x-4)=0$

$\therefore x=4\ (\because x>0)$

따라서 $\overline{AB}$의 길이는 4 cm이다. 답 ③

686 원기둥의 높이를 $2x$ cm, 밑면인 원의 반지름의 길이를 $3x$ cm라 하면 옆면의 넓이가 108π cm^{2}이므로

$(2\pi\times3x)\times2x=108\pi$, $12x^2=108$, $x^2=9$

$\therefore x=3\ (\because x>0)$

따라서 원기둥의 높이는 $2\times3=6$(cm), 밑면인 원의 반지름의 길이는 $3\times3=9$(cm)이므로 이 원기둥의 부피는

$(\pi\times9^2)\times6=486\pi$(cm^3) 답 ④

687 가장 작은 반원의 반지름의 길이를 x cm라 하면 중간 크기의 반원의 반지름의 길이는 $(15-x)$ cm이므로

$\frac{1}{2}\pi\{15^2-x^2-(15-x)^2\}=50\pi$

$\frac{1}{2}\pi(-2x^2+30x)=50\pi$, $x^2-15x+50=0$

$(x-5)(x-10)=0$

$\therefore x=5\left(\because 0<x<\frac{15}{2}\right)$

따라서 가장 작은 반원의 반지름의 길이는 5 cm이다.

답 5 cm

유형모아 Theme 15 이차방정식의 성질 1회 104쪽

688 ① $(-6)^2-4\times1\times9=0$ ⇨ 중근을 갖는다.

② $(-3)^2-4\times(-2)\times5>0$ ⇨ 서로 다른 두 근을 갖는다.

③ $(-1)^2-4\times1\times4<0$ ⇨ 근이 없다.

④ $(-4)^2-4\times4\times(-1)>0$ ⇨ 서로 다른 두 근을 갖는다.

⑤ $11^2-4\times(-5)\times(-5)>0$ ⇨ 서로 다른 두 근을 갖는다.

따라서 근을 갖지 않는 것은 ③이다. 답 ③

689 이차방정식 $x^2-2x-k+3=0$의 해가 없으므로

$(-2)^2-4\times1\times(-k+3)<0$

$4k<8$ $\quad\therefore k<2$

따라서 k의 값이 될 수 있는 것은 ① 1이다. 답 ①

690 $4x^2+4x-k=0$이 중근을 가지므로

$4^2-4\times4\times(-k)=0$, $16k=-16$

$\therefore k=-1$

$k=-1$을 $(k-1)x^2+3x-1=0$에 대입하면

$-2x^2+3x-1=0$, $2x^2-3x+1=0$

$(2x-1)(x-1)=0$

$\therefore x=\frac{1}{2}$ 또는 $x=1$

따라서 $\alpha=\frac{1}{2}$, $\beta=1$ 또는 $\alpha=1$, $\beta=\frac{1}{2}$이므로

$|\alpha-\beta|=\frac{1}{2}$ 답 $\frac{1}{2}$

691 중근이 $x=-5$이고 x^2의 계수가 2인 이차방정식은

$2(x+5)^2=0$, $2(x^2+10x+25)=0$

$2x^2+20x+50=0$ $\quad\therefore a=20$, $b=10$

$\therefore a+b=20+10=30$ 답 ⑤

692 주어진 이차방정식의 두 근을 α, $\alpha+3$이라 하면

두 근이 α, $\alpha+3$이고 x^2의 계수가 1인 이차방정식은

$(x-\alpha)(x-\alpha-3)=0$

$\therefore x^2-(2\alpha+3)x+\alpha(\alpha+3)=0$

이 방정식이 $x^2-7x+k=0$과 일치하므로

$2\alpha+3=7$, $\alpha^2+3\alpha=k$

$2\alpha+3=7$에서 $\alpha=2$

$\therefore k=\alpha^2+3\alpha=2^2+3\times2=4+6=10$ 답 ②

693 $x^2+a(2x+5)+6=0$에서

$x^2+2ax+5a+6=0$이 중근을 가지므로

$(2a)^2-4\times1\times(5a+6)=0$

$4a^2-20a-24=0$, $a^2-5a-6=0$

$(a+1)(a-6)=0$ $\quad\therefore a=6\ (\because a>0)$

$a=6$을 $x^2+2ax+5a+6=0$에 대입하면

$x^2+12x+36=0$에서 $(x+6)^2=0$ $\quad\therefore x=-6$

$\therefore b=-6$

$\therefore \frac{b}{a}=\frac{-6}{6}=-1$ 답 ③

694 두 근이 $\frac{1}{3}$, $\frac{1}{4}$이고 x^2의 계수가 1인 이차방정식은

$\left(x-\frac{1}{3}\right)\left(x-\frac{1}{4}\right)=0$

$\therefore x^2-\frac{7}{12}x+\frac{1}{12}=0$

즉, $a=-\frac{7}{12}$, $b=\frac{1}{12}$이므로 $bx^2+ax+1=0$에 대입하면

$\frac{1}{12}x^2-\frac{7}{12}x+1=0$, $x^2-7x+12=0$

$(x-3)(x-4)=0$

$\therefore x=3$ 또는 $x=4$

따라서 두 근의 곱은

$3\times4=12$ 답 12

유형모아 Theme 15 이차방정식의 성질  105쪽

695 ㄱ. $A=3$이면 $x^2-x+3=0$에서

$(-1)^2-4\times1\times3<0$이므로 해는 없다.

ㄴ. $A=-1$이면 $x^2-x-1=0$에서

$(-1)^2-4\times1\times(-1)>0$이므로 서로 다른 두 근을 갖는다.

ㄷ. $A<0$이면 $(-1)^2-4A>0$이므로 서로 다른 두 근을 갖는다.

ㄹ. $A=0$이면 $x^2-x=0$에서

$(-1)^2>0$이므로 서로 다른 두 근을 갖는다.

따라서 옳은 것은 ㄴ, ㄷ이다. 답 ③

696 $(3a)^2-4\times a\times(2a+1)=0$이어야 하므로

$9a^2-8a^2-4a=0$, $a^2-4a=0$, $a(a-4)=0$

$\therefore a=0$ 또는 $a=4$

이때 $a=0$이면 주어진 방정식이 이차방정식이 아니므로 $a=4$이다. 답 ④

697 이차방정식 $2x^2-4x+a-1=0$이 서로 다른 두 근을 가지려면

$(-4)^2-4\times2\times(a-1)>0$에서 $-8a+24>0$

$-8a>-24$ $\quad\therefore a<3$

따라서 가장 큰 정수 a의 값은 2이다. 답 2

698 $3x^2+6x+a-1=0$이 근을 가지려면
$6^2-4\times3\times(a-1)\ge0$, $-12a+48\ge0$
$-12a\ge-48$ $\quad\therefore a\le4$
따라서 자연수 a는 1, 2, 3, 4의 4개이다. 답 ③

699 $x^2-2x-6=0$에서 $x^2-2x+1=6+1$, $(x-1)^2=7$
$\therefore a=-1$, $b=7$
따라서 -1, 7을 두 근으로 하고 x^2의 계수가 1인 이차방정식은
$(x+1)(x-7)=0$
$\therefore x^2-6x-7=0$ 답 $x^2-6x-7=0$

700 $x^2+(k+1)x+k+4=0$이 중근을 가지려면
$(k+1)^2-4(k+4)=0$
$k^2-2k-15=0$, $(k+3)(k-5)=0$
$\therefore k=-3$ 또는 $k=5$ $\quad\cdots\cdots$ ㉠
$2x^2-3x+4-2k=0$이 서로 다른 두 근을 가지려면
$(-3)^2-4\times2\times(4-2k)>0$
$9-32+16k>0$, $16k>23$
$\therefore k>\frac{23}{16}$ $\quad\cdots\cdots$ ㉡
㉠, ㉡에서 $k=5$ 답 5

701 두 근이 -8, 1이고 x^2의 계수가 1인 이차방정식은
$(x+8)(x-1)=0$ $\quad\therefore x^2+7x-8=0$
민호는 상수항을 바르게 보았으므로 상수항은 -8이다.
두 근이 -5, 3이고 x^2의 계수가 1인 이차방정식은
$(x+5)(x-3)=0$ $\quad\therefore x^2+2x-15=0$
지수는 x의 계수를 바르게 보았으므로 x의 계수는 2이다.
따라서 처음 이차방정식은 $x^2+2x-8=0$이므로
$a=2$, $b=-8$
$\therefore a+b=2+(-8)=-6$ 답 -6

유형모아 Theme 16 이차방정식의 활용 1회 106쪽

702 $\frac{n(n-3)}{2}=44$이므로 $n^2-3n-88=0$
$(n+8)(n-11)=0$ $\quad\therefore n=11\ (\because n>3)$
따라서 구하는 다각형은 십일각형이다. 답 ④

703 유진이의 나이를 x살이라 하면 동생의 나이는 $(x-3)$살이므로
$x^2=2(x-3)^2-7$, $x^2=2x^2-12x+18-7$
$x^2-12x+11=0$, $(x-1)(x-11)=0$
$\therefore x=11\ (\because x>3)$
따라서 유진이의 나이는 11살이다. 답 11살

704 물체가 지면에 떨어질 때의 높이는 0 m이므로
$100+40t-5t^2=0$, $t^2-8t-20=0$
$(t+2)(t-10)=0$ $\quad\therefore t=10\ (\because t>0)$
따라서 물체가 지면에 떨어지는 것은 물체를 던진 지 10초 후이다. 답 ③

705 처음 정사각형 모양의 꽃밭의 한 변의 길이를 x m라 하면 새로운 직사각형 모양의 꽃밭의 가로의 길이는 $(x+3)$ m, 세로의 길이는 $(x-2)$ m이므로
$(x+3)(x-2)=66$, $x^2+x-72=0$
$(x+9)(x-8)=0$ $\quad\therefore x=8\ (\because x>2)$
따라서 처음 꽃밭의 한 변의 길이는 8 m이다. 답 8 m

706 오려 낸 부분의 폭을 x cm라 하면 오려 낸 부분을 제외한 나머지 네 조각의 넓이의 합은 오른쪽 그림의 색칠한 부분의 넓이와 같으므로
$(24-x)(10-x)=147$, $240-34x+x^2=147$
$x^2-34x+93=0$, $(x-3)(x-31)=0$
$\therefore x=3\ (\because 0<x<10)$
따라서 오려 낸 부분의 폭은 3 cm이다. 답 ②

707 연속하는 세 홀수를 $x-2$, x, $x+2$라 하면
$(x-2)^2+x^2=(x+2)^2+9$, $x^2-8x-9=0$
$(x+1)(x-9)=0$ $\quad\therefore x=9\ (\because x$는 자연수$)$
따라서 가장 작은 홀수는
$9-2=7$ 답 7

708 삼각형의 넓이가 처음 삼각형의 넓이와 같아지는 때를 x초 후라 하면 x초 후의 밑변의 길이는 $(18+2x)$ cm, 높이는 $(20-x)$ cm이므로
$\frac{1}{2}(18+2x)(20-x)=\frac{1}{2}\times18\times20$
$-2x^2+22x+360=360$, $x^2-11x=0$
$x(x-11)=0$ $\quad\therefore x=11\ (\because x>0)$
따라서 삼각형의 넓이가 처음 삼각형의 넓이와 같아지는 것은 11초 후이다. 답 ②

유형모아 Theme 16 이차방정식의 활용 2회 107쪽

709 $\frac{n(n+1)}{2}=120$이므로 $n^2+n-240=0$
$(n+16)(n-15)=0$ $\quad\therefore n=15\ (\because n$은 자연수$)$
따라서 1부터 15까지의 자연수를 더해야 한다. 답 ③

710 어떤 자연수를 x라 하면
$3x=x^2-54$, $x^2-3x-54=0$
$(x+6)(x-9)=0$ $\quad\therefore x=9\ (\because x$는 자연수$)$
따라서 구하는 자연수는 9이다. 답 9

711 여행의 출발 날짜를 x일이라 하면 3일간의 날짜는 x일, $(x+1)$일, $(x+2)$일이므로
$x^2+(x+1)^2+(x+2)^2=245$

$3x^2+6x-240=0$, $x^2+2x-80=0$

$(x+10)(x-8)=0$ $\quad\therefore x=8$ ($\because x>0$)

따라서 여행의 출발 날짜는 8월 8일이다. 답 ②

참고 3일간 날짜를 $(x-1)$일, x일, $(x+1)$일로 놓을 수도 있다.

712 직사각형의 세로의 길이를 x cm라 하면 가로의 길이는 $(21-x)$ cm이므로

$x(21-x)=98$, $x^2-21x+98=0$

$(x-7)(x-14)=0$ $\quad\therefore x=7\left(\because 0<x<\frac{21}{2}\right)$

따라서 직사각형의 세로의 길이는 7 cm이다. 답 ①

참고 가로의 길이가 세로의 길이보다 길어야 하므로

$21-x>x$ $\quad\therefore x<\frac{21}{2}$

713 $\overline{AC}=x$ cm라 하면 $\overline{BC}=(6-x)$ cm이므로

$x^2=2(6-x)^2$, $x^2-24x+72=0$

$\therefore x=12-6\sqrt{2}$ ($\because 0<x<6$)

따라서 $\overline{AC}$의 길이는 $(12-6\sqrt{2})$ cm이다.

답 $(12-6\sqrt{2})$ cm

714 잘라 낸 정사각형의 한 변의 길이를 x cm라 하면 상자의 밑면의 가로의 길이는 $(8-2x)$ cm, 세로의 길이는 $(6-2x)$ cm이므로

$(8-2x)(6-2x)=24$, $4x^2-28x+24=0$

$x^2-7x+6=0$, $(x-1)(x-6)=0$

$\therefore x=1$ ($\because 0<x<3$)

따라서 잘라 낸 정사각형의 한 변의 길이는 1 cm이다.

답 ②

715 작은 반원의 반지름의 길이를 x cm라 하면 큰 반원의 반지름의 길이는 $3x$ cm이므로

큰 반원의 넓이는 $\frac{1}{2}\times\pi\times(3x)^2=\frac{9x^2\pi}{2}$ (cm^2)

작은 반원 한 개의 넓이는 $\frac{1}{2}\times\pi\times x^2=\frac{x^2\pi}{2}$ (cm^2)

색칠한 부분의 넓이는 큰 반원의 넓이에서 작은 반원 3개의 넓이를 뺀 것과 같으므로

$\frac{9x^2\pi}{2}-3\times\frac{x^2\pi}{2}=12\pi$, $\frac{1}{2}\pi(9x^2-3x^2)=12\pi$

$3x^2=12$, $x^2=4$

$\therefore x=2$ ($\because x>0$)

따라서 작은 반원의 반지름의 길이는 2 cm이다. 답 2 cm

중단원 마무리 108~109쪽

716 ㄱ. $(-5)^2-4\times2\times1>0$ ⇨ 서로 다른 두 근을 갖는다.

ㄴ. $(-1)^2-4\times3\times2<0$ ⇨ 근이 없다.

ㄷ. $0.2x^2+0.8x+1=0$의 양변에 5를 곱하면
$x^2+4x+5=0$에서 $4^2-4\times1\times5<0$ ⇨ 근이 없다.

ㄹ. $2(x-1)^2+x=5$에서 $2x^2-4x+2+x=5$
$2x^2-3x-3=0$에서 $(-3)^2-4\times2\times(-3)>0$
⇨ 서로 다른 두 근을 갖는다.

따라서 서로 다른 두 근을 갖는 것은 ㄱ, ㄹ의 2개이다.

답 ③

717 $x^2-4x+2a=0$이 서로 다른 두 근을 가지려면

$(-4)^2-4\times1\times2a>0$

$-8a>-16$ $\quad\therefore a<2$ 답 $a<2$

718 $x^2-(k+2)x+k+2=0$이 중근을 가지려면

$\{-(k+2)\}^2-4\times1\times(k+2)=0$

$k^2-4=0$, $k^2=4$ $\quad\therefore k=\pm2$

따라서 모든 상수 k의 값의 곱은 $-2\times2=-4$ 답 ①

719 $(m^2+2)x^2+2(m-2)x+2=0$이 중근을 가지므로

$\{2(m-2)\}^2-4\times(m^2+2)\times2=0$

$4m^2-16m+16-8m^2-16=0$

$-4m^2-16m=0$, $m^2+4m=0$, $m(m+4)=0$

$\therefore m=0$ 또는 $m=-4$ …… ㉠

$x^2-4x-m+1=0$이 근을 갖지 않으므로

$(-4)^2-4\times1\times(-m+1)<0$

$16+4m-4<0$, $4m<-12$

$\therefore m<-3$ …… ㉡

㉠, ㉡에서 $m=-4$ 답 ②

720 중근이 $x=-3$이고 x^2의 계수가 2인 이차방정식은

$2(x+3)^2=0$, $2(x^2+6x+9)=0$

$2x^2+12x+18=0$

따라서 $a=12$, $b=18$이므로

$b-a=18-12=6$ 답 ④

721 주어진 이차방정식의 두 근을 α, 2α $(\alpha\neq0)$라 하면 두 근이 α, 2α이고 x^2의 계수가 3인 이차방정식은

$3(x-\alpha)(x-2\alpha)=0$ $\quad\therefore 3x^2-9\alpha x+6\alpha^2=0$

이 이차방정식이 $3x^2-18x+k=0$과 일치하므로

$-9\alpha=-18$, $6\alpha^2=k$

$-9\alpha=-18$에서 $\alpha=2$이므로

$k=6\alpha^2=6\times2^2=24$ 답 24

722 $\frac{n(n-1)}{2}=55$이므로 $n(n-1)=110$

$n^2-n-110=0$, $(n+10)(n-11)=0$

$\therefore n=11$ ($\because n>1$)

따라서 이 모임에 참가한 사람은 모두 11명이다. 답 11명

723 펼쳐진 책의 왼쪽 면의 쪽수를 x라 하면 오른쪽 면의 쪽수는 $x+1$이므로 $x(x+1)=210$

$x^2+x-210=0$, $(x+15)(x-14)=0$

$\therefore x=14$ ($\because x$는 자연수)

따라서 펼쳐진 두 면의 쪽수는 각각 14, 15이므로 두 면의 쪽수의 합은 $14+15=29$ 답 ②

워크북

724 $40+30t-5t^2=80$에서 $5t^2-30t+40=0$

$t^2-6t+8=0$, $(t-2)(t-4)=0$

$\therefore t=2$ 또는 $t=4$

따라서 던진 공이 처음으로 지면으로부터 높이가 80 m인 지점을 지나는 것은 공을 던진 지 2초 후이다. 답 ②

725 처음 원의 반지름의 길이를 x cm라 하면

$\pi(x+2)^2=4\pi x^2$, $x^2+4x+4=4x^2$

$3x^2-4x-4=0$, $(3x+2)(x-2)=0$

$\therefore x=2$ ($\because x>0$)

따라서 처음 원의 반지름의 길이는 2 cm이다. 답 ②

726 $x^2-4ax+3a=0$에서 x의 계수와 상수항을 바꾸면

$x^2+3ax-4a=0$ …… ㉠

$x=-4$를 ㉠에 대입하면

$(-4)^2-12a-4a=0$, $16-16a=0$

$\therefore a=1$

따라서 처음 이차방정식은 $x^2-4x+3=0$이다.

답 $x^2-4x+3=0$

727 십의 자리의 숫자를 x라 하면 일의 자리의 숫자는 $3x$이므로

$x\times 3x=(10x+3x)-12$

$3x^2-13x+12=0$, $(3x-4)(x-3)=0$

$\therefore x=3$ ($\because x$는 자연수)

따라서 구하는 두 자리의 자연수는 39이다. 답 39

728 $\overline{AP}=x$ cm라 하면 $\overline{CQ}=2x$ cm

$\triangle PBQ=\frac{1}{2}\times\overline{BQ}\times\overline{PB}=72(\text{cm}^2)$이므로

$\frac{1}{2}(20-2x)(16-x)=72$ …❶

$x^2-26x+88=0$, $(x-4)(x-22)=0$

$\therefore x=4$ ($\because 0<x<10$) …❷

따라서 $\overline{AP}$의 길이는 4 cm이다. …❸

답 4 cm

채점 기준	배점
❶ $\triangle$PBQ의 넓이를 이용하여 식 세우기	50 %
❷ 이차방정식의 해 구하기	30 %
❸ $\overline{AP}$의 길이 구하기	20 %

729 길의 폭을 x m라 하면 꽃밭의 넓이는

$(15-x)(12-x)=130$ …❶

$x^2-27x+180=130$, $x^2-27x+50=0$

$(x-2)(x-25)=0$

$\therefore x=2$ ($\because 0<x<12$) …❷

따라서 길의 폭은 2 m이다. …❸

답 2 m

채점 기준	배점
❶ 꽃밭의 넓이를 이용하여 식 세우기	30 %
❷ 이차방정식의 해 구하기	50 %
❸ 길의 폭 구하기	20 %

07. 이차함수와 그 그래프

한번 더 핵심 유형 110~117쪽

Theme 17 이차함수 $y=ax^2$의 그래프 110~113쪽

730 ① $y=x(1-x^2)=-x^3+x$ ⇨ 이차함수가 아니다.

② $y=5-\frac{1}{x}$ ⇨ 이차함수가 아니다.

③ $y=2x^2-(x+1)^2=2x^2-(x^2+2x+1)=x^2-2x-1$ ⇨ 이차함수

④ $-3x^2+2x-4$ ⇨ 이차식

⑤ $y=x^2-(x-1)^2=x^2-(x^2-2x+1)=2x-1$ ⇨ 일차함수

따라서 y가 x에 대한 이차함수인 것은 ③이다. 답 ③

731 ㄱ. $y=x^2-1$ ⇨ 이차함수

ㄴ. $y=x^3+x^2$ ⇨ 이차함수가 아니다.

ㄷ. $y=x^3+4x+2$ ⇨ 이차함수가 아니다.

ㄹ. $y=x(x-1)-x^2=x^2-x-x^2=-x$ ⇨ 일차함수

ㅁ. $y=2x^3+x^2+5-2x^3=x^2+5$ ⇨ 이차함수

ㅂ. $y=-\frac{x^2}{2}$ ⇨ 이차함수

따라서 y가 x에 대한 이차함수인 것은 ㄱ, ㅁ, ㅂ이다.

답 ⑤

732 ① $y=4\times x=4x$ ⇨ 일차함수

② $y=(2x)^2\times 6=24x^2$ ⇨ 이차함수

③ $y=8\times x=8x$ ⇨ 일차함수

④ $y=\frac{1}{2}\times(x-2)\times 6=3x-6$ ⇨ 일차함수

⑤ $y=\pi x^2(x+1)=\pi x^3+\pi x^2$ ⇨ 이차함수가 아니다.

따라서 y가 x에 대한 이차함수인 것은 ②이다. 답 ②

참고 ⑤ (원기둥의 부피)=(밑면의 넓이)×(높이)

$=\pi\times$(밑면의 반지름의 길이)$^2\times$(높이)

733 $y=x(ax+2)-3x^2+4$

$=(a-3)x^2+2x+4$

이 함수가 이차함수이려면 $a-3\neq 0$이어야 하므로 $a\neq 3$

답 $a\neq 3$

734 $y=8x^2-9-4x(1-ax)$

$=8x^2-9-4x+4ax^2$

$=(8+4a)x^2-4x-9$

이 함수가 이차함수이려면 $8+4a\neq 0$이어야 하므로

$a\neq -2$

따라서 a의 값이 될 수 없는 것은 ① -2이다. 답 ①

735 $y=k(k-1)x^2-x-2x^2$

$=(k^2-k-2)x^2-x$

이 함수가 이차함수이려면 $k^2-k-2\neq 0$이어야 하므로

$(k+1)(k-2)\neq 0$

$\therefore k\neq -1$이고 $k\neq 2$

따라서 k의 값이 될 수 없는 것은 ②, ⑤이다. 답 ②, ⑤

736 $f(2)=2\times 2^2-3\times 2+5=8-6+5=7$

$f(-1)=2\times(-1)^2-3\times(-1)+5=10$

$\therefore f(2)+f(-1)=7+10=17$ 답 17

737 $f(x)=ax^2+2x+4$에서

$f(-3)=a\times(-3)^2+2\times(-3)+4=9a-2$

즉, $9a-2=16$이므로 $9a=18$ $\therefore a=2$ 답 ③

738 $f(a)=3a^2-4a=-1$이므로

$3a^2-4a+1=0$, $(3a-1)(a-1)=0$

$\therefore a=1$ ($\because$ a는 정수)

따라서 정수 a의 값은 1이다. 답 ③

739 $f(-1)=3\times(-1)^2-(-1)+5=9$

이므로 $a=9$

$f(b)=3b^2-b+5=15$이므로

$3b^2-b-10=0$, $(3b+5)(b-2)=0$

이때 $b>0$이므로 $b=2$

$\therefore ab=9\times 2=18$ 답 18

740 이차함수 $y=ax^2$에서 그래프가 아래로 볼록하려면 $a>0$

그래프의 폭이 가장 넓으려면 a의 절댓값이 가장 작아야 한다.

따라서 아래로 볼록하면서 폭이 가장 넓은 것은 ③이다.

답 ③

741 $y=ax^2$의 그래프는 위로 볼록하므로 $a<0$

그래프의 폭이 $y=-2x^2$의 그래프의 폭보다 넓으므로

$|a|<|-2|$ $\therefore a>-2$ ($\because a<0$)

$\therefore -2<a<0$ 답 $-2<a<0$

주의 음수끼리의 절댓값은 큰 수가 작다.

742 그래프가 색칠한 부분을 지나는 이차함수의 식을 $y=ax^2$이라 하면

$-\frac{2}{3}<a<0$ 또는 $0<a<3$

따라서 색칠한 부분을 지나는 것은 ②, ③이다. 답 ②, ③

743 $y=\frac{1}{2}x^2$에 $x=a$, $y=2a$를 대입하면

$2a=\frac{1}{2}a^2$, $a^2-4a=0$, $a(a-4)=0$

$\therefore a=4$ ($\because a\neq 0$) 답 ⑤

744 $y=-x^2$에 주어진 점의 좌표를 각각 대입하여 등호가 성립하지 않는 것을 찾는다.

① $-1=-(-1)^2$ ② $-\frac{1}{9}=-\left(-\frac{1}{3}\right)^2$

③ $0=-0^2$ ④ $-4=-2^2$

⑤ $9\neq -3^2$

따라서 $y=-x^2$의 그래프 위의 점이 아닌 것은 ⑤이다.

답 ⑤

745 $y=\frac{5}{3}x^2$에 $x=2$, $y=a$를 대입하면 $a=\frac{5}{3}\times 2^2=\frac{20}{3}$

$y=\frac{5}{3}x^2$에 $x=b$, $y=15$를 대입하면 $15=\frac{5}{3}b^2$

$b^2=9$, $(b+3)(b-3)=0$ $\therefore b=-3$ ($\because b<0$)

$\therefore a+b=\frac{20}{3}+(-3)=\frac{11}{3}$ 답 $\frac{11}{3}$

746 $y=ax^2$의 그래프가 점 $(3,\ 4)$를 지나므로

$4=9a$에서 $a=\frac{4}{9}$

따라서 $y=\frac{4}{9}x^2$의 그래프가 점 $(-6,\ b)$를 지나므로

$b=\frac{4}{9}\times(-6)^2=16$ 답 16

747 $y=-3x^2$의 그래프와 x축에 대하여 서로 대칭인 그래프의 식은 $y=3x^2$이다. 답 ④

748 두 이차함수의 그래프가 x축에 대하여 서로 대칭이면 x^2의 계수의 절댓값이 같고 부호가 서로 반대이므로 ④ ㄷ과 ㅂ, ⑤ ㄹ과 ㅁ이다. 답 ④, ⑤

749 $y=6x^2$의 그래프와 x축에 대하여 서로 대칭인 그래프의 식은 $y=-6x^2$이다. $\therefore a=-6$

$y=-\frac{3}{2}x^2$의 그래프와 x축에 대하여 서로 대칭인 그래프의 식은 $y=\frac{3}{2}x^2$이다. $\therefore b=\frac{3}{2}$

$\therefore ab=-6\times\frac{3}{2}=-9$ 답 -9

750 ㄴ. 점 $(-1,\ a)$를 지난다.

ㄹ. 이차함수 $y=-ax^2$의 그래프와 x축에 대하여 대칭이다.

따라서 옳지 않은 것은 ㄴ, ㄹ이다. 답 ㄴ, ㄹ

751 ① 위로 볼록한 포물선이다.

② 꼭짓점의 좌표는 $(0,\ 0)$이다.

⑤ $x>0$일 때, x의 값이 증가하면 y의 값은 감소한다.

따라서 옳은 것은 ③, ④이다. 답 ③, ④

752 ④ 그래프가 x축에 대하여 서로 대칭인 것은 (가), (나)이다.

답 ④

753 양수 a, b에 대하여 점 A의 좌표를 $(a,\ b)$라 하면

B$(-a,\ b)$, C$(-a,\ 0)$, D$(a,\ 0)$

$\overline{AB}:\overline{BC}=3:2$이므로

$2a:b=3:2$, $4a=3b$ $\therefore a=\frac{3}{4}b$

이때 점 A$(a,\ b)$, 즉 점 A$\left(\frac{3}{4}b,\ b\right)$는 $y=\frac{8}{3}x^2$의 그래프 위의 점이므로

워크북

$b=\frac{8}{3}\times\frac{9}{16}b^2$, $3b^2-2b=0$, $b(3b-2)=0$

$\therefore b=\frac{2}{3}$ ($\because b>0$)

따라서 점 A의 y좌표는 $\frac{2}{3}$이다. 답 ③

754 $y=\frac{1}{3}x^2$에 $y=12$를 대입하면

$12=\frac{1}{3}x^2$, $x^2=36$ $\quad\therefore x=\pm6$

이때 점 A는 제1사분면 위의 점이므로 A(6, 12)

또, C(0, 12)이고 양수 b에 대하여 점 B의 좌표를 $(b, 12)$라 하면 $\overline{AB}=\overline{BC}$이므로 $6-b=b$ $\quad\therefore b=3$

따라서 점 B(3, 12)는 $y=ax^2$의 그래프 위의 점이므로

$12=9a$ $\quad\therefore a=\frac{4}{3}$ 답 $\frac{4}{3}$

755 두 점 C, D는 y축에 대하여 대칭이고 점 C의 x좌표가 4이므로 점 D의 x좌표는 -4이다.

$\therefore \overline{AB}=2-(-2)=4$, $\overline{CD}=4-(-4)=8$

두 점 B, C는 $y=ax^2$의 그래프 위의 점이므로

B$(2, 4a)$, C$(4, 16a)$

$\square$ABCD$=\frac{1}{2}\times(4+8)\times(16a-4a)=18$에서

$\frac{1}{2}\times12\times12a=18$, $72a=18$ $\quad\therefore a=\frac{1}{4}$ 답 $\frac{1}{4}$

Theme 18 이차함수 $y=a(x-p)^2+q$의 그래프 114~117쪽

756 이차함수 $y=3x^2$의 그래프를 y축의 방향으로 -2만큼 평행이동한 그래프의 식은 $y=3x^2-2$

이 그래프의 꼭짓점의 좌표는 $(0, -2)$이고, 축의 방정식은 $x=0$이므로 $p=0$, $q=-2$, $r=0$

$\therefore pq+r=0\times(-2)+0=0$ 답 ③

757 ㄹ. $x<0$일 때, x의 값이 증가하면 y의 값은 감소한다.

따라서 옳은 것은 ㄱ, ㄴ, ㄷ이다. 답 ④

758 이차함수 $y=2x^2$의 그래프를 y축의 방향으로 m만큼 평행이동한 그래프의 식은 $y=2x^2+m$

이 그래프가 점 $(-1, -1)$을 지나므로 $-1=2+m$

$\therefore m=-3$ 답 -3

759 꼭짓점의 좌표가 $(0, 2)$이므로 이차함수의 식은

$y=ax^2+2$ $\quad\therefore q=2$

이 그래프가 점 $\left(-\frac{1}{2}, \frac{3}{2}\right)$을 지나므로

$\frac{3}{2}=\frac{1}{4}a+2$, $\frac{1}{4}a=-\frac{1}{2}$ $\quad\therefore a=-2$

$\therefore a-q=-2-2=-4$ 답 -4

760 이차함수 $y=ax^2$의 그래프를 x축의 방향으로 -5만큼 평행이동한 그래프의 식은 $y=a(x+5)^2$

이 그래프가 점 $(-2, -9)$를 지나므로

$-9=a\times(-2+5)^2$, $-9=a\times3^2$, $9a=-9$

$\therefore a=-1$ 답 ②

761 ③ 이차함수 $y=\frac{3}{2}x^2$의 그래프를 y축의 방향으로 -3만큼 평행이동하면 이차함수 $y=\frac{3}{2}x^2-3$의 그래프와 완전히 포개어진다.

⑤ 이차함수 $y=\frac{3}{2}x^2$의 그래프를 x축의 방향으로 -1만큼 평행이동하면 이차함수 $y=\frac{3}{2}(x+1)^2$의 그래프와 완전히 포개어진다.

따라서 완전히 포갤 수 있는 것은 ③, ⑤이다. 답 ③, ⑤

762 이차함수 $y=5x^2$의 그래프를 x축의 방향으로 2만큼 평행이동한 그래프의 식은 $y=5(x-2)^2$

따라서 이 그래프는 오른쪽 그림과 같이 아래로 볼록하고 축의 방정식이 $x=2$이므로 x의 값이 증가할 때, y의 값은 감소하는 x의 값의 범위는 $x<2$이다. 답 $x<2$

763 평행이동한 그래프의 식은 $y=-\frac{1}{3}(x-3)^2$

② $x=1$을 대입하면 $y=-\frac{1}{3}\times(1-3)^2=-\frac{4}{3}$이므로 점 $\left(1, -\frac{4}{3}\right)$를 지난다.

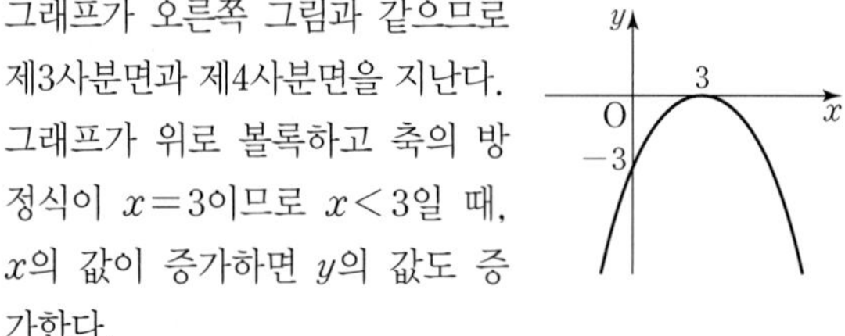

③ 그래프가 오른쪽 그림과 같으므로 제3사분면과 제4사분면을 지난다.

④ 그래프가 위로 볼록하고 축의 방정식이 $x=3$이므로 $x<3$일 때, x의 값이 증가하면 y의 값도 증가한다.

따라서 옳지 않은 것은 ②이다. 답 ②

764 그래프의 꼭짓점의 좌표가 $(-1, 0)$이므로 이차함수의 식은

$y=a(x+1)^2$ $\quad\therefore p=-1$

이 그래프가 점 $(0, 2)$를 지나므로

$2=a\times(0+1)^2$ $\quad\therefore a=2$

$\therefore a+p=2+(-1)=1$ 답 ③

765 이차함수 $y=ax^2$의 그래프를 x축의 방향으로 -1만큼, y축의 방향으로 4만큼 평행이동한 그래프의 식은

$y=a(x+1)^2+4$

이 그래프가 점 $(-3, 2)$를 지나므로

$2=a\times(-3+1)^2+4$

$4a+4=2$, $4a=-2$ $\quad\therefore a=-\frac{1}{2}$ 답 ③

766 축의 방정식을 구하면 다음과 같다.

① $x=0$ ② $x=0$ ③ $x=-2$ ④ $x=1$ ⑤ $x=-1$

따라서 축이 가장 왼쪽에 있는 것은 ③이다. 답 ③

767 이차함수 $y=2(x+2)^2-5$의 그래프의 꼭짓점의 좌표는 $(-2,\ -5)$이고 $x=0$일 때, $y=2\times(0+2)^2-5=3$이므로 점 $(0,\ 3)$을 지난다.

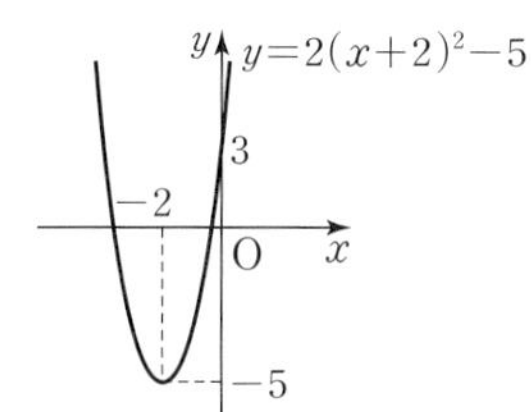

따라서 그래프는 오른쪽 그림과 같으므로 제4사분면을 지나지 않는다. 답 ④

768 축의 방정식이 $x=2$이므로
$y=a(x-2)^2+q$ $\quad\therefore p=2$
$y=a(x-2)^2+q$의 그래프가 점 $(0,\ 8)$을 지나므로
$8=a\times(0-2)^2+q$ $\quad\therefore 4a+q=8$ ······ ㉠
또, 점 $(3,\ -1)$을 지나므로
$-1=a\times(3-2)^2+q$ $\quad\therefore a+q=-1$ ······ ㉡
㉠, ㉡을 연립하여 풀면 $a=3,\ q=-4$
$\therefore apq=3\times2\times(-4)=-24$ 답 -24

769 $y=a(x+2)^2+3$의 그래프를 x축의 방향으로 5만큼, y축의 방향으로 -4만큼 평행이동한 그래프의 식은
$y=a(x-5+2)^2+3-4$ $\quad\therefore y=a(x-3)^2-1$
이 그래프가 점 $(2,\ 3)$을 지나므로
$3=a\times(2-3)^2-1,\ a-1=3$ $\quad\therefore a=4$ 답 ⑤

770 $y=-2(x-4)^2+1$의 그래프를 x축의 방향으로 -2만큼, y축의 방향으로 -5만큼 평행이동한 그래프의 식은
$y=-2(x+2-4)^2+1-5$ $\quad\therefore y=-2(x-2)^2-4$
따라서 꼭짓점의 좌표는 $(2,\ -4)$이다. 답 $(2,\ -4)$
다른 풀이 $y=-2(x-4)^2+1$의 그래프의 꼭짓점의 좌표는 $(4,\ 1)$
따라서 x축의 방향으로 -2만큼, y축의 방향으로 -5만큼 평행이동한 그래프의 꼭짓점의 좌표는
$(4-2,\ 1-5)$ $\quad\therefore (2,\ -4)$

771 $y=3(x+1)^2+5$의 그래프를 x축의 방향으로 a만큼, y축의 방향으로 b만큼 평행이동한 그래프의 식은
$y=3(x-a+1)^2+5+b$
이 그래프가 $y=3(x+5)^2-2$의 그래프와 일치하므로
$-a+1=5,\ 5+b=-2$에서 $a=-4,\ b=-7$
$\therefore a-b=-4-(-7)=3$ 답 ④

772 ① 꼭짓점의 좌표는 $\left(\frac{1}{2},\ 2\right)$이다.
② 그래프는 위로 볼록한 포물선이다.
③ $x=0$을 대입하면 $y=-4\times\left(-\frac{1}{2}\right)^2+2=1$이므로 y축과 만나는 점의 좌표는 $(0,\ 1)$이다.
⑤ $x>\frac{1}{2}$일 때, x의 값이 증가하면 y의 값은 감소한다.
따라서 옳은 것은 ④이다. 답 ④

773 ② 제1사분면, 제2사분면, 제3사분면을 지난다.
④ $x>-2$일 때, x의 값이 증가하면 y의 값도 증가한다.

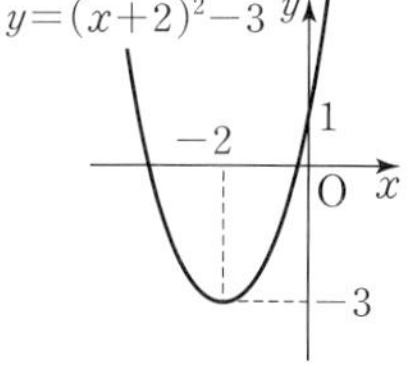

답 ②, ④

774 평행이동한 그래프의 식은 $y=2(x+3)^2-1$
ㄱ. $x=0$을 대입하면 $y=2\times3^2-1=17$이므로 y축과 만나는 점의 좌표는 $(0,\ 17)$이다.
ㄷ. 직선 $x=-3$을 축으로 한다.
따라서 옳은 것은 ㄴ, ㄹ, ㅁ이다. 답 ㄴ, ㄹ, ㅁ

775 그래프의 모양이 아래로 볼록하므로 $a>0$
꼭짓점 $(p,\ q)$가 제4사분면 위에 있으므로
$p>0,\ q<0$ 답 ④

776 그래프의 모양이 위로 볼록하므로 $a<0$
꼭짓점 $(p,\ q)$가 제2사분면 위에 있으므로 $p<0,\ q>0$
③ $a+p<0$
따라서 옳지 않은 것은 ③이다. 답 ③

777 이차함수 $y=a(x+p)^2$의 그래프의 모양이 위로 볼록하므로 $a<0$
꼭짓점 $(-p,\ 0)$이 y축의 왼쪽에 있으므로
$-p<0$ $\quad\therefore p>0$
$y=px^2+a$의 그래프는 $p>0$이므로 아래로 볼록하고
꼭짓점 $(0,\ a)$에서 $a<0$이므로 꼭짓점은 x축의 아래쪽에 있다.
따라서 $y=px^2+a$의 그래프는 오른쪽 그림과 같으므로 지나는 사분면은 제1사분면, 제2사분면, 제3사분면, 제4사분면이다.
답 제1사분면, 제2사분면, 제3사분면, 제4사분면

778 $y=-(x+1)^2+16$에
$x=0$을 대입하면 $y=-1^2+16=15$
즉, 점 A의 좌표는 $(0,\ 15)$이다.
$y=0$을 대입하면 $-(x+1)^2+16=0,\ (x+1)^2=16$
$x+1=\pm4$ $\quad\therefore x=-5$ 또는 $x=3$
즉, 점 B의 좌표는 $(-5,\ 0)$, 점 C의 좌표는 $(3,\ 0)$이다.
$\therefore \triangle ABC=\frac{1}{2}\times8\times15=60$ 답 ③

779 이차함수 $y=\frac{1}{2}(x+2)^2-8$의 그래프의 꼭짓점 A의 좌표는 $(-2,\ -8)$
$y=\frac{1}{2}(x+2)^2-8$에 $y=0$을 대입하면 $\frac{1}{2}(x+2)^2-8=0$

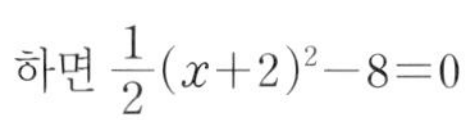

$(x+2)^2=16,\ x+2=\pm4$ $\quad\therefore x=-6$ 또는 $x=2$

점 B가 점 C보다 오른쪽에 있다고 하면 점 B의 좌표는 $(2, 0)$, 점 C의 좌표는 $(-6, 0)$이다.

$\therefore \triangle ABC=\frac{1}{2}\times 8\times 8=32$ 답 32

780 점 P의 좌표를 (a, a^2-15) $(a>0)$라 하면

$Q(-a, a^2-15)$, $S(-a, 0)$, $R(a, 0)$

□PQSR가 정사각형이므로 $\overline{PQ}=\overline{PR}$에서

$2a=-(a^2-15)$, $a^2+2a-15=0$, $(a+5)(a-3)=0$

$\therefore a=3$ ($\because a>0$) $\therefore P(3, -6)$

따라서 $\overline{PQ}=6$이므로

□PQSR$=6\times 6=36$ 답 36

유형모아 Theme 17 이차함수 $y=ax^2$의 그래프 1회 118쪽

781 ① $y=2x-5$ ⇨ 일차함수

② $y=x^2-(x+1)^2=x^2-(x^2+2x+1)=-2x-1$

⇨ 일차함수

③ $y=\frac{1}{2}x^2+(x-1)^2=\frac{1}{2}x^2+x^2-2x+1=\frac{3}{2}x^2-2x+1$

⇨ 이차함수

④ $y=x^3-(x-3)^2=x^3-(x^2-6x+9)=x^3-x^2+6x-9$

⇨ 이차함수가 아니다.

⑤ $y=\frac{1}{x^2}+3$ ⇨ 이차함수가 아니다.

따라서 y가 x에 대한 이차함수인 것은 ③이다. 답 ③

782 $y=-ax^2+(2x-3)(x+2)$

$=-ax^2+(2x^2+x-6)$

$=(2-a)x^2+x-6$

이 함수가 이차함수이려면 $2-a\neq 0$이어야 하므로 $a\neq 2$

답 $a\neq 2$

783 $f(a)=2a^2-5a+4=22$이므로

$2a^2-5a-18=0$, $(a+2)(2a-9)=0$

$\therefore a=-2$ 또는 $a=\frac{9}{2}$

따라서 정수 a의 값은 -2이다. 답 ②

784 $y=-\frac{1}{3}x^2$의 그래프는 위로 볼록하고, $\left|-\frac{1}{3}\right|<|-1|$에서

$y=-x^2$의 그래프보다 폭이 넓어야 하므로

$y=-\frac{1}{3}x^2$의 그래프로 알맞은 것은 ㉢이다. 답 ㉢

785 $y=5x^2$의 그래프가 점 $(3, a)$를 지나므로

$a=5\times 3^2=45$

$y=5x^2$의 그래프가 $y=bx^2$의 그래프와 x축에 대하여 대칭이므로 $b=-5$

$\therefore a+2b=45+2\times(-5)=35$ 답 ③

786 ㈎를 만족시키는 그래프의 식은 $y=ax^2$이다.

㈏에서 $x<0$일 때, x의 값이 증가하면 y의 값도 증가하므로 $a<0$이다.

㈐에서 $|a|<\left|\frac{1}{2}\right|$

따라서 조건을 모두 만족시키는 이차함수의 그래프의 식은 ③이다. 답 ③

787 점 A의 좌표를 $\left(a, \frac{1}{3}a^2\right)$ $(a>0)$이라 하면

$\triangle AOB=\frac{1}{2}\times 8\times\frac{1}{3}a^2=48$에서

$\frac{4}{3}a^2=48$, $a^2=36$

$\therefore a=6$ ($\because a>0$)

따라서 $\frac{1}{3}a^2=\frac{1}{3}\times 6^2=12$이므로 점 A의 좌표는 $(6, 12)$이다. 답 $(6, 12)$

유형모아 Theme 17 이차함수 $y=ax^2$의 그래프 2회 119쪽

788 $f(-2)=(-2)^2-4\times(-2)+1=13$

$f(3)=3^2-4\times 3+1=-2$

$\therefore f(-2)+f(3)=13+(-2)=11$ 답 11

789 이차함수 $y=ax^2$에서 그래프가 아래로 볼록하려면 $a>0$

그래프의 폭이 가장 좁으려면 a의 절댓값이 가장 커야 한다.

따라서 아래로 볼록하면서 그래프의 폭이 가장 좁은 것은 ①이다. 답 ①

790 $y=(5-4a^2)x^2+4x(x-1)+3$

$=(9-4a^2)x^2-4x+3$

이 함수가 이차함수이려면 $9-4a^2\neq 0$이어야 하므로

$4a^2-9\neq 0$, $(2a+3)(2a-3)\neq 0$

$\therefore a\neq -\frac{3}{2}$이고 $a\neq\frac{3}{2}$

따라서 a의 값이 될 수 없는 것은 ②, ⑤이다. 답 ②, ⑤

791 $y=ax^2$의 그래프가 점 $(-2, 3)$을 지나므로

$3=a\times(-2)^2$, $4a=3$ $\therefore a=\frac{3}{4}$

따라서 $f(x)=\frac{3}{4}x^2$이므로 $f(4)=\frac{3}{4}\times 4^2=12$ 답 12

792 ④ $|-3|>|-2|$이므로 이차함수 $y=-2x^2$의 그래프보다 폭이 좁다. 답 ④

793 점 A의 좌표를 $\left(a, -\frac{1}{4}a^2\right)$ $(a>0)$이라 하면

$\overline{OB}=\overline{AB}$에서 $a=-\left(-\frac{1}{4}a^2\right)$, $a^2-4a=0$, $a(a-4)=0$

$\therefore a=4$ ($\because a>0$) $\therefore A(4, -4)$

따라서 $\overline{AB}=4$이므로 □ABOC$=4\times 4=16$ 답 16

794 $y=\frac{1}{3}x^2$에 $y=3$을 대입하면

$3=\frac{1}{3}x^2$에서 $x^2=9$ $\therefore x=\pm 3$

즉, A$(-3, 3)$, E$(3, 3)$이고 $\overline{AB}=\overline{BC}=\overline{CD}=\overline{DE}$이므로

B$\left(-\frac{3}{2}, 3\right)$, D$\left(\frac{3}{2}, 3\right)$

점 D$\left(\frac{3}{2}, 3\right)$은 $y=ax^2$의 그래프 위의 점이므로

$3=a\times\left(\frac{3}{2}\right)^2$, $\frac{9}{4}a=3$ $\quad\therefore a=\frac{4}{3}$ 답 $\frac{4}{3}$

유형모아 Theme 18 이차함수 $y=a(x-p)^2+q$의 그래프 1 120쪽

795 이차함수 $y=\frac{3}{4}x^2$의 그래프를 y축의 방향으로 k만큼 평행이동한 그래프의 식은 $y=\frac{3}{4}x^2+k$

이 그래프가 점 $(2, 6)$을 지나므로

$6=3+k$ $\quad\therefore k=3$ 답 ③

796 이차함수 $y=x^2$의 그래프를 x축의 방향으로 3만큼, y축의 방향으로 -2만큼 평행이동한 그래프의 식은

$y=(x-3)^2-2$

이 그래프가 점 $(1, a)$를 지나므로

$a=(1-3)^2-2=4-2=2$ 답 ④

797 이차함수 $y=2(x-k)^2-2k$의 그래프의 꼭짓점의 좌표는 $(k, -2k)$이다.

꼭짓점 $(k, -2k)$가 직선 $y=-x+3$ 위에 있으므로

$-2k=-k+3$ $\quad\therefore k=-3$ 답 ②

798 꼭짓점이 x축 위에 있고, 축의 방정식이 $x=-4$이므로 이차함수의 식을 $y=a(x+4)^2$으로 놓을 수 있다.

이 그래프가 점 $(-2, -12)$를 지나므로

$-12=a\times(-2+4)^2$, $4a=-12$ $\quad\therefore a=-3$

따라서 구하는 이차함수의 식은 $y=-3(x+4)^2$이다.

답 $y=-3(x+4)^2$

799 ① 이차함수 $y=-\frac{1}{2}x^2+1$의 그래프를 x축의 방향으로 -2만큼 평행이동한 것이다.

② 꼭짓점의 좌표는 $(-2, 1)$이다.

③ $x=0$일 때, $y=-1$이므로

이차함수 $y=-\frac{1}{2}(x+2)^2+1$의 그래프는 오른쪽 그림과 같다.

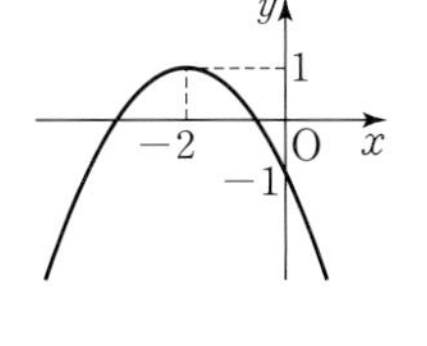

즉, 제2사분면, 제3사분면, 제4사분면을 지난다.

④ $x>-2$일 때, x의 값이 증가하면 y의 값은 감소한다.

⑤ $\left|-\frac{1}{2}\right|>\left|\frac{1}{3}\right|$이므로 $y=\frac{1}{3}(x+4)^2$의 그래프보다 폭이 좁다.

따라서 옳은 것은 ③이다. 답 ③

800 일차함수 $y=ax+b$의 그래프가 오른쪽 위로 향하므로 $a>0$, y절편이 음수이므로 $b<0$이다.

이차함수 $y=-(x+a)^2+b$의 그래프의 꼭짓점의 좌표는 $(-a, b)$

따라서 $-a<0$, $b<0$이므로 꼭짓점 $(-a, b)$는 제3사분면 위에 있다. 답 ③

801 두 이차함수 $y=-x^2+3$, $y=a(x-b)^2-1$의 그래프의 꼭짓점의 좌표는 각각 $(0, 3)$, $(b, -1)$이다.

두 이차함수의 그래프가 서로의 꼭짓점을 지나므로 이차함수 $y=-x^2+3$의 그래프가 점 $(b, -1)$을 지난다.

즉, $-1=-b^2+3$, $b^2=4$ $\quad\therefore b=2$ $(\because b>0)$

또, 이차함수 $y=a(x-b)^2-1$, 즉 $y=a(x-2)^2-1$의 그래프가 점 $(0, 3)$을 지나므로

$3=4a-1$, $4a=4$ $\quad\therefore a=1$

$\therefore ab=1\times2=2$ 답 2

유형모아 Theme 18 이차함수 $y=a(x-p)^2+q$의 그래프 2 121쪽

802 이차함수 $y=ax^2$의 그래프를 y축의 방향으로 2만큼 평행이동한 그래프의 식은 $y=ax^2+2$

이 그래프가 점 $(-1, -3)$을 지나므로

$-3=a+2$ $\quad\therefore a=-5$ 답 -5

803 꼭짓점의 좌표가 $(2, 0)$이므로 이차함수의 식은

$y=a(x-2)^2$ $\quad\therefore p=-2$

이 그래프가 점 $(0, -3)$을 지나므로

$-3=4a$ $\quad\therefore a=-\frac{3}{4}$

$\therefore a-p=\left(-\frac{3}{4}\right)-(-2)=\frac{5}{4}$ 답 ④

804 이차함수 $y=-3(x+1)^2-2$의 그래프는 위로 볼록한 포물선이고, 축의 방정식은 $x=-1$이므로 x의 값이 증가할 때, y의 값은 감소하는 x의 값의 범위는 $x>-1$이다.

답 ③

805 $y=-2(x-2)^2+5$에서 꼭짓점의 좌표는 $(2, 5)$이고 $x=0$일 때, $y=-8+5=-3$이므로 이차함수 $y=-2(x-2)^2+5$의 그래프는 오른쪽 그림과 같이 제2사분면을 지나지 않는다. 답 ②

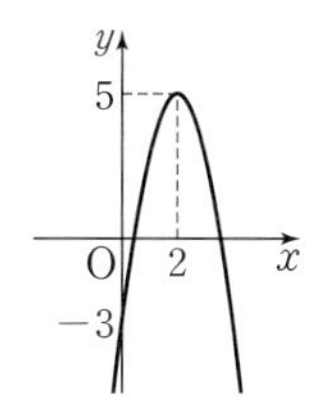

806 이차함수 $y=-\frac{1}{3}x^2-4$의 그래프를 x축의 방향으로 p만큼, y축의 방향으로 q만큼 평행이동한 그래프의 식은

$y=-\frac{1}{3}(x-p)^2-4+q$

이 그래프의 식이 $y=-\frac{1}{3}(x-3)^2+2$와 일치하므로

$-p=-3$, $-4+q=2$에서 $p=3$, $q=6$

$\therefore p+q=3+6=9$ 답 ④

807 이차함수 $y=ax^2+q$의 그래프의 꼭짓점의 좌표는 $(0, q)$이다.

이차함수 $y=ax^2+q$의 그래프가 모든 사분면을 지나는 경우는 다음 그림과 같다.

(i) $a>0$일 때 (ii) $a<0$일 때

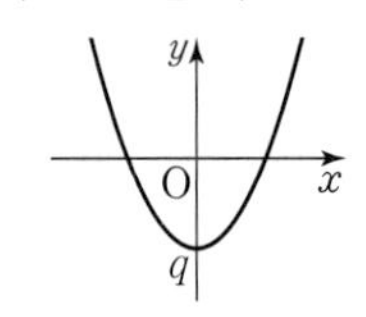

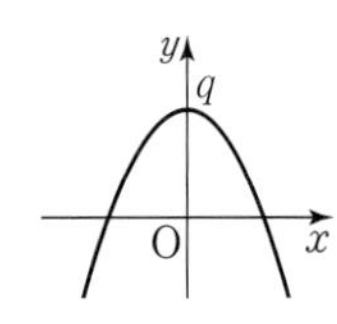

(i), (ii)에서 $a>0$, $q<0$ 또는 $a<0$, $q>0$이어야 한다.

$\therefore aq<0$ 답 ③

808 이차함수 $y=2x^2-4$의 그래프의 꼭짓점의 좌표는 $(0, -4)$, 이차함수 $y=-\frac{3}{2}(x+2)^2$의 그래프의 꼭짓점의 좌표는 $(-2, 0)$, 이차함수 $y=(x-2)^2+3$의 그래프의 꼭짓점의 좌표는 $(2, 3)$이다.

따라서 구하는 삼각형의 넓이는

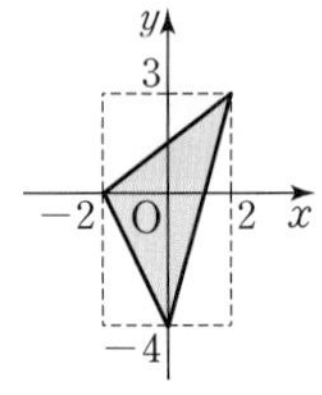

$4\times7-\left(\frac{1}{2}\times3\times4+\frac{1}{2}\times2\times4+\frac{1}{2}\times2\times7\right)$

$=28-(6+4+7)$

$=11$ 답 11

중단원 마무리

122~123쪽

809 ㄱ. $y=\frac{4}{3}\pi x^3$ ⇨ 이차함수가 아니다.

ㄴ. $y=\frac{x}{100}\times3x=\frac{3}{100}x^2$ ⇨ 이차함수

ㄷ. $y=2\pi x^2+2\pi x^2=4\pi x^2$ ⇨ 이차함수

ㄹ. $y=3000-700x$ ⇨ 일차함수

따라서 이차함수인 것은 ㄴ, ㄷ이므로 2개이다. 답 2

810 $f(3)=3\times3^2-5\times3+2$

$=27-15+2=14$

$f(-1)=3\times(-1)^2-5\times(-1)+2$

$=3+5+2=10$

$\therefore f(3)+f(-1)=14+10=24$ 답 ②

811 $y=ax^2$의 그래프가

$y=\frac{1}{2}x^2$의 그래프보다 폭이 좁으므로 $a>\frac{1}{2}$ ($\because a>0$)

$y=2x^2$의 그래프보다 폭이 넓으므로 $0<a<2$

$\therefore \frac{1}{2}<a<2$ 답 $\frac{1}{2}<a<2$

812 포물선 ㉠은 아래로 볼록하고 $2>\frac{2}{3}$이므로 포물선 ㉠이 나타내는 이차함수의 식은 $y=\frac{2}{3}x^2$이다.

이 그래프가 점 $(2, a)$를 지나므로

$a=\frac{2}{3}\times2^2=\frac{8}{3}$ 답 $\frac{8}{3}$

813 ④ 이차함수 $y=-3x^2$의 그래프를 x축의 방향으로 1만큼, y축의 방향으로 5만큼 평행이동하면 이차함수 $y=-3(x-1)^2+5$의 그래프와 완전히 포개어진다.

답 ④

814 이차함수 $y=\frac{1}{3}x^2$의 그래프를 y축의 방향으로 -4만큼 평행이동한 그래프의 식은 $y=\frac{1}{3}x^2-4$

이 그래프가 점 $(k, -1)$을 지나므로

$-1=\frac{1}{3}k^2-4$, $\frac{1}{3}k^2=3$, $k^2=9$

$\therefore k=3$ ($\because k>0$) 답 ④

815 ① $2\neq3\times(-2+1)^2+5$이므로 점 $(-2, 2)$를 지나지 않는다.

② 축의 방정식은 $x=-1$이다.

③ 꼭짓점의 좌표는 $(-1, 5)$이다.

④ $x=0$일 때, $y=8$이므로 이차함수 $y=3(x+1)^2+5$의 그래프는 오른쪽 그림과 같이 제1사분면, 제2사분면을 지난다.

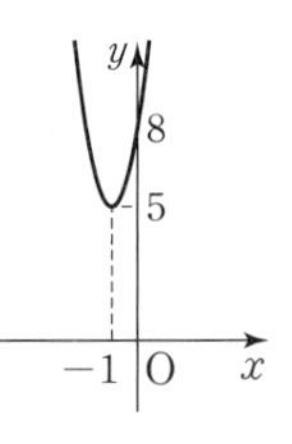

⑤ 이차함수 $y=3x^2$의 그래프를 x축의 방향으로 -1만큼, y축의 방향으로 5만큼 평행이동한 것이다.

따라서 옳은 것은 ④이다. 답 ④

816 이차함수 $y=2x^2$의 그래프 위의 점 P의 좌표를 $(k, 2k^2)$ $(k>0)$이라 하면

$Q(k, ak^2)$, $R(k, 0)$

$\overline{PQ}=\frac{5}{4}\overline{QR}$이므로

$2k^2-ak^2=\frac{5}{4}\times ak^2$

$\frac{9}{4}ak^2=2k^2$, $\frac{9}{4}a=2$ $\therefore a=\frac{8}{9}$ 답 $\frac{8}{9}$

817 이차함수 $y=-2(x-p)^2+4p^2$의 그래프의 꼭짓점 $(p, 4p^2)$이 제2사분면 위에 있으므로 $p<0$이다.

이 그래프가 점 $(3, -4)$를 지나므로

$-4=-2(3-p)^2+4p^2$

$-4=-2(9-6p+p^2)+4p^2$

$2p^2+12p-14=0$, $p^2+6p-7=0$

$(p+7)(p-1)=0$

$\therefore p=-7$ ($\because p<0$) 답 -7

818 주어진 일차함수의 그래프에서 기울기와 y절편이 모두 양수이므로 $a>0$, $b>0$

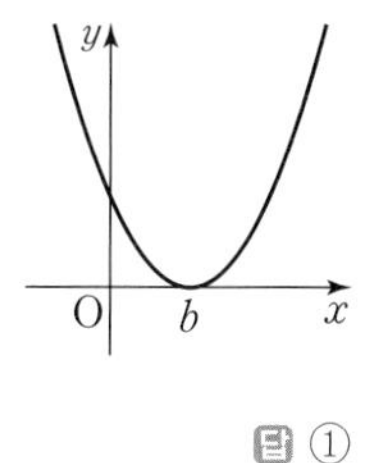

이차함수 $y=a(x-b)^2$의 그래프에서 $a>0$이므로 그래프는 아래로 볼록하고 꼭짓점의 좌표 $(b, 0)$에서 $b>0$이다. 즉, 그래프는 오른쪽 그림과 같다.
따라서 이차함수 $y=a(x-b)^2$의 그래프로 알맞은 것은 ①이다. 답 ①

819 $y=(x-2)^2-4$의 그래프는 $y=(x-2)^2$의 그래프를 y축의 방향으로 -4만큼 평행이동한 것이므로 두 이차함수의 그래프의 모양은 같다.

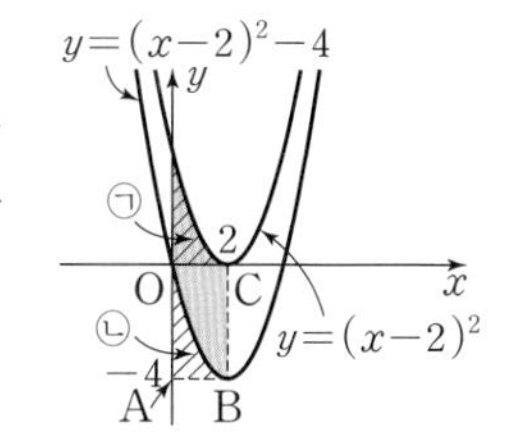

즉, 오른쪽 그림에서 빗금 친 ㉠, ㉡의 넓이가 같으므로 색칠한 부분의 넓이는 □OABC의 넓이와 같다.
∴ (색칠한 부분의 넓이)
$=$□OABC
$=2\times4=8$ 답 8

820 점 B의 좌표를 $(a, -a^2)$ $(a>0)$이라 하면
$A(-a, -a^2)$, $C\left(a, \frac{1}{5}a^2\right)$, $D\left(-a, \frac{1}{5}a^2\right)$ …❶
이때 $\overline{AB}=2a$, $\overline{BC}=\frac{1}{5}a^2-(-a^2)=\frac{6}{5}a^2$이고
$\overline{BC}=3\overline{AB}$이므로 $\frac{6}{5}a^2=3\times2a$에서
$\frac{6}{5}a^2=6a$, $a^2-5a=0$, $a(a-5)=0$
$\therefore a=5$ ($\because a>0$) …❷
따라서 $\overline{AB}=2a=2\times5=10$, $\overline{BC}=\frac{6}{5}a^2=\frac{6}{5}\times5^2=30$
이므로 □ABCD의 넓이는 $10\times30=300$ …❸
답 300

채점 기준	배점
❶ 네 점 A, B, C, D의 좌표를 문자를 사용하여 각각 나타내기	30 %
❷ 점 B의 x좌표 구하기	50 %
❸ □ABCD의 넓이 구하기	20 %

821 이차함수 $y=-3(x+b)^2+c$의 그래프를 x축의 방향으로 -3만큼, y축의 방향으로 2만큼 평행이동한 그래프의 식은
$y=-3(x+3+b)^2+c+2$ …❶
이 그래프가 이차함수 $y=a(x+2)^2$의 그래프와 일치하므로
$-3=a$, $3+b=2$, $c+2=0$에서
$a=-3$, $b=-1$, $c=-2$ …❷
$\therefore a+b+c=-3+(-1)+(-2)=-6$ …❸
답 -6

채점 기준	배점
❶ 평행이동한 그래프의 식 구하기	40 %
❷ a, b, c의 값 각각 구하기	40 %
❸ $a+b+c$의 값 구하기	20 %

08. 이차함수의 활용

핵심 유형 124~131쪽

Theme 19 이차함수 $y=ax^2+bx+c$의 그래프 124~129쪽

822 $y=2x^2-8x+9$
$=2(x^2-4x+4-4)+9$
$=2(x-2)^2+1$
따라서 $a=2$, $p=2$, $q=1$이므로
$a+p-q=2+2-1=3$ 답 3

823 ① $y=3x^2-6x$
$=3(x^2-2x+1-1)$
$=3(x-1)^2-3$
② $y=-x^2+4x-5$
$=-(x^2-4x+4-4)-5$
$=-(x-2)^2-1$
③ $y=2x^2-12x+14$
$=2(x^2-6x+9-9)+14$
$=2(x-3)^2-4$
④ $y=\frac{1}{4}x^2-x+2$
$=\frac{1}{4}(x^2-4x+4-4)+2$
$=\frac{1}{4}(x-2)^2+1$
⑤ $y=-\frac{1}{2}x^2-4x-8$
$=-\frac{1}{2}(x^2+8x+16-16)-8$
$=-\frac{1}{2}(x+4)^2$
따라서 옳지 않은 것은 ④이다. 답 ④

824 $y=2x^2-10x+9$
$=2\left(x^2-5x+\frac{25}{4}-\frac{25}{4}\right)+9$
$=2\left(x-\frac{5}{2}\right)^2-\frac{7}{2}$
따라서 $p=\frac{5}{2}$, $q=-\frac{7}{2}$이므로
$p-q=\frac{5}{2}-\left(-\frac{7}{2}\right)=6$ 답 ⑤
다른 풀이 $y=2(x-p)^2+q$
$=2(x^2-2px+p^2)+q$
$=2x^2-4px+2p^2+q$
이 식이 $y=2x^2-10x+9$와 일치하므로
$-4p=-10$, $2p^2+q=9$ $\therefore p=\frac{5}{2}$, $q=-\frac{7}{2}$
$\therefore p-q=\frac{5}{2}-\left(-\frac{7}{2}\right)=6$

워크북

825 $y=2x^2+8x+a$
$=2(x^2+4x+4-4)+a$
$=2(x+2)^2+a-8$
그래프의 꼭짓점의 좌표가 $(b,\ 3)$이므로
$-2=b,\ a-8=3$
따라서 $a=11,\ b=-2$이므로
$a+b=11+(-2)=9$ 답 ⑤

826 $y=-x^2+6x-16$
$=-(x^2-6x+9-9)-16$
$=-(x-3)^2-7$
따라서 축의 방정식은 $x=3$이다. 답 ④

827 $y=3x^2-12x+4$
$=3(x^2-4x+4-4)+4$
$=3(x-2)^2-8$
따라서 그래프의 꼭짓점의 좌표는 $(2,\ -8)$, 축의 방정식은 $x=2$이다. 답 ③

828 ㄱ. $y=x^2-6$의 축의 방정식은 $x=0$이다.
ㄴ. $y=-x^2+6x$
$=-(x^2-6x+9-9)$
$=-(x-3)^2+9$
이므로 축의 방정식은 $x=3$이다.
ㄷ. $y=2x^2-4x+1$
$=2(x^2-2x+1-1)+1$
$=2(x-1)^2-1$
이므로 축의 방정식은 $x=1$이다.
ㄹ. $y=-\frac{1}{2}x^2-x+8$
$=-\frac{1}{2}(x^2+2x+1-1)+8$
$=-\frac{1}{2}(x+1)^2+\frac{17}{2}$
이므로 축의 방정식은 $x=-1$이다.
따라서 축이 가장 왼쪽에 있는 것은 ㄹ이다. 답 ㄹ

829 ① $y=-3x^2-6x-10$
$=-3(x^2+2x+1-1)-10$
$=-3(x+1)^2-7$
이므로 꼭짓점의 좌표는 $(-1,\ -7)$이다.
② $y=-2x^2-8x+5$
$=-2(x^2+4x+4-4)+5$
$=-2(x+2)^2+13$
이므로 꼭짓점의 좌표는 $(-2,\ 13)$이다.
③ $y=-x^2+2x-4$
$=-(x^2-2x+1-1)-4$
$=-(x-1)^2-3$
이므로 꼭짓점의 좌표는 $(1,\ -3)$이다.
④ $y=x^2+2x-1$
$=(x^2+2x+1-1)-1$
$=(x+1)^2-2$
이므로 꼭짓점의 좌표는 $(-1,\ -2)$이다.
⑤ $y=2x^2-12x+7$
$=2(x^2-6x+9-9)+7$
$=2(x-3)^2-11$
이므로 꼭짓점의 좌표는 $(3,\ -11)$이다.
따라서 꼭짓점이 제2사분면 위에 있는 것은 ②이다. 답 ②

830 $y=-x^2+4px+4$
$=-(x^2-4px+4p^2-4p^2)+4$
$=-(x-2p)^2+4p^2+4$
그래프의 축의 방정식이 $x=2p$이므로
$2p=2 \quad \therefore p=1$ 답 ④

831 $y=\frac{1}{2}x^2-6x+k+9$
$=\frac{1}{2}(x^2-12x+36-36)+k+9$
$=\frac{1}{2}(x-6)^2+k-9$
이므로 꼭짓점의 좌표는 $(6,\ k-9)$이다.
$y=-2x-1$에 $x=6,\ y=k-9$를 대입하면
$k-9=-12-1 \quad \therefore k=-4$ 답 -4

832 $y=-x^2+6x-7$
$=-(x^2-6x+9-9)-7$
$=-(x-3)^2+2$
꼭짓점의 좌표는 $(3,\ 2)$이고, 이차항의 계수가 음수이므로 위로 볼록한 그래프이다.
또, $x=0$을 대입하면 $y=-7$이므로 점 $(0,\ -7)$을 지난다.
따라서 이차함수 $y=-x^2+6x-7$의 그래프는 ③이다.
답 ③

833 $y=3x^2-12x+2$
$=3(x^2-4x+4-4)+2$
$=3(x-2)^2-10$
꼭짓점의 좌표는 $(2,\ -10)$이고, 이차항의 계수가 양수이므로 아래로 볼록한 그래프이다.
또, $x=0$을 대입하면 $y=2$이므로 점 $(0,\ 2)$를 지난다.
따라서 이차함수 $y=3x^2-12x+2$의 그래프는 오른쪽 그림과 같으므로 지나지 않는 사분면은 제3사분면이다.

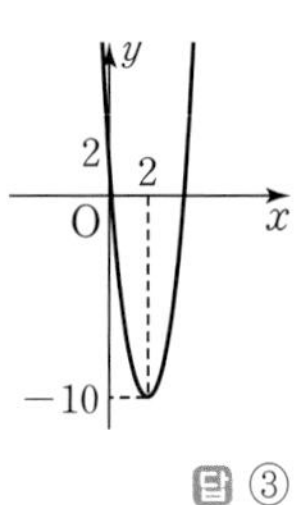

답 ③

834 ④ $y=x^2+2x-6$
$=(x^2+2x+1-1)-6$
$=(x+1)^2-7$
이므로 꼭짓점의 좌표가 $(-1,\ -7)$이고, y축과의 교점의 좌표는 $(0,\ -6)$이다.
따라서 그래프는 오른쪽 그림과 같이 모든 사분면을 지난다. 답 ④

835 $y=2x^2-4x-6$에 $y=0$을 대입하면

$0=2x^2-4x-6$, $x^2-2x-3=0$

$(x+1)(x-3)=0$　　$\therefore x=-1$ 또는 $x=3$

$y=2x^2-4x-6$에 $x=0$을 대입하면 $y=-6$

따라서 $p=-1$, $q=3$, $r=-6$

또는 $p=3$, $q=-1$, $r=-6$이므로

$p+q+r=-4$　　답 -4

836 $y=-x^2+8x-7$

$=-(x^2-8x+16-16)-7$

$=-(x-4)^2+9$

이므로 꼭짓점 B의 좌표는 $(4, 9)$이다.

$y=-x^2+8x-7$에 $y=0$을 대입하면

$0=-x^2+8x-7$, $x^2-8x+7=0$

$(x-1)(x-7)=0$　　$\therefore x=1$ 또는 $x=7$

즉, $A(1, 0)$, $C(7, 0)$

$y=-x^2+8x-7$에 $x=0$을 대입하면

$y=-7$이므로 $D(0, -7)$

$\overline{DE}$는 x축에 평행하므로 점 E의 y좌표는 -7이다.

$-7=-x^2+8x-7$에서

$x^2-8x=0$, $x(x-8)=0$　　$\therefore x=0$ 또는 $x=8$

$\therefore E(8, -7)$

따라서 옳지 않은 것은 ②이다.　　답 ②

837 $y=x^2+5x+k$의 그래프가 점 $(-1, 2)$를 지나므로

$x=-1$, $y=2$를 대입하면

$2=1-5+k$　　$\therefore k=6$

$y=x^2+5x+6$에 $y=0$을 대입하면

$0=x^2+5x+6$, $(x+3)(x+2)=0$

$\therefore x=-3$ 또는 $x=-2$

따라서 $A(-3, 0)$, $B(-2, 0)$ 또는

$A(-2, 0)$, $B(-3, 0)$이므로 $\overline{AB}=1$이다.　　답 ①

838 $y=3x^2+12x+2$

$=3(x^2+4x+4-4)+2$

$=3(x+2)^2-10$

이 이차함수의 그래프를 x축의 방향으로 m만큼, y축의 방향으로 n만큼 평행이동한 그래프의 식은

$y=3(x-m+2)^2-10+n$

한편, $y=3x^2-18x+10$

$=3(x^2-6x+9-9)+10$

$=3(x-3)^2-17$

이므로 $-m+2=-3$, $-10+n=-17$에서

$m=5$, $n=-7$

$\therefore m-n=5-(-7)=12$　　답 12

839 $y=2x^2-4x+1$

$=2(x^2-2x+1-1)+1$

$=2(x-1)^2-1$

이 이차함수의 그래프를 x축의 방향으로 -2만큼, y축의 방향으로 k만큼 평행이동한 그래프의 식은

$y=2(x+2-1)^2-1+k$

$=2(x+1)^2+k-1$

이 그래프가 점 $(-2, 4)$를 지나므로

$4=2(-2+1)^2+k-1$　　$\therefore k=3$　　답 ④

840 $y=5x^2-10x+k$

$=5(x^2-2x+1-1)+k$

$=5(x-1)^2+k-5$

이 이차함수의 그래프를 y축의 방향으로 4만큼 평행이동한 그래프의 식은

$y=5(x-1)^2+k-5+4=5(x-1)^2+k-1$

이 그래프는 아래로 볼록하고 꼭짓점의 좌표가 $(1, k-1)$이므로 x축과 만나지 않으려면

$k-1>0$　　$\therefore k>1$　　답 $k>1$

841 $y=x^2-2x+4$

$=(x^2-2x+1-1)+4$

$=(x-1)^2+3$

축의 방정식이 $x=1$이고 이차항의 계수가 양수이므로 x의 값이 증가할 때, y의 값은 감소하는 x의 값의 범위는 $x<1$

답 $x<1$

842 $y=2x^2-8x+5$

$=2(x^2-4x+4-4)+5$

$=2(x-2)^2-3$

축의 방정식이 $x=2$이고 이차항의 계수가 양수이므로 x의 값이 증가할 때, y의 값도 증가하는 x의 값의 범위는

$x>2$　　$\therefore a=2$

$y=-3x^2-6x+1$

$=-3(x^2+2x+1-1)+1$

$=-3(x+1)^2+4$

축의 방정식이 $x=-1$이고 이차항의 계수가 음수이므로 x의 값이 증가할 때, y의 값도 증가하는 x의 값의 범위는

$x<-1$　　$\therefore b=-1$

$\therefore a-b=2-(-1)=3$　　답 ⑤

843 이차함수 $y=-\frac{1}{3}x^2+kx-1$의 그래프가 점 $\left(-1, \frac{2}{3}\right)$를 지나므로 $x=-1$, $y=\frac{2}{3}$를 대입하면

$\frac{2}{3}=-\frac{1}{3}-k-1$에서 $k=-2$

$\therefore y=-\frac{1}{3}x^2-2x-1$

$y=-\frac{1}{3}x^2-2x-1$

$=-\frac{1}{3}(x^2+6x+9-9)-1$

$=-\frac{1}{3}(x+3)^2+2$

축의 방정식이 $x=-3$이고 이차항의 계수가 음수이므로 x의 값이 증가할 때, y의 값은 감소하는 x의 값의 범위는

$x>-3$　　답 $x>-3$

844 $y=-x^2+2x+3$
$=-(x^2-2x+1-1)+3$
$=-(x-1)^2+4$
③ 꼭짓점의 좌표는 $(1, 4)$이다.
따라서 옳지 않은 것은 ③이다. 답 ③

845 ① $a<0$이면 위로 볼록하다.
② y축과 만나는 점의 y좌표는 c이다.
③ x축과 만나는지 알 수 없다.
⑤ $y=ax^2+bx+c=a\left(x+\frac{b}{2a}\right)^2-\frac{b^2-4ac}{4a}$이므로
축의 방정식은 $x=-\frac{b}{2a}$이다.
즉, $a>0$이고 $x>-\frac{b}{2a}$일 때, x의 값이 증가하면 y의 값도 증가한다.
따라서 옳은 것은 ④, ⑤이다. 답 ④, ⑤

846 $y=\frac{1}{2}x^2-4x+9$
$=\frac{1}{2}(x^2-8x+16-16)+9$
$=\frac{1}{2}(x-4)^2+1$
이 그래프를 x축의 방향으로 -2만큼, y축의 방향으로 3만큼 평행이동한 그래프의 식은
$y=\frac{1}{2}(x+2-4)^2+1+3=\frac{1}{2}(x-2)^2+4$
ㄱ. 꼭짓점의 좌표는 $(2, 4)$이다.
ㄴ. $y=\frac{1}{2}(x-2)^2+4$에 $x=0$을 대입하면
$y=\frac{1}{2}\times(-2)^2+4=6$이므로 y축과의 교점의 좌표는 $(0, 6)$이다.
따라서 옳은 것은 ㄷ, ㄹ이다. 답 ㄷ, ㄹ

847 그래프가 위로 볼록하므로 $a<0$
축이 y축을 기준으로 오른쪽에 있으므로 a와 b의 부호는 다르다. 즉, $b>0$
y축과의 교점이 x축보다 위쪽에 있으므로 $c>0$
④ $x=1$을 대입하면 $a+b+c>0$
⑤ $x=-2$를 대입하면 $4a-2b+c>0$
따라서 옳은 것은 ⑤이다. 답 ⑤

848 주어진 그래프가 아래로 볼록하므로 $a>0$
축이 y축을 기준으로 오른쪽에 있으므로 a와 b의 부호는 다르다. 즉, $b<0$
y축과의 교점이 x축보다 아래쪽에 있으므로 $c<0$ 답 ③

849 이차함수 $y=ax^2+bx+c$에서 $a>0$, $b>0$, $c<0$이므로 그래프는 아래로 볼록하고 축은 a와 b가 같은 부호이므로 y축을 기준으로 왼쪽에 있다.
또, y축과의 교점이 x축보다 아래쪽에 있으므로 그래프로 알맞은 것은 ①이다. 답 ①

850 주어진 그래프가 아래로 볼록하므로 $a>0$
축이 y축을 기준으로 왼쪽에 있으므로 a와 b의 부호는 같다. 즉, $b>0$
y축과의 교점이 x축보다 위쪽에 있으므로 $c>0$
따라서 $\frac{b}{a}>0$, $\frac{c}{a}>0$이므로 일차함수 $y=\frac{b}{a}x+\frac{c}{a}$의 그래프로 알맞은 것은 ②이다. 답 ②

851 주어진 그래프가 위로 볼록하므로 $a<0$
축이 y축을 기준으로 왼쪽에 있으므로 a와 b의 부호는 같다. 즉, $b<0$
y축과의 교점이 x축보다 위쪽에 있으므로 $c>0$
이차함수 $y=cx^2-bx+a$의 그래프에서 $c>0$이므로 아래로 볼록하고 $c>0$, $-b>0$에서 c와 $-b$의 부호가 같으므로 축은 y축을 기준으로 왼쪽에 있다.
또, $a<0$이므로 그래프와 y축과의 교점은 x축보다 아래쪽에 있다.
따라서 이차함수 $y=cx^2-bx+a$의 그래프는 오른쪽 그림과 같으므로 모든 사분면을 지난다. 답 ⑤

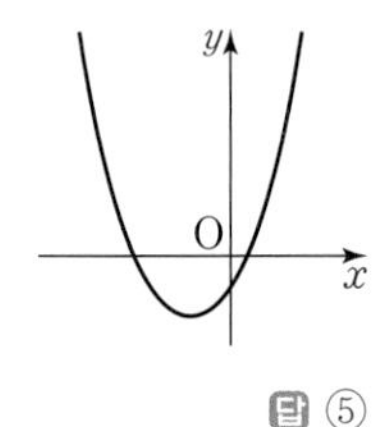

852 주어진 그래프가 아래로 볼록하므로 $a>0$
축이 y축을 기준으로 오른쪽에 있으므로 a와 b의 부호는 다르다. 즉, $b<0$
y축과의 교점이 x축보다 아래쪽에 있으므로 $c<0$
① $a>0$, $b<0$이므로 $ab<0$
② $b<0$, $c<0$이므로 $bc>0$
③ $a>0$, $b<0$, $c<0$이므로 $abc>0$
④ $x=\frac{1}{3}$을 대입하면 $\frac{1}{9}a+\frac{1}{3}b+c<0$
⑤ $x=-3$을 대입하면 $9a-3b+c>0$
따라서 옳지 않은 것은 ③이다. 답 ③

853 $y=-x^2+x+6$에
$x=0$을 대입하면 $y=6$이므로 $C(0, 6)$
$y=0$을 대입하면 $0=-x^2+x+6$에서
$x^2-x-6=0$, $(x+2)(x-3)=0$
$\therefore x=-2$ 또는 $x=3$
즉, $A(-2, 0)$, $B(3, 0)$이므로 $\overline{AB}=3-(-2)=5$
$\therefore \triangle ABC=\frac{1}{2}\times5\times6=15$ 답 15

854 $y=x^2-4x-2$
$=(x^2-4x+4-4)-2$
$=(x-2)^2-6$
$\therefore A(2, -6)$
$y=x^2-4x-2$에 $x=0$을 대입하면 $y=-2$
$\therefore B(0, -2)$
$\therefore \triangle OAB=\frac{1}{2}\times2\times2=2$ 답 ②

855 $y=x^2+2x-8$에
$x=0$을 대입하면 $y=-8$
$\therefore$ C$(0,\ -8)$
$y=x^2+2x-8$
$=(x^2+2x+1-1)-8$
$=(x+1)^2-9$
$\therefore$ D$(-1,\ -9)$
$\triangle$ACB와 $\triangle$ADB는 밑변이 모두 $\overline{\text{AB}}$이므로 두 삼각형의 넓이의 비는 높이의 비와 같다.
$\therefore$ $\triangle$ACB : $\triangle$ADB$=8:9$ 답 ⑤

856 두 그래프가 x축 위에서 만나므로
$y=-x^2+9$에 $y=0$을 대입하면
$-x^2+9=0,\ x^2=9$ $\quad\therefore x=\pm3$
$\therefore$ B$(-3,\ 0)$, D$(3,\ 0)$
$y=x^2-9$의 그래프의 꼭짓점은 A$(0,\ 9)$
$y=\frac{1}{2}x^2+a$의 그래프가 점 D$(3,\ 0)$을 지나므로
$0=\frac{1}{2}\times9+a$에서 $a=-\frac{9}{2}$ $\quad\therefore$ C$\left(0,\ -\frac{9}{2}\right)$
$\therefore$ $\square$ABCD$=\triangle$ABD$+\triangle$BCD
$=\frac{1}{2}\times6\times9+\frac{1}{2}\times6\times\frac{9}{2}$
$=27+\frac{27}{2}=\frac{81}{2}$ 답 ③

857 두 점 A, B의 좌표를 각각
A$(a,\ 1)$ $(a<0)$, B$(b,\ 4)$ $(b>0)$라 하고 두 점의 좌표를 $y=x^2$에 각각 대입하면
$1=a^2,\ 4=b^2$
$\therefore a=-1$ ($\because a<0$), $b=2$ ($\because b>0$)
$\therefore$ A$(-1,\ 1)$, B$(2,\ 4)$
직선 $y=mx+n$이 점 A$(-1,\ 1)$을 지나므로
$1=-m+n$ $\quad\cdots\cdots$ ㉠
직선 $y=mx+n$이 점 B$(2,\ 4)$를 지나므로
$4=2m+n$ $\quad\cdots\cdots$ ㉡
㉠, ㉡을 연립하여 풀면
$m=1,\ n=2$ 답 $m=1,\ n=2$

858 $y=\frac{1}{4}x^2$의 그래프와 직선 $y=-\frac{1}{4}x+3$의 교점의 x좌표는
$\frac{1}{4}x^2=-\frac{1}{4}x+3$에서
$x^2+x-12=0,\ (x+4)(x-3)=0$
$\therefore x=-4$ 또는 $x=3$
$x=-4$일 때 $y=4$,
$x=3$일 때 $y=\frac{9}{4}$
따라서 두 점 A, B의 좌표는 각각 A$(-4,\ 4)$, B$\left(3,\ \frac{9}{4}\right)$
답 A$(-4,\ 4)$, B$\left(3,\ \frac{9}{4}\right)$

Theme 20 이차함수의 식 구하기 130~131쪽

859 꼭짓점의 좌표가 $(2,\ 1)$이므로 $y=a(x-2)^2+1$
이 그래프가 점 $(0,\ 13)$을 지나므로 $x=0,\ y=13$을 대입하면
$13=4a+1,\ 4a=12$ $\quad\therefore a=3$
따라서 구하는 이차함수의 식은
$y=3(x-2)^2+1=3x^2-12x+13$ 답 ⑤

860 이차함수 $y=\frac{1}{2}(x+3)^2-8$의 그래프의 꼭짓점의 좌표가 $(-3,\ -8)$이므로 $y=a(x+3)^2-8$
이 그래프가 점 $(-2,\ -6)$을 지나므로 $x=-2,\ y=-6$을 대입하면
$-6=a-8$ $\quad\therefore a=2$
따라서 $y=2(x+3)^2-8$에 $x=0$을 대입하면 $y=10$이므로 y축과 만나는 점의 좌표는 $(0,\ 10)$이다. 답 $(0,\ 10)$

861 주어진 그래프의 꼭짓점의 좌표가 $(-3,\ 9)$이므로
$y=a(x+3)^2+9$
이 그래프가 점 $(0,\ 0)$을 지나므로 $x=0,\ y=0$을 대입하면
$0=9a+9$에서 $a=-1$
$\therefore y=-(x+3)^2+9$
따라서 $y=-(x+3)^2+9$의 그래프가 점 $(1,\ k)$를 지나므로 $x=1,\ y=k$를 대입하면
$k=-16+9=-7$ 답 ③

862 축의 방정식이 $x=-1$이므로 $y=a(x+1)^2+q$
이 그래프가 두 점 $(1,\ -3)$, $(-2,\ 3)$을 지나므로
$-3=4a+q,\ 3=a+q$
두 식을 연립하여 풀면 $a=-2,\ q=5$
즉, 구하는 이차함수의 식은
$y=-2(x+1)^2+5=-2x^2-4x+3$
따라서 $a=-2,\ b=-4,\ c=3$이므로
$abc=(-2)\times(-4)\times3=24$ 답 ⑤

863 이차함수 $y=-x^2+ax+b$의 그래프의 축의 방정식이 $x=2$이므로 $y=-(x-2)^2+q$
이 그래프가 점 $(1,\ -1)$을 지나므로
$-1=-1+q$ $\quad\therefore q=0$
따라서 구하는 이차함수의 식은 $y=-(x-2)^2$이므로 꼭짓점의 좌표는 $(2,\ 0)$이다. 답 $(2,\ 0)$

864 축의 방정식이 $x=1$이므로 $y=a(x-1)^2+q$
이 그래프가 두 점 $(0,\ -8)$, $(4,\ 0)$을 지나므로
$-8=a+q,\ 0=9a+q$
두 식을 연립하여 풀면 $a=1,\ q=-9$
따라서 구하는 이차함수의 식은
$y=(x-1)^2-9=x^2-2x-8$ 답 ①

865 구하는 이차함수의 식을 $y=ax^2+bx+c$로 놓고
$x=0$, $y=5$를 대입하면 $5=c$ …… ㉠
$x=2$, $y=3$을 대입하면 $3=4a+2b+c$ …… ㉡
$x=4$, $y=5$를 대입하면 $5=16a+4b+c$ …… ㉢
㉠, ㉡, ㉢을 연립하여 풀면 $a=\frac{1}{2}$, $b=-2$, $c=5$
즉, 구하는 이차함수의 식은
$y=\frac{1}{2}x^2-2x+5$
$=\frac{1}{2}(x^2-4x+4-4)+5$
$=\frac{1}{2}(x-2)^2+3$
이므로 꼭짓점의 좌표는 $(2, 3)$이다.
따라서 $p=2$, $q=3$이므로 $2p-q=2\times2-3=1$ 답 ②

866 구하는 이차함수의 식을 $y=ax^2+bx+c$로 놓고
$x=0$, $y=-1$을 대입하면 $-1=c$ …… ㉠
$x=-2$, $y=3$을 대입하면 $3=4a-2b+c$ …… ㉡
$x=1$, $y=-6$을 대입하면 $-6=a+b+c$ …… ㉢
㉠, ㉡, ㉢을 연립하여 풀면 $a=-1$, $b=-4$, $c=-1$
따라서 구하는 이차함수의 식은 $y=-x^2-4x-1$
답 ②

867 구하는 이차함수의 식을 $y=ax^2+bx+c$로 놓고
$x=-2$, $y=4$를 대입하면 $4=4a-2b+c$ …… ㉠
$x=-1$, $y=1$을 대입하면 $1=a-b+c$ …… ㉡
$x=0$, $y=-4$를 대입하면 $-4=c$ …… ㉢
㉠, ㉡, ㉢을 연립하여 풀면 $a=-1$, $b=-6$, $c=-4$
즉, 구하는 이차함수의 식은 $y=-x^2-6x-4$
이때 $y=-x^2-6x-4$에 $y=0$을 대입하면
$-x^2-6x-4=0$, $x^2+6x+4=0$
$\therefore x=-3\pm\sqrt{3^2-1\times4}=-3\pm\sqrt{5}$
따라서 그래프와 x축과의 두 교점의 좌표는
$(-3-\sqrt{5}, 0)$, $(-3+\sqrt{5}, 0)$이므로
$\overline{AB}=(-3+\sqrt{5})-(-3-\sqrt{5})$
$=2\sqrt{5}$ 답 ②

868 그래프가 x축과 두 점 $(-2, 0)$, $(-5, 0)$에서 만나므로
$y=a(x+2)(x+5)$
이 그래프가 점 $(-3, 2)$를 지나므로
$2=-2a$ $\therefore a=-1$
즉, 구하는 이차함수의 식은
$y=-(x+2)(x+5)=-x^2-7x-10$
따라서 $a=-1$, $b=-7$, $c=-10$이므로
$ab+c=(-1)\times(-7)+(-10)=-3$ 답 ②

869 그래프가 x축과 두 점 $(-3, 0)$, $(1, 0)$에서 만나므로
$y=a(x+3)(x-1)$
이때 $y=x^2$의 그래프를 평행이동하면 완전히 포개어지므로 $a=1$
따라서 구하는 이차함수의 식은
$y=(x+3)(x-1)=x^2+2x-3$ 답 ④

870 주어진 그래프가 x축과 두 점 $(-3, 0)$, $(2, 0)$에서 만나므로
$y=a(x+3)(x-2)$
이 그래프가 점 $(1, 8)$을 지나므로
$8=-4a$ $\therefore a=-2$
즉, 구하는 이차함수의 식은
$y=-2(x+3)(x-2)=-2x^2-2x+12$
따라서 $y=-2x^2-2x+12$에 $x=0$을 대입하면 $y=12$이므로 y축과 만나는 점의 y좌표는 12이다. 답 12

유형모아 Theme 19 이차함수 $y=ax^2+bx+c$의 그래프 1회 132쪽

871 $y=x^2+4x$
$=x^2+4x+4-4$
$=(x+2)^2-4$
따라서 $-a=2$, $2b=-4$이므로
$a=-2$, $b=-2$
$\therefore ab=(-2)\times(-2)=4$ 답 4
다른 풀이 $y=(x-a)^2+2b$
$=(x^2-2ax+a^2)+2b$
$=x^2-2ax+a^2+2b$
이 식이 $y=x^2+4x$와 일치하므로
$-2a=4$, $a^2+2b=0$
$\therefore a=-2$, $b=-2$
$\therefore ab=(-2)\times(-2)=4$

872 $y=-x^2+4x+2k-3$
$=-(x^2-4x+4-4)+2k-3$
$=-(x-2)^2+2k+1$
이므로 꼭짓점의 좌표는 $(2, 2k+1)$이다.
$y=x+5$에 $x=2$, $y=2k+1$을 대입하면
$2k+1=2+5$, $2k=6$ $\therefore k=3$ 답 3

873 $y=-3x^2+6x-4$
$=-3(x^2-2x+1-1)-4$
$=-3(x-1)^2-1$
꼭짓점의 좌표는 $(1, -1)$이고, 이차항의 계수는 음수이므로 위로 볼록한 그래프이다.
또, 점 $(0, -4)$를 지난다.
따라서 이차함수 $y=-3x^2+6x-4$의 그래프는 오른쪽 그림과 같으므로 그래프가 지나지 않는 사분면은 제1사분면, 제2사분면이다.

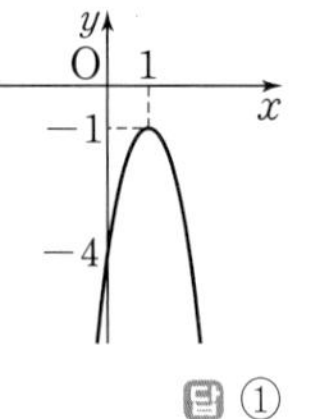

답 ①

874 $y=-2x^2+6x-3$

$=-2\left(x^2-3x+\frac{9}{4}-\frac{9}{4}\right)-3$

$=-2\left(x-\frac{3}{2}\right)^2+\frac{3}{2}$

축의 방정식이 $x=\frac{3}{2}$이고 이차항의 계수가 음수이므로 x의 값이 증가할 때, y의 값도 증가하는 x의 값의 범위는

$x<\frac{3}{2}$ 　답 $x<\frac{3}{2}$

875 $y=2x^2+12x$

$=2(x^2+6x+9-9)$

$=2(x+3)^2-18$

이 이차함수의 그래프를 x축의 방향으로 3만큼, y축의 방향으로 -2만큼 평행이동한 그래프의 식은

$y=2(x-3+3)^2-18-2=2x^2-20$

따라서 $a=2$, $b=0$, $c=-20$이므로

$a+b+c=2+0+(-20)=-18$ 　답 -18

876 주어진 일차함수 $y=ax+b$의 그래프에서 기울기와 y절편이 모두 양수이므로 $a>0$, $b>0$

이차함수 $y=ax^2+bx$의 그래프에서 $a>0$이므로 그래프는 아래로 볼록하고 a, b의 부호가 같으므로 축은 y축을 기준으로 왼쪽에 있다. 또, $x=0$일 때, $y=0$이므로 y축과 원점에서 만난다.

따라서 그래프는 오른쪽 그림과 같으므로 꼭짓점은 제3사분면 위에 있다.

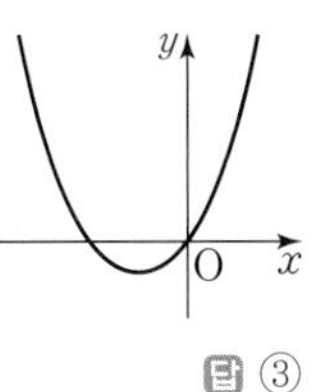

답 ③

877 $y=x^2+2x-3$에 $x=0$을 대입하면 $y=-3$

$\therefore$ C$(0, -3)$

$y=0$을 대입하면 $0=x^2+2x-3$에서 $(x+3)(x-1)=0$

$\therefore x=-3$ ($\because x<0$) 　$\therefore$ A$(-3, 0)$

$y=x^2+2x-3$

$=(x^2+2x+1-1)-3$

$=(x+1)^2-4$

$\therefore$ B$(-1, -4)$

$\therefore$ □OABC=△OAB+△OBC

$=\frac{1}{2}\times3\times4+\frac{1}{2}\times3\times1=\frac{15}{2}$ 　답 $\frac{15}{2}$

유형모아 Theme 19 이차함수 $y=ax^2+bx+c$의 그래프 ②

133쪽

878 $y=-x^2-4x+a$

$=-(x^2+4x+4-4)+a$

$=-(x+2)^2+a+4$

이므로 꼭짓점의 좌표는 $(-2, a+4)$이다.

따라서 $-2=b$, $a+4=3$이므로 $a=-1$, $b=-2$

$\therefore a+b=-1+(-2)=-3$ 　답 ②

879 $y=-\frac{1}{2}x^2+2x-3$

$=-\frac{1}{2}(x^2-4x+4-4)-3$

$=-\frac{1}{2}(x-2)^2-1$

꼭짓점의 좌표는 $(2, -1)$이고, 이차항의 계수가 음수이므로 위로 볼록한 그래프이다.

또, $x=0$을 대입하면 $y=-3$이므로 점 $(0, -3)$을 지난다.

따라서 이차함수 $y=-\frac{1}{2}x^2+2x-3$의 그래프는 ⑤이다.

답 ⑤

880 주어진 그래프가 두 점 $(0, 10)$, $(5, 0)$을 지나므로

$y=-2x^2+ax+b$에 $x=0$, $y=10$을 대입하면 $b=10$

$x=5$, $y=0$을 대입하면 $0=-50+5a+10$ 　$\therefore a=8$

즉, 이차함수의 식은 $y=-2x^2+8x+10$

$y=0$을 대입하면 $0=-2x^2+8x+10$

$x^2-4x-5=0$, $(x+1)(x-5)=0$

$\therefore x=-1$ 또는 $x=5$

따라서 점 A의 좌표는 $(-1, 0)$이다. 　답 $(-1, 0)$

881 $y=x^2-6x$

$=x^2-6x+9-9$

$=(x-3)^2-9$

이 이차함수의 그래프를 x축의 방향으로 p만큼, y축의 방향으로 q만큼 평행이동한 그래프의 식은

$y=(x-p-3)^2-9+q$

한편,

$y=x^2-8x+11$

$=(x^2-8x+16-16)+11$

$=(x-4)^2-5$

이므로 $-p-3=-4$, $-9+q=-5$에서 $p=1$, $q=4$

$\therefore p-q=1-4=-3$ 　답 -3

882 $y=2x^2+4x-5$

$=2(x^2+2x+1-1)-5$

$=2(x+1)^2-7$

② 이차함수 $y=2x^2$의 그래프를 x축의 방향으로 -1만큼, y축의 방향으로 -7만큼 평행이동하면 일치한다.

③ 꼭짓점의 좌표는 $(-1, -7)$이다.

④ 이차항의 계수가 양수이므로 $x<-1$일 때, x의 값이 증가하면 y의 값은 감소한다.

⑤ 이차함수 $y=2x^2+4x-5$의 그래프는 오른쪽 그림과 같으므로 모든 사분면을 지난다.

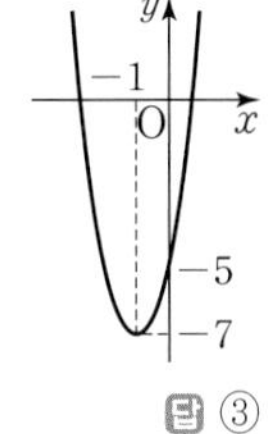

따라서 옳지 않은 것은 ③이다. 　답 ③

883 $y=-2x^2-4x+3$

$=-2(x^2+2x+1-1)+3$

$=-2(x+1)^2+5$

이 이차함수의 그래프를 x축의 방향으로 k만큼 평행이동한 그래프의 식은 $y=-2(x-k+1)^2+5$
한편, 이 그래프의 축의 방정식이 $x=3$이므로
$k-1=3$ $\quad\therefore k=4$ 답 4

884 주어진 그래프가 아래로 볼록하므로 $a>0$
축이 y축을 기준으로 오른쪽에 있으므로 a와 b의 부호는 다르다. 즉, $b<0$
y축과의 교점이 x축보다 위쪽에 있으므로 $c>0$
꼭짓점이 제4사분면 위에 있으므로 $p>0$, $q<0$
ㄱ. $a>0$, $b<0$이므로 $a-b>0$
ㄴ. $a>0$, $b<0$, $c>0$이므로 $abc<0$
ㄷ. $p>0$, $q<0$이므로 $pq<0$
ㄹ. $a>0$, $p>0$에서 $ap>0$이고 $q<0$이므로 $ap-q>0$
따라서 옳은 것은 ㄱ, ㄷ, ㄹ이다. 답 ④

유형 모아 Theme 20 이차함수의 식 구하기 1차 134쪽

885 꼭짓점의 좌표가 $(1, -4)$이므로 $y=a(x-1)^2-4$
이 그래프가 점 $(0, -3)$을 지나므로 $x=0$, $y=-3$을 대입하면
$-3=a-4$ $\quad\therefore a=1$
따라서 구하는 이차함수의 식은
$y=(x-1)^2-4=x^2-2x-3$ 답 $y=x^2-2x-3$

886 축의 방정식이 $x=2$이므로 $y=a(x-2)^2+q$
이 그래프가 두 점 $(1, -4)$, $(-1, 4)$를 지나므로
$-4=a+q$, $4=9a+q$
두 식을 연립하여 풀면 $a=1$, $q=-5$
즉, 구하는 이차함수의 식은 $y=(x-2)^2-5$
따라서 $a=1$, $p=2$, $q=-5$이므로
$a+p+q=1+2+(-5)=-2$ 답 -2

887 축의 방정식이 $x=-2$이므로 $y=a(x+2)^2+q$
이 그래프가 두 점 $(1, -1)$, $(-1, 7)$을 지나므로
$-1=9a+q$, $7=a+q$
두 식을 연립하여 풀면 $a=-1$, $q=8$
즉, 구하는 이차함수의 식은
$y=-(x+2)^2+8=-x^2-4x+4$
따라서 $x=0$일 때, $y=4$이므로 이 그래프가 y축과 만나는 점의 y좌표는 4이다. 답 ④

888 $y=ax^2+bx+c$에
$x=0$, $y=3$을 대입하면 $3=c$ ⋯⋯ ㉠
$x=-3$, $y=0$을 대입하면 $0=9a-3b+c$ ⋯⋯ ㉡
$x=1$, $y=-8$을 대입하면 $-8=a+b+c$ ⋯⋯ ㉢
㉠, ㉡, ㉢을 연립하여 풀면
$a=-3$, $b=-8$, $c=3$
$\therefore a-b-c=(-3)-(-8)-3=2$ 답 ②

889 그래프가 세 점 $(0, 2)$, $(-1, 5)$, $(2, 8)$을 지나므로 구하는 이차함수의 식을 $y=ax^2+bx+c$로 놓고
$x=0$, $y=2$를 대입하면 $2=c$ ⋯⋯ ㉠
$x=-1$, $y=5$를 대입하면 $5=a-b+c$ ⋯⋯ ㉡
$x=2$, $y=8$을 대입하면 $8=4a+2b+c$ ⋯⋯ ㉢
㉠, ㉡, ㉢을 연립하여 풀면
$a=2$, $b=-1$, $c=2$
즉, 구하는 이차함수의 식은 $y=2x^2-x+2$
따라서 이 그래프가 점 $(1, k)$를 지나므로
$k=2-1+2=3$ 답 3

890 그래프가 x축과 두 점 $(2, 0)$, $(-4, 0)$에서 만나므로
$y=a(x-2)(x+4)$
이 그래프가 점 $(0, -16)$을 지나므로
$-16=-8a$ $\quad\therefore a=2$
따라서 구하는 이차함수의 식은
$y=2(x-2)(x+4)=2x^2+4x-16$ 답 ④

891 주어진 그래프가 x축과 두 점 $(-4, 0)$, $(0, 0)$에서 만나므로 꼭짓점의 x좌표는 두 점의 중점의 x좌표와 같다. 즉, 꼭짓점의 좌표가 $(-2, -4)$이므로
$y=a(x+2)^2-4$
이 그래프가 점 $(0, 0)$을 지나므로
$0=4a-4$ $\quad\therefore a=1$
즉, 구하는 이차함수의 식은
$y=(x+2)^2-4=x^2+4x$
따라서 $a=1$, $b=4$, $c=0$이므로
$ab-c=4$ 답 4

다른 풀이 x축과 두 점 $(-4, 0)$, $(0, 0)$에서 만나므로
$y=ax(x+4)$
이 그래프가 점 $(-2, -4)$를 지나므로
$-4=-4a$ $\quad\therefore a=1$
즉, 구하는 이차함수의 식은 $y=x(x+4)=x^2+4x$
따라서 $a=1$, $b=4$, $c=0$이므로
$ab-c=1\times4-0=4$

유형 모아 Theme 20 이차함수의 식 구하기 2차 135쪽

892 꼭짓점의 좌표가 $(-2, 4)$이므로 $y=a(x+2)^2+4$
이 그래프가 점 $(-1, 1)$을 지나므로 $x=-1$, $y=1$을 대입하면
$1=a+4$ $\quad\therefore a=-3$
즉, 구하는 이차함수의 식은
$y=-3(x+2)^2+4=-3x^2-12x-8$
따라서 $a=-3$, $b=-12$, $c=-8$이므로
$a+b+c=(-3)+(-12)+(-8)=-23$ 답 -23

893 이차함수 $y=-2(x-3)^2$의 그래프의 축의 방정식이 $x=3$이므로 구하는 이차함수의 식은
$y=a(x-3)^2+q$
이 그래프가 두 점 $(5, 5)$, $(2, -4)$를 지나므로
$5=4a+q$, $-4=a+q$
두 식을 연립하여 풀면
$a=3$, $q=-7$
따라서 구하는 이차함수의 식은
$y=3(x-3)^2-7=3x^2-18x+20$ 답 ④

894 구하는 이차함수의 식을 $y=ax^2+bx+c$로 놓고
$x=3$, $y=0$을 대입하면 $0=9a+3b+c$ …… ㉠
$x=0$, $y=6$을 대입하면 $6=c$ …… ㉡
$x=-3$, $y=-24$를 대입하면 $-24=9a-3b+c$ …… ㉢
㉠, ㉡, ㉢을 연립하여 풀면
$a=-2$, $b=4$, $c=6$
즉, 구하는 이차함수의 식은
$y=-2x^2+4x+6$
$=-2(x^2-2x+1-1)+6$
$=-2(x-1)^2+8$ 답 $y=-2(x-1)^2+8$

895 이차항의 계수가 3이고, x축과 두 점 $(-3, 0)$, $(1, 0)$에서 만나므로
$y=3(x+3)(x-1)=3x^2+6x-9$ 답 ⑤

896 주어진 그래프의 꼭짓점의 좌표가 $(3, 0)$이므로
$y=a(x-3)^2$
이 그래프가 점 $(1, 4)$를 지나므로
$4=4a$ $\therefore a=1$
따라서 구하는 이차함수의 식은 $y=(x-3)^2$
② $16=(-1-3)^2$이므로 점 $(-1, 16)$은 이 그래프 위의 점이다. 답 ②

참고 주어진 점의 좌표를 이차함수의 식에 대입하여 등식이 성립하면 이 점은 이차함수의 그래프 위의 점이다.

897 그래프가 x축과 두 점 $(-5, 0)$, $(3, 0)$에서 만나므로
$y=a(x+5)(x-3)$
이 그래프가 점 $(1, 6)$을 지나므로
$6=-12a$ $\therefore a=-\frac{1}{2}$
즉, 구하는 이차함수의 식은
$y=-\frac{1}{2}(x+5)(x-3)$
$=-\frac{1}{2}x^2-x+\frac{15}{2}$
$=-\frac{1}{2}(x^2+2x+1-1)+\frac{15}{2}$
$=-\frac{1}{2}(x+1)^2+8$
이므로 꼭짓점의 좌표는 $(-1, 8)$이다. 답 ②

898 $y=-x^2+2x+a$
$=-(x^2-2x+1-1)+a$
$=-(x-1)^2+1+a$
축의 방정식이 $x=1$이고 $\overline{AB}=6$이므로
$A(-2, 0)$, $B(4, 0)$ 또는 $A(4, 0)$, $B(-2, 0)$
따라서 $y=-x^2+2x+a$의 그래프가 점 $(4, 0)$을 지나므로
$0=-16+8+a$ $\therefore a=8$ 답 ⑤

중단원 마무리

136~137쪽

899 $y=\frac{1}{2}x^2+3x+\frac{1}{2}$
$=\frac{1}{2}(x^2+6x+9-9)+\frac{1}{2}$
$=\frac{1}{2}(x+3)^2-4$
따라서 $a=\frac{1}{2}$, $p=-3$, $q=-4$이므로
$apq=\frac{1}{2}\times(-3)\times(-4)=6$ 답 6

900 $y=x^2+ax+1$의 그래프가 점 $(1, -2)$를 지나므로
$-2=1+a+1$ $\therefore a=-4$
$y=x^2-4x+1$
$=(x^2-4x+4-4)+1$
$=(x-2)^2-3$
따라서 꼭짓점의 좌표는 $(2, -3)$이다. 답 ③

901 꼭짓점의 좌표가 $(1, 3)$이고, 이차항의 계수가 -1이므로
$f(x)=-(x-1)^2+3=-x^2+2x+2$
$\therefore f(2)=-4+4+2=2$ 답 2

902 $y=x^2-8x+k$
$=(x^2-8x+16-16)+k$
$=(x-4)^2+k-16$
이므로 꼭짓점의 좌표는 $(4, k-16)$이다.
이 그래프는 아래로 볼록하므로 그래프가 x축과 서로 다른 두 점에서 만나려면
(꼭짓점의 y좌표)$=k-16<0$ $\therefore k<16$ 답 $k<16$

903 $y=x^2-6x+m$
$=(x^2-6x+9-9)+m$
$=(x-3)^2+m-9$
축의 방정식이 $x=3$이고 그래프가 x축과 만나는 두 점 사이의 거리가 4이므로 x축과 만나는 두 점의 좌표는
$(1, 0)$, $(5, 0)$
따라서 $y=x^2-6x+m$에 $x=1$, $y=0$을 대입하면
$0=1-6+m$ $\therefore m=5$ 답 5

워크북

904 이차함수의 그래프의 축의 방정식이 $x=3$이고, 이차항의 계수가 $-\frac{1}{3}$이므로

$y=-\frac{1}{3}(x-3)^2+q$

$=-\frac{1}{3}x^2+2x-3+q$

이 식이 $y=-\frac{1}{3}x^2-(k+1)x-3k$와 일치하므로

$-(k+1)=2$에서 $k=-3$

$-3k=-3+q$에서 $q=12$

$\therefore y=-\frac{1}{3}(x-3)^2+12$

따라서 꼭짓점의 좌표는 $(3, 12)$이다. 답 $(3, 12)$

905 $y=x^2-2x+5$

$=(x^2-2x+1-1)+5$

$=(x-1)^2+4$

꼭짓점의 좌표는 $(1, 4)$이고, y축과 만나는 점의 좌표는 $(0, 5)$이므로 그래프는 오른쪽 그림과 같다.

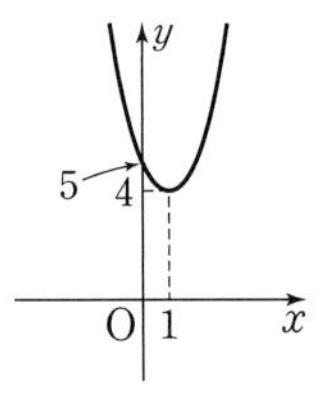

ㄱ. 아래로 볼록한 포물선이다.

ㄹ. 제3사분면을 지나지 않는다.

따라서 옳은 것은 ㄴ, ㄷ, ㅁ이다. 답 ㄴ, ㄷ, ㅁ

906 그래프가 위로 볼록하므로 $a<0$

축이 y축을 기준으로 왼쪽에 있으므로 a와 $-b$의 부호는 같다. 즉, $-b<0$이므로 $b>0$

그래프와 y축과의 교점이 x축보다 위쪽에 있으므로

$-c>0$에서 $c<0$

$ax+by+c=0$에서

$y=-\frac{a}{b}x-\frac{c}{b}$이고

$a<0$, $b>0$, $c<0$이므로

$-\frac{a}{b}>0$, $-\frac{c}{b}>0$

즉, (기울기)>0, (y절편)>0이므로

직선 $ax+by+c=0$은 오른쪽 그림과 같다.

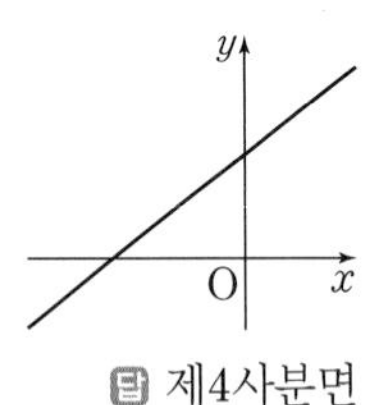

따라서 제4사분면을 지나지 않는다. 답 제4사분면

907 $y=-\frac{1}{2}x^2+2x+k$

$=-\frac{1}{2}(x^2-4x+4-4)+k$

$=-\frac{1}{2}(x-2)^2+k+2$

$\therefore$ A$(2, k+2)$

$y=-\frac{1}{2}x^2+2x+k$에 $x=0$을 대입하면

$y=k$ $\quad\therefore$ B$(0, k)$

따라서 $\triangle$OAB$=\frac{1}{2}\times k\times 2=4$에서 $k=4$ 답 4

908 $y=ax^2+bx+c$의 그래프를 x축의 방향으로 5만큼, y축의 방향으로 7만큼 평행이동한 그래프의 꼭짓점의 좌표가 $(0, 0)$이므로 평행이동하기 전의 꼭짓점의 좌표는 $(-5, -7)$이다.

또, 이차항의 계수는 1이므로

$y=(x+5)^2-7$

$\therefore y=(x+5)^2-7=x^2+10x+18$

따라서 $a=1$, $b=10$, $c=18$이므로

$a+b+c=1+10+18=29$ 답 29

909 축의 방정식이 $x=-1$이므로

$y=a(x+1)^2+q$

이 그래프가 두 점 $(0, 3)$, $(-3, -3)$을 지나므로

$3=a+q$, $-3=4a+q$

두 식을 연립하여 풀면 $a=-2$, $q=5$

$y=-2(x+1)^2+5$의 그래프가 점 $(2, k)$를 지나므로

$k=-18+5=-13$ 답 -13

910 그래프가 x축 위의 두 점 $(-3, 0)$, $(1, 0)$을 지나므로

$y=a(x+3)(x-1)$

이 그래프가 점 $(-2, 3)$을 지나므로

$3=-3a$ $\quad\therefore a=-1$

즉, 구하는 이차함수의 식은

$y=-(x+3)(x-1)$

$=-x^2-2x+3$

$=-(x^2+2x+1-1)+3$

$=-(x+1)^2+4$

따라서 꼭짓점의 좌표는 $(-1, 4)$이다. 답 ②

911 $y=-\frac{1}{4}x^2+x+k$

$=-\frac{1}{4}(x^2-4x+4-4)+k$

$=-\frac{1}{4}(x-2)^2+k+1$

이므로 꼭짓점 C의 좌표는 $(2, k+1)$이다. …❶

축의 방정식이 $x=2$이고 $\overline{\text{AB}}=8$이므로

A$(-2, 0)$, B$(6, 0)$ …❷

즉, 이차함수 $y=-\frac{1}{4}x^2+x+k$의 그래프가 점 $(6, 0)$을 지나므로

$0=-9+6+k$ $\quad\therefore k=3$ …❸

따라서 꼭짓점 C의 좌표는 $(2, 4)$이므로

$\triangle$ABC$=\frac{1}{2}\times 8\times 4=16$ …❹

답 16

채점 기준	배점
❶ 점 C의 좌표를 k를 사용하여 나타내기	30 %
❷ 두 점 A, B의 좌표 각각 구하기	30 %
❸ k의 값 구하기	20 %
❹ $\triangle$ABC의 넓이 구하기	20 %

912 $y=ax^2+bx+c$에

$x=0$, $y=-3$을 대입하면

$-3=c$ …… ㉠

$x=1$, $y=0$을 대입하면

$0=a+b+c$ …… ㉡

$x=2$, $y=5$를 대입하면

$5=4a+2b+c$ …… ㉢

㉠, ㉡, ㉢을 연립하여 풀면

$a=1$, $b=2$, $c=-3$ …❶

$\therefore\ y=x^2+2x-3$

$=(x^2+2x+1-1)-3$

$=(x+1)^2-4$ …❷

따라서 x의 값이 증가할 때, y의 값은 감소하는 x의 값의 범위는 $x<-1$이다. …❸

답 $x<-1$

채점 기준	배점
❶ a, b, c의 값 각각 구하기	60 %
❷ 이차함수의 식을 $y=a(x-p)^2+q$ 꼴로 나타내기	20 %
❸ x의 값이 증가할 때, y의 값은 감소하는 x의 값의 범위 구하기	20 %

수매씽
MATHING